HOW TO DESIGN AND EVALUATE RESEARCH IN EDUCATION (10TH ED.)

연구방법론

교육연구설계 및 평가 (원서 10판)

Jack R. Fraenkel · Norman E. Wallen · Helen H. Hyun 공저 | 노석준 역

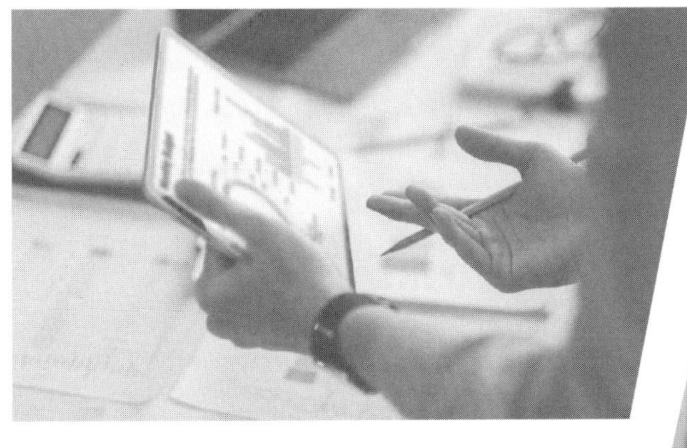

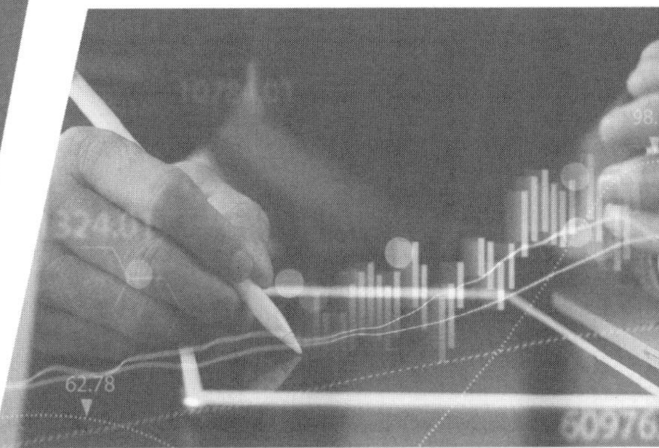

학지사

How to Design and Evaluate Research in Education, 10th Edition
by Jack Fraenkel, Norman Wallen and Helen Hyun

역자 서문

이 책 『연구방법론: 교육연구설계 및 평가』는 샌프란시스코주립대학교 Jack R. Fraenkel, Norman E. Wallen 그리고 Helen H. Hyun 교수의 『How to Design and Evaluate Research in Education (10th ed.)』을 번역한 것이다.

이 책은 총 9부, 25장, 네 개의 부록 그리고 용어사전으로 구성되어 있다. 구체적으로, 제1부에서는 연구란 무엇인지 소개하며, 제2부에서는 연구질문, 문헌검토, 연구윤리, 변수와 가설, 표집, 타당도와 신뢰도와 같은 연구의 기초를 살펴보고, 제3부에서는 기술통계, 추론통계와 같은 자료분석과 관련된 핵심 내용을 다룬다. 제4부에서는 실험연구, 단일대상연구, 상관연구, 인과–비교연구, 조사연구와 같은 양적 연구방법론을 상세하게 다루며, 제5부에서는 질적 연구의 본질과 관찰 및 인터뷰, 내용분석과 같은 질적 연구를 소개한다. 제6부에서는 두 가지의 대표적인 질적 연구방법론인 문화기술지적 연구와 역사연구를, 그리고 제7부와 제8부에서는 최근 관심을 받고 있으며 점차 활용도도 높아지고 있는 혼합방법연구와 실행연구를 다루며, 마지막 제9부에서는 앞에서 살펴본 다양한 연구방법론과 쟁점 등에 기초하여 실제로 학습자가 자신의 연구 보고서나 제안서를 작성해 볼 수 있도록 하고 있다.

특히 역자는 이 책이 동일한 내용을 다루고 있는 다른 서적에 비해 다음과 같은 몇 가지 장점을 지니고 있다고 생각한다.

첫째, 이 책은 연구 일반과 관련 핵심 개념 또는 쟁점뿐만 아니라 연구방법론의 대표적인 두 축인 양적 연구방법론과 질적 연구방법론을 균형감 있게, 그리고 상세히 다루고 있다. 거의 대부분의 기존 연구방법론 서적은 양적 연구방법론이나 질적 연구방법론 중 한 측면의 연구방법론에만 초점을 두거나, 두 측면의 연구방법론을 기술하더라도 여전히 어느 한 측면에 무게 중심을 두고 다른 한 측면의 연구방법론은 개괄적으로 기술하는 수준에 머물고 있어, 양자의 연구방법론을 함께 습득하기에는 한계가 있다. 또한 최근의 연구는 양적 또는 질적 연구방법론 어느 한 측면에서만 접근하는 것이 아닌 양자의 방법을 적절하게 혼합하여 연구(예: 혼합방법연구)하거나, 설혹 어느 한 방법만을 사용하더라도 한 가지 측면의 연구방법이 아닌 두 측면의 연구방법을 요구하고 있다는 점에서 역량이 있는 연구자가 되기 위해서는 양자의 연구방법론에 대해 충분한 수준의 역량을 갖추어야 한다. 이러한 관점에서 볼 때, 앞서 개괄적으로 열거한 이 책의 구성을 보면 알 수 있는 바와 같이 이 책은 대표적인 두 측면의 연구방법론을 상세하게 기술함으로써 연구방법론 간에 균형감을 제공하고 있다.

둘째, 이 책은 앞서 언급한 바와 같이 두 측면의 연구방법론뿐만 아니라 연구 또는 연구방법론과 관련된 쟁점과 해결방안(예: 연구팁, 연구심화) 등을 함께 제시함으로써, 연구수행과정에서 발생하는 제반 문제에 대한 인식과 해결방안을 사전에 습득 · 대처할 수 있도록 도와주고 있다.

셋째, 이 책은 학습내용을 연구수행과정에 따라 체계적 · 논리적으로 기술하고 있을 뿐만 아니라 각 장의 끝부분에 해당 장의 학습내용에 기초한 연구실습과 이를 위한 문제지(problem sheet)를 제공함으로써 이론뿐만 아니라 실제도 동시에 습득할 수 있도록 구성되어 있다. 특히 교수자뿐만 아니라 학습자는 제1장부터 제13장까지 각 장의 끝부분에 제공하고 있는 문제지를 활용하면 해당 장을 모두 마칠 때쯤에는 체계화된 연구계획서를 작성하도록 돕거나 작성할 수 있다.

넷째, 이 책은 저자 서문에서 저자들이 언급한 바와 같이, ① 그래픽조직자, ② 학습목표, ③ 장(章) 개시 사례(opening examples), ④ 장(章) 요약, ⑤ 핵심 용어, ⑥ 토론거리, ⑦ 방대한 용어집과 같은 많은 교육학적 특징을 포함하고 있다. 이러한 특징은 교수자의 교수활동뿐만 아니라 특히 학습자의 학습효과를 극대화할 수 있도록 효과적 · 효율적 · 매력적으로 지원해 준다.

다섯째, 이 책은 각 연구방법론에 기초하여 실제 발간된 연구보고서와 그 연구보고서에 대한 저자들의 꼼꼼한 검토(review)를 함께 제공해 줌으로써 해당 연구방법론에 기초한 연구를 수행하는 과정에서 발생할 수 있는 문제점과 해결방안을 실제로 체득할 수 있도록 도와주고 있다. 이러한 매우 직관적이고 구체적인 사례의 사용은 해당 연구방법론을 지도하는 교수자뿐만 아니라 해당 연구방법론을 사용한 연구를 수행하고자 하는 학습자에게 매우 도움이 된다 하겠다.

이처럼 책 자체가 지닌 장점 이외에도, 역자는 지금까지 다른 역서에서도 그러하였듯이 다음과 같은 몇 가지 장점을 추가하였다.

첫째, 역자는 이 책에 생소하거나 익숙하지 않은 또는 명확하지 않은 용어 등에 대하여 [역자 주]를 추가하였다. 학습내용을 보다 쉽고, 간단명료하며, 직관적으로 전달하고자 하는 저자들의 노력에도 불구하고, 일부 용어는 연구방법론적 지식이 빈약한 학습자에게 여전히 난해하거나 생소하게 느껴질 수 있다. 따라서 역자는 본문 중간중간에 나타나는 생소하거나 익숙하지 않은 또는 명확하지 않은 용어에 대하여 [역자 주]를 추가하여 부연 설명함으로써 학습자가 좀 더 명확하고 쉽게 이해할 수 있도록 하였다.

둘째, 역자는 저자들이 제작 · 배포한 영문으로 작성된 프레젠테이션 파일을 한글화하였을 뿐만 아니라 워드파일 형식(doc 파일)으로 된 것을 PPT 파일로 변환하여 제작한 후 출판사의 웹사이트를 통해 제공해 줌으로써 교수자의 학습지도를 용이하도록 하였다.

한편, 저자들이 밝힌 바와 같이 원서에서 내용을 설명하는 과정에서 사용한 구체적인 예제는 다양한 분야에서 가져오려고 노력했음에도 불구하고 대부분이 교육학 분야에서 나온 것이다. 물론 원서의 제목을 보면 이는 쉽게 이해할 수 있다. 그러나 원서에서는 설명의 용이성과 구체성 등을 위해 교육학 분야의 예제를 주로 사용하였지만, 역자는 이 책에서 기술한 연구방법론이나 내용은 교육학 분야 이외에도 충분히 적용 가능하다고 생각한다. 즉, 역자는 그것은 맥락만 교육학 분야이지 연구방법론 자체 등은 교육학 분야 이외에도 거의 그대로 적용 · 활용할 수 있다고 생각한다. 실제로, 역자는 현재 대학원 공통과목으로 다양한 학문 분야의 석 · 박사 학생을 대상으로 매 학기 '연구방법론' 강좌를 지도하고 있는데, 언어문제로 인해 상당히 많은 학생이 어려움을 겪었음에도 해당 강좌를 위해 원서를 사용해 왔다(이 책이 출간됨으로써 행복감을 느낄 학생이 많을 것 같다).

끝으로, 역자가 최선을 다했음에도 불구하고 이 역서에는 여전히 오역이나 미진한 부분이 있을 것이라 생각한다. 이러한 부분에 대한 부족은 전적으로 역자의 몫이며, 독자 여러분의 질책과 조언을 기꺼이 달게 받고자 한다. 향후 업데이트 등을 통한 더 통해 이 책이 더 개선될 수 있도록 하기 위하여, 메일이나 기타 연락처를 통해 언제든지 역자에게 질책과 조언을 해 주시기를 바란다.

역자는 이 책을 포함하여 몇 권의 책을 번역하였다. 그럴 때마다 역자가 다른 역서의 서문에서 빈번하게 언급한 바와 같이, 번역을 마칠 때마다 역자 스스로 뼈저리게 느낀 것은 '번역은 결코 쉬운 것이 아니다!'라는 것이다. 매번 번역을 마칠 때마다 두 번 다시는 이러한 노가다(?)를 하지 않겠다고 다짐하곤 한다. 이번 경우도 예외는 아니다. 그러나 이미 언급한 바와 같이, 기존의 연구방법론 교재가 지닌 문제점을 절감하여, 또 한 번의 후회를 감수하면서 미력하나마 다시 한번 용기를 내어 번역하여 이 책을 내놓게 되었다.

이러한 노력의 결실인 이 책이 이제 역자의 손을 떠나 출간되게 되었다. 이 시점에, 역자는 이러한 일련의 고된 과정에 여러 가지로 배려와 희생을 하여 준 가족(안영옥, 노수민)에게 먼저 감사를 표한다.

아울러, 저작권을 얻는 것부터 시작하여 여러 가지 번거로움과 역서의 방대한 분량 때문에 출판에 대한 엄두를 내기 쉽지 않았음에도 불구하고 선뜻 역서를 출간할 수 있도록 도와주신 학지사의 김진환 사장님과 디자인과 편집, 교정 등을 도맡아 훌륭한 역서가 나올 수 있도록 애써 주신 이영민 과장님을 비롯한 편집부 관계자 여러분께도 진심으로 감사의 마음을 전한다.

아무쪼록 이 역서가 독자 여러분의 연구활동에 조금이라도 도움이 되기를 간절히 바라 본다.

2023년 1월

역자 노석준

저자 서문

『**연구방법론: 교육연구설계 및 평가**』는 교육연구에 관한 강좌를 처음 수강하는 학생을 대상으로 한다. 이 분야는 그것이 포함하고 있는 지식과 그것이 사용하는 연구방법론과 관련하여 매우 빠르게 성장하고 있기 때문에, 어떤 개론서의 저자는 책에 무엇을 포함시킬지 결정하는 첫 단계로서 목표를 신중하게 정의해야 한다. 이 책의 저자들은 세 가지 주요 목표를 지속적으로 염두에 두었다. 저자들은 다음과 같은 책을 저술하기를 원하였다.

1. 학생에게 아이디어 구상부터 자료분석 및 해석에 이르기까지 연구과정을 이해하는 데 필요한 기본 정보 제공
2. 학생이 해당 지식을 사용하여 개인적 관심 주제에 대한 자신의 연구조사 설계
3. 학생이 교육연구에 관한 문헌을 읽고 이해할 수 있도록 교육

처음 두 가지 목표는 강좌 요구사항의 일부로 연구 프로젝트를 계획 · 수행해야 하는 학생의 필요를 충족시키기 위한 것이다. 세 번째 목표는 다른 사람의 연구를 읽고 이해하는 방법을 배우는 것이 강좌 요구사항인 학생을 목표로 한다. 이 책의 저자들을 포함한 많은 교강사는 자신의 강좌에 세 가지 목표를 모두 설정한다. 왜냐하면 각각은 다른 목표를 강화하는 것처럼 보이기 때문이다. 자신이 연구 프로젝트를 설계 · 평가하는 과정을 거치지 않았다면 타인의 연구를 읽고 완전히 이해하기 어렵다. 마찬가지로, 다른 사람의 연구를 더 많이 읽고 평가할수록 의미 있고 창의적인 연구를 직접 설계할 수 있는 역량이 더 잘 갖추어질 것이다. 이와 같은 목표를 달성하기 위해, 이 책의 저자들은 다음과 같은 특성을 지닌 책을 저술하였다.

내용 범위

첫 번째 목표는 학생에게 연구과정을 이해하는 데 필요한 기본적인 정보를 제공하는 것으로, 이 책을 총 9부로 구성하였다.

제1부(제1장)에서는 학생에게 교육연구의 본질(nature)을 소개하고, 뒷부분에서 논의하는 일곱 가지 연구방법론을 간략히 설명하며, 연구과정의 개요와 그에 대한 비평을 제시한다.

제2부(제2~9장)에서는 지능적으로 연구에 참여하거나 의미 있게 비판하기 전에 이해해야 하는 기본 개념과 절차에 대해 논의한다. 이 장들은 변수, 정의, 윤리, 표집(sampling),[1] 계측, 타당도와 신뢰도, 내적 타당도를 설명한다. 이러한 개념과 다른 개념은 철저하고 명확하며 비교적 간단하게 다룬다. 우리는 명확하고 적절한 사례를 통해 학생에게 교육환경에서 흥미롭고 중요한 문제에 관한 연구를 설정하는 방법을 전반적으로 보여 주고자 한다.

제3부(제10~12장)은 자료수집 및 분석과 관련한 과정을 자세히 설명한다.

제4부(제13~17장)는 양적 교육연구에서 가장 일반적으로 사용되는 연구방법론을 기술 · 설명한다. 제2부에 제시된 많은 핵심 개념은 각 연구방법론에 대한 적용을 설명하기 위해 개별 장(章)에서 다시 고려된다. 마지막으로, 대부분의 연구방법론 장(章)은 출판된 연구문헌에서 신중하게 선택된 연구로 마무리된다. 저자들은 각 연구의 장단점을 모두 분석한다. 저자들은 또한 학생에게 문헌에서 찾을 수 있는 연구를 읽고 비판적으로 분석하는 방법을 보여 준다.

제5부(제18~20장)와 제6부(제21~22장)는 질적 연구를 논의한다. 제5부는 질적 연구, 그 철학과 필수적인 특징을 설명하는 것으로부터 시작하며, 다양한 유형의 질적 연구를 포함하도록 확장된다. 이어서 자료수집 및 분석방법 모두를 광범위하게 다룬다. 제6부는 문화기술지(ethnography)와 역사연구의 질적 연구방법론을 제시한다. 양적 연구방법론 장(章)과 마찬가지로, 대부분의 장(章)에는 출판된 연구문헌에서 신중하게 선택된 연구보고서를 이 책의 저자들의 분석 및 비평과 함께 제시된다.

제7부(제23장)에서는 양적 연구방법과 질적 연구방법을 결합한 혼합방법연구에 대해 논의한다. 다른 장들과 마찬가지로, 저자들은 출판된 연구문헌에서 선택한 연구보고서에 대한 분석과 비평을 제시한다.

제8부(제24장)는 실행연구의 가정, 특성 및 단계를 설명한다. 우리는 주제에 생기를 불어넣기 위한 실행연구 문제의 교실 예시를 포함했다.

제9부(제25장)는 이전 장에서 개발하고 설명한 개념과 사례를 기반으로 하는 연구제안서 또는 보고서(연구 제안서나 보고서를 선택하는 방법론 포함)를 준비하는 방법을 보여 준다.

연구실습

학생이 기본적인 과정과 연구방법론에 대한 지식을 응용할 수 있도록 돕는 두 번째 목표를 달성하기 위해, 처음 12개 장(章)을 연구제안서를 개발하거나 연구 프로젝트를 수행할 때 일반적으로 따라야 하

1) **[역자 주]** 일반적으로 'sample'과 'sampling'은 '표집' 또는 '표본'으로 명확하게 구분하지 않고 혼용하여 번역 · 사용되고 있다. 그러나 이 책의 제6장에서 저자들은 이 두 용어를 구분하여 사용하고 있다. 즉, 저자들에 따르면 'sample'은 '정보를 얻고자 하는 개인의 모집단의 일부'를, 그리고 'sampling'은 '연구에 참여할 개인을 선정하는 과정(process)'(제6장의 끝부분에 있는 핵심 요점 내용 참고)을 의미한다. 따라서 이 역서에서는 저자들의 의미를 최대한 살리기 위해 'sample'은 '표본'으로, 'sampling'은 '표집'으로 구분하여 번역 · 사용한다.

는 순서대로 구성하였다. 그다음, 채우기 문제지(fill-in problem sheet)를 포함하는 연구실습(research exercises)으로 각 장을 마무리하였다. 이러한 실습을 통해 학생은 각 장의 주요 개념에 대한 이해를 적용할 수 있다. 채우기 문제지가 완성되면, 이러한 누적된 문제지는 학생이 자신의 연구 프로젝트를 설계하는 것과 관련된 단계별 과정을 거치게 될 것이다. 비록 이 단계별 개발은 학생이 연구과정에 대해 더 많이 배울수록 자신의 연구에 약간의 수정을 요구하지만, '눈앞'에서 자신의 제안서를 천천히 살펴보면서 그 결과를 이해하는 것은 관련된 추가적인 시간과 노력을 쏟을 만한 가치가 있도록 해 준다.

문제지 서식은 학지사 공식 홈페이지(www.hakjisa.co.kr)의 『연구방법론: 교육연구설계 및 평가』도서 상세정보에서 온라인으로 제공된다.

실제 연구

교육연구문헌을 읽고 이해할 수 있도록 하는 세 번째 목표는 특정 연구방법론을 설명하는 주석이 달린 연구를 통해 제4~8부의 연구방법론 장(章)을 각각 마무리 짓도록 해 준다. 각 연구의 마지막에 저자들은 그것의 장단점을 분석하고 개선방법을 제안한다.

마찬가지로, 연구제안서와 연구보고서 작성에 관한 장(章)의 끝부분에 저자들은 문제점에 대해 주석이 달린 학생의 연구제안서를 포함한다.

주석이 달린 이 제안서는 학생이 흠이 없는 연구실습과 질문 가능한 연구 실제 모두를 이해하는 데 도움이 되는 효과적인 수단임이 입증되었다.

표현 방식

학생은 일반적으로 연구강좌의 내용에 대해 불안해하기 때문에, 저자들은 건조하고 추상적인 토론으로 압도되지 않도록 각별히 신경을 썼고, 비공식적인 글쓰기 방식을 채택하였다. 저자들은 지금까지의 어떤 책보다도 명확한 예제와 요약 차트, 표 및 다이어그램으로 구성·제시하였다. 30년 넘게 연구강좌를 가르쳐 온 저자들의 경험상 개론서에 '그렇게 많은' 예시가 들어가 있는 경우는 없다고 확신한다.

본문에 포함된 많은 예시와 삽화 이외에도, 저자들은 이 책에 다음과 같은 교육학적 특징을 포함하였다. ① 각 장의 그래픽조직자(graphic organizers), ② 각 장의 학습목표(objectives), ③ 각 장의 개시 사례(opening examples), ④ 각 장 끝부분의 요약(end-of-chapter summaries), ⑤ 핵심 용어(key terms), ⑥ 토론거리 질문(discussion questions), ⑦ 책 끝부분에 제시한 방대한 용어집(glossary)이다.

제10판에서 변경된 것

본문에는 많은 주요 추가사항, 새로운 삽화, 검정되거나 정제된 예, 용어 및 정의가 추가되어 있다. 참고문헌은 최신 연구를 포함하도록 업데이트되었으며, APA 스타일, 연구실습 및 문제지의 사용을 반영하여 보다 효과적인 질문으로 다시 포맷되었다.

다음은 장별 변경내용 예시이다.

제1장: 연구의 본질

- 디지털시대의 교육연구에 대한 새로운 논의

제3장: 문헌검색 및 검토

- 문헌검토를 준비하기 전에 출처에 주석을 다는 방법
- 표 형식의 주석이 달린 참고문헌 목록의 새로운 예
- ERIC 및 기타 유용한 데이터베이스의 갱신된 스크린샷
- 조사(survey) 결과 획득을 위한 이미지 및 내용 갱신
- 출처를 요약할 때 표절을 피하기 위한 팁
- 출판된 출처를 평가하기 위한 새로운 프롬프트 세트(set)
- 웹사이트와 온라인 튜토리얼 링크가 포함된 학술지 스타일매뉴얼(예: APA)의 새로운 절(section)

제4장: 윤리와 연구

- 온라인 표절검사 도구에 대한 새로운 정보
- 인간대상 연구를 위한 최신 미국 보건복지부 규정으로 연구에 대한 추가 정보 상자 갱신

제5장: 변수와 가설

- 질적 연구에서의 명제(propositions) 사용에 대한 새로운 정보

제6장: 표집

- 질적 연구에서 일반화가 어떻게 강화될 수 있는지에 대한 새로운 자료

제7장: 계측

- 질적 연구에서의 자료수집도구 사용에 관한 새로운 내용

제17장: 조사연구

- 여론조사(polls)와 개표(polling)에 대한 새로운 정보
- 학술기관에서 가장 널리 사용하는 웹기반 설문조사 도구인 SurveyMonkey와 Qualtrics에 대한 논의

제24장: 실행연구

- 자율학습을 활용한 교사연구에서 성찰 실행에 대한 새로운 정보

새로운 주석 및 분석 연구보고서: 이 책에 세 개의 새로운 연구보고서가 추가되어 도시 및 중등 교육 환경뿐만 아니라 질적 연구와 관련된 더 많은 연구를 소개하고, 학생이 이 책에서 기술한 개념을 적용하고 출판된 연구를 평가하는 것을 연습할 수 있도록 도와준다.

- 조작물(manipulatives)이 나이지리아 학교의 학생의 수학성취도에 미친 영향
- '소속(belonging)은 들어갈 수 있다는 것을 의미한다': 유치원에서 회원가입에 대한 아동의 시각과 경험
- 학생의 과학 전공 또는 미전공 의욕에 영향을 미치는 요인에 대한 인식

특징

학습자 지원

『연구방법론: 교육연구설계 및 평가』는 학생이 연구의 중요한 소비자가 되도록 돕고, 스스로 연구를 수행하고 보고할 수 있도록 준비시킨다.

장 개시 특징(Chapter-opening Features): 각 장은 그 장과 관련된 주제나 쟁점을 시각적으로 소개하는 삽화로 시작한다. 이어서 장의 내용 개요, 장의 학습목표, 관련 보충자료를 나열하는 상호작용 · 응용 학습 기능, 관련 내용이 제시된다.

연구심화(More About Research), **연구 팁**(Research Tips), **연구논쟁**(Controversies in Research): 이러한 유익한 절(section)은 학생이 교육연구에서 중요한 기술을 설명하면서 연구에 대해 비판적으로 생각할 수 있도록 도와준다.

장 말미 학습지원(End-of-Chapter Learning Supports): 각 장은 이용 가능한 보충자료, 핵심 요점(Main Points) 절, 핵심 용어(Key Terms) 목록 및 토론거리 질문(Questions for Discussion)으로 마무리된다.

제1~13장에는 학생이 연구 프로젝트를 구축하는 데 도움이 되는 **연구실습**(Research Exercises)과 **문제지**(Problem Sheet)가 포함되어 있다.

제13~14장, 제19장 그리고 제21~23장에는 각 장에서 논의된 개념을 강조하기 위해 주석이 달린 실제 **연구보고서**(Research Report)가 포함되어 있다.

연구수행 및 읽기를 위한 실제 자료 및 예제

『연구방법론: 교육연구설계 및 평가』는 실제 자료를 통해 살아 있는 연구에 대한 종합적인 소개와 연구를 수행하고 읽을 수 있는 사례를 제공한다.

- **연구 팁 상자**(Research Tips boxes)는 연구를 수행하기 위한 실제적인 시사점을 제공한다.
- 제13~14장, 제19장, 제21~23장의 마지막에 **주석이 달린 연구보고서**(Annotated Research Reports)는 학생에게 연구보고서와 해당 보고서의 저자가 그의 연구에 접근하고 지원하는 방법에 대한 이 책의 저자들의 해설을 제공한다.
- 제1~13장의 끝에 있는 **연구실습**(Research Exercises)과 **문제지**(Problem Sheets)는 학생이 자신의

연구 프로젝트를 설계할 때 사용할 수 있는 도구이다.

- **Excel 사용 상자(Using Excel boxes)**는 해당 소프트웨어 프로그램이 다양한 통계를 계산하는 데 어떻게 사용될 수 있는지를 보여 준다.
- 제24장: **실행연구(Action Research)**는 교사가 자신의 교수(instruction)를 개선하기 위해 어떻게 연구할 수 있고, 해야 하는지에 대해 자세히 설명한다.
- 제25장: **연구제안서와 연구보고서 준비(Preparing Research Proposals and Reports)**는 독자에게 연구제안서와 보고서를 준비하는 방법을 안내한다.
- **온라인학습센터 웹사이트 자료(Resources on the Online Learning Center Web site)**는 학생이 연구도구를 수집할 때 시작점을 제공해 준다.

교수자 지원 보충자료 connect

『연구방법론: 교육연구설계 및 평가』(제10판)은 현재 McGraw-Hill Education의 통합 과제 및 평가 플랫폼인 Connect를 통해 온라인으로 이용할 수 있다. Connect는 또한 최신판을 위한 스마트북을 제공하고 있는데, 이는 성적 향상과 더불어 학생이 보다 효과적으로 학습하는 데 도움이 되는 것으로 증명된 최초의 적응형 독서 경험이다. 다음과 같은 것을 포함하여, 해당 제목의 모든 웹사이트와 보조 콘텐츠는 Connect를 통해서도 이용할 수 있다.

- 각 장(章)의 핵심 개념과 아이디어에 대해 학생을 테스트해 볼 수 있는 선다형 질문의 전체 시험은행(Test Bank)
- 전체 장(章) 개요, 예제 시험문제 및 토론 주제가 포함되어 있는 각 장에 대한 교수자 매뉴얼(Instructor's Manual)
- 교수자가 수업에서 사용할 수 있는 강의용 슬라이드(Lecture Slides)

감사의 말씀

이 책을 집필하는 데 직간접적으로 많은 분이 도움을 주셨다. 저자들은 지난 수년간 우리에게 많은 것을 가르쳐 준 연구방법론 강좌를 수강한 학생들에게 감사드린다. 또한 이 제10판의 검토자에게도 감사의 말씀을 전한다.

Christopher Brum, San Diego State University
Susan Cordell, University of West Alabama
Greg Knotts, CSU Northridge
Minjuan Wang, San Diego State University
Melissa Hawthorne, Louisiana State University–Shreveport
Stacy Hughey Surman, The University of Alabama
Dr. Robert D. Townsend, Xavier University

Kevin Jones, University of West Alabama
Sara Tomek, The University of Alabama

저자들은 또한 Van Brien and Associates의 Vicki Malinee와 McGraw-Hill의 편집자들과 직원들이 원고를 완성본으로 만들어 주신 것에 대해 감사의 말씀을 드린다.

끝으로, 필연적으로 이 정도 크기의 책을 준비하는 데 수반되는 우여곡절 동안 지칠 줄 모르는 성원에 대해 배우자들에게 감사드린다.

Jack R. Fraenkel
Norman E. Wallen
Helen H. Hyun

차례

제3장 문헌검색 및 검토 69

제4장 윤리와 연구 97

제5장 변수와 가설 115

제6장 표집 135

제7장 계측 159

제8장 타당도와 신뢰도 197

제9장 내적 타당도 221

제3부 자료분석

제10장 기술통계 247

제11장 추론통계 289

제12장 통계 총괄 321

제4부 양적 연구방법론

제13장 실험연구 347

제14장 단일대상연구 387

제15장 상관연구 417

제16장 인과-비교연구 443

제17장 조사연구 459

제5부 질적 연구 소개

제18장 질적 연구의 본질 489

제19장 관찰과 인터뷰 513

제20장 내용분석 549

제6부 질적 연구방법론

제21장 문화기술지적 연구 571

제22장 역사연구 607

제7부 혼합방법연구

제23장 혼합방법연구 633

제8부 실천가에 의한 연구

제24장 실행연구 661

제9부 연구제안서와 연구보고서 작성

제25장 연구제안서와 연구보고서 준비 685

부록 715

제1부 연구 소개

How to Design and Evaluate Research in Education

연구는 여러 가지 형태를 취한다. 제1부에서 저자들은 교육연구에 관한 주제를 소개하고 다양한 연구유형에 관한 지식이 교육자에게 왜 가치가 있는지를 설명한다. 연구는 지식을 습득하는 단지 한 가지 방법에 불과하기 때문에, 저자들은 또한 몇 가지의 다른 방법을 기술하며, 각각의 장단점을 비교한다. 이 책의 저자들은 후속 장에서 보다 집중적인 논의를 위한 무대를 설정하기 위해, 교육연구방법론에 관한 개관을 제공한다. 마지막으로, 이 책의 저자들은 연구과정에 관한 비판에 대해 논의한다.

제1장

연구의 본질

학습목표

이 장을 학습하면 다음을 수행할 수 있어야 한다.

- '교육연구'라는 용어가 의미하는 바를 설명하고, 교육연구자가 올바르게 조사하는 두 가지 주제의 예를 제시할 수 있다.
- 과학적 연구방법론에 대한 지식이 교육자에게 왜 가치가 있는지 설명할 수 있다.
- 과학자가 사용하는 방법 이외에 앎의 네 가지 방법을 명명하고 제시할 수 있다.
- '과학적 방법'이라는 용어가 의미하는 바를 설명할 수 있다.
- 교육연구자가 사용하는 여섯 가지의 다른 연구방법론의 예를 제시할 수 있다.
- 비판적 연구가 의미하는 바를 간략하게 기술할 수 있다.
- 기술, 연관, 중재연구 간의 차이점을 기술할 수 있다.
- 기초연구와 응용연구의 차이점을 간략하게 기술할 수 있다.
- 양적 연구와 질적 연구의 차이를 간략하게 기술할 수 있다.
- 혼합방법연구가 의미하는 바를 간략하게 기술할 수 있다.
- 연구과정과 관련된 기본적인 구성요소를 간략하게 기술할 수 있다.

상호작용 · 응용 학습 이 장을 읽는 동안 또는 읽은 후:

다음을 하려면, 온라인학습센터 (www.mhhe.com/fraenkel10e)로 접속하라.

- 연구가 가치 있는 이유에 대한 심화학습

다음 활동을 수행하기 위해 온라인 학습자 완전학습 활동(Student Mastery Activities) 책을 읽으라.

- 활동 1.1: 경험적 대 비경험적 연구
- 활동 1.2: 기초 대 응용연구
- 활동 1.3: 연구유형
- 활동 1.4: 가정
- 활동 1.5 일반적인 연구유형

"김 교수님? 저는 문은지라고 합니다. 저는 교수님 학과의 석사과정 프로그램에 대한 몇 가지 조언을 얻기 위해 교수님께 전화드렸습니다."

"안녕하세요, 은지 학생. 만나서 반가워요. 무엇을 도와드릴까요?"

"결혼과 가족상담 석사과정에 등록하는 것에 대해 생각하고 있는데, 먼저 무엇이 필요한지 알고 싶습니다."

"자신이 참여하고자 하는 것에 대해 알고자 하는 것은 항상 현명합니다. 학위를 취득하기 위해서는 여러 강좌를 수강해야 하며, 수료 후에는 구술시험도 있고, 소규모 검사도 완료해야 합니다."

"무슨 뜻이죠?"

"당신은 실제로 조사를 좀 해야 할 것입니다."

"그게 무슨 말씀이시죠? 연구를 해야 하나요? 어떻게 하는 거죠? 어떤 연구가 있나요?"

은지 학생의 질문과 몇 가지 다른 것에 대한 답을 얻고 싶다면, 이 장을 읽어 보라.

몇 가지 교육적 우려 사례

- 서울의 한 고등학교 교장선생님은 교직원의 사기를 높이고 싶어 한다.
- 부산에 있는 영재 프로그램 책임자는 상급배치(advanced placement: AP) 학생을 위한 영어 수업에서 일반적인 한 주 동안 무슨 일이 일어나는지 알고 싶어 한다.
- 광주의 한 초등학교 상담사는 더 많은 학생이 자신의 걱정과 문제에 대해 마음을 열기를 바란다.
- 제주의 한 고등학교 1학년 생물교사는 학생이 생물학 개념을 배우도록 동기를 부여하는 데 있어 플립드수업이 강의보다 더 효과적인지 궁금해한다.
- 청주의 한 체육교사는 한 스포츠의 능력이 다른 스포츠의 능력과 상관이 있는지 궁금해한다.
- 대구의 한 중학교 1학년 학생은 상담사에게 학습습관을 개선하기 위해 무엇을 할 수 있는지 조언을 받고 싶어 한다.
- C초등학교 6학년 학생의 학부모이며, 대전지역에 거주하는 학부모협의회 회장은 학부모의 참여를 높이기 위해 소셜미디어를 어떻게 사용할 수 있는지 궁금해한다.

이러한 각각의 사례는 허구이기는 하지만 오늘날 교육에서 많은 사람이 직면하고 있는 전형적인 문제나 우려를 나타낸다. 종합해 보면, 이 예시들은 교사, 상담사, 행정가, 학부모 그리고 학생이 자신의 일을 하기 위해 지속적으로 정보를 필요로 한다는 것을 시사한다. 교사는 어떤 종류의 자료, 전략, 활동이 학생의 학습에 가장 도움이 되는지 알 필요가 있다. 상담사는 어떤 문제가 학생의 배움을 방해하는지, 그리고 이러한 문제를 어떻게 도와야 하는지 알 필요가 있다. 행정가는 행복하고 생산적인 학습을 위한 환경을 제공하는 방법을 알아야 한다. 학부모는 자녀가 학교에서 성공하도록 도울 방법을 알아야 한다. 학생은 자신이 할 수 있는 한 많이 배우기 위해 공부하는 방법을 알아야 한다.

연구가 가치 있는 이유

교육자, 학부모, 학생은 어떻게 자신에게 필요한 정보를 얻을 수 있는가? 물론 정보를 얻는 방법은 다양하다. 전문가와 상담하거나, 책과 논문을 검토하고, 관련 경험이 있는 동료에게 질문하거나 관찰할 수 있으며, 자신의 과거 경험을 살펴볼 수도 있고, 직관에 의존할 수도 있다. 이러한 모든 접근방법은 가능한 진행방법을 제시하지만, 이러한 접근방법이 제공하는 답변이 항상 신뢰할 수 있는 것은 아니다. 전문가가 틀릴 수도 있고, 출처 문서는 가치에 대한 통찰력이 없을 수도 있으며, 동료는 그 질문에 대한 경험이 없을 수도 있고, 자신의 경험이나 직관은 관련이 없거나 잘못 이해될 수도 있다.

이것이 과학적 연구방법론에 대한 지식이 가치 있을 수 있는 이유이다. 과학적 방법은 우리가 얻을 수 있는 한 정확하고 신뢰할 수 있는 정보를 얻을 수 있는 또 다른 방법을 제공한다. 그래서 그것을 앎의 다른 방법과 비교해 보자.

앎의 방법

감각 경험

우리는 보고, 듣고, 냄새 맡고, 맛보고, 만진다. 우리 대부분은 7월 4일(미국 독립기념일)에 불꽃놀이를 보고, 머리 위에서 제트기 엔진의 윙윙거리는 소리를 듣고, 장미 냄새를 맡고, 초콜릿 아이스크림을 맛보고, 비 오는 날의 끈적끈적함을 느껴 본 적이 있다. 감각을 통해 세상으로부터 받아들이는 정보는 무언가를 아는 가장 즉각적인 방법이다. 예를 들어, 이 장의 시작 부분에 언급된 영재 프로그램의 책임자는 한 학기 중 1～2주 동안 무슨 일이 일어나는지 보고 듣기 위해 상급배치 영어 수업을 참관할 수 있다.

감각자료는 확실히 다듬어질 수 있다. 실외 온도계에서 온도를 보는 것은 얼마나 추운지에 대한 우리의 지식을 다듬을 수 있다. 최고 품질의 오디오 시스템은 베토벤의 5번 교향곡을 더 선명하게 듣도록 도울 수 있다. 마찬가지로 냄새, 맛, 촉감은 모두 강화될 수 있고, 보통 그래야 한다. 감각 인식에 대한 많은 실험은 항상 감각을 너무 전적으로 신뢰하는 것이 현명하지 않다는 것을 밝혀냈다. 감각은 우리를 속일 수 있다(그리고 종종 속인다). 우리가 들은 총소리는 자동차 폭발음(backfiring)이고, 우리가 보는 앞길의 물은 신기루에 불과하며, 우리가 맛본 닭고기는 토끼고기일 수 있다.

감각 지식은 신뢰할 수 없다. 또한 불완전하다. 감각을 통해 받아들이는 자료는 인간이 아는 범위라고 느끼는 것의 대부분(또는 심지어 전부)를 설명하지 못한다. 따라서 신뢰할 수 있는 지식을 얻기 위해서는 감각에만 의존할 것이 아니라 알고 있다고 생각하는 것을 다른 출처와 함께 확인해야 한다.

다른 사람과의 합의

그러한 출처 중 하나는 다른 사람의 의견이다. 우리는 감성(sensations)을 다른 사람과 공유할 수 있을 뿐만 아니라, 이러한 감성의 정확성과 진정성을 확인할 수 있다. 이 수프 맛이 짜지 않으세요? 저기 있는 사람은 영수가 아닌가요? 누군가가 도와달라고 외치는 소리를 들었나요? 겨자 냄새 같지 않아요?

분명 우리가 하는 일을 그가 보거나 듣는지 다른 사람에게 확인하는 것은 큰 장점이 있다. 그것은 무엇이 진실인지에 집중함으로써 사실이 아닌 것을 버리고 삶을 더 현명하게 관리하도록 도울 수 있다. 시골에서 하이킹할 때 다가오는 자동차 소리를 듣지 못했는데 몇몇 동료가 나에게 경고를 해 준다면 주의하면서 앞으로 나아갈 수 있다. 우리 모두는 종종 다른 사람이 우리가 무언가를 놓치고 있거나 잘못 보고 있다고 보고할 때 자신의 느낌을 무시한다. 예를 들어, 제주에 있는 고등학교 1학년 생물교사는 다른 사람과의 합의(agreement)를 정보를 얻기 위한 수단으로 사용하여, 학생이 학습동기를 부여하는 데 있어 강의보다 플립드교실(flipped classroom)이 더 효과적인지 알아보기 위해 동료와 함께 확인할 수 있다.

그러한 상식(common knowledge)의 문제점은 그것 또한 잘못될 수 있다는 것이다. 위원회의 다수결은 진실을 보장하지 않는다. 내 친구는 다가오는 자동차의 존재에 대해 잘못 알고 있거나, 그가 들은 자동차 소리가 우리를 향하기보다는 멀어지고 있을 수도 있다. 어떤 사고(accident)에 대한 두 집단의 목격자는 어떤 운전자의 과실인지에 대해 의견이 다를 수 있다. 따라서 신뢰할 수 있는 지식을 얻기 위한 몇 가지 추가적인 방법을 고려할 필요가 있다.

전문가 의견

아마도 우리가 자문해야 할 특별한 사람—그 분야의 전문가, 즉 우리가 무엇을 찾고자 하는지 잘 알고 있는 사람—이 있다. 예를 들어, 삼촌이 심장이 안 좋다고 하면 우리는 유명한 심장전문의를 믿을 가능성이 높다. 확실히 경제학 박사 학위를 받은 사람은 경제가 움직이는 것에 대해 우리 대부분이 아는 것보다 더 많은 것을 알고 있다. 그리고 만약 치과의사가 우리에게 뒤쪽 어금니를 뽑아야 한다고 말한다면, 우리는 그를 믿어야 하지 않을까? 전문가 의견을 정보를 얻기 위한 수단으로 사용하기 위해, 아마도 제주의 체육교사는 체육 분야의 저명한 권위자에게 한 스포츠의 능력이 다른 스포츠에서의 능력과 상관이 있는지 물어보아야 할 것이다.

글쎄, 그럴지도 모른다. 그것은 전문가의 자격 증명과 그가 자문을 받는 문제의 성격에 따라 달라진다. 우리 모두와 마찬가지로 전문가도 실수할 수 있다. 모든 연구와 훈련에도 불구하고, 전문가가 알고 있는 것은 여전히 주로 그가 읽고 생각하는 것, 다른 사람의 말을 듣고 관찰하는 것, 그리고 그 자신의 경험으로부터 배운 것에 기초하고 있다. 그러나 어떤 전문가도 주어진 분야에서 알아야 할 모든 것을 연구하거나 경험하지 못하였기 때문에 전문가라고 해도 전적으로 확신할 수는 없다. 전문가라면 누구나 아는 것을 바탕으로 의견을 내는 것이 전부이고, 아무리 이것이 다라고 하더라도 결코 알 수 있는 것이 아니다. 이러한 주장은 정치 전문가들이 힐러리 클린턴이 도널드 트럼프를 상대로 압승할 것으로 예측했던 2016년 미국 대선 때 더욱 더 명확하게 드러났다. 트럼프 대통령의 잇따른 승리는 대부분의 선거 전문가에게 놀라움으로 다가왔다. 그렇다면 우리가 알 수 있는 또 다른 방법인 논리를 고려해 보자.

논리(Logic)

우리는 논리적으로도 잘 알고 있다. 지적 능력, 즉 사물을 초월적으로 추론할 수 있는 능력은 감각자료를 사용하여 새로운 종류의 지식을 개발할 수 있게 해 준다. 유명한 삼단논법을 생각해 보자.

모든 인간은 죽는다.
성하는 인간이다.
그러므로 성하는 죽는 존재이다.

첫 번째 진술[**대전제**(major premise)라고 불림]을 주장하기 위해서, 개인의 사망률에 대한 우리의 경험으로부터 일반화만 하면 된다. 결코 죽지 않는 사람을 경험해 본 적이 없기 때문에, 모든 인간은 죽는다고 진술한다. 두 번째 진술[**소전제**(minor premise)라고 불림]은 전적으로 감각 경험에 기초한다. 우리는 성하와 접촉하여 그를 인간으로 분류한다. 그렇다면 우리는 세 번째 진술[**결론**(conclusion)이라고 하는 것]이 참이어야 한다는 것을 알기 위해, 우리의 감각에 의존할 필요가 없다. 논리(logic)가 말해 준다. 처음 두 개의 진술이 참인 한 세 번째 진술 역시 참이어야 한다.

어떻게 학습습관을 개선할 수 있는지에 대해 학생에게 조언해 달라는 요청을 받은 청주의 상담사 사례를 들어 보자. 논리를 사용하여, 해당 상담사는 다음과 같은 주장을 할 수 있다. 수업시간에 정기적으로 필기를 하는 학생은 성적이 향상된다는 것을 알았다. 따라서 정기적으로 필기를 한다면 성적도 향상될 것이다.

물론 이것이 논리적인 추론의 전부는 아니지만, 여러분에게 앎의 다른 방법에 대한 아이디어를 주기에 충분하다. 그러나 논리적 추론에는 근본적인 위험이 있다. 삼단논법의 대전제와 소전제가 **모두** 참일 때, 비로소 결론은 참으로 보장된다. 어느 한쪽 전제가 거짓이면 결론은 참일 수도 있고 아닐 수도 있다.[1]

여전히 고려할 수 있는 또 다른 방법, 즉 과학적 방법이 있다.

과학적 방법

많은 사람이 과학(science)이라는 단어를 들을 때, 그들은 하얀 실험실복, 실험실, 시험관, 또는 우주탐험과 같은 것들을 생각한다. 과학자는 많은 것을 아는 사람이고, **과학**(science)이라는 용어는 엄청난 지식체를 시사한다. 그러나 여기에서 우리가 관심 있는 것은 앎의 방법으로서의 과학이다. 연구자들에게 중요한 것은 **과학적 방법**(scientific method)이다.

이 방법은 무엇인가? 본질적으로 그것은 공공장소에서 아이디어를 검정하는 것을 포함한다. 우리 대부분은 우리가 경험하는 감각 정보 간의 관계와 연관성을 볼 수 있는 연결(connection)을 만들 수 있다. 그런 후 이러한 연결을 '사실', 즉 우리가 살고 있는 세계에 대한 지식의 항목으로 파악한다. 예를 들어, 우리는 학생을 토론에 참여시킬 때보다 강의할 때 수업에 덜 집중한다고 추측할 수 있다. 의사는 매일 밤 6시간에서 8시간 정도 잠을 자는 사람이 그보다 더 많이 또는 적게 자는 사람보다 덜 불안할 것이라고 추측할 수 있다. 상담사는 학생이 여가시간의 대부분을 텔레비전을 보면서 보내기 때문에 예전보다 책을 덜 읽는다고 느낄지도 모른다. 그러나 각각의 경우, 우리의 믿음이 사실인지 알 수 없다. 우리가 다루는 것은 추측이나 예감, 또는 과학자가 말하는 가설일 뿐이다.

지금 해야 할 일은 각각의 추측이나 예감을 더욱 통제된 조건에서도 견딜 수 있는지 보기 위해 엄격한 검정을 하는 것이다. 주의력에 대한 우리의 추측을 과학적으로 조사하기 위해, 강의할 때와 수업 토론을 할 때 학생이 얼마나 주의를 기울이는지를 꼼꼼하고 체계적으로 관찰할 수 있다. 의사는 개인의 수면 시

1) 노트필기 예시에서, 대전제(수업에서 정기적으로 필기를 하는 모든 학생은 성적을 올린다.)는 아마도 사실이 아닐 것이다.

간을 잴 수 있고, 불안수준을 측정하고 비교할 수 있다. 상담사는 다양한 양의 텔레비전을 시청하는 학생들의 독서 습관을 비교할 수 있다.

그러나 이러한 조사는 공개되지 않는 한 과학에 해당되지 않는다. 즉, 결과에 의문을 제기하는 모든 사람이 연구를 반복할 수 있도록 조사의 모든 측면이 충분히 상세하게 기술되어야 한다. 사적인 절차, 추측, 결론은 공개되기 전까지는 과학적이지 않다.

과학자가 신뢰할 수 있는 지식을 추구하기 위해 어떤 신비한 방법을 사용하는 것은 아니다. 실제로, 우리 중 많은 사람은 우리를 괴롭히는 문제에 대해 현명한 결정을 내리려고 할 때 이러한 방식으로 진행한다. 절차는 다음과 같이 다섯 단계로 요약할 수 있다.

1. 어떤 종류의 문제—정상적이거나 바람직한 상태를 방해하는 우리 삶의 어떤 교란—가 있다. 무엇이 우리를 괴롭히고 있다. 과학자가 아닌 우리 대부분에게 그것은 일종의 긴장감일 수도 있고, 정상적인 일상에 지장을 줄 수도 있다. 예를 들어, 학생이 우리가 원하는 만큼 주의를 기울이지 않거나 친구를 사귀는 데 어려움이 있는 경우일 것이다. 전문과학자에게 그것은 자신의 지식 분야에서 설명할 수 없는 불일치, 좁혀야 할 틈새일 수 있다. 아니면 인신공양(human sacrifice)의 실제를 역사적 의의 측면에서 이해하고자 하는 것일 수도 있다.
2. 답해야 할 문제 또는 질문을 보다 정확하게 정의하여 연구목적이 무엇인지 명확하게 하기 위한 단계를 밟는다. 예를 들어, 우리는 **학생의 주의력**(student attentiveness)이 무엇을 의미하는지, 왜 그것이 불충분하다고 생각하는지 곰곰이 생각해야 한다. 과학자는 **인신공양**이 무엇을 의미하는지 밝혀야 한다.
3. 우리는 어떤 종류의 정보가 문제를 해결할 수 있는지 결정하고자 한다. 일반적으로, 여기에는 두 가지 가능성이 있다. 즉, 이미 알려진 것을 연구하는 것 또는 연구를 수행하는 것이 그것이다. 보는 바와 같이, 첫 번째는 두 번째의 전제조건이고 두 번째는 이 교재의 주요 초점이다. 우리는 준비 과정에서 문제에 대한 직접적인 정보를 얻기 위해 정보를 얻을 수 있는 광범위한 가능성을 숙지해야 한다. 예를 들어, 교사는 학생에게 질문지를 주거나 수업 중에 누군가가 관찰하도록 하는 것을 고려할 수 있다. 과학자는 역사적인 기록을 조사하거나 인신공양의 관습이 존재하는 사회에서 시간을 보내기로 결정할지도 모른다. 정보수집의 세부사항을 상세히 설명하는 것은 연구를 계획하는 데 있어 주요한 측면이다.
4. 가능한 한 우리가 얻은 정보를 어떻게 정리할 것인지 결정해야 한다. 일상생활과 연구 모두에서 우리가 보유하고 있는 모든 정보를 이해할 수 없다는 것을 알게 되는 것은 드문 일이 아니다. 다른 사회에 살면서 다른 사회를 이해하려고 시도하는 사람이라면 누구나 이러한 현상을 경험해 보았을 것이다. 과학자는 분명히 이 문제에 직면할 것이지만, 해당 과학자가 얻은 질문지 또는 관찰 정보를 다루는 방법을 알아내지 못한다면 교사도 그럴 것이다.
5. 정보가 수집되고 분석된 후에는 반드시 해석되어야 한다. 이 단계가 처음에는 간단해 보일 수 있지만, 이것은 거의 그렇지 않다. 볼 수 있는 바와 같이, 연구의 가장 중요한 부분 중 하나는 우리 자신을 속이지 않는 것이다. 교사는 학생이 강의를 싫어하기 때문에 주의하지 않는다고 결론을 내릴 수도 있지만, 해당 교사가 정보를 잘못 이해하고 있을 수도 있다. 과학자는 인신공양이 자연을 통제

연구심화

혼돈이론

현재 **혼돈이론**(chaos theory)으로 알려진 것의 기원은 일반적으로 1970년대로 거슬러 올라간다. 그 이후로 수학과 자연과학, 사회과학에서 중요한 위치를 차지하게 되었다.

비록 물리학이 주로 그것의 기본법칙 또는 '제1원칙'으로 알려져 있지만, 이러한 법칙의 대부분은 '실제'에서 찾을 수 없는 이상적인 조건에서만 정확히 유지된다는 것은 오랫동안 과학자들에 의해 알려져 왔다.

구름의 형성, 폭포의 패턴, 심지어 날씨와 같은 많은 현상은 정확히 예측할 수 없다. 혼돈이론가는 과학에서 매우 유용한 자연법칙이 그 자체로 규칙이라기보다는 예외일 수 있다고 주장한다. 진자의 흔들림이나 특정한 시간에 날씨가 어떻게 될지에 대한 정확한 예측은 대부분의 경우 불가능하지만, 혼돈이론의 주요 원리에 따르면, 현상의 내용이 혼란스러울 때에도 반복적인 패턴을 발견하고 사용할 수 있다. 예를 들어, 컴퓨터 기술의 발전은 대규모집단의 시험점수와 같은 극도로 긴 일련의 '자료점수(data points)'를 매혹적인 복잡성과 아름다움으로 색칠된 시각적 사진으로 변환하는 것을 가능하게 했다. 놀랍게도 이 사진은 물리학, 생물학, 경제학, 천문학 그리고 지리학과 같은 다른 내용 영역에서 종종 꽤 유사한 뚜렷한 패턴을 보여 준다. 더 놀라운 것은 이 사진이 확대되면서 특정한 패턴이 반복된다는 것이다. 가장 유명한 예는 [사진 1.1]과 [사진 1.2]에 나와 있는 '망델브로 버그(Mandlebrot Bug)'이다. [사진 1.2]는 단순히 [사진 1.1]의 일부분을 확대한 것이다. [사진 1.1]의 왼쪽 하단 모서리에 있는 작은 상자를 확대하여 [사진 1.2]의 왼쪽 상단 모서리에 상자를 만든다. 이 상자 안의 작은 상자는 오른쪽 아래에 '버그'가 다시 나타나는 것을 포함하여 [사진 1.2]의 더 큰 부분을 만들기 위해 차례로 확대된다. 결론은 매우 복잡한 자료[구름(clouds) 형성에 일어날 수 있는 변화를 예측하려고 시도한다고 생각해 보라.]에서도 시간이 지남에 따라 패턴을 찾을 수 있거나 현상의 규모가 커질 때 예측 가능성이 존재한다는 것이다.

교육연구에의 시사점

이 간략한 소개가 20세기 동안 과학에서 세 번째 혁명(상대성이론과 양자역학의 발견이 처음 두 가지임)이라고 불리는 것에 대한 여러분의 관심을 자극하였을 뿐만 아니라, 교육연구를 위한 어떤 시사점으로 보는 것을 이해하는 데 도움이 되기를 바란다. 이러한 시사점은 무엇인가?[2)]

만약 혼돈이론이 맞다면, 사회과학은 고사하고 교육에서 널리 일반화될 수 있는 규칙이나 법칙을 발견하는 것이 어려운 것은 개념과 이론이 부적절하거나 정확한 측정과 방법론이 불충분하기 때문이 아니라, 단순히 세상에 대한 피할 수 없는 사실일 수도 있다. 또 다른 시사점은 우리가 발견한 어떤 '법칙'도 적용 가능성이 심각하게 제한될 수 있다는 것이다. 만약 그렇다면, 혼돈이론은 연구자가 지역 수준(교실, 학교, 기관)의 주제에 집중하도록 지원하고, 시간이 지남에 따라 그러한 법칙이 유지되는지 알아보기 위해 반복적인 연구를 할 수 있도록 지원한다.

또 다른 시사점은 교육자가 그러한 예를 사소하거나 부수적이거나 '오류'로 취급하기보다는 예외적이거나 특이한 것에 대한 집중적인 연구에 더 주의를 기울여야 한다는 것이다. 그러나 또 다른 시사점은 연구자가 더 큰 규모의 예측 가능성, 즉 더 큰 단위의 시간에 걸쳐 개인이나 집단에서 패턴을 찾는 것에 초점을 맞추어야 한다는 것이다. 이는 현재 일반적인 단기조사보다는 장기연구에 더 중점을 둘 것을 시사한다.

놀랄 것도 없이 혼돈이론에는 비판론자가 있다. 교육에서 비판은 이론 자체에 대한 것이 아니라, 이론의 잘못된 해석과 그것의 잘못된 적용으로 인한 것이다.[3)] 혼돈이론가들은 모든 것이 혼돈이라고 말하지 않는다. 정반대로, 그들은 우리가 혼돈 현상에 더 주의를 기울이고 예측 가능성에 대한 개념을 수정해야 한다고 말한다. 동시에 중력의 법칙은 덜 확실하고, 교육에 있어서 많은 일반화를 하기 때문에 여전히 타당하다.

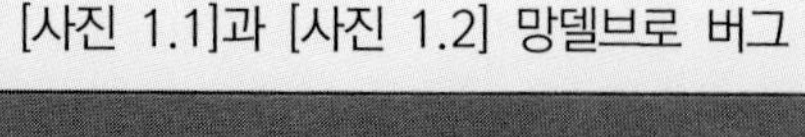
[사진 1.1]과 [사진 1.2] 망델브로 버그

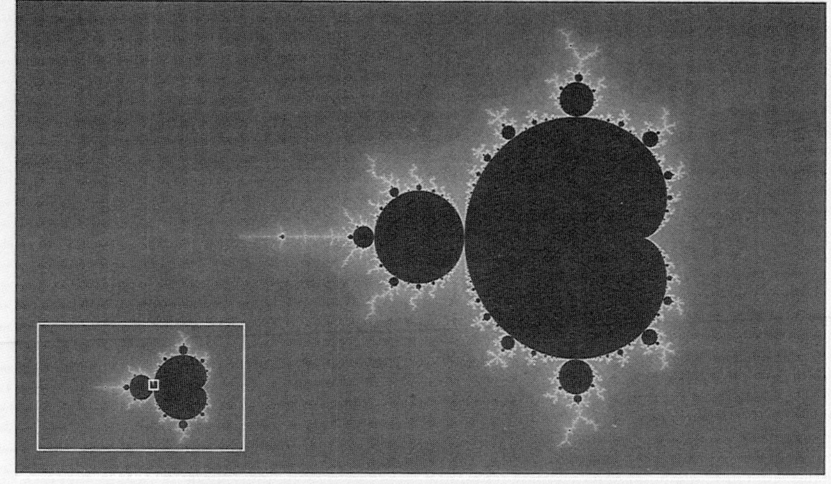

(상단) 망델브로 버그 ©iserp/Shutterstock RF; (하단) 망델브로 프랙탈 ©Science Photo Library/Alamy Stock Photo RF; (내부) 수학적 프랙탈 구조 ©wancl/123rf

하기 위한 수단이거나 그 수단이었다고 결론지을 수도 있지만, 이것 또한 틀릴 수도 있다.

여러 연구에서 문제나 현상에 대한 몇 가지 가능한 설명이 있다. 이것은 **가설**(hypothesis)이라고 불리며, 조사의 어느 단계에서나 발생할 수 있다. 일부 연구자는 연구 시작 부분에서 가설(예를 들어, "학생이 플립드수업보다 강의수업에 덜 집중한다.")을 언급한다. 다른 경우에는 연구가 진행되면서 가설이 도출되기도 하는데, 때로는 수집된 정보를 분석하고 해석할 때도 그렇다. 어떤 과학자는 인신공양의 예가 그러한 사회가 다른 문화와 접촉한 후에 더 흔한 것처럼 보인다는 것을 발견하여, "인신공양은 전통적인 관

---

2) 심리학 분야에서 보다 광범위한 시사점에 대해 알고 싶으면, Duke, M. P. (1994). Chaos theory and psychology: Seven propositions. *Genetic, Social and General Psychology Monographs, 120*, 267–286.을 참고하라.

3) Hunter, W., Benson, J., & Garth, D. (1997). Arrows in time: The misapplication of chaos theory to education. *Journal of Curriculum Studies, 29*, 87–100.을 참고하라.

습이 위협받을 때 일어날 가능성이 더 높다."와 같은 가설을 제시할 수 있다.

이 책의 저자들은 과학적 연구의 두 가지 중요한 특징인 사고의 자유(freedom of thought)와 공개 절차(public procedures)를 강조하고 싶다. 모든 단계에서 연구자는 문제의 집중과 명확화, 정보수집과 분석, 그리고 결과를 해석하는 대안적인 방법에 가능한 한 인간적으로 열려 있어야 한다. 또한 과정은 가능한 한 공개되어야 한다. 내부자집단이 하는 비공개 게임이 아니다. 과학연구의 가치는 관심 있는 사람은 누구나 **복원할 수 있다**(replicated, 즉 반복할 수 있다.)는 것이다.[4]

과학적 방법의 일반적인 순서는 다음과 같다.

- 문제 또는 질문 확인
- 문제 명료화
- 필요한 정보 및 그것을 획득하는 방법 결정
- 정보 조직화
- 결과해석

간단히 말해서, 모든 연구의 본질은 호기심, 즉 어떤 사람은 왜 그렇게 일하는지, 그리고 왜 그 사람은 다른 사람보다 일을 더 잘 하는지 아닌지를 포함하여, 일들이 어떻게 그리고 왜 일어나는지 알아내려는 욕망에서 비롯된다.

과학에 대한 일반적인 오해는 특정한 질문에 대한 고정된, 확실한 답이 있다는 생각을 조장한다. 이는 매우 복잡한 문제에 대해 일반적이지만 유감스러운, 지나치게 단순화된 해결방안을 수용하고 엄격하게 고수하는 경향에 기여한다. 확실성은 매력적이지만 과학의 근본적인 전제와는 모순된다. 새로운 아이디어와 새로운 증거에 대한 수정이 필요할 경우, 모든 결론은 잠정적이며 변경될 수 있다. 학부모, 행정가, 교사, 정치인의 최종 답변에 대한 요구가 종종 강할 수 있기 때문에, 교육연구자는 특히 이것을 명심해야 한다. 과학이 어떻게 변화하는지 보여 주는 사례는 앞의 [연구심화]에 나와 있다.

수년 동안, 서양 문화에서는 다른 모든 종류의 정보보다 과학적인 정보를 중시하는 경향이 강했다. 최근 몇 년 동안 점점 이러한 관점의 한계가 더 인식되고 논의되고 있다. 우리는 교육에서 과학적 방법뿐만 아니라, 적어도 앎의 다른 방법이 고려되어야 한다고 주장할 것이다.

앞에서 살펴본 바와 같이, 우리 주변의 세계에 대한 정보를 수집하는 많은 방법이 있다. [그림 1-1]은 이러한 몇 가지 앎의 방법을 보여 준다.

---

4) 이것은 어떤 연구를 복원하는 것이 간단한 문제라는 것을 의미하지 않는다. 자원과 훈련이 필요할 수 있으며, 원래 했던 것과 정확히 같은 방식으로 연구를 반복하는 것은 불가능할 수 있다. 그러나 중요한 원리는 (사적인 경험과 반대되는) 공개 증거가 믿음의 기준이라는 것이다.

[그림 1-1] 앎의 방법

연구유형

우리 모두는 공식적인 연구의 특징 중 일부를 가지고 있는 행동에 참여하지만, 그 당시에는 아마 이것을 깨닫지 못하였을 것이다. 우리는 새로운 교수법, 새로운 자료, 새로운 교과서를 시도한다. 우리는 올해 했던 것과 작년에 했던 것을 비교한다. 교사는 종종 학생과 동료에게 학교와 교실 활동에 대한 그들의 의견을 묻는다. 상담사는 학교활동에 대해 학생, 교수진, 학부모를 인터뷰한다. 행정가는 교직원이 다양한 질문에 대해 어떻게 느끼는지 측정하기 위해 정기적인 회의를 개최한다. 학교이사회는 관리자, 관리자는 교사, 교사는 학생과 서로 질의한다.

우리는 관찰하고, 분석하고, 질문하고, 가설을 세우고, 평가한다. 그러나 우리는 이러한 것을 체계적으로 하지 않는다. 통제된 조건에서 관찰되는 경우는 거의 없다. 도구가 생각하는 것만큼 정확하고 신뢰할 수 있기는 드물다. 다양한 연구기법과 방법론을 우리 마음대로 사용하는 경우는 거의 없다.

연구(research)라는 용어는 어떤 종류의 "어떤 분야의 지식에서 주의깊고, 체계적이며, 인내하는 연구

(study)와 조사(investigation)"를 의미할 수 있다.[5] 기초연구에 종사하는 연구자들은 특정 교육 실제의 효과를 조사하는 데 특별히 관심이 없다. 기초연구(basic research)의 예로는 Erickson의 심리학적 발달 이론의 하나 또는 그 이상의 단계를 다듬으려는 시도가 있다. 반면에, 응용연구(applied research)는 특정 교육 실제의 효과를 조사하는 데 관심이 있다. 응용연구에 종사하는 연구자들은 특정 이론이 실제 환경에서 유용한 정도를 조사하고 **싶을 수도 있고 그렇지 않을 수도 있다**(may or may not). 예를 들어, 아동이 어떻게 읽기를 배우는지에 대한 특정한 이론이 독자가 아닌 1학년 학생에게 적용될 수 있는지 알아내기 위한 연구자의 시도가 있을 수 있다. 많은 연구는 두 종류의 연구를 결합한다. 성격이론을 테스트하면서 특정 교사 행동이 학생에게 미치는 영향을 조사하는 연구가 그 예다.

많은 연구방법론이 연구의 틀에 들어맞는다. 만약 우리가 이러한 연구방법론을 적절한 곳에서 더 많이 사용하는 방법을 배우고 연구 노력에 더 많은 지식을 가질 수 있다면, 우리는 교육적 결정의 기초가 되는 더 신뢰할 수 있는 정보를 얻을 수 있을 것이다. 따라서 우리가 사용할 수 있는 몇 가지 연구방법론을 살펴보자. 제4부와 제5부에서는 각각에 대해 더 자세히 설명한다.

양적, 질적 및 혼합방법연구

또 다른 차이점은 양적 연구(quantitative research)와 질적 연구(qualitative research)의 차이를 포함한다. 이 두 가지 유형의 연구 간의 기본적인 차이점은 제18장에서 더 자세히 논의하겠지만, 여기에서는 간략한 개요를 제공한다. 가장 간단한 의미에서 양적 자료는 주로 숫자를 다루는 반면, 질적 자료는 주로 단어를 포함한다. 그러나 이것은 너무 간단하고 개괄적이다. 양적 방법과 질적 방법은 연구목적 자체, 연구자가 활용하는 방법, 수행하는 연구의 종류, 연구자의 역할, 일반화가 가능한 정도에 대한 가정이 다르다.

양적 연구자들은 보통 연구를 세계는 주의깊은 연구에 의해 근접할 수 있는 **단일실재**(single reality)라는 믿음에 기초한다. 반면에, 질적 연구자들은 세계는 **다중실재**(multiple reality)로 구성되어 있으며, 같은 상황에 대한 다른 개인관에 의해 사회적으로 구성된다고 가정할 가능성이 높다.

연구의 목적과 관련하여, 양적 연구자는 변수 간의 관계를 정립하고 그러한 관계의 **원인**(causes)을 찾고 설명하기도 한다. 반면에, 질적 연구자는 연구참여자의 입장에서 상황과 사건을 이해하는 데 더 신경을 쓴다. 따라서 연구참여자는 종종 연구과정 자체에 직접적으로 관여하는 경향이 있다.

양적 연구는 연구자의 연구를 안내하는 단계의 일반적인 공식화에 대해 널리 합의되었다. 양적 연구설계는 **사전 설정되는**(preestablished) 경향이 있다. 그러나 질적 연구자는 자신이 사용하는 전략과 기술, 그리고 전반적인 연구과정 자체에서 훨씬 더 큰 유연성을 가지고 있다. 설계는 연구과정에서 드러나는(emerging) 경향이 있다.

양적 연구에서 이상적인 연구자의 역할은 **분리된**(detached) 관찰자의 역할인 반면, 질적 연구자는 연구를 수행하는 상황에 **몰입하는**(immersed) 경향이 있다. 양적 전통의 원형적인 연구는 실험(experiment)이며, 질적 연구자에게는 문화기술지(ethnography)이다.

마지막으로, 대부분의 양적 연구자는 즉각적인 상황이나 특정 환경을 초월하는 일반화를 확립하기를

---

5) Research. (1984). *Webster's new world dictionary of the American language* (2nd ed., p.1208). Simon and Schuster.

원하는 반면, 질적 연구자는 특정 상황을 넘어 일반화하려고 하지 않고 독자에게 적용 가능성을 평가하도록 맡기는 경우가 많다. 따라서 일반화할 때, 일반화는 대개 범위가 매우 제한적이다.

물론, 방금 설명한 많은 차이점이 절대적인 것은 아니다. 때때로 연구자들은 같은 연구에서 질적 접근방법과 양적 접근방법을 모두 사용할 것이다. 이러한 종류의 연구를 혼합방법연구(mixed-methods research)라고 한다. 여러 방법을 사용하여 연구자가 한 가지 접근방법보다 훨씬 더 많은, 다양한 종류의 자료를 수집 · 분석할 수 있다는 것이 장점이다. 혼합방법연구는 한 가지 접근방법을 다른 접근방법보다 강조하거나 각각의 접근방법을 거의 동일한 무게로 제시할 수 있다.

예를 들어, 설문조사에서는 양적 분석에 도움이 되는 폐쇄형 질문(예: 다른 유형의 응답비율을 계산하는 것과 같은)과 질적 분석을 허용하는 개방형 질문(예: 인터뷰대상자의 특정 질문에 대한 답변과 연구자의 추가 질문을 통해 자신의 생각을 정교화하고 설명하도록 유도하는 것과 같은)을 사용하는 것이 보통이다.

제23장에서 볼 수 있는 바와 같이, 양적 방법과 질적 방법을 모두 사용하는 연구가 보편화되고 있다.

실험연구

과학적 방법 중 가장 확실한 것은 실험연구(experimental research)이다. 연구자가 실제로 다른 처치방법을 정립한 뒤 그 효과를 연구하기 때문에, 이러한 유형의 연구결과는 가장 명확한 해석으로 이어질 가능성이 높다.

역사교사가 다음 질문에 관심이 있다고 가정해 보자. 학생들에게 민주주의나 식민주의와 같은 중요한 개념을 가장 효과적으로 가르칠 수 있는 방법은 무엇인가? 교사는 역사적 개념의 학습을 촉진하는 데 있어서 둘 이상의 교수방법[보통 **독립변수**(independent variable)라고 함]의 효과를 비교할 수 있다. 교사는 학생들에게 대조적인 형태의 역사교수(예: 탐구 대 프로그래밍 단원)를 체계적으로 할당한 후, 학생들의 개념적 지식을 검사함으로써 대조적인 방법의 효과를 비교할 수 있다. 각 집단의 학생 학습은 객관적인 검사나 다른 측정장치로 평가될 수 있다. 검사의 평균점수[보통 **종속변수**(dependent variable)라고 함]가 다를 경우 다양한 방법의 효과를 어느 정도 파악할 수 있다. [그림 1-2]와 같이, 결과를 보여 주기 위해 간단한 그래프로 표시할 수 있다.

[그림 1-2] 실험연구 결과의 예: 역사시험점수에서 교수방법의 효과[6]

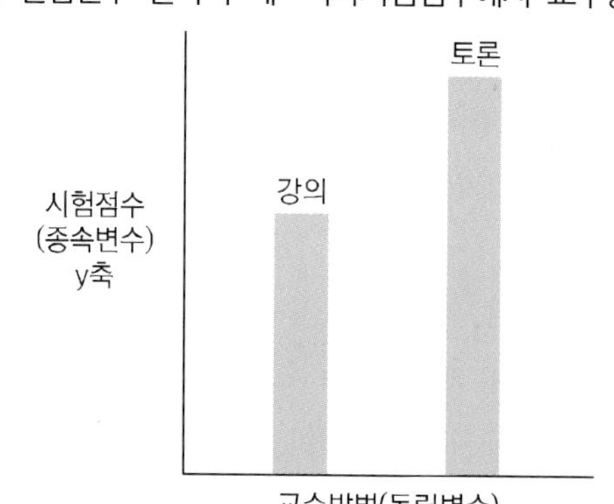

---

6) [그림 1-2]에 표시된 것을 포함하여, 이 책 전체에 제시된 자료의 많은 예는 실제 자료가 표시될 때 출처를 나타내는 가상의 자료이다.

가장 간단한 실험에서, 두 가지 대조적인 방법을 비교하고, 조사 중인 결과에 영향을 미칠 수 있는 학생 능력수준, 나이, 성적수준, 시간, 자료 및 교사 특성과 같은 다른 모든 (즉각적인) 변수에 대해 통제하려고 시도한다. 이러한 통제 방법에는 동일하거나 밀접하게 연관된 기간 동안 수업을 진행하는 것, 두 집단에서 동일한 자료를 사용하는 것, 나이와 학년수준의 학생들을 비교하는 것 등이 포함될 수 있다.

물론, 다양한 처치집단에 개인을 배정하는 것에 대해 가능한 한 많은 통제권을 가지기를 원한다. 그러나 대부분의 학교에서 학생들을 처치집단에 체계적으로 배정하는 것은 불가능하지는 않더라도 달성하기 어렵다. 그럼에도 불구하고, 유용한 비교는 여전히 가능하다. 같은 학교에 있는 두 개 이상의 온전한 역사수업에서 서로 다른 교수방법(예: 강의와 플립드수업)이 학생의 성취도 또는 태도에 미치는 영향을 비교할 수 있다. 측정 대상과 관련하여 학급 간에 차이가 존재하는 경우, 이 결과는 차이의 정확한 원인이 다소 의심스럽더라도 두 방법을 비교하는 방법을 제시할 수 있다. 이러한 유형의 실험연구는 제13장에서 논의한다.

실험연구의 또 다른 형태인 단일대상연구(single-subject research)는 시간이 지남에 따라 단일 개인(또는 단일집단)에 대한 집중적인 연구를 포함한다. 이러한 설계는 특히 직접 관찰을 통해 특별한 특성을 가진 개인을 연구할 때 적합하다. 우리는 이러한 유형의 연구를 제14장에서 논의한다.

상관연구

또 다른 유형의 연구는 둘 이상의 변수 간의 관계를 확인하고 원인과 결과에 대한 영향을 탐구하기 위해 수행된다. 이것은 상관연구(correlational research)라고 불린다. 이러한 유형의 연구는 우리가 더 지능적인 예측을 하도록 도울 수 있다.

예를 들어, 수학교사는 어떤 종류의 사람들이 대수학(algebra)을 배우는 데 어려움을 겪을지 예측할 수 있는가? 만약 우리가 이와 관련하여 꽤 정확한 예측을 할 수 있다면, 아마도 우리는 교사가 그러한 개인을 돕기 위해 사용할 몇 가지 교정적인 조치를 제안하여 많은 수의 '대수학혐오자'가 만들어지지 않도록 할 수 있을 것이다.

이것을 어떻게 하는가? 첫째, 우리는 대수학에서의 성취도와 관련이 있다고 생각하는 학생들에 대한 다양한 정보를 모아야 한다. 그러한 정보는 대수학 학습과 논리적으로 관련된 많은 과제에 대한 해당 학생의 수행(컴퓨팅 기술, 단어문제해결능력, 수학개념의 이해 등과 같은), 언어능력, 학습습관, 배경의 측면, 수학 강좌와 수학교사와의 초기 경험, 수강한 수학 교과목의 수와 종류, 그리고 수학을 잘하는 학생들과 잘하지 못하는 학생들이 어떻게 다른지 짐작할 수 있는 다른 것을 포함할 수 있다.

그러한 다음, 자료를 검정하여 이러한 특징의 일부 또는 전부와 대수학의 후속 성공 간에 관계가 있는지 확인한다. 아마도 대수학에서 더 잘하는 사람은 계산능력이 더 좋거나 자아존중감이 더 높거나 교사의 관심을 더 많이 받을 것이다. 그러한 정보는 대수학 수업에서 특정 유형 학생들의 학습 어려움의 가능성을 더 정확하게 예측하는 데 도움을 줄 수 있다. 그것은 심지어 학생들이 더 잘 배우도록 도울 수 있는 구체적인 방법을 제안할 수도 있다.

간단히 말해서, 상관연구는 어떤 유형의 하나 이상의 관계가 존재하는 정도를 조사하고자 한다. 이 접근방법은 원하는 자료를 수집하는 데 필요한 도구를 실행하는 것 외에 연구자 측의 조작이나 개입을 필요로 하지 않는다. 일반적으로 이러한 유형의 연구는 어떤 식으로든 변경하려고 하지 않고 자연적으로 발생하는 현상 간에 존재할 수 있는 관계를 찾고 설명하기 위해 수행된다. 상관관계에 대한 연구에 대해서는 제15장에서 더 자세하게 논의한다.

인과-비교연구

또 다른 유형의 연구는 집단 간 차이의 원인이나 결과를 파악하기 위한 것이다. 이것은 인과-비교연구(causal-comparative research)라고 불린다. 교사가 한부모 가정의 학생이 양부모 가정의 학생보다 자신의 교과목에서 더 잘하지 못하는지 여부를 확인하려고 한다고 가정해 보자. 이 질문을 실험적으로 조사하기 위해, 교사는 체계적으로 두 집단의 학생을 선정하고, 각각을 한부모 또는 양부모 가정에 배정할 것이다. 그러나 이는 명백히 불가능하다(비윤리적인 것은 말할 것도 없다!).

인과-비교 설계를 사용한 이 질문을 검정하기 위해, 교사는 성취도에 차이가 있는지를 확인하기 위해 이미 한 가족 또는 다른 유형의 가족에 속한 두 집단의 학생을 비교할 수 있다. 집단이 서로 다르다고 가정해 보자. 교사는 가정환경의 차이가 성취도의 차이를 초래했다고 확실히 결론지을 수 있는가? 그렇지 않다. 교사는 차이가 존재한다고 결론지을 수는 있지만, 무엇이 그 차이를 발생시켰는지 확실히 말할 수는 없다.

연구논쟁

어떤 연구방법이 다른 연구방법보다 더 선호되어야 하는가?

몇몇 연구자[7]는 미국 교육부가 실험연구가 유일한 것은 아니더라도 가장 존경할 만한 연구 형태이며 과학이라고 불릴 만한 유일한 연구라는 좁은 관점에 편견을 보이고 있다고 우려를 표명했다. 이러한 선호는 학교 프로그램과 교육연구의 자금지원에 모두 영향을 미친다. "연방정부가 과학에 대한 특정한 관점을 지지하지만 다른 것을 거부할 때 우리는 얼마나 겁을 먹어야 하는가?"[8]

따라서 연구자는 특정 요인이 관찰된 행동의 원인인지 결과인지 단정적으로 말할 수 없기 때문에, 인과-비교연구의 해석은 제한적이다. 제시된 예에서 교사는 두 집단 간의 인식된 성취도의 차이가, ① 가정 상황의 차이 때문인지, ② 학부모 상태의 차이 때문인지, ③ 확인되지 않은 요인이 작용하는지 확신할 수 없다. 그러나 해석의 문제에도 불구하고, 인과-비교연구는 학생의 행동패턴에서 관찰된 변화의 가능한 원인을 확인하는 데 가치가 있다. 이 점에서 상관연구와 매우 유사하다. 우리는 제16장에서 인과-비교연구를 논의한다.

조사연구

또 다른 유형의 연구는 집단의 특정 특성(characteristics)을 결정하기 위한 자료를 수집한다. 이것은 조사연구(survey research)라고 불린다. 교직원이 자신의 행정정책에 대해 어떻게 느끼는지 알고 싶어 하는 한 고등학교 교장선생님의 사례를 들어 보자. 교직원은 교장선생님의 정책에 대해 어떤 점을 좋아하는

7) Berliner, D. C. (2002). Educational research: The hardest science of all. *Educational Researcher, 31*(8), 18-20; Erickson, F. E., & Gutierrez, K. (2002). Culture, rigor, and science in educational research. *Educational Researcher, 31*(8), 21-24.

8) St. Pierre, E. A (2002). Science rejects postmodernism. *Educational Researcher, 31*(8), 25.

가? 그들은 무엇을 싫어하는가? 그 이유는 무엇인가? 그들은 어떤 정책을 가장 좋아하거나 가장 싫어하는가?

이러한 종류의 질문은 집행부의 행정정책에 대한 교직원의 태도를 측정하는 다양한 조사기법을 통해 가장 잘 답할 수 있다. **기술적인 조사**(descriptive survey)는 우편, 전화, 또는 직접 다수의 개인에게 동일한 질문(종종 서면 질문지 또는 능력검사의 형태로 준비됨)을 하는 것을 포함한다. 일련의 질문에 대한 답변을 직접 요청하면, 이러한 연구를 **인터뷰**(interview)라고 부른다. 그런 다음, 응답은 표로 작성되고 보고되며, 보통 각 질문에 대해 특정한 방식으로 답하는 사람의 빈도 또는 백분율 형태로 보고된다.

조사연구에 수반되는 어려움은 크게, ① 질문이 명확하고 오해의 소지가 없도록 하기, ② 응답자가 사려 깊고 정직하게 질문에 답하도록 하기, ③ 의미 있는 분석을 할 수 있도록 충분한 수의 질문지를 작성 및 반환하기 세 가지이다. 설문조사의 큰 장점은 상당히 많은 표본의 개인으로부터 얻은 많은 정보를 제공할 수 있는 잠재력이 있다는 것이다.

특정 조사질문에 대한 자세한 내용이 필요한 경우, 교장선생님(또는 다른 사람)이 교직원과 개별 인터뷰를 수행할 수 있다. 인터뷰(질문지에 비해)의 장점은 개방형 질문(어느 정도 길이의 응답이 필요한 질문)을 보다 확실하게 사용할 수 있고, 특별한 관심사나 가치가 있는 질문을 심층적으로 물을 수 있으며, 후속 질문을 할 수 있고, 불분명한 문항을 설명할 수 있다는 것이다. 우리는 제17장에서 조사연구에 대해 논의한다.

문화기술지적 연구

지금까지 제시된 모든 사례에서, 질문에는 지식, 태도 또는 의견 등이 **얼마나 잘**(how well), **얼마나 많이**(how much), **또는 얼마나 효율적으로**(how efficiently) 존재하거나 개발되고 있는지 등이 포함된다. 그러나 연구자들은 때때로 이러한 질문에 대한 답변보다 더 완벽한 교육의 과정(process)을 얻고자 할 수 있다. 그렇게 할 때, 어떤 형태의 **질적 연구**(qualitative research)가 요구된다. 질적 연구는 방법과 기본철학 모두에서 이전의 (양적) 방법론과 다르다. 제18장에서는 두 가지 접근법을 조정하려는 최근의 노력과 함께 이러한 차이점을 논의한다.

체육교과목을 생각해 보자. 체육교사들은 자신의 교과목을 어떻게 가르치는가? 그들은 일과 중에 어떤 일을 하는가? 학생들은 무엇을 하는가? 어떤 활동에 참여하는가? 체육수업에서 어떤 명시적이고 암묵적인 게임의 규칙이 학습과정을 돕거나 방해하는 것 같은가?

이러한 우려에 대한 통찰력을 얻기 위해 문화기술지적 연구(ethnographic study)를 수행할 수 있다. 이러한 유형의 연구는 개인과 관련된 다른 사람을 관찰하고 인터뷰함으로써 개인의 일상적인 경험을 기록하거나 묘사하는 데 중점을 둔다. 예를 들어, 초등학교 교실은 가능한 한 정기적으로 관찰될 수 있고, 관련된 학생과 교사들은 그 교실에서 일어나는 일을 가능한 한 풍부하고 완전하게 묘사하기 위해 인터뷰를 할 수 있다. 기술(descriptions)[더 나은 단어는 **묘사**(portrayals)일 수 있음]은 교실의 사회적 분위기를 학생들의 지적이고 감정적인 경험, 교사가 다른 인종이나 성별 또는 능력을 지닌 학생들을 향해 행동하고 반응하는 방식, 수업의 '규칙'이 어떻게 학습되고 수정되며 실행되는가, 교사와 학생들에 의해 물어진 질문 등으로 묘사할 수 있다. 자료는 교실 활동에 대한 학생들의 상세한 산문체의 기술, 교사-학생회의의 녹음파일, 교실 토론 비디오, 교사 수업계획 및 학생 활동의 예, 교실에서의 '권력' 관계를 묘사하는 소시오그램, 특정 유형의 논평의 방향과 빈도(예: 교사와 학생이 서로 질문하는 유형, 서로 다른 유형이 생성하는 응답)를 보여 주는 순서도를 포함할 수 있다.

문화기술지적 연구 외에도, 질적 연구에는 **역사연구(historical research)**(제22장 참고)와 그 외 자주 사용되지 않는 다른 접근방법이 포함된다. 예를 들어, Casey[9]는 열여덟 가지 유형의 '말하기' 방법을 확인했다. 제18장에서는 이 중 가장 독특한 네 가지를 논의한다. 여기에는 연구자가 개인의 삶에서 중요한 경험에 초점을 두고 그 사람과 상호작용하여 의미와 해석을 명확히 하는 **전기(biography)**(예: 고등학교 교장선생님의 진로에 대한 연구)가 포함된다. **현상학(phenomenology)**에서, 연구자는 특정 현상(학교이사회 갈등 등)에 초점을 맞추고 연구참여자와 심층인터뷰를 통해 자료를 수집한 뒤 인식에 공통점이 무엇인지 파악한다. 세 번째 접근법은 사례연구(case study)로, 단일 개인, 집단 또는 중요한 사례를 광범위하게 연구하고 다양한 자료를 수집하여 특정 사례(예: 특정 교육위원회)에 적용할 수 있는 해석을 공식화하거나 유용한 일반화를 제공하기 위해 사용한다. 마지막으로, **근거이론(grounded theory)**은 원시(raw) 자료와 자료에서 나오는 연구자의 해석 간의 지속적인 상호작용(interplay)을 강조한다. 주요 목적은 자료로부터 이론을 귀납적으로 개발하는 것이다(예: 인터뷰와 다른 유형의 자료로 시작하는 특정 학교의 교사 사기 연구).

역사연구

여러분은 아마 이미 역사연구(historical research)에 익숙할 것이다. 이러한 유형의 연구에서는 그 시대의 문서를 숙독하거나 그 시대에 살았던 개인을 인터뷰하는 방식으로 과거의 일부 측면을 연구한다. 그 후, 그 기간 동안 무슨 일이 일어났는지 가능한 한 정확하게 재구성하고 왜 그랬는지 설명하려고 한다.

예를 들어, 대도시 교육지원청[10]의 교육과정 코디네이터는 K−12 학년을 위한 사회과목 교육과정에 포함되어야 하는 것에 대해 과거에 어떤 종류의 논쟁이 있었는지 알고 싶을 수 있다. 해당 코디네이터는 다양한 사회학과 다른 교육과정이론가들이 이 주제에 대해 가술한 것을 읽고 그들의 입장을 비교할 수 있었다. 역사연구에서 주요한 문제는 그 문서나 개인이 실제로 연구기간 동안 산출되었는지 또는 살았는지를 확인하고, 그것이 확인되면 그 문서나 개인이 말하는 것이 사실인지 확인하는 것이다. 역사연구에 대해서는 제22장에서 더 자세히 논의한다.

실행연구

실행연구(action research)는 두 가지 측면에서 이전의 모든 방법론과 근본적으로 다르다. 첫 번째는 다른 사람, 환경 또는 상황에 대한 일반화가 거의 중요하지 않다는 것이다. 강력한 일반화를 찾는 대신, 실행연구자(종종 전문연구자보다는 교사나 다른 교육전문가)는 자신이 개인적으로 관련된 특정 상황에서 상황을 바꿀 수 있는 정보를 얻는 데 초점을 맞춘다. 예로는 특정 교실에서 학생들의 읽기능력을 향상시키거나, 특정 중학교의 급식실에서 민족 간의 긴장을 완화하거나, 특정 교육지원청에서 특수교육 학생을 위

9) Casey, K. (1995, 1996). The new narrative research in education. *Review of Research in Education, 21*, 211−253.

10) **[역자 주]** 미국의 'school distract'는 일반적으로 '교육구'라고 번역된다. 그러나 우리나라의 경우, '교육구'라는 명칭은 없고, '교육청' 또는 '교육지원청'이 있을 뿐이다. 따라서 이 책에서는 독자의 이해를 돕기 위하여 '교육구'라는 명칭보다 가급적 '교육지원청'으로 번역·사용하되, 맥락에 따라 '교육구' 또는 '교육청'으로도 번역·사용한다.

해 더 나은 방법을 찾는 것이 포함될 수 있다. 따라서 앞에서 논의한 연구방법론 중 어느 것이라도 적절할 수 있다.

두 번째 차이점은 연구참여자[11]가 연구에 적극적으로 개입하는 것(즉, 자료를 수집하는 사람)과 연구 결과에 의해 영향을 받을 가능성이 있는 사람에 주의를 기울이는 것과 관련이 있다. 따라서 실행연구에서 일반적으로 사용되는 용어는 **연구참여자**(participants)나 **이해관계자**(stakeholders)로, '연구팀'의 일부로 연구과정에 직접 참여하려는 의도를 반영한다. 단순히 도구 선택 및 자료수집을 돕는 것에서 연구목적과 질문의 작성을 돕는 등 시작부터 끝까지 연구조사의 모든 측면에 실제로 참여하는 것까지 참여 범위가 다양하다. 우리는 제24장에서 실행연구에 대해 자세히 논의한다.

평가연구

평가대상과 평가목적에 따라 다양한 종류의 평가가 있다. 평가연구(evaluation research)는 보통 **형성**(formative) 또는 **총합**(summative)으로 기술된다. 형성평가(formative evaluation)는 평가되는 연구대상을 개선하기 위한 것이다. 즉, 프로그램이나 기술의 전달과 구현에 관한 품질을 검사함으로써 연구대상을 형성하거나 강화하는 데 도움이 된다. 이와는 대조적으로, 총합평가(summative evaluation)는 연구대상이 결과를 야기했는지 여부를 평가하기 위해 프로그램이나 기술의 전달 후에 일어나는 일을 기술함으로써 연구대상의 효과나 결과를 검토하고자 한다.

형성평가 산출물의 예로는 요구사정 보고서가 있다. 요구사정(needs assessment)은 요구의 범위와 요구를 충족시키는 데 도움이 될 수 있는 것뿐만 아니라 프로그램에 적합한 청중을 결정한다. 총합평가는, ① 프로그램 또는 기술이 구체적으로 정의된 목표 결과에 입증 가능한 영향을 미치는 것으로 나타났는지 여부를 조사하는 결과평가 또는 ② 프로그램이나 기술 전체의 전반적인 영향(의도 또는 의도되지 않음)을 평가하려고 시도하는 영향평가 중 하나로 생각할 수 있다.

평가자는 다양한 종류의 질문을 하고 종종 이를 해결하기 위해 다양한 방법을 사용한다. 예를 들어, 총합평가에서 평가자는 종종 프로그램의 영가설의 인과효과를 평가하기 위해 준실험연구 설계를 사용한다. 프로그램 구현을 검토하는 형성평가에는 기존 자료에 대한 출처 분석, 조사, 인터뷰, 관찰자료 및 초점집단(focus group)도 포함될 수 있다.

모두 가치가 있음

여기에서 간략하게 설명한 각각의 연구방법론은 교육에 있어서 우리에게 가치가 있다는 것을 강조해야 한다. 각각은 우리의 교실과 학교 안에 존재하는 실재와 교사, 상담가, 행정가, 학부모, 학생의 마음과 정서를 탐구하는 서로 다른 방법을 구성한다. 각각은 학교에서 무엇이 진행되고 무엇이 효과가 있는지 이해하기 위해 노력하는 서로 다른 도구를 나타낸다. 이러한 접근방법 중 하나 또는 두 가지를 다른 접근방법보다 우월하다고 고려하는 것은 적절하지 않다. 특정 연구방법론의 효과는 질문하고자 하는 연구 질문의 성격과 특정 조사가 이루어지게 될 구체적인 맥락에 크게 좌우된다. 우리는 가능한 한 여러 가지 관점에서 교육이 어떻게 진행되는지에 대한 통찰력을 얻어야 하고, 따라서 연구를 편협하게 해석하지

11) 현재는 '연구대상(subject)' 대신에 '연구참여자(participants)'가 더 빈번하게 사용되고 있다.

말고 넓게 해석할 필요가 있다.

우리가 아는 한 교육연구는 다양한 질문을 하고, 다양한 방향으로 나아가며, 다양한 연구방법론을 아우르고, 다양한 도구를 사용해야 한다. 서로 다른 연구 지향점, 관점, 목표가 허용되어야 할 뿐만 아니라 장려되어야 한다. 이 책의 목적은 이러한 연구방법론 중 몇 가지를 언제, 어떻게 사용하는지 알아보는 것이다.

디지털시대에 교육연구

통신과 디지털 기술의 발전은 교과목과 정보접근 측면에서 교육연구자들에게 영향을 미쳤다. 컴퓨터 보조수업과 원격학습의 효과를 연구하는 것부터 자료수집을 위해 인터넷기반 조사를 사용하는 것까지 기술은 교육연구에 계속해서 큰 영향을 미치고 있다. 이러한 역동적인 변화와 함께, 학생과 교직원 모두에게 중요한 교수·학습 쟁점 역시 마찬가지이다. 일부 사례에는 전자정보 검색기술 개발 및 온라인 자원 평가를 위한 중요 평가전략이 포함된다. 제3장에서는 전자 또는 종이/인쇄 형식으로 관련 자원을 찾기 위해 전자, 수동 또는 하이브리드 검색을 수행하는 접근방식을 논의하고, 다양한 유형의 자원을 비판적으로 평가하기 위한 지침을 제공한다. 제17장에서는 연구자와 학생 간에 점점 인기 있는 자료수집 방식인 인터넷기반 설문조사의 장단점에 대해 논의한다.

일반적인 연구유형

우리가 기술한 다양한 연구방법론을 하나 이상의 일반적인 연구범주(기술, 연관 또는 중재 유형 연구)에 포함시켜 고려하는 것이 유용하다.

기술연구

기술연구(descriptive studies)는 주어진 상황을 가능한 한 완전하고 신중하게 기술한다. 기술연구의 가장 좋은 예 중 하나는 식물학과 동물학에서 발견되는데, 식물과 동물 각각의 종류가 꼼꼼하게 기술되고 정보가 유용한 분류학적 범주로 정리된다.

교육연구에서 가장 일반적인 기술연구방법론은 연구자가 개인이나 집단의 특성(능력, 선호도, 행동 등) 또는 (때로는) 물리적 환경(학교 등)을 요약할 때처럼 설문조사(survey)이다. 문화기술지적 연구방법론 및 역사연구방법론과 같은 질적 접근방법도 본질적으로 주로 기술된다. 교육에서 기술연구의 예로는 다양한 학생집단의 성취도를 확인하는 것, 교사, 행정가, 또는 상담가의 행동을 기술하는 것, 학부모의 태도를 기술하는 것, 그리고 학생의 신체적 능력을 설명하는 것을 포함한다. 현상에 대한 설명은 모든 연구 노력의 출발점이다. 그러나 연구자 대부분이 사람과 사물에 대한 보다 더 완전한 이해를 원하기 때문에 기술연구는 그 자체로 매우 만족스럽지 않다. 이를 위해서는 현상의 다양한 측면과 그 상호관계에 대한 보다 상세한 분석이 필요하다. 예를 들어, 생물학의 발전은 기술(descriptions)의 범주화와 이 범주 간의 관계에 대한 후속적인 결정의 결과로 나타났다.

연관연구

교육연구자들은 또한 단순히 상황이나 사건을 묘사하는 것 이상을 하기를 원한다. 예를 들어, 성취도의 차이가 교사 행동, 학생의 식단, 학생의 관심사 또는 학부모의 태도와 어떻게 관련이 있는지 알고자 한다. 연구자들은 이러한 가능한 관계를 조사함으로써 현상을 보다 더 완전하게 이해할 수 있다. 더 나아가 관계의 확인은 예측을 가능하게 한다. 예를 들어, 연구자가 학생의 관심이 성취도와 관련이 있다는 것을 안다면, 그는 특정 교과목에 더 관심이 있는 학생이 관심이 별로 없는 학생보다 해당 교과목에서 더 높은 성취도를 보여 줄 것이라고 예측할 수 있다. 관계를 조사하는 연구는 종종 연관연구(associational research)라고 불린다. 상관 및 인과-비교연구방법론은 연관연구의 주요 예이다. 다른 예로는, ① 성취도와 태도, 유년기 경험과 성인 특성, 또는 교사의 특성과 학생 성취도 간의 관계(모두 상관연구)와, ② 교수방법과 성취도 간의 관계(각 교수방법으로 학습한 학생 비교) 또는 성별과 태도 간(남자와 여자의 태도)(두 가지 모두 인과-비교연구)의 관계에 관한 연구를 들 수 있다.

연관연구는 유용하기는 하지만, 연구자가 결과에 영향을 미치거나 결과를 바꾸기 위해 "무엇을 하는" 것을 허용하지 않기 때문에 그것 역시 궁극적으로 만족스럽지 못하다. 단순히 학생의 관심이 성취도를 예측하는 것이라고 해서 관심이나 성취도를 어떻게 바꾸거나 개선할 수 있는지는 알 수 없지만, 관심을 증가시키는 것이 성취도를 증가시킴을 시사한다. 연구자는 한 가지가 다른 무언가에 영향을 미칠지를 알아내기 위해 어떤 형태의 중재연구(intervention study)를 수행할 필요가 있다.

중재연구

중재연구(intervention studies)에서 특정 방법이나 처치는 하나 이상의 결과에 영향을 미칠 것으로 예상된다. 이러한 연구를 통해 연구자는 다양한 교육방법, 교육과정모형, 교실 배치 및 개인이나 집단의 특성에 영향을 미치는 기타 노력의 효과를 평가할 수 있다. 중재연구는 이론적 예측을 확인(예를 들어, 추상적인 개념이 어린 아동에게 가르쳐질 수 있다는 것을 확인)함으로써 일반 지식에도 기여할 수 있다. 중재연구에 사용되는 주요 연구방법론은 실험이다.

몇몇 유형의 교육연구는 이 세 가지의 일반적인 접근방법을 결합할 수 있다. 역사, 문화기술지적 및 기타 질적 연구방법론은 본질적으로 주로 기술적(descriptive)이지만, 때때로 조사자가 관계를 조사하면 연관성이 있을 수 있다. 시간 경과에 따른 대학 입학 요건과 수학에서의 성취도 간의 관계를 조사하는 기술적 역사연구도 연관적(associational)이다. 도심 속 고등학교의 일상 활동을 상세히 기술하고, 언론의 관심과 교사의 사기 간의 관계를 찾는 문화기술지적 연구는 기술적이고 연관적이다. 상이한 교수방법이 개념학습과 성별 간의 관계를 보고하는 개념학습에 미치는 영향에 관한 조사는 중재이자 연관 유형 연구의 한 예이다.

메타분석

메타분석(meta-analysis)은 특정 주제에 대한 모든 연구의 위치를 파악한 다음 통계적 수단을 사용하여 이러한 연구의 결과를 종합함으로써 개별 연구의 한계를 줄이려는 시도이다. 제3장에서는 메타분석에 대해 더 자세히 설명한다. 후속 장에서는 다양한 유형의 연구에서 발견될 수 있는 한계를 자세히 살펴본다. 일부는 모든 유형에 적용되는 반면, 다른 일부는 특정 유형에만 적용될 가능성이 더 높다.

연구에 관한 비판적 분석

우리가 방금 설명한 종류의 연구에 종사하는 연구자가 너무 많은 것을 당연하게 여긴다고 느끼는 사람들이 있다. 실제로, 그들은 우리가 살고 있는 세계의 본질에 대해 많은 보증되지 않은 (그리고 보통 근거 없는) 가정을 한다. 이러한 비평가들[일반적으로 비판적 연구자(critical researchers)라고 불림]은 일반적으로 수행되는 교육연구뿐만 아니라 물리학에서 문학에 이르기까지 모든 분야의 탐구에도 많은 철학적 · 언어적 · 윤리적 · 정치적 질문을 제기한다.

개론서에서 이 비평가들이 수년간 제기해 온 많은 주장과 우려를 공정하게 처리하기는 어렵다. 이 책의 저자들이 할 수 있는 것은 그들이 반복적으로 물어본 몇 가지 주요한 질문에 대해 소개하는 것이다.

첫 번째 쟁점은 **실재에 관한 질문**(the question of reality)이다. 철학을 처음 배우는 학생이라면 누구나 잘 알고 있듯이, 어떤 것이 "실제로 존재"하는지 증명할 방법은 없다. 예를 들어, 내가 **연필**(pencil)이라고 부르는 것을 보고 있다는 것을 다른 사람에게 단정적으로 증명할 방법이 없다(예: 다른 사람은 그것을 볼 수 없을 수도 있고, 내가 어디를 보고 있는지 알 수 없을 수도 있다. 나는 꿈을 꾸고 있을 수도 있다). 또한 다른 개인이 동일한 개인, 행동 또는 사건을 상당히 다르게 기술할 수 있다는 것이 쉽게 입증되어 일부 비평가는 실재와 같은 것은 존재하지 않으며, 단지 그것에 대한 개인 (그리고 다른) 인식은 없다는 결론을 이끈다. 이 견해의 한 가지 시사점은 '실제' 세계에 대한 지식을 찾는 것은 실패할 수밖에 없다는 것이다.

우리는 비평가가 말하는 것이 옳다는 것을 인정할 것이다. 어떤 것도 단 한 번에 그리고 완벽하게 '증명'할 수 없으며, 인식이 다르다는 것을 부인할 수 없다. 그러나 실재에 대한 우리의 상식적인 관념이 인류가 많은 문제–심지어 어떻게 인간을 달에 착륙시킬 수 있는지에 대한 문제–를 해결하게 했다고 주장할 것이다.

두 번째 쟁점은 **의사소통에 관한 질문**(the question of communication)이다. 우리가 어떤 것이 '실제'라는 것에 동의할 수 있다고 가정해 보자. 그렇다고 하더라도 이러한 것들을 규명하기 위해 같은 용어를 사용한다는 것을 보여 주는 것은 사실상 불가능하다는 것이 비판론자의 주장이다. 예를 들어, 이누이트 사람은 단어 눈(snow)에 대해 많은 다른 단어가 (그리고 의미가) 있다는 것은 잘 알고 있다. 다르게 표현하면, 우리가 아무리 **신발**(shoe)과 같은 간단한 용어를 신중하게 정의하더라도, 한 사람의 신발이 다른 사람의 신발이 아닐 가능성은 항상 남아 있다[슬리퍼는 신발인가? 샤워실 클로그(shower clog)는 신발인가?]. 만약 언어의 많은 부분이 부정확하다면, 다양한 용어, 사물, 또는 생각이 어떻게 연결되어 있는지를 나타내려는 관계나 법은 어떻게 정확할 수 있는가?

다시 한번, 우리는 동의할 것이다. 사람들은 종종 단어나 구절의 의미에 동의하지 않는다. 그러나 우리는 (대부분의 연구자가 생각하는 것처럼) 서로 다른 사람이 의사소통을 할 수 있고, 따라서 유용한 지식을 습득할 수 있다는 것을 의미하는 단어에 대해 충분히 동의할 수 있도록 용어를 충분히 명확하게 정의할 수 있다고 주장할 것이다.

세 번째 쟁점은 **가치에 관한 질문**(the question of values)이다. 역사적으로 과학자들은 종종 연구를 수행하는 것이 가치가 없다고 주장해 왔다. 그러나 비평가들은 교육연구자가 관련된 주제와 질문을 포함하여 사회과학에서 연구하는 것은 결코 객관적이지 않고 오히려 사회적으로 구성된다고 주장해 왔다. 교실에서의 교사-학생 상호작용, 시험에 대한 학생들의 수행능력, 교사가 묻는 질문, 그리고 교육자에게 많은 다른 질문 및 관심 주제와 같은 것은 허공에 존재하지 않는다. 그것은 사람들이 사는 사회와 시대의 영향을 받는다. 결과적으로, 그러한 주제와 우려는 물론 그것이 어떻게 정의되는지는 그 사회의 가치를 반영할 수밖에 없다. 나아가, 물리학에서도 연구할 문제의 선택과 그 수단은 관련된 연구자들의 가치를 반영한다.

여기에서도 우리는 동의할 것이다. 우리는 대부분의 교육계 연구자가 비판자의 입장의 타당성을 인정할 것이라고 생각한다. 그러나 많은 비판적 연구자는 이러한 시사점이 연구보고서에 충분히 반영되지 않았다고 주장한다. 그들은 많은 연구자가 특히 자신의 연구결과(findings)에 대한 논의에서 "어디서 왔는지(where they are coming from)"를 인정하거나 확인하는 데 실패한다고 말한다.

네 번째 쟁점은 **불확실한 가정에 관한 질문**(the question of unstated assumptions)이다. 가정(assumption)이란 시험이나 점검이 아닌 당연하게 여겨지는 것을 말한다. 이 쟁점은 이전 쟁점과 유사하지만 가치관에 국한되지 않고 연구자가 특정 연구에 대해 하는 일반적이고 구체적인 가정 모두에 적용된다. 어떤 가정은 매우 일반적으로 받아들여져서 사실상 모든 사회연구자에 의해 당연하게 받아들여진다(예: 태양이 뜰 것이다. 지구는 계속 회전할 것이다). 다른 가정은 보다 더 의심스럽다. Krathwohl[12]이 제시한 예는 이를 명확히 한다. 그는 연구자가 조작하는(operate) 가정을 바꾼다면, 이것은 다른 결과를 초래할 수 있다고 지적한다. 예를 들어, 만약 우리가 정신적인 제약이 있는 학생이 다른 학생과 같은 방식으로 더 느리게 배운다고 가정할 때, 충분한 시간과 동기가 주어진다면 그는 다른 학생만큼 잘 성취할 수 있을 것이다. 이러한 관점의 결과는 이러한 개인에게 더 많은 시간을 주고, 경쟁이 덜 치열한 수업에 배치하며, 성취하도록 동기를 부여하는 것이다. 반면에, 그가 학습한 내용에 맞는 다른 개념구조를 사용한다고 가정하면, 이 가정은 그가 배울 수 있는 단순화된 개념구조를 탐색하여 다른 학생의 것과 유사한 학습을 하게 된다. 저자들은 종종 그러한 가정을 명확히 하지 않는다.

많은 연구에서 연구자는 자신이 사용하는 용어가 명확하고, 표본이 적절하며, 측정값이 정확하다고 암묵적으로 가정한다. 좋은 연구를 설계하는 것은 이러한 종류의 가정을 최소한으로 줄이려고 노력하는 것으로 볼 수 있다. 독자들은 그러한 추측을 하지 않도록 항상 충분한 정보를 제공받아야 한다. [그림 1-3]은 가정이 얼마나 자주 틀릴 수 있는지를 보여 준다.

다섯 번째 쟁점은 **사회적 결과에 관한 질문**(the question of societal consequences)이다. 비판적 이론가들은 전통적인 연구 노력이 기껏해야 보수적이거나 최악의 경우 억압적인 정치적 이익에 주로 기여한다고 주장한다. 그들은 이러한 연구가 실제(practices) 자체에 대한 질문을 제기하기보다 거의 항상 기존 실제를 개선하는 데 초점이 맞추어져 있다고 지적한다. 그들은 의도적이든 아니든 대부분의 교육연구자의 노력이 본질적으로 현상을 강화하는 역할을 했다고 주장한다. 좀 더 극단적인 입장은 교육기관(연구 포함)이 시민을 계몽하기보다 산업화된 사회에서 비판적이지 않은 기능주의자가 되도록 하는 역할을 했다는 것이다.

---

12) Krathwohl, D. R. (2009). *Methods of educational and social science research* (3rd ed., p.91). Waveland Press.

[그림 1-3] 교사의 가정이 옳은가?

우리는 이러한 일반적인 비판에 동의하겠지만, 다양한 정치적 설득력을 가진 연구자들에 의해 행해지고 제시된 현상 자체에 대한 여러 가지 조사와 개선 제안이 있었다는 것을 주목한다.

가상의 예를 사용하여, 이 각각의 쟁점을 검토해 보자. 연구자가 고등학생이 논쟁을 분석하고 자료에서 변론 가능한 결론에 도달할 수 있는 능력을 향상시키는 데 있어 형식논리 과정의 효과를 연구하기로 결정한다고 가정해 보자. 이에 따라 연구자는 강좌의 효과성에 대해 부분적인 답변이라도 제공할 수 있을 만큼 건전한 연구를 설계한다. 이 연구와 관련하여 제시된 다섯 가지 쟁점을 다루도록 하겠다.

1. **실재에 관한 질문**: 질문에서 능력(논쟁을 분석하고 정확한 결론에 도달)은 분명히 추상적이다. 그것은 물리적 실재 그 자체도 없다. 그러나 이것이 그러한 능력이 어떤 식으로든 존재하지 않는다는 것을 의미하는가? 그것은 개념 언어 시스템의 인위적인 부산물에 지나지 않는가? 분명히 이는 사실이 아니다. 시험을 잘 볼 수 있는 사람의 '능력'을 말할 때처럼, 그러한 능력은 다소 제한적인 의미에서 실제로 존재한다. 그러나 시험성적이 학생이 실제 생활에서 얼마나 잘할 수 있는지를 나타내는 것인가? 만약 그렇지 않다면, 이러한 시험에서 학생의 성적이 중요한가? 예를 들어, 비평가는 분석할 수 있는 능력이 상황에 따라 다르다고 주장할 수 있다. 어떤 사람은 시험에서 훌륭한 분석가이고, 다른 사람은 공개 포럼에서, 다른 사람은 쓰여진 자료에 대한 분석가이다. 만약 이것이 사실이라면, '변수를 분석하는' 일반적인 능력의 개념은 환상일 것이다. 우리는 상식적인 경험과 일부 연구결과에 기초하여 이것이 사실이 아니라는 좋은 주장이 만들어질 수 있다고 생각한다. 그러나 그 비평이 일리가 있고(이 능력이 얼마나 일반적인지 확실히 알 수 없다), 간과해서는 안 될 일이라는 점을 인정해야 한다.
2. **의사소통에 관한 질문**: 이러한 능력이 존재한다고 가정하면, 의미 있는 의사소통이 이루어질 수 있도록 충분히 잘 정의할 수 있는가? 그렇게 생각하지만, 가장 명확한 정의라고 해서 항상 의미 있는 의사소통이 보장되는 것은 아니다. 이것은 어떤 용어를 사용하는 방법이 정의에 대한 이전의 합의에도 불구하고 다른 누군가가 같은 용어를 사용하는 방법과 다르다는 것을 발견할 때 종종 드러난다. 예를 들어, '변론 가능한 결론'은 자료와 모순되지 않고 그 자료로부터 논리적으로 뒤따르지만 특정 결론이 변론 가능한 결론인지 아닌지에 대해서는 동의하지 않는 결론이라는 것에 동의할 수 있다.

과학자 간의 논쟁은 종종 자료로부터 변론 가능한 결론을 구성하는 것에 대한 차이점으로 귀결된다.

3. **가치에 관한 질문**: 이 연구의 결과와 같은 결과를 조사하기로 결정한 연구자는 결과가 바람직하거나(그러므로 향상되거나) 바람직하지 않거나(그러므로 감소된다고)를 가정하고, 보통 왜 그러한지를 지적한다. 그러나 특정 결과에 대한 연구를 이끈 (연구자의) 가치는 거의 논의되지 않는다. 이러한 결과는 가장 우선순위가 높은 것으로 간주되기 때문에 연구되는가? 전통적이기 때문에? 사회적으로 용인되어서? 연구하기가 더 쉬워서? 금전적으로 보상이 되기 때문에?

   논리학 강좌가 학생의 논증 분석 능력에 영향을 미칠지 여부를 연구하기로 한 연구자의 결정은 자신의 가치관을 반영한다. 연구결과와 방법 모두 유럽중심의 가치관을 반영한다. '합리적인 남자' (또는 여자)에 대한 Aristotle의 개념은 모든 문화에서 지배적인 것은 아니다. 사실, 어떤 사람들은 우리 사회에 이러한 가정으로부터 잘 논쟁할 수 있는 사람을 필요로 하는 것보다 더 기본적인 가정에 대해 의문을 제기할 사람이 필요하다고 주장하지 않을까? 연구자들이 모든 연구에서 이와 같은 복잡한 질문을 논의할 것으로 기대할 수는 없지만, 비평가는 연구에 관심 있는 우리 모두에게 우리의 가치가 우리의 연구 노력에 어떻게 영향을 미칠 수 있는지에 대해 생각해 보라고 촉구한다.

4. **불확실한 가정에 관한 질문**: 연구자는 이러한 연구를 수행함에 있어 그 연구결과가 바람직할 뿐만 아니라 교육 실제에도 어느 정도 영향을 미칠 것이라고 가정하고 있다. 그렇지 않으면, 그 연구는 학문적인 연습에 지나지 않는다. 교육방법연구는 다양한 이유로 인해 실행될 것 같지 않은 제안된 실제로 이어진다는 비판을 종종 받아 왔다. 우리는 여전히 그러한 연구가 이루어져야 한다고 믿지만, 연구자는 그러한 가정을 명확히 하고 자신의 합리성에 대해 토론할 의무가 있다.

5. **사회적 결과에 관한 질문**: 마지막으로, 이와 같은 연구의 사회적 시사점을 고려해 보자. 비평가들은 이 연구가 아마도 과학적인 노력으로 변론이 가능할 수도 있지만, 전반적으로는 부정적인 영향을 미칠 것이라고 주장할 수 있다. 어떻게? 첫째, 연구 중인 결과(논쟁을 분석하는 능력)가 다른 결과(예: 참신하거나 특이한 관계를 보는 능력)보다 더 중요하다는 생각을 함양함으로써이다. 이 주장은 사실 수년 동안 교육계에서 연구자들이 다른 사람을 희생시키면서 일부 결과에 대한 연구를 지나치게 강조해 왔다는 주장이었다.

   둘째, 혐의(allegation)는 그러한 연구가 사회의 덜 특권을 가진 계층에 대한 차별을 영구화하는 역할을 한다는 것일 수 있다. 만약 어떤 문화는 더 '위계적(linear)'이고, 다른 문화는 더 '글로벌적(global)'인 것이 사실이라면, 형식논리학 강좌(주로 순차적)는 지배적인 위계적 문화로부터 이미 가지고 있는 장점을 증가시킬 수 있다.[13] 보다 더 공정한 접근이 다양한 논쟁적 방법을 가르쳐서 모든 문화집단의 장점을 활용할 수 있다고 주장할 수 있다.

요약하면, 우리는 점점 더 목소리를 높이는 연구공동체의 일부에서 제기되는 주요 쟁점을 제시하려고 시도해 왔다. 이러한 질문은 실재의 본질, 의사소통의 어려움, 가치가 항상 연구에 영향을 미친다는 인식, 불확실한 가정, 그리고 사회 전반에 대한 연구의 결과를 포함한다. 우리는 그 저자들이 제기한 일부 구체적인 비판에는 동의하지 않지만, 연구공동체가 그들의 노력을 위해서는 더 낫다고 믿는다.

---

13) Ramirez, M., & Casteneda, A. (1974). *Cultural democracy, biocognitive development and education*. Academic Press.

연구과정 개관

연구방법론에 상관없이, 모든 연구자는 비슷한 활동을 많이 한다. 예를 들어, 거의 모든 연구계획(research plans)에는 문제진술, 가설, 정의, 문헌검토, 연구대상의 표본, 검사 또는 기타 측정 도구, 시간 일정을 포함하여 따라야 할 절차에 대한 기술, 의도된 자료분석에 대한 기술이 포함된다. 이 책에서는 이러한 각 구성요소를 자세히 다루지만, 진행하기 전에 먼저 간략히 설명하고자 한다.

[그림 1-4]는 연구 구성요소의 개략도를 보여 준다. 실선 화살표는 연구제안서 및 보고서에서 일반적으로 구성요소가 제시되고 기술되는 순서를 나타낸다. 실선 화살표는 또한 연구를 계획하기 위한 유용한 순서(즉, 연구문제에 대한 생각, 가설, 정의 등)를 나타낸다. 점선 화살표는 이 순서에서 가장 많이 벗어날 가능성이 있음을 나타낸다(예: 계측을 고려하는 경우, 표본이 변경되는 경우가 있다. 질문을 명확히 하는 것이 가장 적절한 설계 유형을 제시할 수 있다). 비선형 패턴은 실제로 과정이 반드시 정확한 순서를 따르지는 않음을 지적하기 위한 것이다. 사실 경험이 많은 연구자는 연구계획을 세우면서 이러한 요소 중 많은 부분을 동시에 고려하는 경우가 많다.

[그림 1-4] 연구과정

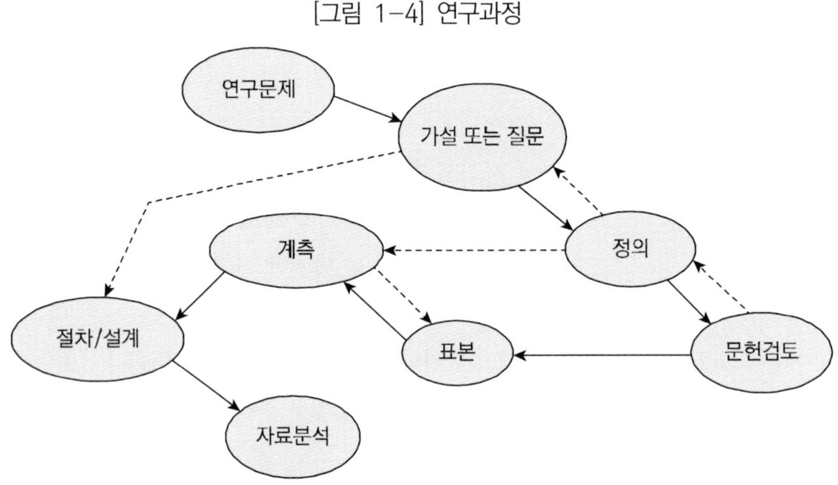

연구문제 진술(statement of the research problem): 연구문제는 다른 모든 것을 위한 발판을 마련한다. 문제진술(problem statement)에는 문제의 배경(처음에 어떤 요인이 문제가 되도록 했는지)에 대한 기술과 이를 연구할 수 있는 근거나 정당성이 추가되어야 한다. 그 문제와 관련된 법적 또는 윤리적 파장은 논의되고 해결되어야 한다.

탐색적 질문 또는 가설의 공식화(Formulation of an exploratory question or a hypothesis): 연구문제는 보통 질문(questions)으로, 그리고 종종 가설(hypotheses)로 언급된다. 가설(hypothesis)은 어떤 특정한 결과(results) 또는 산출물(outcomes)이 발생할 것으로 예상되는지에 대한 예측, 진술이다. 연구가설은 조사 중인 변수(variables)(요인, 특성 또는 조건) 간에 예상되는 관계를 명확하게 나타내어야 하며, 합리적인 기간 내에 검정할 수 있도록 명시되어야 한다. 모든 연구가 가설을 검정하는 연구는 아니지만, 그러한 많은 연구가 있다. 질적 연구에서 가설을 진술하는 것은 탐구적인 성격 때문에 부적절하다. 그러나 질적 연구자들은 자료수집과 자료분석을 안내하는 데 도움이 되는 명제나 "잠정적인 가설"을 점점 더 많이 사용하고 있다.

정의(definitions): 문제진술과 가설 또는 명제의 모든 핵심 용어는 가능한 한 명확하게 정의되어야 한다.

관련 문헌검토(review of the related literature): 연구문제와 관련된 다른 연구를 찾아 그 결과를 간략하게 요약해야 한다. 문헌검토[적절한 학술지, 보고서, 논문(monographs) 등의]는 문제에 대해 이미 알려진 것을 밝혀야 하며, 제안된 연구가 이러한 사전지식을 확장하는 이유를 논리적으로 나타내야 한다.

표본(sample): 연구의 **연구대상**(subject)[14)][**표본**(sample)]과 더 큰 집단 또는 **모집단**(population)(결과를 일반화할 대상)을 명확하게 구별해야 한다. 표집계획(연구대상을 선택하는 절차)을 기술해야 한다.

계측(instrumentation): 연구대상으로부터 자료를 수집하기 위해 사용되는 측정 **도구**(instruments) 또는 '자료수집도구'(종종 양적 연구에서 언급됨)는 각각 자세히 기술되어야 하며, 사용에 대한 근거를 제시해야 한다.

절차(procedures): 연구자가 처음부터 끝까지 무엇을 할 것인지(무엇이, 언제, 어디서, 어떻게, 누구와 함께)의 연구절차를 발생 순서대로 구체적으로 기술해야 한다(비록 정해져 있지는 않지만). 물론 이것은 질적 연구에서 훨씬 덜 실현 가능하고 부적절하다. 다양한 작업을 시작할 시기를 설명하는 현실적인 시간표와 예상 완료 날짜도 제공해야 한다. 연구에 사용될 모든 자료(예: 교과서) 또는 장비(예: 컴퓨터)도 설명해야 한다. 사용할 일반적인 설계 또는 연구방법론(예: 실험 또는 조사)을 명시해야 한다. 또한 편견(bias) 가능한 원천을 확인하고, 그러한 원천을 통제하는 방법을 기술해야 한다.

자료분석(data analysis): 자료분석에 사용할 통계적 기법, 즉 기술적 기법, 추론적 기법, 코딩 기법을 모두 기술해야 한다. 연구질문에 답하기 위해 비교해야 할 내용이 명확해야 한다.

---

14) **연구대상**(subject)이라는 용어는 연구대상자가 존엄성을 박탈당하는 것을 의미할 수 있기 때문에 일부에게는 불쾌감을 준다. 질적 연구에서 연구대상을 나타내기 위해 사용되는 용어는 **연구참여자**(participants)이다. 질적 연구와 양적 연구에서 결과가 일반화되는 방법의 차이로 인해, 이 책의 저자들은 일반적으로 양적 연구, 특히 중재연구를 논할 때 연구대상이라는 용어가 더 적절하다고 느낀다.

이 장의 시작 부분에 있는 **상호작용 · 응용 프로그램 학습** 기능으로 돌아가 상호작용 · 응용 프로그램 활동목록을 확인하라. www.mhhe.com/fraenkel10e의 **온라인학습센터**로 이동하여 퀴즈를 풀고 핵심 용어를 연습하며 장(章)의 내용을 검토하라.

핵심 요점

연구가 중요한 이유

- 과학적 방법은 정확하고 신뢰할 수 있는 정보를 얻을 수 있는 중요한 방법을 제공한다.

앎의 방법

- 정보를 얻는 방법에는 감각 경험, 다른 사람과의 합의, 전문가 의견, 논리, 과학적 방법 등 여러 가지가 있다.
- 과학적 방법은 연구자에 의해 신뢰할 수 있고 정확한 지식을 생산할 가능성이 가장 높은 방법으로 고려되고 있다.
- 과학적 방법에는 체계적이고 공개적인 자료수집과 분석을 통해 질문에 답하는 것이 포함된다.

연구유형

- 교육에서 가장 일반적으로 사용되는 연구방법론으로는 실험연구, 상관연구, 인과-비교연구, 조사연구, 문화기술지적 연구, 역사연구 및 실행연구가 있다.
- 실험연구는 조건을 조작하고 효과를 연구하는 것을 포함한다.
- 상관연구는 단일집단 내의 변수 간의 관계를 연구하는 것을 포함하며, 종종 원인과 결과의 가능성을 제시한다.
- 인과-비교연구는 집단구성원의 가능한 원인이나 결과를 결정하기 위해 다른 경험을 한 알려진 집단을 비교하는 것을 포함한다.
- 조사연구는 인터뷰질문, 질문지, 시험과 같은 도구를 사용하여 집단의 특성을 기술하는 것을 포함한다.
- 문화기술지적 연구는 관찰과 인터뷰를 이용하여 사람의 일상 경험을 문서화하거나 묘사하는 데 집중한다.
- 문화기술지적 연구는 질적 연구의 한 형태이다. 질적 연구의 다른 흔한 형태는 사례연구, 전기, 현상학 그리고 근거이론을 포함한다.
- 사례연구는 교실, 학교, 대학교와 같은 한 명 또는 소수의 개인 또는 단일대상에 대한 상세한 분석이다.
- 역사연구는 과거의 어떤 측면을 연구하는 것을 포함한다.
- 실행연구는 실천가가 실제를 개선하기 위해 고안한 연구의 한 종류이다.
- 평가연구는 일반적으로 그 전달, 실행 및 결과를 강화함으로써 평가대상 또는 프로그램을 개선하는 것을 목표로 한다.
- 기술된 각각의 연구방법론은 실재를 탐구하는 다른 방법을 구성하며, 따라서 교육에서 일어나는 일을 이해하는 다른 도구이다.

일반적인 연구유형

- 개별 연구방법론은 일반적인 연구유형으로 분류할 수 있다. 기술연구는 주어진 상황을 기술한다. 연관연구는 관계를 조사한다. 중재연구는 처치나 방법이 결과에 미치는 영향을 평가한다.
- 양적, 질적 연구방법론은 또한 연구의 목적, 연구자가 사용하는 방법, 수행하는 연구의 종류, 연구자의 역할, 일반화가 가능한 정도에 따라 다르다.
- 혼합방법연구는 양적 접근과 질적 접근 모두를 포함한다.
- 메타분석은 주어진 주제에 대한 모든 개별 연구의 결과를 통계적인 방법으로 종합하려고 시도한다.

연구에 관한 비판적 분석

- 연구에 관한 비판적 분석은 교육연구의 가정과 의미에 대한 기본적인 질문을 제기한다.

연구과정

- 거의 모든 연구계획에는 연구문제 진술, 탐색적 질문 또는 가설, 정의, 문헌검토, 연구대상 표본, 계측, 따라야 할 절차에 관한 기술, 시간 일정 및 의도된 자료분석에 관한 기술이 포함된다.

핵심 용어

가설(hypothesis)
가정(assumption)
과학적 방법(scientific method)
기술연구(descriptive studies)
기초연구(basic research)
단일대상연구(single-subject research)
자료분석(data analysis)
도구(instrument)
메타분석(meta-analysis)
명제(proposition)
모집단(population)
문제진술(problem statement)
문헌검토(literature review)
문화기술지적 연구(ethnographic study)
변수(variable)
비판적 연구자(critical researcher)
사례연구(case study research)
상관연구(correlational research)
실행연구(action research)
실험연구(experimental research)
양적 연구(quantitative research)
역사연구(historical research)
연관연구(associational research)
연구(research)
요구사정(needs assessment)
응용연구(applied research)
인과-비교연구(causal-comparative research)
절차(procedure)
조사연구(survey research)
중재연구(intervention studies)
질적 연구(qualitative research)
총합평가(summative evaluation)
평가연구(evaluation research)
표본(sample)
연구대상(subject)
형성평가(formative evaluation)
혼돈이론(chaos theory)
혼합방법연구(mixed-methods research)

토론거리

1. "추측, 절차, 결론은 공개되지 않는 한 과학적이지 않다." 이 말이 사실인가? 이에 대하여 논의하라.
2. 대부분의 양적 연구자는 세상이 단일실재(single reality)라고 믿는 반면, 대부분의 질적 연구자는 세상은 다중실재(multiple realities)로 이루어져 있다고 믿는다. 어떤 입장을 지지하며, 그 이유는 무엇인가?
3. 이 장에 언급된 것 외에 다른 연구방법을 생각할 수 있는가? 있다면 무엇이며, 해당 연구방법의 한계점은 무엇인가?
4. "확실성은 매력적이지만, 과학의 근본적인 전제와는 모순된다." 이것이 무엇을 의미하는지 논의하라.
5. 사적인(private) 지식 같은 것이 있는가? 그렇다면, 예를 들어 보라.
6. 많은 사람이 연구의 아이디어, 특히 학교에서의 연구에 대해 우려하는 것 같다. 어떻게 설명할 수 있는가?

연구실습 1. 어떠한 종류의 연구

조사하고 싶은 연구 아이디어나 문제를 생각해 보라. 문제지(Problem Sheet) 1을 사용하여 문제를 한두 문장으로 간략하게 기술하라. 그런 다음, 이 문제를 조사하기 위해 사용할 연구방법론의 유형을 지정하라. 마지막으로, 이 접근방법을 선택한 이유를 간략히 설명하라.

문제지 1 연구방법

1. 교육에 뿌리를 둔, 연구하고자 하는 주제나 문제는: ________________

2. 현재 사용하는 것이 가장 적합해 보이는 구체적인 방법은(적절하다고 생각하는 모든 방법 선택):
   a. 실험
   b. 조사
   c. 문화기술지
   d. 상관연구
   e. 인과-비교연구
   f. 사례연구
   g. 내용분석
   h. 역사연구
   i. 실행연구 또는 교사연구
   j. 프로그램 평가

3. 사용하고자 하는 전반적인 연구 접근방법은(한 가지 선택):
   a. 질적
   b. 양적
   c. 혼합방법

4. 이 접근방법을 사용하고자 하는 이유는: ________________

이 문제지의 전자 버전은 학지사 공식 홈페이지(www.hakjisa.co.kr) 『연구방법론: 교육연구설계 및 평가』의 도서 상세정보에서 내려받을 수 있다.

제2부 교육연구 기초

How to Design and Evaluate Research in Education

제2부에서는 교육연구와 관련된 많은 기본적인 아이디어를 소개하거나 확장한다. 여기에는 가설, 변수, 표집, 측정, 타당도, 신뢰도, 그리고 많은 다른 것과 같은 개념이 포함된다. 이 책의 저자들은 또한 연구과정을 이해할 수 있도록 역량을 증진하는 몇 가지 기능을 제공하는 것으로 시작한다. 여기에는 연구문제를 선정하고, 가설을 설정하며, 문헌검색을 실행하고, 표본을 선정하며, 단어나 구문을 명확하게 정의하고, 타당한 도구를 개발하는 방법뿐만 아니라 많은 다른 것을 포함한다. 연구자가 사용하는 연구방법론에 상관없이, 이러한 기능 모두는 중요하여 학습할 필요가 있다.

제2장

연구질문

연구문제란 무엇인가?

연구질문

좋은 연구질문의 특성
연구질문은 실현가능해야 한다.
연구질문은 명확해야 한다.
연구질문은 의미가 있어야 한다.
연구질문은 종종 관계를 조사한다.

학습목표

이 장을 학습하면 다음을 수행할 수 있어야 한다.

- 자신의 연구 분야에서 잠재적인 연구문제(research problem)의 예를 들 수 있다.
- 연구질문(research questions)을 작성할 수 있다.
- 연구 가능한 질문과 연구 불가능한 질문을 구분할 수 있다.
- 좋은 연구질문이 가지고 있는 다섯 가지 특징을 말할 수 있다.
- 불분명한 연구질문을 명확히 하는 세 가지 방법을 기술할 수 있다.
- 조작적 정의의 예를 제시하고, 이러한 정의가 다른 종류의 정의와 어떻게 다른지를 설명할 수 있다.
- 연구에서 '관계(relationship)'라는 용어가 의미하는 바를 설명하고, 관계를 포함하는 연구질문의 예를 제시할 수 있다.

상호작용 · 응용 학습	이 장을 읽는 동안 또는 읽은 후:
 다음을 하려면, 온라인학습센터 (www.mhhe.com/fraenkel10e)로 접속하라.	 다음 활동을 수행하기 위해 온라인 학습자 완전학습 활동(Student Mastery Activities) 책을 읽으라.
• 질문을 연구 가능하게 하는 것이 무엇인지에 대한 심화학습	• 활동 2.1: 연구질문과 관련된 설계 • 활동 2.2: 일반적인 주제를 연구질문으로 변경 • 활동 2.3: 조작적 정의 • 활동 2.4: 정당화 • 활동 2.5: 연구질문 평가

전주시에 있는 고등학교 교사인 김 교사는 탐구방법이 자신이 가르치고 있는 고등학교 1학년 학생의 역사 교과목에 대한 흥미를 증가시키는지 조사하고 싶어한다. 경상도에 있는 한 초등학교의 체육교사인 강 교사는 자신이 기르치고 있는 6학년 학생이 최근 교육지원청이 의무화한 새로운 운동 프로그램에 대해 어떻게 느끼는지 알고 싶어한다. 전라도에 있는 큰 도시중심 고등학교의 상담사인 박 교사는 내담자중심 접근방법이 상담시간 동안 많은 학생이 드러내는 적대감을 완화하는 데 도움이 될 수 있는지 궁금해한다. 이러한 각각의 예는 연구의 기초가 될 수 있는 문제를 제시한다. 연구질문, 즉 연구조사의 초점이 이 장의 내용이다.

연구문제란 무엇인가

연구문제(research problem)는 정확히 누군가가 연구하고 싶어하는 문제이다. 문제는 어떤 사람이 불만족스럽거나 불안하다고 생각하는 어떤 것이든 될 수 있고, 어떤 종류의 어려움도 있을 수 있으며, 변화가 필요한 상황도 있을 수 있다. 문제에는 연구자가 우려하는 영역, 개선하고자 하는 조건, 제거하고자 하는 어려움, 해답을 찾는 질문이 포함된다.

연구자와 학생 모두에게 연구문제는 일반적으로, ① 연구문헌(연구질문을 작성하는 데 있어 문헌검토의 역할에 관하여는 제3장에서 좀 더 상세하게 논의함), ② 실제 또는 업무 관련 맥락에서의 문제, ③ 개인전기 또는 역사(예: 현재 또는 과거의 개인적 경험이나 정체성, 인종, 민족, 성별, 계급 배경, 가족 관습, 종교 등)을 포함한 몇 가지 출처에서 확인된다.

연구질문

일반적으로 연구문제는 처음에 질문으로 제기되며, 이는 연구자의 조사의 초점 역할을 한다. 이 책의 저자들이 보기에, 연구질문(research questions)은 그 반대 방식, 즉 질문을 결정하는 방법론보다는 연구를 수행하는 데 사용되는 연구유형과 패러다임(질적, 양적 또는 혼합방법)을 나타내야 한다. 다음의 초기 연구질문의 예는 연구 프로젝트에서 실제 사용할 수 있을 만큼 충분히 개발되지 않았지만 연구질문의 초기 단계에서 적합할 것이다. 각 질문에 적절한 연구방법론과 연구 패러다임(괄호 안에 제시함)이 제공된다. 사용될 수 있는 다른 가능한 연구방법론이 있지만, 이 책의 저자들은 여기에 제시된 연구방법론이 특히 적합하다고 생각한다.

- 내담자중심 처치방법이 전통적인 처치방법보다 내담자에게 더 만족감을 주는가? (실험연구, 양적)

- 방과 후 프로그램은 보통 일주일 동안 어떻게 진행되는가? (문화기술지적 연구, 질적)
- 행동수정이 자폐아의 공격성을 감소시키는가? (단일대상 실험연구, 양적)
- 교사는 다른 성별의 학생에게 다르게 행동하는가? (인과–비교연구, 양적 또는 혼합방법)
- 어떤 학생이 특정한 종류의 교과목을 배우는 데 어려움을 겪을지 어떻게 예측할 수 있는가? (상관연구, 양적)
- 학부모들은 학교상담 프로그램에 대해 어떻게 생각하는가? (조사연구, 양적)
- 왜 1세대 대학생들의 산시메온대학교(San Simeon University) 졸업률이 더 낮은가? (사례연구, 혼합방법)
- 교장선생님은 성적이 낮은 중학교에서 교직원들의 사기를 어떻게 향상시킬 수 있는가? (인터뷰연구, 질적)

이 모든 질문의 공통점은 (적어도 부분적으로) 답하기 위해 어떤 종류의 자료를 수집할 수 있다는 것이다. 그것이 이 모든 질문을 연구 가능하게 만드는 것이다. 예를 들어, 연구자는 다양한 처치방법을 받는 내담자의 만족도를 측정할 수 있다. 또는 연구자는 초등학교 교실의 기능을 기술하기 위해 관찰하고 인터뷰할 수 있다. 다시 말해서, 이러한 질문을 연구 가능하게 만드는 것은 그 질문에 답하기 위해 어떤 종류의 정보가 수집**될 수 있다**(can)는 것이다.

그러나 다른 종류의 질문은 자료를 수집 · 분석하는 것으로는 답**할 수 없다**(cannot). 다음은 그러한 두 가지 예이다.

1. 고등학교 교육과정에 철학이 포함되어야 하는가?
2. 인생의 의미는 무엇인가?

왜 이 질문들은 조사될 수 없는가? 어떠한 점이 우리가 답하기 위해 정보를 모으는 것을 방해하는가? 이유는 간단하면서도 명확하다. 두 가지 질문에 답하기 위해 정보를 수집할 방법이 없다. 최종분석에서 두 질문 모두 연구가 불가능하다.

첫 번째 질문은 **가치**(vlaue)에 관한 질문이다. 그것은 옳고 그름, 적절하고 부적절하다는 개념을 내포하고 있기 때문에 어떠한 경험적(empirical) (또는 관찰 가능한) 준거자(referents)도 없다. 경험적으로 **해야 한다**(should)를 다룰 방법이 없다. 어떻게 어떤 것이 '해야' 하는지 아닌지를 경험적으로 결정할 수 있는가? 어떤 자료를 수집할 수 있는가? 진행할 방법이 없다. 다만 "철학을 고등학교 교육과정에 포함시켜야 한다고 생각하는가?"의 질문으로 바뀌면 연구가 가능해진다. 그 이유는 무엇인가? 왜냐하면 이제 질문에 대한 답을 얻기 위해 자료를 수집할 수 있기 때문이다.

두 번째 질문은 본질적으로 **형이상학적**(metaphysical)이다. 즉, 초월적인, 물리적인 것을 넘어선다. 이러한 종류의 질문에 대한 답은 정보의 축적 너머에 있다.

여기에 연구질문에 대한 더 많은 아이디어가 있다. 어떤 것이 연구할 수 있다고 생각하는가?

1. 신은 선한가?

2. 동성(同姓)의 교사에게 지도를 받았을 때 아동의 수업참여도가 더 높은가?
3. 고등학교 성취도가 대학생의 성취도에 영향을 미치는가?
4. 문법을 가르치는 가장 좋은 방법은 무엇인가?
5. 제2차 세계대전이 일어나지 않았다면, 오늘날의 학교는 어떠할까?

우리는 질문 2와 3은 조사 가능한 두 가지 질문으로 확인하였기를 바란다. 언급한 바와 같이, 질문 1, 4, 5는 조사할 수 없다. 질문 1은 또 다른 형이상학적 질문이며, 따라서 경험적 연구에 도움이 되지 않는다[우리는 사람들이 신이 선하다고 **믿는지**(believe)를 물어볼 수 있지만, 그것은 다른 질문일 것이다]. 질문 4는 어떤 일을 하는 '최선의' 방법을 묻는 질문이다. 잠시 이것에 대해 생각해 보자. 우리가 어떤 일을 하는 가장 좋은 방법을 결정할 수 있는 방법이 있는가? 이를 판단할 수 있으려면 가능한 모든 대안을 검토해야 하고, 잠시 생각해 보면 이것이 결코 이루어질 수 없다는 사실을 깨닫게 된다. 가능한 모든 대안이 검토되었다는 것을 어떻게 확신할 수 있는가? 질문 5는 불가능한 조건을 만들어야 한다. 물론, 우리는 사람들이 학교가 어떠한지 **생각하는**(think) 것을 조사할 수 있다.

좋은 연구질문의 특성

일단 연구질문이 공식화되면, 연구자는 그것을 가능한 한 좋은 질문으로 만들고 싶어한다. 좋은 연구질문에는 네 가지의 필수 특성이 있다.

1. 질문은 **실현가능하다**(feasible)(즉, 과도한 시간, 에너지 또는 비용을 소비하지 않고 조사할 수 있다).
2. 질문은 **명확하다**(clear)(즉, 대부분의 사람은 질문에서 핵심 단어가 무엇을 의미하는지 동의할 것이다).
3. 질문은 **의미가 있다**(significant)(즉, 인간 조건에 대한 중요한 지식을 제공하므로 조사할 가치가 있다).
4. 질문은 **윤리적이다**(ethical)(즉, 인간이나 그가 속한 자연적 또는 사회적 환경에 대해 신체적 · 심리적 해악이나 손상을 수반하지 않는다). 윤리에 대한 자세한 내용은 제4장에서 다룬다.

이러한 몇 가지 특징에 대해 좀 더 자세히 알아보자.

연구질문은 실현 가능해야 한다.

실현 가능성은 연구를 설계할 때 중요한 쟁점이다. 실현 가능한 질문은 이용 가능한 자원으로 조사할 수 있는 질문이다. 일부 질문[예: 우주탐사와 관련된 질문 또는 헤드스타트(Head Start)와 같은 특수 프로그램의 장기적 효과에 대한 연구]은 많은 시간과 비용을 요구하지만, 다른 질문은 훨씬 적은 비용을 요구한다. 불행하게도 교육 분야는 의학, 비즈니스, 법률, 농업, 약학 또는 군대와 달리 실제와 밀접하게 연계된 지속적인 연구 노력을 수립한 적이 없다. 학교나 다른 교육기관에서 행해지는 대부분의 연구는 종종 대학교수들과 그들의 학생인 '외부자'에 의해 수행될 가능성이 높으며, 보통 일시적인 지원금에 의해 지원된다. 따라서 실현 가능성의 부족은 종종 연구 노력을 심각하게 제한한다. 다음은 실현 가능한 연구질문과 그렇지 않은 연구질문의 두 가지 예이다.

실행 가능: 천하고등학교 학생은 이 지역에 최근에 개설된 새로운 지도(guidance) 프로그램에 대해 어떻게 생각하는가?

실현 불가능: 각 학생에게 한 학기 동안 사용할 노트북 컴퓨터를 주는 것은 성취도에 어떤 영향을 미치는가?

연구질문은 명확해야 한다

연구질문은 연구조사의 초점이기 때문에, 특히 질문을 명확하게 하는 것이 중요하다. 정확히 무엇을 조사하고 있는가? 충분히 명확하지 않은 연구질문의 두 가지 예를 고려해 보자.

예시 1

"인본주의지향적 교실은 효과적인가?" **인본주의지향적 교실**(humanistically oriented classroom)이라는 말이 꽤 분명해 보일지라도, 많은 사람은 그것이 정확히 무엇을 의미하는지 확신하지 못할 수도 있다. 인본주의지향적 교실은 무엇인가? 우리는 그것의 본질적 특징을 기술하는 것이 우리가 생각했던 것만큼 쉽지 않다는 것을 알게 된다. 다른 교실에서 일어나는 것과는 다른, 그러한 교실에서 일어나는 것은 무엇인가? 교사는 어떠한 종류의 전략을 사용하는가? 강의도 하는가? 학생은 어떠한 종류의 활동에 참여하는가? 그러한 교실은 어떻게 생겼는가? 예를 들어, 좌석은 어떻게 배치되어 있는가? 어떤 종류의 교수자료가 사용되는가? 교사에 의해 채택된 전략이나 학생이 참여하는 활동의 종류에서 교실마다 많은 변화가 발견될 수 있는가? 사용 가능한 교수자료 또는 사용되는 교수자료의 종류가 다양한가?

이 질문에서 또 다른 용어 또한 모호하다. **효과적**(effective)이라는 용어는 무슨 뜻인가? 그것은 "향상된 학업능력을 초래하는", "더 행복한 아동이 되도록 하는", "교사의 삶을 더 쉽게 만드는", 또는 "비용이 적게 드는" 것을 의미하는가? 어쩌면 이 모든 것과 그 이상의 것을 의미할지도 모른다.

예시 2

"학습장애 학생을 주류화하는 것에 대해 교사는 어떻게 느끼는가?" 명확화될 필요가 있는 첫 번째 용어는 교사이다. 이것은 어떤 연령층을 포함하는가? 경험 수준은 어느 정도인가(예: 수습교사 포함)? 공립학교와 사립학교 교사가 모두 포함되는가? 전국의 교사들이 포함되는가? 아니면, 특정 지역에 있는 교사들만 포함되는가? 그 용어는 특수학급을 지도하지 않는 교사들뿐만 아니라 지도하는 교사들도 지칭하는가?

느끼는가(feel about)라는 표현도 애매모호하다. 의견인가? 감정적인 반응인가? 행동을 제안하는가? 아니면 무엇인가? **주류화**(mainstreaming), **학습장애 학생**(students with learning disabilities)이라는 용어 역시 명확히 할 필요가 있다. '학습장애'의 법적 정의의 예는 다음과 같다:

> 구어(spoken language)나 문어(written language를 이해하거나 사용하는 데 관여하는 하나 이상의 기본적인 심리적 과정에서의 장애로서, 그러한 장애는 듣고, 생각하고, 말하고, 읽고, 쓰고, 철자를 쓰거나 수학적 계산을 하는 데 있어 불완전한

> 능력으로 나타날 수 있다. 이러한 용어는 주로 시각 · 청각 · 운동장애, 정신지체, 정서장애, 환경, 문화 또는 경제적 불이익의 결과인 학습문제를 포함하지 않는다.[1]

이러한 정의 자체가 다양한 해석을 야기하는 **불완전한 능력**(imperfect ability)과 같은 몇몇 애매한 단어를 포함하고 있다는 것에 주목하라. 우리가 이러한 (또는 다른) 질문에 대해 생각하기 시작하면서, 언뜻 모든 사람이 쉽게 이해할 수 있는 단어나 구절인 것처럼 보였던 용어가 정말 꽤 복잡하고 원래 생각했던 것보다 정의하기가 훨씬 더 어려워 보인다.

이것은 현재의 많은 교육적 개념과 연구방법론에도 적용된다. **핵심 교육과정**(core curriculum), **내담자중심 상담**(client-centered counseling), **능동적 학습**(active learning), **질관리**(quality management) 등의 용어를 고려해 보라. 그러한 용어는 무슨 뜻인가? 만약 여러분이 대여섯 명의 교사, 상담사 또는 행정가 표본에게 물어본다면, 아마도 서로 다른 몇 가지 정의를 얻을 것이다. 이러한 모호성은 일부 상황과 특정 목적에서 가치가 있지만, 연구문제의 조사자에게는 문제를 야기한다. 연구자는 연구질문에서 사용되는 용어에 대해 구체적으로 정의할 수밖에 없다. 이러한 노력을 하면서 연구자는 조사를 어떻게 진행해야 하는지에 대한 더 명확한 그림을 얻으며, 때때로 연구의 본질을 바꾸기도 한다. 그렇다면 연구질문의 명료성은 어떻게 향상될 수 있는가?

용어 정의하기

연구질문에서 중요한 용어를 명확히 하는 데는 기본적으로 세 가지 방법이 있다. 첫 번째는 구성적 정의(constitutive definition), 즉 종종 **사전적 접근방법**(dictionary approach)이라고 불리는 것을 사용하는 것이다. 연구자는 단순히 의미가 무엇인지 더 명확하게 말하기 위해 다른 단어를 사용한다. 따라서 **인본주의적 교실**(humanistic classroom)이라는 용어는 다음과 같이 정의될 수 있다.

> ① 학생의 요구와 관심이 최우선이며, ② 학생은 각 수업마다 상당 시간 스스로 공부하고, ③ 교사는 제보자(informants)가 아닌 안내자(guide)와 자원자(resource person) 역할을 하는 교실

그러나 인본주의라는 용어를 설명하는 데 사용되는 단어 자체가 모호하기 때문에, 이 정의는 여전히 다소 불분명하다는 점에 유의하라. '학생의 요구와 관심이 최우선'이라거나 '학생이 스스로 공부한다'는 말은 무슨 뜻인가? 각 수업마다 '상당 시간'은 어느 정도를 의미하는가? 교사가 안내자나 자원자로 활동할 때 무엇을 하는가? 좀 더 명확히 할 필요가 있다.

커뮤니케이션 전공 학생들은 전송된 메시지가 수신된 메시지인지 확인하는 것이 얼마나 어려운지를 보여 주었다. 의사소통을 위해 사용되는 용어의 의미를 완전히 이해하는 사람은 아무도 없다는 것은 아마도 사실일 것이다. 즉, 우리가 받는 메시지가 발신자가 의도한 메시지인지 확신할 수 없다. 몇 년 전 우리 분야의 지도자 중 한 명이 이러한 생각에 너무 우울해져서 몇 주 동안 동료들과 대화를 끊었다고 한다. 좀 더 건설적인 접근방법은 우리가 할 수 있는 최선을 다하는 것이다. 우리는 다른 사람에게 우리의 조건을 설명하려고 노력해야 한다. 대부분의 연구자가 명확히 하려고 노력하지만, 몇몇 연구자가 다른

---

1) 『미국장애인교육법(The Individuals with Disabilities Education Act)』의 법적 정의는 U.S.C. § 1401(26) (2000)에서 인용되었다.

연구자보다 훨씬 더 잘 한다는 것에는 의문의 여지가 없다.

기억해야 할 또 다른 중요한 점은 단 하나의 단어가 아닌 복합어 또는 구문인 경우가 많다는 것이다. 예를 들어, **비지시적 치료**(nondirective therapy)라는 용어는 별도로 정의된 두 단어가 전달하는 것보다 더 구체적인 의미를 지니고 있기 때문에 **비지시적**(nondirective)과 **치료**(therapy)의 정확한 정의로는 분명해지지 않을 것이다. 마찬가지로, **학습장애**(learning disability), **이중언어교육**(bilingual education), **상호작용 비디오**(interactive video), **가정중심 건강관리**(home-centered health care)와 같은 용어는 언어적 총체(linguistic wholes)로 정의될 필요가 있다.

여기에 **학습동기**(motivated to learn)에 관한 세 가지 정의가 있다. 어느 것이 가장 명확하다고 생각하는가?

1. 열심히 공부한다(works hard).
2. 열정적이고 열광적이다(is eager and enthusiastic).
3. 과제에 대한 집중력을 유지한다(sustains attention to a task).[2)]

 **연구 팁**

연구에서 정의되어야 할 핵심 용어

- 연구질문이 첨예하게 집중되도록 하기 위해 필요한 용어
- 연구 분야 밖의 개인이 이해하지 못할 수 있는 용어
- 여러 의미를 갖는 용어
- 연구내용을 이해하는 데 필수적인 용어
- 개발 또는 찾을 연구도구의 사양에 대한 정밀도를 제공하는 용어

지금까지 살펴본 것처럼, 용어를 명확히 하는 사전적 접근방법에는 한계가 있다. 두 번째 가능성은 예를 통한 명료화(clarification by example)이다. 연구자들은 자신에게 익숙한 몇 개의 인본주의적 교실을 생각하고, 그 교실에서 무슨 일이 일어나는지 가능한 한 충분히 기술하려고 노력할 수 있다. 보통 우리는 인본주의적 교실이 다른 교실과 어떻게 다른지 직접 보기 위해 해당 교실을 관찰할 것을 제안한다. 그러나 우리의 기술(description)이 여전히 다른 사람이 원하는 만큼 명확하지 않을 수 있기 때문에 이 접근방법에도 문제가 있다.

따라서 명료화의 세 번째 방법은 중요한 용어를 조작적으로 정의하는 것이다. 조작적 정의(operational definitions)는 연구자가 그 용어를 측정하거나 확인하는 데 필요한 행동(actions)이나 조작(operations)을 구체화할 것을 요구한다. 예를 들어, 여기에 **인본주의적 교실**(humanistic classroom)이라는 용어의 가능한 두 가지 조작적 정의가 있다.

1. 특정 전문가가 인본주의적 교실의 예를 구성하는 것으로 확인된(identified) 모든 교실
2. 다음과 같은 특성을 모두 갖춘 것으로 (매주 최소 1일 이상 4~5주 동안 시간을 할애한 관찰자에 의해서) 판단되는 모든 교실

2) 본서의 저자들은 3이 가장 명확하고 1과 2가 각각 그다음 순이라고 판단한다.

1) 동일한 학습자료로 동시에 공부하는 아동이 3명 이하인 교실
2) 교사가 하루에 20분 이상 단체로 수업시간을 할애하지 않는 교실
3) 모든 수업시간 중에서 적어도 절반은 학생이 자신의 학습 속도(pace)에 따라 스스로 선택한 프로젝트를 할 수 있도록 열려 있는 교실
4) 학급의 모든 학생이 사용할 수 있는 여러 종류의 교육자료 세트(3개 이상)를 갖춘 교실
5) 좌석이 비전통적인 방식으로(학생들은 원형으로 둘러앉거나, 소집단의 좌석으로 둘러앉거나, 심지어 바닥에 앉아 프로젝트를 진행하기도 한다.) 배치된 교실
6) 학생이 교과서에서 읽은 주제에 대한 의견과 아이디어를 제시하도록 권장되는, 빈번한(주 2회 이상) 토론이 행해지는 교실

이러한 특성과 행동목록은 많은 사람에게(그리고 아마도 여러분에게) 인본주의적 교실에 대한 꽤 만족스럽지 못한 정의일 수 있다. 그러나 그것은 우리가 시작했던 정의보다 상당히 구체적이다(따라서 더 명확하다).[3] 이 정의로 (그리고 필요한 시설로) 무장한 연구자는 특정한 교실이 인본주의적 교실의 예로서의 요건을 충족하는지 여부를 빠르게 결정할 수 있다.

용어를 조작적으로 정의하는 것은 의미를 명확히 하는 데 도움이 된다. 조작적 정의는 유용한 도구이며, 연구에 대해 학습하는 모든 학생이 배워야 한다. 마지막으로, 학생은 자신의 정의를 직접적으로 알린 자료를 참조하도록 주의를 기울여야 한다. 용어를 측정하거나 확인하는 데 필요한 조작이나 활동은 구체화되어야 한다는 것을 기억하라. **수학학습동기**(motivated to learn mathematics)라는 용어에 관한 가능한 정의 중 어느 것이 조작적이라고 생각하는가?

1. 수업에서 열정
2. 학생의 수학교사가 자신이 개발한 등급척도를 사용한 판단
3. '수학흥미도' 질문지로 측정한 결과
4. 수업에서 수학과제에 대한 주의집중
5. 수학에서의 성취도
6. 수학 선택과목의 등록을 보여 주는 기록
7. 수업시간에 소모된 노력
8. 완료된 선택적 과제 수
9. 교실 밖에서 수학책을 읽는 것
10. 교사보조자가 '수학흥미도' 관찰기록을 사용하여 관찰한 내용[4]

조작적 정의는 연구자가 실제로 필요한 정보를 어떻게 얻는지 독자가 이해할 수 있도록 도와주면서

---

3) 이것은 지침을 더 구체화한다고 해서 이 목록이 개선되지는 않을 것이라는 말은 아니다. 그러나 이러한 특성은 조작적 정의에 대한 기준, 즉 연구자가 정의되는 변수를 측정하거나 확인하기 위해 취할 필요가 있는 행동을 구체화한다는 것을 충족한다.

4) 조작적 정의는 2, 3, 6, 8, 10이다. 행위(behavior)를 확인하는 데 필요한 활동이나 조작이 구체화되어 있지 않기 때문에, 1, 4, 5, 7, 9는 비조작적(nonoperational) 정의이다.

종종 용어를 명확히 하는 데도 도움이 된다. 예를 들어, **직무만족도**(job satisfaction)를 측정하는 방법에 대해 생각하는 것은 연구자 자신의 마음속에 그 용어가 의미하는 바를 명확히 하도록 강요할 가능성이 높다(조작적 정의가 필요한 일상적인 예는 [그림 2-1] 참고).

[그림 2-1] 조작적 정의가 도움이 되는 몇 가지 경우

그러나 이러한 장점에도 불구하고, 조작적 정의는 그 자체로 명확하지 않은 경우가 많다. 독자가 TOLD라는 특정 시험에 익숙하지 않는다면 "언어능력은 (조작적으로) TOLD 시험에서 학생의 점수로 정의된다"고 읽는 것은 큰 도움이 되지 않는다. 이러한 경우에도 연구자가 의미하는 바를 용어로 안내받는 것이 더 만족스럽다. 이와 같은 이유로 우리는 조작적 정의는 항상 구성적 정의가 수반되어야 한다고 믿는다.

연구자가 자신의 연구질문에 포함되어 있는 용어에 대해 명확히 하는 것의 중요성은 아무리 강조해도 지나치지 않다. 연구자가 어떤 자료를 찾아야 할지 정확히 알지 못하면, 자료수집 및 분석계획을 진행하는 데 어려움을 겪을 수밖에 없으며, 연구질문에서 핵심 용어의 의미가 불분명하다면, 어떤 자료를 찾아야 할지 모를 것이다.

연구질문은 의미가 있어야 한다

연구질문은 또한 조사할 가치가 있어야 한다. 본질적으로, 질문에 대한 답을 얻는 것에 시간과 에너지(그리고 종종 돈)를 쏟아부을 가치가 있는지를 고려할 필요가 있다. 우리가 물어볼 수 있는 것은, 어떤 특

정한 질문을 조사하는 것이 가치가 있는가? 그것은 어떤 방식으로 교육에 대한 우리의 지식에 기여할 것인가? 우리가 알고 있는 인간에 대한 지식인가? 그러한 지식은 어떤 면에서 중요한가? 이 질문들은 왜 연구자가 연구질문이 가치 있는 것인지, 즉 중요하거나 의미가 있는지에 대해 생각해 보도록 요구한다.

질문하는 사람이 연구질문에 관심을 갖는 것은 두말할 나위가 없다. 그러나 관심만으로 조사를 할 수 있는가? 어떤 사람에게 있어 그 대답은 분명히 '그렇다'이다. 그들은 누군가 진정으로 답을 원하는 어떤 질문은 조사할만한 가치가 있다고 말한다. 그러나 다른 사람은 개인의 관심만으로는 충분하지 않다고 말한다. 그들은 개인적인 관심이 사소하거나 하찮은 질문을 추구하는 결과를 너무 자주 초래할 수 있다고 지적한다. 대부분의 연구 노력이 시간, 에너지, 자료, 비용 또는 기타 자원의 일부(그리고 종종 상당한)에 대한 지출을 요구하기 때문에, 일부 유용한 결과나 보상이 연구에서 도출되어야 한다는 관점을 쉽게 이해할 수 있다. 자신과 다른 사람이 연구에 투자하는 것은 자신의 연구 분야에 가치 있는 지식을 축적하는 데 어느 정도 기여해야 한다.

일반적으로 말해서, 대부분의 연구자는 주로 개인의 관심사에 기반한 연구 노력만으로는 조사가 정당하다고 생각하지 않는다. 더 나아가, 심리적인 이유로 '순전히 관심이 많은' 동기에 의문을 제기하는 데는 어느 정도 이유가 있다. 대부분의 질문에는 아마도 어느 정도 숨겨진 동기부여가 있을 것이고, 신뢰도를 위해 이러한 이유는 분명히 밝혀져야 한다.

연구심화

근거(rationale)의 중요성

모든 사회과학에서처럼, 교육연구는 때때로 사소하다고 비판받아 왔다. 몇 년 전, William Proxmire 상원의원은 그가 특별히 가치가 없거나 하찮다고 생각했던 정부지원 연구에 수여한 '황금양털상(golden fleece awards)'으로 상당한 명성을 얻었다. 일부 수상자는 자신의 연구가 완전하거나 공정한 청문회를 받지 못했다고 주장하며 '비열한 언사'에 대해 불평했다. 연구가 종종 본질적으로 전문화되어 있고 그 분야 밖의 사람들에게 쉽게 전달되지 않는다는 것은 의심의 여지가 없지만, 이 책의 저자들은 다음 사항에 더 많은 주의를 기울여야 한다고 믿는다.

- 난해한 용어 피하기
- 핵심 용어를 명확하게 정의하고, 가능한 경우 구성적 · 조작적으로 정의하기
- 연구 중요성에 대한 명확하고 설득력 있는 사례만들기

그러므로 연구자들에게 가장 중요한 과제 중 하나는 너무 많은 사전 작업이 이루어지기 전에 의도된 연구의 가치를 생각해 보는 것이다.

다음의 세 가지 중요한 질문을 해야 한다.

1. 이 연구질문에 대한 답은 어떻게 내 분야의 지식을 증진할 수 있는가?
2. 이 연구질문에 대한 답은 어떻게 연구 분야의 실제를 개선할 수 있는가?
3. 이 연구질문에 대한 답은 어떻게 인간의 상태(condition)를 개선할 수 있는가?

여러분이 가능한 연구질문에 대해 생각할 때, 다음과 같은 질문에 반문하라. 이 질문에 대답하는 것이 왜 중요한가? 이 질문이 실제 개선에 시사점을 주는가? 행정적 의사결정을 위해? 프로그램 기획을 위해? 이 질문에 대한 연구를 통해 어느 정도 밝혀질 수 있는 중요한 쟁점이 있는가? 그것은 내가 의구심을 가지고 있거나 입증하고 싶은 현행 이론과 관련이 있는가? 이러한 질문에 대한 가능한 답을 생각해 봄으로써, 여러분은 잠재적인 연구질문의 중요성을 판단하는 데 도움을 받을 수 있다.

이 책의 저자들의 경험상, 제안된 연구에 대한 학생들의 정당화(justification)는 두 가지 약점을 가질 수 있다. 첫째, 너무 많은 것을 가정한다. 예를 들어, 모든 사람이 자아존중감이나 읽기 능력과 같은 것을 연구하는 것이 중요하다는 자신들의 생각에 동의할 것이라고 가정한다(다시 말해서, 그것은 자명하다). 사실, 모든 사람이 그것이 연구해야 할 중요한 주제라는 것에 동의하는 것은 아니다. 그럼에도 불구하고, 그것이 단지 그렇다고 가정하기보다는 그것이 중요**하다**(are)는 주장을 하는 것은 여전히 연구자의 일이다.

둘째, 종종 연구의 시사점을 과장한다. 예를 들어, 특정 교수방법의 효과성에 대한 증거가 그 방법이 일반적으로 채택되거나 자동적으로 학생의 성취도가 향상된다는 것을 시사하지는 **않는다**(not). 예를 들어, 그것은 교사훈련 프로그램의 방법에 더 많은 주의를 기울여야 한다는 것을 시사**할 것이다**(would).

연구질문은 종종 관계를 조사한다

좋은 연구질문이 종종 가지고 있는 추가적인 특성이 있다. 그것은 종종 (항상은 아니지만) 조사할 어떤 종류의 관계를 제안한다(제5장에서 이에 대한 이유를 논의한다). 제안된 관계는 두 가지의 질(qualities) 또는 특성(characteristics)이 서로 연결되어 있거나 어떤 방식으로 연결되어 있음을 의미한다. 동기와 학습은 관련이 있는가? 만약 그렇다면 어떠한 관련이 있는가? 나이와 매력, 속도와 무게는 어떠한가? 키와 힘? 교장선생님의 행정정책과 교직원의 사기는?

관계(relationship)라는 용어는 일상생활에서 다른 의미를 가지고 있기 때문에, 연구에서 어떻게 사용되는지 이해하는 것이 중요하다. 예를 들어, 연구자가 **관계**(relationship)라는 용어를 사용할 때, 그는 사람 사이의 연관성의 본질(nature)이나 질(quality)을 언급하는 것이 아니다. 저자와 다른 연구자가 의미하는 바는 아마도 시각적으로 가장 명확하게 밝혀질 것이다. 예를 들어, [그림 2-2]의 집단 A와 B에 대

[그림 2-2] 투표자 성별과 정당 가입 간의 관계

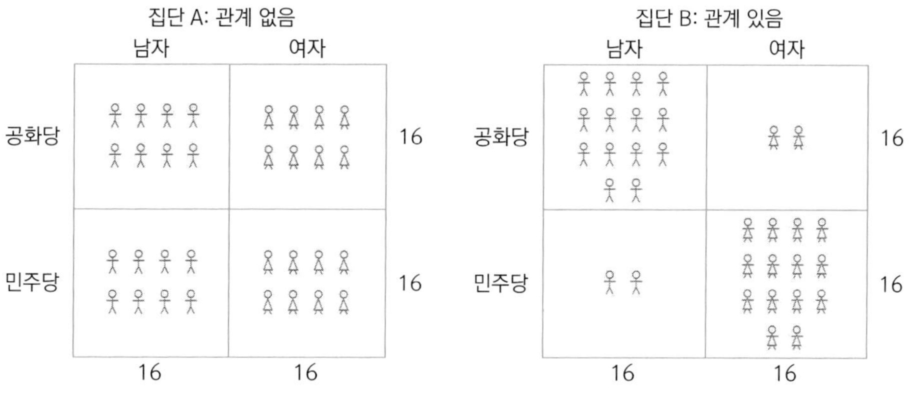

집단 A: 관계 없음
남자 여자
공화당 16
민주당 16
16 16

집단 B: 관계 있음
남자 여자
공화당 16
민주당 16
16 16

한 자료를 보라. 무엇을 알 수 있는가?

집단 A의 가상자료를 보면, 총 32명 중 16명은 공화당, 16명은 민주당이다. 그것은 또한 반은 남자이고, 반은 여자라는 것을 보여 준다. 집단 B는 정당 가입 및 성별에 따른 동일한 구분이 나타난다. 두 집단이 다른 점은 집단 A는 성별과 정당의 연관성이나 관계가 없는 반면, 집단 B는 남자가 공화당 성향이 강하고, 여자는 민주당 성향이 강한 것으로 관계를 표현할 수 있다. 또한 예측의 관점에서 이 관계를 표현할 수 있다. 만약 또 다른 여자가 집단 B에 합류한다면, 이전의 16명의 여자 중 14명이 민주당원이었기 때문에 그녀가 민주당원이 될 것으로 예측할 수 있다.

이 장의 시작 부분에 있는 **상호작용 · 응용 프로그램 학습** 기능으로 돌아가 상호작용 · 응용 프로그램 활동목록을 확인하라. www.mhhe.com/fraenkel10e의 **온라인학습센터**로 이동하여 퀴즈를 풀고 핵심 용어를 연습하며 장(章)의 내용을 검토하라.

핵심 요점

연구문제

• 연구문제는 연구조사의 초점이다.

연구질문

• 많은 연구문제는 질문으로 진술된다.
• 연구 가능한 질문의 핵심적인 특성은 그 질문에 답하기 위한 시도로 수집할 수 있는 어떤 종류의 정보가 있다는 것이다.

좋은 연구질문의 특성

• 연구질문은 실현 가능해야 한다. 즉, 이용 가능한 자원으로 조사할 수 있어야 한다.
• 연구질문은 명확해야 한다. 즉, 모호하지 않아야 한다.
• 연구질문은 의미가 있어야 한다. 즉, 조사할 가치가 있어야 한다.
• 연구질문은 윤리적이어야 한다. 즉, 조사는 인간에 대한 신체적 · 심리적 해악이나 손상과 관련되어서는 안 된다.
• 연구질문은 종종 (항상은 아니지만) 조사해야 할 관계를 시사한다.
• **관계**(relationship)라는 용어는 연구에서 두 가지 이상의 특성(characteristics) 또는 질(qualities) 간의 연계 또는 연관성을 말한다.

연구에서 용어 정의하기

• 연구질문에서 모호하거나 불분명한 용어를 명확히 하는 세 가지 일반적인 방법은 구성적(사전형) 정의, 예에 의한 정의, 조작적 정의의 사용을 포함한다.
• 구성적 정의는 의미를 명확히 하기 위해 추가적인 용어를 사용한다.
• 조작적 정의는 용어의 예를 측정하거나 확인하는 방법을 기술한다.

핵심 용어

경험적 준거자(empirical referent)
구성적 정의 (constitutive definition)
예를 통한 명료화 (clarification by example)
조작적 정의 (operational definition)

토론거리

1. 여기에 세 가지 연구질문의 예가 있다. 명확하게 하기 위해 1~5(5=최고, 1=최저)의 척도로 등급을 어떻게 매기겠는가? 중요도에 따라? 왜 그러한가?
   1) 2학년 반에 이번 학기에 운전기사 교육과정에 등록한 학생이 몇 명이나 되는가?
   2) 왜 그 교육지원청의 많은 학생이 영어를 싫어한다고 말하는가?
   3) 탐구(inquiry)나 강의(lecture)가 사회교과목을 가르치는 데 더 효과적인가?
2. **인본주의지향적 교실**(humanistically oriented classroom)을 어떻게 정의하겠는가?
3. **동기**(motivation), **성취도**(achievement), 그리고 심지어 **학습**(learning)과 같이 교육에서 자주 사용되는 용

어들은 명확하게 정의하기가 매우 어렵다. 왜 그렇다고 생각하는가?

4. **수월성**(excellence)이란 용어는 어떻게 조작적으로 정의될 수 있는가? 예를 들어보라.
5. "가장 명확한 정의도 항상 의미 있는 의사소통을 보장하지는 않는다." 이것이 정말 사실인가? 왜 그러한가? 또는 왜 그렇지 않는가?
6. 조작적 정의에는 항상 구성적 정의가 수반되어야 한다고 주장한다. 이 주장에 동의하는가? 이것이 필요하지 않을 수도 있는 경우를 생각해 볼 수 있는가?
7. 대부분의 연구자는 주로 개인의 이익에 따른 연구 노력이 조사를 정당화한다고 생각하지 않는다. 여러분은 모든 경우에 동의하는가? 가능한 예외를 생각할 수 있는가?

연구실습 2. 연구질문

문제지 2를 사용하여, 연구실습 1에서 열거한 연구문제를 한두 문장으로 재진술하고, 이 문제와 관련된 연구질문을 만들어 보라. 이제 여러분이 생각하기에 명확하지 않고 정의될 필요가 있다고 생각하는 모든 핵심 용어를 나열하라. 이 용어들을 구성적으로 그리고 조작적으로 모두 정의한 다음, 왜 여러분의 질문이 연구해야 할 만큼 중요한 것이라고 생각하는지를 진술하라.

문제지 2 연구질문

1. (재진술된) 연구문제는: ______

2. 연구질문은: ______

3. 명확하지 않아 정의해야 하는 문제 또는 질문의 핵심 용어는: ______
   1) ______ 4) ______
   2) ______ 5) ______
   3) ______ 6) ______

4. 그 용어에 대한 구성적 정의는: ______

5. 그 용어에 대한 조작적 정의는: ______

6. 그 질문/문제를 조사하는 이유(이것을 조사해야 할 중요한 질문이라고 주장하는 이유)는:

이 문제지의 전자 버전은 학지사 공식 홈페이지(www.hakjisa.co.kr) 『연구방법론: 교육연구설계 및 평가』의 도서 상세정보에서 내려받을 수 있다.

제 3 장

문헌검색 및 검토

문헌검토의 정의와 가치

자료출처 유형

문헌검색과 관련된 단계

연구문제를 가능한 한 정확하게 정의
1~2개의 2차 자료 검토
적절한 일반 참고문헌 도구 선정
컴퓨터를 활용한 검색수행
1차 자료 획득
문헌검토보고서 작성
웹을 활용한 연구

학습목표

이 장을 학습하면 다음을 수행할 수 있어야 한다.

- 문헌검토가 왜 중요한지 간략히 기술할 수 있다.
- 연구자가 문헌검토를 수행할 때 거치는 단계를 열거할 수 있다.
- 일반 참고문헌에 포함된 정보의 종류를 간략하게 기술하고, 그러한 출처의 예를 제시할 수 있다.
- 1차 자료와 2차 자료 간의 차이점을 설명하고 각 유형의 예를 제시할 수 있다.
- '검색어(search term)'라는 용어의 의미와 '기술어구(descriptor)'라는 용어와 어떻게 다른지, 문헌검색에서 두 용어가 어떻게 사용되는지를 설명할 수 있다.
- 컴퓨터 사용시간을 줄이고 사서에게 약간의 도움을 받은 후 관심 있는 주제에 대한 문헌을 수동 및 전자검색할 수 있다.
- 자신의 문헌검토에 대한 요약을 쓸 수 있다.
- 메타분석이 무엇인지 설명할 수 있다.

상호작용 · 응용 학습 이 장을 읽는 동안 또는 읽은 후:

다음을 하려면, 온라인학습센터 (www.mhhe.com/fraenkel10e)로 접속하라.

- 전자 연구 가이드를 읽어라.

다음 활동을 수행하기 위해 온라인 학습자 완전학습 활동(Student Mastery Activities) 책을 읽으라.

- 활동 3.1: 도서관 작업지
- 활동 3.2: 어디에서 찾는가?
- 활동 3.3: 문헌에 관한 컴퓨터를 활용한 검색을 하라.

군대에서 경력을 쌓은 후, 장 교사는 충청도 소재 성인학교에서 교사로서 첫 해를 맞이하고 있다. 그는 고등학교를 졸업하지는 않았지만 졸업장을 따려고 하는 학생들에게 한국사를 가르친다. 그는 시행착오를 통해 학생들을 잠들게 하는 많은 기법이 있다는 것을 어렵게 배웠다. 그는 진심으로 좋은 선생님이 되고 싶어하지만, 학생들이 그 교과목에 흥미를 갖도록 하는 데 어려움을 겪고 있다. 그는 학교에서 유일한 역사교사이기 때문에 다른 교사들은 큰 도움이 되지 않는다. 따라서 그는 자신이 사용할 수 있는 다른 접근방법, 전략 및 기법에 대한 아이디어를 얻고자 한다. 그는 고등학교 역사를 가르치기 위한 효과적인 전략에 대해 무엇을 알아낼 수 있는지 알아보기 위해 인터넷 검색을 하기로 결심한다. 첫 번째 검색에서 12,847개가 검색되었다. 장 교사는 압도되었고 어떤 자료를 찾아야 할지 막막하다. 책을 보아야 하는가? 논문? 웹사이트? 정부 문서? 미출판 보고서? 어디에서 가장 타당한 자료를 찾아야 하는가? 어떻게 좀 더 체계적으로 검색할 수 있는가?

이 장에서는 이러한 (그리고 관련된) 질문에 대한 몇 가지 답변을 배울 것이다. 읽기를 마치면 어떻게 하면 교육문헌에 대한 체계적이거나 '계획적인' 검색을 할 수 있는지에 대한 여러 가지 아이디어가 있어야 한다.

문헌검토의 정의와 가치

문헌검토(literature review)는 특정 질문에 관련된 일련의 문헌에 대한 사정(assessment)이다. 문헌검토는 여러 가지 면에서 유용하다. 그것은 연구자가 (중요한 연구결과와 이론을 통해) 특정 연구질문에 관심 있는 다른 사람들의 아이디어를 얻도록 도울 뿐만 아니라, 유사하거나 관련된 연구의 결과에 대해 읽을 수 있게 해 준다. 또한 문헌검토는 연구자에게 더 많은 연구가 필요한 분야에 대한 아이디어를 제공한다. 이것을 문헌에서 '격차(gap)'라고 부른다. 사실 석 · 박사 학생이 논문을 설계할 때 일반적으로 상세한 문헌검토가 필요하다. 일부 대학원 프로그램에서는 학생이 기존 문헌의 격차를 해소하는 석 · 박사 학위 논문을 제안해야 한다. 따라서 연구자는 종종 자신의 관심사와 상황을 고려하여 문헌검토로부터 정보를 평가한다. 여기에는 두 가지 중요한 요점이 있다. 연구자는 자신의 의도된 연구 영역을 다루는 다른 연구의 위치를 찾을 수 있을 뿐만 아니라 관심 있는 연구질문과의 관련성 측면에서 이 연구를 평가할 수 있어야 한다.

자료출처 유형

연구자가 연구질문과 관련된 정보를 찾기 시작하면서 세 가지 기본적인 자료유형에 익숙해질 필요가 있다. 이 용어는 컴퓨터를 활용한 검색(온라인 또는 전자)과 수동검색(인쇄/서지도구를 사용하여 인쇄/서지 자료를 찾는 경우)에 모두 적용된다. 관련된 도구와 관계없이 검색과정은 유사하다.

1. 일반 참고문헌 도구(general reference tools)는 연구자가 종종 첫 번째로 참조하는 자료원(sources)이다. 사실상, 해당 도구는 연구질문을 직접적으로 다루는 논문, 책, 보고서, 기타 문서와 같은 다른

출처를 찾기 위해 어디를 찾아야 하는지를 알려 준다. 일반 참고문헌 도구는 일반적으로 논문 및 기타 자료의 저자, 제목, 출판장소를 나열하는 **색인**(indexes) 또는 다양한 출판물의 간략한 요약(summary)이나 주석(annotation)을 제공하는 **초록**(abstracts)이다. 역사적으로, 색인과 초록은 서지형식(paper format)으로만 이용할 수 있었지만, 컴퓨터와 인터넷의 출현 이후 대부분의 도서관은 전자색인, 초록, 사전, 백과사전을 포함하는 온라인 데이터베이스를 통해 색인과 요약에 접근할 수 있게 되었다. 예를 들어, 교육 분야에서 연구자가 가장 자주 사용하는 색인인 Current Index to Journals in Education(CIJE)과 Resources in Education(RIE)은 더 이상 서지형식의 개별 간행물로 제공되지 않는다. 그 대신 2002년 이후, 그것이 포함하고 있는 정보는 현재 미국교육부와 교육과학연구소가 후원하는 교육연구·정보 온라인 데이터베이스인 ERIC(Education Resources Information Center)에서만 전자적으로 이용할 수 있다(이 장 후반부에서 ERIC 검색방법을 보여 준다). 마찬가지로, 심리학에서 연구자가 가장 일반적으로 사용하는 일반 참고문헌 도구인 Psychological Abstracts는 현재 학술지 논문(journal articles), 평가보고서, 학술대회 논문(conference papers)과 학술자료집(proceedings)에 대한 초록 및 참고문헌 인용(citation)을 포함하고 있는 미국심리학회(American Psychological Association: APA)에 의해 컴파일된 컴퓨터 데이터베이스인 PsycINFO를 통해서만 이용할 수 있다.

2. **1차 자료**(primary sources)는 연구자가 연구의 결과를 독자에게 직접 보고하는 출판물이다. 교육에서 대부분의 1차 자료는 Journal of Educational Research나 Journal of Research in Science Teaching과 같은 학술지이다. 이러한 학술지는 보통 월별 또는 분기별로 출판되며, 논문은 일반적으로 특정 연구에 대해 보고한다. 대부분의 대학도서관은 등록 학생이 요청 시 전문(全文)을 다운로드할 수 있는 전자학술지를 포함한 광범위한 온라인 데이터베이스에 무료로 접속할 수 있는 온라인 컬렉션에 대한 구독료를 지불한다.
3. **2차 자료**(secondary sources)는 저자가 다른 사람의 업적을 기술하는 출판물을 말한다. 교육에서 가장 흔한 2차 자료는 교과서이다. 예를 들어, 교육심리학에서 교과서는 심리학에서 다양한 아이디어와 개념을 설명하기 위한 방법으로 몇 가지 연구를 설명할 수 있다. 일반적으로 사용되는 다른 2차 자료에는 교육백과사전(educational encyclopedias), 연구검토(research reviews, 일반적으로 특정 주제에 대한 문헌검토를 출판하는 동료심사를 받은 학술지), 연감(yearbooks) 등이 포함된다.

주어진 주제에 대한 정보를 체계적으로 찾는 연구자는 우선 1차 및 2차 자료를 찾기 위해 하나 이상의 일반 참고문헌 도구를 참조할 것이다. 당면한 문제에 대한 빠른 개관(overview)을 위해서는 아마도 2차 자료가 최선일 것이다. 다른 사람이 수행한 연구에 대한 자세한 정보는 1차 자료를 참조해야 한다.

오늘날 대부분의 연구자는 개인용 컴퓨터를 활용하여 문헌을 검색한다. 과거 인터넷과 웹이 부상하기 전에는 대부분의 검색이 수동으로 수행되었다. 그러나 수동검색(인쇄/서지도구를 사용하여 인쇄/서지자료를 찾는 것)은 희귀하거나 과거 자료를 찾는 데 관심이 있는 도서관 사용자에 의해 주로 사용된다. 그러나 모든 출처가 전자적으로 이용 가능한 것은 아니기 때문에 일부 교수는 학생들에게 수동검색을 수행하도록 요구한다. 인터페이스(interface)는 다를 수 있지만, 관련 단계 측면에서 두 과정은 동일하다.

문헌검색과 관련된 단계들

문헌검색(literature search)에는 다음 단계가 포함된다.

1. 연구문제를 가능한 한 정확하게 정의
2. 관련 2차 자료(연구검토가 포함될 수 있음) 검토
3. 적절한 일반 참고문헌 자료를 1~2개 선택·열람
4. 관심 있는 연구문제 또는 질문과 관련된 검색어(키워드 또는 구문) 작성
5. 적절한 일반 참고문헌 도구를 사용하여 관련 1차 자료 검색
6. 관련 1차 자료를 입수하여 읽고, 출처에 핵심사항 기록 및 요약

각 단계에 대해 자세히 살펴보자.

연구문제를 가능한 한 정확하게 정의

연구자가 가장 먼저 해야 할 일은 연구질문을 최대한 구체적으로 진술하는 것이다. "대도시 교실에서는 어떤 종류의 교육방법이 효과적인가?" 또는 "어떻게 교장선생님이 더 효과적인 지도자가 될 수 있는가?"와 같은 일반적인 질문은 너무 모호해서 일반적인 참고문헌을 훑어볼 때 큰 도움이 되지 않는다. 관심 질문은 특정 관심 영역으로 좁혀져야 한다. 따라서 좀 더 구체적인 질문은 "사회학 개념을 학습할 수 있도록 하기 위해서 학생들에게 동기부여 동영상을 보여 주는 것보다 토론이 더 효과적인가?" 또는 "실력 있는 초등학교 교장선생님은 교직원의 사기를 높이기 위해 어떤 전략을 사용하는가?"일 것이다. 구체적인 조사 현안에 초점을 맞출 수 있도록 질문을 진술하기 위한 진지한 노력이 필요하다.

1~2개의 2차 자료 검토

일단 연구질문이 구체적인 용어로 명시되면, 1~2개의 2차 자료를 통해 해당 문제에 대한 선행연구의 개요(overview)를 얻는 것이 좋다. 이것은 기념비적인 일이거나 완성하는 데 너무 오랜 시간이 걸릴 필요가 없다. 주요 목적은 그 문제에 대해 이미 알려진 내용과 다른 질문 중 일부를 파악하는 것이다. 연구자들은 또한 연구질문을 수정하거나 개선하는 방법에 대한 아이디어를 얻을 수 있다. 다음은 교육연구에서 가장 일반적으로 사용되는 2차 자료이다.

Encyclopedia of Educational Research(현재 온라인판만 해당): 300개가 넘는 교육 주제에 대한 간략한 요약(summary)이 포함되어 있다. 문제에 대한 간략한 개요를 얻을 수 있는 훌륭한 자료원이다. 마지막 인쇄본은 2004년에 출판되었다.

Handbook of Research on Teaching(2016년 최신판 출판): 다양한 교육 측면에 대한 보다 더 장문의 논문이 포함되어 있다. 대부분은 자신이 집필하고 있는 주제를 전문으로 하는 교육연구자들에 의해 작성된다.

National Society for the Study of Education(NSSE) Yearbooks: 매년 출판되는 이 연감(yearbooks)은

다양한 주제에 대한 최신연구를 다루고 있다. 각 연감은 보통 주제의 다양한 측면을 다루는 10~12장(章)까지 포함되어 있다. 1901년 창립되어 2008년 해체된 이 협회(NSSE)는 컬럼비아대학교 Teachers College Record의 일환으로 중단 없이 연감을 출판해 오고 있다.

Review of Educational Research: 미국교육연구학회(American Educational Research Association: AERA)가 1년에 4회 출판하는 이 학술지는 교육의 다양한 주제에 대한 연구검토와 광범위한 참고문헌 정보를 포함하고 있으며, ERIC를 통해 온라인으로 이용할 수 있다.

Review of Research in Education: 매년 출판되는 각 권(volume)은 선도적인 교육연구자들이 작성한 중요한 주제에 대한 조사와 연구를 종합한다. RRE는 현재 ERIC에서 온라인으로 이용할 수 있다.

Subject Guide to Books in Print(최신판): 앞의 각 자료에는 교육에서 중요한 다양한 주제에 대한 연구검토가 포함되어 있다. 그러나 최근 검토에서 다루지 않은 주제가 많다. 만약 연구질문이 그러한 주제를 다룬다면, 그 주제에 대한 연구를 논의하는 정보를 찾을 수 있는 가장 좋은 기회는 그 주제에 대한 최근의 책에 있다. 주제에 대한 연구를 논할 수 있는 책을 확인하는 가장 좋은 자료는 인쇄본과 전자본으로 제공되는 최신판 인쇄본이다.

더 나아가, 많은 전문학회나 단체가 자신의 분야의 연구에 관한 편람(handbook)을 출판했다. 여기에는 다음과 같은 것이 포함된다.

- Handbook of Reading Research
- Handbook of Research on Curriculum
- Handbook of Research on Educational Administration
- Handbook of Research on Mathematics Teaching and Learning
- Handbook of Research on School Supervision
- Handbook of Research on Multicultural Education
- Handbook of Research on Music Teaching and Learning
- Handbook of Research on Social Studies Teaching and Learning
- Handbook of Research on Teacher Education
- Handbook of Research on the Teaching of English
- Handbook of Research on the Education of Young Children

각 편람은 특정 연구 분야와 관련된 중요한 주제를 다루는 현재의 연구요약이 포함되어 있다. 서지형식의 편람을 찾으려면 도서관 카탈로그를 사용하고, 전자형식의 핸드북을 찾으려면 도서관 카탈로그, 데이터베이스 목록 또는 전자문서철 목록을 사용하라. 관심 있는 주제에 대한 책을 찾을 수 있는 다른 장소로는 도서관 카탈로그와 도서관 내 교육과정 부서(교과서용)가 있다. Education Index와 PsycINFO도 해당 분야의 신간 전문서적을 제시하고 있다.

적절한 일반 참고문헌 도구 선정

연구문제에 대한 더 많은 정보를 얻기 위해 2차 자료를 검토한 후, 연구자는 정확히 무엇을 조사해야 하는지 더 명확하게 이해해야 한다. 이쯤 되면 어떤 식으로든 다시 쓸 필요가 있는지 연구질문을 다시 한번 살펴보는 것이 좋다. 일단 만족하게 되면, 연구자는 질문과 관련된 특정 학술지나 다른 1차 자료를 확인하는 데 도움이 되는 1~2개의 일반적인 참고문헌을 선택할 수 있다. 연구자가 참조할 수 있는 많은 일반 참고문헌 도구 중 가장 일반적으로 사용되는 도구의 목록은 다음과 같다.

Education Index: 이 온라인 전용 출판물은 2004년부터 300개 이상의 교육출판물의 논문을 색인화한다. 이 전자색인은, ① 1929~1982년까지의 기간을 다루는 Education Index Retrospective, ② 1983년~현재까지 출처를 포함하는 Educational Index, ③ 1983년까지의 초록과 전문(全文) 논문을 포함하는 Education Full Text의 세 개의 개별 데이터베이스를 포함하고 있다.

Education Resources Information Center(ERIC): ERIC은 미국교육부와 교육과학연구소(Institute of Education Sciences)가 후원하는 교육연구·정보 온라인 데이터베이스이다. 그것은 교육, 상담 및 관련 사회과학분야의 색인 및 초록, 학술지 논문, 보고서 및 기타 문서를 포함하고 있다. 2002년 CIJE(Current Index to Journals in Education)와 RIE(Resources in Education)로 알려진 주요 교육색인과 통합되고 인쇄물 출판이 중단된 후, ERIC은 전자적으로 콘텐츠에 대한 접근을 제공하기 시작했다. 오늘날 ERIC은 750개 이상의 학술지 논문에 대한 인용뿐만 아니라 교육과정 가이드, 학술대회 논문 및 연구보고서를 포함한 미공개 문서를 포함하여 130만 개 이상의 참고문헌 자료에 대한 직접적인 접근을 제공하고 있다. 아직 모든 **현재**(current) 교육관련 자료 전문(全文)에 대한 접근은 불가능하지만, ERIC은 사용자에게 자료에 대한 초록과 정확한 인용정보를 제공하고 있다. 출판물 정보에는 일반적으로 논문 제목, 저자, 학술지명, 쪽, 출판 권과 호 번호, ERIC 확인 번호가 포함되어 있다. ERIC 학술지 논문(EJ)의 경우, 그 번호는 EJ + 6자리 숫자([그림 3-1] 참고)이며, 학술지가 아닌 문서의 경우에는 ED + 6자리 숫자([그림 3-2] 참고)이다. ERIC 문서(ED)는 주(州) 교육부에서 작성한 문서, 연방정부가 후원한 연구프로젝트의 최종보고서, 교육구보고서, 정부기관을 위해 작성된 위탁문서 및 기타 출판 및 미발표 문서이다. 일반적으로, 모든 문서에 대한 초록과 참고문헌 정보가 제공된다. 그렇지 않으면 결코 게시되지 않을 많은 보고서가 ERIC에 보고되므로, 이 보고서는 특히 유용한 자료원(resources)이다.

[그림 3-1] ERIC 학술지 논문으로부터 발췌

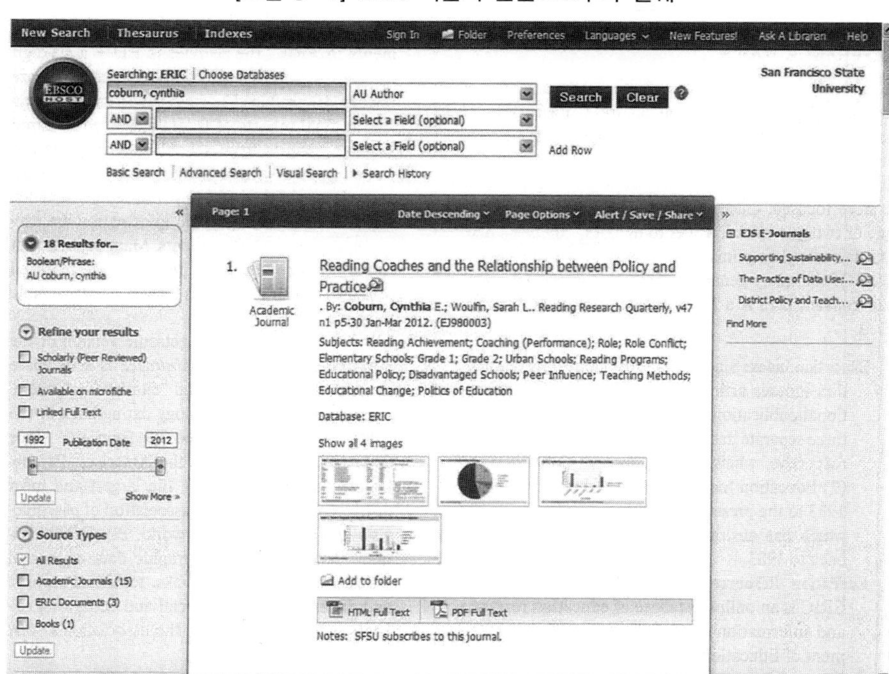

PsycINFO: PsycINFO는 1800년대 (심지어 1700년대와 1600년대 일부 기록) 심리학 분야의 선행연구에 대한 요약과 인용을 포함하고 있는 데이터베이스이다. 세계에서 가장 크고 가장 저명한 심리학자와 과학자의 전문학회인 미국심리학회(APA)에 의해 생산된 PsycINFO는 사회 및 행동과학 분야의 학술지 논문, 책, 책 장(章), 기술보고서, 학위논문의 초록 및 참고문헌 자료를 포함하고 있으며, 학회의 APA PsycNET에서 이용 가능하다.

종종 교육연구에 대한 정보를 제공하는 두 가지 추가적인 일반 참고문헌 도구는 다음과 같다.

Exceptional Child Education Resources(ECER) 온라인 데이터베이스: ECER은 특수아동위원회(Council for Exceptional Children)에서 제작한 참고문헌 데이터베이스이다. ECER는 200개 이상의 학술지로부터 도출된 특수아동에 대한 정보를 제공한다. ERIC과 유사한 형식을 사용하여 작성자, 제목, 제목 색인을 제공한다. ERIC에서 검색되지는 않지만 여러 학술지에서 다루는 연구 주제가 특수아동들을 다룬다면 참고할 만한 가치가 있다.

[그림 3-2] ERIC 학술지 논문으로부터 발췌

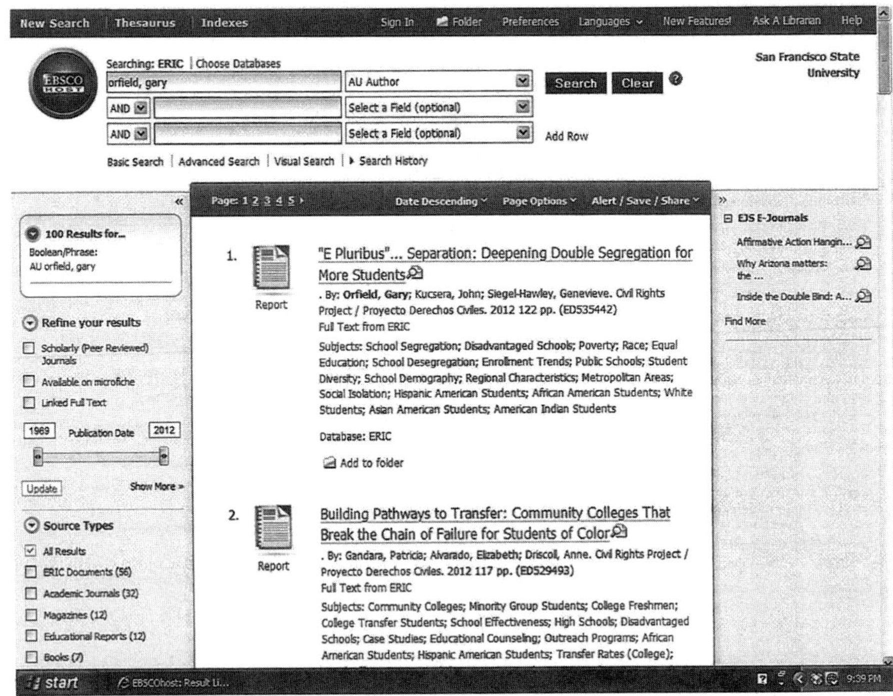

Social Science Citation Index(SSCI): SSCI는 또 다른 유형의 인용 및 색인 서비스로서, 도움이 될 수 있는 고유한 기능인 일반(forward) 검색기능을 제공한다. 연구자가 관심 정보가 담긴 논문을 발견하면 SSCI에서 저자 이름을 찾아 같은 논문을 인용한 다른 저자의 이름과 해당 논문이 실린 학술지를 알 수 있다. 이러한 추가 논문은 특히 **주석이 달린 문헌목록**(annotated bibliography, 간단한 요약이 있는 주제에 대한 출처목록) 또는 문헌검토를 작성하는 연구자에게 흥미로울 수 있다. 연구자는 다른 저자에 의해 인용된 추가적인 책과 논문을 결정할 수 있고, 따라서 그렇지 않으면 놓칠 수 있는 정보를 얻을 수 있다. 대부분의 도서관은 Web of Science 데이터베이스(현재 Thomson Scientific사에 의해 출판됨)의 일부로 SSCI 온라인 검색을 제공한다. 대부분의 박사학위 논문과 많은 석사학위 논문은 독창적인 연구에 대한 보고서이기 때문에 문헌검토에 귀중한 자료가 된다.

ProQuest Dissertation & Theses: ProQuest는 북미, 유럽, 아시아의 1,000개 이상의 대학원과 대학이 제출한 석·박사학위 논문을 포함하여 140만 개 이상의 제목을 가진 디지털 라이브러리를 관리한다. 1861년에 작성된 석·박사학위 논문과 더불어, 1988년부터 현재까지 완성된 대부분의 석·박사학위 논문에 관한 전문(全文)을 포함하고 있다.

[그림 3-3] ProQuest 박사 및 석사학위 논문으로부터 발췌

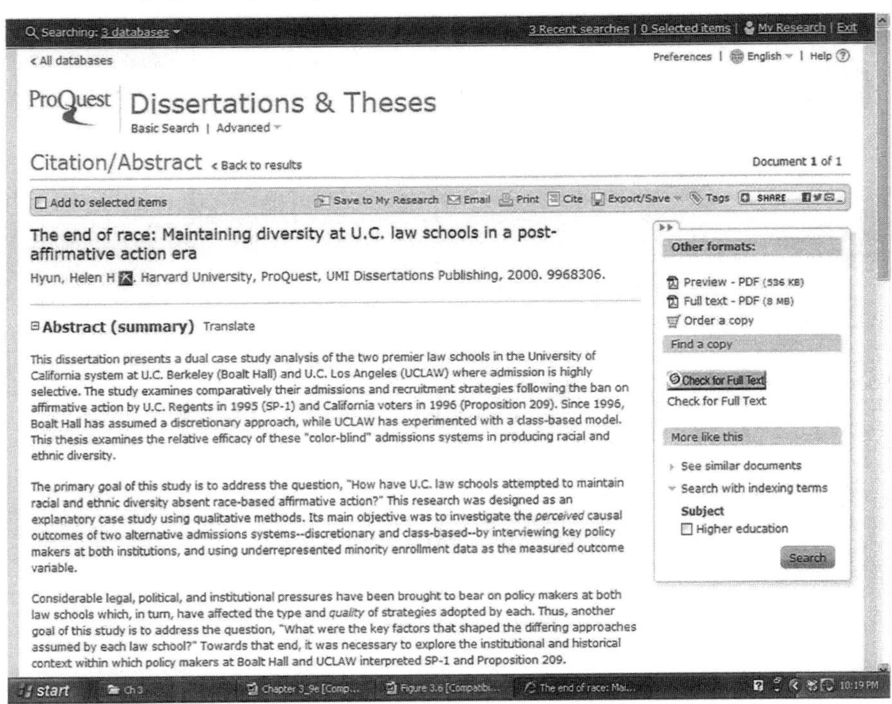

검색어 작성

일단 일반적인 참고문헌 연구가 선택되면, 연구자는 1차 자료를 찾기 위해 사용할 수 있는 **검색어**(search terms), 즉 단어나 구문을 작성할 필요가 있다. 검색어는 문제진술에서 가장 중요한 단어이다. 예를 들어, "수업팀(teaching team)이 가르치는 학생이 개별 교사가 가르치는 학생보다 더 많이 배우는가?"라는 연구질문을 들어 보자. 이 질문에서 가장 중요한 단어, 즉 핵심 용어는 무엇인가? 연구자는 관심 있는 연구질문에 대해 다른 연구가 수행되었고 다른 사람이 어떻게 생각하는지 알아보기 위해 문헌검색을 수행한다는 것을 기억해야 한다. 그러므로 이 질문에서 핵심 용어는 **수업팀**(teaching team)이다. 이 용어와 기타 유의어나 동의어가 나열되어야 한다. 가능한 검색어는 **팀티칭**(team teaching), **연계수업**(joint teaching), **협동수업**(cooperative teaching), **협력과 수업**(collaboration and teaching) 등이 포함될 수 있다. 그런 다음, 적절한 일반 참고문헌 도구를 선택한다.

전자형식이든 인쇄/서지형식이든 색인 및 초록은 인용(citation) 정보에 대해 유일하게 접근할 수 있도록 설계되어 있다. 각 인용(데이터베이스, 색인 또는 초록)은 인용 고유의 정보(저자, 제목, 출판일 등)를 포함하고 있다. 또한 각각의 인용에는 관련 논문을 분류하는 데 도움이 되는 어휘가 할당된다. 대부분의 데이터베이스에서 할당된 어휘는 주제어(subject terms) 또는 건명목록(subject heading)이라고 하며, ERIC에서는 이러한 용어를 특히 기술어구(descriptors)라고 한다. 특정 시스템에서 어떤 주제 용어, 주제 제목 또는 기술어구가 사용되는지를 알면 연구자가 특정 주제 또는 주제들에 대한 모든 관련 논문을 더 쉽게 확인할 수 있다.

온라인 데이터베이스를 사용하여 문헌을 검색하는 경우, 결과를 검색하기 위해 연구자는 제공된 검색상자에 검색어를 입력한다([그림 3-4] 참고). 사용자는 인쇄/서지도구를 사용하여 자원(resources)에 나열된 검색어와 일치하는 제목 용어목록을 보고 관련 인용목록을 찾는다. 그런 후, 해당 사용자는 연구 주제와 관련된 것으로 보이는 논문을 선택한다.

[그림 3-4] Education Full Text에서 발췌

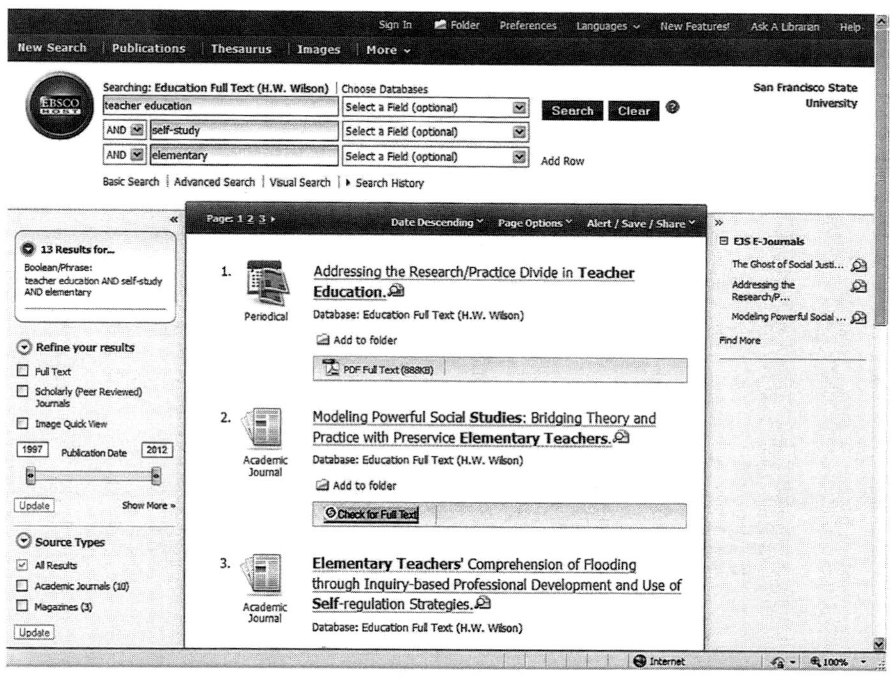

©2013 EBSCO Information Services.

일반 참고문헌 도구를 사용하여 검색

비록 따라야 할 마법의 공식은 없지만, 교육에 종사하는 많은 연구자는 도서관 자원과 온라인에서 이용할 수 있는 다른 정보자원에 의지한다. 거의 모든 대학도서관과 대부분의 공공도서관 웹사이트를 통해 이용 가능한 데이터베이스에서 문헌의 온라인 검색을 수행할 수 있다. 또한 많은 주(州) 교육부가 온라인 교육 데이터베이스에 대한 접근을 제공하며, 일부 지방교육청 및 일부 대규모 학교 시스템도 마찬가지이다. 교육연구자들이 가장 흔히 사용하는 데이터베이스는 1966년으로 거슬러 올라가는 전자검색이 가능한 ERIC이다. 다른 데이터베이스로는 PsycINFO, Exceptional Child Education Resources, ProQuest Dissertations and Theses 등이 있다. 다른 교과목 영역에는 200개 이상의 다른 전문 데이터베이스가 있다. 이 데이터베이스에 대해 자세히 알아보려면, 근처의 대학 또는 대학도서관에 연락하여 서지 사서에게 도움을 요청하라.

컴퓨터를 활용한 검색수행

온라인 검색에 관련된 단계를 설명하기 위해 ERIC 데이터베이스를 사용하여 수행된 실제 검색에 대

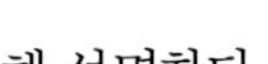

해 설명한다.

연구문제를 가능한 한 정확하게 정의

연구문제는 관련 기술어구(descriptors)가 확인될 수 있도록 최대한 구체적으로 명시해야 한다. "질문 기법이 얼마나 효과적인가?"와 같은 문제에 대한 광범위한 진술은 너무 일반적이다. 그것은 매우 많은 참고문헌을 산출하기 쉬운데, 그중 많은 것은 아마도 연구자의 관심사와 무관할 것이다. 따라서 검색 목적상, 우리는 다음과 같은 연구질문을 제기했다. "어떤 종류의 질문기법이 학생들로 하여금 역사적 개념을 가장 효과적으로 이해하도록 도움을 주는가?"

검색범위 결정

연구자는 이제 얼마나 많은 참고문헌을 얻어야 하는지 결정해야 한다. 학술지 논문에 대한 검토를 위해, 연구자는 꽤 최근의 참고문헌 20~25개만 검토하기로 결정할 수 있다. 석사논문과 같은 좀 더 자세한 검토는 아마 30~40번 정도 검토가 가능할 것이다. 박사학위 논문의 경우, 매우 철저한 검토를 위해 100개 이상의 참고문헌이 검색될 수 있다.

데이터베이스 결정

앞에서 언급한 바와 같이, 많은 데이터베이스를 이용할 수 있지만, 가장 흔히 사용되는 데이터베이스는 ERIC이다. 주제어나 건명목록은 중복되는 경우가 많지만, 서로 다른 데이터베이스에는 적용되지 않을 수 있다. 앞서 언급한 바와 같이, ERIC에서는 주제어를 '기술어구'라고 한다. 교육적 주제(topics)와 관련된 검색에 여전히 가장 적합하기 때문에, 이 예에서는 ERIC 데이터베이스를 사용했다.

검색단어 선정 및 기술어구 찾기

연구자들은 종종 주제를 기술하기 위해 사용하는 키워드를 사용하여 ERIC에서 검색을 시작한다. 그들은 ERIC에 이 키워드를 입력하여 컴퓨터에 무엇을 검색해야 하는지 알려 준다. 키워드 선정은 어느 정도 예술적인 특성이 있다. 키워드가 너무 일반적이면 너무 많은 참고문헌이 검색되고, 이 중 상당수는 무관할 가능성이 높다. 키워드가 너무 협소하면 너무 적은 참고문헌이 검색되고, 해당 연구질문이 상당수 누락될 수 있다. 또한 사용된 키워드가 시스템에서 그 주제를 기술하는 데 사용되는 기술어구와 동일하거나 유사하지 않으면 검색결과가 거의 또는 전혀 도출되지 않는다. ERIC 사용자의 경우, ERIC 유의어사전(thesaurus)은 데이터베이스에서 일반적으로 사용되는 기술어구 목록을 제공한다. ERIC의 검색결과에는 개별 인용과 관련된 기술어구와 주제어도 나열된다.

키워드와 기술어구는 참고문헌을 찾기 위해 개별적으로 또는 다양한 조합으로 사용될 수 있다. **부울 연산자(Boolean operators)**라 불리는 특정 키워드는 다양한 조합에서 용어의 검색을 가능하게 한다. 가장 일반적으로 사용되는 부울 연산자는 and와 or이다. 예를 들어, 컴퓨터에 inquiry와 같은 단일 키워드 또는 기술어구를 검색하도록 요청하면, 이 용어를 포함하는 모든 참고문헌이 선택될 것이다. 그러나 연구자는 두 개의 키워드나 기술어구와 단어 and를 연결함으로써 검색범위를 좁혀 두 기술어구를 **모두**(both) 포함하는 참고문헌을 찾을 수 있다. 컴퓨터에 **질문기법과 역사교수**(questioning techniques and history instruction)을 검색하도록 요구하면, 키워드나 기술어구가 모두 포함된 참고문헌만 검색되므로 검색범위를 좁힐 수 있다. 한편, 단어 or를 사용하면 키워드나 기술어구 중 **어느 하나라도**(either) 포함된 참고문헌이 모두 검색되기 때문에 검색범위를 넓힐 수 있다. 따라서 컴퓨터에 **질문기법 또는 역사교수**(questioning techniques or history instruction)을 검색하도록 요구하면, 이러한 용어 중 하나를 포함하는 참고문헌이 검색되기 때문에 검색범위가 넓어진다. [그림 3-5]는 이러한 부울 연산자를 사용한 결과를 보여 준다.

[그림 3-5] 부울 연산자 AND와 OR를 보여 주는 벤다이어그램

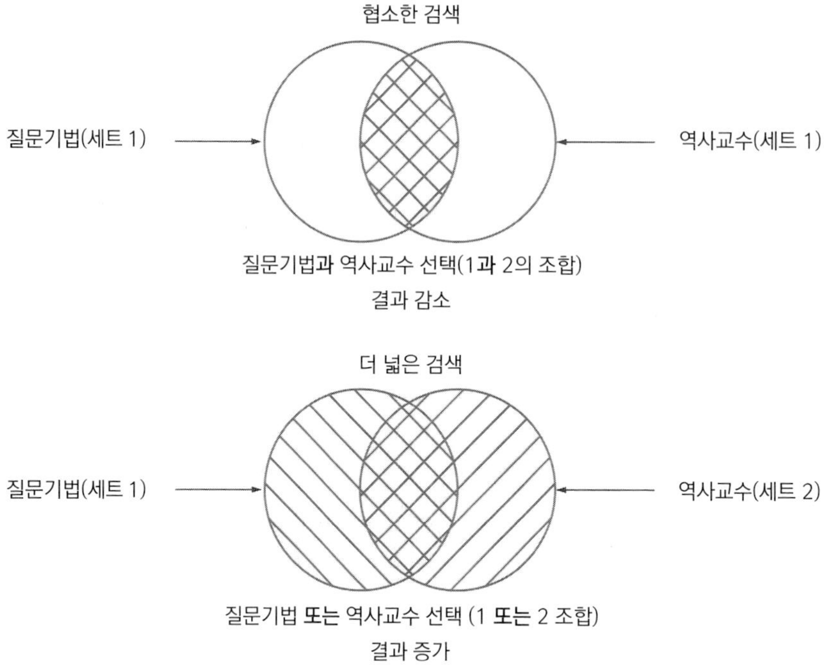

모든 종류의 조합이 가능하다. 예를 들어, 연구자는 컴퓨터에 questioning techniques or inquiry and history instruction or civics instruction을 검색하도록 요구할 수 있다. 검색될 참고문헌은 기술어구 questioning techniques 또는 기술어구 inquiry 중 하나뿐만 아니라 기술어구 history instruction 또는 기술어구 civics instruction 중 하나를 포함해야 한다.

우리의 경우, 다음의 기술어구를 선택했다. questioning techniques, concept teaching, history instruction. 우리는 또한 관련된 여러 용어를 사용하는 것을 고려했다. 그러한 용어에는 questioning techniques하에 inquiry, teaching methods, learning processes, 그리고 concept teaching하에 cognitive development가 포함된다. 그러나 심사숙고 끝에, 이러한 용어가 연구질문에 구체적으로 적용하기에는 너무 광범위하다고 생각하였기 때문에 teaching methods와 learning processes는 포함하지 않기로 했다. 또한 같은 이유로 cognitive development를 포함하지 않기로 했다.

검색수행

어느 기술어구를 사용할 것인지를 결정한 후, 다음 단계는 데이터베이스에 해당 기술어구를 입력

하고 실행하는 것이다. [그림 3-6]은 검색결과를 요약한 것이다. 볼 수 있는 바와 같이, 먼저 데이터베이스에 questioning techniques[검색번호 1(Search ID #1)]을 검색한 다음, history instruction[검색번호 2(Search ID #2)]을 검색하고, 이 두 기술어구의 조합[검색번호 3(Search ID #3)]을 요구했다(부울 연산자 and 사용 참고). 그 결과, 총 5,124건의 questioning techniques, 6,891건의 history instruction, 그리고 65건의 두 기술어구 조합의 참고문헌이 도출되었다. 그다음, 데이터베이스에 기술어구 concept과 teaching만 검색하도록 요구했다[검색번호 4(Search ID #4)]. 그 결과, 총 41,159건의 참고문헌이 도출되었다. 그러나 우리는 questioning techniques 및 history instruction에 적용되는 concept teaching에 특히 관심이 있었기 때문에, 데이터베이스에 이 세 가지 기술어구의 조합[검색번호 5(Search ID #5)]을 검색하도록 요구했다(다시 한번 연산자 and의 사용에 주목). 그 결과, 두 개의 참고문헌이 도출되었다. 전문(全文)을 이용할 수 있다면, 그 두 개의 참고문헌은 일반적으로 즉시 다운로드, 인쇄, 저장 또는 전자메일로 보낼 수 있다.

[그림 3-6] 검색결과 요약

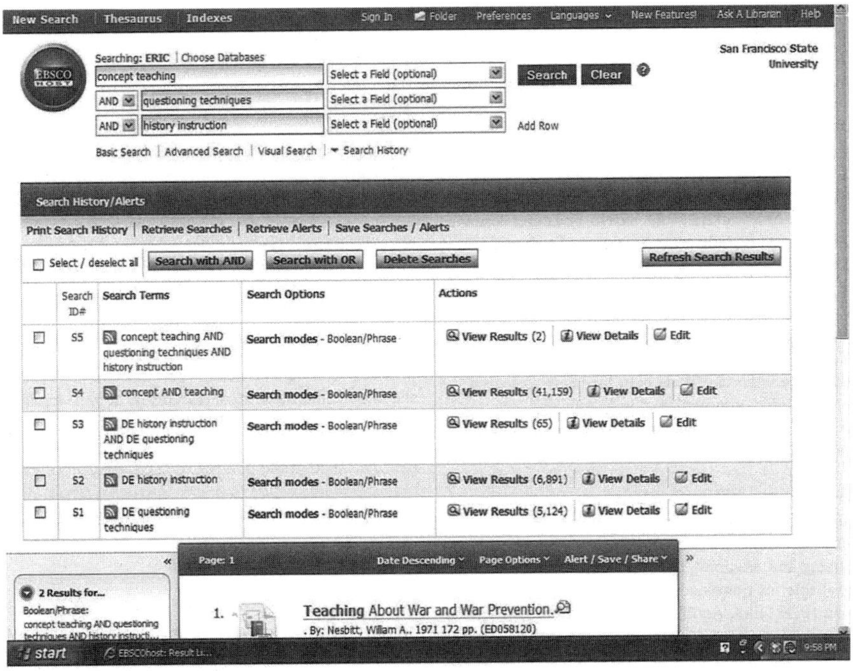

초기검색이 너무 적은 참고문헌을 도출하는 경우, 보다 일반적인 기술어구를 사용하여 검색범위를 넓힐 수 있다. 따라서 충분한 참고문헌을 얻지 못했다면, history instruction보다는 social studies instruction이라는 용어를 사용하였을지도 모른다. 마찬가지로, 보다 구체적인 기술어구를 사용하여 검색범위를 좁힐 수 있다. 예를 들어, 포괄적 용어인 history보다는 특정 기술어구인 North American history를 사용하였을 수도 있다.

인용정보 문서화하기

일단 연구자가 참고문헌을 찾았으면, 찾은 정보를 문서화하고 나중에 사용할 수 있도록 준비해야 한다. 연구자의 주제(topic) 중 어느 부분을 다룬 것이 발견되면, 저자, 제목, 쪽, 출판일, 출판 출처(source) 등을 기록해야 한다. 참고문헌 저장, 전자메일 보내기, 인쇄 및 내보내기 등을 포함한 몇몇 출력 옵션을 사용할 수 있다. 연구자는 나중에 유용한 것으로 판명될 수 있으므로, 가장 많은 정보가 포함된 옵션을 선택해야 한다. 표준정보에는 인용정보, 초록 및 경우에 따라 문서의 전문(全文)이 포함된다.

ERIC의 일부 버전을 포함한 많은 데이터베이스는 APA, MLA(Modem Language Association), 시카고 대학교(University of Chicago), 그리고 문헌에서 참고문헌을 인용하는 데 사용되는 다른 학술인용 스타일을 포함하여 특정 형식으로 인용을 저장, 전자우편 또는 인쇄하는 옵션을 제공한다. 연구자들은 연구를 완료하면서 찾은 정보를 저장하고 문서화하는 자신만의 과정을 개발해야 한다. 인용을 메모하고 기록하고 정리하기 위해 고전적인 도구(색인카드와 같은)나 최신 도구(EndNote, RefWorks 및 Zotero와 같은)를 사용하든 간에, 참고문헌 정보를 완전하고 정확하게 기록하도록 주의를 기울이는 것이 중요하다. 참고문헌 목록(bibliography)에 나와 있는 잘못된 참고문헌(reference)을 찾는 것만큼 성가신 일은 없다.

ERIC 검색

오늘날의 연구자들은 (대부분의 다른 참고문헌뿐만 아니라) 참고문헌 도구를 온라인에서 검색하는 것이 더 쉽고 빠르다는 것을 알고 있다. 초록과 인용을 컴파일하는 것 이외에도, 많은 문서를 PDF(Portable Document Format) 파일로 즉시 다운로드할 수 있다. ERIC의 또 다른 중요한 기능은 동시에 둘 이상의 기술어구를 검색할 수 있다는 것이다.

한 연구자가 과학(science)을 가르치는 데 있어 질문(questioning)의 사용에 대한 정보를 찾는 데 관심이 있다고 가정해 보자. 기술어구 **questioning techniques**와 **science**를 사용하여 ERIC 데이터베이스를 검색하면 여러 논문의 초록과 인용이 도출될 것이다. 단어 **source(출처)**는 연구자가 논문의 전부 또는 일부를 읽고자 할 경우 어디에서 찾을 수 있는지를 나타낸다. 하나는 **Research in Science and Technology Education**이고, 다른 하나는 **International Journal of Science Education**이다.

PsycINFO 검색

PsycINFO를 통해 검색하는 것은 ERIC을 통해 검색하는 것과 비슷하다. ERIC에서와 같이, 키워드 또는 주제어와 기술어구는 참고문헌을 찾기 위해 개별적으로 또는 다양한 조합으로 사용될 수 있다. 그런 다음, 모든 관심논문은 확인된 학술지에서 찾을 수 있다. 철저한 검색을 위한 최선의 전략은 아마도 다음과 같을 것이다.

1. 1965년 이전: Education Index 검색
2. 1966～1968년까지: ERIC과 Education Index 검색
3. 1969년～현재까지: ERIC, Education Index 및 다른 교육 데이터베이스 검색

1차 자료 획득

일반적인 참고문헌을 검색한 후, 연구자는 참고문헌 인용목록을 갖게 될 것이다. 다음 단계는 나열된 각 출처를 찾은 다음, 연구문제와 관련된 출처를 읽고 메모하는 것이다. 이와 관련하여 익숙해질 필요가 있는 두 가지의 주요 1차 자료유형, 즉 학술지와 보고서가 있다.[1)]

전문 학술지

교육 분야의 많은 학술지가 연구보고서를 출판한다. 어떤 사람은 광범위한 교육주제에 대한 논문을 출판하는 반면, 어떤 사람은 사회교육과 같은 특정 전문 분야에 한정한다. 대부분의 연구자는 관심 있는 분야의 학술지에 익숙해지고, 그 학술지를 때때로 훑어본다. 그 예로는 American Educational Research Journal, Child Development, Educational Administration Quarterly, Journal of Educational Research, Journal of Research in Science Teaching, Reading Research Quarterly, Theory and Research in Social Education이 포함된다.

보고서

많은 중요한 연구결과는 처음에 보고서로 출판된다. 자금을 지원하는 거의 모든 연구 프로젝트는 연구가 완료되면 그 활동과 연구결과에 대한 최종보고서를 작성한다. 또한 매년 미국정부, 주(州) 교육부, 민간단체 및 기관, 지역 교육구 및 전문학회에 의해 연구활동에 대한 많은 보고서가 출판된다. 더 나아가, 많은 개인 연구자는 전문회의(professional meeting)와 학술대회에서 자신의 최근 연구를 보고한다.

대부분의 보고서는 ERIC에서 초록화되며 PDF 파일로 제공된다. 대통령 직속 태스크포스(TF) 보고서나 전국회의 보고서, 전문회의보고서 등 많은 논문이 보고서로만 실린다. 그것은 보통 학술지 논문보다 훨씬 더 상세하고 훨씬 더 최신이다. 또한 그것은 저작권이 없다. 보고서는 다른 곳에서는 얻을 수 없었던 매우 귀중한 최신정보를 얻을 수 있는 정보원이다.

1차 자료 찾기

대부분의 1차 자료는 학술지에 게재되어 있는데, 그 이유는 교육 분야의 연구결과가 대부분 출판되는 곳이기 때문이다. 도서관 웹사이트를 통해 점점 더 많은 학술지를 온라인으로 이용할 수 있지만, 적절한 1차 자료를 철저히 검색하려면 인쇄/서지형식으로만 제공되는 출처를 수동으로 검색해야 할 수 있다. 도서관의 레이아웃에 따라 사용자는 인쇄/서지 학술지가 알파벳 순으로 보관된 스택(stacks)으로 바로 이동할 수 있다. 그러나 일부 도서관에서는 사서만이 학술지를 검색할 수 있다.

모든 연구자가 한 번쯤 겪는 문제는 필요한 책이나 학술지를 도서관에서 구할 수 없다는 것이다. 이 경우, 대부분 저자에게 직접 받아볼 수 있다. 저자의 (이메일 및 전통적인) 주소는 종종 교육 데이터베이스에 나열된다. 저자의 주소는 American Educational Research Association Biographical Membership Directory나 Who's Who in American Education과 같은 전문협회의 디렉토리에서 찾을 수 있다. 저자에게서 직접 중판(reprint)이나 책을 구할 수 없는 경우, 거의 모든 도서관이 제공하는 서비스인 도서관

1) 학생들은 1차 자료를 참고하고 논문에 2차 자료를 인용하는 것을 피해야 한다.

간 대출(interlibrary loan)을 통해 지역 내 다른 도서관에서 구할 수 있다. 데이터베이스에 정보를 입력하면, 도서관 사용자는 몇 초 안에 어떤 도서관이 특정한 책이나 학술지를 가지고 있는지 알 수 있다.

1차 자료를 찾기 위한 2차 자료 사용

문헌검토의 주요 목적이 주로 학술지에 발표된 경험적 연구의 원본보고서를 사정(assess)하는 것이지만, 2차 자료는 유용할 수 있다. 출판된 검토논문(review articles)을 찾는 것[문헌검토 또는 다음 절에서 기술하게 될 메타분석(meta-analysis) 중 하나]은 학생들에게 주제와 관련된 문헌의 깊이와 넓이를 느끼게 해 줄 수 있다. 연구검토에 포함된 광범위한 참고문헌 목록(또는 서지목록)을 생성하기 위해['분지(branching)'라고 불리는 기법], 문헌을 처음 검색할 때 사용된 검색어 또는 기술어구 목록에 '검토(review)' 키워드를 추가하면 된다. 또한 **기념비적 연구(landmark studies)**는 전문가에 의해 주제(topic)를 이해하는 데 매우 중요하다고 여겨진다. 검토(review)를 읽다 보면 연구자의 이름을 반복해서 접하거나 저자가 연구가 특히 중요하다는 명시적인 말을 할 수 있다. 이 경우, 학생은 문헌검토에 포함시키기 위해 기념비적 자료를 자신의 읽기목록에 추가해야 한다.

연구자는 종종 자신의 경험적 연구의 결과를 이론적 문헌의 관점에서 논의한다. 주제에 관한 문헌에 기여한 주요 이론과 이론가, 특히 기념비적 이론가를 이해하는 것이 포괄적인 검토를 준비하는 데 있어 가장 중요하다. 이것은 '이론(theory)'이라는 용어를 전자 데이터베이스 검색에서 키워드나 기술어구로 추가함으로써 수행할 수 있다. 일반적으로 주요 이론가는 스스로 연구를 수행하는데, 그 중 일부는 기념비적 연구로 여겨진다. 문헌검토에 주요 이론과 이론가의 논의를 포함하면 검토 독자가 평가해야 할 경험적 연구결과를 더 잘 이해할 수 있는 중요한 상황별 정보를 제공한다.

메타분석

학술지에서 연구보고서에 수반되는 문헌검토는 보통 간략하게 하도록 요구된다. 불행하게도 이것은 개별 연구의 비판적 분석에 큰 방해가 된다. 더 나아가 전통적인 문헌검토는 기본적으로 검토자의 판단에 따라 달라지기 때문에 주관적이기 쉽다.

이러한 주관적인 경향을 완화하고 동일한 주제에 대한 많은 연구를 검토하는 데 필요한 시간을 줄이기 위한 노력으로 메타분석(meta-analysis)의 개념이 개발되었다. 간단히 말해서, 연구자가 메타분석을 할 때, 결과나 관계의 전반적인 색인(index)를 얻기 위해 선택된 연구의 결과를 산술평균(averages)한다. 첫 번째 요구사항은 결과를 통계적으로, 가장 일반적으로 효과크기와 상관계수의 계산을 통해 설명해야 한다는 것이다(후반부에서 두 가지 모두를 설명한다). 메타분석을 이용한 초기 연구 중 하나에서[2] 심리처치의 효과에 대한 375개의 연구가 분석되었고, 처치 후 일반 내담자가 처치를 받지 않은 일반인보다 눈에 띄게 잘 산다는 결론에 이르렀다.

예상할 수 있는 바와 같이, 이 연구방법론은 많은 분야에서 널리 사용되고 있으며, 현재까지 수백 건의 메타분석이 수행되었다. 비평가들은 많은 이의를 제기하는데, 그중 일부는 적어도 부분적으로 통계적 조정(adjustments)에 의해 교정되었다. 이 책의 저자들은 엉성하게 설계된 연구가 신중하게 설계되고

2) Smith, M. L., Glass, G. V., & Miller, T. I. (1980). Primary, secondary, and meta-analysis research. *Educational Researcher, 5*(10), 3-8.

실행된 연구만큼 중요하며, 최종 색인(index)의 의미에 대한 평가는 정보에 입각한 연구이기는 하지만 여전히 판단할 필요가 있다는 것이 가장 심각한 비판이라고 생각한다. 전자에 대한 해결방안으로 '빈약한(poor)' 연구를 삭제함으로써 교정될 수 있지만, 이것은 메타분석을 완화하기 위해 설계된 주관성(subjectivity)으로 되돌아간다. 그러나 이 책의 저자들은 메타분석이 개별 연구에 대한 정보에 입각한 신중한 검토를 대체할 수 없다고 주장하는 사람들의 의견에 동의한다. 어떤 경우에도, 문헌검토는 개별 연구뿐만 아니라 관련 메타분석 보고서에 대한 검색을 포함해야 한다.

연구 팁

학술지 논문에서 좋은 요약이 포함하고 있어야 할 것

- 해결되어야 할 연구문제
- 연구목적
- (만약 있다면) 연구가설
- 연구자가 사용한 연구방법론
- 연구참여 대상자에 관한 기술
- 연구결과
- 결론

1차 자료 평가

원하는 학술지 논문과 문서가 모두 수합되면 검토를 시작할 수 있다. 가장 최근의 논문부터 시작해서 거꾸로 작업하는 것이 좋다. 그 이유는 최근 논문이 대부분 이전 논문을 인용하여 전작에 대한 간략한 개요를 제공할 것이기 때문이다. 논문은 어떻게 읽어야 하는가? 이를 위한 완벽한 방법은 없지만, 다음과 같은 몇 가지 유용한 제안이 있다.

초록과 요약을 먼저 읽으라. 이것은 그 논문이 전체를 읽을 가치가 있는지를 말해 줄 것이다. 선호하는 노트정리 도구(전자, 수동 또는 혼합형)를 사용하여 참고문헌 자료를 기록하고 문서에 기록하라. 거의 모든 연구논문은 거의 같은 형식을 따른다. 그것은 보통 초록, 연구문제 또는 질문을 제시하고 다른 관련 연구를 검토하는 서론(introduction), 연구의 대상 또는 검정할 가설, 연구대상과 연구설계 그리고 사용된 자료수집도구(instruments)와 도구(tools)를 포함한 연구절차에 대한 기술, 결과(results) 또는 연구결과(findings)나 요약(초록이 없는 경우), 연구자의 결론을 포함한다. 또한 다른 관련 자료를 쉽게 찾을 수 있도록 글의 끝에 나열된 참고문헌(또는 서지목록)을 자세히 읽어 앞에서 설명한 분기(branching) 기법을 사용해야 한다.

필기할 때는 최대한 간략하게 하되, 나중에 전체 검토에서 설명하는 것이 중요할 수 있는 내용은 제외하지 마라. 이러한 각 단계에서 다음과 같은 사항에 유의하라.

1. **연구문제**(problem): 명확하게 진술하라.
2. **가설**(hypothesis) 또는 **목표**(objectives): 그것을 논문에 진술된 대로 정확하게 나열하라.
3. **절차**(procedures): 사용된 연구방법론(실험, 사례연구 등), 대상자 수 및 선정방법, 사용된 도구 종류(질문지, 집계표 등)를 열거하라. 사용된 모든 특이한 기법(techniques)을 기록하라.
4. **연구결과**(findings): 주요한 연구결과를 나열하라. 연구목표가 달성되었는지 여부와 가설이 뒷받침되는지 여부를 제시하라. 종종 연구결과는 표로 요약된다.

5. **결론**(conclusions): 연구자의 결론을 기록하거나 요약하라. 연구자와의 의견 불일치와 그러한 의견 불일치에 대한 이유를 기록하라. 연구질문에 대한 연구결과를 특히 적용 가능하거나 제한적으로 만드는 연구의 장점 또는 약점을 기록하라. 연구논문을 비판적으로 분석하기 위한 일반적인 질문(prompts)은 [그림 3-7]을 참고하라.

[그림 3-7] 연구평가를 위한 질문

- **서론**: 연구문제가 명확하게 기술되었는가? (연구자가 여러분에게 문제 영역이 중요하다는 확신을 주었는가?) 연구목적이 명확하게 명시되어 있는가? 연구범위가 너무 좁게 정의되어 있지는 않는가? 너무 넓은가? 주요 연구용어가 명확히 설명되고 정의되어 있는가?
- **문헌검토**: 제시된 문헌검토가 문제를 이해하는 데 도움이 되는가? 연구자는 연구가 문헌에 보고된 이전의 연구들과 어떻게 다른지 설명하였는가? 연구자가 관련된 이론을 기술하는가? 문헌에서의 차이를 확인하였는가?
- **설계 및 연구방법론**: 연구배경과 표본은 충분히 상세하게 기술되었는가? 연구자의 관찰방법이나 사용되는 도구에 명백한 결함이나 약점이 있는가? 표집에 명백한 결함이 있는가?(예: 적절한 연구참여자가 선택되었는가?) 관찰절차와 방법에 대한 기술은 충분히 상세한가? 중요 세부사항이 누락되었는가?
- **연구결과 및 결론**: 연구결과에 대한 기술을 명확히 전달하였는가? 결론이 정당해 보이는가? 보고서가 조사결과를 평가하는 데 중요한 정보가 부족한가? 전반적으로, 연구는 지식을 발전시키는 데 중요한 기여하는가?

의도치 않은 표절을 피하기 위한 팁

표절(plagiarism)이란 무엇인가? 간단히 말해서, 그것은 다른 사람의 생각을 자신의 것으로 잘못 표현하는 행위이다. 문헌검토를 준비하는 가장 어려운 작업 중 하나는 1차 자료를 자신의 단어로 바꾸어 말하는 것이다. 이것은 연구 저자가 이미 연구의 요약이나 초록을 제공할 때 특히 어려울 수 있다. 학생들이 글쓰기에서 오용하거나 과소인용된(undercite) 출처를 쓸 때 의도치 않게 표절을 저지르는 경우가 많다. 의도적이든 그렇지 않든, 표절은 많은 미국 대학에서 퇴학(dismissal)으로 이어질 수 있는 심각한 범죄이다. 출처를 요약할 때 사용할 수 있는 몇 가지 일반적인 팁은 다음과 같다. ① 출처를 참조하거나 인용부호에 정보를 포함하지 않고 다른 사람의 단어나 아이디어를 사용하지 말라. ② 출처를 정확하게 밝히거나 인용하기 위한 학술적 스타일 매뉴얼을 참고하라(부적절한 인용 역시 표절로 간주될 수 있다). 과소인용(undercite)하는 것보다 과대인용(overcite)이 더 낫지만, 너무 무리하지 말라!

문헌검토보고서 작성

일단 주제와 관련된 자료를 찾고 평가했다면, 문헌에 대한 검토를 준비하기 위한 마지막 단계가 준비된 것이다. 출처를 찾고 평가하는 것과 더불어, 다음 단계에는 이러한 출처를 조직하고, 통합하며, 종합하는 작업이 포함된다. 이 과정은 귀납적이며, 종종 학생이 진척하기보다는 퇴보하고 있다고 믿게 만든다. 많은 학생 문헌검토를 집필하고 감독한 연구자이자 교수자로서, 이 책의 저자들이 여러분에게 드리는 조언은 인내심과 융통성이 있어야 한다는 것이다! 이 과정은 마치 [전진(forward)이 아니라] 후진(backward)하는 것처럼 보일 수 있지만, 이것은 연구하는 것과 관련된 발견의 보다 더 큰 과정의 일부이다. **이 과정의 일부는 연구를 검토하는 과정에서 종종 문헌검토를 안내하는 주요한 질문을 재구성하는 것과 관련된다.** 예를 들어, 초등학교 교실에서 혼합능력집단화(mixed-ability grouping)이라는 주제에 대해 관심을 가지고 문헌검색을 시작한다고 가정해 보자. 제일 첫 번째로 할 질문은 "초등학교에서 이질집단화(heterogeneous grouping)에 대해 우리는 무엇을 알고 있는가?"이다. 연구를 검토하고 주제와 관련된 어휘와 배경을 숙지한 후 수정된 질문은 "포용 실천(inclusion practices)이 초등학생의 성취도에 미치는 영향은 무엇인가?"가 된다. 이 재진술된 질문은, ① 해당 분야의 연구자가 현재 사용하고 있는 핵심용어 또는 어휘를 포함하고 있으며, ② 문헌검토의 목적과 범위를 명확히 하고, ③ 포용 실천(추정되는 원인)과 학생 성취도(추정되는 결과) 간의 가능한 관계를 탐구함으로써 주제를 더 깊이 검토하기 때문에 훨씬 더 향상되었다.

문헌검토에서 관련 자료를 평가 · 통합 · 종합하는 과정에는 문헌을 주요 주제와 하위 주제로 분류하고 분석하는 과정이 포함된다. 검토의 구조(structure)를 정리하기 위한 전략에는 여러 가지가 있다. 일반적인 방법은 예를 들어, ① 핵심 구인(constructs)과 척도(measures) 정의, ② 동일한 연구질문이나 현상을 조사하는 연구에 사용되는 다른 연구방법, ③ 핵심 연구 특성(characteristics) 및 연구결과(findings)와 관련된 연구의 개요를 독자에게 제공하기 위한 요약표를 포함하는 것이다.

관련 자료를 요약하기 위한 표를 만드는 것은 독자에게 문헌에 대한 개요를 제공하는 데 도움이 된다. 이러한 요약표나 주석이 달린 표는 복잡한 주제를 제시하는 데 특히 유용하지만, 문헌에서 찾을 수 있는 주제가 간단할 때는 텍스트 대신 사용해서는 안 된다. 즉, 요약표는 신중하게 포함되어야 한다. 학교 참여와 관련된 주요 연구특성과 결과에 대한 경험적 연구를 설명하는 주석이 달린 표의 예는 〈표 3-1〉과 같다. 이 연구들은 연구자의 성을 기준으로 알파벳 순으로 나열된다는 점에 유의하라.

〈표 3-1〉 주석이 달린 표의 예

연구	정의/척도	표본	방법	핵심 연구결과
Alexander, Entwisle, & Horsey (1997)	Academic engagement; behavioral measure (marks for work habits from report cards and teachers' report of externalizing behavior).	Random sample of 1st-grade students in Baltimore; collected school completion data.	Survey; longitudinal design; logistic regression.	The study found a strong relationship between behavioral disengagement in the early years and dropping out of high school.
Battistich, Solomon, Watson, & Schaps (1997)	Academic engagement; classroom observation (participation, on-task behavior).	24 ethnically diverse elementary schools that were participating in the intervention program entitled Caring School Communities.	Multi-method study; classroom observation, student and teacher survey.	Students' sense of community was positively associated with academic engagement.
Birch & Ladd (1997)	Engagement/school adjustment; scales for liking, advoidance, cooperative participation, and self-directedness.	Kindergarten students; primarily White.	Survey; cross-sectional design; regression analyses.	Dependency in teacher-child relations was correlated with less positive school engagement.

Blumenfeld & Meece (1988)	Cognitive engagement; self-reports of learning strategies; distinction made between superficial and higher-level learning strategies.	4th-to-6th-grade students in science classed; middle-class schools	Multi-method-survey, interviews, and classroom observations; cross-sectional design; quantitative and qualitative analysis of lessons where cognitive engagement scores differed substaintially.	Procedural complexity of task was negatively related to use of high-level cognitive strategies; teachers who pressed students for understanding and communicated high expectations had students with higher cognitive engagement.

출처: Fredricks, J. A., Blumenfeld, P. C. & Paris, A. H. (2004). School engagement: Potential of the concept state of the evidence. *Review of Educational Research, 74*(1), 59-109. 허가를 받아 재인쇄함

문헌검토는 형식이 다를 수 있지만, 일반적으로 다음과 같은 5개 부분으로 구성되어 있다.

1. **서론**(introduction)은 연구문제의 본질을 간략하게 기술하고 연구질문을 진술한다. 연구자는 또한 이 절(section)에서 무엇이 그 질문을 조사하게 했는지, 왜 그것이 조사해야 할 중요한 질문인지에 대해 설명한다.
2. 검토의 **본문**(body)은 다른 사람이 연구문제에 대해 발견했거나 생각한 것을 간략히 보고한다. 관련 연구는 일반적으로 (검토를 더 쉽게 읽을 수 있도록) 소제목 아래에 그룹화되어 함께 논의된다. 주요 연구는 더 자세히 기술되어 있는 반면, 덜 중요한 연구는 단지 1~2줄로 언급될 수 있다. 종종 이것은 유사한 연구결과를 한 문장으로 보고한 여러 연구를 언급함으로써 수행되는데, 다음과 비슷하다. "다른 소규모 연구도 비슷한 연구결과를 보고했다."(Avila, 2009; Brown, 2006; Cartwright, 2009; Davis & Lim, 2008; Martinez, 2007)
3. 검토의 **요약**(summary)은 문헌검토에서 드러난 주요 내용을 연결하고 현재까지 알려지지 않았거나 생각되지 않은 것에 대한 종합적인 그림을 제시한다. 연구결과는 독자에게 동일하거나 유사한 연구결과를 보고하거나, 유사한 권장사항을 가진 다른 연구자가 얼마나 많은지에 대해 아이디어를 제공하기 위해 표로 작성될 수 있다.
4. 문헌에서 드러난 지식의 현황(state)에 기초하여 연구자가 정당하다고 느끼는 **결론**(conclusion)은 반드시 포함되어야 한다. 문헌은 그 문제를 해결하기 위해 어떤 조치를 취하는 것이 적절하다고 하는가? 그리고 검토되어야 할 다른 중요한 연구질문은 무엇인가?
5. 검토에 언급된 모든 출처에 대한 전체 참고문헌 자료를 포함하는 **참고문헌 목록**(reference list)(또는 서지목록)은 필수적이다. 참고문헌 목록을 정리하는 방법은 여러 가지가 있지만, **미국심리학회 출판 매뉴얼**(Publication Manual of the American Psychological Association, 2009)에 개관된 것이 특히 사용하기 쉽다.

APA 스타일에 관한 주(note)

현재 고등교육에는 여러 학술적 스타일 매뉴얼이 사용되고 있다(예: MLA Handbook for Writers of Research Papers, University of Chicago Manual of Style, Turabian의 A Manual for Writers of Term Papers,

Theses, and Dissertations). 대부분의 교수자는 학생들이 연구논문의 작성과 형식을 정하기 위해 특정 학문 영역에 한정되는(discipline-specific) 스타일 가이드를 채택할 것을 요구한다. 교육연구 분야에서는 Publication Manual of the American Psychological Association 또는 APA 스타일 매뉴얼(APA Style Manual)이 가장 널리 사용된다. 1950년대로 거슬러 올라가면, APA 스타일은 처음에 학술지에 투고된 원고의 일관성을 촉진하는 일련의 표준(지침과 규칙)으로 인식되었다. 현재 6판(2009년 출판)[3)]까지 출판된 APA 매뉴얼은 석 · 박사학위 논문, 일반 학기말 리포트(term papers)를 포함한 다른 유형의 문서를 다루고 있다. 매뉴얼 자체는 400쪽이 넘으며, 200개 이상의 규칙(rules)을 포함하고 있고, 쪽 형식, 텍스트 규칙 및 문서화의 세 가지 주요 범주로 구성되어 있다. **쪽 형식**(page formatting)에는 여백, 들여쓰기, 띄어쓰기, 표, 그림 및 일반용지 구성에 대한 규칙이 포함되어 있다. **텍스트 규칙**(text rules)에는 인용표시에 대한 지침이 포함되어 있으며, **문서화**(documentation)에는 인용 및 참고문헌이 언급되어 있다. APA 규칙의 일부분을 제시하고 있는 버전을 가진 많은 인터넷 사이트가 있다. 이 중 일부는 도움이 될 수 있지만, 대부분의 캠퍼스나 온라인 서점에서 찾을 수 있는 본문의 대체물로 사용되어서는 안 된다. 또한 학생은 APA 웹사이트(www.apa.org)를 읽고 APA 스타일(www.apastyle.org/learn/ tutorials/basics-tutorial.aspx)의 기초에 대한 무료 온라인 튜토리얼을 내려받기를 권장한다.

웹을 활용한 연구

웹(World Wide Web: WWW)은 인터넷의 한 부분으로, 다양한 영역의 모든 종류의 주제에 대한 방대한 정보저장소이다. 1993년 이전에는 인터넷이 연구문헌에서 거의 언급되지 않았으나, 오늘날에는 무시할 수 없다. ERIC과 (때로는) PsycINFO가 대부분의 교육 주제와 관련된 연구에 있어 선택받은 데이터베이스로 남아 있음에도 불구하고, 인터넷을 활용한 연구도 고려되어야 한다. 책의 분량 때문에 여기에서 인터넷을 자세히 설명하기는 어렵지만, 이 책의 저자들은 그 중요한 특징 중 일부를 지적하고 싶다.

웹 브라우저(Web browser)(인터넷에 접속할 수 있게 해 주는 컴퓨터 프로그램)를 사용하여, 연구자는 마우스 클릭 몇 번으로 거의 모든 주제에 대한 정보를 찾을 수 있다. 인터넷상의 정보 중 일부는 색인(indexes)으로 분류되어 하나의 범주에서 다른 범주로 쉽게 검색할 수 있다. 또한 ERIC 데이터베이스 검색에 사용한 검색엔진(search engine)과 많은 면에서 유사한 여러 검색엔진을 사용할 수 있다. 색인과 검색엔진을 좀 더 자세히 살펴보자.

색인

색인은 웹사이트를 Australian universities, London art galleries, science laboratories와 같은 유사한 **범주**(categories)에 함께 그룹화한다. 이것은 도서관이 비슷한 종류의 정보자원을 함께 묶을 때 하는 것과 비슷하다. 색인 검색결과는 검색 중인 주제와 관련된 웹사이트의 목록이 될 것이다. 예를 들어, 연구자가 호주의 특정 대학부지를 찾는 데 관심이 있다면 색인을 활용해 보아야 한다.

---

3) **[역자 주]** 이 책이 저술 · 출판될 때에는 6판이 최신 버전이었다. 따라서 본문에서는 이 6판에 대해 언급하고 있다. 그러나 APA는 2020년에 7판을 출판했다. 따라서 현재 가장 최신 버전은 7판이다. 7판의 내용에 대하여 좀 더 자세히 알고 싶으면, https://apastyle.apa.org/products/publication-manual-7th-edition, 또는 『APA 논문 작성법』(미국심리학회 편저, 2022, 학지사)을 참고하기 바란다.

색인은 종종 문헌검토의 훌륭한 출발점을 제공한다. 연구자가 조사할 연구질문이나 주제에 대한 명확한 아이디어가 없을 때 특히 그러하다. 색인을 훑어보는 것은 유익한 아이디어의 원천이 될 수 있다. Felden은 다음과 같은 예를 제공한다.

> 실제 비교를 위해, 수리(repair)하기 위해 가정용 하드웨어가 필요하다고 가정해 보자. 작업을 수행하는 데 무엇이 필요한지 항상 정확히 알 수는 없다. 부러진 부분이 있을 수도 있는데, 철물점에 부지런히 가지고 다니면서 맞춰볼 수 있다. 운 좋게도, 대부분의 철물점은 꽤 잘 정돈되어 있고, 어떤 곳에는 배관용품이 있으며, 다른 곳에는 못과 고정장치가 있고, 다른 곳에는 밧줄, 끈, 그리고 물건을 묶기 위한 다른 재료가 있다. 일반 범주별(예: 전기, 배관, 목공 등)로 진행하면 대략 알맞은 장소로 이동하여 수리에 필요한 품목을 찾을 수 있다. 자료를 검토하고, 잠재적인 유용성에 대해 생각해 보며, 결정을 내릴 수 있다.[4]

검색엔진

그러나 George Orwell에 대한 신상정보와 같은 좀 더 구체적인 정보를 원한다면, 검색엔진을 이용해야 한다. 왜냐하면 검색엔진은 웹사이트의 모든 내용을 검색할 수 있기 때문이다. Google Scholar 또는 Librarians' Index와 같은 검색엔진은 인터넷 전체를 검색하는 소프트웨어 프로그램(종종 **spiders** 또는 **Web crawlers**라고도 함)을 사용하여 수백만 개의 웹사이트를 검색하고 그 안에 있는 모든 단어를 색인한다. 얻어진 검색결과는 보통 관련성(즉, 연구자의 검색어가 문서에 나타나는 횟수 또는 연구자가 퀴즈 용어로 제출한 주요 단어 중 하나와 얼마나 가깝게 일치하는 것으로 보이는지) 순으로 순위가 매겨진다.

Google Scholar와 같은 검색엔진은 사이트 자체가 연구자가 찾는 것과 무관하더라도 연구자의 검색과 일치하는 웹사이트의 개별 페이지를 검색하여 찾아 준다. 결과적으로, 사람들은 보통 관련 없는 많은 정보를 훑어보아야 한다. Felden은 다음과 같은 하나의 예를 제시한다.

> 철물점 비유로 되돌아가서, 만약 내가 내 가정 프로젝트를 위한 나사 몇 개를 찾아 그 가게로 가서 (잘 정돈되어 있는) 통로를 탐색하기 위해 나의 타고난 교활함을 사용하는 것 대신 자동로봇을 사용한다면, 그 로봇은 어딘가에 나사가 있는 모든 것을 가지고 돌아올 수 있을 것이다. 그 물건 세트는 엄청나게 이질적인 수집품일 것이다. 여기에는 온갖 종류의 나사박스가 포함될 것이다. 그 중에는 내가 찾던 종류의 나사도 있을 수 있지만, 내 프로젝트에 쓸모가 없는 다양한 재료도 포함되어 있을 수 있다. 나무로 만든 새집, 나사못으로 조립한 도구, 손잡이를 가지에 고정하는 나사못이 있는 갈퀴 등이 있을 것이다. 로봇은 제 역할을 제대로 수행하였을 것이다. 이 경우에는 스크루가 주어졌고, 비록 많은 지능은 없었지만 효율적이고 철저하게 일을 처리했다.[5]

따라서 검색결과에 만족하기 위해서는 무엇을 어떻게 요청해야 원하는 것을 얻을 수 있는 가능성을 높일 수 있는지 알아야 한다. 예를 들어, 연구자가 영국 대학이 아닌 대학에 대한 정보를 알고 싶다면, 구체적으로 그러한 식으로 물어보아야 한다.

그러므로 비록 문헌검색을 할 때 인터넷만 검색하는 것이 실수일지라도(따라서 종종 훨씬 더 잘 정리된 다른 많은 자료를 무시함으로써), 그것은 몇 가지 종류의 연구에 약간의 확실한 장점을 가지고 있다. 불행하게도, 그것에는 몇 가지 단점도 있다. 다음은 각각에 대한 몇 가지 장점과 단점이다.

---

4) Felden, N. (2000). *Internet research: Theory and practice* (2nd ed., pp.124–125). McFarland.

5) Ibid., p. 127.

인터넷 검색의 장점

- **최신성**: 인터넷의 많은 자원은 매우 빠르게 갱신된다. 그것은 종종 주어진 주제에 대한 매우 최신정보를 나타낸다.
- **다양한 자료에 대한 접근**: 미술작품, 원고, 심지어 도서관 소장품 전체를 포함한 많은 자료가 개인용 컴퓨터를 이용하여 여유롭게 검토될 수 있다.
- **다양한 형식**: 인터넷을 통해 자료를 텍스트, 비디오, 사운드, 애니메이션 등 다양한 형식으로 전송할 수 있다.
- **즉시성**: 인터넷은 하루 24시간 개방된다. 정보는 자신의 컴퓨터에서 볼 수 있으며, 원하는 대로 검사하거나 나중에 검사하고 연구하기 위해 하드드라이브나 디스크에 저장할 수 있다.

인터넷 검색의 단점

- **비조직화**: 불행하게도 인터넷에 있는 많은 정보가 잘 정리되어 있지 않다. 도서관과 기록보관소에서 사용하는 잘 발달된 분류시스템을 거의 사용하지 않는다. 이러한 혼란은 연구자가 훌륭한 온라인 검색기술을 갖추는 것을 절대적으로 필요로 한다.
- **시간 할애**: 항상 새롭고 더 완전한 정보를 지속적으로 검색할 필요가 있다. 인터넷에서 자주 검색하는 것은 (보통 그렇지 않더라도) 전통적인 출처를 사용하여 검색하는 것보다 시간이 많이 걸리고 때로는 생산성이 떨어질 수 있다.
- **신뢰도 결여(종종)**: 누구나 인터넷에 무언가를 올릴 수 있다. 그 결과, 그곳에서 발견한 자료의 대부분은 신뢰도가 거의 없을 수 있다.
- **불확실한 신뢰도**: 인터넷에 정보를 게재하는 것이 너무 쉬워 가치를 판단하기 어려운 경우가 많다. 도서관 소장품의 가장 가치 있는 측면 중 하나는 대부분의 자료가 세심하게 수집되었다는 것이다. 사서는 시간의 시험을 견뎌낼 중요한 작품을 찾아 선정하는 것을 핵심으로 한다. 인터넷에서 발견되는 정보의 대부분은 잘못된 생각이나 사소한 것이다.
- **윤리 위반**: 인터넷상의 자료는 워낙 쉽게 구할 수 있기 때문에 연구자가 인용이나 허가 없이 자료를 사용하려는 유혹이 더 크다. 저작권 위반은 전통적인 자료보다 훨씬 더 가능성이 높다.
- **과도한 의존도**: 인터넷에서 이용할 수 있는 정보의 양이 지난 몇 년 동안 너무 빠르게 증가하여 일부 연구자는 인터넷에서 필요한 모든 것을 찾을 수 있다고 오해할 수 있으며, 따라서 더 전통적인 다른 정보원을 무시할 수 있다.

인터넷 검색 시 최상의 검색결과를 얻을 수 있는 몇 가지 팁이 있다.[6)] 이 중 많은 것이 ERIC이나 PsycINFO 검색에도 적용될 수 있다.

- **생각할 수 있는 가장 구체적인 키워드를 사용하라.** 염두에 두고 있는 웹사이트에 표시할 수 있는 여러 단어를 나열하라. 그런 다음, 목록에서 가장 독특한 단어를 고르라. 예를 들어, 아시아의 호랑이

---

6) Glossbrenner, A., & Glossbrenner, E. (1998). *Search engines* (pp. 11–13). San Francisco State University Press.

(tiger) 개체 수를 구하기 위한 노력에 대한 정보를 찾고 있다면, Tiger를 검색어로 사용하지 마라. 디트로이트 타이거즈(Detroit **Tigers**), 프린스톤 타이거즈(Princeton **Tigers**), 그리고 이름에 **Tigers**라는 단어를 사용하는 다른 모든 스포츠팀에 대한 사이트로 넘쳐날 것이다. 대신 여러분이 멸종위기에 처한 목록에 있다고 알고 있는 특정한 호랑이 종, 즉 **벵골 호랑이**(Bengal tiger), **수마트라 호랑이**(Sumatran tiger) 또는 **시베리아 호랑이**(Siberian tiger)를 찾아보라.[7)]

- **다단계 과정으로 하라.** 한 번에 원하는 것을 찾을 것이라고 생각하지 말라. 검색결과의 처음 두 쪽을 검토하라. 특히 원하는 종류의 정보를 포함하고 있는 사이트를 살펴보라. 그 쪽에는 어떤 독특한 단어가 나타나는가? 이제 그 단어들을 사용해서 다른 검색을 해 보라.
- **이전 검색결과만을 사용하여 범위를 좁히라.** 선택한 키워드가 너무 많은 정보를 도출하는 경우 첫 번째 검색에서 얻은 검색결과만을 두 번째로 검색해 보라. 이를 **집합검색**(set searching)이라고도 한다. 검색 요청에 다른 키워드를 추가하여 제출하면 큰 도움이 될 것이다.
- **웹사이트 제목에서 키워드를 찾아보라.** 종종 가장 좋은 전략은 웹사이트의 제목에서 독특한 키워드를 찾는 것이다. 예를 들어, 중등학교 역사수업에서 탐구수업에 대한 정보를 찾고 있다면, 제목에 **탐구수업**(inquiry teaching)이 있는 사이트를 검색하는 것부터 시작하라. 그런 다음, secondary school history classes을 찾아보면서 그 검색결과만 다시 찾아보라.
- **대소문자를 구분하는지 알아보라.** 사용 중인 검색엔진이 키워드의 대문자와 소문자를 구분하는지 확인하라. "예를 들어, 마이크로시스템 프로그램인 java를 검색하면 해당 프로그램을 JAVA로 지칭하는 사이트도 찾을 수 있는가?"
- **맞춤법을 확인하라.** 생각할 수 있는 최상의 키워드를 사용했는데 검색엔진이 '검색결과 없음(No results found)' 또는 이와 유사한 내용을 보고하는 경우, 다른 작업을 수행하기 전에 맞춤법을 확인하라. 보통 검색엔진이 어떤 검색결과도 제시하지 않는 것은 맞춤법이나 타이핑 오류 때문이다.
- **인터넷 출처의 신뢰도와 타당도를 평가하라.** 인터넷에 게시된 정보의 정확성과 객관성을 평가하는 한 가지 빠른 방법은 URL 또는 도메인 주소 확장자를 확인하는 것이다. .gov, .edu, .org로 끝나는 웹 주소는 각각 연방정부, 고등교육기관 및 비영리 단체의 후원을 받는다. 비록 이러한 자원이 반드시 오류와 편견이 없는 것은 아니지만, 수익창출을 위해 웹사이트 광고를 자주 사용하는 상업적 기업을 나타내는 .com으로 끝나는 URL 확장자와 비교해 보라. 또한 사이트에서 작성자의 자격 증명(및 연락처 정보)과 함께 조직의 목적진술을 검색한 후 직접 판단하라.

교육자료와 정보를 제공하는 공공 인터넷 웹사이트는 다음과 같다.

- The National Center for Education Statistics(http://nces.ed.gov): NCES는 미국교육부와 교육과학연구소에 위치해 있으며, 교육과 관련된 자료를 수집·분석하는 주요 연방기관 역할을 한다.
- California Department of Education(www.cde.ca.gov): 캘리포니아 학교에서 수집한 시험(test) 및 책무성, 교육과정 및 교수, 재정 및 보조금, 요구를 평가하고 성과를 측정하는 자료 및 통계정보를

---

7) Ibid., p. 12.

포함하고 있다[참고: 또한 다른 주(州)의 교육 웹사이트를 확인하라].

- RAND Education(ww.rand.org/education): LAND Education은 교육시스템의 문제를 해결하기 위한 정책기반 연구 및 분석을 수행하는 비영리 단체인 교육 '싱크탱크(think tank)'이다. 이 웹사이트는 다른 RAND 출판물과 책에 대한 링크뿐만 아니라 최신보고서와 문헌검토에 대한 무료 접속을 제공한다.
- The Urban Institute(www.urban.org): 이민자 아동과 빈곤, 건강관리에 중점을 둔 교육정책센터를 비롯해 도시지역에 영향을 미치는 경제사회정책 연구를 수행하는 초당파 싱크탱크이다. 웹사이트에서 종종 볼 수 있는 책과 연구 및 보고서를 출판한다.
- Google Scholar(http://scholar.google.com): 동료검토(peer-reviewed) 논문, 석·박사학위 논문, 책, 초록 및 논문을 포함하여 학술문헌을 광범위하게 검색할 수 있는 간단한 방법을 제공한다. Google Scholar는 학술 데이터베이스를 검색하기 위한 대체물이 아니라 보충물로 사용되어야 한다.

대부분의 도서관을 통해 이용할 수 있는 다른 교육 데이터베이스는 다음과 같다.

ProQuest Education Journals: 거의 600개의 전 문제목(full text titles)을 포함하여 745개 이상의 상위 교육간행물을 이용할 수 있다.

Education Research Complete: 유아부터 고등교육까지 모든 수준의 교육과 다국어 교육, 보건교육 및 시험과 같은 모든 교육전문 분야를 다룬다.

Education Full Text: H. W. W. Wilson Company가 1996년까지 350개 이상의 학술지에서 가져온 색인, 초록 및 전문(全文) 논문을 나열한 참고문헌 데이터베이스이다.

EBSCO(EBSCO): 750개 이상의 전문 학술지의 논문, 수천 개의 미공개 연구보고서, 학술대회 논문 및 모든 교육 분야의 교육과정 가이드를 제공한다.

Academic Search Premier: 교육, 인문, 사회 및 체육 분야의 거의 1,560개 학술지에 대한 전문(全文) 접속을 제공한다.

JSTOR: 디지털 아카이브를 사용하여 글로벌 장학금을 장려하기 위해 1995년에 설립된 단체인 JSTOR에서 제공되는 169개 이상의 국내 및 국제 학술지의 전문(全文)을 포함하고 있다.

ProQuest Dissertations and Theses: PQD&T는 200만 건 이상의 연구물을 보유하고 있으며, 석·박사학위논문 정보를 제공하는 유일의 권위 있는 자료이다.

Web of Science: ISI Web of Science는 10,000개 이상의 주요 학술지와 100,000개 이상의 서책기반(book-based) 및 학술지 학술대회집(journal conference proceedings)을 다루는 ISI 인용 데이터베이스에 대한 기관접근을 위한 인터페이스이다.

이 장의 시작 부분에 있는 **상호작용 · 응용 프로그램 학습** 기능으로 돌아가 상호작용 · 응용 프로그램 활동목록을 확인하라. www.mhhe.com/fraenkel10e의 **온라인학습센터**로 이동하여 퀴즈를 풀고 핵심 용어를 연습하며 장(章)의 내용을 검토하라.

핵심 요점

문헌검토의 가치

- 문헌검토는 연구자들이 어떤 주제에 대해 다른 사람이 기술한 것을 배우는 것을 돕는다. 그것은 또한 연구자가 다른 관련 연구의 결과를 볼 수 있게 해 준다.
- 석 · 박사 학생이 논문을 설계할 때 상세한 문헌검토가 필요한 경우가 많다.

연구문헌검토를 위한 자료출처 유형

- 연구자는 문헌검토를 할 때, 세 가지 기본 자료유형(일반 참고문헌, 1차 자료, 2차 자료)을 숙지할 필요가 있다.
- 일반 참고문헌 도구는 연구자가 다른 출처를 찾기 위해 참조하는 출처이다.
- 1차 자료는 연구자가 조사결과를 보고하는 출판물이다. 대부분의 1차 자료는 학술지 논문에 있다.
- 2차 자료는 저자가 다른 사람의 연구를 기술하는 출판물을 가리킨다.
- 교육에서 가장 흔한 2차 자료는 교과서이다.
- 검색어는 연구자가 관련 1차 자료를 찾기 위해 사용하는 키워드 또는 구문이다.

문헌검색과 관련된 단계

- 문헌검토에 수반되는 필수 단계는, ① 연구문제를 가능한 한 정확하게 정의, ② 검색범위 결정, ③ 검색할 데이터베이스 결정, ④ 검색어 작성, ⑤ 적절한 1차 자료를 위한 일반 참고문헌 도구 검색, ⑥ 1차 자료를 획득하고 읽기, 그리고 해당 자료에서의 핵심 요점 기록 · 요약을 포함한다.

문헌검색수행방법

- 오늘날에는 인쇄/서지도구를 사용하여 인쇄/서지자료를 찾는 방법과 컴퓨터를 통해 전자적으로 문헌을 검색하는 두 가지 방법이 있다. 그러나 가장 흔하고 자주 사용되는 방법은 컴퓨터를 통해 온라인으로 검색하는 것이다. 관련된 도구와 관계없이, 검색과정은 유사하다.
- 연구자가 연구를 필기할 때 기록해야 할 다섯 가지 필수사항(문제, 가설, 절차, 연구결과, 결론)이 있다.

컴퓨터를 활용한 검색수행

- 문헌에 대한 컴퓨터를 활용한 검색은 빠르고, 상당히 저렴하며, 인쇄물을 제공하고, 연구자가 한 번에 둘 이상의 기술어구를 사용하여 검색할 수 있다는 많은 장점이 있다.
- 전통적인 수동검색의 단계는 컴퓨터를 활용한 검색의 단계와 유사하지만, 일반적으로 컴퓨터를 활용한 검색이 일반적이다.
- 문헌검색을 할 때, ERIC과 PsycINFO 외에도 인터넷 검색이 고려되어야 한다.
- 인터넷상의 정보 중 일부는 색인으로 분류되며, 색인은 웹사이트를 비슷한 범주로 묶는다.
- 좀 더 구체적인 정보를 얻기 위해서는 검색엔진을 사용해야 하는데, 왜냐하면 그것은 웹사이트의 모든 내용을 검색하기 때문이다.

문헌검토보고서

- 문헌검토보고서는 서론, 검토 본문, 요약, 연구자의 결론, 참고문헌 목록으로 구성되어 있다.
- 문헌검토는 개별 연구뿐만 아니라 관련 메타분석 보고서에 대한 검색을 포함해야 한다.
- 연구자가 메타분석을 할 때, 결과나 관계의 전반적인 색인을 얻기 위해 선택된 연구집단의 연구결과를 산술평균한다.

핵심 용어

1차 자료(primary source)
2차 자료(secondary source)
건명목록(subject headings)
검색어(search terms)
검색엔진(search engine)
기술어구(descriptor)
도서관 간 대출(interlibrary loan)
메타분석(meta-analysis)
문헌검토(literature review)
부울 연산자(Boolean operator)
색인(index)
월드와이드웹(World Wide Web: WWW)
웹브라우저(Web browser)
일반 참고문헌 도구(general reference tool)
주제어(subject term)
초록(abstract)

토론거리

1. 연구자가 연구를 계획하기 전에 문헌검토를 하지 않는 것이 현명하지 못한 이유는 무엇인가?
2. 출판된 많은 연구논문은 관련 연구에 대한 몇 가지 언급만을 포함하고 있다. 어떻게 설명할 것인가? 이것이 정당하다고 생각하는가?
3. 문헌검토에서 강조해야 할 것이 무엇이라고 생각하는가? 아니면 관련 연구전문가의 의견은? 왜 그러한가?
4. 문헌검토에서 언급된 책은 거의 찾아볼 수 없다. 왜 그렇다고 생각하는가? 책을 참고하는 것이 좋은 생각인가?
5. 문헌검토에 포함시키지 말아야 할 어떤 종류의 정보가 생각나는가? 그렇다면 예를 들어보라.
6. 황 교수는 학생들이 '시간이 너무 많이 걸리기' 때문에 석사학위 논문을 계획하기 전에 문헌검토를 하지 않는다며, 학생들이 가능한 한 빨리 자료를 수집하기 시작하기를 바란다고 말한다. 우리가 이 장에서 제공한 정보에 비추어 볼 때, 그에게 무엇이라고 말하겠는가? 그 이유는?
7. 연구자가 문헌검토를 수행하게 함으로써 도움이 되지 않는 어떤 종류의 연구를 생각할 수 있는가? 만약 그렇다면, 그것은 무엇인가?

연구실습 3. 문헌검토

문제지 3을 사용하여, 연구와 관련된 문헌의 간략한 검토에서 다룰 특정 문제 또는 질문을 열거하라. 어떤 유형의 출처를 포함하거나 포함하지 않았는지, 그 이유는 무엇인가? 그런 다음, 검토에서 발견한 내용을 바탕으로 도달한 결론을 요약하라.

문제지 3 문헌검토

1. 문헌검토에서 다루어야 할 구체적인 문제 또는 질문은 무엇인가? ____________

2. 검색을 수행하기 위해 어떤 일반 참고문헌 도구를 사용하였는가? (활용한 구체적인 전자적인 데이터베이스를 열거하라.) ____________

3. 사용한 검색어는 무엇이었는가?
   a. ____________ d. ____________
   b. ____________ e. ____________
   c. ____________ f. ____________

4. 검토범위를 지정하고 포함/제외기준(즉, 무엇이 포함되었고, 포함되지 않았으며, 왜 포함되었는가?)을 설명하라. ____________

5. 검색수행 시 문제와 질문에 대해 어떤 주제와 하위주제가 나타났는가? ____________

6. 검토결과를 바탕으로 한 결론은 무엇인가? ____________

이 문제지의 전자 버전은 학지사 공식 홈페이지(www.hakjisa.co.kr) 『연구방법론: 교육연구설계 및 평가』의 도서 상세정보에서 내려받을 수 있다.

제 4 장

윤리와 연구

비윤리적인 실천에 관한 몇 가지 사례

윤리원칙선언문

위해로부터 연구참여자 보호

연구자료의 비밀유지 보장

(만약 있다면) 언제 연구대상에 대한 기만이 정당화되는가

윤리적 우려와 관련된 세 가지 사례

아동대상 연구

연구규제

학술적 부정행위와 표절

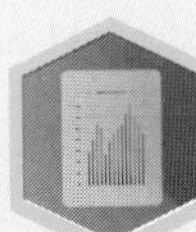

학습목표

이 장을 학습하면 다음을 수행할 수 있어야 한다.

- '윤리적 연구'가 의미하는 바를 간략히 기술할 수 있다.
- 연구자가 따라야 할 것으로 권장되는 세 가지의 중요한 윤리원칙을 간략히 기술할 수 있다.
- 연구를 시작하기 전에 연구자가 자문해 보아야 할 윤리와 관련된 기본적인 질문을 진술할 수 있다.
- 연구참여자를 위해로부터 보호하기 위해 연구자가 해결해야 할 세 가지 질문을 진술할 수 있다.
- 연구조사에서 수집된 자료의 비밀유지를 보장하기 위해 연구자가 따라야 하는 절차를 기술할 수 있다.
- 연구조사에서 연구참여자를 기만하는 것이 적절한 때와 그러한 경우 연구자의 책임을 기술할 수 있다.
- 아동을 대상으로 연구를 수행할 때 고려해야 할 특별한 사항을 기술할 수 있다.

상호작용 · 응용 학습 이 장을 읽는 동안 또는 읽은 후:

다음을 하려면, 온라인학습센터 (www.mhhe.com/fraenkel10e)로 접속하라.

- 무엇이 연구 윤리를 구성하는지에 대한 심화학습

다음 활동을 수행하기 위해 온라인 학습자 완전학습 활동(Student Mastery Activities) 책을 읽으라.

- 활동 4.1: 윤리적인가? 또는 그렇지 않는가?
- 활동 4.2: 몇 가지 윤리적인 딜레마
- 활동 4.3: 윤리적 실천 위반
- 활동 4.4: 왜 이러한 연구 실천들이 비윤리적인가?

중서부대학교 3학년생인 수영과 상희는 매주 점심을 먹기 위해 만난다. "믿을 수 없어." 수영이 말한다.

"무슨 일이야?"라고 상희가 묻는다.

"강 교수님은 우리가 그의 과정을 통과하려면 그의 연구과제 중 하나에 참여해야 한다고 하셔. 그는 이것이 필수과목이라고 말씀하셔. 난 그게 옳지 않다고 생각해. 그리고 난 그것에 대해 꽤 화가 나. 믿을 수 있겠어?"

"와, 교수님이 그럴 수 있나? 내 말은 그게 윤리적인가?"

아니, 그렇지 않다! 수영은 여기에 정당한 윤리적 불만이 있다. 이 질문, 즉 교수가 과정을 통과하기 위해 학생에게 연구 프로젝트에 참여하도록 요구할 수 있는지는 때때로 발생하는 비윤리적 실천의 한 예이다.

무엇이 윤리적인지, 그리고 비윤리적인지에 대한 모든 질문이 이 장의 초점이다.

비윤리적 실천에 관한 몇 가지 사례

윤리(ethics)라는 용어는 옳고 그름에 대한 질문을 말한다. 연구자가 윤리에 대해 생각할 때, 그는 특정한 연구를 하거나 특정한 절차를 수행하는 것이 옳은지, 즉 **윤리적 연구**(ethical research)를 하고 있는지 자문해야 한다. 수행되어서는 안 되는 연구가 있는가? 물론이다! 예를 들어, 연구자가 다음과 같은 것을 할 때 비윤리적이다.

- 한 집단의 고등학교 2학년 학생에게 연구에 참여하는 것에 동의하는 양식에 서명하도록 강요하고 있다.
- 1학년생에게 민감한 질문을 할 때 학부모의 동의를 얻지 않고 먼저 질문을 한다.
- 가설을 뒷받침하지 않는 자료를 삭제한다.
- 대학생에게 자신의 성행위에 대한 질문지를 작성하도록 요구한다.
- 한 집단의 중학교 2학년 학생에게 심리적으로 해를 끼칠 수 있는 연구라는 사실을 그나 학부모에게 알리지 않고 해당 연구에 참여시킨다.

이러한 각각의 사례는 하나 이상의 윤리적 실천(practices)의 위반을 포함한다. 연구자가 윤리에 대해 생각할 때, 이와 관련하여 자문해 보아야 할 기본적인 문제는 "나의 연구결과로 누구에게 신체적 · 심리적 피해가 가해지는가?"이다. 당연히 어떤 연구자도 연구대상에게도 그러한 일이 일어나기를 바라지 않는다. 이 문제는 매우 중요한 (그리고 종종 간과되는) 쟁점이기 때문에, 이 문제에 대해 좀 더 자세히 논의할 필요가 있다.

다소 큰 의미에서 윤리는 옳고 그름에 대한 질문을 말한다. 사람은 윤리적으로 행동함으로써 옳은 일을 하는 것이다. 그러나 연구에 관한 한 '옳은(right)' 것은 무엇을 의미하는가?

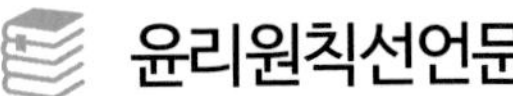

윤리원칙선언문

윤리적(ethical)이라는 용어와 **도덕적**(moral)이라는 용어는 종종 상호교환적으로 사용되지만, 전자는 집단이나 직업에서의 행동강령을 설명하기 위해 더 많이 사용된다. 따라서 연구자가 윤리적인 것으로 간주하는 것은 대체로 연구자 간의 합의의 문제이다. 몇 년 전, 미국심리학회 과학 · 직업윤리위원회(Committee on Scientific and Professional Ethics of the American Psychological Association)는 인간을 대상으로 한 연구수행에 대한 윤리원칙의 목록을 발표했다. 우리는 이 원칙 중 많은 것을 채택해 왔기 때문에 그것은 교육연구에도 적용된다. 다음 문장을 읽고 그것이 무엇을 의미하는지 잘 생각해 보자.

연구를 수행할지 여부는 과학과 인간복지에 가장 잘 기여할 수 있는 방법에 대한 교육자 개개인의 심사숙고한 판단에 달려 있다. 일단 연구를 수행하기로 결심하면, 교육자는 자신의 재능과 자원을 투자할 수 있는 다양한 방법을 고려한다. 이를 염두에 두고, 교육자는 참여하는 사람의 존엄성과 복지에 대한 존중과 관심, 그리고 연방 및 주 정부의 규정과 인간 연구참여자와의 연구수행을 지배하는 전문적 기준을 인식하여 연구를 수행한다.

1. 연구를 계획할 때, 연구자는 윤리적인 질문를 신중하게 평가할 책임이 있다. 아래에 나열된 윤리원칙 중 어느 하나라도 위반될 경우, 교육자는 인간 연구참여자의 권리를 보호하기 위해 엄격한 안전조치를 준수해야 할 중대한 의무가 있다.
2. 공인된 표준에 따르면, 계획된 연구의 연구참여자가 '위험에 처한 연구대상(subject at risk)'인지 '최소 위험에 처한 연구대상(subject at minimal risk)'인지 여부를 고려하는 것은 연구자에게 일차적인 윤리적 관심사이다.
3. 연구자는 항상 연구가 윤리적으로 수행되도록 보장할 책임을 진다. 연구자는 또한 연구참여자에 대한 협력자, 조교, 학생, 직원의 윤리적 처우에 대한 책임이 있지만, 모두 유사한 의무를 지게 된다.
4. 최소위험연구를 제외하고, 연구참여자가 참여하기 전에 각각의 의무와 책임을 명백히 하는 명확하고 공정한 협약을 체결한다. 연구자는 협약에 포함된 모든 약속과 임무를 지킬 의무가 있다. 연구자는 연구참여자에게 연구에 참여하려는 의지에 합리적으로 영향을 미칠 것으로 예상되는 연구의 모든 측면을 알리고, 연구에 대해 가질 수 있는 어떠한 질문이 있으면 솔직하게 답변한다. 연구자가 사전동의를 얻기 전에 전면공개하지 않을 경우, 연구참여자의 복지와 존엄성을 보호하기 위한 추가 안전장치가 필요하다. 더 나아가, 이해 또는 의사소통을 제한할 수 있는 장애가 있는 아동 또는 연구참여자에 대한 연구는 특별한 안전절차를 요구한다.
5. 때때로 연구설계는 은폐나 기만의 사용을 필요로 한다. 이러한 경우 연구자는, ① 이러한 기법의 사용이 연구의 미래의 과학적 또는 교육적 가치에 의해 정당화되는지 여부를 결정하고, ② 은폐 또는 속임수를 사용하지 않는 대체 절차를 이용할 수 있는지 여부를 결정하며, ③ 연구참여자에게 가능한 한 빨리 충분한 설명을 제공하도록 보장할 특별한 책임을 지니고 있다.
6. 연구자는 연구참여를 거부하거나 언제든지 참여를 철회할 수 있는 개인의 권리를 존중한다. 이와 관련하여 연구자의 의무는 연구참여자에 대한 권한이나 영향력이 있는 위치에 있을 때 특히 중요하다. 이러한 직책에는 연구참여가 요구되는 고용상황 또는 연구참여자가 조사자의 학생, 의뢰인 또는 직원인 상황이 포함되지만, 이에 국한되지는 않는다.
7. 연구자는 연구에 참여함으로써 발생할 수 있는 신체적 · 정신적 불편, 위해/위험으로부터 모든 연구참여자를 보호한다. 그러한 결과의 위험이 존재하는 경우, 연구자는 연구참여자에게 그 사실을 알린다. 연구참여자에게 심각하거나 지속적인 위해를 줄 가능성이 있는 연구절차는 연구참여자가 더 큰 위해의 위험에 노출될 수 있거나, 연구가 큰 잠재적 이익을 가지고 있고 각 연구참여자의 완전한 정보와 자발적인 동의를 얻지 않는 한 사용되지 않는다. 모든 연구참여자는 스트레스를 받거나 잠재적 위해가 발생할 경우, 참여 후 적절한 시간 내에 연구자와 연락할 수 있는 방법을 알아야 한다.
8. 자료를 수집한 후, 연구자는 모든 연구참여자에게 연구의 본질에 대한 정보를 제공하고, 발생되었을 수 있는 오해를 해소하기 위해 최선을 다한다. 과학적이거나 인간적인 가치가 이 정보를 미루거나 보류하는 것을 정당화한다면, 연구자는 신중하게 연구를 감독하고 연구참여자에게 해로운 결과가 없도록 해야 할 특별한 책임이 있다.
9. 연구절차가 연구참여자에게 바람직하지 않은 결과를 초래하는 경우, 연구자는 장기적 영향을 포함하여 이러한 결과를 감지하고 제거하거나 시정할 책임이 있다.

10. 조사과정 중 연구참여자에 대하여 취득한 정보는 사전에 별도의 합의가 없는 한 비밀에 부친다. 다른 사람이 그러한 정보에 접근할 가능성이 있을 때, 이 가능성은 사전동의를 얻기 위한 절차의 일환으로 비밀보호계획과 함께 연구참여자에게 설명한다.[1]

이 윤리원칙선언문은 모든 연구자가 해결해야 할 세 가지의 매우 중요한 쟁점, 즉 연구참여자를 위해로부터 보호하고, 연구자료의 비밀유지를 보장하며, 연구대상을 속이는 질문을 시사한다. 이러한 쟁점은 어떻게 다루어질 수 있으며, 연구에 관련된 연구대상자의 이익은 어떻게 보호될 수 있는가?

위해로부터 연구참여자 보호

연구참여자가 연구절차로 인해 발생할 수 있는 신체적 · 정신적 피해, 불편함, 위험으로부터 보호받을 수 있도록 모든 권한을 다하는 것은 모든 연구자의 기본 책무이다. 이것은 아마도 가장 중요한 윤리적 결정일 것이다. 어떤 종류의 연구도 인간에게 극단적인 이득의 정보를 제공할 가능성이 없는 한 연구참여자에게 지속적 또는 심지어 심각한 위해를 끼치거나 불쾌감을 줄 가능성이 있는 연구는 수행되어서는 안 된다. 이러한 경우에도 연구참여자는 관련된 위험에 대해 충분히 알고 있어야 하며, 어떠한 방식으로도 참여가 요구되어서는 안 된다.

개인을 위해로부터 보호하는 또 다른 책임은 그가 위험에 노출될 수 있는 경우 사전동의(informed consent)를 받는 것이다([그림 4-1]은 사전동의서의 예를 보여 준다). 다행히도, 거의 모든 교육연구는 학교나 다른 기관의 관습적이고 일상적인 절차 내에 있는 활동을 포함하므로 위험이 거의 또는 전혀 수반되지 않는다. 법률은 대부분의 교육연구 범주를 공식적인 검토 과정으로부터 특별히 면제함으로써 이를 인정한다. 그럼에도 불구하고, 연구자는 위험의 가능성이 있는지 신중히 고려하고, 위험이 있는 경우 연구참여자(또는 보호자)의 공식적인 동의에 따라 완전한 정보를 제공해야 한다. 어떠한 연구에서든 해악에 대해 질문할 수 있는 세 가지의 중요한 윤리적 질문은 다음과 같다.

1. 연구 중에 사람들이 (신체적으로나 심리적으로) 위해를 입을 수 있는가?
2. 그렇다면, 연구자가 알고 싶어하는 것을 알아내는 다른 방법으로 연구를 진행할 수 있는가?
3. 이 연구를 통해 얻을 수 있는 정보가 연구참여자에게 위해를 끼칠 수 있는 가능성이 있는 것보다 더 중요한가?

이것은 어려운 질문이고, 모든 연구자가 토론하고 고려할 가치가 있는 질문이다.

---

1) The Committee on Scientific and Professional Ethics and Conduct. (1981). *Ethical principles of psychologists. American Psychologist, 36*, 633–638로부터 차용됨

연구논쟁

임상시험-바람직한가?, 그렇지 않는가?

임상시험(clinical trials)은 신약개발의 마지막 검사이다. 임상시험은 제약회사가 자원봉사자들에게 개발 중인 신약을 줌으로써 신약과 이전에 사용하지 않은 약이 안전하고 효과적으로 사용되었음을 증명할 수 있는 기회를 제공한다. 다만, 이와 관련한 재판에 대한 민원이 늘고 있다. 그 두드러진 예가 『San Francisco Chronicle』에 인용되었다.[2] 한 과학자가 실험참여자에게 실험용 약물의 치사량으로 밝혀진 시험처치를 했다.

임상시험의 수는 증가하였고, 그에 따라 그러한 시험에 참여하는 자원봉사자의 수도 증가했다. 1995년에는 약 50만 명의 자원봉사자가 참여했지만, 1999년에는 70만 명으로 급증했다.[3]

절박한 환자가 유전자 치료 연구에 참여하겠다고 아우성치는 줄기세포 연구 유망분야에서 전문가는 현장에서 펼쳐지는 무수한 과학적, 윤리적 질문을 고려하기에 앞서 임상시험에 성급하게 뛰어들지 말라고 경고한다.[4] 또 다른 우려는 이러한 시험을 수행하는 의사 중 일부가 결과에 재정적 지분을 가지고 있을 수 있다는 것이다. 이러한 임상시험에 참여하는 환자에게 조사자의 재정적 이익을 공개하는 것에 대해서는 현재 획일적인 정책이 존재하지 않는다.

임상시험 지지자들은 적절하게 실행될 때, 임상시험이 많은 생명을 구한 신약과 절차를 위한 길을 닦았다고 주장한다. 자원봉사자는 일반대중이 이용할 수 있기 훨씬 이전에 유망한 약물에 접근할 수 있다. 그리고 환자는 보통 그러한 시험을 겪는 동안 의사와 간호사로부터 훌륭한 처치를 받는다. 마지막으로, 그러나 중요한 것은 그러한 보살핌은 종종 무료라는 것이다.

여러분은 어떻게 생각하는가? 임상시험은 정당한가?

[그림 4-1] 사전동의서 양식의 예

CONSENT TO SERVE AS A SUBJECT IN RESEARCH

I consent to serve as a subject in the research investigation entitled: ______

______

______

The nature and general purpose of the research procedure and the known risks involved have been explained to me by ______
The investigator is authorized to proceed on the understanding that I may terminate my service as a subject at any time I so desire.

I understand the known risks are: ______

______

______

I understand also that it is not possible to identify all potential risks in an experimental procedure, and I believe that reasonable safeguards have been taken to minimize both the known and the potentially unknown risks.

Witness ______ Signed ______
(subject)

Date ______

To be retained by the principal investigator.

2) Abate, T. (2001, May 28). Maybe conflicts of interest are scaring clinical trial patients. *San Francisco Chronicle*.
3) The Association of Clinical Research Professionals Convention, San Francisco, California, May 20, 2001에 출판된 보고서.
4) Hall, C. (2005, September 26). For stem cell experts, hopes are long-term. *San Francisco Chronicle*.

연구자료의 비밀유지 보장

일단 연구자료가 수집되면, 연구자는 (아마도 몇몇 주요 연구보조원을 제외한) 다른 누구도 자료에 접근할 수 없도록 해야 한다. 가능하면 모든 자료수집 양식(forms)에서 연구대상의 이름을 삭제해야 한다. 각 양식에 숫자나 문자를 지정하거나 익명으로 정보를 제공하도록 요청할 수 있다. 이렇게 되면 연구자조차도 특정 연구대상에 자료를 연계할 수 없다. 그러나 때로는 연구에서 개별 연구대상을 확인하는 것이 중요하다. 이러한 경우, 연계체계(linkage system)가 세심하게 지켜져야 한다.

모든 연구대상은 연구자로부터 또는 연구자에 대해 수집된 모든 자료가 비밀유지된다는 것을 확신해야 한다. 개별 연구대상의 이름은 연구를 기술하는 어떤 출판물에도 사용되어서는 안 된다. 그리고 연구의 모든 참여자는 항상 연구를 철회하거나 자신에 대해 수집된 자료를 사용하지 않도록 요청할 권리가 있어야 한다.

(만약 있다면) 언제 연구대상에 대한 기만이 정당화되는가

기만(deception) 문제는 특히 골칫거리이다. 연구대상을 속이지 않으면 많은 연구가 진행될 수 없다. 특정 행동이 빈번하게 발생하는 자연적인 상황을 찾기 어려운 경우가 많다. 예를 들어, 연구자는 교사가 학생을 특정한 방식으로 강화하기 위해 오랜 시간을 기다려야 할 수도 있다. 연구자는 교사를 공모자(confederate)로 고용함으로써 그러한 강화의 효과를 관찰하는 것이 훨씬 쉬울 수 있다.

때로는 특정한 연구질문을 조사하는 것이 필요할 수 있기 때문에, 연구대상에게 고통이나 트라우마를 주는 것보다 연구대상을 속이는 것이 더 낫다. 유명한 Milgram의 복종에 대한 연구가 좋은 예이다.[5)]이 연구에서 연구대상은 스크린 뒤에 앉아 있는 것을 볼 수 없는 다른 연구대상에게 점점 더 심한 전기충격을 가하도록 명령받았다. 연구대상이 몰랐던 것은 자신이 충격을 가하고 있다고 생각하는 개인이 실험자의 공모자이며, 실제로 충격을 가하고 있지는 않다는 것이었다.

종속변수는 연구대상이 더 이상 투여를 거부하기 전에 투여한 충격의 수준이었다. 연구에 참여한 총 40명의 연구대상 중 26명은 실험자의 '지시'를 따랐고, 그들은 450볼트의 가능한 한 최대의 충격을 가했다고 생각했다! 실제로 충격이 가해지지 않았음에도 불구하고, 연구결과를 발표하면서 광범위한 논란이 일었다. 많은 사람은 이 연구가 비윤리적이라고 느꼈다. 다른 이는 연구의 중요성과 그 결과가 기만을 정당화한다고 주장했다. 일부 연구참여자가 나중에 자신의 행동을 고려하였을 때 감정적으로 고통을 받을 수 있기 때문에, 이 연구는 기만뿐만 아니라 피해에 대한 의문을 제기한다는 점에 유의하라.

현재 전문가 지침은 다음과 같다.

- 연구자는 가능하면 기만을 쓰지 않는 방법으로 연구를 수행해야 한다.
- 대안적 방법을 강구할 수 없다면, 연구자는 향후 연구의 과학적 · 교육적 · 적용적 가치에 의해 기만을 사용하는 것이 정당화되는지를 판단해야 한다.
- 연구참여자가 기만을 받았다면, 연구자는 가능한 한 빨리 충분한 설명이 제공되도록 해야 한다.

5) Milgram, S. (1967). Behavioral study of obedience. *Journal of Abnormal and Social Psychology, 67*, 371–378.

아마도 기만과 관련된 가장 심각한 문제는 그것이 과학계의 평판에 어떤 짓을 했는가 하는 것이다. 일반적으로 사람들이 과학자와 연구자를 거짓말쟁이로, 또는 그들이 무엇에 관한 것인지 잘못 표현하는 개인으로 생각하기 시작할 때, 과학에 대한 전반적인 이미지는 고통을 받는다. 이러한 인식 때문에 오늘날 연구조사에 참여하려는 사람들이 점점 줄어들고 있다. 그 결과, 우리 세계에 대한 신뢰할 수 있는 지식을 찾는 데 방해가 될 수 있다.

윤리적 우려와 관련된 세 가지 사례

여기에 세 가지 연구에 대한 간략한 설명이 있다. ① 연구참여자에게 발생할 수 있는 위해성, ② 연구자료의 비밀유지 보장, ③ 고의로 기만을 실천하는 관점에서 각각을 고려해 보라([그림 4-2]는 비윤리적 연구 실천의 몇 가지 예를 보여 준다).

[그림 4-2] 비윤리적인 연구 실천의 예

연구 1

연구자는 40분 동안 각 8개의 교실에서 학생을 (방해하지 않고) 관찰할 계획이다. 이러한 관찰의 목적은 학생의 행동과 특정한 교사의 행동패턴 간의 관계를 찾는 것이다.

연구심화

비윤리적 연구 사례

1950년대와 1960년대에 보고된 일련의 연구는 심리학 및 교육에 대한 폭넓은 관심을 불러 일으켰으며, 기사작위를 포함한 많은 명성을 얻었다. 그것들은 IQ검사에서 얼마나 많은 성과가 유전되고 얼마나 많은 것이 환경적인 요인에 의한 것인지에 대한 질문을 다루었다.

일란성 쌍둥이, 이란성 쌍둥이, 형제자매 등 여러 집단의 아동이 연구되었다. 그 결과, IQ는 약 80%가 유전적이고, 20%는 환경적이라는 결론을 뒷받침하기 위해 널리 인용되었다.

다른 연구자가 상당히 낮은 유전비율을 발견하였을 때 몇몇 초기 질문이 제기되었다. 초기 연구[6]에 대한 후속 세부조사는 자료의 매우 의심스러운 통계처리, 부적절한 절차 명세, 의심스러운 점수 조작으로 밝혀졌으며, 이는 모두 자료의 비윤리적인 조작을 시사한다. 때때로 보고되는 그러한 사례는 반복연구의 중요성뿐만 아니라 모든 절차와 자료를 공개적인 정밀조사에 사용할 수 있어야 한다는 필수 요구사항을 강조한다.

- **연구참여자에게 위해를 끼칠 가능성**: 이 연구는 연구참여자에게 위해를 끼칠 가능성에 관한 면제 범주에 속할 것이다. 교사도 학생도 어떤 위험도 감수하지 않으며, 관찰은 학교 실제에서 용인되는 것이다.

- **연구자료의 비밀유지**: 이와 관련하여 발생할 수 있는 유일한 질문는 교사가 불법적이거나 비윤리적(예: 신체적으로 또는 언어적으로)으로 행동하는 것을 관찰하는 것이다. 전자의 경우, 법적으로 연구자가 사건을 보고하도록 되어 있다. 후자의 경우, 연구자는 사건을 보고하지 않는 것과 관련된 윤리적 딜레마를 비밀유지 보장을 확인하는 것과 비교해야 한다.

- **기만**: 명백한 기만이 관련되지는 않지만, 연구자는 교사에게 그것을 관찰할 수 있는 근거를 제시해야 할 것이다. 관찰되는 특정 교사의 특성이 주어진다면(예: 통제해야 할 필요성) 해당 행동이 영향을 받을 가능성이 높다. 이를 피하기 위해, 연구자는 연구목적이 구체적인 내용을 누설하지 않고 다른 수업 스타일을 조사하는 것이라고 설명할 수 있다. 이 책의 저자들에게 있어, 이것은 비윤리적으로 보이지 않는다. 교사에게 행위(behavior)가 바뀔 것을 우려해 자료수집이 끝날 때까지 구체적인 내용을 누설할 수 없다고 말하는 것도 대안이다. 만약 이 대안이 추진된다면, 일부 교사는 참여를 거부할 수도 있다.

연구 2

연구자는 고등학생 자살예방 워크숍의 가치를 연구하고자 한다. 워크숍은 위험신호, 자살원인, 상담을 제공하는 지역사회 자원 등이 논의되는 3개의 2시간짜리 회의로 구성될 예정이다. 학생들은 자원봉사를 하고, 절반은 워크숍에 참여하지 않는 비교집단에 배정된다. 회의에 참석한 사람들과 참석하지 않

6) Kamin, L. (1974). *The science and politics of IQ*. John Wiley.

은 사람들의 정보와 태도를 비교하여 결과를 평가할 것이다.

- **연구참여자에게 위해를 끼칠 가능성**: 이 연구가 연구참여자의 위험 가능성에 관한 면제 범주에 적합한지 여부는 그것이 연구하고자 하는 학교에게 이례적인지에 달려 있다. 우리는 아마도 대부분의 학교에서 이 연구가 이례적으로 여겨질 것이라고 생각한다. 더 나아가, 제시된 자료는 정서적인 반응을 불러일으킴으로써 학생을 위험에 빠뜨릴 수 있다고 생각할 수 있다. 어떤 경우에도 연구자는 학부모에게 연구의 본질과 이에 수반될 수 있는 위험에 대해 알리고 자녀가 참여할 수 있도록 동의를 얻어야 한다.

- **연구자료의 비밀유지**: 이와 관련하여 어떠한 문제도 예상할 수 없으며, 워크숍 동안 발생할 일에 대해서는 물론 비밀유지를 보장할 수 없다.

- **기만**: 어떤 문제도 예상할 수 없다.

연구 3

연구자는 중학생들에게 일련의 10분의 수업시간 동안 운동기능을 가르쳐 줌으로써 '실패' 대 '성공'의 효과를 연구하고자 한다. 각 훈련기간이 끝난 후, 학생들은 다른 학생들과 비교해서 자신의 성과에 대한 피드백을 받을 것이다. (조절과 같은) 외부변수를 통제하기 위해, 연구자는 무선으로 학생들을 두 집단으로 나눌 계획인데, 절반은 "상대적으로 성적이 좋지 않았다."라고 말하고, 나머지 절반은 "잘하고 있다."라고 말할 것이다. 그들의 실제 수행(performance)은 무시될 것이다.

- **연구참여자에게 위해를 끼칠 가능성**: 이 연구는 몇 가지 문제를 야기한다. '실패'집단의 일부 학생은 정서적인 고통을 겪을 수 있다. 대부분의 학교에서 학생들은 보통 자신의 성취도에 대해 비슷한 피드백을 받지만, 이 연구의 피드백은 자신의 이전 경험과 매우 상충될 수 있다. 연구자는 학생 또는 학부모에게 연구의 기만적인 본질에 대해 제대로 알려 줄 수 없다. 왜냐하면 그렇게 하면 사실상 연구를 망칠 것이기 때문이다.

- **연구자료의 비밀유지**: 이 연구에서 비밀유지는 문제가 되지 않는 것으로 보인다.

- **기만**: 연구참여자를 기만하는 것은 분명히 문제이다. 한 가지 대안은 실제 수행을 바탕으로 피드백을 하는 것이다. 여기에서 어려운 점은 각 학생의 광범위한 이전 이력이 개인의 수행과 피드백 해석 모두에 영향을 미쳐 결과를 혼란스럽게 한다는 것이다. 전부는 아니지만, 일부 관련 없는 변수는 통제될 수 있다(아마도 과거사에 대한 자료를 위해 학교생활기록부를 조사하거나 학생들을 시험함으로써). 또 다른 대안은 정서적 고통의 가능성을 줄이기 위해 노력하고(예: 실패집단의 연구참여자들에게 "대부분만큼 잘하지 못했다."라고 말하면서) 훈련을 한 번으로 제한함으로써 실험적인 치료를 약화시키는 것이다. 그러나 이러한 두 가지 대안 모두 돌발적인 어떤 관계의 가능성을 줄일 수 있을 것이다.

아동대상 연구

아동을 연구참여자로 한 연구는 연구자에게 특별한 쟁점을 야기한다. 아동은 어떤 면에서 더 취약하고, 법적 권리가 더 적으며, 정보에 입각한 동의의 언어를 이해하지 못할 수도 있다. 따라서 다음과 같은 구체적인 지침을 고려해야 한다.

- 미성년자로 정의된 연구참여자의 경우, 학부모 또는 법적 보호자로 지정된 사람의 사전동의가 필요하다. 서명인은 필요한 모든 정보를 적절한 언어로 제공받아야 하며, 거부할 기회가 있어야 한다 ([그림 4-3]은 미성년자 사전동의서 예시 참고).
- 연구자는 학부모에게 결과를 보고할 때 자신을 진단사(diagnosticians)나 상담사로 내세우지 않고, 아동이 기밀로 준 정보도 보고하지 않는다.
- 아동은 절대로 연구에 참여하도록 강요받지 않을 수도 있다.
- 아동의 봉사에 대한 어떤 형태의 보상도 이러한 (그리고 다른) 윤리적 원칙의 적용에 영향을 미치지 않는다.

연구논쟁

윤리적인가? 또는 그렇지 않은가?

1998년 9월, 미국지방법원(U.S. District Court) 판사는 1994년에 시작된 미국 청년취약계층지원 프로그램(U.S. Job Corps program)의 효과를 평가하기 위한 연구를 중단시켰다. 2년 동안, 연구자들은 자격이 있는 12명의 지원자 중 1명을 3년 동안 서비스가 거부된 통제집단에 무선으로 할당했는데, 총 6,000명의 지원자였다. 만약 지원자가 연구에 참여하는 데 동의하는 서류(waiver)에 서명하기를 거부한다면 2년 후에 재신청하라는 지시를 받았다. 집단소송은 통제대상자에게 심리적 · 정서적 · 경제적 피해를 입혔다고 주장했다. 이 판사의 결정의 근거는 연구방법론이 공개적인 검토의 대상이 되도록 요구하는 연방법을 따르지 않은 것이었다. 예비 합의는 2000년까지 모든 통제대상자의 위치를 파악하고, 그들을 해당 프로그램에 초청하고, 각 사람에게 1,000달러를 지급하기로 약속했다.[7)]

그러나 1999년 4월 『Mother Jones』의 편집자[8)]에게 보낸 편지에서 Manpower Demonstration Research Corporation (평가 보조금을 수여받은 회사가 아님)의 사장인 Judith M. Gueron은 두 가지 근거로 연구를 옹호했다. ① 프로그램에 사용할 수 있는 자리가 제한적이었기 때문에, 자격이 있는 지원자의 무작위 선발이 선착순보다 "논쟁의 여지가 있다". ② 거부된 자에 대한 피해 혐의는 다른 고용 또는 훈련을 자유롭게 구할 수 있었기 때문에 알려지지 않았다. 여러분은 어떻게 생각하는가?

7) Price, J. (1999, January/February). Job Corps lottery. *Mother Jones*, 21–22.

8) Backtalk. (1999, April). *Mother Jones*, 13.

[그림 4-3] 연구에 참여하는 소수자를 위한 사전동의서 예시

San Francisco State University
Parental Permission for a Minor to Participate in Research
Research Title

A. PURPOSE AND BACKGROUND
My name is_______. I am a (*graduate student/faculty member*) at San Francisco State University and I am conducting a research study about_______. I am inviting your child to take part in the research because he/she_____________.
(*State the purpose of the research; the purpose must be the same as stated in the protocol. In fact, sections throughout this form should mirror the protocol statement. State why the prospective subject is being invited to participate in this study, e.g. "he/she is in the after school program I am studying."*)

B. PROCEDURES
If you agree to let your child participate in this research study, the following will occur:
- Your child will be asked to (*play math games and take a test*).
- This will take place in their regular classroom as part of my scheduled curriculum.
- Your child will participate in a group discussion in social studies class about their attitudes about extracurricular activities. The discussions will be audiotaped. (*ORIII*)
- Your child will be invited to participate in an after school tutoring project. The tutoring sessions will take place between 3:45 and 4:45 PM on five Tuesdays and Thursdays during the spring semester.

(*State where the research will take place, how long it will take, and at what time of day it will occur. State the time each procedure will take, and also state the total time it will take.*)

C. RISKS
There is a risk of loss of privacy, which the researcher will reduce by not using any real names or other identifiers in the written report. The researcher will also keep all data in a locked file cabinet in a secure location. Only the researcher will have access to the data. At the end of the study, data will be (see "Guidelines for Data Retention")

There may be some discomfort for your child at being asked some of the questions. Your child may answer only those questions he or she wants to, or he or she may stop the entire process at any time, without penalty.

(*State the risks involved, and how the researcher will reduce them. If the questions are very sensitive and may cause anxiety or other negative emotions, researcher should include a brief list of counseling contacts they may consult.*)

D. CONFIDENTIALITY
State how you will protect the confidentiality of the data collected. Where will you store it, will it be password-protected if stored on a computer, or in a locked office if it's paper data. How long will the data be kept, what will happen to it when the project is over? (Will it be destroyed, kept for future research-if so the research must be consistent with the original purpose.)

E. DIRECT BENEFITS
F. COSTS
G. COMPENSATION
H. QUESTIONS
Questions about your child's rights as a study participant, or comments or complaints about the study also may be addressed to the Office for the Protection of Human Subjects at your University.

J. CONSENT
You have been given a copy of this consent form to keep. PARTICIPATION IN THIS RESEARCH STUDY IS VOLUNTARY. You are free to decline to have your child participation in this research study. You may withdraw your child's participation at any point without penalty. Your decision whether or not to participate in this research study will have no influence on your or your child's present or future status at your university.

Child's Name____________________________
Signature____________________________ Date ___________
Parent
Signature____________________________ Date ___________
Researcher

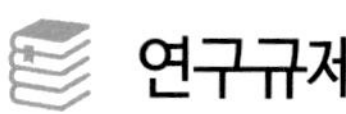

연구규제

연구자에게 가장 직접적으로 영향을 미치는 규제(regulation)는 「1974년 국가연구법(National Research Act of 1974)」이다. 그것은 연방기금을 받는 모든 연구기관이 연구 프로젝트를 검토하고 승인하기 위해

기관검토위원회(institutional review boards: IRBs)라고 알려진 것을 설립하도록 요구한다. 연구가 단일연구자가 되든, 연구자집단이 되든 그러한 검토가 이루어져야 한다. 연방후원 조사의 경우, 이를 준수하지 않으면 전체 기관(예: 대학교)이 연방지원(예: 보조금 지원, 장학금)을 모두 잃게 된다. 두말할 필요도 없이, 이는 무거운 처벌이다. 인간 연구대상과 관련된 연구지침을 수립할 주요 책임이 있는 연방기관은 보건복지부(Department of Health and Human Services: HHS)이다.

연방기금을 받는 기관에서 인간 실험대상을 이용하려는 모든 산하 연구자[공동연구자, 연구기술자(research technicians) 및 학생연구보조원 포함]은 현재 미국국립보건원(National Institutes of Health: NIH) 또는 협력기관훈련 이니셔티브(Collaborative Institutional Training Initiative: CITI)에 의해 관리되는 온라인 연구 훈련 과정을 통과해야 한다. 일단 그 과정을 성공적으로 마치면 3년간 유효한 과정수료증명서가 발급된다(NIH 과정은 http://phrp.nihtraining.com/users/login.php에서, CITI 과정은 www.citiprogram.org/에서 확인할 수 있다). 두 강좌를 모두 완료하는 데 약 2~3시간이 소요되며, 한 번에 수강할 필요가 없도록 북마크를 달 수 있다. CITI 과정은 이수시간이 조금 더 걸리지만 특정 분야에 맞춘 선택과목 때문에 사회·행동·교육연구자에게 추천된다. 연구자와 학생은 연구 연수 과정에 관한 구체적인 정책과 절차를 소속기관과 함께 확인해야 한다. 보통, 수료증명서는 승인을 위해 연구 프로토콜 자료와 함께 IRB에 제출되어야 한다.

IRB는 최소 5명의 구성원으로 구성되어야 하며, 남자와 여자 모두로 구성되어야 하고, 적어도 한 명의 과학자가 아닌 사람을 포함해야 한다. 해당 기관에 소속되지 않은 1인이 포함되어야 한다. 특히 관련 분야의 유능한 개인은 심사를 돕기 위해 초청될 수 있지만 투표는 할 수 없다. 더 나아가, 이해상충이 있는 개인은 정보를 제공할 수 있지만 배제되어야 한다. IRB가 정기적으로 취약한 범주(예: 발달장애인을 포함하는 연구)의 연구를 검토한다면, 위원회는 이러한 대상의 복지에 주로 관심을 갖는 한 명 이상의 개인을 포함해야 한다.

연구심화

미국 보건복지부(HHS)의 인간 연구대상 연구규정

다음의 HHS 지침은 현재 특정 프로젝트에 대한 IRB 검토 면제를 허용하고 있다. 그러나 HHS의 면제 연구 가이드라인은 반드시 IRB에 확인하기 바란다.

1. ① 정규 및 특수교육 전략에 대한 연구, ② 교수기법, 교육과정 또는 교실관리방법의 효과성 또는 비교에 대한 연구와 같이, 확립되거나 일반적으로 수용된 교육환경에서 수행되는 연구
2. ① 입수된 정보는 인간 연구대상을 직접 또는 연구대상에 연결된 확인자를 통해 확인할 수 있는 방식으로 기록되거나, ② 연구대상의 반응을 연구 밖에서 공개할 경우 연구대상이 형사 또는 민사상 책임의 위험에 처하거나 연구대상의 재정 상태, 고용 가능성 또는 평판에 손상을 줄 수 있지 않는 한, 교육적 검사(인지, 진단, 적성, 성취도), 조사절차, 인터뷰절차 또는 공공행동의 관찰의 사용과 관련된 연구
3. ① 인간 연구대상이 선출되거나 임명된 공무원 또는 공직후보자거나, ② 연방법령이 개인확인가능정보의 비밀유지가 연구기간 내내 그리고 이후에 유지되도록 요구하는 경우, 교육적 검사(인지, 진단, 적성, 성취도), 조사절차, 인터뷰절차 또는 본조 (b)(2)에 따라 면제되지 않는 공공행동의 관찰을 수반하는 연구

4. 이러한 출처를 공개적으로 이용할 수 있거나 대상자를 직접 또는 대상자와 연결된 확인자를 통해 확인할 수 없는 방식으로 조사자가 정보를 기록하는 경우, 기존 자료, 문서, 기록, 병리학적 시료 또는 진단시료의 수집 또는 연구를 수반하는 연구
5. 다음 각 호의 사항을 연구, 평가 또는 검사하기 위해 부서장 또는 기관장의 승인을 받아야 하는 연구와 시범 프로젝트: ① 공공급여 또는 서비스 프로그램, ② 해당 프로그램에 따른 급여 또는 서비스를 얻기 위한 절차, ③ 해당 프로그램이나 절차에 대한 가능한 변경 또는 대안, ④ 해당 프로그램에 따른 급여 또는 서비스에 대한 지급방법 또는 수준의 변경 가능
6. ① 첨가물이 없는 건강한 식품을 소비하는 경우, ② 식품의약국(Food and Drug Administration) 또는 환경보호국(Environ-mental Protection Agency) 또는 미국농림부(U.S. Department of Agriculture)의 식품안전검사국(Food Safety and Inspection Service)의 승인을 받은 수준의 식품성분 또는 안전하다고 판명된 수준의 농약 또는 환경오염물질을 함유한 식품을 소비하는 경우, 맛 및 식품 품질 평가 및 소비자 수용 연구

미국보건복지부(U.S. Department of Health and Human Services), 45CFR 46.Lol(b)(1)-(6)

IRB 검토에서 **면제**되는 인간 연구대상과 관련된 연구 활동은 45CFR 46.Lol(b)(1)-(6)에서 확인된다(기관 및 IRB는 45 CFR Part 46에 따라 면제 연구의 새로운 범주를 생성할 수 없다). 기관은 누가 .46.lol(b)에 따라 면제되는 연구를 결정하는지에 대한 명확한 정책을 마련해야 한다.

www.hhs.gov/ohrp/policy/hsdc95-02.html

IRB는 특정 기본기준과 관련하여 제안된 모든 연구를 검토한다. 예를 들어, IRB가 연구의 '면제(exempt)' 여부를 결정하기 위해 사용하는 기준이 HHS에 의해 지정된 기준과 다를 수 있다(HHS 개정 규정에 관한 [연구심화] 참고). 종종 기관 IRB가 제시한 기준은 소송책임과 자금회수 관련 위험관리 때문에 연방정부가 규정한 기준보다 더 엄격하다.

연구자와 학생은 소속기관의 IRB 정책 및 절차에 대해 상담하는 것이 좋다. IRB위원회는 연구가 승인되기 전에 기준에 맞게 연구를 수정할 것을 요청할 수 있다. 제안된 연구가 이러한 기준 중 어느 하나라도 충족하지 못하면 해당 연구는 승인되지 않는다(〈표 4-1〉 참고).

IRB위원회는 연구제안서를 다음과 같은 세 가지 범주로 분류한다.

범주 I(면제 검토) 제안된 연구는 성인 연구참여자에게 가능한 위험을 제시하지 않는다(예: 무해한 주제에 대한 익명의 우편설문조사 또는 공공행동에 대한 익명의 관찰). 이러한 유형의 연구는 사전동의의 요건에서 면제된다.

범주 II(신속 검토) 제안된 연구는 연구참여자에게 최소한의 위험만을 제시한다. 대표적인 예로는 심리적 중재나 기만이 없는 성인의 개인이나 집단행동에 대한 연구가 있다. 이 연구 범주는 구두동의가 필요하지만 사전동의에 대한 서면문서가 필요하지 않다. 대부분의 교실 연구 프로젝트가 이 범주에 속한다.

범주 III(전체 검토) 제안된 연구는 특수한 모집단, 취약한 개인, 특이한 장비 또는 절차, 기만, 개입 또는 일부 형태의 외과적 측정(invasive measurement)을 포함하는 연구와 같은 의심스러운 요소를 포함한다. IRB 전체 구성원 회의가 필요하며, 연구자가 직접 출석하여 연구에 대한 질문을 논의하고 답해야 한다.

〈표 4-1〉 IRB 승인기준

• 연구참여자에 대한 위험 최소화(예: 연구대상을 불필요하게 위험에 노출시키지 않는 절차 사용) • 발생할 수 있는 위험은 예상되는 이익과 관련하여 합리적이다. • 공평한 선정(즉, 제안된 연구는 모집단의 개인을 차별하지 않는다.) • 취약한 개인(예: 아동, 임산부, 수감자, 정신장애인 또는 경제적 약자)에 대한 보호 • 사전동의: 연구자는 잠재적 연구참여자에게 관심사 또는 관심사들이 될 수 있는 제안된 연구의 모든 측면에 대한 완전한 정보를 제공해야 하며, 이는 연구참여자가 쉽게 이해할 수 있는 형태로 제시되어야 한다. • 연구참여자는 벌칙 없이 언제든지 연구를 철회할 권리가 있다. • 사전동의는 적절하게 문서화되어야 한다. • 연구참여자의 안전을 보장하기 위해 수집되는 자료의 모니터링 • 개인정보보호 및 비밀유지는 연구 중에 얻은 모든 정보가 외부 개인에게 공개되지 않도록 보장하며, 이는 난처하거나 해로운 결과를 초래할 수 있다.

연구참여자의 위험성에 관한 질문은 IRB의 특별한 관심사이다. 위원회는 연구대상에게 심각한 피해가 발생할 가능성이 있다고 판단되면 연구를 종료할 수 있다. 연구대상에 대한 모든 잠재적 위험을 최소화해야 한다. 이것은 어떤 위험도 일상생활이나 일상적인 신체적 또는 심리적인 검사나 시험을 수행하는 동안 일반적으로 직면하는 위험보다 더 커서는 안 된다는 것을 의미한다.

일부 연구자는 1974년 HHS가 발표한 규제에 대해 최소한의 위험성을 내포하는 프로젝트를 불필요하게 방해한다고 느껴 불만을 나타냈다. 이들의 반대는 1981년 지침 개정으로 이어졌으며, 108쪽의 [연구심화]에서 볼 수 있듯이 2005년에 개정되었다. 이 지침은 HHS가 후원하는 모든 연구에 적용된다. 언급한 바와 같이, IRB는 지침에서 면제될 수 있는 연구를 결정하므로 제안된 연구 프로젝트에 검토가 필요하지 않다고 가정하기 전에 IRB에 확인하라.

연구에 영향을 미치는 또 다른 법은 버클리수정안(Buckley Amendment)으로 알려진 「1974년 가족개인정보보호법(Family Privacy Act of 1974)」이다. 그것은 학생들의 교육기록에 대해 프라이버시를 보호하기 위한 것이다. 그 조항 중 하나는 일부 예외를 제외하고는 학생, 법적 연령에 미달하는 경우 학부모 또는 법적 보호자의 허가 없이 학생의 신원을 확인할 수 없다는 것이다. 사전동의서에는 어떤 자료가 어떤 목적으로 누구에게 공개될지를 명시해야 한다.

현행 가이드라인과 질적 연구의 관계는 양적 연구만큼 명확하지 않다. 따라서 최근 몇 년 동안 질적 연구를 위한 특정 윤리강령에 대한 여러 건의 제안이 있었다.[9] 양적 연구에서 연구대상은 연구에 수반될 수 있는 내용과 위험성을 알 수 있다. 그러나 질적 연구에서 연구와 연구참여자 간의 관계는 시간이 지남에 따라 발전한다. Bogdan과 Bilken이 제안했듯이, 제보자와 질적 연구를 하는 것은 "계약보다는 우정을 나누는 것과 더 비슷할 수 있다. 연구대상자는 관계를 규제할 수 있는 발언권이 있고, 지속적으로 참여에 대한 결정을 내린다."[10] 결과적으로, Bogdan과 Biklen은 질적 연구자에게 IRB가 사용하는 기준이 적용되지 않을 경우 고려할 수 있는 다음과 같은 제안을 한다.[11]

---

9) 예를 들어, Cassell, J., & Wax, M. (Eds.). (1980). Ethical problems in fieldwork. *Social Problems, 27*(3); Curry, B. K., & Davis, J.E. (1995, Sept.–Oct.). Representing: The obligations of faculty as researchers. *Academe*, 40–43; Lincoln, Y. (1995). Emerging criteria for quality in qualitative and interpretive research. *Qualitative Inquiry, 1*(3), 275–289를 참고하라.

10) Bogdan, R. C., & Bilken, S. K. (2007). *Qualitative research for education: An introduction to theory and methods* (5th ed.). Allyn & Bacon.

11) Ibid., pp. 49–50.

1. 제보자가 연구에 참여하도록 강요받을 수 있는 연구사이트는 피한다.
2. 제보자의 프라이버시를 존중하라. 제보자를 모집하여 연구에 참여하도록 선택할 수 있는 방법을 찾아라.
3. 인터뷰를 하는 연구참여자에게 인터뷰시간이 얼마나 걸릴지 알려 주라.
4. 별도 동의가 없는 한, 수집된 정보가 제보자를 당황하게 하거나 다른 방법으로 해를 끼치지 않도록 제보자의 신상을 보호해야 한다. 익명성은 서면보고서뿐만 아니라 정보의 구두보고까지 확장되어야 한다.
5. 제보자를 존중하고 연구에 대한 협조를 구하라. 제보자는 연구자의 관심사를 듣고 연구자가 계속 진행할 수 있도록 허락해야 한다. 항상 서면동의를 받아야 한다.
6. 모든 연구참여자와 협의한 계약조건을 명확히 한다.
7. 조사결과가 작성되고 보고되면 진실을 말하라. 질문지를 작성했음을 나타내는 별도의 카드로 메일을 보내라.

법률적인 문제가 하나 더 언급되어야 한다. 변호사, 의사, 성직자는 특권적 의사소통에 관한 법률에 의해 보호를 받는다(다시 말해서, 그들은 비밀리에 그들에게 주어진 정보를 공개해야 하는 것으로부터 법에 의해 보호된다). 연구자들은 이러한 보호를 받지 못한다. 그러므로 질문지에서 범죄를 저질렀다고 인정하는 사람은 누구든지 체포되고 기소될 수 있다. 볼 수 있는 바와 같이, 연구참여자가 연구자에게 범죄에 가담했다고 인정하는 것은 위험하다. 연구목적을 달성하기 위해 이러한 정보가 필요한 경우, 연구자는 질문지에서 모든 형태의 확인을 생략함으로써 문제를 피할 수 있다. 우편으로 발송된 질문지를 사용할 때, 연구자는 각 연구참여자가 질문지를 작성했음을 나타내는 별도의 카드에 메일을 보내 응답자를 추적할 수 있다.

학술적 부정행위와 표절

학술적 부정행위(academic dishonesty)에 대한 약간의 언급이 없다면 윤리와 연구에 관한 장(章)은 완성되지 않을 것이다. 많은 교육자는 인터넷이 전자논문과 자료에 대한 손쉬운 접근을 통해 학생의 부정행위와 표절을 촉진시켰다고 믿는다. 인터넷 이전에 표절(plagiarism), 즉 다른 사람의 작품을 자신의 것으로 잘못 표현하는 행위는 범하기가 더 어려웠고 벗어나기도 더 어려웠다. 오늘날 Turnitin과 같은 온라인 표절검사 도구는 교직원과 학생이 표절의 가능한 사례를 확인할 수 있도록 이용할 수 있다. 이 도구는 텍스트기반 출처에 대한 부적절한 인용뿐만 아니라 표절 가능성이 있는 전자출판물 데이터베이스와 학생의 과제를 비교한다. 제3장에서 논의한 바와 같이, 대부분의 대학은 학술적 부정행위 정책을 실행하고 있고, 과락이나 심지어 퇴학 등 적발된 학생에게 심각한 결과를 부여하고 있다. 이 책의 저자들이 학부생과 대학원생을 가르친 경험에 기초해 볼 때, 상당수의 학생이 의도치 않게 표절에 관여하고 있다고 생각한다. 이 책의 저자들은 많은 학생이 출판되거나 출판되지 않은 출처의 적절한 사용과 인용과 관련된 귀속규칙을 알지 못한다고 생각한다. 이와 같은 의도하지 않은 표절을 피할 수 있는 방법은 86쪽을 참고하라.

이 장의 시작 부분에 있는 **상호작용 · 응용 프로그램 학습** 기능으로 돌아가 상호작용 · 응용 프로그램 활동목록을 확인하라. www.mhhe.com/fraenkel10e의 **온라인학습센터**로 이동하여 퀴즈를 풀고 핵심 용어를 연습하며 장(章)의 내용을 검토하라.

핵심 요점

기본 윤리원칙

- **윤리**(ethics)는 옳고 그름에 대한 질문을 말한다.
- 모든 연구자가 알아야 할 여러 가지 윤리원칙이 있다.
- 모든 연구자가 고려해야 할 기본적인 윤리적 질문은 연구의 결과로 누군가에게 신체적 또는 심리적 피해가 발생할 수 있는지 여부이다.
- 모든 연구대상은 그들로부터 또는 그들에 대해 수집된 어떤 자료도 비밀로 유지된다는 것을 보장받아야 한다.
- **기만**(deception)이라는 용어는 연구에서 사용되는 것으로, 연구주제의 일부 또는 모든 측면에 대해 의도적으로 잘못된 정보를 제공하는 것을 말한다.
- 표절은 다른 사람의 연구결과물을 자신의 것으로 잘못 표현하는 행위이다.
- 출판되거나 열거되지 않은 출처를 적절히 사용하고 인용함으로써 의도하지 않은 표절을 피할 수 있다.

아동대상 연구

- 연구대상으로서 아동은 성인 연구대상과 다른 문제를 야기한다. 아동은 더 취약하고, 법적 권리가 더 적으며, **사전동의**(informed consent)의 의미를 이해하지 못하는 경우가 많다.

연구규칙

- 연방기금을 받는 기관에서 인간이 관련된 어떤 연구도 수행되기 위해서는 먼저 해당 기관의 기관심사위원회(IRB)의 심사를 거쳐야 한다.
- 인간 연구대상을 포함하는 연구지침을 수립할 주요 책임을 맡은 연방기관은 보건복지부(Department of Health and Human Services)이다.

핵심 용어

기관심사위원회(institutional review board: IRB)
사전동의(informed consent)
윤리적 연구(ethical research)
표절(plagiarism)

토론거리

1. 다음은 연구를 위한 아이디어에 대한 세 가지 기술이다. 어떤 것이 윤리적인 문제를 가지고 있는가? 왜 그러한가?
   1) 한 연구자가 식단이 신체발달에 미치는 영향을 조사하는 데 관심이 있다. 해당 연구자는 두 집단을 비교하는 연구를 설계한다. 두 집단 모두 11세 아동으로 구성되어 있다. 한 집단은 비타민이 많이 함유된 풍부한 식단을 섭취해야 하는데, 이는 선행연구에서 강화효과가 있는 것으로 나타났다. 두 번째 집단은 이 식단을 제공받지 않는다. 그 집단은 연구자가 가르치고 있는 대학 근처의 초등학교에 있는 모든 11세 아동 중에서 선정될 것이다.
   2) 한 연구자가 음악이 주의력에 미치는 영향에 관심이 있다. 해당 연구자는 두 개의 비슷한 고등학교 정부수업(government classes)을 비교하는 실험연구를 설계한다. 5주간 동안, 한 반은 교사가 강의하고 현재의 학습단원에 대한 수업토론을 하면서 클래식 음악을 배경으로 부드럽게 연주했다(실험집단). 다른 반

(통제집단)은 실험집단과 동일한 내용을 공부하고 같은 활동에 참여하지만 5주 동안 연주되는 음악은 없다.

3) 한 연구자가 약물이 인간에게 미치는 영향에 관심이 있다. 해당 연구자는 지역교도소장에게 실험에 참여할 수 있는 연구대상을 요청한다. 교도소장은 실험에 참여할 죄수 몇 명을 지정했지만, 그들에게 무슨 일인지는 말하지 않았다. 죄수들은 효과가 알려지지 않은 많은 약물을 주입받는다. 그후, 해당 약물에 대한 그들의 반응이 연구자에 의해 자세히 기술된다.

2. 108쪽의 [연구심화]에 나와 있는 개정된 지침하에서 선행연구 중 어떤 것이 면제되는가?
3. 아동에게는 윤리적인 문제를 제기할 수 있지만 성인에게는 그렇지 않은 연구를 제안할 수 있는가?
4. 학교에서 조사해서는 안 되는 연구질문이 있는가? 만약 그렇다면 왜 안되는가?
5. "때로는 연구설계로 인해 은폐나 기만을 사용할 필요가 있다." 이에 대해 논의하라. 기만이 정당화될 수 있는 연구를 묘사할 수 있는가?
6. "연구참여자에게 지속적 또는 심각한 해악이나 불편을 줄 수 있는 종류의 연구는 인간에게 극단적인 이익을 제공할 가능성이 없는 한 수행해서는 안 된다." 이에 동의하는가? 만약 그렇다면 왜 그러한가? 그러한 정보의 예는 무엇인가?

연구실습 4. 윤리와 연구

문제지 4를 사용하여, 문제지 3에서 개발한 연구질문을 재진술하라. 그러한 연구를 수행하는 데 있어 가능한 윤리적 문제를 확인하라. 이러한 문제를 어떻게 해결할 수 있는가?

문제지 4 윤리와 연구

1. 연구질문은: ______

2. (만약 있다면) 연구참여자에게 해를 끼칠 가능성은: ______

   그 문제를 다음과 같이 처리하고자 함: ______

3. (만약 있다면) 비밀유지의 문제의 가능성은: ______

   그 문제를 다음과 같이 처리하고자 함: ______

4. (만약 있다면) 기만의 문제의 가능성은: ______

   그 문제를 다음과 같이 처리하고자 함: ______

5. 제안된 연구는 어느 IRB 범주(II 또는 III)가 적용되어야 한다고 생각하는가? 그 이유를 진술하라.

이 문제지의 전자 버전은 학지사 공식 홈페이지(www.hakjisa.co.kr) 『연구방법론: 교육연구설계 및 평가』의 도서 상세정보에서 내려받을 수 있다.

제5장

변수와 가설

얼마나 많은 변수를 확인할 수 있는가?

학습목표

이 장을 학습하면 다음을 수행할 수 있어야 한다.

- '변수'라는 용어가 의미하는 바를 설명하고, 교육연구자가 조사할 수 있는 다섯 가지 변수를 열거할 수 있다.
- 변수가 어떻게 상수와 다른지를 설명할 수 있다.
- 양적 변수와 범주형 변수를 구별할 수 있다.
- 독립변수와 종속변수가 어떻게 관련되어 있는지 설명할 수 있다.
- 조절변수의 예를 제공할 수 있다.
- 가설이 무엇인지 설명하고, 자신의 연구 분야에서 조사할 수 있는 두 가지의 가설을 설정할 수 있다.
- 연구질문을 가설로 진술하는 것의 장단점을 각각 두 가지씩 열거할 수 있다.
- 방향적 가설과 비방향적 가설을 구별하고, 각각의 예를 제시할 수 있다.

상호작용 · 응용 학습	이 장을 읽는 동안 또는 읽은 후:
 다음을 하려면, 온라인학습센터 (www.mhhe.com/fraenkel10e)로 접속하라.	 다음 활동을 수행하기 위해 온라인 학습자 완전학습 활동(Student Mastery Activities) 책을 읽으라.
• 가설에 대한 심화학습: 진술할 것인가? 진술하지 않을 것인가?	• 활동 5.1: 방향적 가설 대 비방향적 가설 • 활동 5.2: 가설검정 • 활동 5.3: 범주형 변수 대 양적 변수 • 활동 5.4: 독립변수 대 종속변수 • 활동 5.5: 가설 설정 • 활동 5.6: 조절변수

윤주와 세영은 연구방법 대학원세미나에 이어 커피를 마시고 있다. 두 사람 모두 오늘 수업 미팅에서 나온 몇 가지 아이디어에 어리둥절해하고 있다.

"나는 최 강사님(그들의 강사)의 말에 동의할 수 있을지 잘 모르겠다."라고 세영이 말한다. "그녀는 연구가 어떻게 나올지 예측하는 것에는 많은 장점이 있다고 말했다."

"응, 그래." 윤주가 대답한다. "그러나 가설을 세우는 것은 좋은 생각인 것 같아."

"글쎄, 아마도, 하지만 몇 가지 단점도 있어."

"정말? 아무것도 생각이 안나."

"어떤 거?"

사실, 세영과 윤주 둘 다 옳다. 한 사람의 연구질문에 더하여 가설을 진술하는 것에는 장단점이 모두 있다. 이 장에서 두 가지 모두의 예를 논의한다.

관계 학습의 중요성

이 책의 저자들은 제2장에서 많은 연구질문의 중요한 특징은 조사할 어떤 종류의 관계(relationship)를 시사하는 것이라고 언급했다. 그러나 모든 연구질문이 관계를 시사하는 것은 아니다. 때때로 연구자는 사람들이 어떻게 생각하거나 느끼는지 또는 특정한 상황에서 어떻게 행동하는지를 기술하기 위해 기술적 정보(descriptive information)를 얻는 데에만 관심이 있다. 또는 특정 프로그램이나 활동을 설명하는 것이 목적이다. 그러한 질문 또한 조사할 가치가 있다. 결과적으로, 연구자들은 다음과 같은 질문을 할 수 있다.

- 2학년 반의 학부모님들은 새로운 사회정서학습 프로그램에 대해 어떻게 생각하는가?
- 교직원들은 교육과정에 어떤 변화를 주기를 바라는가?
- 고교 심화학습과정(Advanced Placement courses)[1]에 등록하는 유색인종 고등학생의 수가 지난 4년 동안 변하였는가?
- 새로운 독서 프로그램은 과거에 이 지역에서 사용되던 것과 어떻게 다른가?
- 중학교 교실에서 비판적인 교육학은 어떤 모습인가?

이러한 질문에서는 어떠한 관계도 제시되지 않는다. 연구자는 단지 특징, 행동, 느낌, 또는 생각 등을

1) [역자 주] 미국의 The College Board에서 운영하는 과정으로, 미국 소재 고등학생들에게 대학 수준의 교육을 미리 경험해 보도록 하는 프로그램을 말한다. 통상 'AP 프로그램'이라고 불린다.

확인하기를 원한다. 종종 다른 연구를 설계하거나 어떤 종류의 교육적 결정을 내릴 때 첫 번째 단계와 같은 정보를 얻는 것이 필요하다.

순전히 기술적인(descriptive) 연구질문을 가지고 있는 문제는 왜 사람들이 특정한 방식으로 느끼거나 생각하거나 행동하는지, 왜 프로그램이 특정한 특성을 가지고 있는지, 왜 특정한 시간에 특정한 전략을 사용해야 하는지 등을 이해하는 데 도움이 되지 않는다는 것이다. 우리는 무슨 일이 일어났는지, 또는 언제 (그리고 심지어 어떻게) 어떤 일이 일어났는지는 알 수 있지만, 왜 그러한 일이 일어났는지는 알 수 없다. 결과적으로, 상황, 집단 또는 현상에 대한 우리의 이해는 제한적이다. 이러한 이유로, 과학자들은 조사되어야 할 관계를 제시하는 연구질문을 높이 평가하는데, 그 질문에 대한 답은 우리가 살고 있는 세계의 본질을 설명하는 데 도움이 되기 때문이다. 우리는 세상의 일부가 어떻게 연관되어 있는지 설명하는 법을 배움으로써 세상을 이해하는 법을 배운다. 우리는 부분 간의 **패턴**(patterns)이나 연관을 인지하기 시작한다.

우리는 이해력이 관계나 연관의 증명에 의해 일반적으로 향상된다고 믿는다. 관계의 존재를 예측하는 가설의 형성에 찬성하는 것도 이러한 이유에서이다. 그러나 연구자가 관계가 존재하지 않는다고 가정할 때가 있을 수 있다. 왜 그러한가? 우리가 아는 유일한 설득력 있는 주장은 현존하는 널리 퍼져 있는 (그러나 아마도 잘못되었을 수도 있는) 믿음과 모순되는 것이다. 예를 들어, 많은 사람이 충분한 증거가 없을 때 어린 소년이 어린 소녀보다 덜 동정적이라고 믿는다는 것을 보여 줄 수 있다면, 한 연구자가 소년과 소녀 간에 어떠한 차이도 발견하지 못한 연구(즉, 성별과 동정 간에 어떠한 관계도 없음)가 가치 있을 수도 있다(비록 그러한 연구를 인식하지 못할지라도, 그러한 연구가 수행되었을 수 있다). 불행히도, 부적절한 도구를 사용하거나 너무 작은 연구참여자 표본을 사용한 것과 같은 연구에서의 대부분의 (그러나 결코 전부는 아니지만) 연구방법론적 실수는 변수 간의 관계를 찾을 가능성을 증가시킨다(이러한 몇 가지 실수에 대해서는 후속 장에서 논의할 것이다).

변수

변수란 무엇인가

관계는 변수에 대한 진술이기 때문에, 이 시점에서 변수에 대한 개념을 소개하는 것이 중요하다. 변수란 무엇인가? 변수(variable)는 개념, 즉 **의자**(chair), **성별**(gender), **성취도**(achievement), **눈동자 색깔**(eye color), **동기**(motivation) 또는 **달리기 속도**(running speed)와 같은 일련의 연구대상(object) 내에서의 변이(variation)를 나타내는 명사(noun)이다. 심지어 **스컹크**(spunk), **스타일**(style) 그리고 **삶에 대한 욕망**(lust for life)도 변수이다. 그러나 계열(class)을 변수(variable)로 지정하기 위해서는 연구대상의 계열 속에 있는 개별 구성요소가 다르거나 다양해야 한다는 것에 주목하라. 계열의 모든 구성요소가 동일하면 변수는 없다. 이러한 특성을 상수(constants)라고 하는데, 계열의 개별 구성요소가 다양할 수 없고 오히려 일정하게 유지되기 때문이다. 어떤 연구에서든 일부 특성은 변수인 반면, 다른 특성은 상수일 것이다.

사례는 이러한 차이를 더 명확하게 보여 줄 수 있다. 한 연구자가 강화가 학생의 성취도에 미치는 영향을 연구하는 데 관심이 있다고 가정해 보자. 해당 연구자는 큰 집단의 학생들을 세 개의 작은 하위집단으로 체계적으로 나눈다. 그런 다음, 연구자는 학생들이 수행하는 다양한 과제에 대해 학생들을 다른 방식으로 강화하기 위해 이러한 하위집단의 교사들을 훈련시킨다. 이 연구에서 **강화**(reinforcement)는 변수가 되고(세 가지 변이가 포함됨), 학생들의 성취도 수준은 상수일 것이다. 이러한 개념 중 일부는 다른 개념보다 무엇을 나타내는지를 더 쉽게 알 수 있다. 예를 들어, **의자**(chair)의 개념은 다리, 의자, 그리고 등을 가지고 있는 우리가 앉아 있는 많은 다른 물체를 나타낸다. 더 나아가, 다른 관찰자들은 아마도 특정한 의자가 어떻게 다른지에 대해 동의할 것이다. 그러나 **동기**(motivation)와 같은 개념이 무엇인지를 보거나 무엇을 의미하는지 동의하는 것은 그리 쉽지 않다. 연구자들은 여기서에서 구체적이어야 한다. 즉, **동기**(motivation)를 가능한 한 명확하게 정의해야 한다. 이것을 측정하거나 조작할 수 있도록 해야 한다. 변수를 정의할 수 없다면, 의미 있게 측정하거나 조작할 수 없다. 언급한 바와 같이, 많은 교육적 연구는 변수 간의 관계를 찾는 것과 관련이 있다. 그러나 어떤 변수인가?

세상에는 조사할 수 있는 수많은 변수가 있다. 당연히 모두 조사할 수는 없기 때문에 선택을 해야 한다. 연구자는 변수가 어떻게든 관계가 있다고 의심하고, 가능하다면 그 관계의 본질을 발견하는 것이 우리가 살고 있는 세상을 더 잘 이해하는 데 도움이 될 수 있다고 믿기 때문에, 조사할 특정 변수를 선택한다.

양적 변수 대 범주형 변수

변수는 여러 가지 방법으로 분류할 수 있다. 한 가지 방법은 양적 변수와 범주형 변수로 구별하는 것이다. 양적 변수(quantitative variables)는 더 작은 (또는 적은) 것부터 더 큰 (또는 많은) 것까지의 연속선의 어딘가에 존재하며, 얼마나 많은 변수를 가지고 있는지를 나타내기 위해 다른 개인이나 물체에 숫자를 할당할 수 있다. 두 가지 분명한 예는 키(John은 키가 6피트, Sally는 5피트 4인치)와 몸무게(Adams 씨는 겨우 150파운드, 그의 아내는 140파운드지만, 아들은 200파운드이다.)이다. 우리는 또한 다양한 개인에게 어떤 주제에 대해 얼마나 '관심'을 가지고 있는지를 나타내기 위해 숫자를 부여할 수 있는데, 5는 매우 많은 관심을, 4는 많은 관심을, 3은 약간 관심을, 2는 조금 관심을, 1은 아주 적은 관심을, 0은 관심이 없음을 나타낸다. 만약 이러한 방식으로 숫자를 지정할 수 있다면, 변수 **관심사**(interest)를 가지고 있다.

양적 변수는 종종 (항상은 아니지만) 점점 더 작은 단위로 세분할 수 있다. 예를 들어, 길이는 마일(mile), 야드(yard), 피트(feet), 인치(inch) 단위로 측정할 수 있다. 반대로, 범주형 변수(categorical variables)는 정도(degree), 양(amount), 양(quantity)에서는 다르지 않지만, 질적으로는 다르다. 예로는 눈동자 색깔, 성별, 종교적 선호도, 직업, 야구팀에서의 포지션, 그리고 대부분의 연구 '처치(treatments)' 또는 '방법(methods)'이 포함된다. 예를 들어, 한 연구자가 두 개의 다른 유권자집단에서 특정 태도를 비교하려고 한다고 가정해 보자. 하나는 각 개인이 한 정당의 당원으로 등록되어 있는 것이고, 다른 하나는 개인이 다른 정당의 당원인 것이다. 관련된 변수는 **정당**(political party)일 것이다. 이는 범주형 변수이며, 한 당사자의 등록회원과 다른 정당의 등록회원 사이에 있는 것이 아니다. 이 변수의 각 범주 내 모든 당원은 당원자격에 관한 한 동일한 것으로 간주된다([그림 5-1] 참고).

수업방법(teaching method)이 변수로 고려될 수 있는가? 그럴 수 있다. 한 연구자가 가르치는 데 다른 방법을 사용하는 교사를 연구하는 데 관심이 있다고 가정해 보자. 연구자는 강의를 전담하는 교사 1명,

[그림 5-1] 범주형 변수와 비교되는 양적 변수

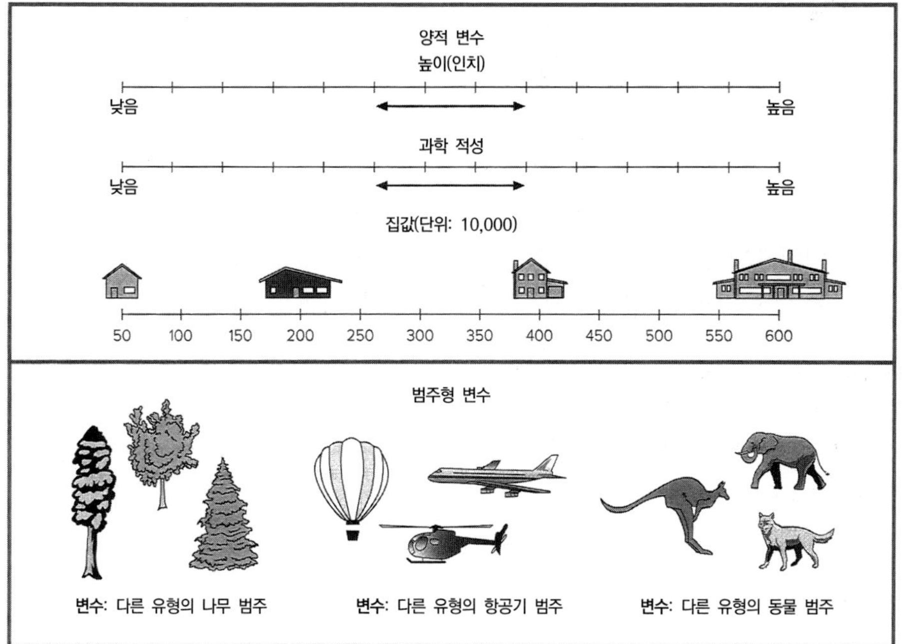

슬라이드 · 필름 · 컴퓨터 영상 등으로 강의를 뒷받침하는 교사 1명, 사례학습 방식으로 강의를 전혀 하지 않는 교사 3명을 배치한다. 수업방법이 '다양한가?' 그렇다. 방법이나 집단(예: 행정가와 비교한 교사)의 차이를 변수로 생각하는 연습을 해야 할 수도 있지만, 이 아이디어에 대한 숙련도를 쌓는 것은 연구에 대해 배우는 데 매우 유용하다.

여기에 몇 가지 변수가 있다. 어떤 것이 양적 변수이고 어떤 것이 범주형 변수인가?

1. 자동차 제조사
2. 학습능력
3. 민족성
4. 응집력
5. 심장 박동수
6. 성별[2)]

2) 1, 3, 6은 범주형 변수를 나타내고, 2, 4, 5는 양적 변수를 나타낸다.

연구심화

교육연구에 의해 밝혀진 몇 가지 중요한 관계

1. "독자가 포닉스(phonics)에 더 많은 시간을 할애할수록 더 좋은 독자가 된다."(그 주제에 대한 많은 연구에도 불구하고, 이 진술은 명확하게 지지되거나 반박될 수 없다. 포닉스교육이 중요한 요소임은 분명하지만, 얼마나 많은 시간을 그것에 쏟아야 하는지는 명확하지 않다.)[3)]
2. "초등학교에서 조작물(manipulatives)을 쓰면 수학 성적이 좋아진다."(이러한 수학교수법에 대한 증거가 상당히 뒷받침된다.)[4)]
3. "행동수정은 심각한 학습장애가 있는 학생에게 간단한 기술을 가르치는 효과적인 방법이다." (이 진술을 뒷받침할 증거가 많다.)[5)]
4. "교사가 특정 교과목을 더 많이 알면 알수록 더 잘 가르친다."(교사가 학생보다 더 많이 알아야 한다는 명백한 사실에도 불구하고, 그 증거는 확실하지 않다.)[6)]
5. "언어가 발달하기도 전에 청각장애가 된 아동 중 들을 수 있는 학부모를 둔 아동이 청각장애 학부모를 둔 아동보다 더 잘 읽게 된다."(많은 연구결과가 이 진술을 반박하고 있다.)[7)]

교육연구자들은 종종, ① 두 개 이상의 양적 변수, ② 범주형 및 양적 변수, ③ 두 개 이상의 범주형 변수 간의 관계를 연구한다. 다음은 각 유형의 몇 가지 예이다.

1. 두 개의 양적 변수

- 연령과 학교에서의 관심도
- 읽기 성취도와 수학 성취도
- 교실 인본주의와 학생 동기
- 텔레비전을 시청하는 시간과 행동의 공격성

2. 범주형 변수 하나와 양적 변수 하나

- 읽기를 가르치는 데 사용되는 방법과 읽기 성취도
- 상담접근방법과 불안수준
- 국적과 학교 선호도
- 학생의 성별과 교사가 주는 칭찬의 양

3) Calfee, R., & Drum, P. (1986). Research on teaching reading. In Wittrock, M. C. (Ed.), *Handbook of research on teaching* (3rd ed., pp. 804–849). Macmillan.

4) Suydam, M. N. (1986, February). Research report: Manipulative materials and achievement. *Arithmetic Teacher, 10*, 32.

5) Deno, S. L. (1982). Behavioral treatment methods. In H. E. Mitzel (Ed.), *Encyclopedia of educational research* (5th ed., pp. 199–202). Macmillan.

6) Shulman, L. (1986). Paradigms and research programs in the study of teaching. In M. C. Wittrock (Ed.), *Handbook of research on teaching* (3rd ed., pp. 3–36). Macmillan.

7) Kampfe, C. M., & Turecheck, A. G. (1987, March). Reading achievement of prelingually deaf students and its relationship to parental method of communication: A review of the literature. *American Annals of the Deaf, 10*, 11–15.

3. 두 범주형 변수

- 민족과 아버지의 직업
- 교사의 성별과 배운 교과목
- 행정스타일과 대학교 전공
- 종교가입회원과 정당가입회원

종종 연구자는 변수를 양적 또는 범주형 변수로 취급할 것인지 선택할 수 있다. 예를 들어, '높은 불안(high-anxiety)' 학생집단을 '낮은 불안(low-anxiety)' 학생집단에 비교해 불안과 같은 변수를 연구하는 연구를 찾는 것은 드문 일이 아니다. 이것은 불안이 범주형 변수인 것처럼 취급한다. 이렇게 하는 것이 잘못된 것은 아니지만, 이러한 상황에서 변수를 양적으로 취급하는 것이 더 좋은 이유는 세 가지이다.

- 개념적으로, 우리는 불안과 같은 변수를 둘 중 하나의 문제가 아니라 정도의 문제로 간주한다.
- 변수를 두 개의(또는 여러 개의) 범주로 축소하면 범주 내 개인 간 차이가 무시되기 때문에 변수에 대한 더 자세한 정보를 사용할 가능성이 제거된다.
- 집단 간 구분선(예: 불안감이 높은 개인, 중간인 개인, 낮은 개인 간)은 거의 항상 임의적이다(즉, 방어할 수 있는 근거가 부족하다).

독립변수 대 종속변수

변수를 **독립적으로**(independent) 또는 **종속적으로**(dependent) 분류하는 것이 변수에 대해 일반적으로 생각하는 유용한 방법이다. 독립변수(independent variables)는 연구자가 하나 이상의 다른 변수에 미치는 영향을 평가하기 위해 연구하기로 선택한 변수이다. 독립변수는 적어도 부분적으로 영향을 미치거나 적어도 하나의 다른 변수에 영향을 미칠 것으로 가정된다. 독립변수가 영향을 미치는 것으로 추정되는 변수를 종속변수(dependent variables)라고 한다. 상식적으로 말하면, 종속변수는 독립변수가 그것에 무엇을 하는지, 그것이 어떻게 영향을 미치는지에 달려 있다.

예를 들어, **어린 시절의 수학에서의 성공**(childhood success in mathematics)과 **성인 직업 선택**(adult career choice) 간의 관계를 연구하는 연구자는 전자를 독립변수, 후속 직업선택을 종속변수라고 언급할 가능성이 높다.

한 연구에서 둘 이상의 독립변수와 둘 이상의 종속변수를 조사할 수 있다. 그러나 단순화를 위해, 하나의 독립변수와 하나의 종속변수만 관련된 예를 제시한다.

독립변수와 종속변수의 관계는 다음과 같이 그래픽으로 나타낼 수 있다.

독립변수(들) (당연한 것으로 여겨지는 또는 가능한 원인)	영향을 미침 →	종속변수(들) (당연한 것으로 여겨지는 결과)

이쯤에서 이해도를 확인해 보자. 한 연구자가 다음과 같은 질문을 조사한다고 가정해 보자. "세 명의 교사로 구성된 팀에게 배우는 학생이 한 명의 교사에게 배우는 학생보다 과학을 더 많이 배울 것인가?" 이 질문에서 독립변수와 종속변수는 무엇인가?[8)]

독립변수에는 '세 명의 교사'와 '한 명의 교사'라는 두 가지 조건[때로는 **수준**(levels)이라고도 함]이 있다. 또한 종속변수는 '과학 학습'이 아니라 '과학 학습의 **양**(amount)'이라는 점에 유의하라. 왜 그러한지 알겠는가?

이쯤 되면 일이 좀 복잡해지기 시작한다. 독립변수는 **조작되거나**(manipulated) **선택될**(selected) 수 있다. 조작변수(manipulated variables)는 연구자가 **만드는**(creates) 변수이다. 이러한 변수는 일반적으로 실험연구에서 발견된다(제13장 참고). 예를 들어, 한 연구자가 서로 다른 양의 강화가 읽기 성취도에 미치는 영향을 조사하기로 결정하고 학생을 체계적으로 세 개의 다른 집단에 할당한다고 가정해 보자. 한 집단은 매일 읽기 시간 동안 계속해서 칭찬을 받는다. 두 번째 집단은 단순히 "열심히 공부해라."라고 말한다. 세 번째 집단은 전혀 아무것도 듣지 않는다. 실제로, 연구자는 이 실험에서 그 조건을 조작한다. 즉, 변수 **강화의 양**(amount of reinforcement)을 만든다. 연구자가 실험조건을 설정할 때마다 하나 이상의 변수가 만들어진다. 이러한 변수를 조작변수, 실험변수(experimental variables) 또는 처치변수(treatment variables)라고 한다.

연구자들은 이미 존재하는 독립변수를 선택하는 경우도 있다. 이 경우, 연구자는 그것을 만들기보다는 그것의 예를 찾아서 선택해야 한다. 이전의 읽기방법의 예에서, 연구자는 각 읽기방법의 예시를 그것이 일어나도록 배열하기보다는 그것을 찾아내고 선택해야 할 것이다. 선택된 독립변수는 서로 다른 처치방법을 비교하는 연구에 국한되지 않으며, 상관연구와 인과-비교연구 모두에서 발견된다(제15장과 제16장 참고). 그것은 범주형 또는 양적 변수일 수 있다. 그러나 여기에서 중요한 아이디어는 독립변수(조작되거나 선택되는 것 중 하나)가 종속변수에 영향을 미치는 것으로 생각된다는 것이다. 다음은 선택한 독립변수와 종속변수 간에 가능한 관계의 몇 가지 예이다.

독립변수	종속변수
성별(범주형)	음악적성(양적)
수학능력(양적)	직업선택(범주형)
조직원(범주형)	이후 결혼상태(범주형)
시험불안(양적)	시험수행(양적)

이러한 쌍의 독립변수 중 어떤 것도 연구자에 의해 직접 조작될 수 없다는 점에 유의하라. 또한 어떤 경우에는 연구자가 어떤 것이 다른 것의 원인이라고 생각하느냐에 따라 독립적/종속적 관계가 뒤바뀔 수 있다는 점에 유의하라. 예를 들어, 연구자는 시험수행이 시험불안을 유발한다고 생각할 수 있지만, 그 반대는 아니라고 생각할 수 있다.

일반적으로 양적 변수와 범주형 변수가 각각 하나씩 있는 교육 내 대부분의 연구는 서로 다른 방법이

8) 독립(범주형) 변수는 교사의 수이고, 종속(양적) 변수는 과학 학습의 양이다.

나 처치방법을 비교하는 연구이다. 이미 언급한 바와 같이, 그러한 연구에서 독립변수(다른 방법 또는 처치)는 범주형 변수를 나타낸다. 종종 다른 (종속적) 변수는 양적 변수이며 결과변수(outcome variable)라고 한다.[9] 그 이유는 꽤 명확하다. 결국 조사자는 방법의 차이가 하나 이상의 결과(학생의 성취도, 동기, 관심 등)에 미치는 영향에 관심이 있다.

다시 한번 이해도를 확인해 보자. 한 연구자가 "사례연구방법보다 탐구교수방법으로 가르치면 학생이 역사를 더 좋아할까?"라는 질문을 조사한다고 가정해 보자. 이 질문에서 결과변수는 무엇인가?[10]

조절변수

조절변수(moderator variable)는 독립변수의 특수한 유형이다. 이 변수는 1차 독립변수와 종속변수 간의 기본 관계에 영향을 미치거나 수정하는지 여부를 결정하기 위해 연구를 위해 선택된 2차 독립변수이다. 따라서 실험자가 변수 X와 Y 간의 관계가 세 번째 변수 Z에 의해 어떤 식으로든 변경될 수 있다고 생각한다면, Z는 조절변수로 연구에 포함될 수 있다.

예를 들어, 한 연구자가 토론지향적 접근방법의 효과를 미국 역사수업에서 한 단원을 가르치기 위한 보다 시각지향적 접근방법과 비교하는 데 관심이 있다고 가정해 보자. 더 나아가, 연구자가 토론지향적 접근방법은 해당 수업의 여학생들에게 더 효과적일 수 있다고 생각하고 (더 언어적이고 다른 사람과의 대화를 통해 더 잘 배울 수 있는 것처럼 보이는) 시각지향적 접근방법은 남학생들에게 더 효과적일 수 있다고 생각한다고 가정해 보자. 단원이 끝난 후, 학생 모두 시험을 보도록 한 경우, 두 접근방법의 전반적인 결과는 차이가 없을 수 있지만, 여학생의 결과와 남학생의 결과를 분리하였을 때, 두 접근방법은 각 하위집단별로 다른 결과를 나타낼 수 있다. 만약 그렇다면, 성별 변수는 **교수접근방법**(instructional approach)(독립변수)과 **효과성**(effectiveness)(종속변수) 간의 관계를 조절한다. 이 조절변수의 영향은 [그림 5-2]에서 확인할 수 있다.

[그림 5-2] 교수접근방법(독립변수)과 성취도(종속변수)의 관계

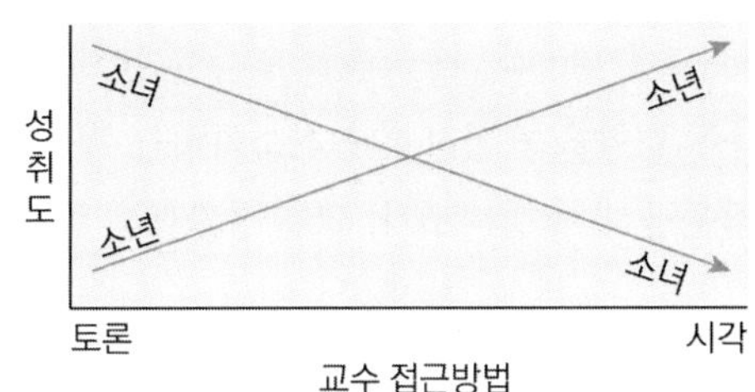

다음은 조절변수를 포함하는 연구질문의 두 가지 예이다.

연구질문 1: "불안이 시험수행에 영향을 미치며, 만약 그렇다면, 시험응시 경험에 따라 달라지는가?"

- 독립변수: **불안수준**

9) 결과변수가 범주형일 수도 있다. 예를 들어, 변수 **대학이수**(college completion)는 중퇴자와 대졸자의 범주로 나눌 수 있다.

10) **역사를 좋아하는 것**(liking for history)이 결과변수이다.

- 조절변수: **시험응시 경험**
- 종속변수: **시험수행**

연구질문 2: "주로 탐구방식으로 배운 고등학생이 주로 시연방식으로 배운 고등학생보다 비판적 사고력 시험에서 더 좋은 성적을 거두는가? 그리고 성적수준에 따라 차이가 있는가?"

- 독립변수: **교수방법**
- 조절변수: **성적수준**
- 종속변수: **비판적 사고력 시험에서의 수행**

볼 수 있는 바와 같이, 하나의 조절변수(또는 두 개 또는 세 개)를 연구에 포함시키면 단일독립변수만 연구하는 것보다 훨씬 더 많은 정보를 제공할 수 있다. 적절한 경우 언제든지 포함할 것을 권장한다.

매개변수

조절변수는 다른 두 변수 간의 관계의 강도(strength)를 수정하거나 영향을 미칠 수 있지만, 매개변수(mediator variable)는 다른 두 변수 간의 관계를 설명하려고 시도하는 변수이다. SAT 시험과 같은 고난이도 시험에서 불안수준(Anxiety Level: AL)과 시험수행(Test Performance: TP) 간의 가설 1에서의 관계를 다시 살펴보자. 이 경우, AL과 TP의 관계는 SAT를 치른 경험이 있는 학생에게 더 강하기 때문에, 조절변수는 시험응시 경험(Test-taking Experience: TIE)이다. 이 경우, 가능한 매개변수는 AL과 TP 간에 관계가 있는 이유를 설명할 수 있기 때문에 사회경제적 지위(Socioeconomic Status: SES)일 수 있다.

외생변수

연구에서 기본적인 문제는 종속변수에 영향을 미칠 수 있는 많은 가능한 독립변수가 있다는 것이다. 연구자들이 어떤 변수를 연구할지를 결정했으면, 존재하는 다른 변수의 영향이나 효과에 대해 걱정해야 한다. 이러한 변수를 일반적으로 외생변수(extraneous variables)라고 한다. 해야 할 일은 이러한 외생변수를 어떤 방식으로든 통제하여 영향을 제거하거나 최소화하는 것이다.

77쪽의 팀 티칭에 관한 연구질문을 다시 살펴보자. 교실 상황에서 학생들의 학습에 영향을 미칠 수 있는 다른 변수는 무엇인가?

많은 가능한 외생변수가 있다. 관련된 교사의 성격, 학생의 경험수준, 수업시간, 수업하는 교과목의 성격, 사용된 교재, 교사가 채용하는 학습활동의 유형, 수업방법 등은 모두 이 연구에서 학습에 영향을 미칠 수 있는 외생변수이다. [그림 5-3]은 외생변수 확인의 중요성을 보여 준다.

외생변수를 통제하는 한 가지 방법은 변수를 일정하게 유지하는 것이다. 예를 들어, 연구자가 남자 아동만 연구대상으로 포함시킨다면, 해당 연구자는 성별 변수를 통제하고 있는 것이다. 우리는 연구대상의 성별이 다양하지 않다고 말할 수 있다. 그것은 이 연구에서 상수이다.

연구자는 외생변수의 가능한 영향을 어떻게 통제할 수 있는지에 대해 지속적으로 생각해야 한다. 이 방법은 제9장에서 자세히 설명하겠지만, 지금은 독립변수와 종속변수의 차이를 이해하고 외생변수를 알고 있어야 한다. "같은 성별의 교사에게 역사를 배우는 여학생이 다른 성별의 교사에게 배우는 여학생보다 해당 교과목을 더 좋아하는가?"라는 질문에 대해 생각해 보자. 변수는 무엇인가?[11]

[그림 5-3] 외생변수의 예

한 고등학교의 교장선생님은 서로 다른 방법을 사용하는 교사들이 가르치는 두 가지 역사수업의 기말고사 점수를 비교하면서, 이것 역시 외생변수 때문에 다른 많은 면에서 다르다는 것을 깨닫지 못한다. 그 수업은 다음과 같은 것에서 다르다.

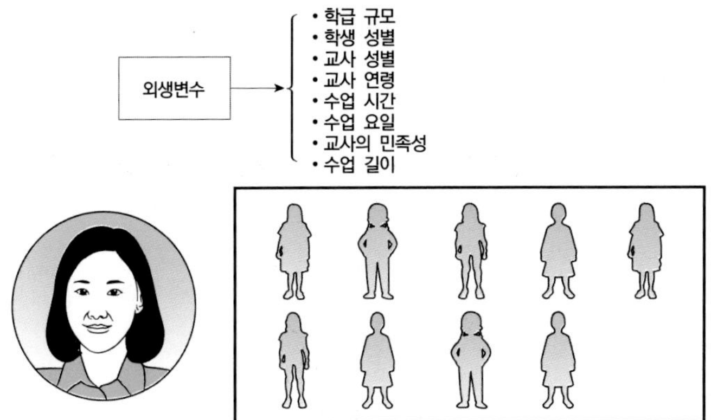

안 선생님(31세)의 역사수업은 매주 화요일과 목요일 오전 9시부터 9시 50분까지 열린다. 그 수업에는 9명의 학생이 있는데, 모두 여학생이다.

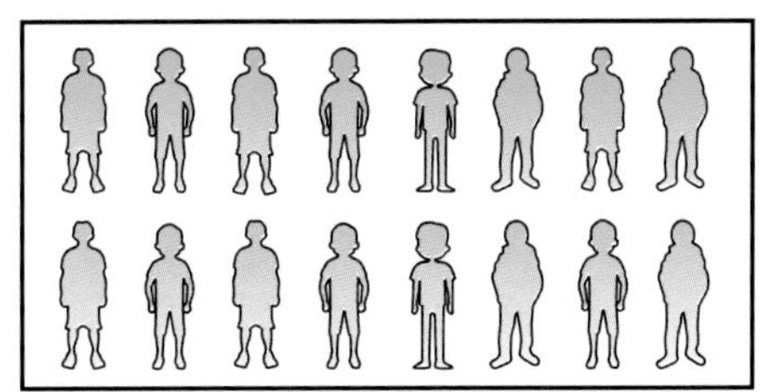

박 선생님(54세)의 역사수업은 매주 월요일과 수요일 오후 2시부터 3시까지 열린다. 그 수업에는 16명의 학생이 있는데, 모두 남학생이다.

가설

가설이란 무엇인가

가설(hypothesis)이란 간단히 말해서 연구의 가능한 결과에 대한 예측이다. 예를 들어, 가능한 가설의 형태로 재진술된 연구질문은 다음과 같다.

질문: 같은 성별의 교사에게 역사를 배우는 학생은 다른 성별의 교사보다 해당 교과목을 더 좋아하는가?

가설: 다른 성별의 교사에게 역사를 배우는 것보다 같은 성별의 교사에게 역사를 배우는 학생이 해당

11) 종속변수는 **역사를 좋아하는 것**(liking for history)이고, 독립변수는 **교사의 성별**(gender of the teacher)이다. 가능한 외생변수에는 관련된 **교사의 성격과 능력**[personality & ability of the teacher(s)], **학생의 성격과 능력수준**(personality and ability level of the students), 교과서와 같은 **사용된 교재**(materials used), **수업스타일**(teaching styles), **교사와 학생의 민족성 또는 연령**(ethnicity & age of the teacher and students) 등이 포함된다. 연구자는 가능한 한 많은 변수를 통제하려고 한다.

역사교과목을 더 좋아할 것이다.

다음은 가능한 가설로서 각각 재진술된 연구질문의 두 가지 예이다.

질문: 내담자중심 처치를 사용하는 상담사의 내담자가 갖는 친밀감(rapport)은 행동수정 처치를 사용하는 상담사의 내담자가 갖는 친밀감과 다른가?

가설: 내담자중심 처치접근방법을 사용하는 상담사는 행동수정 접근방법을 사용하는 상담사보다 내담자와의 친밀감이 더 클 것이다.

질문: 교실에서 학습에 문제가 있는 학생을 주류화하는 것에 대한 일반교육 교사의 태도는 어떠한가?

가설: XYZ 교육지원청 교사는 문제가 있는 학생을 전형적으로 발달하는 동료와 함께 통합하는 것이 그의 학업능력을 향상시킬 것이라고 믿는다.

또는

XYZ 교육지원청 교사는 학습에 문제가 있는 학생을 전형적으로 발달하는 또래학생과 함께 통합하는 것은 낙인을 초래할 것이라고 믿는다.

[그림 5-4] 하나의 연구문제는 몇 가지 가설을 제안할 수 있다

[그림 5-4]에 제시한 바와 같이, 하나의 연구문제에서 다른 많은 가설이 나올 수 있다.

연구질문 외에 가설진술의 장점

가설을 진술하는 것은 장점과 단점을 모두 가지고 있다. 장점에는 무엇이 있는가? 첫째 장점으로 가

설은 우리에게 연구의 가능한 결과에 대해 더 깊고 구체적으로 생각하도록 한다. 가설을 세워 질문을 정교하게 기술하면 질문이 시사하는 내용과 정확히 어떤 변수가 관련되는지 보다 정교하게 이해할 수 있다. 종종 세 번째 사례에서처럼, 하나 이상의 가설이 스스로를 암시하는 것처럼 보일 때, 정말로 조사하고자 하는 것이 무엇인지 더 신중히 생각할 수 밖에 없다.

질문을 가설로 재진술하는 것의 둘째 장점은 과학철학(philosophy of science)을 포함한다. 이 철학의 기초가 되는 근거는 다음과 같다. 어떤 사람이 특정 질문에 답하는 것 이외에 지식체(a body of knowledge)를 쌓으려고 한다면, 가설진술은 이전의 증거나 이론적 논거를 바탕으로 구체적인 예측을 가능하게 하기 때문에 그것은 좋은 전략이다. 이러한 예측이 후속연구에 의해 도출된다면, 그 전체 절차는 설득력과 효율성 모두를 얻을 수 있다. 전형적인 예가 Albert Einstein의 상대성이론이다. Einstein의 이론의 결과로 많은 가설이 만들어졌고, 나중에 연구를 통해 증명되었다. 이러한 예측 중 점점 더 많은 것이 사실로 드러나면서, 그 자체로 유용하게 되었을 뿐만 아니라, 애초에 가설을 만들어 낸 Einstein의 이론의 독창적인 아이디어에 대한 지지를 높였다.

셋째 장점은 가설진술은 우리가 관계를 조사하고 있는지 아닌지를 알아내는 데 도움이 된다. 만약 그렇지 않다면 우리는 그것을 공식화하도록 촉구받을지도 모른다.

가설진술의 단점

본질적으로 가설진술의 단점은 세 가지이다. 첫째, 가설진술은 연구자의 입장에서 의식적이거나 무의식적인 편견을 초래할 수 있다. 연구자가 가설을 진술하면 절차를 배열하거나 원하는 결과를 얻기 위해 자료를 조작하려는 유혹을 받을 수 있다.

이것은 아마도 규칙(rule)보다 더 예외일 것이다. 연구자들은 몇 가지 유명한 예외가 있기는 하지만 지적으로 정직하다고 추정된다. 모든 연구는 동료검토의 대상이 되어야 한다. 과거에는 의심받는 연구를 검토한 결과, 보고된 연구결과가 의심스러울 정도로 방법의 부적절함이 드러났다. 또한 특정 연구를 복원하여 연구결과를 검정할 수 있다. 안타깝게도 교육연구는 거의 반복되지 않기 때문에, 이러한 '보호'는 다소 허상에 가깝다. 부정직한 연구자는 거짓된 연구결과를 가지고 도망칠 상당한 기회가 있다. 왜 의도적으로 연구결과를 왜곡하는가? 아마도 중요한 연구결과를 발표한 사람에게 전문적인 인정과 금전적인 보상이 주어지기 때문일 것이다.

그러나 정직한 대다수의 연구자에게도 가설에 대한 헌신은 의도하지 않고 무의식적인 왜곡으로 이어질 수 있다. 그러나 교육 분야의 어떤 연구자도 연구결과에 완전히 무관심할 가능성은 거의 없기 때문에, 연구자의 태도나 지식은 특정한 결과를 선호할 수 있다. 이러한 이유로, 우리는 연구자가 자신의 연구에 관심이 있는 다른 사람들에게 명확하게 하기 위해 가설에 대한 편견을 알리는 것이 바람직하다고 생각한다. 이것은 또한 연구자가 자신의 개인적 편견으로부터 (가능한 한 많이) 보호하기 위한 조치를 취할 수 있게 해 준다.

초기에 가설을 진술하는 것의 둘째 단점은 기술적인 조사(descriptive survey)나 문화기술지적 연구와 같은 특정 유형의 연구 프로젝트에서 가끔 불필요하거나 부적절할 수 있다는 것이다. 그러한 많은 연구에서 해당 연구의 연구결과가 무엇이 될 것인지를 예측하는 것은 지나치게 주제넘은 일일 뿐만 아니라 헛된 일일 것이다.

가설진술의 셋째 단점은 가설에 주의를 집중하는 것이 연구자가 연구하기에 중요할 수 있는 다른 현상을 알아채지 못하게 할 수 있다는 것이다. 예를 들어, '인본주의적' 교실이 학생의 동기에 미치는 영향을 연구하기로 결정하면, 연구자가 성 유형화(sex-typing) 또는 의사결정(decision making)과 같은 특성에 미치는 영향을 간과하게 될 수 있는데, 이는 동기에만 초점을 맞추지 않았던 다른 연구자에게 매우 두드러질 것이다. 이것은 가설검정을 지향하는 모든 연구에 대한 좋은 주장으로 보인다.

이 장의 앞부분에 제시된 연구질문의 예를 보자. "교실에서 학습에 문제가 있는 학생들을 주류화하는 것에 대한 일반교육 교사의 태도는 어떠한가?" 우리는 이 질문에서 발생할 수 있는 두 가지 가설을 제시했다. ① 학습에 문제가 있는 학생을 전형적으로 발달하는 동료와 함께 통합하는 것은 학업능력을 향상시킬 것이다. ② 학습에 문제가 있는 학생을 전형적으로 발달하는 또래학생과 함께 통합하는 것은 낙인을 초래할 것이다. 이 두 가지 가설은 학습에 문제가 있는 학생을 전형적으로 발달하는 동료로부터 통합하거나 분리하는 것 간의 비교를 암시적으로 시사한다. 따라서 조사되어야 할 관계는 교사 신념과 학습환경 간의 관계이다. 교사들이 주류화에 대해 생각하는 것을 다른 종류의 배치(arrangement)에 대한 그들의 믿음과 비교하는 것이 중요하다는 것에 주목하라. 만약 연구자가 다른 종류의 배치에 대한 견해를 확인하지 않고 통합에 대한 교사들의 의견만 듣는다면, 그들은 주류화에 대한 자신의 믿음이 어떤 식으로든 통일된 것인지 또는 다른지를 알지 못할 것이다.

중요한 가설

우리가 연구질문에 의해 제시된 가능한 가설에 대해 생각할 때, 그 중 일부가 다른 것보다 더 중요하다는 것을 보기 시작한다. 중요하다는 것은 무엇을 의미하는가? 단순히 일부는 더 유용한 지식으로 이어질 수 있다. 예를 들어, 다음 가설 쌍(pair)을 비교해 보자. 각 쌍에서 어떤 가설이 더 중요하다고 생각하는가?

가설 쌍 1

1) 2학년 학생은 텔레비전을 보는 것보다 학교를 덜 좋아한다.
2) 2학년은 1학년보다는 학교를 덜 좋아하지만 3학년보다는 더 좋아한다.

가설 쌍 2

1) 학습에 문제가 있는 대부분의 학생은 분리된 수업보다는 정규수업에 있는 것을 선호한다.
2) 학습에 문제가 있는 학생은 정규수업에 배치되었을 때보다 분리된 수업에 배치되었을 때 자신에 대해 더 부정적인 태도를 갖게 될 것이다.

가설 쌍 3

1) 내담자중심 처치절차를 사용하는 상담사는 전통적인 처치절차를 사용하는 상담사보다 내담자로부터 다른 반응을 얻을 것이다.
2) 내담자중심 처치를 받는 내담자는 전통적인 처치를 받는 내담자보다 상담과정에 더 높은 만족도를 표할 것이다.

세 쌍의 경우, 각각은 (이 책의 저자들의 판단에서) 조사할 관계가 더 명확하고 구체적일 뿐만 아니라 가설에 대한 조사가 더 많은 양의 지식으로 이어질 가능성이 있기 때문에, 두 번째 가설이 첫 번째보다 더 중요하다고 생각한다. 또한 우리가 얻을 정보는 연구질문에 관심이 있는 사람에게 더 유용할 것으로 보인다.

방향적 가설 대 비방향적 가설

방향적 가설과 비방향 가설을 구분해 보자. 방향적 가설(directional hypothesis)은 연구자가 관계에서 나타날 것으로 예상되는 특정 방향(높음, 낮음, 많음 또는 적음)을 나타낸다. 기대되는 특정 방향은 연구자가 문헌, 이론 또는 개인적 경험에서 발견한 것에 기초한다. 앞의 세 쌍 중 두 번째 가설은 방향적 가설이다.

때로는 구체적인 예측을 하기가 어렵다. 어떤 관계가 존재한다고 의심하지만 관계의 방향을 예측할 수 있는 근거가 없다면, 연구자는 방향적 가설을 세울 수 없다. 비방향적 가설(nondirectional hypothesis)은 연구결과가 어떤 방향으로 향할지에 대한 구체적인 예측을 하지 않는다. 비방향적 형태에서, 앞의 세 쌍 중 두 번째 가설은 다음과 같이 진술될 것이다.

- 1학년, 2학년, 3학년은 학교에 대해 다르게 느낄 것이다.
- 분리된 수업에 배치된 학습에 문제가 있는 학생과 정규수업에 배치된 학습에 문제가 있는 학생의 학습태도 측정점수 간에는 차이가 있을 것이다.
- 내담자중심 처치를 받는 내담자와 전통적인 처치를 받는 내담자 간에 상담과정에 대한 만족도 표현에 차이가 있을 것이다.

[그림 5-5]는 방향적 가설과 비방향적 가설의 차이를 보여 준다. 만약 사진 속의 사람이 길모퉁이에 접근하고 있다면, 그가 다가오는 사람에게 도달하였을 때 세 가지 가능성이 있다.

- 그는 계속해서 정면을 바라볼 것이다.
- 그는 오른쪽을 바라볼 것이다.
- 그는 왼쪽을 바라볼 것이다.

비방향적 가설은 그가 어느 쪽이든 바라볼 것이라고 예측할 것이다. 방향적 가설은 그가 특정한 방향(예: 오른쪽)을 바라볼 것이라고 예측한다. 방향적 가설이 더 위험하기 때문에(발생 가능성이 적기 때문에) 확정될 때 더 설득력이 있다.[12)]

방향적 가설과 비방향적 가설은 모두 연구문헌에 나타나며, 여러분은 각각의 가설을 인식하는 방법을 학습해야 한다.

---

12) 정면을 바라본다면, 방향적 가설도 비방향적 가설도 확정되지 않는다.

[그림 5-5] 방향적 가설 대 비방향적 가설

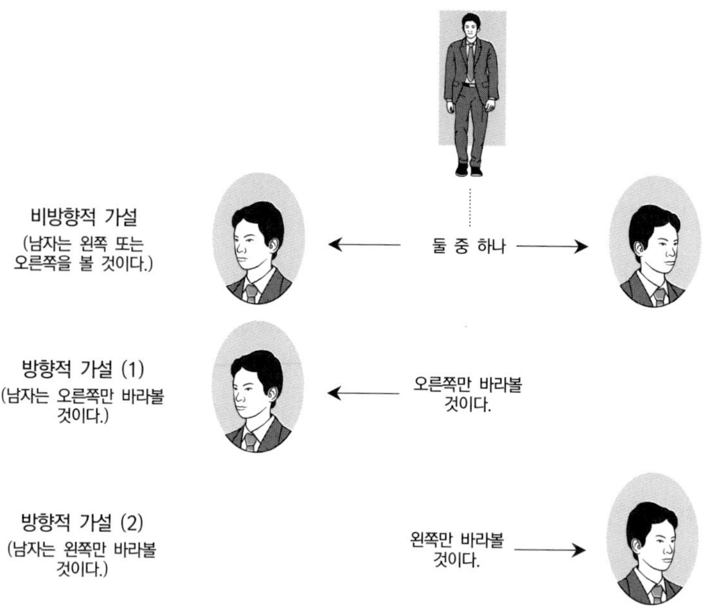

가설과 질적 연구

질적 연구에서 가설의 형성에 주목할 만한 점은 일반적으로 연구의 시작부분에서 진술되지 **않고**(not) 오히려 연구가 진행됨에 따라 **나타난다**(emerge)는 것이다. 질적 연구자들은 양적 연구에서와 같은 가설을 시험하기보다는 연구를 진행해 가면서, 즉 자신이 패턴과 관계가 무엇일지 미리 가정하기보다 자연 환경에서 그 패턴과 관계를 관찰함에 따라 자신이 발견하는 것의 결과로 새로운 가설을 만들 가능성이 더 높다. 많은 질적 연구자는 연구를 시작하기 전에 자신의 아이디어 중 일부를 진술**하지만**(do), 이는 보통 가설이라기보다는 명제(propositions)라고 불린다.[13] 명제는 (양적 연구에서와 같이) 자료에 대해 검정하기 위한 것이 아니라 연구자가 질적 자료를 수집 · 분석하는 데 도움을 주기 위한 유연한 도구로 간주된다는 점에서 가설과 다르다. 질적 연구자들이 연구를 시작할 때 가설을 세우는 것을 꺼리는 것은 연구 참여자와 상황이 종종 크게 다르며, 어떤 가설을 제시하기 전에 먼저 이해해야 한다는 확신에 근거한다.

그렇지만, 명제는 질적 연구자가 자료수집을 위해 초점을 맞추거나 초점을 맞춤으로써 과정을 더 쉽게 관리하도록 도울 수 있다. 명제는 이론 및 경험적 연구문헌을 포함한 다양한 출처뿐만 아니라 전문적이고 경험적인 지식에서도 나올 수 있다. 다음은 유색인종 1세대 칼리지(First-Generation College: FGC) 학생이 엘리트 대학에서 어떻게 학술적 그리고 사회적 도전을 성공적으로 타결해 나가는지를 탐구하는 질적 연구를 지도하기 위해 박사과정 연구자에 의해 사용된 이론적 명제의 예이다. "이 현상학적 연구는 유색인종 FGC 학생이 대학에서 성공하려는 동기를 유지하는 카운터스페이스(counterspace) 또는 '제3의 공간'을 추구함으로써 매우 선별적인 4년제 기관에서 지속된다는 명제를 탐구한다."[14] 몇몇 연구참여자를 인터뷰한 결과, Bhabha의 사회문화적 제3공간이론(sociocultural third space theory)[15]의 사용은

13) Maxwell, J. A. (2005). *Qualitative research design: An interactive approach* (2nd ed., p. 69). Sage.

14) 이 명제는 샌프란시스코 주립대학교(San Francisco State University)의 저자들 중 한 명이 가르치는 연구설계 수업을 위해 제출한 박사학위논문 제안서에서 가져왔다.

정체성 변화와 관련된 다른 심리이론에 비해 적용 가능성이 낮은 것으로 밝혀졌다. 명제는 자료수집에 초점을 맞추는 데 도움이 되는 유연한 도구로 의도되기 때문에, 연구자는 첫 번째 명제를 버리고 대학지 속성에서 변혁적 저항이론(transformational resistance theory)[16]의 역할을 검토하는 명제로 재진술할 수 있었다.

15) Bhabha, H. K. (1994). *The location of culture*. Routledge.

16) Solorzano, D., & Delgado Bernal. D. (2001). Examining transformational resistance through a Critical Race and LatCrit Theory Framework: Chicana and Chicano students in an urban context. *Urban Education, 36*, 308–342.

이 장의 시작 부분에 있는 **상호작용 · 응용 프로그램 학습** 기능으로 돌아가 상호작용 · 응용 프로그램 활동목록을 확인하라. www.mhhe.com/fraenkel10e의 **온라인학습센터**로 이동하여 퀴즈를 풀고 핵심 용어를 연습하며 장(章)의 내용을 검토하라.

핵심 요점

관계 학습의 중요성

- 변수 간의 관계를 확인하는 것은 이해를 증진시킨다.
- 관계를 이해하는 것은 우리 세계의 본질을 설명하는 데 도움이 된다.

변수

- 변수는 특정 집단의 구성원 간에 다른 특성(characteristic) 또는 질(quality)이다.
- 상수는 특정 집단의 모든 구성원에 대해 동일한 특성 또는 질이다.
- 양적 변수는 양(amount)이나 정도(degree)는 다양하지만 종류(kind)는 그렇지 않다.
- 범주형 변수는 양이나 정도가 아닌 종류만 다양하다.
- 교육연구에서 여러 종류의 변수가 연구되는데, 가장 일반적인 변수는 독립변수와 종속변수이다.
- 독립변수는 다른 변수에 영향을 미치거나(affect) 영향을 주는(influence) 것으로 가정한다.
- 독립변수는 **실험변수**(experimental variables) 또는 **조작변수**(manipulated variables)라고도 한다.
- 종속(또는 결과)변수는 하나 이상의 독립변수의 영향을 받는 것으로 가정한다.
- 독립변수는 조작되거나 선택될 수 있다. 조작변수는 연구자에 의해 만들어진다. 선택변수(selected variable)는 이미 존재하는 변수로서 연구자가 찾은 다음 연구하기로 선택한 변수이다.
- 조절변수는 연구자가 1차 독립변수와 종속변수 간의 기본관계에 영향을 줄 수 있다고 생각하기 때문에 연구 대상으로 선택하는 2차 독립변수이다.
- 외생변수는 특정 연구의 종속변수에 의도하지 않은 영향을 미칠 수 있는 독립변수이다.
- 명제는 자료수집과 분석을 돕기 위해 질적 연구자가 때때로 사용하는 잠정적이고 유연한 진술이다.

가설

- **가설**(hypothesis)이라는 용어는 연구에 사용되는 것으로, 일반적으로 연구가 시작되기 전에 만들어진 연구결과를 예측하는 것을 말한다.
- 연구질문을 가설로 진술하는 것은 장점과 단점을 모두 가지고 있다.
- 중요한 가설은 뒷받침될 경우 중요하지 않은 가설보다 더 많은 양의 중요한 지식을 이끌어 낼 가능성이 있는 가설이다.
- 방향적 가설은 관계의 특이성에 대한 예측이다. 예를 들어, 방법 A가 방법 B보다 더 효과적이다.
- 비방향적 가설은 관계가 정확한 본질을 명시하지 않고 존재한다는 예측이다. 예를 들어, 방법 A와 방법 B 간에 차이가 있을 것이다.

핵심 용어

가설(hypothesis)
결과변수(outcome variable)
독립변수(independent variable)
매개변수(mediator variable)
명제(proposition)
방향적 가설(directional hypothesis)
범주형 변수(categorical variable)
변수(variable)
비방향적 가설(nondirectional hypothesis)
상수(constant)
실험변수(experimental variable)
양적 변수(quantitative variable)
외생변수(extraneous variable)
조작변수(manipulated variable)
조절변수(moderator variable)
종속변수(dependent variable)
처치변수(treatment variable)
편견(bias)

토론거리

1. 여기에 몇 가지 연구질문이 있다. 어떤 것이 관계를 제안하는가?
   1) 올해 2학년 반에 등록한 학생은 몇 명인가?
   2) 텍스트 지문의 읽기 수준이 높아짐에 따라, 학생이 지문의 단어를 발음할 때 실수하는 횟수가 증가하는가?
   3) 스스로를 사회적으로 '매력적'이라고 생각하는 개인은 자신의 로맨틱한 파트너도 사회적으로 매력적일 것을 기대하는가?
   4) 교수진이 새로운 영어교육과정에 대해 싫어하는 것은 무엇인가?
   5) 상급반에서 누가 가장 똑똑한 학생인가?
   6) 표준화된 읽기시험에서 90번째 백분위 이상의 점수를 받은 학생은 표준화된 쓰기시험에서도 90번째 백분위 이상의 점수를 받는가?
   7) 민주당과 공화당 중 개신교 신자가 가장 많은 정치범위는 어느 쪽인가?
2. 중요도 측면에서 문항 1의 질문의 순위를 어떻게 매기겠는가? 그 이유는 무엇인가?
3. 무엇이 연구자가 비방향적 가설이 아닌 방향적 가설을 진술하게 할 수 있는가? 그 반대는 무엇인가?
4. 연구자들이 연구하면 안 되는 변수가 있는가? 그것에 대해 설명하라.
5. 종종 변수를 정의할 수 없다면 의미 있게 측정할 수 없다고 주장된다. 이것이 사실인가? 항상 그러한가? 그것에 대해 논의하라.
6. "가설에 대한 전념은 비의도적이고 무의식적인 왜곡을 초래할 수 있다." 이에 대해 동의하는가? 만약 그렇다면, 그러한 가설의 예를 제시할 수 있는가?
7. 결과를 예측하는 것이 주제넘을 수 있는 연구에 대해 생각할 수 있는가?

연구실습 5. 변수, 가설, 명제

양적 연구를 계획하고 있다면, 연구실습 2에서 개발한 연구질문과 관련된 검정 가능한 가설을 설정하라. 문제지 5를 사용하여, 가설을 한 두 문장으로 진술하고 두 변수 간의 관계를 나타내는지를 확인하라. 만약 수정되지 않는다면 수정하라. 이제 독립변수와 종속변수를 나타내라. 다음으로, 연구결과에 영향을 미칠 수 있는 외생변수를 최대한 많이 나열하고, 질적 연구 또는 혼합방법연구를 계획 중인 경우 명제를 진술하라.

문제지 5 변수, 가설, 명제

1. 연구질문은: ______

2. 양적 연구의 경우, 가설은: ______

3. 이 가설은 적어도 다음과 같은 두 변수 간의 관계를 시사한다:
   a. ______
   b. ______
   c. ______

4. 더 구체적으로, 연구에서 변수는:
   a. 종속변수 ______ (범주형 또는 양적? 하나 선택)
   b. 독립변수 ______ (범주형 또는 양적? 하나 선택)

5. 연구결과에 영향을 미칠 수 있는 가능한 외생변수는:
   a. ______
   b. ______
   c. ______

6. **질적** 또는 **혼합방법연구**를 계획하고 있다. 명제는: ______

이 문제지의 전자 버전은 학지사 공식 홈페이지(www.hakjisa.co.kr) 『연구방법론: 교육연구설계 및 평가』의 도서 상세정보에서 내려받을 수 있다.

제 6 장
표집

표본이란 무엇인가
- 표본과 모집단
- 모집단 정의
- 표적모집단 대 접근가능 모집단
- 무선표집 대 비무선표집

무선표집방법
- 단순무선표집
- 유층무선표집
- 군집무선표집
- 2단계 무선표집

비무선표집방법
- 체계적 표집
- 편의표집
- 의도적 표집

표집방법 검토

표본크기

외적 타당도: 표본으로부터 일반화
- 모집단 일반화가능성
- 무선표집이 불가능한 경우
- 생태학적 일반화가능성

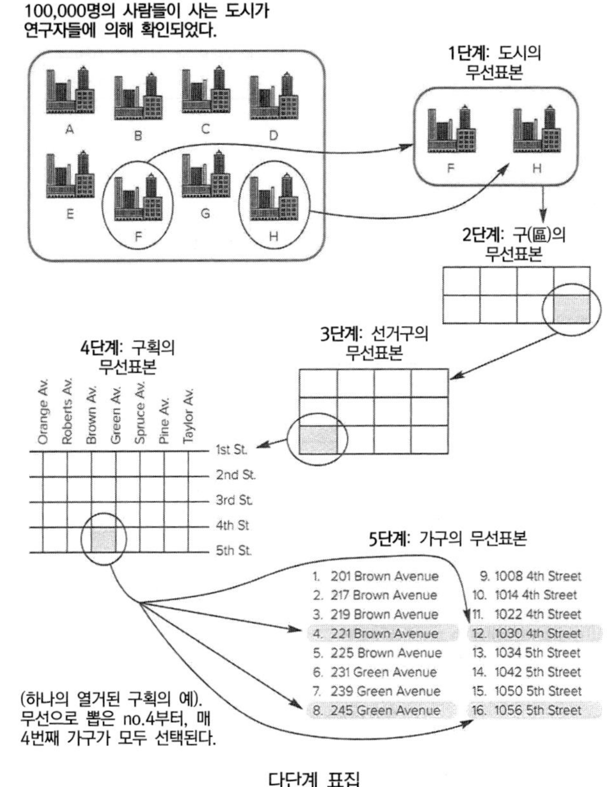

다단계 표집

학습목표

이 장을 학습하면 다음을 수행할 수 있어야 한다.

- 표본과 모집단을 구별할 수 있다.
- '대표표본'이라는 용어가 의미하는 바를 설명할 수 있다.
- 표적모집단과 접근가능 모집단이 어떻게 다른지 설명할 수 있다.
- '무선표집'이 의미하는 바를 설명하고, 무선표본을 획득하는 세 가지 방법을 간략히 설명할 수 있다.
- 난수표를 사용하여 모집단에서 무선표본을 선택할 수 있다.
- 유층무선표집과 군집무선표집이 어떻게 다른지 설명할 수 있다.
- '체계적 표집', '편의표집', '의도적 표집'이 의미하는 바를 설명할 수 있다.
- 표본크기가 표본의 대표성 측면에서 어떻게 차이를 만들 수 있는지 설명할 수 있다.
- '외적 타당도'라는 용어가 의미하는 바를 설명할 수 있다.
- 모집단 일반화가능성과 생태학적 일반화가능성의 차이를 구별하고, 연구결과를 일반화하는 것이 적절한 시기(및 적절하지 않은 시기)에 대해 논의할 수 있다.

상호작용 · 응용 학습 이 장을 읽는 동안 또는 읽은 후:

다음을 하려면, 온라인학습센터 (www.mhhe.com/fraenkel10e)로 접속하라.

- 표집과 대표성에 대한 심화학습

다음 활동을 수행하기 위해 온라인 학습자 완전학습 활동(Student Mastery Activities) 책을 읽으라.

- 활동 6.1: 표집유형 확인
- 활동 6.2: 무선표집하기
- 활동 6.3: 언제 일반화가 적절한가?
- 활동 6.4: 참 또는 거짓?
- 활동 6.5: 유층표집
- 활동 6.6: 표집계획 설계

동부대학교 연구교수인 강 교수는 한국 전역의 초등학교에서 수학을 잘하지 못하는 학생들의 수학성취도에 대한 새로운 수학 프로그램의 효과를 연구하기를 원한다. 여러 가지 요인 때문에, 그리고 그중 시간과 돈은 단지 두 가지 요인에 불과하기 때문에, 강 교수와 동료들은 그러한 학생들의 전체 모집단으로 새로운 프로그램을 시험해 보는 것은 불가능하다. 그들은 표본(sample)을 선택해야 한다. 그나저나 표본이 무엇인가? 다른 종류의 표본이 있는가? 어떤 종류는 다른 것보다 연구하기가 더 좋은가? 우선 표본을 얻기 위해서는 어떻게 해야 하는가? 이러한 질문에 대한 답변은 이 장에서 배울 내용 중 일부이다.

특정 집단에 대해 알고 싶을 때, 우리는 보통 우리가 알고 있는(또는 모르는) 몇몇 구성원을 찾아 그들을 연구한다. 이 개인들을 '연구한(studying)' 후에, 우리는 보통 그들이 속한 더 큰 집단에 대한 몇 가지 결론에 도달한다. 사실 많은 '일반적인' 관찰은 상대적으로 적은 수의 사람들의 관찰에 기초한다. 예를 들어, "대부분의 여학생은 수학을 좋아하지 않는다.", "공화당에 투표하는 교사는 그리 많지 않을 것이다.", "대부분의 교장선생님은 남자이다."와 같은 말을 듣는 것은 드문 일이 아니다.

표본이란 무엇인가

우리는 대부분의 사람들이 한 무리의 사람들(학생, 공화당원, 축구선수, 배우 등)에 대한 결론은 꽤 적은 수의 또는 **표본**(sample)의 구성원이 가졌던 경험에 기초한다고 생각한다. 때때로 그러한 결론은 더 큰 집단의 사람들이 어떻게 행동하는지 또는 무엇을 믿는지를 정확하게 표현하지만, 종종 그렇지 않다. 이는 모두 표본이 더 큰 집단을 얼마나 대표하는지(즉, 얼마나 유사한지)에 달려 있다.

연구과정에서 가장 중요한 단계 중 하나는 (관찰되거나 궁금증이 있는) 참여할 개인의 표본을 선택하는 것이다. 표집(sampling)은 이러한 개인을 선택하는 과정을 말한다.

표본과 모집단

연구에서 표본은 정보를 얻는 집단이다. 그 연구결과를 적용하고자 하는 더 큰 집단을 모집단(population)[1]이라고 한다. 예를 들어, 수학을 전공하는 주립대학교의 모든 700명(또는 총 학생 수)의 학생들은 모집단을 구성한다. 캠퍼스 기숙사에 사는 학생들처럼 자동차를 소유한 학생들이 또 다른 모집단을 구성한다. 집단은 한 맥락에서는 표본이고, 다른 맥락에서는 모집단일 수 있다. 모든 주립대학교

1) 어떤 경우에는 표본과 모집단이 동일할 수 있다.

학생은 자동차를 소유하고 있지만, 또한 미국 전역의 주립대학교에서 모든 자동차 소유자의 표본이 된다.

가능하다면, 연구자들은 관심이 있는 전체 모집단을 연구하기를 선호한다. 그러나 보통 이것은 연구하기 어렵다. 대부분의 관심집단은 크고 다양하며 넓은 지리적 영역에 흩어져 있다. 연락은커녕 찾는 것도 시간과 비용이 많이 들 수 있다. 이러한 이유로, 연구자들은 불가피하게 종종 연구할 표본을 선택한다. 모집단에서 선택한 표본의 몇 가지 예는 다음과 같다.

- 한 연구자가 대도시의 3학년 학생의 주의력에 미치는 식이요법의 영향을 연구하는 데 관심이 있다. 이 도시의 초등학교에 다니는 3학년 학생은 1,500명이다. 연구자는 이 3학년 학생 중 5개 학교에서 각각 30명씩 150명을 표본으로 선정했다.
- 한 대도시 고등학교의 행정가가 해당 교육지원청의 새로운 상담 프로그램에 대한 학생들의 의견에 관심을 갖고 있다. 이 지역에는 6개의 고등학교와 약 14,000명의 학생이 있다. 행정가는 교육지원청 내에 있는 학교에 등록한 전체 학생 명단에서 1,400명(4학년 각 350명, 9~12명)을 표본으로 선발하고, 이 표집에게 프로그램에 대한 의견을 묻는 질문지를 발송할 계획이다.
- 한 초등학교의 교장선생님이 이 지역의 일부 교사가 사용하는 새로운 미국 역사교과서의 효과를 조사하고자 한다. 그 교과서를 사용하는 총 22명의 교사 중에서, 교장선생님은 6명의 표본을 선택한다. 교장선생님은 그 교사들의 수업에서 학생들의 성취도를 해당 교재를 사용하지 않는 다른 6명의 교사와 비교할 계획이다.

모집단 정의

표본을 선택할 때, 첫 번째 작업은 관심 모집단을 정의하는 것이다. 연구자는 정확히 어떤 집단에 관심이 있는가? 연구의 결과가 누구에게 적용되기를 원하는가? 즉, 모집단은 연구자가 연구의 결과를 일반화하고자 하는 관심집단이다. 다음은 모집단의 몇 가지 예이다.

- 한국의 모든 고등학교 교장선생님
- 제주도의 모든 초등학교 상담사
- 2005~2006학년도 동안 진홍고등학교에 다니는 모든 학생
- 성산초등학교 김 교사의 3학년 교실에서 있는 모든 학생

이 예들은 모집단이 어떤 크기도 될 수 있고, 다른 모집단으로부터 그 모집단을 구분하는 것은 적어도 하나(그리고 때로는 여러 개)의 특성(characteristic)을 가지고 있다는 것을 보여 준다. 모집단은 항상 특정한 특성(또는 특성 집합)을 가지고 있는 모든 개인이라는 점에 유의하라.

교육연구에서 관심집단은 일반적으로 특정한 특성을 가진 사람들(학생, 교사 또는 기타 개인)의 집단이다. 그러나 어떤 경우에는 모집단이 교실, 학교 또는 시설의 집단으로 정의될 수 있다. 예를 들면 다음과 같다.

- 영암군 관내 모든 5학년 교실(가설은 교사가 더 많은 수의 학생작품을 전시하는 교실이 더 높은 성취도를 보인다는 것이다.)
- 광주시의 모든 고등학교 체육관('더 나은' 체육시설을 갖춘 학교가 더 많은 우승팀을 배출한다는 가설일 수 있다.)

표적모집단 대 접근 가능 모집단

불행하게도, 연구자가 정말로 일반화하고자 하는 실제 모집단[표적모집단(target population)]이라고 함]은 거의 이용이 불가능하다. 따라서 연구자가 일반화**할 수 있는**(able) 모집단은 접근 가능 모집단(accessible population)이다. 전자는 연구자의 이상적인 선택이고, 후자는 현실적인 선택이다. 다음의 예를 들어 보자.

조사될 연구문제: 컴퓨터보조수업이 서울특별시 1학년과 2학년 학생의 읽기 성취도에 미치는 영향
표적모집단: 서울특별시의 모든 초등학교 1학년과 2학년 아동
접근 가능 모집단: 서울특별시 성북강북교육지원청 관내 거주 모든 초등학교 1학년과 2학년 아동
표본: 서울특별시 성북강북교육지원청 관내 거주 초등학교 1학년과 2학년 아동의 10%

조사될 연구문제: 4학년 예비교사의 교생경험에 대한 태도
표적모집단: 한국 교원양성 프로그램에 등록한 모든 4학년 예비교사 학생
접근 가능 모집단: 성신여자대학교의 교원양성 프로그램에 등록한 모든 4학년 예비교사 학생
표본: 성신여자대학교의 교사양성 프로그램에 등록한 학생 중에서 선발된 200명의 4학년 예비교사 학생

연구자는 모집단을 더 좁게 정의할수록 시간, 노력 그리고 (아마도) 돈을 더 절약하지만, 일반화 가능성은 더 제한된다. 관심 있는 개인이 자신의 상황에 대한 연구결과의 적용 가능성을 판단할 수 있도록 연구자가 모집단과 표본을 충분히 상세히 설명하는 것이 필수적이다. 관심 모집단과 연구된 표본을 상세히 정의하지 못하는 것은 발표된 연구보고서의 가장 흔한 약점 중 하나이다. 일부 연구대상은 참여를 거부할 수 있고, 또 다른 일부 연구대상은 중도탈락하거나 자료가 손실될 수 있기 때문에, 실제 표본이 원래 선택한 표본과 다를 수 있다는 점에 유의해야 한다. 따라서 이 책의 저자들은 어느 정도 자세히 연구된 실제 표본의 특성을 설명하는 것이 매우 중요함을 반복하여 강조한다.

무선표집 대 비무선표집

다음은 두 가지의 주요한 표집유형의 예이다.

무선표집: 중서부의 한 대형 대학교의 사범대학장은 교수진이 현재 연구년에 대해 어떻게 생각하는지 알고 싶어 한다. 해당 대학장은 150명의 교수진 이름을 모두 모자에 넣고 꼼꼼히 섞은 다음 25명의 인터뷰대상자의 이름을 뽑는다.[2)]

비무선표집: 태산대학 총장은 최근 (교수위원회의 자문을 받아) 도입한 승진정책에 대해 후배 교수진이 어떻게 생각하는지 알고 싶어 한다. 해당 총장은 총 1,000명의 교수진 중에서 30명의 표본을 선택하여 대화한다. 6개 대학의 5명의 교직원은 다음 기준에 따라 선발된다. 그들은 대학에서 강의한 지 5년이 채 되지 않았고, 종신재직권이 없으며, 교내 교수협의회 중 한 곳에 소속되어 있고, 총장이 새로운 정책을 입안하는 데 도움을 준 위원회의 일원이 아니다.

첫 번째 예에서는 모자에서 25개의 이름을 모두 섞어서 뽑았다. 모집단의 모든 구성원(학교 내 150명의 교수진)이 아마도 동등한 선택기회를 가졌기 때문에, 이것은 무선표집(random sampling)이라고 불린다. 무선표본을 추출하는 보다 정교한 방법이 있지만, 그것 모두는 동일한 의도, 즉 모집단에서 **대표**(representative) 표본을 선택하는 것은 모두 동일하다([그림 6-1] 참고). 기본적인 생각은 선택된 개별 집단이 전체 모집단과 매우 유사하다는 것이다. 물론 장담할 수는 없지만, 표본을 무선으로 선정해 충분히 큰 규모라면 연구자가 더 큰 집단을 정확하게 볼 수 있어야 한다. 이것을 보장하는 가장 좋은 방법은 선택과정에 어떤 편견도 들어가지 않는 것, 즉 연구자(또는 다른 요소)가 표본에 선택되는 사람에게 의식적으로 또는 무의식적으로 영향을 미칠 수 없다는 것을 살펴보는 것이다. 이 책의 저자들은 이 장의 뒷부분에서 편견(bias)을 최소화하는 방법에 대해 더 자세히 설명한다.

[그림 6-1] 대표표본과 비대표표본

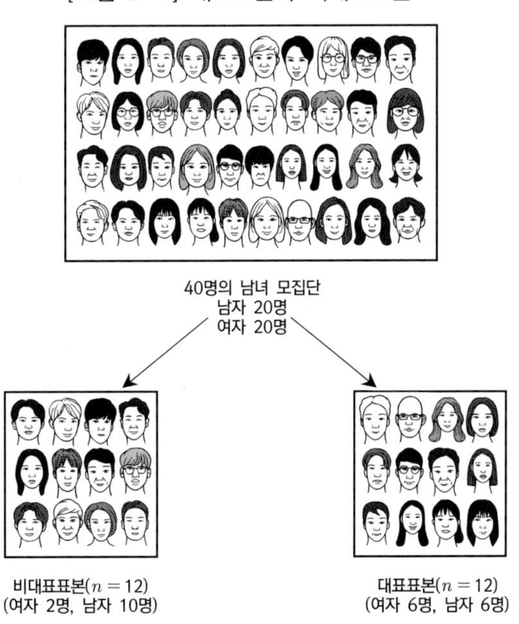

두 번째 예에서 총장은 대표성을 원하지만 표본에 특정한 종류의 교수진이 있는지 확인하고 싶은 만큼은 아니다. 따라서 해당 총장은 선정된 개개인이 언급된 모든 기준을 충족하여야 한다고 규정했다. 모집단의 각 구성원(대학의 전체 교수)은 동등한 선택될 기회를 갖지 **못한다**(not). 실제로, 몇몇은 어떠한

2) 이것을 위한 더 나은 방법은 곧 논의될 것이지만, 이것은 여러분에게 아이디어를 준다.

기회도 갖지 **못한다**(no). 따라서 이것은 의도적 표집(purposive sampling)이라고도 불리는 비무선표집(nonrandom sampling)의 예이다(145쪽 참고). 다음은 비무선표본과 대조되는 무선표본의 또 다른 예이다.

무선표본: 한 연구자가 중서부 주의 모든 사회교사를 대상으로, 중서부지역의 역사를 가르치는 새로운 주(州)의 지침에 대한 태도를 조사하기를 원한다. 이 주에는 총 725명의 사회교사가 있다. 그 교사들의 이름은 알파벳 순으로 기재되어 있다. 그런 다음, 연구자는 목록에 있는 이름들을 001부터 725까지 번호를 매긴다. 통계교과서에서 찾은 난수표를 사용하여, 해당 연구자는 표본으로 100명의 교사를 선발한다.

비무선표본: 지역대학교의 캠퍼스 서점 관리자가 서점이 제공하는 서비스에 대해 학생들이 어떻게 느끼는지 알아보고자 한다. 2주 동안 매일, 점심시간 동안, 관리자는 서점에 들어오는 모든 학생에게 자신이 준비한 짧은 질문지를 작성해 입구 근처 상자에 떨어뜨려 달라고 부탁한다. 2주간의 기간이 끝난 후, 관리자는 총 235개의 완성된 질문지를 수집했다.

두 번째 예에서는 모든 서점 이용자가 점심시간 동안 방문한 학생만 포함한 표본에 포함될 수 있는 동등한 기회를 갖지 못한다는 점에 주목하라. 그래서 표본이 무선이 아니다. 또한 일부는 질문지를 작성하지 않았을 수 있다.

무선표집방법

표본을 결정한 후, 연구자는 대부분의 경우 관심 모집단을 대표하는 표본을 얻기 위해 열심히 노력한다. 즉, 무선표집을 선호한다. 이러한 유형의 표본을 얻는 가장 일반적인 세 가지 방법은 단순무선표집, 유층무선표집 및 군집표집이다. 덜 일반적인 방법은 2단계 무선표집이다.

단순무선표집

단순무선표본(simple random sample)은 모집단의 각 구성원 모두가 동등하고 독립적인 선택기회를 갖는 표본이다. 표본이 큰 경우, 이 방법은 관심 모집단의 대표표본(representative sample)를 얻기 위해 고안된 최선의 방법이다. 예를 들어 보자. 모집단을 Y교육지원청의 모든 중학교 2학년 학생으로 정의해 보자. 500명의 학생이 있다고 가정해 보자. 이러한 학생 중 한 명인 경우, 표집절차가 실제로 무선이라면 선발될 확률은 500분의 1이다. 누구나 뽑힐 수 있는 기회는 동일하다.

무선표본의 크기가 크면 클수록 모집단을 대표할 가능성이 높다. 대표성(representativeness)이 보장되지는 않지만, 커다란 무선표본을 사용할 경우 다른 방법보다 가능성이 더 커진다. 표본과 모집단 간의 차이는 작고 비체계적(unsystematic)이어야 한다. 발생하는 모든 차이는 연구자 측의 편견이 아니라 우연의 결과이다.

무선표본을 얻기 위한 핵심은 모집단의 각 구성원 및 모든 구성원이 동등하고 독립적인 선택기회를 갖도록 하는 것이다. 이것은 순서나 패턴이 없는 매우 큰 수의 목록인 난수표(table of random numbers)로 알려진 것을 사용함으로써 이루어질 수 있다. 이러한 목록은 대부분의 통계학 서적 뒷부분에서 확인할 수 있다. 〈표 6-1〉은 난수표의 일부를 보여 준다.

〈표 6-1〉 난수표의 일부

011723 223456 222167 032762 062281 565451
912334 379156 233989 109238 934128 987678
086401 016265 411148 251287 602345 659080
059397 022334 080675 454555 011563 237873
666278 106590 879809 899030 909876 198905
051965 004571 036900 037700 500098 046660
063045 786326 098000 510379 024358 145678
560132 345678 356789 033460 050521 342021
727009 344870 889567 324588 400567 989657
000037 121191 258700 088909 015460 223350
667899 234345 076567 090076 345121 121348
042397 045645 030032 657112 675897 079326
987650 568799 070070 143188 198789 097451
091126 021557 102322 209312 909036 342045

예를 들어, 2,000명의 연구대상으로부터 200개의 표본을 얻으려면, 이러한 표를 사용하여 숫자 열을 선택하고 열의 아무 곳에서나 시작하여 네 자리 숫자를 읽는다[왜 네 자리인가? 왜냐하면 최종 2,000은 네 자리 숫자로 구성되어 있고, 우리는 항상 각 사람당 동일한 자리(digits)의 숫자(number)를 사용해야 한다. 개인 1은 0001, 개인 2는 0002, 개인 635는 0635 등으로 확인된다]. 그런 다음, 열에 값이 2,000 이하인 처음 200개의 숫자를 적는다.

〈표 6-1〉의 4개 숫자 중 첫 번째 열을 예로 들어보자. 빠른 네 자리 숫자만 읽으면, 열의 첫 번째 숫자를 보라. 0117이므로 모집단의 개인 목록 중 117번이 표본으로 선택될 것이다. 두 번째 숫자를 보라. 9123이다. 연구대상군에는 9123이 없다(전체 연구대상군에는 2,000밖에 없기 때문이다). 그러면 세 번째 숫자로 넘어가라. 0864이므로, 연구대상수 목록에서 864번을 선택할 수 있다. 네 번째 번호는 0593이므로, 593번이 선택된다. 다섯 번째 숫자는 6662이다. 모집단에는 6662가 없으므로, 다음 숫자로 계속하여 총 200개의 숫자가 될 때까지 표본으로 선택될 모집단의 개인을 나타낸다. 대부분의 연구자는 무선으로 표본을 얻기 위해 컴퓨터로 만든 목록을 사용한다. 이 작업은 Excel 소프트웨어를 사용하여 매우 쉽게 수행할 수 있다(제11장의 '무선표본을 그리기 위한 엑셀 사용' 상자 참고).

무선표집의 장점은 크기가 충분히 크면 대표표본을 생성할 가능성이 매우 높다는 것이다. 가장 큰 단점은 실행이 쉽지 않다는 점이다. 모집단의 모든 구성원은 신원이 확인되어야 한다. 대부분의 경우, 선택된 사람들에게 연락할 수 있어야 한다. 모든 경우에, 117이 **누구인지**(who) 알아야 한다.

더 나아가, 연구자가 특정 하위집단이 모집단과 동일한 비율로 표본에 나타나기를 **보장하려는**(ensure) 경우에는 단순무선표집을 사용하지 않는다. 이를 위해 연구자는 유층표집이라고 알려진 것에 참여해야 한다.

유층무선표집

유층무선표집(stratified random sampling)은 모집단에 존재하는 것과 동일한 비율로 표본에 특정 하위집단 또는 계층(strata)을 선택하는 과정이다. 한 커다란 교육청의 연구책임자가 교육청이 채택을 고려하고 있는 새로운 고등학교 3학년 한국사 교과서에 대한 학생들의 반응을 알아보려고 한다고 가정해 보자. 해당 연구책임자는 새로운 교과서를 사용한 학생들의 성취도와 교육청이 과거에 구입한 보다 더 전통적인 교과서를 사용한 학생들의 성취도를 비교하고자 한다. 해당 연구책임자는 성별이 연구결과에 영향을 미칠 수 있는 중요한 변수라고 믿을 만한 이유가 있기 때문에, 연구에서 남학생과 여학생의 비율이 모집단과 동일하도록 하기로 결정했다. 표집과정의 단계는 다음과 같을 것이다.

1. 해당 연구책임자는 표적(그리고 접근 가능)모집단을 확인한다. 3학년 학생 365명 모두 해당 교육청의 한국사 교과목에 등록했다.
2. 해당 연구책임자는 모집단에서 219명의 여학생(60%)과 146명의 남학생(40%)이 있다는 것을 발견한다. 그 연구책임자는 표본을 표적모집단의 30%로 구성하기로 결정한다.
3. 그런 다음, 난수표를 사용하여 모집단의 **각 계층으로부터(from each stratum)** 30%를 무선으로 선택하여, 66명의 여학생(219명 중 30%)과 44명의 남학생(146명 중 30%)이 이러한 하위집단으로 선택되었다. 남학생과 여학생의 비율은 모집단과 표본 모두에서 동일하다(40~60%). ([그림 6-2] 참고)

[그림 6-2] 유층표본 선택

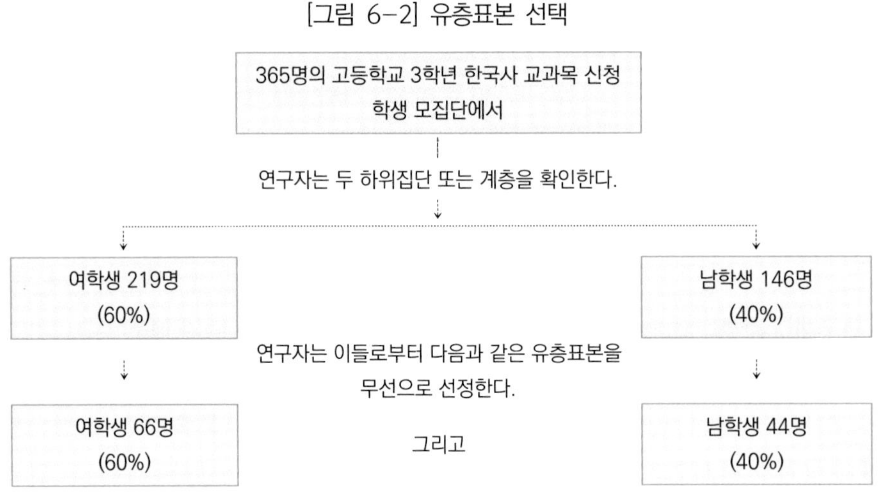

유층무선표집의 장점은 특히 표본이 매우 크지 않은 경우 대표성의 가능성을 증가시킨다는 것이다. 모집단에서 개인의 주요 특성이 표본에서 동일한 비율에 포함되도록 사실상 보장한다. 단점은 연구자 측의 노력이 더 필요하다는 것이다.

군집무선표집

무선표집과 유층무선표집 모두에서, 연구자는 특정 유형의 개인이 표본에 포함되는지 명확히 하고자 한다. 그러나 모집단에서 개인을 표본으로 선택할 수 없는 경우가 있다. 예를 들어, 관심 모집단의 모든 구성원 목록을 사용할 수 없는 경우가 있다. 그러한 경우, 단순무선표집 또는 유층무선표집은 사용할 수 없다. 연구자들은 행정적 또는 다른 제한 때문에 개인의 표본을 선택하지 못하는 경우가 많다. 이것은 특히 학교에서 그러하다. 예를 들어, 표적모집단이 한국사 교과목에 등록한 교육지원청 관내 모든 고등학교 2학년 학생이라면, 연구자가 무선으로 선발된 학생을 실험 교육과정에 참여시키기 위해 뽑을 것 같지는 않다. 설령 할 수 있다 하더라도, 필요한 시간과 노력은 그러한 선택을 어렵게 만들 것이다. 연구자가 바랄 수 있는 최선의 방법은 다수의 온전한 학급, 즉 이미 존재하는 학급을 연구하는 것이다. 개인이 아닌 연구대상의 집단 또는 군집을 선택하는 것을 **군집무선표집**(cluster random sampling)이라고 한다. 단순무선표집이 연구대상이 많을수록 더 효과적이듯, 군집무선표집은 군집수가 많을수록 더 효과적이다.

군집무선표집의 다른 예를 살펴보자. 동해안의 한 도시에 있는 대규모 통합 교육지원청의 교육장은 해당 지역의 교사들이 성과급에 대해 어떻게 느끼는지에 관하여 대략적으로 파악하고자 한다. 교육지원청의 모든 초 · 중 · 고교에 1만여 명의 교사가 있으며, 넓은 면적에 50여 개의 학교가 분포해 있다. 교육장은 관내 모든 교사를 대상으로 설문조사를 할 재원도 없지만, 성과급에 대한 정보는 빨리 필요하다. 그래서 무선으로 모든 학교의 교사표본을 선발하는 대신, 교육장은 선택된 학교의 모든 교사를 인터뷰하기로 결정한다. 그러면 각 학교의 교사가 군집을 구성한다. 교육장은 각 학교에 번호를 할당하고 난수표를 사용하여 10개 학교(모집단의 20%)를 선정한다. 선정된 학교의 모든 교사가 표본을 구성한다. 인터뷰진행자(interviewer)는 지역 내 모든 학교를 다닐 필요 없이 이 10개 학교 교사들에게 각각 질문을 던진다. 만약 이 교사가 교육지원청의 나머지 교사를 대표한다면, 교육장은 성과급에 대한 교육지원청 전체 교사의 감정에 대한 결론을 도출하는 것이 정당하다. 물론 이 표본이 대표적이지 않을 수도 있다. 인터뷰대상 교사들은 모두 교육지원청 관내 소수학교 출신이기 때문에, 이 학교가 교육지원청 관내 다

[그림 6-3] 군집무선표집

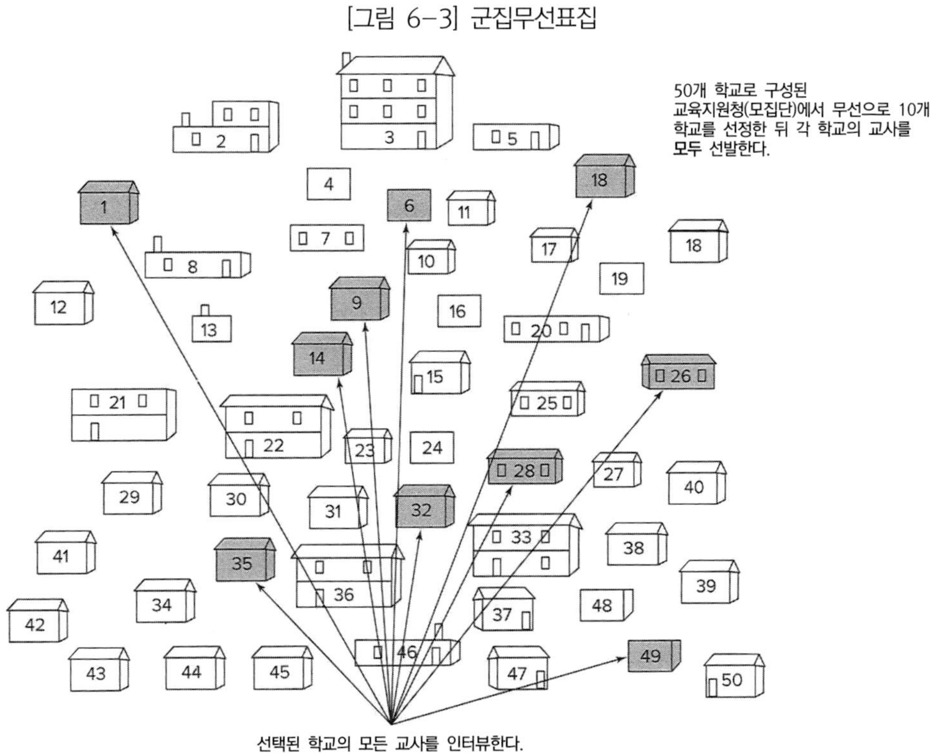

른 학교와 어떤 면에서 차이가 있어 성과급에 대한 교사의 관점에 영향을 미칠 수 있다. 더 많은 학교를 선택할수록, 이 연구결과가 교사 모집단에 적용될 가능성이 더 높다([그림 6-3] 참고).

군집무선표집은 개인이 아닌 집단이 무선으로 선택된다는 점을 제외하면 단순무선표집과 유사하다. 군집무선표집의 장점은 개인을 무선표본하기 어렵거나 불가능할 때 사용할 수 있고, 학교에서 구현하기가 훨씬 쉬우며, 시간이 덜 걸리는 경우가 많다는 것이다. 단점은 모집단을 대표하지 않는 표본을 선택할 확률이 훨씬 높다는 점이다.

많은 초보 연구자는 군집무선표집과 관련하여 단 **하나의**(one) 군집만을 표본으로 무선으로 선택한 다음 군집 내의 모든 개인을 관찰하거나 인터뷰하는 일반적인 오류를 범한다. 군집 내에 많은 수의 연구대상이 있더라도 개인이 아닌 임의로 선택된 군집이기 때문에, 연구자는 그러한 개인의 표적모집단에 대한 결론을 도출해서는 안 된다. 그러나 일부 연구자는 그러한 결론을 도출한다. 반복하여 언급한다. 그렇게 하지 말아야 한다.

2단계 무선표집

군집무선표집과 개별 무선표집을 결합하는 것이 유용한 경우가 많다. 이것은 2단계 무선표집(two-stage random sampling)에 의해 달성된다. 100개 학급에 위치한 3,000명의 중학교 3학년 모집단에서 100명의 학생을 무선으로 선발하는 대신, 연구자는 100개 학급 모집단에서 25개의 학급을 무선으로 선택한 다음, 각 학급에서 4명의 학생을 무선으로 선발할 수 있다. 이것은 100개 학급의 대부분을 방문하는 것보다 훨씬 시간이 적게 소요된다. 왜 이것이 무선으로 선택된 4개의 학급에 있는 모든 학생을 이용하는 것보다 더 나은가? 왜냐하면 4개 학급을 무선으로 뽑았음에도 불구하고 대표성을 확보하기에는 너무 적기 때문이다.

[그림 6-4]는 앞에서 논의한 다양한 무선표집방법을 보여 준다.

[그림 6-4] 무선표집방법

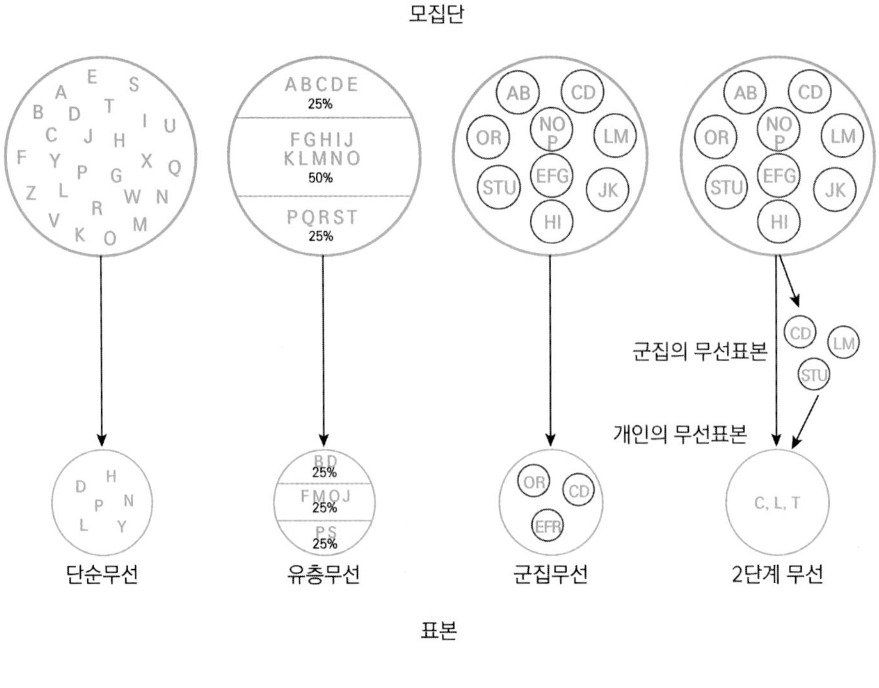

모집단

군집의 무선표본

개인의 무선표본

단순무선 유층무선 군집무선 2단계 무선

표본

비무선표집방법

체계적 표집

체계적 표집(systematic sampling)에서, 모집단 목록(list)의 모든 n번째 개인을 표본에 포함하도록 선택한다. 예를 들어, 5,000개의 이름을 가진 모집단 목록에서 500개의 표본을 선택하기 위해, 연구자는 총 500개의 이름에 도달할 때까지 목록의 10개의 이름을 선택할 것이다. 다음은 이러한 표집유형의 예이다. 학생 수가 1,000명인 대형 중학교(1~3학년)의 교장선생님은 학교 식당에서 새로운 메뉴를 접하는 학생들의 기분이 어떤지 알고 싶어 한다. 해당 교장선생님은 학교의 모든 학생의 이름순 목록을 얻고 10명마다 표본에 포함되도록 선발한다. 편견을 막기 위해, 숫자 1~10까지의 숫자를 모자에 넣고 하나를 뽑는다. 3이다. 그래서 그녀는 인터뷰할 100명의 학생 표본을 뽑을 때까지 3, 13, 23, 33, 43번 등 번호가 매겨진 학생을 선발한다.

이 방법은 기술적으로 무선시작(random start)이 있는 체계적 표집이라고 알려져 있다. 또한 체계적 표집을 언급할 때 자주 사용되는 두 가지 용어가 있다. 표집구간(sampling interval)은 표본에 대해 선택된 각 개인 간의 목록의 거리이다. 주어진 예에서 그것은 10이었다. 이를 결정하는 간단한 공식은 다음과 같다.

$$\frac{\text{모집단 크기}}{\text{원하는 표본크기}}$$

표집비율(sampling ratio)은 모집단에서 표본에 대해 선택된 개인의 비율이다. 앞의 예에서, 그것은 .10 또는 10%이었다. 표집비율을 결정하는 간단한 방법은 다음과 같다.

$$\frac{\text{표본크기}}{\text{모집단 크기}}$$

체계적 표집은 때때로 간과되는 위험이 있다. 모집단이 체계적으로 정렬된 경우, 즉 목록에 있는 개인의 배열이 표집구간과 우연히 일치하는 패턴인 경우, 현저하게 편견된 표본이 발생할 수 있다. 이것은 때때로 주기성(periodicity)이라고 불린다. 앞의 예에서, 중학생들은 이름순으로 나열되지 않고 오히려 담임교사가 이전에 교실에 있는 학생들을 평점평균(Grade Point Average: GPA)으로 높은 점수에서 낮은 점수로 나열했다고 가정해 보자. 그것은 더 나은 학생이 각 담임교사의 목록의 맨 위에 있다는 것을 의미할 것이다. 또한 각 담임교사마다 30명의 학생이 있다고 가정해 보자. 만약 교장선생님이 첫 번째, 두 번째 또는 세 번째 학생을 10명씩 선발하기 시작한다면, 표본은 전체 학생을 대표하는 것보다 학교에서 더 우수한 학생으로 구성될 것이다(왜 그러한지 알 수 있는가? 왜냐하면 각 담임교사의 목록에서 가장 성적이 나쁜 학생은 24에서 30 사이의 숫자를 가진 학생일 것이고, 그들은 결코 선택되지 않을 것이기 때문이다).

따라서 어떤 종류의 목록에서 표본을 선택하려고 계획할 때, 연구자는 주기적인(cyclical) 패턴이 존재하지 않는지 확인하기 위해 목록을 주의 깊게 검토해야 한다. 목록이 특정 순서로 배열된 경우, 연구자는 배열이 결과를 왜곡할 수 있는 방식으로 표본에 편견되지 않도록 해야 한다. 그러한 경우, 대표성을 보장하기 위해, 예를 들어 각 주기적인 부분에서 개인을 무선으로 선택하여 단계를 수행해야 한다. 실제로 모집단 목록이 무선으로 배열된 경우, 목록에서 추출된 체계적 표본은 무선표본이다.

편의표집

무선 비무선표본이나 체계적 비무선표본을 선택하는 것은 매우 어려운 경우가 많다. 이때 연구자는 편의표집(convenience sampling)을 사용할 수 있다. 편의표본은 (편리하게) 연구할 수 있는 개인의 집단이다([그림 6-5] 참고). 그러므로 교장선생님이 새로운 맞춤법 교과서의 효과를 평가하는 데 도움을 요청하기 때문에, 한 연구자가 근처 초등학교에서 두 개의 3학년 수업을 연구하기로 결정할 수도 있다. 다음은 편의표본의 예이다.

- 정릉대학교의 학생회관 내 급식서비스에 대해 학생들이 어떻게 느끼는지 알아보기 위해, 월요일 아침에 매니저는 카페테리아 정문 밖에 서서 카페테리아에서 걸어 나오는 처음 50명의 학생을 인터뷰한다.
- 고등학교 상담사가 진로상담을 위해 자신을 찾아온 학생들을 인터뷰한다.
- 지역 텔레비전방송국의 뉴스리포터가 시내 거리의 행인들에게 인근 교외에 새로운 야구장을 건설할 계획에 대해 의견을 묻는다.
- 대학교수가 통계학 수업에서 다른 두 교재에 대한 학생들의 반응을 비교한다.

이러한 각각의 예에서, 특정 집단의 사람들이 이용 가능하기 때문에 연구를 위해 선택되었다. 이러한 유형의 표집의 분명한 장점은 편리하다는 것이다. 그러나 분명히 표본이 편견될 가능성이 높다는 점에서 커다란 단점이 있다. 시내 길모퉁이에서 행인들을 인터뷰하고 있는 텔레비전 뉴스리포터의 경우를 보자. 많은 가능한 편견의 원천이 존재한다. 우선, 당연히 그날 시내에 있지 않은 사람은 인터뷰할 기회가 없다. 둘째, 자신의 견해를 밝히기를 꺼리는 사람은 인터뷰하지 않을 것이다. 셋째, 인터뷰에 동의하는 사람은 아마도 경기장에 대해 어떤 식으로든 강한 의견을 가진 개인일 것이다. 넷째, 하루 중 시간에 따라 인터뷰대상자는 실직하거나 실내에 있을 필요가 없는 직업을 가지고 있을 것이다. 기타 등등.

일반적으로 편의표본은 모집단을 대표하는 표본으로 간주할 수 없으며 가능하면 피해야 한다. 불행하게도, 때때로 이는 연구자가 가질 수 있는 유일한 선택권이다. 그러한 경우, 연구자는 연구된 표본의 인구통계학 및 기타 특성에 대한 정보를 포함하도록 특히 주의해야 한다. 이 연구는 또한 **복원되어야**(replicated) 한다. 즉, 얻어진 결과가 단순히 일회성일 가능성을 줄이기 위해 유사한 표본의 수를 반복해야 한다. 복원에 대해서는 이 장의 뒷부분에서 자세히 논의할 것이다.

[그림 6-5] 편의표집

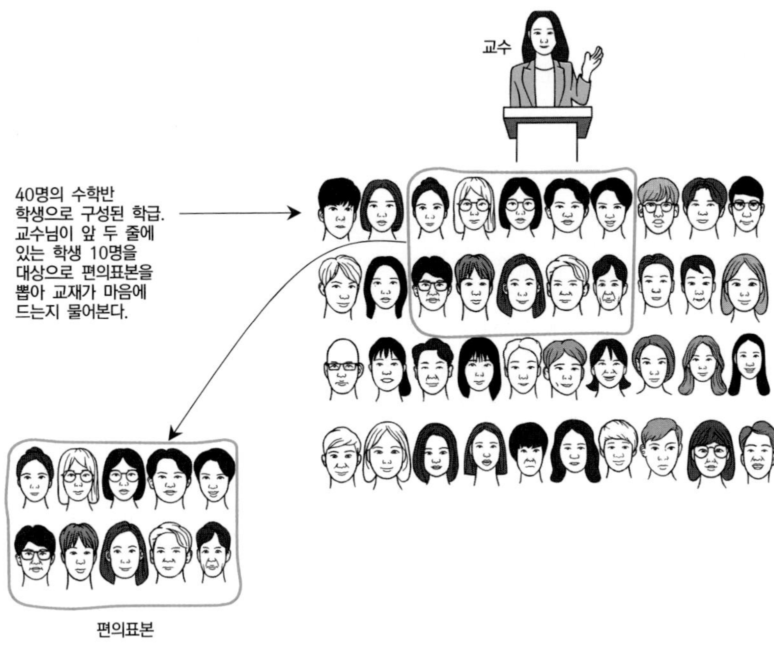

연구논쟁

표본? 또는 인구조사?

표본은 모집단의 일부만 조사한다. 인구조사(census)는 전체 모집단을 조사하려고 한다. 미국 인구조사국은 2010년 인구조사에서 150만 명의 소수민족이 빠졌다고 추정했다. 이들 대부분은 저소득 도시지역에 거주하는 아프리카계 미국인과 히스패닉계이다. 인구조사를 위한 절차는 우편물을 발송하는 것과 비응답자의 방문조사로 구성된다.

일부 통계학자는 별도의 대표표본을 조사하고 이러한 자료를 사용하여 응답자 수와 모집단 통계를 추정함으로써 인원 수를 늘릴 것을 제안했다. 이러한 생각의 지지자들은 이것이 모집단에 대한 더 나은 그림을 제공할 것이라고 주장한다. 반대자들은 처리 오류와 함께 관련된 가정이 더 많은 오류를 발생시킬 것이라고 말한다.

전체 모집단의 상당한 양의 무선표본이 더 많은 비용을 들이지 않고 현재의 절차보다 더 정확한 자료를 제공할 수 있다고 주장할 수 있지만, 헌법은 이를 배제하고 있다(이 주제에 대한 자세한 내용은 인터넷에서 국가 인구조사 표집 검색).

의도적 표집

때로는 모집단에 대한 사전지식 및 연구의 구체적인 목적에 따라 연구자가 개인적인 판단을 사용하여 표본을 선정한다. 연구자들은 특정 표본이 대표적인지 아닌지를 판단하기 위해 모집단에 대한 지식을 사용할 수 있다고 가정한다. 다음은 몇 가지 예이다.

- 한 중학교 2학년 사회과 교사가 학급에서 평점평균(GPA)이 가장 높은 학생 2명, GPA가 중간인 학생 2명, GPA가 가장 낮은 학생 2명을 선택해 정기적으로 시사토론을 수업활동에 포함시키는 소감을 알아본다. 과거의 비슷한 표본은 전체 학급의 관점을 꽤 정확하게 표현했다.
- 한 대학원생이 65세 이상의 은퇴한 사람이 자신의 '황금기'에 대해 어떻게 느끼는지 알고 싶어 한다.

해당 대학원생은 교수 중 한 명인 고령화 · 고령인구전문가로부터 지역 퇴직노동자협회가 65세 이상 퇴직자의 대표적인 단면이라는 말을 들었다. 해당 대학원생은 협회의 회원인 50명의 표본과 인터뷰하여 의견을 얻기로 결정한다.

이 두 사례 모두에서 이전의 정보는 연구자가 선택된 표본이 모집단을 대표할 것이라고 믿게 만들었다. 두 번째 형태의 의도적 표집이 있는데, 여기에서 선택된 사람들이 모집단을 대표하는 것이 아니라 모집단에 **대한**(about) 필요한 정보를 보유하고 있을 것으로 예상된다. 예를 들면 다음과 같다.

- 한 연구자가 특정 고등학교에서 비공식적인 권력서열을 밝혀내도록 요청받았다. 해당 연구자는 교장선생님, 노조 대표, 교장선생님의 비서, 학교관리인을 인터뷰하기로 결정한다.
- 지난 5년간 중서부 교육지원청에 있는 교원단체장이 대부분의 주요 쟁점에 대해 지역의 교사 3/4의 견해를 대변해 왔다. 따라서 올해는 교육지원청이 모든 교육지원청 관내 교사 중에서 표본을 선택하기보다 교원단체장만 인터뷰하기로 결정한다.

의도적 표집(purposive sampling)은 연구자가 단순히 이용 가능한 사람을 연구하는 것이 아니라, 사전정보를 바탕으로 자신이 필요한 자료를 제공할 것이라고 믿는 표본을 선택하기 위해 자신의 판단을 사용한다는 점에서 편의표집과는 다르다. 의도적 표집의 가장 큰 단점은 표본의 대표성이나 필요한 정보에 대한 전문성을 추정하는 과정에서 연구자의 판단이 틀릴 수 있다는 것이다. 두 번째 예에서, 올해의 교원단체장들은 회원들의 견해와는 확연히 다른 견해를 가질 수 있다. [그림 6-6]은 편의표집, 의도적 표집 그리고 체계적 표집방법을 보여 준다.

[그림 6-6] 비무선표집방법

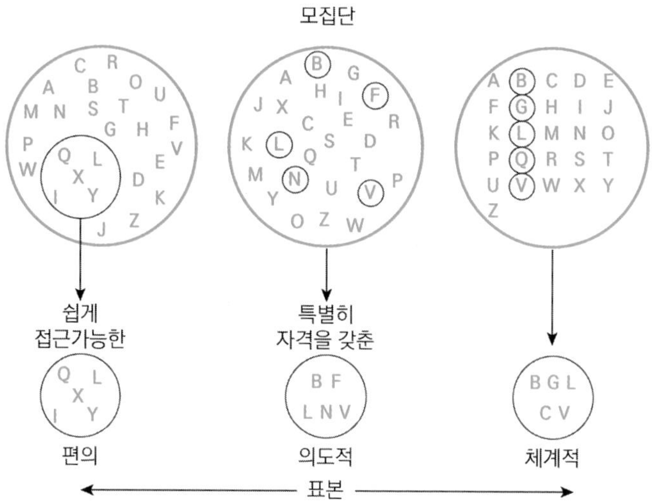

모집단

A C R B O U M N S T G H F P E V W Q L X D I Y K J Z	A B G H I F J X C E R K L S D Q T M N U V P Y O Z W	A B C D E F G H I J K L M N O P Q R S T U V W X Y Z
↓ 쉽게 접근가능한	↓ 특별히 자격을 갖춘	↓
Q L X I Y	B F L N V	B G L C V
편의	의도적	체계적

← 표본 →

표집방법 검토

"자아존중감이 낮은 학생은 교과목에서 더 낮은 성취도를 보인다."라는 동일한 가설을 사용하여 이전의 표집방법을 각각 설명해 보고자 한다.

표적모집단: 모두 캘리포니아주에 있는 중학교 2학년 학생들이다.

접근 가능 모집단: 샌프란시스코 베이 에어리어(San Francisco Bay Area)(7개 카운티)에 있는 모든 중학교 2학년 학생들

가용한 표본크기: $n = 200 \sim 250$.

단순무선표집: 7개 카운티에 있는 모든 공립 및 사립학교의 중학교 2학년 학생을 확인한다(추정되는 중학교 2학년 학생 수=9,000명). 각 학생에게 숫자를 할당한 다음, 난수표를 사용하여 200개의 표본을 선정한다. 여기에서 어려운 점은 베이 에어리어(Bay Area)의 모든 중학교 2학년 학생의 신원을 확인하고, 그 학교에서 한두 명의 학생에게 연구도구를 투여하기 위해 (아마도) 200여 개의 다른 학교와 연락하는 데 시간이 많이 소요된다는 것이다.

군집무선표집: 7개 카운티에서 중학교 2학년이 되는 모든 공립 및 사립학교를 확인한다. 각 학교에 번호를 부여한 후 학교별로 4개교를 무선으로 선정하여 중학교 2학년 전체 학급을 포함시킨다(학교당 2개반 × 학급당 30명=총 240명 예상). 군집무선표집은 단순무선표집보다 실현 가능성이 훨씬 높지만, 무선으로 선택해도 4개의 학교만 사용하기 때문에 한계가 있다. 예를 들어, 4개 학교만 선택해도 사립학교 학생의 선택이 제외될 수 있다.

유층무선표집: 공립학교와 사립학교의 중학교 2학년 학생 수에 대한 자료를 입수하여 유형별 비율(예: 공립 80%, 사립 20%)을 결정한다. 표본할 각 유형별 표본수를 결정한다(공립=200명의 80%=160명, 사립=200명의 20%=40명). 공립 및 사립학교 학생의 각 하위 모집단에서 160명 및 40명의 표본을 무선으로 선정한다. 유층은 표본이 다른 변수에서도 대표하기 위해 사용될 수 있다. 이 방법의 어려움은 유층을 위해서는 연구자가 모집단의 각 계층별 비율을 알아야 하며, 변수가 추가될수록 점점 더 어려워진다는 것이다. 공립–사립 변수뿐만 아니라 (예를 들어) 학생의 민족성, 성별, 사회경제적 지위, 교사 성별 및 경험에 대해서도 유층화하려고 한다고 상상해 보라.

2단계 무선표집: 접근 가능한 학교 모집단에서 25개 학교를 무선으로 선택한 다음, 각 학교에서 중학교 2학년 학생을 무선으로 선택한다($n = 8 \times 25 = 200$명). 이 방법은 단순무선표집보다 훨씬 더 실현 가능하고 군집무선표집보다 더 대표적이다. 이 예에서는 최선의 선택일 수 있지만, 여전히 25개 학교의 허가와 각 학교의 자료를 수집하기 위한 자원이 필요하다.

편의표집: 연구자가 접근할 수 있는 4개 학교의 중학교 2학년 학생을 모두 선택한다(다시 말해, 학교당 30명씩 2개 반을 추정한다. 따라서 $n = 30 \times 4 \times 2 = 240$명). 이 방법은 접근 가능한 전체 학교집단과의 유사성에 대해 뒷받침하는 자료를 가지고 강력한 논거를 할 수 없는 한, 이 네 개 학교 이상의 일반화를 배제한다.

의도적 표집: 7개 카운티 전체에서 중학교 2학년을 모두 대표하는 학생임을 보여 주는 인구통계자료를 토대로 8개 반을 선정한다. 자아존중감과 성취도 점수에 각별한 주의가 필요하다. 문제는 그러

한 자료를 이용할 수 없을 것 같고, 어떤 경우에도 교사태도 및 가용자원과 같은 다른 변수에 대한 표집과 모집단 간의 가능한 차이를 제거할 수 없다는 것이다.

체계적 표집: 학교별 이름순 목록에서 45번째 학생을 선발한다.

$$\frac{200\text{명의 표집}}{9{,}000\text{명의 모집단}} = \frac{1}{45}$$

이 방법은 단순무선표집만큼이나 불편하고 편견적인 표집을 초래할 수 있는데, 각 학교의 45번째 이름은 이름순의 마지막 1/3에 속하기 때문에 (각 학교에 약 60명의 중학교 2학년 학생이 있다는 것을 기억하라.) 민족적 또는 문화적 편견이 개입되기 쉽다.

표본크기

연구자들은 표본이 모집단을 완벽하게 대표한다고 확신할 수 없기 때문에, 표본을 연구한 후 모집단에 대한 결론을 도출하는 것은 결코 완전히 만족스러울 수 없다. 표본과 모집단 간에 일부 차이가 존재하기 마련이지만, 표본을 무선으로 선택하고 충분한 크기를 가진다면, 이러한 차이는 상대적으로 중요하지 않고 부수적일 가능성이 높다. 따라서 무엇이 표본에 적합한 또는 충분한 크기를 구성하느냐는 의문이 남는다.

안타깝게도, 이 질문에 대한 명확한 답은 없다. 표적모집단이 특정 교육지원청에 있는 1,000명의 중학교 2학년 학생으로 구성되어 있다고 가정해 보자. 물론 일부 표본크기는 너무 작다. 예를 들어, 연구대상수가 1 또는 2 또는 3인 표본은 너무 작아서 대표적일 수 없다. 연구대상 수가 20~30명 미만인 표본은 모집단의 2~3%에 불과하기 때문에 너무 작을 수 있다. 반면에, 어떤 표본은 연구자가 그 표본을 얻기 위해 쏟아야 하는 시간과 노력을 고려할 때 너무 클 수 있다. 이 예에서 250명 이상의 연구대상은 불필요하게 클 것이다. 이는 모집단의 1/4을 차지하기 때문이다. 그러나 50명 또는 100명의 표본은 어떠한가? 이는 충분히 큰가? 200명의 표본은 너무 큰가? 정확히 어느 시점에서 표본이 너무 작지 않고 충분히 커지는가? 가장 좋은 답은 표본은 연구자가 합리적인 시간과 에너지 소비로 얻을 수 있는 만큼 커야 한다는 것이다. 이것은 물론 원하는 만큼의 도움은 아니지만, 연구자들이 합리적으로 가능한 한 많은 표본을 얻으려고 노력해야 한다는 것을 시사한다.

필요한 **최소**(minimum) 연구대상 수와 관련하여, 우리가 제안할 몇 가지 지침이 있다. 기술연구의 경우, 최소 100명의 표본이 필수적이라고 생각한다. 상관연구의 경우, 관계의 존재를 확립하기 위해 최소 50명의 표본이 필요한 것으로 간주된다. 실험연구와 인과-비교연구의 경우, 집단 당 최소 30명을 권장한다. 때로는 집단 당 15명을 연구대상으로 한 실험연구가 매우 엄격하게 통제되는 경우 방어될 수 있다. 그러나 너무 많은 연구결과가 도출되기 전에 집단 당 15명의 연구대상만을 사용한 연구는 아마도 복원되어야 한다.[3] 질적 연구에서 한 표본에서의 연구참여자 수는 보통 1~20명 사이이다.

3) 보다 구체적인 지침은 제11장의 연구 팁에 제시했다.

외적 타당도: 표본으로부터 일반화

이 장의 앞부분에서 지적한 바와 같이, 연구자는 특정 연구의 결과를 연구에 사용된 특정한 사람이나 환경을 뛰어넘는 사람이나 환경에 적용할 때 일반화한다. 과학의 전체 개념은 일반화(generalizing)의 개념에 기초한다. 모든 과학은 아주 다양한 상황에 그리고 사회과학의 경우 아주 많은 사람에게 적용될 수 있는 기본적인 원리나 법칙을 찾으려고 한다. 대부분의 연구자는 자신의 연구결과를 적절한 집단으로 일반화하기를 원한다. 그러나 일반화는 언제 보증되는가? 연구자들이 표본에 대해 알아낸 것이 모집단에 대해서도 사실이라고 언제 자신 있게 말할 수 있는가? 일반화 가능성에 대해 생각할 때 표본의 본질과 환경조건, 즉 연구가 이루어지는 환경을 모두 고려해야 한다. 연구의 결과가 일반화될 수 있는 정도는 연구의 외적 타당도(external validity)를 결정한다. 다음의 두 개의 장(章)에서는 타당도의 개념이 도구[도구타당도(instrument validity)]와 연구의 내적 설계에 적용되는 방법도 논의한다.

모집단 일반화 가능성

모집단 일반화 가능성(population generalizability)은 표본이 관심 모집단을 나타내는 정도를 말한다. 어떤 연구의 결과(results)가 연구대상집단에만 적용되고, 그 집단이 상당히 작거나 좁게 정의된 경우, 어떠한 연구결과(findings)의 유용성도 심각하게 제한된다. 대표표본을 얻기 위한 노력이 중요한 이유이다. 연구를 수행하는 데 상당한 시간, 에너지 및 (자주) 비용이 소요되기 때문에, 연구자는 일반적으로 조사결과가 가능한 한 광범위하게 적용되기를 원한다.

그러나 대표성(representativeness)에 대해 이야기할 때, 단지 모집단의 필수적이거나 적절한 특징만을 언급하는 것이다. **적절한**(relevant)이라는 말이 무슨 뜻인가? 그것은 단지 언급된 특성이 얻어진 어떠한 결과(results)에 기여하는 요인이 될 수 있다는 것을 의미한다. 예를 들어, 만약 연구자가 1학년과 2학년 학생들의 표본을 선택하여 읽기방법(reading method)이 아동의 성취도에 미치는 영향을 연구하고자 한다면, 키, 눈동자 색깔, 점프능력과 같은 특성은 적절하지 않다고 판단할 것이다. 즉, 그것에서의 어떠한 변화도 아동이 읽는 것을 배우는 데 얼마나 쉽게 영향을 미칠지 예상하지 않을 것이고, 따라서 그러한 특성이 표본에 적절하게 반영되지 않았더라도 지나치게 염려하지 않을 것이다. 반면에 연령, 성별 또는 시각적 예민함과 같은 다른 특성은 (논리적으로) 영향을 미칠 수 있으므로 표본에 적절히 표현되어야 한다.

의도적 표본이나 편의표본이 사용될 때마다 표본이 최소한 일부 관련 변수에서 의도된 모집단을 대표한다는 것을 보여 주는 자료가 제시되면 일반화가 더 타당하게 만들어진다. 그러나 이 절차가 모든 관련 변수에 대한 대표성을 보장할 수는 없다.

'방법(methods)' 또는 '처치(treatment)' 연구에서 종종 간과되는 일반화의 한 측면은 다양한 처치를 실행하는 교사, 상담사, 행정가 또는 다른 사람들과 관련이 있다. 그러한 연구가 학생, 내담자, 또는 다른 처치 수혜자들의 표본뿐만 아니라 다양한 처치방법을 실행하는 사람들의 표본도 포함한다는 것을 기억해야 한다. 따라서 교사가 아닌 학생들을 무선으로 선발하는 연구는 그 산출물(outcomes)을 그 학생의 모집단에[**만약**(**if**) 그들이 동일한 교사에게 배웠다면] 대해서만 그 연구결과를 일반화할 수 있다. 그 연구결과를 다른 교사들에게 일반화하려면, 교사표본도 무선으로 선정해야 하고 충분히 커야 한다.

마지막으로, 모든 연구에서 표본은 실제로 자료를 얻는 집단이라는 것을 기억해야 한다. 초기표본의 상당한 부분에 대한 정보가 누락되면 최상의 표집계획은 아무런 가치가 없다. 일단 표본을 선택한 후, 표본에 포함된 각 사람에 대해 필요한 자료를 얻을 수 있도록 모든 노력을 기울여야 한다. 이는 특히 질문지 형식의 조사연구의 경우 종종 어려운 일이지만, 그 결과는 시간과 에너지를 소비하는 데 충분한 가치가 있다. 불행히도 대표성이 심각하게 손상되기 전에 얼마나 많은 연구대상을 잃을 수 있는지에 대한 명확한 지침은 없다. 원래 선택된 표본의 10% 이상을 잃은 연구자는 이러한 한계를 인정하고 그에 따라 결론을 내리는 것이 좋다.

대부분의 연구자는 자신이 연구한 표본을 넘어 자신의 연구결과를 일반화하려고 하지만, 질적 연구자들은 양적 연구자들이 무선으로 선택된 대표표본을 사용하여 일반화하려고 시도하는 방식으로 통계적 일반화에 관여하지 않을 것이다. 확률표집(probability sampling)이라고도 하는 이 과정은 질적 연구에서 흔하지 않으며, 이는 의도적 표집과 같은 무선적이지 않은 기법에 더 의존한다(제18장의 '질적 연구에서 표집' 참고). 질적 연구자는 통계적 방법을 사용하여 표본으로부터 모집단으로 일반화하는 대신, **전이성**(tranferability)이라고 불리는 과정을 통해 이론적 주장을 구축하려고 시도한다. 전이성은 연구의 생산자가 아닌 소비자가 연구결과를 일반화하는 것을 말한다. 즉, 연구자가 연구참여자와 환경(setting)에 대한 충분한 세부정보를 제공하는 경우에만 독자가 정보전달을 가능하게 한다. 전이성에 대한 자세한 내용은 제18장의 '질적 연구에서 일반화'를 참고하라.

연구자는 항상 일반화하기를 원하는가? 연구자는 특정한 연구의 범위를 넘어 일반화하는 데 관심이 없는 유일한 시간은 어떤 조사의 결과가 특정한 시간에 특정한 집단에 적용되는 경우에만 관심을 가질 때, 그리고 집단의 모든 구성원이 연구에 포함되는 경우이다. 새로운 수학 프로그램을 실행할 것인지와 같은 특정한 질문에 대한 초등학교 교직원의 의견이 그 예가 될 수 있다. 이는 의사결정이나 프로그램을 계획하는 교직원에게는 유용할 수 있지만, 다른 교직원에게는 그렇지 않다.

연구심화

표본으로부터 일반화의 어려움

1936년, 당시 인기잡지였던 『Literary Digest』는 미국의 유권자 표본을 뽑아 다가오는 대통령 선거(공화당 Alf Landon 또는 민주당 Franklin Roosevelt)에서 누구에게 투표할 것인지 물었다. 잡지편집자는 미국의 자동차와 전화소유주 명단에서 237만 5천 명의 표본을 얻었다. 그 결과를 근거로, 잡지편집자는 Landon이 압도적인 차이로 이길 것이라고 예측했다. 사실, 압도적인 승리를 거둔 것은 Roosevelt이었다. 연구에 무슨 문제가 있었나?

확실히 표본크기는 아니다. 가장 빈번한 설명은 선거 전에 자료가 너무 많이 수집되었고 **많은**(a lot) 사람이 마음을 바꿨으며, 또는 유권자의 표본이 더 부유한 사람들에게 심하게 편중되어 있고, 또는 20%의 복귀율이 큰 편견을 불러왔다는 것이다. 여러분은 어떻게 생각하는가?

초기 연구자들 사이의 흔한 오해는 다음의 진술에 의해 설명된다. "비록 나는 샌프란시스코에 있는 학교에서만 무선표본을 했지만, 샌프란시스코 학교들(그리고 나의 표본)이 매우 다양한 사회경제적 수준, 인종집단, 그리고 수업방식을 반영하기 때문에 나의 결과를 캘리포니아주 전체로 일반화할 수 있다." 다양성은 대표성과 동일한 것이 아니기 때문에, 그 말은 틀렸다. 샌프란시스코 학교가 캘리포니아의 모든 학교를 대표하기 위해서는 언급된 학교들과 같은 특징에 대해 매우 유사해야 한다(이상적으로는 동일해야 한다). 자신에게 물어보라. 샌프란시스코의 학교는 학생들의 인종적 구성과 관련하여 주 전체를 대표하는가? 물론 대답은 그렇지 않다는 것이다.

무선표집이 가능하지 않는 경우

이미 제시한 바와 같이, 때로는 무선표본을 하는 것이 실현 가능하거나(feasible) 심지어 가능하지(possible) 않을 때도 있다. 이러한 경우, 연구자들은 표본을 가능한 한 철저하게 기술하여(예: 나이, 성별, 민족성 및 사회경제적 지위) 관심 있는 다른 사람이 연구결과가 적용되는 정도와 누구에게 그리고 어디에 적용되는지 스스로 판단할 수 있도록 해야 한다. 이것은 무선표집에 비하면 분명 중요하지 않는 절차이지만, 때때로 이것이 유일한 대안이다.

무선표본이 불가능한 경우, 다음과 같은 다른 가능성이 있다. 이를 복원(replication)이라고 한다. 연구자(또는 다른 연구자)는 서로 다른 상황에서 서로 다른 연구대상집단을 사용하여 연구를 반복한다. 서로 다른 연구대상집단을 사용하고 지리적 · 사회경제적 수준, 능력 등의 다른 조건에서 연구를 여러 번 반복한다면, 그리고 만약 얻어진 연구결과가 각 사례에서 본질적으로 동일하다면, 연구자는 연구결과를 일반화하는 것에 대해 추가적인 자신감을 가질 수 있다.

교육에서 행해진 대부분의 연구에서 무선표본은 사용되지 않았다. 여기에는 두 가지 이유가 있는 것 같다. 첫째, 교육연구자는 무선표본하지 않았을 때 일반화에 수반되는 위험을 알지 못할 수 있다. 둘째, 많은 교육연구에서 연구자가 무선표본을 하기 위해 필요한 시간, 돈 또는 기타 자원을 투자하는 것은 단순히 실현할 수 없다. 특정 연구의 연구결과가 더 큰 집단에 적용 가능하게 하려면, 연구자는 무선으로 선택된 표본이 실제로 연구대상 모집단을 대표한다고 설득력 있게 주장해야 한다. 그러나 이것은 어렵고 항상 반론의 대상이 된다.

생태학적 일반화 가능성

생태학적 일반화 가능성(ecological geralizability)은 어떤 연구의 연구결과가 다른 환경이나 조건으로 확장될 수 있는 정도를 말한다. 연구자는 연구가 이루어지는 환경조건, 즉 환경조건의 본질을 분명히 해야 한다. 이러한 조건은 연구자는 자신의 연구결과가 적용되기를 주장하는 새로운 상황에서 모든 중요한 측면에서 동일해야 한다. 예를 들어, 새로운 독서 프로그램이 대도시 학교시스템의 3학년 학생들에게 미치는 영향에 대한 연구에서부터 수학을 가르치는 것, 심지어 그 시스템에 있는 학생들에게까지 일반화하는 것은 정당화될 수 없다. 도시학교환경으로부터의 연구결과는 교외 또는 시골학교환경에 적용되지 않을 수 있다. 투사기(transperencies)를 사용하여 얻어진 연구결과는 교과서를 사용하여 얻어진 연구결과에는 적용되지 않을 수 있다. 어떤 연구대상, 특정 교수자료, 특정 조건, 특정 시간에 사실인 것은 다른 연구대상, 교수자료, 조건 또는 시간으로 일반화될 수 없다. 부적절한 생태학적 일반화 가능성의 예로는 지도읽기(map reading)에 적용된 특정 교수방볍이 여러 학교에서 5학년 학생들의 일반지도해석으로 더 큰 전이가 이루어진다는 것을 발견한 연구를 들 수 있다. 따라서 연구자는 교수방볍을 자원, 교사경험 등의 가능한 차이 외에도 관련된 내용, 교수자료, 기능의 차이를 간과하고 수학교과와 과학교과와 같은 다른 내용 영역에서 사용할 것을 권장할 수 있다. 이와 같은 부적절한 생태학적 일반화는 많은 교육연구의 골칫거리로 남아 있다.

불행하게도, 생태학적 일반화 가능성과 관련하여 무선표집의 강력한 기술의 적용은 사실상 불가능하다. 연구자가 조직패턴, 교수자료, 교실조건 등의 '모집단'을 확인한 다음 가능한 한 모든 조합에서 상당수의 조합을 무선으로 선택할 수 있다고 상상할 수 있지만, 그렇게 하는 것의 실행계획(logistics)은 경악하게 한다. 따라서 연구자는 어떤 한 연구의 연구결과를 일반화하는 데 신중해야 한다. 특정 환경조건 전반에 걸친 복원을 통해 결과가 유사한 것으로 나타났을 때에만 그 조건 전반에 걸쳐 일반화할 수 있다. [그림 6-7]은 모집단 일반화 가능성과 생태학적 일반화 가능성의 차이를 보여 준다.

[그림 6-7] 생태학적 일반화 가능성에 대비되는 것으로서의 모집단 일반화 가능성

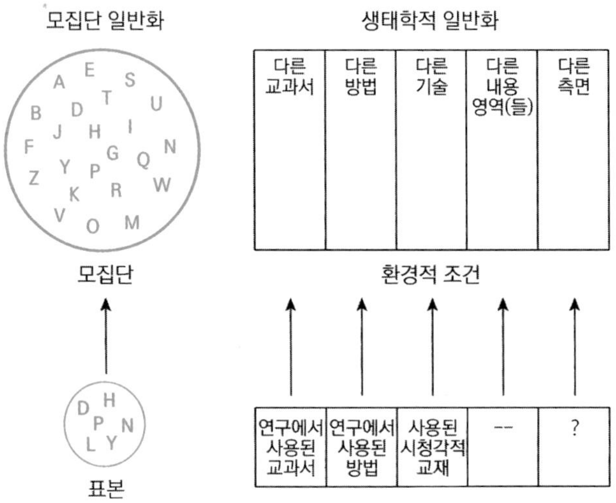

이 장의 시작 부분에 있는 **상호작용 · 응용 프로그램 학습** 기능으로 돌아가 상호작용 · 응용 프로그램 활동목록을 확인하라. www.mhhe.com/fraenkel10e의 **온라인학습센터**로 이동하여 퀴즈를 풀고 핵심 용어를 연습하며 장(章)의 내용을 검토하라.

핵심 요점

표본(samples)과 표집(sampling)

- **표집(sampling)**이라는 용어는 연구에 참여할 개인을 선택하는 과정(예: 관찰 또는 질문)을 말한다.
- 표본은 정보를 얻을 개인들의 모집단의 일부이다. 여러 가지 이유로 인해 원래 선택한 표본과 다를 수 있다.

표본과 모집단

- **모집단(population)**이라는 용어는 연구에서 사용되는 것처럼 특정 집단의 모든 구성원을 가리킨다. 연구자가 어떤 연구의 연구결과를 일반화하고자 하는 관심집단이다.
- 표적모집단은 연구자가 일반화하고자 하는 실제 모집단이며, 접근 가능 모집단은 연구자가 일반화할 수 있는 모집단이다.
- 대표표본은 모든 특징에서 모집단과 유사한 표본이다.

무선표집 대 비무선표집

- 표집은 무선표집 또는 비무선표집 중 하나이다. 무선표집방법에는 단순무선표집, 유층무선표집, 군집무선표집 및 2단계 무선표집이 포함된다. 비무선표집방법에는 체계적 표집, 편의표집, 의도적 표집이 포함된다.

무선표집방법

- 단순무선표본은 모집단의 모든 구성원이 선택될 가능성이 동일한 방식으로 모집단에서 선택된 표본이다.
- 유층무선표본은 특정 특성이 모집단에서 발생하는 비율과 동일한 비율로 표집에 반영되도록 선택된 표본이다.
- 군집무선표본은 개별 표집이 아닌 집단을 표집단위로 사용하여 얻은 표본이다.
- 2단계 무선표본은 집단을 무선으로 선택한 다음, 이 집단에서 개인을 무선으로 선택한다.
- 난수표는 숫자를 특별한 순서로 나열하고 배열하며 무선표본을 선택하는 데 사용할 수 있다.

비무선표집방법

- 체계적 표본은 모집단의 모든 n번째 이름을 선택하여 얻는다.
- 편의표본은 편리하게 연구할 수 있는 개인집단이다.
- 의도적 표본은 어떤 종류의 특별한 자격을 가지고 있거나 이전의 증거에 기초하여 대표적이라고 여겨지는 개인들로 구성된다.

표본크기

- 표본은 연구자가 합리적인 시간과 에너지 소비로 얻을 수 있는 한 커야 한다. 권장되는 최소연구대상수는 기술연구의 경우 100명, 상관연구의 경우 50명, 실험연구와 인과-비교연구의 경우 각 집단에 30명이다.

외적 타당도(일반화가능성)

- **외적 타당도(external validity)**라는 용어는 어떤 연구의 연구결과가 표본으로부터 모집단으로 일반화될 수 있는 정도를 말한다.
- **모집단 일반화 가능성(population generalizability)**이라는 용어는 어떤 연구의 연구결과가 의도된 모집단으로 일반화될 수 있는 정도를 말한다.
- **생태학적 일반화 가능성(ecological generalizability)**이란 어떤 연구의 연구결과가 특정 연구에서 우세했던 조건이나 환경 이외의 조건으로 일반화될 수 있는 정도를 말한다.

복원

- 연구가 복원되는 경우, 그것은 새로운 표본으로, 때로는 새로운 조건에서 연구가 반복된다.

핵심 용어

2단계 무선표집(two-stage random sampling)
군집무선표집(cluster random sampling)
난수표(table of random numbers)
단순무선표집(simple random sample)
대표성(representativeness)
모집단 일반화가능성(population generalizability)
모집단(population)
무선시작(random start)
무선표집(random sampling)
복원(replication)
비무선표집(nonrandom sampling)
생태학적 일반화가능성(ecological generalizability)
외적 타당도(external validity)
유층무선표집(stratified random sampling)
의도적 표집(purposive sampling)
일반화(generalizing)
접근가능 모집단(accessible population)
주기성(periodicity)
체계적 표집(systematic sampling)
편의표집(convenience sampling)
표본(sample)
표적모집단(target population)
표집(sampling)
표집간격(sampling interval)
표집비율(sampling ratio)

토론거리

1. 어떤 팀의 연구자가 교내 학생회에서 이용할 수 있는 레크리에이션 서비스에 대한 학생들의 태도를 확인하고자 한다. 이 팀은 캠퍼스의 중앙거리에서 처음 만나는 100명의 학생에게 학생회에 대한 질문을 던진다. 이 표본이 편견될 수 있는 몇 가지 가능한 방법은 무엇인가?
2. 어떤 연구자가 음악이 학습에 미치는 영향을 연구하는 데 관심이 있다고 가정해 보자. 해당 연구자는 인근 초등학교 교장선생님의 허락을 받아 초등학교 3학년 두 개 학급을 대상으로 연구하게 된다. 표준화된 시험, GPA, 교직원의 의견에서 알 수 있듯이, 두 학급의 능력 수준은 상당히 비슷하다. 연구자는 한 학급에서 한 학기 동안 매일 클래식 음악을 부드럽게 연주해 준다. 다른 학급에서는 음악이 연주되지 않는다. 학기가 끝나갈 무렵, 비록 다른 점에서는 차이가 없지만, 음악이 연주된 학급이 다른 학급보다 산수에서 월등히 더 높은 평균을 받았다. 이 연구의 연구결과가 일반화될 수 있는 모집단(만약 있다면)은 무엇인가? 정확히 어떤 것이, 연구자가 음악이 학습에 미치는 영향에 대해 말할 수 있는가?
3. 만약 있다면, 연구자가 언제, 어떤 연구의 연구결과를 일반화하는 데 관심이 없을 수 있는가? 이에 대하여 설명하라.
4. "표본이 클수록 연구자가 표본으로부터 모집단으로 일반화하는 것이 더 정당화된다." 이 말이 사실인가? 왜 그렇다고 생각하는가? 또는 왜 그렇지 않다고 생각하는가?
5. 어떤 사람은 모집단 전체를 연구할 수 없다고 주장한다. 이에 대하여 동의하는가? 왜 동의 또는 동의하지 않는가?
6. "연구자가 모집단을 더 좁게 정의할수록 일반화 가능성을 더 제한하게 된다." 이 말이 항상 사실인가? 이에 대하여 논의하라.
7. "최적의 표집계획은 초기표본의 상당부분에 정보가 누락되어 있다면 아무런 가치가 없다." 왜 그러한가? 이에 대하여 논의하라.
8. "생태학적 일반화 가능성과 관련하여, 무선표집의 사용은 거의 불가능하다." 왜 그러한가? 생태학적 일반화 가능성이 가능한 연구를 할 수 있는가? 그렇다면 예를 들어 보라.

연구실습 6. 표집계획

문제지 6을 사용하여, 표본, 즉 연구에 포함할 연구대상을 최대한 자세히 기술하라. 사용할 계획인 표본유형과 표본방법을 기술하라. 연구가 모집단 일반화 가능성을 가질 것으로 예상하는지 여부를 나타내라. 만약 그렇게 예상한다면, 어떤 모집단인가? 그렇지 않다면, 왜 그렇게 예상하지 않는가? 그런 다음, 연구가 생태학적 일반화 가능성을 가질 수 있는지 여부를 나타내라. 그렇다면 어떤 환경으로 할 것인가? 그렇지 않다면, 왜 그렇지 않는가?

문제지 6 표집계획

1. 연구질문은: ______________________

2. 원하는 표본(연구참여자)은 다음과 같이 구성된다(**누구, 몇 명**).

3. 주요 인구통계(표본의 특징)는 다음과 같다(예: 연령범위, 성별분포, 민족 명세, 사회경제적 지위, 위치[연구대상이 위치해 있는 곳]).

4. 사용할 표본유형(예: 편의, 의도적, 단순무선, 유층무선, 군집, 체계적)을 설명하면 다음과 같다.

5. 다음 단계를 통해 표본에 대한 연락처 정보를 얻거나 접근할 수 있다.

6. 만약 있다면, 연구에 참여하기 위한 포함/제외기준은 무엇인가?

7. 외적 타당도:
   1) 누구에게 여러분의 연구의 연구결과를 일반화할 수 있다고 생각하는가? 이를 설명하라.
   2) 해당되는 경우, 어떤 환경/조건으로 여러분의 연구의 연구결과를 일반화할 수 있는가(생태학적 타당도)?
   3) 그 연구결과를 일반화할 수 없다면, 왜 그러한가?

이 문제지의 전자 버전은 학지사 공식 홈페이지(www.hakjisa.co.kr) 『연구방법론: 교육연구설계 및 평가』의 도서 상세정보에서 내려받을 수 있다.

제7장

계측

자료란 무엇인가
- 핵심 질문
- 타당도, 신뢰도, 객관도
- 사용성

자료수집도구 분류 수단
- 누가 정보를 제공하는가
- 이 도구는 어디에서 나왔는가
- 서면응답 대 수행

자료수집도구의 예
- 연구자 작성 도구
- 연구대상 작성 도구
- 비개입 측정

규준참조도구 대 준거참조도구
- 규준참조도구
- 준거참조도구

측정척도
- 명목척도
- 서열척도
- 등간척도
- 비율척도
- 측정척도 재고찰

분석을 위한 자료 준비
- 자료 채점
- 자료를 표로 작성하기 및 코딩

학습목표

이 장을 학습하면 다음을 수행할 수 있어야 한다.

- '자료'라는 용어가 의미하는 바를 설명할 수 있다.
- '계측'이라는 용어가 의미하는 바를 설명할 수 있다.
- 연구자가 자료를 수집할 수 있는 세 가지 방법을 말할 수 있다.
- '자료수집도구'라는 용어가 의미하는 바를 설명할 수 있다.
- 교육연구에서 사용되는 다섯 가지 유형의 연구자 작성 도구를 기술할 수 있다.
- 교육연구에서 사용되는 다섯 가지 유형의 연구대상 작성 도구를 기술할 수 있다.
- '비개입 측정'이라는 용어가 의미하는 바를 설명하고, 이러한 측정의 두 가지 예를 제시할 수 있다.
- 네 가지 유형의 측정척도를 말하고, 각각의 예를 제시할 수 있다.
- 교육연구에 사용되는 세 가지 다른 유형의 점수를 말하고, 각각에 대한 예를 제시할 수 있다.
- 규준참조도구와 준거참조도구 간의 차이를 간략하게 기술할 수 있다.
- 분석을 위해 자료를 점수매기고, 표로 작성하며, 코딩하는 방법을 간략하게 기술할 수 있다.

상호작용 · 응용 학습	이 장을 읽는 동안 또는 읽은 후:
 다음을 하려면, 온라인학습센터 (www.mhhe.com/fraenkel10e)로 접속하라.	 다음 활동을 수행하기 위해 온라인 학습자 완전학습 활동(Student Mastery Activities) 책을 읽으라.
• 도구 개발에 대한 심화학습	• 활동 7.1: 주요 도구의 범주와 활용 • 활동 7.2: 어떤 유형의 도구가 가장 적절한가? • 활동 7.3: 척도유형 • 활동 7.4: 규준참조도구 대 준거참조도구 • 활동 7.5: 등급척도 개발 • 활동 7.6: 도구설계

선주와 은희가 연구방법론수업에서 어젯밤 강연에 대해 토론하고 있다.

"나는 꽤 감명받았다는 것을 인정해야겠어."라고 선주가 말한다.

"어떻게?"

"류 교수님이 지난밤 기술했던 측정도구 목록, 등급척도, 진위검사, 소시오그램, 일지(log), 일화기록, 집계표……. 그냥 계속 되었어. 나는 무언가를 측정하는 방법(많은 측정도구)이 이렇게 많은지 몰랐어. 그리고 측정에 대한 교수님의 말씀은 정말 인상 깊었어! 기억나? 류 교수님은 만약 무언가가 존재한다면, 측정할 수 있다고 말씀하셨어!"

"그래, 대단하셨어."라고 은희가 말한다. "하지만 나는 모든 것이 측정될 수 있다는 생각에 대해 잘 모른다는 것을 인정해. 매우 추상적인 것은 어때?"

"예를 들어?"

"글쎄, 소외감? 아니면 동기? 어떻게 측정하니? 심지어 그것이 측정될 수 있는지조차 확실하지 않아."

"글쎄, 이렇게 해 보자."라고 선주가 말한다. "나는……."

동기는 어떻게 측정할 것인가? 이렇게 추상적인 것을 측정할 수 있는 도구가 있는가? 아이디어를 얻기 위해 이 장을 읽어 보라.

자료란 무엇인가

자료(data)라는 용어는 연구자가 자신의 연구를 위해 얻는 정보의 종류를 말한다. 나이, 성별, 민족성, 종교 등과 같은 인구통계학적 정보는 자료의 한 종류이며, 상업적으로 이용 가능하거나 연구자가 준비한 검사의 점수는 또 다른 자료이다. 구두인터뷰나 질문지에 대한 서면답변에서 연구자의 질문에 대한 응답은 다른 종류이다. 학생이 쓴 에세이, 학교생활기록부에서 얻은 평점평균(GPA), 코치가 기록한 수행일지, 교사나 상담사가 기록한 일화기록 등은 모두 연구자가 연구조사의 일환으로 수집하고자 하는 다양한 종류의 자료를 구성한다. 따라서 모든 연구자가 조사 계획 단계에서 내려야 할 중요한 결정은 수집하려는 자료의 종류이다. 연구자가 자료를 수집하기 위해 사용하는 장치(예: 지필검사, 질문지 또는 등급척도)를 **도구**(instrument)라고 한다.[1)]

핵심 질문

일반적으로, 자료를 수집하기 위해 준비하는 전체 과정을 계측(instrumentation)이라고 한다. 여기에는 도구의 선택이나 설계뿐만 아니라 도구가 실행될 절차와 조건도 포함된다. 다음과 같은 몇 가지 질문이 제기된다.

---

1) 전부는 아니지만, 대부분의 연구는 도구를 사용해야 한다. 기존 기록(성적, 출석 등)에서 독점적으로 자료를 얻는 연구에서는 도구가 필요하지 않다.

1. 자료는 **어디에서**(where) 수집되는가? 이 질문은 자료수집의 **장소**(location)에 관한 것이다. 어디에 있을까? 교실에? 학교 운동장? 개인 주택? 길거리에?
2. 자료는 **언제**(when) 수집되는가? 이 질문은 수집 **시간**(time)에 관한 것이다. 언제 발생하는가? 오전? 오후? 저녁? 주말 동안?
3. 자료가 **얼마나 자주**(how often) 수집되는가? 이 질문은 수집 **빈도**(frequency)에 관한 것이다. 자료 수집 횟수는 몇 회인가? 한 번만? 두 번? 두 번 이상?
4. **누가**(who) 자료를 수집하는가? 이 질문은 도구의 **실행**(administration)에 관한 것입니다. 이것을 누가 하는가? 연구자에 의해 선택되고 훈련되는 사람?

이 질문들에 대해 연구자가 어떻게 대답하는지가 얻은 자료에 영향을 미칠 수 있기 때문에 중요하다. 연구자가 단지 '좋은(good)' 도구를 찾거나 개발하기만 하면 된다고 생각하는 것은 잘못된 생각이다. 어떤 금융상품이 제공하는 자료는 앞의 고려사항의 일부 또는 전체에 영향을 받을 수 있다. 예를 들어, 잘못 실행되거나 응답자가 싫어하는 사람, 소음이 심하고 사람이 살기 힘든 조건 또는 연구대상이 지친 경우 가장 높은 평가를 받는 도구도 쓸모없는 자료를 제공할 것이다.

따라서 이 모든 질문은 연구자가 자신이 필요한 자료를 수집하기 시작하기 **전에**(before) 답해야만 한다. 장소, 시간, 빈도 및 실행에 대한 연구자의 결정은 항상 사용할 도구의 종류에 따라 영향을 받는다. 그리고 그것이 어떤 가치가 있기 위해서는, 어떤 종류의 도구든, 연구자가 연구대상의 능력이나 다른 특징에 대해 정확한 결론을 내릴 수 있도록 해야 한다.

타당도, 신뢰도, 객관도

타당한 도구에 대해 자주 사용되는 (그러나 다소 구식의) 정의는 측정해야 할 것을 측정하는 것이다. 타당도(validity)에 대한 보다 정확한 정의는 연구자가 도구를 사용하여 수집한 자료에서 도출한 추론의 방어 가능성을 중심으로 이루어진다. 결국, 도구는 자료를 모으기 위해 사용되는 장치이다. 연구자는 이 자료를 사용하여 특정 개인의 특성에 대한 추론을 한다.[2)] 그러나 어떤 도움이 되려면, 이러한 추론이 정확해야 한다. 따라서 모든 연구자는 연구대상의 특성(능력, 성취도, 태도 등)에 대해 정당하거나 타당한 결론을 도출할 수 있는 도구를 원한다.

예를 들어, 수학성취도를 측정하기 위해서는 연구자가 사용하고자 하는 도구가 실제로 그러한 성취도를 측정한다는 확신을 가질 필요가 있다. 사람들이 특정 주제(topic)에 대해 어떻게 생각하는지 또는 어떻게 느끼는지 알고자 하는 또 다른 연구자는 사용된 도구가 정확한 추론을 할 수 있게 해 줄 것이라는 확신이 필요하다. 이러한 확신을 얻을 수 있는 다양한 방법이 있으며, 이에 대해서는 제8장에서 논의한다.

두 번째 고려사항은 신뢰도(reliability)이다. 신뢰할 수 있는 도구는 일관된 결과를 제공하는 도구이다. 예를 들어, 한 연구자가 두 번 이상 다른 시점에 일련의 개인의 수학성취도를 검사했다면 매번 같은 결과를 얻을 것으로 예상해야 한다. 이러한 일관성은 연구자에게 결과가 실제로 관련된 개인의 성취도를 나타낸다는 확신을 줄 것이다. 타당도와 마찬가지로, 도구의 신뢰도를 결정하기 위해 여러 절차를 사용

2) 때때로 도구는 개인(집단, 프로그램 및 환경 등)이 아닌 다른 것에 대한 자료를 수집하기 위해 사용되지만, 대부분의 경우 교육연구에서 개인과 관련이 있기 때문에 논의하는 동안 이 용어를 사용한다.

할 수 있다. 그중 몇 가지를 제8장에서 논의한다.

마지막으로 고려해야 할 것은 객관도이다. 객관도(objectivity)란 주관적인 판단이 없는 것을 말한다. 연구자는 가능할 때마다 연구대상의 성취도, 수행, 특성에 대한 판단에서 주관성을 제거하려고 노력해야 한다. 불행하게도, 완전한 객관도는 아마도 달성되지 못할 것이다. 이를 인정해, 질적 연구자는 연구에서 주관성을 다루어 편견을 최소화하고 타당도를 극대화할 수 있는 방법을 공개적으로 모색한다. 이러한 각각의 개념에 대해 제8장에서 훨씬 더 자세히 논의한다. 이 장에서는 연구에 사용될 수 있는 (그리고 종종 사용되는) 다양한 종류의 도구를 살펴보고, 이러한 도구를 찾고 선택하는 방법에 대해 논의한다.

사용성

모든 연구자는 많은 실제적인 고려사항에 직면한다. 그중 하나는 연구자가 설계하거나 선택한 도구를 사용하는 것이 얼마나 쉬울 것인가이다. 실행하는 데 얼마나 걸리는가? 지시문은 명확한가? 그것이 실행될 인종이나 다른 집단에 적합한가? 점수를 얻기가 얼마나 쉬운가? 결과는 해석하기 쉬운가? 비용은 얼마나 드는가? 동일한 서식이 존재하는가? 다른 사람이 문제를 제기한 적은 없는가? 그것의 신뢰도와 타당도에 대한 증거가 존재하는가? 이러한 질문에 만족스러운 답을 얻으면 연구자의 시간과 에너지를 절약하고 많은 두통을 예방할 수 있다.

자료수집도구 분류 수단

도구는 여러 가지 방법으로 분류할 수 있다. 다음은 가장 유용한 것 중 몇 가지이다.

누가 정보를 제공하는가

교육연구에서는 세 가지의 일반적인 방법으로 정보를 얻을 수 있다. 연구자는, ① 다른 사람의 개입이 거의 없거나 전혀 없이, ② 연구대상자로부터 직접, ③ 해당 주제에 대해 잘 알고 있는 다른 제보자(informants)로부터 정보를 얻을 수 있다. 구체적인 예를 들어보자. 한 연구자는 역사수업에서 탐구방법이 강의방법보다 더 높은 수준의 사고를 육성한다는 가설을 검증해 보고자 한다. 연구자는 첫 번째 옵션을 선택할 수 있는데, 이 경우 그녀는 교실에서 학생들을 관찰하고 높은 수준의 사고를 나타내는 구술진술의 빈도를 메모할 수 있다. 또는, 시험 결과 또는 그녀가 더 높은 수준의 사고를 나타내는 일화자료를 포함할 수 있는 기존의 학생기록을 검토할 수 있다. 두 번째 옵션을 선택하는 경우, 연구자는 시험을 실시하거나 학생 산출물(에세이, 문제지)을 증거로 요청할 가능성이 높다. 그녀는 또한 역사(또는 다른 주제)에 대한 생각을 드러내도록 하기 위해 고안된 질문을 사용하여 학생들을 인터뷰하기로 결정할 수도 있다. 마지막으로, 만약 연구자가 세 번째 옵션을 선택한다면, 해당 연구자는 사람들과 인터뷰하거나, 인터뷰대상자(interviewee)가 학생과의 이전 경험을 바탕으로 학생들의 사고력을 평가하는 등급척도(rating scales)를 작성하도록 요구할 것이다. 각 방법의 예는 다음과 같다.

1. 연구자 도구

- 학습과 기억력 발달에 관심이 있는 한 연구자는 다양한 보육원 아동이 학교 운동장에 위치한 미로를 통해 길을 올바르게 탐색하는 법을 배우는 데 걸리는 횟수를 세어 본다. 그는 자신의 결과를 집계표(tally sheet)에 기록한다.
- 상호 끌림의 개념에 관심이 있는 한 연구자는 계속되는 **현장노트**(field notes)에 다양한 환경에서 함께 일하는 사람들의 행동이 이 변수에서 어떻게 다르게 관찰되는지를 기술한다.

 연구 팁

자신의 도구 개발에 관한 몇 가지 팁

1. 어떤 변수를 평가해야 하는지 명확히 하라. 너무 애매한 정의로 인해 많은 시간과 노력이 낭비될 수 있다. 변수가 둘 이상 포함되어 있으면 각 변수의 의미와 문항(item)이 모두 구별되도록 해야 한다. 일반적으로, 하나의 변수에만 특정 문항이나 질문이 사용되어야 한다.
2. 형식(format)을 결정하고 특정 문항에 대한 아이디어를 얻기 위해 유사한 변수를 측정하는 기존 도구를 검토하라.
3. 각 변수의 형식을 결정하라. 객관식, 진위형, 결합형(matching), 등급형 및 개방형 문항을 혼합하는 것이 적절할 때도 있지만, 그렇게 하는 것은 점수를 매기는 것을 복잡하게 하고 대개 바람직하지 않다. 주의: 변수마다 다른 형식이 필요한 경우가 많다.
4. 문항의 컴파일 또는 작성을 시작하라. 각 문항이 논리적으로 타당한지, 즉 문항이 변수의 정의와 일치하는지 확인하라. 어휘가 의도된 응답자에게 적합한지 확인하도록 노력하라.
5. 논리적 타당도를 확인하기 위해, 동료에게 문항을 검토하도록 하라. 동료에게 여러분의 정의의 복사본과 원하는 응답자에 대한 설명을 제공하라. 내용뿐만 아니라 형식도 평가하도록 하라.
6. 동료의 의견에 따라 문항을 수정하라. 이때 최종양식(final form)에서 사용하고자 하는 문항의 약 2배(일반적으로 최소 20개)를 확보하라. 일반적으로, 더 많은 문항이 더 높은 신뢰도를 제공한다는 것을 기억하라.
7. 연구에 적합한 경험을 가진 사람을 찾으라. 논리적 타당도를 위해, 그가 여러분의 문항을 검토하도록 하라. 필요한 내용을 수정하고 문항을 완성하라. 최종양식에서 의도한 양의 반을 가지고 있어야 한다.
8. 가능한 한 연구 응답자와 비슷한 집단의 응답자와 함께 도구를 사용해 보라. 연령, 정교함 등을 고려할 때, 가능한 범위 내에서 도구를 완성한 후 그들과 논의하라.
9. 가능한 경우, 시험자료(test data)로 통계문항분석을 실시하라(응답자 20명 이상 필요). 특히 컴퓨터를 가지고 있는 경우, 이러한 분석을 수행하는 것은 어렵지 않다. 각 문항에 제공된 정보는 그것이 얼마나 효과적인지를 나타내며, 때로는 그것을 개선할 방법을 제시하기도 한다. 예를 들어, Murphy, K. R., & Davidshofer, C. O. (1991). *Psychological testing: Principles and applications*. Englewood Cliffs, NJ: Prentice Hall을 참고하라.
10. 원하는 문항 수를 얻을 때까지 필요한 문항을 선택하고 수정하라.

2. 연구대상 도구

- 한 초등학교의 연구자가 학생들이 주중에 수업시간 동안 배운 새로운 단어들의 철자를 정확하게 쓰도록 요구하는 **주간 철자**(weekly spelling) 시험을 실행한다.
- 연구자의 요청에 따라 한 행정가가 교직원회의 도중 교육청에서 최근 신설된 수학교육과정에 대한 교직원들의 의견을 묻는 질문지(questionnaire)를 나누어 준다.
- 연구자가 고등학교 영어교사에게 학생들이 매주 읽은 연극에 대한 반응을 기록하는 **일일일지**(daily log)를 기록하도록 요청한다.

3. 제보자 도구

- 연구자가 교사에게 각 학생의 음성독해능력을 평가하기 위해 **등급척도**(rating scale)를 사용할

것을 요청한다.

- 연구자가 학부모들에게 취학 전 아동이 자발적으로 역할극을 하는 TV 주인공을 묘사한 **일화기록**(anecdotal records)을 보관하도록 요청한다.
- 연구자가 학교의 징계강령에 대한 학생 견해를 학생회장과 인터뷰한다. 학생회장의 답변은 **인터뷰 일정**(interview schedule)에 기록되어 있다.

[그림 7-1] 시험과 사정의 ERIC 데이터베이스

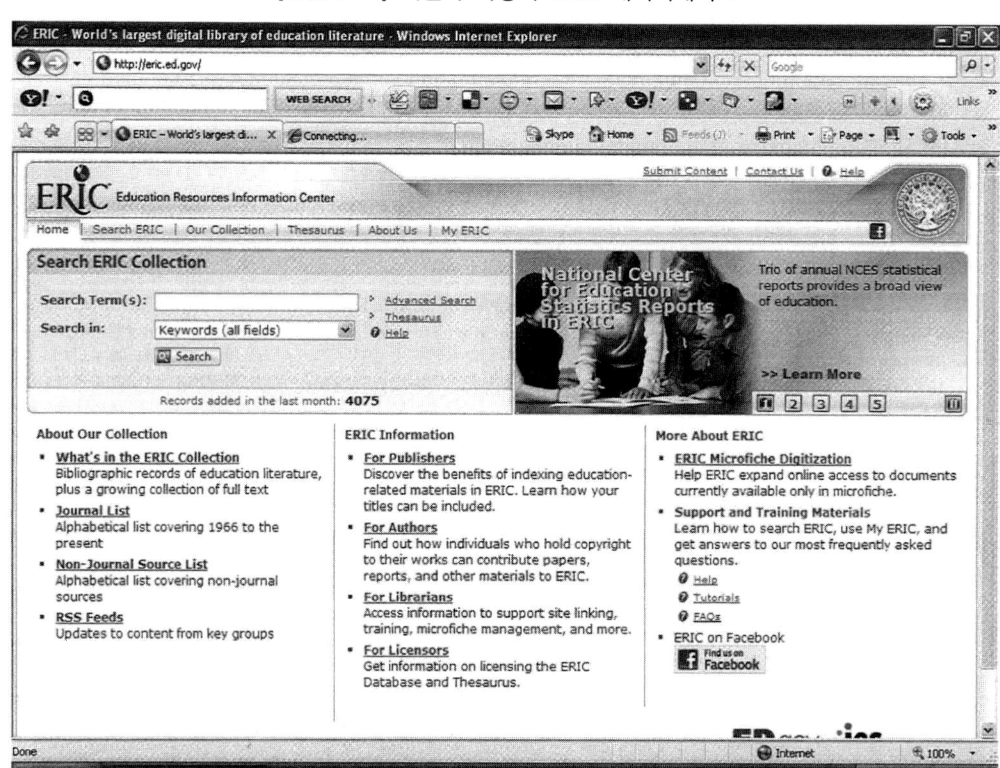

출처: Computer Sciences Corporation에 의해 운영되는 ERIC(Educator Resources Information Center). US Department of Education, www.eric.ed.gov.

이 도구는 어디에서 나왔는가

연구자가 도구를 취득하는 데 기본적으로 두 가지 방법, ① 기존에 존재하던 어떤 종류의 도구를 찾아 취득하는 방법, ② 연구자가 개인적으로 개발하거나 다른 사람이 개발한 도구를 취득하는 방법이 있다.

도구를 개발하는 데는 문제가 있다. 우선, 그것은 개발하기 쉽지 않다. '좋은' 도구를 개발하는 데 상당한 기술은 말할 것도 없고 상당한 시간과 노력이 필요하다.

따라서 적절한 시기에 이미 개발된 도구를 선택하는 것이 좋다. 이러한 도구는 보통 필요한 기술을 가진 전문가들에 의해 개발된다. 이미 개발된 도구를 선택하는 것은 같은 것을 측정할 수 있는 새로운 도구를 개발하는 것보다 훨씬 적은 시간이 걸린다.

자신만의 도구를 설계하는 것은 시간이 많이 걸리기 때문에, 노력에 투자할 상당한 시간과 에너지, 돈이 없는 사람들에게는 그것을 추천하지 않는다. 다행히도, 이미 개발된 유용한 도구가 많이 존재하고, 온라인에서 꽤 쉽게 찾을 수 있다. ERIC 데이터베이스에 접속하면 광범위한 검사자원목록을 확인할 수 있다(http://eric.ed.gov, [그림 7-1] 참고).

예를 들어, '검색어(Search Terms)'라고 명명된 상자에 (인용어를 사용하여) '사회(social studies)'라는 문구와 단어 **도구(instruments)**를 입력했다. 이것은 765건의 문서목록을 산출한다. 너무 많아서 정독할 수 없었기 때문에, '사회(social studies)'라는 검색어를 **역량기반도구(competency-based instruments)**로 바꾸었다. 이를 통해 [그림 7-2]와 같이 훨씬 관리하기 쉬운 다섯 가지 참조목록이 생성되었다. 도구에 관한 설명([그림 7-3] 참고)과 도구 자체 및 점수 가이드를 포함한 문서의 전문(全文) PDF 파일을 얻기 위해, #1 '사회. 역량기반 교육평가시리즈(Social Studies. Competency-Based Education Assessment Series)'를 클릭했다.

[그림 7-2] 사회 역량기반도구를 위한 검색결과

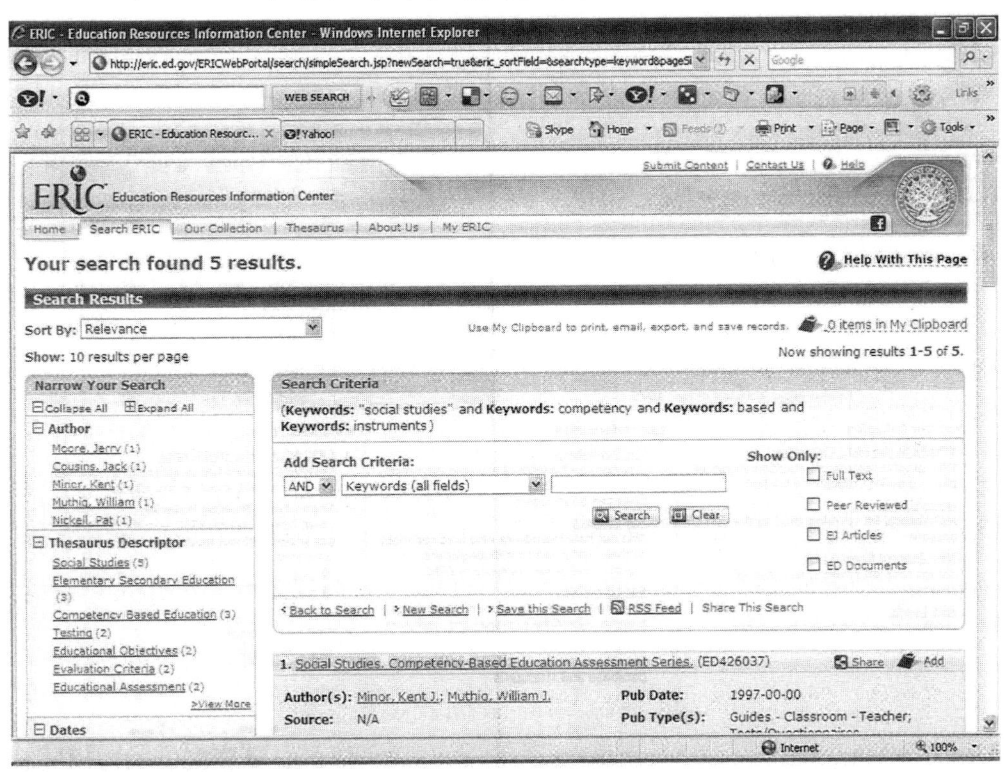

출처: Computer Sciences Corporation에 의해 운영되는 ERIC(Educator Resources Information Center). US Department of Education, www.eric.ed.gov.

이러한 방식으로 거의 모든 항목을 검색하여 항목의 일부 측면을 측정하거나 평가하는 도구목록을 얻을 수 있다. 일반적으로 도구가 포함된 전자파일은 ERIC 문서복제서비스(ERIC Document Reproduction Service)에서 즉시 다운로드하거나 가져올 수 있다.

ERIC의 검사견본집(test collection)에는 현재 9,000개 이상의 다양한 종류의 도구가 포함되어 있다. 몇 년 전 ERIC은 상당한 변화를 겪었다. 2004년 초 정보센터(clearinghouses)가 문을 닫았고, 2004년

9월에 ERIC 데이터베이스에 접속하기 위해 보다 효율적인 검색방법을 사용하는 현저하게 향상된 검색 기능을 사용자에게 제공하는 새로운 웹사이트가 도입되었다(1966~현재). 2004년 10월, 100,000개 이상의 전문(全文)을 포함하여 학술지가 아닌 무료 ERIC 자료(resources)가 도입되었다. 이제 사용자는 ERIC 유의어 및 다양한 ERIC 확인자를 사용하여 검색결과를 구체화할 수 있다. 예를 들어, ERIC의 검색결과는 이제 검사 및 질문지와 같은 도구가 포함된 출판물로 제한될 수 있다(확인하여 보라!).

[그림 7-3] ERIC 데이터베이스로부터의 초록

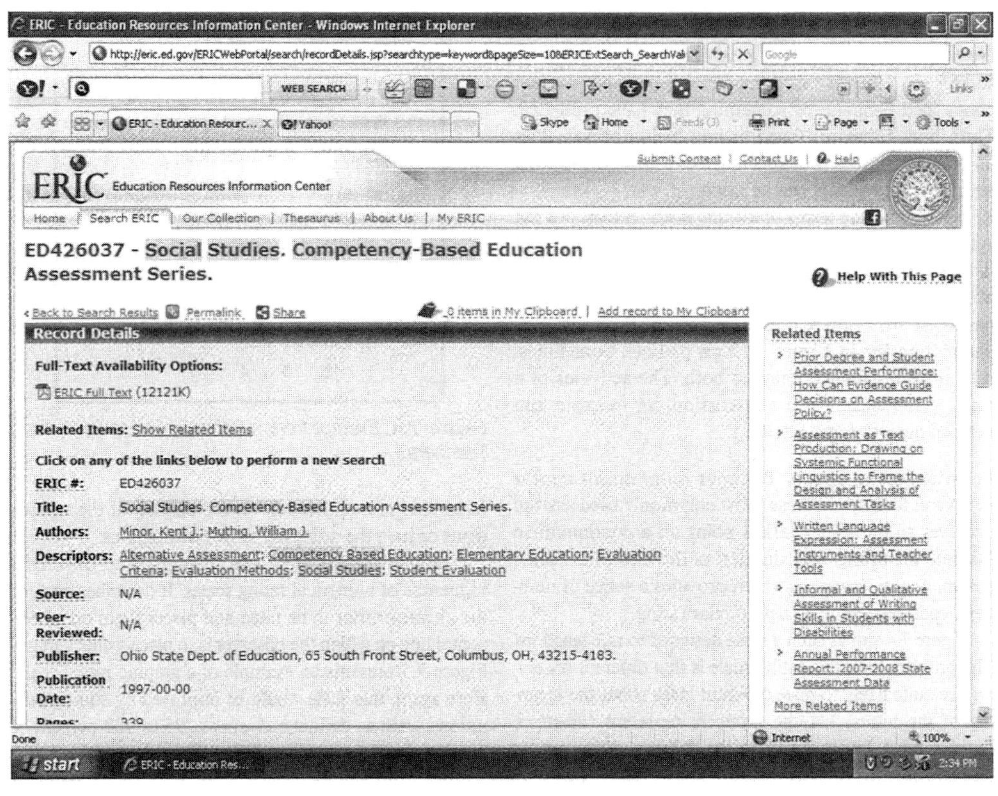

출처: Computer Sciences Corporation에 의해 운영되는 ERIC(Educator Resources Information Center). US Department of Education, www.eric.ed.gov.

기존 도구의 사용, 타당도 및 신뢰도에 대한 정보를 얻으려면, 네브래스카대학교의 Buros Institute[3]에서 제작한 『The Mental Measurements Yearbooks』 및 『Tests in Print』를 통해 검토(review)를 확인할 수 있다. 그 연감은 출판호수(issue) 중간에 특별호를 만들어 주기적으로 출판된다. 각 연감에는 지난 호 이후 발표된 표준화된 검사에 대한 검토가 수록되어 있다. 이 연구소의 『Tests in Print』는 상업용 검사에 대한 포괄적인 참고문헌 목록이다. 불행하게도, 도구에 대한 참고와 그에 대한 검토만 온라인으로 볼 수 있으며, 실제 도구는 출판사에서 인쇄/서지형태로만 볼 수 있다.

현재 연구공동체가 이용할 수 있는 매우 많은 도구와 함께, 이례적인 경우를 제외하고 우리는 연구자가 완전히 새로운 측정방법을 개발하기 위해 처음부터 다시 시도하기보다는 현존하는 도구를 활용(또는

3) 1938년에 연감(yearbooks)을 시작한 Oscar Buros의 이름을 따서 명명되었다.

개선)하는 데 에너지를 쏟을 것을 권장한다.

다음은 검사위치탐지 서비스(test locator services), 검사선택 및 평가방법에 대한 조언, 출판된 도구 검토, 공정한 검사 실제에 관한 정보 및 특정 검사 정보를 찾는 연구자에게 유용할 수 있는 여러 검색 가능한 데이터베이스에 대한 접속을 포함하는 몇 가지 유용한 인터넷 자원이다.

The ERIC Clearinghouse on Assessment and Evaluation(http://ericae.net): ERIC/AE는 ERIC, 미국교육평가원(Educational Testing Service: ETS), Buros Institute 및 Pro-Ed Publishing이 공동으로 제공하는 인터넷 검사위치탐지 서비스이다.

ERIC/ETS Test Collection Test File(www.ets.org/testcoll): ERIC과 ETS의 공동 프로젝트인 ERIC/ETS Test Collection Test File은 9,500개가 넘는 검사와 연구도구에 대한 기록을 포함하고 있다.

The Buros Test Review Locator(http://buros.unl.edu/buros/jsp/search.jsp): 검사 및 4,000개 이상의 상업용 도구에 대한 평가를 제공한다.

서면응답 대 수행

도구를 분류하는 또 다른 방법은 연구대상으로부터 서면 또는 표시된(marked) 응답 또는 연구대상의 수행에 관한 보다 일반적인 평가가 필요한지 여부이다. 서면응답도구(written-response instruments)에는 객관식(예: 다중선택형, 진위형, 결합형 또는 단답형) 검사, 짧은 에세이 시험, 질문지, 인터뷰초안, 등급척도 및 점검표가 포함된다. 수행도구(performance instruments)에는 절차 또는 산출물을 측정하도록 설계된 모든 도구가 포함된다. **절차**(procedures)는 화학용액을 섞는 것, 자동차에서 문제를 진단하는 것, 편지를 쓰는 것, 퍼즐을 푸는 것, 또는 타이프라이터에서 여백을 설정하는 것과 같은 것을 행하는 방법이다. **산출물**(products)은 올바른 화학용액, 자동차 오작동의 정확한 진단 또는 적절하게 타이핑된 서신과 같은 절차의 최종 결과이다. 수행도구는 절차를 준수할 수 있는지, 얼마나 잘 따를 수 있는지 확인하고 산출물의 품질을 평가하기 위해 설계되었다.

수행도구의 사용은 시간이 많이 걸리고 쉽게 구할 수 없는 장비나 기타 자원이 필요한 경우가 많기 때문에, 일반적으로 수행도구보다 서면응답도구가 선호된다. 고등학교 과학실험에서 관련 단계를 완성하는 데 아주 적은 수의 학생표본(35명이라고 생각해 보라!)을 선택하는 데 많은 시간이 필요할 것이다.

자료수집도구의 예

연구에 사용될 도구를 실행할 때, 연구자(또는 연구보조원 또는 다른 제보자)가 직접 해야 하거나, 연구대상에게 원하는 정보를 제공하도록 요청해야 한다. 따라서 다음의 논의에서 연구자에 의해 완료되었는지 또는 연구대상에 의해 완료되었는지에 따라 도구를 범주화한다. 다음은 이러한 도구의 예이다.

연구자 작성	연구대상 작성
등급척도	질문지
인터뷰초안	자기점검표
관찰지	태도척도
집계표	인성(또는 성격)검사
순서도	성취도/적성검사
수행점검표	수행검사
일화기록	투사도구
시간-동작일지	사회성검사도구(sociometric devices)

물론 이러한 차이는 절대적인 것은 아니다. 나열된 여러 도구는 특정 경우에 연구자 또는 특정 연구대상에 의해 완성될 수 있다.

그러나 대부분의 질적 연구에서 연구자는 주요 자료수집도구 역할을 한다(이 아이디어를 제18장 "질적 연구에서 일반화"와 제19장 "관찰과 인터뷰"에서 논의한다). 인터뷰, 초점집단, 관찰일지와 같은 개방형 문항을 사용하는 질적 자료 수집도구는 연구자에 의해 해석되는 자료를 산출한다. 따라서 그것은 연구자 작성 도구이다. 일반적으로 질적 연구자는 연구자의 세계관 또는 이론적 틀이 연구의 설계와 그 결과 해석에 큰 영향을 미친다고 믿는다(제18장의 "양적 연구와 대비되는 질적 기초가 되는 철학적 가정" 참고).

연구자 작성 도구

등급척도(Rating Scales)

등급(rating)이란 어떤 종류의 측정된 판단이다. 사람들을 등급매길 때, 그들의 행동이나 그들이 산출해 낸 것에 대해 판단한다. 따라서 개인의 행동(behavior)(예: 구두보고서를 얼마나 잘 제공하는지)과 산출물(products)(예: 보고서 서면 사본)은 모두 등급이 매겨질 수 있다.

관찰(observations)과 **등급**(ratings)이라는 용어는 동의어가 아니다. 등급은 개인의 행동이나 산출물에 대한 평가자의 판단을 전달하기 위한 것이다. 관찰은 단지 특정 행동의 유무를 표시하기 위한 것이다(175쪽 [그림 7-12]의 시간-동작일지 참고). 물론, 때때로 연구자는 두 가지를 모두 할 수 있다. 예를 들어, 토론에 참여하는 소규모집단의 활동은 관찰되고 등급이 매겨질 수 있다.

행동등급척도

행동등급척도(behavior rating scales)는 여러 형태로 나타나지만, 가장 일반적으로 사용되는 척도는 관찰자에게 등급을 나타내기 위해 연속선상의 어떤 지점에 동그라미를 치거나 표시하도록 요청한다. 이 중 가장 간단하게 구안(construct)할 수 있는 것은 **수치등급척도(numerical rating scale)**인데, 그것은 각각 특정 등급을 나타내는 일련의 수치를 제공한다.

[그림 7-4] 교사를 위한 행동등급척도의 예

지시문: 다음 나열된 각 행동에 대해, 5 = 우수, 4 = 보통 이상, 3 = 보통, 2 = 보통 미만, 1 = 미흡을 사용하여, 적절한 숫자에 동그라미를 하라.

A. 강의 교재를 분명하게 설명한다.
1 2 3 4 5

B. 학생과 친밀감을 형성한다.
1 2 3 4 5

C. 고차원의 질문을 한다.
1 2 3 4 5

D. 수업활동이 다양하다.
1 2 3 4 5

[그림 7-4]는 교사를 등급매기기 위해 설계된 척도를 보여 준다. 이 등급척도의 문제는 관찰자마다 수치가 나타내는 용어의 의미[**우수**(excellent), **보통**(average) 등]에 대해 서로 다른 생각을 가질 가능성이 높다는 것이다. 즉, 척도에서 서로 다른 등급점수가 충분히 기술되지 않는다. 따라서 동일한 개인은 두 명의 다른 관찰자에 의해 상당히 다르게 등급이 매겨질 수 있다. 이 문제를 해결하는 한 가지 방법은 각 수치를 더 자세히 기술함으로써 각 수치에 추가적인 의미를 부여하는 것이다. 예를 들어, [그림 7-4]에서, 5등급은 '경험한 모든 교사 중 상위 5%'로 정의될 수 있다. 그러한 정의가 없는 경우, 연구자는 응답자의 훈련에 의존하거나 등급을 주관적인 의견으로 취급해야 한다.

그래픽등급척도(graphic rating scale)는 수치등급척도의 모호함을 개선하기 위한 시도이다. 그것은 등급매겨질 각 특성을 기술하고 그것을 관찰자가 체크 표시를 할 수평선에 배치한다. [그림 7-5]는 그래픽등급척도의 예를 보여 준다. 여기에서도 **항상**(always)은 '해당 시간의 95~100%'로 정의하고, **자주**(frequently)는 '해당 시간의 70~94%'로 정의하는 등의 정의를 추가함으로써 이 척도를 개선할 수 있다.

[그림 7-5] 그래픽등급척도의 예

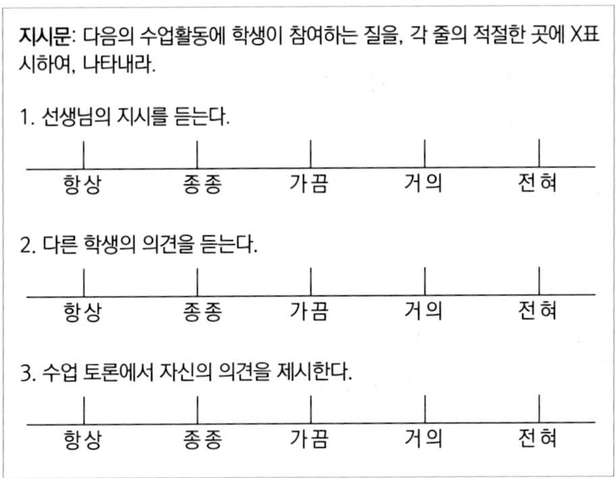
지시문: 다음의 수업활동에 학생이 참여하는 질을, 각 줄의 적절한 곳에 X표 시하여, 나타내라.

1. 선생님의 지시를 듣는다.
항상 종종 가끔 거의 전혀

2. 다른 학생의 의견을 듣는다.
항상 종종 가끔 거의 전혀

3. 수업 토론에서 자신의 의견을 제시한다.
항상 종종 가끔 거의 전혀

산출물등급척도(product rating scales)

이미 언급한 바와 같이, 연구자들은 산출물에 대해 등급을 매기기를 원할 수도 있다. 교육에서 자주 평가되는 산출물의 예로는 책 보고서, 지도와 차트, 도표, 그림, 공책, 에세이, 모든 종류의 창의적 노력이 있다. 행동등급이 특정 시간(연구자가 행동을 관찰할 수 있을 때)에 이루어져야 하지만, 산출물등급의 큰 장점은 언제든 할 수 있다는 점이다.[4] [그림 7-6]은 산출물의 '손글씨' 등급의 예를 보여 준다. 이 척도를 사용하기 위해, 학생의 실제 손글씨 표본을 구한다. 그런 다음, 표본에서 필기의 질이 척도에 표시된 예와 가장 유사할 때까지 척도를 따라 이동한다. 비록 거의 60년이 되었지만, 그것은 이러한 종류의 도구의 전형적인 예로 남아 있다.

[그림 7-6] 그래픽등급척도의 예

Grade Placement	Handwriting Scale	Age Equiv. (in months)
3.0	The quick brown fox just came	99
3.5	over to greet the lazy poodle.	105
4.0	The quick brown fox just came	111
4.5	over to greet the lazy poodle	117
5.0	The quick brown fox just came	123
5.5	over to greet the lazy poodle	129
6.0	The quick brown fox just came	136
6.5	over to greet the lazy poodle	142
7.0	the quick brown fox just came	148
7.5	over to greet the lazy poodle	154
8.0	The quick brown fox just came	160
8.5	over to greet the lazy poodle	166
9.0	The quick brown fox just came	172
	over to greet the lazy poodle	

출처: 캘리포니아성취도검사(California Achievement Tests)에서 사용된 손글씨 척도. Form W (1957), CTB/McGraw-Hill, Monterey, CA. Copyright© 1957 by McGraw-Hill.

인터뷰초안

인터뷰초안(Interview Protocol)은 기본적으로 질문지와 동일한 종류의 도구, 즉 연구대상이 답변해야 하는 일련의 질문을 포함한다. 그러나 인터뷰와 질문지가 어떻게 실행되는지에 있어서는 몇 가지 중요한 차이점이 있다. 인터뷰는 직접 또는 전화를 통해 구두로 진행되며, 질문에 대한 답변은 연구자(또는 본인이 훈련한 사람)가 녹음한다. 이 도구의 장점은 인터뷰진행자가 불명확한 질문을 명확히 할 수 있고, 응답자에게 특히 중요하거나 드러나는 답변에 대해 확장할 수 있도록 요청할 수 있다는 것이다. 그러나 커다란 단점은 질문지 작성에 비해 시간이 훨씬 오래 걸린다는 것이다. 더 나아가, 연구자의 존재는 응답자가 진짜 생각하는 것을 말하는 것을 방해할 수 있다. 참여자와 편안한 관계를 형성하는 것이 인터뷰 과정의 중요한 첫 번째 단계이다.

[그림 7-7]은 구조화된 인터뷰초안을 보여 준다. 이 인터뷰초안은 만약 인터뷰가 녹화되지 않았을 때 인터뷰진행자에게 상당한 양의 글을 작성하도록 요구한다는 것에 주목하라. 일부 인터뷰초안은 답변이 특정 범주에 속할 가능성이 높은 질문문구로 표현하기도 한다. 이것은 때때로 **사전코딩**(precoding)이라고 불린다. 사전코딩은 인터뷰진행자가 응답을 기록하는 대신 적절한 항목을 체크할 수 있게 해 주므로 인터뷰진행자가 응답을 기록하는 동안 응답자가 기다릴 필요가 없다.

---

4) 일부 행동등급척도는 일정기간 동안의 행동을 사정(assess)하도록 설계되었다(예: 교사가 얼마나 자주 고차원적인 사고 질문을 하는가?).

[그림 7-7] 도심학교에서 역량기반 교육과정의 효과를 사정하기 위한 인터뷰초안

1. 당신은 학생들의 학술적 학습을 우수, 양호, 보통, 미흡 중 어느 것으로 평가하시겠습니까?
   a. 만약 당신이 작년에 이곳에 있었다면, 학생들의 학술적 학습을 예년과 어떻게 비교하시겠습니까?
   b. 구체적인 예를 들어 주세요.

2. 당신은 학교에 대한 학생의 태도를 일반적으로 우수, 양호, 보통, 미흡 중 어느 것으로 평가하시겠습니까?
   a. 만약 당신이 작년에 이곳에 있었다면, 학생의 학교에 대한 태도를 예년과 어떻게 비교하시겠습니까?
   b. 구체적인 예를 들어 주세요.

3. 당신은 학습에 대한 학생의 태도를 우수, 양호, 보통, 미흡 중 어느 것으로 평가하시겠습니까?
   a. 만약 당신이 작년에 이곳에 있었다면, 당신은 학습에 대한 태도를 예년과 어떻게 비교하시겠습니까?
   b. 구체적인 예를 들어 주세요.

4. 당신은 학생 자신에 대한 태도를 우수, 양호, 보통, 미흡 중 어느 것으로 평가하시겠습니까?
   a. 만약 당신이 작년에 여기에 있었다면, 학생 자신에 대한 태도를 예년과 어떻게 비교하시겠습니까?
   b. 구체적인 예를 들어 주세요.

5. 당신은 다른 학생들에 대한 학생의 태도를 우수, 양호, 보통, 미흡 중 어느 것으로 평가하시겠습니까?
   a. 만약 당신이 작년에 여기 있었다면, 학생들의 다른 학생들을 대한 태도를 예년과 어떻게 비교하시겠습니까?
   b. 구체적인 예를 들어 주세요.

6. 당신은 당신에 대한 학생들의 태도를 우수, 양호, 보통, 미흡 중 어느 것으로 평가하시겠습니까?
   a. 만약 당신이 작년에 이곳에 있었다면, 학생들의 당신에 대한 태도를 예년과 어떻게 비교하시겠습니까?
   b. 구체적인 예를 들어 주세요.

7. 당신은 학생들의 창의성-자기표현을 우수, 양호, 보통, 미흡 중 어느 것으로 평가하시겠습니까?
   a. 만약 여러분이 작년에 여기 있었다면, 학생의 창의성-자기표현을 예년과 어떻게 비교하시겠습니까?
   b. 구체적인 예를 들어 주세요.

[그림 7-8]은 4년제 교육기관으로 성공적으로 편입한 아프리카계 미국인 커뮤니티 대학생에 대한 논문 연구에 사용된 반구조적이고(semi-structured) 질적인 인터뷰초안의 예를 보여 준다. 인터뷰진행자가 인터뷰초안 전반에 걸쳐 어떻게 '탐색'을 사용하여 연구참여자를 이끌어 내는지 주목하라. **탐색**(probes)이란 인터뷰대상자가 제공하는 답변에 따라 달라지는 즉흥적인 질문이다.

[그림 7-8] 반구조화된 인터뷰초안

1. 어떤 사람이나 서비스가 당신이 커뮤니티 칼리지(Community College: CC)에서 주립대학교(State University: SU)로 편입하는 데 가장 도움이 되었습니까?

2. 왜 성공했다고 생각하십니까? (탐색: 어떻게 목표를 달성하셨는지 말씀해 주세요.)

3. CC에서 SU로 편입하는 데 도움을 준 사람이 있습니까? (탐색: SU로 전학하는 당신의 목표를 성취하는 데 가장 도움이 되었다고 생각하는 사람에 대해 말해 줄 수 있습니까? 그 사람이 당신에게 무슨 말을 하거나 행동을 했습니까?)

4. 편입을 준비하면서 힘들었던 점은 무엇입니까? 주요 장애물은 무엇입니까? (탐색: 돌이켜 생각해 보면, 정말 힘든 경험이나 성공하지 못할 것이라고 생각했던 날을 기억할 수 있습니까? 그것에 대해 말씀해 주세요.)

5. 만약 당신이 다녔던 CC의 행정가나 교직원에게 말할 수 있다면, 당신은 그들에게 당신의 편입 과정에 대해 어떻게 말할 것이며, 당신과 같은 다른 아프리카계 미국인 학생을 돕는 것이 어떻게 개선될 수 있을 것이라 생각합니까?

관찰지

지필을 사용하는 관찰지(Observation Forms)[**관찰일정(observation schedules)**이라고도 함]은 꽤 쉽게 구안할 수 있다. 그러한 형태의 예는 [그림 7-9]에 나타나 있다. 볼 수 있는 바와 같이, 이 양식에서는 관찰자가 특정 행동을 기록할 뿐만 아니라 일부 행동이 발생할 때 이를 평가해야 한다.

[그림 7-9] 관찰지 예제

지시문:

1. 교사가 다음을 할 때마다 체크표시하라.		빈도
a. 개별 학생에게 질문을 한다.	√√√√√√	6
b. 학급 전체에 질문을 한다.	√√	2
c. 학생을 훈육한다.	√	1
d. 정숙을 요구하다.	√√√	3
e. 학생에게 질문이 있는지 묻는다.	√	1
f. 학생을 칠판으로 보낸다.	√√	2
2. 교사가 다음 사항을 요구하는 질문을 할 때마다 체크표시하라.		**빈도**
a. 정보의 기억 또는 회상	√√√√√	5
b. 비교	√√	2
c. 추론	√√√	3
d. 일반화		0
e. 구체적인 적용	√	1

초기에 관찰지는 관찰해야 할 상황과 유사한 상황에서 항상 시험적으로 사용하여 오류나 모호성을 해결해야 한다. 많은 관찰지에서 자주 나타나는 약점은 관찰자가 정확하게 할 수 있는 것보다 더 많은 행동을 기록하도록 요구한다는 것이다. 흔히 있는 일이지만, 도구는 단순할수록 더 좋다.

집계표

집계표(tally sheet)는 학생들의 행동, 활동 또는 발언의 빈도를 기록하기 위해 연구자들이 자주 사용하는 도구이다. 예를 들어, 얼마나 많은 고등학생이 소방훈련 동안 지시를 따르는가? 초등학생들이 놀이터에서 얼마나 많은 공격성과 도움을 보여 주는가? 장 선생님의 5교시 한국사 수업의 학생들은 얼마나 자주 질문을 하는가? 그들은 얼마나 자주 추리적인 질문을 하는가? 집계표는 연구자들이 이러한 종류의 질문에 대한 답을 효율적으로 기록하는 데 도움을 줄 수 있다.

집계표는 단순히 종이에 다양한 범주의 활동이나 행동을 나열하는 것이다. 연구대상이 이러한 활동이나 행동 중 하나에 참여하는 것이 관찰될 때마다, 연구자는 적절한 범주에 집계를 한다. 예를 들어, 학생이 수업시간에 하는 진술의 종류는 종종 그가 다양한 개념과 아이디어를 이해하는 정도를 나타낸다. 고안될 수 있는 가능한 범주시스템은 아마도 무궁무진하지만, [그림 7-10]은 한 가지 예를 보여 준다.

수행점검표

모든 측정도구에서 가장 자주 사용되는 것 중 하나는 점검표(checklists)이다. 수행점검표(Performance Checklists)는 특정 유형의 수행(현미경 사용, 문자입력, 수학문제해결 등)을 구성하는 동작목록으로 구성된다. 특정 작업을 완료하라는 요청을 받았을 때 개인이 특정(보통 원하는) 방식으로 행동하는지 여부를 결정하는 데 사용된다. 개인을 관찰할 때 특정 행동이 나타나면 연구자는 그 반대편에 체크 표시를 한다.

[그림 7-11]은 현미경을 사용하는 학생의 기술을 사정하기 위해 80년 전에 개발된 수행점검표의 일부를 보여 준다. 이 점검표의 문항(잘 구성된 점검표가 있어야 함)은 관찰자에게 원하는 동작이 발생하는 경우에만 표시하도록 요청한다는 점에 유의하라. 관찰자의 입장에서 개인이 얼마나 잘 수행하는지 주관적인 판단은 요구되지 않는다. 그러한 판단을 요구하는 문항은 등급척도에 맡기는 것이 가장 좋다.

[그림 7-10] 토론분석 집계표

<table>
<tr><th>발언 유형</th><th></th><th></th></tr>
<tr><td rowspan="2">1. 사실적 정보를 요구하는 질문을 한다.</td><td>수업과 관련됨</td><td>卌</td></tr>
<tr><td>수업과 관련 없음</td><td>|</td></tr>
<tr><td rowspan="2">2. 명료화를 요구하는 질문을 한다.</td><td>수업과 관련됨</td><td>卌 ||</td></tr>
<tr><td>수업과 관련 없음</td><td></td></tr>
<tr><td rowspan="2">3. 설명을 요구하는 질문을 한다.</td><td>수업과 관련됨</td><td>卌 |||</td></tr>
<tr><td>수업과 관련 없음</td><td></td></tr>
<tr><td rowspan="2">4. 구체화를 요구하는 질문을 한다.</td><td>수업과 관련됨</td><td>|</td></tr>
<tr><td>수업과 관련 없음</td><td></td></tr>
<tr><td rowspan="2">5. 다른 학생의 질문을 한다.</td><td>수업과 관련됨</td><td>|</td></tr>
<tr><td>수업과 관련 없음</td><td>||</td></tr>
<tr><td rowspan="2">6. 쟁점에 관한 자신의 의견을 제시한다.</td><td>수업과 관련됨</td><td>|</td></tr>
<tr><td>수업과 관련 없음</td><td>|||</td></tr>
<tr><td rowspan="2">7. 다른 학생에게 응답한다.</td><td>수업과 관련됨</td><td></td></tr>
<tr><td>수업과 관련 없음</td><td>||||</td></tr>
<tr><td rowspan="2">8. 다른 학생의 발언을 요약한다.</td><td>수업과 관련됨</td><td></td></tr>
<tr><td>수업과 관련 없음</td><td></td></tr>
<tr><td rowspan="2">9. 교사가 답변했을 때 응답하지 않는다.</td><td>수업과 관련됨</td><td></td></tr>
<tr><td>수업과 관련 없음</td><td>||</td></tr>
<tr><td rowspan="2">10. 다른 학생이 답변했을 때 응답하지 않는다.</td><td>수업과 관련됨</td><td>|</td></tr>
<tr><td>수업과 관련 없음</td><td></td></tr>
</table>

[그림 7-11] 학생행동을 기록하는 수행점검표

1. 슬라이드를 잡음 ____
2. 렌즈 종이로 슬라이드를 닦음 ____
3. 천으로 슬라이드를 닦음 ____
4. 손가락으로 슬라이드를 닦음 ____
5. 배양병을 테이블을 따라 옮김 ____
6. 슬라이드 위에 물을 떨어뜨리거나 두 개의 배양병을 놓음 ____
7. 배양병을 더 추가함 ____
8. 물 몇 방울을 추가함 ____
9. 커버 글라스를 찾음 ____
10. 렌즈 종이로 커버 글라스를 닦음 ____
11. 천으로 커버 글라스를 닦음 ____
12. 손가락으로 커버를 닦음 ____
13. 손가락으로 커버를 조절함 ____
14. 남은 액체를 닦아 냄 ____
15. 슬라이드를 재물대에 놓음 ____
16. 오른쪽 눈으로 접안렌즈를 통해 봄 ____
17. 왼쪽 눈으로 접안렌즈를 통해 봄 ____
18. 대물렌즈를 최저출력으로 전환함 ____
19. 저배율 대물렌즈로 전환함 ____
20. 고배율 대물렌즈로 전환함 ____
21. 한쪽 눈을 감음 ____
22. 전구를 찾음 ____
23. 오목거울을 조정함 ____
24. 평면거울을 조정함 ____
25. 조리개를 조정함 ____
26. 조리개를 만지지 않음 ____
27. 접안렌즈에 눈을 붙이고 조동나사를 낮춤 ____
28. 커버 글라스를 깸 ____
29. 슬라이드를 깸 ____
30. 접안렌즈에서 눈을 떼고 조동나사를 낮춤 ____
31. 조동나사를 아주 멀리 올림 ____
32. 접안렌즈에 눈을 붙인 상태에서 미동나사를 아주 멀리까지 낮춤 ____
33. 접안렌즈에서 눈을 떼고, 아주 먼 거리를 두고 미동나사를 낮춤 ____
34. 미동나사를 아주 멀리 올림 ____
35. 미동나사를 몇 바퀴 돌림 ____
36. 슬라이드를 재물대에서 제거함 ____
37. 렌즈 종이로 조리개를 닦음 ____
38. 렌즈 종이로 대물렌즈를 닦음 ____
39. 손가락으로 대물렌즈를 닦음 ____
40. 렌즈 종이로 접안렌즈를 닦음 ____
41. 천으로 접안렌즈를 닦음 ____
42. 손가락으로 접안렌즈를 닦음 ____
43. 다른 마운트를 만듦 ____
44. 다른 현미경을 잡음 ____
45. 대상물을 찾음 ____
46. 잠시동안 중지함 ____
47. "제가 무엇을 하기를 원하십니까?"라고 물음 ____
48. 고배율을 사용하는지 여부를 물음 ____
49. "만족합니다."라고 말함 ____
50. 마운트가 눈에 적절하다고 말함 ____
51. "저는 할 수 없습니다."라고 말함 ____
52. 새로운 마운트를 시작하라고 함 ____
53. 저배율에서 대상물을 찾도록 지시됨 ____
54. 고배율에서 대상물을 찾도록 지시됨

출처: Educational Research Bulletin (1922-61) by R. W. Tyler.

일화기록

개인의 행동을 기록하는 또 다른 방법은 일화기록(Anecdotal Records)이다. 그것은 단지 그 이름이 함축하고 있는 것, 즉 일화의 형태로 관찰된 행동의 기록이다. 정해진 형식은 없다. 오히려 관찰자들은 자신이 중요하다고 생각하는 행동을 자유롭게 기록하고, 모든 연구대상에 대해 같은 행동에 초점을 맞출 필요가 없다. 그러나 가장 유용한 기록을 작성하기 위해서는 관찰자가 가능한 한 구체적이고 사실적이어야 하며, 평가나 해석 또는 지나치게 일반화된 진술을 피하도록 노력해야 한다. 미국교육위원회(The American Council on Education)는 처음 세 가지는 피해야 한다고 언급하면서, 네 가지 유형의 일화를 기술한다. 네 번째 유형만이 바람직하다.

1. 아동의 행동을 좋고 나쁨, 바람직하거나 바람직하지 않음, 받아들일 수 있거나 받아들일 수 없는 것으로 평가하거나 판단하는 일화…… (피해야 할) **평가적 진술**(evaluative statements)
2. 보통 하나의 사실이나 논문에 기초한, 아동의 행동을 설명하는 일화…… (피해야 할) **해석적 진술**(interpretive statements)
3. 자주 일어나는 일화, 또는 아동의 특징을 나타내는 일화처럼, 특정 행동을 일반적인 용어로 기술하는 일화…… (피해야 할) **일반화된 진술**(generalized statements)
4. 일화 행동이나 논평이 발생한 상황을 구체적으로 기술하고, 다른 사람도 행했거나 말했던 것을 정확하게 알려 주는, 아동이 행했거나 말했던 것을 정확하게 알려 주는 일화…… (바람직한 유형) **상세한 또는 구체적인 기술적 진술**(specific or concrete descriptive statements)

다음은 네 가지 유형의 예이다.

평가적: 준수는 시를 쓰는 동안 큰 소리로 많은 이야기를 했다. 그가 원하는 것을 행하고 말하고 싶었지만 일들을 제대로 다루지 못했다. 내 옆에 앉아달라고 부탁해야 했다. 그것에 대한 나쁜 태도를 보였다.

해석적: 지난 한 주 동안 상철이는 완벽한 재롱둥이였다. 그는 성장이 너무 빨라서 적응할 수가 없다. 물론 일어나고 있는 내적 변화는 불안을 야기한다.

일반화된: 석호는 요즘 몹시 안절부절못하고 있다. 그는 바쁘지 않은 시간을 대부분 속삭이고 있다. 서클에서는 다양한 토론이 진행되는 동안 관심이 있어도 팔이 움직이거나 옆자리에 앉은 사람을 주먹으로 때리고 있다. 내가 그에게 말을 걸면, 그는 웃는다.

상세한(바람직한 유형): 날씨가 너무 추워서 우리는 오늘 운동장에 가지 않았다. 아동들은 정기휴식시간에 방에서 게임을 했다. 준경이와 상훈이는 베이컨을 훔치는 것으로 알려진 게임을 위해 편을 선택했다. 선택이 진행되는 동안, 방 앞에서 한 무리의 아동과 이야기를 나누고 있는데, 잠시 후 큰 말다툼 소리가 들렸다. 상훈이는 모든 아동이 자신의 편보다는 준경이의 편이 되고 싶어한다고 말했다. 준경이는 "그들이 모두 내 편이 되고 싶다면, 어쩔 수 없다"고 말했다.[5]

---

5) American Council on Education. (1945). *Helping teachers understand children* (pp. 32–33). American Council on Education.

시간-동작일지(Time-and-Motion Logs)

연구자들은 개인이나 집단을 아주 세밀하게 관찰하고 싶을 때가 있다. 예를 들어, 개인이나 계층이 겪고 있는 특정 문제나 어려움(매우 느리게 일하고 할당된 작업을 완료하지 못하며 부주의 등)의 근간을 이루는 이유를 확인하려고 할 때 종종 그러하다.

시간-동작연구는 한 명 이상의 개인의 활동을 일정기간 동안 관찰하고 상세히 기록하는 것이다(예: 15분간의 실험실 시연 중). 관찰자는 가능한 한 객관적으로 그리고 3분마다, 간격 사이에 1분씩의 휴식시간을 갖는 등 짧고 규칙적인 간격으로 개인이 하는 모든 것을 기록하려고 노력한다.

교육평가의 선구자인 고(故) Hilda Taba는 자신의 수업이 상당히 느리다고 믿었던 4학년 교사의 예를 인용한 적이 있다. 이것을 확인하기 위해, 그녀는 전형적인 학생 한 명에 대한 상세한 시간-동작연구를 수행했다. 그녀의 연구결과는 이 학생이 지나치게 꼼꼼하기는커녕 실제로 연구기간 동안 특정 과제에 집중하지 못했다는 것을 보여 주었다. [그림 7-12]는 그녀가 관찰한 것을 보여 준다.

연구대상 작성 도구

질문지

171쪽의 [그림 7-7]에 나온 인터뷰초안을 질문지(questionnaires)로 사용할 수 있다. 질문지에서 연구대상은 질문에 글을 쓰거나, 더 일반적으로 답안지를 표시하여 질문에 답한다. 질문지의 장점은 우편으로 보내거나 동시에 많은 사람에게 줄 수 있다는 것이다. 단점은 불분명하거나 모호해 보이는 질문을 명확히 할 수 없고, 응답자가 관심이나 중요성에 대한 질문을 확장하거나 구두로 반응할 기회가 없다는 것이다. 전자질문지와 SurveyMonkey와 같은 웹기반 설문조사 공급자에 대한 자세한 내용은 제17장을 참고하라.

[그림 7-12] 시간-동작일지

시간	활동
11:32	종이를 쌓음 연필을 주움 이름을 적음 종이를 더 가까지 움직임 읽기를 계속함 코를 문지름 Art의 종이를 봄 공부하기 시작함
11:45	공부하고 살펴봄 우스운 얼굴을 만듦 낄낄거림. Lorrie를 보고 미소지음 Art의 종이를 빌림 지움 종이를 쌓음 읽음 종이를 이리저리 밀침 잠깐 공부함 종이를 줍고 읽음 입에 엄지손가락을 넣고, D를 살펴봄
11:47	공부하고 살펴봄 우스운 얼굴을 만듦 낄낄거림 Lorrie를 보고 미소지음 종이를 들고 읽음 눈을 듦 게시판을 학습함 종이를 내리고 다시 읽음 종이를 만지작거림 연필을 가지고 손가락으로 장난을 침 나를 쳐다봄
	L을 봄 웃음 지움 손을 듦 웃음. L을 봄 도움을 청함
11:50	Lorrie를 봄 손가락으로 책상을 똑똑거림 기록함 책상 밑으로 기어들어감 머리를 들고, D를 들음. Lorrie를 도와줌 숨을 세차게 내뱉음 종이를 만지작거림 다른 집단을 봄 턱을 긁 Charles를 봄 읽고, 머리를 손에 댐 지움 다른 집단을 봄 손 위에 턱을 괴 하품을 하고 얼굴을 만지작거림 머리를 기댐 읽고 단어들을 가리킴 기록함 머리를 책상 위에 있는 팔에 기댐 턱을 긁 눈을 비빔
11:55	기록함

출처: Taba, H. (1957). Problem identification. In ASCD 1957 Yearbook: *Research for Curriculum Improvement*, pp. 60-61.

질문지에서 선택형 문항에는 다중선택형, 진위형, 결합형 또는 해석-연습형 질문이 포함된다. 제공되는 문항은 단답형이나 논술형 질문가 포함된다. 이 장 뒷부분에서 성취도검사에 대해 논의할 때, 이러한 유형의 문항 각각에 대한 몇 가지 예를 제시한다.

자기점검표

자기점검표(Self-Checklists)는 연구대상에게 제공되는 몇 가지 특성 또는 활동의 목록이다. 개인은 목록을 연구한 다음, 자신이 가지고 있는 특성이나 특정 기간 동안 참여할 활동에 표시를 해야 한다. 자기점검표는 연구자가 학생이 자신의 수행을 진단하거나 평가하기를 원할 때 종종 사용된다. 초등학생과 함께 사용할 수 있는 자기점검표의 한 예가 [그림 7-13]에 제시되었다.

[그림 7-13] 자기점검표의 예

날짜: ____________ 이름: ____________________

지시문: 지난주 동안 열거된 활동에 참여했던 그 날짜들에 제공된 공간에 체크표시(√)하라. 앞으로 몇 주 동안 더 빈번하게 참여할 필요가 있다고 느끼는 활동에 동그라미하라.

	월	화	수	목	금
1. 나는 학급토론에 참여했다.	√	√	√		
2. 나는 다른 사람들이 말하는 것을 방해하지 않았다.	√	√	√	√	√
3. 저는 다른 사람들이 의견을 내도록 격려했다.		√			√
4. 나는 다른 사람의 말을 경청했다.	√	√	√		√
5. 나는 부탁할 때 다른 사람들을 도왔다.				√	
6. 내가 무슨 말을 했는지 확실하지 않을 때 질문을 했다.		√		√	
7. 나는 철자를 모르는 단어들을 사전에서 찾아보았다.					√
8. 나는 다른 사람들의 제안을 고려했다.	√	√	√		
9. 나는 내 발언에 도움이 되려고 노력했다.	√	√		√	
10. 나는 다른 사람들이 잘했다고 생각할 때 칭찬했다.					√

태도척도

모든 태도척도(Attitude Scales)의 기초가 되는 기본적인 가정은 개인에게 일련의 선호도 진술에 응답하도록 요청함으로써 태도를 발견하는 것이 가능하다는 것이다. 따라서 개인이 "철학에서 어떤 강좌는 교원자격증을 취득하고자 하는 모든 응시자에게 요구되어야 한다."라는 말에 동의한다면, 연구자들은 이 학생들이 그러한 강좌에 대해 긍정적인 태도를 가지고 있다고 추론한다(학생들이 그 말의 의미를 이해하고 그들의 응답에 진실하다고 가정한다). 따라서 태도척도는 개인이 응답하는 일련의 진술로 구성된다. 그런 다음, 응답의 패턴은 하나 이상의 근본적인 태도의 증거로 간주된다.

태도척도는 종종 단어와 수치를 연속선상에 배치하는 형태의 등급척도와 유사하다. 연구대상은 척도의 질문이나 진술에 포함된 주제에 대해 어떻게 느끼는지 가장 잘 나타내는 단어나 수치에 동그라미를 친다. 교육연구에서 흔히 사용되는 태도척도는 그것을 설계한 사람의 이름을 딴 리커트척도(Likert scale)이다.[6] [그림 7-14]는 리커트척도의 몇 가지 예를 보여 준다. 몇몇 문항에서 5(매우 동의함)는 긍정적인

6) Likert, A. (1932). A technique for the measurement of attitudes. *Archives de Psychologie, 6*(140), 173-177.

태도를 나타내며, 5점이 주어진다. [그림 7-14]의 문항 2에서 볼 수 있는 바와 같이, 다른 문항에서는 1(매우 동의하지 않음)이 긍정적인 태도를 나타내며, 5점(따라서 점수를 매길 때 척도의 끝이 뒤바뀌게 된다.)이 주어진다.

[그림 7-14] 교사권한부여에 대한 태도를 측정하는 리커트척도 문항의 예

지시문: 여러분의 의견을 나타내는 각 진술을 선택한 후, 그 뒤에 동그라미를 하시오.

1. 모든 교육 관련 교수는 매 5년마다 최소 6개월 동안 초중등 수준에서 가르치도록 요구되어야 한다.

매우 동의함	동의함	미결정	동의하지 않음	매우 동의하지 않음
(5)	(4)	(3)	(2)	(1)

2. 교사 노동조합은 없어져야 한다.

매우 동의함	동의함	미결정	동의하지 않음	매우 동의하지 않음
(1)	(2)	(3)	(4)	(5)

3. 모든 학교 행정가는 공립학교 교실에서 매년 최소한 한 반을 가르칠 것을 법률로 요구해야 한다.

매우 동의함	동의함	미결정	동의하지 않음	매우 동의하지 않음
(5)	(4)	(3)	(2)	(1)

교실연구에 특히 유용한 독특한 종류의 태도척도는 의미론적 차이(semantic differential)이다.[7] 그것은 연구자가 특정 개념에 대한 연구대상의 태도를 측정할 수 있게 한다. 연구대상은 여러 쌍의 형용사(좋은-나쁜, 차가운-뜨거운, 값을 매길 수 없는 등)의 연속선을 제시받고 각각의 쌍 사이에 태도를 나타내기 위해 체크 표시하도록 요구받는다. [그림 7-15]는 그 예를 보여 준다.

[그림 7-15] 의미론적 차이의 예

지시문: 아래에는 여러 쌍의 형용사가 나열되어 있다. 기분이 어떠한지를 쌍 사이의 줄에 체크표시(√)하라. 예: 하키(hockey):

신나는 :___:___:___:___:___:___:___:___: 따분한

만약 하키가 매우 신난다고 느낀다면, '**신나는**' 단어 옆의 첫 번째 공간에 체크표시를 할 것이다. 만약 하키가 매우 따분하다고 느낀다면, '**따분한**' 단어와 가장 가까운 공간에 체크표시를 할 것이다. 만약 약간 결정하지 못했다면, 두 단어 사이의 중간 공간에 체크표시를 할 것이다. 이제 다음의 활동 각각에 대해 평가하라. **[단 하나만 리스트됨]**

소집단에서 다른 사람과 일하는 것

친절한 :___:___:___:___:___:___:___:___: 불친절한
행복한 :___:___:___:___:___:___:___:___: 슬픈
쉬운 :___:___:___:___:___:___:___:___: 어려운
재미있는 :___:___:___:___:___:___:___:___: 힘든
열정적인 :___:___:___:___:___:___:___:___: 냉냉한
좋은 :___:___:___:___:___:___:___:___: 나쁜
즐거운 :___:___:___:___:___:___:___:___: 슬픈
아름다운 :___:___:___:___:___:___:___:___: 추한

7) Osgood, C., Suci, G., & Tannenbaum, P. (1962). *The measurement of meaning*. University of Illinois Press.

어린 아동의 태도를 결정하는 데 특별한 가치가 있는 척도는 단순하게 그려진 얼굴을 사용한다. 태도 연구의 대상이 초등학생 이하일 때, 그들은 어떤 주제에 대해 어떻게 느끼는지를 나타내기 위해, [그림 7-16]에서 볼 수 있는 바와 같이, 얼굴 밑에 ×자를 표시하도록 요구받을 수 있다.

[그림 7-16] 어린 아동에게 사용할 수 있는 그림으로 된 태도척도

태도척도의 연구대상은 평가와 검사(test) 개발에 관한 문헌에서 다소 광범위하게 논의되고 있으며, 좀 더 확장된 처치(treatment)에 관심이 있는 학생들은 이러한 연구대상에 관한 내용을 다루는 대표적인 문헌을 참고해야 한다.[8)]

인성(또는 성격)검사

인성(또는 성격)검사[Personality(or Character) Inventories]는 개인의 특정 기질(traits)을 측정하거나 자신에 대한 감정을 평가하기 위해 설계되었다. 이러한 검사의 예로는 미네소타 다면적 인성검사(Minnesota Multiphasic Personality Inventory: MMPI), IPAT 불안척도(IPAT Anxiety Scale), 피어스-해리스 아동용 자아개념검사(나에 대해 어떻게 느끼는가)[Piers-Harris Children's Self-Concept Scale (How I Feel About Myself)], 쿠더의 흥미검사(Kuder Preference Record) 등이 있다. [그림 7-17]은 이러한 유형의 검사에서 일부 전형적인 문항을 나열하고 있다. 물론, 특정 문항은 검사지가 다루는 변수를 나타낸다.

[그림 7-17] 인성검사 문항의 예

지시문: 당신을 가장 올바르게 기술한 옵션을 체크하라.

자아존중감	꽤 자주	때때로	거의 없음
1. 당신은 친구들이 더 똑똑하다고 생각하는가?			
2. 당신의 외모에 대해 좋다고 생각하는가?			
3. 당신은 새로운 사람을 만나는 것을 피하는가?			

스트레스	꽤 자주	때때로	거의 없음
1. 당신은 잠을 잘 못 자는가?			
2. 당신은 모든 것을 다할 수 있다고 느끼는가?			
3. 당신은 할 일이 너무 많다고 생각하는가?			

성취도검사

성취도검사(Achievement Tests) 또는 능력검사는 주어진 분야나 주제에 대한 개인의 지식이나 기술을

---

8) 예를 들어, Popham, W. J. (1992). *Educational evaluation* (3rd ed., pp.150-173). Prentice Hall.을 참고하라.

측정한다. 이는 대부분 학교에서 학습이나 교육의 효과를 측정하기 위해 사용된다. 예를 들어, 캘리포니아성취도검사(California Achievement Test)는 읽기, 언어, 수학의 성취도를 측정한다. 스탠포드성취도검사(Stanford Achievement Test)는 언어 사용, 단어 의미, 철자, 산술 연산, 사회, 과학과 같은 다양한 분야를 측정한다. 일반적으로 사용되는 다른 성취도검사에는 기본기능종합검사(Comprehensive Tests of Basic Skills), 아이오와기본기능검사(Iowa Tests of Basic Skills), 메트로폴리탄성취도검사(Metropolitan Achievement Test), 교육진척도축차검정(Sequential Tests of Educational Progress: STEP)이 포함된다. 교수방법의 비교를 포함하는 연구에서, 성취도는 종종 종속변수이다.

성취도검사는 여러 가지 방법으로 분류할 수 있다. 일반적인 성취도검사는 통상 어휘력, 읽기능력, 언어사용법, 수학, 사회와 같은 것을 측정하는 일련의 검사(STEP 검사와 같은)이다. 가장 흔한 일반적인 성취도검사 중 하나는 대학원입학자격시험(Graduate Record Examination: GRE)으로, 학생들이 대부분의 대학원 프로그램에 입학하기 전에 통과해야 한다. 반면에, 특정 성취도검사는 영어, 세계사, 또는 생물학과 같은 특정 교과목에서 개인의 능력을 측정하는 검사이다. [그림 7-18]은 성취도검사에서 볼 수 있는 문항의 예를 보여 준다.

[그림 7-18] 성취도검사 문항의 예

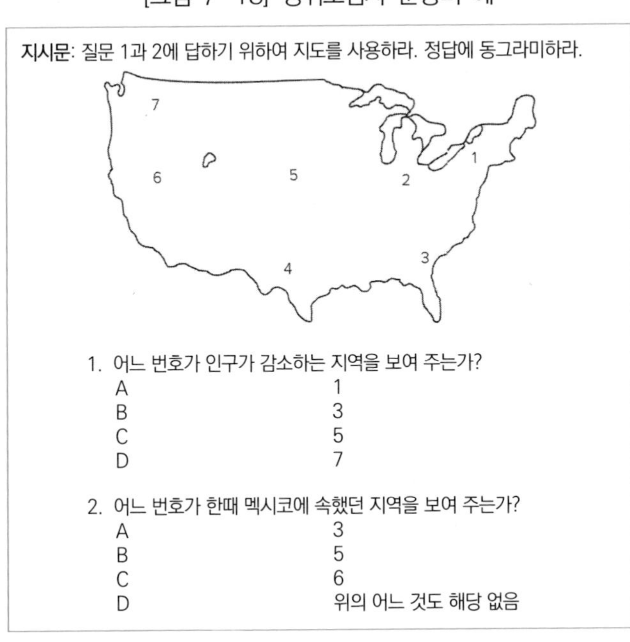
지시문: 질문 1과 2에 답하기 위하여 지도를 사용하라. 정답에 동그라미하라.

1. 어느 번호가 인구가 감소하는 지역을 보여 주는가?
   - A 1
   - B 3
   - C 5
   - D 7
2. 어느 번호가 한때 멕시코에 속했던 지역을 보여 주는가?
   - A 3
   - B 5
   - C 6
   - D 위의 어느 것도 해당 없음

적성검사

잘 알려진 또 다른 유형의 능력검사는 소위 일반 적성검사(aptitude test) 또는 지능검사로서, 대부분의 경우 학교에서 특별히 가르치지 않는 지적 능력을 평가한다. 일반적인 능력의 일부 척도는 연구에서 독립변수 또는 종속변수로 자주 사용된다. 예를 들어, 다른 교수 프로그램의 영향을 평가하려고 할 때, 다른 프로그램에 노출된 집단이 일반적인 능력에 현저하게 다르지 않도록 이 변수를 통제하는 것이 종종 필요하고 매우 중요하다.

적성검사는 개인의 성취 가능성을 측정하기 위한 것이다. 실제로 그것은 현재의 기술이나 능력을 측정한다. 그것은 보통 더 다양한 기술이나 지식을 포함하여, 목적과 때로는 내용면에서 성취도검사와 다르다. 동일한 검사는 사용목적에 따라 적성검사나 성취도검사가 될 수도 있다. 예를 들어, 수학성취도검사는 또한 추가적인 수학을 위한 적성을 측정할 수 있다. 이러한 검사는 주로 개인이 잠재력을 가질 수 있는 영역을 확인하는 데 도움을 주기 위해 상담사에 의해 사용되지만 연구에도 사용될 수 있다. 이러한 점에서, 그것은 특히 통제의 목적에 유용하다. 예를 들어, 수학에서 문제해결능력을 높이기 위해 고안된 교수 프로그램의 효과를 측정하기 위해, 연구자는 능력에 있어서의 초기 차이를 조정하기 위해 적성검사를 사용하기로 결정할 수 있다. [그림 7-19]는 적성검사에서 볼 수 있는 한 종류의 문항의 예를 보여 준다.

[그림 7-19] 적성검사 문항의 예

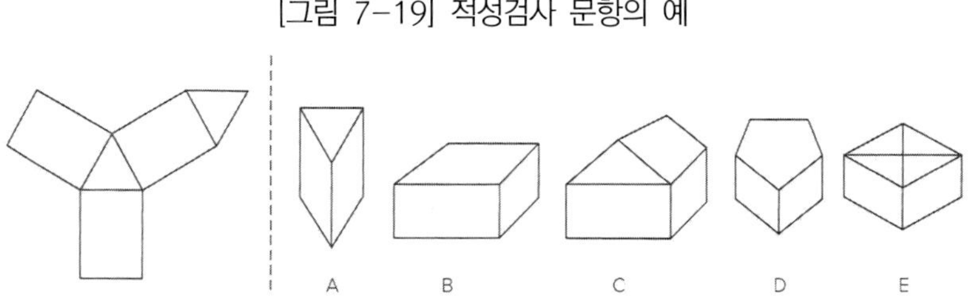

적성검사는 개인이나 집단을 대상으로 실시할 수 있다. 각각의 방법은 장단점을 모두 가지고 있다. 집단검사의 가장 큰 장점은 집단검사가 더 편리하고 따라서 상당한 시간을 절약할 수 있다는 것이다. 한 가지 단점은 많은 양의 독서를 필요로 한다는 것이고, 따라서 독해력이 떨어지는 학생들은 불리하다. 더 나아가, 검사를 받는 사람들은 검사지시문을 명확하게 하거나 검사자와 어떠한 상호작용도 하기 어렵다. 마지막으로, 학생이 검사받을 수 있는 과제의 범위는 개별검사보다 집단별 검사가 훨씬 적다.

캘리포니아정신성숙도검사(California Test of Mental Maturity: CTMM)와 오티스-레논(Otis-Lennon)은 집단검사의 예이다. 웩슬러검사(Wechsler scales)가 더 널리 사용되지만, 가장 잘 알려진 적성검사는 스탠퍼드-비네지능검사(Stanford-Binet Intelligence Scale)이다. 스탠포드-비네는 IQ점수를 한 개만 제공해 주는 데 반해, 웩슬러검사는 여러 개의 하위점수를 산출한다. 두 가지의 웩슬러검사는 5~15세 사이의 어린이를 위한 웩슬러 아동용 지능검사(Wechsler Intelligence Scale for Children: WIS-II)와 더 나이가 많은 청소년과 성인을 위한 웩슬러 성인용 지능검사(Wechsler Adult Intelligence Scale: WAIS-II)이다.

[그림 7-20] 지능검사 문항의 예

1. **개구리**(frog)와 **장난감**(toy)은 어떻게 비슷하고, 어떻게 다른가?

2. 여기에 그림의 순서가 있다.

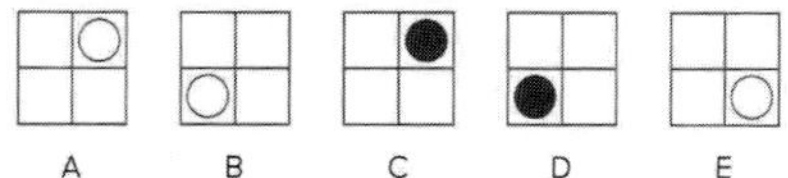

다음 중 어느 것이 순서상 다음에 오는가?

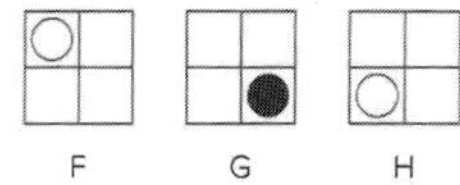

많은 지능검사는 특정 종류의 개인과 특정 목적(예: 중산층 백인의 대학 성적 예측)을 위해 사용될 때 신뢰할 수 있고 유효한 증거를 제공한다. 반면에, 그것은 다른 사람들과 함께 사용하거나 다른 목적으로 사용될 때 점점 더 많은 공격을 받고 있다. 더 나아가, 대부분의 지능검사는 비정상적인 종류의 관계를 확인하거나 개념화하는 능력을 포함하여 많은 중요한 능력을 측정하는 데 실패한다는 인식이 증가하고 있다. 따라서 연구자는 이러한 검사를 사용하기 전에 이러한 검사를 평가하는 데 특히 주의해야 하며, 연구목적에 적합한지 판단해야 한다(제8장에서 타당도를 고려할 때 이를 위한 몇 가지 방법에 대해 논의한다). [그림 7-20]은 지능검사 문항의 예를 보여 준다.

수행검사

이미 언급한 바와 같이, 수행검사(Performance Tests)는 특정 업무에 대한 개인의 수행을 측정한다. 사람들이 얼마나 정확하게, 얼마나 빨리 타자를 치느냐에 따라 개인점수가 결정되는 타이핑검사가 그 예가 될 것이다.

Sawin이 제안한 것처럼, 특정 도구를 수행검사(performance test), 수행점검표(performance checklists) 또는 수행등급척도(performance rating scale)라고 불러야 하는지 결정하는 것이 항상 쉬운 것은 아니다.[9] 수행검사는 세 가지 중 가장 객관적이다. 수행의 다양한 측면이 올바르게 수행되었는지 여부를 판단하기 위해 상당한 양의 판단이 필요한 경우, 도구는 점검표 또는 등급척도로 분류될 가능성이 높다. [그림 7-21]의 B는 바느질 능력을 측정하기 위해 70년 전에 개발된 수행검사를 보여 준다. 이 검사에서 개인은 검사의 A는 해당 선의 바로 **위에**(on), 그리고 B는 두 선 **사이에**(between) 바느질을 해야 한다.[10]

9) Sawin, E. I. (1969). *Evaluation and the work of the teacher* (p. 176). Wadsworth.

10) Blum, M. L. (1943). Selection of sewing machine operators. *Journal of Applied Psychology, 27*(2), 35–40.

[그림 7-21] 블럼(Blum) 재봉틀 검사의 예

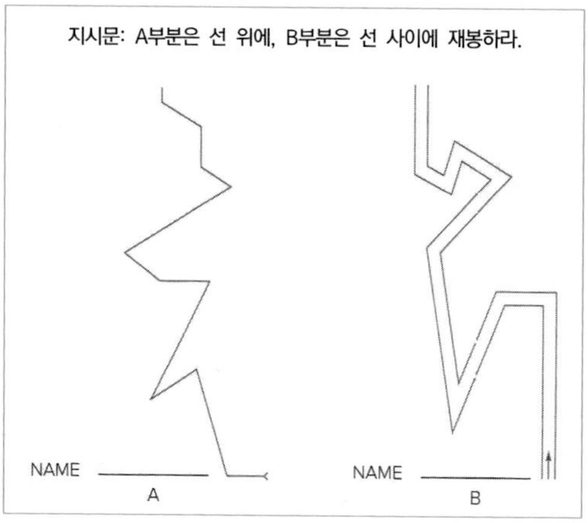

지시문: A부분은 선 위에, B부분은 선 사이에 재봉하라.

NAME A

NAME B

출처: Blum, M. L. Selection of sewing machine operators. *Journal of Applied Psychology, 27*(1), 36. Copyright 1943 by the American Psychological Association. Reproduced with permission

투사도구

투사도구(projective devices)는 개인이 그에 대한 반응을 통해 관심사, 선호도, 불안, 편견, 욕구 등을 투영할 수 있게 해 주는 모호한 자극을 가진 도구로서, 이러한 종류의 도구는 '정답'이 없으며(또는 어떤 종류의 명확한 답변도 없다), 그 형식은 개인이 자신의 개성을 표현할 수 있게 한다. 그것은 다양한 반응을 보일 수 있는 여지가 있다.

아마도 투사도구의 가장 잘 알려진 예는 로르샤흐잉크반점검사(Rorschach InkBlot Test)일 것이다. 로르샤흐잉크반점검사에서는 개인에게 일련의 애매모호한 모양의 잉크반점을 보여 주고 반점이 어떻게 생겼는지 설명하도록 요구한다. 잘 알려진 또 다른 투사검사는 주제통각검사(Thematic Apperception Test: TAT)로, 사건의 사진을 제시하고 개인에게 각각의 사진에 대한 이야기를 만들어 내도록 요구한다. 교실환경에 대한 투사적 접근방법의 적용 중 하나는 그림상황검사(Picture Situation Inventory)로, 특히 교실상황에 맞게 수정된 몇 개 안 되는 예시 중 하나이다. 이 도구는 만화와 같은 일련의 그림으로 구성되어 있으며, 각각 아동이 무언가를 말하고 있는 교실상황을 묘사하고 있다. 검사를 받는 아동은 교사의 반응을 입력해야 하며, 그렇게 함으로써 아마도 그 상황에서 자신의 성향을 나타낼 것이다. 이 검사의 그림 중 2개가 [그림 7-22]에 제시되었다.

[그림 7-22] 그림상황검사 문항의 예

사회성검사도구

사회성검사도구(sociometric devices)는 개인에게 어떤 방식으로든 동료를 평가하도록 요구한다. 두 가지 예는 소시오그램과 '집단놀이(group play)'를 포함한다. **소시오그램(sociogram)**은 보통 화살표로 사람이 상호작용하는 다른 개인에 대해 선택하는 것을 시각적으로 표현한 것이다. 교실 내 대인관계의 풍토와 구조를 평가하는 데 자주 쓰이지만, 결코 그러한 환경에 국한된 것은 아니다. 각 학생은 보통 원(여)이나 삼각형(남)으로 표현되며, 화살표는 특정 질문와 관련하여 다른 학생의 선택을 나타내기 위해 그려진다. 예를 들어, 학생들은 스스로 학급의 리더라고 생각하는 세 명의 학생을 나열하고, 가장 존경하고, 특히 도움이 되는 것을 찾고, 친구를 위해 갖고 싶고, 연구 프로젝트에 파트너로 삼고 싶은 것 등등을 요구받을 수 있다. 그런 다음, 학생들이 제공하는 반응은 소시오그램을 만드는 데 사용된다. [그림 7-23]은 소시오그램을 보여 준다.

문항 형식

다른 도구에 사용되는 문항이나 질문의 유형은 다양한 형태를 띨 수 있지만, 각 문항은 선택형 문항 또는 서답형 문항으로 분류될 수 있다. 선택형 문항은 응답자가 가장 적절한 답변을 선택할 수 있는 일련의 가능한 응답을 제시한다. 반면에, 서답형 문항은 응답자에게 자신의 답을 공식화해서 제공하도록 요구한다. 다음은 각 유형의 예이다.

- 선택형 문항
  - 진위형 문항(True-False Items)은 진 또는 위의 진술(statement)을 나타내며, 응답자는 진(T) 또는 위(F) 중 하나를 표시해야 한다. 자주 사용되는 **진**(true)과 **위**(false)라는 단어의 변형은 **예**(yes)-**아니요**(no) 또는 **옳음**(right)-**틀림**(wrong)이며, 이것은 종종 어린 아동에게 질문하거나 인터뷰를 시도할 때 더 유용하다. 다음은 진위형 문항의 예이다.

T F 나는 사람들 앞에서 말해야 할 때마다 매우 긴장한다.

[그림 7-23] 소시오그램의 예

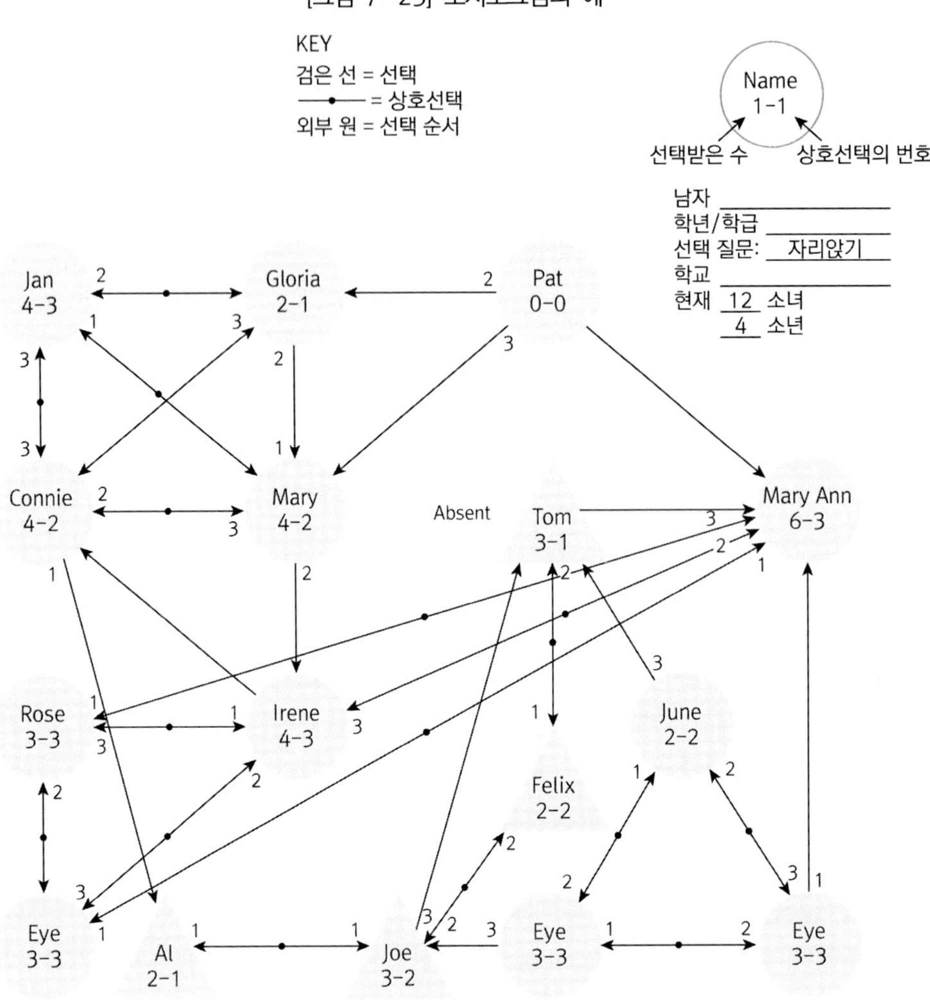

– 선다형 문항(multiple–choice items)은 두 부분, 즉 질문을 포함하는 문항줄기(stem)와 몇 가지(일반적으로 네 개)의 가능한 선택지(choices)로 구성된다. 다음은 선다형 문항의 예이다.

> 다음 중 낙태에 대한 당신의 의견은 무엇입니까?
> a. 그것은 비도덕적이며 금지되어야 한다.
> b. 금지되어야 하지만 비정상적인 상황에서 허용된다.
> c. 다양한 조건에서 이용가능해야 한다.
> d. 전적으로 개인의 선택에 달려 있다.

– 결합형 문항(matching items)은 선다형 형식의 변형이다. 각 집단은 왼쪽 열과 오른쪽 열로 구성되어 있으며, 왼쪽 열에는 질문에 대한 가능한 응답이 포함되어 있다. 응답자는 오른쪽 열의 선택과 왼쪽 열의 해당 질문 또는 문항을 쌍으로 맞춘다. 다음은 결합형 문항의 예이다.

지시문: 왼쪽 열(A)의 각 문항에 대해 오른쪽 열(B)의 읍답을 나타내는 선택지를 선택하라. 빈칸에 알맞은 글자를 기입하라. 각각의 문자선택지(예: a, b)는 한 번 이상 사용하거나 아예 사용하지 않을 수도 있다.

A	B
다음의 학생들을 위한 특수학급은:	a. 증가해야 한다
___ 1. 중증장애	b. 유지되어야 한다
___ 2. 경증장애	c. 줄여야 한다.
___ 3. 난청	d. 제거되어야 한다.
___ 4. 시각장애	
___ 5. 학습장애	
___ 6. 정서불안	

- 서답형 문항
  - 단답형 문항(short-answer Items)은 응답자가 문장을 완성하거나 질문에 답하는 데 필요한 단어, 어구, 숫자 또는 기호를 제공해야 한다. 다음은 단답형 문항의 예이다.

지시문: 주어진 공간에 문장을 가장 잘 완성하는 단어를 기입하라.

시험의 문항 수가 증가하면, 시험에서 점수의 ___는(은) 증가할 가능성이 높다.
(정답: 신뢰도)

비개입 측정

많은 도구는 어떤 식으로든 응답자의 협조를 필요로 하며, 진행 중인 활동에 대한 일종의 침범(intrusion)을 포함한다. 때때로 응답자는 검사, 관찰 또는 인터뷰를 좋아하지 않거나 심지어 화를 낼 것이다. 또한 계측과정에 대한 응답자(즉, 검사, 관찰 또는 인터뷰)의 반응은 연구자가 얻는 정보의 특성에 어느 정도 영향을 미친다.

이러한 반응적 효과를 제거하기 위해, 연구자는 때때로 자연적으로 발생하는 사건의 과정에 침입하지 않는 자료수집 절차인 **비개입 측정**(unobtrusive measures)이라고 불리는 것을 사용하고자 한다.[11] 대부분의 경우, 도구는 필요하지 않으며, 일부 형태의 기록 보관만 가능하다. 다음은 그러한 절차의 예이다.

- 유령이야기(ghost-story-telling) 세션에 의해 유발되는 두려움의 정도는 앉아 있는 아동의 원(circle)의 줄어드는 지름으로 측정할 수 있다.
- 도서관 대출은 사회교육과정에서 새로운 단원이 중국 역사에 도입되는 효과를 입증하는 데 사용될 수 있다.
- 크리스마스나 다른 명절에 대한 아동의 관심은 산타클로스나 다른 명절 피규어 그림의 크기가 왜곡되는 정도에 의해 입증될 수 있다.

---

11) Webb, E. J., Campbell, D. T., Schwartz, R. D., & Sechrest, L. (1966). *Unobtrusive measures: Nonreactive research in the social sciences*. Rand McNally.

- 두 초등학교의 인종적 태도는 급식실이나 운동장에서 서로 다른 민족 구성원들의 군집화 정도로 비교할 수 있다.
- 교과서, 연극, 청소년 단체 핸드북, 잡지 광고, 신문 헤드라인과 같은 출판자료의 다양한 유형을 분석함으로써 다른 나라 사람들이 가지고 있는 가치를 비교할 수 있다.
- 병원에서 환자에게 주의를 기울이는 일부 아이디어는 간호사가 환자의 병상기록에 대해 작성한 비공식적 메모 빈도를 관찰하여 결정할 수 있다.
- 대학생이 느끼는 스트레스의 정도는 대학보건소 방문의 본질과 빈도로 평가할 수 있다.
- 다양한 주제에 대한 학생의 태도와 관심은 학교 벽에 쓰인 주제에 대한 낙서의 양을 관찰함으로써 알 수 있다.

관심 있는 많은 변수는 최소한 어느 정도까지는 비개입 측정의 사용을 통해 평가할 수 있다. 그러한 조치에 근거한 추론의 신뢰도와 타당도는 사용된 절차에 따라 달라질 것이다. 그럼에도 불구하고, 비개입 측정은 연구자가 이용할 수 있는 가능한 자료원(data sources) 배치에 중요하고 유용한 차원을 추가하며, 특히 인터뷰와 질문지의 보충자료로 유용하고, 이러한 더 전통적인 자료원이 드러내는 것을 확증(또는 반박)하는 유용한 방법을 제공하는 경우가 많다.[12)]

규준참조도구 대 준거참조도구

규준참조도구

모든 개별 점수는 특정 집단의 점수와 비교함으로써 의미를 도출한다. 이것은 그만큼 집단의 본질(nature)이 매우 중요하다는 것을 의미한다. 연구자는 이것이 행해질 때마다 참조집단(reference group)이 적절한지 명확히 해야 한다. 예를 들어, 문법시험에서 남학생의 점수를 여학생의 점수와 비교하는 것은 여학생이 보통 문법에서 더 높은 점수를 받기 때문에 오해의 소지가 있을 수 있다. 비교대상이 되는 집단을 **규준집단(norm group)**이라고 하며, 이러한 정보를 제공하는 도구를 **규준참조도구(norm-referenced instruments)**라고 한다.

준거참조도구

대부분이 규준참조인, 관례적인 성취도나 수행도구의 사용에 대한 대안은 **준거참조도구(criterion-referenced instrument)**(일반적으로, 검사)를 사용하는 것이다.

이러한 검사의 의도는 규준참조도구와는 다소 다르다. 준거참조검사는 교수(instruction)에 더 직접적으로 초점을 둔다. 준거참조검사는 점수향상을 통해 학습자의 진척도를 평가하는 것(예: 성취도검사에서 40~70점까지)이 아니라, 각 학습자가 달성해야 할 특정 목적 또는 대상[**준거(criterion)**라고 함]에 기초한다. 이러한 수월성(excellence) 또는 '통과(pass)'를 위한 준거는 보통 정답이 상당히 높은 비율(80% 또는

---

12) 비개입 측정의 사용은 그것 자체가 기교(art)이다. 우리는 여기에서 그 주제에 대해 수박 겉핥기 식으로만 언급하고 넘어갈 뿐이다. 보다 더 확장된 논의와 많은 흥미로운 사례를 알고 싶은 독자는 Webb, E. J., Campbell, D. T., Schwartz, R. D., & Sechrest, L. (1966). *Unobtrusive measures: Nonreactive research in the social sciences*. Rand McNally.을 참고하라.

90%)로 나타난다. 준거참조와 규준참조평가 진술(statements)의 예는 다음과 같다:

준거참조: 학생은……

- 주별 맞춤법 목록의 모든 단어의 철자를 정확하게 맞추었다.
- 할당된 문제의 최소 75%를 해결했다.
- 기말고사에서 적어도 100점 만점에 80점을 받았다.
- 5분 동안 최소 25개의 팔굽혀펴기를 했다.
- 일주일에 최소 한 권의 논픽션 책을 읽었다.

규준참조: 학생은……

- 자신의 집단에서 50번째 백분위수로 득점했다.
- 자신의 학급의 모든 학생 중 90% 이상의 점수를 받았다.
- 영문학에서 다른 학생보다 높은 평균평점(GPA)을 받았다.
- 팀에서 한 명을 제외하고, 모든 학생보다 더 빨리 달렸다.
- 학급에서 다른 한 명만 중간고사에서 A를 받았다.

준거참조도구의 장점은 교사와 학생 모두에게 명확한 목표를 제시한다는 것이다. 결과적으로, 그것은 교육개선의 수단으로서 상당한 매력을 가지고 있다. 그러나 실제에서는 몇 가지 문제가 발생한다. 첫째, 교사들은 개별화된 학생 목표를 설정하거나 도달하는 경우가 거의 없다. 오히려 학급목표는 규칙(rule), 즉 모든 학생이 그 기준에 도달한다는 생각(물론 비록 어떤 학생은 그렇지 않을 수도 있고 많은 학생이 그것을 초과할 수도 있지만) 이상이다. 두 번째 문제는 의미 있는 학급 준거조차 정립하기 어렵다는 점이다. 정확히 5학년 학생이 수학에서 무엇을 할 수 있어야 하는가? 많은 사람이 이야기 문제를 해결하라고 말한다. 우리는 동의하지만, 어떤 복잡성을 요구하는가? 그리고 어떤 수학이 하위기능을 요구하는가? 독립적인 준거가 없는 상황에서 기존의 기대치로 후퇴할 수밖에 없고, 이것은 일반적으로 (필수는 아니지만) 기존의 텍스트나 검사를 검토함으로써 이루어진다. 결과적으로, 준거참조검사의 특정 문항은 다음과 같은 한 가지의 중요한 차이를 가지고 있는, 일반적인 규준참조검사에서의 문항과 구별할 수 없는 것으로 밝혀진다. 어떤 등급 수준에서든 준거참조검사는 규준참조검사보다 거의 확실히 쉽다. 대부분의 학생이 80~90%의 질문를 맞추려면 더 쉬워**야 한다**(must). 연구자는 그러한 검사를 준비하면서 학생의 80% 정도가 정답을 맞출 수 있는 문항을 개발하려고 노력해야 한다. 결국, 그들은 학생의 50%가 실패하는 것을 원하지 않는다. 그러나 규준참조 문항의 바람직한 난이도는 한 학생의 능력을 다른 학생과 구별할 수 있는 최대의 기회를 제공하기 위해 약 50% 정도이다.

준거참조검사가 더 많은 관습적인 규준참조검사보다 시간과 특정 상황에서 더 유용**할 수 있지만**(may)(이 질문는 여전히 논의되고 있음), 종종 연구목적으로는 그렇게 좋지 않다. 그 이유는 무엇인가? 왜냐하면 일반적으로 준거참조검사는 더 쉬워 점수의 변산성(variability)을 훨씬 적게 제공하기 때문이다. 일반적인 규준참조검사는 가능한 범위보다 약간 낮은 점수범위(0에서 검사의 총 문항 수까지)를 제공하는 반면, 준거참조검사는 이론적 근거에 부합한다면 대부분의 학생(확실히 최소한 절반)이 높은 점수를 받을 것이다. 연구에서는 일반적으로 최대 변산성이 다른 변수와의 관계를 찾을 수 있는 희망을 가지기를 원하기 때문에, 준거참조검사를 사용하는 것은 종종 오히려 질문를 키울 수 있다.[13)]

측정척도

제5장에서 두 가지 기본적인 변수 유형, 즉 양적 변수와 범주형 변수가 있음을 학습한 것을 기억할 것이다. 각각은 다른 유형의 분석 및 측정을 사용하므로, 서로 다른 측정척도를 사용할 것을 요구한다. 네 가지 유형의 측정척도, 즉 명목척도, 서열척도, 등간척도, 비율척도가 있다([그림 7-24] 참고).

[그림 7-24] 네 가지 유형의 측정척도

척도		예
명목		성별
서열	 4th 3rd 2nd 1st	경주에서 순위
등간	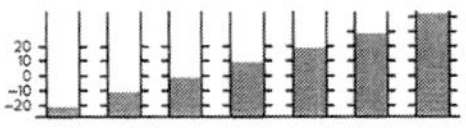 −20° −10° 0° 10° 20° 30° 40°	온도(화씨)
비율	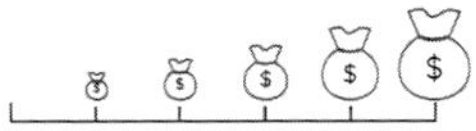 0 $100 $200 $300 $400 $500	돈

명목척도

명목척도(nominal scales)는 연구자들이 사용할 수 있는 가장 간단한 형태의 측정이다. 명목척도를 사용할 때, 연구자들은 차이를 보여 주기 위해 다른 범주에 번호를 지정하기만 하면 된다([그림 7-25] 참고). 예를 들어, 연구자는 성별 변수와 관련된 자료를 남자와 여자의 두 범주로 집단화(grouping)하고, 1을 여자로, 2를 남자로 할당할 수 있다. 읽기교수방법(methods of teaching reading)에 관심이 있는 또 다른 연구자는 통문자지도방법(whole-word method)에 1을, 파닉스방법(phonics method)에 2를, 그리고 '혼합(mixed)'방법에 3을 할당할 수도 있다. 대부분의 경우, 범주에 숫자를 할당하는 것의 이점은 컴퓨터 분석을 용이하게 한다는 것이다. 파닉스방법(할당된 번호 2)이 통문자지도방법(할당된 번호 1)보다 어떤 것이 '더 많다(more)'는 의미는 없다.

13) 프로그램 평가에서 예외는 일부 연구자가 얼마나 많은 학생이 미리 정해진 표준(standard, 준거)에 도달하는지를 결정하기를 원하기 때문에 준거참조검사의 사용을 옹호하는 것이다.

[그림 7-25] 명목척도

연구논쟁

어느 통계지수가 타당한가?

물론, 측정은 검사점수 등에 국한되지 않는다. 예를 들어, 널리 사용되는 측정은 노동통계국(Bureau of Labor Statistics)이 제공하는 "실업률 지수(index of unemployment)"이다. 이것의 많은 용도 중 하나는 실업과 범죄의 관계를 연구하는 것이다. 이 지수(index)가 재산범죄와의 관계를 보여주지는 않았지만, 장기(일시적이라기보다) 실업을 반영하는 두 가지 다른 지수가 실질적인 관계를 보였다는 것을 발견한 연구의 저자에 의해 이러한 목적으로 사용하는 것에 대한 타당도에 의문이 제기되었다. 저자는 "분명히, 우리는 적절한 모형의 세부사항과 통계기법의 선택만큼이나 적절한 지표(indicators)의 선정에 관심을 가질 필요가 있다"고 결론내렸다.14)

여러분은 어떻게 생각하는가? 왜 지수마다 결과가 다른가?

서열척도

서열척도(ordinal scales)는 어떤 방식으로든 자료를 정렬할 수 있는 척도이다. 예를 들어, 연구자는 생물학 시험에서 학생점수를 높은 점수에서부터 낮은 점수로 순위를 매길 수 있다. 그러나 1, 2위 학생, 그리고 5, 6위 학생 간의 점수나 실제 능력의 차이가 반드시 동일하지는 않을 것이라는 점에 유의해야 한다. 서열척도는 [그림 7-26]과 같이 개인 간의 상대적 위치를 나타낸다.

[그림 7-26] 서열척도: 경마 결과

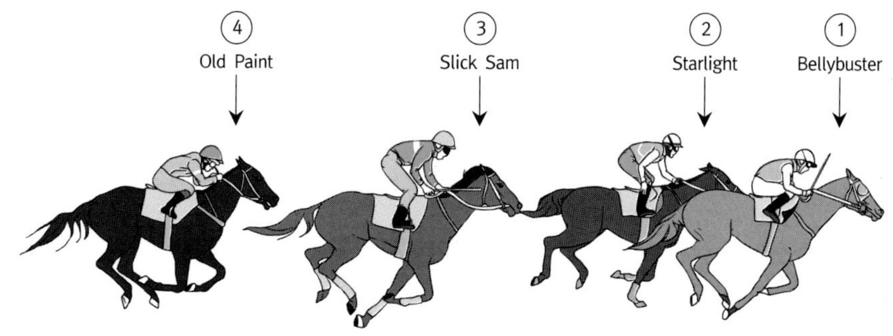

14) Chamlin, M. B. (2000). Unemployment, economic theory, and property crime: A note on measurement. *Journal of Quantitative Criminalogy, 16*(4), 454.

등간척도

등간척도(interval scales)는 서열척도의 모든 특성을 지니고 있으며, 한 가지 추가적인 특징이 있다. 즉, 척도상의 점 간의 거리가 동일하다. 예를 들어, 상업적으로 이용 가능한 대부분의 수학성취도검사에서 점수 간의 거리는 일반적으로 동일한 것으로 간주된다. 따라서 70점과 80점 간의 거리는 80점과 90점 간의 거리와 동일한 것으로 간주한다. 그러나 등간척도의 0점이 측정대상이 완전히 없음을 나타내는 것은 아니다. 따라서 온도를 측정하는 화씨계에서 0(0도)은 온도가 **없음**(no)을 나타내지는 않는다.

더 자세히 설명하기 위해, 일반적으로 사용되는 IQ점수를 고려해 보자. IQ 90과 100 간의 차이(10점)는 IQ 40과 50 간 또는 IQ 120과 130 간의 차이(10점)와 같은가? 만약 해당 점수가 등간척도를 구성한다고 믿는다면, 척도의 다른 지점에서의 10점 차이는 동일한 의미를 갖는다고 가정해야 한다. 우리는 이것이 사실인지 아닌지 알고 있는가? 지금 설명하겠지만 그렇지 않다.

일부 측정과 관련하여 동일한 간격을 증명할 수 있다. 우리는 합의된 표준단위(standard unit)를 통해 그렇게 한다. 이것이 워싱턴 D.C.에 있는 표준국(Bureau of Standards)이 존재하는 이유 중 하나이다. 만약 여러분이 원한다면, 그 기관에 가서 실제로 표준 인치(inch), 피트(feet), 온스(ounce) 등을 볼 수 있다. 쉽지 않을 수 있지만, '표준 인치'를 사용하여 1인치가 모든 상황에서 1인치인지 알아보기 위해 목수의 자(rule)를 점검할 수 있을 것이다. 말 그대로 자에 따라 다양한 지점에 '표준 인치'를 배치할 수 있다.

IQ나 교육연구에서 흔히 사용되는 거의 모든 변수를 위한 표준단위는 없다. 수년 동안, 연구자들이 사용할 수 있는 등간척도를 만들기 위해 정교하고 영리한 기술이 개발되었다. 자세한 내용은 이 교재의 범위를 벗어나지만, 모두 매우 의심스러운 가정에 근거한다는 것을 알아야 한다.

실제로, 대부분의 연구자는 등간척도가 있는 것처럼 '행동하는' 것을 선호하는데, 이는 보다 민감한 자료분석 절차를 사용할 수 있고, 수년 동안 그러한 결과가 타당하기 때문이다. 그럼에도 불구하고, 우리가 등간척도를 가지고 있는 것처럼 행동하는 것은 (적어도 현재까지) 증명할 수 없는 가정을 요구한다.

비율척도

실제 또는 참 0점을 갖는 등간척도를 비율척도(ration scales)라고 한다. 예를 들어, 높이를 측정하기 위해 설계된 척도는 비율척도가 될 수 있는데, 그 이유는 척도에서 영점이 높이의 부재[즉, 높이가 **없음**(no)]를 나타내기 때문이다. 마찬가지로, 욕실 체중계의 0은 0 또는 무게가 없음을 나타낸다. 비율척도는 교육연구에서 거의 발견되지 않는데, 이는 연구자가 절대영점을 포함하는 측정에 거의 관여하지 않기 때문이다. 비율척도를 실제로 가지고 있는 다른 변수로는 소득, 업무시간, 연령이 있다.

측정척도 재고찰

이 시점에서 여러분은 이렇게 말할지도 모른다. "음, 알겠습니다. 하지만, 그래서요?" 왜 이러한 구별이 중요한가? 이 네 가지 유형의 척도 간의 차이를 최소한 초보적으로나마 이해해야 하는 두 가지 이유가 있다. 첫째, 그것은 서로 다른 양(amounts)의 정보를 전달한다. 비율척도는 등간척도보다, 등간척도는 서열척도보다, 서열척도는 명목척도보다 많은 정보를 제공한다. 따라서 가능하다면 연구자는 연구 질문에 답하는 데 필요한 최대량의 정보를 제공하는 측정유형을 사용해야 한다. 둘째, 일부 유형의 통계

절차는 서로 다른 척도에 적합하지 않다. 연구자료가 정리되는 방식은 특정 유형의 통계분석을 이용하되, 다른 유형의 통계분석은 이용하지 않는다(이 점에 대해서는 제11장에서 더 자세히 논의한다). 〈표 7-1〉에는 네 가지 유형의 측정척도가 요약되어 있다.

〈표 7-1〉 네 가지 유형의 측정척도

측정척도	특성
명목	자료만 집단화 및 레이블 지정, 빈도 또는 백분율 보고
서열	자료를 순서매김, 순위를 나타내기 위해 숫자만 사용
등간	점수 간의 동일한 차이가 실제로 측정된 변수에서 동일한 차이를 의미한다고 가정
비율	이 모든 특징에 절대 0점 포함

연구자는 종종 선택을 해야 한다. 자료를 서열 또는 등간으로 간주할지를 결정해야 한다. 예를 들어, 어떤 연구자가 자아존중감을 측정하기 위해 자기보고식(self-reporting) 질문지를 사용한다고 가정해 보자. 질문지는 높은 자아존중감을 나타내는 방향으로 응답한 문항[예(yes) 또는 아니요(no)]의 수에 따라 점수가 매겨진다. 주어진 60개의 표본의 경우, 연구자는 점수가 30~75 사이라는 것을 알게 된다.

연구자는 이제 점수를 등간척도 자료로 취급하기로 결정할 수 있으며, 이 경우, 점수의 동일한 거리(예: 30~34, 35~39, 40~44)가 자아존중감의 동일한 차이를 나타낸다고 가정한다.[15] 만약 연구자가 이 가정에 불편함을 느낀다면, 해당 연구자는 점수를 사용하여 개별 표본을 가장 높은(1위) 순위에서 가장 낮은(60위) 순위까지를 매길 수 있다. 만약 연구자가 후속 분석에서 이 순위만을 사용한다면, 그 연구자는 이제 자신의 도구가 서열척도 자료만 제공한다고 가정하고 있을 것이다.

다행히 연구자는 이러한 선택을 피할 수 있다. 두 가지의 가정 모두에 따라 자료를 별도로 처리하는 또 다른 옵션이 있다(즉, 점수를 서열 자료로 처리한 다음 등간 자료로 처리). 깨달아야 할 중요한 점은 연구자가 자료수집 및 구성에 사용되는 측정척도를 선택한 기본 가정을 방어할 준비가 되어 있어야 한다는 것이다.

분석을 위한 자료 준비

연구에 사용되고 있는 도구가 실행되면, 연구자는 수집된 자료에 점수를 매긴 후 분석이 용이하도록 정리해야 한다.

자료 채점

수집된 자료는 정확하고 일관되게 점수가 매겨져야 한다. 그렇지 않으면 연구자가 자료에서 도출한 결론은 잘못되었거나 오해를 불러일으킬 수 있다. 각 개인의 검사(질문지, 논술 등)는 정확히 동일한 절차와 기준을 사용하여 점수를 매겨야 한다. 상업용 도구를 사용하면, 채점절차가 훨씬 쉬워진다. 일반

15) 점수가 0이면 자아존중감이 0(즉, 없음)이라고 가정할 수 없기 때문에, 점수를 비율 자료로 처리할 수 없다는 점에 유의하라.

적으로, 도구개발자는 채점키(scoring key)와 함께 도구를 점수 매길 때 따라야 할 단계를 나열한 채점매뉴얼(scoring manual)을 제공한다. 오류가 없었는지 자신의 채점 결과를 다시 한번 확인하는 것이 좋다.

자체 개발한 검사의 채점은 어려움을 초래할 수 있으므로, 채점이 정확하고 일관되도록 연구자가 각별히 신경을 써야 한다. 특히 논술고사는 일관된 방식으로 점수를 매기기가 매우 어려운 경우가 많다. 이러한 이유로, 보통 두 번째 사람에게도 결과를 채점하도록 하는 것이 바람직하다. 연구자는 사전에 신중하게 서면으로 채점 계획을 준비한 다음 연구에서 표본으로 추출하고자 하는 모집단과 유사한 집단의 개인과 함께 채점하여 도구를 시험 점검해 보아야 한다. 실행과 채점의 문제는 조기에 파악되어 더 늦기 전에 바로잡을 수 있다.

자료를 표로 작성하기 및 코딩

자료의 점수가 매겨지면, 연구자는 어떤 방식으로든 자료를 집계하거나 표로 작성해야 한다. 일반적으로 이것은 자료를 요약 자료 시트나 카드에 전송함으로써 행해진다. 자신의 자료를 정확하고 체계적으로 기록하는 것이 중요하다. 범주형 자료가 기록되는 경우, 각 범주에서 채점한 개인별 점수가 집계된다. 양적 자료가 기록되는 경우, 자료는 일반적으로 연구에 참여하는 집단의 수에 따라 하나 이상의 열에 나열된다. 예를 들어, 자료분석이 단순히 사후검사에서 두 집단의 점수를 비교하는 것으로 구성될 경우, 자료는 각 집단에 대해 하나씩 두 개의 열에 내림차순으로 배치될 가능성이 높다. 예를 들어, 〈표 7-2〉는 두 가지의 상담방법을 친밀감(rapport)을 측정하는 도구와 비교하는 것과 관련된 몇 가지 가설적인 연구결과를 제시한다. 사전검사와 사후검사 점수를 비교하려면 열을 추가할 수 있다. 하위집단 점수를 표시할 수도 있다.

생물학적 정보(성별, 나이, 민족성 등)와 더불어, 다른 종류의 자료가 수집될 때(예를 들어, 몇 가지 다른 도구에서의 점수), 그것은 일반적으로 컴퓨터나 자료카드에 기록되며, 자료가 수집된 각 개인당 하나의 카드이다. 이것은 분석목적으로 자료를 쉽게 비교하고 집단화(그리고 재집단화)할 수 있도록 해 준다. 또한 자료가 코딩(coding)된다. 즉, 연구에 참여한 개인의 사생활을 보호하기 위해 특정 유형의 코드가 사용된다. 따라서 남자와 여자는 1과 2로 코딩될 수 있다. 컴퓨터로 자료를 분석할 때 특히 중요한데, 숫자 형식이 아닌 자료는 컴퓨터에 입력되기 전에 체계적인 방식으로 코딩되어야 하기 때문이다. 따라서 컴퓨터에서 분석하기 위한 범주형 자료는 종종 숫자(예: 사전검사 점수 1, 사후검사 점수 2)로 코딩된다.

자료를 코딩하는 첫 번째 단계는 종종 자료를 수집한 모든 개인에게 ID 번호를 할당하는 것이다. 예를 들어, 한 연구에 100명의 개인이 있다면, 연구자는 001에서 100까지 숫자를 매길 것이다. 분석 중인 변수의 가장 높은 값이 세 자리(예: 100)를 포함하는 경우, 모든 개별 코드번호는 세 자리(예: 번호가 매겨질 첫 번째 개인은 1이 아닌 001이어야 함)를 가져야 한다.

다음 단계에서는 분석 중인 범주형 자료를 코딩하는 방법을 결정한다. 한 연구자가 질문지에 응답한 100명의 연구대상으로부터 얻은 특정 인구통계학적 정보를 분석하기 원했다고 가정해 보자. 만약 이 연구가 한 고등학교의 2학년과 3학년을 포함했다면, 2학년은 11로, 3학년은 12로 코딩할 수 있다.[16] 또는 응답자가 (특정 객관식 질문에서와 같이) 네 가지 중 어느 것을 선호하는지 표시하도록 요청받은 경우, 연

16) **[역자 주]** 미국의 경우, 고등학교 2학년은 11학년, 3학년은 12학년으로 보기 때문에, 해당 학년을 의미하는 숫자를 코딩 숫자로 사용한 것이라고 볼 수 있다.

구자는 각각의 선택(예: ①, ②, ③, ④)를 각각 1, 2, 3, 또는 4로 코딩할 수 있다. 기억해야 할 중요한 점은 코딩은 일관성이 있어야 한다는 것이다. 즉, 누군가를 코딩하는 방법에 대한 결정이 내려지면, 다른 모든 사람은 동일한 방식으로 코딩해야 하며, 이러한(그리고 다른) 코딩 규칙은 자료코딩에 관련된 모든 사람에게 전달되어야 한다.

〈표 7-2〉 두 가지 상담방법의 비교와 관련된 연구의 가설적인 결과

"친밀감" 점수	방법 A	방법 B
96~100	0	0
91~95	0	2
86~90	0	3
81~85	2	3
76~80	2	4
71~75	5	3
66~70	6	4
61~65	9	4
56~60	4	5
51~55	5	3
46~50	2	2
41~45	0	1
36~40	0	1
	N=35	35

이 장의 시작 부분에 있는 **상호작용 · 응용 프로그램 학습** 기능으로 돌아가 상호작용 · 응용 프로그램 활동목록을 확인하라. www.mhhe.com/fraenkel10e의 **온라인학습센터**로 이동하여 퀴즈를 풀고 핵심 용어를 연습하며 장(章)의 내용을 검토하라.

핵심 요점

자료란 무엇인가?

- **자료**(data)라는 용어는 연구자가 자신의 연구의 주제에 대해 얻는 일종의 정보를 말한다.

계측

- **계측**(instrumentation)이라는 용어는 연구조사에서 자료를 수집하는 전체 과정을 말한다.

타당도와 신뢰도

- 연구도구를 선택할 때 한 가지 중요한 고려사항은 타당도이다. 즉, 타당도로부터의 결과(results)의 정도는 연구자가 연구한 개인의 특성에 대한 타당한 결론(conclusions)을 도출할 수 있도록 해 준다.
- 신뢰로운 도구는 일관된 결과를 제공하는 도구이다.

객관도와 사용성

- 연구자는 가능한 한 언제든 연구대상의 성취도, 수행, 특성에 대한 판단에서 주관성을 제거하려고 노력한다.
- 연구자가 도구를 선택하거나 설계할 때 중요하게 고려해야 할 사항은 사용성이다.

도구를 분류하는 방법

- 연구도구는 여러 방법으로 분류할 수 있다. 보다 일반적인 몇 가지는 누가 자료를 제공하고, 자료가 어떻게 수집되며, 누가 자료를 수집하고, 연구대상에게 어떤 응답을 요구하는지의 관점에서 분류하는 것이다.
- 연구자료는 연구대상을 직접 또는 간접적으로 사정하여 얻을 수 있다.
- 자기보고식 자료는 연구대상이 직접 제공한다.
- 제보자 자료는 연구대상에 대해 다른 사람들에 의해 제공된다.

도구 유형

- 연구자 작성 도구에는 여러 종류가 있다. 가장 일반적으로 사용되는 것은 등급척도, 인터뷰초안, 관찰지, 집계표, 순서도, 수행점검표, 일화기록 및 시간–동작일지이다.
- 여러 종류의 도구는 연구자가 아닌 연구대상에 의해 작성된다. 이 유형에서 가장 일반적으로 사용되는 것은 질문지, 자기점검표, 태도척도, 인성검사, 성취도와 적성 및 수행검사, 투사 및 사회성검사도구이다.
- 연구대상 작성 도구에 사용되는 문항이나 질문은 다양한 형태를 띨 수 있지만, 그 모두는 선택형 또는 서답형 문항으로 분류할 수 있다. 선택형 문항의 예로는 진위형 문항, 선다형 문항, 결합형 문항, 해석–연습형 문항이 있다. 서답형 문항의 예로는 단답형 문항과 서술형 질문이 있다.
- 이미 이용가능한 검사를 찾을 수 있는 훌륭한 출처는 ERIC 데이터베이스이다.
- 비개입 측정은 정상적인 업무 진행에 어떠한 침범도 요구하지 않는다.

규준참조도구 대 준거참조도구

- 개별 점수를 적절한 참조집단의 점수와 비교하는 점수를 제공하는 도구를 **규준참조도구**(norm–referenced instruments)라고 부른다.
- 각 학습자가 달성해야 할 특정 목표를 기반으로 하는 도구를 **준거참조도구**(criterion–referenced instruments)라고 부른다.

측정척도

- 네 가지 유형의 측정척도(명목, 서열, 등간, 비율)가 교육연구에서 사용된다.
- 명목척도는 숫자를 사용하여 하나 이상의 범주의 구성원 자격을 나타낸다.
- 서열척도는 숫자를 사용하여 순위를 매기거나 높은 점수에서 낮은 점수로 순서를 매긴다.

• 등간척도는 숫자를 사용하여 연속체의 다른 부분(segments)에서 동일한 간격을 나타낸다.
• 비율척도는 알려진 0점으로부터의 동일한 거리를 나타내기 위해 숫자를 사용한다.

분석을 위한 자료 준비

• 수집된 자료는 정확하고 일관되게 점수가 매겨져야 한다.
• 점수가 매겨지면, 자료를 표로 작성하고 코딩해야 한다.

핵심 용어

객관도(objectivity)
계측(instrumentation)
규준집단(norm group)
규준참조도구(norm-referenced instrument)
등간척도(interval scale)
리커트척도(Likert scale)
인터뷰초안(interview protocol)
명목척도(nominal scale)
비개입 측정(unobtrusive measure)
비율척도(ratio scale)
사회성검사도구(sociometric device)
서면응답도구(written-response instrument)
서열척도(ordinal scale)
성취도검사(achievement test)
수행도구(performance instrument)
신뢰도(reliability)
의미론적 차이(semantic differential)
자료(data)
적성검사(aptitude test)
제보자(informant)
준거참조도구(criterion-referenced instrument)
질문지(questionnaire)
집계표(tally sheet)
타당도(validity)
투사도구(projective device)

토론거리

1. 다음 각 문항에 대한 자료를 수집하기에 가장 적합한 유형의 도구는 무엇인가?
   1) 고등학교 1학년 농구팀의 자유투 슈팅 능력
   2) 간호사는 병원에서 최근에 제정된 새로운 경영정책에 대해 어떻게 느끼는가?
   3) 학교도서관 증설비를 모으기 위해 제안된 캠페인에 대한 학부모의 반응
   4) 상급반에서 '가장 좋아하는' 소년과 소녀
   5) 특정 교육지원청에서 '최고' 관리자
   6) 식품관리반 학생들은 균형 잡힌 식사를 얼마나 잘 준비할 수 있는가?
   7) 중서부 대학의 생물학과 학생 모두의 특성
   8) 수학능력에서 한 학교의 학생들이 다른 학교의 학생들과 어떻게 비교되는가?
   9) 다양한 고등학교 3학년 학생들의 대학생활의 잠재력
   10) 유치원 반의 구성원들이 학교에 대해 좋아하고 싫어하는 점
2. 수업의 주의집중 수준, 시(poem)에 대한 학생의 관심, 수업 토론 참여 중 어떤 것이 가장 측정하기 쉬울 것 같은가? 그 이유는 무엇인가? 어떤 것이 가장 측정하기 어려울 것 같은가?
3. 사람의 자아개념을 측정하는 것이 가능한가? 만약 그렇다면, 어떻게? 그 사람의 신체 이미지는 어떠한가?
4. 측정할 수 없는 것(아이디어, 물체 등)이 있는가? 만약 있다면, 예를 들어 보라.
5. 이 장에 제시된 모든 도구 중 가장 사용하기 어렵다고 생각하는 것은 무엇인가? 가장 쉬운 것은? 왜 그러한가? 어떤 것이 가장 신뢰할 수 있는 정보를 제공한다고 생각하는가? 왜 그러한가?
6. 한 개인의 검사점수를 같은 검사를 치르는 다른 사람들의 검사점수와 비교하는 것은 때때로 공정하지 않을 수 있다. 왜 그러한가?

연구실습 7. 계측

연구에서 검사에 사용하려는 모든 도구의 이름을 열거하고, 그것이 이미 존재하고 있는지 또는 직접 개발해야 하는지 여부를 기술하라. 도구를 사용하는 방법(예: 필요한 자료수집 장소, 시기 및 방법)과 각 도구에 포함되는 문항 수를 기술하라. 그런 다음, 도구의 점수 매기는 방법 또는 해석방법을 기술하라.

이 문제지의 전자 버전은 학지사 공식 홈페이지(www.hakjisa.co.kr) 『연구방법론: 교육연구설계 및 평가』의 도서 상세정보에서 내려받을 수 있다.

문제지 7 계측

1. 연구질문은: ______________________________

2. 연구에 사용할 계획인 도구의 유형을 기술하라(예: 인터뷰초안, 태도조사, 성취도검사, 관찰척도, 질문지, 초점집단 프로토콜).

3. 기존에 있던 도구인가, 아니면 개발하고자 하는 도구인가?

4. 이미 존재하는 경우, 도구 이름을 명시하라. 또한 왜 그 특별한 도구를 사용하기로 결심했는가?

5. 그 도구는 무엇을 측정하거나 사정할 계획인가?

6. 그 도구는 얼마나 많은 문항을 포함하고 있는가?

7. 그 도구는 어떻게 채점되거나 해석되는가?

제 8 장

타당도와 신뢰도

타당한 계측의 중요성

타당도
- 내용관련 증거
- 준거관련 증거
- 구인관련 증거

신뢰도
- 측정의 오류
- 검사-재검사방법
- 동형방법
- 내적일관성방법
- 측정의 표준오차
- 채점 일치
- 질적 연구에서 타당도와 신뢰도

학습목표

이 장을 학습하면 다음을 수행할 수 있어야 한다.

- 교육연구에서 도구 사용에 적용할 때, '타당도'라는 용어가 의미하는 바를 설명할 수 있다.
- 얻을 수 있는 세 가지 유형의 타당도 증거를 열거하고, 각 유형의 예를 제시할 수 있다.
- '상관계수'라는 용어가 의미하는 바를 설명하고, 정적 상관계수와 부적 상관계수 간의 차이를 간략하게 기술할 수 있다.
- '타당도계수'와 '신뢰도계수'라는 용어가 의미하는 바를 설명할 수 있다.
- 교육연구에서 도구 사용에 적용할 때, '신뢰도'라는 용어가 의미하는 바를 설명할 수 있다.
- '측정의 오류'라는 용어가 의미하는 바를 설명할 수 있다.
- '측정의 표준오차'라는 용어의 의미와 사용에 대해 간략하게 설명할 수 있다.
- 특정 도구를 사용하여 얻은 점수의 신뢰도를 추정하는 세 가지 방법을 간략하게 기술할 수 있다.
- 채점 일치를 얻고 평가하는 방법을 기술할 수 있다.

상호작용 · 응용 학습 이 장을 읽는 동안 또는 읽은 후:

다음을 하려면, 온라인학습센터 (www.mhhe.com/fraenkel10e)로 접속하라.

- 타당도와 신뢰도에 대한 심화학습

다음 활동을 수행하기 위해 온라인 학습자 완전학습 활동(Student Mastery Activities) 책을 읽으라.

- 활동 8.1: 도구타당도
- 활동 8.2: 도구 신뢰도 (1)
- 활동 8.3: 도구 신뢰도 (2)
- 활동 8.4: 어떤 종류의 증거: 내용관련, 준거관련, 또는 구인관련?
- 활동 8.5: 무엇이 구인관련 타당도 증거를 구성하는가?

"그건 불공평해, 주은아!"
"뭐가 그런데, 진우야?"
"강 선생님이 주신 시험~~~"
"그게 뭔데?"
"음, 미국 남북전쟁에 관해 우리가 보았던 마지막 시험을 봐 봐. 지난 몇 주 동안 강 선생님의 강의와 수업 토론 내내 우리는 전쟁의 원인과 결과에 대해 이야기했어."
"그래서?"
"그런데 이번 시험에서, 강 선생님은 전투와 장군들 그리고 우리가 공부하지 않은 다른 것에 대해 많이 물어보았어."
"어떻게 된 건지 여쭈어 보았어?"
"응, 그랬어. 강 선생님은 우리의 사고력을 시험해 보고 싶다고 말했어. 하지만 강 선생님은 우리에게 수업시간에 검토하지도 않고 논의하지도 않은 자료에 대해 생각해 보라고 했어. 그래서 나는 강 선생님이 공정하지 않다고 생각해"
진우가 맞다. 이 경우, 강 선생님은 공평하지 않다. 비록 강 선생님이 그 용어를 사용하고 있지는 않지만, 진우가 말하는 것은 타당도의 문제이다. 강 선생님이 잘못된 시험을 치르도록 한 것 같다. 이것이 무엇을 의미하는가, 그리고 왜 선생님(또는 어떤 연구자)이 이렇게 하는 것이 좋지 않은지에 대한 것이 대체로 이 장의 내용이다.

타당한 계측의 중요성

연구에서 사용되는 도구의 질(quality)은 매우 중요한데, 결론의 경우, 연구자가 이러한 도구를 사용하여 얻은 정보에 기초하여 도출하기 때문이다. 따라서 연구자는 수집한 자료를 바탕으로 도출한 추론이 타당하고 신뢰할 수 있도록 하기 위해 여러 절차를 사용한다.

타당도(validity)는 연구자가 행하는 추론의 적절성, 유의성, 정확성 그리고 유용성을 말한다. **신뢰도**(reliability)는 도구의 실행에서 다른 도구로, 그리고 한 세트의 문항에서 다른 세트의 문항까지 점수나 응답의 일관성을 말한다. 두 개념 모두 연구자가 사용하고자 하는 도구의 선택이나 설계에 있어 고려해야 할 중요한 개념이다. 따라서 이 장에서는 타당도와 신뢰도에 대해 좀 더 자세히 논의한다.

타당도

타당도는 도구를 준비하거나 선택할 때 고려해야 할 가장 중요한 방안이다. 무엇보다도, 연구자는 자신의 목적을 달성하기 위해 도구를 사용하여 얻은 정보를 원한다. 예를 들어, 특정 교육지원청의 교사가 학교이사회에서 통과된 최근 정책에 대해 어떻게 생각하는지를 알기 위해서, 연구자는 자료를 기록할 수 있는 도구와 얻은 정보를 통해 교사의 의견에 대한 **올바른 결론을 도출할**(draw correct conclusions) 수 있다는 일종의 보장이 필요하다. 사정에서 얻은 자료를 바탕으로 올바른 결론을 도출하는 것이 타당도이다. 필수적인 것은 아니지만 각 개인에 대한 정보를 요약하는 어떤 종류의 점수는 자료의 이해와 사용을 크게 단순화하며, 대부분의 도구가 그러한 점수를 제공하기 때문에 이 책의 저자들은 이러한 맥락에서 다음과 같은 논의를 제시한다.

최근에 타당도(validity)란 연구자가 수집한 자료를 바탕으로 하는 특정 추론의 **적절성**(appropriateness), **정확성**(correctness), **유의성**(meaningfulness), **유용성**(usefulness) 등을 지칭하는 것으로 정의되고 있다. **검정**(validation)은 그러한 추론을 뒷받침할 증거를 수집하고 분석하는 과정이다. 증거를 수집하는 방법은 여러 가지가 있는데, 그중 몇 가지는 곧바로 논의한다. 여기에서 중요한 점은 타당도란 연구자가 특정 도구를 사용하여 수집한 자료를 바탕으로 한 추론을 뒷받침하는 정도를 의미한다는 것이다. 검정된 것은 도구 사용에 대한 추론이지 도구 자체가 아니다.[1] 이 추론은 적절하고 올바르며 유용해야 한다.

타당도의 개념화에 대한 한 가지 해석은 검사 출판사가 더 이상 타당도의 증거를 제공할 책임이 없다는 것이다. 이 책의 저자들은 동의하지 않는다. 출판사는 어떤 도구가 무엇을 측정하고자 하는지 진술하고 그것이 무엇을 하는지 증거를 제공할 의무가 있다. 그럼에도 불구하고, 연구자는 여전히 해당 출판사가 정보를 해석하고자 하는 방식에 주의를 기울여야 한다.

적절한 추론은 연구의 목적과 적절한, 즉 관련된 추론일 것이다. 예를 들어, 만약 연구의 목적이 아프리카 문화에 대해 학생이 알고 있는 것을 결정하는 것이라면, 아프리카의 물리적 지리에 대한 검사점수로 이것에 대해 추론하는 것은 말이 되지 않을 것이다.

유의한 추론은 도구를 사용하여 얻은 정보(예: 검사점수)의 **의미**(meaning)에 대해 어떤 것을 말하는 추론이다. 특정 검사에서 높은 점수가 정확히 무엇을 의미하는가? 그러한 점수는 우리가 그것을 받은 사람에 대해 무엇이라고 말할 수 있게 해 주는가? 높은 점수를 받는 사람과 낮은 점수를 받는 사람은 어떤 면에서 다른가? 등은 사람들로부터 정보를 수집하는 한 가지 방법이다. 우리는 이것을 항상 행한다(이름, 주소, 생년월일, 신발 크기, 자동차 등록번호 등). 그러나 우리가 얻은 정보로부터 유의한 추론을 할 수 없다면, 그것은 거의 쓸모가 없다. 연구의 목적은 단순히 자료를 수집하는 것이 아니라 자료가 수집된 사람들(그리고 그들과 같은 타인들)에 대해 타당한 결론을 도출하기 위해 그러한 자료를 사용하는 것이다.

유용한 추론은 연구자가 알아내려고 했던 것과 관련된 결정을 내리도록 돕는 추론이다. 예를 들어, 탐구(inquiry) 관련 자료가 학생의 성취도에 미치는 영향에 관심이 있는 연구자는 성취도가 그러한 자료에 의해 영향을 받는지, 그렇다면 어떻게 영향을 받는지 유추할 수 있는 정보가 필요하다.

따라서 타당도는 연구자가 수집한 자료에 관한 해석을 뒷받침할 수 있는 증거의 양과 유형에 따라 달라진다. 중요한 질문은 다음과 같다. 평가 결과가 측정 중인 주제나 변수에 대한 유용한 정보를 제공하는가? 연구자는 어떤 종류의 증거를 수집할 수 있는가? 기본적으로 크게 세 가지 유형이 있다.[2]

---

1) 이는 과거의 해석과는 다소 차이가 있다. 그것은 미국교육연구학회(American Educational Research Association), 미국심리학회(American Psychological Association), 전국교육측정위원회(National Council on Measurement in Education)의 회원으로 구성된 공동위원회가 마련한 일련의 표준(standards)에 기초한다. American Psychological Association. (1985). *Standards for educational and psychological testing* (pp. 9–18; 19–23). American Psychological Association.을 참고하라.

2) **[역자 주]** 이 책에서는 타당도의 세 가지 유형을 다음과 같이 내용관련 타당도 증거, 준거관련 타당도 증거, 구인관련 타당도 증거라고 표현하고 있으나, 통계학에서는 일반적으로 이들 각각을 내용타당도, 준거타당도, 구인타당도라고 칭한다. 여기에서는 원저자의 표현을 최대한 살려 번역하지만, 각각을 후자의 용어로 또는 최소한 동일한 의미로 이해하는 것이 더 바람직하다 하겠다.

내용관련 타당도 증거(content-related evidence of validity)는 도구의 내용과 형식을 말한다. 그 내용이 얼마나 적절한가? 얼마나 포괄적인가? 논리적으로 의도한 변수에 도달하는가? 문항 또는 질문의 표본이 평가내용을 얼마나 적절하게 표현하고 있는가? 형식이 적절한가? 내용 및 형식은 변수의 정의와 측정할 연구대상의 표본과 일치해야 한다.

준거관련 타당도 증거(criterion-related evidence of validity)는 도구를 사용하여 얻은 점수와 하나 이상의 다른 도구 또는 측정[종종 **준거**(criterion)라고 함]을 사용하여 얻은 점수 사이의 관계를 말한다. 이 관계는 얼마나 강한가? 이러한 점수는 특정 유형의 미래 수행을 얼마나 잘 추정, 제시 또는 예측하는가?

구인관련 타당도 증거(construct-related evidence of validity)는 도구에 의해 측정되는 심리적 구인의 본질 또는 특성을 말한다. 구인의 척도가 개인의 행동이나 특정 업무에 대한 수행의 차이를 얼마나 잘 설명하는가? 이 장의 뒷부분에서 이러한 다소 복잡한 개념에 대한 추가적인 설명을 제공한다.

[그림 8-1]은 이 세 가지 유형의 증거를 보여 준다.

[그림 8-1] 타당도 증거 유형

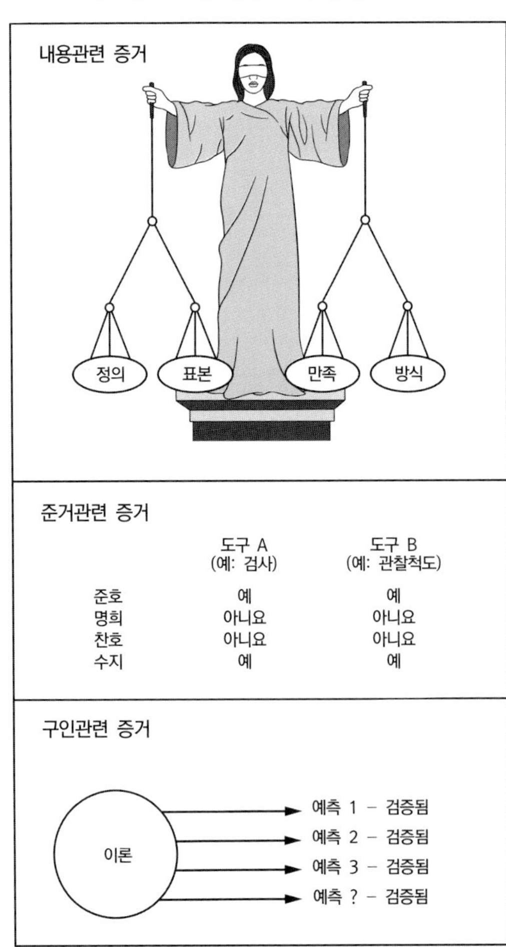

내용관련 증거

어떤 연구자가 새로운 수학 프로그램이 5학년 학생들의 수학능력에 미치는 영향에 관심이 있다고 가정해 보자. 이 연구자는 해당 프로그램을 수료한 학생들이 여러 가지 다른 유형의 단어문제를 올바르게 풀 수 있을 것으로 기대하고 있다. 학생들의 수학능력을 사정하기 위해 약 15개의 그러한 문제가 포함된 수학시험을 볼 계획이다. 이 시험에서 학생들의 수행(performance)은 이러한 종류의 문제를 풀 수 있는 능력의 증거를 제공하는 정도까지만 중요하다. 따라서 이 경우, 도구에서 수행(수학시험)은 **만약(if)** 도구가 프로그램에서 다루는 단어문제의 적절한 표본을 제공하면, 이러한 학생들의 수학능력에 대한 타당한 증거를 제공할 것이다. 쉬운 문제만 시험에 포함되거나, 매우 어렵거나 긴 문제만 포함되거나, 뺄셈과 관련된 문제만 포함되면, 시험은 대표성이 없어져 타당한 추론을 할 수 있는 정보를 제공하지 못한다.

내용관련 타당도 증거(content-related evidence of validity) 중 한 가지 핵심요소는 표집의 적절성과 관련이 있다. 대부분의 도구(특히 성취도검사)는 풀 수 있는 문제 또는 물을 수 있는 문제의 유형에 관한 표본만 제공한다. 따라서 내용검정은 부분적으로 도구가 포함하고 있는 내용이 표현해야 할 내용 영역의 적절한 표본인지를 결정하는 일이다.

내용검정의 다른 측면은 도구의 형식과 관련이 있다. 여기에는 인쇄의 명확성, 활자 크기, 작업공간의 적절성(필요한 경우), 언어의 적절성, 지시문의 명확성 등이 포함된다. 도구에서 질문의 적절성과 상관없이, 부적절한 형식(영어능력이 거의 최하위 수준인 아동에게 영어로 작성한 시험을 주는 등)으로 출제되면 타당한 결과를 얻을 수 없다. 이러한 이유로 의도된 표본의 특성을 염두에 두는 것이 중요하다.

어떻게 내용관련 타당도 증거를 얻을 수 있는가? 이를 위한 일반적인 방법은 누군가가 그 도구의 내용과 형식을 보고 그것이 적절한지 아닌지를 판단하게 하는 것이다. 물론, '누군가'는 그저 아무나 할 수 있는 것이 아니라, 그 도구의 적절성에 대해 지적 판단을 내릴 것으로 기대할 수 있는 개인, 즉 유능한 판단자(judge)가 되기 위해 무엇을 측정해야 하는지에 대해 충분히 알고 있는 사람이다.

일반적인 절차는 다음과 같다. 연구자는 측정하고자 하는 내용에 대한 정의를 작성한 후, 그 정의를 도구와 함께 한 명 이상의 판단자에게 제공한다. 판단자는 정의를 보고, 도구에 포함되어 있는 문항이나 질문을 읽고, 정의의 하나 이상의 측면(예: 목표) 또는 다른 준거를 측정하지 못한다고 생각하는 각 질문이나 문항 앞에 체크표시한다. 또한 문항에 의해 평가되지 않는 각 측면 앞에 체크표시한다. 판단자는 또한 도구형식의 적절성을 평가한다. 그런 다음, 연구자는 문항이나 질문을 다시 작성하여 확인한 후 판단자에게 다시 제출하거나 적절히 다루지 않은 준거에 대해 새로운 문항을 작성한다. 이는 판단자가 도구의 모든 문항 또는 질문을 승인하고 총 문항 수가 측정되는 변수에 포함되는 전체 내용 영역을 적절하게 표현한다고 느낄 때까지 계속된다.

연구자가 내용관련 타당도를 확립하기 위해 어떻게 노력할 수 있는지를 설명하기 위해 두 가지 예시를 살펴보자.

예시 1

어떤 연구자가 **학생들이 이전에 획득한 정보를 사용할 수 있는**(use information that they have previously acquired) 능력을 측정하려고 한다고 가정해 보자. 이 구절의 의미를 물었을 때, 해당 연구자는 다음과 같은 정의를 제공한다.

학생들이 이전에 획득한 정보를 사용할 수 있다는 증거로, 그들은 다음을 할 수 있어야 한다.
1. 주어진 정보를 바탕으로 정확한 결론(언어적 또는 서면으로)을 도출할 수 있다.
2. 주어진 관점에서 뒤따르는 하나 이상의 논리적 의미를 파악할 수 있다.
3. 두 개의 아이디어가 동일하거나, 유사하거나, 관련이 없거나, 모순되는지를 진술할 수 있다.

어떻게 연구자가 그러한 증거를 얻을 수 있는가? 해당 연구자는 다양한 문제가 포함될 필기시험을 준비하기로 결심한다. 학생들의 대답이 연구자가 찾는 증거를 구성하게 될 것이다. 여기에 연구자가 염두에 두고 있는 질문의 세 가지 유형의 예가 있는데, 그것들은 열거된 세 가지 유형의 증거를 각각 제시하기 위해 고안되었다.

1. A가 B보다 크고, B가 C보다 크면:
  1) A는 C보다 커야 한다.
  2) C는 A보다 작아야 한다.
  3) B는 A보다 작아야 한다.
  4) 위의 모든 것이 사실이다.

2. 소비자 지출을 늘리는 것이 경제를 활성화시키는 가장 좋은 방법이라고 믿는 사람은 다음을 지지할 것이다.
  1) 이자율 인상
  2) 고갈 수당 인상
  3) 하위소득계층 세금 감면
  4) 정부 지출 감소

3. 미국정부가 지난 10년 동안, ① 부채상환, ② 국방, 그리고 ③ 사회서비스에 사용한 달러 금액을 비교한다.

자, 이제 각각의 질문과 그것이 측정하고자 하는 목표를 살펴보자. 각각의 질문이 그것이 의도한 목표를 측정한다고 생각하는가? 그렇지 않다면, 왜 그렇지 않은가?[3)]

예시 2

여기에 다른 연구자가 사건이 발생한 이유를 설명할 수 있는 학생들의 능력을 측정하기 위한(적어도 부분적으로) 시도로 고안한 것이 있다.

이어지는 지시문을 읽고 질문에 답하라.

지시문: 여기에 몇 가지 사실이 있다.
사실 W: 한 캠핑객이 바람이 부는 날 숲에서 음식을 요리하기 위해 불을 지폈다.
사실 X: 숲속 캠프파이어 근처의 마른 풀밭에서 불이 시작되었다.

---

3) 학생들이 다소 까다롭게 볼 수 있기 때문에, 비록 1이 의문이 들 수 있지만, 이 책의 저자들은 1(선택 d)과 2(선택 c)에 대한 정답을 타당한 증거로 평가할 것이다. 학생들은 생각을 대조하도록 요구받지 않고 단지 사실만을 요구받기 때문에, 이 책의 저자들은 3에 대한 답을 타당하다고 평가하지 않을 것이다.

여기에 같은 날, 같은 숲에서 일어난 또 다른 사실이 있다.

사실 Y: 숲속의 한 집이 불에 탔다.
무엇이 집을 전소시켰는지 설명해야 한다(사실 Y). 사실 W와 사실 X가 설명에 도움이 되는가?

1) 예. 사실 W와 사실 X 둘 다, 그리고 그것들 간에 가능한 원인-결과 관계가 유용할 수 있다.
2) 예. 사실 W와 사실 X 둘 다 유용하지만, 어느 것도 다른 하나의 원인이지는 않을 것이다.
3) 아니요. 왜냐하면 사실 W와 사실 X 중 하나만 사실 Y의 원인일 가능성이 높기 때문이다.
4) 아니요. 사실 W와 사실 X 모두 사실 Y의 원인이 아닐 가능성이 높기 때문이다.[4]

다시 한번 질문과 측정하고자 설계된 목표를 살펴보라. 그것은 해당 목표를 측정하는가? 그렇지 않다면, 왜 그렇지 않은가?[5]

이러한 종류의 증거를 얻기 위한 시도(이전의 경우, 문항이 측정해야 할 것을 측정한다는 독립적 판단자의 지지)는 내용관련 증거를 얻는 과정을 전형적으로 보여 준다. 다만 앞에서 언급한 바와 같이, 판단자의 자질은 항상 중요한 고려사항이며, 판단자는 의도된 표본의 특성을 염두에 두어야 한다.

준거관련 증거

준거관련 타당도 증거(criterion-related evidence of validity)를 얻기 위해, 연구자는 보통 하나의 도구(타당화된 도구)에서의 수행(performance)을 몇 개의 다른 독립적인 준거에서의 수행과 비교한다. **준거(criterion)**는 동일한 변수를 측정하는 것으로 가정되는 두 번째 검정 또는 다른 사정 절차이다. 예를 들어, 도구가 학업능력을 측정하도록 설계된 경우, 도구의 학생점수는 GPA(외적 준거)와 비교될 수 있다. 만약 이 도구가 정말로 학업능력을 측정한다면, 시험에서 높은 점수를 받은 학생들은 또한 높은 GPA를 받을 것으로 예상된다. 왜 그러한지 알겠는가?

두 가지 형태의 준거관련 타당도, 즉 예측타당도와 공인타당도가 있다. **예측타당도(predictive validity)**의 증거를 얻기 위해, 연구자는 도구 실행과 준거점수 획득 간에 시간간격을 두고 있다. 예를 들어, 어떤 연구자가 고등학생집단을 대상으로 과학 적성검사를 실시하고, 나중에 그들의 검사점수와 과학교과목의 학기말 성적을 비교할 수 있다.

한편, 도구자료와 준거자료를 거의 동시에 수집하고 그 결과를 비교할 때, 이는 연구자가 **공인타당도(concurrent validity)**의 증거를 확보하려는 시도이다. 예를 들어, 연구자가 중학교 2학년 학생들에게 자아존중감 검사를 실행하고, 그것에 대한 그들의 점수를 교사들의 학생 자아존중감 평가와 거의 동시에 비교하는 것이다.

두 가지 형태의 준거관련 타당도에서 핵심 지표(index)는 상관계수이다.[6] 문자 r로 상징되는 **상관계수(correlation coefficient)**는 개인이 두 가지 도구에 대해 얻는 점수 간에 존재하는 관계의 정도를 나타낸

4) Wallen, N. E., Durkin, M. C., Fraenkel, J. R., McNaughton, A J., & Sawin, E. I. (1969). *The Taba Curriculum Development Project in Social Studies: Development of a comprehensive curriculum model for social studies for grades one through eight, inclusive of procedures for implementation and dissemination* (p. 307). Addison-Wesley.
5) 이 책의 저자들은 이 질문에 대한 정답을 왜 사건이 발생하는지를 설명하는 학생의 능력에 대한 타당한 증거로 평가할 것이다.
6) 제10장에서 자세히 설명되는 상관계수는 매우 유용한 통계량이다. 이것은 많은 적용 또는 용도 중 하나이다.

다. 정적 관계(positive relationship)는 도구 중 하나의 점수가 높으면 다른 도구의 점수도 높거나 또는 하나의 도구에서 점수가 낮으면 다른 도구의 점수도 낮게 나타날 때를 나타낸다. 부적 관계(negative relationship)는 하나의 도구에서는 점수가 높지만 다른 도구에서는 낮은 점수를 수반할 때를 나타낸다. 모든 상관계수는 +1.00과 −1.00 사이에 있다. r이 .00이면 관계가 없음을 나타낸다.

상관계수가 특정 도구에서 동일한 집단의 개인에 의해 얻어진 점수와 몇몇 준거척도에 대한 점수 간의 관계를 설명하기 위해 사용될 때, 이를 타당도계수(validity coefficient)라고 한다. 예를 들어, 수학적성검사에서 일련의 점수(예측변수)와 수학 성취도검사(준거)의 다른 일련의 점수의 상관관계를 통해 얻은 타당도계수 +1.00은 집단 내의 각 개인이 두 척도에서 정확히 동일한 상대적 위치를 갖는다는 것을 나타낸다. 그러한 상관관계가 얻어지면 적성검사 점수를 바탕으로 완벽한 수학 성취도를 예측할 수 있을 것이다. 비록 이러한 상관계수는 가능성이 매우 낮지만, 그것은 이러한 계수가 의미하는 바를 보여 준다. 타당도계수가 높을수록 연구자의 예측은 정확해질 가능성이 높다.

Gronlund는 준거관련 증거를 나타내는 또 다른 방법으로 상관기대표(expectancy table)를 사용할 것을 제안한다.[7] 상관기대표는 예측변수 범주가 차트의 왼쪽 아래에 나열되고 준거 범주가 차트의 맨 위에 가로로 나열되어 있는 이원 차트에 지나지 않는다. 그런 다음, 예측변수의 각 범주별 점수에 대해 준거의 각 범주에 속하는 개인의 백분율을 나타낸다.

〈표 8-1〉은 예를 보여 준다. 표에서 볼 수 있는 바와 같이, 판단자가 분류한 학생 중 51%가 오케스트라에서 A학점, 35%가 B학점, 14%가 C학점을 받았다. 이 표는 이 특정 집단만을 언급하지만, 이와 같은 판단자에 의해 평가된 다른 음악지망생들의 점수를 예측하는 데 사용될 수 있다. '우수평가'를 받았다면 A를 받을 확률은 51%, B를 받을 확률은 3%, C를 받을 확률은 14% 정도로 (대략) 예측할 수 있다.

〈표 8-1〉 상관기대표의 예

	오케스트라에서 강좌 성적 (각 등급을 받을 퍼센트)			
음악 적성에 대한 판단자의 분류	**A**	**B**	**C**	**D**
매우 우수	51	35	14	0
평균 이상	20	43	37	0
평균	0	6	83	11
평균 이하	0	0	13	87

상관기대표는 특히 연구자가 학교에서 수집한 자료와 함께 사용할 수 있는 유용한 도구이다. 그것은 구성하기 쉽고, 이해하기 쉬우며, 두 가지 척도 간의 관계를 명확하게 보여 준다.

준거관련 증거를 수집하는 데 있어 준거의 본질이 가장 중요하다는 점을 깨닫는 것이 중요하다. 만약 준거척도가 논리적으로 타당하지 않다면, 높은 정적 상관관계는 큰 의미가 없다. 예를 들어, 과학에 대한 적성을 측정하기 위해 설계된 도구의 점수와 체력검사 점수 간의 높은 상관관계는 두 가지의 도구에 대한 적절한 준거관련 증거가 될 수 없다. 사건이 발생하는 이유를 설명하기 위해서 학생의 능력을 측정

7) Gronlund, N. E. (1988). *How to construct achievement tests* (4th ed., p. 140). Prentice Hall.

하기 위해 고안된 질문의 예시로 되돌아가 생각해 보라. 이러한 문항에 대한 준거참조 타당도를 확립하기 위해 어떤 종류의 준거를 사용할 수 있는가?

구인관련 증거

구인관련 타당도 증거(construct-related evidence of validity)는 우리가 고려하고 있는 타당도에 대한 세 가지 증거 범주 중 가장 광범위하다. 구인관련 타당도를 만족시키는 증거는 단 한 가지도 없다. 오히려 연구자는 타당한 추론(예: 자아존중감 검사를 실행하여 얻은 점수가 그러한 점수를 받은 사람들이 가지고 있는 자아존중감의 정도에 대한 정확한 추론을 허용한다고 주장하는 것)을 할 수 있도록 해주는 다양한 **다른**(different) 유형의 증거(많고 다양할수록 더 좋다.)를 수집하려고 시도한다.

일반적으로, 구인관련 타당도 증거를 얻는 데 포함되는 3단계가 있다. ① 측정되는 변수는 명확하게 정의된다. ② 그 변수에 기반한 이론에 기초하여, 많은 변수 대 적은 변수를 소유한 사람들이 특정 상황에서 어떻게 행동할지에 대한 가설이 설정된다. ③ 가설은 논리적으로도 경험적으로도 검정된다.

그 과정을 좀더 명확하게 하기 위해 예를 들어 보자. 정직성을 측정하기 위해 지필검사를 개발하는 데 관심이 있는 한 연구자가 구인타당도 접근방법을 사용하려 한다고 가정해 보자. 먼저, 해당 연구자는 정직함을 정의한다. 다음으로, '정직한' 사람이 '부정직한' 사람과 비교하여 어떻게 행동하는지에 대한 이론을 만든다. 예를 들어, 정직한 개인이 만약 자신의 것이 아닌 물건을 발견한다면, 그 물건의 주인을 찾기 위해 합리적인 노력을 할 것이라는 이론을 세울 수 있다. 이 이론에 기초하여, 해당 연구자는 정직성 검사에서 높은 점수를 받은 사람이 해당 검사에서 낮은 점수를 받은 사람보다 발견한 물건의 주인을 찾으려고 시도할 가능성이 더 높다는 가설을 세울지도 모른다. 이어, 연구자가 정직성 검사를 실시해 점수가 높은 사람과 낮은 사람의 이름을 구분해 모두에게 정직할 기회를 준다. 예를 들어, 연구자는 검사를 받는 사람들이 그것을 쉽게 보고 받을 수 있도록 검사장 바로 밖에 5달러가 든 지갑을 놓아둘 수도 있다. 지갑에는 소유자의 이름과 전화번호를 선명하게 볼 수 있도록 표시된다. 연구자의 가설이 입증되면 정직성 검사에서 낮은 점수를 받은 사람보다 높은 점수를 받은 사람 중 상당수가 지갑 주인에게 전화를 걸려고 할 것이다(이것은 발신자에게 이름과 번호를 남겨 달라는 녹음기의 응답을 받아 확인할 수 있다). 이것은 해당 검사에서 받은 점수에 기초하여 개인의 정직성에 대한 추론을 뒷받침하는 데 사용될 수 있는 하나의 증거이다.

그러나 특정 도구의 점수가 측정하려는 변수에 대한 올바른 추론을 도출하는 데 사용될 수 있음을 시사하는 **다양한**(variety) 증거를 얻기 위해 일련의 연구를 수행해야 한다는 것을 강조해야 한다. 원하는 것은 어떤 특정한 유형의 증거라기보다는 광범위한 증거이다.

두 번째 예를 들어 보자. 수학적 추론능력을 측정하기 위해 설계된 시험과 관련하여 구인타당도에 대한 주장을 뒷받침하는 것으로 간주될 수 있는 몇 가지 증거는 다음과 같을 수 있다.

- 독립적인 판단자는 모두 시험의 모든 문항이 수학적 추론을 요구한다고 보았다.
- 독립적인 판단자는 모두 시험 자체의 특징(예: 시험형식, 방향, 점수, 읽기 수준)이 학생이 수학적 추론에 참여하는 것을 어떤 식으로든 방해하지 않는다고 보았다.
- 독립적인 판단자는 모두 시험에 포함된 과제의 표본이 적절하며 수학적 추론 과제를 대표한다고 보

았다.

- 시험점수와 수학 성적 간에 높은 상관관계가 존재한다.
- 수학 추론에서 구체적인 훈련을 받은 학생들이 시험에서 높은 점수를 받았다
- 학생들은 시험문제를 풀면서 '발성사고법(think aloud)'을 사용하도록 요구받았을 때 실제로 수학적 추론에 몰두한다.
- 시험점수와 수학적 추론능력에 관한 교사 등급 간에는 높은 상관관계가 존재한다.
- 수학 전공자가 일반 이과 전공자보다 시험에서 더 높은 점수를 받는다.

다른 유형의 증거가 이전 연구에 대해 나열될 수 있지만(아마도 일부만 생각할 수 있을 것이다), 이것이 연구자가 얻으려고 하는 한 가지 유형의 증거만이 아니라 많은 유형의 증거라는 것을 분명히 하는 데 충분하기를 바란다. 특정 도구를 사용하여 얻은 점수가 특정 변수를 측정하는지 여부를 결정하는 것은 검사가 어떻게 개발되었는지, 검사를 뒷받침하는 이론, 다양한 사람과 다양한 상황에서 검사가 어떻게 기능하는지, 그리고 검사의 점수가 다른 적절한 도구의 점수와 어떻게 관련되는지에 대한 연구를 포함한다. 따라서 구인검정은 광범위한 절차와 내용관련 증거와 준거관련 증거를 포함한 많은 다른 유형의 증거를 포함한다. 연구자가 많은 다른 출처에서 얻은 증거를 더 많이 얻을수록, 특정 도구에서 얻은 점수를 해석하는 것에 대해 더 확신을 갖게 된다.

신뢰도

신뢰도(reliability)는 획득된 점수의 일관성, 즉 하나의 도구 실행에서 다른 도구 실행으로, 그리고 하나의 일련의 문항에서 다른 일련의 문항까지 각 개인에 대해 얼마나 일관성이 있는지를 말한다. 예를 들어, 타이핑 능력을 측정하기 위해 설계된 검정을 생각해 보자. 시험이 신뢰할 수 있다면, 처음 시험을 봤을 때 높은 점수를 받은 학생이 다음 시험을 볼 때 높은 점수를 받을 것으로 예상한다. 점수는 동일하지는 않겠지만 비슷할 것이다.

도구로부터 얻은 점수는 상당히 신뢰할 수 있지만 타당하지 않을 수 있다. 한 연구자가 중학교 2학년 학생에게 헌법에 대한 지식을 측정하기 위해 고안된 두 가지 형태의 시험을 실시했다고 가정해 보자. A형에서 높은 점수를 받은 학생들은 B형에서 높은 점수를 받았고, A형에서 낮은 점수를 받은 학생들은 B형에서 낮은 점수를 받았다. 우리는 그 점수가 믿을 만하다고 말할 수 있다. 그러나 만약 해당 연구자가 체육수업에서 이 학생들의 성공을 예측하기 위해 이와 같은 시험점수를 사용했다면, 그 연구자는 아마 놀라워할 것이다. 헌법시험 점수에 근거한 체육의 성공에 대한 어떠한 추론도 타당하지 않을 것이다. 그럼 그 반대는 어떠한가? 신뢰할 수 없는 점수를 산출하는 도구가 타당한 추론을 허용할 수 있는가? 아니다! 만약 점수가 한 사람에게 완전히 일치하지 않는다면, 그 점수는 유용한 정보를 제공하지 않는다. 우리는 개인의 능력, 태도 또는 다른 특성을 추론하기 위해 어떤 점수를 사용해야 하는지 알 방법이 없다.

신뢰도와 타당도 간의 차이는 [그림 8-2]에 제시되었다. 신뢰도와 타당도는 항상 도구가 사용되는 상황에 따라 달라진다. 도구는 문맥에 따라 신뢰할 수 있는(일관된) 점수를 산출할 수도 있고 그렇지 않을 수도 있다. 자료를 신뢰할 수 없으면 (a)에서 보여 주는 바와 같이 타당한(합법적인) 추론을 이끌어 낼 수 없다.

신뢰도가 향상되면 (b)에서 보여 주는 바와 같이 타당도가 향상될 수도 있고 (c)에서 보여 주는 바와 같이 그렇지 않을 수도 있다. (d)에서 보여 주는 바와 같이 도구는 양호한 신뢰도를 가지고 있지만 타당도는 낮을 수 있다. 물론 원하는 것은 (e)에서 보여 주는 바와 같이 신뢰도도 높고 타당도도 높은 것이다.

[그림 8-2] 신뢰도와 타당도

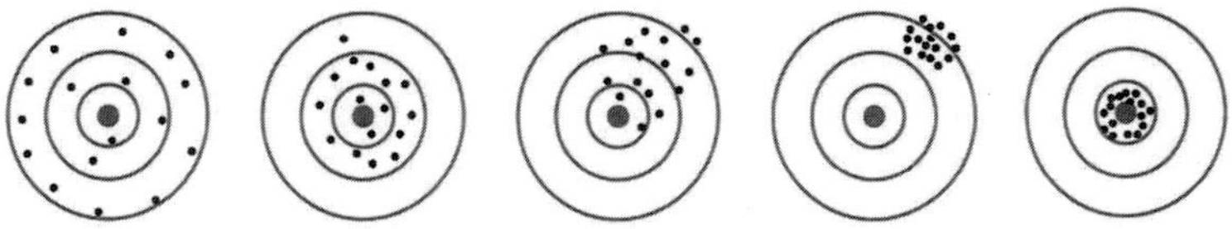

(a) 타당하지도 신뢰롭지도 않음

(b) 신뢰도도 타당도도 약간 높음

(c) 약간 신뢰롭지만 타당하지 않음

(d) 상당히 신뢰롭지만 타당하지 않음

(e) 신뢰도도 타당도도 상당히 높음

각 표적의 과녁은 원하는 정보를 나타낸다. 각 점은 도구로 얻은 개별 점수를 나타낸다. 과녁의 중심에 점이 있다는 것은 얻은 정보(점수)가 연구자가 원하는 정보임을 나타낸다.

측정의 오류

사람들이 같은 시험을 두 번 볼 때마다 그들은 거의 정확히 같은 시험을 치르지는 않을 것이다. 즉, 그들의 점수나 정답은 보통 동일하지 않을 것이다. 이는 다양한 요인(동기, 에너지, 불안감, 시험 상황의 차이 등) 때문일 수 있으며 어쩔 수 없다. 그러한 요인은 측정의 오류(errors of measurement)를 야기한다([그림 8-3] 참고).

[그림 8-3] 측정의 신뢰도

측정의 오류는 항상 어느 정도 존재하기 때문에, 연구자는 도구가 동일한 집단에 두 번 이상 실행될 때, 두 가지의 다른 형태의 도구를 사용할 때, 또는 심지어 도구의 한 부분에서 다른 부분으로 사용될 때 시험점수에서 일부 변동(예: 답안 또는 등급에서)이 있을 것으로 예상한다. 신뢰도 추정치는 연구자에게 얼마나 많은 변동을 예상할 수 있는지에 대한 아이디어를 제공한다. 이러한 추정치는 신뢰도계수(reliability coefficient)라고 알려진 상관계수의 또 다른 활용으로 표현된다.

이미 언급한 바와 같이, 타당도계수는 두 개의 **다른**(different) 도구에서 동일한 개인의 점수 간의 관계를 나타낸다. 신뢰도계수는 또한 관계를 나타내지만, 이번에는 두 개의 다른 시점에 동일한 도구에서 또는 **동일한**(same) 도구의 두 개의 부분에서 동일한 개인의 점수 간의 관계이다. 신뢰도계수를 구하는 가장 잘 알려진 세 가지의 방법은 검사–재검사방법(test–retest method), 동형방법(equivalent–forms method), 내적일관성방법(internal–consistency methods)이다. 상관계수의 다른 활용과 달리, 신뢰도계수는 .00에서 1.00 사이, 즉 음수값을 가지고 있지 않다.

검사–재검사방법

검사–재검사방법(test–retest method)은 일정 시간이 경과한 후 **동일한**(same) 집단에게 동일한 검사를 두 번 실행하는 것이다. 그런 다음, 얻은 두 검사의 점수 간의 관계를 나타내기 위해 신뢰도계수를 계산한다.

신뢰도계수는 두 번의 검사의 실행 사이에 경과하는 시간의 길이에 영향을 받는다. 시간간격이 길수록 검사를 받는 개인이 변화할 가능성이 높기 때문에, 신뢰도계수는 낮아질 가능성이 높다. 검사–재검사 신뢰도의 증거를 확인하기 위해 적절한 시간간격을 선택해야 한다. 이 간격은 개인이 유의한 집단에서 상대적 입장을 유지하는 것으로 가정되는 동안이어야 한다.

그것이 측정되는 개인에 따라 크게 변동하는 변수를 연구하거나 심지어 개념화하는 것은 의미가 없다. 예를 들어, 연구자가 누군가를 학문적으로 재능이 있거나, 타이핑에 능숙하거나, 또는 형편없는 자아개념을 가지고 있다고 평가할 때, 그는 이 특성이 일정기간 동안 개인을 계속해서 차별화할 것이라고 가정한다. 개인에게 안정성(stability)이 없는 변수는 연구할 수 없다.

연구자는 모든 변수가 동등하게 안정적일 것으로 기대하지 않는다. 경험은 일부 능력(글쓰기와 같은)이 다른 능력(추상적 추론과 같은)보다 더 변화하기 쉽다는 것을 보여 주었다. 일부 개인적 특성(자아존중감과 같은)은 다른 특성(10대의 직업 흥미도와 같은)보다 더 안정적이라고 여겨진다. 정의상, 기분은 몇 분 또는 몇 시간의 짧은 시간 동안 안정적이라고 여겨지는 변수이다. 그러나 여기에서도 사용되는 도구가 신뢰할 수 없는 한 다른 (아마도 인과적) 변수와의 유의한 관계는 발견되지 않을 것이다. 대부분의 교육연구에서 2~3개월 동안의 점수의 안정성은 일반적으로 검사–재검사 신뢰도의 충분한 증거로 간주된다. 따라서 검사–재검사 신뢰도계수를 보고할 때, 두 검사 간의 시간간격을 항상 보고해야 한다.

동형방법

동형방법(equivalent–forms method)을 사용할 경우, 두 가지의 다르지만 동일한 [또는 **대안적인**(alternate) 혹은 **아주 유사한**(parallel)] 형태의 도구가 같은 시간 동안 **동일한**(same) 집단의 개인에게 실행된다. 문제는 다르지만 동일한 내용을 표본으로 추출해야 하며 서로 분리해서 구성해야 한다. 그런 다음, 얻은 두 검사의 점수 간의 신뢰도계수가 계산된다. 계수가 높으면 두 형태가 동일한 것을 측정한다는 신뢰도의 강력한 증거를 나타낸다.

두 검사의 실행 간에 시간간격을 두고 동일한 검사의 두 가지 다른 형태를 부여함으로써 검사–재검사방법과 동형방법을 결합할 수 있다. 높은 신뢰도계수는 두 형태가 동일한 종류의 수행을 측정하고 있을 뿐만 아니라 시간이 지남에 따라 일관성과 관련하여 우리가 기대할 수 있는 것도 나타낸다.

내적일관성방법

지금까지 언급된 방법은 모두 두 번의 실행 또는 검사 세션이 필요하다. 그러나 신뢰도를 추정하는 몇 가지 내적일관성방법(internal-consistency methods)이 있는데, 이러한 방법은 한 번의 실행만으로 가능하다.

연구심화

신뢰도와 타당도 점검: 사례

182쪽에 기술된 투사도구(그림상황검사)는 20개의 그림으로 구성되어 있으며, 각 점수체계에 따라 변수인 통제욕구(control need)와 의사소통(communication)에 대한 점수를 매긴다. 예를 들어, [그림 7-22]의 그림(picture) 1에 대한 몇 가지 예시적인 응답이 있다. 변수 통제욕구는 "학생의 매 순간 활동을 통제하기 위한 동기"로 정의되며, 다음과 같이 채점된다.

- "저는 당신이 뭔가 특별한 것을 즐기실 줄 알았다고 생각했다."(1점)
- "저는 당신이 그것을 얼마나 잘하는지 보고 싶다."(2점)
- "당신과 톰은 서로 다른 아이이다."(3점)
- "네, 저는 당신이 그것을 끝내 주시면 감사하겠습니다."(4점)
- "그것을 빨리 해 주세요."(5점)

내용타당도에 호소하는 것 외에도, 이 두 가지 측정(통제욕구와 의사소통)을 뒷받침하는 몇 가지 증거가 있다.

Rowan은 초등학교 교사와 함께 두 점수 간의 관계와 몇 가지 다른 척도를 연구했다.[8]

그녀는 통제욕구 필요성에 대해 높은 점수를 받은 교사가, ① 교실 관찰자들에 의해 상황에 자신을 강요하고 더 높은 내용을 강조하는 것으로 보여 질 가능성이 높고, ② 인터뷰진행자들은 옳고 그름에 대한 더 엄격한 태도를 가진 것으로 판단하며, ③ 권위주의적 성향검사에서 더 높은 점수를 받는다는 것을 발견했다.

도시 내 교실(inner-city classroom)을 준비하는 교사의 프로그램에서의 성공을 예측하기 위한 능력에 관한 연구에서 그림상황검사의 통제욕구점수가 예측 가치가 있다는 증거가 발견되었다.[9]

프로그램 입학 시 얻은 실행 점수와 학생 수업 및 후속 1학년 교직 과제에서 교실 관찰을 통해 얻은 다양한 척도 간에는 상관관계가 존재했다. 가장 명확한 발견은 통제 필요성이 높은 점수를 받은 학생은 교실이 덜 시끄러운 것으로 관찰되었다는 것이다. 이 결과는 측정의 타당도에 어느 정도 보탬이 되는데, 통제 필요성이 높은 교사는 더 조용한 방을 가질 것으로 기대되기 때문이다.

반분절차로 사정하였을 때 두 척도의 신뢰도는 모두 적절한(.74와 .81) 것으로 밝혀졌다. 8년에 걸친 추적조사로 사정하였을 때, 시간경과에 따른 일관성은 예상대로 상당히 낮았다(.61과 .53).

반분절차

반분절차(split-half procedure)는 한 검사의 두 개의 절반(보통 홀수 문항 대 짝수 문항)을 각 개인별로 채점한 다음 두 검사의 점수에 대한 상관계수를 계산하는 과정이 포함된다. 계수는 검사의 두 개의 절반이 동일한 결과를 제공하는 정도를 나타내며, 따라서 검사의 내적 일관성을 기술한다.

신뢰도계수는 **스피어만-브라운 예언 공식**(Spearman-Brown prophecy formula)으로 알려진 것을 사

8) Rowan, N. T. (1967). The relationship of teacher interaction in classroom situations to teacher personality variables. Unpublished doctoral dissertation. University of Utah.

9) Wallen, N. E. (1971). *Evaluation report to Step-TTT Project.* San Francisco State University.

용하여 계산된다. 이 공식의 단순화된 형태는 다음과 같다.

$$\text{전체 검사점수의 신뢰도} = \frac{2 \times \frac{1}{2}\text{검사의 신뢰도}}{1 + \frac{1}{2}\text{검사의 신뢰도}}$$

따라서 검사문항의 절반을 다른 절반과 비교하여 .56의 상관계수를 얻은 경우, 전체 검사점수의 신뢰도는 다음과 같다.

$$\text{전체 검사점수의 신뢰도} = \frac{2 \times .56}{1 + .56} = \frac{1.12}{1.56} = .72$$

이것은 신뢰도의 중요한 특성을 보여 준다. 검사(또는 모든 도구)의 신뢰도는 일반적으로 원래 것과 유사한 경우 문항을 더 추가하면 높일 수 있다.

쿠더-리차드슨 접근방법

내적 일관성을 결정하기 위해 가장 자주 사용되는 방법은 KR20과 KR21 공식인 쿠더-리차드슨 접근방법(Kuder-Richardson approach)일 것이다. 후자의 공식(KR21)에는 검정 문항수, 평균 및 표준편차의 세 가지 정보만 필요하다. 그러나 해당 공식 K21은 난이도가 동일하다고 가정할 수 있는 경우에만 사용할 수 있다.[10] KR21 공식의 자주 사용되는 형태는 다음과 같다.

$$\text{KR21 신뢰도계수} = \frac{K}{K-1}\left[1 - \frac{M(K-M)}{K(SD^2)}\right]$$

여기에서 K = 검사 문항 수, M = 검사점수의 평균, SD = 검사점수의 표준편차를 의미한다.[11]

비록 이 공식은 다소 위협적으로 보일 수 있지만, 그것의 사용은 사실 상당히 간단하다. 예를 들어, $K=50$, $M=40$, $SD=4$일 때, 신뢰도계수는 다음과 같이 계산된다.

$$\begin{aligned}\text{신뢰도} &= \frac{50}{49}\left[1 - \frac{40(50-40)}{50(4^2)}\right] \\ &= 1.02\left[1 - \frac{40(10)}{50(16}\right)\right] \\ &= 1.02\left[1 - \frac{400}{800}\right] \\ &= (1.02)(1 - .50)\end{aligned}$$

10) 공식 KR20은 계산하기가 더 어렵지만, 모든 문항의 난이도가 동일하다는 가정을 요구하지는 않는다. 그러나 일반적으로 이를 위한 컴퓨터 프로그램이 이용 가능하며, 연구자가 모든 문항이 동일한 난이도를 가지고 있다고 가정할 수 없을 때마다 사용되어야 한다.

11) 표준편차에 대한 설명은 제10장을 참고하라.

$$= (1.02)(.50)$$
$$= .51$$

따라서 이 검사점수에 대한 신뢰도 추정치는 .51이다.

.51의 신뢰도 추정치는 좋은가 또는 나쁜가? 높은가 또는 낮은가? 신뢰도계수를 평가하기 위해 사용할 수 있는 몇 가지 기준점(benchmarks)이 있다. 첫째, 주어진 계수와 가능한 극단적 계수를 비교할 수 있다. 기억하겠지만, 계수 .00은 관계가 전혀 없음을 나타내므로 신뢰도가 전혀 없는 반면, 1.00은 얻을 수 있는 최대 가능한 계수이다. 둘째, 주어진 신뢰도계수와 동일한 유형의 측정에 대해 일반적으로 얻어지는 계수의 종류를 비교할 수 있다. 예를 들어, 상업적으로 이용 가능한 많은 성취도검사에 대해 보고된 신뢰도계수는 일반적으로 Kuder–Richardson 공식을 사용할 때 .90 이상이다. 많은 교실 검사는 신뢰도계수를 .70 이상으로 보고한다. 이 수치와 비교하였을 때, 우리가 얻은 계수는 다소 낮게 판단되어야 한다. 연구목적상, 유용한 경험법칙(rule of thumb)은 신뢰도가 최소한 .70 이상이어야 하며, 가급적 더 높아야 한다는 것이다.

알파계수

도구의 내적 일관성을 확인하는 또 다른 방법은 알파계수(alpha coefficient)[종종 그것을 개발한 사람의 이름을 따서 크론바흐 알파(Cronbach alpha)라고 부름]를 계산하는 것이다. 이 계수(α)는 두 개 이상의 답이 가능한 일부 논술시험에서처럼 정답 대 오답 점수가 나오지 않은 문항의 신뢰도를 계산하는 데 사용되는 KR20 공식의 일반적인 형태이다.[12)]

〈표 8–2〉는 도구의 타당도와 신뢰도를 점검하는 데 사용되는 방법을 요약한 것이다.

〈표 8–2〉 타당도와 신뢰도 점검방법

타당도('사실성')	
방법	**절차**
내용관련 증거	전문가 판단 획득
준거관련 증거	동일한 변수의 다른 척도와 관련지음
구인관련 증거	이론에서 나온 예측에 대한 증거 사정

신뢰도('일관성')			
방법	**내용**	**시간간격**	**절차**
검사–재검사	동일	있음	동일한 도구를 두 번 제시
동형	다름	없음	두 가지 형태의 도구 제시
동형/재검사	다름	있음	두 가지 형태를 제시하되, 둘 간에 시간간격을 둠
내적 일관성	다름	없음	도구를 절반으로 나누고 각각을 채점하거나 Kuder–Richardson 접근방법 사용
채점 관찰자 일치	동일	없음	두 명 이상의 관찰자 또는 채점자에 의해 획득된 점수 비교

12) Cronbach, L. J. (1951). Coefficient alpha and the internal structure of tests. *Psychometrika, 16*, 297–334.을 참고하라.

측정의 표준오차

측정의 표준오차(standard error of measurement: SEMeas)는 측정이 변화하는 상황[즉, **측정오차**(measurement error)의 양]에 따라 달라지는 정도를 나타내는 지수이다. 상황이 달라질 수 있는 여러 가지 방법이 있기 때문에, 주어진 점수에 대해 많은 가능한 표준오차가 있다. 예를 들어, 내용(내적 일관성 신뢰도 또는 동형 신뢰도)이 달라 오차만 포함하는 경우보다 시간경과에 따른 오차(검사—재검사신뢰도)가 더 작을 것이다. 측정의 오차가 정규분포를 따른다고 가정하면(제10장, 258쪽 참고), 예상되는 오차의 양을 보여 주는 점수범위를 결정할 수 있다.

많은 IQ검사의 경우, 1년 동안 특정 내용이 다른 측정오차는 약 5점이다. 10년이 넘는 기간 동안, 그것은 약 8점이다. 이는 측정 간에 시간이 길수록 점수가 상당히 많이 변동한다는 것을 의미한다. 따라서 110점을 받은 사람은 1년 후 100점에서 120점 사이, 5년 후는 94점에서 126점 사이일 것으로 예상할 수 있다([그림 8-4] 참고). 두 번째 점수가 떨어질 것으로 예상되는 범위를 계산할 때 측정의 표준오차를 두 배로 늘렸다는 점에 유의하라. 이는 우리의 추정치가 정확하다고 95% 확신할 수 있게 하기 위한 것이다.

[그림 8-4] 측정의 표준오차

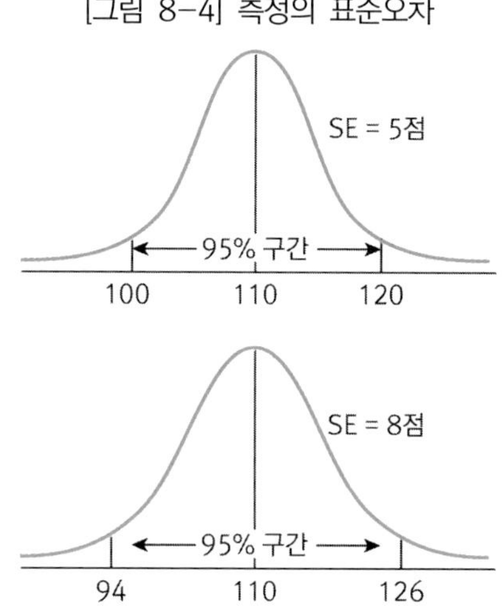

측정의 표준오차의 공식은 $SD\sqrt{1-r_{11}}$ 이며, 여기에서 SD = 점수의 표준편차, r_{11} = 변화하는 조건에 적합한 신뢰도계수이다. 앞의 예에서, 첫 번째 예에서 5의 표준오차(SEMeas)는 다음과 같이 구했다.

$$SD = 16,\ \ r_{11} = .90$$

$$SEM = 16\sqrt{1-.90} = 16\sqrt{.10} = 16(.32) = 5.1$$

채점 일치

대부분의 검사와 다른 많은 도구는 특정한 지시문으로 실행되며 객관적으로 점수가 매겨진다. 서로 다른 관리자나 채점자와의 결과 점수에 차이가 여전히 발생할 수 있지만, 일반적으로 발생할 가능성은 매우 낮은 것으로 간주된다. 논술평가와 같이 실행, 채점, 또는 둘 다의 차이에 취약한 도구는 그렇지 않다. 특히 직접 관찰을 사용하는 도구는 관찰자 간 차이에 매우 취약하다. 이러한 도구를 사용하는 연구자는 채점 일치(scoring agreement) 정도를 조사하여 보고할 의무가 있다. 이러한 일치는 관찰자를 훈련시키고 관찰 기간을 늘림으로써 강화된다.

도구에 따라 사용에 필요한 훈련의 양이 다르다. 일반적으로 관찰기법은 최적의 사용을 위해 상당한 훈련이 필요하다. 그러한 훈련은 보통 관련된 절차를 설명하고 토론하는 것으로 구성되며, 이어서 교육생들이 영상이나 실제 상황을 관찰하면서 도구를 사용한다. 모든 교육생은 같은 행동을 관찰한 후 점수 차이를 논의한다. 이 과정 또는 일부 변동은 독립적인 관찰자가 허용 가능한 수준의 일치에 도달할 때까지 반복된다. 바람직한 것은 채점자들 간에 최소한 .90의 상관관계 또는 최소한 80%의 일치이다. 일반적으로, 이러한 훈련을 하더라도 시간이 지남에 따라 적절한 신뢰도의 증거를 얻기 위해서는 8~12번의 관찰기간이 필요하다.

신뢰도의 개념을 더 자세히 설명하기 위해 실제 검사를 수행하고 문항의 내적 일관성을 계산해 보자. [그림 8-5]는 우리가 채택한 비전형적인(nontypical) 지능검사의 예를 보여 준다. 지시문에 따라 검사를 실행하라. 그런 다음, 반분신뢰도를 계산할 것이다.

이제 215쪽 각주 17의 정답키(answer key)를 보라. 정답을 맞출 때마다 자신에게 1점씩 부여하라. 현재로서는, 이 검사의 점수가 지능의 지표를 제공한다고 가정해 보자. 그렇다면 검사의 각 문항은 지능의 부분 척도이어야 한다. 따라서 10개 문항 검사를 두 개의 5개 문항 검사로 나눌 수 있다. 이러한 5개 문항 검사 중 하나는 홀수문항으로 구성될 수 있고, 다른 5개 문항 검사는 짝수문항으로 구성될 수 있다. 이제 홀수문항과 짝수문항의 점수를 기록하라.

이제 홀수문항이 짝수문항에 의해 제공되는 것과 유사한 지능의 척도를 제공하는지 확인하고자 한다. 만약 그렇다면, 홀수문항과 짝수문항의 점수는 꽤 가까울 것이다. 그렇지 않으면, 두 개의 5개 문항 검사는 일관된 결과를 제공하지 않는다. 이 경우, 전체 검사(10개 문항)에서도 일관된 결과가 나오지 않을 수 있으며, 그렇게 되면 점수는 신뢰할 수 있는 척도로 간주될 수 없다.

연구논쟁

결과타당도는 유용한 개념인가?

최근, 1989년에 Samuel Messick이 처음 제안한 결과타당도(consequential validity)라 불리는 개념에 대한 관심이 높아지고 있다.[13] 그는 타당도(validity)의 핵심의미를 바꾸는 것이 아니라 '가치함축(value implications)'과 '사회적 결과(social consequences)'라는 두 가지의 새로운 아이디어를 포함하도록 확장하려는 의도이었다.

가치함축에 주의를 기울이는 것은 "구성 레이블의 가치함축, 검사해석의 기초가 되는 이론, 그리고 이론이 내재된 이데올로기에 대한 평가"를 요구한다.[14] 이것은 우리가 205-206쪽에서 논의했던 구인관련 타당도 증거에 대한 아이디어를 확장하는 것을 포함한다. 사회적 결과(social consequences)는 "활용된 검사의 잠재적인 사회적 영향과 실제적인 사회적 영향의 평가"를 말한다.

Messick과의 의견 불일치는 주로 그의 제안을 적용하는 것에 관한 것이었다. Reckase는 한 가지 예로서 널리 사용되는 대학입학시험(admissions test battery: ACT)의 개

13) Messick, S. (1989). Consequential validity. In Linn, R. L. (Ed.). *Educational measurement* (3rd ed., pp. 13-103). American Council on Education.

14) Messick, S. (1989). Consequential validity. In Linn, R. L. (Ed.). *Educational measurement* (3rd ed., p. 20). American Council on Education.

발자로서의 자신의 경험을 사용하여, 이 개념 사용의 실현가능성을 체계적으로 분석했다. 그는 비록 어렵지만 가치 함축에 대한 비판적 분석은 실현가능하고 유용하다고 결론지었다.[15)]

그러나 그는 검사 사용의 잠재적인 사회적 결과와 실제적인 사회적 결과를 결정하는 데 있어 내재된 원인-결과 관계를 사정하는 것은 대학입학결정과 같은 명확한 의도적 용도가 있더라도 어렵거나 불가능하다고 주장했다. 그는 이러한 시험이 중요한 사회정책을 훼손하는 경우가 많다는 국가시험공공정책위원회(National Commission on Testing and Public Policy)의 우려를 거론하며,[16)] 필요한 자료를 입수할 가능성은 희박하고, 정의상 의도하지 않은 결과가 무엇인지 모르기 때문에 미리 평가할 수는 없다고 주장한다.

Messick의 제안에 대해 여러분은 어떻게 생각하는가?

[그림 8-5] 신속간편('Quick and Easy') 지능검사

지시문: 다음 각 질문을 읽고 답을 별도의 종이에 작성하라. 권장 시험 시간은 10분이다.

1. 한 방에 두 사람이 있다. 첫째는 둘째 사람의 아들이지만, 둘째는 첫째 사람의 아버지가 아니다. 두 사람은 어떤 관계인가?
2. Grant의 무덤에는 누가 묻혀 있는가?
3. 어떤 달은 30일이 있고, 어떤 달은 31일이 있다. 28일이 있는 달은 얼마나 되는가?
4. 만약 당신이 성냥 하나만 가지고 있고 기름 램프, 기름 히터 그리고 약간의 장작이 있는 어두운 방에 들어간다면, 당신은 어떤 것에 먼저 불을 붙이겠는가?
5. 만약 의사가 여러분에게 3개의 알약을 주고 30분마다 한 알씩 먹으라고 말한다면, 그것이 얼마나 오래 지속될 수 있는가?
6. 어떤 사람이 네 면으로 된 직사각형 구조의 집을 짓고, 각 면은 남향이다. 큰 곰이 주변을 지나간다. 곰은 무슨 색인가?
7. 농부는 17마리의 양을 가지고 있다. 9마리를 제외하고 모두 죽었다. 양은 얼마나 남았는가?
8. 30을 1/2로 나누라. 10을 더하라. 정답은 무엇인가?
9. 사과 세 개에서 사과 두 개를 꺼내라. 몇 개가 남았는가?
10. 모세는 방주에 각 종의 동물을 몇 마리나 데리고 갔는가?

다른 다섯 명에게 검사를 받으라고 하라. [그림 8-6]에 표시된 연습지(worksheets)를 사용하여 홀수 및 짝수문항 세트에 점수를 기록하라.

[그림 8-6] 신뢰도 연습지

사람	다섯 문항 검사 1의 점수 (#1, 3, 5, 7, 9)	다섯 문항 검사 2의 점수(#2, 4, 6, 8, 10)
본인		
#1		
#2		
#3		
#4		
#5		

15) Reckase, M. D. (1998). Consequential validity from the test developer's perspective. *Educational Measurement Issues and Practice, 17*(2), 13-16.

16) National Commission on Testing and Public Policy. *From gatekeeper to gateway: Transforming testing in America* (Technical report). Boston College.

다섯 명의 개인에 대한 5개 문항 세트의 점수를 살펴보고, 그것을 여러분의 것과 비교해 보라. 여러분은 점수의 신뢰도에 대해 어떠한 결론을 내릴 수 있는가? 여러분은 이 검사의 점수에 근거하여 연구자가 행할 수 있는 지능에 대한 추론에 대해 어떻게 생각하는가? 그것은 타당한가?[17)]

이 검사의 결과에 대해 신뢰도의 한 측면(내적 일관성)만 조사했다는 것에 주목하라. 여전히 두 번의 다른 시간(검사-재검사신뢰도)에 검사를 받으면, 한 사람의 점수가 얼마나 달라질 수 있는지 아직 모른다. 한 번에 5개 문항 검사 중 하나를, 다른 한 번에 5개 문항 검사를 동일한 사람에게 수행한다면(동형/재검사신뢰도) 다른 신뢰도를 얻을 수 있다. [그림 8-6]에서 보여 주는 바와 같은 연습지를 사용하여 몇 명의 개인에게 이 작업을 수행해 보라.

연구자는 일반적으로 신뢰도를 확보하기 위해 방금 설명한 절차를 사용한다. 그러나 일반적으로 더 많은 사람(최소 100명)을 검사한다. 또한 보다 더 긴 검사가 일반적으로 짧은 검사보다 신뢰도가 높기 때문에, 그리고 아마도 그것이 한 사람의 행동에 대한 보다 더 큰 표본을 제공하기 때문에, 대부분의 검사가 10개 문항 이상이라는 것을 알아야 한다.

요약하면, 이 책의 저자들은 연구설계의 주요 측면이 신뢰할 수 있고 타당한 정보를 얻는 것임을 분명히 하기를 바란다. 신뢰도와 타당도 모두 도구가 사용되는 방식과 연구자가 그것으로부터 행하고자 하는 추론에 의존하기 때문에, 연구자는 자신의 도구가 만족스러운 정보를 제공할 것이라고 단순하게 가정할 수 없다. 연구자는 신뢰도 및 타당도에 관한 과거 증거가 있는 도구를 사용하고 그 도구를 동일한 방식으로, 즉 이전에 존재했던 것과 동일한 조건에서 사용하는 경우 더 많은 확신을 가질 수 있다. 심지어 그때에도 연구자는 확신할 수 없다. 심지어 다른 모든 것이 그대로 남아있을지라도 단순히 시간이 흐르는 것만으로도 그 도구는 어떤 방식으로든 손상되었을 수 있다.

이것이 의미하는 바는 신뢰도와 타당도를 연구절차의 일환으로 점검할 수 있는 어떠한 대안도 없다는 것이다. 필요한 정보가 가까이에 있고 어떠한 추가적인 자료수집도 필요하지 않기 때문에, 내적 일관성을 검사하지 못할 이유가 거의 없다. 대부분의 경우, 시간이 지남에 따라 신뢰도는 도구의 추가적인 실행을 요구하지만, 이것은 가끔씩 행해질 수 있다. 이 옵션을 고려할 때, 모든 표본구성원을 재검사할 필요는 없지만, 그것이 바람직하다. 무선으로 선정한 하위표본, 또는 편의 하위표본이라도 재검사신뢰도에 관한 어떠한 증거도 가지고 있지 않는 것보다 재검사하는 것이 더 낫다. 다른 옵션은 비록 매우 유사하지만 다른 표본을 검사하고 재검사하는 것이다.

타당도에 관한 증거를 확보하는 것은 더 어렵지만, 거의 금지되지는 않는다. 내용관련 증거는 일반적으로 얻을 수 있는데, 그것은 소수의 박식하고 가용한 판단자만을 필요로 하기 때문이다. 많은 구인관련 증거를 많이 얻을 것으로 기대하는 것은 불합리하지만, 많은 연구에서 준거관련 증거는 얻을 수 있다. 최소한 2차 도구가 투여되어야 한다. 추가적인 계측 수단을 찾거나 개발하는 것은 때때로 어렵고 가끔 불가능하지만[예: 아마도 성적 행동(sexual behavior)에 대한 자기보고식 질문지를 검정할 수 있는 방법은 없을 것이다], 그 결과는 관련된 시간과 에너지를 쏟을 만큼 충분히 가치가 있다. 재검사신뢰도와 마찬가지

17) 이 검사의 내용타당도를 사정할 수 있다. 여러분은 지능(intelligence)을 어떻게 정의하는가? 용어를 정의할 때, 이 검사를 지능의 척도로서 어떻게 평가하겠는가?
214쪽의 Q-E 지능검사 정답 키. 1. 엄마와 아들, 2. Ulysses S. Grant, 3. 전부, 4. 성냥, 5. 한 시간, 6. 흰색, 7. 9, 8. 70, 9. 2, 10. 없음 [방주(Ark)에 동물을 태운 건 모세(Moses)가 아니라 노아(Noah)이었다.]

로, 하위표집(subsample)을 사용하거나, 두 개의 도구를 모두 다르지만 비슷한 표집에 제공할 수 있다.

질적 연구에서 신뢰도와 타당도

많은 질적 연구자가 이 책의 저자들이 기술한 많은 절차를 사용하지만, 일부는 이 책의 저자들이 논의한 바와 같이 타당도와 신뢰도는 특정 개인이 보는 특정 상황이나 사건을 기술하려고 하기 때문에 그들의 연구 노력에 무관하거나 적합하지 않다는 입장을 취한다. 그들은 대신 연구자의 정직성(honesty), 진실성(believability), 전문성(expertise), 그리고 통합(integrity)을 강조한다. 이 책의 저자들은 모든 연구자가 도구를 사용하여 얻은 자료에 기초하여 도출하는 추론이 적절하고 신뢰할 수 있으며, 이 장에서 기술한 종류의 증거에 의해 뒷받침되는지 확인해야 한다고 주장한다.

질적 연구의 타당도와 신뢰도를 증진하기 위한 구체적인 방법은 제18, 19, 21장에서 논의한다. 또한 다음 장에서는 **내적 타당도(internal validity)**의 개념과 그것이 양적 연구 및 질적 연구에 어떻게 적용되는지에 대해 논의한다.

이 장의 시작 부분에 있는 **상호작용 · 응용 프로그램 학습** 기능으로 돌아가 상호작용 · 응용 프로그램 활동목록을 확인하라. www.mhhe.com/fraenkel10e의 **온라인학습센터**로 이동하여 퀴즈를 풀고 핵심 용어를 연습하며 장(章)의 내용을 검토하라.

핵심 요점

타당도

- 연구자는 타당한 도구를 사용하는 것이 중요하며, 그 이유는 자신이 도출하는 결론은 이러한 도구를 사용하여 얻은 정보에 기초하기 때문이다.
- **타당도(validity)**라는 용어는 연구자가 도구를 사용하여 얻은 자료를 바탕으로 도출하는 추론의 적절성, 유의성, 정확성 및 유용성을 말한다.
- 내용관련 타당도 증거는 특정 연구에서 사용될 도구의 내용과 논리적 구조에 관한 판단을 말한다.
- 준거관련 타당도 증거는 도구에 의해 제공되는 정보가 다른 독립적인 도구에 의해 얻은 정보와 일치하는 정도를 말한다.
- 준거는 판단을 위한 표준이다. 타당도와 관련하여, 그것은 도구의 점수를 확인할 수 있는 두 번째 도구이다.
- 구인관련 타당도 증거는 획득한 증거의 전체성이 이론적 기대와 일치하는 정도를 말한다.
- 타당도계수는 도구의 점수와 준거 척도 간의 대응 정도를 나타내는 수치 지수이다.
- 상관기대표는 준거관련 타당도 증거를 평가하기 위해 사용되는 이원(two-way) 도표이다.

신뢰도

- **신뢰도(reliability)**라는 용어는 연구에서 사용되는 것으로, 도구에서 제공되는 점수나 응답의 일관성을 말한다.
- 측정의 오류는 동일한 개인이 동일한 도구에서 획득한 점수의 차이를 말한다.
- 신뢰도를 추정하는 검사-재검사방법은 일정 시간이 경과한 후 동일한 집단에 동일한 도구를 2회 투여하는 것이다.
- 신뢰도를 추정하는 동형방법은 동일한 집단의 개인에게 두 가지의 다른, 동등한 형태의 도구를 동시에 실행하는 것을 포함한다.
- 신뢰도를 추정하는 내적일관성방법은 반응을 도구의 일부인 상이한 문항 세트와 비교하는 것이 포함된다.
- 채점 일치는 독립적인 채점자가 채점에 만족스러운 일치를 얻을 수 있다는 것을 증명해야 한다.
- 측정의 표준오차는 측정오차의 수치 지수이다.

핵심 용어

검사-재검사방법(test-retest method)
공인타당도(concurrent validity)
구인관련 타당도 증거(construct-related evidence of validity)
크롬바흐 알파(Cronbach alpha)
내용관련 타당도 증거(content-related evidence of validity)
내적일관성방법(internal-consistency methods)
동형방법(equivalent-forms method)
반분절차(split-half procedure)
상관계수(correlation coefficient)
성과기대표(expectancy table)
신뢰도(reliability)
신뢰도계수(reliability coefficient)
알파계수(alpha coefficient)
예측타당도(predictive validity)
준거관련 타당도 증거(criterion-related evidence of validity)
준거(criterion)
채점 일치(scoring agreement)
측정의 오류(errors of measurement)
측정의 표준오차(standard error of measurement (SEMeas))
쿠더-리차드슨 접근방법(Kuder-Richardson approach)
타당도(validity)
타당도계수(valid coefficient)

토론거리

1. 이 책의 저자들은 이 장에서 도구로부터의 점수가 신뢰할 수 있으나 타당하지 않을 수 있지만, 그 반대는 아니라고 지적한다. 왜 그러한가?
2. 내용관련 증거, 준거관련 증거, 구인관련 증거 중 어떤 것이 가장 얻기 쉽다고 생각하는가? 가장 힘든 것은 무엇인가? 왜 그러한가?
3. 도구의 형식(format)이 어떠한 방식으로 그것의 타당도에 영향을 미칠 수 있는가?
4. "구인관련 타당도를 충족시키는 증거는 단 한 가지도 없다." 이 진술이 사실인가? 그렇다면 이유를 설명하라.
5. 타당도와 신뢰도 중 어떤 것이 더 얻기 어렵다고 생각하는가? 그 이유는 무엇인가?
6. 타당도보다 신뢰도가 더 중요한가? 그 이유를 설명하라.
7. 타당도과 관련하여, [그림 8-5]의 Q-E 지능검사를 어떻게 평가하겠는가? 그것에 관해 설명하라.
8. 연구에서 **타당한(valid)** 도구를 사용하는 것의 중요성은 아무리 강조해도 지나치지 않다. 그 이유는 무엇인가?

연구실습 8. 타당도와 신뢰도

문제지 8을 사용하여, 도구로 얻은 점수의 타당도와 신뢰도를 확인하는 방법을 기술하라. 기존 도구를 사용할 계획이라면, 도구를 사용하여 얻은 결과의 타당도와 신뢰도에 대해 배울 수 있는 내용을 요약하라. 도구를 개발할 계획이라면, 타당도와 신뢰도를 보장하기 위해 어떻게 시도할 것인지 설명하라. 두 가지 경우 모두 타당도와 신뢰도를 점검하기 위한 증거를 얻는 방법을 설명하라.

문제지 8 타당도와 신뢰도

1. 연구질문은: ____

____

2. **기존**(existing) 도구를 사용하려는 경우, 그 도구로 얻은 점수의 타당도와 신뢰도에 대해 배운 내용을 기술하라.

____

____

3. 도구를 **개발할**(develop) 계획이라면, 167쪽에 기술된 팁 중 하나 이상을 사용하여 해당 도구로 얻은 결과의 타당도와 신뢰도를 보장하기 위해 어떻게 노력할 것인지 설명하라(어느 것인지 구체화하라).

____

____

4. 사용하려는 각 도구에 대해 위에 나타내지 않은 경우, 다음을 확인하는 방법을 구체적으로 이야기하라.

   a. 내적 일관성 ____

   ____

   b. 안정성(시간 경과에 따른 신뢰도) ____

   ____

   c. 타당도 ____

   ____

이 문제지의 전자 버전은 학지사 공식 홈페이지(www.hakjisa.co.kr) 『연구방법론: 교육연구설계 및 평가』의 도서 상세정보에서 내려받을 수 있다.

제 9 장

내적 타당도

내적 타당도란 무엇인가?

내적 타당도에 대한 위협

연구대상 특성
연구대상 손실(사망)
장소
계측
검사
역사
성숙
연구대상의 태도
회귀
실행
관계 파악 가능성을 줄이는 요인

연구자는 내적 타당도에 대한 위협을 어떻게 최소화할 수 있는가?

두 가지 강조점

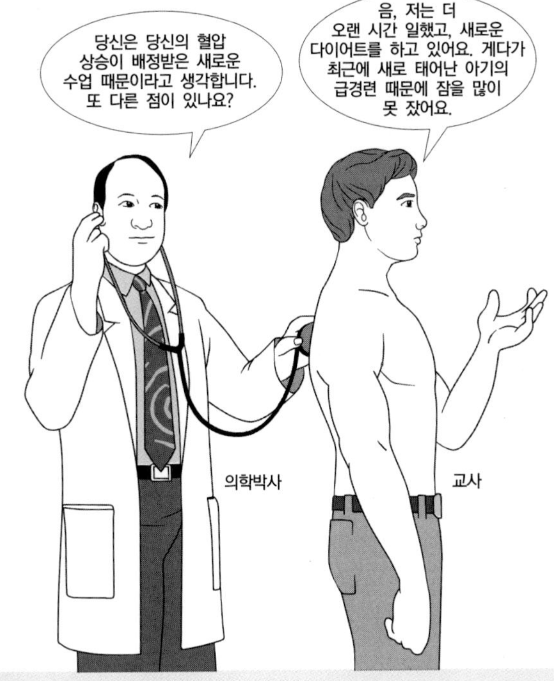

학습목표

이 장을 학습하면 다음을 수행할 수 있어야 한다.

- 표본과 모집단을 구별할 수 있다.
- '내적 타당도'라는 용어가 의미하는 바를 설명할 수 있다.
- 다음과 같은 내적 타당도에 대한 위협 각각이 의미하는 바를 설명하고, 각각의 예를 제시할 수 있다.
  - '연구대상 특성' 위협
  - '사망' 위협
  - '장소' 위협
  - '계측' 위협
  - '검사' 위협
  - '역사' 위협
  - '성숙' 위협
  - '연구대상의 태도' 위협
  - '회귀' 위협
  - '실행' 위협
- 출판된 연구논문에서 내적 타당도에 대한 다양한 위협을 찾을 수 있다.
- 내적 타당도에 대한 다양한 위협의 구체적인 예에 대한 가능한 해결방안을 제안할 수 있다.

상호작용 · 응용 학습	이 장을 읽는 동안 또는 읽은 후:
 다음을 하려면, 온라인학습센터 (www.mhhe.com/fraenkel10e)로 접속하라.	 다음 활동을 수행하기 위해 온라인 학습자 완전학습 활동(Student Mastery Activities) 책을 읽으라.
• 내적 타당도에 대한 심화학습	• 활동 9.1: 내적 타당도에 대한 위협 • 활동 9.2: 어떠한 유형의 위협인가? • 활동 9.3: 내적 타당도에 대한 위협 통제

한 연구의 결과가 탐구교수방법으로 배운 고등학생들이 강의방식으로 배운 학생들보다 비판적 사고력 검사에서 평균적으로 더 높은 점수를 받았음을 보여 준다고 가정해 보자. 점수에서의 이러한 차이는 방법에서의 차이, 즉 두 집단이 다르게 배웠다는 사실 때문인가? 물론, 연구를 수행하는 연구자는 이렇게 결론짓고 싶어 한다. 여러분의 첫 번째 성향도 같은 생각일 수 있다. 그러나 이것은 정당한 해석이 아닐 수도 있다.

탐구교수방법을 사용하여 배운 학생들이 처음부터 비판적인 사고자들이었다면 어떻게 되는가? 탐구집단에 속한 학생들 중 일부가 이 시간에 근처 대학에서 관련 강의를 듣고 있다면 어떠한가? 탐구집단의 교사들이 단순히 더 나은 교사들이었다면 어떠한가? 이러한 (또는 다른) 요인은 탐구집단이 비판적 사고력 검사에서 더 높은 점수를 받은 이유를 설명할 수 있다. 이 경우, 연구자는 두 가지 방법 간에 효과성에 차이가 있다고 결론을 잘못 내릴 수 있다. 왜냐하면 얻어진 결과의 차이는 방법의 차이가 아니라 무언가의 차이 때문일 수 있기 때문이다. 관계를 설명하거나 검사하는 연구에서 자료에 표시된 관계가 사실상 다른 것 때문에 또는 다른 것에 의해 설명될 가능성이 항상 있다. 만약 그렇다면, 관찰된 관계는 보이는 것과 전혀 다르며, 보이는 의미가 무엇이든 잃을 수 있다. 다시 말해서, 연구결과를 설명하기 위해 많은 대안적인 가설이 존재할 수 있다. 이러한 대안적인 설명은 종종 내적 타당도에 대한 위협으로 언급되며, 이것이 이 장에서 다루려는 것이다.

내적 타당도란 무엇인가

불행하게도, **타당도(validity)**라는 용어는 연구자들에 의해 세 가지의 다른 방법으로 사용되고 있을 것이다. 이 장에서 논의하는 내적 타당도와 더불어, 제8장에서 논의한 바와 같이 도구(또는 측정)타당도와 제6장에서 논의한 바와 같이 외적(또는 일반화) 타당도에 대한 참고문헌을 볼 수 있다.

연구가 내적 타당도(internal validity)를 가지고 있을 때, 그것은 두 개 이상의 변수 간에 관찰된 어떤 관계든 '다른 무엇'에 의한 것이라기보다는 그것이 의미하는 바가 모호하지 않아야 한다는 것을 의미한다. '다른 무엇'은 우리가 제안한 바와 같이, 연구대상의 연령이나 능력, 연구가 수행되는 조건, 또는 사용된 자료의 유형과 같은 여러 요인 중 하나 이상일 수 있다. 만약 이러한 요인이 어떤 식으로든 통제되거나 설명되지 않는다면, 연구자는 그것이 관찰된 결과의 원인이 아니라고 결코 확신할 수 없다. 달리 말하면, 내적 타당도는 종속변수에서 관찰된 차이가 독립변수와 직접적으로 관련되어 있다는 것을 의미하며, 의도하지 않은 다른 변수로 인한 것이 아니다.

질적 연구에서 대안적인 설명('다른 무엇')이 체계적으로 배제된 경우, 연구가 좋은 내적 타당도를 가지고 있다고 말한다. 그러한 목적을 위해, 질적 연구자는 모순되거나 불명확한 자료를 어떻게 다루는지에 대한 계획을 세워야 한다. 연구가 질적인지 양적인지에 관계없이 이러한 '경쟁 가설'이 어떤 식으로든 통제되거나 설명되지 않는다면, 연구자는 그것이 어떤 관찰된 결과의 원인이 아니라고 결코 확신할 수 없다.

다음의 예를 생각해 보라. 한 연구자가 초등학생 집단(1~6학년)에 대한 키와 수학시험 점수 간의 상관관계를 .80이라고 가정해 보자. 즉, 키가 클수록 수학점수가 높다. 그러한 결과는 상당히 오해의 소지가 있다. 왜 그러한가? 왜냐하면 그것은 분명히 세월의 부산물이기 때문이다. 단순히 나이가 더 많고 발달하였기 때문에, 6학년 학생들이 1학년 학생들보다 키가 더 크고 수학도 더 잘한다. 이 관계를 더 탐구하는 것은 무의미하다. 그것이 학교 실제에 영향을 미치도록 하는 것은 어리석은 일이다.

또는 연구자가 학습장애 학생을 위한 수업에서 학생 실패에 대한 교사의 기대가 방해적인 행동의 양과 관련이 있다고 가정하는 연구를 고려해 보자. 연구자가 두 변수 간에 높은 상관관계를 발견했다고 가정해 보자. 해당 연구자는 이것이 의미 있는 관계라고 결론지어야 하는가? 아마도 그럴 것이다. 그러나 이 상관관계는 수업의 능력 수준[낮은 능력의 수업은 더 방해적인 행동**과(and)** 교사의 실패에 대한 더 높은 기대를 가질 것으로 예상된다.]과 같은 또 다른 변수에 의해서 설명될 수도 있다.[1)]

경험상, 내적 타당도에 대한 위협(threats to internal validity)에 대한 체계적인 고려는 연구계획 수립의 모든 측면 중에서 가장 적은 관심을 받는다. 종종 그러한 위협의 가능성은 전혀 논의되지 않는다. 아마도 이것은 그것의 고려가 연구를 수행하는 데 필수적인 단계로 보이지 않기 때문일 것이다. 어떤 변수를 연구할지, 어떻게 표집할지, 어떻게 자료를 수집・분석할지는 연구자가 결정하지 않을 수 없다. 그러나 연구자가 연구가 완료될 때까지(이때는 거의 항상 너무 늦어서 아무것도 할 수 없다.) 연구결과에 대한 가능한 대안적인 설명을 무시하거나 생각하지 않을 수 있다. 반면에 연구의 계획단계에서 가능한 위협을 확인하면 연구자는 종종 이러한 위협을 제거하거나 적어도 최소화하는 방법을 설계할 수 있다.

최근 몇 년 동안, 내적 타당도에 대한 위협의 많은 유용한 범주가 확인되었다. 이러한 범주의 대부분은 원래 실험연구에 적용하기 위해 설계되었지만, 일부는 다른 유형의 방법론에도 적용된다. 이 장에서는 이러한 가능한 위협 중 가장 중요한 위협에 대해 논의한다.

이러한 위협을 통제하는 다양한 방법도 확인되었다. 이들 중 일부는 이 장의 나머지 부분에서, 나머지는 후속 장에서 논의한다.

내적 타당도에 대한 위협

연구대상 특성

연구대상을 선택하면 연구대상 변수와 관련된 의도하지 않은 방식으로 개인(또는 집단)이 서로 다를 수 있다. 이를 **선택 편견(selection bias)** 또는 연구대상 특성 위협(subject characteristics threat)이라고도 한다. 교사의 기대와 수업방해 행위의 예에서 수업의 능력수준은 이 범주에 속한다. 집단을 비교하는 연구에서 집단에 속해 있는 연구대상은 나이, 성별, 능력, 사회경제적 배경 등과 같은 변수에서 다를 수 있다. 만약 통제되지 않는다면 이 변수는 집단 간에 어떠한 차이가 발견되든지 간에 잘 해명될 수 있을 것이다. 그러한 연구대상 특성의 목록은 사실상 무제한이지만, 연구의 결과에 영향을 미칠 수 있는 몇 가지 예는 다음과 같다.

- 연령
- 힘
- 속도
- 지능
- 손재주
- 사회경제적 지위

1) 교사의 실패에 대한 기대와 수업시간에 일어나는 방해적인 행동의 양 간의 높은 상관관계를 설명할 수 있는 다른 변수를 제안할 수 있는가?

- 성숙도
- 성별
- 민족성
- 조화
- 어휘력
- 태도
- 읽기능력
- 유창성
- 종교적 신념
- 정치적 신념

어떤 특정 연구에서 연구자는 이전의 연구나 경험을 바탕으로 어떤 변수가 문제를 일으킬 가능성이 높은지 결정하고, 그 영향을 예방하거나 최소화하기 위해 최선을 다해야 한다. 집단을 비교하는 연구에서 집단을 동일시하는 몇 가지 방법이 있으며, 제13장과 제16장에서 논의한다. 상관연구에서는 각 변수에 대한 정보를 얻을 경우, 이러한 변수를 통제하는 데 사용할 수 있는 특정 통계기법이 있다. 이러한 기법은 제15장에서 논의된다.

연구대상 손실(사망)

연구대상을 아무리 신중하게 선택하더라도, 연구가 진행됨에 따라 일부를 '손실(lose)'하는 것이 일반적이다([그림 9-1] 참고). 이것은 사망 위협(mortality threat)으로 알려져 있다. 한 가지 또는 다른 이유(예: 질병, 가족 이동 또는 기타 활동의 요구사항)로 인해, 몇몇 개인은 연구를 중단할 수 있다. 이것은 시간이 지남에 따라 발생하기 때문에, 대부분의 중재연구(intervention studies)에서 특히 그러하다.

[그림 9-1] 내적 타당도에 대한 사망 위협

환자는 자료수집 중에 불참하거나 검사, 설문지 또는 기타 도구를 완료하지 못할 수 있다. 도구를 완료하지 못하는 것은 질문지 연구에서 특히 문제가 된다. 이러한 연구에서 관련된 연구대상의 20% 이상이 질문지에 응답하지 않는 것을 발견하는 것은 드문 일이 아니다. 연구의 실제 표본은 선택한 표본의 합계가 아니라 자료를 얻은 표본만 해당한다는 점을 기억하라.

물론 연구대상의 상실은 일반화를 제한할 뿐만 아니라, **만약(if)** 손실된 연구대상이 자료를 얻은 연구대상과 다르게 응답하였을 경우 편견을 나타낼 수도 있다. 응답하지 않거나 결석한 사람들은 어떤 이유가 있어서 이렇게 행동할 것이기 때문에, 많은 경우에 이것은 꽤 가능성이 있다. 연구자는 수업시간에 학생들의 방해적인 행동의 양과 학생의 실패에 대한 교사 기대 간의 가능한 관계를 연구했던 앞에서 제시한 예에서, 연구자에게 자신의 기대를 기술하지 못한 교사들(그리고 그 때문에 연구목적상 '손실된' 교사들)은 이러한 정보를 제공한 사람들과는 방해적인 행동에 영향을 미치는 방식에서 차이가 있을 가능성이 있다.

집단을 비교하는 연구에서 만약 손실이 모든 집단에서 거의 같다면 연구대상의 손실은 문제가 되지 않을 것이다. 그러나 만약 중도탈락하는 숫자에 있어서 집단 간에 상당한 차이가 있다면, 이것은 확실히 어떤 연구결과가 어떻게 도출되든 생각할 수 있는 대안적인 설명이다. 다른 교수방법(예: 강의 대 토론)으로 배운 학생들을 비교할 때, 각 집단의 가난한 학생이 중도탈락할 가능성이 더 높을 것으로 예상할 수 있다. 만약 더 많은 가난한 학생이 어느 한 집단에서 중도탈락한다면, 다른 교수방법은 실제보다 더 효과적인 것으로 보일 수 있다.

내적 타당도에 대한 모든 위협 중에서 사망은 아마도 통제하기 가장 어려울 것이다. 일반적인 오해는 손실한 연구대상을 대체하는 것만으로 위협이 제거된다는 것이다. 이것이 어떻게 이루어지든(비록 무선으로 선정된 새로운 연구대상으로 대체된다하더라도), 연구자는 대체 연구대상이 중도탈락한 연구대상이 행해 왔던 것처럼 응답할 것이라고는 결코 확신할 수 없다. 사실, 그들이 그렇게 하지 않을 가능성이 더 높다. 왜 그러한지 알겠는가?[2)]

연구자가 연구에서 연구대상을 상실하는 것이 문제가 아니라고 주장하는 것은 때때로 가능하다. 이는 그러한 손실의 이유를 탐색한 다음, 이러한 이유가 당면한 특정 연구와 관련이 없는 이유에 대한 주장을 제시함으로써 이루어진다. 예를 들어, 시험 당일의 수업에 불참하는 것은 만약 시험 요일과 시간이 사전에 공지되지 않는 한 의도적이기보다는 우발적이기 때문에, 아마도 대부분의 경우 특정 집단에 유리하지 않을 것이다.

사망문제를 해소하기 위한 또 다른 시도는 상실한 연구대상이 연령, 성별, 민족성, 사전검사 점수 또는 연구결과와 관련이 있을 수 있는 기타 변수와 같은 관련 특성에서 남아 있는 연구자와 유사하다는 증거를 제공하는 것이다. 바람직한 것이기는 하지만, 그러한 증거는 상실한 연구대상이 남아 있는 연구대상들과 다르게 반응하지 않았을 것이라는 것을 단정적으로 증명할 수 없다. 모든 것을 종합해 볼 때, 사망문제의 가장 좋은 해결방안은 연구대상의 상실을 막거나 최소화하기 위해 최선을 다하는 것이다. 사망 위협의 몇 가지 예는 다음과 같은 것이 포함된다.

- 어떤 고등학교 교사가 자신의 두 개의 영어수업을 다르게 가르치기로 결심한다. 그의 1시 수업은 연극에 대한 분석을 쓰는 데 많은 시간을 소비하는 반면, 2시 수업은 같은 연극의 일부를 연습하고 토론하는 데 많은 시간을 소비한다. 학기 중간에, 2시 수업의 몇몇 학생은 연례 학교 연극에 참여하는 것을 면제받는다. 만약 그들이 단체로 다른 반 학생들보다 더 나은 학생이라면, 그들의 손실은 2시 수업의 성과를 떨어뜨릴 것이다.
- 한 연구자가 새로운 식단이 장거리 달리기 선수의 지구력에 미치는 영향을 연구하고자 한다. 연구자는 2년 동안 큰 도시 교육지원청의 몇몇 고등학교에서 육상팀에 속해 있는 장거리 달리기 선수들

2) 중도탈락하는 사람들은 이유가 있어서 그렇게 한 것이기 때문에, 적어도 이 점에서 그들의 대체자가 다를 것이고, 따라서 그들은 다르게 볼 수도 있고, 다르게 느낄 수도 있고, 그에 따라 그들의 응답도 다를 수 있다.

을 연구하는 데 연구지원금을 받는다. 이 연구는 새로운 식단을 받는 장거리 달리기 선수와 식단을 받지 않는 지역 내 유사한 장거리 달리기 선수를 비교하기 위해 설계되었다. 그러나 새로운 식단을 받는 장거리 달리기 선수들의 약 5%와 새로운 식단을 받지 않는 장거리 달리기 선수들의 약 20%가 3학년이고, 그들은 해당 연구의 첫 해 말에 졸업한다. 3학년들이 아마도 더 잘 달리기 때문에, 이 손실은 새로운 식단을 받지 않는 집단이 새로운 식단을 받는 집단보다 약해 보이게 할 것이다.

장소

자료가 수집되거나 중재가 수행되는 특정 장소는 결과에 대한 대안적인(alternative) 설명을 야기할 수 있다. 이를 장소 위협(location threat)이라고 한다. 예를 들어, 탐구방법(inquiry method)으로 가르치는 교실이 강의법(lecture method)으로 가르치는 교실보다 학생들이 이용할 수 있는 자료(교재 및 기타 소모품, 장비, 학부모 지원 등)가 더 많을 수 있다. 그 교실 자체가 더 크거나, 채광이 더 좋거나, 더 잘 갖추어진 작업대를 포함할 수도 있다. 이러한 변수는 학생들의 더 높은 성취도를 설명할 수 있다. 교사의 기대와 비교한 우리의 방해적인 행동의 예시에서, 지원(자원, 보조자, 학부모 지원)의 이용 가능성은 관심 있는 주요 변수 간의 상관관계를 설명할 수 있다. 자원이 더 적은 수업은 더욱더 방해적인 행동을 하고 교사들의 실패에 대한 기대가 더 높을 것으로 예상할 수 있다.

시험, 인터뷰 또는 기타 도구를 실행하는 장소는 응답에 영향을 미칠 수 있다([그림 9-2] 참고). 가정에서 자녀에 대한 학부모의 평가는 학교에서 자녀에 대한 평가와 다를 수 있다. 소음이 심하거나 채광이 좋지 않은 교실에서 시험을 치르면 시험성적이 떨어질 수 있다. 학생 상호작용에 대한 관찰은 특정 교실의 물리적 배치에 의해 영향을 받을 수 있다. 이러한 차이는 특정 연구에서 결과에 대한 변호 가능한(defensible) 대안적인 설명을 제공할 수 있다.

[그림 9-2] 장소가 차이를 초래할 수도 있다.

장소 위협에 대한 최상의 통제방법은 장소를 일정하게 유지하는 것이다. 즉, 모든 참여자에게 장소를 동일하게 유지하는 것이다. 이것이 가능하지 않을 때, 연구자는 다른 장소가 체계적으로 가설을 지지하거나 위태롭게 하지 않도록 노력해야 한다. 다양한 장소에 관한 일련의 추가적인 기술이 필요할 수 있다.

다음은 장소 위협의 몇 가지 예이다.

• 한 연구자가 한국사의 팀 티칭 대 개별 수업이 한국사에 대한 학생들의 태도에 미치는 영향을 비교

하기 위해 연구를 설계한다. 한 명의 교사가 학생들을 가르치는 교실은 3명의 교사가 팀을 이루어 가르치는 교실에 비해 책과 자료가 더 적다.

- 한 연구자가 상담과 특수교육 전공자들을 인터뷰하여 각각의 석사과정 프로그램에 대한 태도를 비교하기로 결정한다. 3주간의 기간 동안, 연구자는 두 프로그램에 등록한 모든 학생들을 인터뷰한다. 그는 대학 강의실 중 한 곳에서 대부분의 학생을 인터뷰할 수 있지만 일정이 맞지 않아 나머지는 해당 강의실에서 인터뷰할 수 없다. 결과적으로, 상담전공 학생 중 20명을 총학생회 커피숍에서 인터뷰한다.

계측

도구를 사용하는 방법도 연구의 내적 타당도에 위협이 될 수 있다. 제8장에서 논의한 바와 같이, 연구에 사용된 도구로부터 도출된 점수는 타당도의 증거를 부족하게 할 수 있다. 이러한 종류의 타당도 부족이 반드시 **내적**(internal) 타당도에 위협을 주는 것은 아니지만, 그럴 수도 있다.[3]

도구 성능저하

도구의 본질(채점 절차 포함)이 어떤 식으로든 **변경되면**(changed) 계측이 문제를 일으킬 수 있다. 이를 보통 도구 성능저하(instrument decay)라고 한다. 이는 도구가 결과에 대한 다른 해석을 허용하거나(논술시험과 같이), 특히 점수를 매기는 것이 오래 걸리거나 어려워 채점자의 피로도를 초래하는 경우가 많다([그림 9-3] 참고). 피로는 연구자가 여러 시험을 차례로 볼 때 종종 발생한다. 연구자는 피곤해지고 시험점수를 다르게 매긴다(예: 처음에는 더 엄격하게, 나중에 더 관대하게). 도구 성능저하를 통제하는 주된 방법은 도구의 어떤 것에서의 변경이나 채점 절차를 최소화하기 위해 자료수집 또는 채점을 일정하게 관리하는 것이다.

[그림 9-3] 도구 성능저하의 예

다음은 도구 성능저하의 예이다.

3) 일반적으로, 우리는 점수의 타당도가 부족하여 어떠한 관계도 발견될 가능성이 낮아질(less) 것으로 예상한다. 그러나 때때로 '부실한(poor)' 도구가 '허위의' 또는 '겉으로만 그럴싸한' 관계를 나타낼 가능성을 증가시킬(increase) 수 있다.

- 어떤 교수가 쉬지 않고 5시간 동안 100개의 에세이형 기말고사를 채점한다. 각 에세이는 10~12페이지에 이른다. 그는 각 반의 기말고사를 차례대로 채점한 후 그 결과를 비교한다.
- 대규모 교육지원청의 행정이 결석 신고방식을 바꾼다. 무단결석(결석은 면제되지 않는다.)으로 간주되는 학생만 결석으로 보고된다. (학부모나 학교 관계자로부터의) 서면 사유서가 있는 학생은 보고되지 않는다. 해당 교육지원청의 새로운 신고방식이 도입된 이후 결석률이 55% 감소했다고 보고한다.

자료수집자 특성

대부분의 계측에서 불가피한 부분인 자료수집자의 특성도 결과에 영향을 미칠 수 있다. 연구에서 자료를 수집하는 개인의 성별, 나이, 민족성, 언어 패턴 또는 다른 특성은 얻는 자료의 특성에 영향을 미칠 수 있다([그림 9-4] 참고). 이러한 특성이 조사 중인 변수와 관련이 있는 경우, 어떤 결과가 나타나든 그에 대한 대안적인 설명을 제공할 수 있다. 남자와 여자 자료수집자 모두가 방해적인 행동과 교사 기대 간의 관계를 연구하고자 하는 연구자의 이전 예에 사용되었다고 가정해 보자. 그것은 여자 자료수집자가 남자보다 교사의 실패에 대한 기대감에 대한 자백을 더 많이 이끌어 내고 교실 관찰 중 학생 측에서 방해적인 행동의 사건을 더 많이 일으킬 수 있다. 만약 그렇다면, 실패에 대한 교사의 기대와 학생들의 방해적인 행동 양자 간의 상관관계는 (적어도 부분적으로) 누가 자료를 수집했는지의 결과로 설명될 수 있을 것이다.

[그림 9-4] 자료수집자 특성 예

이 위협을 통제하는 주요 방법에는 전체 과정에 동일한 자료수집자(들)를 활용하는 것, 자료를 각 수집자별로 분리하여 분석하는 것, 그리고 (비교집단연구에서) 각 자료수집자가 모든 집단에서 동등하게 활용되는 것을 보장하는 것이 포함된다.

자료수집자 편견

자료수집자 또는 채점자가 특정 결과(예: 가설 지원)를 더 쉽게 만드는 방식으로 무의식적으로 자료를 왜곡할 가능성도 있다. 예를 들어, 일부 수업에는 다른 수업보다 시험에 더 많은 시간이 허용된다. 몇몇 인터뷰대상자에게 '유도(leading)' 질문을 하는 인터뷰진행자, 수업 관찰 행동의 양과 유형에 영향을 미치는 교사 기대에 관한 관찰자의 지식, 다른 교수방법보다 하나의 교수방법을 (무의식적으로) 선호하는 학생 에세이의 판단자가 포함된다.

자료수집자 편견(data collector bias)을 처리하기 위한 두 가지의 주요 기법은 모든 절차를 표준화하는 것으로, 일반적으로 자료수집자는 교육을 어느 정도 필요로 하며, 자료수집자가 결과를 왜곡하는 데 필요한 정보가 부족하게 하는 것[또한 **계획된 무시**(planned ignorance)라고도 함]이다. 자료수집자는 가설을 모르거나 자료가 수집되는 개인이나 집단의 특정 특성을 확인할 수 없어야 한다. 자료수집자는 어느 교수방법 집단을 관찰 또는 검사하는지, 검사하는 개인이 다른 검사에서 어떻게 수행했는지 알려 줄 필요가 없다.

자료수집자 편견의 예는 다음과 같다.

- 큰 교육지원청에 있는 모든 교사는 자신의 미래 목표와 교직원 조직에 대한 견해와 관련하여 인터뷰한다. 행정직 경력을 계획하는 교사가 계속 교편을 잡으려는 교사보다 교직원 조직에 대한 시각이 더 부정적일 것이라는 가설이다. 인터뷰는 각 학교 교감이 진행한다. 교사는 인터뷰를 하는 사람이 교감이라는 사실에 영향을 받을 가능성이 높으며, 이것이 가설이 뒷받침되는 이유일 수 있다.
- 인터뷰진행자가 인터뷰 중에 특정한 질문에 대한 대답에 무의식적으로 미소를 짓는다.
- 탐구방법을 선호하는 관찰자는 탐구방법을 사용하지 않는 수업보다 탐구방법을 사용하는 수업에서 더 많은 '참여행동(attending behavior)'을 관찰한다.
- 연구자는 연구 종료 검사를 채점할 때 학생들이 중재연구에서 어떤 처치에 노출되었는지 알고 있다.

검사

일정 기간 동안 자료가 수집되는 중재연구에서 중재를 시작할 때 연구대상을 검사하는 것이 일반적이다. **검사**(testing)란 단지 '시험(tests)'만이 아니라 어떤 형태의 도구를 사용하는 것을 의미한다. 사후검사(사전점사와 비교하였을 때)에서 상당한 향상이 발견되면, 연구자는 이러한 향상이 중재에 의한 것이라고 결론을 내릴 수 있다. 그러나 대안적인 설명은 사전검사의 사용으로 인한 향상일 수 있다. 왜 그러한가? 그 이유를 살펴보자.

특정 연구에 대한 중재가 새로운 교과서의 사용을 포함한다고 가정해 보자. 연구자는 학생들이 과거에 정규 교과서를 사용했던 학생들보다 새로운 교과서를 사용하여 교과목을 가르친다면 성취도검사에서 더 높은 점수를 받는지 확인하고자 한다. 해당 연구자는 새로운 교과서가 소개되기 전에 학생들을 사전검사하고 6주간의 기간이 끝날 때 사후검사한다. 그러나 학생들은 사전검사에서의 질문들에 의해 학습될 것이 무엇인지에 대해 '알게 되었을' 수 있으며, 따라서 해당 자료를 배우기 위해 더 많은 노력을 기울일 수 있다. (새로운 교과서가 아닌) 학생들의 노력의 증가가 향상의 원인이 될 수 있다. 사전검사에 대한 '연습(practice)' 자체가 향상의 원인일 수도 있다. 이를 검사 위협(testing threat)이라고 한다([그림 9-5] 참고).

다른 예를 들어 보자. 한 대형 고등학교의 상담사가 정신건강에 대한 학생들의 태도가 이 주제에 대한 특정 단원(unit)에 의해 영향을 받는지의 여부를 알아내는 데 관심이 있다고 가정해 보자. 그는 단원이 소개되기 전에 학생들에게 태도질문지 검사를 실시한 후 단원이 끝난 후 다시 실시하기로 결심한다. 태도점수의 변화는 학생들이 중재의 결과라기보다는 사전검사의 결과로 자신들의 의견을 생각하고 토론하기 때문일 수 있다.

[그림 9-5] 내적 타당도에 대한 검사 위협

가능한 검사효과를 도출하는 것은 항상 사전검사의 실행이 아니라 검사를 치르는 것과 중재 간의 '상호작용(interaction)'이라는 점에 유의하라. 사전검사는 때때로 학생이 일어날지도 모르는 것에 대해 더 경각심을 갖게 하거나 인지하게 만들 수 있으며, 그들이 이후에 행해지는 처치에 더 민감하게 그리고 열의를 보이도록 한다. 일부 연구에서는 사전검사의 가능한 영향이 너무 심각해서 그러한 검사는 제거된다.

만약 계측과정이 연구대상들이 연구의 본질을 파악할 수 있도록 한다면, 유사한 문제가 발생한다. 이는 태도, 의견 또는 능력과는 다른 유사한 변수에 대한 단일집단(상관) 연구에서 발생할 가능성이 가장 높다. 예를 들어, 교사에 대한 학생들의 태도는 배우는 교과목에 대한 학생들의 태도와 관련이 있다는 가설을 검증하기 위해, 학생들은 교사에 대한, 그리고 또한 다른 교과목에 대한 의견을 요청받을 수 있다. 특히 두 세트의 질문이 모두 동일한 양식에 포함되어 있는 경우, 그것 간의 연관성을 보고 그에 따라 대답할 수 있다.

검사 위협에 관한 예는 다음과 같다.

- 연구자는 수학 단어문제를 풀기 위해 시간 경과에 따른 학생능력의 변화를 측정하고자 정확히 동일한 문제 세트를 사용한다. 검사의 첫 번째 실행은 단원의 시작에 주어지며, 두 번째 실행은 3주 후 단원의 끝에 주어진다. 만약 점수가 향상되었다면, 문제해결능력의 어떤 향상 때문이라기보다 1차 검사에서 출제된 문제에 대한 민감도와 연습효과 때문일 수 있다.
- 연구자는 자아존중감과 성취동기를 측정하기 위해 고안된 문항을 같은 질문지에 통합한다. 응답자는 연구자가 무엇을 원하는지를 파악하고 그에 따라 반응할 수 있다.
- 연구자가 불안 수준의 사전 및 사후검사를 사용하여 이완훈련을 받은 학생과 통제집단의 학생을 비교한다. 사후검사에서 이완훈련집단에 대한 점수가 낮은 것은 훈련 때문일 수도 있지만, 훈련에 대한 민감도(사전검사에 의해 생성된) 때문일 수도 있다.

역사

때때로 연구과정에서 연구대상의 응답에 영향을 미칠 수 있는 하나 이상의 예기치 못한 또는 계획되지 않은 사건이 발생할 수 있다([그림 9-6] 참고). 이러한 사건은 교육연구에서 역사 위협(history threat)이라 불린다. 학생들이 탐구방법 대 강의방법으로 수업을 받는 것을 제안한 연구에서, 예를 들어 곧 있을 시험 직전에 강의수업에 잠깐 들렀다가 말을 건넨 지루한 방문자가 하나의 예가 될 것이다. 어떤 식으로든 방문자의 발언이 강의수업에 참여하고 있는 학생들의 기를 꺾거나 흥미를 잃게 했다면, 학생들은 방문자가 나타나지 않았을 때보다 시험을 잘 보지 못하였을지도 모른다. 또 다른 예는 이 책의 저자들 중 한 명의 개인적인 경험과 관련이 있다. 그는 John F. Kennedy 대통령이 서거한 날을 선명하게 기억하고 있는데, 바로 그날은 그가 시험을 보는 날이었기 때문이다. 당시 저자의 학생들은 대통령 서거 발표에 충격에 휩싸여 시험에 응시하지 못했다. 이날 본 시험 결과와 다른 날 본 다른 수업의 시험 결과를 비교해도 의미가 없었을 것이다.

[그림 9-6] 내적 타당도에 대한 역사 위협

연구자는 한 집단이 다른 집단과 다른 경험을 하지 않았다고 확신할 수 없다. 결과적으로, 연구자는 (예를 들어, 학교에서) 연구과정 동안 발생할 수 있는 그러한 영향에 대해 지속적으로 경계해야 한다. 제13장에서 볼 수 있는 바와 같이, 일부 연구설계는 다른 연구설계보다 이 위협을 더 잘 처리한다.

역사 위협의 두 가지 예는 다음과 같다.

- 한 연구자가 시뮬레이션 게임이 자기중심주의에 미치는 영향을 조사하기 위한 연구를 설계한다. 해당 연구자는 실험에 참여할 두 개의 고등학교를 선택할 계획이다. 두 학교의 학생은 소수집단에 대한 태도를 측정하기 위해 고안된 사전검사를 받게 될 것이다. 그 이후 3일 동안 사회과 수업시간에 A학교는 시뮬레이션 게임이 제공되고, B학교는 여행 영화를 관람한다. 그 후, 두 학교는 소수집단에 대한 태도가 바뀌었는지 알아보기 위해 동일한 검사를 받게 될 것이다. 연구자는 계획대로 연구를 진행하지만, A학교에서는 사전검사와 사후검사 사이에 인종 편견에 대한 특별한 다큐멘터리가 상영된다.
- 교사가 협동학습방법을 사용하는 5개 초등학교의 성취도 점수가 교사가 이 방법을 사용하지 않는 5개 학교의 성취도 점수와 비교된다. 연구과정에서 협동학습이 활용되지 않는 학교 중 한 곳의 교직원들이 학교장과 파행적인 갈등을 빚고 있다.

[그림 9-7] 여기에서 성숙이 영향을 미치는가?

성숙

종종 중재 중 변화는 중재 자체보다는 시간의 경과와 관련된 요인에 의해 발생할 수 있다([그림 9-7] 참고). 이것은 성숙 위협(maturation threat)으로 알려져 있다. 예를 들어, 한 학기 동안, 특히 매우 어린 학생들은 단순히 나이가 들어가는 것과 경험으로 인해 많은 면에서 변화할 것이다. 예를 들어, 한 연구자가 특별한 쥐기 운동이 다양한 물체를 조작하는 능력에 미치는 영향을 연구하는 데 관심이 있다고 가정해 보자. 해당 연구자는 그러한 연습이 6개월 동안 아동의 현저한 조작능력 증가와 관련이 있다는 것을 발견했다. 그러나 두 살짜리 유아는 매우 빠르게 성숙하며, 그들의 조작능력의 향상은 단순히 쥐기 연습이라기보다는 매우 빠르게 성숙하는 것 때문일 수 있다. 성숙은 중재집단에 대한 사전-사후자료를 사용하는 연구 또는 여러 해에 걸친 연구에서만 심각한 위협이다. 성숙을 통제하는 가장 좋은 방법은 잘 선택된 비교집단을 검사에 포함하는 것이다.

성숙 위협의 예는 다음과 같다.

- 한 연구자는 문과대학 학생들이 1학년과 4학년 사이에 권위를 덜 받아들이게 되고, 이것은 그들이 대학에서 겪은 많은 '해방(liberating)' 경험 때문이라고 보고 있다. 이것이 이유일 수도 있지만, 단순히 나이가 들었기 때문일 수도 있다.
- 한 연구자가 5살 때부터 6년 동안 매년 '예술적 잠재력을 가진 학생'을 위한 특별수업에 등록한 학생 집단을 검사한다. 해당 연구자는 그들의 그림 그리는 능력이 세월이 흐르면서 눈에 띄게 향상된다는 것을 발견한다.

연구대상 태도

연구대상이 연구를 어떻게 보고 참여하느냐도 내적 타당도를 위협할 수 있다. 한 예로, 몇 년 전 웨스턴 일렉트릭사(Western Electric Company)의 호손공장(Hawthorne plant)에서 처음 관찰된 잘 알려진 호손효과(Hawthorne effect)가 있다.[4] 우연히 물리적 근로조건(커피 마시기 휴식 횟수 증가, 조명 개선 등)이 개선되었을 때뿐만 아니라 의도치 않게 상황이 나빠졌을 때(예: 커피 마시기 휴식 횟수가 줄어들고 조명이 어두워짐) 생산성이 증가했다는 사실을 발견했다. 이에 대한 통상적인 설명은 근로자가 받은 특별한 관심과 인정때문이라는 것이다. 그들은 누군가가 자신들을 아끼고 도우려 한다고 느꼈다. 연구대상에 대한 관심과 인식 증가로부터 도출된 이러한 긍정적인 효과는 **호손효과**(Hawthorne effect)라고 불린다.

그것은 또한 실험처치의 수혜자들은 처치의 특정한 특성보다는 처치의 참신성 때문에 더 나은 수행을 보일 수 있음을 시사했다. 따라서 자신이 연구의 일부라는 것을 알고 있는 연구대상은 이 처치가 무엇이든 간에 일종의 특별한 처치를 받고 있다는 느낌의 결과로 향상을 보일 수 있다([그림 9-8] 참고).

[그림 9-8] 연구대상의 태도가 차이를 만들 수 있다

중재연구에서, 통제집단의 구성원들이 처치를 전혀 받지 않을 때마다 반대효과가 발생할 수 있다. 결과적으로, 그들은 사기가 저하되거나 분노할 수 있으며, 따라서 처치집단보다 더 낮은 수행을 보인다. 따라서 그렇지 않은 경우, 실험집단이 처치의 결과로 더 나은 수행을 보이는 것처럼 보일 수 있다.

이러한 **연구대상 태도 위협**(subject attitude threats)에 대한 한 가지 해결방안은 통제집단 또는 비교집단에게 실험집단이 받은 것과 유사한 특별하거나 새로운 처치방법을 제공하는 것이다. 이론적으로는 간단하지만, 대부분의 교육환경에서 이것은 그렇게 하기 쉽지 않다. 또 다른 가능성은 경우에 따라 학생들이 그 처치가 단지 교육의 규칙적인 부분일 뿐, 실험의 일부가 아니라고 쉽게 믿게 하는 것이다. 예를 들어, 실험이 진행 중이라는 것을 알릴 필요가 없을 때가 있다.

다음은 연구대상 태도 위협의 예이다.

- 한 연구자가 검사 중에 클래식 음악을 틀어 줌으로써 시험 불안을 줄일 수 있는지를 조사하기로 결정했다. 해당 연구자는 대도시 교육지원청에 있는 5개의 고등학교에서 무선으로 10개의 대수학 수업을 선택한다. 이 수업 중 5개 수업에서 연구자는 시험을 보는 동안 배경으로 클래식 음악을 부드

4) Roethlisberger, F. J., & Dickson, W. J. (1939). *Management and the worker.* Harvard University Press.

럽게 연주한다. 나머지 5개 수업(통제집단)에서는 음악을 연주하지 않는다. 그러나 통제집단 수업의 학생들은 다른 수업에서 음악이 연주되고 있다는 것을 알게 되고, 교사가 그들의 반에서는 음악이 연주될 수 없다고 말하자 약간의 분노를 표출한다. 이러한 분노는 실제로 그들이 시험 동안 더 불안하게 하거나 의도적으로 불안점수를 부풀리게 할 수 있다.

- 한 연구자는 비판적 사고능력이 세부사항에 대한 주의와 상관관계가 있다는 가설을 세웠다. 해당 연구자는 중학교 2학년 학생의 표본에 각 변수에 대해 별도의 점수(비판적 사고와 세부사항에 대한 주의)를 제공하는 다소 새로운 검사를 실행한다. 검사의 참신함은 일부 학생을 혼란스럽게 하는 반면, 다른 학생들은 그것이 어리석다고 생각할 수도 있다. 어느 경우든, 학생들의 점수는 실력이 부족해서가 아니라 검사형식 때문에 두 변수에서 모두 낮아질 가능성이 높다. 따라서 이 가설이 뒷받침되는 것처럼 보일 수 있다. 두 점수 모두 그러한 학생들에게는 능력에 대한 유효한 지표가 아니므로, 이러한 특정한 태도 반응은 내적 타당도를 위협한다.

회귀

회귀 위협(regression threat)은 중재 수행이 매우 낮거나 높은 집단에서의 변화가 연구될 때마다 존재할 수 있다([그림 9-9] 참고). 특수교육에서의 연구는 특히 이러한 위협에 취약한데, 그러한 연구에 참여하는 학생들은 이전의 낮은 성적에 근거하여 자주 선발되기 때문이다. 회귀현상은 통계적으로 설명될 수 있지만, 우리의 목적상 비정상적으로 낮은(또는 높은) 수행으로 인해 선택된 집단이 그 사이에 발생하는 것에 관계없이 후속검사에서 평균적으로 평균에 더 가까운 점수를 받는다는 사실을 단순히 설명한다. 따라서 현저하게 낮은 능력을 가진 학생의 학급은 그들이 노출된 중재의 영향과 관계없이 사후검사에서 더 높은 점수를 받을 것으로 예상된다. 성숙과 마찬가지로, 동등한 통제집단 또는 비교집단의 사용은 이러한 위협을 처리할 수 있으며, 이는 출판된 연구에서 반영된 것으로 이해된다.

[그림 9-9] 회귀가 머리를 치켜든다

가능한 회귀 위협의 예는 다음과 같다.

- 올림픽 트랙 코치는 다양한 종목의 최종 선발전에서 가장 빠른 기록을 가진 팀원을 선발한다. 그러나 해당 코치는 그들의 평균시간이 다음번에 달릴 때 증가한다는 것을 발견하는데, 해당 코치는 아마도 이것이 더 나쁜 트랙 조건 때문이라고 잘못 생각할 것이다.
- 수학시험에서 하위 20%의 점수를 받은 학생들은 특별한 도움을 받는다. 6개월 후, 비슷한 문제를 포함한 시험에서 그들의 평균점수는 향상되었지만, 꼭 특별한 도움 때문만은 아니다.

연구심화

일상생활에서 내적 타당도에 대한 위협

다음의 공통적으로 가지고 있는 믿음을 고려해 보라.

- 실패가 자살보다 앞선 경우가 많기 때문에 자살의 원인이 된다. (역사와 사망 위협)
- 유전적으로 남학생이 여학생보다 수학에 더 재능이 있다. (연구대상 태도와 역사 위협)
- 유전적으로 여자아이가 남자아이보다 언어에 더 재능이 있다. (역사 및 연구대상 태도 위협)
- 소수민족 학생들은 지배적인 문화권의 학생들보다 학업능력이 떨어진다. (연구대상 특성, 연구대상 태도, 장소, 계측 및 역사 위협)
- 복지를 받는 사람들은 게으르다. (연구대상 특성, 장소, 역사 위협)
- 학교교육은 학생들을 반항적으로 만든다. (성숙과 역사 위협)
- '예의 바르게 행동하지' 않는 학생들을 퇴학시키는 정책은 학교의 시험성적을 향상시킨다. (사망 위협)
- 세뇌는 태도를 바꾼다. (검사 위협)
- 소위 기적의 약은 지적 장애를 치료한다. (회귀 위협)
- 마리화나를 피우는 것은 결국 코카인과 헤로인을 사용하게 된다. (사망 위협)

실행

실험연구에서 처치나 방법은 연구자, 연구에 참여한 교사, 상담자, 또는 다른 사람에 의해 실행되어야 한다. 이 사실은 실험집단이 의도하지 않은 방식으로 처리될 수 있고 반드시 방법의 일부가 아닐 수 있지만, 한 종류 또는 다른 종류의 이점을 제공할 가능성을 제기한다. 이것은 실행 위협(implementation threat)이라고 알려져 있다. 그것은 두 가지의 방법 중 하나로 일어날 수 있다.

연구심화

메타분석에 대한 몇 가지 생각

제3장에서 언급한 바와 같이, 메타분석을 할 때 유리한 주된 주장은 일련의 연구결과를 통합함으로써 개별 연구의 약점이 균형을 이루거나 감소되어야 한다는 것이다. 간단히 말해서, 메타분석을 하는 연구자는 같은 주제에 대해 수행된 여러 (많은) 연구의 결과를 통계적으로 통합함으로써 특정 연구의 단점을 고치려고 시도한다. 따라서 이 장에서 논의한 내적 타당도에 대한 위협을 줄이고 일반화 가능성을 높

여야 한다.

어떻게 해야 하는가? 본질적으로 효과크기(effect size)라고 불리는 것을 계산함으로써 가능하다(제12장 참고). 메타분석을 수행하는 연구자는 특정 주제에 대한 모든 연구(즉, 동일한 독립변수를 가진 모든 연구)를 찾기 위해 최선을 다한다. 위치를 찾으면, 각 종속변수에 대한 효과크기와 전체 평균 효과크기가 계산된다.[5] 예를 들어, Vockell과 Asher는 협동학습의 효과에 대해 평균 델타(Δ)가 .80이라고 보고했다.[6]

이미 언급한 바와 같이, 메타분석은 연구의 복원을 양화(quantifying)하는 방법이다. 그러나 연구자가 수집한 연구는 모두 동일한 독립변수를 갖는다는 점을 제외하고는 공통점이 거의 없을 수 있기 때문에, 복원(replication)이라는 용어가 이 맥락에서 다소 느슨하게 사용된다는 점에 유의해야 한다. 우리의 관심사는 두 가지이다. 연구자가 단지 같은 독립변수를 가지고 있더라도 여러 연구를 획득한다는 것이 그가 반드시 서로의 약점을 균형 있게 조정한다는 것을 의미하지는 않는다. 연구자는 모두 동일한 약점을 가지고 있을 수 있다. 둘째, 메타분석을 할 때 좋은 연구와 나쁜 연구 모두에 동일한 가중치가 부여된다. 즉, 잘 설계되고 수행된 연구와 잘 설계되지 않거나 수행되지 않은 연구 간에 구별이 없다. 예를 들어, 연구자는 큰 무선표본을 사용한 잘 설계된 연구의 연구결과는 연구자가 편의표집 또는 의도적 표본을 사용한 제대로 통제되지 않은 연구로부터의 연구결과와 동일하다.

이 책의 저자들은 지지하는 이러한 문제에 대한 부분적인 해결방안은 메타분석과 판단적 검토를 결합하는 것이다. 이것은 연구를 좋고 나쁨으로 판단하고 그 결과를 비교함으로써 이루어진다. 때때로 연구들은 이에 동의한다. 그러나 충분한 수의 좋은 연구(이 책의 저자들은 최소 7개라고 주장한다.)가 있다면, 빈약한 연구를 포함해도 얻을 수 있는 것이 거의 없다고 본다.

메타분석이 여기에 있으며, 연구계에 귀중한 정보를 제공할 수 있다는 것에는 의문의 여지가 거의 없다. 그러나 이 책의 저자들은 그 기법에 대한 지나친 열정이 정당하다고 생각하지 않는다. 다른 많은 것과 마찬가지로, 그것은 만병통치약이 아닌 하나의 도구이다.

첫째, 실행 위협은 다른 개인이 다른 방법을 실행하도록 할당될 때 발생할 수 있으며, 이러한 개인은 결과와 관련된 방식이 다를 수 있다. 두 집단의 학생들이 탐구방법이나 강의방법으로 배운 이전 예시를 생각해 보자. 탐구방법을 사용한 교사가 단순히 강의방법을 사용한 교사보다 더 나은 교사일 수도 있다.

이러한 가능성을 통제할 수 있는 방법은 여러 가지가 있다. 연구자는 적절한 특성(수업능력과 같은)에 대해 각 방법을 실행하는 개인을 평가하고 이러한 차원에서 처치집단을 동등하게 하려고 시도할 수 있다(예: 각 집단에 동등한 능력을 가진 교사를 배정함). 분명히 이것은 어렵고 시간이 많이 걸리는 작업이다. 또 다른 통제는 각 방법이 연구에 참여하는 모든 교사에 의해 가르쳐지도록 요구하는 것이다. 실행 가능한 경우, 일부 교사가 다른 방법을 실행할 수 있는 다른 능력을 가질 수 있는 가능성에 취약하지만, 이것은 바람직한 해결방안이다. 또 다른 통제는 각 방법을 실행하기 위해 여러 다른 개인을 사용하여 두 방법 중 하나에 유리한 기회를 줄이는 것이다.

둘째, 실행 위협은 일부 개인이 다른 방법보다 한 방법을 선호하는 개인적 편견을 가질 때 발생할 수 있다. 그 방법 자체보다는 그 방법에 대한 그들의 선호가 그 방법으로 가르친 학생들의 우수한 성적을 설명할 수 있을 것이다. 이것이 연구자가 가능하다면 중재연구에서 방법을 실행하는 개인 중 한 명이 되어서는 **안 되는**(not) 좋은 이유이다. 실행자인 개인을 연구의 본질에 대해 무지하게 하는 것은 종종 가능하지만, 일반적으로 교사나 연구에 관련된 다른 사람이 자신의 참여에 대한 근거를 제공할 필요가 있기 때문에, 그

5) 이것은 항상 쉽지만은 않다. 출판된 보고서에는 필수정보가 없는 경우가 많지만, 보고된 내용에서 추론할 수도 있다.

6) Vockell, E. L., & Asher, J. W. (1995). *Educational research* (2nd ed., p. 361). Prentice Hall.

것은 부분적으로 매우 어렵다. 이를 위한 하나의 해결방안은 개인이 원하는 방법을 선택할 수 있도록 하는 것이지만, 이는 이미 논의한 특성에서 차이가 날 가능성이 있다. 한 가지 대안은 모든 실행자가 선호도와 함께, 사용하는 모든 방법을 미리 아는 것이다. 그것을 사용하는 **결과**(result)로서 어떤 방법에 대한 선호는 위협을 구성하지 않는다는 것을 주목하라. 그것은 단순히 방법 자체의 부산물 중 하나일 뿐이다.

이것은 다른 부산물에 대해서도 마찬가지이다. 예를 들어, 교사의 기량(skill)이나 학부모의 참여가 그 방법의 **결과**(result)로 향상된다면, 그것은 위협을 구성하지 않을 것이다. 마지막으로, 연구자는 방법들이 의도한 대로 투여되는지 확인할 수 있다.

실행 위협의 예는 다음과 같다.

[그림 9-10] 내적 타당도에 대한 위협에 관한 삽화

* 이것은 가능성이 없어 보인다.
\+ 만약 이러한 교사 특성이 학교 유형의 결과라면, 그것들은 위협이 되지 않는다.

주: 우리는 이 진술 중 모든 것이 반드시 사실이라는 것을 암시하는 것이 아니다. 우리의 추측은 어떤 것은 사실이고 어떤 것은 그렇지 않다.

- 한 연구자가 새로운 식단(diet)이 어린 아동의 신체 민첩성에 미치는 영향을 연구하는 데 관심이 있다. 모든 아동이 1학년인 부모의 허락을 받은 후, 해당 연구자는 무선으로 아동을 실험집단과 통제집단에 배정한다. 실험집단은 3개월 동안 새로운 식단을 시도하고, 통제집단은 규칙적인 식단을 유지하는 것이다. 그러나 연구자는 실험집단의 교사는 5년 안팎의 경력이 있는 숙련된 교사이고, 통제집단의 교사는 새로 부임한 1학년 교사라는 점은 간과하고 있다.
- 말을 더듬는 내담자집단은 **일반화 훈련**(generalization training)이라고 불리는 비교적 새로운 치료방법이 투여된다. 내담자와 언어처치사 모두 처치의 일부로서 '실제 세계'의 사람들과 상호작용한다. 6개월간의 처치를 받은 후, 그 내담자들의 유창성은 전통적인 사내처치(in-the-office therapy)를 받는 집단의 유창성과 비교된다. 새로운 방법을 사용하는 언어처치사들은 비교집단과 함께 일하는 사람들보다 일반적으로 더 유능할 가능성이 있다. 만약 그러하다면, 일반화 훈련 집단의 더 큰 향상은 새로운 방법이 아니라 언어처치사의 기량 때문일 수 있다.

[그림 9-10]은 앞에서 논의한 각각의 위협을 삽화로 보여 주며, 〈표 9-1〉은 그것들을 간략히 요약한 것이다.

〈표 9-1〉 연구의 내적 타당도에 대한 위협

위협	정의
연구대상 특성	연구대상 선정이 연구대상 변수와 관련된 의도하지 않은 방식으로 서로 다른 개인이나 집단이 선정될 수 있다. 또한 '선택 편견'이라고도 불린다.
사망	자연감소, 철회 또는 낮은 참여율로 인한 연구대상의 손실은 편견을 초래할 수 있으며, 연구결과에 영향을 미칠 수 있다.
장소	자료가 수집되거나 중재가 수행되는 특정 장소는 결과에 대한 대안적인 설명을 가능하게 할 수 있다.
계측	가능한 계측 위협에는 도구변경 및 채점방법, 자료수집자 특성 또는 자료수집자 편견이 있다.
검사	중재연구에서 사전검사를 사용하면, 연구의 결과와 참여자가 중재에 반응하는 방법에 영향을 미칠 수 있는 '연습효과'가 발생할 수 있다.
역사	역사 위협은 연구과정 중 예기치 못한 또는 계획되지 않은 사건이 발생하는 경우이다.
성숙	중재 중 변화는 때때로 중재보다는 시간의 경과와 관련된 요인에 기인할 수 있다.
연구대상 태도	연구대상이 연구를 바라보는 방식과 연구에 참여하는 방식은 내적 타당도에 대한 위협으로 간주될 수 있다.
회귀	회귀 위협은 사전검사에서 결정된 대로 극단적으로 낮거나 높은 수행을 가진 집단에서 변화를 연구할 때 가능하다. 평균적으로, 집단은 처치나 중재에 관계없이 후속검사에서 평균에 더 가까운 점수를 받는다.
실행	실험집단은 결과에 영향을 미치는 부당한 이점을 주는 의도하지 않은 방식으로 처리될 수 있다.

관계를 찾을 가능성을 줄이는 요인

많은 연구에서, 앞에서 논의한 다양한 요인은 또한 발견된 관계의 변화를 **줄이거나**(reduce) 심지어 막을 수 있다. 예를 들어, 연구에서 방법(처치)이 적절하게 실행되지 않은 경우, 즉 적절히 시도되지 않은 경우, 방법 간의 실제적인 차이가 결과에 미치는 영향은 모호해질 수 있다. 마찬가지로, 통제집단 또는 비교집단의 구성원이 실험처치에 대해 '인식'하게 되면, 그들은 '배제되었다'고 느끼기 때문에 노력을 증가시킬 수 있으며, 따라서 처치집단 간의 실질적인 성취도 차이를 줄일 수 있다. 때때로, 통제집단의 교사들은 자신의 집단구성원들에게 동기를 부여하기 위해 무의식적으로 약간의 '보상'을 주어서 실험처치의 영향을 줄일 수 있다. 마지막으로, 신뢰할 수 없는 점수를 산출하는 도구를 사용하거나 작은 표본을 사용하면 관계가 관찰될 가능성이 낮아질 수 있다.

연구자는 내적 타당도에 대한 위협을 어떻게 최소화할 수 있는가

이 장 전체에 걸쳐, 이 책의 저자들은 내적 타당도에 대한 위협의 가능한 영향을 통제하거나 최소화하기 위해 연구자가 사용할 수 있는 많은 기법 또는 절차를 제안했다. 기본적으로 이는 네 가지의 대안으로 요약된다. 연구자는 다음 중 일부 또는 전부를 시도할 수 있다.

1. (중재연구에서) 처치가 실행되는 방식, 자료가 수집되는 방식 등과 같은, 연구가 발생하는 조건을 표준화하라. 이것은 장소, 계측, 연구대상 태도 및 실행 위협을 통제할 수 있도록 해 준다.
2. 연구대상, 즉 연구대상의 관련 특성에 대한 자세한 정보를 획득하고, 그 정보를 결과를 분석하고 해석하는 데 사용하라. 이는 연구대상 특성 위협과 (아마도) 사망 위협뿐만 아니라 성숙 및 회귀 위협을 통제할 수 있도록 해 준다.
3. 연구의 세부정보, 즉 연구의 발생 장소 및 시기, 관련 없는 사건 등에 대한 자세한 정보를 획득하라. 이것은 장소, 계측, 역사, 연구대상 태도 및 실행 위협을 통제할 수 있도록 해 준다.
4. 적절한 설계(design)를 선택하라. 적절한 설계는 내적 타당도에 대한 이러한 위협을 통제할 수 있도록 해 준다.

설계에 의한 통제는 주로 실험연구와 인과-비교연구에 적용되기 때문에, 제13장과 제16장에서 자세히 논의한다. 네 가지의 대안이 〈표 9-2〉에 요약되어 있다.

〈표 9-2〉 내적 타당도에 대한 위협을 통제하기 위한 일반적인 기법

	기법			
위협	조건 표준화	연구대상에 관한 상세정보 획득	세부사항에 관한 상세정보 획득	적절한 설계 선택
연구대상 특성		×		×
사망		×		×
장소	×		×	×
계측	×		×	
검사				×
역사			×	×

성숙		×		×
연구대상 태도	×		×	×
회귀		×		×
실행	×		×	×

두 가지 강조점

이 책의 저자들은 두 가지를 강조하며 이 장을 끝맺고자 한다. 첫째, 계획을 통해 내적 타당도에 대한 이러한 다양한 위협을 크게 줄일 수 있다. 둘째, 그러한 계획은 종종 연구를 시작하기 전에 (또는 연구가 진행되는 동안) 추가적인 정보를 수집해야 한다. 자료가 수집되고 나면, 이러한 위협을 통제하는 방법을 고려하기에는 너무 늦은 경우가 많다.

이 장의 시작 부분에 있는 **상호작용 · 응용 프로그램 학습** 기능으로 돌아가 상호작용 · 응용 프로그램 활동목록을 확인하라. www.mhhe.com/fraenkel10e의 **온라인학습센터**로 이동하여 퀴즈를 풀고 핵심 용어를 연습하며 장(章)의 내용을 검토하라.

핵심 요점

내적 타당도의 의미

- 연구의 내적 타당도가 부족할 경우, 결과를 설명하기 위해 하나 이상의 대안적인 가설이 존재한다. 이러한 대안적인 가설은 연구자들에 의해 **내적 타당도에 대한 위협**(threats to internal validity)으로 언급된다.
- 연구에 내적 타당도가 있다는 것은 두 개 이상의 변수 간에 관찰된 어떤 관계가 다른 것에 기인한 것이라기보다는 모호하지 않다는 것을 의미한다.

내적 타당도에 대한 위협

- 내적 타당도에 대한 보다 일반적인 위협 중 일부는 연구대상 특성, 사망, 장소, 계측, 검사, 역사, 성숙, 연구대상 태도, 회귀 및 실행에서의 차이이다.
- 연구대상을 선정하면 연구대상 변수와 관련된 의도하지 않은 방식으로 개인 또는 집단이 서로 다를 수 있다(즉, 연구대상의 특성이 다를 수 있다).
- 아무리 신중하게 연구대상(표집)을 선택하더라도 연구가 진행됨에 따라 일부가 손실되는 경우가 비일비재하다. 이것은 **사망**(mortality)으로 알려져 있다. 이러한 연구대상의 손실은 연구결과에 영향을 미칠 수 있다.
- 자료가 수집되거나 중재가 수행되는 특정 장소는 얻어진 어떤 결과에 대한 대안적인 설명을 제공할 수 있다.
- 도구를 사용하는 방식도 연구의 내적 타당도에 위협이 될 수 있다. 가능한 계측 위협에는 도구 변경, 자료수집자 특성 또는 자료수집자 편견이 포함된다.
- 중재연구에서 사전검사를 사용하면 연구의 결과에 영향을 미치는 '연습효과'가 발생할 수 있다. 사전검사는 때때로 연구대상이 중재에 반응하는 방식에도 영향을 미칠 수 있다.
- 때때로 연구과정에서 연구대상의 반응에 영향을 미칠 수 있는 하나 이상의 예기치 않은 사건 및 계획되지 않은 사건이 발생할 수 있다. 이것은 **역사 위협**(history threat)으로 알려져 있다.
- 때때로 중재연구 동안의 변화는 중재 자체보다는 시간의 경과와 관련된 요인에 더 기인할 수 있다. 이것은 **성숙 위협**(maturation threat)으로 알려져 있다.
- 연구에 대한 연구대상의 태도(및 참여)는 내적 타당도에 위협을 줄 수 있다. 이것은 **연구대상 태도 위협**(subject attitude threat)으로 알려져 있다.
- 연구대상이 연구에 참여하기 때문에 더 많은 관심과 인정을 받게 되면, 해당 연구대상의 반응이 영향을 받을 수 있다. 이것은 **호손효과**(Hawthorne effect)로 알려져 있다.
- 사전검사에서 비정상적으로 높거나 낮은 수행으로 인해 집단이 선택될 때마다, 그 사이에 어떤 결과가 발생하든 상관없이 평균적으로 후속검사에서 평균에 더 가까운 점수를 받는다. 이를 **회귀 위협**(regression threat)이라고 한다.
- 실험집단이 연구 중인 방법의 필수적인 부분이 아닌 의도하지 않은 방식으로 처리될 때마다 실행 위협이 발생할 수 있다

내적 타당도에 대한 위협 통제

- 연구자는 내적 타당도에 대한 위협을 통제하거나 최소화하기 위해 다양한 기법이나 절차를 사용할 수 있다. 기본적으로, ① 연구가 발생하는 조건 표준화, ② 연구대상에 대한 상세정보 획득 및 사용, ③ 연구의 세부사항에 대한 상세정보 획득 및 사용, ④ 적절한 설계 선택이라는 네 가지의 대안으로 요약된다.

핵심 용어

검사 위협(testing threat)
내적 타당도(internal validity)
내적 타당도에 대한 위협(threat to internal validity)
도구 성능저하(instrument decay)
사망 위협(mortality threat)
성숙 위협(maturation threat)
실행 위협(implementation threat)
역사 위협(history threat)
연구대상 태도 위협(subject attitude threat)
연구대상 특성 위협(subject characteristics threat)
자료수집자 편견(data collector bias)
장소 위협(location threat)
호손효과(Hawthorne effect)
회귀 위협(regression threat)

토론거리

1. 연구자가 연구에 내적 타당도가 있다는 것을 단정적으로 증명할 수 있는가? 이에 대하여 설명하라.
2. 제6장에서 외적 타당도의 개념에 대해 논의했다. 만약 있다면, 어떤 방식으로 내적 타당도와 외적 타당도가 관련이 있는가? 연구는 내적 타당도는 가질 수 있지만 외적 타당도를 가질 수 없는가? 만약 그렇다면, 어떻게 그러한가? 그 반대는 어떠한가?
3. 학생들은 종종 내적 타당도의 개념을 도구타당도의 개념과 혼동한다. 그 둘의 차이점을 어떻게 설명하겠는가?
4. 다음 각 문항에는 내적 타당도에 대한 어떤 위협 요소가 있는가?
   1) 한 연구자가 인근 초등학교에서 새로운 수학교육과정을 시험해 보고 정규교육과정을 사용하여 다른 초등학교 학생들의 수학성취도를 비교하기로 결정한다. 그러나 해당 연구자는 새로운 수학교육과정을 적용받을 학교의 학생들이 교실에서 컴퓨터를 사용할 수 있다는 것을 알지 못한다.
   2) 한 연구자가 한 학기에 걸쳐 두 고등학교 화학수업에서 두 가지의 다른 종류의 교과서를 비교하려고 한다. 해당 연구자는 단원검사를 실행하는 동안 한 집단의 20%와 다른 집단의 10%가 결석했다는 것을 발견했다.
   3) 지난 5년 동안 인식된 사회적 변화와 결혼 상태 간의 가능한 관계를 조사하는 연구에서, 남자와 여자 인터뷰진행자는 동일한 질문에 대해 여자 응답자로부터 다른 반응을 얻었다.
   4) 실험적인 영어교육과정의 교사뿐만 아니라 정규교육과정의 교사들도 자신의 학생들에게 사전 및 사후검사를 실행한다.
   5) 3학년 학생들에게 읽기 튜터(tutor)를 하는 것에 자원한 중학교 2학년 학생들은 튜터링(tutoring)에 참여하지 않는 비교집단보다 읽기점수가 더 크게 향상되었다.
   6) 한 연구자가 주간 개인 및 집단 상담이 학습습관 개선에 미치는 영향을 비교한다. 학생은 매주 집단별로 회의가 끝날 때 자신의 진행상황에 대한 질문지를 작성한다. 학생들은 개별적으로 상담을 했지만, 집에서 질문지를 작성했다.
   7) 경제적으로 침체된 지역의 학교에서 학업성적이 하위 10%에 드는 학생들이 특별 프로그램을 위해 선발된다. 해당 프로그램은 특별한 게임, 크고 특별하게 채색된 자료, 특별한 간식, 그리고 신간 서적을 포함한다. 그 학생들은 프로그램이 실행된 지 6개월이 지난 후 성취도검사에서 상당히 높은 점수를 받는다.
   8) 한 집단의 노인이 활동 수준과 생활 만족도에 관한 인식 간의 가능한 관계를 조사하기 위해 고안된 질문지를 작성하도록 요청받는다.
5. 질문 4의 각 상황에서 확인한 위협이 실제로 존재하는지 여부를 어떻게 판단할 수 있는가?
6. 이 장에서 논의된 어떤 위협이 연구자가 가장 중요하게 고려해야 한다고 생각하는가? 그 이유는 무엇인가? 어떤 것이 가장 통제하기 어려울 것 같은가? 그에 대하여 설명하라.

연구실습 9. 내적 타당도

문제지 9의 맨 위에 학습자의 질문 또는 가설을 진술하라. 표시된 공간에 연구에 적용되는 내적 타당도에 대한 각각의 위협 뒤에 X 표시하고, 위협이 되는 이유를 설명하며, 발생할 가능성이 가장 높은 위협을 어떻게 통제할 것인지(예: 연구결과에 영향을 미치지 않도록 방지) 설명하라. 마지막으로, 여러분의 연구의 결과가 단지 우연의 일치(coincidence)이나 우연한 기회(chance)에 의한 것이 아니라 믿을 수 있다는 것을 다른 사람들에게 납득시키기 위해 어떻게 말할 수 있는가?

문제지 9 내적 타당도

1. 연구질문은: ____________________

2. 명확하지 않아 정의해야 하는 문제 또는 질문의 핵심 용어는: ____________
   연구대상 특성 ______ 계측 ______ 성숙 ______ 사망 ______ 검사 ______
   연구대상 특성 ______ 실행 ______ 장소 ______ 회귀 ______ 기타 ______

3. 표시된 위협에 대해 어떻게 통제할 계획인지 기술하라.
   위협 #1 ____________________
   위협 #2 ____________________
   위협 #3 ____________________
   위협 #4 ____________________

4. 연구결과가 타당하다는 주장을 뒷받침하기 위해 (설계, 표본추출 절차 등을 통해) 어떤 보장을 제공할 수 있는가? 다시 말해서, 여러분은 어떻게 독자에게 연구에서 도출된 결과나 관계가 자신이 주장하는 것 이외의 것에 기인하거나 설명되지 않는다는 것을 납득시킬 것인가?

이 문제지의 전자 버전은 학지사 공식 홈페이지(www.hakjisa.co.kr) 『연구방법론: 교육연구설계 및 평가』의 도서 상세정보에서 내려받을 수 있다.

제3부 자료분석

How to Design and Evaluate Research in Education

제3부에서는 통계학(statistics)의 주제, 즉 연구자가 자료를 분석할 때 자주 사용하는 중요한 도구를 소개한다. 제10장에서는 기술통계에 대해 설명하고, 양적 자료와 범주형 자료 모두를 요약하기 위한 여러 기법을 제공한다. 제11장에서는 추리통계, 즉 결과가 일반화 가능한지 여부를 결정하는 방법을 다루고, 가장 일반적으로 사용되는 추리통계를 간략하게 논의한다. 그런 다음, 제12장에서는 앞의 두 장에서 설명한 내용을 전체적으로 살펴본다. 집단비교 및 집단 내 관련 변수의 예를 제공하며, 기술통계와 추리통계 모두를 사용하기 위한 권장사항에 관한 요약으로 해당 장을 마무리한다.

제10장

기술통계

통계 대 모수

두 가지의 기본적인 수치자료유형
- 양적 자료
- 범주형 자료

점수유형
- 원점수
- 유도점수
- 어느 점수를 사용할 것인가

양적 자료 요약기법
- 빈도다각형
- 편포된 다각형
- 히스토그램과 줄기-잎 그림
- 정규분포
- 산술평균
- 산포
- 표준점수와 정규분포
- 상관관계

범주형 자료 요약기법
- 빈도표
- 막대그래프와 원그래프
- 교차표

정규분포?

학습목표

이 장을 학습하면 다음을 수행할 수 있어야 한다.

- 통계와 모수의 차이를 설명할 수 있다.
- 범주형 자료와 양적 자료를 구분하고, 각각의 예를 제시할 수 있다.
- 교육연구에 사용되는 세 가지 다른 유형의 점수를 명명하고, 각각의 예를 제시할 수 있다.
- 자료로부터 빈도다각형을 그릴 수 있다.
- 자료로부터 히스토그램과 줄기-잎 그림을 그릴 수 있다.
- '정규분포'와 '정규곡선'이라는 용어가 의미하는 바를 설명할 수 있다.
- 자료의 도수분포에 대한 평균, 중앙값, 최빈값을 계산할 수 있다.
- 자료의 도수분포에 대한 범위 및 표준편차를 계산할 수 있다.
- 다섯요약수치가 무엇인지 설명할 수 있다.
- 상자그림에 표시되는 내용을 설명할 수 있다.
- 정규분포에서 어떤 특정 점수를 표준편차 단위로 해석하는 방법을 설명할 수 있다.
- 'z점수'가 무엇인지 설명하고, 점수를 z점수 단위로 표현하는 것이 유리한 이유를 말할 수 있다.
- 정규분포를 해석하는 방법을 설명할 수 있다.
- 산점도를 그리고 해석할 수 있다.
- 상관계수가 무엇인지 더 자세히 설명할 수 있다.
- 피어슨(Pearson)의 상관계수를 계산할 수 있다.
- 도수표, 막대그래프, 원그래프를 그리고 해석할 수 있다.
- 교차표를 그리고 해석할 수 있다.

상호작용 · 응용 학습 이 장을 읽는 동안 또는 읽은 후:

다음을 하려면, 온라인학습센터 (www.mhhe.com/fraenkel10e)로 접속하라.

- 표본 통계 검토
- 양적 자료와 범주형 자료 요약기법 심화학습

다음 활동을 수행하기 위해 온라인 학습자 완전학습 활동(Student Mastery Activities) 책을 읽으라.

- 활동 10.1: 빈도다각형 작성
- 활동 10.2: 빈도다각형 비교
- 활동 10.3: 평균 계산
- 활동 10.4: 표준편차 계산
- 활동 10.5: 상관계수 계산
- 활동 10.6: 교차표 분석
- 활동 10.7: z점수 비교
- 활동 10.8: 다섯요약수치 준비
- 활동 10.9: 봉급 요약
- 활동 10.10: 점수 비교
- 활동 10.11: 양육 시기
- 활동 10.12: 자료수집

영수, 선화, 규용이 방금 오전 9:00 통계학 수업을 마치고 나왔다. 그들은 학생회에서 커피를 마시며 몇 가지 생각을 논의하고 있다.

영수: "오늘 신문에서 방금 읽었는데, 중등학교 교사의 연봉은 평균 6,000만 원이래."

선화: "정말? 서 박사님은 약 5,100만 원이라고 말했는데"

규용: "글쎄, 둘 중 하나는 틀렸나 봐요!"

영수: "꼭 그렇진 않아, 규용아. 평균이 있고, 그 다음에 평균이 있어……."

영수의 말이 맞다. 우리는 이 장의 뒷부분에서 그 방법과 이유뿐만 아니라 더 많은 것을 설명한다. 계속 읽으라.

통계 대 모수[1)]

기술통계(descriptive statistics)의 주요 장점은 연구자가 평균과 중앙값(잠시 후 이에 대해 더 자세히 기술함)과 같은 몇 가지 지수만으로 많은 점수에 포함된 정보를 기술할 수 있다는 것이다. 모집단에서 추출한 표본에 대해 이러한 지수가 계산되는 경우 통계(statistics)라고 하며, 전체 모집단에서 계산되는 경우 모수(parameters)라고 한다. 대부분의 교육연구는 모집단보다는 표본의 자료를 포함하기 때문에, 이 장의 나머지 부분에서는 주로 통계를 참조한다. 우리는 이러한 자료를 요약하기 위해 가장 일반적으로 사용되는 기법(techniques)을 제시한다. 모든 변수에 대해 수집된 자료를 해석하기 위해서는 어떤 형태의 요약이 필수적이다. 긴 점수 목록이나 범주형 표현은 쉽게 관리할 수 없다.

1) **[역자 주]** Statistics는 통계, 통계량, 통계값 등으로, Parameters는 모수, 모수값 등으로 다양하게 번역 · 사용되고 있다. 그러나 일반적으로, 통계 또는 통계량은 표본의 특성을 나타내는 여러 가지 방법을, 통계값은 그러한 방법에 따라 통계량의 특성을 수치화한 값을, 모수는 모집단의 특성을 나타내는 여러 가지 방법을, 모수값은 그러한 방법에 따라 모집단의 특성을 수치화한 값을 의미한다. 따라서 이 번역서에서는 구체적인 수치를 의미할 경우 '통계값' 또는 '모수값'으로, 여러 가지 방법을 의미할 경우 '통계' 또는 '모수'로 번역한다.

두 가지의 기본적인 수치자료 유형

통계계산을 위한 엑셀 사용

일반적으로 Excel로 더 알려져 있는 Microsoft Office Excel은 표나 수식을 사용하여 자료를 분석하고 조작하는 데 사용할 수 있는 소프트웨어 프로그램이다. 이 책에서는 프로그램 사용 방법에 대한 완전한 설명을 제시할 만한 공간을 가지고 있지는 않지만, 이 장과 다음 장에서는 Excel을 사용하여 평균, 표준편차, 상관관계 등 교재의 많은 기술통계량을 계산하는 방법에 대한 간단한 단계별 지침을 제공한다. Excel은 독립 t-검정과 반복측정 t-검정, 분산분석(ANOVA), 카이자승검정 등 많은 가설검정을 수행하는 데에도 사용할 수 있다.

부록 D에서는 Excel(PC용)의 사용방법에 대해 자세히 설명하고 있다. 여기에는 분석용 ToolPak 설치방법이 포함되어 있다(Excel에서 통계기능을 수행하려면, ToolPak을 설치해야 한다). Macintosh 사용자는 화면 인터페이스가 다르므로, Mac용 Excel 사용방법에 대한 도움말은 Microsoft 웹사이트(www.rnicrosoft.com)에서 확인하라.

제7장에서는 교육연구에 사용되는 여러 가지 도구를 제시했다. 이러한 도구를 사용하는 연구자의 의도는 연구되는 개인의 표본에 대한 어떤 결론을 도출할 수 있도록 해 주는 어떤 종류의 정보(능력, 태도, 신념, 반응 등에 관한 척도)를 수집하는 것이다.

지금까지 살펴본 바와 같이, 이러한 정보는 여러 가지 방법으로 수집될 수 있지만 단 세 가지 방법으로만 보고될 수 있다. 단어를 통해, 숫자를 통해, 그리고 때로는 패턴을 보여 주거나 관계를 설명하는 그래프나 표시를 통한 방법이다. 인터뷰, 문화기술지적 연구 또는 사례연구와 같은 특정 유형의 연구에서, 연구자는 종종 어떤 종류의 서술적 기술(narrative description)을 통해 자신의 연구결과를 기술하려고 한다. 그들의 의도는 정보를 숫자 형태로 줄이는 것이 아니라 기술적인 형태로, 그리고 종종 가능한 한 풍부하게 제시하는 것이다. 제19~21장에서는 정보를 보고하는 이러한 방법의 예를 제시한다. 그러나 이 장에서는 정보를 보고하는 수치적 방법에 초점을 맞춘다.

교육연구에 보고된 정보의 대부분은 몇 가지 종류의 수치, 즉 시험점수, 백분율, 평점평균(GPA), 등급, 빈도 등으로 구성된다. 그 이유는 명백하다. 숫자는 정보를 단순화하는 효과적인 방법이다. 일반적으로 자료라고 하는 수치정보는 두 가지의 기본적인 방법, 즉 범주형 또는 양적 자료 중 하나로 분류할 수 있다. 범주형 변수와 양적 변수(제5장 참고)가 있는 것처럼, 수치자료에는 두 가지 유형이 있다. 범주형 자료는 **종류**(kind)는 다르지만 정도나 양은 다르지 않다. 반면, 양적 자료는 **정도**(degree)나 **양**(amount)이 다르다.

양적 자료

양적 자료(quantitative data)는 연구대상 변수가 얼마나 존재하는지를 나타내는 척도에 따라 측정될 때 얻어진다. 양적 자료는 점수로 보고된다. 점수가 높을수록 낮은 점수보다 변수(체중, 학업능력, 자존심 또는 수학에 대한 관심 등)가 더 많다는 것을 나타낸다. 양적 자료의 예는 다음과 같다.

- 한 학기에 각 교육지원청의 운동기구 지출액(변수: **운동기구 지출액**)
- SAT점수(변수: **학업 적성**)
- 전남 영암군에서 9월부터 12월까지의 기간 동안 매일 기록된 온도(변수: **온도**)

- 2022년 성신여자대학교에 등록한 모든 1학년 학생의 불안 점수(변수: **불안**)

범주형 자료

범주형 자료는 연구자가 특정 범주에서 발견한 개체, 개인 또는 사건의 총 수를 나타낸다. 따라서 특정 정부 정책에 찬성하거나 반대하는 인원 또는 연속해서 프로그램을 수료하는 학생 수를 보고하는 연구자가 범주형 자료를 보고하는 것이다. 연구자가 찾는 것은 특정 특성, 개체, 개인 또는 사건의 빈도이다. 그러나 대부분의 경우 이러한 빈도를 백분율로 변환하는 것이 유용하다. 범주형 자료의 예는 다음과 같다.

- 학교 내 각 민족집단의 대표(변수는 **민족**). 예를 들어, 백인 1,462명(41%), 흑인 853명(24%), 히스패닉계 760명(21%), 아시아인 530명(15%)
- 화학수업의 남녀 학생 수(변수: **성별**)
- ① 강의와 ② 토론 방법을 사용하는 대규모 교육지원청의 교사 수(변수: **교수방법**)
- 작업실에서 발견된 공구 유형별 숫자(변수: **공구 유형**)
- 대형 백화점에 있는 상품 종류별 숫자(변수: **상품 유형**)

이 시점에서 제7장의 [그림 7-24]를 참고하는 것이 도움이 될 수 있다. 서열척도, 등간척도, 비율척도는 모두 양적 자료와 관련이 있으며, 명목척도는 범주형 자료와 관련이 있다.

점수유형

양적 자료는 보통 점수의 형태로 보고된다. 점수는 여러 가지 방법으로 보고될 수 있지만, 이해해야 할 중요한 차이점은 원점수(raw scores)와 유도점수(derived scores)의 차이이다.

원점수

거의 모든 측정은 획득된 초기점수(initial score)인 원점수(raw score)라 불리는 것으로 시작한다. 그것은 개인이 시험에서 정답을 맞히거나 특정한 방식으로 답을 내는 총 문항 수, 특정한 행동이 집계되는 횟수, 교사에 의해 주어지는 평가 등일 수 있다. 예로는 과학시험에서 정답을 맞춘 질문 수, 태도척도에서 '긍정적으로' 대답한 질문 수, '공격적' 행동이 관찰된 횟수, '자아존중감' 척도에 대한 교사의 평가 또는 소시오그래프에서 받은 선택 수 등이 있다.

원점수 자체는 의미가 거의 없기 때문에 해석하기 어렵다. 예를 들어, 만약 그것이 여러분이 가진 모든 정보라면, 학생이 시험에서 62점을 받았다고 말하는 것은 무엇을 의미하는가? 비록 여러분이 시험에 100개의 문제가 있었다는 것을 알고 있더라도, 시험이 쉬웠거나 어려웠을 수 있기 때문에, 62점이 매우 높은 점수인지 아니면 매우 낮은 점수인지 알 수 없다. 우리는 종종 한 개인의 원점수가 같은 시험을 치르는 다른 사람들의 원점수와 어떻게 비교되는지, 그리고 (아마도) 그/그녀가 다른 시간에 치렀던 비슷한 시험에서 어떻게 점수를 받았는지 알고 싶어한다. 이것은 우리가 개별 점수를 해석하고 싶을 때 항상 해당된다. 원점수 자체는 해석하기 어렵기 때문에, 유도점수(derived scores)라고 불리는 점수로 변환되는 경우가 많다.

유도점수

유도점수(derived scores)는 원점수를 취하여 표준화된 형태로 보다 유용한 점수로 변환함으로써 얻을 수 있다. 유도점수는 특정 개인의 원점수가 동일한 분포에서 다른 모든 원점수와 비교하여 어디에 해당하는지를 나타낸다. 유도점수는 동일한 시험을 치르는 다른 모든 사람에 비해 개인이 얼마나 잘 수행했는지를 말할 수 있게 해 준다. 유도점수의 예로는 연령수준 및 학년수준점수, 백분위 순위 및 표준점수가 있다.

연령수준 및 학년수준점수

연령수준점수(age-equivalent scores)와 학년수준점수(grade-equivalent scores)는 개인의 점수가 어떤 나이 또는 학년인지를 말해 준다. 예를 들어, 특정 상태의 모든 중학교 2학년생에 대한 연초 산수시험(arithmetic test)의 평균점수가 100점 만점에 62점이라고 가정해 보자. 62점을 받은 학생은 실제 학년 배치에 상관없이 시험에서 8.0에 해당하는 학년수준을 가질 것이다. 초등학교 6학년이든, 중학교 1학년 또는 2학년 또는 3학년이든, 고등학교 1학년이든, 그 학생의 수행은 8학년 초의 전형적인 수행이다. 마찬가지로, 10세 6개월 된 학생은 12세 2개월 수준의 점수를 받을 수 있는데, 이는 해당 학생의 시험성적이 12세 2개월 된 학생과 동일한 수준임을 의미한다.

백분위 순위

백분위 순위(percentile rank)는 주어진 원점수와(at) 그 원점수 이하에서(below) 점수를 매긴 개인의 백분율을 말한다. 백분위 순위를 **백분위수(percentiles)**라고 부르기도 하지만, 이 용어가 동의어로서 아주 정확하지는 않다.[2)]

백분위 순위는 쉽게 계산할 수 있다. 원점수를 백분위 순위(PR)로 변환하는 간단한 공식은 다음과 같다.

$$PR = \frac{\text{점수 이하의 학생 수} + \text{점수에 있는 모든 학생 수}}{\text{집단 전체 수}} \times 100$$

총 50명의 학생이 시험을 보았고, 이 중 9명이 85점 이상의 원점수를 받은 반면, 두 학생은 85점을 받았다고 가정해 보자. 39명의 학생은 85점 이하를 받았다. 85점을 받은 두 학생의 백분위 순위는 어떻게 되는가? 공식을 사용하여 계산해 보면, 다음과 같다.

---

2) 백분위수는 특정 백분율 이하의 점수이다. 예를 들어, 70번째 백분위수는 분포에서 점수의 70%에 해당하는 점수(point)이고, 99번째 백분위는 점수의 99%에 해당하는 점수이다. 따라서 만약 표본에서 20%의 학생이 시험에서 40점 이하를 받는다면, 20번째 백분위수는 40점이 된다. 40점을 받은 사람은 백분위수 20위이다.

$$PR = \frac{39 + 2}{50} \times 100 = 82$$

따라서 두 학생의 백분위 순위는 82위이다.

종종 집단의 각 점수에 대해 백분위 순위가 계산된다. 〈표 10-1〉은 표시된 각 점수의 백분위 순위를 가진 점수집단을 나타낸다.

〈표 10-1〉 원점수와 그에 상응하는 백분위 순위의 가설적인 예시

원점수	누적빈도	백분위 빈도	순위
95	1	25	100
93	1	24	96
88	2	23	92
85	3	21	84
79	1	18	72
75	4	17	68
70	6	13	52
65	2	7	28
62	1	5	20
58	1	4	16
54	2	3	12
50	1	1	4
	N=25		

주: 이 절의 양적 자료 요약기법은 범주형 자료에 적합하지 않으며, 양적 자료에만 사용된다.

표준점수

표준점수는 한 개인이 집단 내 다른 개인과 어떻게 비교되는지를 나타내는 또 다른 수단을 제공한다. 표준점수(standard scores)는 주어진 원점수가 기준점에서 얼마나 떨어져 있는지를 나타낸다. 표준점수는 다양한 종류의 도구에 대한 개인의 상대적 성취도를 비교할 때 특히 도움이 된다(예: 화학 성취도검사에서의 개인의 성과와 실험실에서의 그의 작업에 대한 강사의 평가 비교). 표준점수에 대한 많은 다른 시스템이 존재하지만, 교육연구에서 가장 일반적으로 사용되고 보고된 두 가지는 z점수와 T점수이다. 두 가지 유형에 대해서는 이 장의 뒷부분에서 설명한다.

어느 점수를 사용할 것인가

이러한 다양한 종류의 점수를 고려해 볼 때, 연구자는 어떤 것을 사용할지 어떻게 결정할 수 있는가? 유도점수의 유용성은 주로 학생, 학부모, 교사 및 다른 사람들에게 개별 원점수를 의미 있게 만드는 데 있다. 이러한 측면에서의 가치에도 불구하고, 일부 유도점수는 연구에 사용되어서는 안 된다. 이것은 연구자가 종종 하는 것처럼 등간척도를 가정하는 경우에 해당된다. 예를 들어, 백분위 순위는 등간척도를 구성하지 않기 때문에 절대 사용하지 말아야 한다. 연령/학년수준점수는 취득방법 때문에 마찬가지

로 심각한 한계를 가지고 있다. 일반적으로 사용하기에 가장 좋은 점수는 표준점수이며, 표준점수는 도구설명서에 제공되기도 하고 그렇지 않은 경우 쉽게 계산할 수 있다. 만약 표준점수를 사용하지 않을 경우, 백분위 순위나 연령/학년수준점수보다는 유도점수를 원래 원점수로 환산하는 등 원점수를 사용하는 것이 훨씬 바람직하다.

양적 자료 요약기법

빈도다각형

다음에 나열된 것은 생물학 중간고사에서 50명의 학생의 점수이다.

64, 27, 61, 56, 52, 51, 3, 15, 6, 34, 6, 17, 27, 17, 24, 64, 31, 29, 31, 29, 31, 29, 29, 31, 31, 29,
61, 59, 56, 34, 59, 51, 38, 38, 38, 38, 34, 36, 36, 34, 34, 36, 21, 21, 24, 25, 27, 27, 27, 63

34점을 받은 학생은 몇 명인가? 대부분의 학생이 50점 이상의 점수를 받았는가? 30점 미만을 받은 학생은 몇 명인가? 볼 수 있는 바와 같이, 자료가 눈에 잘 띄지 않는 순서로 나열될 경우, 이 자료를 구별하기 어렵다.

이 자료를 이해하기 위해서는 정보를 어떤 순서로 정리해야 한다. 가장 일반적인 방법 중 하나는 빈도분포(frequency distribution)를 준비하는 것이다. 이것은 점수를 높은 것부터 낮은 것까지 순서대로 나열하고, 각 점수를 받는 연구대상의 수를 나타내는 집계로 이루어진다(〈표 10-2〉 참고). 종종 분포의 점수는 구간으로 그룹화된다. 그 결과는 〈표 10-3〉과 같이 그룹화된 빈도분포(grouped frequency distribution)가 된다.

〈표 10-2〉 및 〈표 10-3〉과 같은 빈도분포는 매우 유익할 수 있지만, 종종 포함된 정보를 시각화하기 어렵다. 양적 자료에 대한 이해와 해석을 촉진하기 위해 그래프로 표시하는 것이 도움이 된다. 이러한 그래프로 제시하는 것 중 하나가 빈도다각형(frequency polygon)이라고 알려져 있다. [그림 10-2]는 〈표 10-3〉에 있는 자료의 빈도다각형을 나타낸다.

빈도다각형을 그리는 절차는 다음과 같다.

1. 모든 점수를 크기순으로 나열하고, 각 점수를 받는 학생 수를 집계한다. 필요한 경우, 점수를 등간으로 그룹화한다.[3)]
2. 왼쪽에 가장 낮은 점수부터 시작하여 해당 축에 모든 가능한 점수(또는 그룹화)를 등간으로 배치하고, 수평축에 라벨을 붙인다.
3. 0부터 등간으로 빈도를 표시하고, 수직축에 라벨을 붙인다.
4. 각 점수(또는 점수그룹)에 대해 발생 빈도와 교차하는 점을 찾아 그곳에 점을 찍는다. 빈도가 0인 각 점수(또는 점수그룹)도 여전히 표시해야 한다.
5. 모든 점을 직선으로 연결한다.

3) 분포에 점수가 많을 경우, 점수를 5개 이상의 등간으로 그룹화해야 하는 경우가 많다. 일반적으로 X축은 12~15 등간을 두는 것이 좋다.

〈표 10-2〉 빈도분포의 예

원점수	빈도
64	2
63	1
61	2
59	2
56	2
52	1
51	2
38	4
36	3
34	5
31	5
29	5
27	5
25	1
24	2
21	2
17	2
15	1
6	2
3	1
	$n=50$

〈표 10-3〉 그룹화된 빈도분포의 예

원점수 (5점씩 등간)	빈도
60~64	5
55~59	4
50~54	3
45~49	0
40~44	0
35~39	7
30~34	10
25~29	11
20~24	4
15~19	3
10~14	0
5~9	2
0~4	1
	$n=50$

[그림 10-1]을 보면 알 수 있는 바와 같이, 많은 학생이 이 분포의 중간 점수를 받았다는 사실이 꽤 잘 나타나 있다.[4)]

[그림 10-1] 빈도다각형의 예

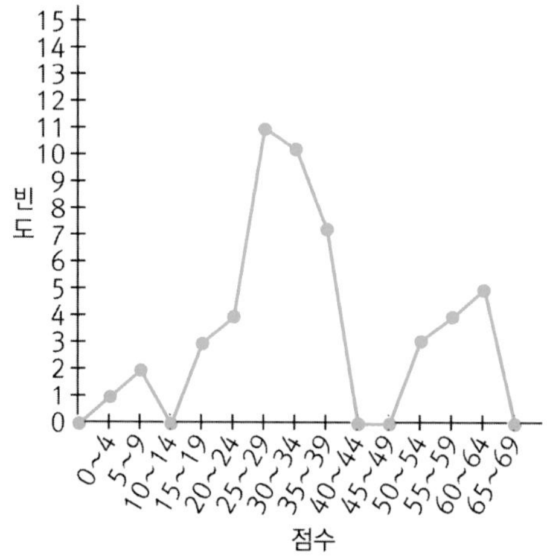

4) 학생들이 흔히 범하는 실수는 수직축을 마치 숫자가 특정 개인을 나타내는 것처럼 취급하는 것이다. 빈도를 나타내는 것이 아니다. 세로축의 각 숫자는 각 점수에 대한 개체 수를 표시하기 위해 사용된다. [그림 10-1]에서 간격 25~29 위의 점은 11명이 간격 25~29 범위 내의 점수를 획득했음을 나타낸다.

편포된 다각형

자료는 거의 모든 형태로 배포할 수 있다. 예를 들어, 연구자가 많은 개인이 낮은 점수를 받은 자료세트를 얻는 경우, 분포의 모양은 [그림 10-2]에 제시한 빈도다각형과 비슷할 것이다. 볼 수 있는 바와 같이, 이 분포에서는 소수의 사람들만이 더 높은 점수를 받았다. [그림 10-2]의 빈도다각형은 분포의 꼬리가 더 높은 (더 긍정적인) 점수값의 방향으로 오른쪽으로 기울어져 있기 때문에 정적편포(positively skewed)라고 한다. 만약 그 반대의 경우를 가정해 보자. 연구자가 비교적 낮은 점수를 받은 개인은 거의 없는 일련의 자료를 얻었다고 가정해 보자. 그러면 분포의 모양이 [그림 10-3]의 빈도다각형처럼 보일 것이다. 분포의 긴 꼬리가 왼쪽으로 기울어져 때문에, 이 다각형은 부적편포(negatively skewed)라고 한다.

[그림 10-2] 정적편포된 다각형의 예

[그림 10-3] 부적편포된 다각형의 예

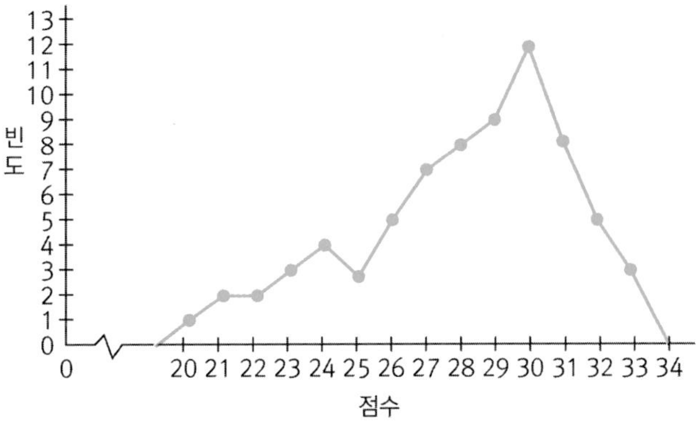

빈도다각형은 두 집단(경우에 따라서는 더 많은 집단)을 비교할 때 특히 유용하다. 제7장의 〈표 7-2〉에서는 두 가지 상담방법의 비교를 포함하고 있는 어떤 연구의 가상적인 결과를 제시했다. [그림 10-4]는 〈표 7-2〉의 자료를 사용하여 구성된 다각형을 보여 준다.

이 그림은 몇 가지 중요한 발견을 보여 준다. 첫째, 방법 B가 방법 A보다 전반적으로 더 높은 점수를 얻었다는 것이 명백하다. 둘째, 방법 B에 대한 점수가 더 분산되어 있는 것이 명확하다. 셋째, 방법 B가 전반적으로 높은 이유는 낮은 척도의 점수가 더 적기 때문이 아니라는 것이 명확하다(이러한 일이 일어났을 수도 있지만 발생하지 않았다). 실제로 A=10, B=12 등 61점 미만의 점수 숫자는 거의 동일하다. 방법 B가 전반적으로 높은 이유는 점수 중간 범위(61~75점)에서 더 적은 경우가 있었고 75점을 초과하는 경우가 더 많았기 때문이다. 이것이 명확하지 않은 경우, 그림에서 음영처리된 영역을 살펴보라. 많은 경우, 우리는 어떤 집단이 전체적으로 더 높은지뿐만 아니라 어떤 차이가 있는지를 알고 싶어 한다. 이 예에서는 방법 B가 더 많은 변산성(variability)을 초래했다는 것과 방법 A의 점수보다 상당히 높은 점수를 초래했음을 알 수 있다.

[그림 10-4] 두 유형의 빈도다각형 비교

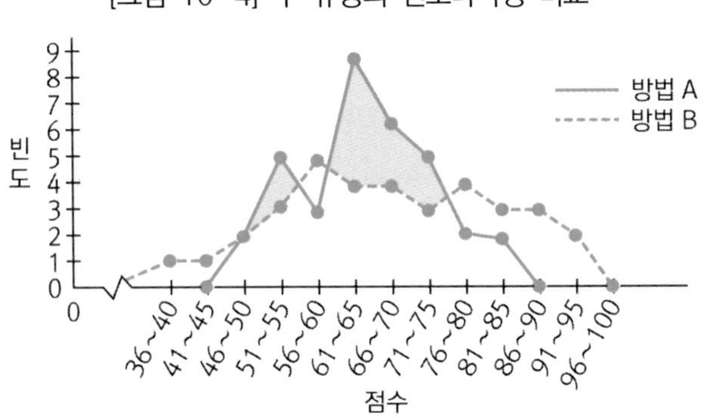

빈도분포와 히스토그램 또는 막대그래프를 구성하기 위한 엑셀 사용

Excel에서 히스토그램 자료분석도구를 사용하여 빈도분포표를 만들고 함께 히스토그램 또는 막대그래프를 그릴 수 있다. 먼저, 빈도분포표를 작성하려면, [데이터(Data)][5] → [데이터 분석(Data Analysis)] 명령어를 선택하고, [분석 도구(Analysis Tools)] 목록에서 [히스토그램(Histogram)]를 선택한 후 [확인(OK)]을 클릭한다. 히스토그램 대화상자가 나타나면 입력 범위 상자를 사용하여 빈도분포 및 히스토그램을 구성하는 데 사용할 자료를 확인한다. 입력 범위에 이미 레이블이 포함되어 있는 경우 레이블 상자를 선택한다. 그런 다음, 출력 옵션 버튼을 사용하여 Excel에 빈도분포와 히스토그램을 배치할 위치를 지정한다. 새로운 워크시트에 저장하려면, 새 워크시트 버튼을 선택한다. 히스토그램을 사용자 정의하려면, 출력 옵션을 사용하여 선택한다. 예를 들어, 누적 백분율을 선택하면, 히스토그램의 누적 백분율을 표시하는 선이 생성된다. 마지막으로, [차트 출력(Chart Output)] 체크박스를 선택하여 Excel에 빈도분포 히스토그램을 포함하도록 지시하고, [확인(OK)]을 클릭한다[통계연산을 하려면, 분석 팩(Analysis ToolPak)을 먼저 설치해야 한다. 부록 D를 참고하라].

히스토그램과 줄기-잎 그림

히스토그램(histogram)은 측정의 등간 또는 비율 수준에서 양적 자료를 표시하는 데 사용되는 막대그래프이다. 막대는 수평축에 왼쪽에서 오른쪽으로 순서대로 배열되며, 막대의 폭은 각 막대에 포함되는 값의 범위를 나타낸다. 빈도는 수직축에 표시되며, 두 축의 교차점은 항상 0이다. 또한 막대그래프와 대조적으로 히스토그램의 막대는 범주형 자료가 아닌 양적 자료를 나타낸다. [그림 10-5]는 〈표 10-3〉에

5) **[역자 주]** 원서에서는 '도구(Tools)'라고 되어 있으나, Microsoft® Excel® Microsoft 365용 MSO(버전 2202 빌드 16.0.14931. 20128)에서는 '데이터(Data)'이다. 이것은 아마도 버전에 따라 다르기 때문인 것으로 판단된다. 아울러, 한글버전에서는 '데이터', 영문버전에서는 'Data'로 되어 있는데, 여기서는 두 가지를 모두 표기했다[데이터(Data)]. 따라서 한글버전 또는 영문버전에 따라 레이블을 달리 보아야 한다. 이는 이후의 내용에서도 마찬가지이다.

표시된 그룹화된 빈도분포에 제시된 자료의 히스토그램이다.

[그림 10-5] 〈표 10-3〉에 제시된 자료의 히스토그램

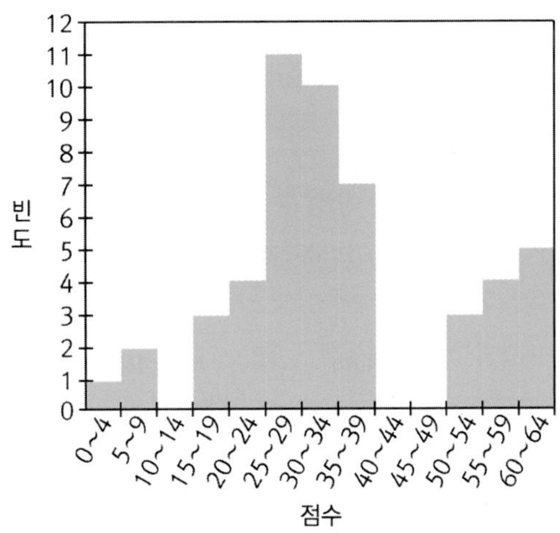

줄기-잎 그림(stem-leaf plot)은 자료의 모양과 분포를 모두 표시하기 위해 자료세트를 조직화하는 제시(display)이다. 각 자료값은 '잎'과 '줄기'로 분할된다. 잎은 보통 숫자의 마지막 자리이고, 잎의 왼쪽에 있는 다른 숫자는 줄기를 형성한다. 예를 들어, 번호 149는 다음과 같이 분할된다.

줄기 14, 잎 9

수학 퀴즈 점수 29, 37, 32, 46, 45, 45, 54, 51, 55, 55, 55, 55, 60에 대한 줄기-잎 그림을 만들어 보자. 먼저, 각각의 숫자를 줄기와 잎으로 나눈다. 이는 두 자리 숫자이기 때문에 10의 자릿수는 줄기, 일의 자릿수는 잎이다. 다음으로, 다음에 나타내는 것과 동일한 줄기를 가지는 숫자를 번호순으로 열거하여 그룹화하라.

수학 퀴즈 점수

줄기	잎
2	9
3	72
4	655
5	41555
6	0

마지막으로, 잎의 값을 순서대로 재배열하라.

수학 퀴즈 점수

줄기	잎
2	9
3	27
4	556
5	14555
6	0

줄기-잎 그림이 히스토그램에 비해 갖는 장점 중 하나는 각 구간 내의 값의 빈도를 표시할 뿐만 아니라 각 구간 내의 모든 개별 값을 표시할 수 있다는 것이다.

Babe Ruth		Mark McGwire
	0	9,9
	1	
5,2	2	2
5,4	3	2,3,9,9
9,7,6,6,6,1,1	4	2,9
9,4,4	5	2,8
0	6	5
	7	0

줄기-잎 그림은 두 분포를 비교하고 대조하는 데 특히 유용하다. 예를 들어, 위는 뉴욕 양키스(New York Yankees) 시절 Babe Ruth가 친 홈런과 세인트루이스 카디날스(St. Louis Cardinals) 시절 Mark McGwire가 친 홈런을 비교하는 맞쌍을 지은 줄기-잎 플롯이다.

누가 홈런 타자로서 더 잘 쳤다고 생각하는가? 2003년 73개의 홈런을 친 샌프란시스코 자이언츠(San Francisco Giants)의 Barry Bonds는 어떻게 비교할 수 있는가?

정규분포

연구자는 종종 빈도다각형에서 일련의 직선 대신 부드러운 곡선을 그린다. 부드러운 곡선은 일련의 점(즉, 특정 분포에서 점수의 실제 빈도)을 연결하는 것이 아니라 하나의 특정 자료세트에 국한되지 않는 점수의 일반분포를 보여 주는 것임을 나타낸다. 이러한 평활곡선을 분포곡선(distribution curves)이라고 한다.

많은 자료분포는 정규곡선(normal curve)이라고 하는 특정 분포곡선의 모양을 따르는 경향이 있다. 분포곡선이 정규분포일 경우, [그림 10-6]에서 볼 수 있는 바와 같이, 대부분의 점수는 분포 중간에 집중되며 중간에서 멀어질수록 감소한다.

[그림 10-6] 정규곡선

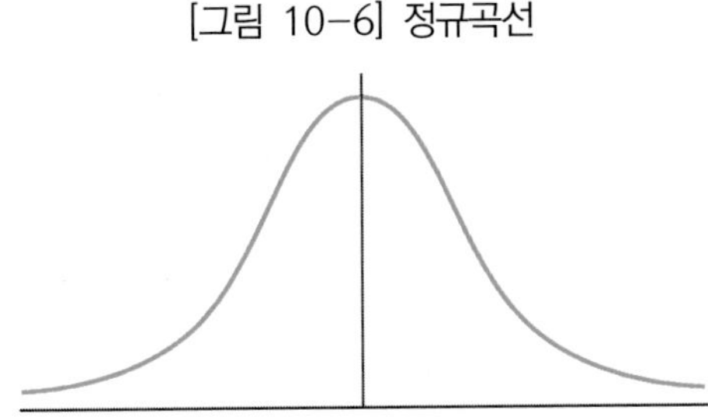

정규곡선은 정확한 수학방정식에 기초한다. 볼 수 있는 바와 같이, 그것은 대칭적이고 종 모양이다. 키나 몸무게와 같은 일부 인간 특성의 분포는 그러한 곡선에 근접하며, 공간능력, 손재주, 창의성과 같은 많은 다른 특성은 종종 그러한 것으로 가정한다. 정규곡선은 연구자에게 매우 유용하며, 이 장의 후반부에서 더 자세히 설명한다.

산술평균

산술평균(averages)[6] 또는 집중경향치(measures of central tendency)를 사용하면 연구자가 빈도분포의 자료를 단일 숫자로 요약할 수 있다. 가장 일반적으로 사용되는 세 가지 산술평균(averages)은 최빈값(mode), 중앙값(median), 그리고 평균(mean)이다. 각각은 어떤 측정에서 일련의 개인이 획득한 산술평균(average) 또는 일반적인 점수의 유형을 나타낸다.

최빈값

최빈값(mode)은 분포에서 가장 빈번한 점수, 즉 다른 점수보다 더 많은 학생이 획득한 점수이다. 다음 분포에서 최빈값은 무엇인가?

25, 20, 19, 17, 16, 16, 16,
14, 14, 11, 10, 9, 9

최빈값은 16이다. 그것의 분포는 어떠한가?

25, 24, 24, 23, 22, 20, 19, 19, 18, 11, 10

이 분포[**쌍봉분포**(bimodal distribution)라고 함]에는 24와 19의 두 개의 최빈값이 있다. 그러나 이러한 최빈값은 실제로 분포에 대해 많이 알려 주지 않기 때문에 교육연구에서는 자주 사용되지 않는다.

---

6) **[역자 주]** 일반적으로 average와 mean은 우리말로 모두 평균이라고 번역·사용된다. 그러나 엄밀히 말하면 mean에는 여러 가지 평균[예: 산술평균(arithmetic mean), 기하평균(geometric mean), 조화평균(harmonic mean)]이 있다. 이 중 "average는 산술평균 또는 간단히 'mean'이라고 한다. 즉, mean은 average와 거의 동의어로 간주된다. 그러나 통계학자들은 mean을 average를 기술하는 단지 하나의 형태"(http://www.differencebetween.net/science/difference-between-average-and-mean/)라고 한다. 이 책에서는 average를 '산술평균'으로, mean은 '평균'으로 구분하여 번역·사용한다.

중앙값

중앙값(median)은 분포에서 점수의 50%가 해당하는 중간점 이하 지점이다. 즉, 중간점이다. 점수가 고르지 않은 분포에서는 중앙값이 가장 중간 점수이다(점수가 순서대로 나열되어 있는 경우). 따라서 분포 5, 4, 3, 2, 1에서 중앙값은 3이다. 점수가 짝수인 분포에서 중앙값은 가장 중간인 두 점수 사이의 중간 지점이다. 분포 70, 74, 82, 86, 88, 90에서 중앙값은 84이다. 따라서 중앙값이 요약되는 분포의 실제 점수 중 하나일 필요는 없다.

두 개의 매우 다른 분포가 동일한 중앙값을 가질 수 있음을 주목하라.

분포 A: 98, 90, 84, 82, 76

분포 B: 90, 87, 84, 65, 41

두 분포에서 중앙값은 84이다.

중앙값을 결정하는 것이 상당히 쉬워 보일 수 있다. 이것은 일반적으로 그룹화되지 않은 자료의 경우이다. 그룹화된 자료의 경우, 중앙값을 계산하려면 다소 더 많은 작업이 필요하다. 단, 빈도다각형의 위쪽과 아래쪽에 면적의 절반이 있는 점수를 찾아 추정할 수 있다.

중앙값은 자료가 편포된 분포를 초래할 때 계산하기에 가장 적절한 산술평균이다.

평균

평균(mean)은 분포에 있는 모든 점수의 또 다른 산술평균이다.[7] 이것은 모든 점수를 합산한 다음, 이 합계를 점수의 전체 숫자로 나누어 결정한다. 따라서 52, 68, 74, 86, 95, 105의 점수를 포함하는 분포의 평균은 80이다. 어떻게 결정했는가? 단순히 모든 점수를 합산해서 480을 산출한 다음, 이 합계를 점수의 전체 숫자인 6으로 나누면 된다. 기호 형식으로, 평균을 계산하는 공식은 다음과 같다.

$$\overline{X} = \frac{\Sigma X}{n}$$

여기에서 Σ는 합을, X는 원점수 값을, n는 점수의 총합을, 그리고 $\overline{X}$는 평균을 의미한다.

---

7) 실제로, 여러 가지 종류의 평균(mean)[기하평균(geometric mean), 조화평균(harmonic mean) 등]이 있지만, 그 용도는 특수하고 드물다. 여기에서 이 책의 저자들은 산술평균(arithmetic mean)을 의미한다.

〈표 10-4〉 분포에서 최빈값, 중앙값, 평균의 예

원점수	빈도
98	1
97	1
91	2
85	1
80	5
77	7
72	5
65	3
64	7
62	10
58	3
45	2
33	1
11	1
5	1
	$n=50$

최빈값=62; 중앙값=64.5; 평균=66.7

〈표 10-4〉는 시험점수 분포와 각각의 앞의 중앙경향치를 보여 준다. 볼 수 있는 바와 같이, 이 지수들은 각각 조금씩 다른 점을 보여 준다. 가장 많이 받은 점수는 62점인데, 이것이 가장 전형적인 점수라고 할 수 있을까? 아마 아닐 것이다. 점수의 중앙값은 64.5이다. 평균은 66.7이다. 평균이 점수분포를 가장 잘 설명하는 것일 수도 있지만, 분포가 편포되어 있기 때문에 완전히 만족스러운 것은 아니다. 〈표 10-4〉는 이러한 지수가 분포의 모든 점수의 **요약**(summaries)일 뿐이며, 종종 동일한 값을 가지지 않는다는 것을 보여 준다. 이는 변산(variation)이나 산포(spread)를 나타내기 위한 것이 아니다([그림 10-7] 참고).

[그림 10-7] 산술평균이 오류를 초래할 수도 있다!

그렇다면 세 가지의 산술평균(집중경향척도) 중 어느 것이 가장 좋은가? 상황에 따라 다르다. 모든 점수는 분포의 계산에 사용되며 일반적으로 다른 두 측정치보다 선호되기 때문에, 평균은 분포의 모든 정보를 사용하는 세 가지의 집중경향치 중 유일한 한 가지이다. 그러나 그것은 극단점수에 의해 영향을 받는 경향이 있다. (왜 그러한지 알 수 있는가?) 따라서 종종 중앙값이 분포의 일반적인 점수를 더 정확하게 나타낼 수 있다. 예를 들어, 중소기업의 다양한 근로자가 벌어들인 연봉이 〈표 10-5〉와 같다고 가정해 보자.

〈표 10-5〉 소규모 사업체에서 노동자의 연봉

Mr. Davis	$ 10,500
Mr. Thompson	20,000
Ms. Angelo	22,500
Mr. Schmidt	24,000
Ms. Wills	26,000
Ms. Brown	28,000
Mr. Greene	36,000
Mr. Adams	43,000
Ms. Franklin	65,000
Mr. Payson (소유자)	475,000

이 연봉의 평균은 75,000달러이다. 이것이 이 회사의 산술평균 연봉이라고 하는 것이 맞는가? 물론 그렇지 않을 것이다. 말하자면, 그 회사의 소유주에게 지급되는 매우 높은 급여는 그 평균(mean)을 '부풀렸다'. 이를 산술평균 연봉을 나타내는 요약 수치로 사용하면 잘못된 인상을 줄 수 있다. 이 경우, 중앙값이 소유자의 급여에 영향을 받지 않기 때문에 계산하기에 더 적절한 산술평균이 될 것이다. 중앙값은 27,000달러로, 그 해의 일반적인 급여를 훨씬 더 정확하게 나타낸다.

산포

집중경향치는 분포의 점수를 요약하는 데 유용한 통계치이지만 충분하지 않다. 예를 들어, 두 분포의 평균과 중앙값은 동일하지만 다른 면에서는 상당히 다를 수 있다. 다음의 2개의 분포를 생각해 보자.

분포 A: 19, 20, 25, 32, 39

분포 B: 2, 3, 25, 30, 75

이 두 분포의 평균(mean)은 27이고, 두 분포의 중앙값은 25이다. 그러나 분포가 상당히 다르다는 것을 알 수 있다. 분포 A에서 점수는 서로 더 가깝고 평균 주위에 군집화하는 경향이 있다. 분포 B에서, 그 점수는 훨씬 더 넓게 퍼져 있다. 따라서 두 분포는 통계학자들이 변산성(variability)이라고 부르는 것이 다르다. [그림 10-8]은 추가적인 예를 보여 준다.

따라서 자료가 얼마나 산포 또는 흩어져 있는지에 대한 부수적인 정보 없이 집중경향치를 제시할 경우, 오해의 소지가 있다. 1998년 전미농구협회의 모든 선수의 산술평균 연수입이 27만 5천 달러였다고 말하는 것은 일부 선수들이 훨씬 적게 번 반면, Michael Jordan과 같은 사람은 5백만 달러 이상을 벌었다는 사실을 숨긴다. 선수 연봉의 분배는 오른쪽으로 편포되어 있고 매우 산포되어 있었다. 평균만을 아는 것은 NBA 선수들의 연봉 분배에 대한 불충분한 설명을 제공한다.

[그림 10-8] 산술평균과 산포의 측면에서 비교된 상이한 분포

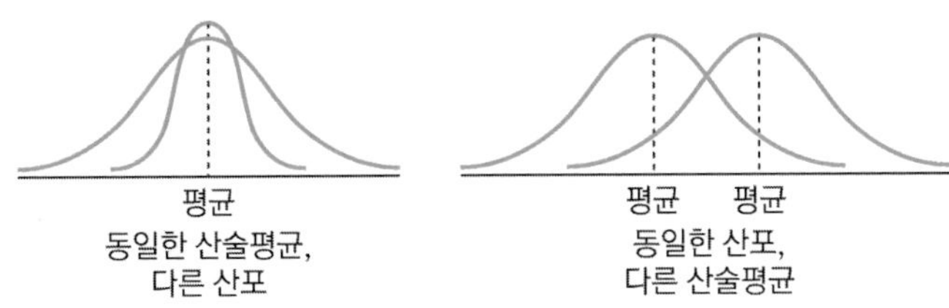

따라서 연구자가 분포 내에 존재하는 **산포**(spread) 또는 변산성을 설명하는 데 사용할 수 있는 척도가 필요하다. 사분위수 범위, 전체 범위 및 표준편차의 세 가지를 고려해 보자.

사분위수와 다섯요약수치

분포가 편포된 경우, 분포의 변산성과 일반적인 모양은 몇 가지 **백분위수**(percentiles)를 보고하여 기술될 수 있다. 일련의 숫자에서 백분위수(percentile)는 숫자의 특정 백분율이 아래에 있고, 그 숫자의 나머지가 위에 있는 값이다.

만약 여러분이 SAT와 같은 표준화된 시험을 치렀다가 "원점수 630, 백분위수 84"라는 보고서를 받았다면, 여러분은 백분위수를 접하였을지도 모른다. 여러분은 630점을 받았지만, 아마도 시험을 치른 사람들의 84%가 여러분보다 낮은 점수를 받았다는 사실이 더 유용할 것이다.

중앙값은 50번째 백분위수이다. 중요한 다른 백분위수로는 **1사분위수**(Q_1)라고도 하는 25번째 백분위수와 **3사분위수**(Q_3)인 75번째 백분위수가 있다. 따라서 편파된 분포를 기술하는 유용한 방법은 최하위 점수, Q_1, 중앙값, Q_3, 최상위 점수로 구성된 다섯요약수치(five-number summary)라고 하는 것을 제공하는 것이다. 사분위수 범위(IQR)는 3사분위수와 1사분위수 간의 차이이다($Q_3 - Q_1 = IQR$).

상자그림

분포의 다섯요약수치는 상자그림(boxplot)을 사용하여 그래픽으로 나타낼 수 있다. 상자그림은 두 개 이상의 분포를 비교할 때 특히 유용하다. [그림 10-9]는 동일한 생물학 시험을 치르는 두 반의 중간점수 분포에 대한 상자그림을 보여 준다. 각 중앙 상자의 끝은 사분위수에 있고 중앙값은 상자 안에 선으로 표시된다. 양쪽 끝에 있는 '수염(whiskers)'은 가장 낮은 점수와 가장 높은 점수로 확장된다.[8]

8) 상자그림은 종종 **상자-수염 다이어그램**(box-and-whiskers diagrams)이라고도 불린다.

[그림 10-9] 상자그림

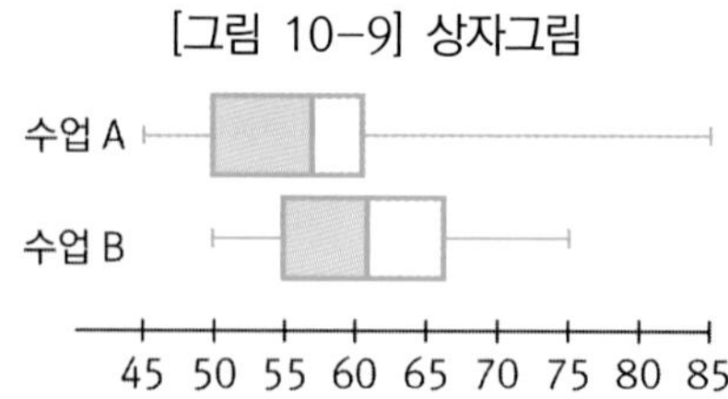

[그림 10-9]에서는 두 반을 즉시 비교할 수 있다. 전반적으로 B 반이 더 잘했지만, 윗수염을 보면 A 반이 가장 높은 점수를 받은 학생이 있다는 것을 알 수 있다. [그림 10-9]는 그래프가 얼마나 효과적으로 정보를 전달할 수 있는지를 보여 주는 또 다른 예에 불과하다.

다섯요약수치는 분포에 대한 매우 유용한 수치 기술이지만 가장 일반적인 것은 아니다. 이러한 칭찬은 평균(중앙 척도)과 표준편차(산포 척도)가 받아야 한다. **표준편차**(standard deviation)와 **분산**(variance)은 평균으로부터의 점수의 산포를 측정한다. 그것들은 평균과 함께만 사용해야 한다.

범위

전체 범위(range)는 분포에서 가장 높은 점수와 가장 낮은 점수의 거리를 나타낸다. 따라서 분포에서 가장 높은 점수가 89이고 가장 낮은 점수가 11이면 범위는 89−11 또는 78이 된다. 분포에서 가장 극단적인 점수 두 개만 포함하므로, 범위는 변산성의 대략적인 표시에 불과하다. 이것의 주요한 이점은 변산성의 신속한(비록 대략적이지만) 추정값을 제공한다는 것이다.

표준편차

표준편차(standard deviation: SD)는 변산성의 가장 유용한 지수이다. 그것은 분포의 산포를 나타내는 단일 숫자이다. 평균과 마찬가지로, 분포의 모든 점수가 평균 계산에 사용된다. 표준편차를 계산하는 절차는 간단하다.

1. 분포의 평균을 계산한다. $\overline{X} = \dfrac{\Sigma X}{n}$
2. 각 점수에서 평균을 뺀다. 각각의 결과는 $X - \overline{X}$로 기호화된다.
3. 이 점수들 각각을 제곱한다. $(X - \overline{X})^2$
4. 이 점수들의 제곱 모두를 합산한다. $\Sigma(X - \overline{X})^2$
5. 그 총합을 점수의 숫자로 나눈다. 그 결과를 분산(variance)이라 한다.
6. 분산의 제곱근을 구한다. 이것이 표준편차이다.

이러한 단계는 다음과 같이 요약될 수 있다.

$$SD = \sqrt{\frac{\sum (X - \overline{X})^2}{n}}$$

여기에서 SD는 표준편차, Σ는 '합', X는 원점수, $\overline{X}$는 평균, n은 분산에서 점수의 숫자를 나타낸다.

이 절차는 실제보다 더 복잡하게 들린다. 계산하기는 정말 어렵지 않다. 〈표 10-6〉은 10개 점수 분포의 표준편차 계산을 보여 준다.

분산점수가 많을수록 편차점수가 더 커지므로 표준편차가 더 커진다. 점수가 평균에 가까울수록 분산이 적기 때문에 표준편차가 작다. 따라서 동일한 검사에서 두 세트의 점수를 기술하고, 세트 1의 점수의 표준편차가 2.7이고, 세트 2의 표준편차가 8.3이라고 하면, 세트 1의 변산성이 훨씬 적다는 것을 알 수 있다. 즉, 점수가 서로 더 가깝다는 것이다.

표준편차와 관련된 중요한 점은 분포가 정규분포인 경우, 평균 ±3 SD가 분포에 있는 모든 점수의 약 99%를 포함한다는 것이다. 예를 들어, 분포의 평균이 72이고 3 SD인 경우, 분포의 약 99%가 63~81 사이의 점수이다. [그림 10-10]은 표준편차의 그림을 보여 준다.

〈표 10-6〉 분포의 표준편차 계산

원점수	평균	$X-\overline{X}$	$(X-\overline{X})^2$
85	54	31	961
80	54	26	676
70	54	16	256
60	54	6	36
55	54	1	1
50	54	−4	16
45	54	−9	81
40	54	−14	196
30	54	−24	576
25	54	−29	841
			$\Sigma=3640$

$$\text{분산}(SD^2)=\frac{\Sigma(X-\overline{X})^2}{n}=\frac{3640}{10}=364^{a}$$

$$\text{표준편차}(SD)=\sqrt{\frac{\Sigma(X-\overline{X})^2}{n}}=\sqrt{364}=19.08^{b}$$

[a] 표본의 분산에 대한 기호는 s^2로 표시될 수 있으며, 모집단의 분산에 대한 기호는 σ^2이다.

[b] 표본의 표준편차에 대한 기호는 종종 s로 표시되기도 하며, 모집단의 표준편차에 대한 기호는 σ이다.

분포의 평균, 중앙값, 표준편차를 계산하기 위한 엑셀 사용

	A	B	C
1	45		
2	56		
3	76		
4	87		
5	88		
6	61		
7	34		
8	67		
9	55		
10	88		
11	92		
12	85		
13	78		
14	84		
15	77		
16	71.53		
17	77		
18	17.7		

Excel을 사용하여 많은 기술통계량을 계산할 수 있다. 빈 셀을 클릭한 다음, **수식**(Formula)[9] 메뉴에서 **함수 삽입**(Insert Function)을 클릭한다. 대화상자가 열린다. **평균**(Average), **중앙값**(Median) 또는 **표준편차**(Standard Deviation)와 같은 함수를 검색할 수 있다. **함수 검색**(Search for function) 상자에 검색할 함수를 입력하고, **검색**(Go)을 클릭한다. Excel은 선택 가능한 일치 항목을 제공한다. 유사한 함수를 구별하기 위해 도움말 파일에 접근해야 할 수 있다(예: **STDEV**는 표본 표준편차이고, **STDEVP**는 모집단 표준편차이다). 사용할 함수를 클릭한 다음, 확인을 클릭한다. **함수 인수**(Function Arguments) 대화상자가 나타난다. 이 상자에 계산에 포함할 개별 셀 번호를 입력하거나 첫 번째 셀을 클릭하고, 마지막 셀로 끌어서 스프레드시트에서 인접한 셀 그룹을 강조 표시할 수 있다. 마지막으로, **함수 인수**(Function Arguments) 대화상자에서 **확인**(OK)을 클릭한다. Excel은 그 결과를 계산하여 처음에 사용한 스프레드시트의 (이전) 빈 셀에 입력한다.

일반적으로 사용하는 함수의 이름을 학습할 때 설명된 삽입 및 함수 절차에 의존하지 않고 직접 입력할 수 있다. 왼쪽 예에서 이 작업을 수행했다. 먼저, Excel 스프레드시트를 열고 A15 셀에 데이터를 나열했다. 그런 다음, 통계를 표시할 셀을 클릭하고, 다음 명령을 입력한다.

- 평균을 구하려면: **=AVERAGE(A1:A15)**[10]
- 중앙값을 구하려면: **=MEDIAN(A1:A15)**
- 표준편차를 구하려면: **=STDEV(A1:A15)**

이 명령어를 A16, A17, A18 셀에 입력하고 매번 Enter를 누른다. 그런 다음 71.53(평균), 77(중앙값), 17.7(표준편차)의 해당 값[11]이 셀에 나타난다.

9) **[역자 주]** 원서에서는 **함수**(Function)가 **삽입**(Insert) 메뉴하에 있는 것으로 되어 있으나, Microsoft® Excel® Microsoft 365용 MSO(버

[그림 10-10] 소년과 성인남자 농구팀의 표준편차

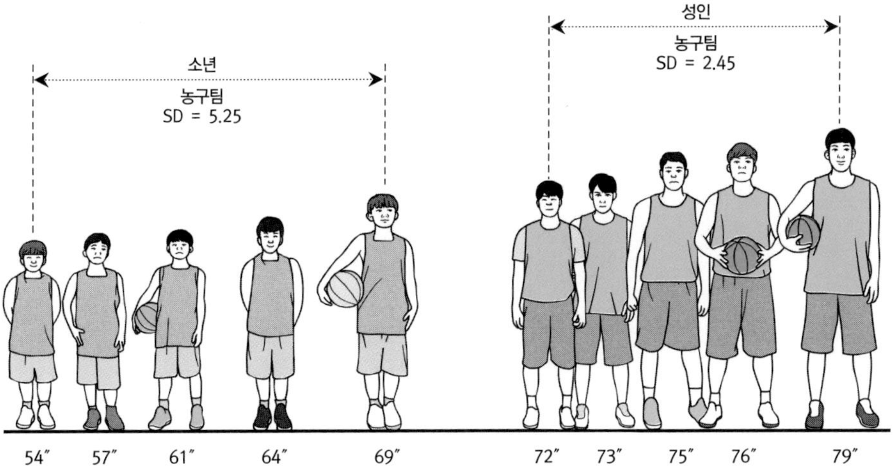

정규분포의 표준편차

정규곡선 아래의 총 면적은 정규분포의 모든 점수를 나타낸다. 이러한 곡선에서는 평균, 중앙값 및 최빈값이 동일하므로 평균이 곡선의 정확한 중심에 놓인다. 따라서 분포에서 가장 빈번한 점수이기도 하다. 곡선은 대칭이기 때문에 점수의 50%가 평균의 각 면에 있어야 한다.

여기에서 정규분포에 관한 몇 가지 중요한 사실은 다음과 같다.

- 모든 관측값의 50%(예: 점수)는 평균의 각 측면에 있다([그림 10-11] 참고).

[그림 10-11] 정규곡선에서 모든 점수의 50%가 평균의 각 측면에 속한다

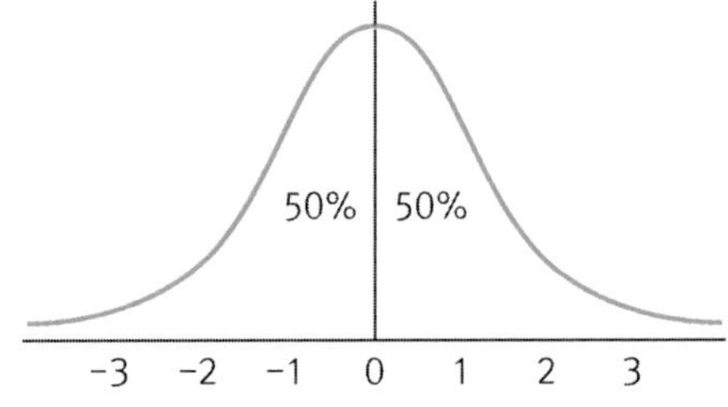

- 모든 정규분포에서 68%의 점수가 평균의 1 SD에 속한다. 이 중 절반(34%)은 평균보다 1 SD 상위 내에 있고, 나머지 절반(34%)은 평균보다 1 SD 하위 내에 있다.
- 또 다른 27%의 관측값은 평균에서 1과 2 SD 사이에 있다. 따라서 95%(68% + 27%)는 평균의 2 SD 내에 있다.

전 2202 빌드 16.0.14931.20128)에서는 **수식**(Formula)하에 **함수 삽입**(Insert Function)으로 되어 있다. 이는 버전 차이로 인한 것으로 보인다.

10) **주**: 모든 명령어는 항상 등호(=)로 시작해야 수식의 이름과 수식을 적용할 목록을 입력할 수 있다. 그런 다음, 'Enter'을 눌러야 한다. 그러면 해당 값이 지정된 셀에 나타난다. 부록 D를 참고하라.

11) 소수점 두자리까지만 표시된다.

- 전체적으로, 관측값의 99.7%가 평균의 3 SD 내에 있다. [그림 10-12]는 흔히 68-95-99.7 규칙(68-95-99.7 rule)이라고 불리는 이 세 가지 사실을 모두 보여 준다.

[그림 10-12] 정규곡선 밑의 백분율

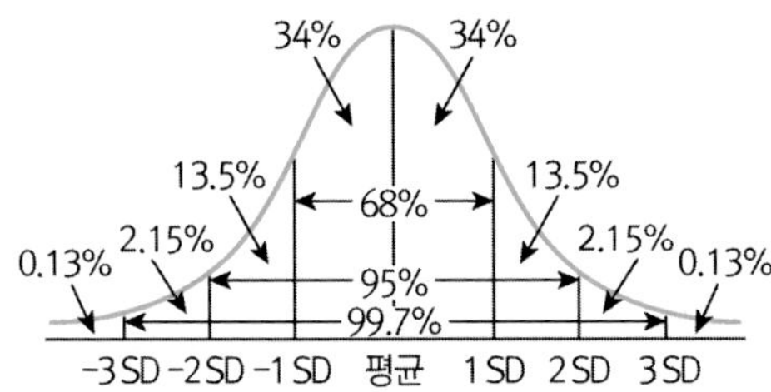

따라서 정규분포의 거의 모든 점수가 평균과 ±3 SD 사이에 있음을 알 수 있다. 모든 점수의 .13%만이 3 SD를 넘어섰고, .13%는 −3 SD를 밑돌았다. 점수 집합이 정규분포를 따르는 경우, 표준편차 단위로 평균으로부터 얼마나 멀리 떨어져 있는지를 알면 특정 점수를 해석할 수 있다. 예를 들어, 정규분포의 평균이 100이고, 표준편차가 15라고 가정해 보자. 따라서 평균보다 1 SD 크면 115가 된다. 평균보다 1 SD 아래에 있는 점수는 85와 같다. 평균 위 1.5 SD 큰 점수는 얼마인가?[12)]

또한 특정 개인의 점수를 정규분포의 다른 모든 점수와 비교할 수 있다. 예를 들어, 한 사람의 점수가 평균보다 정확히 +1 SD를 가지고 있다면, 분포에 있는 다른 모든 점수의 84% 이상이 그 사람의 점수보다 약간 아래에 있다는 것을 알 수 있다.[13)] 만약 어떤 분포가 정규분포이고 분포의 평균과 표준편차를 알고 있다면, 주어진 점수보다 위와 아래에 있는 점수의 백분율을 결정할 수 있다([그림 10-12] 참고). 이것은 정규분포의 가장 유용한 특성 중 하나이다.

표준점수와 정규곡선

연구자는 종종 한 사람의 점수가 다른 사람의 점수와 비교되는 것을 보는 데 관심이 있다. 이를 결정하기 위해 연구자는 종종 원점수를 유도점수로 변환한다. 앞에서 두 가지 유형의 유도점수, 즉 연령/학년수준점수와 백분위수 순위를 기술했으나, 다른 유형인 표준점수를 간략히 언급했다. 이는 매우 유용하기 때문에 지금 좀 더 자세히 논의한다.

표준점수는 한 개인이 집단 내 다른 개인과 어떻게 비교하는지를 나타내기 위해 공통척도를 사용한다. 이러한 점수는 특히 다른 도구에 대한 개인의 상대적 위치를 비교하는 데 도움이 된다. 교육연구에 가장 많이 사용되는 두 가지 표준점수는 z점수와 T점수이다.

z점수

표준점수의 가장 간단한 형태는 z점수(z score)이다. 그것은 표준편차 단위로, 원점수가 평균으로부터 얼마나 멀리 떨어져 있는지를 나타낸다. 평균에 정확히 해당하는 원점수는 0의 z점수에 해당한다.

---

12) 122.5

13) 분포의 점수의 50%는 평균 미만이어야 하며, 34%는 평균과 +1 SD 사이에 있어야 한다. 따라서 분포 점수 중 84%(50% + 34%)가 +1 SD 미만이어야 한다.

평균보다 정확히 1 SD가 높은 원점수는 +1의 z점수인 반면, 평균보다 정확히 1 SD가 낮은 원점수는 −1 z점수에 해당한다. 마찬가지로, 평균보다 정확히 2 SD가 높은 원점수는 +2z점수이다. 따라서 1 z는 1 SD(1 z=1 SD), 2 z=2 SD, −0.5z=−0.5 SD 등과 같다([그림 10−13] 참고). 따라서 분포의 평균이 50이고 표준편차가 2이면, 원점수 52는 +1 z점수와 같고, 원점수 46은 −2 z점수와 같다.

[그림 10−13] 정규곡선과 연계된 z점수

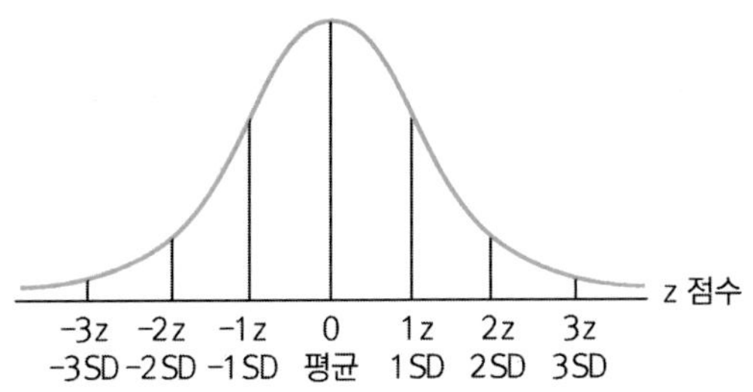

z점수의 가장 큰 장점은 서로 다른 검사의 원점수를 비교할 수 있다는 것이다. 예를 들어, 한 학생이 생물학시험에서 60점, 화학시험에서 80점의 원점수를 받았다고 가정해 보자. 순진한 관찰자는 언뜻 보기에 그 학생이 생물학보다 화학을 더 잘한다고 추론하는 경향이 있을 수 있다. 그러나 이것은 현명하지 않을 수 있다. 왜냐하면 각 점수분포의 평균과 표준편차를 알기 전에는 학생이 상대적으로 얼마나 '잘' 하고 있는지 결정할 수 없기 때문이다. 생물학시험에서는 평균이 50이었지만, 화학시험에서는 90이었다고 가정해 보자. 또한 생물학시험의 표준편차는 5이지만, 화학시험의 표준편차는 10이라고 가정해 보자. 이것은 무슨 의미인가? 학생의 생물학 원점수(60)는 실제로 평균보다 2 SD가 높은(+2 z점수) 반면, 화학 원점수(80)는 평균보다 1 SD 낮다(−1 z점수). 화학을 더 잘하기보다는, 원점수 자체에서 알 수 있는 바와 같이, 그 학생은 실제로 생물학을 더 잘 하고 있다. 〈표 10−7〉은 두 시험 모두에서 원점수, z점수, 백분위수 순위를 비교한다.

〈표 10−7〉 두 시험에서 원점수와 z점수 비교

시험	원점수	평균	SD	z점수	사분위수 순위
생물학	60	50	5	+2	98
화학	80	90	10	−1	16

물론 z점수가 항상 평균에서 정확히 1 또는 2 SD를 보이는 것은 아니다. 실제로 연구자는 다음과 같은 공식을 적용하여 원점수를 z점수로 변환한다.

$$z\text{점수} = \frac{\text{원점수} - \text{평균}}{\text{표준편차}}$$

따라서 원점수가 80, 평균이 65, 표준편차가 12인 경우, z점수는 다음과 같다.

$$z = \frac{80 - 65}{12} = 1.25$$

확률과 z점수

정규분포의 또 다른 중요한 특성은 곡선 아래의 영역과 관련된 백분율을 확률로 생각할 수 있다는 것이다. 확률(probability)은 10진수 형식으로 표시된 백분율로, 사건이 발생할 가능성을 나타낸다. 예를 들어, 사건이 25%의 시간 동안 발생할 확률이 있는 경우, 이 사건은 .25의 확률이라고 할 수 있다. 마찬가지로, 90%의 확률로 발생할 수 있는 사건은 .90의 확률로 알려져 있다. 따라서 정규곡선 아래의 영역과 관련된 모든 백분율은 십진법으로 표현할 수 있으며, 확률진술(probability statements)로 볼 수 있다. 이러한 확률 중 일부는 [그림 10-14]에 제시되었다.

[그림 10-14] 정규곡선 아래의 확률

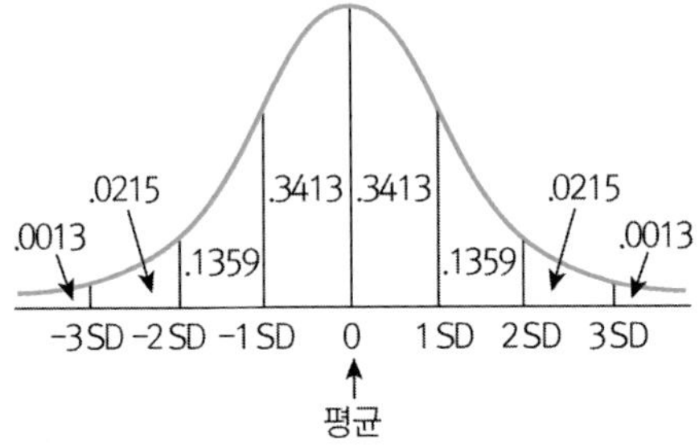

정규곡선 아래의 면적을 확률적으로 고려하는 것은 연구자에게 매우 도움이 된다. 예를 들어 보자. 앞서 정규분포에서 점수의 약 34%가 평균과 1 SD 사이에 있음을 보여 주었다. 점수의 50%가 평균보다 낮기 때문에 점수의 약 16%가 1 SD(50−34=16)보다 커야 한다. 16%를 십진법으로 표현해서 확률로 해석하면, 평균점수보다 1 SD 이상 높은 개인을 무선으로 선택할 확률은 .16이라고 할 수 있다. 일반적으로 p는 확률을 의미하며, $p=.16$으로 표기된다.

우선, 점수가 −2 SD 이하, 또는 +1 SD ~ −1 SD의 어느 쪽인가를 무선으로 선택하는 확률을 결정할 수 있다. [그림 10-14]는 SD점수가 −2보다 낮은 사람을 선택할 확률은 $p=.0228$로, 100분의 2 수준임을 보여 준다. −1 SD에서 +1 SD 사이의 점수를 가진 개인을 무선으로 선택할 확률은 $p=.6826$이다.

정규분포에서 특정 z점수와 관련된 점수의 비율을 나타내는 통계표([부록 B]의 점수 부분 참고)가 존재한다[예: $z=1.10$의 경우, $z=0$과 $z=1.10$ 사이의 영역에 대한 비율(즉, 확률)은 .3643이고, $z=1.10$을 초과하는 영역에 대한 비율은 .57이다]. 따라서 연구자는 정규분포에서 다른 점수에 대한 특정 점수의 위치를 매우 정확하게 설명할 수 있다. [그림 10-15]는 그러한 표의 일부를 보여 준다.

[그림 10-15] 평균과 다른 z점수 간의 확률 영역을 보여 주는 표

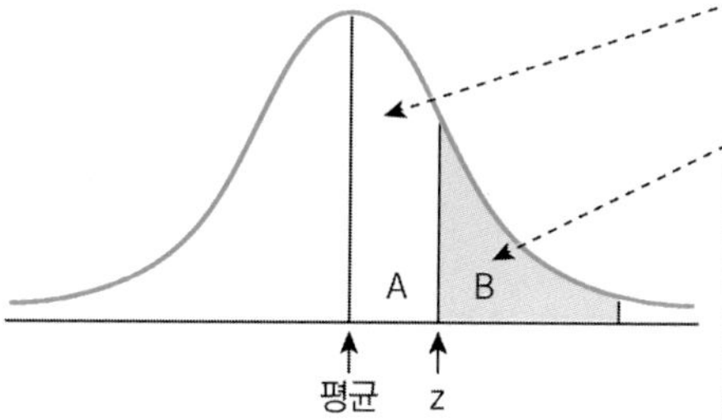

z 점수	A 평균과 z 간의 영역	B z 이하의 영역
0.00	.000	.5000
0.25	.987	.4013
0.50	.1915	.3085
1.00	.3413	.1587
1.50	.4332	.0668
1.96	.4750	.0250
2.00	.4772	.0228
2.50	.4938	.0062
2.58	.4951	.0049
3.00	.4987	.0013
3.50	.4998	.0002
4.00	.49997	.00003

A B
평균 z

***T*점수**

어떤 분포의 평균보다 낮은 원점수는 음의 z점수로 변환된다. 이는 약간 이상하다. 음의 z점수를 제거하는 한 가지 방법은 T점수로 변환하는 것이다. T점수는 단순히 다른 형태로 표현되는 z점수이다. z점수를 T점수로 변경하려면, z점수에 10을 곱한 후 50을 더하면 된다. 따라서 z점수가 +1이면, T점수는 60($1 \times 10 = 10$, $10 + 50 = 60$)이다. z점수가 −2이면, T점수가 30($-2 \times 10 = -20$; $-20 + 50 = 30$)이다. z점수가 0(원점수의 평균과 동일)이면, T점수가 50이다. T점수의 분포의 평균은 50이고, 표준편차는 10이다. 생각해 보면, T점수가 50이면, 50번째 백분위수와 같다는 것도 알 수 있다.

[그림 10-16] 표준점수의 예

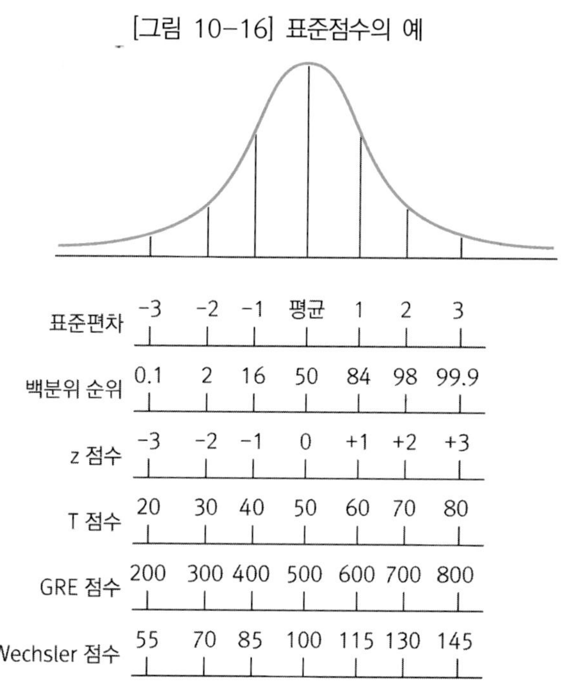

상관관계를 계산하기 위한 엑셀 사용

Excel을 사용하여 상관관계 분석을 하려면, 먼저 워크시트의 두 열에 데이터를 입력하고, 한 열에 X값을 입력하고, 다른 열에 Y값을 입력한다. 다음으로, **도구**(Tools) → **자료분석**(Data Analysis)을 선택한다. 데이터 분석 대화상자의 분석도구 리스트에서 **상관관계**(Correlation) 도구를 선택하고, 확인(OK)을 클릭한다. 워크시트 범위를 입력하여 분석할 X 및 Y값의 범위를 확인한다. 입력 범위에 라벨이 포함되어 있는 경우, 첫 번째 행(First Row) 상자에서 라벨(Labels)을 선택한다. **그룹별**(Grouped By) 버튼(열 또는 행)이 데이터 구성 방식을 반영하는지 확인한다. 다음으로, Excel에게 상관관계 결과를 배치할 곳을 알려 주기 위해 **출력 옵션**(Output Options) 버튼을 사용하라. 예를 들어, 기존 워크시트의 범위에 결과를 배치하려면, 출력 범위(Output Range) 버튼을 선택한 다음, 출력 범위(Output Range) 텍스트 상자에 범위 주소를 지정한다. 새 워크북에 저장하려면, 새 워크북(New Workbook) 버튼을 선택한다. 그런 다음, **확인**(OK)을 클릭한다. Excel은 사용자가 확인한 자료에 대한 상관계수와 유의도 결과를 계산하여 지정한 위치에 제시한다(예: [부록 D] 참고).

연구자가 점수의 분포가 정규분포임을 알고 있거나 가정할 수 있는 경우, T와 z점수 모두 백분위수 등급으로 해석할 수 있다. 두 점수 간에 직접적인 관계가 있기 때문이다. [그림 10-16]은 이 관계를 보여준다. 평균과 표준편차에 대한 값 선택에만 차이가 있는 T점수와 유사한 다른 시스템이 있다. 가장 일반적인 두 가지, 즉 GRE($\overline{X}=500$, $SD=100$)와 Wechsler 지능척도($\overline{X}=100$, $SD=15$)에 사용된 것도 [그림 10-16]에 제시되었다.

정규곡선과 z점수의 중요성

정규곡선과 관련된 z점수, 백분율 및 확률 사용에 대한 이전 논의는 항상 "점수분포가 정규분포인 경우"라는 단어로 검정되었음을 알게 되었을 것이다. z점수는 원래 점수의 분포 형태에 관계없이 계산될 수 있다. 다만 정규분포가 되어 있는 경우에만 기술된 바와 같은 비율 또는 확률로의 변환이 적합하다. 다행히 많은 분포가 정규곡선에 **실제로**(do) 근접하다. 이는 포괄적으로 정의된 모집단에서 무선으로 표본을 선택할 때 가장 가능성이 높다(예: 영재학생으로만 구성된 표본에 성취도 점수가 있는 경우는 거의 없다).

실제 자료가 정규곡선에 근접하지 않을 경우, 그것은 근접하도록 변경될 수 있다. 즉, 점수분포는 '정규화(normalized)'될 수 있다. 이 절차는 복잡하지 않지만, 그 특성이 '실제로' 정규분포를 따른다고 가정한다. 표준점수 사용을 허용하는 대부분의 공개된 검사에서는 z점수를 백분율로 변환할 수 있도록 점수분포를 정규화했다. 이러한 관계, 즉 z점수와 정규곡선 아래의 면적 백분율 간의 관계는 또한 많은 추리통계의 기초가 된다.

상관관계

이 책의 많은 부분에서 가장 의미 있는 연구는 변수 간의 관계를 찾거나 검정하는 것이라고 언급했다. 서로 다른 집단의 성과를 비교하는 것은, 앞에서 살펴본 바와 같이, 관계를 연구하는 한 가지 방법이다. 이러한 연구에서 한 변수는 범주형 변수, 즉 집단을 정의하는 변수이다(예: 방법 A 대 방법 B). 다른 변수는 대부분 양적 변수이며, 집단은 일반적으로 빈도다각형, 산술평균 및 산포를 사용하여 비교된다.

상관연구에서 연구자는 나이와 체중 또는 읽기 및 쓰기 능력과 같은 두 개 이상의 양적 변수 간에 관계가 존재하는지 여부를 확인하고자 한다. 때때로 그러한 관계는 예측에 유용하지만, 대부분의 경우 궁극적인 목표는 인과관계에 대해 말하는 것이다. 인과관계를 상관연구를 통해 입증할 수는 없지만, 연구자는 결국 인과관계를 연구의 산물로 만들 수 있기를 희망하고 있다. 폐암 발병률과 흡연 간의 관계를 보여 주는 연구의 예가 현재 사례이다. 상관연구는 제15장에서 보다 더 상세하게 논의된다.

산점도

필요한 것은 자료에 관계가 존재하는지의 여부를 판단하기 위한 수단이다. 양적 자료와의 관계를 표현하는 데 유용한 기법은 산점도이다. 산점도(scatterplot)란 두 양적 변수 간의 관계를 그림으로 표현한 것이다.

산점도는 몇 가지 일반적인 오류를 피할 경우 표현하는 것이 용이하다. 첫째, 각 변수에 대한 점수가 있어야 한다. 둘째, 각 변수(축) 내의 그룹화 구간(있는 경우)은 크기가 동일해야 한다. 셋째, **각**(each) 개인은 하나의 교차점으로만 표현되어야 한다. 〈표 10-8〉의 자료를 사용하여 [그림 10-17]의 산점도를 표현했다. 관련된 절차는 다음과 같다.

〈표 10-8〉 [그림 10-17]의 산점도 구성을 위해 사용된 자료

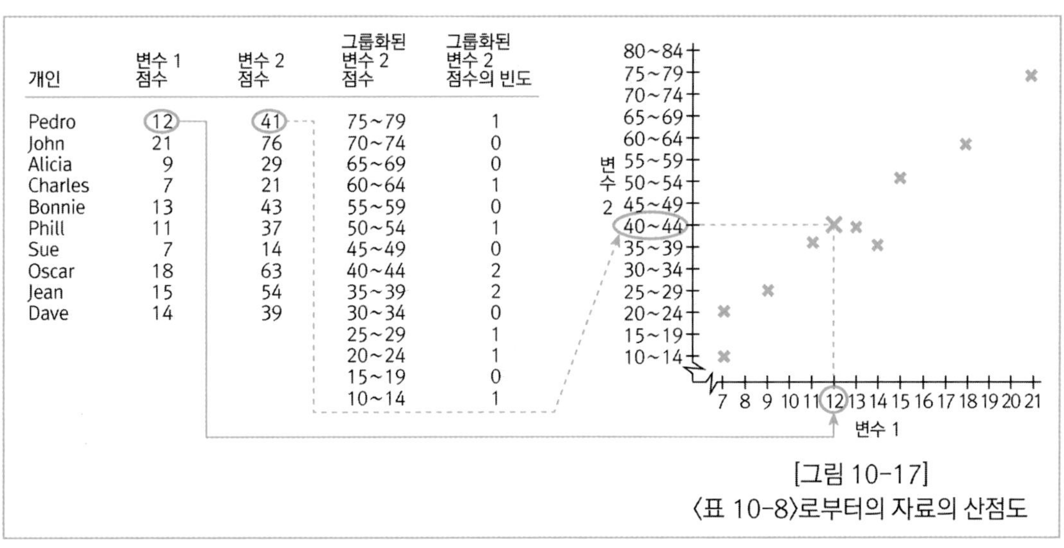

개인	변수 1 점수	변수 2 점수	그룹화된 변수 2 점수	그룹화된 변수 2 점수의 빈도
Pedro	12	41	75~79	1
John	21	76	70~74	0
Alicia	9	29	65~69	0
Charles	7	21	60~64	1
Bonnie	13	43	55~59	0
Phill	11	37	50~54	1
Sue	7	14	45~49	0
Oscar	18	63	40~44	2
Jean	15	54	35~39	2
Dave	14	39	30~34	0
			25~29	1
			20~24	1
			15~19	0
			10~14	1

[그림 10-17]
〈표 10-8〉로부터의 자료의 산점도

1. 각 축에 표시할 변수를 결정한다. 어떤 변수가 어떤 축에 배치되어 있는지는 중요하지 않다. 변수 1은 수평축(x)을, 변수 2는 수직축(y)을 사용했다.
2. 각 축을 약 12~15개의 부분으로 나눈다. 축의 각 점은 특정 점수 또는 점수그룹을 나타낸다. 모든 점수를 포함할 수 있는지를 확인하라.
3. 원하는 경우, 점수를 그룹화한다. 모든 점수가 15점 범위에 속하기 때문에, 변수 1에 대한 점수를 그룹화할 필요가 없다. 그러나 변수 2의 경우, 축에 **각**(each) 점수를 표시하면, 수직축에 많은 점수가 표시된다. 따라서 각각 5점씩 **동일한 크기의**(equal sized) 간격으로 그룹화했다.
4. 두 변수에서 점수의 수직선과 수평선이 교차하는 지점을 각 개인별로 그린다. 예를 들어, Pedro는 변수 1에서 12의 점수를 받았으므로 수평축에서 12를 찾는다. 변수 2에서 41의 점수를 받았기 때문에 수직축에서 40~44 집단 내 점수를 찾는다. 그런 다음, 이 점들이 교차할 때까지 가상의 선을 그리고, 그 점에 X 또는 점을 표시한다.

5. 같은 방법으로, 두 변수에 대한 학생 10명 모두의 점수를 표시한다. 완성된 결과는 산점도이다.

산점도 해석

연구자는 산점도를 어떻게 해석하는가? 그는 무엇을 밝히려고 하는가? 연구자는 변수 간에 관계가 존재하는지의 **여부**(if)뿐만 아니라 **어느 정도**(what degree)까지 존재하는지를 확인하려고 한다. 관계의 정도는 산점도(존재하는 경우)가 나타내는 것이다.

[그림 10-17]을 참고하라. 변수 1과 변수 2의 관계에 대해 무엇을 알 수 있는가? 이 질문은 여러 가지 방법으로 대답할 수 있다.

1. 변수 1의 높은 점수는 변수 2의 높은 점수와 일치하며(John의 경우처럼), 낮은 점수도 함께 나타나는 경향이 있다고 할 수 있다(Sue의 경우).
2. 한 변수에 대한 학생의 점수를 알면, 다른 변수에 대한 점수를 상당히 근접하게 추정할 수 있다. 예를 들어, 한 신입생이 변수 1에서 16점을 받았다고 가정해 보자. 변수 2의 점수가 얼마나 될 것으로 예상하는가? 75점이나 25점 중 하나를 예측하지 **못할 수도**(not) 있다(점수는 45~59점).
3. 이렇게 보이는 산점도의 일반적인 해석은 두 변수 간에 강한 또는 높은 수준의 관계가 있다는 것이다.

이상값

이상값(outliers)은 집단 내 다른 개인의 점수나 측정치와는 매우 큰 차이가 있으므로, 특별한 경우로 신중하게 고려해야 한다. 그것은 일반적인 패턴에 대한 특이한 예외를 나타낸다. 산점도 및 도수분포표, 히스토그램 및 빈도다각형에서 발생한다. [그림 10-18]은 가족의 결속력과 학교 성취도 간의 관계를 보여 준다. 가족 결속력은 높지만 성취도는 낮은 오른쪽 아래 구석에 있는 홀로 떨어져 있는 사람을 보라. 왜 그러한가? 그 답은 해당 학생의 교사에게 흥미로워야 한다.

[그림 10-18] 가설적 학생집단에서 가족 결속력과 학교 성취도 간의 관계

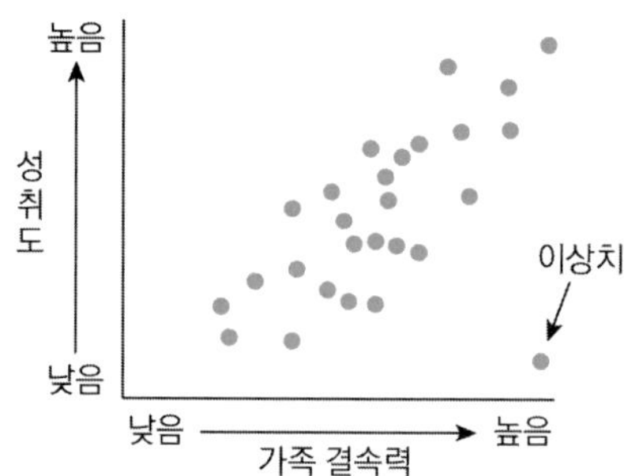

상관계수와 산점도

[그림 10-19]는 산점도의 몇 가지 다른 예를 보여 준다. 이러한 관계를 연구하면, 관계의 개념을 이해하는 데 도움이 되고 상관계수에 대한 이해도 향상된다. 제8장에서 언급한 바와 같이, 기호 r로 표시된

상관계수는 두 점수 집합 간의 관계 정도를 나타낸다.[14] 한 변수의 높은 점수가 다른 변수의 높은 점수를 동반하고, 한 변수의 낮은 점수가 다른 변수의 낮은 점수를 동반하는 등 정적 관계가 나타난다. 한 변수에서 높은 점수가 다른 변수에서 낮은 점수를 동반할 경우, 부적 관계가 나타나며 그 반대도 마찬가지이다([그림 10-20] 참고).

상관계수가 +1.00보다 크면, 완벽한 정적 상관관계를 나타내거나 −1.00보다 크면 안 된다는 점을 기억해야 한다. 그러나 완벽한 정적 상관관계 또는 부적 상관관계는 거의 달성되지 않는다([그림 10-21] 참고). 두 변수의 상관관계가 높으면, +1.00 또는 −1.00에 다소 가까운 계수(예: .85 또는 −.93)를 얻을 수 있다. 계수가 두 극단 중 하나에 가까울수록 관계의 정도가 커진다. 관계가 없거나 거의 없는 경우에는 .00 또는 그에 가까운 계수이다. 계수는 산점도 구성에 사용된 점수와 동일한 점수로 직접 계산된다.

[그림 10-19] 산점도에 대한 추가 예시

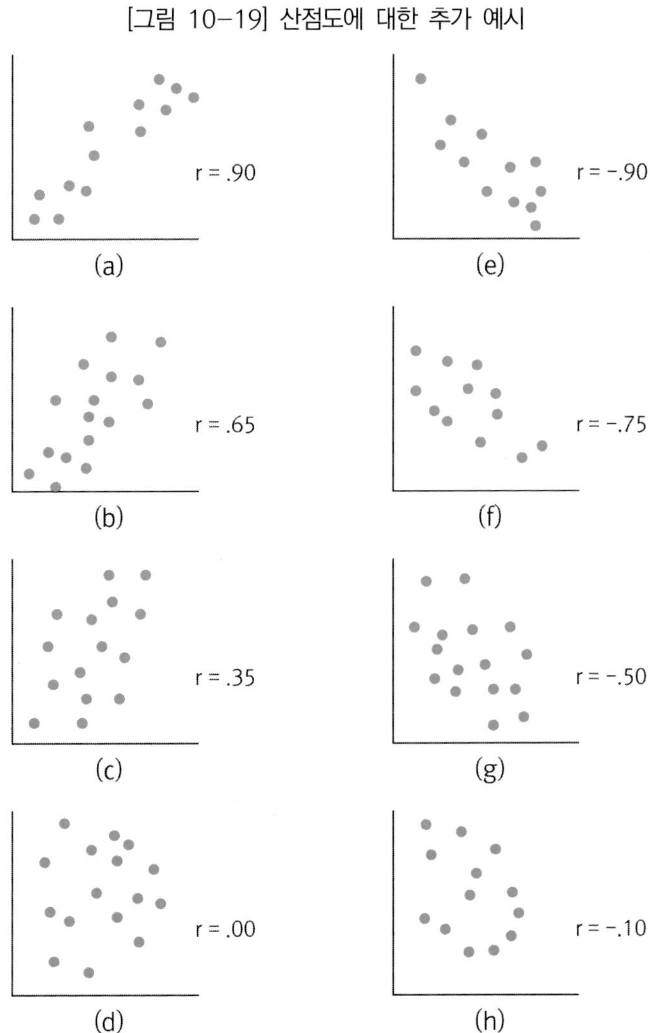

14) 이 맥락에서 상관계수는 두 변수(variables) 간의 관계 정도를 나타낸다. 여러분은 제8장에서 그것은 또한 측정의 신뢰도와 타당도를 사정하기 위해서 사용되었다는 것을 상기할 것이다.

[그림 10-20] 완전한 부적 상관관계

[그림 10-19]의 산점도에는 서로 다른 상관 정도가 표시된다. 정적 상관관계와 부적 상관관계가 모두 표시된다. 산점도 (a), (b), (c)는 서로 다른 정적 상관관계를 나타내고, 산점도 (e), (f), (g), (h)는 서로 다른 부적 상관관계를 나타낸다. 산점도 (d)는 관련된 두 변수 간에 관계가 없음을 나타낸다.

산점도를 그리기 위한 엑셀 사용

X	Y
27	32
24	27
34	33
35	38
18	21
16	15
13	17
25	28
10	12
15	16
19	18
14	14
27	29
7	8
24	22

$r = .97$

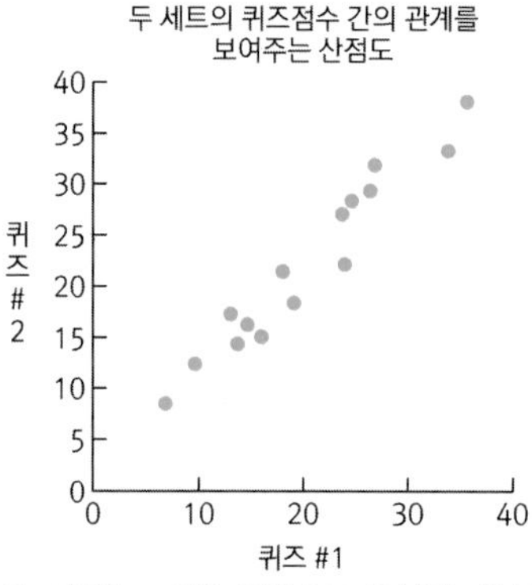

Excel을 사용하여 두 양적 변수 간의 관계를 나타내는 산점도를 그릴 수도 있다. 표시할 데이터 집합은 Excel 워크시트의 두 열에 입력해야 하며, 한 열에 X 변수와 다른 열에 Y 변수를 포함해야 한다. 데이터가 입력되면, **삽입(Insert)** 메뉴를 풀다운한 다음, **차트(Chart)**를 클릭한다. 차트 창이 열리면, **산포(Scatter)**를 클릭한다. 그런 다음, 대화상자 하단의 **다음(Next)**을 클릭한다. 또 다른 대화상자가 열린다. 두 데이터 열 중 왼쪽 위에 있는 첫 번째 셀을 클릭하고, 오른쪽 아래에 있는 마지막 셀로 끌어다 놓는다. 완료된 차트를 표시하기 위해, 대화상자 하단의 **종료(Finish)**를 클릭한다. 왼쪽에 보이는 것은 15명의 고등학교 화학 학생으로 구성된 가상의 수업을 위한 두 개의 퀴즈 간의 관계에 대한 한 예이다. 상관계수는 산점도 왼쪽에 표시된다. 이 경우, $r = .97$로, 이 집단의 두 가지 퀴즈점수 집합 간에 매우 강하고 정적 상관관계가 있음을 나타낸다.

[그림 10-21] 정적 상관관계와 부적 상관관계

상관계수의 서로 다른 값의 의미를 더 잘 이해하기 위해 [그림 10-19]를 사용하여 다음 두 가지 연습을 시도할 것을 권장한다.

1. 연필의 전체 길이가 용지에 닿도록 산점도 (a)의 종이 위에 연필을 평평하게 놓는다. 가능한 한 많은 점을 만지거나 덮을 수 있도록 배치하라. '최적의' 위치가 분명히 하나 있다는 점에 유의하라. 예를 들어, 연필을 산점도에 수평으로 놓으면 적용된 점을 최대화할 수 없다. 각 산점도에 대해 이 절차를 반복하여 한 산점도에서 다른 산점도로 이동할 때 어떤 일이 발생하는지 기록한다.
2. 산점도 (a)에 점의 절반 정도가 선 위에 있고 절반 정도가 그 아래에 있도록 수평선을 그린다. 그 다음, 점의 절반이 선의 왼쪽에 있고, 절반은 오른쪽에 있도록 수직선을 그린다. 각 산점도에 대해 이 절차를 반복하고 산점도를 이동할 때 관찰하는 내용을 기록한다.

피어슨 적률상관계수

다양한 상관계수가 있고, 각각은 특정 환경에 적용되며, 각각 다른 계산식을 통해 계산된다. 지금까지 가장 자주 사용된 것은 피어슨 적률상관계수(Pearson product-moment coefficient of correlation, Pearson r이라고도 함)이다. 그것은 소문자 r로 표시된다. 두 변수의 자료가 양적 점수로 표현되는 경우, Pearson r을 사용하는 데 적절한 상관계수이다. 그것은 관계가 직선으로 가장 잘 묘사된다고 가정한다(계산하는 것은 어렵지 않다. 제12장에 그 방법을 제시한다). 그것은 또한 등간척도 또는 비율척도 자료와 함께 사용하도록 설계되었다.

에타

익숙해질 필요가 있는 또 다른 상관관계 지수는 에타(eta, η로 표기됨)라고 불린다. (이 책의 범위를 벗어나는 계산방법이 필요하기 때문에) 이 책의 저자들은 에타를 계산하는 방법을 설명하지는 않지만, 산점도가 표시된 점에 대해 직선이 최적이 아님을 나타낼 때 에타가 사용됨을 알아야 한다. 예를 들어, [그림 10-22]의 예에서 곡선이 직선보다 자료에 훨씬 더 잘 적합함을 알 수 있다.

[그림 10-22] 비선형(곡선) 관계의 예

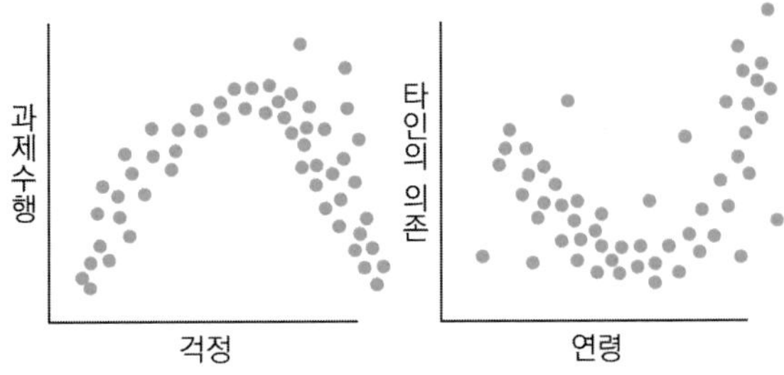

에타(Eta)는 −1.00 ~ +1.00이 아니라 .00 ~ 1.00이라는 점을 제외하고는 Pearson r과 거의 동일한 방식으로 해석된다. 다른 상관계수와 마찬가지로, 값이 클수록 관계의 정도가 높음을 나타낸다.

범주형 자료 요약기법

빈도표

한 연구자가 질문지를 사용하여 대도시 교육지원청 소속 교사 50명의 무선표본으로부터 자료를 수집했다고 가정해 보자. 질문지에는 그들의 활동 및 관심사와 관련된 많은 변수가 포함되어 있다. 변수 중 하나는 **내가 교실에서 가장 빈번히 사용하는 학습활동**(learning activity I use most frequently in my classroom)이다. 연구자는 이 변수(및 다른 변수)에 대한 자료를 빈도표(frequency table)의 형태로 배열하여 각 유형 또는 범주가 언급되는 빈도를 보여 준다. 연구자는 언급된 활동과 함께 표본의 각 개인에 대한 집계표(tally)를 붙일 뿐이다. 50명이 모두 집계되면, 그 결과는 다음과 같은 빈도목록과 같다.

응답	집계표	빈도
강의(Lectures)	𝍸 𝍸 𝍸	15
학급토의(Class discussions)	𝍸 𝍸	10
구두 보고(Oral reports)	𝍸	4
도서관 조사(Library research)	||	2
자습(Seatwork)	𝍸	5
시범(Demonstrations)	𝍸 |||	8
시청각 제시(Audiovisual presentations)	𝍸 |	6
		n=50

각 행의 끝에 집계표가 추가되어 해당 활동을 나열한 개인의 총 수가 표시된다. 범주형 자료의 경우, 표본이 무선일 때 표본이 선택된 총 모집단의 비율에 대해 추정하려고 하기 때문에, 종종 비율에 관심이 있다. 따라서 각 범주의 총 숫자는 종종 백분율로 변경된다. 이는 〈표 10-9〉에서 빈도 내림차순으로 분류된 범주로 수행되었다.

〈표 10-9〉 질문지에 대한 전체 응답의 빈도와 백분율

응답	빈도	전체 중 백분율(%)
강의(Lectures)	15	30
학급토의(Class discussions)	10	20
시범(Demonstrations)	8	16
시청각 제시(Audiovisual presentations)	6	12
자습(Seatwork)	5	10
구두 보고(Oral reports)	4	8
도서관 조사(Library research)	2	4
전체	50	100

막대그래프와 원그래프

비율의 차이를 기술하는 다른 두 가지 방법이 있다. 하나는 [그림 10-23]과 같은 막대그래프(bar graph)이고, 다른 하나는 [그림 10-24]와 같은 원그래프(pie chart)이다.

[그림 10-23] 막대그래프의 예

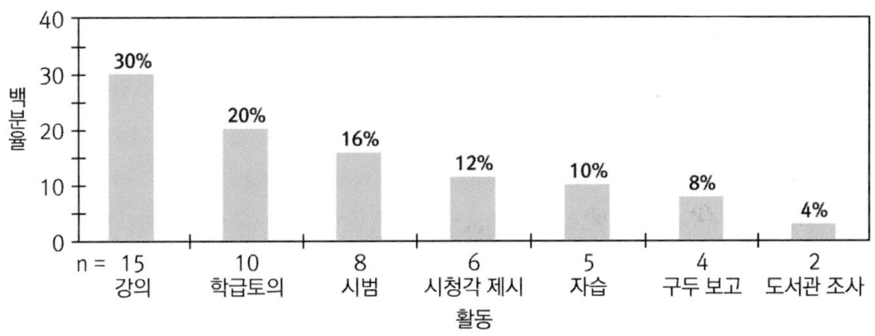

[그림 10-24] 원그래프의 예

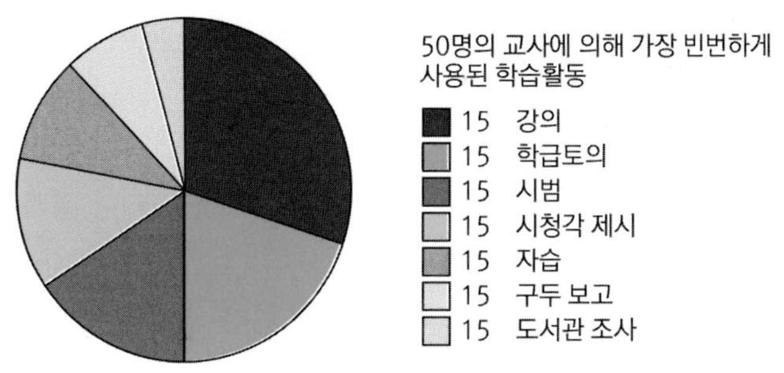

연구심화

일상생활에서 상관관계

많은 아주 흔한 관계(참 또는 거짓)는 상관관계로 표현될 수 있다. 예를 들어, Boyle의 법칙은 기체의 부피와 압력은 일정한 온도로 유지되면 반대로 변한다고 말한다. 이를 표현하는 또 다른 방법은 부피와 압력 간의 상관관계가 −1.00이라는 것이다. 그러나 이 상관관계는 이론적으로만 참이다. 즉, 완벽한 진공에서 완벽한 기체에 대해서만 존재한다. 실제 생활에서는 상관관계가 더 낮다.

다음과 같은 속담을 생각해 보자.

1. "매를 아끼면 자식을 망친다."라는 속담은 처벌과 버릇없는 행동 간의 부적 상관관계를 시사한다.
2. "게으른 사람이 나쁜 짓을 한다."라는 속담은 게으름과 나쁜 짓 간의 정적 상관관계를 시사한다.
3. "늙은 바보만큼 어리석은 자는 없다."라는 속담은 어리석음과 나이 간의 정적 상관관계를 시사한다.
4. "제때의 한 땀은 나중의 아홉 땀을 던다."라는 속담은 교정 조치를 시작하기 위해 기다리는 시간과 문제를 해결하는 데 필요한 시간(그리고 노력) 간의 정적 상관관계를 시사한다.
5. "일찍 일어나는 새가 벌레를 잡는다."라는 속담은 일찍 일어나는 것과 성공하는 것 간의 정적 상관관계를 시사한다.
6. "늙은 개에게 새로운 재주를 가르칠 수 없다."라는 속담은 성인의 나이와 배우는 능력 간의 부적 상관관계를 시사한다.
7. "하루에 사과 하나면 의사를 멀리할 수 있다."라는 속담은 사과 섭취와 질병 간의 부적 상관관계를 시사한다.
8. "용기 있는 자만이 미인을 얻는다."라는 속담은 소심함과 미인을 얻는 것 간에 부적 상관관계를 시사한다.

교차표

두 범주형 변수 간의 관계에 관심 있는 경우, 일반적으로 교차표[crossbreak table, 분할표(contingency table)라고도 함]의 형태로 보고된다. 〈표 10-10〉에 제시한 바와 같이, 가장 간단한 교차표는 2×2 표이다. 각 개인은 성별과 학년수준의 조합에 대응하는 하나의 셀에 집계된다. 〈표 10-10〉의 각 셀의 숫자는 셀의 특성에 맞는 개인(예: 중학교 남자 교사)의 총수를 나타냄을 알 수 있다. 셀에 대해 백분율 및 비율이 계산되는 경우도 있지만, 이는 종종 오해를 불러일으키기 때문에 권장하지 않는다.

〈표 10-10〉 교사의 학년수준과 성별(가상 자료)

	남자	여자	전체
중학교 교사	40	60	100
고등학교 교사	60	40	100
전체	100	100	200

아마도 〈표 10-10〉은 교사 성별과 학년수준 간의 관계를 드러내는 것이 분명해 보인다. 중학교 교사는 여자일 가능성이 높고, 고등학교 교사는 남자일 가능성이 높다. 그러나 결과를 보다 명확하게 보기 위해 '기대된' 빈도를 계산하는 것이 유용한 경우가 많다. '기대'란 무슨 뜻인가? 변수 간에 관계가 없는 경우, 변수의 범주에 해당하는 표의 각 셀 내의 사례 비율이 집단 전체에서 해당 범주 내의 비율과 동일할 것으로 기대된다. 예를 들어, 〈표 10-11〉을 보자. 이 표의 전체 교사집단 중 정확히 절반(50%)이 여자이다. 성별이 학년수준과 무관하다면, 중학교 교사 중 같은 비율(정확히 2분의 1)이 여자일 것으로 기대된다. 마찬가지로, 고등학교 교사의 절반이 여자일 것이라고 기대한다. 즉, '기대'빈도는, 실제로 획득한 60명의 중학교 여자 교사와 40명의 고등학교 여자 교사가 아닌 50명의 중학교 여자 교사와 50명의 고등학교 여자 교사가 된다. 이러한 기대 및 실제 또는 '관측된' 빈도는 〈표 10-11〉의 각 상자(또는 '셀')에 나와 있다. 기대되는 빈도는 괄호 안에 제시되어 있다.[15)]

〈표 10-11〉 기대빈도(괄호 안)가 포함된 〈표 10-10〉의 반복

	남자	여자	전체
중학교 교사	40(50)	60(50)	100
고등학교 교사	60(50)	40(50)	100
전체	100	100	200

기대빈도(expected frequencies)와 실제빈도(actual frequencies)를 비교하면 관계의 정도와 방향이 명확해진다. 이것은 특히 복잡한 표에서 도움이 된다. 예를 들어, 〈표 10-12〉를 참고한다. 이 표에는 두 개의 변수가 아니라 세 개의 변수가 포함되어 있다.

15) 이론이나 선행 경험에 근거해, 기대빈도를 사전에 제공할 수도 있다. 이 예에서 연구자는 특정 중학교 교사의 특성이 국가 패턴에 맞는지 알고 싶어하였을지도 모른다. 그런 다음, 국가 백분율을 사용하여 기대빈도를 결정한다.

〈표 10-12〉 학교지도자의 직위, 성별, 민족성(가상 자료)

	행정가		교사		전체
	백인(white)	비백인(nonwhite)	백인(white)	비백인(nonwhite)	
남자	50	20	150	80	300
여자	20	10	150	120	300
전체	70	30	300	200	600

이러한 자료를 수집하고 요약한 연구자는 교사가 아닌 행정가(또는 교사가 아닌 다른 사람)에 임용되는 것이, ① 성별 및 ② 민족성과 관련이 있다고 가설을 세웠다. 이러한 가설을 평가하기 위해 〈표 10-12〉 전체를 조사할 수 있지만, 표의 구성요소를 추출하면 관계를 훨씬 쉽게 확인할 수 있다. 표의 각 변수와 다른 두 변수의 관계를 살펴보자. 한 번에 두 개의 변수를 취함으로써, ① 직위와 민족성, ② 직위와 성별, ③ 성별과 민족성을 비교할 수 있다. 〈표 10-13〉은 직위와 민족성에 대한 자료를 나타내고, 〈표 10-14〉는 직위와 성별에 대한 자료를 제시한다. 〈표 10-15〉는 성별과 민족성에 대한 자료를 제시한다.

〈표 10-13〉 기대빈도가 포함된 학교지도자의 직위와 민족성(〈표 10-12〉에서 도출)

	행정가	교사	전체
백인(white)	70(62)	300(308)	370
비백인(nonwhite)	30(38)	200(192)	230
전체	100	500	600

〈표 10-14〉 기대빈도가 포함된 학교지도자의 직위와 성별(〈표 10-12〉에서 도출)

	행정가	교사	전체
남자	70(50)	230(250)	300
여자	30(50)	270(250)	300
전체	100	500	600

〈표 10-15〉 기대빈도가 포함된 학교지도자의 성별과 민족성(〈표 10-12〉에서 도출)

	행정가	교사	전체
남자	200(185)	100(115)	300
여자	170(185)	130(115)	300
전체	370	230	600

〈표 10-13〉을 참고하여 기대빈도의 계산을 검토해 보자. 이 표는 직위와 민족성 간의 관계를 보여 준다. 전체집단의 1/6(100/600)이 행정가이므로, 행정가는 62명(370명 중 1/6)이 될 것으로 기대된다. 마찬가지로, 비백인 38명이 행정가(230명 중 1/6)가 될 것으로 기대된다. 전체집단의 5/6이 교사이기 때문에, 백인의 308명(370명 중 5/6)과 비백인 192명(230명 중 5/6)이 교사가 될 것으로 기대된다. 그러나 볼 수 있는 바와 같이, 행정가의 실제빈도는 백인(62명이 아닌 70명)과 백인(38명이 아닌 30명)이었고, 교사들의 실제빈도는 백인(308명이 아닌 300명)과 백인(192명이 아닌 200명)이었다. 이것은 기대하는 것(관계가 없는 경우)과 실제로 얻은 것 간에 불일치가 있음을 말해 준다. 기대빈도와 실제로 얻은 빈도 간의 불일치는 〈표 10-14〉와 〈표 10-15〉에서도 확인할 수 있다.

각 표의 불일치를 합산함으로써 관계의 강도 지수를 얻을 수 있다. 〈표 10-13〉에서는 합계가 32, 〈표 10-14〉에서는 80, 〈표 10-15〉에서는 60이다. 이 합계의 계산은 〈표 10-16〉과 같다. 기대빈도(expected frequencies)와 관측빈도(observed frequencies)의 차이는 〈표 10-14〉 직위와 성별에서 가장 크고, 〈표 10-15〉 성별과 민족성에서 덜하며, 〈표 10-13〉 직위와 민족성에서 가장 낮다. 관계 정도를 나타내는 수치 지수, 즉 분할계수(contingency coefficient)는 제11장에서 논의한다.

따라서 분할표 자료는 기대보다 백인 행정가와 비백인 교사가 더 많은 경향이 약간 있음을 보여 준다(〈표 10-13〉 참고). 백인 남자와 비백인 여자에 대한 경향은 기대보다 강하다(표 〈10-15〉 참고). 가장 강력한 관계는 기대보다 더 많은 남자 행정가와 여자 교사이다(〈표 10-14〉 참고). 요컨대, 행정가 직위를 가질 수 있는 기회는 만약 어떤 사람이 남자이면 상당히 더 크고, 만약 어떤 사람이 백인이면 약간 더 높아 보인다.

〈표 10-16〉 〈표 10-13〉~〈표 10-15〉에서 기대빈도와 관측빈도 간의 차이의 합

〈표 10-13〉		〈표 10-14〉		〈표 10-15〉	
(70 대 62)	= 8	(70 대 50)	= 20	(200 대 185)	= 15
(30 대 38)	= 8	(30 대 50)	= 20	(170 대 185)	= 15
(300 대 308)	= 8	(230 대 250)	= 20	(100 대 115)	= 15
(200 대 192)	= 8	(270 대 250)	= 20	(130 대 115)	= 15
	32		60		60

각 변수(인종, 성별, 역할)가 명확하게 범주형인 앞의 예와 달리, 연구자는 자료를 양적 또는 범주형으로 처리할지를 선택할 수 있다. 예를 들어, 응답 문항 수(예, 아니요)에 대해 점수를 매긴 자기보고식 질문지로 자아존중감을 측정하는 연구자의 경우를 생각해 보자. 연구자는 이 점수를 사용하여 표본(n = 60)을 높음, 중간 및 낮음으로 각각 1/3씩 나눌 수 있다. 연구자는 각 개인에 대해 이 정보만 사용할 수 있으며, 〈표 10-17〉과 같이 자료를 범주형으로 취급할 수 있다. 대부분의 연구자는 자료를 이러한 방식으로 취급하지 말 것을 권장하지만, 예를 들어 자료가 너무 많은 정보를 '소모'하기 때문에 각 범주 내의 점수 차이는 무시된다. 반대로, 양적 분석은 남자와 여자의 평균 자아존중감 점수를 비교할 것이다.

이러한 상황(즉, 한 변수가 양적이고 다른 변수가 범주형으로 처리되는 경우)에서, 상관관계는 또 다른 선택사항이다. 양적으로 가정되는 변수에 대한 자료를 두 범주로 나눈 경우, 양분상관계수(biserial correlation coefficient)를 계산하고, Pearson r 계수와 동일하게 해석할 수 있다.[16] 범주가 실제 나눗셈을 반영한다고 가정할 경우, 양분점계수(point biserial coefficient)의 계산은 하나의 선택사항이지만 주의해서 해석해야 한다.

〈표 10-17〉 자아존중감과 성별 간의 관계를 보여 주는 분할표(가상 자료)

성별	자아존중감		
	낮음	중간	높음
남자	10	15	5
여자	5	10	10

16) 이러한 통계에 대한 자세한 설명은 이 책의 범위를 넘어간다. 자세한 내용은 통계 서적을 참고하라.

이 장의 시작 부분에 있는 **상호작용 · 응용 프로그램 학습** 기능으로 돌아가 상호작용 · 응용 프로그램 활동목록을 확인하라. www.mhhe.com/fraenkel10e의 **온라인학습센터**로 이동하여 퀴즈를 풀고 핵심 용어를 연습하며 장(章)의 내용을 검토하라.

핵심 요점

통계 대 모수

- 모수는 모집단의 특성이다. 이것은 모집단에서 얻은 자료를 요약하는 숫자 또는 그래픽 방법이다.
- 반면, 통계는 표본의 특성이다. 이는 표본에서 얻은 자료를 요약하는 숫자 또는 그래픽 방법이다.

수치자료 유형

- 연구자가 수집할 수 있는 두 가지의 기본적인 수치자료 유형이 있다. 양적 자료는 양 또는 정도를 나타내는 척도의 배치를 결정함으로써 얻어진다. 범주형 자료는 여러 범주 각각에서 발생 빈도를 결정함으로써 얻어진다.

점수유형

- 원점수는 도구를 사용할 때 얻은 초기점수이며, 유도점수는 해석에 도움이 되도록 표준화된 어떤 형태로든 더 유용한 점수로 변환된 원점수이다.
- 연령수준/학년수준점수는 개별 원점수와 관련된 일반적인 연령 또는 학년을 나타내는 유도점수이다.
- 백분위 순위는 특정 집단이 특정 원점수 이하에서 점수를 매긴 백분율이다.
- 표준점수는 수학적으로 도출된 점수로, 여러 도구에서 비슷한 의미를 가진다.

양적 자료 요약기법

- 빈도분포는 모든 점수와 빈도를 높은 것으로부터 낮은 것으로까지 2열로 나열한 것이다. 그룹화된 빈도분포에서는 점수가 동일한 간격으로 그룹화되었다.
- 빈도다각형은 빈도분포의 그래픽 표현이다. 그것은 하나의 변수에 대한 양적 자료를 요약하는 그래픽 방법이다.
- 소수의 개인만이 높은 점수를 받는 점수의 그래픽 분포를 **정적으로 편포된 다각형**(positively skewed polygon)이라고 하며, 소수의 개인만이 낮은 점수를 받는 점수의 그래픽 분포를 **부적으로 편포된 다각형**(negatively skewed polygon)이라고 한다.
- 히스토그램은 등간척도 또는 비율척도 수준에서 양적 자료를 표시하는 데 사용되는 막대그래프이다.
- 줄기-잎 그림은 막대그래프 대신 특정 값을 나열한다는 점을 제외하고는 히스토그램과 유사하다.
- 정규분포는 대칭적이고 점수의 많은 부분이 중간에 집중된 이론적인 분포이다.
- 분포곡선은 평활화된 빈도다각형이다.
- 정규분포의 분포곡선을 **정규곡선**(normal curve)이라 한다. 종 모양이며, 평균, 중앙값, 최빈값이 동일하다.
- 양적 자료를 요약하는 데 사용되는 집중경향척도(산술평균)가 몇 가지 있다. 가장 일반적인 두 가지는 평균과 중앙값이다.
- 분포의 평균은 모든 점수를 합산하고, 이 합계를 점수의 총수로 나누어 결정된다.
- 분포의 중앙값은 분포에 있는 점수의 절반이 있는 점을 위와 아래에 표시한다.
- 최빈값은 분포에서 가장 빈번한 점수이다.
- **변산성**(variability)이라는 용어는 연구에서 사용되는 것처럼 분포의 양적 변수에 대한 점수가 퍼져 있는 정도를 나타낸다.
- 교육연구에 사용되는 변산성의 가장 일반적인 척도는 표준편차이다.
- 변산성의 또 다른 척도인 범위는 분포에서 가장 높은 점수와 가장 낮은 점수의 차이를 나타낸다.
- 분포의 다섯요약수치는 최하위 점수, 제1사분위수, 중앙값, 제3사분위수, 최상위 점수를 보고한다.
- 분포의 다섯요약수치는 상자그림을 사용하여 그래픽으로 표현되는 경우가 많다.

표준점수와 정규곡선

- 표준점수는 한 개인이 집단 내 다른 개인과 어떻게 비교되는지를 나타내기 위해 공통 척도를 사용한다. 표준점수의 가장 간단한 형태는 z점수이다. z점수는 원점수가 표준편차 단위로 평균에서 얼마나 떨어져 있는지를 나타낸다.
- 표준점수의 주요 장점은 원점수보다 다양한 척도의 성과를 비교할 수 있는 더 나은 근거를 제공한다는 것이다.
- 연구에서 사용되는 **확률(probability)**이라는 용어는 특정 사건이 얼마나 자주 발생할지에 대한 예측을 의미한다. 확률은 보통 십진법으로 표현된다.

상관관계

- 상관계수는 두 개의 양적 변수 간의 관계 정도를 나타내는 수치 지수이다. 교육연구에 가장 일반적으로 사용되는 것은 Pearson r이다.
- 산점도는 두 개의 양적 변수 간의 관계를 설명하는 그래픽 방법이다.

범주형 자료 요약기법

- 연구자들은 빈도표, 막대그래프, 원그래프 등 다양한 그래픽 기법을 사용하여 범주형 자료를 요약한다.
- 교차표는 두 개 이상의 범주형 변수 간의 관계를 보고하는 그래픽 방법이다.

핵심 용어

z점수(z score)
68-95-99.7 규칙(68-95-99.7 rule)
T점수(T score)
교차표/분할표(crossbreak table/contingency table)
그룹화된 빈도분포(grouped frequency distribution)
기술통계(descriptive statistic)
다섯요약수치(five-number summary)
막대그래프(bar graph)
모수(parameter)
백분위 순위(percentile rank)
백분위수(percentile)
범위(range)
변산성(variability)
부적으로 편포된(negatively skewed)
분산(variance)
분포곡선(distribution curve)
산술평균(average)
산점도(scatterplot)
상관계수(correlation coefficient)
상자그림(boxplot)
양적 자료(quantitative data)
에타(eta, η)
연령수준점수(age-equivalent score)
원그래프(pie chart)
원점수(raw score)
유도점수(derived score)
이상값(outlier)
정규곡선(normal curve)
정규분포(normal distribution)
정적으로 편포된(positively skewed)
줄기-잎 그림(stem-leaf plot)
중앙값(median)
집중경향척도(measures of central tendency)
최빈값(mode)
통계(statistic)
평균(mean)
표준점수(standard score)
표준편차(standard deviation)
피어슨 적률상관계수/피어슨 r (Pearson product-moment coefficient/Pearson r)
학년수준점수(grade-equivalent score)
확률(probability)
히스토그램(histogram)

토론거리

1. 다음과 같은 상관관계는 정적 상관관계 또는 부적 상관관계 중 어느 쪽일 것으로 예상하는가? 그 이유는 무엇인가?
   1) 볼링 점수와 골프 점수
   2) 초등학교 6학년의 읽기 점수 및 산술 점수

3) 5세 집단의 연령과 체중, 70세 이상 집단의 체중
4) 40세의 기대수명과 흡연 빈도
5) 중학생용 크기와 강도

2. 왜 그렇게 많은 사람이 통계를 불신한다고 생각하는가? 어떻게 하면 그러한 불신을 해소할 수 있는가?
3. 서로 다른 두 분포가 동일한 표준편차를 가지지만 다른 평균을 가질 수 있는가? 그 반대의 경우는 어떠한가? 그것에 대하여 설명하라.
4. "분포의 표준편차가 클수록 그 분포의 점수가 이질적이다." 이 진술이 사실인가? 그것에 대하여 설명하라.
5. "점수분포에 대한 가장 완전한 정보는 빈도다각형에 의해 제공된다." 이 진술이 사실인가? 그것에 대하여 설명하라.
6. 빈도분포에서의 점수 그룹화에는 장점과 단점이 있다. 각각의 예는 무엇인가?
7. "원점수 자체는 아무 의미도 없다." 이에 동의하는가? 그것에 대하여 설명하라.
8. 연령과 힘의 관계는 곡선이라고 한다. 이것은 무엇을 의미하는가? 이 관계에는 예외가 있을 수 있는가? 무엇이 이러한 예외의 원인이 될 수 있는가?

연구실습 10. 기술통계

만약 여러분이 양적 연구를 계획한다면, 수집하고자 하는 자료를 요약하기 위해서 사용하고자 하는 기술통계를 나타내라. 심지어 양적 또는 혼합방법연구를 계획하고 있다고 하더라도, 몇몇 경우에는 기술통계와 자료분석 전략을 포함하는 것이 적절하고 유용할 수 있다. 마지막으로, 앞뒤가 안 맞는 사례 또는 이상값을 처리하는 절차에 대해 논의하라.

문제지 10 기술통계

1. 연구질문은: ______________________________

____

2. 양적 연구를 설계하는 경우, 자료를 요약하는 데 사용할 기술통계목록 뒤에 각각 × 표시하라.

빈도다각형	______	다섯요약수치	______	상자그림	______	백분율	______
평균	______	중앙값	______	표준편차	______	빈도표	______
막대그래프	______	원그래프	______	상관계수	______	산점도	______

3. 연구에서 발견된 관계를 기술하기 위해 사용할 기법 뒤에 × 표시하라.
   1) 빈도다각형 비교 ______________________________
   2) 산술평균 비교 ______________________________
   3) 분할표 ______________________________
   4) 상관계수 ______________________________
   5) 산점도 ______________________________
   6) 백분율 보고 ______________________________

4. 자료분석에서 앞뒤가 안 맞는 사례 또는 이상값을 어떻게 처리하고자 하는가?

____

____

이 문제지의 전자 버전은 학지사 공식 홈페이지(www.hakjisa.co.kr) 『연구방법론: 교육연구설계 및 평가』의 도서 상세정보에서 내려받을 수 있다.

제11장

추론통계

추론통계란 무엇인가

추론통계의 논리
- 표집오차
- 표본평균의 분포
- 평균의 표준오차
- 신뢰구간
- 신뢰구간과 확률
- 하나 이상의 표본 비교
- 표본평균 간 차이의 표준오차

가설검정
- 영가설
- 가설검정: 재검토

실제적 유의도 대 통계적 유의도
- 일방검정과 쌍방검정
- 영가설 사용: 평가

추론기법
- 양적 자료 분석을 위한 모수적 기법
- 범주형 자료 분석을 위한 모수적 기법
- 범주형 자료 분석을 위한 비모수적 기법
- 기법 요약
- 통계적 검정력

학습목표

이 장을 학습하면 다음을 수행할 수 있어야 한다.

- '추론통계'라는 용어가 의미하는 바를 설명할 수 있다.
- 표집오차의 개념을 설명할 수 있다.
- 신뢰구간을 계산하는 방법을 간략히 기술할 수 있다.
- 연구가설과 영가설 간의 차이를 진술할 수 있다.
- 가설검정의 기초가 되는 논리를 간략히 기술할 수 있다.
- '유의수준'과 '통계적으로 유의한'이라는 용어가 의미하는 바를 진술할 수 있다.
- 일방향 유의도 검정과 쌍방향 유의도 검정 간의 차이를 설명할 수 있다.
- 유의도의 모수 검정과 비모수 검정 간의 차이를 설명할 수 있다.
- 교육연구자가 사용하는 모수 검정의 세 가지 예를 명명할 수 있다.
- 교육연구자가 사용하는 비모수 검정의 세 가지 예를 명명할 수 있다.
- 통계검정과 관련하여 '검정력'이라는 용어가 의미하는 바를 기술할 수 있다.
- 추론통계의 사용과 관련하여 무선표집의 중요성을 설명할 수 있다.

상호작용 · 응용 학습 이 장을 읽는 동안 또는 읽은 후:

다음을 하려면, 온라인학습센터 (www.mhhe.com/fraenkel10e)로 접속하라.

다음 활동을 수행하기 위해 온라인 학습자 완전학습 활동(Student Mastery Activities) 책을 읽으라.

- 표본 그래프를 사용한 연습
- 추론통계의 목적에 관한 심화학습

- 활동 11.1: 확률
- 활동 11.2: t-검정표 읽기 학습
- 활동 11.3: t-검정 계산
- 활동 11.4: 카이자승검정 실행
- 활동 11.5: t-검정 실행
- 활동 11.6: 대형 게임(Big Game)

"박 선생님, 저 걱정돼요."
"왜 그래요, 안 선생님?"
"글쎄, 저는 교육청을 위한 새로운 초등학교 수학 프로그램의 운영책임자로서, 프로그램에 참여한 학생들이 얼마나 잘하고 있는지를 알아봐야 해요. 올해, 5학년 학생들을 대상으로 시험을 치르고 있어요."
"아! 그래서요? 뭐가 걱정인데요?"
"지난주에 태산초등학교 5학년 수업에서 학기말 시험을 봤는데, 바로 오늘 그 결과를 받았어요."
"그래서요?"
"이것 좀 보세요. 그들의 평균점수는 100점 만점에 65점밖에 되지 않았어요! 물론 단지 한 반에 불과하지만, 여전히 5학년 모든 반이 그럴까 봐 걱정이에요."
"꼭 그렇지는 않아요, 안 선생님. 그것은 태산초등학교 학생들이 그 지역의 다른 5학년 학생들과 얼마나 비슷한지에 달려 있어요. 안 선생님께 필요한 것은 교육청 관내 5학년 학생 모두의 평균점수를 추정하기 위한 어떤 방법이지만, 안 선생님은 그것을 그 반으로부터 추론할 수 없어요."
"저는 박 선생님이 어떤 종류의 추론검정에 대해 생각하고 있다고 생각하는데, 맞나요?"
"네, 그래요."
박 선생님은 어떻게 그러한 추론을 할 수 있을까? 자세한 내용을 알고 싶으면, 이 장을 읽어 보라.

추론통계란 무엇인가

기술통계는 연구자가 자료를 분석하는 데 사용하는 통계 중 한 가지에 불과하다. 표본에서 얻은 자료를 바탕으로 모집단에 대해 추론하고자 하는 경우가 많다. 이렇게 하기 위해, 연구자는 추론통계를 사용한다. 방법을 생각해 보자.

한 연구자가 특정 초등학교 교육지원청에서 선발된 65명의 학생 표본에 대해 상업적으로 이용 가능한 IQ 검사를 실시했는데, 그 평균점수가 85점이라고 가정해 보자. 이는 해당 연구자에게 그 교육지원청 전체 학생의 IQ점수에 대해 무엇을 말해 주는가? 그 교육지원청 학생들의 평균 IQ점수 또한 85점과 같은가? 아니면 이 표집의 학생들은 평균적으로 그 교육지원청의 다른 학생들과 다른가? 만약 이 학생들이 다르다면, 어떻게 다른가? 그들의 IQ점수는 더 높은가? 아니면 더 낮은가? 연구자가 필요로 하는 것은 표본에서 얻은 IQ점수의 평균과 같은 통계가 실제로 전체 모집단에 대한 자료를 얻지 않고도 모집단의 해당 모수와 얼마나 근접하게 일치하는지를 추정하는 방법이다. 추론통계는 그러한 방법을 제공한다.

추론통계(Inferential statistics)는 표본으로부터 결과에 기초하여 모집단에 대한 추론을 할 수 있는 특정 유형의 절차이다. 제6장에서는 무선표본의 개념에 대해 논의하고, 무선표본이 더 많은 모집단을 대표할 수 있도록 하기 위해 무선표본을 하는 것이 바람직하다고 지적했다. 표본이 대표적일 경우, 모집단의 모든 특성이 표본에 동일한 정도로 존재하는 것으로 가정한다. 어떤 표본 추출 절차도, 심지어 무선표본 추출 절차도 완전히 대표적인 표본을 보장하지는 않지만, 무선표본 추출을 통해 표본을 얻을 확률은 다른 어떤 방법보다 높다. 그리고 표본이 모집단을 더 많이 나타낼수록, 더 많은 연구자가 표본에 대해 발견한 것이 해당 모집단에도 해당된다고 가정할 수 있다. 무선표본을 바탕으로 모집단에 대한 추론을 하는 것이 추론통계의 전부이다.

기술통계와 마찬가지로, 추론통계기법은 연구자가 분석하고자 하는 자료유형(양적 자료 또는 범주형 자료)에 따라 다르다. 이 장은 양적 자료에 적용할 수 있는 기법로 시작한다. 왜냐하면 추론기법의 배후 논리에 대한 최선의 소개를 제공하고, 대부분의 교육적 연구가 그러한 자료를 포함하기 때문이다. 범주형 자료의 분석을 위한 몇 가지 기법은 이 장의 끝부분에 제시한다.

추론통계의 논리

한 연구자가 역사에 대한 관심과 관련하여 남자와 여자의 차이에 관심이 있다고 가정해 보자. 해당 연구자는 여학생이 남학생보다 역사를 더 흥미롭게 여긴다는 가설을 세웠다. 가설을 검정하기 위해, 그는 다음의 연구를 수행하기로 결정했다. 그는 인근 교육지원청에서 역사를 공부하는 500명의 고등학교 1학년 남학생 모집단에서 30명의 남자 역사학도를 대상으로 한 무선표본과 550명의 고등학교 1학년 여학생 모집단에서 30명의 여자 역사학도를 대상으로 무선표본을 한다. 모든 학생에게는 완료해야 할 태도척도가 주어진다. 연구자는 이제 두 가지 자료 세트를 가지고 있다. 남학생집단의 태도점수, 여학생집단의 태도점수. 연구의 설계는 [그림 11-1]과 같다. 연구자는 남학생 모집단이 여학생 모집단과 다른지, 즉 태도검사에서 남학생집단의 평균점수가 여학생집단의 평균점수와 다른지의 여부를 알고 싶어 한다. 그러나 해당 연구자는 두 집단의 평균을 알지 못한다. 그가 가지고 있는 것은 두 표집의 평균뿐이다. 그는 모집단에 대한 정보를 제공하기 위해 두 표본에 의존해야 한다.

[그림 11-1] 두 곳의 교육지원청 모집단으로부터 두 개의 표본 선택

각 표본이 모집단의 꽤 정확한 그림을 제공할 것이라고 가정하는 것이 타당한가? 각 표본은 모집단에서 무선으로 선택되었기 때문에 확실히 가능하다. 반면, 각 표본의 학생들은 모집단의 극히 일부에 불과하며, 주어진 특징에서 표본이 부모 모집단(parent population)과 완전히 동일할 수 있는 경우는 드물다. 연구자가 두 표본에서 얻는 자료는 각 표본에 포함되도록 선택된 개별 학생에 따라 달라진다. 만약 다른 두 표본이 무선으로 선택되면, 원래 두 표본과 구성이 다르고, 태도척도의 평균이 다르며, 연구자는 다른 자료 세트를 얻게 된다. 연구자가 선택한 특정 표본이 실제로 대표적인 표본인지 어떻게 확신할 수

있는가? 그는 할 수 없다. 아마도 다른 표본이 더 나을 수도 있다.

표집오차

다음은 표본을 사용하여 작업할 때 직면하는 기본적인 어려움이다. 표본은 부모 모집단과 동일하지 않을 것이다. 표본과 표본 모집단의 차이를 표집오차(sampling error)라고 한다([그림 11-2] 참고). 또한 모든 특성에서 동일한 두 표본은 없다. 동일한 모집단의 서로 다른 두 표본은 동일하지 않다. 이러한 측정값은 서로 다른 개인으로 구성되며, 검정(또는 다른 측정값)에서 서로 다른 점수를 갖고, 표본평균도 서로 다를 수 있다.

[그림 11-2] 표집오차

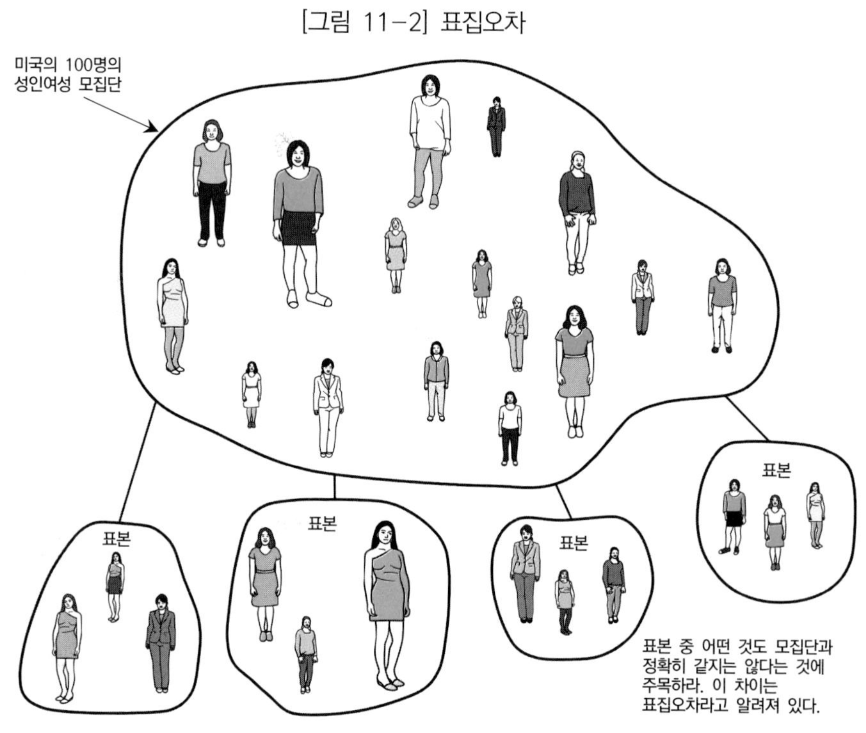

고등학교 학생 모집단을 생각해 보자. 이 모집단에서 문자 그대로 수천 개의 다른 표본을 선택할 수 있다. 이 모집단에서 각각 25명의 학생 표본 두 개를 추출하여 키를 측정했다고 가정해 보자. 두 표집에서 정확히 동일한 평균 높이를 찾을 수 있는 가능성은 어느 정도라고 생각하는가? 가능성이 매우 희박하다. 사실, 표집을 하나씩 할 수 있을 것이고, 정확히 같은 평균 키를 가진 두 세트의 사람들을 얻는 일은 거의 없을 것이다.

표본평균의 분포

이러한 모든 것은 연구자가 표본과 모집단 간의 유사성을 결정하기 위해 사용할 수 있는 어떤 규칙도 공식화하는 것이 불가능하다는 것을 시사할 수 있다. 그러나 그렇지 않다. 다행히 무선표집의 대규모 수집은 연구자가 표본이 선택된 모집단의 일부 특성을 정확하게 예측하는 것을 가능하게 하는 방식으로 패턴 자체를 형성한다.

모집단에서 무한한 수의 무선표집(모두 같은 크기)을 선택하고, 각각의 평균을 계산한 다음, 이러한 평균을 빈도다각형으로 배열할 수 있다면, 익숙한 패턴으로 형성되었음을 알 수 있을 것이다. 각 표본의 크기가 작고(30개 미만) 모집단의 점수가 정규분포를 따르지 않는 한, 많은 수의 무선표본의 평균은 정규분포를 따르는 경향이 있다. 그러나 표본크기가 30에 도달하면, 모집단이 정규분포를 따르지 않더라도 표본평균의 분포는 정규분포를 잘 따른다(이것이 바로 명확하지 않다는 것을 알고 있다. 왜 그러한지에 대해 더 많은 설명을 원하다면, 통계학 입문서를 참고하기 바란다).

모든 정규분포와 마찬가지로, 표본평균의 분포[표집분포(sampling distribution)라고 함]에도 자체 평균과 표준편차가 있다. 표집분포의 평균('평균의 평균')은 모집단의 평균과 같다. 무한한 수의 표본에서 일부는 모집단 평균보다 큰 평균을 가지며, 일부는 모집단 평균보다 작은 평균을 가진다([그림 11-3] 참고). 이러한 자료는 서로 중화되는(neutralize) 경향이 있으므로, 전체 산술평균은 모집단의 평균과 같다. 예를 들어보자. 모집단에 1, 2, 3점만 있다고 가정해 보자. 이 모집단의 평균은 2이다. 이제, 2의 크기로 가능한 모든 종류의 표집을 구하라. 몇 개나 되는가? 9개, 즉 (1, 1), (1, 2), (1, 3), (2, 1), (2, 2), (2, 3), (3, 1), (3, 2), (3, 3)이다. 이러한 표본의 평균은 각각 1, 1.5, 2, 1.5, 2, 2.5, 2, 2.5, 그리고 3이다. 이 모든 평균을 더하고 9로 나누면(즉, 18 ÷ 9) 평균이 모집단 평균과 같은 2임을 알 수 있다.

[그림 11-3] 평균의 표집분포

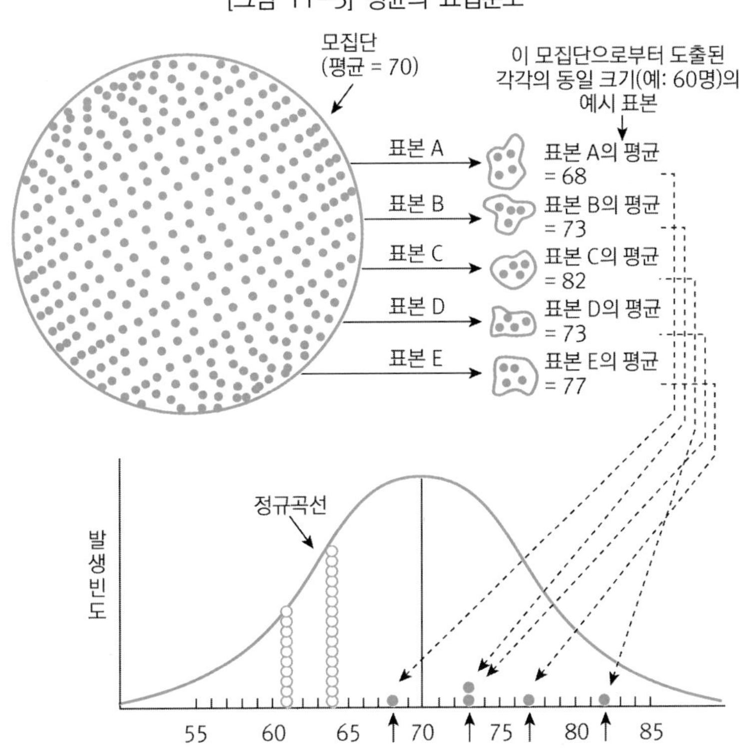

평균의 표준오차

평균의 표집분포의 표준편차는 평균의 표준오차(standard error of the mean: SEM)라고 불린다. 모든 정규분포에서처럼, 68−95−99.7 규칙이 적용된다. 표집평균의 약 68%가 ±1 SEM 사이에 있고, 약 95%가 ±2 SEM 사이에 있으며, 99.7%가 ±3 SEM 사이에 있다([그림 11−4] 참고).

[그림 11−4] 표본평균의 분포

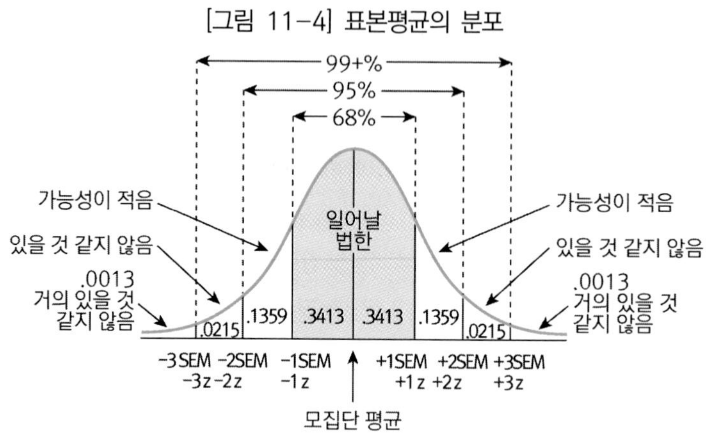

따라서 만약 표집분포의 평균과 표준편차를 정확하게 추정할 수 있거나 알 수 있으면, 해당 모집단에서 특정 표본평균을 얻을 수 있는지의 여부를 확인할 수 있다. 예를 들어, 모집단의 평균이 100이고, 평균의 표준오차는 10이라고 가정해 보자. 표본평균 110은 +1 SEM에, 표본평균 120은 +2 SEM에, 표본평균 130은 +3 SEM에 각각 해당한다.

평균이 +3 SEM보다 큰 모집단에서 표본을 추출할 가능성은 매우 낮다. 왜 그러한가? 모든 정규분포 [그리고 표집분포는 **평균**(means)의 정규분포라는 것을 기억하라.]와 마찬가지로, 모든 값(이 경우, 표본평균) 중 .0013만 +3 SEM보다 작기 때문이다. 이 모집단에서 표본을 선택하고 평균이 105라는 것을 알게 되는 것은 드문 일이 아니지만, 평균이 130인 표본을 선택하는 것은 매우 드문 일이다!

z 점수를 사용하여 표본평균의 분포 내에서 어떤 특정 표본평균의 위치를 기술할 수 있다. 제10장에서 z 점수에 대해 논의했다. 이제 평균을 z 점수로 표현하기를 원한다. z 점수는 단순히 점수(또는 평균)가 표준편차 단위에서 점수(또는 평균)의 평균과 얼마나 떨어져 있는지를 나타낸다는 것을 기억하라. z 점수는 연구자에게 특정 표본평균이 얻을 수 있었던 모든 다른 표본평균과 비교하여 정확히 어디에 위치하는지를 알려 준다. 예를 들어, +2 z 점수는 특정 표본평균이 모집단 평균보다 2 표준오차이다. 모든 표본평균의 단지 약 2%만이 +2 z 점수 이상에 있다. 따라서 이러한 평균을 가진 표본은 흔하지 않다.

평균의 표준오차 추정

평균의 표준오차는 어떻게 구하는가? 문자 그대로 엄청난 수의 표집과 그 평균을 구해야 하기 때문에, 분명히 직접 계산할 수 없다.[1] 그러나 통계학자들은 모집단의 표준편차와 표본크기를 구하는 간단한 공식을 사용하여 표준오차를 계산할 수 있음을 보여 주었다. 모집단의 표준편차를 거의 모르지만 다행히 표본의 표준편차를 사용하여 **추정할**(estimated)[2] 수 있다. SEM을 계산하려면, 표본의 표준편차를

---

1) 이러한 평균이 있으면, 다른 표준편차와 마찬가지로 표준오차를 계산하여 각 평균을 점수로 처리할 수 있다.

2) 표준오차가 알려진 값이 아닌 추정치에 근거하고 있다는 사실은 이 과정에 불명확한 정도의 부정확성을 가져온다.

표본크기에서 1을 뺀 값의 제곱근으로 나누면 된다.

$$\text{SEM} = \frac{\text{SD}}{\sqrt{n-1}}$$

지금까지 제시한 기본 아이디어를 재검토해 보자.

1. 평균(또는 기술통계)의 표집분포는 크기가 무한히 큰 동일한 크기의 표본에서 도출된(이론적으로) 평균(또는 기타 통계)의 분포이다.
2. 많은 경우(전부는 아니지만), 표집분포의 모양은 정규분포의 모양이다.
3. SEM(평균의 표준오차), 즉 평균의 표집분포의 표준편차는 표본의 표준오차를 표본크기 −1의 제곱근으로 나누어 추정할 수 있다.
4. 특정 표본평균이 발생하는 빈도는 표본분포에서의 그 위치를 나타내기 위해 표본자료에 기초한 z점수를 사용하여 추정할 수 있다.

신뢰구간

이제 SEM을 사용하여 모집단 평균이 있는 경계 또는 한계를 나타낼 수 있다. 이러한 경계를 신뢰구간(confidence intervals)이라 한다. 그것은 어떻게 결정되는가?

65명의 초등학생을 대상으로 IQ검사를 실시한 연구자의 예로 되돌아가 보자. 연구자가 표본평균 85점을 획득했고 모집단 평균이 이 값과 얼마나 다른지 알기를 원했다는 것을 기억할 것이다. 우리는 이제 이러한 점에서 해당 연구자에게 도움을 줄 수 있는 위치에 있다.

연구자의 표본에 대한 평균의 추정 표준오차를 계산하였고, 그것이 2.0과 같다는 것을 알았다고 가정해 보자. 이것을 평균의 표집분포에 적용하면, 모집단 평균의 95%가 85 ± 1.96 (2)=85 ± 3.92=81.08−88.92 사이라고 할 수 있다. 왜 ±1.96인가? 왜냐하면 ±1.96 z 사이의 면적은 정규곡선 아래 총 면적의 95%(.95)에 해당하기 때문이다.[3] 이는 [그림 11−5]와 같다.[4]

3) [부록 B]의 정규곡선표를 보면, 평균과 1.96 z =.4750 사이의 면적이 나타난다. 이 값에 2를 곱하면, .95 또는 곡선 아래 총 면적의 95%가 된다.

4) 엄격히 말하면, 표본평균 주위의 모집단 평균의 분포를 고려하는 것은 적절하지 않다. 실제로 신뢰구간을 이러한 방식으로 해석한다. 그렇게 하는 것의 합법성은 개론서 수준을 넘어가는 시연을 필요로 한다.

[그림 11-5] 95%의 신뢰구간

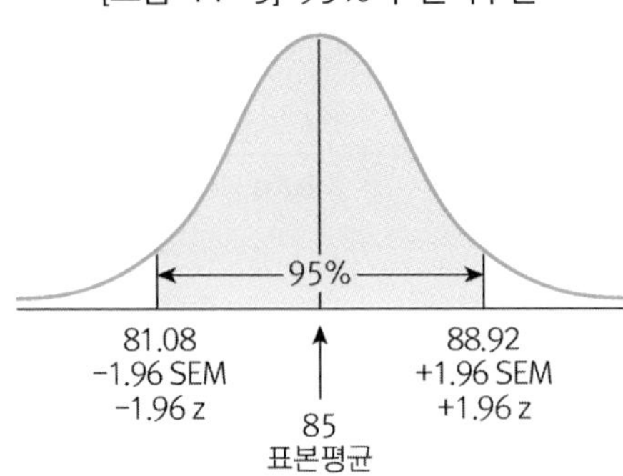

그런 다음, 해당 연구자가 모집단 평균에 대한 진술을 하는 데 있어 $p = .95$보다 더 높은 신뢰를 줄 수 있는 구간을 설정하기 원했다고 가정해 보자. 이것은 99%의 신뢰구간을 계산함으로써 행할 수 있다. 99% 신뢰구간은 95% 신뢰구간을 결정할 때와 같은 방법으로 결정된다. 정규분포의 특성을 고려할 때, 표본평균의 .5%가 −2.58 SEM 아래에 있고, 다른 .5%가 +2.58 SEM 위에 있을 것이다(제10장의 [그림 10−12] 참고). 표본의 평균이 85이고 SEM이 2인 이전 예를 사용하여, 구간을 다음과 같이 계산한다. 85 ± 2.58 (SEM) = 85 ± 2.58 (2.0) = 85 ± 5.16 = 79.84−90.16. 따라서 99% 신뢰구간은 [그림 11−6]에서 볼 수 있는 바와 같이 79.84와 90.16 사이에 있다.

[그림 11-6] 99%의 신뢰구간

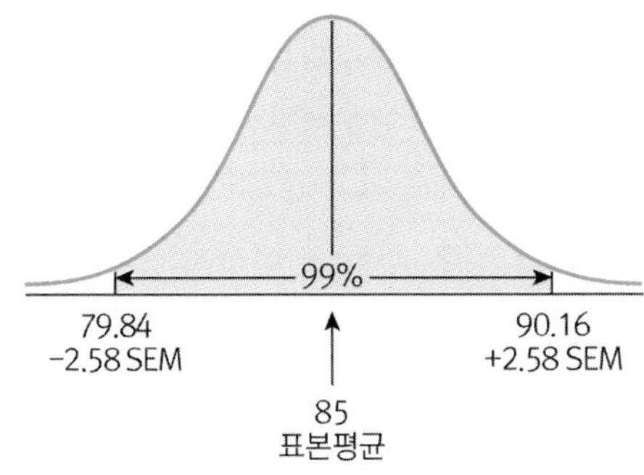

[그림 11-7] 우리는 99% 신뢰할 수 있다

이제 연구자는 모집단 평균이 표본평균으로부터 대략 얼마나 많이 다른지에 대한 질문에 대답할 수 있다. 해당 연구자는 모집단 평균이 무엇인지를 정확히 알 수 없지만, 모집단이 속할 가능성이 있는 '경계' 또는 한계를 나타낼 수 있다([그림 11-7] 참고). 반복하여, 이러한 한계를 **신뢰구간**(confidence intervals)이라 한다. 95% 신뢰구간은 모집단 평균을 95% 포함하는 것이 확실한 수평축에 걸쳐 있다. 99% 신뢰구간은 모집단 평균이 속하는 것을 더욱 확신하는(99%) 수평축에 걸쳐 있다.[5] 물론 우리가 틀릴 수도 있지만(모집단 평균이 이 구간 밖에 있을 수도 있다), 그럴 가능성은 그리 높지 않다.[6]

신뢰구간과 확률

제10장에서 소개한 확률의 개념으로 돌아가 보자. 여기에서 그 용어를 사용하는 것처럼, **확률**(probability)은 예측된 상대적인 발생 또는 상대적인 빈도에 지나지 않는다. 어떤 것이 100번 중 5번 일어난다고 말할 때, 우리는 확률을 말하며, 100분의 5의 확률이라고 말할 수 있다. 따라서 이전 예제에서는 모집단 평균이 81.08~88.92 한계(95% 신뢰구간) **밖에**(outside) 있을 확률은 단지 5/100에 불과하다. 79.84~90.16 한계(99% 신뢰구간) **밖에**(outside) 있을 확률은 1/100에 불과하다. 확률은 예를 들어 $p = .05$ 또는 $p = .01$과 같은 십진수 형식으로 표시하는 것이 일반적이라는 것을 기억하라. $p = .01$은 무엇을 의미하는가?[7]

하나 이상의 표본 비교

지금까지 한 표본의 자료만을 사용하여 모집단 평균을 추론하는 방법에 대해 설명했다. 그러나 일반적으로 연구자는 두 개 이상의 표본을 비교하려고 한다. 예를 들어, 수학에서 초등학교 4학년 남학생과 여학생의 태도 차이가 있는지, 강의방법과 비교하여 토론방법으로 학습한 학생 간의 성취도에 차이가 있는지 등을 조사하고자 할 수 있다.

이전의 논리는 평균 간의 차이에도 적용된다. 예를 들어, 연구에서 두 표본의 검정 점수 간에 평균 간의 차이가 발견되면 연구자는 두 표본이 선택된 모집단에 차이가 있는지를 확인하려고 한다([그림 11-8] 참고). 본질적으로, 한 가지 평균에 대해 질문했던 것과 동일한 질문을 한다. 단, 이번에는 평균 간의 차이에 대해 질문한다. 따라서 우리는 "우리가 발견한 차이는 발생가능성이 있는가 아니면 발생가능성이 없는가?"라고 묻는다. 그 차이는 단순히 다른 표본이 아닌 특정 표본이 선택되었다는 사실(예: '추첨의 행운')에 기인할 수 있다. 다시 한번, 우리에게 추론통계가 도움이 된다.

---

5) 모집단 평균이 95% 신뢰구간 내에 있다는 것이 100번 중 95번이라고 말하는 것은 올바르지 않다. 모집단 평균은 고정값이며, 이 구간 내에 포함되거나 포함되지 않는다. 신뢰구간에 관해 생각하는 올바른 방법은 연구를 반복하는 관점에서 보는 것이다. 연구를 다른 표본으로 복원되고 해당 표본에 대한 95% 신뢰구간을 계산했다고 가정해 보자. 그런 다음, 세 번째 표본으로 연구를 다시 복원하고, 이 세 번째 표본에 대한 95% 신뢰구간을 계산했다고 가정해 보자. 100개의 표본을 추출하고, 이 100개의 표본 각각에 대해 95%의 신뢰구간을 계산할 때까지 계속된다. 모집단 평균이 이 구간의 95% 내에 있다는 것을 알 수 있다.

6) 모집단 평균이 95% 신뢰구간을 벗어날 가능성은 단지 5%에 불과하고, 99% 신뢰구간을 벗어날 가능성은 단지 1%에 불과하다. 표본크기가 30 미만인 경우에도 유사한 추론 및 절차를 사용할 수 있다.

7) 1/100의 확률

[그림 11-8] 표본 차이는 모집단 차이를 반영하는가?[8)]

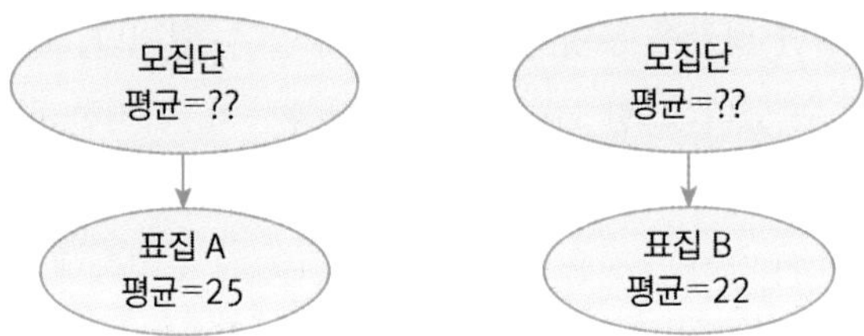

표본평균 간 차이의 표준오차

다행히 표본평균 간 차이도 정규분포를 따를 가능성이 높다. 표본평균 간의 차이의 분포에도 자체 평균과 표준편차가 있다. 표본평균 간 차이에 대한 표집분포의 평균은 두 모집단의 평균 간 차이와 동일하다. 이러한 분포의 표준편차를 차이의 표준오차(standard error of the difference: SED)라고 한다. SED 계산식은 다음과 같다.

$$SEM = \sqrt{(SEM_1)^2 + (SEM_2)^2}$$

여기에서 SEM_1과 SEM_2는 각각의 표집을 말한다.

정규분포이기 때문에, 표본평균 간 차이의 68% 이상이 ±1 SED 사이에 있다(다시 한번, 차이의 표준오차는 표준편차임을 기억하라). 표본평균 간 차이의 약 95%는 ±2 SED 사이에 있고, 이러한 차이의 99+ %는 ±3 SED 사이에 있다([그림 11-9] 참고).

[그림 11-9] 표본평균 간 차이의 분포

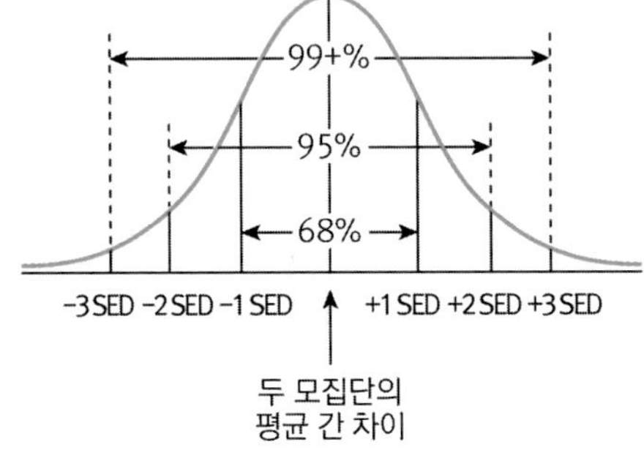

이제 개별 표본평균을 사용한 방식과 비슷하게 진행할 수 있다. 한 연구자가 평균 간 차이에 대한 표준오차를 추정하여 두 표본평균과 정규곡선 간 차이와 함께 사용하여 두 모집단의 평균 간 차이가 포함될 가능성이 높은 한계(신뢰구간)를 추정한다.

8) 질문: 표본 A와 표본 B의 평균 사이의 3점 차이는 모집단 A와 모집단 B의 평균 간의 차이를 반영하는가?

[그림 11-10] 신뢰구간

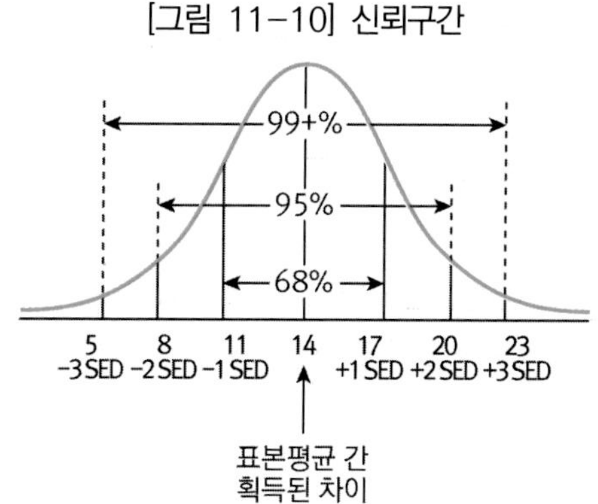

예를 들어 보자. 두 표본평균 간 차이가 원점수 14점이고, 계산된 SED가 3이라고 가정한다. 하나의 표본 모집단 평균을 사용한 것처럼, 이제 두 모집단 평균 간 차이가 포함될 가능성이 높은 한계를 나타낼 수 있다. 두 모집단의 평균 차이가 11과 17(±1 SED) 사이라고 하면, 정확할 확률은 6.8%를 약간 웃돈다. 두 모집단의 평균 차이가 8~20(±2 SED) 사이라고 하면, 95% 이상이고, 두 모집단의 평균 차이가 5와 23(±3 SED) 사이라고 하면, 99% 이상이다. [그림 11-10]은 이러한 신뢰구간을 나타낸다.

다른 두 표본평균 간의 차이가 12라고 가정해 보자. SED를 2로 계산하면, 모집단 평균의 차이가 10과 14 사이에서 떨어질 가능성이 있는가?[9)]

가설검정

이 모든 것이 연구질문 및 연구가설에 어떻게 적용되는가? 많은 가설이 관계를 예측한다는 사실을 기억하게 될 것이다. 제10장에서는 관계의 존재에 관한 자료를 조사하기 위한 기법에 대해 제시했다. 이전 장에서 자료의 거의 모든 관계는 평균의 비교, 상관관계 또는 교차표라는 세 가지 절차 중 하나 이상을 통해 조사할 수 있다고 지적했다. 어느 경우든, 어느 정도의 관계가 발견될 수 있다. 자료에서 관계가 발견되면, 모집단에서 유사한 관계가 있을 가능성이 높은가? 아니면 단순히 표집오류, 즉 연구를 위해 다른 표본이 아닌 특정 표본을 선택했다는 사실에 기인하는가? 다시 한번, 추론통계가 도움이 될 수 있다.

앞에서 논의한 논리는 가설의 특정 형태와 자료를 조사하는 데 사용되는 많은 절차에 적용된다. 따라서 상관계수와 그것 간의 차이는 기본적으로 평균 및 평균 간 차이와 동일한 방식으로 평가할 수 있다. 상관계수의 표준오차만 구하면 된다. 교차표에서 사용하는 절차는 기법은 다르지만, 논리는 동일하다. 그것에 대해서는 이 장의 뒷부분에서 논의한다.

가설검정 시, 약간 다른 방식으로 진행하는 것이 일반적이다. 모집단 평균(또는 다른 모수)이 속한다고 말할 수 있는 경계를 결정하는 대신, 연구자는 표본으로부터 도출된 모집단에서 어떠한 관계도 **없다면**(no)(즉, 두 모집단의 평균 간에 어떠한 차이도 없는 경우) 표본값(예: 두 표본평균 간 차이)을 획득할 가능성을 결정한다. 해당 연구자는 연구가설과 영가설 모두를 공식화한다. 연구자는 연구가설을 검정하기 위해 영가설을 공식화해야 한다.

9) 모집단 평균 간의 차이의 68%가 이 값 사이에 있기 때문에 그럴 가능성이 높다.

영가설

기억하겠지만, 연구가설(research hypothesis)[10]은 연구의 예측 결과를 구체화한다. 예를 들어, "방법 A를 사용하는 학생들의 모집단 평균이 방법 B를 사용하는 학생들의 모집단 평균보다 크다."와 같이 많은 연구가설이 모집단에 존재한다고 생각하는 관계의 특성을 예측한다.

가장 일반적으로 사용되는 영가설(null hypothesis)[11]은 모집단에 관계가 없음을 구체화한다. 예를 들어, "방법 A를 사용하는 학생의 모집단 평균과 방법 B를 사용하는 학생의 모집단 평균 간에는 차이가 없다"(이것은 두 모집단의 평균 차이가 0이라고 말하는 것과 같다). [그림 11-11]은 연구가설과 영가설의 비교를 제공한다.

[그림 11-11] 영가설과 연구가설

그런 다음, 연구자는 영가설을 검정한다. 이전처럼 동일한 정보가 요구된다. 표집분포는 정규분포라는 지식과 계산된 차이의 표준오차(SED)이다. 가설검정에 있어서 차이점은 얻은 표본값(예: 구해진 표본평균 간 차이)을 표집분포의 평균으로 사용하는 대신(신뢰구간에서와 마찬가지로) 0을 사용한다는 것이다.[12]

그런 다음, 특정 표본값(예: 구해진 표본평균 간 차이와 같이)을 얻을 확률을 그러한 값이 표집분포에서 어디에 위치하는지를 봄으로써 결정할 수 있다. 만약 확률이 작으면 영가설이 기각되므로 연구가설을 뒷받침할 수 있다. 그 결과는 **통계적으로 유의한**(statistically significant) 것이라고 말한다.

'작으면'이란 무슨 의미인가? 다시 말해서, 일어날 것 같지 않은 결과를 구성하는 것은 무엇인가? 아마 짐작하였을 것이다. 교육연구에서는 확률이 .05($p = .05$) 이하인 어떤 결과를 가능성이 낮은 것으로 보

10) [역자 주] '대립가설'이라고도 불린다.

11) [역자 주] '귀무가설'이라고도 불린다.

12) 사실상 어떤 값도 사용될 수 있지만, 거의 모든 교육연구에서 0이 사용된다.

는 것이 일반적이다. 이를 .05 유의수준(level of significance)이라 한다. .05 수준에서 영가설을 기각하면, 그러한 결과를 얻을 확률은 100분의 5(또는 그 이하)에 불과하다는 것을 의미한다. 일부 연구자는 훨씬 더 엄격한 것을 선호하며, .01 유의수준을 선택한다. 영가설이 .01 수준에서 기각되면, 결과를 얻을 확률이 100분의 1(또는 그 이하)에 불과하다는 것을 의미한다.

가설검정: 재검토

앞에서 언급한 것을 재검토해 보자. 가설검정을 하고자 하는 연구자의 논리적 순서는 다음과 같다.

1. 연구가설을 진술하라(예: "방법 A를 사용하는 학생의 모집단 평균과 방법 B를 사용하는 학생의 모집단 평균 간에 차이가 있다.").
2. 영가설(예: "방법 A를 사용하는 학생의 모집단 평균과 방법 B을 사용하는 학생의 모집단 평균 간에 차이가 없다." 또는 "두 모집단 평균 간 차이는 0이다.")을 진술하라.
3. 가설과 관련된 표본통계(예: 표본 A의 평균 및 표본 B의 평균)을 결정하라.
4. 영가설이 참일 경우, 표본 결과(즉, 표본 A의 평균과 표본 B의 평균 차이)를 얻을 확률을 결정하라.
5. 확률이 작으면, 영가설을 기각하여 연구가설을 채택하라.
6. 확률이 크면, 영가설을 기각하지 마라. 즉, 그것은 연구가설을 채택할 수 없다는 것을 의미한다.

표본평균 간 차이가 14점이고 SED가 3이었던 이전 예를 사용해 보자([그림 11-10] 참고). [그림 11-12]에서 14의 표본 차이는 +3 SED를 훨씬 초과한다. 실제로는 4 SED를 초과한다. 따라서 이러한 표본 결과를 얻을 확률은 .01보다 상당히 낮다. 결과적으로, 영가설은 기각된다. 표본평균에서의 차이가 14가 아니라 4이면 영가설은 기각되는가?[13)]

[그림 11-12] 연구자가 영가설을 기각했을 때의 삽화

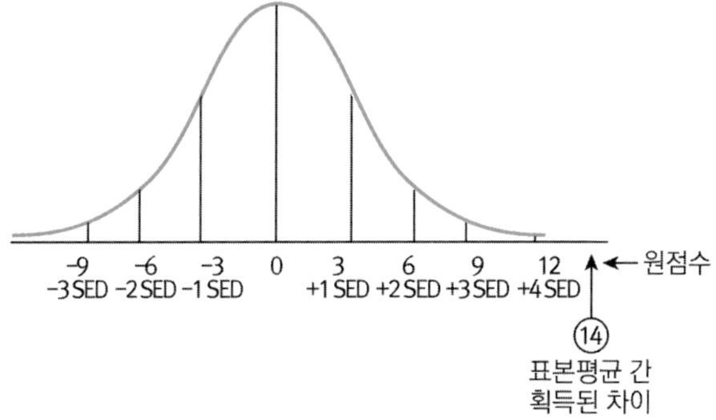

13) 아니다. 차이가 4일 확률은 .05보다 훨씬 크다.

실제적 유의도 대 통계적 유의도

어떤 결과가 통계적으로 유의하다는 사실이 (우연때문이 아니라) 우리 모두가 일하고 사는 실제세계에서 실제적이거나 교육적인 가치를 갖는다는 것을 의미하지는 않는다. 통계적 유의도(statistical significance)는 그 사람의 결과가 특정 시간보다 적은 확률(예: 5%)로 우연히 발생한다는 것을 의미한다. 그래서 어떻다는 말인가? 이것은 단지 관측된 관계가 모집단에서 0이 아닐 가능성이 높다는 것을 의미한다는 것을 기억하라. 그러나 그것이 반드시 **중요하다는**(important) 것을 의미하지는 않는다! 아주 많은 무선표본을 가질수록, 거의 모든 결과가 통계적으로 유의한 것으로 판명된다. 따라서, 예를 들어 매우 작은 상관계수는 통계적으로 유의하지만 실제적 유의도(practical significance)는 거의 없는 것으로 판명될 수 있다. 비슷한 의미에서 평균에서 매우 작은 차이는 통계적으로 유의한 결과를 산출할 수 있지만, 교육적인 의미는 거의 없다.

몇 가지 예를 들어 보자. 이스트코스트(East Coast)의 고교 야구 투수 1,000명의 무선표집에서 평균 직구 속도가 75mph인 반면, 중서부(Midwest)의 고교 야구 투수 1,000명의 두 번째 무선표집에서는 평균 직구속도가 71mph인 것으로 가정해 보자. 이 4mph의 차이는 통계적으로 유의할 수 있지만(표집크기가 크기 때문에), 야구팬들이 이것이 실질적으로 중요하다고 말할지는 의문이다([그림 11-13] 참고). 또는 한 연구자가 고등학교 2학년 학생들에게 수학을 가르치는 새로운 방법을 시도한다고 가정해 보자. 해당 연구자는 방법 A(새로운 방법)에 노출된 학생들이 방법 B(구식, 전통적인 방법)에 노출된 학생들보다 기말고사에서 평균 2점 더 높은 점수를 받고, 이 차이가 통계적으로 유의하다는 것을 발견했다. 우리는 수학부가 그 2점 차이를 근거로 모든 구성원에게 즉시 방법 A를 채택하도록 장려할지는 의문이다. 그렇게 하겠는가?

[그림 11-13] 얼마나 되어야 충분한가?

아이러니하게도, 대부분의 교육연구가 더 작은 표본을 포함한다는 사실은 실제적 유의도에 관한 한 실제로 이점이 될 수 있다. 표본크기가 작으면 모집단에 차이가 있더라도 차이를 탐지하기가 더 어렵기

때문에, 영가설을 기각하려면 평균의 차이가 더 커야 한다. 이는 표본이 작을수록 평균에서의 차이(SED)의 표준오차가 커지기 때문이다. 따라서 유의수준에 도달하려면, 평균에서의 차이가 더 커야 한다([그림 11-10] 참고). 또한 잠재적인 실제적 유의도의 관계가 통계적으로 유의하지 않기 때문에 간과되거나 무시될 수 있다(이것은 다음 장에서 더 자세히 설명한다).

결과를 해석할 때 항상 주의를 기울여야 한다. 왜냐하면 단지 한 라디오의 상품이 통계적으로 또 다른 라디오의 상품보다 유의하게 더 강력하다고 해서 라디오를 청취하는 사람들이 첫 번째 상품을 서둘러 구매해야 한다는 것을 의미하지는 않기 때문이다.

일방검정과 쌍방검정

제5장에서는 방향적 가설과 비방향적 가설을 구별했다. 때때로 유의도 검정과 관련된 방향성 형태로 가설을 진술하는 것이 유리하다. 우리는 계산된 SED가 3인 평균 간 차이에 관한 표집분포의 가상적인 예를 다시 참조한다. 이전에는 14점의 표본평균 간에 얻어진 차이의 통계적 유의도를 해석했다. 이 차이의 통계적 유의도는 매우 컸기 때문에 매우 명확했다. 그러나 얻은 차이가 14점이 아니라 5.5점이라고 가정해 보자. 이 결과와 관련된 확률을 결정하기 위해, 연구자의 가설이 방향적인지 비방향적인지를 알아야 한다. 가설이 방향적인 경우, 연구자는 (자료를 수집하기 전에) 어떤 집단이 더 높은 평균을 가질 것인지를 미리 명시했다(예: "방법 A를 사용하는 학생들의 평균점수가 방법 B를 사용하는 학생들의 평균점수보다 높을 것이다.").

이때, 표본 A의 평균이 표본 B의 평균보다 높은 경우에만 연구자의 가설을 뒷받침할 수 있다. 연구자는 표본 A의 평균에서 표본 B의 평균을 빼기로 미리 결정해야 한다. 반대 방향의 표본평균 간에 차이가 크면 연구가설을 뒷받침하지 못한다. 따라서 +2의 표본평균 간의 차이는 가설화된 방향에 있지만, −2의 차이(표본 B의 평균이 표본 A의 평균보다 큰 경우)는 그렇지 않다. 표본평균 간에 양적(positive) 차이를 얻는 경우에만 연구자의 가설을 뒷받침할 수 있으므로 표집분포의 양적 꼬리만 사용하여 얻은 차이를 찾는 것이 정당화된다. 이를 통계적 유의도의 일방검정(one-tailed test)이라고 한다([그림 11-14] 참고).

[그림 11-14] 일방검정의 유의도 영역

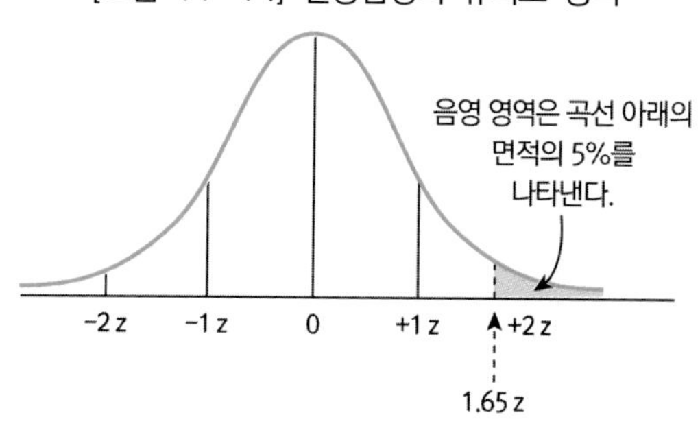

5%의 유의도 수준($p = .05$)에서, 영가설은 표본평균 간의 얻어진 차이가 한쪽 꼬리에서 1.65 SED[14)]*에 도달하거나 초과하는 경우에만 기각될 수 있다. [그림 11-15]와 같이, 이것은 5점 이상의 표본평균

14) [부록 B]의 정규곡선표를 보면, 1.65 z를 초과하는 면적이 곡선 아래 면적의 5%인 .05와 같다는 것을 알 수 있다.

간 차이를 요구한다.[15] 이전에 얻은 5.5의 차이는 1.65 SED에 달할 뿐만 아니라 초과하기 때문에, 이 수준에서는 유의하다. 만약 그 가설이 비방향적이었다면 어떠한가? 이러한 경우, 연구자는 어떤 집단이 더 높은 평균을 가질지를 미리 지정하지 않았을 것이다. 그 가설은 양쪽 꼬리의 적절한 차이로 뒷받침될 것이다. 이것은 통계적 유의도의 쌍방검정(two-tailed test)이라 불린다. 연구자가 .05의 유의수준을 사용하는 경우, 전체 면적의 5%가 양쪽 꼬리를 포함해야 한다. 즉, 각 꼬리에 2.5%씩이 있어야 한다. 결과적으로, 영가설을 기각하려면, 1.93(3)=5.88이기 때문에 거의 6점(+5.88 또는 −5.88)의 표본평균에서의 차이가 필요하다([그림 11−16] 참고).

[그림 11−15] 표본평균 간 차이 분포를 사용하는 일방검정

SED=3
이 음영영역에 해당하는(즉, 1.65z 이상) 표본평균 간 모든 획득된 차이는 연구자의 영가설을 기각하게 된다.
1 SED
.05
0
3
+1 z
5
5.5
1.65 z

[그림 11−16] 표본평균 간 차이 분포를 사용하는 쌍방검정

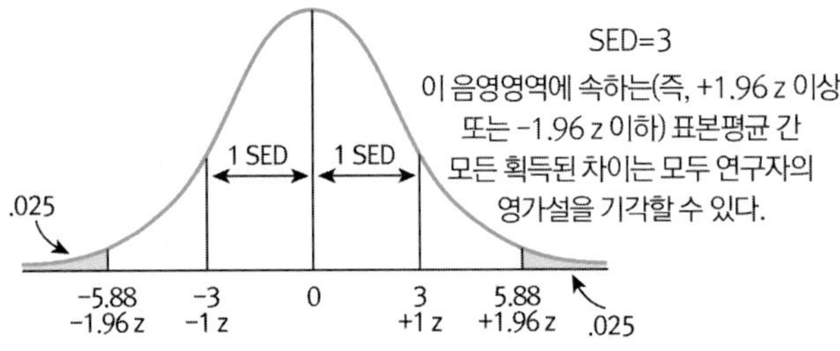

표본크기

학생은 종종 표본크기에 대한 보다 구체적인 규칙을 요구한다. 유감스럽게도 간단한 답은 없다. 단, 상황에 따라서 몇 가지 지침을 이용할 수 있다. 가장 중요한 조건은 무선표본 추출이지만, 통계학 서적에서 논의되는 다른 특정 요건이 있다. 이러한 전제조건이 충족된다고 가정하면, 다음 사항이 적용된다.

위쪽 표: 표본 상관계수(correlation coefficient)가 .05 신뢰수준에서 통계적으로 유의하다(즉, 모집단의 0과 다름)는 결론을 내리는 데 필요한 표본크기이다.

아래쪽 표: 표본평균에서 차이(difference in sample means)가 신뢰수준 .05에서 통계적으로 유의하다(즉, 두 모집단의 평균 차이는 0이 아니다)고 결론짓는 데 필요한 표본크기이다. 이러한 계산을 수행하려면, 모집단 표준편차를 알고 있거나 표본 표준편차를 추정해야 한다. 예를 들어, 두 모집단의 표준편차가 15이고, 각 표본의 크기가 같다고 가정한다.

15) 한쪽 꼬리 부분의 .05 영역은 1.65 z이고, SED는 3이므로, 1.65(3)를 곱하여 1.65(3)=4.95 또는 5점의 점수값을 구한다.

표본 r의 값	.05	.10	.15	.20	.25	.30	.40	.50
요구되는 표본크기	1,539	400	177	100	64	49	25	16

표본평균 간의 차이	2점	5점	10점	15점
각 표본의 요구되는 크기	434	71	18	8

영가설 사용: 평가

영가설의 사용에 대해서는 많은 오해가 있는 것으로 보인다. 첫째, 그것은 종종 연구가설 대신 언급된다. (관계를 예측하는) 연구가설을 (관계를 예측하지 않는) 영가설로 대체하는 것은 쉽지만, 그럴 만한 충분한 이유는 없다. 이미 살펴본 바와 같이, 영가설은 단지 유용한 방법론적인 장치일 뿐이다.

둘째, 일반적인 .05 및 .01 유의수준에는 신성한 것이 없다. 그것은 단지 관례일 뿐이다. 예를 들어, 확률이 .06인 표본값으로 영가설을 기각하지 못하는 것은 약간 우스꽝스러운 일이다. 이렇게 하면 제2종 오류(Type II error)라고 알려진 것이 매우 잘 발생할 수 있다. 즉, 연구자가 거짓인 영가설을 기각하는 데 실패하였을 때 이 오류가 발생한다. 반면, 제1종 오류(Type I error)는 연구자가 참인 영가설을 기각할 때 발생한다. 예를 들어, 표본평균 간에 14점 차이가 있는 예제에서는 .05 수준에서 영가설을 기각했다. 이를 통해, 우리는 5%의 확률로 틀린 것이 남아있다는 것을 깨달았다. 즉, 영가설이 사실일 확률은 5%이다. [그림 11-17]은 제1종 오류와 제2종 오류의 예를 나타내고 있다.

[그림 11-17] 제1종 오류와 제2종 오류의 가설적인 예

	수지는 폐렴을 가지고 있다.	**수지는 폐렴을 가지고 있지 않다.**
의사는 수지와 같은 증상은 건강한 사람들에게서 5%밖에 발생하지 않는다고 말한다. 그러나 안전을 위해 그는 수지를 폐렴으로 치료하기로 결심한다.	의사가 옳았다. 수지는 폐렴을 가지고 있으며, 그 치료가 그녀를 치유한다. ☺	의사가 틀렸다. 수지의 치료는 불필요했고 아마도 불쾌하고 비용이 많이 들었다. **제1종 오류(α)** ☹
의사는 수지와 같은 증상이 건강한 사람들에게서 95%의 시간 동안 일어난다고 말한다. 따라서 그의 판단으로, 그녀의 증상은 잘못된 경고이며, 치료를 필요로 하지 않아서, 그는 수지를 폐렴으로 치료하지 않기로 결정한다.	의사가 틀렸다. 수지는 치료를 받지 못했으며, 심각한 결과를 겪을지 모른다. **제2종 오류(β)** ☹	의사가 옳았다. 불필요한 치료를 피했다. ☺

마지막으로, 얻어진 결과를 0에 대해 검정하는 것에 대해서도 신성불가침은 없다. 예를 들어, 앞의 예에서는 얻은 값 14(또는 5.5 등)를 1(또는 3 등)의 가상의 모집단 차이에 대해 검정하는 것이 어떠한가? 단지 0에 대한 검정만 하면 얻어진 관계의 중요성을 과장하도록 오도할 수 있다. 이 책의 저자들은 추론통계의 보고(reporting)는 신뢰구간에 더 의존해야 하고 특정 유의도 수준이 달성되었는지 여부에 관해서는 덜 의존해야 한다고 믿는다.

 추론기법

자료에 대한 추론 질문에 답하기 위해 존재하는 많은 기법을 각각 상세하게 다루는 것은 본서의 범위를 벗어난다. 그러나 이 책의 저자들은 연구자가 사용하는 통계적 유의도의 더욱 일반적으로 사용되는 검정에 관한 간단한 요약을 제시하고, 그러한 검정을 수행하는 방법을 설명한다.

제10장에서는 양적 자료와 범주형 자료를 구분했다. 이 책의 저자들은 연구자가 수집하는 자료의 유형이 종종 필요한 통계분석의 유형에 영향을 미친다고 지적했다. 예를 들어, 양적 자료에 적합한 통계기법은 일반적으로 범주형 자료에 적합하지 않다.

연구자가 사용하는 추론기법에는 두 가지 기본적인 유형이 있다. 모수적 기법(parametric techniques)은 연구에 관련된 표본을 추출하는 모집단의 특성에 대해 다양한 종류의 가정을 한다. 반면, 비모수적 기법(nonparametric techniques)은 표본을 추출하는 모집단의 특성에 대한 가정을 거의 하지 않는다. 모수적 기법의 장점은 일반적으로 비모수적 기법보다 더 검정력이 뛰어나며,[16] 따라서 실제로 존재하는 경우 진정한 차이 또는 관계를 훨씬 더 많이 드러낼 수 있다는 것이다. 단점은 종종 연구자가 요구하는 가정(예: 모집단이 관심의 특성에 따라 정규분포를 따른다는 것)을 충족할 수 없다는 것이다. 비모수적 기법의 장점은 연구자가 모수적 기법의 기초가 되는 가정을 만족시킬 수 없을 때 사용하기에 더 안전하다는 것이다.

무선표본을 그리기 위한 엑셀 사용

Excel을 사용하여 모집단에서 무선표본을 추출할 수도 있다. 방법은 다음과 같다. 먼저, Excel 워크시트의 열에 데이터 세트를 나열한다. **도구(Tools)** 메뉴에서 **데이터 분석(Data Analysis)**을 클릭한 다음, **표집(Sampling)**을 클릭한다. 표집 대화 상자에서, 표본을 추출할 셀 배열을 지정한다. '표본 유형(Type of Sample)'에서 '**무선(Random)**'을 클릭하고, '**표본 수(Number of Samples)**'에서 표본에서 얼마나 많은 숫자를 가지기를 원하는지를 입력한다. 그런 다음, 무선표집의 숫자를 표시할 셀을 클릭한다.

다음에 예가 있다. 전술한 순서에 따라 셀 A1:E20에 나열되어 있는 100개의 번호 리스트로부터 15개의 번호의 무선표본을 선정한다. 셀 G1:G15에 표시된 숫자가 선정되었다.

100개 점수의 모집단							
열	A	B	C	D	E	F	G
1	67	65	33	98	9		55
2	74	71	36	87	14		67
3	92	92	69	85	51		85
4	77	80	65	57	32		32
5	88	86	58	59	87		73
6	81	78	57	94	98		9
7	73	70	45	91	68		57
8	72	70	45	28	52		65
9	71	78	41	27	21		11
10	90	89	12	65	30		55
11	89	93	11	38	38		67
12	95	96	10	55	37		92
13	80	82	9	56	59		7
14	70	73	58	66	58		46
15	84	85	57	88	46		37
16	67	65	41	71	60		
17	45	73	12	7	80		
18	55	26	13	40	11		
19	62	33	28	32	12		
20	12	11	29	31	29		

무선표본

16) 이 장의 뒷부분에서 통계적 검정의 검정력(power)에 대해 논의한다.

양적 자료 분석을 위한 모수적 기법[17)]

평균에 대한 t-검정

t-검정은 두 표본평균 간 차이가 유의한지 여부를 확인하는 데 사용되는 모수적 통계검정이다. 이 검정에서는 t값(획득된 t라고 함)이 산출되며, 이를 통계표([부록 B]에 표시된 것과 유사)에서 확인하여 도달한 유의수준을 결정한다. 앞에서 설명한 바와 같이, 유의수준이 .05에 도달하면, 연구자는 관례적으로 영가설을 기각하고 실제 차이가 존재한다고 결론짓는다.

이 t-검정에는 독립평균에 대한 t-검정과 상관평균에 대한 t-검정의 두 가지 형식이 있다. 독립평균에 대한 t-검정(t-test for independent means)은 두 개의 **다른**(different) 또는 독립적인 집단의 평균점수를 비교하는 데 사용된다. 예를 들어, 무선으로 선택된 두 집단의 중학교 2학년 학생들이 한 학기 동안 두 가지의 다른 교수방법에 노출되고 학기 말에 동일한 성취도검사를 받으면, 그들의 성취도 점수를 t-검정을 사용하여 비교할 수 있다. 연구자가 방법 A에 노출된 학생들이 학기말 성취도검사에서 상당히 높은 점수를 받을 것으로 의심했다고 가정해 보자. 따라서 해당 연구자는 다음과 같은 영가설과 대립가설을 공식화했다.

영가설: 방법 A의 모집단 평균 = 방법 B의 모집단 평균
연구가설: 방법 A의 모집단 평균 > 방법 B의 모집단 평균

연구자는 방법 A로 가르친 학생들의 성취도검사에서 평균점수가 85점이고, 방법 B로 가르친 학생들의 평균점수가 80점이라는 것을 알아냈다. 분명히, 이 두 표본평균은 서로 다르다. 그러나 이러한 차이는 우연(즉, 표집오류) 때문일 수 있다. 중요한 질문은 이러한 평균이 우연이 아니라 실제로 두 교수방법 간 차이 때문이라고 결론을 내릴 수 있을 만큼 **충분히**(enough) 다른지의 여부이다.

연구자는 연구가설을 평가하기 위해 독립표본에 대해 일방 t-검정을 수행하고, t값(검정통계량)이 2.18이라는 것을 알게 된다. 자유도(df)가 60이며 .05 수준에서 통계적으로 유의하려면, 해당 검정이 일방검정이기 때문에 최소 1.67의 t값이 요구된다. 획득된 t값 2.18이 1.67을 초과하므로 가능성이 낮은 값이기 때문에 영가설이 기각된다. 연구자는 두 평균 간 차이가 통계적으로 유의하다고 결론지었다. 즉, 우연에 의한 발생이 아니라 실제로 두 집단의 성취도 점수 간에 차이를 보였다.

앞의 예에서 언급한 자유도(degrees of freedom: df) 개념에 대해 한마디 하고자 한다. 이 개념은 많은 추론통계검정에서 매우 중요하다. 본질적으로, 이는 '변화가 자유로운', 즉 고정되지 않은 빈도분포에서 점수의 수를 의미한다. 예를 들어, 10을 산출하는 세 가지 점수(a, b, c)의 분포만 있다고 가정해 보자. a, b, c는 다수의 다른 값(3, 5, 2 또는 1, 6, 3 또는 2, 2, 6 등)을 가질 수 있으며, 합계는 10이 될 수 있다. 그러나 이 값 중 두 개가 고정되거나 설정되면, 세 번째 값도 설정된다. 이 값은 달라질 수 없다.

따라서 a=3이고, b=5이면, c는 2와 **같아야만**(must) 한다. 따라서 이 분포에는 두 가지 자유도가 있다고 말한다. 즉, 두 가지 값 중 어느 것이든 '변화가 자유롭지만', 일단 설정되면 세 번째 값은 고정된다.

---

17) 많은 책은 명목, 서열 및 등간 측정척도에 적합한 기법을 구분한다(제7장 참고). 대부분의 경우, 모수적 기법은 등간척도 자료에 가장 적합한 반면, 비모수적 기법은 서열척도 및 명목척도 자료에 더 적합한 것으로 나타났다. 연구자는 자신의 자료가 내적 척도가 실제로 사용되었다는 가정을 정당화하는지를 거의 알지 못한다.

독립표본 t-검정에서 자유도는 두 집단의 합계의 수에서 2를 빼서 계산된다.[18] 이 예에서는 각 집단에 31명의 학생이 있는 두 개의 집단이 있다. 따라서 각 집단에는 30개의 값이 자유롭게 변동하므로, 총 60개의 자유도를 얻을 수 있다.

상관평균에 대한 t-검정(t-test for correlated means)은 특정 종류의 처치가 제공되기 전후에 **동일한**(same) 집단의 평균점수를 비교하고, 관측된 이득이 유의한지 또는 연구설계에 일치하는 두 집단이 포함되는지를 확인하는 데 사용된다. 또한 동일한 연구대상이 연구에서 두 가지 다른 처치를 받을 때도 사용된다.

예를 들어 보자. 스포츠심리학자가 근소한 경기에서 자유투를 던질 때 불안감이 농구선수를 종종 부진하게 만든다고 믿는다고 가정해 보자. 그는 이러한 선수가 겪는 불안감을 줄이고 자유투 라인에서의 성적을 향상시키기 위해 이완 트레이닝의 효과를 조사하기로 결심한다. 해당 연구자는 다음과 같은 가설을 공식화한다.

영가설: 자유투 라인에서 수행에 아무런 변화가 없을 것이다.
연구가설: 자유투 라인에서 수행은 향상될 것이다.

연구자는 훈련을 받을 선수 15명의 표본을 무선으로 뽑는다. 훈련 세션(처치) 전에 한 주(week) 동안 선수들의 불안도를 측정한다. 그런 다음, 연구자는 선수들을 처치에 노출시킨다. 이후 연구자는 일주일 동안 선수들의 불안감을 다시 측정한다.

연구자는 완료한 평균 자유투 수가 훈련 전에 경기당 5개, 훈련이 끝난 후에 7개라는 것을 알아냈다. 반복측정값에 대한 t-검정을 수행하고 t통계값 2.43을 얻는다. 자유도가 14인 일방검정의 경우, .05 수준에서 통계적 유의도는 t통계값이 적어도 1.66이어야 한다. 획득된 t값이 그 이상이기 때문에, 연구자는 그러한 결과가 비정상적이라고 결론짓는다(즉, 우연한 결과일 것 같지는 않다). 따라서 영가설을 기각한다. 연구자는 이완요법이 이러한 운동선수들의 불안감을 감소시킬 수 있다고 결론지었다.

분산분석

연구자가 세 개 **이상**(more than)의 집단 평균 간에 유의한 차이가 있는지의 여부를 확인하려고 할 때, 일반적으로 분산분석(Analysis of Variance: ANOVA)이라는 기법을 사용한다. 분산분석은 실제로 세 개 이상의 집단에 사용하기에 더 일반적인 t-검정 형식이다(2개의 집단과 함께 사용할 수도 있다). 간단히 말해, 각 집단 내 및 집단 간의 변동을 통계적으로 분석하여 F값으로 알려진 것을 산출한다. t-검정과 마찬가지로, 이 F값은 통계표에서 통계적으로 유의한지 여부를 확인한다. 이 값은 획득된 F값이 클수록 통계적 유의도가 존재할 가능성이 크다는 점에서 t값과 매우 유사하게 해석된다. 예를 들어, 한 연구자가 두통을 완화하는 데 사용되는 세 가지 약물의 효과를 조사하려고 한다고 가정해 보자. 연구자는 일상적으로 두통을 앓고 있는 세 집단의 사람들을 무선으로 선택하고(각 집단에 20명씩) 다음과 같은 가설을 공식화한다.

---

18) 단 하나의 집단을 사용하는 연구의 경우, 집단의 전체 값에서 1을 뺀다.

영가설: 집단 간에는 어떠한 차이도 없다.

연구가설: 집단 간에 차이가 있다.

연구자는 F값 3.95를 얻는다. 쌍방검정의 경우, .05 수준에서 해당 자유도에 대한 임계영역은 3.17이다. 따라서 연구자는 영가설을 기각하고 세 가지 약물의 효과가 같지 않다고 결론내릴 것이다.

두 집단만 비교되는 경우, F검정은 연구자에게 유의도가 달성되었는지 여부를 알려 주기에 충분하다. 세 개 이상의 집단이 비교되는 경우, F검정만으로는 어떤 평균이 다른지 알 수 없다. 이것을 알아내기 위해서는 **사후분석**(post hoc analysis)이라고 불리는 추가적인(단, 매우 간단한) 절차가 필요하다. 분산분석은 제13장에서 설명하는 **요인설계**(factorial designs)에서처럼 둘 이상의 독립변수를 조사하는 경우에도 사용된다.

공분산분석

공분산분석(Analysis of Covariance: ANCOVA)은 예를 들어 집단에 종속변수와 관련된 사전검사가 주어지고, 이 사전검사의 평균점수가 다를 때 사용되는 분산분석의 변이이다. ANCOVA를 사용하면, 연구자는 각 집단의 종속변수에 대한 사후검사 평균점수를 조정하여 사전검사에서 집단 간 초기 차이를 보정할 수 있다. 사전검사를 **공변량**(covariate)이라고 한다. 검정 후 평균점수를 조정해야 하는 정도는 사전검사 평균 간 차이와 공변량과 종속변수의 관계 정도에 따라 달라진다. ANCOVA 검정에는 여러 공변량을 사용할 수 있으므로, 사전검사를 위해 조정하는 것 외에 다른 변수의 효과도 조정할 수 있다(이것에 대해서는 제13장에서 자세하게 설명한다). 분산분석과 마찬가지로, ANCOVA는 F값을 산출하고, F값은 통계표에서 검색하여 통계적으로 유의한지 여부를 확인한다.

다변량분산분석

다변량분산분석(Multivariate Analysis of Variance: MANOVA)은 한 가지 측면에서 ANOVA와 다르다. 그것은 두 개 이상의 종속변수를 동일한 분석에 통합하므로, 평균 간 차이를 더 검정력있게 검정할 수 있다. 이는 연구자가 종속변수 간에 상관관계가 있다고 믿을 수 있는 이유가 있을 때만 정당화된다. 마찬가지로, 다변량공분산분석(Multivariate Analysis of Covariance: MANCOVA)은 두 개 이상의 종속변수를 동일한 분석에 포함하도록 ANCOVA를 확장한다. 계산된 특정 값은 분산분석에서 F값과 유사한 수치인 윌크스의 람다(Wilk's lambda)이다.

r에 대한 t-검정

r에 대한 t-검정(t-test for r)은 표본자료에 대해 계산된 상관계수가 유의한지, 즉 표본이 추출된 모집단에서 0이 아닌 상관관계를 나타내는지를 확인하는 데 사용된다. 여기에서 다루는 통계량이 평균 간 차이가 아니라 상관계수(r)라는 점을 제외하면, 평균에 대한 t-검정과 유사하다. 검정에서는 t값(다시 한번, 획득된 t라고 불림)을 산출하며, 통계 확률표에서 t값이 통계적으로 유의한지 여부를 확인한다. 다른 모수적 검사와 마찬가지로, 획득된 t값이 클수록 유의도가 달성될 가능성이 높아진다.

예를 들어, 한 연구자가 $\alpha = .05$인 정규 쌍방검정을 사용하여 특정 모집단에 0이 아닌 상관관계가 있는지 여부를 확인하고자 한다. 그는 30명의 표본을 무선으로 선택한다. 적절한 통계표(피어슨 상관관계에 대한 임계값)를 확인해 보니 $\alpha=.05$ 및 $n=30(28\ df)$일 때, 표에는 .361의 임계값이 나열되어 있다. 따라서 연구자가 영가설을 기각하고 모집단에 유의한 상관관계가 있다는 결론을 내리려면, 표본 상관관계가 (부호와 무관한) .361보다 크거나 같은 값이어야 한다. .361과 −.361 사이의 모든 표본 상관관계는 (표집오류로 인해) 가능한 것으로 간주되므로 통계적으로 유의하지 않다.

양적 자료 분석을 위한 비모수적 기법

맨-휘트니 U검정

맨-휘트니 U검정(Mann-Whitney U test)은 연구자가 순위자료를 분석하려는 경우에 사용되는 t-검정의 비모수적 대안이다. 연구자는 두 집단의 점수를 섞은 후 마치 한 집단의 점수인 것처럼 순위를 매긴다. 이 검정은 값(U)을 산출하며, 그 발생 확률은 적절한 통계표에서 연구자에 의해 확인된다. 검정의 논리는 다음과 같다. 상위 모집단이 동일하면, **각**(each) 집단의 합산 순위 합계가 거의 같아야 한다. 반면, 합산 순위가 현저하게 다를 경우 이 차이는 통계적으로 유의할 수 있다.

크루스칼-왈리스 일원분산분석

크루스칼-왈리스 일원분산분석(Kruskal-Wallis one-way analysis of variance)은 연구자가 비교할 독립집단이 세 개 이상인 경우에 사용된다. 절차는 맨-휘트니 U검정과 매우 유사하다. 여러 집단의 개인점수를 합산한 다음, 모두 한 집단에서 온 것처럼 순위를 매긴다. 그런 다음, 각 개별 집단에 대해 합산된 순위 합계를 비교한다. 이 분석에 의해 값(H)이 생성되고, 그 발생 확률은 적절한 통계표에서 연구자에 의해 확인된다.

부호검정

부호검정(sign test)은 연구자가 두 개의 관련된 표본(독립표본과 반대되는 것으로써)을 분석하려는 경우에 사용된다. 관련 표본은 어떤 식으로든 연관되어 있다. 예를 들어, 종종 연구자는 IQ, 성별, 나이 또는 기타 변수에 대해 집단을 동등하게 만들려고 한다. 즉, 그 집단에는 이러한 변수가 **매칭되어**(matched) 있다. 관련 표본의 또 다른 예는 동일한 집단이 사전 및 사후검사(즉, 두 번의 검사)되는 경우이다. 즉, 각 개인은 (관련된 평균에 대한 t-검정과 마찬가지로) 두 가지 경우에 대해 검정된다.

이 검정은 사용하기 매우 쉽다. 연구자는 단순히 관련된 연구대상의 쌍을 나열한 다음, 한 집단의 짝이 다른 집단의 짝보다 얼마나 더 높은 점수를 얻었는지 결정한다. 집단이 유의하게 다르지 않으면, 두 집단의 합계가 거의 같아야 한다. 채점에 현저한 차이가 있는 경우(예를 들어, 한 집단에서 더 높은 점수가 더 많은 경우), 그 차이는 통계적으로 유의할 수 있다. 다시 한번, 이러한 발생 확률은 적절한 통계표를 참고하여 결정할 수 있다.

프리드만 이원분산분석

관련된 집단이 세 개 이상이면, 프리드만 이원분산분석(Friedman two-way analysis of variance) 검정을 사용할 수 있다. 예를 들어, 한 연구자가 네 개의 일치하는 집단을 사용하는 경우 이 검정이 적절하다.

범주형 자료 분석을 위한 모수적 기법

비율에 대한 t-검정

범주형 자료 분석에 가장 일반적으로 사용되는 모수적 검정은 비율의 차이에 대한 t-검정(t-tests for a difference in proportions), 즉 한 범주(예: 남자)의 비율이 다른 범주(예: 여자)의 비율과 다른지 여부에 대한 검정이다. 평균에 대한 t-검정의 경우와 마찬가지로, 독립비율에 대한 t-검정(t-test for independent proportions)과 상관비율에 대한 t-검정(t-test for correlated proportions)의 두 가지 형식이 있다. 후자는 주로 어떤 종류의 중재를 받기 전후의 진술에 동의하는 개인의 비율에서와 같이 동일한 집단이 비교될 때 사용된다.

범주형 자료 분석을 위한 비모수적 기법

카이자승검정

카이자승검정(chi-square test)은 범주형 자료를 분석하는 데 사용된다. 예를 들어, 한 연구자가 특정 교육지원청에 도입되는 새로운 교육과정을 선호하는 남녀 교사의 수를 비교하려고 할 수 있다. 해당 연구자는 50명의 교사에게 새로운 교육과정에 찬성하는지 또는 반대하는지를 묻는다. 만약 그들의 반응이 크게 다르지 않다면, 연구자는 남자와 여자의 거의 같은 비율이 새로운 교육과정을 도입하는 것에 찬성(또는 반대)할 것이라고 기대할 것이다.

카이자승은 기대빈도와 실제 관측빈도 간의 비교를 기반으로 한다. 관측빈도가 기대빈도와 비슷할 경우, 연구자는 집단이 다르지 않다고 결론짓는다(이 예에서는 새로운 교육과정에 대한 태도가 다르지 않다). 반면, 기대빈도와 관측빈도 간에 상당한 차이가 있는 경우, 연구자는 두 집단 간에 태도에 있어서 유의한 차이가 있다고 결론짓는다.

이러한 모든 추론기법과 마찬가지로, 카이자승은 값(χ^2)을 산출한다. 카이자승검정은 두 변수에 대해서만 기대빈도와 관측빈도를 비교하는 것으로 제한되지 않는다. 예시는 〈표 10-11〉을 참고하라.

χ^2값을 계산한 후, 우리는 모집단에 어떠한 관계도 없다면 그러한 결과가 발생할 가능성이 얼마나 되는지, 즉 획득된 결과의 패턴이 선택된 특정 표본 때문에 모집단에 존재하지 않지만 발생하는지 여부를 결정하기를 원한다. 모든 추론검정과 마찬가지로, 확률표를 참고하여 판단한다([부록 C] 참고).

[부록 C]의 카이자승표에도 '자유도(degrees of freedom)'라는 열이 있다. 자유도는 세 개의 행과 두 개의 열이 있는 표의 예를 사용하여 다음과 같이 교차표에서 계산된다.

1단계: 행 수에서 1을 뺀 값: 3−1=2

2단계: 열 수에서 1을 빼기: 2−1=1

3단계: 1단계에 2단계를 곱함: (2)(1)=2

따라서 이 예에서는 자유도가 2이다.

분할계수

카이자승검정 과정의 마지막 단계는 제10장에서 참고한 문자 C로 상징되는 분할계수(contingency coefficient)를 계산하는 것이다. 그것은 분할표에서 연관성의 정도(degree of association)를 나타내는 척도이다. 제12장에서는 카이자승검정과 분할계수를 계산하는 방법을 보여 준다.

분할계수는 상관계수와 동일한 방식으로 해석할 수 없다. 〈표 11-1〉을 사용하여 해석해야 한다. 이 표는 교차표의 셀(cell) 수에 따른 C의 상한을 나타낸다.

〈표 11-1〉 다른 크기의 교차표를 위한 분할계수값

표의 크기(셀의 수)	계산된 C에 대한 상한[19]
2×2	.71
3×3	.82
4×4	.87
5×5	.89
6×6	.91

기법 요약

가장 일반적으로 사용되는 추론절차의 명칭과 그 사용에 적합한 자료유형은 〈표 11-2〉에 요약되어 있다.

〈표 11-2〉 일반적으로 사용되는 추론기법

	모수적	비모수적
양적	독립평균에 대한 t-검정 상관평균에 대한 t-검정 분산분석(ANOVA) 공분산분석(ANCOVA) 다변량분산분석(MANOVA) r에 대한 t-검정	맨-휘트니 U검정 크루스칼-왈리스 일원분산분석 부호검정 프리드만 이원분산분석
범주형	비율에 대한 t-검정	카이자승

이 요약은 이 책을 읽는 중에 이러한 용어를 발견할 때마다 유용한다. 이러한 기법 간에 수학적 근거와 계산의 세부사항은 크게 다르지만, 기억해야 할 가장 중요한 사항은 다음과 같다.

1. 모든 추론절차의 최종 산출물은 같다. 즉, 표본자료를 가설의 모집단 특성에 관련짓는 확률의 진술이다.
2. 모든 추론기법은 무선표집을 가정한다. 무선표집이 아닐 경우, 그 결과로 초래된 확률은 알 수 없는 정도로 오차가 발생한다.

19) 크기가 다른 표의 상한(예: 2×3 또는 3×4)은 알 수 없지만, 주어진 값에서 추정할 수 있다. 따라서 3×4표의 상한은 약 .85가 된다.

3. 추론기법은 단 한 가지 질문에 대답하기 위한 것이다. 표본자료가 주어졌을 때, 가능한 모집단 특성은 무엇인가? 이러한 기법은 자료가 의미 있거나 유용한 결과를 보여 주는지 여부를 결정하는 데 도움이 되지 **않으며**(not), 일반화할 수 있는 정도만 나타낸다.

연구논쟁

통계검정력이 오도할 수 있는가?

통계검정력 분석이 연구자를 오도할 수 있는가? 1994년 연방정부의 살상용 무기 금지 이후 1년 동안 총기살인은 기존의 추세에 근거해 예상했던 것보다 6.7% 더 감소했다는 연구결과가 한 예를 제시했다. 이 차이는 통계적으로 유의하지 않았다. 연구 저자들은 통계검정력 분석을 수행하였고, 실제 존재하는 효과를 검출할 수 있는 충분히 강력한 통계검정을 실시하기 위해서는 더 큰 표본과 더 오랜 시간이 필요하다고 결론지었다.[20]

Kleck은 훨씬 더 오랜 기간과 더 큰 표본(따라서 더 큰 통계검정력)을 가지고도, 금지법의 영향은 너무 미미해서, "우리는 그렇게 작은 영향을 신뢰롭게 탐지할 수 없었다"라고 주장했다.[21] 그는 관찰된 감소가 범죄율이 높은 지역에서의 감소된 크랙(crack) 사용(통제되지 않은 변수)과 같은 다른 요인 때문일 수 있다는 연구 저자들의 의견에 동의했다. 그는 그러한 알려진 한계에 비추어 볼 때, 그러한 연구를 수행할 만한 가치가 있는지를 물었다. Koper와 Roth는 그들이 그러한 사회정책 이슈에 관한 결정의 중요성 때문이라고 주장했다.[22]

여러분은 어떻게 생각하는가? 그러한 연구는 연구할 만한 가치가 있는가?

통계적 검정력

통계적 검정력(power of a statistical test)은 망원경의 배율과 유사하다. 저배율 망원경으로 화성이나 금성을 보는 천문학자들은 아마도 그 행성들이 구처럼 생겼다는 것을 볼 수 있지만, 차이를 많이 볼 수 있을 것 같지는 않다. 그러나 그들은 고배율 망원경으로 달과 산과 같은 차이점을 볼 수 있다. 통계검정의 목적이 차이를 평가하는 데 있는 경우, 검정력은 실제로 차이가 있을 때 차이가 있다는 결론을 올바르게 도출할 확률이다.

축구코치가 필드골을 차는 새로운 기술을 연구하고자 한다고 가정해 보자. 그는 고등학교선수 30명을 표본으로 삼아 30골씩 차게 한다. 선수들은 새로운 기술을 배운 후에 같은 '검사'를 받는다. 평균 골의 수는 코칭 전 11.2골, 코칭 후 18.8골, 즉 7.6골 차이이다. 영가설은 어떤 양적(positive) 차이(즉, 코칭 후 목표 수에서 코칭 전 목표 수를 뺀 값)가 실제 모집단 차이인 0과 우연한 차이라는 것이다. 일방 t-검정은 통계적 유의도를 검정하는 데 사용되는 기법이다.

이 예제에서, .05 수준에서 영가설을 기각하기 위한 임계값이 계산된다. 임계값이 5.8이라고 가정해 보자. 평균차이가 +5.8보다 크면, 영가설을 기각한다. 차이가 7.6이므로, 영가설을 기각한다. [그림 11-18]은 그 상태를 나타낸다.

20) Koper, C. S., & Roth, J. A. (2001). The impact of the 1994 assault weapon ban on gun violence outcomes: An assessment of multiple outcome measures and some lessons for policy evaluation. *Journal of Quantitative Criminology, 17*(1), 33–74.

21) Kieck, G. (2001). Impossible policy evaluations and impossible conclusions: A comment on Koper and Roth. *Journal of Quantitative Criminology, 17*(1), 80.

22) Koper, C. S., & Roth, J. A. (2001). A priori assertions versus empirical inquiry: A reply to Kleck. *Journal of Quantitative Criminology, 17*(1), 81–88.

[그림 11-18] 영가설 기각

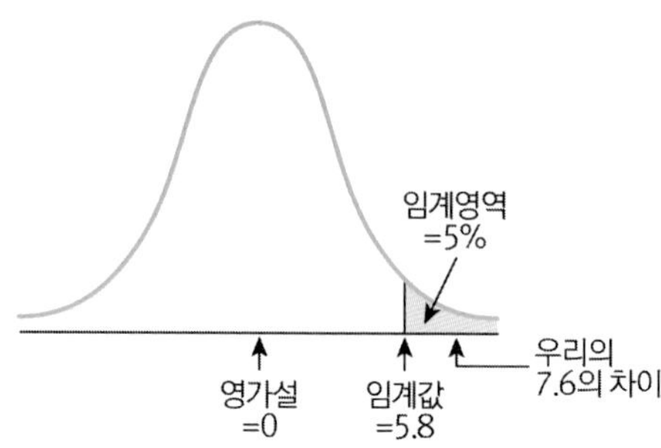

실제 모집단의 차이가 8.0이라는 것을 알고 있다고 가정해 보자. 이는 [그림 11-19]와 같다. 어두운 음영부분은 임계값 5.8을 사용하여 영가설(현재 잘못된 것으로 '알고 있는')이 기각되지 않을 확률을 나타낸다. 즉, 영가설이 기각될 정도로 충분한 빈도가 5.8 이하임을 보여 준다. 이 영역은 β이며, t-검정표에서 결정된다. 모집단 차이의 특정 '알려진' 값 아래의 검정력은 음영처리된 영역 $1-\beta$이다. 이 경우, 실제 값이 8이면 $p=.05$를 사용하는 t-검정이 이를 탐지하지 못하는 경우가 매우 많다.

[그림 11-19] 가정된 모집단 값 아래의 검정력

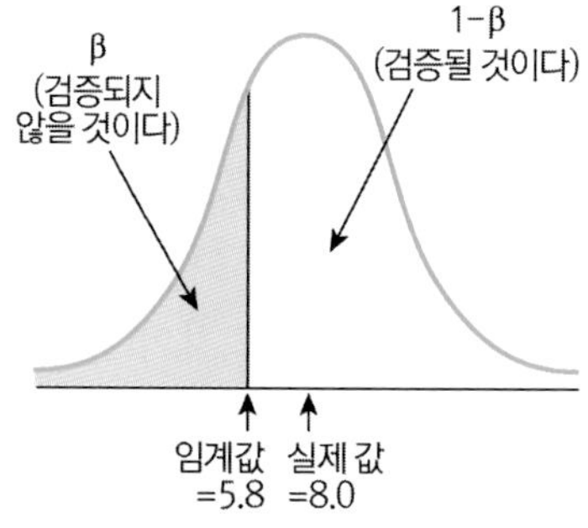

일련의 가정된 '참' 값에 대한 검정력($1-\beta$)도 동일한 방법으로 구할 수 있다. 가정된 '참' 값과 대비하여 검정력을 그렸을 때, 그 결과는 **검정력 곡선(power curve)**이라고 하며 [그림 11-20]과 같다. 다른 기법에 대해 그러한 검정력 곡선을 비교하는 것은[예: t-검정 대 맨-휘트니(Mann-Whitney) U검정] 특정 상황에서 사용하기 위한 상대적 효율성을 나타낸다. 모수적 검정(예: ANOVA, t-검정)은 일반적으로 비모수적 검정(예: 카이자승, 맨-휘트니 U검정)보다 더 검정력이 높지만 항상 검정력이 높지는 않다.

[그림 11-20] 검정력 곡선

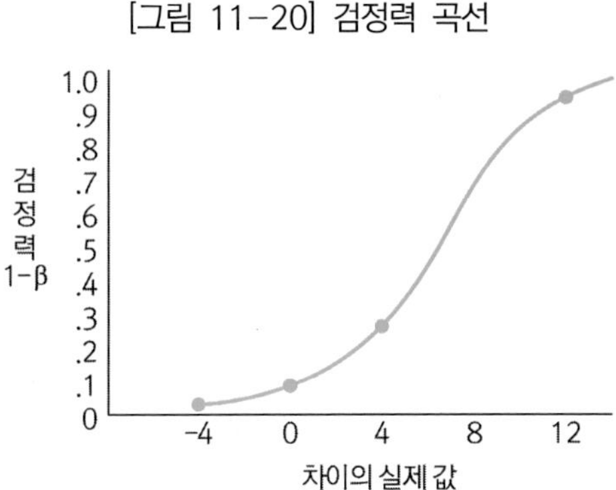

분명히 연구자는 가능하면 강력한 통계적 검정, 즉 모집단 내에 관계가 있는 경우, 관계를 탐지할 수 있는 검정을 사용하기를 원한다. 따라서 가능하면 검정력을 증가시켜야 한다. 이는 어떻게 할 수 있는가?

적절한 경우, 모수적 검정의 사용과 더불어 검정력을 증가시키는 방법은 적어도 네 가지가 있다.

1. 표집오차를 다음과 같은 방법으로 줄인다.
   1) 표본크기 증가. 통계적 검정력 분석을 실시함으로써 필요한 표집크기의 추정치를 얻을 수 있다. 이를 위해서는 n에 대해 사용 및 해결하려는 통계 계산에 사용된 모든 값(n = 표본크기 제외)의 추정이 필요하다(예: t-검정에 사용된 공식은 328쪽의 〈표 12-2〉 참고).[23)*]
   2) 측정오차를 줄이기 위해 타당한 척도 사용
   3) 인구통계자료를 제한함으로써 표본의 변산성 감소(예: '고등학생'이 아닌 '고등학교 1학년'). 단, 이는 일반화 가능성을 낮춘다.
2. 연구 중인 관계를 모호하게 할 수 있기 때문에, 외생변수에 대한 통제
3. (만약 처치가 있는 경우) 아마도 더 오랜 기간을 사용함으로써, 처치의 강도 증가
4. 그렇게 하는 것이 타당한 이유가 있을 경우, 일방검증 사용

23) 표는 원하는 효과크기(324쪽 참고)와 원하는 검정력 수준의 조합을 바탕으로 표본크기를 추정하는 데 사용할 수 있다. 또한 Lipsey, M. W. (1990). *Design sensitivity: Statistical power for experimental research*. Sage.을 보라.

이 장의 시작 부분에 있는 **상호작용 · 응용 프로그램 학습** 기능으로 돌아가 상호작용 · 응용 프로그램 활동목록을 확인하라. www.mhhe.com/fraenkel10e의 **온라인학습센터**로 이동하여 퀴즈를 풀고 핵심 용어를 연습하며 장(章)의 내용을 검토하라.

핵심 요점

추론통계란 무엇인가?

- 추론통계는 표본에서 얻은 자료를 바탕으로 모집단에 대한 추론을 할 수 있는 특정 절차를 말한다.
- 연구에서 사용되는 **확률**(probability)이라는 용어는 특정 사건이 발생할 것으로 기대된 상대빈도를 나타낸다.

표집오차

- **표집오차**(sampling error)라는 용어는 동일한 모집단으로부터 반복적인 표집의 결과로 발생하는 표본 통계에서의 변산성을 말한다.

표본평균의 분포

- 평균의 표집분포는 동일한 모집단에서 매우 많은 수의 표본의 평균을 도해한 빈도분포이다.
- 평균의 표준오차는 평균의 표집분포의 표준편차이다. 평균 간 차이의 표준오차는 표본평균 간 **차이**(differences)의 표집분포의 표준편차이다.

신뢰구간

- 신뢰구간은 모집단 모수(모집단 평균과 같은)가 특정한 잘못될 확률과 위치할 것이라고 말할 수 있는 표본통계(표본평균과 같은)의 위와 아래로 확장되는 영역이다.

가설검정

- 통계적 가설검정은 가상적인 모집단 모수가 주어졌을 때 얻어진 표본통계가 발생할 확률을 결정하는 방법이다.
- 연구가설은 연구자가 모집단에 존재한다고 생각하는 관계의 본질을 명시한다.
- 영가설은 일반적으로 모집단에 관계가 없음을 명시한다.

유의도 수준

- 상관계수는 두 개의 양적 변수 간의 관계 정도를 나타내는 수치 지수이다. 교육연구에 가장 일반적으로 사용되는 것은 Pearson *r*이다.
- **유의도 수준**(significance level)[또는 **유의도의 수준**(level of significance)]이라는 용어는 표집오차의 결과로 발생하는 표본통계의 확률을 말한다.
- 교육연구에 가장 일반적으로 사용되는 유의도 수준은 .05와 .01 수준이다.
- 통계적 유의도와 실제적 유의도는 반드시 동일하지도 않다. 결과가 통계적으로 유의하더라도 실제적으로(즉, 교육적으로) 유의하지 않을 수 있다.

통계적 유의도 검정

- 일방 유의도 검정은 연구가설이 방향적인 가설이기 때문에 표집분포의 1/2에 기초한 확률의 사용을 수반한다.
- 반면, 쌍방검정은 연구가설이 비방향적 가설이기 때문에 표본분포의 양쪽에 기초한 확률의 사용을 수반한다.

양적 자료에 대한 모수적 검정

- 모수적 통계검정은 연구와 관련된 표본을 추출한 모집단의 본질에 대한 다양한 종류의 가정을 요구한다.
- 양적 자료를 분석하기 위해 일반적으로 사용되는 모수적 기법 중 몇 가지는 평균에 대한 t-검정, ANOVA, ANCOVA, MANOVA, MANCOVA, 그리고 r에 대한 t-검정이 포함된다.

범주형 자료에 대한 모수적 검정

- 범주형 자료를 분석하기 위한 가장 일반적인 모수적 기법은 비율의 차이에 대한 t-검정이다.

양적 자료에 대한 비모수적 검정

- 비모수적 통계기법은 연구에서 표본을 추출한 모집단의 본질에 대한 가정을, 비록 있더라도 거의 하지 않는다.
- 양적 자료를 분석하는 데 일반적으로 사용되는 비모수적 기법으로는 맨-휘트니(Mann-Whitney) U검정, 크루스칼-왈리스(Kruskal-Wallis) 일원분산분석, 부호검정, 그리고 프리드만(Friedman) 이원분산분석이 있다.

범주형 자료에 대한 비모수적 검정

- 카이자승검정은 범주형 자료를 분석하는 데 가장 일반적으로 사용되는 비모수적 기법이다.
- 분할계수는 두 범주형 변수 간의 관계 정도를 나타내는 기술통계이다.

통계적 검정력

- 특정 자료 세트에 대한 통계적 검정의 검정력은 실제로 존재하는 경우 모집단 모수 간의 차이를 확인할 수 있는 가능성이다.
- 모수적 검정은 일반적으로 비모수적 검정보다 더 검증력이 높지만 항상 그러하지는 않다.

핵심 용어

r에 대한 t-검정(t-test for r)
공분산분석(analysis of covariance: ANCOVA)
다변량공분산분석(multivariate analysis of covariance: MANCOVA)
다변량분산분석(multivariate analysis of variance: MANOVA)
독립비율에 대한 t-검정(t-test for independent proportions)
독립평균에 대한 t-검정(t-test for independent means)
맨-휘트니 U검정(Mann-Whitney U test)
모수적 기법(parametric technique)
부호검정(sign test)
분산분석(analysis of variance: ANOVA)
분할계수(contingency coefficient)
비모수적 기법(nonparametric technique)
비율의 차이에 대한 t-검정(t-test for a difference in proportions)
상관평균에 대한 t-검정(t-test for correlated means)
신뢰구간(confidence interval)
실제적 유의도(practical significance)
쌍방검정(two-tailed test)
연구가설(research hypothesis)
영가설(null hypothesis)
윌크스의 람다(Wilk's lambda)
유의도 수준(level of significance)
제1종 오류(Type I error)
제2종 오류(Type II error)
일방검정(one-tailed test)
자유도(degrees of freedom: df)
차이의 표준오차(standard error of the difference: SED)
추론통계(inferential statistics)
카이자승검정(chi-square test)
크루스칼-왈리스 일원분산분석(Kruskal-W allis one-way analysis of Variance)
통계적 검정력(power of a statistical test)
통계적 유의도(statistical significance)
평균의 표준오차(standard error of the mean: SED)
표집분포(sampling distribution)
표집오차(sampling error)
프리드만 이원분산분석(Friedman two-way analysis of variance)
확률(probability)

토론거리

1. "가설은 절대 입증될 수 없고, 단지 지원될 뿐이다." 이 진술은 사실인가, 아닌가? 그에 대해 설명하라.
2. 어떠한 두 표집도 모든 특성이 동일하지는 않다. 왜 동일하지 않는가?

3. 연구자가 자신의 자료를 분석하기 위해 추론통계를 사용할 필요가 없는 경우는 언제인가?
4. "어떠한 표집 절차, 심지어 무선표집도 완전히 대표적인 표본임을 보장하지 않는다." 이 진술은 사실인가? 이에 대하여 논의하라.
5. 실제적으로 유의한 관계가 통계적으로 유의하지 않기 때문에 무시할 수 있는가? 그 반대는 어떠한가? 각각의 예를 제시할 수 있는가?

연구실습 11. 추론통계

문제지 11을 사용하여, 연구에 적합한 추론기법(있는 경우)을 나타내라. 유의도 검정을 수행하지 않거나 신뢰구간을 계산하지 않을 것인지 여부를 나타내고, 그렇지 않은 경우 그 이유를 기술하라. 여러분의 연구에 추론기법을 사용할 생각이 없다면, 그 이유를 설명하라.

이 문제지의 전자 버전은 학지사 공식 홈페이지(www.hakjisa.co.kr) 『연구방법론: 교육연구설계 및 평가』의 도서 상세정보에서 내려받을 수 있다.

문제지 11 추론통계

1. 연구질문은: ______________________________

2. 내 연구에 적합한 추론기법은 다음과 같다.

3. **모수적** 또는 **비모수적** 기법을 사용할지 여부와 그 이유를 기술하라.

4. 유의도 검정을 수행할지 여부와 그 이유를 기술하라.

5. 다음과 같은 이유로 신뢰구간을 계산할 것인지 여부를 기술하라.

6. 나는 다음과 같은 이유로 내 연구에 어떠한 추론기법도 사용하지 않을 것이다.

7. 나의 표본에 사용된 표본의 유형은 다음과 같다.

8. 내 연구에서 이러한 유형의 표본을 사용하면 추론통계 사용에 다음과 같은 제한이 있다.

제12장 통계 총괄

학습목표

이 장을 학습하면 다음을 수행할 수 있어야 한다.

- 두 개 이상의 집단에서 얻은 자료를 비교할 때 몇 가지 권장사항을 적용할 수 있다.
- 단일집단 내에서 변수를 연관시킬 때 몇 가지 권장사항을 적용할 수 있다.
- '효과크기'라는 용어의 의미를 설명할 수 있다.
- 자료를 해석하기 위해 빈도다각형, 산점도, 교차표를 사용하는 방법을 간략히 기술할 수 있다.
- 통계적으로 유의한 연구결과와 실제적으로 유의한 연구결과를 구별할 수 있다.

상호작용 · 응용 학습	이 장을 읽는 동안 또는 읽은 후:
 다음을 하려면, 온라인학습센터 (www.mhhe.com/fraenkel10e)로 접속하라.	 다음 활동을 수행하기 위해 온라인 학습자 완전학습 활동(Student Mastery Activities) 책을 읽으라.
• 통계적 유의도 대 실제적 유의도에 대한 심화학습	• 활동 12.1: 통계적 유의도 대 실제적 유의도 • 활동 12.2: 적절한 기법 • 활동 12.3: 자료해석 • 활동 12.4: 자료수집

"결과가 나왔어요."라고 한 교사가 말한다. "지난 학기에 했던 연구에 대한 컨설턴트의 보고서를 받았어요."

둘 다 중학교 2학년 사회과목을 가르치고 있는 한라중학교로 가는 카풀을 타고 가면서 "그게 무슨 연구였어요?"라고 강 교사가 묻는다.

"기억 안 나요? 대학교에서 온 그 남자가 사회과목을 가르치는 우리 중 몇 명에게 탐구접근방법을 시도해 보라고 했었잖아요?".

"그래요, 기억나요. 저는 실험집단에 속해 있었어요. 우리는 그가 설계했던 일련의 탐구지향 수업을 사용했어요. 그는 해당 학생들의 결과와 교사가 그 수업방법을 사용하지 않는 비슷한 능력의 학생들의 결과를 비교했어요. 뭘 알아내었어요?"

"음, 보고서에 따르면, 교사가 탐구수업을 사용한 학생들의 시험점수가 상당히 높았다고 해요. 하지만 그게 무엇을 시사하는지 잘 모르겠어요."

"그것은 다른 집단의 교사들이 사용한 방법이 무엇이든, 탐구방법이 더 우수하다는 것을 의미하는 것 아니예요?"라고 강 교사가 묻는다.

"잘 모르겠어요. 그것은 그가 이야기하고 있는 유의도가 실제적 유의도인지 통계적 유의도인지에 따라 달라요."라고 한 교사가 대답한다.

"그 차이가 뭐예요?"

통계적 유의도와 실제적 유의도 간의 이러한 차이는 연구의 결과에 대해 말할 때 중요하다. 그것은 이 장에서 배울 내용 중 하나이다.

이제 기술통계와 추론통계 모두에 어느 정도 익숙해졌으므로, 그것을 실제에 더 구체적으로 관련짓고자 한다. 이러한 통계의 적절한 사용은 무엇인가? 이것의 적절한 해석은 무엇인가? 연구의 참여자나 소비자로서 주의해야 할 일반적인 오류나 실수는 무엇인가?

기술통계와 추론통계 모두에 적절한 사용이 있다. 그러나 경우에 따라서는 둘 중 하나 또는 둘 다 부적절하게 사용될 수 있다. 따라서 이 장에서는 앞의 두 장에서 설명한 기술통계와 추론통계의 적절한 사용에 대해 논의하고자 한다. 우리는 모든 연구자가 두 가지 유형의 통계를 사용할 때 고려해야 한다고 생각하는 여러 가지 권장사항을 제시할 것이다.[1)]

연구에 대한 접근방법

교육에 대한 많은 연구는 두 가지 방법 중 하나로 행해진다. 두 개 이상의 집단이 비교되거나 한 집단 내의 변수가 관련되어 있다. 또한 지금까지 살펴본 바와 같이, 연구자료는 양적 자료이거나 범주형 자료일 수 있다. 따라서 [그림 12-1]과 같이, 네 가지의 다른 연구조합이 가능하다.

모든 집단은 개별 단위로 구성된다. 대부분의 경우, 한 단위(unit)는 1명이고, 집단(group)은 일련의 사람들(a group of people)이다. 다만, 단위 자체가 집단(예를 들어, 한 반의 학생들)인 경우도 있다. 이러

1) 이 책의 저자들은 모든 연구자가 이러한 권장사항에 동의하는 것은 아니라는 것을 인정한다.

한 경우, '집단'은 반의 집합(a collection of classes)이 된다. 이것은 다음과 같은 가설에 의해 설명된다. "교사 친화력은 학생의 학습과 관련이 있다." 이 가설은 일련의 학급, 교사 '친화력'과 각 **학급**(class)의 평균 학생 학습의 척도로 연구될 수 있다.

[그림 12-1] 자료와 연구에 대한 접근방법의 조합

	자료	
	양적	범주형
둘 이상의 집단이 비교된다.		
한 집단 내의 변수가 관련된다.		

또 다른 복잡한 질문는 동일한 개인이 두 가지 이상의 다른 처치나 방법을 받는 연구에서 발생한다. 처치를 비교할 때, 다른 사람의 집단이 아니라 다른 시간에 같은 집단에 의해 얻어진 다른 점수 집단을 비교하고 있다. 그럼에도 불구하고, 통계분석은 비교집단 모형에 적합하다. 제13장에서 이 점에 대해 더 자세히 논의한다.

집단비교: 양적 자료

기법

양적 자료를 사용하여 두 개 이상의 집단을 비교할 때마다 빈도다각형, 하나 이상의 집중경향척도(평균) 계산 또는 하나 이상의 변산도 척도(산포도) 계산 등 다양한 방법으로 비교할 수 있다. 빈도다각형은 가장 많은 정보를 제공하고, 평균은 각 집단의 수행을 요약하는 유용한 정보이며, 산포도는 각 집단의 변산성 정도에 대한 정보를 제공한다.

따라서 두 집단에서 얻은 자료를 분석할 때, 가장 먼저 해야 할 일은 각 집단의 점수에 대한 빈도다각형을 구성하는 것이다. 이것은 각 집단에 대해 이용 가능한 모든 정보를 보여 주며, 또한 연구자가 계산해야 할 짧고 편리한 지수들을 결정하는 데 도움을 줄 것이다. 예를 들어, 집단점수의 빈도다각형을 조사하면, 중앙값 또는 평균이 사용할 집중경향의 가장 적절한 척도인지 알 수 있다. 따라서 두 집단의 양적 자료를 비교할 때, 이 책의 저자들은 다음과 같이 권장한다.

권장사항 1: 첫 번째 단계로, 각 집단점수의 빈도다각형을 준비하라.

권장사항 2: 어느 집중경향척도가 계산하기에 적절한지를 결정하기 위해 이러한 다각형을 사용하라. 만약 어떤 다각형이 한쪽 끝에 극단점수를 보여 준다면, 평균이 아닌 또는 평균과 더불어 모든 집단에 대한 중앙값을 사용하라.

해석

기술통계치가 계산되면, 해석을 해야 한다. 이 시점에서 과제는 빈도다각형과 평균이 조사 중인 질문이나 가설에 대해 연구자에게 무엇을 말하는지를 말로 기술하는 것이다. 한 가지 핵심적인 질문이 제기된다. 중요한 것이 되기 위해서는 두 집단 간의 평균 차이가 얼마나 커야 하는가? 이러한 차이가 언제 **차이를 만드는가**(make a difference)? 어떻게 결정하는가? 이것이 제11장에서 논의했던 실제적 유의도 대 통계적 유의도의 문제라는 것을 기억할 것이다.

알려진 집단에 대한 정보 사용

불행히도 대부분의 교육연구에서는 이 정보를 얻기 어렵다. 때때로 이전의 경험이 도움이 될 수 있다. IQ점수의 장점 중 하나는, 여러 해 동안 많은 교육자가 그들 간에 의미 있는 차이를 만들기에 충분한 경험을 했다는 것이다. 예를 들어, 경험이 풍부한 대부분의 상담사, 행정가 및 교사는 두 집단 간의 5점 미만의 평균 차이는 통계적으로 얼마나 큰 차이가 나더라도 유용한 의미는 거의 없다는 것을 알고 있다. 그들은 또한 10점의 평균 차이가 중요한 의미를 갖기에 충분하다는 것을 알고 있다. 다른 경우, 연구자는 평균 간 차이의 크기를 해석하는 데 사용할 준거틀 또는 표준을 사용할 수 있다. 그러한 표준 중 하나는 **알려진 집단**(known groups)의 평균점수로 구성된다. 예를 들어, 이 책의 저자들 중 한 명이 참여한 비판적 사고 연구에서 특별교육과정을 받은 고등학교 2학년 집단의 연말 평균점수는 일반적인 고등학교 2학년 집단의 평균점수보다 높고, **그리고**(and) 대학생 집단의 평균점수에 근접한 반면, 비교집단은 둘 다보다 낮은 점수를 받았다. 특별교육과정집단도 비교집단보다 두 배 높은 가을–봄학기 평균 차이율을 나타냈기 때문에, 특별교육과정집단의 수행을 다른 집단과 비교함으로써 얻은 총 증거는 특별교육과정집단의 차이률이 유의하다는 것을 보여 주었다.

효과크기 계산

두 집단의 평균 간 차이의 크기를 사정하는 또 다른 기법은 **효과크기**(effect size: ES)로 알려진 것을 계산하는 것이다.[2)]

효과크기는 통계적으로 유의한지 여부에 관계없이 얻은 평균 간의 차이 크기를 고려한다. 가장 일반적으로 사용되는 효과크기 지수 중 하나는 델타(Δ)라고 불리며, 비교되는 두 집단의 평균 간 차이를 비교집단의 표준편차로 나누어 구한다. 즉, 다음과 같다.

$$\Delta = \frac{\text{실험집단의 평균} - \text{비교집단의 평균}}{\text{비교집단의 표준편차}}$$

두 집단의 평균점수에서 사전–사후 차이(gain)를 비교할 때 공식은 다음과 같이 수정된다.

$$\Delta = \frac{\text{평균 실험집단 차이} - \text{평균 비교집단 차이}}{\text{비교집단의 차이의 표준편차}}$$

차이점수의 표준편차는 먼저 각 개인에 대한 차이(사후 대비 사전)점수를 얻은 후 평소처럼 표준편차

---

2) **효과크기**(effect size)라는 용어는 일련의 통계지수를 확인하기 위해 사용되며, 이들 모두는 관계의 크기를 명확히 하기 위한 공통의 목적을 가지고 있다.

를 계산하여 구한다.[3)]

효과크기는 두 집단의 평균 간 차이의 크기를 평가하는 데 유용한 도구이지만, 그 자체로는 연구자가 얻은 차이를 중요하게 고려하는 것이 얼마나 큰지에 대한 질문에 답하지 못한다. 유의수준의 경우와 마찬가지로, 이는 본질적으로 자의적인 결정이다. 대부분의 연구자는 .50 이상의 효과크기(즉, 비교집단 점수의 표준편차 절반)가 중요한 연구결과라고 생각한다. 점수가 정규분포에 적합하면, 이러한 값은 두 집단 간 평균 차이가 비교집단의 가장 높은 점수 및 가장 낮은 점수 사이의 거리의 1/12임을 나타낸다. 따라서 두 집단의 평균 간 차이의 크기를 사정할 때, 이 책의 저자들은 다음과 같이 권장한다.

권장사항 3: 가능한 경우, 얻은 결과와 알려진 집단의 평균 자료를 비교하라.

권장사항 4: 효과크기를 계산하라. .50 이상의 ES를 중요한 것으로 해석하라(ES의 값이 작을수록, 실제적인 중요도와는 달리 이론적인 중요도를 가질 것이다).

추론통계 사용

두 집단의 평균 간 차이의 중요도를 판단하는 세 번째 방법은 **추론통계**(inferential statistics)를 사용하는 것이다. 빈도다각형이나 평균의 차이를 조사하기 전에, 연구자가 추론기법(t-검정, 분산분석 등)을 적용하고, 그 연구결과를 해당 연구결과의 중요도를 평가하기 위한 **유일한**(only) 준거로 사용한 것을 알 수 있다. 이러한 실제는 다음과 같은 이유로 공격받고 있다.

1. 비교된 집단이 특정 모집단의 무선표본이 아닌 경우(비정규적), 결과(확률, 유의수준 및 신뢰구간)는 알 수 없는 정도로 오차가 발생하여 오해의 소지가 있다.
2. 결과는 표본크기에 크게 영향을 받는다. 두 집단 각각에 100명의 사례가 있는 경우, 4.2점의 평균 IQ점수 차이는 .05 수준에서 통계적으로 유의하다(대부분의 IQ검사의 경우에서처럼, 표준편차가 15라고 가정). 비록 통계적으로 유의하지만, 이 차이는 매우 작기 때문에 실제적인 의미에서는 유의하지 않다.
3. 실제 차이의 정도는 최소화되거나 간과될 수 있다.
4. 추론통계의 목적은 표본의 결과를 모집단에 일반화하는 데 적절한 정보를 제공하는 것이지 표본의 결과를 평가하는 것이 아니다.

3) 차이점수를 구하는 더욱 효과적인 방법이 있지만, 다음 장으로 논의를 미룬다.

[그림 12-2] 차이를 만들지 않는 차이

따라서 추론통계의 사용에 관련하여, 이 책의 저자들은 다음과 같이 권장한다.

권장사항 5: 얻어진 크기의 평균 간 차이가 중요하다는 설득력 있는 주장을 할 수 있는 경우에만 추론통계를 사용하는 것을 고려하라([그림 12-2] 참고).

권장사항 6: 표본평균 간 차이의 크기를 평가하기 위해 통계적 유의도 검정을 사용하지 말라. 그것이 의도된 바대로만, 즉 결과의 일반화 가능성을 판단하기 위해서만 사용하라.

권장사항 7: 무선표본을 사용하지 않는 한 확률 또는 유의수준을 정확한 값이 아닌 대략적인 지수로 해석하라.

권장사항 8: 추론기법의 결과를 유의도 수준보다(또는 더불어) 신뢰구간으로 보고하라.

예시

이러한 유형의 분석을 설명하기 위한 예를 들어 보자. 우리는 적절한 계산을 상세하게 제시하고, 그런 다음 그 결과를 해석할 것이다. 두 집단의 중학교 2학년 학생들이 한 학기 동안 서로 다른 사회탐구 교육을 받는다고 가정해 보자. 한 집단의 교사는 탐구방법을 사용하고, 다른 집단의 교사는 강의방법을 사용한다. 연구자의 가설은 탐구방법이 제8장의 '설명할 수 있는 능력검사(test of ability to explain)' (202-203쪽 참고)에서 측정한 기술을 설명하는 데 있어 강의방법보다 더 크게 향상될 것이라는 것이다. 각 학생은 학기 초와 학기 말에 검사를 받는다. 검사는 40개의 문항으로 구성되어 있으며, 사전검사 점수 범위는 3에서 32점, 즉 29점이다. 차이점수(사후검사-사전검사)가 얻어졌다. 이러한 차이점수는 〈표 12-1〉의 빈도분포와 [그림 12-3]의 빈도다각형에 나타나 있다.

〈표 12-1〉 설명할 수 있는 능력검사에서 차이점수: 탐구방법집단과 강의방법집단

	탐구		강의	
차이점수	빈도	누적빈도	빈도	누적빈도
11	1	60	0	60
10	3	59	2	60
9	5	56	3	58
8	7	51	4	55
7	9	44	4	51
6	9	35	7	47
5	6	26	9	40
4	6	20	8	31
3	5	14	7	23
2	4	9	6	16
1	2	5	4	10
0	3	3	5	6
−1	0	0	1	1

이러한 빈도다각형은 평균을 비교하는 것이 적절함을 나타낸다. 왜 그러한가?[4] 탐구방법집단의 평균은 5.6인데 반해, 강의방법집단의 평균은 4.4이다. 평균 간 차이는 1.2이다. 이 경우, 알려진 집단의 평균과 비교할 수 없다. 이러한 자료는 사용할 수 없기 때문이다. 효과크기를 계산하면, ES가 .44로, 대부분의 연구자가 유의도를 위해 권장하는 .50보다 약간 낮다. 그러나 [그림 12-3]의 검사 결과, 두 집단의 평균 차이를 무시해서는 안 된다. [그림 12-4]와 〈표 12-2〉는 7점 이상을 획득한 학생의 수가 탐구방법집단에서 25명, 강의방법집단에서 13명(약 절반)임을 보여 준다. 40개 문항 검사에서 7점의 차이는 상당한 것으로 간주할 수 있으며, 사전검사에서 범위가 29점(3-32)이었다는 것을 회상해 보면, 더욱 그러하다. 8점의 차이를 사용할 경우, 탐구방법집단에서는 16점, 강의방법집단에서는 9점이 된다. 6점의 차이를 사용하면, 34점과 20점이 된다. 우리는 이러한 불일치가 강의방법보다 탐구방법을 권장하기에 충분히 크다고 주장할 것이다.

[그림 12-3] 설명할 수 있는 능력검사에서 차이점수의 빈도다각형

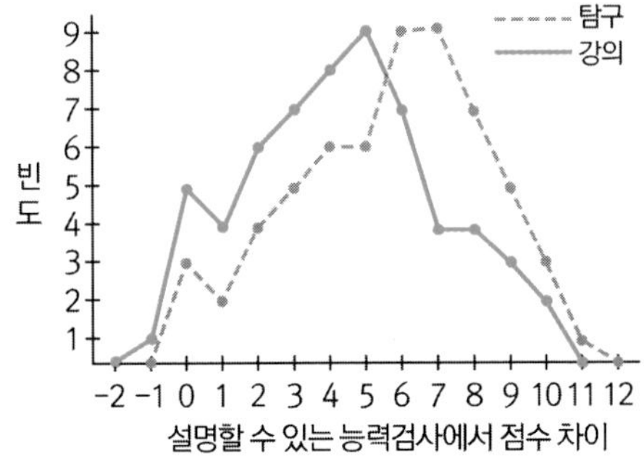

4) 다각형은 양 끝에 극단점수가 없이 거의 대칭이다.

연구논쟁

통계적 추론검사: 좋은가, 나쁜가?

통계적 추론에 관한 이 책의 저자들의 권장사항은 논란의 여지가 없다. 극단적인 것은 교육연구에 통계적 추론검사를 사용하는 것을 금지해야 한다고 주장하는 Carver[5)]와 Schmidt[6)]의 견해이다. 그리고 2000년 미국교육연구학회(American Educational Research Association: AERA) 회원들을 대상으로 한 설문조사에서 19%가 이에 동의한 것으로 나타났다.

또 다른 극단에서는 "저자는 관찰된 효과가 통계적으로 일어날 것 같지 않은지를 **먼저(first)** 나타내고, 그리고 **만약** 그러한 **경우에만(only if)** 관찰된 효과가 얼마나 **크거나 중요한지(large or important)**를 나타내야 한다[그것은 차이를 **만드는(make)** 차이인가?]"는 Robinson과 Levin의 의견에 동의하는 사람들이 있다.[7)]

Cahan은 반대로 효과와 관련하여 오해를 불러일으키는 결론을 피하는 방법은 유의도 검정을 사용하는 것이 아니라 표본크기 증가를 수반하는 신뢰구간을 사용하는 것이라고 주장했다.[8)]

1999년 통계적 추론에 대한 미국심리학회 태스크포스(American Psychological Association Task Force on Statistical Inference)는 추론검정을 금지하지 말고, 연구자가 "p값을 보고할 때 항상 어떤 효과크기 추정치를 제공해야 한다."라고 권장했다. 그리고 더 나아가 "이전에 보고된 연구의 맥락에서 효과크기를 보고하고 해석하는 것은 좋은 연구에 필수적이다."라고 권장했다.[9)]

여러분은 어떻게 생각하는가? 교육연구에서 유의도 검정을 금지해야 하는가?

〈표 12-2〉 〈표 12-1〉로부터 계산

탐구집단						강의집단					
차이 점수	f^a	fX^b	$X-\overline{X}^c$	$(X-\overline{X})^{2d}$	$f(X-\overline{X})^{2e}$	차이 점수	f	fX	$X-\overline{X}$	$(X-\overline{X})^2$	$f(X-\overline{X})^2$
11	1	11	5.4	29.2	29.2	11	0	0	6.6	43.6	0.0
10	3	30	4.4	19.4	58.2	10	2	20	5.6	31.4	62.8
9	5	45	3.4	11.6	58.0	9	3	27	4.6	21.2	63.6
8	7	56	2.4	5.8	40.6	8	4	32	3.6	13.0	52.0
7	9	63	1.4	2.0	18.0	7	4	28	2.6	6.8	27.2
6	9	54	0.4	0.2	1.8	6	7	42	1.6	2.6	18.2
5	6	30	−0.6	0.4	2.4	5	9	45	0.6	0.4	3.6
4	6	24	1.6	2.6	15.6	4	8	32	−0.4	0.2	1.6
3	5	15	−2.6	6.8	34.0	3	7	21	−1.4	2.0	14.0
2	4	8	−3.6	1.0	52.0	2	6	12	−2.4	5.8	34.8
1	2	2	−4.6	21.2	42.4	1	4	4	−3.4	11.6	46.4
0	3	0	−5.6	31.4	94.2	0	5	0	−4.4	19.4	97.0
−1	0	0	−6.6	43.6	0.0	−1	1	−1	−5.4	29.2	29.2
−2	0	0	−7.6	57.8	0.0	−2	0	0	−6.4	41.0	0.0
전체		Σ=338			Σ=446.4			Σ=338			Σ=446.4

5) Carver, R. P. (1993). The case against statistical significance testing revisited. *Journal of Experimental Education, 61*, 287−292.

6) Schmidt, F. L. (1996). Statistical significance testing and cumulative knowledge in psychology: Implications for training of researchers. *Psychological Methods, 1*, 115−129.

7) Robinson, D. H., & Levin, J. R. (January/February 1997). Reflections on statistical and substantive significance, with a slice of replication. *Educational Researcher, 26*, 22.

8) Cahan, S. (2000). Statistical significance is not a "Kosher certificate" for observed effects: A critical analysis of the two-step approach to the evaluation of empirical results. *Educational Researcher, 29*(5), 34.

9) Wilkinson, L., & The APA Task Force on Statistical Inference (1999). Statistical methods in psychology journals: Guidelines and explanations. *American Psychologist, 54*, 599.

$$\overline{X_1} = \frac{\sum fX}{n} = \frac{338}{60} = 5.6$$

$$SD_1 = \sqrt{\frac{f(X-\overline{X})^2}{n}} = \sqrt{\frac{446.4}{60}} = \sqrt{7.4} = 2.7$$

$$SEM_1 = \frac{SD}{\sqrt{n-1}} = \frac{2.7}{\sqrt{59}} = \frac{2.7}{7.7} = .35$$

$$\overline{X_2} = \frac{\sum fX}{n} = \frac{262}{60} = 4.4$$

$$SD_2 = \sqrt{\frac{f(X-\overline{X})^2}{n}} = \sqrt{\frac{450.4}{60}} = \sqrt{7.5} = 2.7$$

$$SEM_2 = \frac{SD}{\sqrt{n-1}} = \frac{2.7}{\sqrt{59}} = \frac{2.7}{7.7} = .35$$

$$SED = \sqrt{(SEM_1)^2 + (SEM_2)^2} = \sqrt{.35^2 + .35^2} = \sqrt{.12 + .12} = \sqrt{.24} = .49$$

$$t = \frac{\overline{X_1} - \overline{X_2}}{SED} = \frac{1.2}{.49} = 2.45 \quad p < .05$$

[a] f = 빈도
[b] fX = 빈도 × 점수
[c] $X - \overline{X}$ = 점수 − 평균
[d] $(X - \overline{X})^2$ = (점수 − 평균)^2
[e] $f(X - \overline{X})^2$ = 빈도 × (점수 − 평균)^2

추론기법(독립평균에 대한 t−검정)를 사용하면, 일방검정에서 $p < .05$임을 나타낸다(〈표 12−2〉 참고).[10] 이를 통해 연구자들은 1.2점의 평균 간 관측된 차이가 사용된 특정 표본 때문이 아닐 수 있다는 결론을 내릴 수 있다. 이 확률을 정확하게 취할 수 있는지 여부는 주로 표본이 무선으로 선택되었는지 여부에 따라 달라진다. 90% 신뢰구간은 [그림 12−4]에서 보여 준다.[11] 모집단 평균 간 0의 차이가 신뢰구간 내에 있지 않다.

[그림 12−4] 표본평균 간 1.2의 차이에 대한 90% 신뢰구간

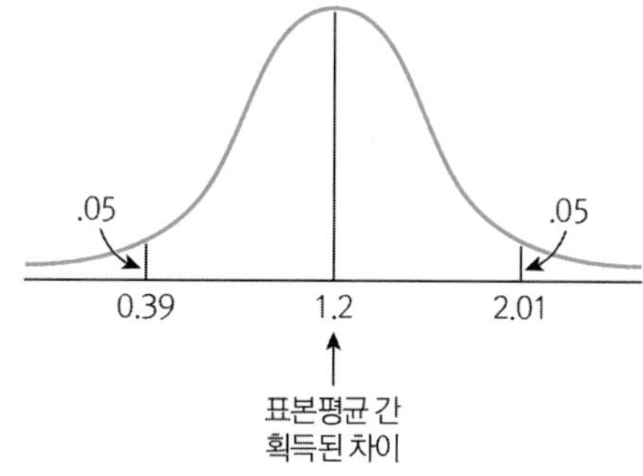

집단 내에서 변수 연관 짓기: 양적 자료

기법

단일집단 내 양적 변수 간의 관계를 조사할 때마다 적절한 기법은 산점도(scatterplot) 및 상관계수(correlation coefficient)이다. 산점도는 모든 자료를 시각적으로 나타내며, 상관계수는 자료에 대한 숫자

10) 방향적 가설은 일방검정 사용을 나타낸다(303−304쪽 참고).

11) 1.65 SED는 정규곡선의 일방에서 .05를 나타낸다. 1.65 (SED)=1.65(.49)=.81. 1.2±.81은 .39~2.01이다. 이것은 90% 신뢰구간이다. 연구자의 가설은 양의 차이(일방검정)에만 관계되므로, 1.96이 아닌 1.65를 사용하는 것이 타당하다. 물론 95% 또는 다른 신뢰구간이 사용될 수 있다.

요약을 제공한다. 따라서 단일집단에서 얻은 자료를 분석할 때 먼저 산점도를 구해야 한다. 그것은 이용 가능한 모든 정보를 제공할 뿐만 아니라 어떤 상관계수를 계산할 것인지 판단하는 데 도움이 된다[그 선택은 일반적으로 선형관계(linear relationship) 또는 직선관계(straight-line relationship)를 가정하는 Pearson r과 곡선관계(curvilinear relationship) 또는 곡선(curved) 관계를 기술하는 에타(eta) 간일 것이다].[12)]

[그림 12-5]를 살펴보자. 표시된 5개의 산점도 모두 피어슨 상관관계를 나타낸다. 그러나 (a)에서만이 계수(.50)가 관계의 본질을 완전히 전달한다. (b)에서 관계는 곡선관계이므로 축소되어 있으며 에타는 더 높은 계수를 제공한다. (c)에서 계수는 부채꼴 모양의 관계의 본질을 반영하지 않는다. (d)에서 계수는 두 개의 특징적인 하위집단이 있다는 것이 드러나지 않는다. (e)에서 계수는 몇 가지 특이한 경우에 의해 크게 부풀려진다. 이 그림들은 다소 과장되어 있지만, 실제 자료에서도 유사한 결과가 종종 발견된다.

따라서 단일집단 내의 관계를 조사할 때, 이 책의 저자들은 다음과 같이 권장한다.

권장사항 9: 산점도를 구성하는 것부터 시작하라.
권장사항 10: 상관계수를 계산하기 적절한지를 결정하기 위해 산점도를 사용하라.
권장사항 11: 결과를 해석하려면, 산점도 및 상관계수를 **모두**(both) 사용하라.

[그림 12-5] Pearson r이 .50인 산점도

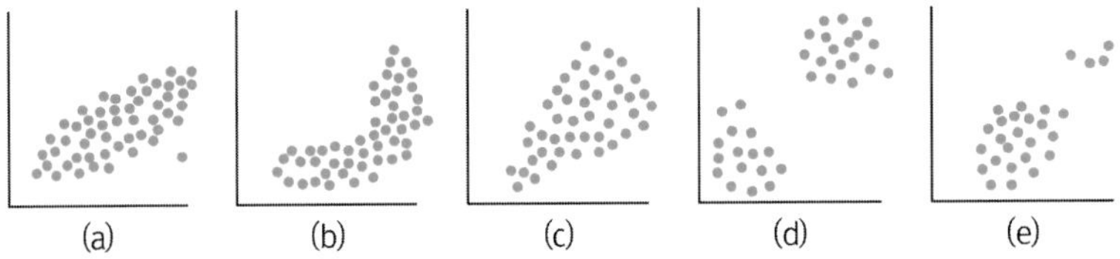

(a) (b) (c) (d) (e)

해석

산점도 및 상관관계를 해석하면, 평균의 차이와 관련하여 논의한 것과 유사한 문제가 나타난다. 중요한 관계를 나타내려면, 상관계수가 얼마나 커야 하는가? 산점도에서는 **중요한**(important) 관계가 어떻게 보이는가?

볼 수 있는 바와 같이, 연구를 수행하거나 평가하는 것은 간단하지 않다. 그것은 규칙을 따르는 문제가 아니라 오히려 정보에 근거한 판단을 요구한다. 상관계수를 판단할 때, [그림 12-5]와 같이, 먼저 그 적합성을 평가해야 한다. 피어슨 상관계수가 적절한 요약(또한 [그림 12-5]에서 항상 그렇지는 않다는 것을 보여 주었다.)인 경우, 대부분의 연구자는 연구가설을 검정할 때 〈표 12-3〉에 나타난 해석에 동의할 것이다.

---

12) 이러한 상관관계는 둘 다 관계의 크기를 나타내기 때문에, 효과크기의 예이기도 하다[이 장의 각주 2) 참고].

〈표 12-3〉 연구가설 검증 시 상관계수 해석

r의 정도	해석
.00~.40	특이한 상황을 제외하고는 실제적인 중요도는 거의 없는, 아마도 이론적으로 가치가 있을 것이다.[13]
.41~.60	실제적뿐만 아니라 이론적인 사용에 충분히 큰
.61~.80	매우 중요하지만 교육연구에서는 거의 얻을 수 없는
.81 이상	아마도 계산상의 오류일 수 있다. 만약 그렇지 않다면, 매우 큰 관계

평균의 비교와 마찬가지로, 관계의 정도에 관한 중요도를 판단하기 위해 추론통계를 사용하는 것은 일반적이며 종종 오해를 불러일으킬 수 있다. 표본이 100인 경우, 단지 .20의 상관도 .05 수준, 쌍방검정에서 통계적으로 유의하다. 따라서 산점도 및 상관계수를 해석할 때, 이 책의 저자들은 다음과 같이 권장한다.

권장사항 12: 산점도 내의 모든 점에 가장 적합한 선을 그리고, 산점도로부터의 편차범위를 기록하라. 모든 선에서 편차가 작을수록 관계가 더 유용하다.[14]

권장사항 13: 표본에서 발견된 관계 크기의 중요성에 대해 설득력 있는 주장을 제시할 수 있는 경우에만 추론통계를 사용하는 것을 고려하라.

권장사항 14: 관계의 크기를 평가하기 위해 통계적 유의도 검정을 사용하지 말라. 그것을 일반화 가능성을 판단하기 위해 의도한 대로 사용하라.

권장사항 15: 무선표본을 사용하지 않는 한, 확률 또는 유의수준을 정확한 값이 아닌 대략적인 지수로 해석하라.

권장사항 16: 추론기법의 결과를 유의수준이 아닌 신뢰구간으로 보고하라.

예시

이제 변수 간 의심스러운 관계에 대한 분석을 설명하기 위한 예를 살펴보자. 한 연구자가 상담의뢰인 사이에서 상담을 시작한 후 6개월 간의 부부 만족도가 향상되는 것이 상담을 시작할 때의 자아존중감과 관련이 있다는 가설을 검정하려고 한다고 가정해 보자. 즉, 자아존중감이 높은 사람이 낮은 사람보다 6개월 동안 처치를 받은 후 결혼 만족도가 더 향상될 것으로 기대된다. 연구자는 상담에 앞서 30명의 상담의뢰인을 확보해 각각 자아존중감 검사와 결혼 만족도 검사를 실시한다. 6개월 간의 상담이 끝나면 다시 결혼 만족도를 조사한다. 자료는 〈표 12-4〉와 같다.

〈표 12-4〉에 표시된 계산은 보기만큼 어렵지 않다. 다음은 $r = .42$를 얻기 위해 수행한 단계이다.

1. n에 $\sum XY$를 곱하라: 30(7,023)=210,690
2. $\sum X$에 $\sum Y$를 곱하라: (1,007)(192)=193,344

13) 큰 집단에서 매우 적은 수의 사람을 선택하는 경우, 이 작은 상관관계도 예측값을 가질 수 있다.

14) 이것을 [그림 12-5]로 테스트해 보라.

3. 1단계에서 2단계를 빼라: 210,690−193,344=17,346
4. n에 $\sum X^2$를 곱하라: 30(35,507)=1,065,210
5. $\sum X$를 제곱하라: $(1{,}007)^2$=1,014,049
6. 4단계에서 5단계를 빼라: 1,065,210−1,014,049=51,161
7. n에 $\sum Y^2$를 곱하라: 30(2,354)=70,620
8. $\sum Y$를 제곱하라: $(192)^2$=36,864
9. 7단계에서 8단계을 빼라: 70,620−36,864=33,756
10. 6단계에 9단계를 곱하라: (51,161)(33,756)=1,726,990,716
11. 단계 10의 제곱근을 하라: $\sqrt{1{,}726{,}990{,}716}=41{,}557$
12. 단계 3을 단계 11로 나누라: 17,346/41,557=.42

〈표 12−4〉에 제시된 자료를 사용하여, 연구자는 산점도를 그리고, 그것이 두 가지를 드러낸다는 것을 알아냈다. 첫째, 초기 자아존중감 점수가 높은 개인은 초기 자아존중감 점수가 낮은 개인보다 결혼 만족도가 더 향상되는 경향이 있다. 둘째, 그 관계가 곡선적으로 더 정확하게 설명된다는 것을 보여 준다. 즉, 자아존중감이 낮거나 높은 고객은 자아존중감이 중간 수준인 고객보다 향상이 덜하다(이러한 자료는 허구임을 기억하라.)는 것을 보여 준다. Pearson r은 .42이다. 이러한 동일한 자료에 대해 구한 에타(η)값은 .82로, 두 변수 간에 상당한 정도의 관계를 나타낸다. 에타의 계산은 r의 계산보다 다소 복잡하기 때문에 아직 제시하지 않았다. 이 관계는 [그림 12−6]에 표시된 평활 곡선으로 설명된다.

[그림 12−6] 상담의뢰인 사이의 초기 자아존중감과 결혼 만족도 향상 간의 관계를 나타내는 산점도

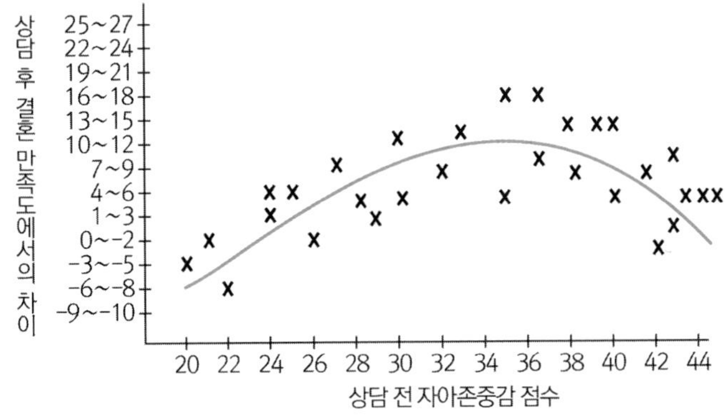

연구자는 $r=.42$가 유의한지 여부를 확인하기 위해, 그림과 같이 적절한 추론통계(r에 대한 t−검정)을 계산한다.

〈표 12-4〉 자아존중감 점수와 결혼 만족도에서의 차이

상담의뢰인	상담 전 자아존중감 점수 (X)	X^2	상담 후 결혼 만족도에서의 차이 (Y)	Y^2	XY
1	20	400	−4	16	−80
2	21	441	−2	4	−42
3	22	484	−7	49	−154
4	24	576	1	1	24
5	24	576	4	16	96
6	25	625	5	25	125
7	26	676	−1	1	−26
8	27	729	8	64	216
9	29	841	2	4	58
10	28	784	5	25	140
11	30	900	5	25	150
12	30	900	14	196	420
13	32	1024	7	49	219
14	33	1089	15	225	495
15	35	1225	6	36	210
16	35	1225	16	256	560
17	36	1269	11	121	393
18	37	1396	14	196	518
19	36	1296	18	324	648
20	38	1444	9	81	342
21	39	1527	14	196	546
22	39	1527	15	225	585
23	40	1600	4	16	160
24	41	1681	8	64	328
25	42	1764	0	0	0
26	43	1849	3	9	129
27	43	1849	5	25	215
28	43	1849	8	64	344
29	44	1936	4	16	176
30	45	2025	5	25	225
전체(Σ)	Σ=1,007	Σ=35,507	Σ=192	Σ=2,354	Σ=7,023

$$r=\frac{n\sum XY-\sum X\sum Y}{\sqrt{[n\sum X^2-(\sum X)^2][n\sum Y^2-(\sum Y)^2]}}=\frac{30(7023)-(1007)(192)}{\sqrt{[30(35507)-(1007)^2][30(2354)-(192)^{2]}}}$$

$$=\frac{210690-193344}{(1065210-1014049)(70620-36864)}=\frac{17346}{\sqrt{(51161)(33756)}}$$

$$=\frac{17346}{\sqrt{1726990716}}=\frac{17346}{41557}=.42$$

[그림 12-7] $r=.42$에 대한 95%의 신뢰구간

$$r\text{의 표준오차} = SE_r = \frac{1}{\sqrt{(n-1)}} = \frac{1}{\sqrt{29}} = .185$$

$$t_r = \frac{r-.00}{SE_r} = \frac{.42-.00}{.185} = 2.3;\ p < .01$$

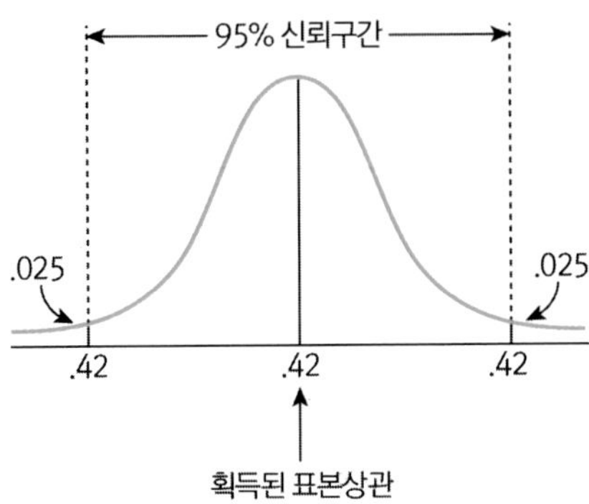

볼 수 있는 바와 같이, 일방검정을 사용하여 얻은 값은 2.3이고, 확률은 $p<.01$이다. 자료를 조사하기 전에 관계의 방향을 예측한 경우, r에 대해 일방검정이 적절하다. (연구자가 자료를 조사하기 전에 [그림 12-6]에서 곡선의 모양을 예측하지 않는 한) 에타와 관련된 확률은 (추정적으로) 쌍방검정을 사용하여 구할 수 있다. 또한 에타가 .82이면, $p=.01$에서 통계적으로 유의하며, 이는 관계가 연구된 특정 표본에 의한 것일 가능성이 낮다는 것을 의미한다. 이러한 확률이 올바른지의 여부는 표본이 무선으로 선택되었는지의 여부에 따라 달라진다. r에 대해 구한 값 주변의 95% 신뢰구간은 [그림 12-7]에 나와 있다.

집단비교: 범주형 자료

기법

관련된 자료가 범주형 자료인 경우, 백분율(또는 비율) 또는 빈도를 교차표에 보고하여 집단을 비교할 수 있다. 〈표 12-5〉는 가상의 예를 보여 준다.

〈표 12-5〉 성별과 정치적 선호도(백분율)

	남자	여자
공화당	20	50
민주당	70	45
기타	10	5
합계	100	100

해석

다시 한 번 요약통계치(심지어 백분율)를 주의 깊게 살펴보아야 한다. 사례 수를 지정하지 않으면 백분율이 오해를 일으킬 수 있다. 〈표 12-5〉는 언뜻 보면 인상적으로 보일 수 있다. 〈표 12-5〉의 자료는 60명의 여자와 10명의 남자만을 나타낸다. 교차표에서 〈표 12-6〉은 백분율이 아닌 실제 개인 수를 나타낸다.

〈표 12-6〉 성별과 정치적 선호도(숫자)

	남자	여자
공화당	2	30
민주당	7	27
기타	1	3

〈표 12-7〉 교사 성별과 지도하는 학년수준: 사례 1

	4학년	5학년	6학년	중학교 1학년	합계
남자	10	20	20	30	80
여자	40	30	30	20	120
합계	50	50	50	50	200

〈표 12-7〉은 교사 성별과 학습한 성적수준 간의 가상의 관계를 보여 준다. 볼 수 있는 바와 같이, 남자 교사는 중학교 1학년이 가장 많고, 여자 교사는 4학년이 가장 많다. 그러나 여기에서도 우리는 다음과 같이 질문해야 한다. 이 빈도 간에 얼마나 차이가 있어야 이를 중요하게 여길 수 있는가? 범주형 자료의 한계 중 하나는 그러한 평가가 양적 자료보다 더 어렵다는 것이다. 한 가지 가능한 방법은 이전의 경험이나 지식을 검토하는 것이다. 〈표 12-7〉은 고학년 남자 교사의 비율이 점점 더 높아지는 추세를 시사하고 있지만, 다시 한번 그 추세가 중요하다고 여겨질 만큼 상당한가?

〈표 12-8〉의 자료는 같은 경향을 나타내지만, 그 패턴은 두드러지지 않다. 아마도 이전의 경험이나 연구에 따르면, 학년 내 차이가 10%(또는 이 자료에서는 5의 빈도)를 초과할 때마다 성별 차이가 중요해진다. 그러나 그러한 지식은 거의 이용할 수 없기 때문에 **분할계수(contingency coefficient)**(상관계수와 유사)로 알려진 요약통계치를 고려하게 된다. 단, 자료를 사용하려면 교차표에 자료를 표시해야 한다. 분할계수는 수작업이나 컴퓨터로 쉽게 계산할 수 있다. 이 통계값의 해석은 교차표의 셀(cell) 수에 따라 달라지므로 상관계수만큼 해석이 간단하지 않다. 그럼에도 불구하고 이 책의 저자들은 사용을 권장한다.

〈표 12-8〉 교사 성별과 지도하는 학년수준: 사례 2

	4학년	5학년	6학년	중학교 1학년	합계
남자	22	22	25	28	97
여자	28	28	25	22	103
합계	50	50	50	50	200

아마도 언급된 어려움 때문에, 백분율이나 교차표를 사용하는 대부분의 연구보고서는 관계의 크기를 평가하기 위해 추론기법에 의존한다. 무선표집이 없는 경우, 양적 자료와 동일한 골칫거리로 인해 사용이 어려워진다. 따라서 범주형 자료를 분석할 때, 이 책의 저자들은 다음과 같이 권장한다.

권장사항 17: 가능한 한 모든 자료를 교차표에 배치하라.

권장사항 18: 관계, 패턴 또는 경향의 중요성을 명확히 하기 위해 분할계수를 계산하라.

권장사항 19: 관계의 크기를 평가하기 위해 통계적 유의도 검정을 사용하지 말라. 이를 일반화 가능성을 판단하기 위해 의도한 대로 사용하라.

권장사항 20: 무선표본을 사용하지 않는 한, 확률 또는 유의수준을 정확한 값이 아닌 대략적인 지수로 해석하라.

예시

다시 한번, 집단비교 시 범주형 자료가 포함된 분석을 설명하기 위한 예를 살펴보자. 〈표 12-7〉과 〈표 12-8〉로 되돌아가 범주형 자료 분석을 위한 주요 권장사항을 설명한다. 먼저, 〈표 12-7〉을 고려할 것이다. 각 학년수준(4~7명)의 총 200명 중 25%인 50명의 교사가 있기 때문에, **각**(each) 학년수준에서도 총 남자 교사 수의 25%, 여자 교사 수의 25%가 있을 것으로 예상한다. 총 200명의 교사 중 80명의 남자와 120명의 여자가 있다. 따라서 각 학년별 남자 교사는 20명(80명 중 25%), 여자 교사는 30명(120명 중 25%)이 될 것으로 기대된다. 이러한 기대빈도는 〈표 12-9〉의 괄호 안에 나와 있다. 그런 다음, .28에 해당하는 분할계수를 계산한다.

〈표 12-9〉 기대빈도가 추가된 교사의 성별과 학년수준을 나타내는 교차표(〈표 12-7〉로부터의 자료)

	4학년	5학년	6학년	중학교 1학년	합계
남자	10(20)	20(20)	20(20)	30(20)	80
여자	40(30)	30(30)	30(30)	20(30)	120
합계	50	50	50	50	200

제11장의 〈표 11-1〉을 참고함으로써, 2 × 4 표(우리가 여기에서 가지고 있는)의 상한은 약 .80으로 추정된다. .28의 분할계수는 약간의 관계만 나타낸다. 따라서 유의도에 대한 검정은 권장하지 않는다. 그러나 이렇게 하면 카이자승 확률표를 통해 자유도 3, 유의수준 .05에서, 7.81의 카이자승값이 필요하다는 것을 알 수 있다. 카이자승에 대해 획득된 값은 16.66으로, 표본이 추출된 모집단에 우리가 발견한 작

은 관계가 존재할 수 있음을 나타낸다.[15] 이것은 통계적 유의도와 실제적 유의도의 차이를 보여 주는 좋은 예이다. 우리가 얻은 .28의 상관관계는 통계적으로 유의하지만 실제적으로는 유의하지 않다. 즉, 우리가 얻은 .28의 상관관계는 대부분의 연구자에 의해 실제적 유의도가 거의 없는 것으로 간주될 것이다.

〈표 12-8〉에 대해 동일한 분석을 수행할 경우, 그 결과로써 도출되는 분할계수는 .10이다. 이러한 상관관계는 모든 실제적인 목적을 위해 의미가 없지만, (어떤 이유 때문에) 그것이 통계적으로 유의한지를 알기 원한다면, 그것은 .05 수준에서 유의하지 않다는 것을 알게 될 것이다($\chi^2 = 1.98$, 유의도에 필요한 7.82보다 훨씬 낮음).

〈표 12-9〉의 계산은 어렵지 않다. 다음은 우리가 수행한 단계이다.

1. 첫 번째 셀(cell)(4학년, 남자)의 경우, O에서 E를 빼라: $=10-20=-10$
2. 그 결과를 제곱하라: $(O-E)^2=(-10)^2=100$
3. 그 결과를 E로 나누라:

$$\Sigma\frac{(O-E)^2}{E}=\frac{100}{20}=5.00$$

O	E	$O-E$	$(O-E)^2$	$\frac{(O-E)^2}{E}$	
10	20	−10	100	100/20	= 5.00
40	30	10	100	100/30	= 3.33
20	20	0	0	0	= 0
30	30	0	0	0	= 0
20	20	0	0	0	= 0
30	30	0	0	0	= 0
30	20	10	100	100/20	= 5.00
20	30	−10	100	100/30	= 3.33

4. 각 셀마다 이 과정을 반복하라. **모든(all)** 셀이 포함되도록 명확히 하라.
5. 모든 셀의 결과를 합산하라: $5.00+3.33+5.00+3.33=16.66=\chi^2$
6. 분할계수를 계산하기 위해, 다음의 공식을 사용했다.

$$C=\sqrt{\frac{\chi^2}{\chi^2-n}}=\sqrt{\frac{16.66}{16.66+200}}=.28$$

15) 표집은 무선이라고 가정한다.

연구심화

통계값 해석하기

- 연구자가 자몽쥬스를 마시는 것과 이후 관절염 발병률 간에 .08의 상관관계가 통계적으로 유의하다고 가정한다. 가능한가? (그렇다, 그럴 수도 있다. 표본이 무선으로 선택되고 표본크기가 약 500이면 .08의 상관관계는 .05 수준에서 통계적으로 유의할 것이다. 그러나 작은 관계–그리고 많은 통제 불가능한 변수–때문에, 단지 $r=.08$에 기초하여 자몽쥬스를 마시는 것을 그만두지는 않을 것이다!)
- 조기중재 프로그램이 IQ점수를 평균 12점 증가시키는 것으로 확인되었지만 .05 수준에서는 통계적으로 유의하지 않았다고 가정한다. 여러분은 이 보고서에 얼마나 주의를 기울이겠는가? (우리는 상당한 주의를 할 것이다. 12 IQ점수는 매우 중요하며, 만약 복원에서 확인되면 매우 중요할 수 있다. 분명히 표본크기는 상당히 작다.)
- 특정 후보의 여론조사 선호도 차이가 공화당은 52%인 반면, 민주당은 48%이고, .05 수준에서 오차범위가 2%라고 가정해 보자. 여러분은 이 차이를 중요하게 생각하는가? (이러한 결과를 보고하는 한 가지 방법은 우연에 의한 차이의 가능성이 .01보다 작다는 것이다.[16] 또한 2인 선거의 승자는 51%의 득표율만 얻으면 되기 때문에, 불과 4점의 차이는 실제적으로 매우 중요하다. Truman이 Dewey를 꺾었던 1948년 대통령 선거에서도 비슷한 예측이 빗나갔다. 통상적인 설명은 표집이 무선으로 추출된 것이 아니라 대표성이 없다는 것, 또는 많은 사람이 투표소에 들어가기 전에 생각을 바꿨다는 것이다.)

집단 내에서 변수 연관 짓기: 범주형 자료

이전 절(section)은 집단을 비교하는 것을 포함하지만, 이 추론은 한 집단 내에서 범주형 변수 간의 관계를 조사하는 가설에도 적용된다. 잠깐 생각해 보면 그 이유를 알 수 있다. 우리가 이용할 수 있는 절차는 동일한 비율의 표 또는 교차표이다. 가설이 대학생 사이에서 성별은 정치적 선호와 관련이 있다고 해보자. 이를 검정하려면, 이 집단에서 얻은 자료를 성별과 정치적 선호도에 따라 나누어야 한다. 이는 〈표 12–6〉의 교차표로 제공했다. 그러한 모든 가설은 사람들을 집단으로 나누어서 검증해야 하기 때문에, 통계분석은 하나의 집단으로 보이든, 세분화되든, 둘 이상의 다른 집단으로 보이든 동일하다.

양적 자료 및 범주형 자료와 함께 사용되는, 기술적이고 추론적인, 가장 일반적으로 사용되는 통계적 기법에 대한 요약은 〈표 12–10〉과 같다.

---

16) 각 백분율의 SE는 2.00(오차한계)을 1.96(5% 수준에서 요구되는 표준편차의 수)으로 나눈 값 또는 약 1.00이어야 한다. 차이의 표준오차(SED)는 (12 + 12)의 제곱근 또는 1.4와 같다. 48%와 52%, 즉 4%의 차이를 1.4(SED)로 나누면 2.86으로, .01 미만의 확률로 나타난다.

〈표 12-10〉 일반적으로 사용되는 통계적 기법 요약

	자료	
	양적	**범주형**
두 개 이상의 집단비교:		
기술통계	• 빈도다각형 • 산술평균 • 산포 • 효과크기	• 백분율 • 막대그래프 • 원그래프 • 교차(분할)표
추론통계	• 평균에 대한 t-검정 • ANOVA • ANCOVA • MANOVA • MANCOVA • 신뢰구간 • 맨-휘트니 U검정 • 크루스칼-왈리스 ANOVA • 프리드만 이원분산분석	• 카이자승 • 비율에 대한 t-검정
변수 간의 관계가 한 집단 내에서 연구:		
기술통계	• 산포도 • 상관계수(r) • 에타(η)	• 교차(분할)표 • 분할계수
추론통계	• r에 대한 t-검정 • 신뢰구간	• 카이자승 • 비율에 대한 t-검정

권장사항 요약

이 책의 저자들이 제시한 권장사항의 대부분은 통계분석 방법에 관계없이 기본적으로 동일하다는 것을 알고 있을 것이다. 그 중요성을 강조하기 위해, 이 책의 저자들은 여기에서 다시 한번, 이를 좀 더 일반적인 표현으로 진술하고자 한다.

이 책의 저자들은 연구자에게 다음과 같이 권장한다.

- 수치요약지수를 계산하기 전에 그래픽 기법을 사용하라. 이상값에 특히 주의하라.
- 연구의 결과를 해석하려면, 그래프와 요약 지수를 모두 사용하라.
- 관계의 크기를 사정하기 위해, 외적 준거(예: 이전 경험 또는 알려진 집단의 점수)가 사용 가능할 때마다 그것을 사용하라.
- 효과크기(상관계수 포함)의 크기를 평가할 때, 전문가의 합의를 사용하라.
- 표본에서 발견된 관계의 크기의 중요성에 대해 설득력 있는 사례를 제시할 수 있는 경우에만 추론통계를 사용하는 것을 고려하라.
- 통계적 유의도 검정은 관계의 크기를 평가하는 것이 아니라 일반화 가능성을 평가하는 데에만 사용

하라.

- 무선표집이 되지 않는 경우, 확률을 정확한 값이 아닌 근사치 또는 대략적인 지수로 취급하라.
- 가능한 한 유의도 수준이 아닌 또는 유의수준과 함께 신뢰구간을 보고하라.

또한 모수 통계와 비모수 통계의 구별을 포함하는 최종 권장사항을 제시하고자 한다. 많은 컴퓨터 프로그램을 이용할 수 있어 통계계산이 상당히 쉽고 빨라졌기 때문에, 이 책의 저자들은 연구자에게 다음과 같은 제안을 하고 결론을 내린다.

- 자료를 분석하려면, 모수적 및 비모수적 기법을 **모두**(both) 사용하라. 결과가 일치하면 해석이 강력해진다. 결과가 일치하지 않으면 가능한 이유를 논의하라.

이 장의 시작 부분에 있는 **상호작용 · 응용 프로그램 학습** 기능으로 돌아가 상호작용 · 응용 프로그램 활동목록을 확인하라. www.mhhe.com/fraenkel10e의 **온라인학습센터**로 이동하여 퀴즈를 풀고 핵심 용어를 연습하며 장(章)의 내용을 검토하라.

핵심 요점

연구에 대한 접근방법

- 많은 교육연구는 두 가지 방법 중 하나로 이루어진다. 두 개 이상의 집단이 비교되거나 한 집단 내의 변수가 관련되어 있다.
- 연구자료는 양적 자료이거나 범주형 자료일 수 있다.

양적 자료를 사용한 집단비교

- 양적 자료를 이용하여 두 개 이상의 집단을 비교할 경우, 연구자는 빈도다각형, 평균 계산, 산포도 계산 등을 통해 비교할 수 있다.
- 따라서 이 책의 저자들은 두 개 이상의 집단의 양적 자료를 비교할 경우, 알려진 집단의 평균 자료를 사용하여 빈도다각형을 구성하고, 효과크기를 계산하며, 신뢰구간을 보고할 것을 권장한다.

양적 자료를 사용한, 집단 내에서 변수 연관 짓기

- 연구자가 단일집단 내 양적 변수 간의 관계를 조사할 경우, 적절한 기법은 산점도 및 상관계수이다.
- 산점도는 모든 자료를 시각적으로 표시하므로, 연구자는 산점도를 생성하여 단일집단에서 얻은 자료에 대한 분석을 시작해야 한다.
- 따라서 이 책의 저자들은 단일집단 내에서 양적 자료와 관련된 변수를 연관지을 경우, 산점도를 생성하고 산점도와 상관계수를 모두 사용할 것을 권장한다.

범주형 자료를 사용한 집단비교

- 자료가 범주형인 경우, 교차표에 백분율 또는 빈도를 보고하여 집단을 비교할 수 있다.
- 백분율만으로는 오해의 소지가 있으므로, 모두 교차표에 백분율과 사례 수를 보고하는 것이 좋다.
- 따라서 이 책의 저자들은 두 개 이상의 집단이 포함된 범주형 자료를 비교할 경우, 교차표를 생성하고 분할계수를 계산할 것을 권장한다.

범주형 자료를 사용한, 집단 내에서 변수 연관 짓기

- 한 집단 내 범주형 자료 간의 관계를 조사하는 경우, 이 책의 저자들은 다시 한번 교차표를 생성하고 분할계수를 계산할 것을 권장한다.

두 가지의 최종 권장사항

- 통계적 유의도 검정을 실행할 수 있는 경우, 관계의 크기를 평가하는 것이 아니라 일반화 가능성만을 평가하는 데 사용할 것을 권장한다. 신뢰구간은 유의도 수준과 함께 보고해야 한다.
- 모수적 기법과 비모수적 기법 모두 자료를 분석하는 데 사용해야 한다.

핵심 용어

곡선관계(curvilinear relationship)
산포도(scatterplot)
상관계수(correlation coefficient)
선형관계(linear relationship)
직선관계(straight-line relationship)
추론통계(inferential statistics)
효과크기(effect size: ES)

토론거리

1. 연구의 결과가 통계적으로 유의하지만 교육적으로는 중요하지 않은 몇 가지 예를 제시하라. 그 반대가 사실일 수 있는가?
2. 평균에서의 약간의 차이(예: .50 미만의 효과크기)가 중요한 경우가 있는가? 여러분의 답을 설명하라.
3. 집단을 비교할 때, 빈도다각형을 사용하면 집중경향치를 계산하는 데 가장 적합한 척도를 결정하는 데 도움이 된다. 어떻게 그러한가?
4. 산점도에서 이상값을 고려하는 것이 중요한 이유는 무엇인가?
5. 두 집단으로부터 얻은 자료를 분석할 때, 가장 먼저 해야 할 일은 각 집단점수의 빈도다각형을 구성하는 것이다. 왜 이것이 중요한가?
6. 연구의 결과를 해석하기 위해 그래프와 요약지수(예: 평균)를 **모두**(both) 사용하는 것이 중요한 이유는 무엇인가? 또는 중요한가?
7. 소위, 사진 한 장이 천 마디 말보다 더 가치 있다. 이 문장은 연구의 결과를 분석하는 데에도 적용되는가? 숫자만으로도 연구의 결과의 완전한 모습을 보여 줄 수 있는가? 왜 그러한가? 또는 왜 그렇지 않는가?

연구실습 12. 통계 총괄

문제지 12를 사용하여, 문제지 10과 11에서 기술한 방법으로부터 사용될 기법에 어떤 변경을 하고자 한다면, 그것에 대해 기술하라. 그런 다음, 여러분이 찾을 수 있는 관계의 크기를 평가하는 방법을 이야기하라.

문제지 12 통계 총괄

1. 연구질문은: ______________________

2. 문제지 10 또는 11에 제시한 통계에 변경사항이 있는가? 만약 그렇다면, 그것에 대해 설명하라.

3. 나는 다음과 같은 방법으로 찾은 관계의 크기를 평가할 수 있다.

이 문제지의 전자 버전은 학지사 공식 홈페이지(www.hakjisa.co.kr) 『연구방법론: 교육연구설계 및 평가』의 도서 상세정보에서 내려받을 수 있다.

제4부 양적 연구방법론

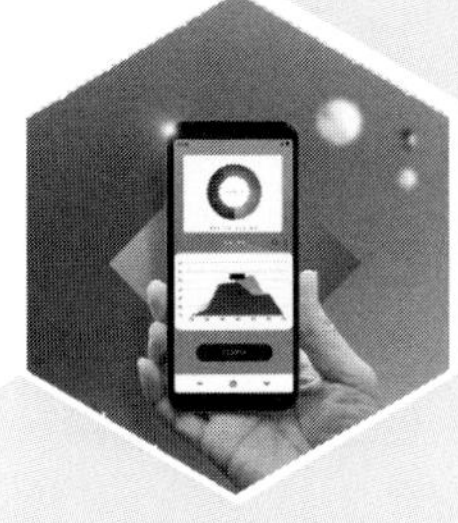

How to Design and Evaluate
Research in Education

제4부에서는 교육연구자가 사용하는 연구방법론 중 몇 가지에 대해 보다 자세하게 논의한다. 집단비교실험연구, 단일대상실험연구, 상관연구, 인과-비교연구, 조사연구를 위한 별도의 장으로 양적 연구에 집중한다. 각 장에서 본서의 저자들은 해당 연구방법에 대해 좀 더 자세히 논할 뿐만 아니라, 연구자들이 이 연구방법들 중 하나를 사용하여 발표한 연구의 예도 제공한다. 이 책의 저자들은 각 장을 특정 연구의 장점과 단점에 대한 분석으로 마무리한다.

제13장

실험연구

실험연구의 독특성

실험연구의 필수 특성
- 집단비교
- 독립변수의 조작
- 무선화

외생변수 통제

실험연구에서 집단설계
- 빈약한 실험설계
- 진실험설계
- 준실험설계
- 요인설계

내적 타당도에 대한 위협 통제: 요약

실험연구에서 내적 타당도에 대한 위협 가능성 평가

실험처치의 통제

실험연구의 예

연구분석
- 목적/근거
- 선행연구
- 정의
- 가설
- 표집
- 도구
- 내적 타당도
- 자료분석 및 결과
- 권장사항/결론

학습목표

이 장을 학습하면 다음을 수행할 수 있어야 한다.

- 실험연구의 목적을 간략하게 기술할 수 있다.
- 실험수행과 관련된 기본 단계를 기술할 수 있다.
- 실험연구가 다른 형태의 교육연구와 다른 두 가지 방법을 기술할 수 있다.
- 무선할당과 무선선택 간의 차이와 각각의 중요성에 대해 설명할 수 있다.
- '변수조작'이 의미하는 바를 설명하고, 이러한 조작이 발생할 수 있는 세 가지 방법을 기술할 수 있다.
- 빈약한 실험설계와 강력한 실험설계의 예를 구별하고, 그러한 설계의 다이어그램을 그릴 수 있다.
- 다양한 실험설계와 관련된 내적 타당도에 대한 다양한 위협을 확인할 수 있다.
- 실험연구에서 내적 타당도에 대한 다양한 위협을 통제할 수 있는 세 가지 방법을 설명할 수 있다.
- 매칭(matching)을 사용하여 실험연구에서 집단을 동일하게 하는 방법을 설명할 수 있다.
- 요인설계와 역균형화(counterbalanced) 설계의 목적을 간략하게 기술하고, 해당 설계의 다이어그램을 그릴 수 있다.
- 시계열 설계의 목적을 간략하게 기술하고, 해당 설계의 다이어그램을 그릴 수 있다.
- 실험연구에서 내적 타당도에 대한 가능한 위협을 평가하는 방법을 간략히 기술할 수 있다.
- 문헌에서 실험연구를 보면 그것을 인식할 수 있다.

상호작용 · 응용 학습	이 장을 읽는 동안 또는 읽은 후:
 다음을 하려면, 온라인학습센터 (www.mhhe.com/fraenkel10e)로 접속하라.	 다음 활동을 수행하기 위해 온라인 학습자 완전학습 활동(Student Mastery Activities) 책을 읽으라.
• 실험을 구성하는 것에 대한 심화학습	• 활동 13.1: 집단 실험연구 질문 • 활동 13.2: 실험 설계하기 • 활동 13.3: 실험연구의 특성 • 활동 13.4: 무선선택 대 무선할당

팀 티칭이 고등학교 사회과 수업에서 학생의 성취도를 향상시키는가? 경기도의 한 대형 고등학교 노 교장선생님은 최근 교육학술대회에서 이 아이디어에 대한 고무적인 발언을 들은 적이 있으며, 이에 대해 알아보려고 한다. 따라서 노 교장선생님은 자신의 고등학교 2학년 세계사 교사 중 몇 명에게 실험에 참여하도록 요청한다. 세 명의 교사가 자신들의 반을 하나의 큰 집단으로 합칠 것이다. 해당 교사들은 한 팀으로 일해야 한다. 그들은 학생들의 계획, 교육 및 평가를 공유한다. 다른 세 명의 교사는 같은 교과목의 수업을 개별적으로 가르치도록 배정되며, 보통 학급당 한 명의 교사를 배치한다. 참가하도록 선발된 학생들은 실력이 비슷하고, 교사들은 같은 교육과정을 사용하여 동시에 가르친다. 모두 동일한 표준화된 검사와 기타 평가도구를 사용해야 한다. 6명의 교사가 공동으로 준비한 필기시험도 포함한다. 노 교장선생님은 학기 중에 주기적으로 이 검사에서 두 집단의 학생들의 점수를 비교할 것이다. 이것은 실험의 예로서, 처치집단과 비처치집단을 비교한 것이다.

이 장에서는 이러한 실험을 수행하기 위해 연구자가 사용하는 다양한 절차뿐만 아니라 수행에 변화를 일으키는 원인이 통제되지 않은 변수가 아니라 실험처치라는 것을 확인하는 방법에 대해서도 학습한다.

실험연구는 연구자가 사용할 수 있는 가장 강력한 연구방법론 중 하나이다. 사용할 수 있는 여러 유형의 연구 중에서 실험은 변수 간에 인과관계를 설정하는 가장 좋은 방법이다. 그러나 실험이 항상 쉽지만은 않다. 이 장에서는 실험을 수행하는 힘과 실험을 수행하는 것과 관련된 문제를 모두 보여 준다.

실험연구의 독특성

이 책에서 기술된 모든 연구방법론 중에서 실험연구(experimental research)는 두 가지 중요한 측면에서 독특하다. 그것은 특정 변수에 직접 영향을 미치려고 시도하는 유일한 연구유형이며, 적절하게 적용될 경우 인과관계에 대한 가설을 검정하는 데 가장 적합한 유형이다. 실험연구에서 연구자는 하나 이상의 종속변수에 대한 하나 이상의 독립변수의 효과를 조사한다. 실험연구에서 독립변수(independent variable)는 종종 실험변수(experimental variable) 또는 처치변수(treatment variable)라고도 한다. 준거변수(criterion variable) 또는 산출물변수(outcome variable)라고도 하는 종속변수(dependent variable)는 연구의 결과(results) 또는 산출물(outcomes)을 나타낸다.

다른 모든 유형의 연구와 구별되는 실험연구의 주요 특징은 연구자가 독립변수를 조작한다(manipulate)는 것이다. 그것은 처치(treatment)의 본질(즉, 연구대상에게 일어날 일), 누구에게 실행할 것인지, 어느 정도까지 실행할 것인지를 결정한다. 교육연구에서 자주 조작되는 독립변수에는 교육방법, 과제유형, 학습자료, 학생에게 주는 보상, 교사가 하는 질문유형 등이다. 자주 연구되는 종속변수에는 성취도, 교과목에 대한 흥미, 주의력 범위, 동기, 그리고 학교에 대한 태도가 포함된다.

처치가 적절한 기간 동안 행해진 후, 연구자는 서로 다른 처치를 받고 있는 집단을 관찰하거나 측정하여 서로 다른지의 여부를 확인한다. 이를 표현하는 또 다른 방법은 연구자가 그 처치가 차이를 만들었는지의 여부를 확인하고자 한다는 것이다. 사후검사에서 집단의 평균점수가 다르고 연구자가 이 차이에 대한 합리적인 대안적 설명을 찾을 수 없는 경우, 해당 연구자는 그 처치가 효과가 있었고 아마도 차이의 원인일 것이라고 결론을 내릴 수 있다.

따라서 실험연구는 연구자가 기술(description)과 예측(prediction), 관계의 확인을 넘어 최소한 그것을 초래한 것에 관한 부분적인 결정까지 가능하게 한다. 예를 들어, 상관연구는 사회경제적 수준과 성취도 간에 강력한 관계를 보여 줄 수 있지만, 사회경제적 수준 향상이 반드시 성취도를 향상시킨다는 것을 보여 줄 수는 없다. 오직 실험적인 연구만이 그러한 능력을 가지고 있다. 교육연구자가 실시한 실험연구의 실제 예는 다음과 같다.

- 소규모 수업이 교육에 미치는 영향[1)]
- 조기독서지도가 위험에 처한 유치원생의 성장률에 미치는 영향[2)]
- 초급교사가 균형 잡힌 교육을 개발하도록 돕기 위한 집중멘토링 사용[3)]
- 복권이 웹 설문 응답률에 미치는 영향[4)]
- 예비교사양성 교육과정에 왕따 강좌 도입[5)]
- 학습장애 아동의 대인갈등해결능력을 향상시키기 위한 소셜스토리 사용[6)]
- 최면술을 통한 학생들의 자아개념 향상[7)]

실험연구의 필수 특성

실험(experiment)이라는 단어는 연구연보에 오래되고 빛나는 역사를 가지고 있다. 그것은 종종 원인과 결과를 연구하는 가장 강력한 방법으로 칭송되어 왔다. 이것의 기원은, 예를 들어 원시 인류가 불을 붙이는 방법을 처음 실험했던 바로 그 역사의 시작으로 거슬러 올라간다. 바위를 튀기거나 마른 잎에 나무방아를 찧어 성공을 거두기 전에 수많은 시행착오를 상상할 수 있다. 현대과학의 성공 대부분은 세심하게 설계되고 꼼꼼하게 실행된 실험 덕분이다.

모든 실험연구의 기초가 되는 기본개념은 매우 간단하다. 무언가를 시도하고 무슨 일이 일어나는지를 체계적으로 관찰하라. 공식적인 실험은 두 가지 기본조건으로 구성된다. 첫째, 특정 조건 또는 '처

---

1) Nye, B. et al. (2001). Are effects of small classes cumulative? Evidence from a Tennessee experiment. *American Educational Research Journal, 37*(1), 123–151.

2) Lo, Y. et al. (2009). Examining the impacts of early reading intervention on the growth rates in basic literacy skills of at–risk urban kindergartners. *Journal of Special Education, 43*, 12–28.

3) Stanulis, R. N., & Floden, R. E. (2009). Intensive mentoring as a way to help beginning teachers develop balanced instruction. *Journal of Teacher Education, 60*(3), 112–122.

4) Heerwegh, D. (2006). An investigation of the effect of lotteries on Web survey response rates. *Field Methods, 18*(5), 205–220.

5) Benitez, J. L. et al. (2009). The impact of a course on bullying within the pre–service teacher training curriculum. *Electronic Journal of Research in Educational Psychology, 7*(1), 191–207.

6) Kalyva, E., & Agaliotis, I. (2009). Can social stories enhance the interpersonal conflict resolution skills of children with LD? *Research in Developmental Disabilities: A Multidisciplinary Journal, 30*(7), 192–202.

7) DeVos, H. M., & Louw, D. A. (2009). Hypnosis–induced mental training programmes as a strategy to improve the self–concept of students. *Higher Education: The International Journal of Higher Education and Educational Planning, 57*(2), 141–154.

치'(독립변수)의 영향을 사정하기 위해 최소 두 가지(그러나 종종 더 많은) 조건 또는 방법이 **비교된다**(compared). 둘째, 독립변수는 연구자에 의해 직접적으로 **조작된다**(manipulated). 변화는 하나 이상의 결과(종속변수)에 대한 영향을 연구하기 위해 계획되고 의도적으로 조작된다. 실험연구의 몇 가지 중요한 특징에 대해 좀 더 자세히 논의해 보자.

집단비교

실험에는 보통 실험집단과 통제집단 또는 비교집단이라는 두 개의 실험집단이 포함되지만, 한 집단(동일한 연구대상에게 모든 처치를 제공함) 또는 세 개 이상의 집단으로 실험을 수행할 수도 있다. 실험집단(experimental group)은 어떤 종류의 처치(예: 새로운 교과서 또는 다른 교수방법)를 받는 반면, 통제집단(control group)은 어떠한 처치도 받지 않는다[또는 비교집단(comparison group)은 다른 처치를 받는다]. 통제집단 또는 비교집단은 연구자가 처치가 다른 처치보다 효과가 있는지 또는 한 처치가 더 효과적인지를 결정할 수 있기 때문에, 모든 실험연구에서 매우 중요하다.

역사적으로, 순수한 통제집단은 전혀 처치를 받지 않는 집단이다. 이것은 의학이나 심리연구에서는 종종 있는 일이지만, 교육연구에서는 거의 그렇지 않다. 통제집단은 거의 항상 어떤 종류의 다른 처치를 받는다. 따라서 일부 교육연구자는 집단을 통제하기보다는 비교집단을 참고한다.

예를 들어 보자. 한 연구자가 새로운 과학교수방법의 효과를 연구하려고 한다고 가정해 보자. 해당 연구자는 실험집단의 학생들에게 새로운 교수방법으로 가르치게 할 것이지만, 비교집단의 학생들은 계속해서 교사의 통상적인 교수방법으로 배우게 될 것이다. 연구자는 새로운 교수방법을 실험집단에 투여하지 않고 통제집단으로 하여금 **아무것도 하지 않게**(do nothing) 할 것이다. 어떤 교수방법을 사용하든 전혀 사용하지 않는 것보다 더 효과적일 것이다!

독립변수의 조작

모든 실험의 두 번째 본질적인 특성은 연구자가 독립변수를 적극적으로 **조작한다**(manipulates)는 것이다. 이것은 무엇을 의미하는가? 간단히 말해서, 연구자가 독립변수가 어떤 형태를 취할 것인지, 그리고 어떤 집단이 어떤 형태를 취할 것인지를 의도적·직접적으로 결정하는 것을 의미한다. 예를 들어, 연구에서 독립변수가 교사가 보여 주는 열의의 양이라면, 연구자는 두 명의 교사가 수업을 가르칠 때 서로 다른 양의 열정을 보이도록 훈련시킬 수 있다.

교육에서 많은 독립변수는 조작할 수 있지만, 또 다른 많은 변수는 조작할 수 없다. 조작할 수 있는 독립변수의 예로는 교육방법, 상담유형, 학습활동, 주어진 과제 및 사용된 자료가 있다. 조작할 수 없는 독립변수의 예로는 성별, 민족성, 나이 및 종교적 선호가 있다. 연구자는 교실에서 학생들이 노출되는 학습활동의 종류를 조작할 수 있지만, 예를 들어 종교적인 선호도를 조작할 수는 없다. 즉, 연구의 목적을 달성하기 위해 학생들을 개신교, 가톨릭, 유대교 또는 이슬람교에 '입교시킬' 수는 없다. 연구자는 변수를 조작하기 위해, 누가 무엇을 얻을지, 언제 어디서, 어떻게 얻을지 결정해야 한다.

실험연구에서 독립변수는, ① 변수 대 다른 형태, ② 특정 형태의 존재 대 부재, ③ 동일한 형태의 다양한 정도 등 여러 가지 방법으로 설정할 수 있다. ①의 예로는 화학을 가르치는 탐구교수방법과 강의교수방법을 비교하는 연구를 들 수 있다. ②의 예로는 통계학 교육에서 PowerPoint 슬라이드를 사용하는 경우와 PowerPoint 슬라이드를 사용하지 않는 경우를 비교한 연구를 들 수 있다. ③의 예로는 수학에 대한 학생들의 태도에 대한 다양한 교사의 열의의 영향을 비교한 연구가 있다. ①과 ② 모두에서 변수(교수방법)는 명확하게 범주형이다. ③에서 실제로 양적 변수[열정의 **정도**(degree)]는 연구자가 열정의 양을 조작(즉, 통제)하기 위해 범주형[단지 특정한 열의의 **양**(amounts)만 연구됨]으로 취급된다.

무선화

많은 실험에서 중요한 측면은 실험대상을 집단에 무선으로 할당하는 것이다. 무선할당이 불가능한 특정 유형의 실험이 있지만, 연구자는 가능할 때마다 무선화(randomization)를 사용하려고 한다. 그것은 가장 좋은 종류의 실험에 중요한 구성요소이다. 무선할당은 제6장에서 논의한 무선선택의 개념과 유사하지만 동일하지는 않다. 무선할당(random assignment)은 실험에 참여하는 모든 개인이 비교되는 실험조건 또는 통제조건 중 하나에 할당될 동등한 기회를 갖는다는 것을 의미한다. 반면, 무선선택(random selection)은 모집단의 모든 구성원이 표본의 구성원으로 선택될 동등한 기회를 가지고 있음을 의미한다. 무선할당에 따라 표본의 각 구성원에게 번호가 부여되며(임의로), 실험집단과 통제집단의 구성원을 선택하기 위해 난수표(제6장 참고)가 사용된다.

연구대상을 집단에 무선으로 할당할 경우, 세 가지 사항에 유의해야 한다. 첫째, 그것은 실험이 시작되기 전에 일어난다. 둘째, 개인을 집단에 할당하거나 분배하는 **과정**(process)이지 그러한 분배의 결과가 아니다. 즉, 이미 형성되어 있는 두 집단을 보고 무선으로 형성되었는지의 여부를 보는 것만으로는 알 수 없다. 셋째, 무선할당을 사용하면 연구자가 연구의 시작 부분에서 동등한 집단을 형성할 수 있다. 즉, 관심변수에서 우연히만 차이가 난다. 무선할당은 연구자가 알고 있는 변수뿐만 아니라 연구의 결과에 영향을 미칠 수 있는 알지 못하는 변수의 외생변수(extraneous variables) 또는 추가변수의 위협을 제거하기 위한 것이다. 이것이 무선할당의 묘미이자 힘이다. 이는 실험이 일반적으로 인과관계를 사정하는데 다른 유형의 연구보다 더 효과적인 이유 중 하나이다.

물론, 이 마지막 진술은 무선할당을 통해 형성된 집단이 여전히 다소 다를 수 있다는 인식에 의해 완화되었다. 무선할당은 실험 시작 시 집단이 동등하거나 최소한 인간이 만들 수 있는 것과 동등함을 보장한다.

더 나아가, 무선할당은 두 집단이 충분히 크지 않는 한 동등한 집단을 보장하지 않는다. 예를 들어, 어느 누구도 각 집단에 5명의 연구대상만 할당되면 무선할당이 동등해질 것으로 기대하지는 않을 것이다. 집단이 얼마나 큰지를 결정하는 규칙은 없지만, 대부분의 연구자는 각 집단에 40명 미만의 연구대상이 있는 무선할당에 의존하는 것을 불편해한다.

외생변수 통제

실험연구의 연구자는 대부분의 다른 연구 형태보다 훨씬 더 많은 통제력을 행사할 기회를 가지고 있다. 처치를 결정하고, 표집을 선택하며, 개인을 집단에 할당하고, 처치를 받을 집단을 결정하며, 연구결과에 영향을 미칠 수 있는 처치 이외의 다른 요인을 통제하려고 시도한 다음, 처치가 완료되면 처치가 집단에 미치는 영향을 관찰하거나 측정한다.

제9장에서는 내적 타당도에 대한 개념을 소개하고 내적 타당도에 대한 여러 가지 위협에 대해 논의했다. 실험연구를 수행하는 연구자에게는 이러한 위협의 가능한 영향을 제거하거나 최소화하기 위해 최선을 다하는 것이 매우 중요하다. 만약 연구자가 연구에서 관찰된 결과의 원인이 다른 변수인지 확실하지 않으면, 실제 원인이 무엇인지 확신할 수 없다. 예를 들어, 만약 연구자가 역사에 관한 학생들의 태도에 대한 두 가지 다른 교육방법의 효과를 비교하려고 시도했지만 관련된 집단의 능력이 동등하다는 것을 확실히 하지 않았다면, 능력은 사후검사에서 발견된 집단의 태도에 있어서 어떤 차이에 대한 가능한 대안적인 설명(교수방법에 있어서의 차이라기보다)이 될 수 있다.

특히 실험연구를 수행하는 연구자는 연구결과에 영향을 미칠 수 있는 모든 연구대상 특성을 통제하기 위해 최선을 다한다. 그는 두 집단이 연구 중인 변수(즉, 독립변수)를 제외한 모든 변수에서 가능한 한 동등하게 되도록 함으로써 그 작업을 수행한다. 연구자는 연구대상 특성에 따른 위협을 어떻게 최소화하거나 제거할 수 있는가? 여러 가지 방법이 있다. 다음은 가장 일반적인 몇 가지 예이다.

- **무선화**: 앞에서 설명한 바와 같이, 실험연구에 관련된 다양한 집단에 연구대상을 무선으로 할당할 수 있다면, 연구자는 그 집단이 동등하다고 가정할 수 있다. 이는 하나 이상의 가능한 외생변수의 효과가 통제되었는지 확인하는 가장 좋은 방법이다.
- **특정 변수를 일정하게 유지**: 여기에서의 개념은 변수를 연구에서 제거함으로써 가능한 한 변수의 효과를 제거하는 것이다. 예를 들어, 연구자가 성별이 연구의 결과에 영향을 미칠 수 있다고 의심하는 경우, 해당 연구자는 연구대상을 여자로 제한하고 모든 남자를 배제함으로써 이를 통제할 수 있다. 즉, 성별변수는 일정하게 유지된다. 그러나 그에 따라 연구결과의 일반화가능성이 감소하기 때문에, 이러한 통제에는 (거의 항상 그렇듯이) 비용이 수반된다.
- **변수를 설계에 포함시키는 방법**: 이 해결방안은 변수를 연구에 포함시켜 영향을 평가하는 작업이 포함된다. 그것은 바로 이전의 생각과는 정반대이다. 앞의 예를 사용하여, 연구자는 연구설계에 여자와 남자(별도의 집단)를 모두 포함시킨 다음, 수행에 대한 성별과 교수방법의 영향을 분석한다.
- **매칭**: 종종 연구대상 쌍이 특정 관심변수에 매칭(matching)될 수 있다. 예를 들어, 연구자가 연령이 연구결과에 영향을 미칠 수 있다고 느낀다면, 해당 연구자는 연령에 따라 학생들을 매칭하려고 노력할 수 있고, 각 쌍의 구성원을 각각의 비교집단에 배정할 수 있다(가능하다면 무선으로).
- **연구대상을 자체 통제로 사용**: 연구대상을 자체 통제로 사용하는 경우, 두 가지(또는 모든) 처치에서 연구대상의 수행을 비교한다. 따라서 같은 학생은 처음에는 탐구교수방법에 의해, 나중에는 강의교수방법에 의해 대수단원을 배울 수 있다. 또 다른 예는 처치 실행 전후의 일정 기간 동안 개인의 행동을 사정하여 행동의 변화가 일어나는지 확인하는 것이다.
- **공분산분석 사용**: 제11장에서 언급한 바와 같이, 공분산분석은 사전검사 또는 기타 변수에 기초하여 통계적으로 집단을 동일시하기 위해 사용될 수 있다. 그런 다음, 각 집단에 있는 연구대상의 사후검사 점수가 그에 따라 조정된다.

이 책의 저자들은 이러한 통제 중 몇 가지를 실험연구에서 구현하는 방법을 보여 주는 몇 가지 연구설계를 간략하게 제시하고자 한다.

실험연구에서 집단설계

실험의 설계(design)는 다양한 형태를 취할 수 있다. 그러나 이 절에서 제시하는 설계 중 몇 가지는 다른 설계보다 효과적이다. 왜 더 효과적인가? 제9장에서 확인된 내적 타당도에 대한 다양한 위협 때문에 좋은 설계는 이러한 위협의 많은 부분을 통제하지만, 빈약한 설계는 일부만 통제한다. 실험의 질은 내적 타당도에 대한 다양한 위협을 얼마나 잘 통제하느냐에 따라 달라진다.

빈약한 실험설계

'빈약한(weak)' 설계에는 내적 타당도에 대한 위협에 대한 통제기능이 내장되어 있지 않다. 독립변수 외에도 도출되는 결과에 대한 여러 가지 그럴듯한 설명이 있다. 결과적으로, 이러한 설계 중 하나를 사용하는 어떠한 연구자도 독립변수의 효과를 사정하는 데 어려움을 겪는다.

1회 사례연구

1회 사례연구 설계(one-shot case study design)에서, 단일집단은 처치나 사건에 노출되고, 처치의 효과를 사정하기 위해 종속변수가 관찰(측정)된다. 이 설계의 다이어그램은 다음과 같다.

1회 사례연구 설계

X	O
처치	관찰 (종속변수)

기호 X는 관심 처치에 대한 집단의 노출을 나타내며, O은 종속변수의 관측값(측정값)를 나타낸다. 왼쪽에서 오른쪽으로 기호의 배치는 X와 O의 시간순서를 나타낸다. 볼 수 있는 바와 같이, 처치 X가 종속변수 O의 관측값보다 앞에 있다. 한 연구자가 새로운 교과서가 역사에 대한 학생들의 관심을 증진시키는지 확인하고자 한다고 가정해 보자. 해당 연구자는 한 학기 동안 새로운 교과서(X)를 사용한 후 태도척도로 학생들의 흥미도(O)를 측정한다. 이 예의 다이어그램은 [그림 13-1]에서 보여 준다.

[그림 13-1] 1회 사례연구 설계의 예

X	O
새로운 교과서	흥미를 측정하기 위한 태도척도 (종속변수)

이러한 설계의 가장 명백한 약점은 통제가 없다는 것이다. 연구자는 O에서 얻은 결과가 처치 X(새로

운 교과서) 때문인지 알 수 있는 방법이 없다. 이러한 설계는 비교를 제공하지 않기 때문에, 연구자는 새로운 교과서를 사용하기 전에 동일한 집단과 처치결과(태도척도로 측정)를 비교하거나 다른 교과서를 사용하는 다른 집단의 결과와 비교할 수 없다. 이러한 집단은 어떤 방식으로도 사전검사를 받지 않았기 때문에, 연구자는 새로운 교과서를 사용하기 전에 집단이 어떠했는지 전혀 알지 못한다. 따라서 연구자는 그 처치가 **어떠한**(any) 효과가 있었는지를 전혀 알지 못한다. 새로운 교과서를 사용하는 학생들은 역사에 대해 매우 호의적인 태도를 **나타낼** 가능성이 상당히 높다. 그러나 문제는 이러한 태도가 새로운 교과서에 의해 형성되었을까 하는 점이다. 유감스럽게도, 1회 사례연구는 이 질문에 대한 답변에 도움이 되지 않는다. 이러한 설계를 수정하기 위해, 일반 교과서에 나와 있는 동일한 강좌내용을 가진 다른 집단의 학생들과 비교할 수 있다(이 책의 저자들은 곧 이러한 설계를 보여 준다). 다행히 1회 사례연구 설계의 단점은 잘 알려져 있어 교육연구에서는 거의 사용되지 않는다.

단일집단 사전-사후검사 설계

단일집단 사전-사후검사 설계(one-group pretest-posttest design)에서 단일집단은 특정 종류의 처치에 노출된 후뿐만 아니라 그 이전에도 단일집단을 측정 또는 관찰한다. 이 설계의 다이어그램은 다음과 같다.

단일집단 사전-사후검사 설계

O	X	O
사전검사	처치	사후검사

이러한 설계의 예를 들어 보자. 한 교장선생님이 매주 상담을 받는 것이 학교에서 '접근하기 어려운' 특정 학생들의 태도에 미치는 영향을 사정하기를 원한다. 해당 교장선생님은 프로그램의 상담자들에게 일주일에 한 번씩 10주 동안 그러한 학생들을 만나라고 요청하고, 그 기간 동안 학생들은 자신의 감정과 우려를 표현하도록 격려받는다. 교장선생님은 10주간의 수업 직전과 후에 학생들의 학교에 대한 태도를 측정하기 위해 20개 문항의 척도를 사용한다. [그림 13-2]는 해당 연구의 설계에 관한 다이어그램을 보여 준다.

[그림 13-2] 단일집단 사전-사후검사 설계의 예

O	X	O
사전검사: 학생들에 의해서 완성된 20문항 태도척도 (종속변수)	처치: 10주의 상담	사후검사: 학생들에 의해서 완성된 20문항 태도척도 (종속변수)

이러한 설계는 1회 사례연구 설계보다 낫지만(연구자는 최소한 변화가 있었는지의 여부를 알 수 있음) 여전히 빈약하다. 내적 타당도에 대한 아홉 가지 위협은 사후검사의 결과를 설명할 수 있다. 그것은 역사, 성숙, 도구 성능저하, 자료수집자 특성, 자료수집자 편견, 검사, 통계적 회귀, 연구대상 태도 및 실행

이다. 이들 중 일부 또는 모두가 연구결과에 영향을 미칠 수 있다. 연구자는 사전검사와 사후검사 간의 차이가 처치 때문인지 아니면 이러한 위협 중 하나 이상 때문인지 알 수 없다. 이를 해결하기 위해 처치를 받지 않는 비교집단을 추가할 수 있다. 그리고 사전검사와 사후검사 사이에 태도변화가 일어난다면, 연구자는 그것이 처치(X로 표시됨)에 의해 야기되었다고 믿을 만한 이유가 있다.

정적집단 비교 설계

정적집단 비교 설계(static-group comparison design)에서, 두 개의 이미 존재하는 또는 그대로의 집단이 사용된다. 이는 종종 **정적집단(static groups)**이라고도 하며, 따라서 설계의 이름이다. 이러한 설계를 종종 비동질 통제집단 설계(nonequivalent control group design)라고 부르기도 한다. 이 설계의 다이어그램은 다음과 같다.

정적집단 비교 설계

X	O
	O

점선은 비교 중인 두 집단이 이미 형성되어 있음을 나타낸다. 즉, 연구대상이 두 집단에 무선으로 할당되지 않았음을 나타낸다. X는 실험처치를 나타낸다. 설계의 빈 공간은 '통제'집단이 실험처치를 받지 않았음을 나타낸다. 즉, 다른 처치를 받거나 전혀 처치를 받지 않을 수 있다. 두 개의 O는 서로 정확히 수직으로 배치되어 있어 두 집단의 관찰 또는 측정이 동시에 발생함을 나타낸다.

1회 사례연구 설계를 설명하기 위해 사용된 예를 다시 한번 생각해 보자. 이 예에서는 정적집단 비교 설계를 적용할 수 있다. 연구자는, ① 두 집단(2개 학급)을 찾아, ② 한 학급에는 새로운 교과서(X)를 할당하고, 다른 학급은 일반 교과서를 사용하게 한 후, ③ 두 학급 모두의 흥미를 동시에 측정한다(예: 학기말에). [그림 13-3]은 이 예의 다이어그램을 보여 준다.

[그림 13-3] 정적집단 비교 설계의 예

X 새로운 교과서	O 흥미를 측정하기 위한 태도척도
일반 교과서	O 흥미를 측정하기 위한 태도척도

이 설계는 역사, 성숙, 검사 및 회귀 위협에 대한 더 나은 통제를 제공하지만,[8)] 사망과 장소뿐만 아니라[9)] 더 중요한 것은 다른 연구대상 특성의 가능성에 더 취약하다.

8) 연구자는 두 집단이 동일한 성숙과정에 노출되었음을 확신할 수 없기 때문에, 역사와 성숙은 여전히 가능한 위협으로 남아 있다.

9) 이는 집단이 손실된 연구대상의 수 또는 제공된 자원의 종류가 다를 수 있기 때문이다.

정적집단 사전-사후검사 설계

정적집단 사전-사후검사 설계(static-group pretest-posttest design)는 두 집단 모두에 사전검사가 제공된다는 점에서만 정적집단 비교 설계와 다르다. 이 설계의 다이어그램은 다음과 같다.

정적집단 사전-사후검사 설계

O	*X*	*O*
O		*O*

자료를 분석할 때, 각 개인의 사전검사 점수를 사후검사 점수에서 빼서 '차이(gain)' 또는 '변화' 분석을 허용한다. 이렇게 하면 (분석되는 각 학생의 변화이기 때문에) 연구대상 특성의 위협을 더 잘 통제할 수 있지만, 차이의 양은 종종 초기 수행에 따라 달라진다. 즉, 사전검사에서 높은 점수를 받은 집단이 더 향상될 가능성이 높고(또는 더 낮은 경우), 따라서 연구대상 특성은 여전히 다소 위협적인 것으로 남아 있다. 또한 사전검사를 실시하면 검사 위협이 발생할 가능성이 높아진다. 집단을 매칭하기 위해 사전검사를 사용하는 경우, 이 설계는 훨씬 더 효과적인 설계인 매칭(matching-only) 사전-사후검사 통제집단 설계(361쪽 참고)가 된다.

진실험설계

진실험설계(true experimental design)의 필수요소는 연구대상이 처치집단에 무선으로 할당되는 것이다. 앞에서 설명한 바와 같이, 무선할당은 교육연구의 주요 고려사항인 내적 타당도에 대해 위협적인 연구대상 특성을 통제하는 강력한 기법이다.

무선 사후검사 통제집단 설계

무선 사후검사 통제집단 설계(randomized posttest-only control group design)는 두 집단이 포함되며, 두 집단 모두 무선할당에 의해 구성된다. 한 집단은 실험처치를 받고 다른 집단은 받지 않은 다음, 두 집단은 종속변수에 대해 사후검사된다. 이 설계의 다이어그램은 다음과 같다.

무선 사후검사 통제집단 설계

처치집단	*R*	*X*	*O*
통제집단	*R*	*C*	*O*

이전과 같이, *X*기호는 처치에 대한 노출을 나타내고, *O*은 종속변수의 측정을 나타낸다. *R*은 개인이 집단에 무선으로 할당되는 것을 나타내며, *C*는 통제집단을 나타낸다.

이 설계에서는 특정 위협의 통제가 탁월하다. 무선할당을 사용하여 연구대상 특성, 성숙 및 통계적 회귀와 같은 위협을 적절하게 통제할 수 있다. 연구에서 연구대상 중 누구도 두 번 측정되지 않기 때문에, 검사는 가능성 있는 위협이 아니다. 각 집단에 적어도 40명의 연구대상이 있는 경우, 이것은 실험연구에서 사용하는 모든 설계 중 가장 우수하다.

유감스럽게도, 내적 타당도에 대한 몇 가지 위협은 이 설계에 의해 통제되지 않는다. 첫 번째는 사망이다. 두 집단은 비슷하기 때문에, 각 집단에서 동일한 중도탈락률을 기대할 수 있다. 그러나 처치에 대한 노출은 통제집단보다 실험집단에서 더 많은 개인이 중도탈락(또는 잔류)할 수 있다. 이로 인해, 두 집단의 특성이 서로 다를 수 있으며, 이는 다시 사후검사 결과에 영향을 미칠 수 있다. 이러한 이유로, 연구자는 실험 중에 각 집단에서 얼마나 많은 연구대상이 탈락했는지 항상 보고해야 한다. 태도의 위협이 있을 수 있다. 또한 실행, 자료수집자 편견, 장소 및 역사 위협이 존재할 수 있다. 이러한 위협은 이 설계를 적절히 수정 · 통제할 수 있다.

이 설계의 예로서, 연구자가 대규모 고등학교 교육지원청에서 일련의 민감도(sensitivity) 훈련 워크숍이 교원의 사기에 미치는 영향을 조사하는 가상적인 연구를 생각해 보자. 연구자는 해당 교육지원청 전체 교사 중에서 무선으로 100명의 교사 표본을 추출한다. 그 후 연구자는, ① 해당 지역의 교사를 무선으로 2개의 집단에 할당하고, ② 한쪽 집단을 훈련에 노출시키고, ③ 앙케이트를 사용하여 각 집단의 사기(morale)를 측정한다. [그림 13-4]는 이 가상적인 실험의 다이어그램을 보여 준다.

[그림 13-4] 무선 사후검사 통제집단 설계의 예

무선으로 선발된 교사 100명	↗	*R* 실험집단에 50명의 교사 무선할당	*X* 처치: 민감도 훈련 워크숍	*O* 사후검사: 교직원 사기 질문지
	↘	*R* 통제집단에 50명의 교사 무선할당	*C* 무처치: 민감도 훈련을 받지 않음	*O* 사후검사: 교직원 사기 질문지
				(종속변수)

다시 한번, 이 책의 저자들은 무선선택과 무선할당의 차이를 명확히 하는 것이 중요하다고 강조한다. 둘 다 무선화 과정을 수반하지만, 목적은 다르다. 무선선택은 대표표본을 제공하기 위한 것이다. 그러나 그것은 집단에 연구대상을 무선으로 할당하는 것을 수반할 수도 있고 수반하지 않을 수도 있다. 무선할당은 집단을 동등하게 하기 위한 것으로, 무선선택을 수반하지 않는 경우가 많다.

무선 사전-사후검사 통제집단 설계

무선 사전-사후검사 통제집단 설계(randomized pretest-posttest control group design)는 사전검사를 사용할 때만 무선 사후검사 통제집단 설계와 다르다. 두 집단의 연구대상이 사용되며, 두 집단 모두 두 번 측정되거나 관찰된다. 첫 번째 측정은 사전검사로, 두 번째 측정은 사후검사로 사용된다. 무선할당은 집단을 형성하기 위해 사용된다. 측정값 또는 관측값은 두 집단에 대해 동시에 수집된다. 이 설계의 다이어그램은 다음과 같다.

무선 사전-사후검사 통제집단 설계

처치집단	*R*	*O*	*X*	*O*
통제집단	*R*	*O*	*C*	*O*

사전검사를 사용하면 실험집단의 구성원에게 '경고'를 주고, 결과적으로 실험집단의 구성원보다 사후검사를 더 잘 (또는 더 잘하지 못하게) 할 수 있기 때문에 사전검사 상호작용 위협의 가능성이 높아진다. 절충(trade-off)은 연구자에게 두 집단이 실제로 유사한지, 즉 무선할당이 실제로 집단을 동등하게 만드는 데 성공했는지 여부를 확인할 수 있는 수단을 제공한다는 것이다. 이것은 각 집단의 수가 작을 경우(30명 미만) 특히 바람직하다. 사전검사에서 집단이 동등하지 않은 것으로 나타난 경우, 연구자는 곧 논의될 매칭 설계(matching design) 중 하나를 사용하여 집단이 동등하지 않음을 확인할 수 있다. 시간 경과에 따른 변화의 양이 사정되려면, 사전검사가 필요하다.

민감도 훈련 워크숍을 사용한 이전 예를 사용하여 이 설계를 설명해 보자. [그림 13-5]는 이 설계가 어떻게 사용되는지에 관한 다이어그램이다.

[그림 13-5] 무선 사전-사후검사 통제집단 설계의 예

	R	O	X	O
무선으로 선발된 교사 100명 ↗	실험집단에 50명의 교사 무선할당	사전검사: 교직원 사기 질문지 (종속변수)	처치: 민감도 훈련 워크숍	사후검사: 교직원 사기 질문지 (종속변수)
	R	O	C	O
↘	통제집단에 50명의 교사 무선할당	사전검사: 교직원 사기 질문지 (종속변수)	처치: 민감도 훈련이 포함되지 않은 워크숍	사후검사: 교직원 사기 질문지 (종속변수)

무선 솔로몬 4집단 설계

무선 솔로몬 4집단 설계(randomized Solomon four-group design)는 사전검사의 가능성 있는 효과를 제거하기 위한 시도이다. 여기에는 연구대상을 4개의 집단에 무선으로 할당하는 작업이 포함되며, 집단 중 2개는 사전검사되고, 2개는 그렇지 않다. 사전검사집단 중 한 집단과 그렇지 않은 집단 중 한 집단이 실험처치에 노출된다. 그 후, 4개의 집단 모두 사후검사를 실시한다. 이 설계의 다이어그램은 다음과 같다.

무선 솔로몬 4집단 설계

처치집단	R	O	X	O
통제집단	R	O	C	O
처치집단	R	O	X	O
통제집단	R	O	C	O

무선 솔로몬 4집단 설계는 사전-사후검사 통제집단과 사후검사 통제집단 설계를 결합한다. 처음 두 집단은 사전검사 통제집단 설계를 나타내고, 마지막 두 집단은 사후검사 통제집단 설계를 나타낸다. [그림 13-6]은 무선 솔로몬 4집단 설계의 예를 보여 준다.

[그림 13-6] 무선 솔로몬 4집단 설계의 예

무선으로 선발된 교사 100명

R 실험집단에 교사 25명 무선할당 (집단 Ⅰ)	*O* 사전검사: 교직원 사기 질문지 (종속변수)	*X* 처치: 민감도 훈련 워크숍	*O* 사후검사: 교직원 사기 질문지 (종속변수)
R 비교집단에 교사 25명 무선할당 (집단 Ⅱ)	*O* 사전검사: 교직원 사기 질문지 (종속변수)	*C* 민감도 훈련이 포함되지 않은 워크숍	*O* 사후검사: 교직원 사기 질문지 (종속변수)
R 실험집단에 교사 25명 무선할당 (집단 Ⅲ)		*X* 처치: 민감도 훈련 워크숍	*O* 사후검사: 교직원 사기 질문지 (종속변수)
R 비교집단에 교사 25명 무선할당 (집단 Ⅳ)		*C* 민감도 훈련이 포함되지 않은 워크숍	*O* 사후검사: 교직원 사기 질문지 (종속변수)

무선 솔로몬 4집단 설계는 지금까지 설명한 내적 타당도에 대한 위협을 가장 잘 통제한다. 그러나 단점은 연구대상을 4개 집단에 할당해야 하기 때문에 많은 표본이 필요하다는 것이다. 더 나아가, 동시에 4개의 집단을 대상으로 연구를 실시하려면 연구자측의 상당한 에너지와 노력이 필요하다.

매칭과 함께 무선할당

실험에서 연구대상 집단이 같을 가능성을 높이기 위한 시도로, 개별 쌍을 특정 변수와 매칭할 수 있다. 매칭할 변수의 선택은 이전의 연구, 이론 또는 연구자의 경험에 기초한다. 그런 다음, 매칭할 각 쌍의 구성원은 무선으로 실험과 통제집단에 할당된다. 이러한 채택은 사후검사 통제집단 설계와 사전-사후검사 통제집단 설계 모두에 적용할 수 있지만, 후자가 더 일반적이다. 이 설계의 다이어그램은 다음과 같다.

매칭된 연구대상을 사용한, 무선 사후검사 통제집단 설계

처치집단	M_r	X	O
통제집단	M_r	C	O

매칭된 연구대상을 사용한, 무선 사전-사후검사 통제집단 설계

처치집단	M_r	O	X	O
통제집단	M_r	O	C	O

기호 M은 매칭된 각 쌍의 구성원이 실험집단과 통제집단에 무선으로 할당되어 있음을 나타낸다.

종속변수의 사전검사는 매칭된 점수를 제공하는 데 일반적으로 사용되지만 종속변수에 대한 실제적인 관계를 나타내는 모든 변수의 측정이 적절하다. 매칭은 기계적인 방법과 통계적인 방법 중 하나 또는 둘 다로 수행할 수 있다. 둘 다 연구대상이 매칭될 **각**(each) 변수의 각 연구대상에 대한 점수가 요구된다.

기계적 매칭(mechanical matching)은 특정 변수에 대한 점수가 유사한 두 사람을 매칭하는 과정이다. 예를 들어, 수학 적성 점수와 시험 불안 점수가 비슷한 두 소녀는 이러한 변수에서 일치할 수 있다. 전체 표본에 대한 매칭이 완료된 후 빈도다각형을 사용하여 두 집단이 각 매칭 변수에서 실제로 동일한지 확인해야 한다. 안타깝게도, 두 가지 문제가 기계적 매칭의 유용성을 제한한다. 첫째, 두 개 이상의 변수를 일치시키는 것은 매우 어렵다. 사람들은 단지 몇 개 이상의 특성을 조합하지 않기 때문에 추출할 수 있는 매우 큰 초기 표본을 보유해야 한다. 둘째, 매칭시키는 경우 일부 연구대상은 '매칭'을 찾을 수 없기 때문에 연구에서 제외되어야 하는 것이 거의 불가피하다. 그러면 매칭하기 전이라도 표본은 더 이상 무선이 아니다.

무선할당과 기계적 매칭 설계의 예로서, 과학수업에서 성취도가 낮은 학생들의 평균평점(GPA)에 대한 학술지도의 효과에 관심이 있다고 가정해 보자. 연구자가 지역 초등학교 학생 125명 중 60명의 표본을 무선으로 추출해 내신으로 짝을 지어 매칭한 결과 60명 중 40명이 일치했다. 그런 다음, 그 결과로 도출된 20쌍의 각 연구대상을 실험 또는 통제집단에 무선으로 할당한다. [그림 13-7]은 유사한 예를 보여 준다.

[그림 13-7] 매칭 연구대상을 사용한, 무선 사후검사 통제집단 설계

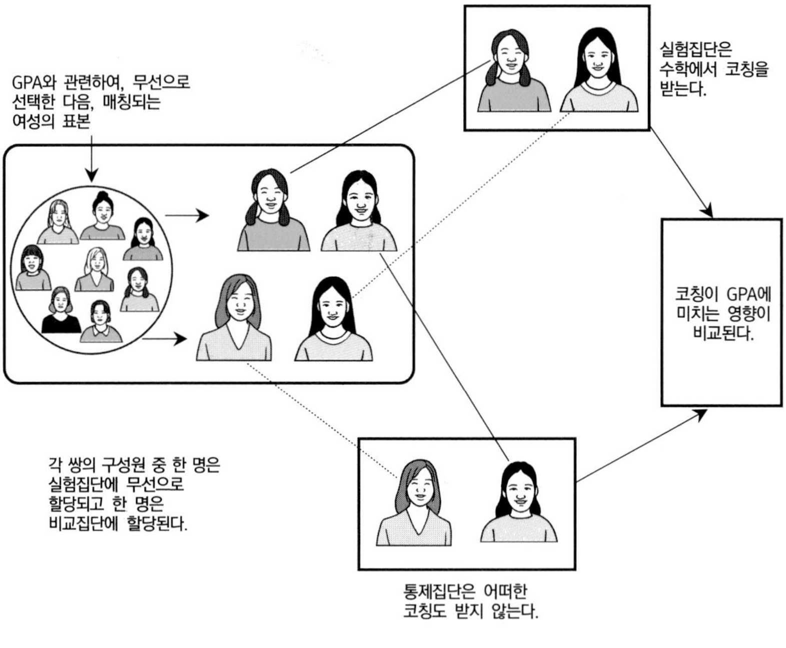

GPA와 관련하여, 무선으로 선택한 다음, 매칭되는 여성의 표본
실험집단은 수학에서 코칭을 받는다.
코칭이 GPA에 미치는 영향이 비교된다.
각 쌍의 구성원 중 한 명은 실험집단에 무선으로 할당되고 한 명은 비교집단에 할당된다.
통제집단은 어떠한 코칭도 받지 않는다.

반면, 통계적 매칭(statistical matching)[10]은 연구대상의 손실을 요구하지 않으며, 매칭되는 변수의 수를 제한하지도 않는다. 각 연구대상에는 종속변수와 연구대상이 매칭된 변수(또는 변수들) 간의 상관관계에 따라 종속변수에 대해 '예측(predicted)' 점수가 부여된다. 그런 다음, 각 개인의 예측점수와 실제점수

10) **통계적 동등화**(statistical equating)는 동의어인 **통계적 매칭**(statistical matching)보다 더 일반적인 용어이다. 이 책의 저자들은 통계학 초보자를 위한 의미로 **매칭**(matching)이라는 용어가 더 잘 전달된다고 믿는다.

의 차이는 실험집단과 통제집단을 비교하는 데 사용된다.

사전검사가 매칭된 변수로 사용되는 경우, 예측점수와 실제점수의 차이를 회귀차이점수라고 한다. 이 점수는 주로 신뢰도가 높기 때문에 보다 직접적인 차이점수(각 개인별 사후검사 점수−사전검사 점수)보다 선호된다. 제15장에서는 부분상관관계하에 유사한 절차에 대해 논의한다.

기계적 매칭을 사용하는 경우, 매칭된 각 쌍의 한 구성원은 실험집단에 무선으로 할당되고 다른 구성원은 통제집단에 할당된다. 통계적 매칭을 사용하는 경우, 표본은 처음에 무선으로 분할되고 모든 자료가 수집된 후에 통계적 조정이 행해진다. 일부 연구자는 기계적 매칭보다 통계적 매칭의 사용을 지지하지만, 통계적 매칭이 무조건적인 것은 아니다. 그것의 주요 약점은 종속변수와 각 예측변수 간의 관계를 곡선이 아닌 직선으로 적절하게 설명할 수 있다고 가정한다는 것이다. 어떤 절차를 사용하든, 연구자는 (이 설계에서) 무선할당에 의존하여 종속변수와 관련된 다른 모든 변수에 대한 집단을 동일시해야 한다.

준실험설계

준실험설계(quasi-experimental designs)에는 무선할당이 포함되지 않는다. 이러한 설계를 채택한 연구자는 대신 내적 타당도에 대한 위협을 통제(또는 최소한 감소)하기 위해 다른 기법에 의존한다. 우리는 몇 가지 준실험설계에 대해 논의할 때 이러한 기법 중 몇 가지를 설명할 것이다.

매칭 설계

매칭 설계(matching-only design)는 무선할당이 사용되지 않는다는 사실에서만 매칭과 무선할당이 다르다. 연구자는 여전히 특정 변수에 대한 실험집단과 통제집단의 연구대상과 일치하지만, 연구대상이 다른 변수와 동등하다는 보장은 없다. 왜 그러한가? 왜냐하면 매칭하더라도 연구대상은 이미 온전한 집단에 속해 있기 때문이다. 이는 심각한 제한이지만, 무선할당이 불가능한 경우, 즉 온전한 집단을 사용해야 하는 경우 피할 수 없는 경우가 많다. 교수방법 연구에 여러 집단(예: 10개 이상)을 사용할 수 있고 집단을 다른 처치에 무선으로 할당할 수 있는 경우, 이 설계는 연구대상을 무선으로 할당하는 대신 사용할 수 있다. 집단이 다른 처치에 무선으로 할당된 후, 한 처치를 받는 개인과 다른 처치를 받는 개인이 매칭된다. 그러나 [그림 13-7]에 나타난 설계는 여전히 선호된다.

매칭(기계적이든 통계적이든)은 무선할당을 대체할 수 없다는 점을 강조해야 한다. 더 나아가, 매칭되는 변수와 종속변수 간의 상관관계가 꽤 높아야 한다(이 책의 저자들은 적어도 .40 이상을 권장한다). 만약 그것이 무선할당과 함께 사용하지 않는 한, 매칭은 매칭되는 변수에 대해서만 통제한다는 것도 알아야 한다. 매칭 통제집단 설계 각각의 다이어그램은 다음과 같다.

매칭 사후검사 통제집단 설계

처치집단	*M*	*X*	*O*
통제집단	*M*	*C*	*O*

매칭 사전-사후검사 통제집단 설계

처치집단	*M*	*O*	*X*	*O*
통제집단	*M*	*O*	*C*	*O*

이 설계에서 M은 각 집단의 연구대상이 (특정 변수에 대해) 매칭되었지만 집단에 무선으로 할당되지는 않았음을 의미한다.

역균형화 설계

역균형화 설계(counterbalanced design)는 실험 및 비교집단을 동등화하는 또 다른 기법을 나타낸다. 이 설계에서는 각 집단이 많은 처치를 사용하더라도 모든 처치에 노출되지만 순서는 다르다. 어떠한 처치도 수반될 수 있다. 세 가지 처치가 포함된 역균형화 설계에 대한 다이어그램의 예는 다음과 같다.

3가지 처치 역균형화 설계

집단 I	X_1	O	X_2	O	X_3	O
집단 II	X_2	O	X_3	O	X_1	O
집단 III	X_3	O	X_1	O	X_2	O

이 배치에는 3개의 집단이 포함된다. 집단 I은 처치 1을 받아 사후검사하고, 그 후 처치 2를 받아 사후검사하고, 마지막으로 처치 3을 받아 사후검사한다. 집단 II는 먼저 처치 2를 받고, 다음으로 처치 3을 받고, 그 후 처치 1을 받고, 각 처치 후에 검사한다. 집단 III는 먼저 처치 3을 받은 후에 처치 1을 받고, 그 후 처치 2를 받으며, 각 처치 후에 검사한다. 집단이 처치를 받는 순서는 무선으로 결정되어야 한다.

연구자는 다양한 처치 효과를 어떻게 결정하는가? 각 처치의 사후검사에서 모든 집단의 평균점수를 비교하는 것만으로 충분하다. 다시 말해서, 처치 1에 대한 모든 집단의 평균 사후점수는 처치 2에 대한 모든 집단의 평균 사후검사 점수와 비교할 수 있으며, 처치 2에 대한 모든 집단의 평균 사후검사 점수와 비교할 수 있다.

이 설계는 내적 타당도에 대한 위협 중 연구대상 특성을 잘 통제하지만, 다중 처치 간섭, 즉 특정 처치 동안 수행은 하나 이상의 이전 처치에 의해 영향을 받을 수 있다는 것에 특히 취약하다. 따라서 연구자가 역균형화 설계를 사용한 모든 연구의 결과는 신중하게 검토되어야 한다. [그림 13-8]에 보여 주는 두 세트의 가상적인 자료를 살펴보라.

[그림 13-8] 역균형화 설계를 사용한 연구로부터의 결과(평균)

	연구 1		연구 2	
	1~4주	5~8주	1~4주	5~8주
집단 I	방법 X = 12	방법 Y = 8	방법 X = 10	방법 Y = 6
집단 II	방법 Y = 8	방법 X = 12	방법 Y = 10	방법 X = 14
	전체 평균: 방법 X = 12; 방법 Y = 8		방법 X = 12; 방법 Y = 8	

연구 1의 해석은 명확하다. 방법 X는 순서에 관계없이 동일한 정도로 두 집단 모두에서 우수하다. 그러나 연구 2의 해석은 훨씬 더 복잡하다. 전반적으로, 방법 X가 더 우수하며, 연구 1에서와 같은 양으로 나타난다. 두 연구 모두에서 X의 전체 평균은 12이고, Y의 경우 8이다. 그러나 연구 2에서는 X와 Y의 차이가 다른 방법에 대한 이전 노출에 따라 달라지는 것으로 나타났다. 집단 I은 X에 이어 방법 Y에 노출되었을 때 훨씬 더 나쁜 수행을 보였고, 집단 II는 방법 Y에 노출되었을 때 훨씬 더 나은 수행을 보였

으며, X 또는 Y가 순서에서 먼저 주어졌을 때 수행에서 차이가 없었다. 연구 2에서는 방법 X가 모든 조건에서 우수하다는 것이 명확하지 않지만, 연구 1에서는 매우 명확하다.

시계열 설계

지금까지 조사된 일반적인 사전 및 사후검사 설계에는 처치 직전과 직후에 수행된 관찰 또는 측정이 포함된다. 그러나 시계열 설계(time-series design)에서는 처치 전과 후에 일정 기간 동안 반복 측정 또는 관측치를 사용한다. 이는 [그림 13-2]에 제시된 단일집단 사전-사후검사 설계를 정교하게 표현한 것이다. 단일집단에서 방대한 양의 자료가 수집된다. 집단이 사전검사에서 기본적으로 동일한 점수를 얻은 다음 사후검사에서 상당히 개선된 경우, 연구자는 사전검사와 사후검사를 한 번만 하였을 때보다 처치가 향상의 원인임을 더 확신할 수 있다. 예를 들어, 새로운 교과서를 사용하기 전에 몇 주 동안 매주 시험을 치르고, 그 교과서를 사용한 후에 그들이 몇 주 동안 시험을 치르는 것을 지켜보는 교사가 있을 수 있다. 기본적인 시계열 설계의 다이어그램은 다음과 같다.

기본적인 시계열 설계

O_1	O_2	O_3	O_4	O_5	X	O_6	O_7	O_8	O_9	O_{10}

이 설계의 사용을 위태롭게 하는 내적 타당도에 대한 위협에는 역사(마지막 사전검사와 첫 번째 사후검사 사이에 어떤 일이 발생할 수 있음), 계측(어떤 이유로 사용 중인 검사가 연구 중 언제든지 변경될 경우), 검사(실행효과로 인한)가 포함된다. 또한 여러 가지 사전검사를 사용하면 검사 전 상호작용 가능성도 증가한다.

[그림 13-9] 시계열 설계에서 가능한 결과 패턴

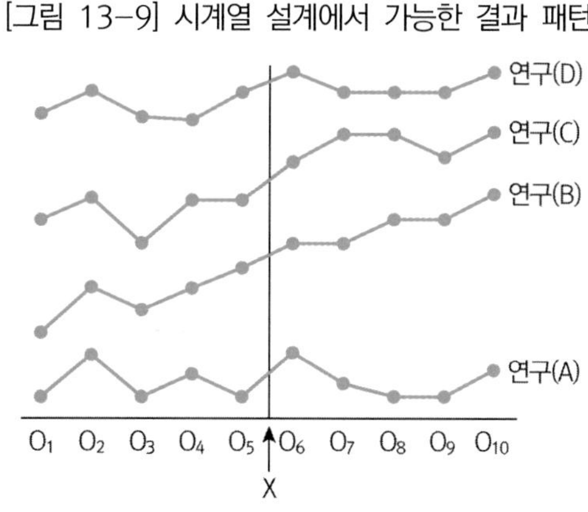

시계열 설계에서 처치의 효과는 기본적으로 여러 검사로부터 도출된 검사점수의 패턴을 분석하여 결정된다. [그림 13-9]는 실험변수(X)의 도입으로부터 도출될 수 있는 몇 가지 가능한 산출물(outcome) 패턴을 보여 준다. 세로선은 실험처치가 도입된 지점을 나타낸다. 이 그림에서 기간 5와 6 사이의 변화는 단일집단 사전-사후검사 설계를 사용하여 얻을 수 있는 것과 동일한 종류의 자료를 제공한다. 그러나 처치 도입 전과 후의 추가자료수집을 보면, 단일집단 사전-사후검사 설계가 얼마나 잘못된 결과를 초래할 수 있는지 알 수 있다. (A)에서 향상은 방법에 관계없이 자료수집 기간마다 발생하는 개선 이하인 것으로 나타난다. 수행은 때때로 향상되지만 추세나 전체적인 증진은 눈에 띄지 않는다. (B)에서 기간 5~6의 차이는 처치를 시작하기 전에 이미 명백한 추세의 일부인 것으로 보인다(성숙의 예일 수 있음). (D)에서 기간 6의 높은 점수는 처치가 도입되기 전의 수행에 근접하기 때문에 일시적일 뿐이다(일시적 영향의 외생적 사건을 시사함). 오직 (C)에서만 처치의 일관된 효과에 대한 증거가 있다.

시계열 설계는 강력한 설계이지만, 역사(기간 5 이후 관련 없는 사건이 발생할 수 있음)와 계측(다른 시점에 여러 검사 실행으로 인해 발생)에 취약하다. 사실, 방대한 양의 자료수집이 필요한 것은 이 설계가 교육연구에 거의 사용되지 않는 이유일 수 있다. 많은 연구, 특히 학교에서 같은 도구를 8번에서 10번 실행하는 것은 불가능하다. 많은 실행과 함께, 도구해석의 타당성에 대한 심각한 의문이 제기된다. 예외는 여러 경우에 걸쳐 적용할 수 있는 방해받지 않는 도구를 사용하는 것이다. 왜냐하면 이러한 도구에 기초한 해석은 타당하기 때문이다.

요인설계

요인설계(factorial designs)는 실험연구에서 조사할 수 있는 관계의 수를 확장한다. 이는 기본적으로 추가적인 독립변수의 조사를 목적으로 하는 사후검사 통제집단 또는 사전-사후검사 통제집단 설계(무선할당되었든 그렇지 않든)의 변형이다. 요인설계의 또 다른 가치는 그것이 연구자로 하여금 독립변수와 종종 **조절변수**라고 불리는 하나 이상의 다른 변수의 상호작용을 연구할 수 있도록 해준다는 것이다. 조절변수(moderator variables)는 처치변수 또는 연구대상 특성 변수일 수 있다. 요인설계의 다이어그램은 다음과 같다.

요인설계

처치	R	O	X	Y_1	O
통제	R	O	C	Y_1	O
처치	R	O	X	Y_2	O
통제	R	O	C	Y_2	O

이 설계는 사전-사후검사 통제집단 설계를 변형한 것이다. 그것은 하나의 처치집단과 하나의 통제집단, 그리고 두 수준[(Y_1)과 (Y_2)을 가진]의 조절변수가 포함된다. 이 예제에서 두 집단은 처치(X)를 받고, 두 집단은 처치를 받지 않는다(C). 그러나 처치를 받는 집단은 Y에 따라 다르며, 처치를 받지 않는 두 집단도 마찬가지이다. 각 변수 또는 요인의 수준이 두 개이므로, 이 설계를 2 × 2 요인설계라고 한다. 이 설계는 또한 다음과 같이 제시될 수도 있다.

이전 예의 대안적인 제시

	X	C
Y_1		
Y_2		

이 설계의 변형은 두 개 이상의 서로 다른 처치집단을 사용하며, 통제집단은 사용되지 않는다. 이전에

연구자가 역사에서의 성취도에 대한 탐구교수방법과 강의교수방법의 효과성을 비교한 사례를 생각해 보자. 이 경우, 독립변수(교수방법)는 두 가지 수준, 즉 탐구교수방법(X_1)과 강의교수방법(X_2)을 갖는다. 이제 연구자가 성취도가 학급크기에 의해서도 영향을 받는지를 확인하려고 한다고 가정해 보자. 그 경우, Y_1은 소규모 학급을 나타내고, Y_2는 대규모 학급을 나타낼 수 있다.

시사하는 바와 같이, 각 독립변수의 개별효과뿐만 아니라 결합효과도 사정하기 위해 요인설계를 사용할 수 있다. 즉, 연구자는 한 변수가 다른 변수를 조절하는 방법[따라서 이러한 변수를 **조절변수**(moderator variables)라고 부르는 이유]을 확인할 수 있다.

교수방법과 학급크기가 역사 성취도에 미치는 영향을 조사하고자 하는 연구자의 예를 들어 보자. [그림 13-10]은 요인설계에서 이러한 변수의 다양한 조합을 어떻게 연구할 수 있는지를 보여 준다.

[그림 13-10] 교수방법과 학급규모가 성취도에 미치는 영향을 연구하기 위한 요인설계 사용

	교수방법	
학급크기	**탐구(X_1)**	**강의(X_2)**
소규모(Y_1)		
대규모(Y_2)		

따라서 요인설계는 하나의 자료집합으로 여러 관계를 연구하는 데 효과적인 방법이다. 그러나 그것의 가장 큰 장점은 연구자가 변수 간의 상호작용을 연구할 수 있게 해 준다는 사실에 있다는 점을 다시 한번 강조한다.

[그림 13-11] 2×2 요인설계에서 상호작용이 있는 경우와 상호작용이 없는 경우의 그림

(a) 학급크기와 방법 간의 상호작용이 없음

	방법		
학급크기	탐구(X_1)	강의(X_2)	평균
소규모(Y_1)	46	38	42
소규모(Y_2)	40	32	36
평균=	43	35	

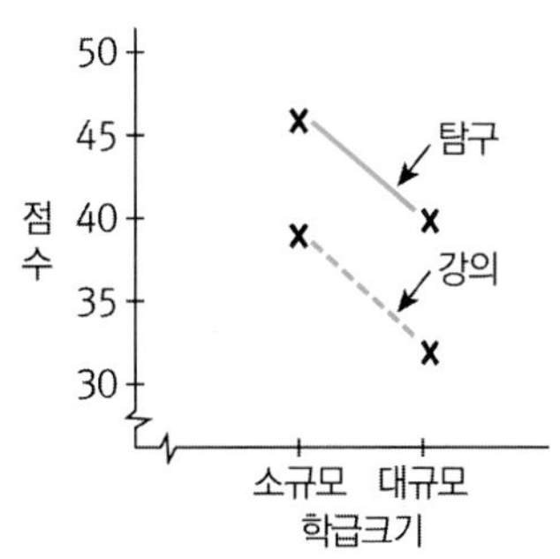

(b) 학급크기와 방법 간의 상호작용이 있음

	방법		
학급크기	탐구(X_1)	강의(X_2)	평균
소규모(Y_1)	48	42	45
소규모(Y_2)	32	38	35
평균=	40	40	

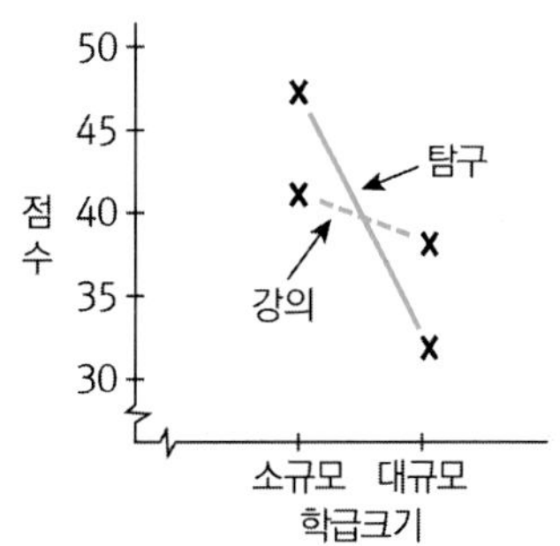

예를 들어, [그림 13-11]은 [그림 13-10]에 표시된 2×2 요인설계에 대해 가능한 두 가지 결과를 보여준다. 사후검사(한국사에 대한 50개 문항 퀴즈)에서 각 집단의 점수는 교수방법과 학급크기의 각 조합에 해당하는 상자[보통 **셀**(cells)이라고 함]에 표시된다.

[그림 13-11]의 연구 (a)에서 탐구교수방법은 소규모 및 대규모 학급 모두에서 더 우수한 것으로 나타났으며, 소규모 학급이 대규모 학급보다 두 가지 교수방법에서 더 우수했다. 따라서 상호작용 효과가 없다. 연구 (b)에서 학생들은 두 가지 방법 모두 대규모 학급보다 소규모 학급에서 더 잘했다. 그러나 소규모 학급의 학생들은 탐구교수방법으로 배웠을 때 더 잘 가르쳤지만, 대규모 학급의 학생들은 강의교수방법으로 배웠을 때 더 잘했다. 따라서 학생들이 일반적으로 대규모 학급보다 소규모 학급에서 더 잘하기는 하지만, 얼마나 잘하느냐는 교수방법에 따라 다르다. 결과적으로, 연구자는 어느 한 교수방법이 항상 더 낫다고 말할 수 없다. 그것은 학생들이 배우는 학급의 크기에 달려 있었다. 즉, 학급크기와 교수방법 간에 상호작용이 있었고, 이는 결국 성취도에 영향을 미쳤다.

연구 (b)에서 요인설계를 사용하지 **않았다**(not)고 가정해 보자. 연구자가 두 교수방법의 효과를 단순히 비교한다면, 해당 연구자는 성취도에 대한 효과에는 차이가 없다고 결론지었을 것이다(두 집단의 평균=40이라고 가정). 이 경우 요인설계를 사용하면, 교수방법의 효과가 사용된 학급의 크기에 따라 달라졌음을 확인할 수 있다. 교수방법과 학급크기 간에 상호작용이 있었던 것으로 보인다.

Tuckman은 독립변수의 네 가지 수준을 포함하고 사후검사 통제집단 설계의 변형을 사용하는 요인설계를 사용했다.[11] 이 연구에서 독립변수는 교수유형이었고, 조절변수는 동기의 양이었다. 그것은 4×2 요인설계이다([그림 13-12] 참고). 3×3, 4×3, 3×2×3 설계와 같은 많은 추가적인 변형도 가능하다. 요인설계를 사용하여 세 개 이상의 변수를 조사할 수 있지만, 한 설계에서 세 개 이상의 변수를 연구하는 경우는 거의 없다.

[그림 13-12] 4×2 요인설계의 예

$R\ X_1\ Y_1\ O$
$R\ X_2\ Y_1\ O$
$R\ X_3\ Y_1\ O$
$R\ X_4\ Y_1\ O$

처치(X)
X_1 컴퓨터보조 교수
X_2 프로그램된 텍스트
X_3 TV녹화된 강의
X_4 강의-토론

$R\ X_1\ Y_2\ O$
$R\ X_2\ Y_2\ O$
$R\ X_3\ Y_2\ O$
$R\ X_4\ Y_2\ O$

조절변수(Y)
Y_1 높은 동기
Y_2 낮은 동기

	처치			
	X_1	X_2	X_3	X_4
Y_1				
Y_2				

내적 타당도에 대한 위협 통제: 요약

<표 13-1>은 제9장에서 논의한 내적 타당도에 대한 위협을 통제하는 데 있어 앞에서 기술한 각 설계의 타당도에 대한 이 책의 저자들의 평가를 제시한다. 이러한 평가가 이 책의 저자들의 판단을 반영한다

11) Tuckman, B. W. (1999). *Conducting Educational Research* (5th ed., p. 152). College Publishers.

는 것을 기억해야 한다. 모든 연구자가 반드시 동의하는 것은 아니다. 우리는 **강력한**(strong) 통제[위협이 발생할 **가능성이 없음**(unlikely)]를 나타내기 위해 2개의 플러스(++)를 부여했다. 또한 **약간**(some)의 통제[위협이 발생할 **가능성이 있음**(might)]를 나타내기 위해 플러스(+), **약한**(weak) 통제[위협이 발생할 **가능성이 있음**(likely)]를 나타내기 위해 마이너스(−)를 부여했다. 또한 연구의 본질상 이 책의 저자들이 결정할 수 없는 가능성이 있는 위협에는 물음표(?)를 부여했다.

연구논쟁

플라세보는 작동하는가?

플라세보 효과(placebo effect), 즉 몇몇 환자에게 어떠한 처치라도, 심지어 설탕 알약이라도 투여된다면, 환자는 개선될 것이라는 기대는 오랫동안 의사와 임상실험에 관여한 다른 사람들에 의해 인정되어 왔다. 그러나 그 효과는 정말 존재하는가?

덴마크의 두 연구자는 종종 그렇지 않다고 제안했다. 그들은 환자에게 진짜 약이나 위약을 주거나 전혀 처치하지 않은 114개의 임상실험을 검토했다. 2001년 5월 『New England Journal of Medicine』에 발표된 그들의 보고서는 '플라세보'가 감기, 배멀미에서부터 고혈압, 알츠하이머병까지 수십 가지 질환에 대해 '처치하지 않은' 것에 비해 큰 이점이 없다는 것을 보여 주었다(예외는 약 15%의 환자에게 설탕 알약이 가져다주는 통증 완화이었다).[12] 연구자들은 플라세보 효과에 대한 설명 중 하나가 단순히 환자의 의사를 기쁘게 하기 위한 무의식적인 욕구였을 수도 있다고 추정했다.

여러분은 어떻게 생각하는가? 어떤 환자는 의사들의 비위를 맞추려고 노력하는가?

이러한 설계는 연구대상 특성, 사망, 역사, 성숙 및 회귀의 위협을 통제하는 데 가장 효과적이다. 사망은 여러 설계에서 통제되는데, 이는 손실된 연구대상이 실험방법과 통제방법 모두에서 손실되기 때문에 어느 쪽에도 이점이 없기 때문이다. 처치가 실행되는 장소는 일반적으로 연구 전체에서 일정하기 때문에, 시계열 설계에서 장소 위협은 사소한 문제이다. 자료수집자 특성도 마찬가지이다. 다만, 다른 자료수집자가 다른 방법을 사용한다면 이러한 특성이 다른 설계에서도 문제가 될 수 있다. 그러나 이것은 보통 통제하기 쉽다. 불행하게도, 시계열 설계는 (관찰을 통해) 자료를 수집해야 하고 연구 의도를 자료수집자에게 거의 숨길 수 없기 때문에 도구 성능저하와 자료수집자 편견 가능성이 매우 높다.

자료수집자 측면에서의 무의식적인 편견은 이러한 설계 중 어느 것에 의해서도 통제되지 않으며, 실행 효과도 아니다. 실행자 또는 자료수집자가 의도하지 않게 연구의 결과를 왜곡할 수 있다. 자료수집자는 가능하면 누가 어떤 처치를 받았는지 모르는 상태로 유지해야 한다. 처치가 행해지고 자료가 연구자가 의도한 대로 수집되었는지를 검증해야 한다.

〈표 13−1〉에서 볼 수 있는 바와 같이, 검사 위협은 관련된 도구의 특성과 빈도에 따라 다르지만 많은 설계에서 존재할 수 있다. 연구대상이 여러 상황에서 도구에 반응하는 경우에만 발생할 수 있다.

태도(또는 사기저하) 효과는 각 연구대상이 둘 다(또는 모두) 특수처치를 받기 때문에 역균형화 설계에 의해 가장 잘 통제된다. 나머지 설계에서는 대안적인 처치 중에 또 다른 '특별한' 경험을 제공함으로써 통제할 수 있다. 이중맹검 실험유형(double−blind type of experiment)에 대해서는 특별히 언급해야 한다. 이러한 연구는 의학에서는 흔하지만 교육에서는 배치하기 어렵다. 핵심요소는 연구대상과 연구자 모두 각 처치를 받는 사람들의 신원을 모른다는 것이다. 이것은 의학연구에서 실제 약과 구별할 수 없는

12) 『Time』(2001. 6. 4.) 65면에 보도됨

위약(placebo, 때로는 설탕 알약)을 통해 가장 쉽게 달성된다.

회귀는 만약 발생한다면 실험조건과 통제조건에서 동일하게 발생해야 하기 때문에 단일집단 사전-사후검사 설계를 제외하고는 문제가 될 가능성은 없다. 그러나 두 집단 간에 초기 차이가 클 경우, 회귀는 정적집단 사전-사후검사 통제집단 설계에서 발생할 수 있다.

〈표 13-1〉 내적 타당도에 대한 위협을 통제하는 데 있어 실험설계의 효과성

	위협											
설계	연구대상 특성	사망	장소	도구 성능저하	자료 수집자 특성	자료 수집자 편견	검사	역사	성숙	연구 대상자의 태도	회귀	실행
1회 사례연구	–	–	–	(NA)	–	–	(NA)	–	–	–	–	–
단일집단 사전-사후	–	?	–	–	–	–	–	–	–	–	–	–
정적집단 비교	–	–	–	+	–	–	+	?	+	–	–	–
무선 사후검사 통제집단	++	+	–	+	–	–	++	+	++	–	++	–
무선 사전-사후검사 통제집단	++	+	–	+	–	–	+	+	++	–	++	–
무선 솔로몬 4집단	++	++	–	+	–	–	++	+	++	–	++	1
매칭과 함께, 무선 사후검사 통제집단	++	+	–	+	–	–	++	+	++	–	++	–
매칭 사전-사후검사 통제집단	+	+	–	+	–	–	+	+	+	–	+	–
역균형화	++	++	–	+	–	–	+	++	++	++	++	–
시계열	++	–	+	–	+	+	–	–	+	–	++	–
무선화와 함께, 요인	++	++	–	++	–	–	+	+	++	–	++	–
무선화 없이, 요인	?	?	–	++	–	–	+	+	+	–	?	–

주: (+)=강력한 통제, 위협이 발생할 것 같지 않음, (+)=약간 통제, 위협이 발생할 수 있음, (–)=약한 통제, 위협이 발생할 수 있음, (?)=결정할 수 없음, (NA)=해당되지 않음

실험연구에서 내적 타당도에 대한 위협 가능성 평가

실험연구를 계획하거나 보고된 연구의 결과를 평가할 때 중요한 고려사항은 내적 타당도에 대한 위협 가능성이다. 앞에서 설명한 바와 같이, 내적 타당도에 대한 여러 가지 가능한 위협이 존재할 수 있다. 연구자가 반드시 해야 할 질문은 다음과 같다. **이**(this) 연구에서 **특정**(particular) 위협이 존재할 가능성은 얼마나 되는가? 이 가능성을 평가하는 데 도움이 되도록 다음 절차를 제안한다.

- **1단계**: 다음에 대해 물어보라. 종속변수에 영향을 미치는 것으로 알려져 있거나 논리적으로 이 변수에 영향을 미칠 것으로 예상되는 특정 요인은 무엇인가? [연구자는 연구내용과 무관한 요인에 신경 쓸 필요가 **없다**(not)는 것에 주목하라.]
- **2단계**: 다음에 대해 물어보라. 이러한 요인 각각에 대해 비교집단이 다를 수 있는 가능성은 얼마나 되는가? (집단 간의 차이는 모든 집단에서 동일한 요인이라고 설명할 수 없다.)

- **3단계**: 위협이 영향을 미칠 수 있는 정도에 따라 그것을 평가하고 통제할 계획을 수립하라. 특정 위협을 통제할 수 없는 경우, 이를 인정하라.

2단계의 중요성은 [그림 13-13]에 제시되었다. 각 다이어그램에서 온도계는 방법 A를 받은 연구대상의 수행과 방법 B를 받은 연구대상의 수행을 비교하여 나타낸다. 그림 (a)에서 방법 A를 받은 연구대상은 사후검사에서는 더 높은 수행을 보였지만, **또한**(also) 사전검사에서도 높은 수행을 보였다. 따라서 사전검사 성취도에서의 차이는 사후검사에서의 차이를 설명한다. 그림 (b)에서 방법 A를 받은 연구대상은 사후검사에서 더 높은 성과를 냈지만, 사전검사에서는 높은 성과를 거두지 못했다. 따라서 사후검사 결과는 그 방법을 받기 전에 다른 성취도 수준에 의해 설명되거나 기인하다고 **할 수 없다**(cannot).

[그림 13-13] 비교집단 연구에서 내적 타당도를 다루기 위한 지침

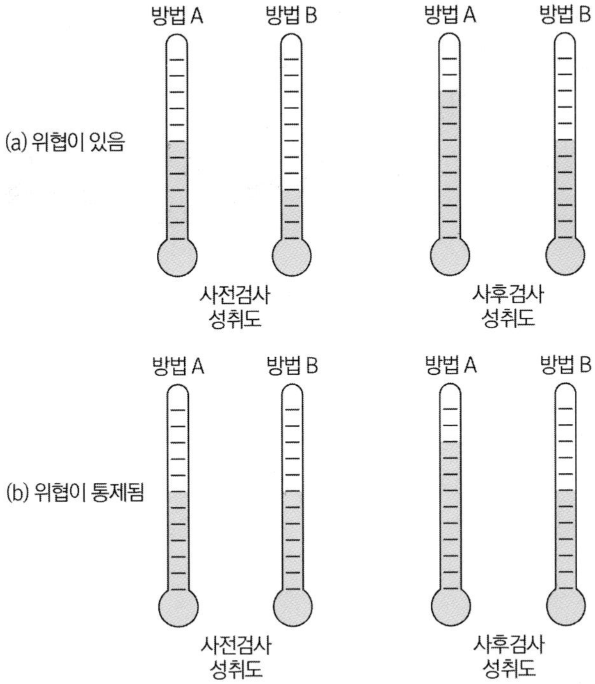

이러한 다양한 단계가 어떻게 사용될 수 있는지를 보여 주는 한 가지 예를 고려해 보자. 한 연구자가 두 가지 다른 수업방법(예: 강의 대 탐구교수)이 학생들의 비판적 사고능력(비판적 사고검사의 점수로 측정)에 미치는 영향을 조사하기를 원한다고 가정해 보자. 해당 연구자는 두 집단의 고등학교 2학년 학생들을 비교할 계획인데, 한 집단은 강의교수방법을 사용하는 교수자에 의해 지도되고, 다른 집단은 탐구교수방법을 사용하는 교수자가 의해 지도된다. 집단에 무선으로 할당하는 대신 온전한 학급이 사용된다고 가정해 보자. 제9장에서 논의된 내적 타당도에 대한 위협 중 몇 가지가 방금 설명한 단계를 사용하여 검토 및 평가된다. 이 책의 저자들은 연구자가 연구 프로젝트를 계획할 때 이러한 생각을 해야 한다고 주장한다.

연구대상 특성

많은 가능한 연구대상 특성이 비판적 사고능력에 영향을 미칠 수 있지만 여기에서는, ① 초기 비판적 사고능력과 ② 성별 두 가지만 언급한다.

1. **비판적 사고능력: 1단계**, 두 집단 학생의 처치 후 비판적 사고능력은 초기 비판적 사고능력과 거의 확실히 관련이 있다. **2단계**, 무선으로 할당되거나 매칭되지 않은 한, 집단은 크게 다를 수 있다. **3단계**, 통제되지 않으면 영향을 미칠 가능성이 높다.
2. **성별: 1단계**, 처치 후 비판적 사고능력은 성별과 관련이 있을 수 있다. **2단계**, 집단은 매칭에 의해 통제되지 않는 한, 각 성별의 비율이 다를 수 있다. **3단계**, 통제되지 않으면 영향을 미칠 가능성이 중간 정도이다.

사망

1단계, 사망은 어떤 비판적 사고척도에 있어서든 처치 후 점수에 영향을 미칠 가능성이 높다. 왜냐하면 탈락하거나 상실된 연구대상은 점수가 낮을 가능성이 높기 때문이다. **2단계**, 집단별로 손실된 수에 차이가 없을 수 있지만, 이는 확인해야 한다. **3단계**, 통제되지 않으면 영향을 미칠 가능성이 중간 정도이다.

장소

1단계, 처치 또는 자료수집의 실행 장소가 두 집단에 따라 다르면 이는 비판적 사고검사의 사후 처치 점수에 영향을 미칠 수 있다. 처리 후 점수는 학급크기, 독서자료, 필름 등의 자원에 의해 영향을 받을 것으로 예상된다. **2단계**, 이 위협은 실행 및 자료수집 장소를 표준화하여 통제하지 않는 한 집단에 따라 다를 수 있다. 자원을 동등하게 하기 위한 조치를 취하지 않는 한, 각 방법을 사용하는 학급은 체계적으로 다를 수 있다. **3단계**, 통제되지 않으면 영향을 미칠 가능성이 중간에서 높다.

계측

1. **도구 성능저하: 1단계**, 도구 성능저하는 결과에 영향을 미칠 수 있다. **2단계**, 도구 성능저하는 집단에 따라 다를 수 있다. 사용된 모든 도구를 주의 깊게 검사하고 발견된 모든 변경사항을 수정한다면, 이는 큰 문제가 되지 않는다. **3단계**, 통제되지 않으면 영향을 미칠 가능성이 낮다.
2. **자료수집자 특성: 1단계**, 자료수집자의 특성은 비판적 사고검사 점수에 영향을 줄 수 있다. **2단계**, 이 위협은 모든 집단에 대해 동일한 자료수집자를 사용하여 통제하지 않는 한, 집단에 따라 다를 수 있다. **3단계**, 통제되지 않으면 영향을 미칠 가능성이 중간 정도이다.
3. **자료수집자 편견: 1단계**, 편견은 분명히 비판적 사고검사 점수에 영향을 미칠 수 있다. **2단계**, 이 위협은 도구 사용에 대한 교육실시자에 의해 통제되거나 검사대상 처치집단에 대해 무지하게 유지되지 않는 한, 집단에 따라 다를 수 있다. **3단계**, 통제되지 않으면 영향을 미칠 가능성이 높다.

검사

1단계, 만약 사용된다면, 사전검사는 비판적 사고검사의 사후검사 점수에 영향을 미칠 수 있다. **2단계**, 다만 각 방법을 사용하는 교수자가 비판적 사고기술을 가르치고 있기 때문에 사전검사는 두 집단 모두에 동등하게 영향을 미치고 방법과 상호작용하지 않을 것이다. **3단계**, 통제되지 않으면 영향을 미칠 가능성이 낮다.

역사

1단계, 비판적 사고능력에 영향을 미칠 수 있는 외부 사건은 추측하기 어렵지만, 여기에는 사고에 관한 특별한 TV 시리즈, 일부 학생의 비판적 사고에 관한 교육지원청 워크숍 참석, 또는 연구과정에서 발생하는 특정 과외활동(예: 토론) 참여 등이 포함될 수 있다. **2단계**, 대부분의 경우, 이러한 사건은 두 집단에 동등하게 영향을 미치므로 위협이 되지 않는다. 이러한 사건은 주목해야 하며, 각 집단에 미치는 영향은 가능한 한 평가되어야 한다. **3단계**, 통제되지 않으면 영향을 미칠 가능성이 낮다.

성숙

1단계, 비판적 사고는 아마도 개인의 성장과 관련이 있기 때문에, 성숙은 결과 점수에 영향을 미칠 수 있다. **2단계**, 교수자가 각 방법을 같은 기간에 걸쳐 가르친다고 가정하면, 성숙은 위협적이지 않다. **3단계**, 통제되지 않으면 영향을 미칠 가능성이 낮다.

연구대상 태도

1단계, 연구대상 태도는 사후검사 점수에 영향을 미칠 수 있다. **2단계**, 만약 어느 집단의 구성원이 어떤 종류의 '특별한 관심'을 받고 있다는 것을 인식한다면, 이것은 위협이 될 수 있다. 어느 하나의 처치의 '신기한' 정도가 평가되어야 한다. **3단계**, 통제되지 않으면 영향을 미칠 가능성이 낮음에서 중간 정도이다.

회귀

1단계, 연구대상을 극단점수에 기초하여 선택하지 않는 한, 회귀는 사후검사 점수에 영향을 미치지 않을 것이다. **2단계**, 이 위협은 집단에 영향을 줄 수 있지만, 다른 영향을 미칠 가능성은 거의 없다. **3단계**, 통제되지 않으면 영향을 미칠 가능성이 낮다.

실행

1단계, 교수자 특성은 처치 후 점수에 영향을 미칠 수 있다. **2단계**, 다른 교수자마다 그 방법을 알려주기 때문에 서로 크게 다를 수 있다. 이것은 각 방법에 대해 여러 명의 교수자를 두거나, 각 교수자에게 두 가지 방법을 모두 가르치거나, 또는 모니터링 지침을 통해 통제할 수 있다. **3단계**, 통제되지 않으면 영향을 미칠 가능성이 높다.

따라서 내적 타당도에 대한 위협을 확인하는 방법은, 첫째, 연구의 결과변수에 영향을 미칠 수 있는 다른 변수(조건, 연구대상 특성 등)를 생각하고, 둘째, 증거 또는 경험에 기초하여 이러한 것이 비교집단에 다르게 영향을 미치는지 여부를 결정하는 것이다. 만약 그러하다면, 이러한 요인의 영향이 결과에 대한 대안적인 설명을 제공할 수 있다. 이것이 가능해 보인다면, 연구의 내적 타당도에 대한 위협이 실제로 존재할 수 있으며, 최소화하거나 제거할 필요가 있다. 그런 다음, 그것은 연구 프로젝트에 대한 최종 보고서에서 논의되어야 한다.

실험처치의 통제

이 장에서 설명하는 설계는 모두 실험연구의 내적 타당도를 개선하기 위한 것이다. 이미 살펴본 바와 같이 각각은 장단점을 가지고 있으며, 일부 위협은 처리하지만 다른 위협은 처리하지 못하는 방법을 제공한다.

그러나 또 다른 쟁점은 모든 설계를 망라하고 있다. 특히 장소 및 실행 위협과 관련하여 이전 절에서 다루었지만, 그것은 일반적인 주의보다 더 많은 주의가 필요하다. 그 쟁점은 실험처치에 대한 연구자의 통제이다. 물론, 잘 수행되는 실험의 필수요건은 연구자가 처치를 통제할 수 있어야 한다는 것이다. 즉, 연구자는 처치의 무엇을, 누가, 언제, 어떻게를 통제한다. 연구자 통제의 분명한 예는 신약 실험이다. 분명히 그 약은 처치이며, 연구자는 누가, 어떤 조건에서, 언제, 누구에게, 그리고 얼마를 투여하는지 통제할 수 있다. 불행하게도, 교육연구에서 연구자가 이 정도의 통제를 갖는 경우는 드물다.

이상적인 상황에서 연구자는 처치의 구성요소를 정확하게 구체화할 수 있다. 실제로 많은 처치나 방법은 너무 복잡해서 정확하게 설명할 수 없다. 이전에 살펴본 탐구교수방법과 강의교수방법의 효과성을 비교하는 연구의 예를 들어 보자. 각 교수방법을 실행하는 개인은 정확히 무엇을 해야 하는가? 이 질문에 대한 연구자의 대답은 크게 다를 수 있다. 처치실행자가 정확히 무엇을 해야 하는지 명시한 것이 모호하면 실행과정에서 중대한 문제가 발생한다. 연구자가 해당 교수방법의 본질적인 특징을 특정할 수 없다면 어떻게 교사가 연구에 관련된 교수방법을 실행하도록 훈련시킬 것인가? 적절한 세부사항들이 달성되고 훈련방법이 개발된다고 가정하더라도, 연구자는 교수방법이 **올바르게**(correctly) 실행되었는지 어떻게 확신할 수 있는가? 이러한 문제는 우리가 논의한 설계 중 하나를 사용하는 연구자가 반드시 직면해야 한다.

이 질문에 대한 고려는 종종 가능한 절충(trade-offs)의 고려(및 사정)로 이어진다. 가장 큰 통제는 연구자가 처치를 실행할 때 발생할 가능성이 높지만, 이는 실행 위협이 발생할 수 있는 가장 큰 기회를 제공한다. 그러나 연구자가 위협을 줄이기 위해 다른 실행자를 추가하여 실행을 확장시킬수록 처치의 왜곡이나 희석 위험이 높아진다. 극단적인 경우는 기존 처치집단, 즉 연구자가 이미 특정 처치를 행하고 있는 집단을 사용하는 것이다. 대부분의 저자는 이를 인과-비교연구 또는 **사후연구**(ex post facto)(제16장 참고)라고 언급하며, 실험연구의 범주에 속하지 않는다. 이러한 연구에서 연구자는 지정된 처치를 받는 집단을 찾은 다음 매칭 설계 또는 처치 실행 전에 충분한 소요시간이 존재하는 경우 시계열 설계를 사용해야 한다. 이 책의 저자들은 만약 처치가 주의 깊게 확인된다면 그러한 연구가 연구자에 의해 교사(또는 다른 사람)에게 처치가 할당되는 연구에 비교되는 원인-결과 측면에서 반드시 열등하다고는 생각하지 않는다. 둘 다 우리가 논의한 대부분의 위협에 동일하게 노출되어 있다. 기존 집단은 진실험보다 연구대상 특성, 장소 및 회귀 위협에 더 민감하지만 준실험보다 더 민감할 필요는 없다. 기존 실제가 변경되지 않기 때문에 태도 효과로 인한 문제가 줄어들 것으로 예상할 수 있다. 연구자의 통제가 줄어들기 때문에 더 큰 역사 및 성숙 위협이 존재한다. 실행은 사정하기 어렵다. 이미 새로운 교수방법을 실행하고 있는 교사는 처음에 그 교수방법을 선택했다면 열심일 수도 있지만, 그는 더 나은 교사일 수도 있다. 반면에, 새로운 교수방법에 배정된 교사는 열정적이거나 화를 낼 수 있다. 이 책의 저자들은 두 가지 유형의 연구가 모두 타당하다고 결론지었다.

실험연구의 예

이 장의 나머지 부분에서는 발표된 실험연구의 예를 제시한다. 이 책의 저자들은 실제 연구 자체를 그대로 제시함과 동시에 해당 연구를 비평하고, 그 강점을 확인하며, 개선할 수 있다고 생각되는 분야에 대해 논의한다. 이 책의 저자들은 또한 제14장, 제19장, 제21~23장에서도 이러한 작업을 수행하며, 각 사례에서 이 장에서 논의된 연구의 유형을 분석한다. 이 책의 저자들은 검토할 연구를 선택할 때 다음과 같은 기준을 사용했다.

- 연구는 탁월하지는 않지만 전형적인 방법론을 예시하고 건설적인 비판을 허용해야 한다.
- 연구는 특정한 전문적 관심사가 직접적으로 다루어지지 않더라도 학생들의 관심을 끌기에 충분한 관심 가치를 지녀야 한다.
- 연구는 간결하게 보고되어야 한다.

전체적으로, 이러한 연구는 교육 분야에서 특별한 관심사의 다양성을 나타낸다.

이러한 각 연구를 비평할 때, 이 책의 저자들은 지금까지 여러분에게 친숙해야 할 일련의 범주와 질문을 사용했다. 그것은 다음과 같다.

- **목적/근거**: 논리적인가? 설득력이 있는가? 이 정도면 충분한가? 연구의 저자는 연구의 결과가 이론, 실제 또는 둘 다에 어떻게 중요한 영향을 미치는지 보여 주고 있는가? 가정이 명시되어 있는가?
- **정의**: 주요 용어가 명확하게 정의되어 있는가? 그렇지 않은 경우, 그것이 문맥상 명확한가?
- **선행연구**: 해당 주제에 대한 선행연구가 적절하게 다루어졌는가? 그것은 현재 연구와 명확하게 관련되어 있는가?
- **가설**: 가설이 진술되어 있는가? 암묵적인가? 연구에 적합한가?
- **표본**: 어떤 종류의 표본이 사용되는가? 무선표본인가? 그렇지 않은 경우, 적절하게 기술되어 있는가? 연구의 저자는 모집단에 대한 일반화를 권장하거나 암시하는가? 만약 그렇다면, 대상집단이 명확하게 나타나 있는가? 일반화에 대한 가능한 제한이 논의되고 있는가?
- **계측**: 그것이 적절하게 기술되어 있는가? 적절한 신뢰도의 증거가 제시되어 있는가? 타당도의 증거가 제공되고 있는가? 그 문서에서 도출된 추론의 타당도에 대한 근거나 주장은 얼마나 설득력이 있는가?
- **절차/내적 타당도**: 명백한 위협은 무엇인가? 그것이 통제되었는가? 그렇지 않은 경우, 그것이 논의되었는가?

- **자료분석**: 자료가 적절하게 요약되고 보고되고 있는가? 기술통계 및 추론통계(있는 경우)를 적절하게 사용하고 있는가? 통계가 올바르게 해석되고 있는가? 제한점이 논의되었는가?
- **결과**: 연구결과가 명확하게 제시되어 있는가? 작성된 요약본이 보고된 자료와 일치하는가?
- **논의/해석**: 연구의 저자는 이 연구를 더 넓은 맥락에 두고 있는가? 그는 특히 모집단과 연구결과의 생태학적 일반화와 관련하여 연구의 제한점을 인식하고 있는가?

연구보고서(Research Report)

How Manipulatives Affect the Mathematics Achievement of Students in Nigerian Schools

F. Ehi Aburime
Benson Idahosa University

Mathematics is a very important subject in Nigeria. Yet, for more than twenty years, mathematics education in Nigeria has been in a sorry state. Mathematics achievement has been very low and frustrating. So far, every effort made to save Nigerian education from the devastating effect of persistent poor mathematics achievement has failed. An experiment to address the problem of poor achievement in mathematics in Nigerian high schools was carried out in Edo State of Nigeria. Eighteen simple improvised geometric manipulatives were made from ordinary cardboard paper. The manipulatives were used in teaching students in experimental group. There was a control group of students which did not study with manipulatives. Scores were collected from mathematics test taken by students in both experimental and control groups. Statistical analysis showed that students in the experimental group (who were taught with manipulatives) were clearly better than students in the control group who were not instructed with manipulatives.

INTRODUCTION

Federal Republic of Nigeria (2004) National Policy on Education made mathematics compulsory in all classes in grade schools and high schools. In fact, in grade school and high school, every child must study mathematics everyday the child goes to school in Nigeria. The National Policy on Education also made it compulsory for students to pass mathematics at the end of junior high and the senior high school levels of education in order to continue their educational career. It is therefore necessary that mathematics be taught effectively in Nigerian schools. Another reason for desiring effective mathematics teaching in Nigerian schools is that mathematics is very much needed for undergraduate admission into universities in Nigeria (see table 1 below).

TABLE 1 ***Mathematics Admission Requirements for Nigerian Universities 2004–2005***

S/N	Faculty	Number of Courses Available	Courses Needing at Least Credit in Mathematics	Percent of Courses Needing at Least Credit in Mathematics (%)
1	Administration	21	16	76
2	Agriculture	46	46	100
3	Arts	65	0	0
4	Education	72	36	50
5	Engineering	68	68	100
6	Law	7	0	0
7	Medical Sciences	21	21	100
8	Science	79	79	100
9	Social Sciences	36	21	58
	Total	415	287	69

Source: Joint Admissions and Matriculation Board (2004) Universities Matriculation Examination Brochure (2004–2005).

Table 1 shows that 69% (more than two-thirds) of the university courses available need mathematics as entry requirement. In the courses concerned, a candidate must pass mathematics at credit or distinction level, and also offer mathematics at the Universities Matriculation Examination (UME) before being considered for admission. Out of nine faculties, four faculties (Faculty of Agriculture, Faculty of Engineering, Faculty of Medical Sciences, and Faculty of Science) require credit or distinction level pass in mathematics for all courses before candidates can qualify for further screening for admission. In spite of this great need for high achievement in mathematics, mathematics achievement has remained very low for many years. Lassa (1981) pointed out the sorry state of mathematics education in Nigeria. Lassa's warning did not stop the continuous high failure in mathematics and its resulting frustration of students and embarrassment of teachers. Ale (1989) declared that the Mathematical Association of Nigeria was launching a War Against Poor Achievement in Mathematics (WAPAM); but WAPAM has not succeeded in solving the problem of poor achievement in mathematics in Nigerian high schools. Ale (2003), in his capacity as Director of the National Mathematical Center, Abuja, Nigeria, launched a Mathematics Improvement Program. Yet, the sad situation persists. To show how serious the situation is, Amoo (2001) brought out the following table (Table 2).

TABLE 2 *Performance in Mathematics in West African School Certificate Examination 1995–1997*

Year	Entry (%)	Candidates Who Sat for Exam	Credit or Distinction 1–6	Pass 7–8	Fail 9
1995	466,971	462,273 99.0	76,080 16.5	185,931 40.2	200,262 43.3
1996	519,656	514,342 99.1	51,587 10.0	190,899 37.1	272,356 52.9
1997	621,844	616,923 99.2	47,252 7.7	161,526 26.2	408,145 66.2

Source: Amoa (2001).

In 1995, only 16.5% of high school students passed mathematics at the credit or distinction needed as a precondition for admitting students into majority of university courses. In 1996, the percentage fell further to 10.0%, only to fall again to 7.7% in 1997. Outright failure (Fail 9) in high school final year mathematics examination rose from 43.3% in 1995 through 52.9% in 1996 to 66.2% in 1997. This shows that nearly two-thirds of final year students in Nigerian high schools failed mathematics in 1997! These results are obviously not encouraging. They frustrate not only the students affected, but also other students. Mathematics teachers in Nigerian high schools as well as parents, guardians, and government are not happy about this persistent poor performance in mathematics. According to Ibuot (2000), a leading teacher, Okubodejo, said that:

> Government has not been happy with the performance of students in mathematics in recent times because of students' poor performance... Mathematics is the bedrock of the sciences and technology... Without mathematics it would be difficult for the nation to move forward. (p. 5)

A vivid description from Aborisade (2001) shows that,

For many Nigerian students in secondary schools, mathematics is a loathsome subject... At the mention of the subject, some students curse and hiss. To those students who detest the subject, the mathematics teacher is an archenemy. He is unpopular simply because the subject is unpopular. A recently conducted research to know what is responsible for learners' hateful attitude to mathematics gave the reason to be lack of proper motivation and high cost of books. (p. 48)

Both Ale (1989 p. 27) and Amazigo (2000 p. 24) have identified teaching problems and lack of instructional materials as major factors responsible for poor performance in mathematics. As a contribution to the struggle against poor achievement in mathematics, an experiment was performed in Edo State, Nigeria, using three high schools – Momodu College, Agbede (mixed), Girls Model Secondary School, Ubiaja (girls only), Immaculate Conception College, Benin City (boys only). Simple improvised geometric manipulatives were utilized in the experiment. Manipulatives, according to National Science Foundation (2002), are materials designed to provide concrete experiences that can help students make the link between mathematical concepts and the real world. Also, Langa (2002) sees manipulatives as any objects that aid children in visualizing mathematical process. Ivowi (1999 p. 483) explains that "the practical nature of science and mathematics is being emphasised in order to make them functional."

STATEMENT OF THE PROBLEM

In full recognition of the importance of mathematics, the Federal Government of Nigeria has made mathematics compulsory in all Nigerian grade schools and high schools. Since government spends a lot of money on education, it is disappointing to see a high percentage of students continuously failing mathematics for more than twenty years. In spite of efforts made by the Mathematical Association of Nigeria and the National Mathematical Centre, Abuja, Nigeria, the problem has persisted. Improving achievement in mathematics is desirable. As a matter of fact, it is necessary in order to produce more students who can acquire enough mathematics education to carry Nigeria confidently to the forefront of scientific and technological research and development in this twenty-first century. As a contribution towards solving the longstanding problem of low achievement in mathematics in Nigerian high schools, an experimental research study was carried out in Edo State, Nigeria. The experiment aimed to test the effect of eighteen simple geometric manipulatives, made from ordinary cardboard paper, on the mathematics achievement of students in Edo State.

OBJECTIVE OF THE STUDY

The study aims to find out how simple improvised geometric manipulatives affect mathematics achievement of high school students. Specifically, the study wants to determine if mathematics achievement in Edo State high schools in Nigeria will improve as a result of using improvised geometric manipulatives in classroom teaching and learning.

SIGNIFICANCE OF THE STUDY

Once it is ascertained that improvised geometric manipulatives improve mathematics achievement at the high school level, teachers and students will be encouraged to use improvised manipulatives as one possible means of fighting failure and frustration in mathematics teaching and learning. There is a more important reason for encouraging the use of improvised geometric manipulatives (if they are effective enough to improve mathematics achievement). If more students pass mathematics, mathematics can become a more solid springboard for economic, scientific and technological development.

RESEARCH QUESTION

To what extent does the use of improvised geometric manipulatives improve the achievement of students in mathematics?

Research Hypothesis
There is no significant difference between the mathematics achievement of students taught with simple improvised geometric manipulatives and students taught without manipulatives.

Research Methodology
Population, sample, instrument, data collection and analysis shall be discussed under research methodology.

Population
All students in 287 high schools in Edo State of Nigeria constitute the population for this study.

Sample
Stratified random sampling, using a table of random numbers, led to the choice of Momodu College, Abgede (a mixed school), Girls Model Secondary School, Ubiaja (girls only) and Immaculate Conception College, Benin City (boys only). A random choice of class was done by simple ballot with JSS1, JSS2 JSS3, SSS1, SSS2, SSS3 written, one each, in six pieces of paper of equal size. After folding the papers and throwing them on a wide floor, one of them was picked up. It was JSS2. Another simple ballot was conducted with two equal pieces of paper, with A written on one paper, and B written on the other paper. The papers were folded and thrown into an envelope. After closing and shaking the envelope, one of them was taken out. Before picking the paper, it was decided that the chosen paper should be for the experimental group while the remaining paper would be for the control group. B was the choice for experimental group. So JSS2B became the experimental group while JSS2A was the control group in all the three schools chosen.

Instrument

The instrument for this research consisted of a testing instrument, Mathematics Achievement Test (MAT) and a treatment instrument, Simple Improvised Manipulatives (SIM). MAT was a mutiple–choice type of achievement test, which was used for both pretest and posttest. To construct MAT, a table of specifications (or test blueprint) was drawn up for sixty–eight test items (see table 3 below).

TABLE 3 ***Specifications for JSS2 Mathematics Achievement Test***

Mathematics Areas	Recall of Information	Understanding Concepts	Applications of Concepts	Total
Geometry	5	13	8	26
Algebra	3	7	4	14
Statistics	3	7	4	14
Number and Numeration	3	7	4	14
Total	14	34	20	68

Writing of test items was followed by face and content validation, then item analysis. The face and content validation reduced the items from sixty–eight to sixty–one while item analysis reduced the test items from sixty–one to fifty–two. The fifty–two surviving items were administered to thirty–one students in a pilot test. The students were in JSS2 in Obiaruku Grammar School, Obiaruku, Nigeria. Kuder–Richardson Formula (KR21) was applied to scores in order to measure internal consistency. The internal consistency coefficient was 0.79. It was considered high enough to accept MAT for research. A test–retest of students, with an interval of three weeks, yielded scores that were paired and analyzed to obtain 0.83 as test–retest reliability coefficient for MAT. Again, this was high enough to accept MAT as a reliable research instrument. The second type of research instrument was made up of Simple Improvised Manipulatives (SIM). SIM had eighteen different geometrical shapes constructed from ordinary cardboard paper. Four shapes were triangles – equilateral triangle, isosceles triangle, right–angled triangle and scalene triangle. Six shapes were quadrilaterals – square, rhombus, rectangle, parallelogram, trapezium and kite. There were four other plane shapes – pentagon, hexagon, circle and semi–circle. Cube, cuboid, triangular prism and cylinder were the four solid shapes in Simple Improvised Manipulatives (SIM).

DATA COLLECTION AND ANALYSIS TECHNIQUES

Data collection started with a pretest administered to students in both experimental group and control group. The pretest scores were carefully kept for future use. After pretest, ten weeks of teaching followed, during which only the experimental group was treated with Simple Improvised Manipulatives (SIM). In other words, during the ten weeks that followed the pretest, students in the experimental group were taught with simple improvised manipulatives while control group students were taught without using manipulatives. Special care was taken to make sure that, in each school, the same mathematics teacher taught the experimental group (JSS2B) and the control group (JSS2A). This was to eliminate what is known as the "teacher effect". Another teaching precaution was to make sure that, each time one group (JSS2A or JSS2B) was having a mathematics class, the other group was occupied by another teacher. For example, when JSS2A was studying mathematics, JSS2B must be studying mathematics under a teacher, so that JSS2B students could not study mathematics in JSS2A classroom. In the same way, whenever JSS2B was having a mathematics lesson, a teacher kept JSS2A occupied with another subject. These two precautions were in operation throughout the ten weeks of teaching. After the pretest and ten weeks of teaching, a posttest was given to all students in experimental group as well as control group. The posttest scores were collected for analysis in conjunction with pretest scores. It is noteworthy that the validated Mathematics Achievement Test (MAT) was used for both pretest and posttest withseveral precautions. The first precaution was that MAT was administered to students in two versions. The second version of MAT was a rearrangement of the numbers and alternative answers in the first version. Thus, question number 5 with correct answer E in the first version of MAT could become question number 23 with correct answer C in the second version of MAT. The second precaution was to minimize the chances of obtaining fake scores from students who merely copy from their neighbours. To carry out this precaution, question papers were given to students in a checkerboard fashion (see table 4 below).

TABLE 4 *Checkerboard Arrangement of Question Papers*

1	2	1	2	1	2	1	2	1	2
2	1	2	1	2	1	2	1	2	1
1	2	1	2	1	2	1	2	1	2
2	1	2	1	2	1	2	1	2	1
1	2	1	2	1	2	1	2	1	2
2	1	2	1	2	1	2	1	2	1

1. First Version Test 2. Second Version Test

Checkboard arrangement of question papers guarantees that students writing a different version of test surround every student. Also, desks were separated far enough to prevent any student copying diagonally from students writing the same version. The third precaution was that no student wrote the same version of MAT for pretest and posttest. Statistical analysis of pretest scores was carried out by the computer, using t-test (see tables below).

FINDINGS

Table 5A shows the number of students in experimental group (JSS2B) and control group (JSS2A) in the three schools where the research took place. The experimental group had a total of ninety-four students while the control group as ninety-one students altogether.

TABLE 5A *Number of Students in Experimental and Control Groups*

	Immaculate Conception College, Benin City	Girls Model High school, Ubiaja	Momodu College Agbede	Total
Group JSS2B	36	36	22	94
Group JSS2A	33	35	23	91
Total	69	71	45	185

Table 5B shows that, at the pretest level, the calculated t-value (.09) is very much below the critical t-value (1.96) at .05 level of significance. Therefore, there is no significant difference between the mean score (8.74) of the experimental group and the mean score (8.81) of the control group. This implies that the experimental and control groups were academically equal in mathematics achievement at the pretest level.

TABLE 5B *t-test Analysis of Pretest Scores of Experimental and Control Groups*

Group	Number	Mean	Standard Deviation	df	Calculated *t*-value	Critical *t*-value
Experimental (JSS2B)	94	8.74	5.37	184	0.9*	1.96
Control (JSS2A)	91	8.81	5.18			
Decision on Hypothesis			Accept Hypothesis			

* Not significant at .05 level.

TABLE 5B *t-test Analysis of Postetest Scores of Experimental and Control Groups*

Group	Number	Mean	Standard Deviation	df	Calculated *t*-value	Critical *t*-value
Experimental (JSS2B)	94	11.70	5.26	184	2.23*	1.96
Control (JSS2A)	91	9.89	5.77			
Decision on Hypothesis			Reject Hypothesis			

* significant at .05 level.

At the posttest level, the calculated t value (2.23) is greater than the critical t value (1.96) as shown in table 5C above. This implies that a significant difference exists between the mean (11.70) of the experimental group and the mean (9.89) of the control group. The experimental group is now clearly superior to the control group in mathematics achievement at the posttest level. Thus, the research hypothesis (claiming no significant difference) has to be rejected in favor of the experimental group with much higher posttest mean score than the control group. This goes to show that students taught with simple improvised geometric manipulatives performed much better than other students.

DEFINITION OF KEY TERMS

Control Group	Students who were taught without using manipulatives.
Credit	B or C grade
df	Degrees of freedom.
Distinction	A grade
Experimental Group	Students who were taught with simple improvised geometric manipulatives.
Item	Question.
JSS	Junior secondary school (junior high school).
Manipulatives	Instructional materials that learners can easily handle to help them visualize and understand mathematical ideas.
Secondary School	High school
SSS	Senior secondary school (senior high school).

RECOMMENDATIONS

1. Nigerian government should make it a point of duty to arrest the present persistent poor performance in high school mathematics. Poor performance in high school mathematics has disturbed Nigeria for many years. It is inimical to national development.
2. The use of simple, improvised manipulatives for mathematics teaching and learning should be introduced in our schools, and entrenched in our curriculum. This should assist educational development in particular, and national development in general.
3. To sustain democracy and develop this country to a high level, our federal, state and local governments should invest massively in education, especially mathematics education which is the basis for development in science and technology.

CONCLUSION

The result of this research study has shown that the persistent poor performance of our high school students in mathematics for many years, need not continue indefinitely. There is hope that, with simple, cheap, improvised manipulatives, the situation can be changed for the better. With ordinary cardboard paper, teachers and students can construct and use simple geometric manipulatives to improve mathematics teaching and learning. Better mathematics results will follow; and better-trained students will come out of Nigerian high schools. Such students will be more equipped for national development, especially in the fields of science and technology where mathematics is a necessity, and not a luxury. Moreover, better math ematics education due to improvement in mathematics achievement, will raise the educational quality of Nigeria and lead the country to sustainable development. In this age of the computer, the website and the Internet, education needs to improve so that Nigeria will not be left behind by other nations in this highly competitive and dynamic world.

REFERENCES

Aborisade, A. (2001, February 19). The wonder of mathematics. Tell.

Ale, S. O. (1989). Combating poor achievement in mathematics (A Keynote speech). *Abacus, 1*(1), 26–40.

Ale S. O. (2003, January 29). Global view of Mathematics Improvement Program (MIP) and Its Mission. (A welcome address). Opening ceremony, orientation programme for mathematics improvement, National Mathematical Center, Abuja, Nigeria.

Amazigo, J. C. (2000, July 12). Mathematics phobia: Diagnosis and prescription. First Annual Lecture, National Mathematical Center, Abuja, Nigeria.

Amoo, S. A. (2001, September 20). Curriculum ideals and realities for sustainable educational development: A case of high school mathematics education curriculum. A paper presented at the 14th Annual National Conference of the Curriculum Organization of Nigeria, Abuja, Nigeria.

Federal Republic of Nigeria (2004). *National policy on education* (4th ed.). Lagos: NERDC Press.

Ibuot, U. (2000, July 9). Mathematics teachers seek government support. *Sunday Vanguard*, 5.

Ivowi, U. M. O. (1999). The philosophy and objectives of the science and mathematics curricula at the SS level. In Akpan, B.B. (Ed.) *Perspectives on education and science teaching: From the eyes of Uduogie Ivowi.* Ibadan: Science Teachers Association of Nigeria.

Joint Admissions and Matriculation Board. (2004). Universities Matriculation Examination/Direct Entry Brochure: Guidelines for Admission for First Degree Courses in Nigerian Universities, 2004–2005 Session. Lagos: Joint Admissions and Matriculation Board.

Langa, M. A. (2002). *Manipulatives: An exciting tool for learning math.* Retrieved October 22, 2005, from www.parenthhood.com/library/langa_mathfun.htm.

Lassa, P. N. (1981,January 20). The sorry state of mathematics education in Nigeria. An address delivered at University of Jos, Nigeria.

National Science Foundation. (2002). *Elementary and secondary education curriculum and instruction.* Arlington, VA: Scienceand Engineering Indicators.

 연구분석

목적/근거

목적은 '연구목적(Objectives of the Study)'에 명확하게 진술되어 있다. 즉석에서 기하학적 조작을 함으로써 에도주립고등학교의 수학성취도가 향상되는지를 결정하기 위해서(to determine whether mathematics achievement in Edo State high schools would improve by using improvised geometric manipulations)이다. 서론(Introduction)과 중요성(Significance) 절에 광범위한 근거가 제시되어 있다. 근거는 저조한 성취도를 보여 주는 자료와 당국의 조작 사용 권고에 크게 의존한다.

선행연구

조작에 대한 어떠한 연구도 인용되지 않았는데, 이것이 이 발표된 연구의 약점이다. 광범위한 경험적 연구가 이 방법을 지원하며, 이 연구에 대한 추가적인 근거를 제공하였을 것이다.

정의

일부 핵심 용어에 관한 정의가 제공되지만, '수학성취도(mathematics achievement)' 또는 '기하학적 조작(geometric manipulates)'에 대한 정의는 제공되지 않는다. 그러나 전자는 MAT에 관한 '조작적' 기술에서 명확화되었다고 생각한다(연구의 31쪽 참고). 두 번째는 더 심각하다. 비록 교재 자체, 다시 말해서 SIM이 잘 설명되어 있지만, 그것이 어떻게 사용되는지는 여기나 다른 곳에서 기술되지 않았다.

가설

연구가설은 통계적 '영(null)'가설보다 기대결과의 관점에서 진술하는 것이 더 바람직하다고 생각되지만, 명확하게 기술되어 있다(자세한 내용은 이 책의 제11장 참고).

표집

이 책의 저자들에게 있어 표본선정은 불분명하다. 287개 고등학교 모집단 중에서 무선으로 3개 고등학교 표본을 선택하는 것이 대표성을 발휘하기에 불충분하기 때문에, 학교는 무선으로 선택되지 않은 것으로 보인다. 어떤 선택방법을 사용했는지 기술되었어야 한다. 무선성은 학급들을 각 학교에서 각각 하나씩 실험집단과 비교집단에 할당하는 데 적절하게 사용되었지만, 이것이 유일한 학급인지는 명확하지 않다. 이 보고서는 실제 표본인 185명의 학생에서 명시된 에도 주(Edo state)의 모든 고등학교에 이르기까지 일반화하는 데 심각한 제한점을 인정했어야 했다.

계측

MAT의 형식과 개발이 잘 기술되어 있다. 보고서에는 누가 안면타당도와 내용타당도 분석을 했는지가 진술되어 있어야 한다. 이미 언급한 바와 같이, 내적 일관도와 재검사 수치는 연구목적으로 허용된다. 부정행위를 최소화하고 사전검사에서 사후검사로 형식을 변경함으로써 타당도가 향상되었다.

내적 타당도

표본이 무선으로 실험/처치 및 통제집단(이하 E 및 C)으로 분할되었다는 점에서 연구는 진실험이지만, 연구대상이 무선으로 할당된 것이 아니라 학급이였기 때문에 바람직한 집단 동등성은 크게 감소한다. 각 학교의 집단은 이상적으로는 그렇게 나뉘었을 수도 있지만, 이것은 실현이 불가능했을 수도 있다. 그럼에도 불구하고, 집단을 E와 C로 나눈 결과, MAT점수에서 알 수 있듯이, 가장 중요한 변수인 선수수학능력이 적절히 동등해졌다. 그러나 여기에서 중요한 것은 평균과 표준편차의 유사성이다. 추론통계는 일반화 가능성을 사정하기 위한 것이지 집단을 동일시하기 위한 것은 아니다. 유의하지 않은 차이는 동등성을 확보하지 못한다(제11장 참고).

모모두(Momodu) 학교가 동등하게 나뉘었는지 확신할 수 없지만, 학교 선정 수단은 E과 C집단을 성별로 동등하게 하는 데 분명히 성공적이었다. 둘 다 절차적 변수인, 다른 두 가지 중요한 변수인 교사 효과와 E와 C집단의 오염을 잘 통제했다.

자료분석과 결과

자료분석은 E와 C집단에 대해 별도로 계산된 t-검정으로 구성되었다. 유의도 검정은 일반화 가능성을 다루고 정의된 집단에서 무선선택을 요구하는데, 이 연구에서는 그렇지 않다. 그것은 변경의 중요도를 사정하기 위해 사용되어서는 안 된다. 이는 델타(Δ)에서 행해져야 한다(이 책의 제12장 참고). E집단 차이인 2.96은 .56의 델타를 나타내며, 이는 중요하다고 간주될 만큼 높다. 그러나 이는 C집단 차이 1.08과 함께 고려되어야 하며, 이것이 통제집단에 대한 이유이다. 차이에 대한 델타를 얻지 못했고, 차이점수의 표준편차가 제공되지 않기 때문에 독자에 의해 계산될 수 없다(제12장 참고). 일반적인 표준인 .50보다 낮은 .33에서 .36의 델타를 부여하는 보고된 표준편차와 차이점수의 차이를 비교함으로써 잠정적인 사정을 할 수 있다. 그러나 차이점수의 표준편차는 상당히 작을 것으로 예상할 수 있으며, 이로 인해 델타가 커진다. 또한 E집단 차이는 C의 3배라는 점도 주목할 필요가 있다. 이 책의 저자들은 자료가 처치의 가치를 뒷받침하지만 보고서의 저자가 말하는 것만큼 강력하지는 않다고 결론짓는다.

권장사항/결론

권장사항 1과 3은 설득력이 있지만, 이 연구와는 무관하다. 이 책의 저자들은 그 결론이 너무 강하고 연구의 몇 가지 제한점을 인식하는 데 실패했다고 생각한다. 또한 자료가 의도된 모집단에 대한 효과성과 일반화가능성을 추가로 사정하기 위해 연구를 복원해 볼 필요가 있다고 생각한다.

이 장의 시작 부분에 있는 **상호작용 · 응용 프로그램 학습** 기능으로 돌아가 상호작용 · 응용 프로그램 활동목록을 확인하라. www.mhhe.com/fraenkel10e의 **온라인학습센터**로 이동하여 퀴즈를 풀고 핵심 용어를 연습하며 장(章)의 내용을 검토하라.

핵심 요점

실험연구의 독특성

- 실험연구는 특정 변수에 직접 영향을 미치려고 시도하는 유일한 연구유형이며, 적절하게 사용될 경우 인과관계에 대한 가설을 실제로 검정할 수 있는 유일한 유형이라는 점에서 독특하다. 실험설계는 교육연구자가 원인과 결과를 결정하는 데 사용할 수 있는 가장 강력한 설계 중 하나이다.

실험연구의 필수 특성

- 실험은 두 가지 기본적인 방법, 즉 처치의 비교와 연구자에 의한 하나 이상의 독립변수의 직접적인 조작 측면에서 다른 유형의 연구와 다르다.

무선화

- 무선할당은 가장 좋은 종류의 실험에서 중요한 구성요소이다. 즉, 실험에 참여하는 모든 개인이 비교되는 실험조건 또는 통제조건에 할당될 기회가 동일하다는 것을 의미한다.

외생변수 통제

- 실험연구에서 연구자는 대부분의 다른 형태의 연구보다 훨씬 더 많은 통제를 할 기회를 가지고 있다.
- (비교되는 다양한 집단에서) 차별하는 연구대상 특성의 가능성을 통제하는 가장 일반적인 방법으로는 무선화, 특정 변수의 상수 유지, 변수를 설계 속에 포함, 매칭, 연구대상 자체를 통제로 사용, 공분산분석 사용 등이 있다.

빈약한 실험설계

- 실험연구에서 종종 사용되는 세 가지 취약한 설계는 1회 사례연구 설계, 단일집단 사전–사후검사 설계 그리고 정적집단 비교 설계이다. 그것은 내적 타당도에 대한 위협에 대한 기본적인 통제기능이 없기 때문에 취약한 것으로 간주된다.
- 1회 사례연구에서, 단일집단은 처치나 사건에 노출되고 그 효과가 사정된다.
- 단일집단 사전–사후검사 설계에서, 단일집단은 처치에 노출되기 전과 후에 모두 측정 또는 관찰된다.
- 정적집단 비교 설계에서, 손상되지 않은 두 집단이 서로 다른 처치를 받는다.

실험설계

- 진실험의 필수요소는 처치집단에 연구대상을 무선으로 할당하는 것이다.
- 무선 사후검사 통제집단 설계는 무선할당에 의해 형성된 두 집단이 포함된다.
- 무선 사전–사후검사 통제집단 설계는 사전검사의 사용에서만 무선 사후검사 통제집단과 다르다.
- 무선 솔로몬 4집단 설계에서는 연구대상을 4집단에 무선할당하는데, 두 집단은 사전검사되고 두 집단은 그렇지 않다.

매칭

- 연구대상 집단이 동등화될 가능성을 높이기 위해, 특정 변수에 대해 연구대상의 쌍을 매칭시킬 수 있다. 그런 다음 매칭된 집단의 구성원이 실험집단과 통제집단에 할당된다.
- 매칭은 기계적이거나 통계적일 수 있다.
- 기계적 매칭은 특정 변수에 대한 점수가 유사한 두 사람을 짝짓는 과정이다.
- 기계적 매칭의 두 가지 어려움은 두 개 이상의 변수에서 매칭하는 것이 매우 어렵다는 점과 어떠한 매칭도 찾을 수 없을 때 일부 연구대상을 연구에서 제외해야 한다는 것이다.
- 통계적 매칭은 반드시 연구대상의 손실을 의미하는 것은 아니다.

준실험설계

- 매칭 설계는 무선할당이 사용되지 않는다는 점에서만 매칭과 함께 무선할당과 다르다.
- 역균형화 설계에서 모든 집단은 모든 처치에 노출되지만 순서는 다르다.
- 시계열 설계는 처치 전과 후 모두 시간에 따라 반복적인 측정 또는 관측을 포함한다.

요인설계

- 요인설계는 실험연구에서 조사할 수 있는 관계의 수를 확장한다.

핵심 용어

1회 사례연구 설계(one-shot case study design)
기계적 매칭(mechanical matching)
단일집단 사전-사후검사 설계(one-group pretest-posttest design)
독립변수(independent variable)
매칭 설계(matching design)
매칭 설계(matching-only design)
무선 사전-사후검사 통제집단 설계(randomized pretest-posttest control group design)
무선 사후검사 통제집단 설계(randomized posttest-only control group design)
무선 솔로몬 4집단 설계(randomized Solomon four-group design)
무선선택(random selection)
무선할당(random assignment)
비교집단(comparison group)
비동질 통제집단 설계(nonequivalent control group design)
사전검사 처치 상호작용(pretest treatment interaction)
산출물변수(outcome variable)
상호작용(interaction)
설계(design)
시계열 설계(time-series design)
실험(experiment)
실험변수(experimental variable)
실험연구(experimental research)
실험집단(experimental group)
역균형화 설계(counterbalanced design)
외생변수(extraneous variable)
요인설계(factorial designs)
정적집단 비교 설계(static-group comparison)
정적집단 사전-사후검사 설계(static-group pretest-posttest design)
조절변수(moderator variables)
종속변수(dependent variable)
준거변수(criterion variable)
준실험설계(quasi-experimental designs)
차이점수(gain score)
처치변수(treatment variable)
통계적 동등화(statistical equating)
통계적 매칭(statistical matching)
통제(control)
통제집단(control group)
회귀된 차이점수(regressed gain score)

토론거리

1. 종종 실험연구에 대한 비판은 학교에서 수행하는 것이 매우 어렵다는 것이다. 이에 동의하는가? 왜 그러한가? 또는 왜 그렇지 않은가?
2. 대부분의 학교에서 사실이라고 믿을 만한 인과관계가 있는가? 예를 들어, 동정심 많은 교사가 초등학생으로 하여금 학교를 더 좋아하게 만든다고 말할 수 있는가?
3. 실험설계에 둘 이상의 독립변수가 있으면 어떠한 이점이 있는가? 그렇다면 그것은 무엇인가? 종속변수가 두 개 이상이면 어떠한가?
4. 다음 각 연구에서 사용할 수 있는 설계는 무엇인가? (주의: 각각의 경우에서 여러 설계가 가능하다.)
   1) 1학년에게 철자를 가르치는 두 가지 다른 방법 비교
   2) 3학년 학생의 읽기능력에 대한 주간 과외 세션의 효과성 사정
   3) 토론방식으로 가르치는 고등학교 3교시 영어수업과 강의방식으로 가르치는 고등학교 3교시 영어수업 비교
   4) 언어장애가 있는 학생의 말더듬이 감소에 대한 강화의 효과성

5) 고등학교 운동선수집단에 대한 1년 간의 웨이트 트레이닝 프로그램의 효과
6) 나이, 성별 및 방법이 역사를 좋아하는 학생에게 미치는 영향

5. 다음 각 연구에서 찾을 수 있는 단점은 무엇인가?
   1) 교사가 자신의 학급에 한 학기 동안 새로운 수학 교과서를 테스트한다. 학기 말, 해당 교사는 수학 수업에 대한 관심이 과거에 다른 교과서를 사용한 다른 수업보다 훨씬 더 높다고 보고한다.
   2) 교사가 자신의 반을 두 개의 하위집단으로 나누고, 각 하위집단은 다른 방법으로 철자를 가르친다. 각 집단은 차례를 기다리는 동안 교사가 다른 집단에게 지시하는 것을 듣는다.
   3) 한 연구자가 중학교 2학년 학생들에게 독서에 어려움을 겪는 초등학교 3학년 학생들을 튜터할 자원봉사자를 요청한다. 해당 연구자는 자원봉사 튜터로서의 효과성과 튜터로 배정된 통제집단 학생들(그들은 자원봉사자가 아니다.)을 비교한다. 자원봉사 학생들은 튜터로 배정된 학생들보다 읽기에서 훨씬 더 크게 향상되었다.
   4) 한 교사가 사회교과목 수업에서 새로운 교과서를 시험해 보기로 결심한다. 해당 교사는 그것을 4주 동안 사용하고 나서 해당 반의 단원 시험점수와 이전 반의 점수를 비교한다. 모든 반에서 같은 내용을 공부하고 있다. 다만, 단원시험 중에 소방훈련이 실시되어 시험에 할당된 시간 중 약 10분이 손실된다.
   5) 3학년 학생 두 집단을 달리기와 관련하여 서로 다른 훈련 일정에 따라 비교한다. 한 집단은 학교 체육관에서 체육수업 중에 시험을 보고, 다른 집단은 방과 후에 축구장에서 시험을 본다.
   6) 한 연구자가 3교시 영어수업과 5교시 화학수업을 배우는 교과목에 대한 학생들의 관심 측면에서 비교한다. 영어수업은 토론방식으로, 화학수업은 강의방식으로 지도된다.

연구실습 13. 연구방법론

문제지 13을 사용하여, 결과의 분석을 포함하여, 연구절차를 가능한 한 자세히 기술하라. 즉, **여러분이 하고자 하는 것(what), 언제(when), 어디서(where), 어떻게(how)**를 기술하라. 마지막으로, 계획에서 이 시점에서 여러분이 본 어떤 해결되지 않은 문제를 나타내라.

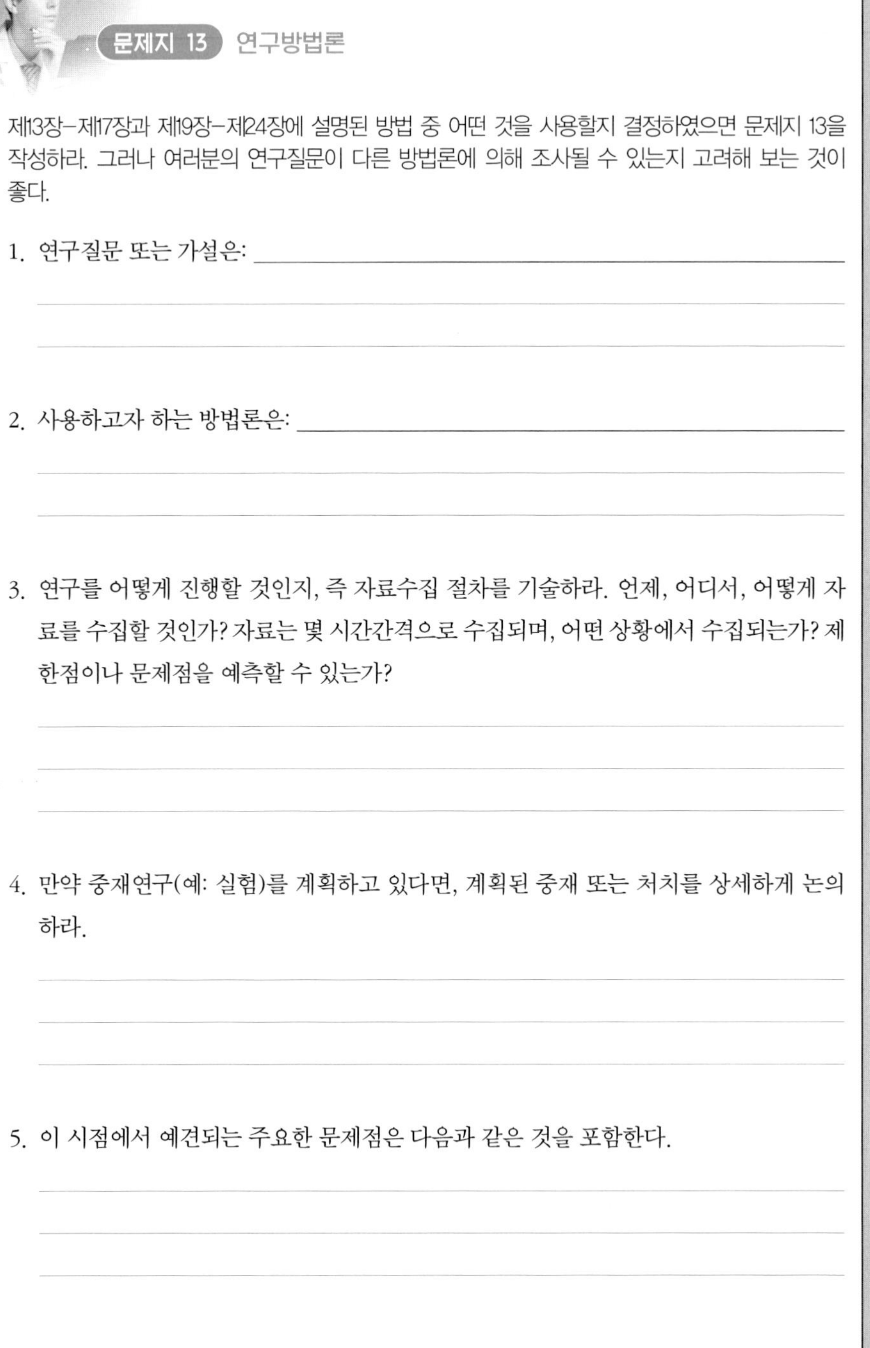

문제지 13 연구방법론

제13장–제17장과 제19장–제24장에 설명된 방법 중 어떤 것을 사용할지 결정하였으면 문제지 13을 작성하라. 그러나 여러분의 연구질문이 다른 방법론에 의해 조사될 수 있는지 고려해 보는 것이 좋다.

1. 연구질문 또는 가설은: ____________________

2. 사용하고자 하는 방법론은: ____________________

3. 연구를 어떻게 진행할 것인지, 즉 자료수집 절차를 기술하라. 언제, 어디서, 어떻게 자료를 수집할 것인가? 자료는 몇 시간간격으로 수집되며, 어떤 상황에서 수집되는가? 제한점이나 문제점을 예측할 수 있는가?

4. 만약 중재연구(예: 실험)를 계획하고 있다면, 계획된 중재 또는 처치를 상세하게 논의하라.

5. 이 시점에서 예견되는 주요한 문제점은 다음과 같은 것을 포함한다.

이 문제지의 전자 버전은 학지사 공식 홈페이지(www.hakjisa.co.kr) 『연구방법론: 교육연구설계 및 평가』의 도서 상세정보에서 내려받을 수 있다.

제14장

단일대상연구

학습목표

이 장을 학습하면 다음을 수행할 수 있어야 한다.

- 단일대상연구의 목적을 간략히 기술할 수 있다.
- 단일대상연구의 본질적 특징을 기술할 수 있다.
- 단일대상연구가 다른 실험연구 형태와 다른 두 가지 방법을 기술할 수 있다.
- 기초선이 무엇이며, 그것이 사용되는 이유를 설명할 수 있다.
- A–B 설계가 무엇인지 설명할 수 있다.
- 역(A–B–A) 설계가 무엇인지 설명할 수 있다.
- A–B–A–B 설계가 무엇인지 설명할 수 있다.
- B–A–B 설계가 무엇인지 설명할 수 있다.
- A–B–C–B 설계가 무엇인지 설명할 수 있다.
- 다중기초선 설계가 무엇인지 설명할 수 있다.
- 단일연구 결과와 관련된 내적 타당도에 대한 다양한 위협을 밝혀낼 수 있다.
- 단일대상연구에서 내적 타당도에 대한 위협을 통제할 수 있는 세 가지 방법을 설명할 수 있다.
- 단일대상연구의 외적 타당도를 논의할 수 있다.
- 단일대상설계를 포함하는 연구논문을 비평할 수 있다.

상호작용 · 응용 학습	이 장을 읽는 동안 또는 읽은 후:
 다음을 하려면, 온라인학습센터 (www.mhhe.com/fraenkel10e)로 접속하라.	 다음 활동을 수행하기 위해 온라인 학습자 완전학습 활동(Student Mastery Activities) 책을 읽으라.
• 단일대상연구의 필수 특성에 대한 심화학습	• 활동 14.1: 단일대상연구 질문 • 활동 14.2: 단일대상연구의 특성 • 활동 14.3: 몇 가지의 단일대상 자료 분석

강원도의 작은 초등학교 3학년을 담당하고 있는 장 교사는 조용히 할 줄 모르는 학생인 성주에 의해 자신의 수업이 계속 중단되는 것을 발견한다. 고민에 빠진 장 교사는 자신에게 이 학생을 통제하기 위해 무엇을 해야 할지 묻고 '타임아웃'의 어떤 활동이 효과가 있을지 궁금해한다. 이것을 염두에 두고, 장 교사는 학교의 다른 교사들에게 성주를 반에서 잠깐 격리시키는 것이 그의 방해적인 행동의 빈도를 줄일 수 있는지 물었다.

이 질문은 단일대상 A-B-A-B 설계로 가장 잘 대답할 수 있는 종류이다. 이 장에서는 A-B-A-B 설계가 무엇을 수반하는지, 그리고 어떻게 작동하는지에 대해 배울 뿐만 아니라 단일대상연구에 대한 다른 아이디어도 배울 것이다.

 단일대상연구의 필수 특성

실험연구에 대한 이전 장에서 설명한 모든 설계는 집단의 연구를 포함한다. 그러나 특히 일반적인 도구가 적절하지 않고 관찰이 자료수집방법이어야 하는 경우, 연구자는 집단설계를 사용하는 것이 적합하지 않을 수 있다. 때로는 집단설계를 실용적으로 사용할 수 있는 주제가 충분하지 않을 수도 있다. 다른 경우에는 소수의 개인에 대한 집중적인 자료수집이 더 타당하다. 중복장애를 겪고 있는 아동(예: 청각장애와 시각장애 모두)을 연구하고자 하는 연구자는 6명 이하의 아동을 이용할 수 있을 것이라고 말한다. 이러한 경우, 각각 세 명씩 두 개의 집단을 만드는 것은 거의 말이 되지 않을 것이다. 더 나아가, 각각의 아동은 아마도 매우 자세하게 관찰될 필요가 있을 것이다.

단일대상설계(single-subject design)는 이전 장의 [그림 13-9]에 제시한 기본 시계열 설계를 차용한 것이다. 차이점은 자료는 한 번에 한 연구대상에 대해서만 수집되고 분석된다는 것이다. 그것은 어떤 종류의 중재나 처치에 노출된 후 개인이 보여 주는 행동의 변화를 연구하는 데 가장 일반적으로 사용된다. 주로 특수교육에서 개발되었으며, 일반적인 계측의 대부분이 부적절한 경우, 단일대상설계는 예를 들어 다운증후군을 가진 아동이 이전에 믿었던 것보다 훨씬 더 복잡한 학습을 할 수 있다는 것을 입증하기 위해 연구자에 의해 사용되었다.[1)]

다음은 교육연구자들에 의해 수행된 단일대상연구에 대해 발표된 몇 가지 보고서의 제목이다.

- 급식실에서의 사회적-화용(Social-Pragmatic) 언어능력을 위한 체계적 교수[2)]
- 자기점검 이완 호흡 운동이 남자 청소년의 공격적인 행동에 미치는 영향[3)]

---

1) 홍미롭게도, 관찰단위가 단일 개인이 아닌 단일집단인 특정 종류의 연구에서 단일대상설계가 점점 더 많이 사용되고 있다.

2) Angell, M. et al. (2008). Systematic instruction for social-pragmatic language skills in lunchroom settings. *Education and Training in Developmental Disabilities, 43*(3), 342-359.

3) Gaines, T., & Barry, L. (2008). The effect of a self-monitored relaxation breathing exercise on male adolescent aggressive behavior. *Adolescence (San Diego): An international quarterly devoted to the physiological, psychological, psychiatric, sociological, and educational aspects of the second decade of human life, 43*(170), 291.

- 일반적인 그리고 적응형 장난감이 발달장애를 지닌 유치원 아동에게 미치는 영향[4]
- 즉흥적 음악치료가 자폐아의 공동주의(Joint Attention) 행동에 미치는 영향: 무선 통제된 연구[5]
- 과다한 미디어 사용량을 줄이면서 신체 활동 증가시키기[6]
- 보조적 반복독서가 다양한 독서능력을 가진 학생에게 미치는 영향[7]
- 일반화 및 교수적 피드백을 통한 교수 효율성 증진[8]

연구심화

단일대상연구에서 중요한 발견

오랫동안, 심각하게 지적으로 제한되거나 정서적으로 장애가 있는 아동과 성인이 학습할 것이라고 기대할 수 없는, 독립적인 생활 기술 등을 포함한 많은 것이 있다고 여겨졌다. 그러나 1960년대의 일련의 연구는 그들이 원래 조작적 조건화(operant conditioning)라고 알려진, 그리고 그 이후 행동수정(behavior modification) 또는 응용행동분석(applied behavioral analysis)이라고 알려진 절차를 통해 많은 것을 배울 수 있다는 것을 증명했다.[9] 보다 더 최근의 연구는 이러한 방법을 개선시켰다.[10]

 단일대상설계

단일대상설계의 그래프 작성

단일대상연구자는 주로 선 그래프를 사용하여 자료를 표시하고 특정 중재 또는 처치의 효과를 설명한다. [그림 14-1]는 그 그래프의 예이다. 종속(결과)변수는 수직축[**좌표(ordinate)** 또는 Y축]에 표시된다. 예컨대, 중증장애아동에게 자조기술을 가르친다면 정답의 수는 세로축에 표시될 것이다.

수평축[**축(abscissa)** 또는 X축]은 세션(sessions), 일(days), 주(weeks), 시행(trials) 또는 월(months)과 같은 시간계열(sequence of time)를 나타내는 데 사용된다. 이 책의 저자들의 대략적인 경험으로 볼 때, 수평축은 수직축의 1.5배에서 2배의 길이이어야 한다.

---

4) Hsieh, H. (2008). Effects of ordinary and adaptive toys on pre-school children with developmental disabilities. *Research in Developmental Disabilities: A Multidisciplinary Journal, 29*(5), 459-466.

5) Kim, J. et al. (2008). The effects of improvisational music therapy on joint attention behaviors in autistic children: A randomized controlled study. *Journal of Autism and Developmental Disorders, 38*(9), 1758-1766.

6) Larwin, K., & Larwin, D. (2008). Decreasing excessive media usage while increasing physical activity: A single-subject research study. *Behavior Modification, 32*(6), 938-956.

7) Hapstak, J., & Tracey, D. (2007). Effects of assisted-repeated reading on students of varying reading ability: A single-subject experimental research study. *Reading Horizons, 47*(4) , 315-334.

8) Tekin-Iftar, E. et al. (2008). Enhancing instructional efficiency through generalization and instructive feedback: A single-subject study with children with mental retardation. *International Journal of Special Education, 23*(1), 147-158.

9) Bensberg, G. J., Colwell, C. N., & Cassel, R. H. (1965). Teaching the profoundly retarded self-help activities by behavior shaping techniques. American Journal of Mental Deficiency, 69, 674-679; Lovaas, O. I., Freitag, L., Nelson, K, & Whalen, C. (1967). The establishment of imitation and its use for the development of complex behavior in schizophrenic children. *Behavior Research and Therapy, 5*, 171-81.

10) Wolery, M., Bailey, D. B., & Sugai, G. (1998). *Effective teaching principles and practices of applied behavior analysis with exceptional students*. Allyn and Bacon.

[그림 14-1] 단일대상 그래프

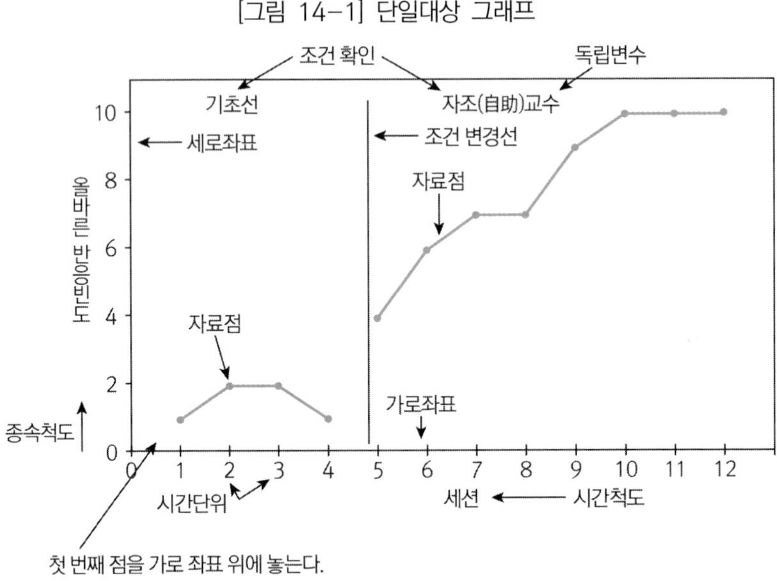

기초선과 자조(自助) 조건 간에 올바른 반응비율

연구와 관련된 **조건**(conditions)에 대한 기술은 그래프 위에 나열되어 있다. 첫 조건은 일반적으로 기초선(baseline)에 이어 중재(독립변수)이다. 조건이 변경된 시기를 나타내는 **조건선**(condition lines)은 조건을 구분한다. 점은 **자료점**(data points)이다. 이 값은 연구 중 다양한 시간에 수집된 자료를 나타낸다. 자료점이 수집된 시간(예: 세션 6)과 그때의 결과(6개의 정확한 반응)의 교차점을 찾아 그래프에 배치한다. 그런 다음, 이러한 자료점은 데이터의 추세를 보여 주기 위해 연결된다. 마지막으로 그래프의 아래쪽에 그림캡션(figure caption)이 있는데, 이는 그림의 요약이며 일반적으로 독립변수와 종속변수를 모두 나열한다.

A–B 설계

A–B 설계(A–B design)를 사용하는 연구자의 기본적인 접근방법은 두 가지 조건 또는 단계하에서 동일한 연구대상에 대한 자료를 자체 통제로 수집하는 것이다. 첫 조건은 전처치 조건(pretreatment condition)으로, 일반적으로 (앞에서 언급했듯이) **기초기간**(baseline period)이라고 하며 A로 확인된다. 기초기간 동안, 연구대상은 전형적인 행동이 확실하게 결정될 때까지 여러 세션 동안 평가된다. 기초선은 중재가 적용되지 않았다면 어떻게 되었을지에 대한 최상의 추정값이기 때문에 단일대상연구에서 매우 중요하다. 기존 조건에 대한 명확한 그림을 결정하려면 충분한 자료점을 확보해야 한다. 중재를 실행하기 전에 최소 3개의 자료점을 수집해야 한다. 기초선은 사실상 중재조건에 대한 비교를 제공한다.

기초조건이 설정되면, B로 확인되는 처치 또는 중재조건이 실행되고 일정 기간 동안 유지된다. 반드시 그렇지는 않지만 일반적으로 중재조건 동안 매우 구체적인 행동을 가르치고, 교수자가 자료수집자 역할을 하는 경우(예: 질문에 대한 정답) 또는 고정된 수의 시험 동안 연구대상이 제공한 행동(예: 교사 보기)을 기록한다.

A–B 설계의 예로서, 수학 수업을 하는 동안 특히 반응이 없는 중학생에게 언어 칭찬의 효과에 관심

이 있는 연구자를 생각해 보자. 예를 들어, 연구자는 수학 수업이 진행되는 동안 학생의 행동을 5일 동안 관찰한 다음, 5개 세션 동안 구두로 칭찬하고 칭찬이 끝난 직후 그의 행동을 관찰할 수 있었다. [그림 14-2]는 이 A-B 설계를 보여 준다.

[그림 14-2] A-B 설계

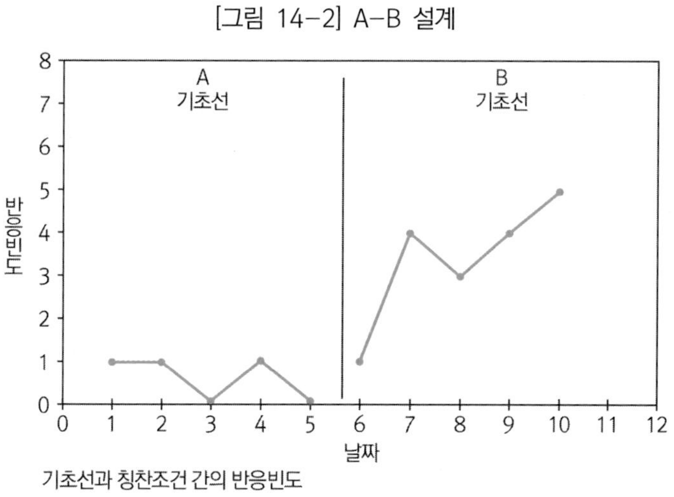

볼 수 있는 바와 같이, 중재 전 5개의 처지와 중재 중 5개의 처치가 더 취해졌다. [그림 14-2]의 자료를 보면, 중재가 효과적이었던 것으로 보인다. 중재(칭찬) 후 반응의 양이 눈에 띄게 증가했다. 그러나 A-B 설계에 커다란 문제가 있다. 이와 유사한 1회 사례연구(one-shot case study)와 마찬가지로, 연구자는 처치 **때문에(because)** 행동 변화가 발생했는지 여부를 알지 못한다. 어떤 다른 변수(칭찬 이외에)가 실제로 변화를 일으켰을 수도 있고, 심지어 전혀 처치하지 않고 자연스럽게 변화가 일어났을 수도 있다. 따라서 A-B 설계는 내적 타당도에 대한 다양한 위협을 통제하지 못한다. 즉, 그것은 독립변수(칭찬)가 종속변수(반응)에 미치는 영향을 결정하지 않으면서 외생변수의 가능한 효과를 배제한다. 결과적으로, 연구자는 보통 A-B-A 설계를 사용하여 A-B 설계를 개선하고자 한다.[11]

A-B-A 설계

A-B-A 설계(A-B-A design)[종종 **반전 설계(reversal designs)**라고도 함]를 사용할 때, 연구자는 단순히 다른 기초기간을 추가한다. 이렇게 하면 설계가 상당히 개선된다. 처치기간 동안의 행동이 두 기초기간 동안의 행동과 다르다면, 중재의 효과에 대한 더 강력한 증거를 가지고 있다. 예를 들어, 앞의 예시에서 연구자는 5일 동안 학생을 칭찬한 후에, 칭찬하지 않고 5일 동안 학생의 행동을 관찰할 수 있다. 중재가 실행된 정확한 시간에 행동을 증가시키고, 중재가 제거되어 행동을 감소시키는 정확한 시간에 어떤 일이 일어날 것 같지 않기 때문에, 내적 타당도에 대한 위협을 줄일 수 있다. [그림 14-3]은 A-B-A 설계를 나타낸다.

11) 또 다른 옵션은 이 설계를 다른 시간에 처치를 받는 개인을 추가하고 복원하여 시간 경과나 다른 조건이 변화를 일으킬 가능성을 줄이는 것이다.

[그림 14-3] A-B-A 설계

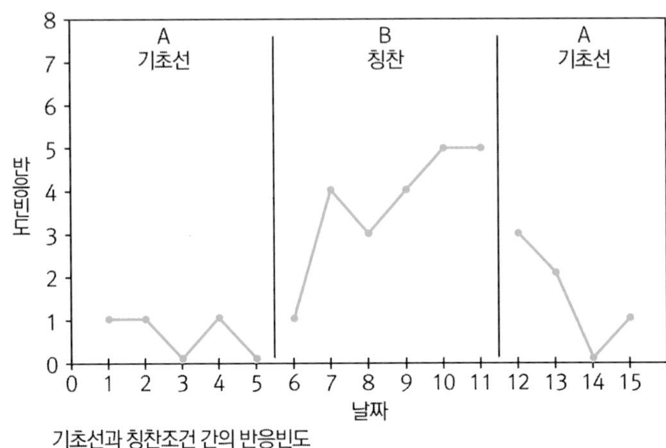

기초선과 칭찬조건 간의 반응빈도

내적 타당도에 대한 위협의 감소가 A-B-A 설계의 확실한 이점이지만, 이 설계에는 상당한 윤리적 단점이 있다. 그것은 연구대상을 A 상태로 두는 것을 포함한다. 많은 연구자는 최종적인 개선이 어느 정도 나타나지 않고 이러한 유형의 연구를 끝내는 것에 대해 불편함을 느낄 것이다. 결과적으로, 이 설계의 확장인 A-B-A-B 설계가 자주 사용된다.

A-B-A-B 설계

A-B-A-B 설계(A-B-A-B design)에서는 두 개의 기초 주기가 두 개의 처치 주기와 결합된다. 이것은 처치의 효과가 두 번 입증될 수 있도록 해 주기 때문에 처치의 효과에 대한 결론을 더욱 강화시킨다. 사실, 연구자가 그렇게 원한다면 두 번째 처치는 무기한 연장될 수 있다. 연구대상의 행동이 두 처치단계 모두에서 본질적으로 동일하고 두 기초기간보다 더 나은(또는 더 나쁜) 경우, 다른 변수가 변화의 원인이 될 가능성이 현저히 감소한다. 여기에서 또 다른 장점은 분명히 있다. 즉, 중재 없이 연구대상을 떠나버리는 윤리적 문제를 피할 수 있다.

앞의 예에서 A-B-A-B 설계를 구현하기 위해, 연구자는 두 번째 기초기간 이후 5일 동안 실험처치제인 B(칭찬)를 복원하고 연구대상의 행동을 관찰했다. 연구자는 A-B-A 설계와 마찬가지로 독립변수(칭찬)가 적용될 때마다 종속변수(반응)가 변한다는 것을 입증하고자 한다. 연구대상의 행동이 1차 기초선에서 1차 처치기간으로, 1차 처치에서 2차 기초선으로 바뀌면, 연구자는 칭찬이 정말로 변화의 원인이라는 증거를 갖게 된다. [그림 14-4]는 A-B-A-B 설계를 포함하는 가상적인 연구의 결과를 보여준다.

명확한 기초선이 설정되고 이어서 처치 중 반응이 증가하며, 처치를 중단하면 반응이 감소하고 처치를 다시 시작하면 반응이 증가한다는 점에 유의하라. 이 패턴은 개선의 원인이 역사, 성숙 또는 다른 어떤 것이 아닌 처치방법이라는 꽤 강력한 증거를 제공한다.

[그림 14-4] A-B-A-B 설계

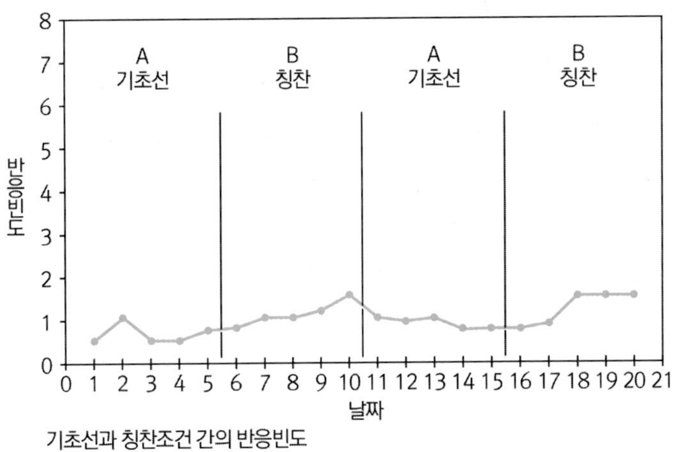

[그림 14-4]와 같은 증거는 인과관계에 대한 강력한 주장으로 간주되지만, A-B-A 및 A-B-A-B 설계에는 다음과 같은 제한점이 있다. 자료수집자 편견의 가능성(일반적으로 처치를 하는 개인도 자료를 수집한다.)과 계측 효과(광범위한 자료수집 기간의 필요성)는 자료수집 조건의 변화를 초래할 수 있다.

B-A-B 설계

때때로 개인의 행동이 너무 심하거나 방해되는 경우(예를 들어, 수업 안과 밖에서 과도한 싸움을 하는 경우) 연구자가 기초선이 설정되기를 기다릴 수 없을 때가 있다. 이 경우, B-A-B 설계(B-A-B design)를 사용할 수 있다. 이 설계에는 처치 후 기초선에 이어 처치로 복귀하는 과정이 포함된다. 이 설계는 또한 행동이 결여된 경우, 예를 들어 연구대상이 과거에 원하는(예: 주의를 기울이는) 행동을 보인 적이 없거나 이미 중재가 진행 중이고(예: 방과 후 구금 프로그램) 연구자가 그 효과를 규명하고자 할 때 적절하다. [그림 14-5]는 B-A-B 설계를 보여 준다.

[그림 14-5] B-A-B 설계

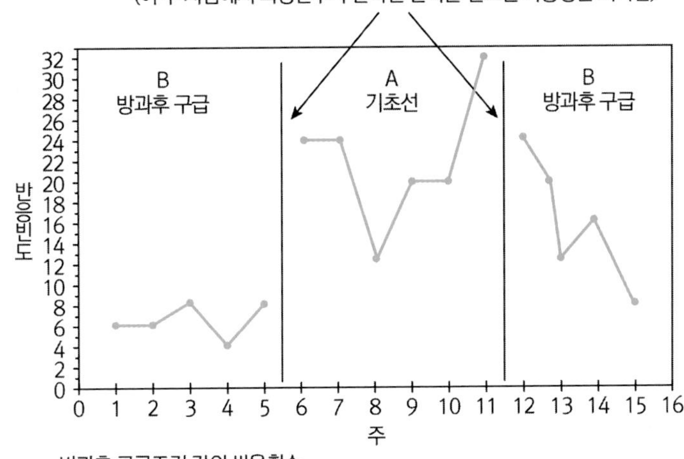

A–B–C–B 설계

A–B–C–B 설계(A–B–C–B design)는 A–B–A 설계를 더 수정한 것이다. 이 설계에서 C는 B 조건의 간섭 변화를 나타낸다. 처음 두 조건에서는 기초선 및 중재 자료가 수집된다. 조건 C 동안 중재는 단계 B 동안 연구대상이 추가로 받은 주의를 통제하기 위해 **변경된다**(changed). 예를 들어, 우리의 초기 예에서 어떤 사람은 연구대상 측면에서 향상된 반응을 책임지는 것은 칭찬이 아니라 오히려 그 연구대상이 받은 추가적인 관심이었다고 주장할 수 있다.

따라서 조건 C는 연구대상이 어떻게 반응하든(즉, 연구대상이 반응을 제공하는지 여부에 관계없이) 주어진 칭찬일 수 있다. 따라서 [그림 14–6]에 나타난 바와 같이, 전체 칭찬의 단순한 증가와 비교하여 **우발적**(contingent)[또는 **선택적**(selective)] 칭찬이 반응 향상에 매우 중요하다는 결론에 도달할 수 있다.

[그림 14–6] A–B–C–B 설계

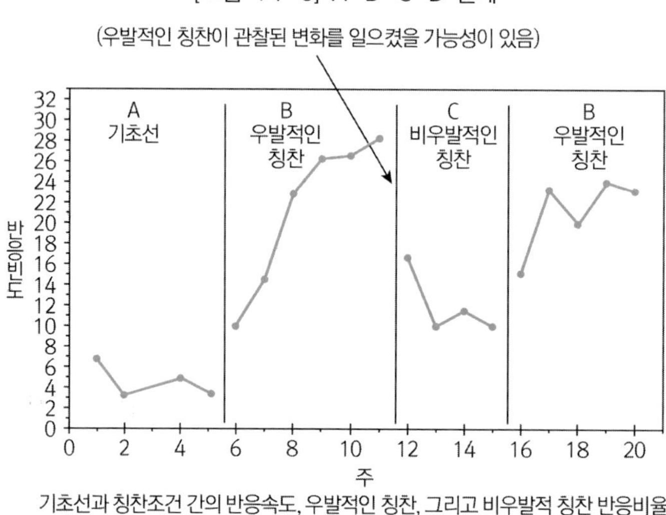

기초선과 칭찬조건 간의 반응속도, 우발적인 칭찬, 그리고 비우발적 칭찬 반응비율

다중기초선 설계

A–B–A–B 설계의 대안은 다중기초선 설계이다. 다중기초선 설계(multiple–baseline designs)는 일반적으로 처치를 철회하고 기초상태로 돌아가는 것이 불가능하거나 윤리적인 경우에 사용된다. 다중기초선 설계를 사용할 때, 연구자는 한 가지 상황에서 한 연구대상에 대한 한 가지 행동(behavior)에 대한 자료를 수집하는 것 이상을 수행한다. 즉, 연구자는 동일한 기간 동안 각각에 대한 기초선을 얻으면서 한 연구대상에 대한 여러 가지 행동을 수집한다.

여러 행동에 걸쳐 다중기초선 설계를 사용할 경우, 연구자는 모든 행동이 처치를 받을 때까지 각 행동에 대해 서로 다른 시간에 처치를 체계적으로 적용한다. 처치를 적용한 후에만 각각의 경우에 행동이 변화한다면, 그 처치방법이 변화의 원인이라고 판단된다. 그러나 처치되는 행동은 서로 독립적으로 유지되는 것이 중요하다. 예를 들어, 행동 2가 행동 1에 대한 처치의 도입에 의해 영향을 받는 경우, 처치의 효과를 결정할 수 없다. 세 가지 행동을 포함하는 다중기초선 설계의 다이어그램은 [그림 14–7]과 같다.

[그림 14-7] 다중기초선 설계

행동 1 o o o o x o x o x o x o x o x o x o x o x o

행동 2 o o o o o o o o x o x o x o x o x o x o x o

행동 3 o o o o o o o o o o o o x o x o x o x o x o

이 설계에서는 세 가지 행동이 모두 처리될 때까지 먼저 행동 1을 변경한 후, 행동 2를 변경한 후 행동 3을 적용한다. 예를 들어, 한 연구자가 특정 학생의 바람직하지 않은 행동을 줄이는 데 '타임아웃'(한 학생을 특정 기간 동안 수업활동에서 제외)의 효과를 조사할 수 있다. 그 행동이, ① 주제에서 벗어난 말을 하고, ② 워크시트를 찢고, ③ 다른 학생을 경멸하는 발언을 한다고 가정하자. 연구자는 타임아웃 처치를 먼저 행동 1에 적용한 다음, 행동 2에 적용하고, 그 이후 행동 3에 적용한다. 그 시점에서 처치는 세 가지 행동 모두에 적용될 것이다. 제거되거나 감소되는 행동이 많을수록 처치효과가 높다고 판단할 수 있다. 연구자가 몇 번이나 처치를 적용해야 하는가는 판단의 문제이며, 관련된 연구대상과 환경, 그리고 연구자가 줄이거나 제거(또는 장려)하고자 하는 행동에 따라 달라진다. 다중기초선 설계는 **단일**(single) 행동과 관련하여 **몇몇**(several) 연구대상에 대한 자료를 수집하거나 두 개 이상의 **다른**(different) 환경에서 연구대상의 행동을 측정하는 데 사용되기도 한다.

[그림 14-8] 다중기초선 설계

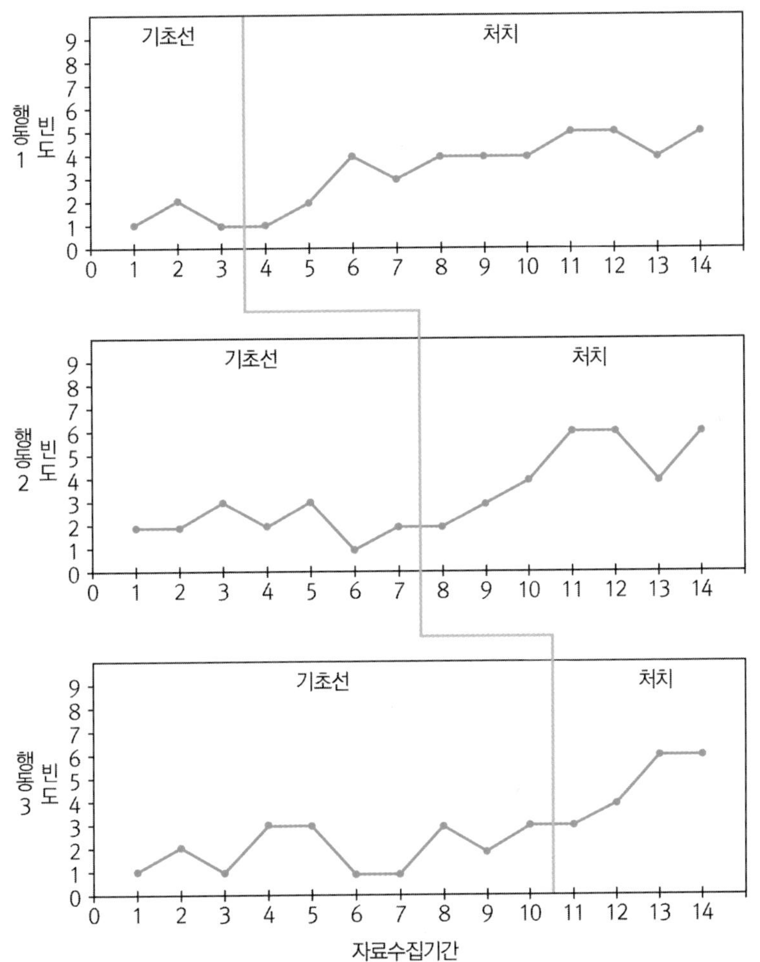

[그림 14-8]은 다중기초선 설계를 사용한 가상적인 연구에서 처치의 효과를 보여 준다. 각 행동은 처치가 실행되었을 때만 변화한다는 점에 유의하라. [그림 14-9]는 다른 환경에 적용된 설계를 보여 준다.

실제로, 여기에서 기술된 연구의 결과는 자료점이 종종 더 많은 변동을 보여 추세를 덜 명확하게 만든다는 점에서 이상적인 모델에 거의 맞지 않는다. 이 기능은 자료수집자 편견 문제를 더욱 복잡하게 만들며, 특히 문제가 되는 행동이 물체를 집어드는 것과 같은 단순한 반응보다 더 복잡할 때 더욱 그러하다. 다중기초선 연구에서 자료수집자 편견은 여전히 심각한 우려 사항이다.

[그림 14-9] 다른 환경에 적용된 다중기초선 설계

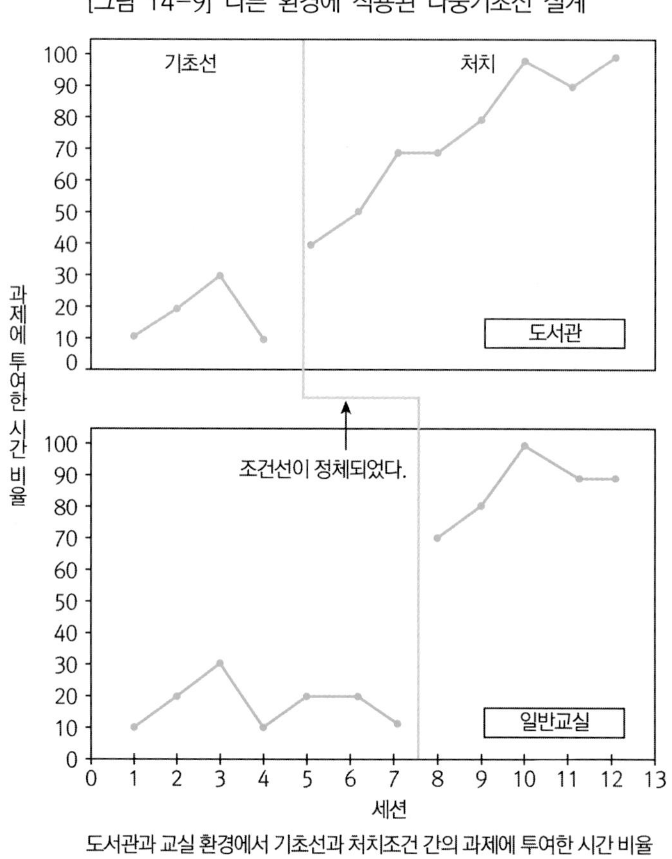

도서관과 교실 환경에서 기초선과 처치조건 간의 과제에 투여한 시간 비율

단일대상연구에서 내적 타당도 위협

앞에서 언급한 바와 같이, 안타깝게도 단일대상연구의 내적 타당도에 대한 몇 가지 위협이 있다. 가장 중요한 것 중 일부는 기초선의 길이와 중재조건, 한 조건에서 다른 조건으로 이동할 때 변경되는 변수의 수, 발생하는 변경의 정도와 속도, 행동의 기초선 수준으로 복귀(return) 또는 미복귀, 행동의 독립성, 그리고 기초선의 수를 포함한다. 이 각각에 대해 좀 더 자세히 논의해 보자.

조건 길이

조건 길이(condition length)는 기초선과 중재조건이 적용되는 기간을 말한다. 이는 기본적으로 조건

중에 수집된 자료점의 수이다. 연구자는 명확한 패턴 또는 추세를 설정하기 위해 충분한 자료점(최소 3개)을 가지고 있어야 한다. [그림 14-10]의 (a)를 보라. 기초선 조건에 표시된 자료는 안정적인 것으로 보이며, 따라서 연구자가 중재를 시작하는 것이 적절할 것이다. [그림 14-10]의 (b)에서 자료점은 원하는 방향과 반대 방향으로 이동하는 것으로 보이며, 따라서 여기에서도 연구자가 중재를 시작하는 것이 적절할 것이다. [그림 14-10]의 (c)에서 자료점은 매우 다양하며 추세가 확립되지 않았으므로, 연구자는 더 오랜 기간 동안 기초선 상태를 유지해야 한다. [그림 14-10]의 (d)의 자료점은 원하는 방향으로 이동하는 것으로 보인다. 이때, 기초선 조건이 종료되고 중재가 시작될 경우 중재의 효과를 결정하기 어려울 수 있다.

[그림 14-10] 기초선 안정성에서의 변이

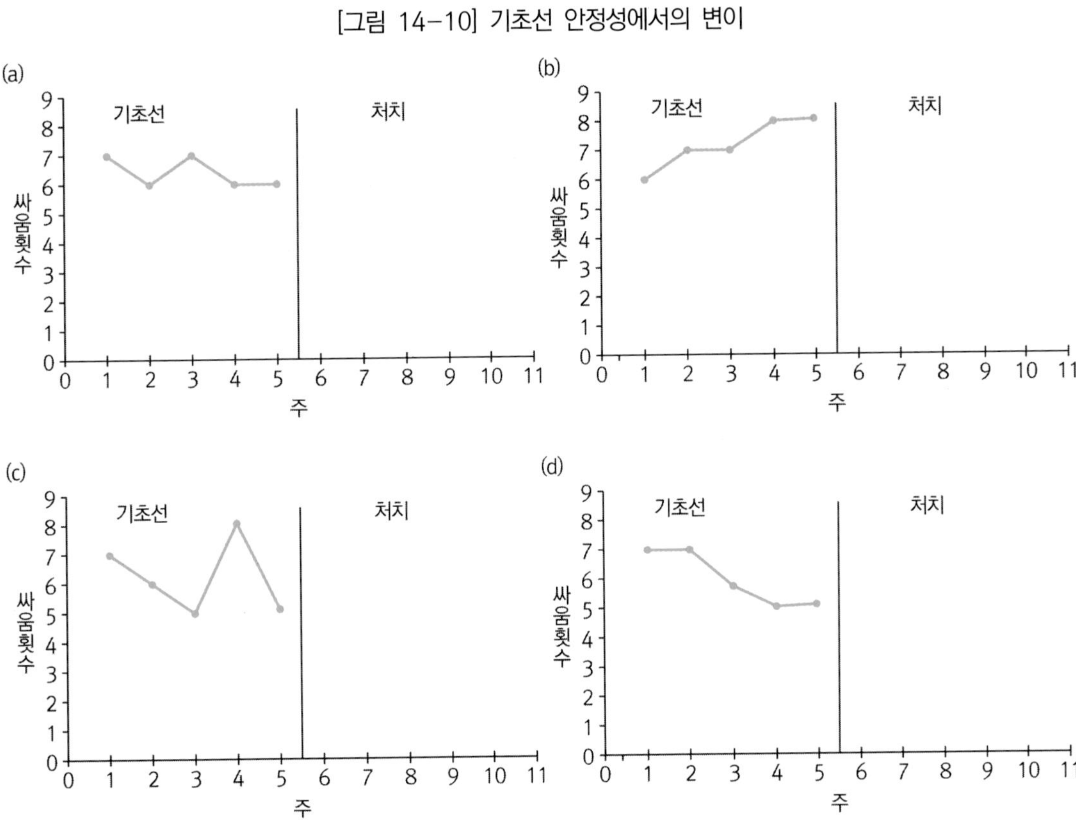

물론 실제 세계에서 그것은 명확한 추세를 확인할 수 있을 만큼 충분한 자료점을 얻는 것이 어려운 경우가 많다. 종종 시간 부족으로 인해 연구를 시작해야 할 필요성 또는 매우 위험한 행동을 보이는 연구대상과 같은 윤리적 우려와 같은 실제적인 문제가 있다. 그럼에도 불구하고, 자료점의 안정성은 단일대상연구를 수행하는 사람(및 읽은 사람)에 의해 항상 고려되어야 한다.

한 조건에서 다른 조건으로 이동할 때 변경되는 변수의 수

단일대상연구에서 가장 중요한 고려사항 중 하나는 도입된 변수의 수이다. 한 조건에서 다른 조건으로 이동할 때는 한 번에 한 변수만 변경해야 한다. 예를 들어, 한 연구자가 타임아웃이 학생의 특정 바람직하지 않은 행동을 줄이는 데 미치는 영향을 결정하는 데 관심이 있는 우리의 이전 사례를 생각해 보자. 연구자는 중재조건 동안 자신이 도입한 유일한 처치방법은 타임아웃 경험이라는 점에 주의해야 한다. 이 단계에서는 변수가 하나만 변경된다. 만약 연구자가 타임아웃 경험**뿐만 아니라** 다른 경험(예: 타임아웃 동안 학생과 상담하는 것)도 도입한다면, 해당 연구자는 **두**(two) 변수를 변경하고 있을 것이다. 사실상, 처치방법은 혼란스러울 것이다. 이제 중재는 두 변수가 함께 혼합된 상태로 구성될 것이다. 불행하게도, 그 연구자가 이제 결론을 내릴 수 있는 유일한 것은 결합된 처치방법이 효과적이었는지 아닌지가 될 것이다. 해당 연구자는 그 원인이 상담 때문인지 아니면 타임아웃 때문인지 알지 못할 것이다. 따라서 단일대상설계를 분석할 때 한 번에 하나의 변수만 변경되었는지 여부를 확인하는 것이 항상 중요하다. 그렇지 않다면 도출된 모든 결론이 잘못되었을 수 있다.

연구심화

단일대상설계를 사용하여 수행된 연구사례

- 중증장애를 지닌 학생에 대한 동료 튜터 훈련의 부수적 영향 결정(A–B 설계)[12]
- 빠른 해독(decording) 훈련이 성인 학습자의 읽기 이해력에 미치는 영향(A–B–A 설계)[13]
- 주의력결핍과잉행동장애(A–B–A–B 설계)를 지닌 고등학생의 학습외 행동 감소에 대한 자기기록의 효과[14]
- 초등연령 아동의 응급처치 획득 평가(연구대상 간 다중기초선 설계)[15]
- 자기관리 절차가 경도장애 학생의 교실 및 학업 행동에 미치는 영향(환경설계에 걸친 다중기초선)[16]

변경의 정도와 속도

연구자는 또한 중재조건이 실행될 때(즉, 독립변수가 도입되거나 제거될 때) 자료가 변경되는 크기를 고려해야 한다. 예를 들어, [그림 14–11]의 (a)를 보라. 기초선 조건은 자료가 안정성이 있음을 나타낸다. 그러나 중재가 도입되었을 때, 연구대상의 행동은 세 번의 세션 동안 변경되지 않는다. 이것은 매우 강한 실험효과를 나타내지 않는다. 만약 독립변수가 효과적이었다면, 연구대상의 행동이 더 빨리 변하였을 것이라고 생각할 것이다. 물론, 독립변수가 효과적이었을 수도 있지만 즉각적인 변경을 가져오기에 충분한 강도는 아니었다. 그럼에도 불구하고, 일단 중재가 시작되면 연구자는 느리거나 지연된 변경이 있다면 그러한 모든 가능성을 고려해야 한다. [그림 14–11]의 (b)는 상당히 즉각적인 변경이 있었지만 크기가 작았음을 나타낸다. [그림 14–11]의 (c)에서만 중재가 시작되면 극적으로 빠르게 변경할 수 있다. 연구자는 독립변수가 다른 두 경우보다 이 경우에 효과적이라고 결론을 내릴 가능성이 더 높다.

---

12) Martella, R. C., Marchand–Martella, N. E., Young, K. R., & McFarland, C. A. (1995). *Behavior Modification, 19*, 170–191.
13) Tan, A., Moore, D. W., Dixon, R. S., & Nichelson, T. (1994). *Journal of Behavioral Education, 4*, 177–189.
14) Stewart, K. G., & McLaughlin, T. F. (1992). *Child and Family Behavior Therapy, 14*(3), 53–59.
15) Marchand–Martella, N. E., Martella, R. C., Agran, M., & Young, K. R. (1991). *Child and Family Behavior Therapy, 13*(4), 29–43.
16) Smith, D. J., Nelson, J. R., Young, K. R., & West, R. P. (1992). *School Psychology Review, 21*, 59–72.

[그림 14-11] 변경의 정도와 속도에 있어서의 차이

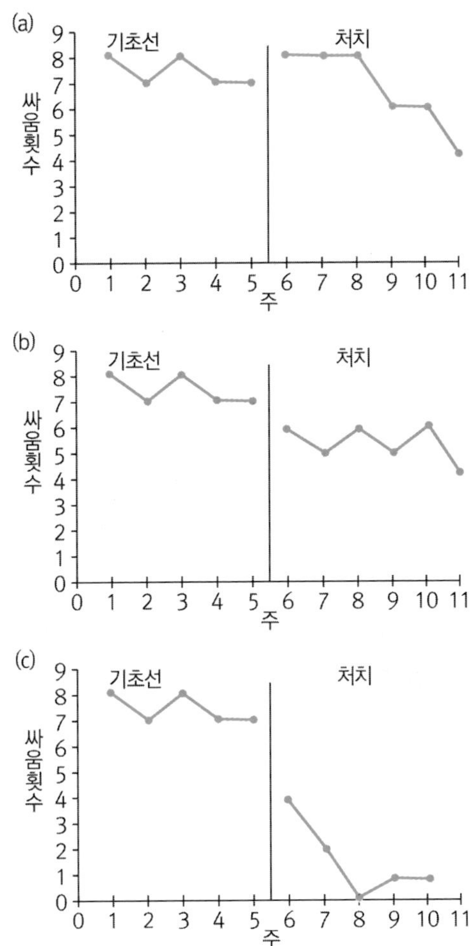

기초선 수준으로 복귀

[그림 14-12]의 (a)를 보라. 기초선 조건으로 복귀할 때 행동의 급격한 변화는 나타나지 않았다. 중재 조건이 도입되었을 때 다른 일이 벌어졌을 가능성을 시사하는 대목이다. 중재가 연구대상의 행동을 변화시키는 인과적 요인이었다면, 연구대상의 행동은 상당히 빨리 기초선 수준으로 돌아왔을 것으로 예상할 수 있다. 연구대상의 행동이 원래 기초선 수준으로 돌아가지 않았다는 사실은 하나 이상의 외생변수가 중재 조건 동안 관측된 효과를 생성하였을 수 있음을 시사한다. 반면에, [그림 14-12]의 (b)를 보라. 여기에서 우리는 중재에서 기초선 수준으로의 변화가 갑작스럽고 빠르게 이루어졌음을 알 수 있다. 이는 독립변수가 종속변수 변화의 원인일 가능성이 높다는 것을 시사한다. 단, 처치가 지속적인 영향을 미치도록 의도되었기 때문에 복잡한 해석이 가능하더라도 기초선으로의 느린 복귀가 바람직하였을 수 있다.

[그림 14-12] 기초선으로 복귀 조건에서의 차이

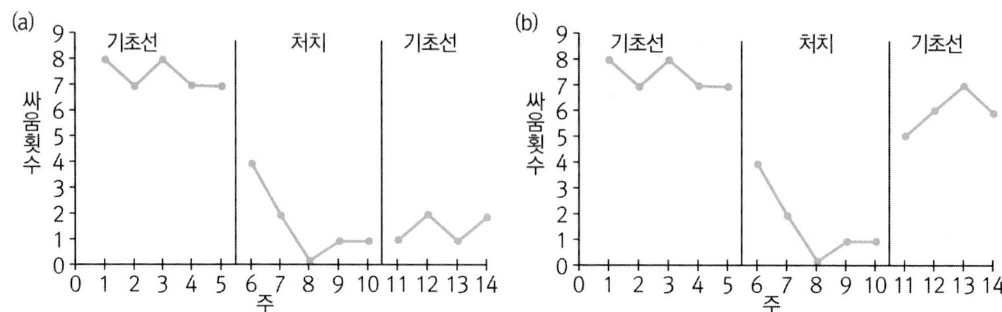

행동의 독립성

이 문제는 다중기초선 연구에 가장 적합하다. 한 연구자가 역사를 가르치는 다양한 방법을 조사하고 있다고 잠시 생각해 보라. 해당 연구자는 자신이 측정할 두 가지 다른 행동을 정의한다. 여기에는, ① 핵심 아이디어를 찾는 능력, ② 다양한 역사 문서에서 중요한 요점을 요약하는 능력이 포함된다. 연구자는 이러한 각 기능(skills)에 대한 기초선 자료를 얻은 다음 중재(역사 문서에서 핵심 아이디어를 찾는 방법에 대한 단서를 제공하는 활동지 제공)을 실행한다. 문서에서 핵심 아이디어를 찾는 연구대상의 능력은 빠르고 상당히 향상된다. 그러나 중요한 요점을 요약하는 연구대상의 능력도 향상된다. 이 두 가지 기능이 독립적이지 않다는 것은 아주 명백하다. 그것은 어떤 면에서 관련이 있는 것으로 보이며, 아마도 같은 근본적인 인지능력에 의존할 것이고, 따라서 그것은 함께 향상된다.

기초선의 수

다중기초선 설계를 사용하려면, 연구자가 두 개 이상의 기초선을 가지고 있어야 한다. 기초선이 동시에 시작되지만 중재는 다른 시간에 실행된다. 앞에서 언급한 바와 같이, 동일한 외생적 사건이 서로 다른 시간에 두 행동에 대해 관찰된 변화를 야기하였을 가능성이 낮기 때문에, 두 행동에 걸쳐 다중기초선 설계를 사용할 때 외생변수가 그 결과를 초래하였을 가능성은 감소한다. 따라서 외생적 사건이 세 가지 행동에 걸쳐 다중기초선 설계의 변경을 초래하였을 확률은 훨씬 더 낮다.

따라서 기초선의 수가 많을수록 외생변수가 변화를 일으킬 가능성이 그만큼 줄어들기 때문에 중재가 행동 변화의 원인일 가능성이 커진다.

그러나 많은 수의 기초선에 문제가 있다. 기초선이 많을수록 더 나중의 행동이 기초선에 오래 남아 있어야 한다. 즉, 중재를 계속해서 받아야 한다. 예를 들어, 중재조건을 실행하기 전에 앞에서 언급한 안정적인 자료점 설정 권장사항을 따른다면, 이는 첫 번째 행동이 최소 3개의 세션에 대해, 두 번째 행동은 6개의 세션에 대해, 세 번째 행동은 9개의 세션에 대해 기초선에 있다는 것을 의미한다. 4개의 기초선을 사용할 경우, 네 번째 행동은 12개의 세션 동안 기초선 상태가 된다! 이것은 어떤 행동이 중재를 받지 않도록 하기 위한 가장 긴 시간이다. 그러나 일반적으로 기초선의 수가 적을수록 행동의 변화를 일으키는 것은 다른 변수보다는 중재라고 결론을 내릴 가능성이 낮다는 것을 기억하는 것이 중요하다.

단일대상연구에서 내적 타당도에 대한 위협 통제

단일대상설계는 연구대상 특성, 사망, 검사 및 역사 위협을 통제하는 데 가장 효과적이지만, 장소, 자료수집자 특성, 성숙 및 회귀 위협에는 덜 효과적이며, 도구 성능저하, 자료수집자 편견, 태도 및 실행 위협에 대해서는 확실히 취약하다.

장소 위협은 처치가 실행되는 장소가 일반적으로 연구 전체에서 일정하기 때문에 다중기초선 연구에서 대부분 사소한 위협일 뿐이다. 자료수집자 특성도 마찬가지이지만, 연구과정에 따라 자료수집자가 변경될 경우, 이러한 특성이 문제가 될 수 있다.

안타깝게도, 단일대상설계는 많은 시도에 걸쳐 자료를 수집해야 하고(일반적으로 관찰을 통해) 연구목적에 대해 자료수집자를 암암리에 유지할 수 없기 때문에 도구 붕괴와 자료수집자 편견이 강력하게 나타날 가능성이 있다.

단일대상연구에서 실행 위협이나 태도 영향 위협은 잘 통제되지 않는다. 실행자나 자료수집자는 의도치 않게 연구의 결과를 왜곡할 수 있다. 자료수집자 편견은 동일한 사람이 실행자(예: 교사)이자 자료수집자일 때 특히 문제가 된다. 독립적으로 기록하는 두 번째 관찰자는 이러한 위협을 감소시키지만 연구를 완료하는 데 필요한 관찰자 수를 증가시킨다. 검사 위협은 일반적으로 위협이 되지 않는데, 이는 연구대상이 관찰자료에 영향을 미칠 수 없기 때문이다.

단일대상연구에서 외적 타당도: 복원의 중요성

단일대상연구는 외적 타당도, 즉 일반화 가능성에 있어서는 취약하다. 한 명의 연구대상만으로 효과적인 처치방법의 사용을 옹호하는 사람은 거의 없을 것이다! 결과적으로, 행동을 변화시키는 데 효과적이라는 것을 보여 주는 단일대상설계를 포함하는 연구는 그러한 결과가 일반화될 가치가 있는 것으로 발견될 경우, 집단이 아닌 개인에 대한 복원에 의존해야 한다.

기타 단일대상설계

단일대상범주에 속하는 다른 덜 사용되는 다양한 설계가 있다. 하나는 A–B–A–B 설계(즉, A–B–A–C–A)에 다른 처치를 실행하는 **다중처치 설계**(multi–treatment design)이다. **교차처치 설계**(alternating–treatment design)는 초기 기초선 기간(예: A–B–C–B–C–C) 이후 두 개 이상의 다른 처치를 교차한다. 이러한 변형이 이 장의 연구분석에서 제시되었는데, 그것은 기초선이 제거되어 B–C–B, B–C–B 또는 B–C–B 설계가 된다. **다중조사 설계**(multiprobe design)는 자료수집자의 부담을 줄이고 내적 타당도에 대한 위협을 방지하기 위해 사용되는 자료점이 적다는 점에서만 다중기초선 설계와 다르다. 마지막으로, 이 모든 설계의 특징을 결합할 수 있다.[17]

---

17) 다양한 유형의 단일대상설계에 대한 자세한 논의는 Barlow, D. H., & Hersen, M. (1984). *Single–case experimental designs: Strategies for studying behavior change* (2nd ed.). Pergamon Press.를 참고하라.

단일대상연구의 예

이 장의 나머지 부분에서는 출판된 단일대상연구의 예(example)를 제시한 후, 그것의 강점과 약점에 대한 비평을 제시한다. 이 책의 저자들은 제13장의 집단비교실험연구에 대한 비평에서와 같이, 분석에서 이 책의 이전 부분에서 소개한 개념을 사용한다.

연구분석

목적/근거/선행연구

목적은 명확하게 진술되어 있다. 유도된 읽기접근방법이 2년에 걸쳐 1~5학년 청각장애 학생들의 독서발달에 미치는 영향을 조사하기 위해서(To investigate the effects of the Guided Reading approach on the reading development of students who were deaf in grades 1-5 over a period of 2 school years)이다. 관련 연구 및 교육과정과 관련하여 광범위한 배경이 제공되었다. 교수방법의 근거와 사용, 효과성에 대한 연구 근거의 부족에 기초하여 강력한 근거가 행해졌다. 위험, 신뢰성 또는 속임수에 대한 어떠한 문제도 없어 보인다.

정의

읽기발달/읽기성취도(reading development/reading achievement)(그것들은 동의어로 사용된 것처럼 보인다.)에 대한 정의가 필요하다. 조작적 정의는 '월별 실행기록(Running Records) 검사점수'이다. 유감스럽게도, 이 검사에 의해 사정되는 것이 완전히 명확하지는 않다. '계측'을 참고하라. 유도된 읽기(Guided Reading) 방법은 광범위하게, 그리고 잘 기술되어 있다.

가설

아무것도 명시되지 않다. 학생들이 1년, 2년 동안 성취도가 향상될 것이라는 것을 강하게 시사한다.

표집

보고서의 저자들은 자신들의 표집이 '편의'표집이며, 그러한 이유와 다른 이유 때문에 복원이 필요하다는 것을 올바르게 인식하고 있다. 학생의 표본이 잘 묘사되어 있다. 교사에 대한 기술은 적지만 아마도 충분할 것이다. 교사의 수가 제공되어야 한다.

계측

이 연구에서는 네 가지 단계가 있는 A－B－A－B 설계를 사용했다. A1＝기초선, B1＝1년차 처치, A2＝여름, B2＝2년차 처치의 네 단계이다. 읽기성취도를 측정하는 방법은 월별 시험인 학생이 필기장에 서명하는 교사 관찰에서 점수를 매겼다. 각 학년수준의 단어 난이도에 대해 지문이 동일시되었을 것으로 추정된다. 관찰자 동의에 관한 자료는 최소한 시험 표본에 대해 제공되어야 한다. 비교되는 단계가 다르기 때문에, 신뢰할 수 있어야 하는 것은 각 단계의 전반적인 학생 성적이다. 이를 위해서는 각 단계 내에 충분한 수의 점수가 필요하다. 연구결과([그림 1])는 B단계에 있는 19명의 모든 학생에게 해당된다는 것을 보여 준다. 이것은 또한 1등급과 2등급의 B2 단계에 해당하며, 다른 등급의 경우는 덜하다.

교수(instruction)의 충실도를 확인하기 위해 관찰과 인터뷰를 사용하는 것은 권장할 만하지만, 특히 내용분석과 관련하여 더 많은 세부사항이 필요하다.

이러한 설계에서 흔히 볼 수 있듯이, 내용(논리)타당도와 검사자 교육에 많이 의존한다. 이것은 점수로 사용되는 것이 올바른 단어의 수(아마도 구절이 단어의 수에서 차이가 있다면 조정되는 것으로 가정할 때)일 때 설득력이 있다. 그러나 '유창성(fluency)'과 '통합성(inclusiveness)'에 관한 검사자 표기가 점수에 포함되었는지 여부는 명확하지 않다. 그러한 변수는 훨씬 더 판단의 문제이다. 보고서의 저자들은 '유창성에 대한 지지'에 관한 결과를 보고하지만 더 이상의 자료나 기술은 제공하지 않는다. "점수는 읽기능력에 대한 포괄적인 사정을 제공하지 않으며, 특히 단어 인식이 이해력을 희생시키면서 강조되기 때문에(scores do not provide a comprehensive assessment of reading abilities, most particularly because word recognition is emphasized (sic) at the expense of comprehension)"라는 진술은 중요하지만 측정되는 것을 명확히 하지는 않는다.

절차/내적 타당도

절차가 명확하게 설명되어 있다. A–B–A–B 설계는 연구대상 특성, 성숙, 연구대상 손실, 장소, 역사, 연구대상 태도, 도구 성능저하, 자료수집자 특성, 검사 및 회귀에 대한 내적 타당도 위협을 잘 통제한다. 저자들이 지적한 바와 같이, 교사가 추가 자료나 방법을 사용할 경우 실행 위협이 발생할 수 있지만, 이 책의 저자들에게는 가능성이 낮아 보인다. 교사/검사자는 시험 당시 학생이 어느 단계에 있는지 분명히 알고 있었기 때문에 자료수집자 편견은 잠재적인 위협이다. 점수가 단순히 단어 수가 맞다면, 이 위협은 이 책의 저자들에게 최소한으로 보인다.

연구보고서(Research Report)

From: (2010). *American Annals of the Deaf, 155*(3), 377–385. Reproduced with permission from Gallaudet University Press.

Implementation of the Guided Reading Approach With Elementary School Deaf Students

Barbara R. Schirmer
Department of Education,
University of Detroit

Laura Schaffer
Michigan School for the Deaf,
Flint, Michigan

The researchers investigated the effects of the Guided Reading approach (Fountas & Pinnell, 1996) on the reading development of elementary school deaf students over a period of 2 school years. A single-subject experimental research designed was used. Qualitative analyses of observations of instruction and interviews with the teachers were conducted to determine fidelity to the Guided Reading protocol. Visual display of graphed Running Records scores during the 2-year implementation showed that all students improved during intervention, all participants except the oldest group experienced a drop in scores from the end of one school year to the beginning of the next, and that it took months for most students to regain their previous year's scores; some had not done so even by the end of fall term.

선행연구

Instructional practices for developing reading in deaf children were grounded historically in comprehension at the sentence level, so that instruction might be concentrated on English grammatical structures. This was done because it was believed that it was English grammar that presented the greatest barrier to proficient reading and writing. For example, *Reading Milestones* (Quigley, McAnally, King, & Rose, 1991), a basal reading series that was developed specifically for deaf readers, was based on research conducted by Quigley and associates in the 1970s (e.g., Quigley, Power, & Steinkamp, 1977; Quigley, Wilbur, & Montanelli, 1974) to highlight particular sentence structures that had been found to be most problematic for deaf readers. The series controls the appearance of language structures so that structures considered to be easier are presented in the earliest materials;as the child gains skill, stories with increasingly more complex sentence structures are presented (Quigley et al., 1991). When LaSasso (1987) conducted a survey of educational programs for deaf and hard of hearing students in the United States, she found that the majority used basal readers and the most popular was *Reading Milestones*.

The general shift to whole language approaches in the 1990s was paralleled in deaf education. When LaSasso and Mobley (1997) replicated LaSasso's 1987 study a decade later, most educational programs characterized their reading program as whole language, though the majority reported using basal readers, the most popular still being *Reading Milestones*.

선행연구

Within the past decade, there has been considerable research to support the importance of phonemic awareness and phonic analysis in learning to read (e.g., Allor, 2002; National Reading Panel, 2000; Snow, Burns, & Griffin, 1998). The result has been a shift to reading programs that emphasize developing these skills, and, indeed, federal Reading First grants were largely distributed to early reading instruction programs that incorporated direct and systematic instruction in phonemic awareness and phonic analysis (Office of the Inspector General, 2006; U.S. Department of Education, 2008). This particular shift in general education has not yet seen a parallel shift in deaf education, though one reason may be that in the past, practices in deaf education trailed practices in reading education; when particular approaches are at peak interest in deaf education, interest in applying the same approaches is waning in general education (Schirmer & Williams, 2010). Furthermore, this particular shift presents a dilemma in deaf education because phonemic awareness and phonic analysis are dependent on ability to hear, although approaches such as Visual Phonics are attempts to circumvent the auditory process (Narr, 2008; Trezak & Malmgren, 2005; Trezak & Wang, 2006; Trezak, Wang, Woods, Gampp, & Paul, 2007).

Conclusions of the National Reading Panel (2000) emphasized the importance of five key areas for reading instruction: phonemic awareness, phonics, fluency, vocabulary, and text comprehension. When Schirmer and McGough (2005) conducted a synthetic review of the research literature on the reading development and reading instruction of deaf students, and compared findings to the review of research literature done by the National Reading Panel, they found that in the areas for which there was sufficient research with deaf readers, these same areas were important for deaf readers. However, they also found a very small body of research on instructional strategies identified by the panel as effective with normally developing readers and readers with disabilities. Schirmer and Williams (2010) similarly found little research on effective instructional strategies, and no research on effective instructional models (i.e., the framework for the reading program as a lesson structure).

정당화

In spite of the absence of research on instructional models for teaching reading to deaf readers and the limited research assessing the effectiveness of instructional strategies with this population, classroom instruction clearly cannot wait for the establishment of evidence-based models and strategies. In seeking a model for reading instruction at a school for the deaf in the Midwest, the literacy specialists and classroom teachers certainly needed one for which there was some evidence of effectiveness, but also they sought an approach that was likely to be accepted by the teachers for their instructional repertoire. In other words, they needed a model with the potential for social validity—that is, significance of goals, acceptability of instructional procedures, and importance of outcomes (Lane & Beebe-Frankenberger, 2004). The Guided Reading approach had been developed a decade earlier, by Fountas and Pinnell (1996), and it quickly become popular among general education teachers working with hearing readers. Indeed, during the previous several years, Fountas and Pinnell had developed lists of reading materials categorized across a range of difficulty levels to support reading instruction. This list of leveled books has grown continuously since it was first published (Fountas & Pinnell, 1996, 1999), and it is now available on a website to accommodate the constant additions (Fountas & Pinnell, 2008). This list of leveled books serves to increase the ease of adoption and implementation by teachers. Guided Reading is recommended by the Laurent Clerc National Deaf Education Center (2009) for use with deaf students, though to date no research on efficacy has been published.

Though lacking a body of research on efficacy even with hearing readers (though it is included among effective instructional approaches, such as by Reutzel, 2007, and Cunningham and Allington, 2007), the Guided Reading approach incorporates the evidencebased practices for which there is current consensus. According to Gambrell, Malloy, and Mazzoni (2007), these practices include creating a classroom culture that fosters motivation to engage in literacy activities, teaching reading as an authentic activity (for pleasure, for information, for completing a task), providing students with scaffolded instruction in the five key areas of reading instruction (phonemic awareness, phonics, fluency, vocabulary, and text comprehension), giving students ample time to read in class, providing children with high-quality literature across a range of genres, using multiple texts that link and expand vocabulary and concepts, connecting new concepts to background knowledge, balancing student- and teacher-led discussions of texts, using a variety of assessment strategies and techniques.

Guided Reading was thus selected as the main instructional model for teaching deaf students at the elementary level. The purpose of the present study was to investigate the effects of the Guided Reading approach on the reading development of students who were deaf in grades 1–5 over a period of 2 school years. The study was designed to answer the question, Does the Guided Reading approach improve the reading achievement of elementary school students who are deaf?

목적

암시된 가설

METHODOLOGY

Participants

The participants in the present study included a convenience sample of students who were deaf and en rolled in grades 1–5 at the outset of the study, plus these students' classroom teachers, who were certified as teachers of the deaf with a range of experience from 2 to 30 years. During the duration of the study, there were a few personnel changes among the teachers, with a teacher leaving in the fall during both school years and long-term substitutes hired.

옳음

얼마나 많이?

The setting was a state school for the deaf. The school describes its curriculum as a regular public school curriculum with modifications in terms of presenting information via American Sign Language (ASL) and written English. Students, teachers, and staff are assessed regularly with the Sign Communication Proficiency Interview; teachers and staff are provided training as needed to ensure that the campus is barrier free in terms of communication. School size was approximately 180 students during the first year and 160 students during the second year of intervention; class sizes per grade at the elementary level ranged from 4 to 9 students. Besides the teacher of the deaf, most classes had at least one teacher aide.

잘 기술됨

ASL was the language of instruction, and so teachers and students communicated in ASL throughout the school day. Speech and language services were conducted in pullout sessions with the speech-language clinician. Guided Reading instruction was conducted in ASL.

All of the students in the elementary school were instructed with the Guided Reading approach, but not all of the students were included in the study. We included only those students for whom we had baseline data and who had no concomitant disability that affected cognitive functioning. We also excluded one student for whom we had only one data point beyond baseline for the first schoolyear. Demographic information on the 19 participants is provided in Table 1.

Instruction was done within each classroom, students were grouped by reading level, and the classroom teacher conducted the lessons. Guided Reading lessons were conducted three to four times each week during each academic year of the study.

Design

The study used a single-subject experimental research design. Qualitative analyses of observations of instruction and interviews with the teachers were conducted to determine fidelity to the Guided Reading protocol.

양호함

Variables

The independent variable was the Guided Reading protocol, which has four steps: selection of leveled books, introduction of the book, silent reading, and discussion.

Step 1: Selection of Leveled Books The teacher selects a book that the students can read with greater than 90% accuracy but is not so easy that there is no opportunity to build problem solving strategies. Guided Reading requires that a selection of books along a continuum of difficulty levels has been identified. Each student is provided with a copy of the book to be read.

Step 2: Introduction of the Book The teacher introduces the book by having the students look at the cover, read the title and the name of the author, and talk about the topic. Vocabulary words crucial to understanding the story are briefly discussed, but the teacher does

TABLE 1 *Student Participant Demographics*

Student	Chronological age (years: months at start of Guided Reading instruction)	Grade year 1–year 2	Gender	Level of hearing loss	Parents' hearing status
BD	6:3	1–2	M	Profound	Deaf
CR	7:9	1–2	F	Profound	Hearing
DE	8:9	1–2	F	Profound	Hearing
JS	6:6	1–2	M	Profound	Deaf
CS	7:2	2–3	M	Profound	Hearing
MD	7:4	2–3	M	Mild mixed	Hearing
BR	9:0	3–4	F	Moderate/ profound	Hearing
HY	9:9	3–4	M	Mild/severe	Hearing
LD	8:2	3–4	M	Mild/severe	Hearing
LE	8:2	3–4	F	Profound	Deaf
OL	9:3	3–3	F	Profound	Hearing
CE	10:0	3–4	M	Profound	Hearing
CI	9:0	4–5	F	Profound	Deaf
CN	9:3	4–5	M	Profound	Hearing
DN	11:10	5–6	F	Profound	Hearing
GS	10:5	5–6	M	Profound	Hearing
LI	10:4	5–6	M	Profound	Hearing
PR	12:5	5–6	M	Profound	Hearing
RT	11:0	5–6	M	Profound	Hearing

not do vocabulary instruction per se and does not teach new sight words. We modified this step to involve the direct teaching of new words, as deaf students typically have smaller vocabularies than sameage hearing peers and the vocabularyload of reading material is based on vocabulary norms for hearing readers.

Step 3: Silent Reading The students read the book independently and silently. The teacher observes, notes student behaviors during reading, and provides support with word recognition, understanding unfamiliar sentence structures, and comprehension when needed. We made two modifications to this step. One modification, "interactive Guided Reading," is a technique in which "the teacher carefully guides, directs, or coaches students through the silent reading of a meaningful chunk of text by asking them a question, giving prompts, or helping them formulate a question that they then try to answer as they read the designated section of text. Sometimes the teacher helps students make predictions" (Cooper & Kiger, 2009, p. 35). The other modification was to have the students read aloud or in sign language (depending on individual preference) for the first reading of the story so that the teacher could notate problems with word recognition and assist when needed. (Because the schoolwas bilingual, some students did use their oral skills routinely, though the teachers were expected to use ASL exclusively.)

잘 기술됨

Step 4: Discussion After reading, the students discuss the book. The teacher has the students revisit the text to find evidence of interpretations and to discuss strategies for problem solving. The students might also be asked to re-read a passage independently or with a partner. In the interactive Guided Reading modification we implemented, the "teacher encourages students to reflect on the strategies they have used and to discuss how those strategies have helped them construct meaning" (Cooper & Kiger, 2009, p. 35).

종속변수 The dependent variable was reading achievement level as measured by Running Records (Clay, 2000). In carrying out Running Records assessment, the teacher asked the student to read aloud/in sign a new passage at the same reading level as the material used for instruction in sign. During reading, the teacher made a check mark for each word the student read correctly, notated when the student did not know a word, and wrote the word used by the student when it was a substitution, repetition, omission, or incorrect pronunciation. The teacher also notated the student's reading fluency. The student was then asked to retell the story, and the teacher appraised the student's inclusion of setting, characters, events, and important details.

계측 점수 사용? 이해?

Running Records is a criterion–referenced assessment tool, and trustworthiness of scores depends on two key factors: (a) the teacher's skill in recording the student's reading errors (or miscues) and (b) materials that are accurately differentiated by difficulty level. Even when scores are trustworthy because the teacher's assessment is reliable from student to student and the materials are accurately graded, scores do not provide a comprehensive assessment of reading abilities, most particularly because word recognition is emphasized at the expense of comprehension. Recently, Denton, Ciancio, and Fletcher (2006) found support for the validity of Running Records, noting that it has practical usefulness as a progress–monitoring tool, but cautioned that it does not provide comprehensive information on reading ability.

불명확함

여기에 더 많이 필요

Given the two key factors that influence trustworthiness, the issue of teacher skill in our study was mitigated by the training provided to the teachers in administering Running Records, the use of single–subject design which compares the student's performance only against himself or herself, and the consistency in having the same teacher assess the same students. The issue of accuracy in ascertaining the difficulty level of the reading materials was mitigated by using the same set of graded materials for assessment as were used for instruction, so variations between levels should be equivalent whether used for assessment or instruction.

양호함

Procedure

In May of the year preceding implementation of the Guided Reading approach, the elementary–level students were assessed with Running Records by their respective classroom teachers.

During a teacher in–service day before the start of school in September, the first author, who is a university professor, presented a half–day workshop encompassing explanation and discussion of the essential reading tasks (i.e., word recognition, fluency, comprehension), how to determine the deaf student's reading level, how to select a reading lesson structure, and strategies to use before, during, and after reading. The second author, who was the school's literacy specialist, then presented a half–day work shop specifically on the Guided Reading approach with deaf students at the elementary level.

The teachers were then coached throughout each academic year to use the Guided Reading approach with their students and to conduct a Running Records assessment monthly to assess student progress and adjust instruction accordingly. When personnel changes occurred, the second author provided ad hoc training on Guided Reading. The second author observed the teachers periodically, offered feedback, provided reading materials as needed, and met informally with them on a recurring basis. The first author identified articles and books that provided the second author (i.e., the literacy specialist) with evidence–based strategies that were then shared with the classroom teachers. The first author also observed several teachers during the year and provided feedback to the classroom teachers and to the second author in her role as literacy specialist.

Measures

The measures included (a) Running Records, as described above, assessed monthly, with the first assessment taking place at the end of the previous school year to develop baseline, and (b) observation notes taken during formal observations in spring term of each of the 2 years and interviews conducted informally throughout the school year and formally once during spring term.

질적 자료

The possible range of Running Records scores is 1–19, with the following breakdown by grade level: kindergarten (1–3), grade 1 (4–8), grade 2 (9–11), grades 2–3 (12), grade 3 (13–14), grade 3–4 (15–16), grade 4 (17–18), and grade 5 (19).

The teachers were asked to conduct a monthly Running Records assessment on each student. However, school events and student absences caused several months to be missing from the assessment data. For example, no Running Records data were collected in December of the first year.

It would have been preferable to conduct a more regular schedule of observations and interviews. However, the role of literacy specialist was not full–time, and therefore did not allow for such a schedule.

ANALYSIS AND RESULTS

The predominant feature of single–subject experimental research is its focus on intrasubject comparisons rather than the intersubject comparisons that characterize other quantitative designs. A visual analysis is employed rather than a statistical analysis for each participant's graphed data (Cooper, Heron, & Heward, 2007; Kazdin, 2010).

이 책의 저자들은 동의하지 않음. 분석 참고

Figure 1 displays the Running Recods scores for the 19 elementary level student participants per grade level. Graphed results of the Running Records data show several major patterns.

The first pattern is the improvement in scores during the Guided Reading instruction. As the graphs show, progress ranged from a half year to 1 year of progress for grade 1 students the first year, and half a year to 2 years of progress the following year, when they were second graders. Of the two students in grade 2 during the first year of intervention, one made almost 1 year of progress and the other half a year, but the following year both made almost 2 years of progress. Of the five students in grade 3 the first year, progress ranged from one quarter of a year to 2½ years, but the following year, when they were fourth graders, achievement was bifurcated, with three students making no progress and two making about 2 years of progress. Two of the students made approximately half a year of progress as fourth graders and, similarly, half a year of progress as fifth graders; a third student made half a year of progress in fourth grade but more than 1 year of progress in fifth grade. The fewest assessments were conducted with the students in grade 5, though even with these fewer data points, the pattern of improvement is fairly comparable to those of the other grade levels. Progress ranged from approximately half a year to more than 1 year when they were fifth graders, and half a year to 2 years when they were sixth graders.

A second pattern that is apparent in the visual display of graphed data is the drop in scores from the end of one school year and the beginning of another school year, particularly for students at the earlier grade levels and particularly between the end of the first year of Guided Reading instruction and the beginning of the second year. During baseline, this drop is demonstrated with the two data points to the left of the dotted line in Figure 1, the first of which is May and the second of which is September. The second line on the graph is meant to separate visually the data collected during the first year of intervention from fall of the second year. Though the second line does not represent an official second baseline phase, it could be argued that it represents a de facto baseline insofar as the students received no formal reading instruction during the summer months. As such, these two baseline phases demonstrate a lack of progress or a decline in performance during baseline versus improvement in performance during Guided Reading instruction for most of the participants. It is interesting that this holds for students in grades 1–4 during year 1 and 2–5 in the fall of year 2, but not for students in grade 5 during year 1 and grade 6 in the fall of year 2, whose performance declined slightly, remained stable, or improved slightly between May and September.

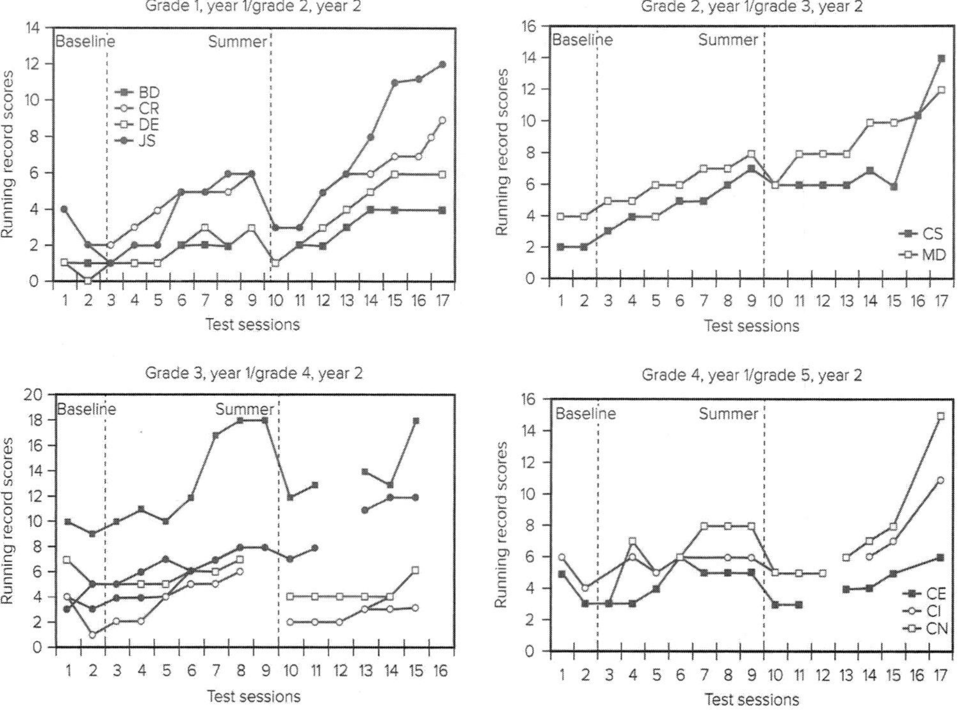

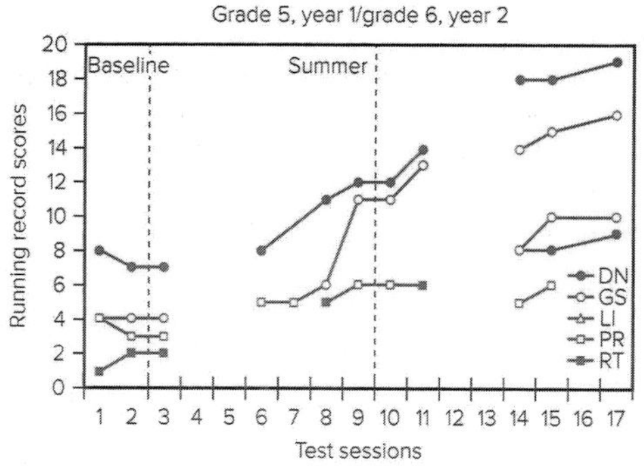

Note. Equivalent grade level scores are based on the leveled stories used as reading material for the present study. The leveling criteria used by Fountas and Pinnell (1996, 1999) result in broader spans (e.g., midgrade 1) than readability formulas typically provide (e.g., reading grade level 1.4, 1.5, and 1.6).

Running Records score	Equivalent grade level
1	Fall, kindergarten
2	Midyear, kindergarten
3	Spring, kindergarten
4	Early fall, 1
5	Late fall, 1
6	Midyear, 1
7	Early spring, 1
8	Late spring, 1
9	Fall, 2
10	Midyear, 2
11	Spring, 2
12	2–3 transition
13	Fall, 3
14	Midyear, 3
15	Spring, 3–4 transition
16	Fall, 3–4 transition
17	Midyear, 4
18	Spring, 4
19	5

Figure 1 *Changes in Running Records Scores, Grades 1–5, Years 1 and 2*

A third pattern is seen in the length of time it took in the new school year for the students to recapture the level they had achieved at the end of the previous school year. It took most or all of fall term for the grade 2 students to regain the level they had achieved at the end of grade 1 the previous May. One of the grade 3 students regained his May score by October, but the other student did not, even by December. Three of the grade 4 students either just regained or did not regain the scores they had achieved when they were third graders, and one took months to regain his May score. The one student who regained his May score fairly quickly also had a relatively low dip between May and September. It took at least 5 months for the grade 5 students to regain the scores they had achieved at the end of fourth grade. The only students who diverged from this pattern were those who were in grade 5 the first year of the study. There was no dip in their scores between testing at the end of grade 5 and the beginning of grade 6.

A fourth pattern is the low scores at the outset regardless of grade level. Of the 19 participants, none were at or close to grade level when Guided Reading instruction began. The disparity between reading level as assessed by Running Records and school grade level became increasingly greater from grade 1 through grade 5. At the end of the first school year, only three students had achieved scores higher than first-grade level—one student in grade 3 who attained a spring grade 4 level, one student in grade 5 who attained a spring grade 2 level, and one student in grade 5 who attained a grades 2–3 transition level. Only the latter two students maintained these gains by fall. The student who had achieved a spring grade 4 level at the end of grade 3 was assessed at a grades 2–3 transition level in September, and though she had progressed month by month, had not regained grade 4 by the end of fall term.

In order to determine fidelity, qualitative analysis of the data obtained from formal observations and interviews was carried out. We specifically conducted a content analysis, which involved coding the data based upon the components of the Guided Reading approach as a priori categories (in accordance with criteria for coding qualitative observational and interview data according to Patton, 2002). We found variation among teachers in fidelity to the Guided Reading Approach and changes in fidelity from year 1 to year 2. During both years, all of the teachers employed some features, but only one teacher employed all features of the approach.

세부 사항이 더 필요

One component of Guided Reading is the selection of reading material that is at the student's instructional reading level (i.e., word recognition is better than 90% but the material is difficult enough to offer an opportunity for strategy instruction). Content analysis showed that all of the teachers (with the exception of the grade 2 teacher) selected material that was at the students' independent level rather than their instructional level during the first year. Given that the teachers themselves assessed the students monthly, it was clearly a concern that they selected material that was not at the students' appropriate level for instruction. During the second year of implementation, the teachers were more consistent in selecting instructional-level material.

A second component of Guided Reading is before-reading instruction that incorporates introduction of the book, discussion of the topic, and teaching of new vocabulary. We found that during the first year of instruction, all of the teachers incorporated introduction of the book in terms of topic. However, except for the grade 2 teacher, they commonly left out presentation of new vocabulary. During the second year of implementation, all but one of the teachers consistently included the preteaching of new vocabulary, and they all continued to employ the other before-reading activities.

All of the teachers employed oral/sign reading. However, during both years of implementation, they did not routinely chunk the material as the interactive Guided Reading modification would require. Because the students were reading aloud/in sign, teacher support with word recognition, sentence structures, vocabulary, and comprehension was fairly constant, providing little opportunity for the students to engage in extended reading of passages. Silent reading was rarely incorporated as a step after oral/sign reading. These patterns were noted in both years of implementation.

After-reading discussion, the fourth component of Guided Reading, was often left out of instruction during the first year of implementation. When it was included, teacher questions focused on comprehension at the detail and inferential levels, but questions did not encourage students to reflect on the strategies they used for problem solving and understanding. During the second year of implementation, the teachers usually incorporated after reading activities, though they tended to focus on vocabulary more than comprehension.

DISCUSSION

Our findings indicate that the elementary-level deaf students, whose teachers used the Guided Reading approach as their regular classroom reading instruction model, made progress in reading achievement as measured by Running Records. For most of the students, progress was modest and inhibited by summer regressions.

In comparing our results to findings with deaf students during the past two decades, which have shown that the average deaf student gains one third of a grade equivalent change each school year (Holt, 1993; Traxler, 2000; Wolk & Allen, 1984), we found that outcomes were better than this average for most of the students in our study. However, it is generally recognized that the goal for reading growth is 1 year of progress for each school year, and only a few students came close to this benchmark. The data indicate that three modifications are likely to strengthen outcomes. The first is to improve adherence to the steps of the Guided Reading approach by providing teachers with a greater amount of in-class coaching and offering regularized professional development sessions throughout the school year. The second modification is to add a summer reading program for the students. Research indicates that such programs are most effective when they involve parents, incorporate a well-defined reading curriculum as well as opportunities for recreational reading, and utilize a summer camp model as the context (Lauer, Akiba, & Wilkerson, 2006). Given that students attending a state school for the deaf do not live in proximity to one another, the summer reading program would need to be either residential for a 4- or 6-week period of perhaps 3 days per week, or involve web-based delivery. The third modification is to incorporate greater family involvement. One such program is the Shared Reading Project (Laurent Clerc National Deaf Education Center, 2010), in which parents are taught to read effectively to their deaf children, using ASL.

어떻게?

LIMITATIONS OF THE STUDY

It is important to note several limitations of the present study in the contextualizing of the outcomes. One of these is that baseline did not meet recognized standards for length, stability, and trend (Division 16, 2003; Horner et al., 2005). In order to conduct a field study that respected the integrity and autonomy of the educational setting, we needed to accommodate our methodological design to the decision made that all of the elementary school teachers would employ Guided Reading as their instructional approach and instruction would begin in the fall. We were therefore not able to withhold instruction from any student for any length of time, which a more extended baseline would have necessitated. Complicating the matter was that the teachers would only be assessing the students monthly, and the likelihood of the presence of intervening variables between monthly baseline assessment was high. Our selection of two data points for baseline represents recognition that such data might not represent stability of performance, as baseline is intended to show, but that it adequately measured performance prior to implementation of the instructional approach.

이 책의 저자들은 동의하지 않음. 분석 참고

Another limitation is the teachers' fidelity to the Guided Reading approach. Our data on fidelity is narrow, as the lead teacher was only able to formally observe the teachers a few times during the 2 years of implementation, and the teachers' self-reported adherence to the Guided Reading protocol may not have fully reflected their actual instruction. Fidelity was undoubtedly further influenced by changes in teaching personnel, the concomitant training of new teachers, and the reality that their ability to fully implement the approach would undoubtedly take time. In spite of the limited data on fidelity, our qualitative analysis indicates that teachers did not regularly employ all components of the approach, with the exception of the grade 2 teacher.

Related to fidelity to Guided Reading is that the teachers may have used other approaches to reading instruction in addition to or in place of Guided Reading some of the time. These intervening variables could have affected results positively or negatively; that is, outcomes may have been inflated or deflated because of these other approaches being used. Certainly, in future research, more regularized observation and coaching should be incorporated in order to assure that the approach being investigated is indeed the approach being used in instruction. 내적 타당도

Conclusion

The present study was designed to assess the effectiveness of Guided Reading as an instructional approach to improving the reading achievement of elementary-level students who are deaf. Given the low scores at the outset for most of the participants, and the dip that typically took place each summer, progress for most of the participants was far below the benchmark of 1 year of progress per each year of school. So though the approach appeared to be effective, outcomes were modest.

In carrying out this study, we learned as much about how messy it is to conduct classroom research, particularly as a schoolwide intervention, as we learned about implementing Guided Reading. The small body of classroom intervention research in deaf education clearly reflects the difficulties inherent in adhering to the standards of methodological design within the complex world of the school environment. Yet it is precisely this type of research that has social validity and, therefore, provides findings on approaches that are likely to be acceptable to teachers, because these approaches have been studied in settings just like their own classrooms. With this in mind, we suggest that future research be aimed at replicating the present study, with populations of deaf students in a range of educational settings and using different communication modes, but with better controls that would assure reliable student assessment at whatever schedule is established and teacher fidelity to the approach. Indeed, replication is the means by which single-subject experimental research demonstrates generalizability of findings.

References

Allor, J. H. (2002). The relationships of phonemic awareness and rapid naming to reading development. *Learning Disabilities Quarterly, 25*, 47–57.

Clay, M. M. (2000). *Running Records for classroom teachers.* Portsmouth, NH: Heinemann.

Cooper, J. O., Heron, T. E., & Heward, W. L. (2007). Applied behavior analysis (2nd ed.). Upper Saddle River, NJ: Merrill/Prentice Hall.

Cooper, J. D., & Kiger, N. D. (2009). *Literacy: Helping children construct meaning* (7th ed.). Boston: Houghton Mifflin.

Cunningham, P. M., & Allington, R. L. (2007). *Classrooms that work: They can all read and write* (4th ed.). Boston: Allyn & Bacon.

Denton, C. A., Ciancio, D. J., & Fletcher, J. M. (2006). Validity, reliability, and utility of the Observation Survey of Early Literacy Achievement. *Reading Research Quarterly, 41*, 8–34.

Division 16, American Psychological Association, and Society for the Study of School Psychology Task Force on Evidence-Based Interventions in School Psychology. (2003). *Procedural and coding manual for review of evidence-based interventions.* Washington, DC: American Psychological Association.

Fountas, I., & Pinnell, G. S. (1996). *Guided Reading: Good first teaching for all children.* Portsmouth, NH: Heinemann.

Fountas, I., & Pinnell, G. S. (1999). *Matching books to readers: Using leveled books in Guided Reading, K-3.* Portsmouth, NH: Heinemann.

Fountas, I., & Pinnell, G. S. (2008). *Leveled books: K-8.* Retrieved from http://www.fountasandpinnellleveledbooks.com/default.aspx

Gambrell, L. B., Malloy, J. A., & Mazzoni, S. A. (2007). Evidence-based practices for comprehensive literacy instruction. In L. B. Gambrell, L. M. Morrow, & M. Pressley (Eds.), *Best practices in literacy instruction* (pp. 11–29). New York: Guilford.

Holt, J. (1993). Stanford Achievement Test-eighth edition: Reading comprehension subgroup results. *American Annals of the Deaf, 138*, 172–175.

Horner, R. H., Carr, E. G., Halle, J., McGee, G., Odom, S., & Wolery, M. (2005). The use of single-subject research to identify evidence-based practice in special education. *Exceptional Children, 71*, 165–179.

Kazdin, A. E. (2010). *Single-case research designs: Methods for clinical and applied settings* (2nd ed.). New York: Oxford University Press.

Lane, K. L., & Beebe-Frankenberger, M. (2004). *School-based interventions*. Boston: Allyn & Bacon.

LaSasso, C. (1987). Survey of reading instruction for hearing-impaired students in the United States. *Volta Review, 89*, 85-98.

LaSasso, C. J., & Mobley, R. T. (1997). National survey of reading instruction for deaf or hard-of-hearing students in the U.S. *Volta Review, 99*, 31-58.

Lauer, P. A., Akiba, M., & Wilkerson, S. B. (2006). Out-of-school-time programs: A metaanalysis for at-risk students. *Review of Educational Research, 76*, 275-313.

Laurent Clerc National Deaf Education Center. (2009). *Guided reading and writing with deaf and hard of hearing children*. Retrieved from Gallaudet University website: http://clerccenter. gallaudet.edu/Clerc_Center/Information_and_Resources/Info_to_Go/Language_and_Literacy/Literacy_at_the_Clerc_Center/Literacy-It_All_Connects/ Guided_Reading_and_Writing.html

Laurent Clerc National Deaf Education Center. (2010). *Shared reading project*. Retrieved from Gallaudet University website: http://clerccenter. gallaudet.edu/Clerc_Center/Information_and_Resources/Info_to_Go/Language_and_Literacy/Literacy_at_the_Clerc_Center/Welcome_to_Shared_Reading_Project.html

Narr, R. F. (2008). Phonological awareness and decoding in Deaf/hard of hearing students who use Visual Phonics. *Journal of Deaf Studies and Deaf Education, 13*, 405-416.

National Reading Panel. (2000). *Report of the National Reading Panel: Teaching children to read: An evidence-based assessment of the scientific research literature on reading and its implications for reading instruction*. Washington, DC: U.S. Department of Health and Human Services.

Office of the Inspector General. (2006). *The Reading First Program's grant application process: Final inspection report*. Retrieved from U.S. Department of Education website: http://www.ed.gov/about/offices/list/oig/aireports/i13f0017.pdf

Patton, M. Q. (2002). *Qualitative research and evaluation methods* (3rd ed.). Thousand Oaks, CA: Sage.

Quigley, S., McAnally, P., King, C., & Rose, S. (1991). *Reading milestones*. Austin, TX: PRO-ED.

Quigley, S., Power, D., & Steinkamp, M. (1977). The language structure of deaf children. *Volta Review, 79*, 73-84.

Quigley, S., Wilbur, R., & Montanelli, D. (1974). Question formation in the language of deaf students. *Journal of Speech and Hearing Research, 17*, 699-713.

Reutzel, D. R. (2007). Organizing effective literacy instruction: Differentiating instruction to meet the needs of all children. In L. B. Gambrell, L. M. Morrow, & M. Pressley (Eds.), *Best practices in literacy instruction* (pp. 313-343). New York: Guilford.

Schirmer, B. R., & McGough, S. M. (2005). Teaching reading to children who are deaf: Do the conclusions of the National Reading Panel apply? *Review of Educational Research, 75*, 83-117.

Schirmer, B. R., & Williams, C. (2010). Approaches to reading instruction. In M. Marschark & P. E. Spencer (Eds.), *Oxford handbook of deaf studies, language, and education* (2nd ed., pp. 115-129). Oxford, England: Oxford University Press.

Snow, C. E., Burns, M. S., & Griffin, P. (Eds.). (1998). *Preventing reading difficulties in young children*. Washington, DC: National Academy Press.

Traxler, C. B. (2000). The Stanford Achievement Test, ninth edition: National norming and performance standards for deaf and hard of hearing students. *Journal of Deaf Studies and Deaf Education, 5*, 337-348.

Trezek, B. J., & Malmgren, K. W. (2005). The efficacy of utilizing a phonics treatment package with middle school deaf and hard of hearing students. *Journal of Deaf Studies and Deaf Education, 10*, 256-271.

Trezek, B. J., & Wang, Y. (2006). Implications of utilizing a phonics-based reading curriculum with children who are deaf or hard of hearing. *Journal of Deaf Studies and Deaf Education, 11*, 202-213.

Trezek, B. J., Wang, Y., Woods, D. G., Gampp, T. L., & Paul, P. V. (2007). Using Visual Phonics to supplement reading instruction for students who are deaf or hard of hearing. *Journal of Deaf Studies and Deaf Education, 12*, 373-384.

U. S. Department of Education (2007). *Reading first*. Retrieved from http://www.ed.gov/ programs/readingfirst/index.html

Wolk, S., & Allen, T. E. (1984). A five-year followup of reading comprehension achievement of hearing-impaired students in special education programs. *Journal of Special Education, 18*, 161-176.

자료분석/결과/논의

자료는 이 설계에서 전형적으로 나타나는 그래픽 형식으로 표시된다. 이 책의 저자들은 기초선에 두 개의 자료점만 사용하는 것이 '실행 전 수행'을 측정하기에 적절하다는 진술에 동의하지 않는다. 개선의 더 나은 증거는 두 처치 단계의 추세에서 찾을 수 있다. 유보적인 경우, 이 책의 저자들은 결과에 대한 논의에 동의한다. 즉, 개선이 보였다. 그러나 등급 수준의 사용이 명확하지 않거나 만족스럽지 못하다.

"1학년 학생의 진척도는 반년에서 1년 정도(progress ranged from a half year to 1 year of progress for grade 1 students)"와 같은 진술은 고정된 점 사이의 차이를 암시하는 반면, 그래프는 추세를 보여 주는 일련의 점들에 의존한다. 아마도 이러한 진술은 이 책의 저자들이 그래프에서 재점검하기 어려운 단계 내의 시각적 평균에서 파생된 것일 것이다. 이 책의 저자들의 시도는 단계 B1에 관한 논의를 지원하지만, 단계 B2에 대한 모든 경우에 해당되는 것은 아니다. 예를 들어, 2학년 학생 CS에 대한 자료점은 B2에서 "두 학생 모두 거의 2년의 진척도를 이루었다[both (students) made almost 2 years of progress]."는 진술을 정당화하지 못한다. 마지막 두 자료점이 없으면, CS는 B2 동안 사실상 향상을 보이지 않는다. 단계 2에 대한 자료의 '부족함(thinness)'을 인정해야 한다.

일반적으로, 보고서의 저자들은 제한사항 섹션과 전체 모두에서 연구의 제한점을 인식하는 훌륭한 일을 한다. 요점은 아무리 적절하더라도 "세 가지 수정이 결과를 강화할 것 같다(three modifications are likely to strengthen outcomes)."는 것이 '자료'에서 나온다고 보지 않는다는 것이다.

이 장의 시작 부분에 있는 **상호작용 · 응용 프로그램 학습** 기능으로 돌아가 상호작용 · 응용 프로그램 활동목록을 확인하라. www.mhhe.com/fraenkel10e의 **온라인학습센터**로 이동하여 퀴즈를 풀고 핵심 용어를 연습하며 장(章)의 내용을 검토하라.

핵심 요점

단일대상연구의 필수 특성

- 단일대상연구는 한 번에 하나의 연구대상에 대한 광범위한 자료수집을 포함한다.
- 단일대상설계의 장점은 집단설계를 실행에 옮기기 어려운 환경에서 적용할 수 있다는 것이다.

단일대상설계

- 단일대상설계는 처치나 어떤 종류의 중재에 노출된 후 개인이 보이는 행동의 변화를 연구하는 데 가장 일반적으로 사용된다.
- 단일대상연구자는 주로 선 그래프를 사용하여 자료를 표시하고 특정 중재 또는 처치의 효과를 실증한다.
- A–B 설계를 사용하는 연구자의 기본 접근방법은 동일한 연구대상을 자신의 통제로 조작하는 두 가지 조건 또는 단계에 노출시키는 것이다.
- A–B–A 설계[때로는 **반전 설계**(reversal design)라고도 함]를 사용할 때, 연구자는 단순히 A–B 설계에 다른 기초선 기간을 추가한다.
- A–B–A–B 설계에서는 두 개의 기초선 기간이 두 개의 처치 기간과 결합된다.
- B–A–B 설계는 개인의 행동이 너무 심하거나 방해되어 연구자가 기초선이 확립되기를 기다릴 수 없을 때 사용된다.
- A–B–C–B 설계에서 조건 C는은 조건 B에서의 중재의 변화를 나타낸다. 중재는 일반적으로 단계 C 동안 연구대상이 단계 B 동안 받을 수 있는 추가적인 주의를 통제하기 위해 변경된다.

다중기초선 설계

- 다중기초선 설계는 처치를 철회하고 기초선으로 복귀하는 것이 불가능하거나 윤리적인 경우에 사용된다.
- 다중기초선 설계가 사용될 때, 연구자는 한 환경에서 한 연구대상에 대한 한 가지 행동에 대해 자료를 수집하는 것 이상을 한다. 연구자는 한 연구대상에 대한 여러 가지 행동을 수집하여 동일한 기간 동안 각각에 대한 기초선을 얻는다.
- 다중기초선 설계는 단일 행동과 관련하여 여러 연구대상에 대한 자료를 수집하거나 두 개 이상의 다른 환경에서 연구대상의 행동을 측정하는 데 사용되기도 한다.

단일대상연구에서 내적 타당도 위협

- 단일대상설계와 관련하여, 내적 타당도에 대한 몇 가지 위협이 존재한다. 여기에는 기초선의 길이와 중재 조건, 한 조건에서 다른 조건으로 이동할 때 변경된 변수의 수, 발생하는 변경의 정도와 속도, 기초선 수준으로의 행동 복귀 여부, 행동의 독립성, 기초선의 수가 포함된다.

단일대상연구에서 위협 통제

- 단일대상설계는 연구대상 특성, 사망, 검사 및 역사 위협을 통제하는 데 가장 효과적이다.
- 단일대상설계는 장소, 자료수집자 특성, 성숙 및 회귀 위협에는 덜 효과적이다.
- 단일대상설계는 특히 도구 성능저하, 자료수집자 편견, 태도 및 실행 위협 측면에서 취약하다.

외적 타당도와 단일대상연구

- 단일대상연구는 일반화 가능성에 있어서는 취약하다.
- 단일대상연구를 복원하여 일반화할 가치가 있는지 여부를 확인하는 것이 특히 중요하다.

기타 단일대상설계

- 이 장에서 논의된 기본 설계의 변형에는 A–B–A–C–A 설계, A–B–C–B–C 설계 및 다중조사 설계가 포함된다.

핵심 용어

A–B 설계(A–B design)
A–B–A 설계(A–B–A design)
A–B–A–B 설계(A–B–A–B design)
A–B–C–B 설계(A–B–C–B design)
B–A–B 설계(B–A–B design)
기초선(baseline)
다중기초선 설계(multiple-baseline design)
단일대상설계(single-subject design)
외적 타당도(external validity)

토론거리

1. 중학교에서 단일대상설계가 실행될 수 있는가? 만약 그렇다면, 어떤 어려움에 직면할 것 같은가?
2. 노 교수님에게는 통계학 입문 수업에서 매우 어려운 학생이 있는데, 그는 다른 학생들이 교수의 질문에 대답하려고 할 때 계속해서 방해한다. 노 교수님은 학생의 방해를 줄이기 위해, 이 장에 기술된 설계 중 하나를 어떻게 사용할 수 있는가?
3. 일반적인 초등학교에서 B–A–B 설계가 필요한 경우를 제안할 수 있는가? 그것은 무엇인가?
4. 단일대상연구에서 무선표집이 가능한가? 왜 그러한가? 또는 왜 그렇지 않은가?
5. 단일대상연구와 집단비교연구 중 어느 것이 수행하기에 더 쉽다고 생각하는가? 그 이유는 무엇인가?
6. 어떤 종류의 질문이 다른 종류의 연구보다 단일대상에 더 도움이 되는가?
7. 어떤 종류의 행동에서 기초선을 설정하는 데 몇 개의 자료점만 필요할 수 있는가? 몇 가지 예를 들어 보라.
8. A–B–A 설계에서 기초선으로 복귀하기 위해 중재를 중단하는 것이 비윤리적일 수 있는 때는 언제인가? 예를 들어 보라.
9. 난이도의 관점에서, 단일대상연구를 1에서 10까지의 척도로 어떻게 평가하겠는가? 이러한 종류의 연구에서 가장 어려운 점은 무엇이라고 생각하는가? 왜 그렇게 생각하는가?

제15장 상관연구

- 상관연구의 본질
- 상관연구의 목적
  - 설명적 연구
  - 예측적 연구
  - 보다 복잡한 상관기법
- 상관연구의 기본 단계
  - 문제선정
  - 표본
  - 도구
  - 설계 및 절차
  - 자료수집
  - 자료분석 및 해석
- 상관계수는 무엇을 의미하는가
- 상관연구에서 내적 타당도에 대한 위협
  - 연구대상 특성
  - 장소
  - 계측
  - 검사
  - 사망
- 상관연구에서 내적 타당도에 대한 위협 평가

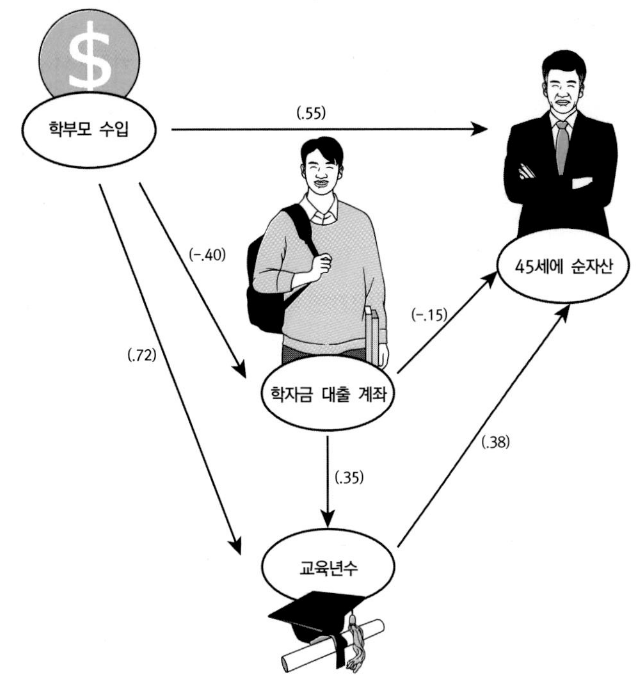

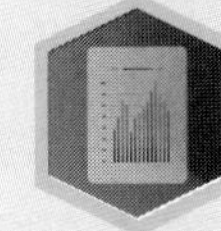

학습목표

이 장을 학습하면 다음을 수행할 수 있어야 한다.

- 상관연구가 의미하는 바를 간략히 기술할 수 있다.
- 상관연구의 두 가지 주요 목적을 진술할 수 있다.
- 예측변수와 준거변수를 구별할 수 있다.
- 인과관계를 탐구하는 데 있어 상관연구의 역할을 설명할 수 있다.
- 산출물(outcome)을 예측하기 위해서 산점도를 사용하는 방법을 설명할 수 있다.
- 예측방정식이 의미하는 바를 기술할 수 있다.
- 다중상관, 요인분석 및 경로분석의 기초가 되는 주요 아이디어에 대해 간략히 설명할 수 있다.
- 상관연구를 수행하는 데 수반되는 단계를 확인하고 간략히 기술할 수 있다.
- 크기가 다른 상관계수를 해석할 수 있다.
- 부분상관의 기초가 되는 이론적 근거를 설명할 수 있다.
- 상관연구에 존재하는 내적 타당도에 대한 몇 가지 위협을 기술하고, 그것을 확인하는 방법을 설명할 수 있다.
- 이러한 위협을 통제하는 방법을 논할 수 있다.
- 교육연구문헌에서 상관연구를 발견하였을 때 그것을 인식할 수 있다.

상호작용 · 응용 학습 이 장을 읽는 동안 또는 읽은 후:

다음을 하려면, 온라인학습센터 (www.mhhe.com/fraenkel10e)로 접속하라.

- 상관계수가 무엇인지에 대한 심화학습

다음 활동을 수행하기 위해 온라인 학습자 완전학습 활동(Student Mastery Activities) 책을 읽으라.

- 활동 15.1: 상관연구 질문
- 활동 15.2: 어떠한 종류의 상관인가?
- 활동 15.3: 예를 생각해 보라
- 활동 15.4: 상관계수와 산점도 매칭(matching)
- 활동 15.5: 상관계수 계산
- 활동 15.6: 산점도 만들기
- 활동 15.7: 일상생활에서의 상관
- 활동 15.8: 회귀

고등학교에서 생물을 가르치는 전 교사는 작년에 자신의 고등학교 1학년 학생 중 많은 학생이 생물학의 여러 개념을 배우는 데 상당한 어려움을 겪었지만 몇몇은 그것을 꽤 쉽게 배웠다는 사실에 괴로워했다. 따라서 올해 학기가 시작되기 전에, 그녀는 어떤 학생들이 이러한 개념을 배우는 데 어려움을 겪을지 예측할 수 있기를 원한다. 만약 그녀가 꽤 정확한 예측을 할 수 있다면, 그녀는 생물학 수업에서 어려움을 겪는 학생들이 줄어들 수 있도록 교정 조치(예: 특별 튜토리얼 세션)를 제안할 수 있을 것이다.

여기에서 요구되는 적절한 연구방법론은 상관연구이다. 전 교사가 하는 일은 학생들이 생물학에 대해 가지고 있거나 가지고 있지 않은 어려움과 관련이 있을 수 있는 그녀의 학생들에 대한 다른 종류의 자료를 수집하는 것이다. 생물학에서 성공 또는 실패와 관련이 있을 수 있는 변수(예: 교과목에 대한 불안감, 사전지식, 추상적 개념을 얼마나 잘 이해하고 있는지, 다른 과학 교과목에서의 수행)는 유용할 것이다. 이것은 그녀에게 생물학적 개념을 배우는 학생들이 그것들을 어렵게 생각하는 학생들과 어떻게 쉽게 다른지에 대한 아이디어를 줄 수 있다. 결국, 이것은 그녀가 다음 학기에 누가 생물학을 배우는 데 어려움을 겪을지 예측하는 데 도움을 줄 수도 있다. 따라서 이 장에서는 전 교사(그리고 여러분)에게 상관연구가 무엇인지를 알려준다.

상관연구의 본질

인과-비교연구(제16장에서 논함)와 같이, 상관연구는 때때로 **연관연구**(associational research)라고 불리는 것의 한 예이다. 연관연구에서, 두 개 이상의 변수 간의 관계는 영향을 미치려는 시도 없이 연구된다. 가장 간단한 형태에서, 상관연구는 두 변수 간의 관계 가능성을 조사하지만 세 개 이상의 변수에 대한 조사는 흔하다. 그러나 실험연구와는 달리 상관연구에서는 변수를 조작하지 않는다.

상관연구는 변수 간의 기존 관계를 기술하기 때문에 기술연구의 한 형태로 언급되기도 한다. 그러나 이 관계를 기술하는 방법은 다른 유형의 연구에서 발견되는 기술과는 상당히 다르다. 상관연구는 둘 이상의 양적 변수가 관련된 정도를 기술하고 상관계수를 사용하여 관련성을 나타낸다.[1)]

두 변수 간에 상관이 있는 것으로 확인되면, 한 변수의 특정 범위 내 점수가 다른 변수의 특정 범위 내 점수와 연관되어 있음을 의미한다. 상관관계가 양수이면 한 변수의 높은 점수가 다른 변수의 높은 점수와 연관되는 경향이 있는 반면, 한 변수의 낮은 점수는 다른 변수의 낮은 점수와 연관된다는 것을 의미한다. 반면에, 부적 상관관계는 한 변수의 높은 점수가 다른 변수의 낮은 점수와 연관되고 한 변수의 낮은 점수가 다른 변수의 높은 점수와 연관된다는 것을 의미한다(〈표 15-1〉의 (B) 참고). 앞에서 지적한 바와 같이, 〈표 15-1〉에서 보여 주는 바와 같은 관계는 산점도를 사용하여 그래픽으로 제시할 수 있다. 예

1) 두 개 이상의 범주형 변수 간의 연관성도 연구할 수 있지만, 이러한 연구는 일반적으로 **상관관계**(correlational)라고 언급되지 않는다. 그러나 그것들은 전체적인 설계와 내적 타당도에 대한 위협과 관련하여 유사하며, 제16장에서 그것들을 더 자세히 논의한다.

를 들어, [그림 15-1]은 〈표 15-1〉 (A)에서 제시한 관계를 보여 주고 있다.

〈표 15-1〉 상이한 상관관계 방향과 정도를 보여 주는 세 가지 세트의 자료

(A) $r=+1.00$		(B) $r=-1.00$		(C) $r=0$	
X	Y	X	Y	X	Y
5	5	5	1	2	1
4	4	4	2	5	4
3	3	3	3	3	4
2	2	2	4	1	5
1	1	1	5	4	2

[그림 15-1] +1.0의 상관관계를 보여 주는 산점도

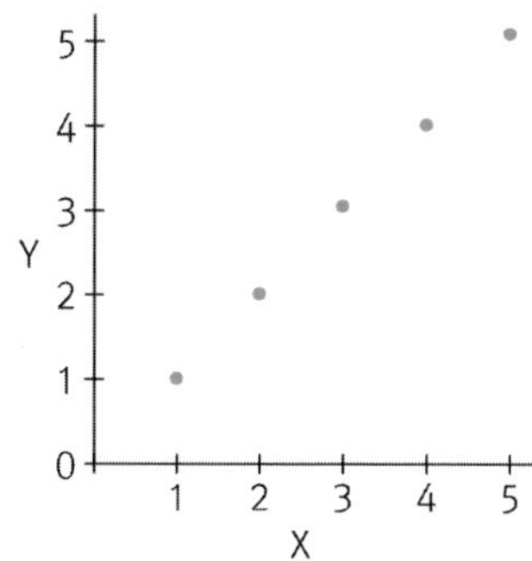

상관연구의 목적

상관연구는 두 가지 기본 목적 중 하나, 즉 중요한 인간의 행동을 설명하거나 가능한 결과(outcomes)를 예측하는 것 중 하나를 위해 수행된다.

설명적 연구

상관연구의 주요 목적은 변수 간의 관계를 확인하여 중요한 현상에 대한 이해를 명확히 하는 것이다. 특히 실험연구가 설계하기 어려운 발달심리학에서는 여러 변수 간의 관계를 분석함으로써 많은 것을 학습해 왔다. 예를 들어, 부모 언어의 복잡성과 언어 습득 속도와 같은 변수 간의 상관관계는 연구자에게 언어가 어떻게 습득되는지에 대해 많은 것을 가르쳐 왔다. 마찬가지로, 읽기기능과 관련된 변수 중 청각 기억력이 읽기능력과 상당한 상관관계를 보인다는 연구결과는 읽기라는 복잡한 현상에 대한 이해를 확장시켰다. 흡연이 폐암을 일으킨다는 현재의 믿음은, 부분적으로 동물에 대한 실험적 연구에 기초하고 있지만, 흡연 빈도와 폐암 발병률 간의 관계에 대한 상관관계에 크게 의존하고 있다.

연구심화

상관연구에서 중요한 연구결과

가장 유명하고 논란이 많은 상관연구의 예 중 하나는 흡연 빈도를 폐암의 발병률과 연관짓는 것이다. 이러한 연구가 나타나기 시작하였을 때, 많은 사람은 흡연이 폐암의 주요 원인이라고 주장했다. 반대론자들은 흡연이 먼저 일어난다는 명백한 이유로, 즉 암이 흡연의 원인이 된다는 그 반대의 이유를 주장하지 않았다. 그러나 그들은 흡연과 폐암이 모두 유전적 성향, 생활습관, 환경(흡연과 폐암이 스모그가 많은 도시에서 더 많이 발생할 수 있다.)과 같은 다른 요인에 의해 발생한다고 주장했다.

흡연이 분명히 폐조직을 자극할 수 있다는 설득력 있는 이론에도 불구하고, 흡연이 동물에게 폐암을 유발한다는 실험적인 연구결과가 나오기 전까지, 인과관계에 대한 주장은 보건총감(surgeon general)이 경고를 발표하기에 충분히 설득력이 없었다.

설명적 연구를 수행하는 연구자는 종종 동기나 학습과 같은 더 복잡한 변수와 관련이 있다고 믿는 여러 변수를 조사한다. 관련이 없거나 약간 관련이 있는 것으로 밝혀진 변수(즉, .20 미만의 상관관계가 있는 경우)는 추가적인 검토에서 제외되는 반면, 더 높은 관련성이 있는 것으로 판명된 것(즉, +.40 또는 −.40 이상의 상관관계가 얻어진 경우)은 종종 실험설계를 사용하여 관계가 실제로 인과관계인지 여부를 확인하기 위한 추가적인 연구의 초점이 된다.

여기에서 인과관계에 대해 조금 더 이야기해 보자. 비록 상관관계의 발견이 인과관계를 확립하는 것은 아니지만, 상관연구에 종사하는 대부분의 연구자는 아마도 원인과 결과에 대한 아이디어를 얻으려고 노력하고 있을 것이다. 예를 들어, [그림 15−2]에 표시된 결과가 있는 가상적인 연구를 수행한 연구자는 교사의 실패에 대한 기대가 교실에서 학생이 보여 주는 방해적인 행동의 양에 대한 부분적(또는 적어도 기여하는) 원인이라고 결론짓는 경향이 있을 것이다.

[그림 15−2] 산점도를 이용한 예측

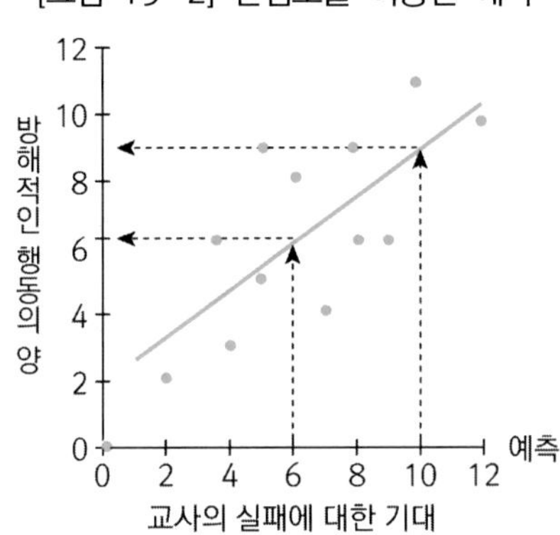

그러나 상관연구는 그 자체로 인과관계를 확립하지 **못한다**(do not)는 점을 강조해야 한다. 앞의 예에서, 어떤 수업에서 방해적인 행동의 양이 교사의 실패에 대한 기대를 유발하거나, 교사의 기대와 방해적인 행동이 모두 수업의 능력수준과 같은 세 번째 요인에 의해 발생한다고 주장할 수 있다. 그러나 연구 중인 변수의 측정 간에 시간 경과가 발생할 경우 인과관계가 강화된다. 예를 들어, 학생들을 수업에 할당하기 전에 교사의 실패에 대한 기대를 측정했다면, 수업 행동(또는 마찬가지로, 수업의 능력수준)이 교사의 실패 기대를 야기한다고 가정하는 것은 불합리해 보일 것이다. 사실, 그 반대가 더 적절한 말이 될 것이다. 그러나 관련된 학생들의 사회경제적 수준과 같은 특정한 다른 인과적 설명은 여전히 설득력이 있다. 교사는 경제적으로 가난한 학생들에게 실패에 대한 더 큰 기대를 가질 수 있다. 그러한 학생들은 또한 교사의 기대와 상관없이 수업 중에 더 많은 방해적인 행동을 보일 수 있다. 따라서 상관연구에서 원인과 결과를 찾는 것은 어려움으로 가득 차 있다. 그럼에도 불구하고, 그것은 원인을 찾는 데 있어 보람 있는 단계가 될 수 있다. 우리는 이 문제를 뒷부분의 상관연구에서 내적 타당도에 대한 위협에 대한 논의에서 다시 논의한다.

예측적 연구

상관연구의 두 번째 목적은 예측(prediction)이다. 두 변수 간에 충분한 크기의 관계가 존재할 경우, 다른 변수의 점수를 알면 한 변수의 점수를 예측할 수 있다. 예를 들어, 연구자는 고등학교 성적이 대학 성적과 매우 관련이 있다는 것을 발견했다. 그러므로 고등학교 성적은 대학 성적을 예측하는 데 사용될 수 있다. 우리는 고등학교 때 내신성적이 높은 사람이 대학에서 내신성적이 높을 것이라고 예측할 것이다. 예측을 하는 데 사용되는 변수를 예측변수(predictor variable)라고 하며, 예측이 이루어지는 변수를 준거변수(criterion variable)라고 한다. 따라서, 앞의 예에서 고등학교 성적이 예측변수이고 대학 성적이 준거변수가 될 것이다. 제8장에서 언급한 바와 같이, 예측연구는 또한 측정도구의 예측타당도를 결정하기 위해 사용된다.

점수 예측을 위한 산점도 사용

예측은 산점도를 사용하여 설명할 수 있다. 예를 들어, 〈표 15-2〉에 제시된 자료를 12개 등급의 표본으로부터 얻었다고 가정해 보자. 이러한 자료를 사용하여, 교사의 실패에 대한 예측변수와 파괴적 행동의 양 간에 .71의 상관관계를 발견한다.

〈표 15-2〉 12개 학급의 표본에 대한 교사의 실패 예상과 파괴적 행동의 양

학급	교사의 실패 예상(등급)	파괴적 행동의 양(등급)
1	10	11
2	4	3
3	2	2
4	4	6
5	12	10
6	9	6
7	8	9
8	8	6
9	6	8
10	5	5
11	5	9
12	7	4

〈표 15-2〉의 자료를 표시하면, 〈그림 15-2〉에 표시된 산점도가 생성된다. 이와 같은 산점도가 구성되면, 회귀선(regression line)으로 알려진 직선을 수학적으로 계산할 수 있다. 이 선의 계산은 이 책의 범위를 벗어나지만, [그림 15-2]를 보면, 그 사용에 대한 일반적인 이해를 얻을 수 있다. 회귀선은 그릴 수 있는 직선의 산점도에 표시된 모든 점수에 가장 가깝다. 그런 다음, 연구자는 이 선을 예측의 기준으로 사용할 수 있다. 따라서 볼 수 있는 바와 같이 실패 예상 점수가 10점인 교사는 파괴적 행동 양에 대해 9점, 기대 점수가 6점인 교사는 파괴적 행동 점수 6점의 수업이 예측된다. 이와 비슷하게 방해적인 행동의 양에 대한 학급의 점수를 안다면, 교사의 실패에 대한 기대치에 대한 점수를 예측하기 위해 두 번째 회귀선을 그릴 수 있다.

한 변수에 대한 개인(또는 집단)의 점수를 다른 변수에 대한 개인(또는 집단)의 점수를 기반으로 예측 가능한 것은 매우 유용하다. 예를 들어, 학교행정가는 [그림 15-2](실제 자료에 기반한 경우)를 사용하여, ① 수업 중단이 적은 교사를 확인하고 선택할 수 있다. ② 수업 중단 행동이 많을 것으로 예상되는 교사에 대한 교육을 제공할 수 있다. ③ 그러한 교사에 대한 추가적인 지원을 계획할 수 있다. 그에 따라, 관련된 교사와 학생 모두 혜택을 받을 것이다.

단순 예측방정식

산점도는 예측을 하는 데 매우 사용하기 쉬운 도구이지만, 많은 개인으로부터 점수 쌍을 수집하면 비효율적이다. 다행히도 방금 설명한 회귀선은 예측방정식의 형태로 표현될 수 있는데, 이 방정식은 다음과 같은 형태를 갖는다.

$$Y_1' = a + bX_1$$

여기에서 Y_1' =개별 i에 대한 Y에서의 예측점수(준거변수), $X_1 = X$에서의 개별 i의 점수(예측변수)이며, a와 b는 원래 점수로부터 수학적으로 계산된 값을 나타낸다. 주어진 자료 세트의 경우, a와 b는 상수이다. 우리는 앞에서 고등학교 내신성적이 대학 내신성적과 높은 관련이 있는 것으로 밝혀졌다고 언급했다. 따라서 이 예에서 기호 Y'는 예측된 1학기 대학 GPA(준거변수)를 나타내고, X_i는 개인의 고등학교 GPA(예측변수)를 나타낸다. $a = .18$과 $b = .73$이라고 가정해 보자. 방정식에 대입하면, 학생의 첫 학기 대학 GPA를 예측할 수 있다. 따라서 만약 한 개인의 고등학교 내신성적이 3.5라면, 그 학생의 첫 번째 대학 내신성적이 2.735가 될 것이라고 예측할 수 있다[즉, .18 + .73 (3.5)=2.735]. 나중에 그 학생의 실제 1학기 대학 평점을 예측된 GPA와 비교할 수 있다. 둘 사이에 유사성이 밀접하면 예측방정식을 사용하여 향후 예측을 할 수 있다는 자신감이 생긴다.

그러나 이 예측점수는 정확하지 않을 것이고, 따라서 연구자는 또한 추정의 표준오차(standard error of estimate)라고 알려진 예측오차의 지수를 계산한다. 이 지수는 예측된 점수가 부정확할 가능성이 있는 정도를 추정한다. 추정치의 표준오차가 작을수록 예측이 더 정확하다. 예상하는 바와 같이, 이 오차지수는, r 값이 작을 때 r 값이 클 때보다 훨씬 더 크다.[2]

2) 그 이유를 정확하게 알지 못하는 경우, [그림 10-19]와 [그림 15-2]의 산점도를 다시 참고하라.

더 나아가 예측하고자 하는 사람들에 대한 더 많은 정보를 가지고 있다면, 예측의 오류를 줄일 수 있을 것이다. 이것이 다중회귀(또는 다중상관)로 알려진 기법이 행하도록 설계되었다.

보다 복잡한 상관기법

다중회귀

다중회귀(multiple regression)는 준거변수와 둘 이상의 예측변수의 최적 조합 간의 상관관계를 결정할 수 있는 기법이다. 고등학교 GPA와 대학교 1학년 GPA 간의 높은 정적 상관관계를 포함하는 이전의 예시로 돌아가 보자. 또한 SAT 대학입시에서 1차 대학 GPA와 언어 점수 간에 높은 정적 상관관계($r = .68$)가 존재하며, SAT와 1차 대학 GPA의 수학 점수 간에 적당히 높은 정적 상관관계($r = .51$)가 존재한다고 가정해 보자. 다중회귀 예측 공식을 사용하면, 이 **세 가지 변수를 모두**(all three) 사용하여 학생이 대학에서 첫 학기 동안 GPA를 얼마나 받을지 예측할 수 있다. 이 공식은 이제 두 개 이상의 예측변수와 세 개 이상의 상수를 포함한다는 점을 제외하면 단순 예측방정식과 유사하다. 이것은 다음과 같은 형태를 취한다.

$$Y' = a + b_1X_1 + b_2X_2 + b_3X_3$$

여기에서 Y'는 다시 한번 예측된 1학기 대학 평점을 의미하고, a, b_1, b_2, b_3는 상수이며, X_1 =고등학교 평점, X_2 =언어 SAT점수, 그리고 X_3 =수학 SAT점수이다. $a = .18$, $b_1 = .73$, $b_2 = .0005$ 및 $b_3 = .0002$라고 가정해 보자. 우리는 그 학생의 고등학교 내신성적이 3.5라는 것을 알고 있다. 해당 학생의 SAT 언어 및 수학점수가 각각 580과 600이라고 가정해 보자. 공식을 대입하면, 학생의 첫 학기 평점이 3.15가 될 것이라고 예측할 것이다.

$$\begin{aligned} Y' &= .18 + .73(3.5) + .0005(580) + .0002(600) \\ &= .18 + 2.56 + .29 + .12 \\ &= 3.15 \end{aligned}$$

다시 한번, 나중에 이 학생이 얻은 실제 1학기 대학 평점을 예측점수와 비교하여 예측의 정확성을 결정할 수 있다.

다중상관계수

R로 기호화된 다중상관계수(coefficient of multiple correlation)는 예측변수와 준거변수의 조합 간의 상관관계의 강도를 나타낸다. 이것은 준거변수의 실제 점수와 해당 변수의 예측점수 간의 단순 피어슨 상관관계라고 생각할 수 있다. 앞의 예에서 고등학교 GPA, SAT 언어점수, SAT 수학점수를 조합하여 특정 학생의 1학기 대학 평점이 3.15가 될 것이라고 예측했다. 그러면 동일한 학생의 실제 1학기 대학 평점(예: 2.95)을 얻을 수 있다. 100명의 학생을 대상으로 이 작업을 수행하면 예측된 GPA와 실제 GPA 간의

상관관계(R)를 계산할 수 있다. 예를 들어, R이 +1.00인 경우 예측점수는 준거변수의 실제 점수와 완벽하게 상관되어 있음을 의미한다. 물론 +1.00의 R을 구하는 것은 매우 이례적이다. 실제로 R은 .70 또는 .80이 상당히 높은 것으로 간주된다. 물론 R이 높을수록 예측이 더 신뢰할 수 있다. [그림 15-3]은 준거변수와 두 개의 예측변수 간의 관계를 보여 준다. 고교 내신에서 차지하는 대학 내신성적(약 36%)은 2차 예측자로 시험점수를 더해 13% 가량 상승한다.

[그림 15-3] 다중상관

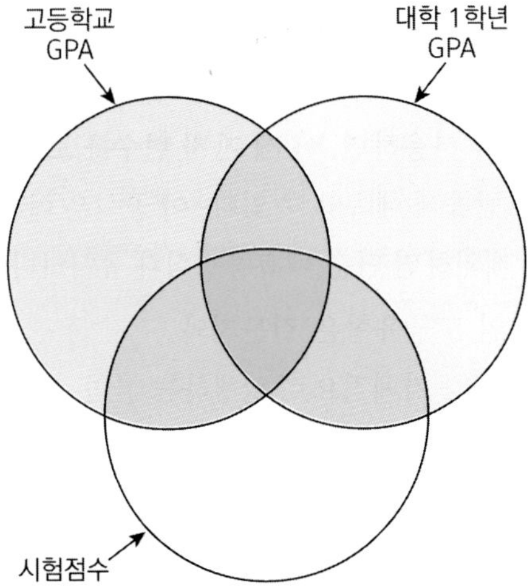

고등학교
GPA

대학 1학년
GPA

시험점수

결정계수

예측변수와 준거변수 간의 상관관계의 제곱은 r^2로 기호화된 결정계수(coefficient of determination)라고 알려져 있다. 예를 들어, 고등학교 평점과 대학교 평점 간의 상관관계가 .60이면, 결정계수는 .36과 같다. 이것은 무엇을 의미하는가? 즉, 결정계수는 예측변수에 대한 점수의 차이로 인해 발생할 수 있는 준거점수의 변산성 비율을 나타낸다. 따라서 만약 한 집단의 고등학교 내신성적과 대학 내신성적의 상관관계가 .60이라면, 그 학생의 대학 내신성적의 차이 중 36%[(.60)2]가 고등학교 내신성적의 차이에서 기인할 수 있다.

R^2(다중회귀의 경우)의 해석은 r^2(단순회귀의 경우)의 해석과 유사하다. 세 개의 예측변수를 사용한 예제에서는 다중상관계수가 .70과 같다고 가정해 보자. 따라서 결정계수는 (.70)2 또는 .49와 같다. 따라서 준거변수의 변산성 중 49%는 세 가지 예측변수를 기준으로 예측할 수 있다고 보는 것이 적절하다. 고교 내신, 구두 SAT점수, 수학 SAT점수(세 가지 예측변수)를 합치면 대학 내신 변산성(준거변수)의 약 49%를 차지한다는 점도 이를 말해 준다.

예측방정식의 값은 **새로운**(new) 개별 집단과 함께 사용할 수 있는지 여부에 따라 달라진다. 연구자는 자신이 개발한 예측방정식이 새로운 집단의 준거점수를 예측하는 데 사용될 때 성공적으로 작동할 것이라고 결코 확신할 수 없다. 사실, 새로운 집단이 예측방정식을 개발하는 데 사용된 것과 동일하지 않기 때문에, 이 집단이 사용될 때 정확도가 떨어질 가능성이 높다. 따라서 새로운 집단에 대한 특정 예측방정식의 성공은 일반적으로 원래 예측방정식을 개발하는 데 사용된 집단과의 유사성에 따라 달라진다.

판별함수분석

대부분의 예측연구에서 준거변수는 양적이다. 즉, 낮은 값에서 높은 값으로의 연속선을 따라 어느 곳에나 위치할 수 있는 점수를 포함한다. 이전의 대학 GPA의 예는 양적 변수인데, 변수의 점수는 .00에서 4.00 사이의 어느 곳에나 위치할 수 있기 때문이다. 그러나 때때로 준거변수는 범주형 변수일 수 있다. 즉, 연속선을 따라 점수가 아닌 집단(또는 범주)의 구성원 자격을 포함한다. 예를 들어, 연구자는 개인이 공학과나 경영학과에 더 가까운지 예측하는 데 관심이 있을 수 있다. 이 경우, 준거변수는 이분법적이다. 즉, 개인은 한 집단에 속하거나 다른 집단에 속한다. 물론 범주형 변수는 두 가지 이상의 범주(예: 공학 전공, 경영학 전공, 교육학 전공, 과학 전공)를 가질 수 있다. 다중회귀기법은 준거변수가 범주형인 경우 사용할 수 없다. 대신에, 판별함수분석(discriminant function analysis)이라고 알려진 기법이 사용된다. 그러나 분석의 목적과 예측방정식의 형태는 다중회귀의 목적 및 형태와 유사하다. [그림 15-4]는 논리를 보여 준다. 6개의 면으로 대표되는 개인의 점수는 두 범주 모두에서 동일하다. 그 사람의 점수는 연구자와 교사들 모두의 점수와 비교된다. 이러한 가설적인 결과는 '나(me)'가 'A'에 대한 연구자들과 더 비슷하고, 'B'와 'C'에 대한 교사와 더 유사하다는 것을 보여 준다.

[그림 15-4] 판별함수분석

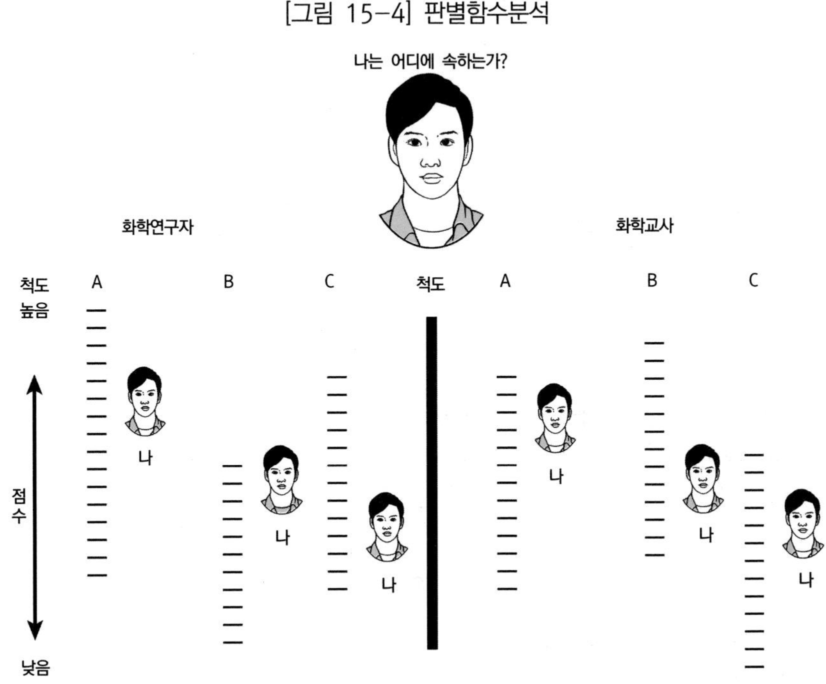

요인분석

단일연구에서 여러 변수를 조사하면 자료의 분석 및 해석이 다소 번거로워질 수 있다. 따라서 서로 중간 또는 높은 상관관계를 갖는 변수를 요인으로 집단화하여 변수의 수를 줄이는 것이 바람직하다.

요인분석(factor analysis)은 연구자가 몇 가지 요인에 의해 많은 변수가 설명될 수 있는지 여부를 결정할 수 있는 기법이다. 관련된 수학적 계산은 본서의 범위를 벗어나지만, 이 기법은 본질적으로 서로 상관관계가 있는 변수의 '군집(clusters)'을 찾는 것을 포함한다. 각 군집은 요인을 나타낸다. 예를 들어, 집단 IQ 검사에 대한 연구는 사용된 많은 특정 점수가 상대적으로 적은 수의 요인의 결과로 설명될 수 있다고 시사했다. 논란의 여지가 있지만, 이러한 결과는 그러한 검사에서 잘 수행하는 데 필요한 정신적 능력을 이해하는 한 가지 수단을 제공했다. 그 결과는 또한 이러한 확인된 능력을 더 효과적으로 검사하기 위해 고안된 새로운 검사로 이어졌다.

경로분석

경로분석(path analysis)은 세 개 이상의 변수 간의 인과적 연관 가능성을 검정하는 데 사용된다. 우리가 설명한 다른 기법 중 일부는 인과관계에 대한 이론을 탐구하는 데 사용될 수 있지만, 경로분석은 다른 기법들보다 훨씬 더 강력하다. 이 기법에 대한 자세한 설명을 여기에 포함시키기에는 너무 기술적이지만, 경로분석의 기본 개념은 특정 현상(학생 소외감과 같은)의 가능한 원인에 대한 이론을 공식화, 다시 말해서 현상이 발생하는 이유를 설명할 수 있는 인과변수를 확인하는 것이고, 그 다음으로 모든 변수 간의 상관관계는 이론과 일치하는지 여부를 결정하는 것이다.

한 연구자가 다음과 같이 이론화한다고 가정해 보자. ① 특정 학생들은 학교가 즐겁지 않고 친구가 거의 없기 때문에 다른 학생들보다 학교에서 더 소외된다. ② 그들은 부분적으로 친구가 거의 없기 때문에, 그리고 부분적으로 자신들이 수강하는 강좌가 자신들의 필요와 관련이 있다고 생각하지 않기 때문에 학교가 행복하다고 생각하지 않는다. 그리고 ③ 강좌에 관한 인지된 관련성은 친구의 수와 약간 관련이 있다. 그런 다음, 연구자는 다수의 학생에 대해 이러한 변수(소외감의 정도, 강좌의 개인적 관련성, 학교에서의 즐거움 및 친구의 수)를 각각 측정한다. 그다음에 각 변수의 쌍 간의 상관관계가 계산된다. 연구자가 〈표 15-3〉의 상관행렬에 표시된 상관관계를 얻었다고 가정해 보자.

〈표 15-3〉 학생 소외감 연구에서 변수들에 대한 상관행렬

	학생의 즐거움	친구의 수	소외감
강좌의 관련성	.65	.24	−.48
학교에서의 즐거움		.58	−.53
친구의 수			−.27

이 표는 학생 소외감의 가능한 원인에 대해 무엇을 나타내고 있는가? 표에 나타난 변수 중 두 가지(강좌의 관련성: −.48, 학교에서의 즐거움: −.53)는 그러한 소외감에 대한 상당한 예측변수이다. 그럼에도 불구하고 다시 한번 상기해 보면, 이러한 변수가 학생들의 소외감을 예측한다고 해서 그것이 소외감을 야기한다고 가정해서는 안 된다. 또한 두 예측변수가 **서로**(each other) 상관관계가 있다는 사실에도 문제가 있다. 볼 수 있는 바와 같이, 학교에서의 즐거움과 강좌의 관련성은 학생들의 소외감을 예측할 뿐만 아니라, 서로 높은 상관관계를 가지고 있다($r = .65$). 강좌의 관련성이 학교에서의 즐거움과 무관하게 학생 소외감에 영향을 미치는가? 학교에서의 즐거움이 강좌의 관련성에 대한 인식과는 별개로 학생들의 소외감에 영향을 미치는가? 경로분석은 연구자가 이러한 질문에 대한 답을 결정하는 데 도움을 줄 수 있다.

경로분석은 네 가지 기본 단계를 포함한다. 첫째, 특정 관심 현상을 설명하기 위해 여러 변수를 연결

하는 이론을 공식화한다. 우리의 예에서, 연구자는 다음과 같은 인과관계를 이론화했다. ① 학생들이 자신이 수강하는 강좌가 자신의 필요와 무관하다고 생각할 때, 그들은 학교를 즐기지 않을 것이다. ② 만약 그들이 학교에 친구가 거의 없다면, 이것은 그들의 즐거움 부족에 기여할 것이다. 그리고 ③ 학생이 학교를 더 싫어하고 더 적은 친구를 가질수록, 해당 학생은 더 소외감을 느낄 것이다. 둘째, 이론에 의해 지정된 변수는 어떤 방식으로든 측정된다.[3] 셋째, 이론에 가정된 각 변수 쌍 간의 관계의 강도를 나타내기 위해 상관계수가 계산된다. 넷째, 이론과 관련하여 상관계수 간의 관계를 분석한다.

[그림 15-5] 경로분석 다이어그램

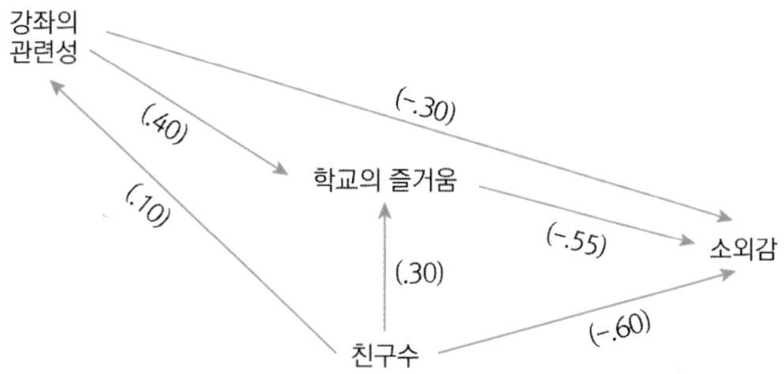

경로분석 변수는 일반적으로 [그림 15-5]에 표시된 다이어그램 형식으로 제시된다.[4] 이론의 각 변수가 그림에 제시되어 있다. 각 화살표는 화살표 방향으로 가정된 인과관계를 나타낸다. 그러므로 학교에 대한 호감은 소외감에 영향을 미친다는 가설이다. 친구의 수는 학교에서의 즐거움에 영향을 끼친다. 이 예에서는 모든 화살표가 한 방향만 가리킨다. 즉, 첫 번째 변수가 두 번째 변수에 영향을 미치도록 가설화되어 있지만 그 반대는 아니다. 상관계수와 유사하지만 동일하지 않은 숫자는 각 변수 쌍에 대해 계산된다. 만약 그 결과가 [그림 15-5]와 같다면, 연구자의 인과이론을 뒷받침할 수 있을 것이다. 왜 그러한지 알겠는가?[5]

구조모델링

구조모델링(structural modeling)은 여러 변수 간의 원인을 탐색하고 확인할 수 있는 정교한 방법이다. 그것의 복잡성은 이 책의 범위를 넘어선다. 그것은 다중회귀분석, 경로분석 및 요인분석을 결합하는 것이라고 말하는 것으로도 충분히 짐작될 것이다. 계산은 컴퓨터 프로그램의 사용으로 매우 단순해졌다. 가장 널리 사용되는 컴퓨터 프로그램은 아마도 LISREL일 것이다.[6]

---

3) 이 단계가 매우 중요하다는 것에 주목하라. 측정값은 변수의 유효한 표현이어야 한다. 그렇지 않으면 경로분석 결과가 유효하지 않다.

4) 경로분석 과정과 그려진 다이어그램은 실제로 여기에 표시된 것보다 더 복잡한 경우가 많다.

5) 소외감은 주로 즐거움의 부족과 친구의 수(-.60)에 의해 '초래되기(caused)' 때문이다. 강좌의 관련성 부족은 소외감의 정도에 기여하지만, 주로 관련성이 즐거움을 '초래'하기 때문이다. 즐거움은 부분적으로 친구의 수에 의해 야기된다. 강좌의 관련성은 단지 친구의 수에 의해 약간만 발생한다.

6) Joreskog, K. G., & Sorbom, D. (1988). *LISREL VII. Analysis of linear structural relationships by maximum likelihood and least squares methods: Statistical package for the social sciences*. McGraw-Hill.

상관연구의 기본 단계

문제선정

상관연구에 포함될 변수는 경험이나 이론에서 나오는 건전한 논리에 기초해야 한다. 연구자는 특정 변수가 연관되어 있을 수 있다고 생각하는 어떤 이유가 있어야 한다. 항상 그렇듯이, 변수를 정의하는 데 있어 명확성은 나중에 많은 문제를 피할 것이다. 일반적으로 세 가지 주요 유형의 문제가 상관연구의 초점이다.

1. 변수 *X*가 변수 *Y*와 관련이 있는가?
2. 변수 *P*는 변수 *C*를 얼마나 잘 예측하는가?
3. 많은 변수 간의 관계는 무엇이며, 이를 바탕으로 어떤 예측을 할 수 있는가?

거의 모든 상관연구는 이러한 유형의 질문 중 하나를 중심으로 진행될 것이다. 출판된 상관연구의 몇 가지 예는 다음과 같다.

- 전문성 개발을 효과적으로 만드는 것은 무엇인가?[7)]
- 언어 능력과 교사 효과성[8)]
- 초기 청소년의 따돌림과 스트레스[9)]
- 고령자의 건강지식과 사회적 의사소통 능력의 상관관계에 관한 연구[10)]
- 예술기반 인지발달척도의 상관연구: 어린이와 함께 작업하는 예술치료사의 임상 및 연구적 시점[11)]
- 학생 수행, 학생 감정, 교사 인식 간의 관계에 관한 상관연구[12)]
- 완벽주의와 강박장애 아동의 또래관계[13)]

표본

상관연구를 위한 표본은 모든 유형의 연구와 마찬가지로 신중하게 그리고 가능하면 무선으로 선택해야 한다. 물론 표본을 선택하는 첫 번째 단계는 각 관심 변수에 대한 자료를 수집할 수 있는 의미 있는 모

---

7) Garet, M. S. et al. (2001). What makes professional development effective? Results from a national sample of teachers. *American Educational Research Journal, 38*(1), 915–945.

8) Andrew, M. D. et al. (2005). Verbal ability and teacher effectiveness. *Journal of Teacher Education, 56*(9), 343–354.

9) Konishi, C., & Hymel, S. (2009). Bullying and stress in early adolescence: The role of coping and social support. *Journal of Early Adolescence, 29*(3), 333–356.

10) Hester, E. (2009). An investigation of the relationship between health literacy and social communication skills in older adults. *Communication Disorders Quarterly, 30*(2), 112–119.

11) Hagood, M. (2002). A correlational study of art–based measures of cognitive development: Clinical and research implications for art therapists working with children. *Art Therapy: Journal of the American Art Therapy Association, 19*(2), 63–68.

12) Schappe, J. (2005). Early childhood assessment: A correlational study of the relationships among student performance, student feelings, and teacher perceptions. *Early Childhood Education Journal, 33*(3), 187–193.

13) Ye, H. et al. (2008). Perfectionism and peer relations among children with obsessive–compulsive disorder. *Child Psychiatry and Human Development, 39*(4), 415–426.

집단을 확인하는 것이다. 상관연구에 허용되는 최소 표본크기는 대부분의 연구자가 30명 이상으로 간주한다. 30명보다 작은 표본에서 얻은 자료는 관계 정도에 대한 부정확한 추정값을 제공할 수 있다. 30명보다 큰 표본은 유의한 결과를 제공할 가능성이 훨씬 높다.

도구

상관연구에 관련된 두 개(또는 그 이상) 변수를 측정하는 데 사용되는 도구는 여러 가지 형태 중 하나를 취할 수 있지만(제7장 참고) 양적자료를 산출해야 한다. 자료는 때때로 한 종류 또는 다른 종류의 기록(예: 성적 기록)에서 수집될 수 있지만, 대부분의 상관연구는 특정 유형의 도구(시험, 설문지 등)의 실행과 때로는 관찰을 포함한다. 모든 연구와 마찬가지로, 어떤 도구를 사용하든 신뢰할 수 있는 점수를 얻어야 한다. 설명적 연구(explanatory study)에서 그 도구는 또한 타당도의 증거를 보여 주어야 한다. 만약 그것들이 의도된 변수를 진정으로 측정하지 않는다면 얻어진 어떤 상관관계도 의도된 관계를 나타내지 못할 것이다. 예측연구(prediction study)에서 실제로 측정되는 변수가 무엇인지 아는 것은 중요하지 않다. 예측변수가 예측변수로 작동한다면 유용하다. 그러나 예측연구는 우리가 무엇을 측정하는지 알 때 가장 성공할 가능성이 높고 확실히 더 만족스럽다!

설계와 절차

상관연구에 사용되는 기본 설계는 매우 간단하다. 제13장의 실험설계에 관한 논의에서 소개한 기호를 사용하여, 이 설계는 다음과 같이 다이어그램으로 나타낼 수 있다.

볼 수 있는 바와 같이 두 개 이상의 점수가 표본의 각 개인으로부터 획득된다. 각 관심변수 당 하나의 점수이다. 그런 다음, 점수 쌍이 상관되고 그 결과로서 도출된 상관계수는 변수 간의 관계 정도를 나타낸다.

다시 한번, 첫 번째 도구(O_1)에 의해 측정되는 변수가 두 번째 도구(O_2)에 의해 측정되는 변수에서 찾을 수 있는 점수의 차이의 원인이라고 말할 수 없다는 점에 주목하라. 앞에서 언급한 바와 같이, 세 가지 가능성이 있다.

1. O_1로 측정되는 변수는 O_2로 측정되는 변수의 원인이 될 수 있다.
2. O_2로 측정되는 변수는 O_1로 측정되는 변수의 원인이 될 수 있다.
3. 아마도 확인되지 않은, 세 번째 측정되지 않은 변수는 다른 두 변수를 모두 발생시킬 수 있다.

상관연구를 위한 설계

연구대상	관찰 O_1	 O_2
A	–	–
B	–	–
C	–	–
D	–	–
E	–	–
F	–	–
G	–	–
etc.		

상관연구에서 서로 다른 수의 변수를 조사할 수 있으며, 때로는 상당히 복잡한 통계적 절차가 사용된다. 그러나 모든 상관연구에 대한 기본 연구설계는 앞에서 보여 준 것과 유사하다. 상관설계로 얻은 자료의 예는 〈표 15-4〉에서 볼 수 있다.

〈표 15-4〉 상관설계에서 얻어진 자료의 예

학생	(O_1) 자아존중감	(O_2) 수학 성취도
José	25	95
Felix	23	88
Rosita	25	96
Phil	18	81
Jenny	12	65
Natty	23	73
Lina	22	92
Jill	15	71
Jack	24	93
James	17	78

자료수집

설명적 연구에서 두 변수에 대한 모든 자료는 일반적으로 상당히 짧은 시간 내에 수집된다. 종종 사용되는 도구는 단일 세션으로 실행되거나 두 세션으로 차례로 실행된다. 따라서 연구자가 언어적 적성과 기억력 간의 관계를 측정하는 데 관심이 있다면, 언어적 적성에 대한 검사와 기억력에 대한 다른 검사는 같은 연구대상집단에 밀접하게 함께 실행될 것이다. 예측연구에서 준거변수의 측정은 종종 예측변수의 측정 후에 수행된다. 연구자가 수학적성검사의 예측값을 연구하는 데 관심이 있다면, 적성검사는 수학 교과목 시작 직전에 실행될 수도 있다. 강좌(강좌 등급으로 표시된 준거변수)의 성공 여부는 강좌종료 시 측정된다.

자료분석과 해석

앞에서 언급한 바와 같이, 변수가 상관되면 상관계수가 생성된다. 이 계수는 .00에서 +1.00 또는 −1.00 사이의 소수이다. 계수가 +1.00 또는 −1.00에 가까울수록 관계는 강해진다. 부호가 양수이면, 관계가 양수이므로 한 변수의 높은 점수가 다른 변수의 높은 점수와 일치하는 경향이 있다. 부호가 음수이면, 관계가 음수이므로 한 변수의 점수가 높을수록 다른 변수의 점수가 낮을수록 좋다. 계수가 .00이거나 가깝다는 것은 관련된 변수 간에 관계가 없음을 나타낸다.

상관계수는 무엇을 의미하는가

상관계수는 교육과 교육연구에 관한 논문에서 매우 빈번하게 나타나기 때문에 감각적으로 해석할 수 있는 것이 중요하다. 불행하게도, 논문은 대개 해석과 이해를 돕는 산점도를 동반하는 경우는 거의 없다.

주어진 상관계수의 의미는 적용되는 방법에 따라 달라진다. 일반적으로 .35 미만의 상관계수는 변수 간의 관계를 약간만 나타낸다는 데 동의한다. 그러한 관계는 어떤 예측적 의미에서도 거의 가치가 없다(물론 특정 변수가 관련이 없다는 것을 아는 것이 중요할 수 있다. 따라서 우리는 예를 들어 수년 간의 교수 경험과 등록 학생 수 간에 매우 낮은 상관관계를 찾을 수 있을 것으로 예상한다). .40～.60 간의 상관관계는 교육연구에서 종종 발견되며, 상황에 따라 이론적 또는 실제적 가치를 가질 수 있다. 개인에 대한 조잡한 예측을 하기 전에 최소한 .50의 상관관계를 구해야 한다. 그럼에도 불구하고, 그러한 예측은 상당한 오류를 일으킬 것이다. .65 이상의 상관관계만 대부분의 목적에 대해 상당히 정확한 개별 예측을 허용한다. .85 이상의 상관관계는 변수 간의 밀접한 관계를 나타내며 개별 성과를 예측하는 데 유용하지만, 신뢰도를 확인할 때를 제외하고는 교육연구에서는 이렇게 높은 상관관계를 거의 얻지 못한다.

제8장에서 설명한 바와 같이, 상관계수는 또한 검사와 연구에 사용된 다른 도구에서 얻은 점수의 신뢰도와 타당도를 확인하는 데 사용되며, 그러한 계수를 사용할 경우 **신뢰도계수**(reliability coefficients)와 **타당도계수**(validity coefficients)라고 한다. 계수가 점수의 신뢰도를 확인하는 데 사용할 경우, 최소 .70 이상, 가급적 더 높아야 한다. 많은 검정은 .90의 신뢰도계수를 달성한다. 독립적으로 작동하는 두 개의 서로 다른 점수 간의 상관관계는 최소한 .90 이상이어야 한다. 계수가 점수의 타당도를 검사하는 데 사용할 경우, 최소 .50 이상이어야 하며, 가급적이면 더 높아야 한다.

상관연구에서 내적 타당도에 대한 위협

제9장에서 연구자에게 가장 큰 우려는 외생변수가 얻어진 결과를 설명할 수 있다는 것이다.[14] 상관연구에도 비슷한 문제가 적용된다. 상관연구를 수행하는 연구자는 항상 자료에서 발견되는 관계에 대한 대안적인 설명에 주의를 기울여야 한다. 두 개 이상의 변수 간에 존재하는 것으로 보고된 상관관계는

14) 그러한 위협은 상관연구의 예측적 사용과 무관하다고 주장할 수 있다. 이 관계가 다른 변수의 인공물(artifact)일지라도 예측할 수 있다는 주장이다. 따라서 비록 둘 다 사회경제적 지위와 높은 관련이 있더라도 고등학교 성적에서 대학 성취도를 예측할 수 있다. 이 책의 저자들은 그러한 예측의 실질적인 유용성에는 동의하지만, 연구는 적어도 설명의 가능성을 가진 관계를 조명하는 것을 추구해야 한다고 믿는다.

무엇인가?

교사의 실패에 대한 기대가 학생의 방해적인 행동과 긍정적으로 연관되어 있다는 가설을 다시 생각해 보자. 이 연구를 수행하는 연구자는 거의 확실히 인과관계를 염두에 두고 있을 것이다. 아마도 교사의 기대가 방해적인 행동의 부분적인 원인일 것이다. 왜 그러한가? 방해적인 행동은 바람직하지 않기 때문이다(그것은 분명히 학술적 학습과 바람직한 교실환경을 모두 방해하기 때문이다). 따라서 그것을 줄이기 위해 무엇을 할 수 있는지 아는 것이 도움이 될 것이다. 교사의 실패에 대한 기대는 독립변수로 여겨질 **수 있지만**(might), 그러한 기대는 학생에게 아무런 영향을 미치지 않는다면 거의 관심이 없을 것이기 때문에 가능성은 낮아 보인다.

[그림 15-6] 변수의 조합에 대한 산점도

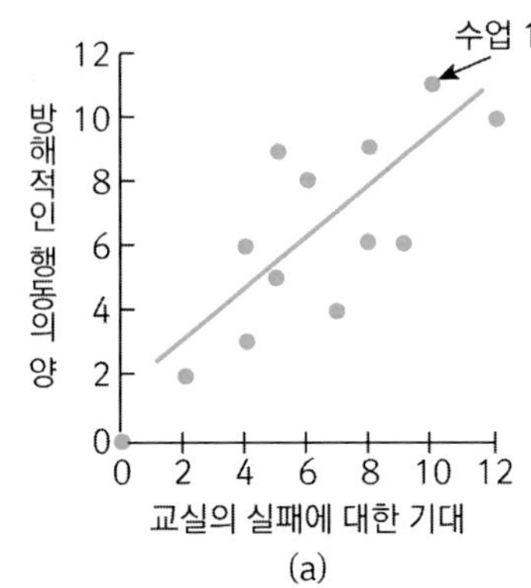

(a)

교사의 실패에 대한 기대와 관련된 수업 중 방해적인 행동의 양

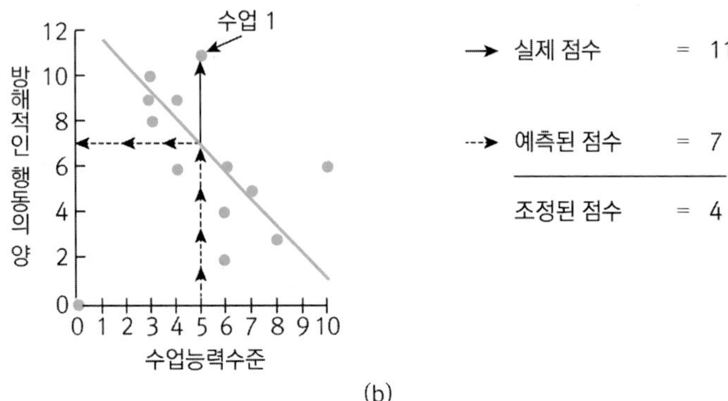

(b)

수업능력수준과 관련된 방해적인 행동의 양

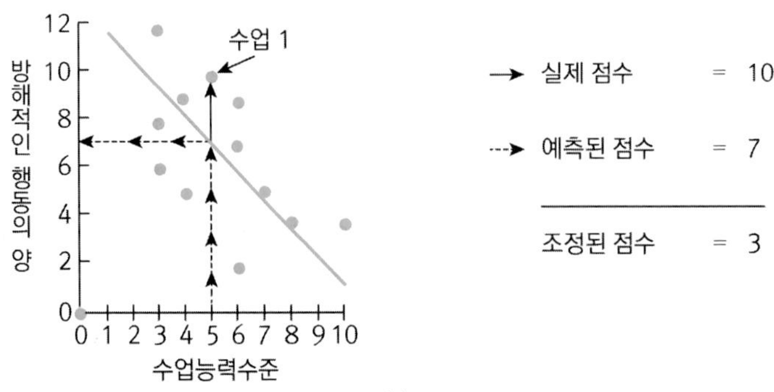

(c)

수업능력수준과 관련된 교사의 실패에 대한 기대

만약 실제로 연구자의 의도가 우리가 설명한 것과 같다면, 해당 연구자는 실험을 수행하였을지도 모른다. 그러나 교사의 기대가 어떻게 실험적으로 조작될 수 있을지는 알 수 없다. 그러나 교사의 기대를 바꾸려는 시도가 방해적인 행동의 양의 후속적인 **변화**(changes)를 초래하는지를 연구하는 것은 가능할 수 있지만, 그러한 연구는 훈련 방법을 개발하고 실행해야 한다. 따라서 이러한 개발과 실행을 시작하기 전에 주요 변수 간에 관계가 있는지 물어볼 수 있다. 이것이 상관연구가 적절한 첫 단계인 이유이다.

그러한 연구로부터 도출된 정적 상관관계는 교사의 기대를 수정하는 것이 덜 방해적인 행동을 초래하여 추가적인 실험 노력을 정당화할 수 있다는 것을 시사하는 최소한 일부 증거로 간주될 가능성이 높다(또한 일부 교장이나 교사훈련자는 결정적인 실험 증거가 없을 때 의학계가 흡연의 영향에 대해 경고하기 시작한 것처럼 실험적 증거를 기다리기 전에 교사의 기대를 바꾸기 위한 메커니즘을 확립하기를 원할 수도 있다). 연구자는 훈련방법을 개발하고 실험을 실행하는 데 시간과 자원을 투자하기 전에, 가능한 한 자신이 상관관계를 잘못 이해하고 있지 않다는 확신을 가질 필요가 있다. 자신이 찾아낸 관계가 정말로 반대되는 인과관계(학생 행동이 교사의 기대를 유발하는 것)를 반영하거나, 두 가지 **모두**(both) 학생 능력이나 사회경제적 지위 등 다른 원인의 결과라면, 교사의 기대치 변화는 파괴적 행동의 감소를 동반하지 **않을**(not) 가능성이 높다. 학생집단에 직접 참여하기 **전**(prior)에 교사의 기대를 사정함으로써 전자의 문제(원인과 결과의 방향)를 대부분 제거할 수 있다. 다른 원인 중 후자의 문제가 우리가 지금 살펴보고 있는 문제이다.

제9장에서 논의한 위협 중 일부는 상관연구에 적용되지 않는다. 어떤 중재도 일어나지 않기 때문에, 실행, 역사, 성숙, 연구대상 태도 및 회귀 위협은 적용되지 않는다. 그러나 적용되는 몇 가지 위협이 있다.

연구대상 특성

개인(또는 집단)의 두 가지 이상의 특성이 상관될 때마다 다른 특성이 발견된 관계를 설명할 수 있는 가능성이 존재한다. 이러한 경우, 다른 특성은 부분상관관계(partial correlation)라고 알려진 통계적 기법을 통해 통제될 수 있다. 교사의 실패에 대한 기대와 수업 중 학생의 방해적인 행동의 양 간의 관계의 예를 사용하여 관련 논리를 설명해 보자. 이 관계는 [그림 15-6]의 (a)에 나와 있다.

연구자는 다른 두 변수의 변산성의 원인이 될 수 있다고 가정하는 것이 논리적이기 때문에, 관련된 수업에 대한 '능력수준' 변수를 통제하거나 '제거'하고자 한다. 이 변수를 통제하려면, 각 수업의 능력수준을 측정해야 한다. 그런 다음, [그림 15-6]의 (b)와 (c)에 표시된 것처럼 산점도를 만들 수 있다. 산점도 (b)는 파괴적 행동의 양과 수업능력수준 간의 상관관계를 나타내고, 산점도 (c)는 교사의 실패에 대한 기대와 수업능력수준 간의 상관관계를 나타낸다.

이제 연구자는 산점도 (b)를 사용하여 수업 1의 능력점수를 기반으로 수업 1의 파괴적 행동 점수를 예측할 수 있다. 이렇게 함으로써, 연구자는 산점도 (b)에 표시된 회귀선이 자료에서 이러한 변수 간의 관계(수업능력수준과 파괴적 행동의 양)를 올바르게 나타낸다고 가정할 것이다. 다음으로, 연구자는 **실제**(actual) 파괴적 행동 점수에서 **예측된**(predicted) 파괴적 행동 점수를 뺀다. 그 결과는 **조정된 파괴적 행동 점수**(adjusted disruptive behavior score)라고 불린다. 즉, 점수는 능력수준의 영향을 제거함으로써 '조정'되었다. 수업 1의 경우, 예측된 파괴적 행동 점수는 7이다(수업능력점수 5를 기준으로 함). 실제로 이 수업은 11점(예상보다 높음)을 받았으므로, 파괴적 행동의 양에 대한 조정 점수는 (11−7), 즉 4점이다.

그런 다음, 산점도 (c)에 표시된 것과 같은 절차를 수행하여 수업 능력수준에 대한 교사 기대 점수를 조정한다(10−7=3). 전체 수업 표집에 대해 이 과정을 반복한 후, 연구자는 이제 조정된 파괴적 행동 점수와 조정된 교사 기대 점수 간의 상관관계를 결정할 수 있는 위치에 있다. 그 결과는 두 주요 변수 간의 상관관계로 분류 가능성이 제거되어 통제된다.

비교적 간단한 공식을 사용하는 계산 방법을 사용하면, 이 절차를 크게 단순화할 수 있다.[15] [그림 15−7]은 부분상관관계를 생각하는 또 다른 방법을 보여 준다. 위쪽 원은 A와 B 간의 상관관계를 보여 준다. 아래쪽 원은 동일한 중첩을 나타내지만, C와 A와 B의 중첩을 '제거'함으로써 감소한다. 나머지 부분(대각선 단면)은 C의 효과가 제거된 A와 B의 부분상관관계를 나타낸다.

[그림 15−7] 부분상관관계를 통해 연령의 효과 제거

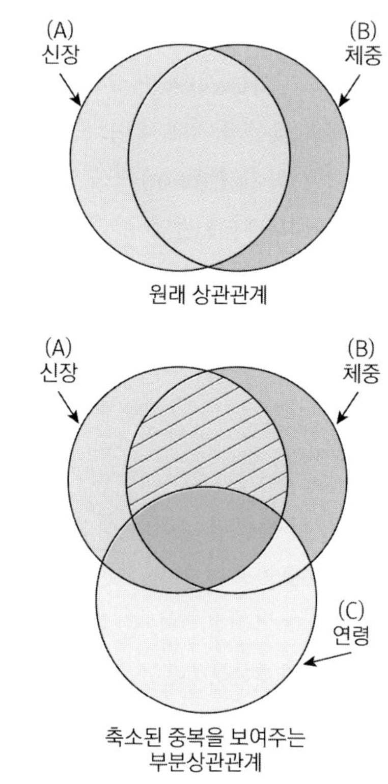

장소

모든 도구가 지정된 장소에서 각 연구대상에 대해 실행될 때마다 장소 위협이 발생할 수 있지만, 연구대상에 따라 장소가 다르다. 특히 개별 시험이 필요한 경우, 연구자가 시험 조건의 차이를 겪는 것은 드문 일이 아니다. 한 학교에서는 편안하고, 조명이 좋고, 환기가 잘 되는 방을 이용할 수 있다. 또 다른 학교에서는 관리인의 옷장에서 해야 할 수도 있다. 이러한 조건은 연구대상의 점수를 증가시키거나 감소시킬 수 있다. 두 측정값이 동일한 조건에서 모든 연구대상에 대해 실행되지 않으면 연구 중인 변수가 아닌 조건이 관계를 설명할 수 있다. 예를 들어, 집단의 일부만이 불편하고 조명이 좋지 않은 방에서 도

15) Hinkle, D. E., Wiersma, W., & Jurs, S. G. (1981). *Applied statistics for the behavioral sciences*. Rand McNally.

구에 응답할 경우, 그들은 성취도 시험에서 낮은 점수를 받을 수 있고 학생들이 학교를 좋아하는 정도를 측정하는 평가척도에 더 부정적으로 반응하여 잘못된 상관계수를 생성할 수 있다.

마찬가지로, 서로 다른 학교에서의 조건이 관찰된 관계를 설명할 수 있다. 수업에서의 파괴적 행동의 양과 성취도 간의 높은 부적 상관관계는 단순히 다른 자원의 반영일 수 있다. 과학 교재가 거의 없는 학교의 학생들은 과학을 잘하지 못할 것으로 예상될 수 있고, 또한 지루함이나 적대감 때문에 파괴적일 수 있다. 이와 같은 장소문제에 대한 유일한 해결방안은 각 장소의 학생 수가 충분히 많으면(최소 n이 30명), 외생변수(자원 수준과 같이)를 측정하고 부분상관관계를 사용하거나 각 장소별로 별도로 상관관계를 결정하는 것이다.

계측

도구 성능저하

특정 도구를 여러 번 사용하는 연구에서, 도구의 성능저하 가능성을 고려해야 한다. 대부분의 다른 상관연구는 (적어도 동일한 연구대상을 가진) 도구를 여러 번 사용하지 않기 때문에, 관찰연구에서 이러한 현상이 일어날 가능성이 가장 높다. 두 변수를 동시에 관찰도구에 의해 측정할 경우, 관찰자가 피곤하거나 지루하거나 부주의하지 않도록 주의해야 한다(이것은 추가 관찰자를 사용하는 것을 요구할 수도 있다). 예를 들어, 관찰자에게 교사가 질문한 '생각 질문(thought questions)'의 수와 학생들의 주의력 모두를 기록하도록 요구하는 연구에서, 피곤한(또는 지루해진) 관찰자는 각각의 경우를 놓칠 수 있는데, 그것은 두 변수에 대한 수업의 낮은 점수를 초래하고, 따라서 상관관계의 왜곡을 초래할 수 있다.

자료수집자 특성

자료수집자의 특성으로 인해 서로 다른 사람이 두 도구를 모두 실행할 경우 위협이 발생할 수 있다. 예를 들어, 성별, 연령 또는 민족성은 응답자가 특정 질문에 답하는 심각성뿐만 아니라 특히 의견이나 태도 도구에 대한 특정 반응에 영향을 미칠 수 있다. 예를 들어, 제복을 입은 공군 대령은 민간 자료수집자와는 달리 군대와 항공우주 산업에 대한 태도를 측정하는 도구에서 다른 점수를 얻을 것으로 기대할 수 있다. 각 자료수집자가 두 도구를 여러 집단에 제공하는 경우, 자료수집자의 영향의 결과로서 이러한 점수 간의 상관관계가 더 높아질 것이다. 다행히도 이러한 위협은 각 도구를 다른 개인에 의해 실행함으로써 쉽게 피할 수 있다.

자료수집자 편견

또 다른 계측 위협은 두 도구가 동일한 사람에 의해 주어지거나 점수를 매길 때마다 자료수집자 부분에 대한 무의식적인 편견으로 인해 발생할 수 있다. 특히 개별적으로 실행되는 수행검사에서 동일한 사람이 동일한 학생에게 두 가지 검사를 동시에 실행하는 것은 드문 일이 아니다. 첫 번째 검사에서 관찰되거나 채점된 수행은 두 번째 검사를 실행하거나 채점하는 방식에 영향을 미칠 수 있다. 첫 번째 검사에 기초한 기대를 피하는 것은 거의 불가능하며, 이것은 두 번째 검사에서 검사자의 행동에 영향을 미칠 수 있다. 예를 들어, 첫 번째 검사에서 높은 점수를 받으면 두 번째 검사에서 높은 점수를 받을 것이라는 검사자의 기대감으로 이어질 수 있고, 결과적으로 학생들에게 두 번째 검사에서 추가적인 시간이나 격려가 주어질 수 있다. 도구 실행에 대한 정확한 지침은 유용하지만, 각 검사에 대해 서로 다른 검사자를 배치하는 것이 더 나은 해결방안이다.

검사

상관연구에서 사용된 첫 번째 도구에 대한 응답 경험은 두 번째 도구에 대한 연구대상의 응답에 영향을 미칠 수 있다. 학생들은 먼저 '교사에 대한 호감' 척도에 응답해 달라고 요청했고, 그 후 곧 '사회 교과목에 대한 호감' 척도에 연관성을 보일 것이다. 여러분은 아마도 그들이 이렇게 말하는 것을 상상할 수 있을 것이다. "아, 그렇군요, 제가 선생님을 좋아하지 않는다면, 저는 그 교과목을 좋아해서는 안 됩니다." 이러한 일이 일어나는 한, 얻은 결과는 오해를 불러일으킬 수 있다. 해결방안은 가능한 경우 도구를 다른 시간 및 상황에 따라 실행하는 것이다.

사망

엄밀히 말하면 사망은 상관연구에서 내적 타당도의 문제는 아니다. 왜냐하면 '상실된(lost)' 사람은 연구에서 제외되어야 하기 때문이다. 즉, 연구자가 측정되는 **두 개의**(both) 변수에 대해 각 개인에 대한 점수를 가지고 있지 않으면 상관관계를 얻을 수 없다.

그러나 연구대상 상실이 나머지 자료에서 관계를 더 가능(또는 덜 가능)하게 만들어 **외적**(external) 타당도에 대한 위협을 발생시킬 수 있는 경우가 있다. 왜 외적 타당도인가? 왜냐하면 실제로 연구된 표본은 사망 때문에 처음에 선택된 표본이 아니기 때문이다. 교사의 실패에 대한 기대가 학생의 행동을 방해하는 양과 정적으로 연관될 것이라는 가설을 세운 연구를 다시 한번 참고해 보자. 연구에 참여하기를 거부한 교사는 실패에 대한 기대가 매우 낮았고, 실제로 그의 학생이 비현실적으로 높은 수준에서 성취하기를 기대했던 사람이었을지도 모른다. 또한 이러한 교사의 비현실적인 압력의 결과로 같은 교사의 수업은 많은 방해적인 행동을 보일 것 같다. 그의 손실은 얻어진 상관관계를 **증가시키는**(increase) 역할을 할 것이다. 이 가능성이 정확한지 알 방법이 없기 때문에, 연구자가 할 수 있는 일은 연구대상을 잃지 않으려고 노력하는 것뿐이다.

상관연구에서 내적 타당도에 대한 위협 평가

상관연구에서 내적 타당도에 대한 특정 위협의 평가는 실험연구의 경우와 유사한 절차를 따른다.

1단계: 다음에 대해 물어보라. 상관관계에 있는 변수 중 하나에 영향을 미치거나 논리적으로 영향을 미칠 수 있는 특정 요인은 무엇인가? 어떤 변수를 선택하든 상관없다.

2단계: 다음에 대해 물어보라. 이러한 각 요인이 **다른**(other) 변수에도 영향을 미칠 가능성이 첫 번째 변수와 상관관계가 있을 가능성은 어느 정도인가? 우리는 **두 개의**(both) 변수와 무관한 어떤 요인도 신경 쓸 필요가 없다. 요인이 위협이 되려면 두 변수와 관련이 있어야 한다.[16]

---

16) 이 규칙은 첫 번째 도구에 대한 지식(또는 그에 대한 점수)이 두 번째 도구의 수행이나 사정에 영향을 미칠 수 있는 자료수집자와 검사

3단계: 다양한 위협을 가능성 측면에서 평가하고 통제하기 위한 계획을 수립하라. 주어진 위협을 통제할 수 없다면 이를 인정하고 논의해야 한다.

제13장에서 행했던 것처럼, 이 단계들이 어떻게 적용될 수 있는지를 보여 주는 예를 생각해 보자. 한 연구자가 직업교육 프로그램에서 중증장애 청소년집단의 사회적 기술(관찰된 대로)과 직업 성공(감독자에 의해 평가된 대로) 간의 관계를 연구하려고 한다고 가정해 보자. 여기에 제9장에서 논의된 내적 타당도에 대한 몇 가지 위협과 각각에 관한 이 책의 저자들의 평가가 다시 나열되어 있다.

연구대상 특성

저자들은 여기에서 많은 가능한 특성 중 단지 네 가지만을 고려한다.

1. **장애의 심각성: 1단계**, 직업 성공률은 장애의 심각성과 관련이 있을 것으로 예상할 수 있다. **2단계**, 장애의 심각성은 또한 사회적 기술과 관련이 있을 것으로 예상할 수 있다. 따라서 심각성은 사정되고 통제되어야 한다(부분상관관계를 사용하여). **3단계**, 통제되지 않으면 영향을 미칠 가능성이 높다.
2. **부모의 사회경제적 수준: 1단계**, 부모의 사회경제적 수준은 사회적 기술과 관련이 있을 가능성이 높다. **2단계**, 부모의 사회경제적 지위는 이 집단의 직업 성공과 관련이 있을 것 같지 않다. 사회경제적 자료를 얻는 것이 바람직하지만(표집에 대해 더 알아보기 위해), 우선순위가 높지 않다. **3단계**, 통제되지 않으면 영향을 미칠 가능성이 낮다.
3. **체력과 조정력: 1단계**, 이러한 특성은 직무 성공과 관련이 있을 수 있다. **2단계**, 체력과 조정력은 사회적 기술과 관련이 없을 것 같다. 그러한 정보를 얻는 것이 바람직하지만, 높은 우선순위는 아니다. **3단계**, 통제되지 않으면 영향을 미칠 가능성이 낮다.
4. **신체적 외모: 1단계**, 신체적 외모는 사회적 기술과 관련이 있을 것 같다. **2단계**, 그것은 또한 평가된 직무 성공과 관련이 있을 수 있다. 따라서 이 변수는 (다시 부분상관관계를 사용하여) 사정되고 통제되어야 한다. **3단계**, 통제되지 않으면 영향을 미칠 가능성이 높다.

사망

1단계, '상실된' 연구대상은 업무수행능력이 더 떨어질 수 있다. **2단계**, 상실된 연구대상은 또한 더 나쁜 사회적 기술을 가질 가능성이 더 높다. 따라서 연구대상 상실은 상관의 크기를 감소시킬 수 있다. **3단계**, 통제되지 않으면 영향을 미칠 가능성이 중간에서 높다.

장소

1단계, 연구대상이 다른 직장과 다른 조건에서 근무하게 될 것이기 때문에, 장소는 직업 성공률과 관련이 있을 수 있다. **2단계**, 현장에서 사회성이 관찰되는 경우, 특정 현장 조건과 관련이 있을 수 있다. 이러한 위협은 작업장 환경을 독립적으로 사정하여 통제할 수 있지만, 더 나은 해결방안은 집단훈련에 사용되는 것과 같은 일반적인 현장에서 사회적 기술을 사정하는 것이다. **3단계**, 통제되지 않으면 영향을

위협과 관련하여 수정되어야 한다.

미칠 가능성이 높다.

계측

1. **도구 성능저하: 1단계**, 도구 성능저하가 일어났다면, 사회적 기술이 얼마나 정확하게 측정되는지와 관련이 있을 것이다. 따라서 관찰이 이러한 가능성을 배제하기 위해 사용되어야 한다. **2단계**, 도구 성능저하는 작업 등급에 영향을 미치지 않는다. 따라서 이 발생은 주요 변수 간의 관계를 설명하지 않을 것으로 예상된다. **3단계**, 통제되지 않으면 영향을 미칠 가능성이 낮다.
2. **자료수집자 특성: 1단계**, 자료수집자와 감독자의 상호작용이 이 연구의 필수적인 부분이기 때문에, 자료수집자 특성은 작업 등급과 관련이 있을 수 있다. **2단계**, 자료수집자 특성은 아마도 사회적 기술의 관찰과 관련이 없을 것이다. 그럼에도 불구하고, 안전한 측면에서, 이 가능성은 동일한 자료수집자가 모든 연구대상을 관찰하도록 함으로써 통제되어야 한다. **3단계**, 통제되지 않으면 영향을 미칠 가능성이 중간 정도이다.
3. **자료수집자 편견: 1단계**, 다른 감독자가 각 연구대상을 평가할 것이기 때문에, 작업 성공의 평가는 자료수집자 편견에 따라 달라진다. **2단계**, 사회적 기술에 대한 관찰은 특히 직무 성공 등급에 대한 사전 지식이 있는 관찰자의 선입견과 관련이 있을 수 있다. 따라서 관찰자는 직무 등급에 대한 지식이 없어야 한다. **3단계**, 통제되지 않으면 영향을 미칠 가능성이 높다.

검사

1단계, 이 예에서 첫 번째 도구의 성능은 두 번째 도구의 성능에 영향을 받을 수 없다. **2단계**, 연구대상들은 첫 번째 도구의 성능을 모르기 때문에, 이 연구에서 두 번째 도구의 점수는 첫 번째 도구의 수행에 영향을 받지 않는다. **3단계**, 통제되지 않으면 영향을 미칠 가능성이 없다.

상관연구에서 위협 평가 과정에 대한 정당화

우리는 요인 간의 상관관계를 설명하기 위해 요인이 두 개의 상관 변수와 관련되어야 한다는 원칙의 이면에 있는 논리를 입증하려고 노력할 것이다. [그림 15-8]에 표시된 세 개의 산점도를 생각해 보자. 이 그림은 세 가지 변수, 즉 A, B, C에 대한 개인의 집단의 점수를 나타낸다. 산점도 1은 A와 B 사이의 실질적인 상관관계를 나타내고, 산점도 2는 A와 C 사이의 실질적인 상관관계를 나타내며, 산점도 3은 B와 C 사이의 0의 상관관계를 나타낸다.

[그림 15-8] 요인 (C)가 내적 타당도에 위협이 되지 않는 방법을 보여 주는 산점도

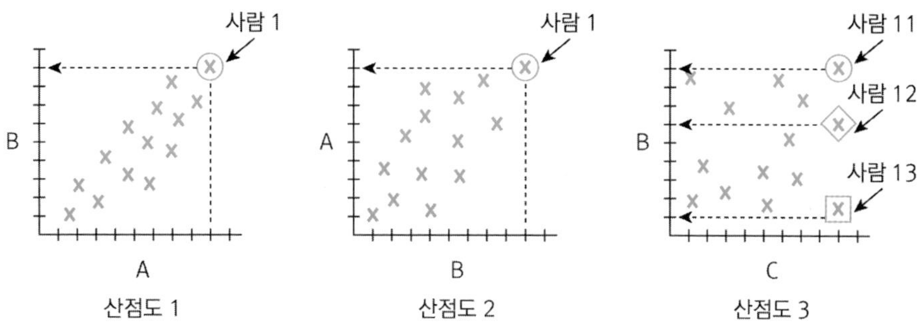

연구자가 변수 A와 B 간의 상관관계를 변수 C로 '설명'할 수 있는지를 확인하려고 한다고 가정하자. 즉, A와 B는 연구 중인 변수를 나타내고, C는 내적 타당도에 대한 잠재적 위협으로 평가되는 세 번째 변수를 나타낸다. 만약 연구자가 A와 B의 상관관계를 C로 설명하려고 한다면 그는 그렇게 할 수 없다. 왜 그러한지 알겠는가?

[그림 15-9] 변수 간의 관계를 보여 주는 원 다이어그램

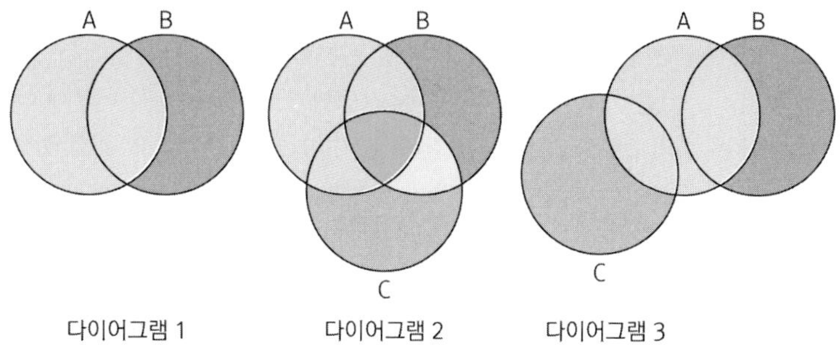

산점도 1에 표시된 사람 1이 C가 높기 **때문에**(because) A와 B가 높다고 가정한다. 확실히 C가 높으면 A가 높을 것으로 예상**할 수 있다**(would). 이를 산점도 2에서 확인할 수 있다. 그러나 C에서 높은 점수를 받은 개인은 B에서 높은 점수를 얻었지만, C에서 높은 점수를 받은 개인은 B에서 중간 또는 낮은 점수를 얻었기 때문에 C에서 높은 점수를 얻었다고 예측하지 **못한다**(not). 이를 산점도 3에서 확인할 수 있다.

이 논리를 묘사하는 또 다른 방법은 [그림 15-9]와 같이 원형 도표를 사용하는 것이다. [그림 15-9]의 다이어그램 1은 A와 B 간의 상관관계를 보여 준다. 이는 원의 중첩으로 나타난다. 중첩이 클수록 상관관계가 커진다. 다이어그램 2는 내적 타당도에 대한 위협으로 간주되는 추가적인 변수를 나타내는 세 번째 원 C를 보여 준다. 그것은 A와 B **모두와**(both) 상관관계가 있기 때문에, 그들 간의 상관관계의 적어도 일부에 대한 설명으로 간주될 수 있다. 이는 원 C가 A와 B **둘 다**(both) 겹친다는 사실로 나타난다. 대조적으로 다이어그램 3은 C가 A와 상관관계가 있는 반면, B와 상관관계가 **없다**(not)는 것을 보여 준다(중복이 없음). C는 A와 겹치기 때문에[즉, **두**(both) 변수 간에 중복이 없음], A와 B의 상관관계에 대한 대안적 설명으로 간주**할 수 없다**(cannot). 즉, 다이어그램 3은 [그림 15-8]의 세 가지 산점도가 하는 일을 보여 준다. 즉, A는 B와 상관관계가 있고, A는 C와 상관관계가 있지만 B는 C와 상관관계가 **없다**(not).

이 장의 시작 부분에 있는 **상호작용 · 응용 프로그램 학습** 기능으로 돌아가 상호작용 · 응용 프로그램 활동목록을 확인하라. www.mhhe.com/fraenkel10e의 **온라인학습센터**로 이동하여 퀴즈를 풀고 핵심 용어를 연습하며 장(章)의 내용을 검토하라.

핵심 요점

상관연구의 본질

- 상관연구의 주요 특징은 변수 간의 연관성을 찾는 것이다.

상관연구의 목적

- 상관연구는 중요한 인간의 행동을 설명하거나 가능한 결과를 예측하기 위해 수행된다.
- 두 변수 간에 충분한 크기의 관계가 존재할 경우, 다른 변수의 점수를 알면 한 변수의 점수를 예측할 수 있다.
- 예측을 하기 위해 사용되는 변수를 **예측변수**(predictor variable)라고 한다.
- 예측이 행해지는 변수를 **준거변수**(criterion variable)라고 한다.
- 산점도와 회귀분석 모두 상관연구에서 준거변수의 점수를 예측하는 데 사용된다.
- 예측된 점수는 결코 정확하지 않다. 결과적으로, 연구자는 **추정치의 표준오차**(standard error of estimate)라고 알려진 예측오차의 지수를 계산한다.

복잡한 상관기법

- 다중회귀는 연구자가 준거변수와 둘 이상의 예측변수의 최적 조합 간의 상관관계를 결정할 수 있도록 하는 기법이다.
- 다중상관계수(R)는 예측변수와 준거변수의 조합 간의 상관관계의 강도를 나타낸다.
- 예측방정식의 값은 그것이 새로운 개인집단을 사용하여 성공적으로 예측하는지 여부에 따라 달라진다.
- 준거변수가 양적 변수가 아닌 범주형인 경우 (다중회귀 대신) 판별함수분석을 사용해야 한다.
- 요인분석은 연구자가 몇 가지 요인에 의해 많은 변수가 설명될 수 있는지 여부를 결정할 수 있는 기법이다.
- 경로분석은 세 개 이상의 변수 간의 인과적 연관 가능성을 검증하는 데 사용되는 기법이다.

상관연구의 기본 단계

- 대부분의 연구에서처럼 상관연구의 기본 단계는 문제, 표본, 도구의 선정 또는 개발, 절차 결정, 자료수집 및 분석, 결과해석 등을 포함한다.

상관계수와 그것의 의미

- 주어진 상관계수의 의미는 적용되는 방법에 따라 달라진다.
- .35 미만의 상관계수는 변수 간의 약간의 관계만 나타낸다.
- .40~.60 사이의 상관관계는 상황에 따라 이론적 또는 실질적인 가치를 가질 수 있다.
- .65 이상의 상관관계를 얻어야 합리적으로 정확한 예측을 할 수 있다.
- 상관관계가 .85보다 크면, 상관 변수 간의 관계가 매우 강하다는 것을 나타낸다.

상관연구에서 내적 타당도에 대한 위협 평가

- 상관연구의 내적 타당도에 대한 위협에는 연구대상 특성, 장소, 도구 성능저하, 자료수집, 검사 및 사망이 포함된다.
- 상관연구의 결과는 인과관계를 제시할 수는 있지만 확신할 수는 없기 때문에 항상 주의 깊게 해석해야 한다.

핵심 용어

결정계수(coefficient of determination)
경로분석(path analysis)
구조모델링(structural modeling)
다중상관계수(coefficient of multiple correlation)

다중회귀(multiple regression)
부분상관관계(partial correlation)
상관계수(correlation coefficient)
예측(prediction)
예측방정식(predictor equation)
예측변수(predictor variable)
요인분석(factor analysis)
준거변수(criterion variable)
추정의 표준오차(standard error of estimate)
판별함수분석(discriminant function analysis)
회귀선(regression line)

토론거리

1. 어느 유형의 관계가 연구자가 연구의 결과로서 밝혀지기를 더 기뻐할 것인가? 정적 또는 부적? 또는 그것이 중요한가? 이에 대하여 설명하라.
2. 효과와 관계의 차이점은 무엇인가? 어느 것이 더 중요한가, 아니면 그것이 결정될 수 있는가?
3. 상관연구에서 사용할 수 없는 도구의 종류가 있는가? 만약 그렇다면, 왜 그러한가?
4. 상관관계가 통계적으로 유의하지만 교육적으로 중요하지 않은 것이 가능한가? 그렇다면, 예를 들어 보라.
5. 왜 사람들은 종종 상관관계 결과를 인과관계를 증명하는 것으로 해석한다고 생각하는가?
6. 상관의 부호와 상관의 강도의 차이는 무엇인가?
7. "상관연구 자체는 인과관계를 확립하지 않는다." 그것이 정말인가? 왜 그러한가? 또는 왜 그렇지 않은가?
8. "연구 중인 변수의 측정 간에 시간 경과가 발생할 경우, (상관연구에서) 인과관계의 가능성이 강화된다." 왜 그러한가?
9. 상관계수를 현명하게 해석하려면, 상관계수의 기반이 되는 산점도를 표시하는 것이 좋은가? 왜 그러한가? 이에 대해 설명하라.

제16장

인과-비교연구

천연 잔디와 아스트로-터프(Astro-turf) 간에 차이가 있는가?

학습목표

이 장을 학습하면 다음을 수행할 수 있어야 한다.

- '인과-비교연구'라는 용어가 의미하는 바를 설명할 수 있다.
- 인과-비교연구가 상관연구 및 실험연구와 어떻게 유사하고 다른지 간략하게 기술할 수 있다.
- 인과-비교연구를 수행하는 데 수반되는 단계를 확인하고 간략하게 기술할 수 있다.
- 인과-비교연구를 위한 설계의 다이어그램을 그릴 수 있다.
- 인과-비교연구에서 자료수집방법을 기술할 수 있다.
- 인과-비교연구에 존재하는 내적 타당도에 대한 위협 중 몇 가지를 기술하고, 이러한 위협에 대한 통제방법에 대해 논할 수 있다.
- 연구문헌에서 인과-비교연구를 발견하면 이를 인식할 수 있다.

상호작용 · 응용 학습	이 장을 읽는 동안 또는 읽은 후:
 다음을 하려면, 온라인학습센터 (www.mhhe.com/fraenkel10e)로 접속하라.	 다음 활동을 수행하기 위해 온라인 학습자 완전학습 활동(Student Mastery Activities) 책을 읽으라.
• 중요한 인과-비교연구에 대한 심화학습	• 활동 16.1: 인과-비교연구 질문 • 활동 16.2: 실험연구 대 인과-비교연구 • 활동 16.3: 인과-비교 가설 대 실험 가설 • 활동 16.4: 몇 가지 인과-비교자료 분석

박 교사는 강원도 시골에 있는 작은 고등학교에서 화학을 가르치는 첫 해를 막 마쳤다. 그의 교수방법은 주로 학생들에게 강의를 하는 것이었다. 연말 교직원 파티에서 그는 학교의 다른 교사들 중 한 명인 최 교사와 한 해를 토론하고 있다.

"아, 최 선생님, 나 좀 낙담했어요. 일이 뜻대로 되지 않았어요."

"왜 그러시죠?"

"많은 학생이 제 가르침을 별로 좋아하지 않는 것 같았어요. 그리고 그들은 제가 준 기말고사 시험을 잘 보지 못했어요."

"박 선생님, 황 선생님(지난해 화학을 가르친 황 선생님)은 몇 가지 탐구과학자료를 사용했어요. 저는 그가 학생들이 그것들을 정말 좋아했다고 말했던 것을 기억합니다. 다음 학기에 한번 시도해 보세요."

"그의 접근방법이 저에게 효과가 있을지 궁금하네요."

이러한 종류의 질문에 대한 적절한 연구방법은 원인-비교연구이다. 그것과 관련된 것이 이 장의 초점이다.

인과-비교연구란 무엇인가

인과-비교연구에서 연구자는 이미 개인 집단(groups of individuals) 간에(between) 또는 사이에(among) **이미 존재하는(already exist)** 차이의 원인(cause) **또는(or)** 결과(consequences)를 결정하고자 시도한다. 결과적으로 그것은 상관연구와 함께 연관연구의 한 형태로 간주되기도 하는데, 그 이유는 두 가지 모두 이미 존재하는 조건을 기술하기 때문이다. 예를 들어, 연구자는 두 개인 집단이 어떤 변수(예: 교수 스타일)에 대해 서로 다르다는 것을 관찰한 다음, 이러한 차이의 **이유(reason)** 또는 **결과(results)**를 결정하고자 시도할 수 있다. 그러나 집단 간 차이는 **이미 발생했다(already occurred)**. 그 결과(effects)와 추정되는 원인 모두가 이미 발생하였기 때문에, 인과-비교연구는 종종 **사후**[ex post facto, 사후(after the fact)라는 의미의 라틴어에서 유래]**연구(research)**라고도 불린다. 이는 연구자가 집단 간에(between) 또는 집단 사이에(among) 차이를 **생성한(create)** 다음, 생성된 차이의 결과를 결정하기 위해 (하나 이상의 종속변수에 대한) 수행(performance)을 비교하는 실험연구와는 대조적이다.

인과-비교연구에서 집단 차이 변수는 조작할 수 없는 변수(예: 민족성)이거나 조작할 수 있지만 한 가지 또는 다른 이유로 조작되지 않은 변수(예: 교수 스타일)이다. 때때로 윤리적 제약은 변수가 조작되는 것을 방지하여 실험연구를 통해 변수의 변동 효과를 검사하는 것을 방지한다. 예를 들어, 한 연구자는 새로운 식단이 아주 어린 아동에게 미치는 영향에 관심이 있을 수 있다. 그러나 윤리적 고려사항은 연구자가 아동이 노출되는 식단을 의도적으로 바꾸는 것을 방해할 수 있다. 그러나 인과-비교연구는 연구자가 식단에 **이미 노출된(have already been exposed)** 아동집단을 찾을 수 있다면 식단의 결과(effects)를 연구할 수 있을 것이다. 그 후, 연구자는 그 집단의 아동을 식단에 노출되지 않은 비슷한 집단의 아동과 비교할 수 있다. 의학과 사회학의 많은 연구는 본질적으로 인과-비교적이다.

또 다른 예는 과학자와 기술자의 독창성 면에서 비교한 것이다. 상관연구에서와 같이, 설명이나 예측은 한 변수에서 다른 변수로 이루어질 수 있다. 독창성은 집단구성원을 통해 예측할 수 있고, 집단구성원은 독창성을 통해 예측할 수 있다. 그러나 대부분의 그러한 연구는 예측을 조장하기보다는 인과관계를 탐구하려고 시도한다. '본래의(original)' 개인이 과학자가 될 가능성이 더 높은가? 과학자는 자신의 일에 몰입할수록 더 독창적이 되는가? 가능하면 상관연구가 더 바람직할 수 있지만, 변수(이 경우, 집단의 본질) 중 하나가 범주형 변수인 경우에는 적절하지 않다.

다음은 다양한 유형의 인과-비교연구의 예이다.

유형 1: 특정 집단에서 멤버십으로 초래되는 **결과**(effects)(종속변수) 탐색
연구질문: 성별에 따른 능력의 차이는 무엇인가?
연구가설: 여자는 남자보다 언어능력이 뛰어나다.

유형 2: 집단구성원의 **원인**(causes)(독립변수) 탐색
연구질문: 무엇이 개인을 갱단에 가입하게 하는가?
연구가설: 갱단의 일원인 개인은 갱단의 일원이 아닌 개인보다 더 공격적인 성격을 가지고 있다.

유형 3: 중재의 **결과**(consequences)(종속변수) 탐색
연구질문:. 탐구방법으로 배운 학생들은 선전(propaganda)에 어떻게 반응하는가?
연구가설: 탐구방법으로 배운 학생들은 강의방법으로 배운 학생들보다 선전에 더 비판적이다.

인과-비교연구는 남자와 여자의 차이를 연구하기 위해 자주 사용되어 왔다. 연구는 언어에서 여학생의 우월성과 특정 연령수준에서 수학에서 남학생의 우월성을 보여 주었다. 이러한 차이를 성별-원인으로서-로 귀속하는 것은 잠정적이어야 한다. 성별을 능력으로 보기 힘들지만, 남자와 여자의 사회적 기대를 포함하여 인과관계에는 다른 많은 가능한 연관성이 있다.

따라서 기본적인 인과-비교접근방법은 두 집단 간의 눈에 띄는 차이에서 시작하여 이 차이에 대해 가능한 원인 또는 결과를 찾는 것이다. 예를 들어, 연구자는 어떤 사람들이 알코올에 중독되는 반면, 다른 사람들은 알약에 의존하게 되는 이유에 대해 관심을 가질 수 있다. 어떻게 설명하면 되는가? 두 집단(알코올 중독자와 알약 중독자)에 대한 기술은 약물 선택의 차이를 설명할 수 있는 방식으로 특성이 다른지 여부를 확인하기 위해 비교할 수 있다.

때때로 인과-비교연구는 실험에 대한 대안으로만 수행되기도 한다. 예를 들어, 대도시 교육청의 고등학교 교육과정책임자가 새로운 영어 교육과정의 실행을 고려하고 있다고 가정해 보자. 해당 책임자는 지역 전체에서 무선으로 몇 개의 학급을 선택하여 실험적으로 교육과정을 시험해 보고, 이러한 수업의 학생 수행을 정규교육과정을 계속 경험하는 비교집단과 비교할 수 있다. 그러나 이것은 상당한 시간이 걸릴 수 있으며, 자료, 교사 준비 워크숍 등의 측면에서 비용이 상당히 많이 든다. 대안으로, 해당 책임자는 인과-비교연구를 고려하고 현재 이 교육과정을 사용하고 있는 교육청 학생들의 성취도를 새로운 교육과정을 사용하지 않는 유사한 교육청 학생들의 성취도와 비교할 수 있다. 만약 그 결과가 새로운 교육과정을 적용한 교육청(교육과정과 유사한) 학생들이 더 높은 영어 점수를 얻고 있다는 것을 보여 준

다면, 해당 책임자는 자신의 교육청에서 새로운 교육과정을 실행할 수 있는 근거를 갖게 될 것이다. 상관연구와 마찬가지로, 인과–비교조사도 나중에 실험적으로 연구되는 관계를 확인하는 경우가 많다.

연구심화

연구방법론은 어떻게 분류되어야 하는가?

다른 유형의 연구방법론을 어떻게 분류해야 하는지에 대한 의견이 다르다. 연구방법을 분류하는 단일체계는 널리 받아들여지지 않았다. 확실히 실험방법과 비실험방법, 그리고 집단비교와 단일대상 실험연구 형태 간에 명확한 구분이 도출되었다. 그러나 다른 저자들은 실험적이지 않은 연구를 설명하기 위해 서로 다른 범주를 사용하는데, 가장 일반적인 범주는 이 책에서 사용하는 범주(상관, 인과–비교, 조사)이다. 그러나 이러한 범주는 본질적인 차이를 반영하기보다는 대부분 편의와 관습의 문제이다. 상관 및 인과–비교방법은 조사된 변수의 특성(양적 대 범주)과 자료분석방법이 크게 다르다. 조사연구는 주로 다른 두 가지 연구와는 목적이 다르다. 우리는 그러한 체계가 매우 만족스럽지 못하다는 것을 인정해야 한다.

Johnson은 새로운 분류방법을 제안했다.[1] 그는 다른 방법을 확인하기 위해 **목적**(purpose, 기술적, 예측적 또는 설명적)과 **시간틀**(time frame)(소급적, 횡단적 또는 종단적)의 조합을 사용할 것을 제안한다. 이러한 조합은 총 아홉 가지 다른 유형을 생성한다. 이 책의 저자들은 그의 유형론이 논리적으로 더 일관적이라는 것에 동의하지만, 그것이 개론서에 유용하거나 적절하다고 생각하지 않는다. 왜 그러한가? 왜냐하면 상관, 인과–비교, 조사연구와 관련된 단계가 상당히 다르기 때문에, 이 책의 저자들은 학생들이 이러한 단계를 배울 필요가 있다고 강하게 믿기 때문이다. 이 책의 저자들은 그렇게 하는 데 수반되는 복잡성을 증가시킬 이유가 없다고 본다. 이 책의 저자들은 또한 교육연구 교사들을 대상으로 한 설문조사에서 80%가 상관과 인과–비교의 차이를 유지하는 것을 선호한다는 것을 보여 주었는데, 이는 부족한 점에도 불구하고 유용하다는 것을 분명히 발견했다.[2]

그러나 이러한 장점에도 불구하고 인과–비교연구는 심각한 한계를 가지고 있다. 가장 심각한 것은 내적 타당도의 위협에 대한 통제력 부족이다. 독립변수의 조작은 이미 발생하였기 때문에, 제13장에서 논의한 많은 통제가 적용될 수 없다. 따라서 인과–비교연구의 산출물(outcomes)을 해석할 때 상당한 주의를 기울여야 한다. 상관연구와 마찬가지로, 관계를 확인할 수 있지만 인과관계를 완전히 확립할 수는 없다. 앞에서 지적한 바와 같이, 추정된 원인이 정말로 결과(effects)일 수도 있고 그 결과(effects)가 원인일 수도 있으며 추정된 원인과 결과(effects)를 모두 만들어 낸 제3의 변수가 있을 수도 있다.

인과–비교연구와 상관연구 간의 유사점과 차이점

인과–비교연구는 때때로 상관연구와 혼동된다. 비록 유사점이 존재하지만, 눈에 띄는 차이점이 있다.

---

1) Johnson, B. (2001). Towards a new classification of nonexperimental quantitative research. *Educational Researcher, 30*(2), 3–13.
2) Allyn & Bacon. (1996). *Research methods survey.* Allyn & Bacon.

유사점

인과–비교연구와 상관연구는 모두 연관연구의 예이며, 이를 수행하는 연구자는 변수 간의 관계를 탐구한다. 둘 다 관심 현상을 설명하려고 시도한다. 둘 다 실험연구를 통해 나중에 탐구할 가치가 있는 변수를 확인하려고 하며, 두 변수 모두 종종 후속 실험연구를 위한 지침을 제공한다. 그러나 어느 쪽도 연구자가 변수를 조작하는 것을 허용하지 않는다. 둘 다 인과성을 탐구하고자 시도하지만, 두 경우 모두 인과성을 주장해야 한다. 방법론만으로는 인과적 진술을 허용하지 않는다.

차이점

인과–비교연구는 일반적으로 두 개 이상의 대상집단을 비교하는 반면, 상관연구는 각 연구대상별 각 변수에 대한 점수를 요구한다. 상관연구는 두 개(또는 그 이상)의 양적 변수를 조사하는 반면, 인과–비교연구는 일반적으로 적어도 하나의 범주형 변수(집단구성원)를 포함한다. 상관연구는 종종 산점도 및/또는 상관계수를 사용하여 자료를 분석하는 반면, 인과–비교연구는 종종 평균을 비교하거나 교차분석표를 사용한다.

인과–비교연구와 실험연구 간의 유사점과 차이점

유사점

인과–비교연구와 실험연구 모두 일반적으로 하나 이상의 범주형 변수(집단구성원)를 요구한다. 둘 다 집단 수행(평균점수)을 비교하여 관계를 결정한다. 둘 다 일반적으로 개별 연구대상 집단을 비교한다.[3)]

차이점

실험연구에서 독립변수는 조작되며, 인과–비교연구에서는 조작이 발생하지 않는다. 인과–비교연구는 실험연구보다 인과관계에 대한 훨씬 약한 증거를 제공할 가능성이 높다. 실험연구에서, 연구자는 때때로 처치집단에 연구대상을 할당할 수 있다. 인과–비교연구에서, 집단은 이미 형성되어 있으며 연구자는 집단을 찾아야 한다. 실험연구에서, 연구자는 설계구조를 공식화하는 데 있어 훨씬 더 커다란 유연성을 가지고 있다.

인과–비교연구 단계

문제 공식화

인과–비교연구에서 문제를 공식화(formulating)하는 첫 번째 단계는 일반적으로 특정 관심 현상을 확인하고 정의한 다음, 이러한 현상에 대하여 가능한 원인 또는 결과를 고려하는 것이다. 예를 들어, 연구자가 학생의 창의성에 관심이 있다고 가정해 보자. 무엇이 창의성을 유발하는가? 왜 소수의 학생들은 매우 창의적이지만 대부분은 그렇지 않은가? 왜 처음에 창의적으로 보이는 일부 학생들은 이러한 특성

3) 역균형화, 시계열 또는 단일대상 실험설계에서는 예외이다(제13장과 제14장 참고).

을 잃는 것처럼 보이는가? 한때 창의적이지 않았던 다른 사람들은 왜 나중에 창의적이 되는가?

예를 들어, 연구자는 높은 수준의 창의성이 한편으로는 사회적 실패와 다른 한편으로는 예술적 또는 과학적 성취에 대한 개인적 인식의 조합에 의해 야기될 수 있다고 추측한다. 연구자는 또한 매우 창의적인 학생과 비창의적인 학생들 간의 차이를 설명할 수 있는 많은 대안적인 가설을 확인한다. 예를 들어, 학생의 흥미의 양과 질 모두 창의성의 차이를 설명할 수 있다. 창의력이 뛰어난 학생들은 다양한 관심사를 가지고 있는 경향이 있다. 아이디어를 탐구하려는 부모의 격려 또한 일부 유형의 지적 능력처럼 부분적으로 창의성을 설명할 수 있다.

일단 현상의 가능한 원인이 확인되면, 그것은 (일반적으로) 연구자가 조사하고자 하는 연구문제에 대한 보다 정확한 진술에 통합된다. 이 경우, 연구자는 자신의 연구목적이 "높은 창의성과 낮은 창의성의 학생 간의 가능한 차이를 조사하는 것"이라고 말할 수 있다. 어떤 변수(또는 변수의 조합)가 연구 중인 현상(이 경우, 창의성)을 가장 많이 일으킬 것 같은지를 결정하기 위해, 인과-비교연구에서 많은 변수의 차이를 조사할 수 있다는 점에 주목하라. 몇 가지 대안적인 가설에 대한 이 검증은 좋은 인과-비교연구의 기본적인 특성이며, 가능하면 언제든지 비교집단이 대조될 변수를 확인하기 위한 기초가 되어야 한다. 이는 단순히 흥미로워 보이거나 사용 가능하기 때문에 많은 수의 조치가 실행되는 무계획적인 접근방법(shotgun approach)에 의존하기보다 조사할 변수를 선택할 수 있는 합리적인 근거를 제공한다. 그것은 또한 인과-비교연구의 발견이 다양한 인과적 설명에 열려 있다는 것을 연구자에게 상기시킬 수 있다.

표본

연구자가 문제진술(가설이 있는 경우)을 공식화하면, 다음 단계는 연구대상 개인의 표본을 선택하는 것이다. 여기에서 가장 중요한 과제는 연구할 특성을 신중하게 정의한 다음, 해당 특성이 다른 집단을 선택하는 것이다. 앞의 예에서 이것은 **창의성(creativity)**이라는 용어를 가능한 한 명확하게 정의하는 것을 의미한다. 가능한 경우, 조작적 정의를 사용해야 한다. 예를 들어, 매우 창의적인 학생은 '수상을 받은 과학적 또는 예술적 제품을 개발한 학생'으로 정의될 수 있다.

연구자는 또한 조작적 정의를 사용하여 얻은 집단이 창의성을 유발하는 요소 측면에서 합리적으로 동질적일 가능성이 있는지 생각해 볼 필요가 있다. 예를 들어, 과학에 창조적인 학생들은 인과관계에 관하여 예술에 창조적인 학생들과 유사한가? 이것은 매우 중요한 문제이다. 창의성이 분야별로 다른 '원인'을 갖고 있다면, 그러한 분야의 학생들을 묶어 인과관계를 찾기가 혼란스러울 뿐이다. 인종, 나이, 성별의 차이가 창의성의 차이를 낳는가? 인과-비교연구의 성공은 비교집단을 얼마나 신중하게 정의하느냐에 크게 좌우된다.

적어도 일부 중요한 변수와 관련하여 동질적인 집단을 선택하는 것이 매우 중요하다. 예를 들어, 연구자가 성별, 민족성 또는 나이에 관계없이 모든 창의적 학생에게 동일한 원인이 작용한다고 가정할 경우, 단순히 너무 많은 다른 변수가 관련되어 있기 때문에 비교집단 간에 차이를 발견하지 못할 수 있다. 모든 창의적 학생이 동질적인 집단으로 취급되면, 창의성이 높은 학생과 비창의적 학생 간의 차이를 찾을 수 없는 반면, 창의성과 비창의적 여학생만 비교한다면 차이를 발견할 수 있다.

일단 정의된 집단이 선택되면, 그 집단을 하나 이상의 변수에 매칭시킬 수 있다. 이 매칭의 과정은 특정 변수를 통제하여 이러한 변수에 대한 집단 차이를 제거한다. 이는 연구자가 집단구성원으로 인한 종속변수의 차이를 설명하기 위해 가능한 한 유사한 집단을 원하기 때문에 유형 1과 유형 3 연구(445쪽 참고)에서 바람직하다. 유형 2 연구에서 매칭은 적절치 않다. 왜냐하면 연구자는 아마도 집단 차이와 관련이 있을 수 있는 외생변수에 대해 거의 알지 못하고, 그래서 결과적으로 그것을 매칭할 수 없기 때문이다.

계측

인과–비교연구에 사용할 수 있는 도구유형에는 제한이 없다. 성취도 시험, 설문지, 인터뷰초안, 태도척도, 관찰 도구 등 제7장에서 논의된 도구 중 어떤 것이라도 사용할 수 있다.

설계

기본적인 인과–비교 설계에는 특정 관심 변수에 대해 서로 다른 두 개 이상의 집단을 선택하고 다른 변수 또는 변수들에 대해 비교하는 작업이 포함된다. 어떠한 조작(manipulation)도 관여하지 않는다. 이 집단은 두 가지 방법 중 하나에서 차이가 있다. 한 집단은 다른 집단이 가지고 있지 않는 특성[종종 **준거**(criterion)이라고 함]을 가지고 있거나 또는 알려진 특성에서 차이가 있다. 동일한 기본적인 설계의 두 가지 변형[종종 **준거집단 설계**(criterion–group design)라고도 함]은 다음과 같다.

기본적인 인과–비교 설계

	집단	독립변수	종속변수
(a)	I	C (집단은 특성을 가지고 있다)	O (측정)
	II	$-C$ (집단은 특성을 가지고 있지 않다)	O (측정)
(b)	I	C_1 (집단은 특성 1을 가지고 있다)	O (측정)
	II	C_2 (집단은 특성 2를 가지고 있다)	O (측정)

이 설계에서 문자 C는 특성의 존재를 나타내기 위해 사용된다. 점선은 온전한 집단이 비교되고 있음을 나타내는 데 사용된다. 이러한 인과–비교 설계의 예는 [그림 16–1]에 제시되어 있다.

[그림 16–1] 기본적인 인과–비교 설계의 예

	집단	독립변수	종속변수
(a)	I	C (중도탈락)	O (자아존중감 수준)
	II	$(-C)$ (비중도탈락)	O (자아존중감 수준)
(b)	**집단**	**독립변수**	**종속변수**
	I	C_1 (상담자)	O (직무만족도의 양)
	II	C_2 (교사)	O (직무만족도의 양)

인과-비교연구에서 내적 타당도에 대한 위협

인과-비교연구에서 두 가지 약점은 무선화의 부족과 독립변수를 조작할 수 없다는 것이다. 이미 언급한 바와 같이, 집단이 이미 형성되어 있기 때문에 인과-비교연구에서 집단에 대한 연구대상의 무선 할당은 불가능하다. 집단이 이미 독립변수에 노출되었기 때문에 독립변수를 조작할 수 없다.

연구대상 특성

인과-비교연구에서 내적 타당도에 대한 주요 위협은 연구대상 위협의 가능성이다. 연구자는 비교집단의 선택이나 형성에 대해 발언권이 없기 때문에, 집단은 확인된 집단구성원 변수 이외의 하나 이상의 중요한 변수에 대해 동등하지 않을 가능성이 항상 존재한다([그림 16-2] 참고). 예를 들어, 한 집단의 소녀들이 다른 소년들의 비교집단보다 나이가 많을 수 있다.

인과-비교연구에서 연구자가 연구대상 특성 위협의 가능성을 줄이기 위해 사용할 수 있는 많은 절차가 있다. 이 중 다수는 실험연구에도 사용된다(제13장 참고).

[그림 16-2] 연구대상 특성 위협

연구대상 매칭

외생변수를 통제하는 한 가지 방법은 해당 변수에 대한 비교집단의 연구대상을 매칭시키는 것이다. 즉, 각 집단에 속한 연구대상 쌍이 해당 변수에 대해 유사한 것으로 나타난다. 예를 들어, 태도 연구에서 학생들은 GPA로 매칭할 수 있다. 비슷한 GPA를 가진 학생들이 매칭될 것이다. 특정 연구대상에 대해 매칭을 찾을 수 없는 경우, 해당 학생은 연구에서 제외된다. 아마 깨달았겠지만, 매칭의 문제는 많은 연구대상에 대해 종종 매칭을 찾을 수 없고, 따라서 표본의 크기가 줄어든다는 것이다. 연구자가 두 개 이상의 변수에 대해 매칭시키려고 할 때, 매칭하기는 더욱 어려워진다.

동질적인 하위집단을 찾거나 생성

외생변수를 통제하는 또 다른 방법은 해당 변수에 대해 상대적으로 동질적인 집단을 찾거나 비교를 제한하는 것이다. 태도연구에서 연구자는 유사한 GPA를 가진 두 집단(예: 모든 3.5 GPA 이상)을 찾거나 외생변수의 다양한 수준을 나타내는 하위집단(예: 집단을 높은, 중간, 낮은 GPA 하위집단으로 분할)을 형성하고, 비교 가능한 하위집단(다른 낮은 GPA 하위집단을 가지고 있는 낮은 GPA 하위집단 등)을 비교할 수 있다.

통계적 매칭

중요한 외생변수를 통제하는 세 번째 방법은 통계적 매칭기술을 사용하여 해당 변수의 집단을 매칭시키는 것이다. 제13장에서 설명한 바와 같이, 통계적 매칭(statistical matching)은 종속변수의 수행과 관련이 있다고 가정되는 다른 변수에 대한 초기 차이에 대한 사후검사 점수를 조정한다.

기타 위협

내적 타당도에 대한 기타 위협의 가능성은 고려 중인 연구유형에 따라 달라진다. 비중재(nonintervention) 연구에서 주요 추가적인 관심사는 연구대상 손실, 장소, 계측, 때로는 역사 및 성숙이다. 자료수집에 손실된 사람이 남아 있는 사람과 다른 경우(흔히 있을 법한 경우)와 한 집단에서 다른 집단보다 더 많은 사람이 손실되는 경우 내적 타당도가 위협받는다. 동일하지 않은 숫자가 손실될 경우 가능한 이유를 판단하기 위해 노력해야 한다.

자료가 집단별로 다른 조건에서 수집될 경우 장소 위협이 발생할 수 있다. 마찬가지로, 서로 다른 자료수집자가 다른 집단과 함께 활용될 경우 계측 위협이 발생한다. 다행히도 장소 및 자료수집자의 변동이 발생하지 않도록 하는 것은 일반적으로 비교적 쉽다.

실험연구에서와 같이, 자료수집자 편견의 가능성은 일반적으로 자료를 수집하는 사람이 결과를 편견시킬 수 있는 정보가 없음을 확인함으로써 통제할 수 있다. 관찰연구 및 동일한 집단에 동일한 검사를 반복적으로 실행할 경우 도구 성능저하가 발생할 수 있다. 그것은 실험연구에서와 같이 통제할 수 있다.

중재유형 연구에서 방금 논의한 위협 외에 제13장에서 논의한 나머지 위협도 모두 존재할 수 있다. 불행하게도, 대부분은 실험연구보다 인과-비교연구에서 통제하기가 더 어렵다. 연구자가 처치변수를 직접 조작하지 않는다는 사실은 역사 위협이 존재할 가능성을 높인다. 이는 또한 처치시간의 길이가 다양하여 성숙의 위협이 될 수 있음을 의미할 수 있다. 태도 위협은 '특별한' 것이 실행되지 않기 때문에 덜하다. 집단 중 하나가 처음에는 극단적인 점수에 따라 선택되었을 경우 회귀는 위협이 될 수 있다. 마지막으로, 실험에 사전검사를 사용한 경우 실험연구에서와 같이 사전검사/처치 상호작용 효과가 존재할 수 있다. 제13장에서 언급한 바와 같이 이 책의 저자들은 실험연구와 인과-비교 중재연구가 모두 유용하다고 생각한다.

인과-비교연구에서 내적 타당도에 대한 위협 평가

인과-비교연구에서 내적 타당도에 대한 특정 위협의 평가에는 실험연구에 대해 제13장에 제시된 것과 유사한 일련의 단계가 수반된다.

1단계: 다음에 대해 물어보라. 어떤 요소가 영향을 미치는 것으로 알려져 있거나 논리적으로 어떤 집단이 비교되고 있는 변수에 영향을 미칠 것으로 예상되는가? 이 변수는 유형 1 및 유형 3 연구의 종속변수(445쪽 참고)이지만, 유형 2 연구의 독립변수라는 점을 주목하라. 실험연구와 관련하여 언급한 바와 같이, 연구자는 연구대상과 관련이 없는 요소에 대해 걱정할 필요가 없다.

2단계: 다음에 대해 물어보라. 각 요인에 대해 비교집단이 다를 가능성은 얼마나 되는가? (집단 간의 차이는 모든 집단에 대해 동일한 요인으로 설명할 수 없다는 점을 기억하라.)

3단계: 영향을 미칠 가능성이 어느 정도인지를 기준으로 위협을 평가하고, 이를 통제할 계획을 수립하라. 특정 위협을 통제할 수 없는 경우, 이를 인정해야 한다.

다시 한번, 이러한 단계가 어떻게 사용될 수 있는지를 설명하기 위해 예를 들어 보자. 한 연구자가 도심 고등학교에서 학생들이 자퇴하는 가능한 원인을 조사하려고 한다고 가정해 보자. 해당 연구자는 세 가지 가능한 원인을 가정한다. ① 가정 불안, ② 낮은 학생 자아존중감, 그리고 ③ 학교와 관련된 지원시스템의 부족과 그것의 요구조건이 그것이다. 해당 연구자는 최근 중도탈락자의 목록을 작성하고 아직 학교에 있는 학생들의 비교집단을 무선으로 선택한다. 그런 다음, 두 집단의 학생들을 인터뷰하여 세 가지 가능한 인과변수(causal variables) 각각에 대한 자료를 얻는다.

제13장과 제15장에서와 같이, 이 책의 저자들은 제9장에서 논의된 내적 타당도에 대한 수많은 위협을 여기에 열거한 다음, 이 연구에 적용될 수 있는 각각의 위협에 대한 평가가 이어진다.

연구대상자 특성

많은 가능한 연구대상 특성이 고려될 수 있지만, 여기에는 가족의 사회경제적 수준, 성별, 민족성 및 시장성 있는 직무기능의 네 가지만을 다룬다.

1. **가족의 사회경제적 수준: 1단계**, 사회-경제적 수준은 가정된 세 가지 인과변수와 모두 관련이 있을 수 있다. **2단계**, 사회경제적 수준은 중도탈락하는 것과 학교에 머무르는 것과 관련이 있을 것으로 예상할 수 있다. 따라서 어떤 형태의 일치에 의해 통제되어야 한다. **3단계**, 통제되지 않으면 영향을 미칠 가능성이 높다.
2. **성별: 1단계**, 성별은 또한 세 가지 가설의 인과변수 각각과 관련이 있을 수 있다. **2단계**, 그것은 중도탈락과 관련이 있을 수 있다. 따라서 연구자는 이 연구를 남자 또는 여자로만 제한하거나 비교집단이 중도탈락집단과 동일한 성별 비율을 갖도록 해야 한다.[4] **3단계**, 통제되지 않으면 영향을 미칠 가능성이 높다.
3. **민족성: 1단계**, 민족성은 또한 가정된 세 가지 인과변수와 관련이 있을 수 있다. **2단계**, 중도탈락과 관련이 있을 수 있다. 그러므로, 이 두 집단은 민족성에 관해 매칭해야 한다. **3단계**, 통제되지 않으면 영향을 미칠 가능성이 중간에서 높다.
4. **시장성 있는 직무기능: 1단계**, 직무기능은 세 가지 가설의 인과변수 각각과 관련이 있을 수 있다.

4) 이것은 표본을 계층화하는 예이다. 이 경우, 비교집단이다.

2단계, 학생들은 일을 하면서 돈을 벌 수 있다면 종종 중도탈락하기 때문에 중도탈락과 관련이 있을 수 있다. 그러므로 직무기능을 평가한 다음 어떤 형태의 매칭에 의해 통제하는 것이 바람직할 것이다. **3단계**, 통제되지 않으면 영향을 미칠 가능성이 중간에서 높다.

사망

1단계, 인터뷰 거부가 세 가지 가설의 인과변수 각각과 관련이 있을 가능성이 있다. **2단계**, 또한 중도탈락집단의 더 많은 학생이 비교집단의 학생들보다 인터뷰를 거부할 가능성이 있다. 유일한 해결방안은 두 집단의 모든 연구대상의 인터뷰에 대한 협조를 얻기 위해 모든 노력을 기울이는 것이다. **3단계**, 통제되지 않으면 영향을 미칠 가능성이 높다.

장소

1단계, 학교마다 인과변수가 다를 것 같지는 않지만, 그럴 수도 있다. **2단계**, 장소(즉, 연구에 관련된 특정 고등학교)가 중도탈락과 관련이 있을 가능성이 높다(중도탈락 비율은 일반적으로 학교에 따라 다르다). 가장 좋은 해결방안은 학교별로 자료를 따로 분석하는 것이다. **3단계**, 통제되지 않으면 영향을 미칠 가능성이 중간 정도이다.

계측

1. **도구 성능저하: 1단계**, 본 연구에서 도구 성능저하는 인터뷰진행자의 피로를 의미한다. 이것은 확실히 두 집단의 학생들로부터 얻은 정보에 영향을 미칠 수 있다. **2단계**, 인터뷰 일정을 어떻게 잡느냐에 따라 두 집단의 피로 요인이 다를 수 있다. 해결방안은 피로가 발생하지 않도록 인터뷰 일정을 잡는 것이다. **3단계**, 통제되지 않으면 영향을 미칠 가능성이 중간 정도이다.
2. **자료수집자 특성: 1단계**, 자료수집자 특성은 세 가지 가정된 인과변수에 대해 얻은 정보에 영향을 미칠 것으로 예상할 수 있다. 이러한 이유로, 인터뷰과정을 표준화하기 위한 인터뷰진행자에 대한 교육이 매우 중요하다. **2단계**, 그러한 훈련에도 불구하고, 다른 인터뷰진행자는 다른 정보를 이끌어 낼 수 있다. 따라서 인터뷰진행자는 두 집단 간에 균형을 이루어야 한다. 즉, 각 인터뷰진행자는 각 집단과 동일한 수의 인터뷰를 하도록 계획되어야 한다. **3단계**, 통제되지 않으면 영향을 미칠 가능성이 중간 정도이다.
3. **자료수집자 편견: 1단계**, 편견은 세 개의 가설 인과변수에 대해 얻은 정보와 관련이 있을 수 있다. **2단계**, 두 집단에 따라 편견이 다를 수 있다. 예를 들어, 인터뷰진행자는 중도탈락자를 인터뷰할 때 다르게 행동할 수 있다. 해결방안은 인터뷰진행자가 어떤 집단 연구대상에 속하는지 모르게 하는 것이다. 이를 위해서는 질문할 내용과 인터뷰진행자의 교육 모두에 주의를 기울여야 한다. **3단계**, 통제되지 않으면 영향을 미칠 가능성이 높다.

기타 위협

실행, 역사, 성숙, 태도, 회귀 위협은 이러한 종류의 인과-비교연구에 영향을 미치지 않는다.

(실험연구에서와 같이) 인과-비교연구에서 내적 타당도에 대한 위협을 확인하는 요령은, 첫째, 연구의 결과변수에 영향을 미칠 수 있는 다양한 것(조건, 기타 변수 등)을 생각하는 것이다. 둘째, 증거나 경험에 근거하여 이러한 것이 비교집단에 다르게 영향을 미칠 가능성이 있는지 여부를 결정한다. 만약 그렇다면, 이것은 결과에 대한 대안적인 설명을 제공할 수 있다. 이러한 가능성이 높아 보이는 경우, 연구의 내적 타당도에 대한 위협이 실제로 존재할 수 있으며 이를 통제해야 한다. 인과-비교연구가 반복되면 이러한 위협 중 많은 수가 크게 줄어들 수 있다. [그림 16-3]에는 내적 타당도에 대한 위협의 존재를 평가하는 과정이 요약되어 있다.

[그림 16-3] 내적 타당도에 대한 위협이 존재하는가?

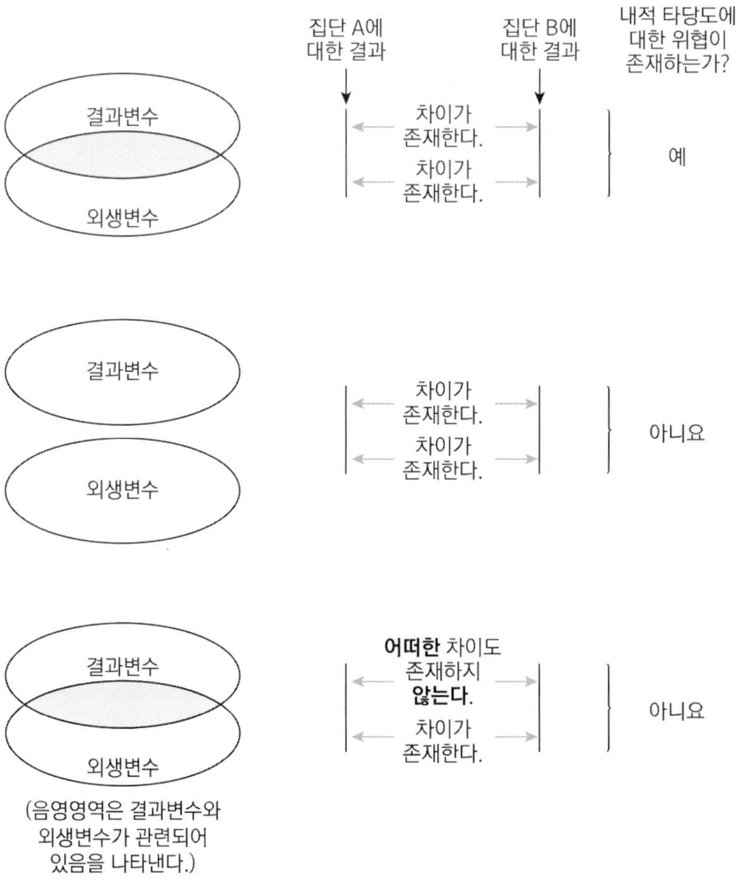

연구심화

인과-비교연구에서 중요한 연구결과

널리 인용된 인과-비교연구는 1940년대에 두 명의 연구자에 의해 수행되었다.[5] 그들은 500명의 소년으로 구성된 두 집단을 비교했는데, 한 집단은 그들이 시설에 수용된 것을 기준으로 비행청소년으로 확인된 집단과 그렇지 않은 두 번째 집단을 비교했다. 두 집단 모두 보스턴의 '고위험' 지역 출신이었다. 각 집단에서 한 쌍씩, 한 쌍의 소년이 민족성, IQ, 나이를 매칭했다. 그들이 집단들 간에서 발견한 주요 차이점은 비행집단에 속한 소년이 더 단단한 근육질의 몸을 가지고 있고, 더 활기차며, 외향적이고, 더 관습적이지 않고, 더 반항적이며, 덜 체계적이고, 덜 추상적이며, 덜 응집력 있고, 덜 애틋한 가족으로부터 왔다는 것이다. 이러한 특성을 결합하면, 수년 동안 다른 환경에서 상당한 검증을 받은 가능한 비행을 예측하기 위한 표가 만들어졌다.[6] 그럼에도 불구하고, 원인과 결과의 본질과 그러한 예측 정보의 사용의 바람직성에 대한 논쟁은 계속되고 있다. 그것은 (원래 연구를 수행한 연구자들이 구상한 대로) 중재나 낙인을 찍고 강요하는 데 사용될 수 있다.

자료분석

인과-비교연구에서 자료를 분석하는 첫 번째 단계는 빈도다각형을 작성한 다음, 변수가 양적이라면 각 집단의 평균과 표준편차를 계산하는 것이다. 그런 다음 이러한 기술통계량은 크기에 따라 사정된다(제12장 참고). 통계적 추론 검증은 확인된 모집단(예: 창의적 또는 비창의적 고등학교 3학년)의 무선표본이 사용되었는지 여부에 따라 적절하거나 적절하지 않을 수 있다. 인과-비교연구에서 가장 일반적으로 사용되는 검정은 평균 간의 차이에 대한 t-검정이다. 두 개 이상의 집단이 사용되는 경우, 분산분석 또는 공분산분석이 적절한 검정이다. 공분산분석은 연구자가 주요 관심변수가 아닌 모든 관련 변수에 대한 비교집단을 항상 매칭시킬 수 없기 때문에, 인과-비교연구에 특히 유용하다. 제11장에서 언급한 바와 같이, 공분산분석은 연령, 사회경제적 지위, 적성 등과 같은 변수에 대해 '사후에' 집단을 매칭시키는 방법을 제공한다. 그러나 공분산분석을 사용하려면, 관련 자료가 특정 가정을 충족해야 한다.[7]

인과-비교연구의 결과는 주의 깊게 해석되어야 한다. 상관연구와 마찬가지로, 인과-비교연구는 변수 간의 관계를 확인하는 데 효과적이지만 원인과 결과를 입증하지는 못한다.

인과-비교연구의 해석 가능성을 강화하는 두 가지 방법이 있다. 첫째, 앞에서 언급한 바와 같이, 가능한 한 대안적인 가설을 공식화하고 조사해야 한다. 둘째, 관련된 종속변수가 범주형인 경우, 제15장에서 간략히 설명한 판별함수 분석기법을 사용하여 연구의 모든 변수 간의 관계를 조사해야 한다.

물론 인과-비교연구에서 확인된 가능한 원인을 확인하는 가장 강력한 방법은 실험을 수행하는 것이다. 확인된 추정 원인(또는 원인)은 때때로 조작될 수 있다. 실험집단과 통제집단 간에 차이가 발견되면, 연구자는 인과관계를 추론하는 데 훨씬 더 좋은 이유를 갖게 된다.

범주형 변수 간의 연관

지금까지 연관적인 방법(associational methods)에 대한 우리의 논의는, ① 한 변수가 범주형이고, 다른 변수는 양적(인과-비교)이며, ② 두 변수가 모두 양적(상관)인 상황만을 고려했다. 범주형 변수 간의 연관을 조사할 수도 있다. 교차표(제10장 참고)와 분할계수가 모두 사용된다. 범주형 변수 간의 관계의

---

5) Gluek, S., & Gluek, E. (1950). *Unraveling juvenile delinquency*. Harvard University Press.

6) Gluek, S., & Gluek, E. (1974). *Of delinquency and crime*. C. Thomas.

7) 관심이 있는 독자는 Miller, G. A, & Chapman, J.P. (2001). Misunderstanding analysis of covariance. *Journal of Abnormal Psychology, 110*(1), 40–48.을 참고하라.

예는 〈표 16-1〉에 제시되었다.

〈표 16-1〉 학년수준과 교사의 성별(가상 자료)

학년수준	남자	여자	전체
초등	40	70	110
중등	50	40	90
고등	80	60	140
전체	170	170	340

상관관계에서 그러하듯, 그러한 자료는 예측의 목적과 주의해서 원인과 결과를 찾는 데 사용될 수 있다. 예를 들어, 어떤 사람이 교사이고 남자라는 것을 안다면 우리는 어느 정도의 자신감으로 그가 중학교나 고등학교 중 하나를 가르친다는 것을 예측할 수 있다. 교사인 남자의 76%가 그렇게 하기 때문이다. 우리는 또한 우리의 예측이 얼마나 많은 오류를 범할 가능성이 있는지 추정할 수 있다. 〈표 16-1〉의 자료를 바탕으로, 우리의 예측이 오류일 확률은 40/170 또는 .24이다. 이 예에서 성별이 교육수준의 주요 **원인**일 가능성은 매우 희박해 보인다. 교사 준비와 채용의 역사적 패턴과 같은 다른 변수가 있는데, 이러한 변수는 그 관계를 설명하려고 할 때 더 이치에 맞는다.

부분상관관계(제15장 참고)와 유사한 기법이나 범주형 변수와 함께 사용할 수 있는 상관연구에서 진화한 다른 기법은 없다. 또한 교차표의 예측은 산점도보다 훨씬 덜 정확하다. 다행히도, 두 가지 범주형 변수를 포함하는 교육에 대한 관심 질문은 상대적으로 적다. 그러나 개념적으로 양적이고 그에 따라 측정된 변수를 범주형인 것처럼 취급하는 연구자를 찾는 것은 일반적이다. 예를 들어, 연구자가 임의로 양적 점수 집합을 높은 집단, 중간 집단, 낮은 집단으로 나눌 수 있다. 이 절차로 얻는 것은 아무것도 없으며, 그것은 두 가지 심각한 결함, 즉 상관관계 기법의 사용을 통해 획득되는 정밀도의 상실과 집단분할의 필수적인 임의성을 겪는다. 예를 들어, 어떤 점수가 '높은' 점수와 '중간' 점수를 구분하는지 어떻게 결정하는가? 따라서 일반적으로 이러한 자의적인 분할은 피해야 한다.[8]

8) 양적 변수를 범주형 변수로 취급하는 경우가 있다. 예를 들어, 창의성은 일반적으로 양적 변수로 간주된다. 그러나 다른 변수와의 관계를 더 효율적으로 연구하기 위한 방법으로서 이 연속체를 두 가지 범주, 즉 '매우 창의적'과 '일반적으로 창의적'으로 나누는 기준을 세울 수 있다.

이 장의 시작 부분에 있는 **상호작용 · 응용 프로그램 학습** 기능으로 돌아가 상호작용 · 응용 프로그램 활동목록을 확인하라. www.mhhe.com/fraenkel10e의 **온라인학습센터**로 이동하여 퀴즈를 풀고 핵심 용어를 연습하며 장(章)의 내용을 검토하라.

핵심 요점

인과-비교연구의 본질

- 인과-비교연구는 상관연구와 마찬가지로 변수 간의 연관성을 확인하고자 한다.
- 인과-비교연구는 이미 개별 집단 간에 또는 사이에 존재하는 차이의 원인 또는 결과를 확인하고자 한다.
- 기본적인 인과-비교 접근방법은 두 집단 간의 눈에 띄는 차이에서 시작하여, 이 차이에 대한 가능한 원인 또는 결과를 찾는 것이다.
- 인과-비교연구에는 목적과 구조가 다른 세 가지 유형(효과 탐색, 원인 탐색, 결과 탐색)이 있다.
- 실험에 상당한 시간이 걸리고 비용이 많이 드는 경우, 인과-비교연구가 대안으로 사용되기도 한다.
- 상관연구에서와 마찬가지로, 인과-비교연구에서 관계를 확인할 수 있지만 인과관계가 완전히 확립될 수는 없다.

인과-비교연구 대 상관연구

- 인과-비교연구와 상관연구의 기본적인 유사성은 둘 다 변수 간의 관계를 탐구하려고 한다는 것이다. 인과-비교연구(또는 상관연구)를 통해 관계가 확인되면, 실험연구를 통해 나중에 연구되는 경우가 많다.

인과-비교연구 대 실험연구

- 실험연구에서 집단구성원 변수는 조작된다. 인과-비교연구에서 집단 차이는 이미 존재한다.

인과-비교연구 단계

- 인과-비교연구에서 문제를 공식화하는 첫 번째 단계는 일반적으로 특정 관심 현상을 확인하고 정의한 다음, 이러한 현상에 대한 가능한 원인 또는 결과를 고려하는 것이다.
- 인과-비교연구를 위한 표본을 선택할 때 가장 중요한 과제는 연구할 특성을 신중하게 정의한 다음, 이 특성이 다른 집단을 선택하는 것이다.
- 인과-비교연구에 사용할 수 있는 도구의 종류에는 제한이 없다.
- 기본적인 인과-비교 설계에는 특정 관심변수에 대해 서로 다른 두 집단을 선택한 다음, 다른 변수 또는 변수에 대해 비교하는 작업이 포함된다.

인과-비교연구에서 내적 타당도에 대한 위협

- 인과-비교연구의 두 가지 약점은 무선화의 부족과 독립변수를 조작할 수 없다는 것이다.
- 인과-비교연구의 내적 타당도에 대한 주요 위협은 연구대상 선택 편견의 가능성이다. 이 위협을 줄이기 위해 연구자가 사용할 수 있는 주요 절차로는 관련 변수에 대한 연구대상 매칭, 동종 하위집단 간 생성, 통계 매칭 기법 사용 등이 있다.
- 인과-비교연구에서 내적 타당도에 대한 다른 위협으로는 장소, 계측, 연구대상 상실이 있다. 또한 유형 3 연구는 실행, 역사, 성숙, 연구대상 태도, 회귀, 검사 위협의 대상이 된다.

인과-비교연구에서 자료분석

- 인과-비교연구의 자료분석에서 첫 번째 단계는 빈도다각형을 작성하는 것이다.
- 평균과 표준편차는 일반적으로 관련된 변수가 양적인 경우 계산된다.
- 인과-비교연구에서 가장 일반적으로 사용되는 검정은 평균 간 차이에 대한 t-검정이다.
- 공분산분석은 인과-비교연구에서 특히 유용하다.
- 인과-비교연구의 결과는 원인과 결과를 입증하지 못하기 때문에 항상 주의 깊게 해석해야 한다.

범주형 변수 간의 연관

- 교차표와 분할계수는 모두 범주형 변수 간의 가능한 연관을 조사하는 데 사용할 수 있지만, 교차표의 예측은 정확하지 않다. 다행히도 두 가지 범주형 변수를 포함하는 교육에 대한 관심 질문은 상대적으로 적다.

토론거리

1. 한 연구자가 10대에게 비행행동을 유발하는 요인을 알아내는 데 관심이 있다고 가정해 보자. 연구자가 이 문제를 조사하기 위해 사용할 수 있는 적절한 비교집단은 무엇인가?
2. 관찰을 인과-비교연구에 사용할 수 있는가? 만약 그렇다면, 어떻게 할 수 있는가?
3. 만약 있다면, 연구자가 실험연구보다 인과-비교연구를 더 선호할 수 있는 때는 언제인가? 예를 들어 보라.
4. 어떤 종류의 질문이 실험연구보다 인과-비교연구에 더 도움이 될 수 있는가? 왜 그러한가?
5. 인과-비교연구와 실험연구 중 어느 것이 수행하기가 더 쉬울 것 같은가? 그 이유는 무엇인가?
6. 인과-비교연구에서 무선할당이 가능한가? 무선선택은 어떠한가? 이에 대하여 설명하라.
7. 한 연구자가 팀 티칭이 역사에 대한 학생들의 태도에 미치는 영향에 관심이 있다고 가정해 보자. 그러한 주제는 인과-비교연구를 통해 연구될 수 있는가? 만약 그렇다면 어떻게 할 수 있는가?
8. 인과-비교연구에서 연구자가 통제에 대해 생각하는 것은 어떤 종류의 변수를 고려하는 것이 현명한가? 만약 있다면, 어떤 종류의 변수가 관련이 없을 수 있는가?
9. 연구자가 인과-비교연구에서 연구한 것과 동일한 변수를 실험연구에서 연구한 적이 있는가? 만약 그렇다면, 왜 그러한가?
10. 본문에서 우리는 일반적으로 양적 변수를 범주형 변수로 분할해서는 안 된다고 명시했다. 왜냐하면, ① 그렇게 하는 결정은 거의 항상 임의적이고, ② 그렇게 함으로써 너무 많은 정보를 잃기 때문이다. 이러한 이유로 범주형 변수로 축소되어서는 안 되는 양적 변수를 제안할 수 있는가? 범주형 변수로 정당화할 수 있는 양적 변수를 제안할 수 있는가?
11. 한 연구자가 섭식장애가 있는 성인 여자에서 섭식장애가 없는 여자의 비교집단보다 아동기 성적 학대의 발생률이 더 높다고 보고한다고 가정해 보자. 어떤 변수가 다른 변수의 원인이 될 가능성이 더 높은가? 대안적인(alternative) 또는 기여적인(contributing) 원인이 될 수 있는 다른 변수는 무엇인가?
12. 인과-비교방법으로 연구할 수 없는 연구문제가 있는가?
13. 한 사립 여자대학교 교수가 대학원생들과 비교하였을 때 대학생들의 소외 정도를 평가하려고 한다. 해당 교수는 자신이 개발한 도구를 사용할 것이다.
    1) 인과-비교연구와 실험연구 중 어떤 방법을 사용할 것을 권하고 싶은가? 왜 그렇게 하고자 하는가?
    2) 해당 교수가 자신이 개발한 도구를 사용할 계획이라는 사실이 여러분의 추천에서 어떤 차이를 보이는가?

제 17 장

조사연구

학습목표

이 장을 학습하면 다음을 수행할 수 있어야 한다.

- 조사가 무엇인지 설명할 수 있다.
- 교육연구에서 행해진 세 가지 유형의 조사의 명칭을 열거할 수 있다.
- 조사의 목적을 설명할 수 있다.
- 횡단조사와 종단조사 간의 차이점을 설명할 수 있다.
- 조사연구가 다른 유형의 연구와 어떻게 다른지 기술할 수 있다.
- 우편조사, 전화조사 및 대면 인터뷰가 어떻게 다른지 간략하게 기술하고, 각
- 유형별 두 가지씩의 장점과 단점을 기술할 수 있다.
- 조사질문을 작성할 때, 가장 일반적인 함정에 대해 기술할 수 있다.
- 폐쇄형 질문과 개방형 질문의 차이점을 설명할 수 있다.
- 무응답이 조사에서 문제가 되는 이유를 설명하고, 조사응답률을 향상시키기 위한 두 가지 방법을 제시할 수 있다.
- 조사결과에 영향을 미칠 수 있는 도구타당도에 대한 두 가지 위협을 제시하고, 그러한 위협을 통제할 수 있는 방법을 설명할 수 있다.
- 조사연구의 내적 타당도에 대한 잠재적 위협을 기술할 수 있다.
- 교육문헌에서 조사연구를 접하였을 때, 그 예를 인식할 수 있다.

상호작용 · 응용 학습 이 장을 읽는 동안 또는 읽은 후:

다음을 하려면, 온라인학습센터 (www.mhhe.com/fraenkel10e)로 접속하라.

- 인구조사에 대한 심화학습

다음 활동을 수행하기 위해 온라인 학습자 완전학습 활동(Student Mastery Activities) 책을 읽으라.

- 활동 17.1: 조사연구 질문
- 활동 17.2: 조사유형
- 활동 17.3: 개방형 질문 대 폐쇄형 질문
- 활동 17.4: 조사 수행

하늘고등학교의 탁 교장선생님은 임 교감선생님과 만나고 있다. "저는 우리가 올해 실행한 방과후 학교 프로그램에 대해 교직원들이 어떻게 생각하는지 더 알고 싶습니다."라고 탁 교장선생님이 말한다. "안 선생님이 어제 통로에서 저를 멈춰 세우고는 그것이 효과가 없다고 생각한다고 말했습니다."

"왜 그러하죠?"

"그는 많은 교직원이 그것이 아무런 도움이 되지 않는다고 생각하기 때문에, 그들은 심지어 어떤 학생도 그곳에 보내지 않는다고 말합니다."

"정말로요?"라고 임 교감선생님이 대답한다. "저는 정반대의 이야기를 들었습니다. 바로 오늘, 점심 때, 장 선생님과 이 선생님이 그것이 매우 좋다고 생각한다고 말했습니다!"

"음, 흥미롭군요. 더 많은 자료가 필요해 보입니다."

조사는 탁 교장선생님과 임 교감선생님이 그러한 자료를 얻기 위한 적절한 방법이다. 이 장의 내용은 어떻게 조사를 실시하느냐이다.

조사란 무엇인가

연구자는 종종 특정한 주제나 질문에 대한 많은 집단의 사람들의 의견에 관심을 갖는다. 그는 답을 찾기 위해, 그 문제와 관련된 많은 질문을 한다. 예를 들어, 한 대형 대학교의 상담학과 학과장이 석사학위를 원하는 학생들이 그 프로그램에 대해 어떻게 느끼는지 결정하는 데 관심이 있다고 생각해 보라. 그녀는 그것을 알아보기 위해 조사(survey)를 실시하기로 결심한다. 그녀는 현재 석사과정에 등록되어 있는 학생 중 50명의 학생을 선발하고, 그 프로그램에 대한 그들의 태도를 이끌어 내기 위해 고안된 질문을 구성한다. 그녀는 2주간의 기간 동안 50명의 학생에게 직접 인터뷰를 통해 질문을 한다. 표본의 각 학생이 제공한 응답은 분석을 위해 표준화된 범주로 코드화되고, 이러한 표준화된 기록은 표본의 학생에 대한 기술을 제공하기 위해 분석된다. 그 학과장은 표본의 의견에 대한 몇 가지 결론을 도출하고, 표본이 선택된 모집단에 일반화한다. 이 경우, 이 대학교에서 상담 석사학위를 받으려는 모든 대학원생이다.

이 예는 대부분의 조사가 갖는 세 가지 주요 특징을 보여 준다.

1. 정보는 그 집단이 속한 집단의 일부 측면이나 특성(예: 능력, 의견, 태도, 신념 및/또는 지식)을 **기술하기**(describe) 위해 집단으로부터 수집된다.
2. 정보를 수집하는 주된 방법은 **질문을 하는**(asking questions) 것이다. 집단의 구성원에 의한 이러한 질문에 대한 응답은 연구의 자료를 구성한다.
3. 정보는 모집단의 모든 구성원이 아닌 **표본**(sample)으로부터 수집된다.

왜 조사를 실행하는가

조사의 주요 목적은 모집단의 특성을 기술하는 것이다. 본질적으로, 연구자가 알아내고 싶은 것은 한 모집단의 구성원이 한 가지 이상의 변수(예: 나이, 민족성, 종교적 선호, 학교에 대한 태도)에 대해 어떻게 자신을 분배하는가이다. 다른 유형의 연구처럼, 물론 모집단은 거의 연구되지 않는다. 대신, 신중하게 선택된 응답자 표본을 조사하고, 모집단에 관한 기술은 표본에 대해 알아낸 것으로부터 추론된다.

예를 들어, 연구자는 도심 고등학교 교사의 특정 특성(나이, 성별, 민족성, 정치적 관여 등)이 집단 내에서 어떻게 분포하는지를 기술하는 데 관심이 있을 수 있다. 해당 연구자는 조사를 위해 시내의 고등학교에서 교사의 표본을 선정할 것이다. 일반적으로, 이와 같은 기술적인 조사에서 연구자는 관측된 분포가 왜 존재하는지에 대해 크게 걱정하지 않고 분포가 **무엇인지**에 대해서도 걱정하지 않는다.

조사유형

조사는 크게 두 가지 유형, 즉 횡단조사와 종단조사가 있다.

횡단조사

횡단조사(cross-sectional survey)는 미리 결정된 모집단에서 추출한 표본에서 정보를 수집한다. 또한 모든 자료를 수집하는 데 걸리는 시간은 하루에서 몇 주 또는 그 이상 걸릴 수 있지만, 정보는 한 시점에 수집된다. 그러므로 수학교수는 특정 주(州)에 있는 모든 고등학교 수학교사의 표본으로부터 대학교에서 수학 석사학위를 받는 것에 관한 관심에 대한 자료를 수집하거나, 다른 연구자는 10살, 13살, 그리고 16살의 학생들이 경험하는 개인적인 문제의 종류에 대한 조사를 할 수 있다. 이 모든 집단은 거의 동일한 시점에 조사될 수 있다.

전체 모집단을 조사할 때, 그것은 인구조사(census)라고 불린다. 그 대표적인 예가 미국인구조사국(U.S. Bureau of the Census)이 10년마다 실시하는 인구조사인데, 이것은 미국의 모든 사람에 대한 자료를 수집하려고 한다.

종단조사

반면에, 종단조사(longitudinal survey)에서 정보는 시간에 따른 변화를 연구하기 위해 서로 다른 시점에 수집된다. 조사연구에는 세 가지의 종단설계, 즉 추세연구, 코호트연구, 패널연구가 일반적으로 사용된다.

추세연구(trend study)에서, 구성원들이 변동될 수 있는 모집단의 다른 표본이 서로 다른 시점에 조사된다. 예를 들어, 한 연구자는 유연한 일정표 사용에 대한 고등학교 교장 선생님들의 태도에 관심이 있을 수 있다. 연구자는 매년 주(州) 전역에 고등학교 교장선생님들의 현재 목록에서 표본을 선택할 것이다. 모집단이 매년 다소 변화하고 동일한 개인을 표본으로 추출하지는 않지만, 표본을 얻기 위해 무선선택을 사용한다면, 매년 얻은 응답은 고등학교 교장 선생님 모집단을 대표하는 것으로 간주될 수 있다. 그런 다음, 연구자는 어떤 추세가 뚜렷한지를 보기 위해 매년 응답을 조사하고 비교했다.

추세연구는 시간이 지남에 따라 구성원이 변경될 수 있는 모집단을 표본으로 하는 반면, 코호트연구(cohort study)는 조사과정에서 구성원이 변하지 않는 특정 모집단을 표본으로 추출한다. 따라서 한 연구자는 사범대학을 지난 해에 졸업한 모든 4학년 예비교사의 교수 효과의 성장을 연구하기를 원할 수 있다. 모든 교사의 이름이 나열되고, 다른 시간에 이 목록에서 다른 표본이 선택될 것이다.

반면에, 패널연구(panel study)에서 연구자는 조사과정 동안 다른 시간에 동일한 표본의 개인을 조사한다. 연구자가 동일한 개인을 연구하고 있기 때문에, 해당 연구자는 그의 특징이나 행동의 변화를 알아차리고 이러한 변화의 이유를 탐구할 수 있다. 따라서 이전의 예에서 연구자는 4학년 예비교사인 사범대학의 작년 졸업생들의 표본을 선택하고, 수업년도(teaching year) 동안 동일한 개인을 여러 번 조사할 수 있다. 그러나 특히 연구가 상당히 긴 기간에 걸쳐 진행되는 경우, 패널연구에서 개인의 손실이 빈번한 문제이다.

다음은 교육연구자들에 의해 수행된 조사에 대한 몇 가지 발표된 보고서의 제목이다.

- 흑인이 된다는 것은 무엇을 의미하는가?[1)]
- 교사교육이 변화를 가져올 수 있는가?[2)]
- 전문성 개발을 효과적으로 만드는 것은 무엇인가?[3)]
- 현직교사와 예비교사의 독서습관과 문해 태도[4)]
- '청춘은 한 번뿐이다.' 대학생들이 너무 늦기 전에 지금 하고 있다고 보고하는 것[5)]
- 국제학교에서 교원 이직 실태조사[6)]
- 예비 리터러시 교육과정에 기술 통합: 초등학생의 컴퓨터에 대한 태도 조사[7)]
- 사서와의 협업에 대한 교수진의 태도 조사에 대한 고찰[8)]

조사연구와 상관연구

연구자가 한 조사에서 한 질문에 대한 응답과 다른 조사에서 한 질문에 대한 응답 또는 일련의 조사질

---

1) Nasir, N. S. et al. (2009). What does it mean to be African-American? Constructions of race and academic identity in an urban public high school. *American Educational Research Journal, 46*(3), 73–114.

2) Brouwer, N., & Korthagen, F. (2005). Can teacher education make a difference? *American Educational Research Journal, 42*(1), 153–224.

3) Penuel, W. R. et al. (2007). What makes professional development effective? Strategies that foster curriculum implementation. *American Educational Research Journal, 44*(12), 921–958.

4) Nathanson, S. et al. (2008). The reading habits and literacy attitudes of in-service and prospective teachers: Results of a questionnaire survey. *Journal of Teacher Education, 59*(9), 313–321.

5) Ravert, R. D. (2009). "You're only young once"; Things college students report doing now before it is too late. *Journal of Adolescent Research, 24*(5), 376–396.

6) Odland, G., & Ruzicka, M. (2009). An investigation into teacher turnover in international schools. *Journal of Research in International Education, 8*(4), 5–29.

7) Abbott, J ., & Faris, S. (2001). Integrating technology into pre-service literacy instruction: A survey of elementary education students' attitudes toward computers. *Journal of Research on Computing in Education, 33*(2), 149–161.

8) Hrycaj, P., & Russo, M. (2007). Reflections on surveys of faculty attitudes toward collaboration with librarians. *Journal of Academic Librarianship, 33*(6), 692–696.

문에 기초한 점수와 다른 조사질문에 대한 점수의 관계를 조사하는 것은 드문 일이 아니다. 이러한 경우, 제15장에서 기술한 상관연구의 기법이 적절하다.

한 연구자가 고등학생의 학교에 대한 태도와 학교 밖의 관심 간의 관계를 연구하는 데 관심이 있다고 가정해 보자. 이 두 변수를 다루는 문항이 포함된 질문지를 작성하여 고등학생 표본에 실행한 후 상관계수를 계산하거나 분할표를 작성하여 관계를 결정할 수 있다. 연구자는 학교에 대해 긍정적인 태도를 가진 학생들도 학교 밖에 관심이 많은 반면, 학교에 대해 부정적인 태도를 가진 학생들은 학교 외부에 관심이 거의 없다는 것을 발견할 수 있다.

조사연구 단계

문제 정의

조사를 통해 조사해야 할 문제는 개인이 응답하도록 동기를 부여하기에 충분히 흥미롭고 중요해야 한다. 사소한 문제는 보통 응당 받아야 할 것을 얻는다. 즉, 그것은 가장 가까운 쓰레기통에 던져진다. 중요하지 않다고 생각하거나 지루하다고 생각되는 조사질문지를 직접 작성해 보았을 것이다.

연구자는 조사를 실행할 때 목표를 명확히 정의할 필요가 있다. 각 질문은 조사의 목표 중 하나 이상과 관련되어야 한다. 조사질문을 정의하는 한 가지 전략은 가장 광범위하고 일반적인 질문에서 시작하여 가장 구체적인 질문으로 끝나는 위계적 접근방법을 사용하는 것이다. Jaeger[9]는 왜 많은 공립학교 교사가 몇 년 안에 직업에 '탈진'하고 떠나는지에 대한 질문에 대해, 그러한 조사의 구체적인 예를 제시한다. 그는 조사에 대한 가능한 질문을 구성하기 위해, 경제, 근무조건, 인지된 사회적 지위 등 세 가지 일반적인 요소를 제안한다. 다음은 경제적 요인과 관련하여 그가 개발한 질문이다.

1. 경제적 요인으로 인해 교사가 일찍 직장을 떠나게 되는가?
   1) 교사는 부적절한 연수입 때문에 일찍 직장을 떠나는가?
      (1) 교사는 학기 중 월수입이 너무 적어서 일찍 직장을 떠나는가?
      (2) 교사는 여름 동안 급여를 받지 못하기 때문에 일찍 직장을 떠나는가?
      (3) 교사는 월급이 학년 동안 두 번째 직업을 가지도록 강요하기 때문에 일찍 직장을 떠나는가?
      (4) 교사는 수입부족으로 여름 동안 다른 직장을 갖도록 강요하기 때문에 일찍 직장을 떠나는가?
   2) 교사는 급여 체계 때문에 일찍 직장을 떠나는가?
      (1) 교사는 급여의 상한선이 너무 낮기 때문에 일찍 직장을 떠나는가?
      (2) 교사는 급여수준의 상승이 너무 느려서 일찍 직장을 떠나는가?
   3) 교사는 부적절한 부가 혜택 때문에 일찍 직장을 떠나는가?
      (1) 교사는 건강보험 혜택이 불충분해서 일찍 직장을 떠나는가?

9) Jaeger, R. M. (1988). Survey research methods in education. In Richard M. Jaeger (Ed), *Complementary methods for research in education* (pp. 308–310). American Educational Research Association.

(2) 교사는 생명보험 혜택이 불충분해서 일찍 직장을 떠나는가?
(3) 교사는 퇴직금이 부족해서 일찍 직장을 떠나는가?

이와 같은 위계적 연구질문은 연구자가 큰 범주의 문제를 확인하고, 각 범주 내에서 더 구체적인 문제를 제안하며, 가능한 질문을 구상하는 데 도움이 될 수 있다. 연구자가 제안된 질문이 의도된 조사의 목적에 적합한지 여부를 결정함으로써 그렇지 않은 질문을 제거할 수 있다. 조사의 질문지 또는 인터뷰초안의 길이는 조사의 성공을 결정하는 중요한 요소이다.

표적모집단 확인

거의 모든 것은 조사를 통해 기술될 수 있다. 조사에서 연구되는 것을 분석단위(unit of analysis)라고 한다. 일반적으로 사람이지만, 분석단위는 사물, 클럽, 회사, 교실, 학교, 정부기관, 기타일 수도 있다. 예를 들어, 최근 특정 교육지원청에 도입된 새로운 규율정책에 대한 교직원의 의견을 조사한 경우, 각 교직원을 표집하여 조사한 것이 분석단위가 될 것이다. 도시 교육지원청 조사의 경우, 교육지원청이 분석단위일 것이다.

조사자료는 이러한 단위를 기술하기 위해 여러 개별 분석단위에서 수집되며, 이러한 기술은 분석단위가 나타내는 모집단을 기술하기 위해 요약된다. 주어진 예에서, 교직원 표본(분석단위)으로부터 수집된 자료는 이 표본이 대표하는 모집단(특정 교육지원청의 모든 교직원)을 기술하기 위해 요약된다.

다른 유형의 연구에서처럼, 연구의 초점이 되는 사람(연구대상, 기관 등)의 집단을 **표적모집단**(target population)이라고 한다. 표적모집단에 대해 신뢰할 수 있는 진술을 하려면, 그것은 매우 잘 정의되어야 한다. 실제로, 특정 분석단위가 이 모집단의 구성원인지 아닌지를 확실하게 진술할 수 있을 정도로 잘 정의되어야 한다. 예를 들어, 표적모집단이 '특정 교육지원청의 모든 교직원'으로 정의된다고 가정해 보자. 이 정의는 누가 이 모집단의 구성원인지 아닌지 확실히 말할 수 있을 정도로 충분히 명확한가? 언뜻 보면 그렇다고 말하고 싶어질지도 모른다. 그러나 가르치는 행정가는 어떠한가? 대체교사나 시간제로만 가르치는 사람들은 어떠한가? 교생은? 상담사는? 표적모집단을 충분히 상세하게 정의하여 누가 해당 모집단의 구성원인지 아닌지에 대해 명확하게 밝히지 않는 한, 표본조사에 기초하여 이 모집단에 대해 이루어진 어떠한 진술도 오해의 소지가 있거나 부정확할 수 있다.

자료수집방법 선택

조사에서 자료를 수집하는 방법에는 여러 가지가 있다. 조사도구를 집단에게 '직접' 실행하거나, 전화, 인터넷, 우편, 또는 면대면 인터뷰를 통해 자료를 수립할 수 있다. 〈표 17-1〉은 이러한 방법의 장단점에 대한 요약을 제시한다.

〈표 17-1〉 조사자료수집방법의 장단점

	직접 실행	전화	인터넷 또는 우편	인터뷰
상대적인 비용	최하	중간 정도	인터넷=낮음 우편=높음	최상
시설 필요	예	아니요	아니요	예
질문자의 훈련 필요	예	예	아니요	예
자료수집 시간	가장 단기	단기	장기	가장 장기
응답율	매우 높음	좋음	가장 낮음	매우 높음
집단실행 가능	예	아니요	아니요	예
무선표집 허용	아마도	예	예	예
글을 읽고 쓸 줄 아는 표본 필요	예	아니요	예	아니요
후속 질문 허용	아니요	예	아니요	예
민감한 주제에 대한 응답 독려	다소	다소	최상	약함
응답에 대한 표준화	쉬움	다소	쉬움	매우 어려움

집단에게 직접 실행

이 방법은 연구자가 특정 집단의 모든 구성원(또는 대부분의 구성원)을 한 곳에서 접근할 수 있을 때마다 사용된다. 도구는 집단의 모든 구성원에게 일반적으로 동일한 시간과 장소에서 실행된다. 예를 들어, 교실에서 작성완료해야 하는 학생 또는 작업자에게 업무환경에서 작성완료해야 하는 질문지를 제공하는 것이 포함될 수 있다. 이 접근방법의 주요 이점은 응답률이 높다는 것이다. 일반적으로 100%에 가깝다(일반적으로 단일 환경에서). 다른 장점으로는 일반적으로 낮은 비용 요소와 더불어 연구자가 연구를 설명하고 응답자가 질문지를 작성하기 전에 가질 수 있는 질문에 대답할 수 있는 기회가 있다는 것이다. 가장 큰 단점은 집단으로 모인 개인의 표본을 활용할 수 있는 조사유형이 많지 않다는 점이다.

전화조사

전화조사에서 연구자(또는 그의 보조원)는 전화를 통해 응답자들에게 질문을 한다. 전화조사의 장점은 개별 인터뷰보다 비용이 저렴하고, 상당히 빠르게 수행될 수 있으며, 표준화된 질문절차에 쉽게 적응할 수 있다는 것이다. 그들은 또한 연구자가 응답자를 도와주며(질문을 명확히 하고, 후속 질문을 하며, 주저하는 응답자를 격려하는 등), 더 많은 후속조치를 허용한다(몇 번의 답신 전화를 통해). 그리고 개별 인터뷰진행자가 종종 가기를 꺼리는 특정 영역에서 더 나은 조사범위를 제공한다.[10)]

전화조사의 단점은 일부 표본(분명히 전화기가 없는 표본과 전화번호가 나열되지 않은 표본)에 접근할 수 없다는 것이다. 전화인터뷰는 또한 응답자의 시각적 관찰을 방지하고 민감한 질문이나 개인적인 질문에 대한 정보를 얻는 데 다소 덜 효과적이다. 일반적으로, 전화조사는 개별 인터뷰보다 응답률이 5%

10) 컴퓨터가 전화조사에 비해 더 많이 사용되고 있다. 전형적으로, 인터뷰진행자가 컴퓨터 화면 앞에 앉는다. 중앙컴퓨터가 무선으로 전화번호를 선택하고 다이얼을 돌린다. 헤드셋을 착용한 인터뷰진행자는 응답자가 전화를 받는 것을 듣는다. 컴퓨터 화면에는 인터뷰진행자가 읽을 수 있도록 "안녕하세요, 제 이름은 ○○○입니다."와 같은 입력된 소개가 나타나고, 그다음 첫 번째 질문이 나타난다. 그런 다음, 인터뷰하는 사람은 응답자의 대답을 컴퓨터에 입력한다. 응답은 중앙컴퓨터에 즉시 저장된다. 그다음 질문할 것이 화면에 나타나고, 인터뷰진행자는 질문을 계속한다.

낮은 것으로 보고된다.[11] [그림 17-1]은 전화로 연구 표본을 얻을 때 때때로 직면하는 어려움을 보여 준다.

[그림 17-1] 특정 질문에 대한 이상 대 실제 전화 표집 예

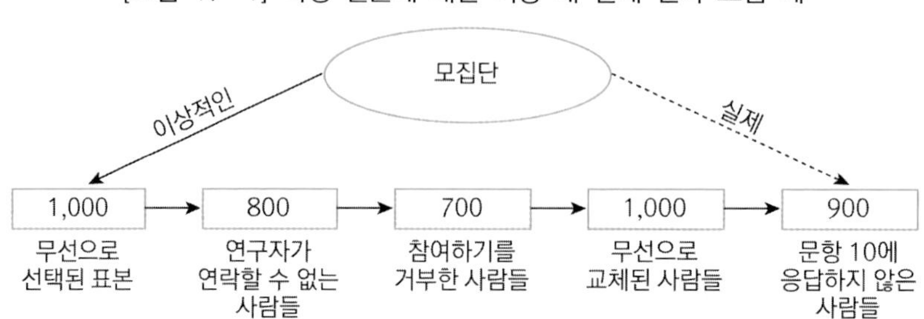

인터넷조사

기술의 발전으로 인터넷 설문조사가 매우 보편화되었다. 점점 더 많은 연구자와 학생이 편의상 표적모집단으로부터 조사자료를 수집하기 위해 웹기반 소프트웨어 및 서비스에 눈을 돌리고 있다. 웹 조사의 다른 이점으로는 멀리 떨어져 있고 접근하기 어려운 참여자에 대한 접근성 향상, 비용 절감, 신속한 변환, 멀티미디어 인터페이스, 모바일 관리(휴대용 장치 사용), 자료 입력 감소 등이 있다. 단점으로는 응답률이 낮아지고 컴퓨터에 의해 촉진되는 빠른 입력으로 인해 잘못된 자료가 포함될 수 있다. 현재, 웹 조사 소프트웨어 패키지와 서비스를 제공하는 수십 개의 인터넷 회사가 있다. 예를 들어, SurveyMonkey와

[그림 17-2] SurveyMonkey에서 생성된 인터넷조사의 예

1. General Perceptions about Physical Activity

This survey will provide the team at ABCD with information that they can use to better support you in leading teachers in engaging students in physical activities that will improve their health.

You will receive summaries of these results.

Please answer the questions as openly and as honestly as you can.

1. When students engage in regular daily physical activity, their academic achievement improves.

- Stronly Agree
- Agree
- No Opinion
- Disagree
- Strongly Disagree

2. When students engage in regular daily physical activity, their overall health improves.

- Stronly Agree
- Agree
- No Opinion
- Disagree
- Strongly Disagree

3. When students engage in regular daily physical activity, their risk of becoming obese is reduced.

- Stronly Agree
- Agree
- No Opinion
- Disagree
- Strongly Disagree

11) Grovers, R. M., & Kahn, R. L. (1979). *Surveys by telephone: A national comparison with personal interviews*. Academic Press.

Qualtrics는 사용자가 자신의 기본 조사를 무료로 설계할 수 있도록 하는 인기 있는 웹기반 조사 회사이다. SurveyMonkey를 사용하여 만든 온라인 조사의 예는 [그림 17-2]를 참고하라. 조사 실행 및 자료분석과 같은 추가 서비스를 아주 적은 수수료로 구입할 수 있다. [그림 17-3]은 [그림 17-2]의 조사질문에서 생성된 자료분석보고서의 예를 보여 준다.

[그림 17-3] SurveyMonkey 자료결과의 예

Select a page to view below or view all pages:
#1. General Perceptions about...

PAGE: GENERAL PERCEPTIONS ABOUT PHYSICAL ACTIVITY

1. When students engage in regular daily physical activity, their academic achievement improves. Create Chart Download

	Response Percent	Response Count
Stronly Agree	57.1%	4
Agree	28.6%	2
No Opinion	14.3%	1
Disagree	0.0%	0
Strongly Disagree	0.0%	0
answered question		7
skipped question		0

2. When students engage in regular daily physical activity, their overall health improves. Create Chart Download

	Response Percent	Response Count
Stronly Agree	57.1%	4
Agree	42.9%	3

Internet 100%

연구심화

조사연구에서 중요한 연구결과

아마도 가장 유명한 조사연구의 예는 사회학자 Alfred Kinsey와 그의 동료들에 의한 미국 남자(1948)[12]와 여자(1953)[13]의 성적 행동에 대한 연구일 것이다. 이러한 연구는 다양한 성적 행동의 빈도에 관한 충격적인 연구결과(그 당시에)로 가장 잘 알려져 있지만, 방법론적인 역량에서도 마찬가지로 주목할 만하다. Kinsey와 그의 동료들은 약 12,000명의 남자와 8,000명의 여자를 집계하기 위해 매우 큰(무선은 아니지만) 표집을 사용하여 서로 다른 표집(복원)의 결과를 비교하고, 내적 교차검사와 배우자 또는 다른 파트너와의 비교를 통해 다시 검사와 타당도를 검사하는 데 있어 꼼꼼했다. 기본적인 자료수집 과정인 개별 인터뷰에서 가장 특이한 측면 중 하나는 521개의 문항이 포함된 인터뷰초안이었다(응답자 1인당 최소 300개이었다). 동일한 정보가 여러 다른 질문에서 도출되었으며, 모두 의식적 왜곡을 최소화하기 위해 신속하게 연속적으로 질문되었다.

보다 최근의 연구는 성적 행동에 대해 다소 다른 결론에 도달했다. 연구자들은 Kinsey의 연구에서 사용된 것과 매우 유사한 인터뷰절차를 사용했지만, 우수한 표집 절차를 주장했다. 그들은 전국 주택주소목록에서 4,369명의 성인을 무선으로 표본을 선정

12) Kinsey, A. C., Pomeroy, W. B., & Martin, C. E. (1948). *Sexual behavior in the human male*. Saunders.

13) Kinsey, A. C., Pomeroy, W. B., Martin, C. E., & Gebhard, P. H. (1953). *Sexual behavior in the human female*. Saunders.

하였고, 가구 응답자도 무선으로 선택했다. 최종 참여율 79%(표본=3,500)는 높지만 무선표본의 79%는 더 이상 무선표본이 아니다.[14)]

우편조사

조사자료가 우편으로 수집될 때 질문지는 표본의 각 개인에게 보내지며, 지정된 날짜까지 완료하고 반송할 것을 요청한다. 이 접근방법의 장점은 비교적 저렴하고, 연구자 혼자서(또는 소수의 보조원으로) 할 수 있다는 것이다. 또한 연구자가 직접 또는 전화로 접근하기 어려울 수 있는 표본(예: 고령자와 같은)에 접근할 수 있으며, 응답자가 질문에 대해 사려 깊은 답변을 할 수 있는 충분한 시간을 가질 수 있다.

우편조사의 단점은 응답자의 협력을 장려하거나(예: 관계 구축을 통해) 도움을 제공할 기회가 적다는 것이다(질문에 대한 답변, 지침 명확화 등을 통해). 결과적으로, 우편조사는 낮은 응답률을 산출하는 경향이 있다. 우편조사는 또한 특정 유형의 표본(예: 문맹인 개인)에게서 정보를 얻는 데 도움이 되지 않는다.

개별 인터뷰

개별 인터뷰에서 연구자(또는 훈련된 보조원)는 응답자와 대면 인터뷰를 수행한다. 결과적으로 이 방법은 많은 장점을 가지고 있다. 그것은 아마도 응답자의 협조를 얻기 위한 가장 효과적인 조사방법일 것이다. 그것은 우호적인 관계(rapport)를 형성할 수 있고, 질문을 명확히 할 수 있으며, 불명확하거나 불완전한 답변을 확인할 수 있다. 대면 인터뷰는 또한 응답자의 읽기 및 쓰기 능력에 부담을 덜 주고, 필요한 경우 응답자와 더 많은 시간을 보낼 수 있게 한다.

대면 인터뷰의 가장 큰 단점은 직접, 우편, 전화조사보다 비용이 더 많이 든다는 것이다. 그것은 또한 훈련 비용과 시간 측면에서 시사하는 모든 것을 포함하여 훈련된 인터뷰하는 직원을 필요로 한다. 필요한 총 자료수집 시간도 다른 세 가지 방법보다 상당히 길어질 수 있다. 익명성의 결여(응답자는 최소한 일시적으로 인터뷰진행자에게 분명히 알려져 있음)는 개인적으로 민감한 질문에 대해 덜 타당한 응답을 초래할 수 있다. 마지막으로, 일부 유형의 표집(범죄가 많은 지역의 개인, 대기업의 근로자, 학생 등)은 종종 충분한 수로 접촉하기 어렵다.

표집선택

조사대상이 되는 대상자는 관심집단에서 (가능한 경우) 무선으로 선택되어야 한다. 그러나 연구자는 질문하려는 대상이 원하는 정보를 가지고 있고, 기꺼이 이러한 질문에 답할 수 있도록 보장해야 한다. 필요한 정보를 보유하고 있지만 조사 주제에 관심이 없는 개인(또는 중요하다고 생각하지 않는 개인)은 응답할 가능성이 낮다. 따라서 연구자가 잠재적 응답자 사이에서 수용성을 평가하기 위해 예비조사를 수행하는 것이 종종 좋은 생각이다. 학교기반 조사에서는 질문지를 응답자 자신에게 보내는 것보다 잠재적 응답자에게 실행하기 위해 권한을 가진 사람에게 보내는 것이 더 높은 응답률을 얻을 수 있다. 예를 들어, 연구자는 학생들에게 직접 질문하기보다 교사가 학생들에게 질문지를 실행하도록 요청할 수 있다.

교육연구자들이 조사한 표본의 예는 다음과 같다.

14) Laurnann, E., Michael, R., Michaels, S., & Gagnon, J. (1994). *The social organization of sexuality*. University of Chicago Press.

- 도심 대학교의 교양교육 프로그램의 적절성에 대한 학생들의 견해에 관한 해당 대학교에 재학 중인 모든 학생의 표본
- 위험에 처한 학생들이 더 효과적으로 학습할 수 있도록 돕는 데 필요한 변화에 대한 도심 내 고등학교 지역의 모든 교직원의 표본
- 동일한 주제에 관한 동일한 교육지원청에 있는 학생들의 견해에 대한 해당 교육지원청의 모든 학생의 표본
- 특정 주(州)의 여자 학교장들이 행정에서 마주치는 질문에 관한 견해에 대한 해당 주의 모든 학교장의 표본
- 학교 상담 프로그램의 적절성에 관한 특정 교육지원청 관내 고등학교에 있는 상담사의 인식에 대한 해당 교육지원청의 모든 상담사의 표본

도구 준비

조사에 사용되는 가장 일반적인 도구유형은 질문지와 인터뷰초안(interview schedule)이다(제7장 참고).[15] 질문지는 일반적으로 응답자가 자체적으로 실행하는 반면, 인터뷰초안은 연구자(또는 훈련된 보조원)가 구두로 실행하는 것을 제외하면 사실상 동일하다. 우편 또는 자체 실행 질문지의 경우, 도구의 외관은 연구의 전반적인 성공에 매우 중요하다. 질문은 매력적이고, 너무 길지 않아야 하며,[16] 가능한 한 쉽게 대답할 수 있어야 한다. 조사에서의 질문 및 질문방식은 매우 중요하다. Fowler는 모든 조사질문이 충족해야 하는 다음과 같은 네 가지 실제적인 표준이 있음을 지적한다.

1. 이것은 쓰여진 대로 정확하게 요청된 질문인가?
2. 이것은 모든 사람에게 동일한 것을 의미하는 질문인가?
3. 이것은 사람들이 대답할 수 있는 질문인가?
4. 이것은 자료수집 절차를 고려할 때 응답자가 기꺼이 대답할 수 있는 질문인가?[17]

조사에서 모든 질문을 위한 이전 질문 각각에 대한 대답은 예이어야 한다. 이러한 표준 중 하나 이상을 위반하는 모든 조사질문은 다시 작성되어야 한다.

개별 인터뷰나 전화조사의 경우, 질문자의 태도가 가장 중요하다. 질문자는 연구대상이 대답하기를 원하는 방식으로 질문을 해야 한다.

어느 경우든, 질문을 받을 청중을 명확히 확인해야 한다. 특수하거나 특이한 단어는 가능한 한 피해야 하며, 사용되어야 하는 경우 도구에 작성된 지시문에 명확하게 정의해야 한다. 그러나 연구자가 명심해야 할 가장 중요한 것은 어떤 종류의 도구를 사용하든 표본의 모든 응답자에게 같은 질문을 해야 한다는 것이다. 또한 질문지를 조사하거나 인터뷰를 수행하는 조건은 모든 응답자에 대해 가능한 한 유사해야 한다.

---

15) 연구자가 교육지원청에 있는 학생들의 읽기 유창성을 기술하기 위해 다양한 유형의 검사를 사용할 때처럼, 그러한 검사는 조사연구에도 사용될 수 있다. 그러나 여기에서는 선호도, 의견 및 신념에 대한 기술로 논의를 제한한다.

16) 이것은 매우 중요하다. 긴 질문지는 응답자가 그것을 완성하고 반송하는 것을 단념시킨다.

17) Fowler, F. J., Jr. (2009). *Survey research methods* (4th ed., p.119). Sage Publications.

질문유형

조사에서는 질문의 본질과 질문방식이 매우 중요하다. 서투른 질문은 조사를 실패로 이끌 수 있다. 따라서 그것은 응답자가 쉽게 이해할 수 있는 방식으로 명확하게 작성되어야 한다.

대부분의 조사는 선다형 또는 폐쇄형 질문(closed-ended questions)이라고 불리는 것의 다른 형태에 의존한다. 선다형 질문은 응답자가 여러 옵션 중에서 자신의 답을 선택할 수 있도록 해 준다. 그것은 의견, 태도 또는 지식을 측정하는 데 사용될 수 있다. 조사질문에 일반적으로 사용되는 응답척도의 예는 제7장을 참고하라.

폐쇄형 질문은 컴퓨터에서 분석하기 위해 사용하고, 점수를 매기며 코드화하기 쉽다. 모든 연구대상이 동일한 옵션에 반응하기 때문에 표준화된 자료가 제공된다. 그러나 이 질문은 개방형 질문보다 다소 쓰기 어렵다. 그것은 또한 주어진 옵션 중 개인의 진정한 응답이 존재하지 않을 가능성을 제기한다. 이러한 이유로 연구자는 일반적으로 각 문항에 대해 '기타' 선택지를 제공해야 하며, 여기에서 연구대상은 연구자가 예상하지 못했을 수 있는 응답으로 글을 쓸 수 있다. 폐쇄형 질문의 예는 다음과 같다.

1. 어떤 교과목을 가장 **싫어하는가**?

   a. 사회　　　　b. 영어

   c. 과학　　　　d. 수학

   e. 기타(구체적으로) ________________

2. 어떻게 느끼는지 기술하는 문구 아래 숫자에 동그라미를 쳐서, 당신의 석사과정의 다음 각 부분을 평가하라.

	매우 불만족	**불만족**	**만족**	**매우 만족**
a. 수업활동	1	2	3	4
b. 교수진	1	2	3	4
c. 조언	1	2	3	4
d. 요구조건	1	2	3	4
e. 비용	1	2	3	4
f. 기타(구체적으로)__________	1	2	3	4

개방형 질문(open-ended questions)은 보다 개별적인 답변을 허용하지만, 때때로 해석하기 어렵다. 그것은 또한 너무 많은 다른 종류의 응답을 받기 때문에 종종 점수를 매기기 어렵다. 더 나아가, 응답자들은 때때로 그러한 질문을 좋아하지 않는다. 개방형 질문의 몇 가지 예는 다음과 같다.

1. 사람의 어떠한 특징이 그 사람을 훌륭한 관리자로 평가하게 하는가?
2. 오늘날 고등학교에서 교사가 직면하고 있는 가장 중요한 문제가 무엇이라고 생각하는가?
3. 지난 학기 동안 이 수업에서 가장 유용하다고 느낀 세 가지는 무엇인가?

따라서 일반적으로 폐쇄형 또는 단답형 질문이 선호되지만, 개방형과 폐쇄형 형식을 모두 사용하는 다음 질문의 예에서 보듯이, 연구자는 단일 질문에서 두 형식을 모두 결합하는 것이 유용하다는 것을 알게 된다.

1. 이 강좌의 다음과 같은 측면 각각을 평가하고 코멘트하라.

	매우 불만족	불만족	만족	매우 만족
a. 수업활동	1	2	3	4

코멘트: ____

____

b. 교수진	1	2	3	4

코멘트: ____

____

〈표 17-2〉는 폐쇄형 질문과 개방형 질문의 장단점을 간략하게 비교한 것이다.

〈표 17-2〉 폐쇄형 질문 대 개방형 질문의 장단점

	폐쇄형	개방형
장점	• 응답자 간에 응답의 일관성 향상 • 더 쉽고 빠르게 표 작성 • 응답자에게 더 인기 있음	• 더 많은 응답 자유 허용 • 제작이 더 용이 • 인터뷰진행자의 후속 조치 허용
단점	• 응답 범위를 제한할 수 있음 • 제작하는 데 더 많은 시간이 걸림 • 연구주제를 다루는 보다 더 많은 질문 필요	• 응답자 간에 길이와 내용에서 일관성이 없는 응답을 산출하는 경향이 있음 • 질문과 응답 모두 잘못 해석될 수 있음 • 표 작성 및 통합이 더 어려움

폐쇄형 질문을 향상시키기 위한 몇 가지 조언

연구자는 좋은 조사질문을 작성하는 데 도움이 될 수 있는 많은 비교적 간단한 팁을 발견했다. 가장 자주 언급되는 몇 가지는 다음과 같다.[18)]

1. 질문을 **애매모호하지 않게**(unambiguous) 하라.

Poor: Do you spend a lot of time studying?
Better: How much time do you spend each day studying?
a. More than two hours.
b. One to two hours.
c. Thirty minutes to one hour.
d. Less than 30 minutes.
e. Other (specify).

2. 초점은 가능한 한 간단하게 하라.

Poor: Who do you think are more satisfied with teaching in elementary and secondary schools, men or women?
a. Men are more satisfied.

18) 더 많은 시사점을 얻으려면, Gronlund, N. E. (1988). *How to construct achievement tests*. Prentice Hall.을 참고하라.

b. Women are more satisfied.
c. Men and women are about equally satisfied.
d. Don't know.

Better: Who do you think are more satisfied with teaching in elementary schools, men or women?
a. Men are more satisfied.
b. Women are more satisfied.
c. Men and women are about equally
satisfied.
d. Don't know.

3. 질문은 간략하게 하라.

Poor: What part of the district's English curriculum, in your opinion, is of the most importance in terms of the overall development of the students in the program?
Better: What paπ of the district's English curriculum is the most important?

4. 일상적인 언어를 사용하라.

Poor: What do you think is the principal reason schools are experiencing increased student absenteeism today?
a. Problems at home.
b. Lack of interest in school.
c. Illness.
d. Don't know.

Better: What do you think is the main reason students are absent more this year than previously?
a. Problems at home.
b. Lack of interest in school.
c. Illness.
d. Don't know.

5. 응답에 편견을 가질 수 있도록 하는 용어의 사용을 피하라.

Poor: Do you support the superintendent's "no smoking" policy on campus grounds while school is in session?
a. I support the policy.
b. I am opposed to the policy.
c. I don't care one way or the other about the policy.
d. I am undecided about the policy.

Better: Do you support a "no smoking" policy on campus grounds while school is in session?
a. I support the policy.
b. I am opposed to the policy.
c. I don't care one way or the other about the policy.
d. I am undecided about the policy.

6. 유도질문을 피하라.

Poor: What rules do you consider necessary in your classes?

Better: Circle each of the following that describes a rule you set in your classes.
a. All homework must be turned in on the date due.
b. Students are not to interrupt other students during class discussions.
c. Late homework is not accepted.
d. Students are counted tardy if they are more than five minutes late to class.
e. Other (specify).

7. 이중 부정을 피하라.

Poor: Would you not be opposed to supervising students outside of your classroom?
a. Yes.
b. No.
c. Undecided.

Better: Would you be willing to supeπise students outside of your classroom?
a. Yes.
b. No.
c. Undecided.

질문지 사전 테스트

연구설문지나 인터뷰초안에 포함될 질문이 작성되면, 연구자는 잠재 응답자와 유사한 작은 표본으로 그것을 테스트해 보는 것이 좋다. 설문지나 인터뷰초안의 '사전 테스트'는 모호성, 어설픈 질문, 이해되지 않는 질문 및 불명확한 선택을 찾아낼 수 있으며, 또한 응답자에 대한 지시문이 명확한지 여부를 파악할 수 있다. 조사도구의 타당도 검사에 대한 자세한 내용은 제7장 '타당도, 신뢰도, 객관도' 및 '사용성'을 참고하라. 또한 제8장의 '내용관련 증거'(타당도)를 참고하라.

전반적인 형식

응답자에게 질문이 어떻게 보이는지 질문지의 형식은 응답하도록 촉구하는 데 매우 중요하다. 아마도 따라야 할 가장 중요한 규칙은 질문이 분산되도록, 즉 깔끔하게 하는 것이다. 한 줄에 한 개 이상의 질문을 제시하면 안 된다. 응답자가 질문을 읽는 데 많은 시간을 보내야 할 때, 그는 빠르게 계속하는 것을 단념하게 된다.

응답자에게 선택하도록 요구하는 응답 범주를 표시하는 다양한 방법이 있다. Babbie는, 다음 질문에서 볼 수 있는 바와 같이, [ ]가 가장 좋다고 제안한다.[19]

고교 심화학습반(AP class)을 지도해 본 적이 있습니까?
[ ] 예
[ ] 아니요

---

19) Babbie, E. S. (1973). *Survey research methods* (p. 497). Wadsworth.

때때로 특정 질문은 표본에 있는 연구대상의 일부에만 적용된다. 이 경우, 후속 질문이 질문지에 포함될 수 있다. 예를 들어, 연구자는 응답자에게 특정 활동에 대해 잘 알고 있는지 물어본 다음, 그렇다고 대답한 사람에게 활동에 대한 의견을 말하도록 요청할 수 있다. 후속 질문은 응급상황질문(contingency question)이라고 불리는데, 그것은 응답자가 첫 번째 질문에 어떻게 대답하느냐에 따라 결정된다. 적절하게 사용될 경우, 응급상황질문은 응답자가 주어진 질문에 더 쉽게 답할 수 있고, 연구자가 받는 자료의 질을 향상시킬 수 있다는 점에서 귀중한 조사도구이다. 다양한 응급상황 형식을 사용할 수 있지만, 가장 쉽게 준비할 수 있는 것은 다음과 같이 응급상황질문을 들여쓰고 상자에 넣은 다음 적절한 응답에 화살표를 사용하여 기본질문에 연결하는 것이다.

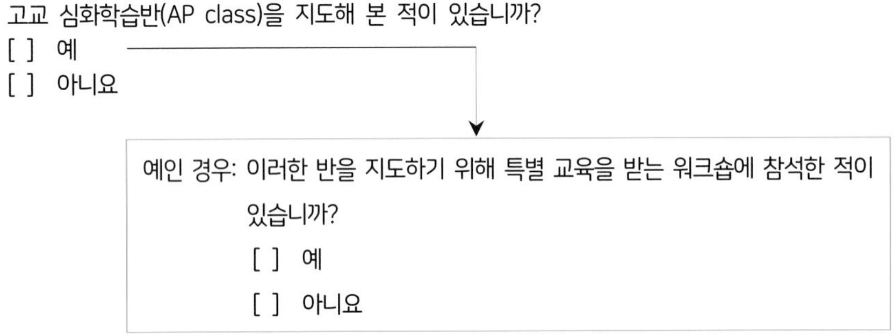
고교 심화학습반(AP class)을 지도해 본 적이 있습니까?
[ ] 예
[ ] 아니요

예인 경우: 이러한 반을 지도하기 위해 특별 교육을 받는 워크숍에 참석한 적이 있습니까?
[ ] 예
[ ] 아니요

인터뷰초안에서 응급상황질문의 명확하고 잘 조직된 발표는 특히 중요하다. 메일로 질문지를 받은 사용자는 처음 질문을 통해 불명확한 경우 해당 질문을 다시 읽을 수 있다. 그러나 인터뷰진행자가 혼란스러워지거나 질문을 잘못 읽거나 불명확하게 읽으면 전체 인터뷰가 위태로워질 수 있다. [그림 17-4]는 몇 가지 응급상황질문을 포함하는 인터뷰초안의 일부를 보여 준다.

첨부편지 준비

우편조사는 전화조사와 대면 개별 인터뷰가 아닌 질문지의 목적을 설명하는 첨부편지(cover letter)를 요구한다. 이상적으로 첨부편지는 또한 표본의 구성원이 응답하도록 동기를 부여한다.

첨부편지는 간략하게 작성되어야 하며, 응답 요청을 받은 개인에게 특별히 전달되어야 한다. 조사의 목적을 설명하고, 연구주제의 중요성을 강조하며, 응답자의 협력을 이끌어 내야 한다. 가능하면 연구자가 일단 연구가 완료되면 그 결과를 공유하겠다는 의지를 나타내야 한다. 응답자의 비밀유지와 익명성이 보장되어야 한다. 또한 연구자가 응답자에게 알려진 중요한 기관의 후원을 받는 경우에도 도움이 된다. 첨부편지에는 완성된 질문지를 반환할 날짜를 명시해야 하며, 연구자가 개별적으로 서명해야 한다. 같은 내용의 편지 모양이 나타나지 않도록 모든 노력을 기울여야 한다. 마지막으로, 반송은 가능한 한 쉽게 이루어져야 한다. 따라서 우표가 찍히고 주소가 적힌 봉투를 동봉하는 것은 항상 좋은 생각이다. [그림 17-5]는 첨부편지의 예를 나타낸다.

[그림 17-4] 인터뷰초안에 있는 몇 가지 응급상황질문의 예

Did you substitute at any time during the past year?
(Include part-time substituting.)

1. Yes

a. How many days did you substitute last week, counting all jobs, if more than one?
1. Less than one day. 2. One day. 3. Two days. 4. Three days. 5. Four days. 6. Five days. 7. Other ______

b. Would you like to substitute more hours, or is that about as much as you want to work?
1. Want more.
2. Don't want more.
3. Don't know.

c. How long have you been substitute teaching?
1. Less than 1 year.
2. 1 year.
3. 2–3 years.
4. 4–5 years.
5. 6–10 years.
6. More than 10 years.

d. In the past year, have there been any weeks when you were *not* offered a chance to substitute?
1. Yes.
2. No.
3. Don't know.

2. No

e. Did you want to substitute last week?
1. Yes.
2. No.

f. Did you want to substitute at any time during the past 60 days?
1. Yes.
2. No.

g. What were you doing most of last week?
1. Keeping house.
2. Going to school.
3. On vacation.
4. Retired.
5. Disabled.
6. Other.

h. When did you last substitute?
1. This month.
2. Over a month ago.
3. Over six months ago.
4. Over a year ago.
5. Disabled.
6. Never substituted.

출처: Babbie, E. S. (1973). *Survey research methods* (p. 149). Wadsworth.에서 차용됨

인터뷰진행자 훈련

전화 인터뷰진행자와 대면 인터뷰진행자 모두 사전에 교육을 받아야 한다. 이와 관련해 많은 제안이 나왔고, 그중 몇 가지만 언급할 수 있는 여지가 있다.[20] 전화 인터뷰진행자는 심지어 인터뷰가 시작되기도 전에 인터뷰대상자가 전화를 끊지 않도록 하기 위해 인터뷰대상자를 참여시키는 방법을 가르쳐야 한다. 전화 인터뷰진행자가 자신이 전화한 목적을 신속하게 설명할 수 있는 방법과 응답자로부터 정보를 얻는 것이 왜 중요한지 알아야 한다. 그는 인터뷰대상자가 정직하게 대답하도록 격려하는 방식으로 질문하는 방법을 배울 필요가 있다.

대면 인터뷰진행자는 위에서 언급한 것 이상의 모든 것을 필요로 한다. 그는 인터뷰대상자와 관계를 맺고 그를 편안하게 하는 방법을 배울 필요가 있다. 응답자가 특정 질문에 꺼려 하는 것 같으면, 인터뷰진행자는 새로운 질문 세트로 이동하고, 나중에 이전 질문으로 돌아가는 방법을 알아야 한다. 인터뷰진행자는 특이한 답변이나 애매하거나 불분명한 답변에 대해 언제 어떻게 '후속조치'해야 하는지 알아야 한다. 인터뷰진행자는 또한 몸짓, 태도, 표정, 복장에 대한 훈련이 필요하다. 잘못된 시간에 눈살을 찌푸리면 응답자가 질문에 대답하는 것조차 좌절시킬 수 있다! 요약하면, 인터뷰진행자를 훈련하는 데 있어 다루어야 할 일반적인 주제에는 항상 최소한 다음과 같은 것이 포함되어야 한다.

20) 보다 더 상세한 논의를 보려면, Fowler, F. J., Jr. (2009). *Survey research methods* (4th ed., 제7장). Sage Publications.를 참고하라.

[그림 17-5] 우편조사를 위한 첨부편지 예

COLLEGE OF EDUCATION

San Francisco State University

October 1, 2018

Mr. Robert R. Johnson
Social Studies Department
Oceana High School
Pacifica, California 96321

Dear Mr. Johnson,

The Department of Secondary Education of San Francisco State University prepares over 100 student teachers every year to teach in the public and private schools of California. It is our goal to help our graduates become as well prepared as possible to teach in today's schools. The enclosed questionnaire is designed to obtain your views on how to improve the quality of our training program. Your suggestions will be considered in planning for revisions in the program in the coming academic year. We will also provide you with a copy of the results of our study.

We will greatly appreciate it if you will complete the questionnaire and return it in the enclosed stamped, self-addressed envelope by October 18th. We realize your schedule is a busy one and that your time is valuable, but we are sure that you want toimprove the quality of teacher training as much as we do. Your responses will be kept completely confidential; we ask for no identifying information on the questionnaire form. The study has been approved by the University's Human Subjects review committee.

We want to thank you in advance for your cooperation.

William P. Jones
Chair of the Department

1. 응답자에게 연락하고 연구를 소개하는 절차. 모든 인터뷰진행자는 연구의 목적에 대한 공통의 이해를 해야 한다.
2. 인터뷰진행자가 일관되고 표준화된 방식으로 질문을 할 수 있도록 질문지 설계에 사용되는 규칙 및 질문 건너뛰기 지시문(필요한 경우)
3. 부적절한 답변을 비지시적인 방법으로 검증하기 위한 절차. **검증(probing)**은 특정 답변을 다른 답변보다 선호하지 않는 방식으로 불완전한 답변을 추적하는 것을 말한다. 특정 종류의 표준 검증, 예를 들어, "다른 것은 없습니까?"라고 할 수 있다. "좀 더 말씀해 주세요." 또는 "그것이 무슨 말이죠?"는 일반적으로 대부분의 상황을 처리할 것이다.
4. 개방형 및 폐쇄형 질문에 대한 답변을 기록하는 절차. 이것은 인터뷰진행자가 말 그대로 기록할 것으로 예상되는 개방형 질문에 대한 답변과 관련하여 특히 중요하다.
5. 인터뷰의 대인관계 측면을 편견이 없는 방식으로 처리하기 위한 규칙과 지침. 여기에서 특히 중요한 것은 인터뷰진행자가 당면한 과제에 집중하고 요구되는 질문에 대한 의견이나 견해를 표현하는 것을 피하는 것이다.[21)]

능력을 측정하기 위해 인터뷰 사용

인터뷰는 주로 인지능력 이외의 변수에 대한 정보를 얻기 위해 사용되었지만, 발달 및 인지심리학 분

21) Fowler, F. J., Jr. (2009). *Survey research methods* (4th ed., pp.109-110). Sage Publications.

야에서 중요한 예외를 발견할 수 있다. 인터뷰는 인지의 내용과 과정을 연구하기 위해 이 분야에서 광범위하게 사용되었다. 이러한 용법의 가장 잘 알려진 예는 Jean Piaget와 그의 동료들의 연구에서 찾을 수 있다. 그들은 어린이의 인지발달수준을 결정하기 위해 반구조화된 응급상황질문의 순서를 사용했다.

다른 심리학자들은 문제해결에 사용되는 사고과정과 순서를 연구하기 위해 인터뷰 절차를 사용했다. 오늘날까지 교육연구에서 널리 쓰이지는 않지만, 예시 연구(illustrative study)로는 Freyberg와 Osborne의 연구를 들 수 있는데, 그들은 기본적인 과학개념에 대한 학생들의 이해를 연구했다. 그들은 종종 교사가 알지 못하는 빈번하고 중요한 오해를 발견했다. 교사는 종종 학생들이 **중력**(gravity), **압축**(condensations), **에너지 보존**(conservation of energy), 그리고 **불모지 공동체**(wasteland community)와 같은 용어를 자신이 사용했던 것과 같은 방식으로 사용한다고 가정했다. 예를 들어, 많은 10세 어린이와 심지어 몇몇 더 나이 든 아동은 물컵의 바깥쪽에 있는 압축이 유리를 통해 물이 스며드는 것에 의해 일어난다고 믿었다. 다음 발췌문에 나타난 것처럼, 한 15세 아동은 기발한(비록 부정확하지만) 사고를 보였다.

> (Jenny, 15세): 유리를 통해 — 공기를 통해 전파되는 것처럼, 물 입자가 유리를 통과했습니다. 다른 방법은 없습니다. 제가 얘기했던 많은 아이가 이 물에 대해 걱정했습니다. 그것이 그들을 괴롭혔습니다. (Jenny): 네, 그들은 우리가 연구한 것과 같은 것을 연구하지 않았기 때문입니다. (연구자): 어떤 것을 연구했는데 도움이 되었나요? (Jenny): 공기를 통과하는 것들, 농도, 사물이 어떻게 퍼지는지 등이요.[22]

Freyberg와 Osborne은 교사와 교육과정개발자들이 효과적으로 가르치기 위해서는 학생들의 개념에 대한 정보를 가지고 있어야 한다고 주장한다. 그들은 또한 그러한 연구가 어떻게 일반적인 오해에 특별히 초점을 맞춘 문항을 포함함으로써 성취도검사의 내용을 개선할 수 있는지를 보여 주었다.

무응답

거의 모든 조사에서 표본의 일부 구성원은 응답하지 않는다. 이를 무응답(nonresponse)이라고 한다. 여러 가지 이유(조사대상 주제에 대한 관심 부족, 건망증, 조사받기 꺼림 등) 때문일 수 있지만, 최근 들어 (어떤 이유로든) 조사에 참여하기를 꺼리는 사람이 많아지면서 큰 문제가 되고 있다.

왜 무응답이 문제인가? 주요한 이유는 응답하지 않는 응답자가 조사질문에 대한 응답에서 응답자와 매우 다를 수 있기 때문이다. 이러한 경우, 의견 제출자의 답변에 기초하여 도출된 결론은 오도될 수 있으며, 표본이 도출된 모집단의 견해를 보여 주는 진정한 지표가 될 수 없다.

점점 더 많은 연구자가 조사회수율을 향상시키기 위해 인센티브를 사용하고 있다. 예를 들어, 조사의 목적을 설명하는 것 외에 연구자는 또한 예상 참여자에게 보내는 첨부편지에서 응답자가 조사를 반송한 것에 대해 선물카드나 상품을 받을 수 있다고 덧붙일 수 있다. 예산이 상당히 적은 학술 프로젝트의 경우, 학생과 교직원 연구자가 참여자에게 조사결과의 요약이나 상금을 약속할 수 있다. 예를 들어, 응답자의 이름이 교내서점의 상품권 도면에 입력될 것이다.

---

22) Freyberg, P., & Osborne, R. (1931). Who structures the curriculum: Teacher or learner? *Research Information for Teachers, Number Two, SET.* Hamilton, New Zealand.

전체 무응답

Kalton은 인터뷰조사에서 다음과 같은 이유로 전체 무응답이 발생할 수 있다고 지적한다. 의도된 응답자가 인터뷰에 응하기를 거부하거나, 인터뷰진행자가 전화했을 때 집에 있지 않거나, 다양한 이유(병, 청각장애, 언어 구사 불능 등)로 인터뷰에 참여할 수 없거나, 때로는 심지어 찾을 수도 없다.[23] 물론, 이 중 거절과 집에 없는 경우가 가장 흔하다.

우편조사에서는 몇 개의 질문지를 전달하지 못할 수 있으며, 때때로 일부 응답자는 참여거부의 표시로 응답하지 않은 질문지를 반송할 수 있다. 그러나 일반적으로 대부분의 우편 설문 무응답에 대해 알려진 것은 질문지가 반송되지 않았다는 것이다. 반송되지 않는 이유는 이미 언급한 것 중 하나일 수 있다.

조사연구자는 무응답을 줄이기 위해 다양한 기법을 사용한다. 인터뷰조사에서, 인터뷰진행자는 예의바르고, 유쾌하고 예민하게 질문하며, 보수적으로 옷을 입거나, 상황이 타당하다면 더 적절한 시간에 인터뷰를 하기 위해 돌아오도록 세심하게 훈련받는다. 익명성과 비밀유지가 보장된다(이것은 우편조사에서도 마찬가지이다). 질문은 보통 상당히 간단하고 위협적이지 않은 질문으로 시작하도록 구성된다. 집에 없는 사람들은 하루 중 다른 날과 다른 시간에 재방문(두 번째, 세 번째, 네 번째 방문)으로 해결된다. 때때로 약속은 응답자가 편리한 시간에 잡힌다. 우편으로 발송된 질문지는 독촉장과 종종 두 번째 또는 때로는 세 번째 우편으로 후속조치될 수 있다. 자주 간과되는 기법은 응답을 유도하기 위한 유형적 보상을 제공하는 것이다. 응답자에게 정보를 제공하는 대가로 (어떤 식으로든) 돈을 지불하는 것은 부적절하지 않다.

무응답은 많은 조사에서 심각한 문제이다. 몇몇 관찰자는 비정부 조사기관의 단순 대면조사에 대한 응답률이 약 70~75%라고 말했다. 대면 인터뷰에서 비응답자의 대다수는 거부이며, 나머지 대부분은 집에 있지 않은 사람들이다. 전화조사는 일반적으로 대면조사보다 응답률이 다소 낮다(응답자는 단순히 전화를 끊는다). 우편조사에서 응답률은 적게는 10%에서 많게는 90%까지 매우 다양하다.[24] 더 나아가, 미국 내의 다양한 하위집단 간에 무응답이 고르게 퍼져 있지 않다. 예를 들어, 대면 인터뷰조사의 무응답률은 다른 지역보다 도심에서 훨씬 높다.

특히 전화조사에서 무응답을 처리하는 데 일반적으로 사용되는 절차는 **무선교체**(random replacement)로, 원하는 표본크기에 도달할 때까지 무선으로 선택된 사례를 계속 추가한다. 이 방법은 앞에서 언급한 것과 같은 이유로 작동하지 않는다. 연락을 받지 않았거나 응답을 거부하는 사람들은 아마도 응답을 하는 사람들과는 다르게 대답했을 것이다. 기억하라. 무선표본을 사용하려면, 표본이 실제로 원래 선택된 표본으로 구성되어야 한다.

연구자는 무응답을 줄이기 위해 가능한 한 조사를 많이 하는 것 외에 조사 중 또는 다른 방법으로 응답자에 대해 가능한 한 많은 인구통계학적 정보를 얻어야 한다. 이는 표본에 대한 보다 완전한 기술을 허용할 뿐만 아니라, **만약** 표본이 연구와 관련된 인구통계와 관련하여 모집단과 매우 유사한 것으로 판명될 경우, 대표성에 대한 주장을 뒷받침할 수 있다([그림 17-6] 참고). 여기에는 성별, 나이, 민족성, 가족 크기 등이 포함될 수 있다. 말할 필요도 없이, 그러한 모든 자료는 대표성의 주장을 지지하는 것만이

---

23) Kalton, G. (1983). *Introduction to survey sampling* (p. 64). Sage Publications.

24) Ibid., p. 66.

아니라 보고되어야 한다. 그러한 주장은 모든 관련 변수에 대한 자료를 얻는 것이 불가능하기 때문에(또는 그 변수 모두가 무엇인지 확실히 하기 위해), 항상 결론을 내리지 못하지만 실질적인 무응답(우리는 10% 이상이라고 말할 수 있다.)이 있는 모든 조사의 중요한 특징이다. 이러한 제안의 주요한 어려움은 필요한 인구통계가 모집단에 제공되지 않을 수 있다는 것이다. 어떠한 경우에도 무응답률은 항상 보고되어야 한다.

[그림 17-6] 인구통계학적 자료와 대표성

문항 무응답

응답자가 제공한 정보의 부분적 격차는 다음과 같은 다양한 이유로 발생할 수 있다. 응답자는 특정 질문에 대한 답을 알지 못할 수도 있고, 특정 질문을 당황스럽거나 무관하다고 생각할 수도 있으며, 시간에 쫓길 수도 있고, 인터뷰진행자는 질문의 일부를 건너뛰기로 결정할 수도 있으며, 답변을 기록하지 못할 수도 있다. 조사의 자료분석 단계에서 특정 질문에 대한 답변이 다른 답변과 일치하지 않아 버려지는 경우가 있다. 일부 답변은 불분명하거나 읽기 어려울 수 있다.

문항 무응답이 전체 무응답보다 높은 경우는 거의 없다. 일반적으로, 그것은 질문의 성격과 자료수집 방식에 따라 달라진다. 매우 단순한 인구통계학적 질문은 무응답이 거의 없다. Kalton은 수입과 지출을 다루는 문항이 10% 이상의 문항 무응답률을 경험할 수 있는 반면, 극도로 민감하거나 어려운 질문은 훨씬 더 높은 무응답률을 발생시킬 수 있다고 추정한다.[25)]

다음은 조사에서 응답률을 높이기 위한 일반적인 제안을 요약한 것이다.

25) Ibid., p. 70.

연구논쟁

낮은 응답률은 반드시 좋지 않은 것인가?

일부 연구자가 지적한 바와 같이, "조사연구의 기본원칙은 높은 응답률이 낮은 응답률보다 낫다는 것이다. 실제로, 낮은 비율은 조사의 유용성에 대한 주요 위협으로 간주되는 몇 안 되는 결과 또는 특징 중 하나이다".[26] 그러나 전화응답률에 대한 두 가지 연구는 이것이 반드시 사실인 것은 아니라는 것을 시사한다. 한 예로, 이 책의 저자들은 인구통계학, 행동학, 태도 및 지식 문항을 포함하는 종합 질문지를 사용했다. 다른 한편으로, 해당 연구자는 **소비자심리지수(Index of Consumer Sentiment)**(경제에 대한 소비자 의견 척도)의 자료를 사용했다. 두 연구에서 응답률 60~70%와 상당히 낮은 비율(즉, 20~40%)을 비교한 결과, 중요한 답변에서 최소한의 차이를 보였다.

이는 더 높은 응답률을 달성하는 데 드는 상당한 비용이 가치가 없을 수 있다는 것을 시사한다. 그것은 "60~70%의 응답률을 훨씬 낮은 비율과 비교할 때 무응답의 영향을 거의 관찰하지 않았다고 해서 60~70%의 응답률을 가진 조사 자체가 유의한 무응답 편향을 겪지 않은 것은 아니다. 즉, 90%의 응답률은 60%의 응답률과는 다른 결과를 줄 수 있다"[27]는 것을 지적한다. 또한, 이러한 결과는 다른 유형의 질문이나 이러한 특정 조사의 응답자 이외의 응답자에게 일반화되어서는 안 된다.

1. 질문지 또는 인터뷰초안 실행

- 인터뷰를 실시하거나 질문지를 실행하는 조건을 표본의 각 개인에 대해 가능한 간단 · 용이하게 하라.
- 조사되는 집단이 여러분이 얻고자 하는 정보에 대한 어떤 것을 알고 있는지 확인하라.
- 대면 또는 전화 인터뷰진행자에게 질문방법을 훈련시키라.
- 인터뷰진행자에게 복장을 입는 법을 훈련시키라.

2. 질문지 또는 인터뷰초안의 형식

- 응답자(또는 인터뷰진행자)가 필요한 전기적인 자료(나이, 성별, 학년수준 등)를 작성할 수 있는 충분한 공간이 제공되고 있는지 확인하라.
- 질문지 또는 인터뷰초안이 달성하고자 하는 목적을 정확한 용어로 구체화하라. 즉, 응답자로부터 정확히 어떤 종류의 정보를 원하는가?
- 질문지나 인터뷰초안의 각 문항이 연구의 목표 중 하나와 관련이 있는지 확인하라. 즉, 그것은 목표에 대한 정보를 얻는 데 도움이 될 것이다.
- 개방형(예: 자유 응답) 질문보다는 폐쇄형(예: 선다형) 질문을 사용하라.
- 심리적으로 위협적인 질문이 포함되지 않도록 하라.
- 유도 질문을 모두 제거하라.
- 심사위원 패널을 사용하여 문항의 모호성을 확인하라. 필요한 경우, 수정하라.
- 조사될 표본과 유사한 소규모집단을 대상으로 질문지 또는 인터뷰초안을 사전 테스트하라.

---

26) Curtin, R. Presser, S., & Singer, E. (2000). The effects of response rate changes on the Index of Consumer Sentiment. *Public Opinion Quarterly, 64*, 413.

27) Keeter, S., Miller, C., Kohut, A., Groves, R., & Prosser, S. (2000) Consequences of reducing nonresponse in a large national telephone survey. *Public Opinion Quarterly, 64*, 125–148.

조사연구 계측과정에서의 문제

조사에서 계측과정의 타당도에 대한 몇 가지 위협은 개인이 다른 방법으로 응답하는 방법과 다르게 반응하게 할 수 있다. 예를 들어, 한 무리의 개인이 한 곳에 모여 인터뷰하고 인터뷰과정 중에 관련 없는 사건(예: 화재 훈련)이 발생한다고 가정해 보자. 이 사건은 여러 개인에게 불쾌감을 주거나 다른 영향을 미칠 수 있으며, 만약 사건이 발생하지 않았다면 그들이 어떻게 응답했을지와는 다른 방식으로 인터뷰 질문에 응답하게 할 수 있다.

예를 들어, 질문이 유도적이거나 둔감하다면 연구자가 질문지를 준비하는 데 주의를 기울이지 않을 때마다 그것은 개인이 다르게 반응하게 할 수 있다. 인터뷰연구에서 개인이 질문을 받는 조건이 다소 이례적인 경우(저녁 식사 시간 동안, 조명이 좋지 않은 방에서 등), 질문 자체의 본질과 무관한 특정 방식으로 응답할 수 있다.

마지막으로, 자료수집자 특성(예: 화려한 옷차림, 무감각, 무례함, 불쾌한 언어 사용)은 개인이 응답하는 방식에 영향을 미쳐 질문보다는 자료수집자에 부분적으로 반응하게 할 수 있다. 또한 자료수집자가 일부 개인에게 유도질문을 하지만 다른 사람에게는 하지 않을 때처럼, 무의식적으로 편견이 있을 가능성도 있다.

조사연구에서 내적 타당도에 대한 위협 평가

조사연구의 내적 타당도에 대한 네 가지 주요 위협은 사망, 장소, 계측 및 도구 성능저하이다. 사망 위협은 '손실된' 연구대상에 대한 모든 자료가 삭제되지 않는 한 종단연구에서 발생하며, 이 경우 문제는 적절한 일반화의 하나가 된다. 자료의 수집이 응답에 영향을 미칠 수 있는 장소에서 수행될 경우(예: 경찰서에서 수행된 경찰에 대한 태도 조사), 장소 위협이 발생할 수 있다. 인터뷰진행자가 피곤하거나 서두를 경우, 인터뷰조사에서 도구 성능저하가 발생할 수 있다. 이는 도구 자체의 결함과 더불어 취득한 정보의 타당도를 감소시킬 뿐만 아니라 체계적 편견을 초래할 수 있다.

조사연구에서 자료분석

조사질문에 대한 답변을 기록한 후에는 결과로부터 결론을 도출하기 위해 답변을 요약하는 마지막 과제가 남아 있다. 표본의 전체 크기가 전체 회수율과 함께 보고되어야 한다. 그런 다음, 각 문항에 대해 응답한 전체 표본의 백분율을 보고해야 한다. 마지막으로, 각 질문에 대해 각 대안을 선택한 응답자 비율이 주어져야 한다. 예를 들어, 보고된 결과는 다음과 같을 수 있다. "학교 수업 중 금연 정책에 대한 찬성에 관한 26번 문항의 경우, 80%가 찬성, 15%는 반대, 5%는 중립인 것으로 나타났다." 등급척도를 사용하는 문항은 평균 또는 중앙값을 보고해야 한다.

결과를 백분율로 보고하는 조사에서 '오차한계'라고 불리는 것을 사용하는 것이 일반적이다. 이러한 조사의 예는 유권자의 의견을 추적하고 정치적 결과를 예측하는 데 사용되는 **여론조사**(poll)를 들 수 있다. 여론조사와 다른 형태의 표본추출의 주요 차이점은 표본통계량이 보통 평균(예: 165파운드)이 아니라 백분율(예: 유권자의 37%)이라는 것이다. 따라서, 만약 캘리포니아주 사람들을 무선표본으로 74%가 사형에 반대한다는 것을 발견한다면, 대략 74%의 캘리포니아주 사람들이 그렇게 느낄 것이라고 예상할 수 있을 것이다. 여전히 1,000명의 남자를 무선표본으로 추출했을 때 남자의 평균 체중에 약간의 변화를 예상하듯이, 사형에 반대하는 1,000명의 캘리포니아주 사람들의 비율에서 표본마다 약간의 차이를 예상할 수 있을 것이다.

우리는 추론에 대한 신뢰도에 따라 오차한계인 신뢰구간을 계산하여 무선표본 결과가 모집단에서 벗어나는 정도를 추정할 수 있다. 공식은 $p(1-p)/n$의 제곱근에 해당하는 표준오차 공식이며, 여기에서 p는 특정 관점을 나타내는 응답자 비율이고, $1-p$는 다른 관점을 나타내는 비율이며, n는 표본의 크기이다. 따라서 n이 커질수록 표준오차는 작아진다.

예를 들어, 1,000명의 캘리포니아주 사람들을 대상으로 한 무선 여론조사에서 민주당원 53%와 공화당원 45%가 오차범위 ±2%로 다가오는 선거에서 투표할 의향이 있다고 가정해 보자. 따라서 제10장에서 논의한 68−95−99.7의 규칙을 사용하면, 100번 중 68번에서 여론조사 결과가 모집단의 의도(intentions)의 1 표준오차 범위 안에 있을 것이라고 말할 수 있다. 즉, 민주당원의 51%와 55%, 공화당원의 43%와 48%가 주에서 투표할 생각이다. 그러나 100번 중 32번에서, 그 결과는 모집단의 1 표준오차 범위 내에 있지 않을 것이다. 따라서 좀 더 자신감을 가지기 위해서, 95% 신뢰구간을 민주당 49∼57%, 공화당 41∼49%로 정하기 위해 ±4%까지 오차한계를 넓힐 수 있다. 이제 100번 중 5번만 여론조사 결과가 모집단의 2 표준오차 범위 내에 있지 않을 것이라고 예측할 수 있다. 따라서 민주당과 공화당의 투표율이 동률을 이룰 수 있다.

이 장의 시작 부분에 있는 **상호작용 · 응용 프로그램 학습** 기능으로 돌아가 상호작용 · 응용 프로그램 활동목록을 확인하라. www.mhhe.com/fraenkel10e의 **온라인학습센터**로 이동하여 퀴즈를 풀고 핵심 용어를 연습하며 장(章)의 내용을 검토하라.

핵심 요점

조사연구의 주요 특성

- 대부분의 조사는 세 가지의 기본적인 특성을 가지고 있다. ① 정보의 집합이고, ② 표본으로부터 도출되며, ③ 표본이 속한 모집단의 일부 측면을 기술하기 위한 질문을 한다.

조사연구의 목적

- 모든 조사의 주요 목적은 모집단의 특성을 기술하는 것이다.
- 그러나 전체로서의 모집단이 연구되는 경우는 드물다. 대신, 표본을 조사하고 모집단의 기술은 표본이 나타내는 것으로부터 유추된다.

조사연구의 유형

- 조사에는 두 가지의 주요 유형, 횡단조사와 종단조사가 있다.
- 조사연구에 일반적으로 사용되는 세 가지 종단설계는 추세연구, 코호트연구, 패널연구이다.
- 추세연구에서 구성원이 변하는 모집단의 다른 표본이 서로 다른 시점에 조사된다.
  코호트연구에서 구성원이 변하지 **않는**(not) 모집단의 다른 표본이 다른 시점에 조사된다.
- 패널연구에서 동일한 개인의 표본이 조사과정에서 서로 다른 시간에 조사된다.
- 조사는 모든 연구 주제, 특히 연구대상의 관찰이나 변수 조작이 필요한 주제에 적합하지 않다.

조사연구 단계

- 조사에서 연구의 초점을 **분석단위**(unit of analysis)라고 한다.
- 다른 유형의 연구에서처럼, 연구의 초점이 되는 사람들의 집단을 **표적모집단**(target population)이라고 한다.
- 조사에서 자료를 수집하는 네 가지의 기본적인 방법이 있다. 조사도구를 집단에 직접 실행하거나, 우편 또는 인터넷으로, 전화로, 또는 개별 인터뷰를 통한 것으로 각각의 방법에는 장단점이 있다.
- 조사될 표집은 가능하면 무선으로 선택되어야 한다.
- 조사에 사용되는 가장 일반적인 도구유형은 질문지와 인터뷰초안이다.

조사연구에서 물어지는 질문

- 조사에서 질문의 본질과 그것이 물어지는 방식은 매우 중요하다.
- 대부분의 조사는 어떤 형태의 폐쇄형 질문을 사용한다.
- 조사도구는 잠재적인 응답자와 유사한 작은 표본으로 사전 테스트해야 한다.
- 응급상황질문(continency question)은 응답자가 응급상황질문과 관련된 이전 질문에 어떻게 대답하느냐에 따라 답이 달라지는 질문이다. 잘 짜이고 순서가 매겨진 응급상황질문은 인터뷰초안에서 특히 중요하다.

첨부편지

- 첨부편지는 질문지의 목적을 설명하는 우편조사 또는 전자조사에서 잠재적인 응답자에게 발송된다.

인터뷰

- 전화 인터뷰진행자와 대면 인터뷰진행자 모두 평가도구를 사용하기 전에 훈련을 받아야 한다.
- 전체 무응답과 문항 무응답 모두 최근 증가하는 것으로 보이는 조사연구의 주요 문제이다. 조사에 응하지 않는 사람이 조사에 어떻게 답변할 것인가 하는 점에서 응답자와 다를 가능성이 매우 높기 때문에, 이것은 문제이다.

조사연구에서 내적 타당도에 대한 위협

- 조사연구의 내적 타당도에 대한 위협에는 장소, 계측, 도구 성능저하, 사망이 포함된다.

조사연구에서 자료분석

- 조사질문의 각 문항에 대해 응답한 전체 표본의 백분율과 각 질문에 대한 각 대안을 선택한 전체 표본의 백분율을 보고해야 한다.

핵심 용어

개방형 질문(open-ended questions)
응급상황질문(contingency question)
인터뷰초안(interview schedule)
무응답(nonresponse)
분석단위(unit of analysis)
인구조사(census)
종단조사(longitudinal survey)
추세연구(trend study)
코호트연구(cohort study)
패널연구(panel study)
폐쇄형 질문(closed-ended questions)
횡단조사(cross-sectional survey)

토론거리

1. 어떤 종류의 주제에 대해 개인적인 인터뷰가 메일/이메일 또는 전화 설문보다 우수할 수 있는가? 예를 제시하라.
2. 언제 전화 설문조사가 우편/이메일 설문조사보다 더 선호될 수 있는가? 개별 면접보다 선호될 수 있는가?
3. 연구자가 교사집단 구성원의 다음과 같은 각각의 특성을 사정하기 위해 사용할 수 있는 질문의 예를 제시하라.
   1) 수입
   2) 교수 스타일
   3) 가장 큰 걱정거리
   4) 교수법에 대한 지식
   5) 동질적 학생집단에 대한 의견
4. 다음 각 설문조사에 대해 우편이나 이메일 또는 전자, 전화 또는 개인 인터뷰 중 어떤 자료수집방법이 가장 적합한가?
   1) 일부 학생이 졸업하기 전에 대학을 중퇴하는 이유
   2) 영재를 위한 특별반에 대한 고등학교 교사들의 느낌
   3) 학교 신축비용 마련을 위한 세금 인상에 대한 사람들의 태도
   4) 중부지방 중학교 교장의 직무
   5) 다른 민족을 가진 개인이 교직에 들어가기로 결정하거나 그렇지 않은 이유
   6) 종신 재직권을 부여하기 전 최소한의 역량검사에 대한 교사의 의견
   7) 특정 교과목의 폐지에 대한 사립학교 학부모들의 의견
5. 일부 연구자는 미국 인구에 대한 신중한 횡단조사를 실시하는 것이 실제로 10년마다 인구조사를 하는 것보다 더 바람직할 것이라고 주장한다. 여러분은 어떻게 생각하는가? 이 생각에 대한 찬성과 반대의 주장은 무엇인가?
6. 추세, 코호트, 패널 중 어느 것이 실시하기 가장 어려운 종단조사유형이라고 생각하는가? 가장 쉬운 것은? 각각에 대한 이유를 설명하라.
7. 여러분은 왜 많은 사람이 우편이나 이메일로 받은 설문조사에 응답하지 않는다고 생각하는가?
8. 연구자가 우편이나 이메일을 통해 설문조사를 할 수 없었던 질문이 있는가? 전화로는? 개인 인터뷰는? 각각

에 대하여 설명하라.

9. 개별 인터뷰를 할 때, 언제 개방적인 질문보다 폐쇄적인 질문을 하는 것이 더 나은가? 그 반대는? 각각에 대해 몇 가지 예를 제시하라.

10. 질문하면 거의 모든 사람이 대답할 것이라고 믿는 질문을 제안할 수 있는지 알아보라. 그들이 대답하지 않을 것이라고 확신할 수 있는 어떤 것이 생각나는가? 왜 그렇다고 생각하는가?

11. 이 장에 제시된 것 외에 설문조사 응답률을 증진하기 위해 어떤 제안을 할 수 있는가?

제5부 질적 연구 소개

제5부는 질적 연구에 관한 논의로 시작한다. 이 책의 저자들은 질적 연구의 본질을 별도의 장으로 할애하고, 후속되는 두 개의 장에서 질적 연구자가 자료를 수집하고 분석하기 위해 사용하는 주요 기법에 대하여 다룬다. 이러한 기법에는 관찰, 인터뷰, 그리고 내용분석을 포함한다. 이 책의 저자들은 연구자의 조사(investigations)의 장단점에 관한 분석과 함께, 연구자가 이 기법을 사용한 출판된 연구의 예를 제시한다.

제18장

질적 연구의 본질

학습목표

이 장을 학습하면 다음을 수행할 수 있어야 한다.

- '질적 연구'라는 용어가 의미하는 바를 설명할 수 있다.
- 대부분의 질적 연구가 공통적으로 가지고 있는 다섯 가지 일반적인 특성을 기술할 수 있다.
- 질적 연구와 양적 연구의 기초가 되는 철학적 가정을 간략하게 기술할 수 있다.
- 질적 연구에 관련된 몇 가지 단계를 간략하게 기술할 수 있다.
- 질적 연구가 양적 연구와 다른 적어도 세 가지 방법을 기술할 수 있다.
- 질적 연구에 대한 최소한 네 가지의 다른 접근방법을 간략하게 기술할 수 있다.
- 질적 연구에서 사용되는 표본의 유형을 기술하고, 이러한 유형의 예를 제시할 수 있다.
- 일반화하는 것이 질적 연구와 양적 연구에서 어떻게 다른지 설명할 수 있다.
- 윤리문제가 질적 연구에 어떠한 영향을 미치는지 간략하게 기술할 수 있다.
- 연구에 대한 질적 접근방법과 양적 접근방법이 함께 사용될 수 있는 방법을 제안할 수 있다.

상호작용 · 응용 학습 이 장을 읽는 동안 또는 읽은 후:

다음을 하려면, 온라인학습센터 (www.mhhe.com/fraenkel10e)로 접속하라.

- 혼합설계와 그것의 제한점에 대한 심화학습

다음 활동을 수행하기 위해 온라인 학습자 완전학습 활동(Student Mastery Activities) 책을 읽으라.

- 활동 18.1: 질적 연구 질문
- 활동 18.2: 질적 연구 대 양적 연구
- 활동 18.3: 질적 연구에 대한 접근방법

"안녕, 주은아."
"안녕, 상희야. 어디 갔었어?"
"나는 연구수업에서 막 왔어. 우리는 이제 막 질적 연구에 대해 배우기 시작했어."
"그게 뭔데?"
"음, 때때로 연구자는 특정 개인, 또는 특정 상황에 대한 심층적인 정보를 얻고 싶어 해. 어쩌면 심지어 특정 교육자료 세트도."
"그래?"
"그럴 때, 그는 몇 가지 흥미로운 질문을 해. '이것에 대해 어떻게 생각하는가?' 또는 '내가 이것을 한다면 어떻게 될까?'와 같은 것을 묻는 대신, 질적 연구자는 '이 사람들은 어떻게 행동할까?' 또는 '일이 어떻게 행해질까?' 또는 '어떻게 사람들이 자신의 삶에 의미를 부여할 수 있을까?'라고 물어."
"어째서?"라고 주은이 묻는다.
"왜냐하면 질적 연구자가 얻고자 하는 것은 사람들이 가지고 있는 경험의 질에 대한 어떤 아이디어이기 때문이야."
"이상하게 들리네. 좀 더 자세히 말해 줘."
이 책의 저자들은 실제로 주은(그리고 여러분)에게 질적 연구에 관하여 더 이야기한다. 이 장에서는 질적 연구의 본질, 그리고 그것이 양적 연구와 어떻게 다른지를 다룬다.

질적 연구란 무엇인가

이전 장에서 논의한 연구방법론을 사용하는 연구자들이 묻는 질문의 대부분은 다양한 학습, 태도 또는 아이디어가 존재하는 정도 또는 얼마나 잘 개발되고 있는지 또는 얼마나 정확하게 개발되고 있는지와 관련이 있다. 따라서 가능한 연구방법에는 대안적인 교수방법 간의 비교(실험연구에서처럼), 변수 간의 연구 조사(상관관계에서처럼), 특정 변수에 대한 기존 차이의 관점에서 개인의 집단 비교(인과–비교 연구에서처럼), 또는 교사, 행정가, 상담사와 같은 교육전문가와 같은 다른 교육전문가 집단 조사(조사연구에서와 같은)를 포함한다. 이러한 방법은 종종 양적 연구(quantitative research)라고 불린다.

그러나 제1장에서 언급한 바와 같이, 연구자는 이러한 질문에 대한 답이 제공할 수 있는 것보다 더 전체적인 교육 및 학습에 대한 인상을 얻기를 원할 수 있다. 연구자는 어떤 것이 '어느 정도' 또는 '얼마나 잘 수행되는지' 이상의 것을 알고 싶어할 수 있다. 해당 연구자는 예를 들어, 특정 교실이나 학교에서 일어나는 일에 대한 더 완전한 모습을 얻기 원할 수도 있다.

중학교에서의 역사교육을 생각해 보자. 역사교사들은 자신의 교과목을 어떻게 가르칠까? 그들은 일상생활을 하면서 어떤 일을 하는가? 학생들은 어떤 종류의 일을 하며, 어떤 종류의 활동을 하는가? 역사수업 중 학습과정에 도움이 되거나 방해가 되는 것과 같은 노골적이고 암묵적인 '게임의 법칙'은 무엇인가? 이러한 우려에 대한 통찰력을 얻기 위해, 연구자는 역사수업에서 학생들(그리고 교사들)의 일상적인 경험을 기록하거나 기술하고자 할 수 있다. 초점은 오직 하나의 수업에만 집중될 것이다. 연구자는 가능한 한 정기적으로 해당 수업을 관찰하고, 자신이 보는 것을 가능한 한 완전하고 풍부하게 기술하려고 시도한다.

앞의 예는 많은 연구자가 그것이 얼마나 자주 발생하는지 또는 그것이 그렇지 않으면 어떻게 평가되는지에 대해서 보다 특정 활동의 **질**(quality)에 더 관심이 있다는 사실을 지적한다. 관계, 활동, 상황 또는 교수자료의 질을 조사하는 연구는 종종 **질적 연구**(qualitative research)라고 한다. 이러한 유형의 연구는 총체적 기술(holistic description), 즉 특정 처치의 효과를 비교하거나(실험연구에서처럼) 사람들의 태도나 행동을 기술하는 것(조사연구에서처럼)보다 특정 활동이나 상황에서 일어나는 모든 것을 상세히 기술하는 데 더 큰 중점을 둔다는 점에서 이전 장에서 논의된 연구방법론과 다르다.

교육연구자가 수행한 질적 연구의 몇 가지 실제적인 예는 다음과 같다.

- 중학생의 수학에서 자기효능감의 원천[1)]
- 쇼핑몰: 변화하는 환경과 문화 간에서의 대인관계 거리 측정[2)]
- 인터넷을 이용한 수업을 이해하기 위한 준거틀[3)]
- 다른 곳에 가서 자유롭게 위험한 행동을 하다: 스케이트, 성별, 그리고 도시 상황[4)]
- 민감한 주제 조사: 감정노동으로서의 질적 연구[5)]

이 책의 저자들은 교육연구가 점점 더 양적 접근과 질적 접근의 혼합이며, 그래야 한다고 믿는다(제11장 후반부에서 이에 대해 더 자세히 논의한다). 그러나 존재하는 다양한 유형의 연구를 이해하는 데 도움이 되도록 〈표 18-1〉에 양적 연구와 질적 연구의 본질적 차이를 열거했다.

〈표 18-1〉 양적 연구 대 질적 연구

양적 연구방법론	질적 연구방법론
처음부터 진술된 정확한 가설 선호	연구가 진전됨에 따라 나타나는 가설 선호
처음부터 진술된 정확한 정의(definition) 선호	맥락에서 또는 연구가 진행됨에 따른 정의 선호
수치점수로 축소된 자료	서사적 기술(narrative description) 선호
도구에서 얻은 점수의 신뢰도 사정·개선에 많은 주의	추론의 신뢰도가 적절하다고 가정하는 것 선호
통계지수에 의존하는 다양한 절차를 통한 타당도 사정	정보의 출처의 교차확인(삼각검증)을 통한 타당도 사정
의미 있는 표본을 얻기 위한 무선기법 선호	전문가 제보자(의도적) 표집 선호
절차의 정확한 기술 선호	절차에 대한 서사적/문학적 기술 선호
외생변수의 설계 또는 통계적 통제 선호	외생변수를 통제하거나 처리 시 논리적 분석 선호

1) Usher, E. L. (2009). Sources of middle school students' self-efficacy in mathematics: A qualitative investigation. *American Educational Research Journal, 46*(3), 275–314.

2) Ozdemir, A. (2008). Shopping malls: Measuring interpersonal distance under changing conditions and across cultures. *Field Methods, 20*(8), 226–248.

3) Wallace, R. M. (2004). A framework for understanding teaching with the Internet. *American Educational Research Journal, 41*(1), 447–488.

4) Khan, C. A. (2009). Go play in traffic: Skating, gender, and urban context. *Qualitative Inquiry, 15*, 1084–1102.

5) Dickson-Swift, V. et al. (2009). Researching sensitive topics: Qualitative research as emotion work. *Qualitative Research, 9*(2), 61–79.

절차적 편견에 대한 특정 설계 통제 선호	절차적 편견에 대처하기 위해 연구자에게 일차적으로 의존
결과의 통계적 요약 선호	결과에 대한 서사적 요약 선호
복잡한 현상을 분석을 위한 특정 영역으로 분해 선호	복잡한 현상에 대한 총체적 기술 선호
복잡한 현상 연구 시 제 측면, 상황, 조건을 조작하려는 의지	자연적으로 발생하는 현상에 대해 간섭하고 싶지 않음

질적 연구의 일반적인 특성

다양한 유형의 질적 연구방법론이 존재하지만, 대부분의 질적 연구를 특징짓는 특정한 일반적인 특징이 있다. 모든 질적 연구가 반드시 이 모든 특성을 동일한 강도로 나타내는 것은 아니다. 그럼에도 불구하고, 종합해 보면 그것은 이러한 유형의 연구에 어떤 것이 관련되어 있는지에 대한 좋은 전체적인 모습을 가지고 있다. Bogdan과 Biklen은 그러한 다섯 가지 특징을 다음과 같이 기술한다.[6)]

1. **자연적인 환경(natural setting)이 자료의 직접적인 원천이며, 연구자(researcher)는 질적 연구의 핵심도구(key instrument)이다.** 질적 연구자는 자신의 자료를 관찰하고 수집하기 위해 특정 관심 환경으로 직접 이동한다. 연구자는 실제로 학교에 있고, 교직원 회의에 참석하며, 학부모-교사연합회의에 참석하고, 교실과 다른 장소에서 교사를 관찰하며, 일반적으로 자신의 일과를 진행하면서 개인들을 직접 관찰하고 인터뷰하는 데 상당한 시간을 보낸다.

   질적 연구자는 때때로 노트필기를 위해 패드와 연필만 구비하고 나오지만, 종종 정교한 오디오와 비디오 녹화 장비를 사용한다. 그러나 그러한 장비를 사용하더라도 자료는 현장에서 바로 수집되고 무슨 일이 일어났는지에 대한 연구자의 관찰과 통찰에 의해 보완된다. Bogdan과 Biklen이 지적한 바와 같이, 질적 연구자는 **맥락**(context)에 관심이 있기 때문에 특정한 관심 환경으로 간다. 질적 연구자는 활동이 일어나는 실제 환경에서 가장 잘 이해될 수 있다고 느낀다. 질적 연구자는 또한 인간의 행동이 특정 환경에 의해 크게 영향을 받는다고 느끼며, 따라서 가능한 한 그러한 환경을 방문한다.
2. **질적 자료는 숫자(numbers)보다는 글자(words)나 그림(pictures) 형태로 수집된다.** 질적 연구에서 수집된 자료의 종류는 인터뷰기록, 현장노트, 사진, 녹음, 비디오테이프, 일기, 개인논평, 메모, 공식기록, 교과서 구절, 사람들의 실제 말이나 행동을 전달할 수 있는 모든 것을 포함한다. 이해(understanding)를 하기 위해, 질적 연구자는 보통 자료를 숫자 기호로 축소하려고 하지 않고[7)] 관측하고 기록한 자료를 풍부하게 묘사하려고 한다. 그러므로 질적 연구자는 상황에 대한 통찰력을 줄 수 있는 어떤 것도 무시하지 않기 위해 최선을 다한다. 손짓, 농담, 일상 대화에서 쓰이는 말과 행동(gambits), 예술 작품 또는 방안에 있는 다른 장식, 이 모든 것은 질적 연구자에 의해 주목을 받는다. 질적 연구자에

6) Bogdan, R. C., & Biklen, S. K. (2007). *Qualitative research for education: An introduction to theory and methods* (5th ed.). Allyn & Bacon.

7) 그러나 몇몇 질적 연구자는 자신의 자료를 명확하게 하기 위해 통계적 절차를 사용한다. 예를 들어, Miles, M. B., & Huberman, A. M. (1994). *Qualitative data analysis* (2nd ed.). Sage.를 참고하라.

게 있어 어떠한 자료도 사소한 것이거나 주목받지 못할 것은 없다.

3. **질적 연구자는 산물(product)뿐만 아니라 과정(process)에도 관심이 있다.** 질적 연구자는 특히 일이 **어떻게**(how) 발생하는지에 관심이 많다. 따라서 질적 연구자는 사람들이 어떻게 서로 상호작용하는지, 특정한 종류의 질문에 어떻게 대답하는지, 어떻게 특정한 말과 행동에 의미를 부여하는지, 태도가 어떻게 행동으로 바뀌는지, 학생이 교사의 태도, 제스처, 또는 논평에 의해 어떻게 영향을 받는 것처럼 보이는지를 관찰할 가능성이 높다.
4. **질적 연구자는 자료를 귀납적으로(inductively) 분석하는 경향이 있다.** 질적 연구자는 일반적으로 사전에 가설을 세운 다음 그것을 시험하려고 하지 않는다. 오히려 그는 '있는 대로 하는' 경향이 있다. 그는 고려해야 할 중요한 질문이 무엇인지 결정하기 전에 자료를 수집하는 데 상당한 시간을 소비한다(주로 관찰과 인터뷰를 통해). Bogdan과 Biklen이 제안한 바와 같이, 질적 연구자는 이미 알고 있는 사진을 퍼즐로 맞추지 않고 있다. 그는 부품을 모으고 조사하면서 형태를 갖추는 그림을 **구성하고**(constructing) 있다.[8)]
5. **질적 연구자의 주요 관심사는 사람들이 자신의 삶을 어떻게 이해하는가(how people make sense out of their lives)이다.** 질적 연구자의 특별한 관심은 연구대상의 관점에 있다. 질적 연구자는 연구참여자가 무엇을 생각하고 있으며, 왜 그가 그렇게 생각하는지를 알고 싶어 한다. 가정, 동기, 이유, 목표, 가치 등 모든 것이 흥미롭고 연구자의 질문의 초점이 될 수 있다. 연구자가 완성된 비디오테이프나 메모 내용을 참여자에게 보여 줌으로써 연구자의 해석의 정확성을 확인하는 것도 일반적이다. 즉, 연구자는 (연구자가 단순히 자신이 생각하는 것을 보고하는 것에 그치지 않고) 참여자의 관점에서 참여자의 생각을 최대한 정확하게 포착하기 위해 최선을 다한다.

양적 연구와 대비되는 질적 기초가 되는 철학적 가정

양적 연구자와 질적 연구자 간의 차이는 종종 서로 다른 패러다임이나 **세계관**(worldview), 즉 조사에 접근하는 방법을 안내하는 기본적인 신념이나 가정의 차이에서 논의된다. 이러한 가정은 실재(reality)의 본질, 연구자가 연구하는 것에 대한 연구자의 관계, 연구에서의 가치관의 역할, 그리고 연구의 과정 자체에 대한 그들의 견해와 관련이 있다. 질적 연구자는 한 사람의 세계관이 연구를 구성하는 데 사용되는 이론적 준거틀(theoretical framework) 또는 '이론적 접근방법'에 영향을 미친다고 주장한다.

양적 접근은 19세기에 등장한 실증주의(positivism) 철학과 관련이 있다. 아마도 이 철학의 발전과 확산에 가장 책임이 있는 사람은 Auguste Comte(1798~1857)일 것이다. 1824년에, 그는 "나는 돌의 낙하와 같이 인류의 발전을 위해 잘 정의된 법이 있다는 것을 인정받는 데 성공할 것이라고 믿는다."[9)]라고 썼다. Comte는 사람들이 현상을 설명하기 위해 경험적 자료, 이성, 그리고 과학적 법칙의 발달에 의존하기 시작할 때 인간 지식의 '실증적인(positive)' 단계에 도달한다고 주장했다. 실증주의자는 과학적 방법이 효과적인 지식을 생산하는 가장 확실한 방법이라고 믿는다.

실증주의가 몇 년 동안 다소 변했지만 기본적인 전제는 우리로부터 독립한, 발견되기를 기다리는, 안

---

8) Bogdan, R. C., & Biklen, S. K. (2007, p. 6).

9) Bernard, H. R. (2000). *Social research methods: Qualitative and quantitative approaches*. Sage.

정된 자연법칙에 의해 움직이는 실재(reality)가 존재한다는 것이다. 과학의 임무는 이 실재의 본질과 그 것이 어떻게 작용하는지를 발견하는 것이다. 이와 관련된 강조점은 복잡한 현상을 관리할 수 있는 조각으로 분해하여 연구하여 최종적으로 전체로 재조립하는 것이다. 연구자의 역할은 실험적인 설계와 통제를 통해 자신의 편견과 가치를 배제하고 연구되는 것과는 별도인 '관심 없는 과학자(disinterested scientist)'의 역할이다.

실증주의 철학에 대한 도전은 많은 방향에서 왔고 계속 논의되고 있다. 일반적으로 질적 연구자는 우리가 제1장에서 설명한 비판적 연구자가 제기한 질문에 공감하며, 양적 접근방법의 대안으로 그 방법을 제시한다. 그들 중 많은 사람은 연구에 대한 '과학적(scientific)' 접근방법과는 반대로, 더 "예술적(artistic)" 접근방법을 옹호한다. 또한, 그들의 목표는 종종 다르다. 이것은 관련된 개인에 의해 어떻게 인식되는지에 따라 사건에 대한 다양한 해석을 촉진하는 일부 사람의 선호에 의해 설명된다. 이러한 복잡한 관점은 거의 모든 물리학자(그리고 대부분의 사회과학자)가 옹호하는 것과는 정반대이다.

〈표 18-2〉는 이러한 철학적 가정에 관한 두 접근방법의 기본적인 차이를 보여 준다.

〈표 18-2〉 양적 연구자 대 질적 연구자의 철학적 가정에서의 차이

양적 연구자의 가정	질적 연구자의 가정
우리와는 별개로, 알려지기를 기다리는 '저 밖에' 실재(reality)가 존재한다. 과학의 임무는 실재의 본질과 그것이 어떻게 작용하는지를 발견하는 것이다.	연구 상황에 관련된 개인은 실재를 구성하기 때문에, 실재는 여러 정신구조의 형태로 존재한다.
연구조사는 잠재적으로 세상이 실제로 어떤 존재인지에 대한 정확한 진술을 이끌어 낼 수 있다.	연구조사는 세상이 어떤지에 대한 대안적인 비전을 만들어낸다.
연구자가 자신을 연구 중인 것으로부터 제거할 수(떨어뜨릴 수) 있다.	연구자가 자신이 연구하고 있는 개인과 떨어져 있는 것은 불가능하다.
사실(facts)은 아는 사람과는 무관하며 왜곡되지 않은 방법으로 알 수 있다.	가치는 연구과정의 필수적인 부분이다.
사실과 가치(values)는 서로 구별된다.	사실과 가치는 불가분의 관계에 있다.
연구조사의 적절한 설계는 세계의 본질에 대한 정확한 결론을 초래할 것이다.	연구에서 발생하는 초기의 모호성은 바람직하다.
교육연구의 목적은 관계를 설명하고 예측할 수 있는 것이다. 궁극적인 목표는 예측을 가능하게 하는 법칙의 개발이다.	교육연구의 목적은 사물이 다른 것에게 무엇을 의미하는지 **이해**(understanding)하는 것이다. 이와 같이 매우 일반화할 수 있는 "법칙"은 결코 찾을 수 없다.

포스트모더니즘

많은 학자가 연구(특히 교육연구)가 인간의 행동에 대한 이해에 정말로 기여할 수 있는지에 대해 의문을 제기하기 시작했다. 보통 **포스트모더니스트(postmodernists)**라고 일컬어지는 이 학자들은 우리가 이 책의 여러 장에서 기술한 바와 같이 주류 연구의 관련성을 비판한다. 그들은 사실 제1장에서 설명한 비판적인 연구자보다 훨씬 더 그러한 연구에 대한 집중적인 비판을 제시한다.

포스트모더니스트들은 전통적인 연구에 대해 많은 비판을 하지만, 아마도 가장 흔한 것은 다음과 같다. 첫째, 사회적 행동의 영역에서 근본적인 구조(예: 의미, 법)의 존재를 부인한다. 실제로 Foucault는 모든 지식과 진실은 역사, 권력, 사회적 관심의 산물이며, 따라서 예를 들어 실증주의자가 믿는 것처럼 '발견될' 수 없다고 주장한다.[10] 둘째, 모든 자연적으로 발생하는(즉, 비수학적) 언어는 시간이 지남에 따라 변화하는 모호한 용어로 불가피하게 구성되므로, 이러한 언어를 사용하는 모든 진술은 검증될 수 없다고 주장한다.[11] 포스트모더니즘은, 교육연구에 대한 그것의 시사점이 점차 많이 논의되는 것을 포함하여, 모든 지적 학문 분야에 영향을 미쳤다.

여러분은 어떻게 생각하는가? '진실'이 검증될 수 있는가? 아니면 포스트모더니스트들이 주장하는 것처럼, 그것은 '역사, 권력, 사회적 이익의 산물'인가?

질적 연구의 단계

질적 연구 수행에 관련된 단계는 양적 연구만큼 뚜렷하지 않다. 그것은 종종 중복되고, 때로는 동시에 수행되기도 한다. 그러나 모든 질적 연구는 시작점과 끝점이 다르다. 연구자가 연구하고자 하는 현상을 파악했을 때 시작되고, 연구자가 최종 결론을 도출할 때 끝난다.

연구논쟁

명확성과 포스트모더니즘

포스트모더니스트들이 사용하는 개념과 언어는 불필요하게 이해하기 어려운가? 그러한 비판은 사범대생뿐만 아니라 다른 학생들도 자주 한다. 예를 들어, Jones는 이러한 어려움은 대부분의 학생이 질문의 맥락에 대한 역사적 노출이 부족하다는 사실에서 비롯된다고 주장한다.[12] Constas는 교육연구에서 포스트모더니즘 지지자들이 더 잘 해명할 필요가 있으며,[13] (Pillow에 의해 다른 말로 바꾸어 표현된 것처럼) 일부 이론가는 "말을 횡설수설하는 것과 같은 증상을 보이는 반면, 다른 이론가는 목적 없이 (그리고 무의미하게) 방황하고, 또 다른 이론가는 여전히 마비상태에 있다."고 믿는다.[14] Lather는 명확성(clarity)을 추구하는 것은 '치유(cure)로서의 지식의 휴머니즘적 로맨스'의 일부이며 포스트모더니스트의 역할은 '당연히 받아들여지는 명료(intelligibility) 구조'에 의문을 제기하는 것이라고 반박한다.[15] 여기에는 '진실', '진보', '합리성', '성별', 그리고 '인종'과 같은 개념이 포함될 것이다.

Pillow는 Constas가 요점을 놓쳤다고 주장한다. "왜, 교육연구에 대한 포스트모더니즘의 영향력에 대한 질문 주변에서, 우리는 여전히 진실과 명료에 대한 질문을 추구하고 있는가? 아마도 우리가 더 필요로 하는 것은 포스트모던 연구가 어떻게 보이고, 행하며, 전념하는지에 대한 예일 것이다. 즉, 그것이 무엇인지에 대한 시도를 줄이고, 그것이 무엇인지에 대한 더 많은 실제 사례에 대한 것이다."[16]

---

10) Foucault, M. (1972). *The archaeology of knowledge*. Harper and Row.

11) Derrida, J. (1972). Discussion: Structure, sign, and plot in the discourse of the human sciences. In R. Macksey & E. Donato (Eds.), *The structuralist controversy* (pp. 242–272). Johns Hopkins University Press.

12) Jones, A. (1997). Teaching post–structuralist feminist theory in education: Student resistances. *Gender and Education, 9*(3), 266–269.

13) Constas, M.A. (1998). Deciphering postmodern educational research. *Educational Researcher, 27*(9), 36–42.

14) Pillow, W. S. (2000, June–July). Deciphering attempts to decipher postmodern educational research. *Educational Researcher, 29*, 21–24.

15) Lather, P. (1996). Troubling clarity: The politics of accessible language. *Harvard Educational Review, 66*(3), 525–554.

16) Pillow, W. S. (2000, June–July). Deciphering attempts to decipher postmodern educational research. *Educational Researcher, 29*, 23.

질적 연구와 관련된 단계는 양적 연구에서와 같이 구별되지 않지만(꼭 순차적이지는 않음), 몇 가지 단계를 확인할 수 있다. 그것을 간단히 기술해 보자.

1. **연구할 현상 확인**: 연구자는 연구를 시작하기 전에 조사하기 위해 관심 있는 특정 현상을 확인해야 한다. 예를 들어, 한 연구자가 도심 내(inner-city) 고등학교에서 소수자 학생과 비소수자 학생 간의 상호작용을 조사하려고 한다고 가정해 보자. 여기에서 주목되는 현상은 특히 도심 속 학교에서 학생들의 상호작용이다. 인정하건대, 이것은 다소 일반적인 주제이지만, 연구자가 진행할 수 있는 출발점을 제공한다. 연구질문으로 진술할 때, 해당 연구자는 "도심의 고등학교에서 소수자와 비소수자가 어느 정도 그리고 어떤 방식으로 상호작용하는가?"라고 물을 수 있다.

   그러한 질문은 전조된 문제(foreshadowed problems)라고 알려진 것을 시사한다. 모든 질적 연구는 그러한 문제로부터 시작된다. 그것은 제2장에서 논의했던 문제의 전반적인 진술과 유사하다. 그것은 연구자에게 찾을 무언가를 준다. 그러나 그것의 목적은 방향을 제공하고 지침 역할을 하는 것이기 때문에 제한적이거나(restrictive) 한정하는(limiting) 것으로 간주되어서는 안 된다. 예를 들어, 언급된 질문에 대한 조사가 진행됨에 따라, 학교 내 활동뿐만 아니라 과외활동도 살펴볼 필요가 있다는 것이 명백해질 수 있으므로, 그러한 활동에 대한 학생들의 참여의 종류를 관찰하고 분석할 것이다. 전조된 문제는 종종 질적인 연구를 하는 동안 여러 번 재구성된다.
2. **연구참여자 확인**: 연구참여자는 관찰될 개인(인터뷰 등)의 표본, 즉 연구의 대상자를 구성한다. 거의 모든 질적 연구에서 표본은 의도적 표본(purposive sample)이다(제6장 참고). 연구자가 연구의 목적에 고유하게 적합한 표본을 얻기를 원하기 때문에, 무선표집은 일반적으로 가능하지 않다. 현재의 예에서, 도심 속 고등학교 학생들은 관심의 대상이지만, 그러한 학생 중 어떤 집단도 그렇게 하지 않을 것이다. 그들은 특정 도심 속 고등학교나 학교에서 발견되어야 한다.
3. **가설생성**: 가설은 대부분의 질적 연구에서처럼 일반적으로 연구의 시작부분에 언급되지 않는다. 질적 연구에서 가설의 특징은 일반적으로 연구자가 연구를 시작한 후에 공식화된다는 것이다. 가설은 자료에 기초하고 자료에 대해 단순히 검증되는 사전 아이디어라기보다는 자료와 상호작용하여 개발되고 검증된다. 많은 질적 연구자가 연구를 시작하기 전에 자신의 생각 중 일부를 명시적으로 진술하는 것은 사실이지만, 이것은 보통 가설이라기보다는 '명제(propositions)'라고 불린다. 명제는 질적 자료 수집 및 분석을 유도하기 위한 유연하고 폐기 가능하며 대안적인 도구라는 점에서 가설과 다르다. 질적 연구자는 증명하거나 반증하는 목표를 가지고 명제를 진술하지 않는다. 오히려 명제는 탐색적 연구를 수행할 때 종종 직면하는 무수한 초점을 좁히는 것을 돕기 위한 것이다. 현재의 예에서 한 연구자는 매일의 수업시간 밖에서 소수자와 비소수자 학생 간의 상호작용이 미미할 것이라는 명제를 탐구할 수 있다. 그러나 해당 연구자는 학교에서 매일 일어나는 일들을 관찰하면서, 소수자와 비소수자 학생 간의 상호작용이 실제로 꽤 자주 일어날 수 있다는 것을 진술하기 위해 명제를 재구성할 수 있다. 이 가설은 사실상 자료에서 '도출된다(emerged)'.
4. **자료수집**: 질적 연구에는 '처치(treatment)'가 없고, 연구대상에 대한 '조작(manipulation)'도 없다. 질적 연구의 참여자는 한 집단은 어떤 종류의 처치에 노출되고, 그 치료의 효과가 어떤 방식으로 측정되는 집단으로 나뉘지 않는다. 자료는 연구의 '끝(end)'에 수집되지 않는다. 오히려 질적 연구에

서 자료수집은 계속된다. 연구자는 사람, 사태(events), 발생(occurrences) 등을 지속적으로 관찰하고 있으며, 종종 선정된 참여자들의 심층인터뷰와 함께 관심 현상과 관련된 다양한 문서와 기록의 검토로 자신의 관찰을 보완하고 있다.

5. **자료분석**: 질적 연구에서 자료를 분석하는 것은 본질적으로 연구자가 다양한 출처(예: 관찰, 인터뷰, 문서)에서 얻은 정보를 분석, 합성 및 축소하여 관찰 또는 다른 방법으로 발견한 것에 대한 일관된 기술(description)을 하는 것을 포함한다. 가설은 일반적으로 실험연구나 연관연구의 경우와 같이 추론적 통계 절차를 통해 검증되지 않지만, 조사 중인 현상에 대한 특정 세부사항을 밝힐 수 있는 것으로 보이는 경우 백분율과 같은 일부 통계를 계산할 수 있다. 그러나 질적 연구의 자료분석은 기술에 크게 의존한다. 특정 통계가 계산되는 경우에도 추리적 의미가 아닌 기술적 의미로 사용되는 경향이 있다([그림 18-1] 참고). 질적 연구에서 자료의 수집과 분석에 대해 제19장에서 상세히 논의할 것이다.

[그림 18-1] 양적 연구자와 질적 연구자가 세상을 보는 방법

6. **해석과 결론**: 질적 연구에서는 연구과정 내내 해석이 지속적으로 이루어진다. 양적 연구자는 일반적으로 결론을 연구의 마지막 부분에 도출하는 반면, 질적 연구자는 연구를 진행하면서 자신의 해석을 공식화하는 경향이 있다. 결과적으로, 사람들은 질적 연구에서 연구자의 결론이 연구과정의 다른 단계와 다소 통합된다는 것을 발견한다. 예를 들어, 도심 속 교실의 진행 중인 활동을 관찰하는 질적 연구자는 매일 보는 것뿐만 아니라 그러한 관찰에 대한 자신의 해석도 기록할 가능성이 높다.

 질적 연구에 대한 접근

질적 연구에 대한 여러 가지 접근방법을 찾을 수 있다. 예를 들어, Creswell은 내러티브연구, 현상학, 근거이론, 사례연구, 문화기술지 등 다섯 가지를 확인했다.[17] 비록 이 다섯 가지 접근방법이 결코 존재하는 다양한 접근방법을 모두 포괄하지 않지만, 이 책의 저자들은 그것들을 다음과 같은 이유 때문에 여

17) Creswell, J. W. (2007). *Qualitative inquiry and research design: Choosing among five approaches* (p. 9). Sage.

기에 포함시킨다. ① 그것들은 "사회, 행동, 그리고 건강과학 문헌에서 자주 볼 수 있다". 그리고 ② '탐구를 위한 체계적인 절차'를 가지고 있기 때문이다. 이 책의 저자들은 이 접근방법의 목록에 역사연구를 추가한다. 비록 하나의 연구 내에서 이러한 접근방법의 두 개 이상의 변형 또는 조합을 찾을 수 있지만, 이 책의 저자들은 이해를 단순화하기 위해 연구설계에 대한 '순수한(pure)' 접근방법으로 분리하고 여기에 기술한다. 각각에 대하여 간략하게 기술해 보면 다음과 같다.

내러티브연구

내러티브연구(narrative research)는 연구자에게 이야기하거나 문서와 기록자료에서 발견되는 개인의 삶의 경험을 연구하는 학문이다. 일부 내러티브연구의 중요한 측면은 참여자가 자신의 삶에서 하나 이상의 특별한 사건['깨달음(epiphany)']을 떠올린다는 것이다. 내러티브연구에서 연구자는 그 안에서 깨달음이 일어난 배경이나 맥락을 구체적으로 기술한다. 마지막으로, 연구자는 연구과정에 적극적으로 참여하며, 자신의 보고서가 참여자의 경험에 대한 해석임을 공개적으로 인정한다.

다른 형태의 내러티브연구가 존재한다. "전기연구(biographical study)는 연구자가 다른 사람의 삶의 경험을 쓰고 기록하는 내러티브연구의 한 형태이다. 자서전(autobiography)은 연구의 대상이 되는 사람들에 의해 쓰이고 기록된다(Ellis, 2004). 일대기(life history)는 한 개인의 전 생애를 묘사하는 반면, 개인 경험담은 한 개인의 개인적인 경험, 사적인 상황, 또는 공동 민속학에서 발견되는 내러티브연구이다. 구술사(oral history)는 한 개인 또는 여러 개인으로부터 사건에 대한 개인적 성찰과 그 원인과 결과를 수집하는 것으로 구성된다(Plummer, 1983)."[18]

내러티브연구는 다음과 같은 여러 가지 이유로 수행하기가 쉽지 않다.

1. 연구자는 참여자에 대한 광범위한 정보를 수집해야 한다.
2. 연구자는 참여자의 정확한 위치를 파악하기 위해 참여자가 살았던 역사적 시기를 명확히 이해해야 한다.
3. 연구자는 참여자의 삶의 다양한 측면을 밝혀내는 날카로운 안목이 필요하다.
4. 연구자는 개인적·정치적 배경에 대해 성찰할 필요가 있으며, 이는 참여자의 이야기가 어떻게 전달되고 이해되는지를 형성할 수 있다.[19]

18) Creswell, J. W. (2007, p. 55). 큰따옴표 내의 인용은 다음을 포함한다. Ellis, C. (2004). *The ethnographic it: A methodological novel about autoethnography*. AltaMira; Denzin, N. K. (1989a). *Interpretive biography*. Sage; 그리고 Plummer, K. (1983). *Documents of life: An introduction to the problems and literature of a humanistic method*. George Allen & Unwin.

19) Creswell, J. W. (2007, p. 57).

연구논쟁

초상화: 예술, 과학, 또는 둘 다?

초상화(portraiture)는 전기의 변형이다. 그것은 1983년 Lawrence-Lightfoot의 『좋은 고등학교: 성격과 문화의 초상화(*The Good High School: Portraits of Character and Culture*)』[20]라는 제목의 책에서 처음 등장했다. 그것은 1984년 전미교육연구학회(American Educational Research Association)로부터 우수도서상(Outstanding Book Award)을 수상했다. 그것의 독특한 특징은 연구자가 묘사되는(portrayed) 사람과 분명히 상호작용적인 역할을 한다는 것이다. Lawrence-Lightfoot과 공동 저자인 Hoffman-Davis는 후속책에서 초상화가 과학으로 간주되는 기준을 충족한다고 주장했다. 그들은 그 과정을 다음과 같이 묘사했다. "그들(초상화가와 묘사되는 사람)은 자신들의 견해를 표현하고 함께 의미만들기를 정의한다." 즉, 연구대상의 본질을 얻는 것이다. 비록 초상화가의 "영혼이 그 작품을 통해 울려 퍼진다"지만, 그 초상화가는 "단순히 자화상을 제작하지 않기 위해 매우 열심히 일한다".[21]

이 경우에 논란은 *The Good High School*에서 증명된, 강력하고 유용한 결과를 만들어 내는 방법의 가치에 관한 것이 아니라, 오히려 그 방법이 지지자들의 주장처럼 '과학적'으로 여겨질 수 있는지에 관한 것이다. 초상화가들은 물론 묘사된 연구대상을 넘어서 일반화를 주장할 수 없다; 그들은 일반화(generalization)가 독자에게 남겨진다는 입장만을 채택할 수 있다.

모든 전기작가처럼, 초상화가는 오직 다른 연구자들이 자신이 가지고 있는 것과 본질적으로 같은 기술(descriptions)과 결론에 도달할 것이라고 주장할 수 있다. 초상화가와 묘사되는 개인 간의 상호작용의 본질은 삼각검증을 사실상 불가능하게 만든다. 즉, 초상화가가 자신의 묘사를 확인할 어떠한 다른 출처도 없다. English는 "연구대상의 '본질'을 포착하기 위한 초상화의 목적은 암묵적으로 안정된 진리를 추구하는 것이며, 이는 결국 초상화가에게 전지전능한 존재가 되어야 한다"고 주장해 왔다. 더 나아가 그는 초상화가에 의해 묘사된 것에 대해 "초상화의 독자가 '심층기술(thick description)'로부터 자신만의 해석을 구성할 수 있다는 주장은 독자적으로 정보와 대안적인 설명에 접근할 수 없는 완제품에 대한 독자의 완전한 의존을 무시한다"고 주장한다.[22]

여러분은 어떻게 생각하는가? 초상화는 과학인가?

요약하면, 내러티브연구자들은 종종 개인의 삶에서 특별하거나 중요한 사건을 기술하고, 그 개인을 역사적 맥락 안에 두며, 그 연구가 참여자의 삶에 대한 그들의 해석이라는 것을 인정함으로써 그들 자신을 연구에 위치시키려고 노력한다.

현상학

현상학적 연구(phenomenological study)를 수행하는 연구자는 특정 현상에 대한 다양한 반응 또는 인식(예: 도심 내 고등학교 교사들의 경험)을 조사한다. 그 연구자는 참여자들의 세계에 대한 통찰력을 얻고, 그들의 인식과 반응을 묘사하기를 희망한다. 자료는 일반적으로 심층면접을 통해 수집된다. 그런 다음, 연구자는 각 개인의 인식과 경험에 대한 반응의 측면을 특정하고 자세히 설명하려고 시도한다.

현상학자들은 일반적으로 인간이 유사한 경험을 인식하고 해석하는 방법에 공통성이 있다고 가정한다. 이러한 인식의 공통성은 경험의 본질인 본질적 특성이라고 불린다. 그것은 연구자들이 확인하고 묘사하기를 원하는 현상의 본질적인 구조이다. 그들은 다른 사람들에 의해 경험되는 현상에 대한 여러 가지 인식을 연구하고, 그러고 나서 이러한 인식과 반응에 공통적인 것이 무엇인지 결정하려고 노력함으로써 그렇게 한다. 경험의 본질에 대한 이러한 탐구는 현상학적 연구의 초석(결정적인 특징)이다.

다음은 현상학적 연구의 초점 역할을 할 수 있는 주제의 예가 있다. 연구자들은 다음과 같은 경험을

---

20) Lawrence-Lightfoot, S. (1983). *The good high school: Portraits of character and culture.* Basic Books.

21) Lawrence-Lightfoot, S., & Hoffman-Davis, J. (1997). *The art and science of portraiture* (pp. 103, 105). Jossey-Bass.

22) English, F. W. (2000). A critical appraisal of Sara Lawrence-Lightfoot's portraiture as a method of educational research. *Educational Researcher, 29*, 7.

탐구할 수 있다.

- 백인 고등학교의 아프리카계 미국인 학생
- 중학교 3학년 사회과 수업에서 탐구방법을 사용한 교사
- 1960년대 동안 남부에서의 시민권운동가
- 대형 의료원 수술실에 근무하는 간호사

내러티브연구처럼 현상학적 연구는 하기 쉽지 않다. 연구자는 현상학적 연구의 참여자들이 자신이 경험했던 경험을 자신의 마음속에 다시 떠올리도록 해야 한다. 종종, 많은 녹음된 인터뷰 세션이 필요하다. 인터뷰과정이 완료되면, 연구자는 각 참여자의 진술에서 특히 관련이 있는 것, 즉 관심 현상과 관련하여 참여자가 자신의 경험을 기술하는 데 특히 의미 있는 것 같은 것을 찾아야 한다. 그런 다음, 연구자는 이러한 진술을 공통적으로 경험했던 참여자의 경험의 측면인 **주제**(themes)로 묶는다. 그런 다음, 연구자는 대부분의 (이상적으로, 모든) 연구참여자가 기술했던 경험의 근본적인 특징을 기술하고자 시도한다.

요약하면, 현상학적 연구를 수행하는 연구자는 그 현상을 경험한 많은 사람을 심층적으로 인터뷰함으로써 단일현상의 '본질적인 구조(essential structure)'를 찾는다. 연구자는 각 참여자의 현상에 대한 기술에서 자신이 관련성이 있다고 생각하는 진술을 추출한 다음, 이러한 진술을 주제로 묶은 다음, 이러한 주제를 현상에 관한 서술적 기술에 통합한다.

근거이론

근거이론연구(grounded theory study)에서 연구자는 "그 과정을 경험한 참여자들의 자료에 '근거한(grounded)'" 이론을 생성하고자 한다(Strauss & Corbin, 1998).[23] 근거이론은 연구가 시작되기 전에 생성되지 않고 연구 자체 동안 수집된 자료로부터 귀납적으로 생성된다. 즉, 연구자가 수집한 자료로부터 시작하여 자료를 본 뒤 일반화를 전개하는 것이다. Strauss와 Corbin은 그것을 다음과 같이 표현했다. "근거이론은 이론으로 시작하지 않고, 나중에 그것을 증명한다. 오히려 그것은 연구 영역부터 시작해서 그 영역과 관련된 것이 나타나도록 허용된다."[24]

근거이론연구자는 **지속비교방법**(constant comparative method)이라고 불리는 방법을 사용한다. 연구자와 자료, 그리고 개발 중인 이론 간에 지속적인 상호작용이 있다. 자료문항을 그룹화할 수 있는 잠재적 범주는 이론과 자료 간에 '적합(fit)'이 이루어질 때까지 생성, 테스트 및 폐기된다. Lancy는 그 과정을 다음과 같이 기술한다.

> 아동의 동화책 읽기에 대한 부모 영향에 관한 연구에서, Kelly Draper와 나는 서로에게 읽어 주는 32쌍의 부모-자녀 쌍을 비디오로 촬영했다. 나는 내가 발견하게 될 것에 대한 선입견은 거의 없었고, 다만 뚜렷한 패턴이 나타나기를 희망하였으며,

---

23) Creswell, J. W. (2007, p. 63). Citation within the quotation is: Strauss, A., & Corbin, J. (1998). *Basics of qualitative research: Grounded theory procedures and techniques* (2nd ed.). Sage.

24) Strauss, A., & Corbin, J. (1994). Grounded theory methodology: An overview. In A. Denzin & Y. Lincoln (Eds.), *Handbook of qualitative research*. Sage.

> 이것이 아동의 읽기학습의 명백한 용이성/어려움과 관련이 있기를 희망했다. 나는 '환원론자(reductionist)'와 '확장론자(expansionist)'라고 부르는 두 가지 특징을 발견할 때까지 말 그대로 해당 비디오테이프를 보고 다양한 범주를 개발·사용·폐기하기까지 수십 시간을 보내었다. 이 두 가지는 학부모의 독서/듣기 스타일에서 큰 부분을 차지했다. 물론, 나는 적절한 범주를 찾는 데 있어 환경에 대한 나의 경험과 각 학부모와의 인터뷰 녹취록에 의해 안내되었다.[25]

근거이론연구의 자료는 주로 일대일 인터뷰, 초점집단인터뷰 및 연구자의 참여자 관찰을 통해 수집된다. 그러나 그것은 지속적인 과정이다. 자료가 수집되고 분석된다. 이론이 제안된다. 더 많은 자료가 수집된다. 이론이 수정된다. 그런 다음, 더 많은 자료가 수집된다. 이론이 더 발전되고 명료화되며 수정된다. 그리고 그 과정은 계속된다.

근거이론연구의 가상적인 예를 생각해 보자. 한 연구자가 교장선생님이 어떻게 학교 교사 간에 사기를 유지하고 증진시키려고 노력하는지 관심이 있다고 가정해 보자. 해당 교장선생님은 몇몇 큰 도시 고등학교의 교장선생님과 일련의 심층면담을 할 수도 있다. 이러한 교장선생님이 좋은 가르침에 보답하기 위해 1:1 '칭찬 세션(praise sessions)'을 자주 갖고, 교직원회의에서 서면 및 구두 표창을 통해 교사들의 노력을 인정하며, 지지 편지를 써서 교사들의 개인 파일에 넣고, 여분의 자원을 제공하며, 일상적인 정보를 교환하는 불필요한 회의를 서면으로 대체하고, 정책 변화를 사전에 교직원에게 조언하며, 사전에 입력과 승인을 요청하는 등 사기를 높이기 위해 다양한 전략을 사용한다는 것을 발견했다고 가정해 보자.

이 밖에도 연구자는 교장선생님이 교직원들과 어떻게 상호작용하고 그들이 이야기하는 것을 듣는 것을 관찰할 뿐만 아니라 교사 중 몇 명을 인터뷰하고, 인터뷰와 관찰을 통해 수집한 자료를 지속적으로 검토하고 생각한다. 해당 연구자는 점차적으로 교장선생님이 교사들의 사기를 유지하고 증진시키기 위해 무엇을 효과적으로 하는지에 대한 이론을 발전시킨다. 그 이론은 연구자가 훨씬 더 많은 교장선생님과 교사를 관찰하고 인터뷰해 감에 따라 시간이 지나면서 수정된다. 그러나 여기에서 강조해야 할 점은 연구자가 미리 이론을 내놓는 것이 아니라 수집된 자료, 즉 자료에 **기반을 둔**(grounded) 이론을 개발한다는 것이다. 이 접근방법은 명백히 개별 연구자의 통찰력에 크게 의존한다.

사례연구

'사례'에 관한 연구는 한동안 있어 왔다. 의학, 법학, 경영학, 사회과학 분야의 학생은 종종 훈련의 일환으로 사례를 연구한다. **사례연구**(case study) 연구자는 공통적으로 가지고 있는 것은 연구의 대상을 **사례**(cases)라고 부르고, 자신의 연구를 그러한 사례에 관한 연구에 초점을 둔다는 것이다. 예를 들어, Piaget와 Vygotsky의 사례연구는 인지 및 도덕적 발달에 대한 우리의 이해에 많은 기여를 했다.[26][27][28]

사례(case)란 무엇인가? 사례는 한 개인, 교실, 학교 또는 프로그램으로 구성된다. 대표적인 사례로는 독해학습에 어려움을 겪는 학생, 사회과 교실, 사립학교 또는 국가교육과정 프로젝트 등이 있다. 일부 연구자의 경우, 사례는 쉽게 확인할 수 있는 개인 또는 상황(예: 특정 개인, 교실, 조직 또는 프로젝트)이 아

---

25) Lancy, D. F. (2001). *Studying children in schools: Qualitative research traditions* (p. 9). Waveland Press.

26) Piaget, J. (1936/1963). *The origins of intelligence in the child.* Norton.

27) Piaget, J. (1932/1965). *The moral judgments of the child.* Free Press.

28) Vigotsky, L. S. (1914/1962). *Thought and language.* MIT Press.

니라 이벤트(예: 캠퍼스 축하), 활동(예: 컴퓨터 사용 학습) 또는 진행 중인 과정(예: 학생 수업)일 수 있다.

종종 한 개인, 한 교실, 한 학교 또는 한 교육지원청을 연구함으로써 많은 것을 배울 수 있다. 예를 들어, 제2외국어를 다소 쉽게 배우는 학생이 있다. 왜 그러한지에 대한 통찰력을 얻기 위해, 그러한 학생 한 명이 해당 학생의 행동에 눈에 띄는 어떠한 패턴이나 규칙성이 있는지를 알아보기 위해 정기적으로 관찰될 수 있을 것이다. 해당 학생뿐만 아니라 그 학생의 교사, 상담사, 학부모님, 그리고 친구들도 심층 면접을 받을 수 있다. 유사한 일련의 관찰(및 인터뷰)이 다른 언어를 배우는 것이 매우 어렵다고 생각하는 학생에게 수행될 수 있다. 가능한 한 많은 정보(학습스타일, 언어에 대한 태도, 주제에 대한 접근, 수업에서의 행동 등)가 수집될 것이다. 여기에서의 희망은 다소 독특한 개인의 연구를 통해 미래에 다른 언어학도들을 도울 방법을 제시하기 위한 통찰력을 얻을 수 있다는 것이다.

마찬가지로 단일 학교에 대해서도 자세한 연구가 행해질 수 있다. 예를 들어, 위험에 처한 학생에 대한 성공으로 주목할 만한 특정 초등학교가 특정 교육지원청에 있을 수 있다. 연구자는 정기적으로 학교를 방문하여 교실, 휴식시간, 복도 및 점심시간, 교직원회의 등의 상황을 관찰할 수 있다. 교직원, 행정가, 지원직원 및 상담사를 인터뷰할 수 있다. 다시 한번, 가능한 한 많은 정보(예: 교육전략, 행정스타일, 학교활동, 학부모 참여, 학생에 대한 교직원의 태도, 교실 및 기타 활동)가 수집될 것이다. 여기에서도 희망은 단일하고 다소 독특한 사례(이 경우, 개인이 아닌 학교)의 연구를 통해 귀중한 통찰력을 얻는 것이다.

Stake는 세 가지 유형의 사례연구를 확인했다.[29] **내재적 사례연구(intrinsic case study)**에서, 연구자는 주로 특정 개인 또는 상황을 이해하는 데 관심이 있다. 연구자는 사건의 경과를 자세히 기술하여 사건의 경과를 밝힌다. 따라서 연구자는 왜 학생이 읽는 것을 배우는 데 어려움을 겪고 있는지 알아내기 위해 특정 학생을 연구할 수 있다. 또 다른 연구자는 학교 학생회가 어떻게 운영되는지 이해하고 싶어할 수 있다. 세 번째 사람은 방과 후 구금 프로그램이 얼마나 효과적으로 작동하는지(또는 효과가 있는지) 결정하기를 원할 수 있다. 이 세 가지 예 모두 단일 사례에 대한 연구를 포함한다. 각 사례에서 연구자의 목표는 내부작업을 포함하여 사례의 모든 부분을 이해하는 것이다. 내재적 사례연구는 종종 연구자가 깊이 연구함으로써 거의 알려지지 않은 현상을 배우려고 할 때, 탐색적인 연구에서 사용된다.

한편, **도구적 사례연구(instrumental case study)**에서 연구자는 특정 사례 이상의 것을 이해하는 데 관심이 있다. 연구자는 더 큰 목표를 위한 수단으로만 특정 사례를 연구하는 데 관심이 있다. 연구자는 예를 들어, 변 선생님이 파닉스(phonics)를 어떻게 가르치는지, 방법으로서의 파닉스에 대해 무언가를 배우거나 일반적인 독서지도에 대해 연구할 수 있다. 이러한 연구에서 연구자의 목표는 더 글로벌하고, 그리고 연구 중인 특정 개인, 사태(events), 프로그램 또는 학교에 덜 초점을 맞추는 것이다. 이러한 연구를 수행하는 연구자는 단지 하나의 특정 사례에 적용되는 결론보다 특정 사례를 넘어 적용되는 결론을 도출하는 데 더 관심이 있다.

셋째, 한 연구자가 하나의 전체 연구의 일부로 여러 사례를 동시에 연구하는 **다중(또는 집단) 사례연구(multiple-(or collective) case study)**가 있다. 예를 들어, 연구자는 장애아동들이 일반교실로 주류화되는 효과에 관심이 있기 때문에 연구할 몇 가지 사례를 선택할 수 있다. 해당 연구자는 한 교실에서만 이러한 주류화의 결과를 연구하는 대신, 여러 다른 교실에서 그것의 영향을 연구한다.

---

29) Stake, R. (1997). *The art of case study research*. Sage.

다중 사례설계 또는 단일 사례설계 중 어느 것을 선호하는가? 다중 사례설계는 단일 사례설계와 비교했을 때 장단점을 모두 가지고 있다. 다중 사례연구의 결과는 종종 더 설득력 있는 것으로 간주되며, 효과적인 일반화에 도움이 될 가능성이 더 높다. 반면, 특정 유형의 사례(희귀한 사례, 이론을 검증하기 위한 중요한 사례, 또는 과학적 연구가 이전에는 접근할 수 없었던 현상을 관찰할 수 있게 하는 사례)는 단일 사례연구를 필요로 한다. 또한 다중 사례연구는 광범위한 자원과 시간을 필요로 하는 경우가 많다. 그러므로 다중 사례연구를 수행하기로 한 어떠한 결정도 가볍게 여겨질 수 없다. 따라서 Yin은 다중 사례연구를 수행하는 연구자는 그가 '복원 논리(replication logic)'라고 부르는 것을 사용해야 한다고 주장한다. 그의 근거는 다음과 같다.

> ……의학에서 희귀임상증후군의 세 가지 사례만 접근할 수 있다면, 적절한 연구설계는 세 가지 사례 각각에 대해 동일한 결과가 예측되고, 따라서 세 가지 사례가 실제로 동일한 증후군을 포함했다는 증거를 생성한다. 만약 세 가지 사례에서 모두 유사한 결과를 얻으면, (결과의) 복원이 발생했다고 말할 수 있다.[30]

문화기술지적 연구와 역사연구

질적 연구에 대한 나머지 두 가지 접근방법과 관련하여, 각각의 접근방법은 이후의 장에서 자세히 설명되기 때문에 여기서는 설명하지 않는다. 이 두 가지는 분명히 다른 접근방법을 나타내기 때문에 더 심도 있게 논의하기 위해 선택했다. 문화기술지적 연구는 문화의 연구(study of culture)에 초점을 맞춘다. 역사연구는 오로지 과거에만 집중한다. 제21장과 제22장에서 그것들을 논의할 것이다.

질적 연구에서 표집

어떤 형태의 질적 연구에 종사하는 연구자는 의도적 표본을 선택할 가능성이 높다(제6장 참고). 즉, 해당 연구자는 자신이 연구하고 있는 것을 가장 잘 이해할 수 있을 것이라고 생각하는 표본을 선택한다. 다음과 같은 최소 아홉 가지 유형의 의도적 표집(purposive sampling)이 확인되었다.[31]

1. 연구되는 표본의 전형적 또는 대표적이라고 생각되거나 판단되는 전형적 표본(typical sample)(예: 전형적인 3학년으로 판단되어 선발된 한 초등학생의 학급)
2. 매우 특이하거나 예외적이기 때문에 특히 도움이 되는 것으로 간주되는 핵심적 표본(critical sample)(예: 심각한 신체적 한계에도 불구하고 높은 성과를 달성한 개인)
3. 모든 구성원이 특정한 속성(trait) 또는 특성(characteristic)이 있는 동질적 표본(homogeneous sample)(예: 뛰어난 예술적 재능을 가지고 있다고 판단되는 모든 고등학생 집단)
4. 극단적인 경우, 모든 구성원이 일반적인 패턴에 맞지 않거나 극단적인 특성을 보이는 극단 사례 표본(extreme case sample)(예: 능력검사에서 낮은 점수와 열악한 가정환경에도 불구하고 높은 점수를 획득한 학생)

---

30) Yin, R. K. (1994). *Case study research: Design and methods*. Sage.

31) Creswell, J. W. (2005). *Educational research: Planning, conducting, and evaluating quantitative and qualitative research* (pp. 204–207). Pearson Merrill Prentice Hall. 에서 차용됨

5. 연구자가 개념이나 이론을 이해하는 데 도움이 되는 이론적 표본(theoretical sample)[예: 원주민 미국인(Native Americans) 교육에 대한 피아제이론의 관련성을 사정하기 위한 부족 원로집단 선정]
6. 야기된 새로운 조건이나 상황의 이점을 활용하기 위해 연구 중 선택된 편의적 표본(opportunistic sample)(예: 고등학교 축구 경기에서 벌어진 싸움의 목격)
7. 예비 연구결과를 타당화하거나 거절하기 위해서 획득된 확인적 표본(confirming sample)(예: 일부 학생의 중도탈락 이유를 확인하기 위한 학생과의 후속 인터뷰)
8. 다양한 관점 또는 특성을 나타내기 위해 선택된 최대 변산 표본(maximal variation sample)(예: 최근 학교정책에 대해 매우 다양한 태도를 가진 학생집단)
9. 연구를 수행하는 동안 필요에 따라 선택된 눈덩이 표본(snowball sample[32])(예: 교장선생님 집단의 인터뷰 동안, 그들은 연구 주제에 대해 특히 잘 알고 있기 때문에 인터뷰해야 하는 다른 사람들을 추천한다.)

질적 자료 분석

질적 연구의 자료분석은 대량의 서면(때로는 그림) 정보를 줄이고 검색하는 반복적이고 지속적인 비교 과정이다. 질적 자료는 일반적으로 인터뷰, 관찰 및 초점집단에서 얻는다. 질적 연구자가 자료를 분석하기 위해 가장 자주 사용하는 기법을 코딩(coding)이라고 한다(제7장과 제20장의 논의 참고). Strauss와 Corbin은 질적 연구에서 코딩을 "이론을 형성하기 위해 자료가 나누어지고, 개념화되며, 통합되는 분석적 과정"이라고 정의한다.[33]

일반적으로, 코드(codes)는 자료의 묶음(chunks)에 의미를 할당하기 위한 태그(tags) 또는 레이블(labels)이다. 문장이나 단락을 코딩할 때, 코딩하는 사람(coder)은 해당 문장이나 단락에 의해 도출된 주요 아이디어를 간결하게 포착하려고 노력한다. 질적 코드는 기술적이거나 해석적일 수 있으며, 일반적으로 자료로부터 **연역적(priori)**(선택적 코딩) 또는 귀납적(개방적 코딩)으로 생성된다. 코드와 하위코드는 종종 범주화(categorization), 주제 분석(thematic analysis), 그리고 몇몇 경우 고급이론구축(advanced theory building)을 통해 자료를 의미 있게 만드려고 애쓰는 질적 연구자들에 의해 반복적으로 다듬어진다.

질적 연구에서 일반화

일반화(generalization)는 보통 둘 이상의 개인, 집단, 대상 또는 상황에 적용되는 일종의 진술 또는 주장으로 생각된다. 따라서 연구자가 문헌검토를 토대로 나이와 학교에 대한 흥미도 간에 부적 상관관계가 있다는 진술을 할 때(나이 많은 아동이 어린 아동보다 학교에 대한 관심이 적음), 해당 연구자는 일반화를 하고 있는 것이다.

일반화의 가치는 미래에 대한 기대(때로는 예측)를 가질 수 있게 해 준다는 것이다. 일반화는 모든 경

32) [역자 주] 소수의 알려진 연구대상으로 연구를 시작한 후 초기 참여자에게 연구에 참여할 필요가 있는 다른 사람을 추천받는 형식 등을 통해 연구대상을 확장해 나가는 것을 의미한다.

33) Strauss, A., & Corbin, J. (1998). *Basics of qualitative research: Grounded theory procedures and techniques* (2nd ed., p. 3). Sage.

우에 사실이 아닐 수 있지만(예: 일부 더 나이가 많은 아동이 일부 어린 아동보다 학교에 더 관심이 있을 수 있음) 그것은 우리가 무엇을 발견하기를 기대하는지를 더 자주 설명한다. 거의 모든 연구자는 자신의 연구에서 유용한 일반화가 도출될 수 있기를 바란다. 질적 연구의 한계는 특정 연구의 결과를 일반화하기 위한 방법론적 정당성이 거의 없다는 것이다. 이러한 한계는 많은 양적 연구에도 적용되지만, 질적 연구의 특성을 고려할 때 거의 불가피하다. 이 때문에 질적 연구의 복원(replication)은 양적 연구보다 훨씬 더 중요하다.

Eisner는 아이디어뿐만 아니라 기술과 이미지까지 일반화할 수 있다고 지적한다. 우리는 우리가 기술을 배운 상황과 다른 상황에서 그 기술을 적용할 때 해당 기술을 일반화한다. 이미지 또한 일반화된다. Eisner가 지적한 바와 같이, 이미지는 질적 연구자가 교실에서 특정한 특성(characteristics), 특정한 교수방법을 찾도록 유도하고 해당 연구자가 다른 곳에 적용할 수 있는 것을 일반화하는 것이다. 예를 들어, 일단 연구자가 가르치는 데 있어 '수월성(excellence)'의 이미지를 갖게 되면 해당 연구자는 그 이미지를 다양한 상황에 적용할 수 있다. "질적 연구의 경우, 이것은 예를 들어 훌륭한 가르침의 생생한 모습에 대한 이미지의 생성이 교사들의 교육이나 가르침의 평가에 사용될 수 있는 원형이 될 수 있다는 것을 의미한다."[34] Eisner는 다음과 같이 말한다.

> 질적 세계와 직접 접촉하는 것은 우리의 가장 중요한 일반화의 원천 중 하나이다. 그러나 우리는 모든 것을 즉시 배울 필요는 없다. 우리는 이야기꾼의 이야기를 듣고, 상황이 어떠했는지 배우며, 무엇이 될지에 대한 결정을 내리기 위해 들은 것을 사용한다. 우리는 다가오는 스페인 여행에 관한 사진을 보고 무엇을 기대해야 할지 배운다. 우리는 연극 〈워터프론트(On the Waterfront)〉를 보고 해운업계의 부패와 더 중요한 것은 두 형제의 갈등과 긴장 관계에 대해 배운다. 우리는 영화 〈뻐꾸기 둥지 위로 날아간 새(One Flew over the Cuckoo's Nest)〉를 보고, 사람들이 길들이기(domestication)에만 혈안이 되어 있는 시설에서 어떻게 살아남는지에 대해 조금 더 이해하게 된다…….
>
> 특정한 것, 사례에 대한 주의는 사례뿐만 아니라 이와 같은 다른 사건들에 대해 기술적(descriptive)이다. Sara Lawrence-Lightfoot이 Brookline High School이나 George Washington Carver High School이나 F. Kennedy High School에 대해 쓸 때, 그녀는 우리에게 그 특정 학교가 어떤 곳인지 그 이상을 말해 준다. 우리는 무엇이 좋은 고등학교를 만드는지에 대해 무언가를 배운다.[35] 모든 고등학교가 같은 방식으로 잘해야 하는가? 아니다. 일부 고등학교는 그들의 특성을 공유할 수 있는가? 그렇다. 우리가 Lawrence-Lightfoot에게서 뭘 찾아야 하는지 배울 수 있는가? 물론이다.

질적 연구에서 일반화가 가능하다는 것에는 거의 의문의 여지가 없다. 그러나 그것은 많은 양적 연구에서 발견되는 것과 다른 종류의 일반화이다. 많은 실험 및 준실험연구에서, 연구자는 일반적으로 통계적 일반화(statistical generalization)라고 불리는 과정을 통해 조사 중인 표본으로부터 관심 모집단으로 일반화한다(제6장 참고). 일반화를 수행하는 것은 연구자라는 것을 주목하라.[36] 연구자는 자신의 연구 결과가 가치 있고 그의 상황에 적용될 수 있다[때때로 연구자는 **그러해야 한다**(should)고 말한다.]는 것을 실천가에게 제안할 가능성이 있다.

한편, 질적 연구에서 연구자는 일반화할 수도 있지만 일반화는 관심 있는 실천가, 즉 연구자가 조사한 것과 유사한 상황에 있는 개인에 의해 수행될 가능성이 훨씬 더 높다. 이것은 이 절의 마지막에 논의한

---

34) Eisner, E. W. (1991). *The enlightened eye: Qualitative inquiry and the enhancement of educational practice* (p. 199). Macmillan.

35) Lightfoot, S. L. (1983). *The good high school*. Basic Books.

36) 표본이 모집단에서 무선으로 선택된 경우에만 연구자가 일반화할 수 있다. 많은 경우, 그렇지 않다.

'전이 가능성(transferability)'의 과정을 이용한 이론적 일반화(theoretical generalization)라고 한다. 연구자의 연구결과와 결론의 적용 가능성을 판단하고, 해당 연구자의 연구결과가 해당 연구자의 상황에 적합한지를 결정하는 사람은 연구자라기보다는 실천가이다. Eisner는 다음과 같이 분명히 말한다.

> 그 연구자는 이렇게 말할지도 모른다. "이것은 제가 한 것이고, 이것이 제가 의미하는 것이라고 생각한다. 그것이 여러분의 상황과 관계가 있는가? 만약 그것이 관계가 있고, 여러분의 상황이 골칫거리이고 문제가 많은 경우, 그것을 대처하고 개선할 수 있는 방법이 있는가?[37]

모든 질적 연구자가 일반화를 같은 방식으로 보는 것은 아니라는 점에 주목할 필요가 있다. 일부는 "자신의 연구결과가 일반화될 수 있느냐의 질문보다는 오히려 그것이 일반화 가능한 다른 환경과 연구대상에 대한 문제를" 더 우려한다.[38] Bogdan과 Biklen은 다음과 같은 예를 제시한다.

> 의과대학 부속병원의 집중치료병동에 관한 연구에서, 우리는 전문직원(professional staff)과 학부모들이 아동의 상태에 대해 의사소통하는 방법을 연구했다. 교류에 집중하면서, 우리는 전문직원들이 유아를 진단했을 뿐만 아니라 학부모들을 평가했다는 것을 알게 되었다. 이러한 부모의 평가는 전문가들이 부모에게 어떤 말을 해야 하는지, 어떻게 말해야 하는지에 대해 내리는 판단의 근거가 되었다. 공립학교에서의 학부모-교사회의와 학부모들이 접근하기를 원할 수 있는 아동에 대한 정보를 전문가들이 가지고 있는 다른 상황을 반영하면서, 우리는 유사점을 보기 시작했다. 우리가 현재 탐구하는 한 가지 방침은 집중치료병동의 연구결과가 동일한 실제적인 유형의 다른 환경이 아니라 전문가들이 학부모와 대화하는 학교와 같은 다른 환경으로 일반화될 수 있는 정도이다.

따라서 질적 조사자는 자신의 연구에서 도출한 결론에 대해 덜 확정적이고 덜 확실하다. 그는 그것을 공유하고, 토론하며, 더 조사하기 위한 아이디어로 보는 경향이 있다. 다른 상황에서의 그리고 다른 조건에서의 수정은 거의 항상 필요할 것이다. 이러한 쟁점은 종종 **전이 가능성(transferability)**이라고 일컬어지며, Morrow는 "독자가 연구결과가 어떻게 전이될 수 있는지를 결정할 수 있도록 연구자가 자기(도구로서의 연구자), 연구 맥락, 참여자, 그리고 연구자-참여자 관계에 대한 충분한 정보를 제공할 때"[39] 달성되는 것으로 정의한다(제23장에서의 논의 참고).

질적 연구에서 내적 타당도

질적 연구가 관계(relationships)를 탐구하려고 시도하지 않는 한, 엄밀히 말하면 내적 타당도는 양적 연구에서만큼 중요하지 않다. 그러나 질적 연구는 정보수집과 해석 모두에서 연구자에게 매우 의존하기 때문에, 심지어 순수하게 기술연구에서도 중요한 고려사항은 연구자 편견이다. 더 나아가 질적 연구는 종종 관계와 연관된 해석을 포함한다. 이러한 예는 제19장에서 제24장까지 평가된 연구에서 발생한

---

37) Eisner, E. W. (1991). *The enlightened eye: Qualitative inquiry and the enhancement of educational practice* (pp. 202–204). Macmillan.

38) Bogdan, R. C., & Biklen, S. K. (2007). *Qualitative research for education: An introduction to theory and methods* (5th ed., p. 36). Allyn & Bacon.

39) Morrow, S. (2005). Quality and trustworthiness in qualitative research in counseling psychology. *Journal of Counseling Psychology, 52*, 52.

다. 이 경우, 제9장에서 논의한 각 위협을 평가하고 가능한 경우 통제하는 데 주의를 기울여야 한다. 양적 연구에서 더 어렵지만, 제20장 연구비평에서 논의된 바와 같이 특정 위협을 통제하는 것이 때때로 가능하다. 이 책의 저자들이 생각하기에 통제가 사실상 불가능한 역사연구는 예외이다.

윤리와 질적 연구

윤리적 우려는 이 책의 저자들이 이 책에서 고려했던 다른 종류의 연구 중 어떤 것 만큼이나 질적 연구에 영향을 미친다. 그럼에도 불구하고, 몇 가지 점은 그 중요성 때문에 반복될 수 있다.

첫째, 달리 합의되지 않은 한 질적 연구에 참여하는 모든 사람의 신원은 항상 보호되어야 한다. 수집된 정보 중 어떤 것도 그들을 당황하게 하거나 다치게 하지 않도록 주의를 기울여야 한다. 비밀을 유지할 수 없는 경우, 참여자에게 정보를 제공하고 연구로부터 탈퇴할 수 있는 기회를 제공해야 한다.

둘째, 참여자는 항상 존중받아야 한다. 질적 연구에서는 연구 노력에 있어 모든 연구대상의 협력을 구하는 것이 특히 중요하다. 보통 연구대상에게 연구자의 관심사에 대해 알려 주고 진행 허가를 받아야 한다. 연구자는 연구대상에게 거짓말을 하거나 숨겨진 기록장치 또는 기타 기계장치를 사용하여 대화를 기록해서는 안 된다.

셋째, 연구자는 연구에 참여하는 어떤 사람에게도 신체적 · 심리적 피해가 가지 않도록 최선을 다해야 한다. 이것은 아마도 다소 명백한 것처럼 보이지만, 연구자가 무심코 연구대상이 해를 입고 **있다는** (are) 것을 발견하기 때문에 때때로 곤란한 입장에 놓이게 된다. 다음의 예를 생각해 보자. 정신지체 장애인을 위한 국가기관의 특정 연구에서 연구자들은 거주자들의 신체적 학대를 목격했다. 이 경우, 연구자들의 윤리적 책임은 무엇인가? 이러한 학대를 직접 관찰한 두 연구자는 다음과 같이 말했다.

> 신체적 학대의 경우, 해결방안은 처음에는 명백해 보일 수 있다. 연구자이든 아니든, 구타를 멈추기 위해 개입해야 한다. 일부 주(州)에서는 학대를 신고하지 않는 것이 불법이다. 그것은 우리의 즉각적인 성향이었다. 그러나 우리는 연구를 통해 학대가 이러한 특정 환경의 일부뿐만 아니라, 대부분의 국가기관에서 만연된 활동이라는 것을 이해하게 되었다. 한 가지 행동에 대해 밀고를 하는 것이 이 문제를 해결하기 위한 책임감 있는 방법이었을까, 아니면 우리의 가슴에서 그 문제를 털어놓는 방법이었을까? 간섭하면 쫓겨날 수도 있다. 연구를 계속하지 않고, 그 결과를 발표하며, 국가적 학대를 폭로하는 보고서를 작성하고, 법정에서 증인(또는 전문가 증인)을 위한 조사를 제공하지 않는 것이 단 한 번의 개입 행위보다 조건을 바꾸는 데 더 도움이 될 수 있는가? 그러한 생각을 한 건 속임수, 즉 관여하지 않은 것에 대한 변명인가?[40]

여러분은 어떻게 생각하는가?

발췌에서 보여 주듯이 윤리적 우려는 정말로 어려운 것이다. 다른 두 가지 점은 언급할 가치가 있다. 많은 연구자는 연구대상이 연구조사에 참여함으로써 얻는 보상이 그리 많지 않다고 우려한다. 결국, 연구자들이 하는 연구는 종종 자신의 경력의 향상으로 이어진다. 그들은 교수들이 승진하는 것을 돕는다. 연구결과는 종종 저자들의 저작권 사용료를 가져온 책에 보고된다. 연구자들은 자신이 배운 것에 대해 이야기하게 된다. 그들의 연구는 잘 되었을 때 동료들의 존경을 얻도록 도와준다. 그러나 연구대상들은

---

40) Bogdan, R. C., & Biklen, S. K. (2007). *Qualitative research for education: An introduction to theory and methods* (5th ed., pp. 51–52). Allyn & Bacon.

무엇을 얻는가? 연구참여자들은 종종 자신의 삶이 어떠한지 화답하거나 말할 기회가 없다. 결과적으로, 연구대상들은 때때로 잘못 전달되거나 심지어 품위를 떨어뜨린다. 따라서 일부 연구자들은 연구대상이 확실히 발언권을 갖는 조사에서 연구자와 연구참여자가 파트너에 더 가까운 연구를 설계하고자 시도해 왔다.

더 나아가, 앞에서 말한 것과 어느 정도 관련이 있는 또 다른 윤리적 우려가 있는데, 그것은 반드시 다루어져야 한다. 이는 특정 연구결과가 권력자의 손에 의해 실제로 연구대상(또는 유사한 상황에 있는 사람들)에게 해를 끼칠 수 있는 행동으로 이어질 가능성이 있을 때 발생한다. 한 연구자가 볼 수 있는 것은 "주택에서 살고 있는 사람들에 대한 동정적인 묘사는 다른 사람들에 의해 가난한 사람들이 무책임하고 폭력에 빠지기 쉬운 것에 대한 편견을 증명하는 것으로 읽힐 수 있다".[41] 여기에서 강조해야 할 윤리적 요점은 다음과 같다. 연구자들은 자신의 연구결과가 어떻게 받아들여질지 확신할 수 없지만, 항상 자신들의 연구의 의미, 그 연구의 결과가 누구에게 영향을 미칠지, 그리고 어떻게 영향을 미칠지에 대해 신중하게 생각해야 한다.

따라서 이 책의 저자들은 모든 연구자가 어떤 종류의 연구를 선호하든, 자신이 수행하는 연구의 완료 전, 중, 후에 생각해야 한다고 생각하는 다음과 같은 많은 구체적인 질문을 제공한다.

- 고려되고 있는 연구가 수행할만한 **가치가 있는가**?(worth)
- 연구자가 양질의 연구를 수행하는 데 필요한 **전문지식**(expertise)을 갖추고 있는가?
- 연구참여자에게 연구가 무엇을 포함할 것인지에 대한 **완전한 정보**(full information)를 제공하였는가?
- 연구참여자가 기꺼이 **참여에 동의**(consent to participate)하였는가?
- 누가 이 연구로부터 **이점을 얻는가**?(gain)
- 연구자와 참여자 모두에게 이점과 비용 간에 **균형**(balance)이 있는가?
- 만약 누군가가 이 연구에서 (신체적으로나 정신적으로) **피해를 입을**(harmed) 수 있다면 누구이며 어느 정도인가? 해롭거나, 불법적이거나, 잘못된 행동이 목격된다면, 어떻게 해야 하는가?
- 연구참여자가 어떤 식으로든 **속아 넘어갈**(deceived) 것인가?
- **비밀유지**(confidentiality)가 보장되는가?
- 누가 이 연구에서 수집되고 분석될 **자료를 소유하는가**?(owns the data)
- 연구의 결과는 어떻게 **사용될**(used) 것인가? 오용될 가능성이 있는가? 만약 그렇다면 어떻게?

질적 연구와 양적 연구 재고찰

질적 접근방법과 양적 접근방법을 함께 사용할 수 있는가? 물론이다. 그리고 종종 그러해야 한다. 예를 들어, 조사연구에서 사람들이 서면으로 답변할 수 있도록 폐쇄형(예: 선다형) 질문지를 준비하는 것뿐만 아니라 응답자의 무선표본으로 개방형 개인인터뷰를 수행하는 것이 일반적이다. 기술통계량은 때때로 질적 연구에서 양적 세부사항을 제공하기 위해 사용된다. 많은 역사연구에서는 질적 연구방법론

41) Ibid., p. 53.

과 양적 연구방법론의 조합이 포함되며, 최종 보고서는 두 종류의 자료를 모두 제시한다.

그럼에도 불구하고, 정교한 양적 연구와 심층적인 질적 조사를 동시에 수행하는 것은 성공적인 성과를 거두기 어렵다는 것을 인정해야 한다. 사실, 그것은 매우 어렵다. 종종 산출되는 것은 좋은 질적 연구도 아니고 양적 연구도 아니다.

질적 접근과 양적 접근 중 어느 것이 더 나은가? 비록 이 질문을 많이 듣지만, 그것은 거의 에너지 낭비라고 생각한다. 종종 여러분은 어느 한쪽 또는 다른 한쪽의 지나치게 열성적인 옹호자들이 다른 쪽을 비하하는 것을 듣게 될 것이다. 그들은 만약 한 사람이 중요한 질문에 대해 정말로 유용한 연구를 하고 싶어하고 다른 한 사람이 심하게 결함이 있고 거짓이거나 사소한 결과만을 초래할 수 있다면, 그들의 방법이 가장 좋은 방법이라고 말한다. 그러나 여기 두 명의 저명한 질적 연구자가 말하는 것이 있다.

> 지금까지 가장 널리 받아들여지고 있는 것은 최선의 방법이 없다는 것이다. 그것은 모두 여러분이 무엇을 공부하고 있고 무엇을 알아내기를 원하는지에 달려 있다. 미국인의 대다수가 특정 질문에 대해 어떻게 생각하는지 알고 싶다면, 표집을 추출하고, 도구를 설계하고 사전검사하며, 자료를 분석하는 데 있어 양적 설계에 크게 의존하는 조사연구가 가장 좋다. 만약 여러분이 학교의 변화과정과 다양한 학교구성원이 어떻게 변화하는지 알고 싶다면, 질적인 방법이 더 나을 것이다. 의심할 여지 없이, 질적 접근방법이 여러분에게 도움이 되지 않을 특정한 질문과 주제가 있고, 양적 연구에서도 마찬가지이다.[42]

이 책의 저자들은 동의한다. 중요한 것은 어떤 질문이 어떤 방법이나 방법들의 조합에 의해 가장 잘 답변될 수 있는지를 아는 것이다.

42) Ibid.

이 장의 시작 부분에 있는 **상호작용 · 응용 프로그램 학습** 기능으로 돌아가 상호작용 · 응용 프로그램 활동목록을 확인하라. www.mhhe.com/fraenkel10e의 **온라인학습센터**로 이동하여 퀴즈를 풀고 핵심 용어를 연습하며 장(章)의 내용을 검토하라.

핵심 요점

질적 연구의 본질

- **질적 연구**(qualitative research)라는 용어는 관계, 활동, 상황 또는 자료의 **질**(quality)을 조사하는 연구를 말한다.
- 자연적인 환경은 자료의 직접적인 출처이며, 연구자는 질적 연구에서 계측과정(instrumentation process)의 핵심 부분이다.
- 질적 자료는 단어 또는 그림의 형태로 수집되며, 숫자는 거의 포함되지 않는다. 코딩은 자료분석에 사용되는 주요 기법이다.
- 질적 연구자는 특히 일이 어떻게 일어나는지, 그리고 특히 연구대상의 관점에 관심이 있다.
- 질적 연구자는 일반적으로 사전에 가설을 공식화한 다음, 그것을 시험하려고 하지 않는다. 오히려 그들은 연구가 발전함에 따라 가설이 나타나도록 한다.
- 질적 연구와 양적 연구는 두 접근방법의 기초가 되는 철학적 가정에 차이가 있다.

질적 연구와 관련된 단계

- 질적 연구를 수행하는 단계는 양적 연구에서처럼 구별되지 않는다. 그것은 종종 겹치기도 하고, 심지어 동시에 진행되기도 한다.
- 모든 질적 연구는 전조된 문제, 즉 연구자가 조사하고자 하는 특정 현상으로 시작된다. 일부 질적 연구자는 자료수집과 분석에 도움이 되는 제안을 한다.
- 어떤 유형의 질적 연구에 종사하는 연구자는 보통 의도적 표본을 선택한다. 여러 가지 유형의 의도적 표본이 있다.
- 질적 연구에는 어떠한 처치도 없으며, 변수의 조작도 없다.
- 질적 연구의 자료수집은 계속된다.
- 결론은 질적 연구의 과정 내내 지속적으로 도출된다.

질적 연구에 대한 접근방법

- 전기연구는 한 개인의 삶에서 일어난 특별한 사건들에 대한 이야기를 들려준다.
- 연구자는 현상학적 연구에서 특정 현상에 대한 개인의 반응을 연구한다. 해당 연구자는 다른 개인 인식 간의 공통점을 확인하려고 시도한다.
- 근거이론연구에서 연구자는 연구의 일부로 수집된 자료로부터 귀납적으로 이론을 형성한다.
- 사례연구는 교실, 학교, 이웃과 같은 한 명 또는 (기껏해야) 몇 명의 개인 또는 다른 사회적 단위에 대한 상세한 연구이다. 또한 사태(event), 활동 또는 진행 중인 과정에 대한 연구일 수 있다.

질적 연구에서 일반화

- 일반화는 질적 연구에서도 가능하지만, 그것은 양적 연구에서 발견되는 것과는 다른 유형이다. 대부분의 경우, 그것은 관심 있는 실천가들에 의해 행해질 것이다.

윤리와 질적 연구

- 질적 연구의 모든 참여자의 신원은 보호되어야 하며 존중해야 한다.

질적 연구와 양적 연구 재고찰

- 질적 연구와 양적 연구 둘 다의 특성(aspects)은 종종 연구에서 함께 사용된다. 이러한 혼합방법연구에 대한 관심이 높아지고 있다.
- 질적 연구 또는 양적 연구가 가장 적절한지는 연구자가 찾아내고자 하는 것으로 압축된다.

핵심 용어

구술사(oral history)
극단 사례 표본(extreme case sample)
근거이론연구(grounded theory study)
편의적 표본(opportunistic sample)
내러티브연구(narrative study)
내재적 사례연구(intrinsic case study)
다중(또는 집단)사례연구(multiple-(or collective) case study)
도구적 사례연구(instrumental case study)
동질적 표본(homogeneous sample)
복원(replication)
복원(replication)
사례연구(case study)
눈덩이 표본(snowball sample)
실증주의(positivism)
양적 연구(quantitative research)
의도적 표본(purposive sample)
이론적 준거틀(theoretical framework)
이론적 표본(theoretical sample)
일대기(life history)
자서전(autobiography)
전기연구(biographical study)
전조된 문제(foreshadowed problems)
전형적 표본(typical sample)
질적 연구(qualitative research)
질적 연구에서 일반화(generalization in qualitative research)
초상화(portraiture)
최대 변산 표본(maximal variation sample)
코딩(coding)
포스트모더니스트(postmodernists)
핵심적 표본(critical sample)
현상학적 연구(phenomenological study)
확인적 표본(confirming sample)

토론거리

1. 질적 연구의 가장 큰 강점은 무엇이라고 생각하는가? 가장 큰 약점은 무엇인가?
2. 질적 접근방법을 사용하여 연구할 수 없는 주제나 질문이 있는가? 있다면 예를 들어 보라. 질적 연구가 제공할 수 없는 정보의 종류가 있는가? 있다면 무엇인가?
3. 우수한 연구자는 때때로 너무 주관적이라는 비난을 받는다. 여러분은 우수한 연구자가 그러한 비난에 대해 뭐라고 말할 수 있다고 생각하는가?
4. 질적 연구자는 '완전한' 객관성은 불가능하다고 말한다. 동의하는가? 여러분의 이유를 설명하라.
5. "모든 훌륭한 연구의 본질은 무언가를 증명하려는 시도라기보다는 이해이다." 이 말은 무슨 뜻인가?
6. "모든 연구자는 적어도 어느 정도는 편견되어 있다. 중요한 것은 자신의 편견을 인식하는 것이다!" 그저 '인식(aware)'하는 것만으로 충분한가? 그 밖에 무엇을 할 수 있는가?
7. 질적 연구자는 종종 "전체가 부분의 합보다 더 크다."라고 말한다. 이 말은 무슨 뜻인가? 그것은 교육연구에 어떠한 영향을 미치는가?
8. 질적 연구에 무선표집을 사용할 수 있는가? 그것이 바람직한가? 이에 대하여 설명하라.
9. 질적 연구의 일반화와 양적 연구의 일반화는 어떤 측면에서 다른가? 또는 다른가?
10. 만약 연구자가 자신이 수행하고 있는 질적 연구에서 신체적 학대의 예를 목격한다면, 그의 윤리적 책임은 무엇이라고 생각하는가?

제19장

관찰과 인터뷰

관찰
- 참여자 관찰
- 비참여자 관찰
- 자연주의적 관찰
- 시뮬레이션
- 관찰자 영향
- 관찰자 편견
- 관찰자료 코드화
- 테크놀로지 사용

인터뷰
- 인터뷰 유형
- 핵심행위자 인터뷰
- 인터뷰 질문 유형
- 인터뷰 행동
- 초점집단인터뷰
- 인터뷰자료 기록
- 인터뷰에서 윤리: 사전동의 필요성
- 질적 연구의 자료수집과 분석

질적 연구에서 타당도와 신뢰도

질적 연구의 예

연구분석
- 목적/근거
- 정의
- 선행연구
- 가설
- 표집
- 계측
- 절차/내적 타당도
- 자료분석
- 결과/해석
- 결론

학습목표

이 장을 학습하면 다음을 수행할 수 있어야 한다.

- '관찰연구(observational research)'라는 용어가 의미하는 바를 설명할 수 있다.
- 질적 연구에서 관찰자가 취할 수 있는 최소한 네 가지 역할을 기술할 수 있다.
- '참여자 관찰(participant observation)'이라는 용어가 의미하는 바를 설명할 수 있다.
- '비참여자 관찰(nonparticipant observation)'이라는 용어가 의미하는 바를 설명할 수 있다.
- '자연주의적 관찰(naturalistic observation)'이라는 용어가 의미하는 바를 설명할 수 있다.
- 시뮬레이션이 무엇이며, 연구자가 그것을 어떻게 사용할 수 있는지 기술할 수 있다.
- '관찰자 영향(observer effect)'이라는 용어가 의미하는 바를 설명할 수 있다.
- '관찰자 편견(observer bias)'이라는 용어가 의미하는 바를 설명할 수 있다.
- 관찰연구에서 발생하는 표집의 유형을 기술할 수 있다.
- 질적 연구자가 사용하는 네 가지 유형의 인터뷰를 간략하게 기술할 수 있다.
- '핵심행위자(key actor)'가 무엇인지 설명할 수 있다.
- 모든 인터뷰에서 존재하는 최소한 세 가지의 기대를 열거할 수 있다.
- 초점집단인터뷰(focus group interview)가 무엇인지 설명할 수 있다.
- 왜 인터뷰연구에서 사전동의서가 요구되는지를 간략하게 기술할 수 있다.
- 질적 연구자가 질적 연구에서 타당도와 신뢰도를 확인하거나 높이기 위해서 사용하는 최소한 네 가지 절차를 제시할 수 있다.

상호작용 · 응용 학습 이 장을 읽는 동안 또는 읽은 후:

다음을 하려면, 온라인학습센터 (www.mhhe.com/fraenkel10e)로 접속하라.

- 인터뷰와 관찰에 대한 심화학습

다음 활동을 수행하기 위해 온라인 학습자 완전학습 활동(Student Mastery Activities) 책을 읽으라.

- 활동 19.1: 관찰자 역할
- 활동 19.2: 인터뷰 유형
- 활동 19.3: 인터뷰 질문 유형
- 활동 19.4: 몇 가지 관찰연구 수행

교생실습은 어땠나요?

"글쎄, 어, (웃음) 그건 좀, 어…… 설명하기 어려워요. 다 끝나니까(웃음), 좋았나 봐요. 하지만 처음엔 아동을 훈육하는 데 문제가 많았어요. 애들을 통제하는 것 말이에요. 그들을 관리할 수 없을 것 같았어요. 특히 그들이 앉으려 하지 않고 교실 안을 돌아다니기 시작했을 때는요. 가르치는 건 쉬운 일이 아니에요. 심지어 오래된 전문가에게도. 그리고 저는 그냥 초보자였어요. 제가 교사가 되고 싶은지도 잘 모르겠어요. 저는 또한 다른 대부분의 교생보다 나이가 많았어요. 그들과 공통점이 많지는 않았어요. 제가 군대에 있었던 것도 그렇고. 하지만 그 후, 상황이 바뀌었어요.

"무슨 일이 일어난 거예요?"

"글쎄요, 좀 요령을 터득했어요. 몇 가지를 배웠어요. 제가 기술을 배우기 시작했을 때, 당신은 말할 수 있겠죠(미소를 지음). 저는 그들을 더 잘 통제하는 법을 배웠습니다. 저는, 어, 아무 말도 안 했어요. 알잖아요(웃음). 오, 저는 못되게 굴거나 그런 게 아니라 단호하게 굴었어요. 그래요! 알다시피, 어, 그들은 제가 확고하다면 그걸 존중해요. 그래야만 해요. 그들은 우유부단한 교사를 좋아하지 않아요. 그걸 배우는 데 시간이 좀 걸렸어요. 하지만 그 후 저는 설명도 더 잘하게 되었고, 그것이 아동을 통제하는 것을 더 쉽게 만들었어요. 그리고 몇 가지 규칙을 정했죠. 그들은 벨이 울렸을 때 자리에 있어야 했고, 그러면 점수를 받았어요. 저는 교실 맨 앞에 앉아 질서를 지키는 일을 하는 반장을 뽑았어요. 그것은 매우 효과적이었어요. 그리고 매주 학급회의를 열었는데, 아동이 좋아하는 것, 아동이 생각하는 개선점, 그리고 저에 대해서 이야기를 나눴어요."

이 대화는 질적 연구자와 중학교 교사 자격증을 따기 위해 복학한 55세의 은퇴한 공군 소령 간의 심층인터뷰 내용의 일부이다. 심층인터뷰는 질적 연구의 필수 요소 중 하나이다. 그것은 우리가 이 장에서 좀 더 자세히 논의할 것 중 하나이다.

질적 연구자는 세 가지의 주요 기법을 사용하여 자료를 수집 · 분석한다. 즉, 사람들이 일상 활동을 하는 것을 관찰하고 그들이 하는 일을 기록하는 것, 사람들의 아이디어, 의견, 경험에 대한 심층인터뷰를 수행하는 것, 그리고 문서나 다른 형태의 의사소통(내용분석)을 분석하는 것이다. 인터뷰는 사람들의 태도, 가치관, 그리고 그들이 무엇을 하고 있다고 생각하는지에 대한 정보를 제공할 수 있다. 그러나 그들이 실제로 무엇을 하는지 알고 싶다면, 그들을 보거나 그들이 만드는 문서와 다른 형태의 의사소통을 조사하는 것을 대체할 수 없다. 이 장에서는 관찰과 인터뷰에 대해 약간 세부적으로 논의한다. 이 책의 저자들은 제20장에서 문서(documents)의 분석에 대해 논의할 것이다.

관찰

특정한 종류의 연구질문은 사람들이 어떻게 행동하는지 또는 사물이 어떻게 보이는지를 **관찰함(observing)**으로써 가장 잘 답변될 수 있다. 예를 들어, 연구자는 민감한 질문에 대한 수업 토론 동안 학생들이 어떻게 행동하는지에 대해 교사를 인터뷰할 수 있지만, 그들의 활동에 대한 보다 더 정확한 지표는 아마도 그러한 활동이 일어나는 동안 실제로 그러한 토론을 관찰함으로써 얻을 수 있을 것이다.

관찰자 참여의 정도는 상당히 다를 수 있다. 연구자가 취할 수 있는 역할은 네 가지이며, 완전한 참여자에서 완전한 관찰자에 이르는 연속체이다.

참여자 관찰

참여자 관찰(participant observation) 연구에서 연구자는 실제로 자신이 관찰하고 있는 상황이나 환경에 참여한다. 연구자가 집단에서 **완전한 참여자**(complete participant)의 역할을 맡을 때, 그의 정체는 관찰되는 어떤 개인에게도 알려지지 않는다. 연구자는 가능한 한 자연스럽게 집단구성원들과 상호작용하며, 모든 의도와 목적에 있어서(그것에 관한 한), 그중 하나이다. 그러므로 연구자는 도심 속 교실에서 1년 동안 실제 교사로 근무하도록 주선할 수 있고, 그 역할의 일부인 모든 의무와 책임을 수행할 수 있지만, 그 또한 연구자라는 것을 밝히지 않는다. 그러한 은밀한 관찰(covert observation)은 윤리적인 이유로 의심받는다.

연구자가 **관찰자로서의 참여자**(participant–as–observer)의 역할을 선택할 때, 그는 연구되는 집단의 활동에 전적으로 참여하지만, 또한 자신이 연구를 하고 있다는 것이 명확하다. 예를 들어, 방금 설명한 연구자는 교직원들에게 자신이 연구자이며 1년 동안 학교에서 일어나는 일을 가능한 한 철저하고 정확하게 기술할 계획이라고 말할 수 있다.

참여자의 관찰은 연구자가 쉽게 확인되고 연구대상이 관찰되고 있다는 것을 알고 있다는 점에서 **공개적일**(overt) 수 있다. 또는 연구자가 자신의 신분을 위장하고 다른 참여자와 똑같이 행동한다는 점에서 **은밀할**(covert) 수 있다. 예를 들어, 한 연구자가 중학교 3학년 지리교사에게 한 학기 동안 해당 교사의 수업 중 하나를 관찰할 수 있게 해 달라고 요청할 수 있다. 교사와 학생 모두 그 연구자의 신원을 알 것이다. 이것은 공개적인 관찰의 한 예가 될 것이다. 공개적인 참여자 관찰은 문화기술지적 연구의 핵심 요소이며, 제21장에서 더 자세히 논의할 것이다.

반면에, 다른 연구자는 초등학교 교사 자격증을 따고 나서 무슨 일이 일어나고 있는지 관찰하면서 초등학교에서 실제로 가르치는 데 시간을 보낼 수도 있다. 그 연구자의 신원은 (미리 허가를 받은 지방 행정부를 제외하고는) 아무도 알지 못할 것이다. 이것은 은밀한 관찰의 한 예가 될 것이다. 은밀한 참여자 관찰은 실제로 일어나는 일에 대해 보다 더 타당한 관찰을 만들어낼 가능성이 있지만, 종종 윤리적인 이유로 비판을 받는다. 사람들이 모르는 사이에 관찰하는 것(또는 그들의 허락 없이 그들의 의견을 녹음하는 것)은 매우 의심스러운 실행으로 보인다.

사람들이 모르는 사이에 관찰하는 것이 윤리적인가? 식당이나 공항과 같은 공공장소에서 사람들이 사업을 하는 것을 관찰하는 것과 같은, 소위 수동적인 기만은 어떠한가? 아니면 망원렌즈를 사용하여 아동들의 운동장 활동을 멀리서 관찰하는 것은 어떠한가? 여러분은 어떻게 생각하는가?

비참여자 관찰

비참여자 관찰(nonparticipant observation) 연구에서 연구자는 관찰되는 활동에 참여하지 않고 오히려 '방관하고(sit on the sidelines)' 앉아서 관찰한다. 그는 관찰하고 있는 상황에 직접적으로 관여하지 않는다.

연구자가 **참여자로서의 관찰자**(observer–as–participant)의 역할을 참여자로 선택할 때, 해당 연구자는 자신을 연구자라고 밝히지만 실제로 관찰하고 있는 집단의 일원인 척하지는 않는다. 예를 들어, 도심 속 학교에서 일어나는 일에 관심이 있는 대학교수가 있을 수 있다. 연구자가 교내 교사들과 인터뷰하고,

수업을 참관하며, 교무회의와 단체교섭에 참석하고, 교장 및 교감과 대화하며, 학생들과 대화할 수도 있지만, 해당 연구자는 피상적인 것 외에는 그 단체의 활동에 참여하려고 하지 않는다. 해당 연구자는 본질적으로 연구를 하는 흥미로운 관찰자(그리고 흥미로운 관찰자라는 사실을 숨기지 않음)를 유지한다.

마지막으로, **완전한 관찰자**(complete observer)의 역할은 완전한 참여자의 역할과는 정반대의 극단적 역할이다. 연구자는 어떤 식으로든 그 활동에 참여하지 않고 집단의 활동을 관찰한다. 연구자의 관찰 대상자는 관찰되고 있음을 인지할 수도 있고 그렇지 않을 수도 있다. 학교 급식실에서 일상 활동을 관찰하는 연구자가 그 예일 것이다.[1)]

우리가 기술한 관찰자 역할 각각은 장단점을 모두 가지고 있다. 완전한 참여자는 아마도 집단의 활동에 대한 가장 진실한 모습을 얻을 가능성이 높고, 다른 참여자는 덜 그러하지만, 은밀한 관찰을 포함하는 윤리적 문제는 여전히 남아 있다. 완전한 관찰자는 아마도 연구되는 집단의 행동에 가장 영향을 미치지 않을 것이며, 다른 관찰자는 더 영향을 미칠 것이다. 관찰자로서의 참여자는 연구되는 집단의 실제 구성원이기 때문에 그 집단이 하는 일에 어느 정도(그리고 종종 중요한) 영향을 미칠 것이다. 관찰자로서의 참여자와 참여자로서의 관찰자는 둘 다 다양한 정도에서 연구자의 활동에 집단의 주의를 집중시키고 정상적인 일상으로부터 멀어지게 함으로써 활동을 더 이상 전형적이지 않게 만들 가능성이 있다. [그림 19-1]은 관찰에 대한 접근방법이 어떻게 달라질 수 있는지를 보여 준다.

[그림 19-1] 관찰에 대한 접근방법에서의 변이

<table>
<tr><th colspan="12">관찰자의 역할</th></tr>
<tr><td colspan="4">완전 참여 관찰</td><td colspan="4">부분 참여</td><td colspan="4">구경꾼: 관찰자가 외부인</td></tr>
<tr><th colspan="12">관찰자가 다른 사람들에게 어떻게 보여지는가</th></tr>
<tr><td colspan="4">참여자는 관찰이 행해지고 있고, 그리고 누가 그러한 관찰을 하는지를 알고 있다.</td><td colspan="4">참여자들 전부는 아니지만 일부는 관찰자를 알고 있다.</td><td colspan="4">참여자는 관찰이 행해지고 있다는 것과 누군가 자신을 관찰하고 있다는 것을 모른다.</td></tr>
<tr><th colspan="12">관찰의 목적이 다른 사람들에게 어떻게 보여지는가</th></tr>
<tr><td colspan="3">관찰의 목적이 관련된 모든 참여자들에게 완전히 설명되었다.</td><td colspan="3">관찰의 목적이 참여자 중 일부에게만 설명되었다.</td><td colspan="3">참여자 중 어느 누구에게도 어떠한 설명도 제공되지 않았다.</td><td colspan="3">잘못된 설명이 제공되었다. 참여자는 관찰의 목적에 대해 기만되었다.</td></tr>
<tr><th colspan="12">관찰 기간</th></tr>
<tr><td colspan="6">제한된 기간 동안(예: 301분) 단 하나의 관찰</td><td colspan="6">여러 개의 관찰, 장기간(예: 여러 달, 심지어 여러 해)</td></tr>
<tr><th colspan="12">관찰의 초점</th></tr>
<tr><td colspan="6">협소한 초점, 단 하나의 요소 또는 특성이 관찰된다.</td><td colspan="6">광범위한 초점, 관찰되는 행동이나 특성과 추구되는 그것의 모든 요소에 대한 총체적인 관점</td></tr>
</table>

자연주의적 관찰

자연주의적 관찰(naturalistic observation)은 자연환경에서 개인을 관찰하는 것을 포함한다. 연구자는 변수를 조작하거나 개인 활동을 통제하기 위해 어떤 노력도 하지 않고, 단순히 일이 자연스럽게 일어나면서 어떤 일이 일어나는지 관찰하고 기록한다. 운동회에서의 학생들의 활동, 운동장에서의 학생과 교사

1) 제7장에서 기술된 많은 기법은 질적 연구와 양적 연구 모두에서 자주 사용되는 비참여자 관찰의 예라는 것을 주목하라.

간의 상호작용, 보육원에서 아주 어린 아이들의 활동은 아마도 자연주의적 관찰을 통해 가장 잘 이해될 것이다.

유명한 아동심리학자인 Jean Piaget의 많은 연구는 자연주의적 관찰을 포함했다. 인지발달에 대한 그의 결론 중 많은 것이 자신의 아이들이 성장함에 따라 그들을 관찰하는 것으로부터 시작되었으며, 이 분야에서 더 많은 연구를 촉진시켰다. 사실, 자연주의적 관찰의 결과로 얻어진 통찰력은 종종 보다 더 공식적인 실험의 기초가 된다.

시뮬레이션

연구자는 특정 변수를 조사하기 위해 때때로 상황을 **만들고**(create) 연구대상에게 특정 역할을 수행하거나 **시뮬레이션하도록**(simulate) 요청한다. 시뮬레이션(simulation)에서, 연구자는 실제로 연구대상에게 무엇을 해야 하는지 지시한다(그러나 어떻게 해야 하는지는 지시하지 않는다). 이를 통해, 연구자는 학교나 다른 교육환경에서 매우 드물게 발생하는 상황을 포함하여 특정 종류의 상황에서 일어나는 일을 관찰할 수 있다. 예를 들어, 개인은 혼란스러운 부모와 상호작용하는 상담사, 학생을 훈육하는 교사, 또는 교사 사기 증진에 대한 견해를 논의하는 두 명의 행정가를 묘사하도록 요청받을 수 있다.

교육 분야 연구자들에 의해 두 가지 주요 유형의 역할놀이 시뮬레이션이 사용된다. 개인 역할놀이(individual role-playing)에서 사람은 특정한 개인이 주어진 상황에서 어떻게 행동할 수 있다고 생각하는지 역할놀이를 하도록 요청받는다. 그런 다음, 연구자는 무슨 일이 일어나는지 관찰하고 기록한다. 다음은 그러한 예이다.

> 당신은 초등학교 상담사이다. 당신은 선생님들에게 자주 욕을 하는 학생과 약속이 되어 있다. 그 학생은 방금 당신과의 오전 9시 약속에 도착해서 당신 사무실에 앉아 있다. 당신은 이 학생에게 무엇을 말하겠는가?

팀 역할놀이(team role-playing)에서 연구자는 다시 관찰하고 무슨 일이 일어나는지 기록하면서, 한 무리의 사람들이 특정한 상황을 실행하도록 요청받는다. 특히 집단구성원이 어떻게 상호작용하는지에 관심이 쏠린다. 다음은 그러한 예이다.

> 이번 학기에 증가하고 있는 학생들의 수업 빼먹기 문제에 대한 논의와 해결방안을 마련하기 위해 당신과 동료교수 5명이 임시 특별위원회 위원으로 위촉되었다. 많은 교수진은 '엄한' 정책을 지지하며, 자주 수업을 빼먹는 학생들을 정학시키는 것을 공개적으로 지지해 왔다. 그 위원회의 과제는 교수진이 받아들일 다른 대안을 마련하는 것이다. 당신은 무엇을 제안하겠는가?

알다시피, 시뮬레이션의 주된 단점은 그것의 인위성(artificiality)이다. 상황이 실행 중이고, 연구자가 보는 것이 실제 상황에서 정상적으로 일어날 것이라는 보장은 없다. 시뮬레이션의 결과는 종종 다른 종류의 연구조사에서 가설이 된다.

관찰자 영향

관찰자의 존재는 관찰자의 행동에 상당한 영향을 미칠 수 있으며, 따라서 연구의 산출물(outcomes)에 영향을 미칠 수 있다. 이것은 관찰자 영향(observer effect)이라고 알려져 있다. 또한 관찰자료(observational data)(관찰자가 기록하는 자료)는 필연적으로 관찰자의 편견과 관점을 어느 정도 반영한다. 이 사실 각각에 대해 좀 더 생각해 보자.

관찰연구에는 항상 반응성(reactivity)의 문제가 있다. 반응성 문제를 회피하는 것은 사람들이 관찰자의 존재에 익숙해지도록 충분히 오랫동안 주변에 머무는 것을 포함한다. Bernard가 주장한 바와 같이, "사람들은 결국 여러분의 인상을 관리하려고 애쓰는 것에 완전히 싫증을 내고 자연스럽게 행동한다. [순간표집(spot sampling)] 연구에서, 비결은 사람들이 현장에 나타나기 전에, 즉 그들이 자신들의 행동을 수정할 기회를 갖기 전에 그들의 자연스러운 활동을 엿보는 것이다".[2)]

연구자가 숨겨지지 않는 한, 해당 연구자는 관찰되고 있는 사람들의 행동에 어떤 영향을 미칠 가능성이 꽤 높다. 특히 관찰자가 예상치 못한 경우 두 가지 일이 발생할 수 있다. 첫째, 개인은 호기심을 불러일으키고 당면한 일에 대한 주의력 부족을 초래하여 정상적이지 않은 행동을 하게 된다. 그러한 행동을 기록하는 경험이 적은 연구자는 쉽게 현혹될 수 있다. 이를테면, 교실에서 관찰하는 연구자가 일반적으로 사전에 교사에게 알리고 소개를 요청하는 것도 이러한 이유에서이다. 그런 다음, 그는 관찰을 기록하기 전에 (학생들이 그의 존재에 익숙해지도록 하고 그의 일상적인 활동을 할 수 있게 하기 위해) 4~5일을 교실에서 보낼 수 있다.

두 번째로 일어날 수 있는 일은 관찰되는 사람들의 행동이 연구자의 목적에 의해 영향을 받을 수 있다는 것이다. 예를 들어, 한 연구자가 논란이 되는 질문에 대한 수업 토론 중에 사회과 교사들이 '상위 수준의 질문(high-level questions)'을 하는지 여부를 관찰하는 데 관심이 있다고 가정해 보자. 만약 교사들이 연구자가 무엇을 찾고 있는지 알고 있다면, 보통 때보다 더 많은 질문을 하는 경향이 있을 수 있고, 따라서 전형적인 수업 토론 동안 실제로 무슨 일이 일어나고 있는지에 대한 왜곡된 인상을 줄 수 있다. 연구자의 관찰로 얻은 자료는 교사들이 정상적으로 행동하는 방식을 대표하지 못할 것이다. 이러한 이유로, 많은 연구자는 자료가 수집될 때까지 연구참여자들에게 연구의 목적을 알려서는 안 된다고 주장한다. 그 대신, 연구자는 연구가 시작되기 전에 참여자들을 만나 연구결과에 영향을 미칠 수 있기 때문에 그들에게 연구의 목적을 알릴 수 없다고 말해야 한다. 그러나 자료가 수집되는 즉시, 연구자는 관심 있는 사람들에게 조사결과를 공개해야 한다.

관찰자 편견

관찰자 편견(observer bias)은 관찰자의 특정 특성이나 생각이 그들이 '보는 것'을 편견을 갖도록 할 수 있는 가능성을 말한다. 수년 동안 양질의 연구자는 자신의 편견이 자신의 자료를 편견을 갖도록 하는 것이 매우 쉽다는 비난을 지속적으로 다루어야 했다. 그러나 이것은 모든 연구자가 다루어야 할 것이다. 관찰자가 아무리 공평하려고 노력해도, 그 관찰은 어느 정도의 편견을 가진다는 것은 아마도 사실일 것이다. 어느 누구도 완전히 객관적일 수 없다. 왜냐하면 우리 모두는 과거 경험에 어느 정도 영향을 받기

2) Bernard, H. R. (2000). *Social research methods. Qualitative and quantitative approaches* (p. 388). Sage.

때문이다. 이것은 결국 우리가 세상을 보는 방식과 그 안에 있는 사람들을 보는 방식에 영향을 준다. 그럼에도 불구하고, 모든 연구자는 자신의 편견을 인식하고 통제하기 위해 최선을 다해야 한다.

질적 연구자가 하려고 하는 것은 주관적인 요소를 객관적으로 연구하는 것이다. 그는 이것을 여러 가지 방법으로 한다. 그는 자신의 연구대상과 살고 있는 환경(물리적 환경과 문화적 환경 모두)을 알아가면서 상당한 시간을 현장에서 보낸다. 그는 방대한 양의 자료를 수집하고 자료가 드러내는 것과 대조하여 자신의 인식을 확인한다. 대부분의 상황과 설정이 매우 복잡하다는 것을 깨닫고, 그는 다양한 형식을 사용하여 다양한 관점에서 자료를 수집하기 위해 최선을 다한다. 매우 상세한 현장노트(field notes)를 준비할 뿐만 아니라, 이러한 현장노트의 일부로서 자신의 주관성(subjectivity)을 반영하려고 시도한다. 그는 종종 다른 사람의 관찰과 비교하여 자신의 관찰을 확인할 수 있도록 팀별로 작업한다([그림 19-2] 참고). 비록 (모든 연구자가 그렇듯이) 한 사람의 편견은 관찰에서 완전히 제거될 수 없다는 것을 깨닫지만, 중요한 것은 자신의 태도가 어떻게 자신의 인식에 영향을 미칠 수 있는지에 대해 성찰하는 것이다.

[그림 19-2] 결론을 점검하는 것으로서의 제2의 관찰자의 중요성

여기에서 관련된 우려는 관찰자 기대(observer expectations)이다. 만약 연구자가 특정한 IQ 범위, 민족성, 종교와 같은 특정한 특성을 가진 연구대상을 관찰해야 한다는 것을 안다면, 그는 연구대상이 보통 행동하는 방식이 아닐 수 있는 특정한 유형의 행동을 '기대'할 수 있다. 이러한 점에서 오디오와 비디오 녹화는 연구자가 다른 사람의 인상과 대조하여 관찰한 것을 확인할 수 있게 해 주기 때문에 매우 가치가 있다.

관찰자료 코드화

양적 연구자는 수년에 걸쳐 관찰할 때 사용할 수많은 코딩체계를 개발했다. 코딩체계(coding scheme)는 관찰자가 한 사람이나 집단의 행동빈도를 기록하기 위해 사용하는 일련의 범주[예: '지시(give directions)', '질문(ask questions)', '칭찬(praises)']이다. 코딩체계는 실험실 환경에서 부모와 청소년 자녀 간의 상호작용,[3] 집단환경에서 술을 마시는 대학생의 상호작용,[4] 가정의학과 의사 사무실에서의 의사-환자 상호작용,[5] 교실에서의 학생-교사 상호작용[6]을 측정하기 위해 사용되어 왔다. 주로 양적 연구에

사용되는 그러한 코딩체계 중 하나는 거의 50년 전에 Amidon과 Flanders에 의해 개발되었지만, 여전히 사용되고 있다.[7] 그것은 [그림 19-3]에 제시되었다.

[그림 19-3] 교실에서 상호작용의 범주를 코딩하기 위한 Amidon/Flaners의 체계

교사 발언	비지시적 영향	1. **감정 수용**(accepts feeling): 비위협적인 방법으로 학생의 감정이나 태도를 수용하거나 명료화한다. 감정은 긍정적일 수도 있고 부정적일 수도 있다. 감정을 예측하고 회상하는 것도 포함된다.
		2. **칭찬이나 격려**(praises or encourages): 학생의 활동(action)이나 행동(behavior)을 칭찬하거나 격려한다. 다른 사람에게 피해를 주지 않고, 긴장을 완화하는 농담, 고개 끄덕임 또는 "으흠" 또는 "계속해 봐"라고 말하는 것도 포함된다.
		3. **학생의 생각을 수용 또는 사용**(accepts or uses ideas of student): 학생이 생각이나 제안을 명료화, 형성, 개발하는 것이다. 교사가 자신의 생각을 더 많이 활용하면, 범주 5로 전환하라.
		4. **질문**(ask questions): 학생이 대답할 것을 기대하면서 내용 또는 절차에 대하여 질문을 한다.
	지시적 영향	5. **강의**(lectures): 내용이나 절차에 대하여 사실이나 의견을 제시한다. 교사 자신의 생각을 표현한다. 수사적인(rhetorical) 질문을 한다.
		6. **지시**(gives directions): 학생이 순응할 것을 기대하는 지시, 명령, 또는 주문을 한다.
		7. **학생을 비평 또는 권위를 정당화함**(criticizes or justifies authority): 학생의 행동을 수용하기 어려운 것으로부터 수용 가능한 것으로 바꾸고자 의도된 말, 누군가를 호통치기, 교사가 왜 자신이 하고 있는 일을 극단적인 자기자랑을 하고 있는지 진술한다.
학생 발언		8. **학생 발언-반응**(student talk-response): 교사에 대한 응답으로 학생의 발언, 교사가 접촉을 시작하거나 학생 진술을 유도한다.
		9. **학생 발언-주도**(student talk-initiation): 학생이 자발적으로 하는 발언. 만약 '요청된' 학생이 누가 다음에 발언할 것인지를 나타내기만 하면, 관찰자는 학생이 발언하고 싶은지 여부를 결정해야 한다. 해당 학생이 발언하고자 한다면, 이 범주를 사용하라.
		10. **침묵이나 혼란**(silence or confusion): 관찰자가 의사소통을 이해할 수 없는 일시중지, 잠깐 동안 침묵한다.

출처: Amidon, E. J., & Hough, J. B. (1967). *Interaction analysis: Theory, research, and application.* Addison-Wesley.

이러한 체계는 관찰자가 행동이 발생할 때 해당 행동을 판단하고 분류할 것을 요구한다. 이는 주어진 상황에서 발생하는 모든 것 또는 대부분을 기술하려는 보다 질적인 접근방법과 대조적이다. 나중에 이러한 자료는 분석이 진행됨에 따라 나타나는 범주로 코드화된다. 특히 문화기술지적 연구에서 더욱 그러하다. 제20장에서 이러한 유형의 코딩의 예를 제시할 것이다.

3) Papini, D. R., Datan, N., & McCluskey-Fawcett, K. A. (1988). An observational study of affective and assertive family interactions during adolescence. *Journal of Youth and Adolescence, 17*, 477-492.

4) Lindman, R., Jarvinen, P., & Vidjeskog, J. (1987). Verbal interactions of aggressively and nonaggressively predisposed males in a drinking situation. *Aggressive Behavior, 13*, 187-196.

5) Stewart, M. A (1984). What is a successful doctor-patient interview? A study of interactions and outcomes. *Social Science and Medicine, 19*, 167-175.

6) Devet, B. (1990). A method for observing and evaluating writing lab tutorials. *Writing Center Journal, 10*, 75-83.

7) Amidon, E. J., & Hough, J. B. (1967). *Interaction analysis: Theory, research, and application.* Addison-Wesley.

테크놀로지 사용

그러나 [그림 19-3]에서 보여 주는 바와 같은 고정된 코딩체계를 사용하더라도, 관찰자는 여전히 사람들의 행동을 코딩할 때 대안 중에서 선택해야 한다. 예를 들어, 누군가가 '비판적(critical)'이거나 '장려적(encouraging)'인 경우는 언제인가? 사람들의 행동을 비디오로 녹화하는 것은 연구자가 개인이나 집단의 행동을 반복적으로 보고 나중에, 즉 보통 더 여유롭고 편리한 시간에 그것을 코딩하는 방법을 결정할 수 있게 한다.

더 나아가 사람들을 관찰하는 데 있어 가장 큰 어려움은 관찰자가 많은 것을 놓칠 수 있다는 사실이다. 이것은 특히 교육환경에서 관심 있는 여러 가지 행동이 빠르게 일어나고 있을 때 더욱 그러하다. 더불어 때때로 연구자는 다른 누군가(관심 주제에 대한 전문가와 같은)가 무슨 일이 일어나고 있는지에 대한 통찰력을 제공하기를 원한다. 예를 들어, 보육원 환경에서 다수의 어린이 놀이 세션을 관찰하는 연구자는 현재 일어나고 있는 일에 대해 자격을 갖춘 아동심리학자 또는 경험이 풍부한 유치원 아동 교사의 아이디어를 얻고자 할 수 있다.

이러한 장애물을 극복하기 위해 연구자는 자신의 관찰을 기록하기 위해 기록장치를 사용할 수 있다. 그러한 장치는 몇 가지 장점이 있다. 그것은 지속적인 연구 및 분석을 위해 여러 번 재생될 수 있다. 전문가 또는 관심 있는 다른 사람들도 연구자가 관찰한 내용을 듣고 볼 수 있으며, 그에 따라 통찰력을 제공할 수 있다. 그리고 특정 종류의 행동에 대한 영구기록은 나중에 또는 다른 표본과 비교하기 위해 획득된다.

그러나 이러한 기록에 대한 몇 가지 단점도 주목해야 한다. 좋은 비디오 레코드가 항상 가장 쉽게 얻을 수 있는 것은 아니며, 일반적으로 연구자나 기술자의 훈련이나 사전 경험이 필요하다. 종종 오디오 녹음을 위해 여러 개의 마이크를 설정해야 하므로, 관찰되는 마이크의 동작이 왜곡될 수 있다. 장시간 녹화는 비용이 많이 들 수 있다. 오디오 녹음은 어느 정도 하기 쉽지만, 언어적인 행동만을 녹음한다. 또한, 때때로 많은 목소리가 녹음된 녹음에서 특정 화자를 구별하는 것이 어렵다. 소음은 통제하기 어렵고 종종 콘텐츠의 이해를 심각하게 방해한다. 그럼에도 불구하고 이러한 어려움을 극복할 수 있다면, 오디오와 비디오 녹화의 사용은 자료를 수집 · 저장 · 분석하는 방법으로 연구자에게 상당한 가능성을 제공한다.

인터뷰

질적 연구자가 자료를 수집하기 위해 사용하는 두 번째 방법은 선택된 개인을 인터뷰(interview)하는 것이다. 인터뷰(즉, 관련 질문을 신중하게 하는 것)는 연구자가 관찰을 통해 얻은 인상(확인하거나 반박하기 위한)의 정확성을 점검하는 중요한 방법이다. 사실, Fetterman은 인터뷰를 질적 연구자가 가지고 있는 가장 중요한 자료수집기법으로 기술한다.[8]

사람들을 인터뷰하는 목적은 그들의 마음에 무엇이 있는지, 그들이 생각하는 것 또는 그들이 어떤 것에 대해 어떻게 느끼는지 알아내는 것이다. Patton은 다음과 같이 언급했다.

8) Fetterman, M. (1998). *Ethnography: Step by step* (2nd ed.). Sage.

> 우리는 직접 관찰할 수 없는 것을 그로부터 알아내기 위해 사람들을 인터뷰한다. 문제는 관찰자료가 자기보고(self-report) 자료보다 더 바람직한지, 타당한지 또는 의미 있는지 여부가 아니다. 사실은 우리가 모든 것을 관찰할 수는 없다는 것이다. 우리는 감정, 생각, 의도를 관찰할 수 없다. 우리는 이전의 어느 시점에 일어난 행동을 관찰할 수 없다. 우리는 관찰자의 존재를 방해하는 상황을 관찰할 수 없다. 우리는 사람들이 어떻게 세상을 조직하고 세상에서 일어나는 일에 어떤 의미를 부여하는지 관찰할 수 없다. 우리는 그런 것에 대해 사람들에게 질문을 해야 한다.[9]

인터뷰 유형

네 가지 유형의 인터뷰가 있다. 구조화된 인터뷰, 반구조화된 인터뷰, 비공식적 인터뷰, 그리고 회상적 인터뷰이다. 이러한 다른 유형은 종종 서로 혼합되고 병합되지만, 어떻게 다른지 명확히 하기 위해 별도로 설명한다.

구조화된 인터뷰(structured interviews)와 **반구조화된 인터뷰**(semi-structured interviews)는 구두 질문지이다. 그것은 다소 공식적이기는 하지만, 응답자로부터 구체적인 대답을 이끌어 내기 위해 고안된 일련의 질문으로 구성되어 있다. 그것은 종종 나중에 비교되고 대조될 수 있는 정보를 얻는 데 사용된다.

예를 들어, 도시 및 교외 학교에서 교사의 특성이 어떻게 다른지에 관심이 있는 연구자는 교외에서 가르치는 교사집단으로부터 얻은 배경정보(교육, 자격, 이전 경험, 교외 활동 등)와 이러한 자료를 비교하기 위해 도시 고등학교 교사집단에 대한 동일한 자료(즉, 동일한 질문에 대한 답변)를 얻기 위해 구조화된 인터뷰(즉, 일련의 구조화된 질문을 하는 것)을 실시할 수 있다. 질적 연구에서 구조화된 인터뷰와 반구조화된 인터뷰는 종종 연구가 끝날 무렵에 가장 잘 수행되는데, 그것이 사물이 어떻게 되어 있는지에 대한 연구자의 인식에 대한 반응을 형성하는 경향이 있기 때문이다. 그것은 연구자가 염두에 두고 있는 특정 가설을 검정하기 위한 정보를 얻는 데 가장 유용하다.

비공식적 인터뷰(informal interview)는 구조화된 인터뷰나 반구조화된 인터뷰보다 훨씬 덜 공식적이다. 그것은 연구자와 응답자 모두의 이익을 추구하면서 일상적인 대화를 닮는 경향이 있으며, 질적 연구에서 가장 흔한 인터뷰 유형이다. 그것은 어떠한 특정한 유형의 질문, 순서 또는 어떠한 특정한 형태의 질문을 포함하지 않는다. 비공식적 인터뷰의 목적은 사람들이 어떻게 생각하고, 한 개인의 관점이 다른 개인의 관점과 어떻게 비교되는지를 알아내는 것이다.

언뜻 보기에는 쉽게 할 수 있을 것 같지만, 비공식적 인터뷰는 아마도 모든 인터뷰 중에서 제대로 수행하기 가장 어려울 것이다. 윤리문제는 거의 즉시 나타난다. 연구자는 종종 비공식적 인터뷰가 진행됨에 따라 민감한 결정을 내려야 한다. 예를 들어, 질문이 너무 개인적인 것이어서 질문할 수 없을 때는 언제인가? 연구자는 개인이 어떤 것에 대해 어떻게 느끼는지 어느 정도까지 '더 깊이 파고들어야' 하는가? 개인의 반응에 대해 더 이상 조사하지 않는 것이 언제 더 적절한가? 실제로, 연구자는 응답자의 삶에 대해 자세히 배우려고 노력하는 동시에 어떻게 쉽고 친근한 분위기를 조성하는가?

---

9) Patton, M. Q. (2002). *Qualitative evaluation and research methods* (3rd ed.). Sage.

〈표 19-1〉 교육연구에서 사용되는 인터뷰전략

	인터뷰 유형			
	비공식적 대화 인터뷰 (Informal Conversational Interview)	인터뷰 가이드 접근방법 (Interview Guide Approach)	표준화된 개방형 인터뷰 (Standardized Open-ended Interview)	폐쇄형, 고정형 반응 인터뷰(Closed, Fixed Response Interview)
특성	질문은 직접적인 맥락에서 나오고 사물의 자연스러운 과정에서 질문됨. 질문 주제나 문구에 대한 사전 결정은 없음	다룰 주제와 쟁점은 개요 형태로 미리 명시되어 있음. 인터뷰진행자는 인터뷰 과정에서 질문의 순서와 표현을 결정함	정확한 문구와 질문 순서는 미리 정해져 있음. 모든 인터뷰대상자는 같은 순서로, 같은 기본적인 질문을 받음. 질문은 완전히 개방형 형식으로 작성됨	질문 및 응답 범주는 미리 결정됨. 응답은 고정되고, 응답자는 이러한 고정 응답 중에서 선택함
장점	질문의 적절성 및 관련성 향상. 인터뷰는 관찰을 기반으로 하며, 관찰에서 나옴. 인터뷰는 개인 및 상황에 맞추어질 수 있음	개요는 자료의 종합성을 높이고 각 응답자에 대해 자료수집을 다소 체계화함. 자료의 논리적 격차가 예측되고 좁혀질 수 있음. 인터뷰는 상당히 대화적이고 상황적임	응답자는 동일한 질문에 대답하여 응답의 비교 가능성을 높임. 인터뷰에서 다루어진 주제에 대한 자료가 각 개인에 대해 완성됨. 여러 명의 인터뷰진행자를 사용할 때, 인터뷰진행자의 효과와 편견을 줄임. 평가 사용자가 평가에 사용된 도구를 보고 검토할 수 있음. 자료의 구성 및 분석 용이	자료분석 간단. 응답을 직접 비교하고 쉽게 집계할 수 있음. 짧은 시간에 많은 질문을 할 수 있음
단점	서로 다른 질문을 가진 다른 사람으로부터 수집되는 서로 다른 정보. 특정 질문이 '자연스럽게' 발생하지 않으면 덜 체계적이고 덜 포괄적임. 자료구성 및 분석이 상당히 어려울 수 있음	중요하고 두드러진 주제가 실수로 생략될 수 있음. 인터뷰진행자가 순서와 표현 질문에 유연하게 대처하면 서로 다른 관점에서 상당히 다른 응답을 얻을 수 있으므로, 응답의 비교 가능성을 줄일 수 있음	인터뷰와 특정 개인 및 상황을 연관시킬 때 유연성이 거의 없음. 질문의 표준화된 표현은 질문과 답변의 자연스러움과 관련성을 제한할 수 있음	응답자는 자신의 경험과 감정을 연구자의 범주에 맞추어야 함. 비인격적이고, 무관하며, 기계적인 것으로 인식될 수 있음. 응답 선택을 완전히 제한함으로써 응답자가 실제로 의미하거나 경험한 것을 왜곡할 수 있음

출처: Patton, M. Q., *Qualitative research and evaluation methods*, Sage Publications Inc.에 기초함

비공식적 인터뷰는 자료수집에 가장 자연스러운 유형의 상황을 제공하지만, 모든 유형의 인터뷰에는 항상 어느 정도의 인위성(artificiality)이 존재한다. 그러나 능숙한 인터뷰진행자는 곧 응답자가 더 개인적이고 (잠재적으로) 위협적인 질문을 던지기 전에 안심시키기 위해 위협적이지 않은 질문부터 시작하는 법을 배운다. 연구자가 정확한 정보를 얻으려면, 항상 신뢰, 협력, 상호존중의 분위기를 조성해야 한다. 상호신뢰와 존중의 분위기를 조성하고 유지하면서도 좋은 질문을 계획하는 것은 유능한 질적 연구를 원하는 사람이라면 반드시 배워야 할 기교(art)이다.

회상적 인터뷰(retrospective interview)는 구조화되거나, 반구조화되거나 또는 비공식적일 수 있다. 회상적 인터뷰를 하는 연구자는 응답자가 과거에 일어났던 일을 회상하게 하고 기억으로부터 재구성하려고 한다. 회상적 인터뷰는 네 가지 인터뷰 유형 중 연구자에게 정확하고 신뢰할 수 있는 자료를 제공할 가능성이 가장 낮다.

〈표 19-1〉은 교육연구에 사용되는 주요 인터뷰전략을 요약한 것이다. 앞의 세 가지 전략은 질적 연구에 활용될 가능성이 더 높고(배타적이지는 않지만), 네 번째 전략은 양적 연구에 활용될 가능성이 더 높다(그러나 배타적이지는 않다). 그러나 독자들은 이러한 전략 중 몇 가지를 동일한 연구에서 사용하는 것을 발견하는 것이 드물지 않다는 것을 알 수 있다.

핵심행위자 인터뷰

어떤 집단의 어떤 사람들은 다른 사람들보다 더 명료할 뿐만 아니라 자신의 집단의 문화와 역사에 대해 더 많이 알고 있다. 전통적으로 핵심제보자(key informants)로 불리는 이러한 개인은 특히 유용한 제보자이다. Fetterman은 이 용어의 기반이 되는 역사적 뿌리는 물론, 이 용어의 오명을 피하기 위해 핵심행위자(key actors)라는 용어를 선호한다. 핵심행위자들은 특히 지식이 풍부한 개인이기 때문에 종종 훌륭한 제보자이다. 그들은 종종 집단의 과거와 동시대적인 사건과 관계, 그리고 다른 사람들이 놓치는 일상적인 뉘앙스, 즉 일상적인 세부사항에 대한 상세한 정보를 제공할 수 있다. 그들은 종종 연구자에게 매우 귀중한 통찰력을 제공한다. Fetterman은 학교 중도탈락자에 대한 연구에서 그에게 도움이 되었다는 것을 증명한 핵심행위자의 예를 다음과 같이 제시한다.

> James는 디트로이트 중도탈락 프로그램(Fetterman이 연구했던 프로그램)에서 장기간 근무한 수위(janitor)였다. 그는 지역사회에서 많은 학생과 함께 자랐고, 프로그램에서 심각하고 덜 심각한 학생 간의 차이뿐만 아니라 심각하고 덜 심각한 교사 간의 차이점에 대해 매우 민감했다. 나는 그에게 학생들이 흡연, 건물 내 모자 착용, 운동화 착용에 대한 새로운 규제를 준수하고 있다고 생각하는지 물었다. 그는 "바닥의 꽁초를 보면 그들이 무슨 말을 해도 여전히 담배를 피우고 있다는 것을 알 수 있습니다. 압니다, 제가 쓸어버려야 하니까……. Kirk, Dyan, Tina처럼 대부분 당신이 알지 못하는 새로운 것입니다. 당신은 거의 아무 때나 그들을 잡을 수 있어요. 저는 복도, 여기 카페테리아에서 수업하는 동안, 그리고 몇 시간 후에 그들을 보았습니다." 그는 자신의 관찰을 뒷받침할 경험적 증거를 제시했는데, 그것은 우리가 이야기하는 동안 그가 쓸어 담았던 담배꽁초 더미였다.[10)]

다음은 Fetterman 연구로부터의 또 다른 예이다.

> 영재교육 프로그램에 대한 연구에서, 나의 가장 통찰력 있고 도움이 되는 핵심행위자는 교육구 감독관이었다. 그는 내가 연구하는 동안 교육구의 정치와 영역분쟁을 피하는 방법에 대해 말했다. 그는 나에게 지역사회를 돌아다니며 각각의 주요 이웃을 확인하는 방법을 가르쳐주었고, 연구에 중요한 영향을 미친다는 것이 증명된 상응하는 사회경제적 차이를 지적했다. 그는 또한 특정 지역사회 구성원과 전직 학교 이사에 의해 이 프로그램에 대해 제기된 엘리트주의 혐의의 주기적인 성격을 설명했다. 그는 (프로그램에 들어갈 자격이 있는) 아들이 입학하지 않기로 결정했다고 털어놓았다. 이 정보는 그 지역사회의 동료 압력에 대한 나의 인식에 새로운 문을 열어 주었다.[11)]

---

10) Fetterman, M. (1998). *Ethnography* (p. 72). Fetterman은 **제보자(informants)**라는 용어가 식민지 환경에서 행해진 인류학 연구, 특히 과거 대영 제국 내 아프리카 국가에서 행해진 인류학 연구에 그 뿌리를 두고 있다고 지적한다.

11) Ibid., p.73.

볼 수 있는 바와 같이, 핵심행위자는 매우 귀중한 제보자가 될 수 있다. 따라서 연구자는 시간을 들여서 이 개인들을 찾고 신뢰의 유대를 확립할 필요가 있다. 그들이 제공하는 정보는 연구자가 다른 인터뷰, 관찰 및 내용분석에서 얻은 자료에 대한 교차검사의 역할을 할 수 있다. 그러나 핵심행위자의 사색(musings)도 주의 깊게 보아야 한다. 핵심행위자가 연구자가 듣고 싶어한다고 생각하는 정보만 제공하지 않도록 주의해야 한다. 이것이 연구자가 어떤 연구에서든 정보의 여러 출처를 찾아야 하는 이유이다.

인터뷰 질문 유형

Patton은 사람들에게 물어볼 수 있는 여섯 가지 기본적인 유형의 질문을 밝혀냈다. 이러한 질문 중 일부 또는 전부가 인터뷰 중에 질문될 수 있다. 그 여섯 가지 유형은 배경(또는 인구통계학) 질문, 지식 질문, 경험(또는 행동) 질문, 의견(또는 가치) 질문, 감정 질문, 감각 질문이다.[12)]

배경(또는 인구통계학) 질문[Background (or demographic) questions]은 응답자의 배경 특성에 대한 일상적인 질문이다. 그것은 교육, 이전 직업, 나이, 수입 등에 관한 질문을 포함한다.

지식 질문(knowledge questions)은 응답자가 가지고 있는 사실 정보(의견, 신념, 태도와 대조되는)와 관련이 있다. 예를 들어, 학교에 대한 지식 질문은 학생이 이용할 수 있는 강좌의 종류, 졸업 요건, 제공되는 교과외 활동의 종류, 학교 규칙, 등록 정책 등과 관련이 있을 수 있다. 질적 관점에서, 연구자가 찾고자 하는 것은 응답자가 (신앙이나 태도와는 반대로) 사실적인 정보로 간주하는 것이다.

경험(또는 행동) 질문[experience (or behavior) questions]은 응답자가 현재 무엇을 하고 있는지 또는 과거에 무엇을 했는지에 초점을 맞춘다. 그것의 의도는 관찰될 수 있었지만 (연구자가 없는 것과 같은 이유로) 관찰되지 않았던 경험, 행동 또는 활동에 대한 설명을 이끌어 내는 것이다. 예를 들어, "만약 제가 지난 학기 동안 당신의 수업을 들었다면, 저는 어떤 종류의 일을 하고 있었을까요?" 또는 "만약 제가 여기 당신의 학교에서 전형적인 하루를 당신을 따라간다면, 저는 당신이 어떤 경험을 하는 것을 보게 될 것 같나요?"가 포함될 수 있다.

의견(또는 가치) 질문[opinion (or values) questions]은 사람들이 어떤 주제나 쟁점에 대해 어떻게 **생각하는지**(think) 알아내는 것을 목표로 한다. 그러한 질문에 대한 대답은 응답자의 목표, 신념, 태도 또는 가치에 대한 주의를 환기시킨다. 예를 들어, "결석에 관한 교장선생님의 새로운 정책에 대해 어떻게 생각하는가?" 또는 "한국사 수업방식이 어떻게 바뀌었으면 좋겠는가?"와 같은 질문이 포함될 수 있다.

감정 질문(feelings questions)은 응답자가 사물에 대해 어떻게 **느끼는지**(feel)에 관한 것이다. 응답자는 자신의 경험에 대한 사람들의 감정적인 반응을 지향한다. 예를 들어, "이 학교에서 학생들의 행동에 대해 어떻게 느끼는가?" 또는 "체육수업에 참여하는 것에 대해 어느 정도나 불안해하는가?"와 같은 질문을 포함할 수 있다.

감정과 의견 질문(feelings and opinion questions)은 종종 혼동된다. 능숙한 인터뷰진행자가 되고자 하는 사람은 누구나 두 가지 유형의 질문을 구분할 수 있고, 각각의 질문을 언제 해야 하는지를 아는 것이 중요하다. 어떤 질문에 대해 어떤 사람이 어떻게 느끼는지 알아내는 것은 그 질문에 대한 그의 의견을 알아내는 것과 같지 않다. 이에 "선생님의 숙제 정책에 대해 (당신의 의견은) 어떻게 생각하는가?"라는 질

12) Patton, M. Q. (2002). *Qualitative evaluation* (pp. 348–351).

문은 정책에 대한 응답자의 **의견**(opinion), 즉 어떻게 생각하느냐를 묻는다. "선생님의 숙제 정책에 대해 (좋거나 싫은 것이) 어떻게 느끼는가?"라는 질문은 응답자가 정책에 대해(정책에 대한 응답자의 태도) 어떻게 **느끼는지**(feel)를 묻는다. 그 두 가지는 다소 비슷해 보이지만 확연히 다른 종류의 정보를 요구한다.

감각 질문(sensory questions)은 응답자가 보고, 듣고, 맛보고, 냄새를 맡고, 만지는 것에 초점을 둔다. 예를 들어, "교실에 들어갔을 때, 당신은 무엇을 보았습니까?" 또는 "당신의 수업을 어떻게 설명하시겠습니까?"와 같은 질문을 포함할 수 있다. 이러한 유형의 질문은 경험이나 행동 질문의 한 형태로 간주될 수 있지만, 연구자가 인터뷰를 하는 동안 종종 간과된다. 또한, 그러한 질문은 자신의 범주를 보증하기에 충분히 명확하다.

인터뷰 행동

모든 인터뷰에는 일련의 기대가 존재한다. 가장 중요한 몇 가지를 제시하면 다음과 같다.

- **연구되는 집단의 문화를 존중하라.** 예를 들어, 가난한 도심 속 고등학교 청소년과 인터뷰를 하는 동안 연구자가 비싼 옷을 입는 것은 둔감할 것이다. 물론, 연구자는 무심코 가끔 실수를 저지를 수도 있는데, 대부분의 인터뷰대상자는 그것을 용서할 것이다. 그러나 집단의 전통과 가치를 지속적으로 무시하는 것은 신뢰할 수 있고 타당한 정보를 얻으려는 연구자의 노력을 방해할 수밖에 없다.
- **인터뷰대상자를 존중하라.** 인터뷰에 동의한 사람들은 연구자의 질문에 답하기 위해 다른 곳에서 시간을 보내는 것을 포기한다. 그러므로 인터뷰는 인터뷰대상자의 행동이나 생각을 비판하거나 평가하는 기회로 여겨져서는 안 된다. 오히려 인터뷰대상자로부터 배울 수 있는 기회이다. 교사, 학생, 상담사, 학교행정가 모두가 해야 할 일이 있기 때문에, 모든 연구자가 시간을 낭비하지 않도록 주의를 환기시킨다. 인터뷰는 예정된 시간에 시작하고 끝나야 하며 정중하게 진행되어야 한다. 더 나아가, 연구자는 인터뷰대상자가 주는 단서를 포착해야 한다. Fetterman이 지적한 바와 같이, "시계를 반복해서 보는 것은 일반적으로 시간이 다 되었다는 분명한 신호이다. 멍한 눈, 어리둥절한 표정 또는 조급한 눈초리는 질문자에게 무언가 잘못되었다는 것을 알리는 인터뷰진행자의 방법이다. 그 사람은 길을 잃거나, 지루하거나, 모욕당한다. 일반적인 오류는 너무 많은 시간을 말하고 충분한 시간을 듣지 못하는 것, 질문을 명확하게 하지 못하는 것, 그리고 무심코 무신경한 발언을 하는 것을 포함한다."[13] [그림 19-4]는 존경받지 **못하는**(not) 인터뷰대상자의 예를 보여 준다.
- **자연스럽게 하라.** "청소년처럼 행동하는 것은 청소년의 신뢰를 얻는 것이 아니라, 그들을 의심하게 만들 뿐이다."[14] 어떤 형태로든 기만은 인터뷰에서 설 자리가 없다.
- **참여자와 적절한 친밀한 관계**(rapport)**를 구축하라.** 여기에는 위험이 도사리고 있으니 조심해야 한다. Seidman은 그 문제를 다음과 같이 지적한다. "친밀한 관계란 서로 사이좋게 지내는 것, 서로에 대한 조화, 서로에 대한 친화력을 의미한다. 문제는 극단으로 치달을 때, 참여자들과의 친밀한 관계

13) Fetterman, M. (1998). *Ethnography* (p. 70).

14) Ibid., p. 71.

[그림 19-4] 타당도가 의심스러운 인터뷰

를 쌓으려는 욕구가 인터뷰 관계(relationships)를 누구의 경험이 관련되어 있고, 어떤 의미가 만들어지고 있는지에 대한 질문이 매우 혼재된 완전한 '우리(We)'의 관계로 바뀔 수 있다는 것이다."[15] 그는 계속해서 자신이 한 커뮤니티 칼리지(community college)에서 수행한 연구에서 발생한 사건에 대해 다음과 같이 기술한다.

> 커뮤니티 칼리지 연구에서 한 참여자가 인터뷰 후 아내와 나를 저녁식사에 초대했다. 나는 참여자로부터 그러한 초대를 받은 적이 없었다. 그래서 나는 무엇을 해야 할지 잘 몰랐다. 나는 무례하게 보이고 싶지 않아서 그 초대를 받아들였다. 아내와 나는 그의 집에 저녁을 먹으러 갔다. 우리는 멋진 캘리포니아 뒷마당에서 요리를 했고, 참여자와 그의 가족과 함께 시간을 보낼 수 있어서 즐거웠다. 그러나 며칠 후, 내가 세 번째 인터뷰를 위해 그의 교무실에서 그를 만났을 때, 그는 나에게 너무 따뜻하고 친숙해서 나는 그의 반응을 살펴보기 위해 필요한 거리를 유지할 수 없었다. 나는 그가 우리를 그의 집으로 초대함으로써 만들어낸 환대의 정신에 위배되는 위험을 무릅쓰고 싶지 않았기 때문에, 인터뷰진행자로서 머뭇거리는 느낌을 받았다.[16]

- **인터뷰 중에 동일한 질문을 다른 방식으로 물으라.** 이것은 연구자가 인터뷰대상자가 말한 것에 대한 이해를 확인할 수 있게 해 주고, 심지어 논의되고 있는 주제에 대해 새로운 빛을 보여 줄 수도 있다.
- **인터뷰대상자에게 발언의 완전성에 의문이 있을 때, 답변이나 진술을 반복하도록 요청하라.** 이것은 인터뷰대상자가 연구자의 질문에 간결하고 짧은 대답으로 답하는 경향이 있을 때 토론을 자극할 수 있다.
- **의사소통의 흐름을 통제하는 사람을 다양하게 하라.** 공식적이고 구조화된 인터뷰에서 연구자가 질문하는 것과 토론의 속도를 조절하는 것이 종종 필요하다. 비공식 인터뷰에서는, 특히 인터뷰의 탐색적 단계나 초기 단계에서 신뢰와 협력의식을 확립하기 위해 인터뷰대상자가 약간 망설이게 하는 것이 종종 현명하다.

---

15) Seidman, I. E. (2006). *Interviewing as qualitative research: A guide for researchers in education and the social sciences* (3rd ed., p. 68). Teacher's College Press.

16) Ibid., pp. 73–74.

- **유도질문을 피하라.** 유도질문은 "물론 그렇게 하고 싶었지?" 또는 "친구들이 그렇게 하도록 설득했지?" 또는 "그게 얼마나 화가 났니?"와 같은 질문에서와 같이 답을 가정한다. 이러한 각 질문은 참여자가 특정 방식으로 응답하도록 유도한다. 이러한 질문의 더 적절한 버전은 "당신은 무엇을 하고 싶었습니까?", "왜 그랬습니까?", "그것에 대해 어떻게 느꼈습니까?"일 것이다.

  인터뷰진행자는 유도 질문 대신 개방형 질문(open-ended questions)을 하는 경우가 많다. 개방형 질문은 참여자에게 탐색방법을 제안하지 않고 탐색해야 할 영역을 나타낸다. 개방형 질문은 답을 추정하지 않는다. 여기에 몇 가지 예가 있다. "회의는 어땠나요?" 또는 "당신의 교생 경험이 어떠했는지 말해 보세요?" 개방형 질문에는 여러 가지 가능성과 질문 방법이 있다. 아마도 인터뷰진행자가 참여자의 주관적인 경험을 얻고자 할 때 단순히 "당신에게 어땠어요?"라고 묻는 것보다 더 좋은 것은 없을 것이다.

- **완전한 묘사(complete picture)를 얻으려고 할 때, 이분법적 질문(dichotomous questions), 즉 예, 아니요로 대답할 수 있는 질문을 하지 말라.** 여기에 몇 가지 예가 있다. "과제에 만족했나요?", "Adams School에서 가르친 결과 변했나요?", "좋은 경험이었나요?", "그렇게 하라고 했을 때 어떻게 해야 할지 알고 있었나요?" 등등.

  이분법적 질문의 문제는 그것이 응답자에게 발언을 장려하지 않는다는 것이다. 종종 인터뷰진행자가 참여자가 발언하도록 하는 데 어려움을 겪을 때, 그것은 해당 진행자가 일련의 이분법적 질문을 하기 때문이다.

  Patton은 다음의 10대와 그의 부모 간의 대화에서 일련의 이분법적 질문의 전형적인 예가 무엇인지를 제시한다. 이 10대 소녀는 데이트에서 막 집으로 돌아왔다.

> 너 늦은 거 알아?
> 네.
> 좋은 시간 보냈니?
> 네.
> 영화보러 갔니?
> 네.
> 좋은 영화였니?
> 네, 괜찮았어요.
> 그래서, 볼 만했니?
> 네, 볼 만했어요.
> 나는 그 영화에 대해 많이 들었다. 내가 좋아할 것 같니?
> 모르겠어요. 아마도요.
> 저녁 식사에 대해 더 할 말은 없니?
> 아니, 그게 다인 것 같아요.
> (10대는 위층으로 올라가 잠자리에 든다. 한 부모가 다른 쪽을 돌아보며 "우리에게 말을 걸기란 정말 어려운 일이예요."라고 말한다.)[17]

볼 수 있는 바와 같이, 이분법적 질문을 하는 것의 문제는 인터뷰를 시험이나 심문과 같은 것으로

---

17) Patton, M. Q. (2002). *Qualitative evaluation and research methods* (3rd ed., pp. 354–355). Sage.

쉽게 바꿀 수 있다는 것이다.

• **한 번에 한 가지 질문만 하라.** 두 개 이상의 질문을 하는 것은 초보 인터뷰진행자가 흔히 저지르는 실수이며, 가끔 형편없이 설계된 질문지에서도 이것을 볼 수 있다. 인터뷰진행자는 한 가지 질문만 하고 참여자가 응답할 수 있도록 허용하는 것이 아니라, 인터뷰대상자가 대답하도록 허용하지 않고 여러 가지 질문을 차례로 한다([그림 19-5] 참고). 다음은 그러한 예이다.

[그림 19-5] 한 번에 하나 이상의 질문을 하지 말라

당신은 어땠어요? 참여하셨나요? 힘들다고 했잖아요. 참여하시는 분이나 다른 분들도 어려우셨나요? 그리고 그들이 그것에 대해 어떻게 느꼈을 것 같나요?

• **적극적으로 경청하라.** 경험 많은 인터뷰진행자는 참여자의 답변이 충분한지 평가하기 위해 처음부터 끝까지 인내심을 갖고 경청한다. 답변이 불완전할 경우, 노련한 인터뷰진행자는 가능한 원인을 신속하게 평가한 후 후속 질문이나 방향성 질문을 통해 보다 정확하고 완전한 정보를 얻는다.

• **방해하지 말라.** 이것이 아마도 좋은 인터뷰의 가장 중요한 특징일 것이다. 참여자가 말할 때 방해하지 말라. 그리고 이것은 참여자가 인터뷰진행자가 특히 흥미롭게 생각하는 것을 말할 때 특히 그러하다. 종종 이 흥미로운 문항을 추구하기 위해 말하는 사람을 방해하는 것은 유혹적이지만, 그렇게 하는 것은 참여자의 생각의 흐름을 방해할 수 있다. 간단한 메모를 적어 두었다가 대화가 중단될 때 나중에 후속 조치를 취하는 것이 더 낫다.

초점집단인터뷰

초점집단인터뷰(focus group interview)에서 인터뷰진행자는 소집단(보통 4~8명)에게 일련의 질문에 대해 생각해 보라고 한다. 참여자들은 한 집단으로 모여 앉아 질문에 대한 서로의 답변을 들을 수 있다. 그들은 종종 다른 반응을 듣고 나서 자신이 원래 말해야 했던 것 이상의 추가적인 의견을 제공한다. 그들

은 동의할 수도 있고 동의하지 않을 수도 있다. 합의는 필요하지도 바람직하지도 않다. 목적은 참여자들이 다른 사람들의 견해를 듣고 그에 따라 자신의 견해를 고려할 수 있는 사회적 맥락에서 사람들이 어떤 쟁점(들)에 대해 실제로 무엇을 생각하는지 파악하는 것이다.

그러나 이 책의 저자들은 초점집단인터뷰는 토론(discussion)이 아니라는 점을 강조해야 한다. 그것은 문제 해결 세션도 아니고 의사결정집단도 아니다. 그것은 **인터뷰**(interview)이다.[18]

초점집단은 일반적으로 1~2시간 동안 진행되며, 5~6개의 핵심 질문을 다룰 수 있다. 일반적으로 인터뷰의 세 부분과 유사한 세 부분의 초점집단 토론 가이드(focus group discussion guide)가 있다. 시작 부분은 초점집단 촉진자(facilitator) 또는 중재자(moderator)가 집단구성원을 환영하고 소개하며 초점집단의 목적, 맥락, 규칙을 설명하는 부분이다. 중간 부분은 참여자들에게 주요 연구질문에 답하도록 요청하기 위한 것이고, 마무리 부분은 일반적으로 참여자들에게 감사와 보고를 하고 추가 의견의 기회를 주기 위한 것이다.

따라서 초점집단 중재자의 역할은 특히 집단구성원 간의 상호작용을 촉진하고, 다른 관점을 도출하며, 세션에 초점을 맞춘 상태를 유지하는 측면에서 중요하다. 경우에 따라, 촉진자는 특히 주제에 대한 다른 의견을 도출하기 위해 참여자에게 도전해야 한다. 숙련된 중재자는 더 자세한 내용을 언제 조사해야 하는지, 그리고 토론이 경로를 벗어날 때 어떻게 진전시켜야 하는지 알고 있다. 중재자는 또한 프로젝트와 연구에 대해 전반적으로 잘 알고 있어야 한다.

인터뷰자료 기록

어떠한 인터뷰를 보더라도, 아무리 꼼꼼하게 인터뷰 질문을 준비해도 인터뷰대상자가 실제로 말하는 내용을 담아내지 못하면 모든 것이 소용이 없다. 그러므로 인터뷰가 진행되는 동안, 참여자가 말하는 것을 가능한 한 충실하게 기록하는 것이 필수적이다. 인터뷰대상자의 말을 정확하게 기록하는 방법이 필요하다.

따라서 기록장치는 종종 모든 질적 연구 장비에서 없어서는 안 될 필수요소로 간주된다. "테이프 레코더는 대화를 '조정'하거나, (의식적이든 무의식적이든) 해석 때문에 말한 것을 바꾸거나, 말하는 것보다 더 느리게 단어를 녹음하지 않는다."[19]

그러나 기록장치를 사용한다고 해서 필기를 할 필요가 없어지는 것은 아니다. Patton은 다음과 같이 지적한다.

> 메모(notes)는 적어도 두 가지 목적에 도움이 될 수 있다. ① 인터뷰 도중 메모한 내용은 인터뷰진행에 따라 새로운 질문을 작성하는 데 도움이 될 수 있다. 특히 앞서 말한 내용을 확인하는 것에 적절할 수 있다. 그리고 ② 테이프 자체로부터 중요한 인용문을 찾는 것을 포함하여, 나중에 분석하기 용이하다. 메모의 실패는 종종 응답자에게 어떤 중요한 말도 하지 않는다는 것을 나타낼 것이다.[20]

---

18) Ibid., p. 385.
19) Ibid., p. 380.
20) Ibid., p. 383.

연구 팁

적절하지 못한 인터뷰 방법

다음은 연구자가 자신의 지역의 새로운 수학교육과정을 막 사용한 교사를 인터뷰하는 가상의 상황이다.

연구자: 이것은 매우 중요한 주제이지만, 긴장하지 마세요. (관계 정립에 실패함)
교사: 좋아요.
연구자: 이러한 종류의 수학자료를 연구해 본 경험이 있으실 것 같은데요?
교사: 음, 네, 조금요.
연구자: 안됐군요. 좀 더 경험이 있으시기를 바랬습니다. (원하는 응답을 나타낸다)
교사: 사실, 지금 생각해 보면, 저는 1년 전쯤에 비슷한 자료를 사용했습니다. (원하는 응답 제공)
연구자: 아, 그게 어디였죠? (상관없는 댓글)
교사: 유타주에서요.
연구자: 정말요? 전 유타주에서 왔어요. 거긴 어땠어요?
교사: 정말 좋았어요. 스키는 정말 멋졌어요!
연구자: 저는 테니스 선수입니다.
교사: 이게 수학이랑 무슨 상관이죠?

인터뷰에서 윤리: 사전동의 필요성

심층인터뷰는 참여자에게 그의 삶에 대해 많은 것을 밝히도록 요구한다. 그러한 인터뷰를 하는 동안, 인터뷰진행자와 참여자 간에 친밀도의 척도가 개발될 수 있으며, 이는 참여자가 잘못 사용될 경우 매우 취약하게 만들 수 있는 그의 삶의 사건에 대한 정보를 공유하도록 이끌 수 있다. 참여자는 그러한 취약점으로부터 보호받을 자격이 있다. 더 나아가 인터뷰진행자는 또한 인터뷰 자체의 본질과 목적에 대한 참여자의 오해로부터 보호되어야 한다.

따라서 이 책의 저자들은 인터뷰진행자가 참여자에게 사전동의서에 서명하도록 요구하는 것이 이 경우에 윤리적으로 바람직하다고 믿는다. 이 책의 저자들은 이러한 동의서 형식은 [그림 4-1]에 제시한 형식과 유사한 점들을 포함할 것을 제안한다.

질적 연구의 자료수집과 분석

제18장에서 지적하고 앞에서 기술한 바와 같이, 자료수집 및 분석에 대한 양적 및 질적 접근방법 간에는 중요한 차이가 있다. 질적 연구는 제7장에 기술한 바와 같은 구조화된 도구를 사용할 수 있고 때로는 그렇게 하지만, 자료분석의 수단으로서 나중에 내용분석 또는 발현되는 주제(emergent themes)(제20장)를 통해 구조화가 이루어지는 덜 구조화된 개방형 자료수집을 선호한다. 다른 기술통계량은 종종 관련이 있지만, 가장 일반적으로 사용되는 것은 빈도의 보고이다. 혼합방법설계의 사용이 계속 증가함에 따라, 이 책의 저자들은 보다 관례적인 질적 분석과 함께 양적 분석을 더 많이 사용할 것으로 기대한다.

질적 연구에서 신뢰도와 타당도

제8장에서는 교육연구에서의 도구 사용에 적용되는 타당도와 신뢰도의 개념을 소개했다. 이 두 개념은 질적 연구에서도 매우 중요하며, 여기에서만 연구자가 하는 관찰과 인터뷰 질문에 대한 응답에 적용된다. 실제로 질적 연구의 근본적인 관심사는 연구자가 보거나 들은 것에 대한 신뢰의 정도에 있다. 다시 말해서, 연구자는 어떻게 자신이 현혹되지 않는다고 확신할 수 있는가?

타당도(validity)는 연구자가 수집한 자료에 구체적으로 기반하는 추론의 적절성(appropriateness), 의미성(meaningfulness) 및 유용성(usefulness)을 의미하는 반면, 신뢰도(reliability)는 시간, 장소 및 상황에 대한 이러한 추론의 일관성(consistency)을 의미한다는 것을 기억할 것이다.

질적 연구자는 종종 도구타당도와 신뢰도뿐만 아니라 내적 타당도를 포함하기 위해 신뢰성(credibility) 또는 신실성(trustworthiness)이라는 용어를 종종 사용한다는 것을 주목하라.

질적 연구에서 많은 것은 연구자의 관점에 달려 있다. 모든 연구자는 특정한 편견을 가지고 있다. 따라서 다른 연구자들은 어떤 것을 다른 것보다 더 명확하게 본다. 따라서 질적 연구자는 자신의 인식이 잘못 전달되지 않도록 하기 위해 많은 기법을 사용한다. 즉, 그들은 실제로 자신이 생각한 것을 본다(그리고 듣는다). 타당도와 신뢰도를 점검하거나 증진하기 위한 절차는 다음과 같다.

- **자료를 수집하기 위해 다양한 도구 사용**: 결론이 여러 다른 도구에서 수집된 자료에 의해 뒷받침될 경우, 그 타당도는 증진된다. 이러한 종류의 점검을 삼각검증(triangulation)이라고 한다(제21장의 [그림 21-1] 참고).
- **어떤 것에 관한 한 제보자의 기술(description)(어떤 일을 행하는 방법 또는 어떤 일을 행하는 이유)을 동일한 것에 관한 다른 제보자의 기술과 대비하여 점검**: 기술의 불일치는 자료가 잘못되었다는 것을 의미할 수 있다.[21)]
- **연구되는 집단의 어휘를 이해하기 위해 그리고 적절한 경우, 말하기 위해 학습**: 만약 연구자가 특정 용어(특히 은어)를 사용할 때, 제보자가 무엇을 의미하는지 이해하지 못하거나 그러한 용어를 사용하지 않는 어떤 의미로 받아들인다면, 타당하지 않은 자료의 기록이 반드시 발생할 것이다.
- **질문된 질문 기록(받은 답변과 더불어)**: 이것은 연구자가 나중에 이전에 기록된 응답 중에서 이치에 맞도록 도와주며, 선택적 망각으로 인한 왜곡을 줄이는 데 도움이 된다.
- **관찰과 인터뷰 수행 중 개인적인 생각 기록**[또한 **연구자의 반성적 성찰**(researcher reflexivity)이라고도 함]: 비정상적이거나 부정확한 응답은 나중에 다른 의견이나 관찰과 대조하여 확인할 수 있다.
- **한 명 이상의 연구참여자에게 연구보고서의 정확성을 검토하도록 요청**: 이것은 종종 **참여자 확인**(member checking)이라고 불린다.
- **보고서를 검토 및 평가할 연구 외부의 개인 확보**: 이를 **외부감사**(external audit) 또는 **동료검증**(peer debriefing)이라고 한다.
- **가능하면 적절할 때마다 발언의 출처 문서화**: 이것은 연구자가 그렇지 않으면 잘못되어 보일 수 있는 코멘트를 이해하는 데 도움이 된다.
- **추론의 근거 문서화**
- **질문을 받고 상황을 관찰하는 맥락 기술**: 또한 **심층기술**(thick description)이라고 한다.
- **가능하고 적절할 때, 오디오와 비디오 녹화 사용**

21) 물론 반드시 그렇지는 않다. 그것은 단순히 관점이나 인식의 차이를 의미할 수 있다.

- **관찰된 상황에 대한 이해를 바탕으로 결론을 도출한 다음, 그 결론에 따라 행동**: 만약 그 결론이 타당하지 않다면, 연구자는 그것을 행동한 후에 곧 알아낼 것이다.
- **개인을 한 번 이상 인터뷰**: 시간이 지남에 따라 동일한 개인 보고서의 불일치는 이 개인이 신뢰할 수 없는 제보자임을 시사한다.
- **일정 기간 동안 관심 있는 환경 또는 상황 관찰**: 질적 연구에서 관찰의 길이는 매우 중요하다. 연구자가 보거나 듣는 것에 대한 시간의 경과에 따른 일관성은 신뢰도의 강력한 표시이다. 더 나아가, 시간이 지나고 그 집단의 구성원이 그 연구자와 친숙해지고 기꺼이 신뢰하게 될 때까지 나타나기 시작조차 하지 않는 집단에 관한 많은 것이 있다.
- **부정적인 사례 분석**: 사례(instances)가 적합할 때까지 패턴을 수정하여 패턴에 맞지 않는 사례를 제거하려고 시도한다.

〈표 19-2〉는 질적 연구에 사용된 여러 가지 목적, 연구질문, 전략 및 자료수집 기법이 요약되어 있다.

〈표 19-2〉 질적 연구질문, 전략, 자료수집 기법

연구목적	가능한 연구질문	연구전략	자료수집 기법의 예
탐색적:			
• 약간 이해된 사태(event), 상황(situation) 또는 사정(circumstance)을 조사하기 위해 • 중요한 변수를 확인 또는 구인하기 위해 • 후속연구를 위한 가설을 생성하기 위해	• 이 학교에서는 무슨 일이 일어나고 있는가? • 이 학교에서 교사가 행동하는 방식에 있어 중요한 주제나 패턴은 무엇인가? • 이 주제나 패턴은 어떻게 서로 연결되어 있는가?	• 사례연구 • 관찰 • 현장연구	• 참여자 관찰 • 비참여자 관찰 • 심층인터뷰 • 선택된 인터뷰
기술적:			
• 관심 사태, 상황 또는 사정을 문서화하기 위해	• 이 학교에서 일어나는 중요한 행동, 사태, 태도, 과정, 구조는 무엇인가	• 사례연구 • 현장연구 • 문화기술지 • 관찰	• 참여자 관찰 • 비참여자 관찰 • 심층인터뷰 • 문서화된 질문지
설명적:			
• 사태, 상황 또는 사정을 발생시키는 힘(forces)을 설명하기 위해 • 사태, 상황 또는 사정을 형성하는 그럴듯한 인과 네트워크를 확인하기 위해	• 어떤 사건, 신념, 태도, 정책이 이 학교의 본질을 형성하고 있는가? • 이 힘(power)이 이 학교를 형성하기 위해 어떻게 상호작용하는가?	• 사례연구 • 현장연구 • 문화기술지	• 참여자 관찰 • 비참여자 관찰 • 심층인터뷰 • 문서화된 질문지
예측적:			
• 사태, 상황 또는 사정의 결과를 예측하기 위해 • 사태, 상황 또는 사정으로부터 초래될 수 있는 행위이나 행동을 예측하기 위해	• 이 학교에서 현재 시행되고 있는 정책의 결과로 미래에 어떤 일이 일어날 것 같은가? • 누가 어떤 방식으로 영향을 받을 것인가?	• 관찰 • 인터뷰	• 심층인터뷰 • 문서화된 질문지

질적 연구의 예

이 장의 나머지 부분에서는 관찰 질적 연구의 출판된 예를 제시하고, 그 강점과 약점에 대한 비평을 제시한다. 다른 장에서 분석한 다양한 유형의 연구에 대한 비평에서 그랬던 것처럼, 이 책의 저자들은 분석에서 이 책의 앞부분에 소개된 개념을 사용한다.

연구분석

목적/근거

그 목적은 536쪽에서 찾을 수 있다. "연구목표는 이 조합이 선택된 청소년들과 그들의 문제 행동에 유익한 영향을 미치는지를 발견하는 것이다(The research goal is to discover if this combination has a beneficial effect on selected youths and their problem behaviors)." 이 책의 저자들은 '워키토키 중재(Walk and Talk intervention)'를 '이 조합'으로 대체할 것이지만, 그럼에도 불구하고 그 의미는 분명하다고 생각한다.

정당화는 연구가 다루는 사회적 · 개인적 요구와 중재의 근거 모두에 대해 광범위하고 명확하다. 그것은 다른 중재의 한계와 그 방법의 철학적 · 과학적 기초를 포함한다.

비밀이나 속임수에 관한 윤리적인 문제는 없어 보인다. 학생들에 대한 위험은 거의 없어 보이지만 부모의 동의서를 얻었고, 필요한 경우 심리학자도 이용할 수 있었다.

연구보고서(Research Report)

From: (2004, Summer). *Adolescence, 39*(154), 373–388. Libra Publishers, Inc. Reprinted with permission.

Walk and Talk: An Intervention for Behaviorally challenged Youths

Patricia A. Doucette

Abstract

암시된 방향적 가설

This qualitative research explored the question: Do preadolescent and adolescent youths with behavioral challenges benefit from a multimodal intervention of walking outdoors while engaging in counseling? The objective of the Walk and Talk intervention is to help the youth feel better, explore alternative behavioral choices, and learn new coping strategies and life skills by engaging in a counseling process that includes the benefits of mild aerobic exercise, and that nurtures a connection to the outdoors. The intervention utilizes a strong therapeutic alliance based on the Rogerian technique of unconditional positive regard, which is grounded and guided by the principles of attachment theory. For eight weeks, eight students (aged 9 to 13 years) from a middle school in Alberta, Canada, participated weekly in the Walk and Talk intervention. Students' self-reports indicated that they benefited from the intervention. Research triangulation with involved adults supported findings that indicated the students were making prosocial choices in behavior, and were experiencing more feelings of self-efficacy and well-being. Limitations, new research directions, and subsequent longitudinal research possibilities are discussed.

Western societies have seen an increase in violence and antisocial behavior in schools and communities (Pollack, 1998). Juvenile crime rates have increased four times since the early 1970s (Cook & Laub, 1997). After the shock of the Columbine school massacre in the United States and other violent incidents, communities are demanding interventions to help prevent similar occurrences.

Traditional approaches for various youth behavior challenges have assumed the behavior needs to be controlled and contained by using behavioral and social learning approaches (Moore, Moretti, & Holland, 1998). Many current interventions rely on adaptations of behavior modification strategies to provide structure and control. The tenets of some programs for troubled youth are based on a hierarchy of control, authority, and power. The framework of behavior and behavioral boundaries is directed by coercive control with token economies and earned privileges that are enforced by systems involving revoking social and recreational activities (Moore, Moretti, & Holland, 1998). I question and challenge this type of philosophy. Intrinsic motivation for making positive behavioral choices and taking responsibility and ownership for behavior is unlikely to become the behavioral response when behavior is controlled by others. Research (Deci & Ryan, 1985) suggests intrinsic motivation involves self determination, self awareness of one's needs and setting goals to meet those needs. I believe that many behaviorally challenged youths have experienced interactions with key adults that have been punitive, rejecting, and untrustworthy (Moore, Moretti, & Holland, 1998; Staub, 1996). Therefore, many current interventions based on behavioral strategies and coercice control have limited effectiveness (Moore, Moretti, & Holland, 1998; Staub, 1996). 정당화

New treatment methods that adopt a therapeutic approach that is grounded and guided by the principles of attachment theory may engage a therapeutic process with the results of youths' prosocial behavioral choices (Centers for Disease Control, 1991; Ferguson, 1999; Holland, Moretti, Verlaan, & Peterson, 1993; Keat, 1990; Moffitt, 1993; Moore, Moretti, & Holland, 1998). By participating in a casual walk outdoors, there can be the physiological advantage of mild aerobic exercise (Franken, 1994; Hays, 1999; Fox, 1997; Baum & Posluszny, 1999; Kolb & Whishaw, 1996, 1998). I believe, as do others (Anderson, 2000; Glaser, 2000; Tkachuk & Martin, 1999; Real Age Newsleter, 2001a), that human beings have a natural bond with the outdoors and other living organisms. By nurturing this bond with a walk outdoors, positive well-being and health can result (Tkachuk & Martin, 1999; Hays, 1999; Orlick, 1993; Real Age Newsletter, 2001b). 애매모호함

WALK AND TALK INTERVENTION

The Walk and Talk intervention has its fundamental philosophy in Bronfenbrenner's (1979) social ecological theory of behavior which views the child, family, school, work, peers, neighborhood, and community as interconnected systems. Youths' problem behavior can be attributed to dysfunction between any one or more combinations of these systems (Borduin, 1999). By understanding these dynamics, the Walk and Talk intervention attempts to provide a support network that encourages youths to reconnect with self and the environment through an attachment process, a counseling process, and a physiological response resulting in feelings of self-efficacy.

The Walk and Talk intervention utilizes three components to engage youths. The counseling component of the Walk and Talk intervention borrows seven principles from the Orinoco program used at the Maples Adolescent Centre near Vancouver, British Columbia (Moore, Moretti, & Holland, 1998, pp. 10–18). These principles are driven by an underlying understanding of attachment theory. These principles are as follows:

1. All behavior has meaning. The meaning of the behavior is revealed by understanding the internal working model of the person generating the behavior.
2. Early and repeated experiences with people who care for us set a foundation for our internal working models of relationship with self and others. Our earliest experiences have a profound effect on how we approach relationships, school, work, and play.

3. Biological legacies such as cognitive, emotional, and physical capabilities are an interactive part of our experience and contribute to our working model of relationships with self and others.
4. Internal working models are constantly changing in the context of relationships and expertise. These models are constantly revised based on experience. Experience can be added to but not subtracted.
5. Interpersonal relationships are a process of continuous reciprocal interplay of each person's internal working model with others. It is not possible to hold oneself apart from this interplay.
6. We understand ourselves in relation to others. A sense of self includes our sense of how others view and respond to us.
7. Enduring change in an individual's behavior occurs only when there is change in the internal working model supported by change in the system one lives in and if there is sufficient time, opportunity, and support to integrate the new experience.

The counseling component of the Walk and Talk intervention is interlaced with new strategies for positive life skills and attempts to incorporate solution-focused brief therapy (Riley, 1999). Through counseling, youths discover solutions by way of simple interventions while experiencing positive regard in Rogerian fashion (Rogers, 1980). Focus is kept on the youths' strengths while collaborating for change (Riley, 1999; Orlick, 1993). Identifying highlights is an important element of each walk. Highlights are used to teach youths to think positively so they can reframe their experiences in a way that enhances well-being (Orlick, 1993). By being able to illuminate the good in things that happen in daily life, youths can find inner strength and resilience when experiencing negative events or reactions from others (Orlick, 1993). Youths who have an inner source of reworking setbacks in daily life will be more likely to cope with stress effectively.

선행연구

The ecopsychology component of the Walk and Talk intervention is tied to the psychological processes that bring people closer to the natural world. Some research suggests that humans have a natural bond with other living organisms, and nurturing that connection may provide a health benefit (Roszak, Gomes, & Kanner, 1995; Real Age Newsletter, 2001a). By walking outdoors, the outdoor connection is nurtured, facilitating youths' awareness of their environment.

The physiological component engages the youths in aerobic exercise. Considerable research supports the use of exercise to alleviate many types of mental illness and enhance feelings of well-being (Tkachuk & Martin, 1999). Some research suggests that as little as ten minutes of daily exercise is enough to generate mood-elevating neurochemicals (Real Age Newsletter, 2001b). Recognizing the importance of exercise to well-being is a critical aspect of the Walk and Talk intervention.

목적

The intervention for behaviorally challenged youths combines the benefits of a strong therapeutic alliance based on the Rogerian technique of unconditional positive regard (Rogers, 1980), integrated with mild aerobic exercise that occurs outdoors in a place of natural beauty. The research goal is to discover if this combination has a beneficial effect on selected youths and their problem behaviors.

The impetus for this research is to understand the epidemiology and etiology of the problem behaviors while attempting to implement an effective preventative intervention. One objective is to provide fertile ground for the youths to explore and understand alternative behavioral choices. This phenomenological qualitative research approach assumes that the participants are existential individuals and as such, actions, verbalizations, everyday patterns, and ways of interacting can reveal an understanding of human behavior (Addison, 1992). A basic principle of existentialism suggests that each and every expression, even the most insignificant and superficial behavior reveals and communicates who that individual is (Sartre, 1957). It is hoped that the participants will acquire a stronger self understanding via a therapeutic alliance, aerobic exercise, experiencing a connection to the outdoors, and be able to choose to make a behavior change.

By understanding and utilizing attachment theory (Ainsworth & Bowlby, 1991; Bowlby, 1969; Centers for Disease Control, 1991; Ferguson, 1999; Holland, Moretti, Verlaan, & Peterson, 1993; Keat, 1990; Moffitt, 1993; Moore, Moretti, & Holland, 1998) and Rogerian (1980) methods to guide the counseling with a walk outdoors, it is hoped that youths' self-esteem will increase as they become connected to another person-myself-and the outdoors.

가능한 연구자 편견

Why do some young people sabotage themselves with nonproductive behaviors? I believe if an intervention can be introduced and then utilized by youths who have a history of these behaviors, they can be redirected to satisfying, productive lives regardless of their prior personal history. The intervention will help behaviorally troubled youths to feel better and do better by being internally motivated to choose prosocial behavior.

The plasticity, resilience, and remarkable adaptability of youths to their unique selves and situations has been a catalyst for my research. The importance of attachment (as defined by Ainsworth, 2000) and understanding attachment theory (Ainsworth, 2000; Bowlby, 1969) cannot be understated. The Walk and Talk intervention provides a safe place for youths to discover new positive coping strategies that can benefit them throughout life.

METHOD

The middle school principal assigned the student outreach support worker to select appropriate individuals for the Walk and Talk intervention. The assistant superintendent, a licensed psychologist, was selected as a resource and liaison in case crises should arise. A consent form was signed by a school district representative. Further, consent forms were sent to the parents of participants. 편의표본

The eight intervention respondents chosen were coded by school assessors as behaviorally challenged and in need of special education. I first met with each of the eight youths for a preintervention interview that allows us to become acquainted and for me to familiarize myself with their understanding of their behavioral challenges. Specifically, the youths' problem behaviors as indicated by school representatives, parents and/or guardians were identified as conduct disorder as described in the Diagnostic and Statistical Manual of Mental Disorders (American Psychiatric Association, 1994). Conduct disorders include violating rules, aggressiveness that threatens or causes physical harm to others, bullying, extortion, lack of respect for self and others, suicide attempts, truancy, initiating frequent fights, and various charges by the police such as breaking and entering (DSM-IV, 1994). The problem behaviors were repetitive, resulting in unsuccessful functioning within the school, community, and often family setting. 연령은 9~13세임 좋은 명료화

By utilizing a collaborative, qualitative approach, I disclosed the intentions of the Walk and Talk intervention. I believe this approach facilitated development of alliance, empowerment of the participant, and engagement as the expert (Creswell, 1998; Flick, 1998). My role as researcher was that of an active, interested learner (Creswell, 1998; Flick, 1998). This collaborative, qualitative approach bridges the gap between participant and researcher. A collaborative approach has been preferred for youths since it engages and honors them as their own expert (Axline, 1947/1969; Oaklander, 1978); youths are usually not in control of many decisions that affect them. 이 책의 저자들에게는 불명확함 참여 관찰자

Interviews were conducted before and after the six-week walk and talk intervention. The first interview included an introduction by myself and by the youths. They were asked to draw a picture of themselves performing any activity of their choice. Sheets of 8" by 11" white paper and ten assorted gel pens were provided. These pens were chosen because of their popularity with children of all ages. Upon completion of the drawings, the youths were asked to make a list of five of their strengths. Next they were asked to list at least five weaknesses. The final activity was to write a short autobiographical incident-about something that had made an impression whether positive or negative. After each activity, discussion was encouraged. A goal of the interview was to start the youths thinking about self, and for me, to learn what they think and feel. At the close of the interview, I prepared them for the week of walking and talking, emphasizing that it would be their opportunity to talk about whatever came to mind and the talks would be confidential-except in extreme situations, for instance, statements about harming themself or others. 계측

By conducting the first interview in this manner, it was hoped the youths would start to self disclose in some or all of the modalities. Also, it provides baseline insight as to how the youths feel at that time. The self portraits of each youth were examined by a licensed art therapist, Maxine Junge, and myself. Maxine Junge (personal communication, February 18, 2002) provides the caution that what she offered were guesses, hypotheses, and impressions. The autobiographical pieces gave insight into issues considered important by these youths. 좋은 주의

The interview was fairly ambitious, but the researcher did not press the youths with the agenda. It was hoped that an alliance would be established wherein trust and respect would be shared. This started the counseling process. It is important to discover what this process is for the youths and report it. It is important to discover the meaning the youths give to events, and resulting actions (Maxwell, 1996). It was the youths' reality that this qualitative approach attempts to understand (Maxwell, 1996). The youths were the focus and their phenomenological experience was explored while psychoeducational interventions were suggested and discussed when appropriate.

It was the counselor's role to help the youths clarify and reframe belief constructs while helping to identify and translate the subconscious into the conscious (Hays, 1999). How youths behave and speak, reflects subconscious thoughts and feelings (Hunter, 1987). It was the counselor's role to help the youths identify the connectedness to place and others, identify and verbalize one or more successful survival skills while introducing new conscious approaches that encourage the cognitive strategy of stop, think, do. Introducing young people to the hope of a future that is rewarding and positive and one they can manage and control is a paramount goal. When appropriate, they will be introduced to various life skills that can improve the quality of their life (Orlick, 1993). By learning about positive thinking, positive self talk, stress management, relaxation skills, imagery, anger physiology, anger management, communication with "I statements," focusing and refocusing, new behavioral choices can be made (Orlick, 1993). Learning one, two, or more key life skills can enhance the youths' life.

절차

I met with each respondent for six consecutive weeks, once a week, for approximately 30 –45 minutes per session. Each session entailed a walk on the school grounds. This did not include the pre and post interviews. The eight participants began their first walk and talk between December 12, 2001 and January 28, 2002. This wide range of start times was due to the waiting period for parental consents and then arranging appropriate times with the teachers. Also, at the end of December and early January there was a two-week school break which caused a delay in beginning some first sessions. The total walk and talk time allotted was 45 minutes but because of time needed to dress appropriately, actual walk and talk time was about 30 minutes. At the start of each walk I asked the youths what they wanted to discuss. If there wasn't anything in particular they wanted to say, I asked them for highlights in their lives since I last saw them a week ago. Highlights are positive events, positive experiences, comments, personal accomplishments or anything that has lifted the quality of the moment for that child (Orlick, 1993, 1998). Next, I asked them about their low-lights. Understanding and verbalizing that life is filled with highs and lows begins the journey of self discovery and also allows the youth to discuss alternative strategies for dealing with problems.

좋은 세부사항

Throughout the six week Walk and Talk intervention, I introduced strategies for dealing with stress, identifying what was stressful for the youth, discussing the importance of positive self talk, mental imagery, visualization techniques, and focusing and refocusing techniques (Orlick, 1993, 1998). Most of the youths chosen for this intervention had anger-management challenges. When appropriate, anger management techniques, combined with the cognitive strategy of stop, think, do was introduced. Understanding anger cycles and the physiology of anger was discussed. One of the life skills introduced was learning the rules of using assertiveness rather than aggressiveness and utilizing I-statements to convey feelings to others. When appropriate these types of life skills were introduced and practiced in mock situations. Positive life skill techniques were woven into the counseling session during most sessions.

세부 사항을 위해

좀더 세부 사항 필요

The intervention was completed with a post interview. When gathering data from the youths, respondents were informed that the research was intended to help them in the future; therefore, answering honestly is important. Respondents were told there were no right or wrong responses. They were to feel free to talk openly. Similar to the pre intervention interview, youths were asked to draw a picture of themselves in an activity. Next they were asked to write their strengths and weaknesses. At that time, I showed each youth the drawing from their pre intervention interview, and we compared the strengths and weaknesses from before and after the intervention. Together we noted the differences. I asked each youth: What has changed since we started? What did you like about walk and talk? What didn't you like about it? What was helpful? What wasn't helpful? What are your concluding comments and remarks? Do you think it would be good for other youths to participate? I asked them what they thought about the art they produced and about the strengths and weaknesses they identified. I assessed self-esteem via the self portrait they had drawn, comparing pre and post intervention responses. Several methods of communicating with the youths, i.e. art, structured exercise, open-ended questions, and discussion of their experience, made my report of their phenomenological experience more complete.

좋은 세부사항

RESULTS AND DISCUSSION

I chose a phenomenological approach because I wanted to capture the essence of the youths' experience as told by them. Did they feel better and do better? The youths' experience was reported as I observed it. I assessed their experience of the Walk and Talk intervention as told to me by them along with collateral observation and/or information given to me by parents, teachers, and other involved school personnel. The ecopsychology aspect of this intervention can be replicated in any safe outdoor environment.

어떻게 보고했나?

The only given variables in this research are the common denominators of age, youths from 9 to 13 years old, and the individual, problematic behaviors, although variations in etiology and epidemiology exist. The factors relating to the causes of the behaviors are individual. The systemic distribution of impacting incidents and contributing components to each youth's behavior vary. By offering a multimodal approach it was hoped that the youths' experience would be positive and result in prosocial behavior.

As the qualitative researcher it was my mandate to utilize rigorous data collection procedures (Creswell, 1998). As a researcher it was also my intent to maintain my distance in order to promote objectivity but still engage them as a counselor. To achieve this result requires walking a fine line. To preserve scientific clarity, conscious effort was required. However, a positive interpersonal relationship was necessary for the success of the research intervention and of the qualitative approach. The characteristics and assumptions of the phenomenological qualitative approach to research necessitates that the participant's view be the entire reality of the study (Creswell, 1998). As such, the reality was purely and subjectively portrayed as an experiential component of the study. To analyze the data, multiple approaches and multiple traditions were included. This was done to provide a fuller, holistic view and richer understanding of the process which occurred during time in the field.

좋은 주의

Combining the three components of counseling, ecopsychology, and physiological enhancement creates a new intervention for behaviorally challenged youths. The youths who completed the intervention stated that it helped them clarify feelings. Overall, I believe the Walk and Talk intervention benefited each youth who completed the intervention. The following discussion provides specifics about the individual participants.

8명 중 7명

Youth A

Youth A's participation helped him to become more self aware of his struggles with sister and father. Although strategies were discussed, I do not believe that Youth A assimilated many new life skills. He needed much more individual time and attention to help him cope with the number of problems he faces outside of school. However, his art therapy work showed a definite improvement. The first drawing was very small, not grounded, and "floating" which the art therapist suggested indicated a feeling of smallness, powerlessness, and lack of self-esteem. The final drawing depicted a well-defined boy and girl-Youth A and little sister-in his bedroom with all his prized possessions. Both children were smiling and he looked like a protective big brother. His teacher's comments about Youth A indicated that the Walk and Talk intervention had benefited Youth A at least for the days of each Walk and Talk. The teacher believed Youth A needed more continuous intensive help. Youth A made positive comments about his experience in intervention: He liked talking about his feelings and learning focusing and refocusing skills. His before-and-after strengths ratio was 12/15 indicating that he believed he had more strengths on the completion day of Walk and Talk than on the starting day. His weaknesses ratio was 9/3 indicating that at the start of Walk and Talk he believed he had many more weaknesses than when he finished.

어떤 증거?

정보출처 제공

Youth B

I believe there was a significant improvement with Youth B. Each week he self-disclosed more and more. He was eager to talk about his problems and challenges as time went on. Toward the end of the intervention he was walking with his head held high rather than downcast. He was very pleased to report his new fun relationship with his big brother. His teacher told me throughout the intervention of his improved coping and social skills in the classroom. She gave me detailed accounts of how Youth B avoided confrontations by using newly acquired social skill strategies. In the last discussion with the teacher, on the last day of the intervention, she revealed a violent outburst in his classroom. It was on that day physical abuse charges were reported to social services regarding his mother. Although the teacher could not understand Youth B's incongruent behavior, I knew it all fit.

좋은 세부사항

His before-and-after strengths ratio was 5/8 indicating that he believed he had more strengths on the completion day of Walk and Talk than on the starting day. In addition, three of the strengths mentioned were social skills. His weaknesses ratio was 4/0 indicating that at the start of Walk and Talk he believed he had four weaknesses, and when he finished he had none. Youth B indicated Walk and Talk was a helpful intervention for him.

The art therapist's comments regarding his drawings indicate that he was a boy possibly filled with fear and anger. The drawings denoted a developmental problem, in that they depicted a small and insignificant figure.

Youth C

I think there was a huge improvement with Youth C. He seemed to self-disclose more and more each week. He utilized the life skill techniques we discussed, practiced them throughout the week, and eagerly reported back to me. His self-esteem soared with each new success he experienced. He would retell with enthusiasm his weekly attempts at new life skills, his successes along with some failures. His teacher echoed my sentiments noticing a remarkable change of attitude in the classroom, his cooperation with peers, and positive choices in behavior. His brother commented on their newly improved relationship.

His before-and-after strengths ratio was 5/5. On completion day of Walk and Talk, three of his five strengths were social skills whereas on starting day none were social skills. His weaknesses ratio was 5/2 indicating that at the start of Walk and Talk, he had many more weaknesses than when he finished. At the start he indicated that two of his five weaknesses were social skills and at completion, one of his two weaknesses was his temper. I viewed these changes as exemplifying a raised level of self-awareness. Youth C very enthusiastically claimed Walk and Talk was a positive event for him.

잘 해명했나?

The art therapist noted that his first drawing depicted a small, faceless, insignificant boy, and his final drawing was very similar. Sadly, after completion of the intervention, charges of parental child abuse were reported to social services.

Youth D

내적 타당도

Youth D was reintegrated into the regular classroom toward the end of the Walk and Talk intervention. I think his participation in the intervention was one of many support efforts that helped him improve his overall success and well-being. During Walk and Talk he talked about his daily challenges. He seemed to develop a self awareness over time. His teacher reported positive changes: he had started to react appropriately to accept "no" without bursting into tears. He utilized self-chosen time outs and self talk to help him control his emotions. His teacher indicated that he was more polite and considerate with others. Youth D reported that Walk and Talk had been a great experience for him.

His before-and-after strengths ratio was 7/8. On completion day of Walk and Talk, one of his eight strengths was a social skill. His weaknesses ratio was 5/5. The art therapy assessment for his first drawing suggested an ineffectual, fearful, and avoidant child. His final drawing was grounded, but still revealed a faceless self. Youth D's before-and-after drawings lack depth and involvement.

Youth E

I believe Youth E benefited from his participation in the Walk and Talk intervention, but needed intensive ongoing help. He seemed to have a very low self image that was controlled by external events. His troubled home life, parents' divorce, and taking a daily drug cocktail for various problems contributed to his need for external support. His teacher agreed. The teacher also said that Youth E had benefited greatly from participating in Walk and Talk. In the classroom he was much calmer and cooperative, thereby experiencing more personal success, something he clearly needed. Youth E said Walk and Talk was good for him because he could get his feelings out.

The art therapist's assessment of his artwork was of a boy with high intelligence, with a good self image. This was contradictory to the boy I knew. Both of his pictures were grounded but showed an avoidant boy who did not know how to handle his impulses.

질문 타당도

His before-and-after strengths ratio was 5/8. On completion day of Walk and Talk, seven of his eight strengths were social skills. This was impressive. His weaknesses ratio was 5/1. In his first meeting he identified two social skills weaknesses as being related to being bullied. In our final meeting he admitted that arguing was his weakness. I believe he had acquired more self awareness over the intervention time and learned new coping strategies.

Youth F

It was difficult for me to assess whether Youth F, the only female participant, benefited from the intervention. I often wondered what she was learning and what bothered her. However, I found her participation in the ecopsychology aspect remarkable. She became transformed from a girl who threw rocks at birds to one who tried to gently approach them and stroke them. She became increasingly aware of the surrounding trees, an occasional wandering dog, and the variety of birds. She seemed to enjoy the physical aspects of the intervention. I believe she was extremely athletic and often mentioned this to her. Her teacher queried me after the second Walk and Talk to learn what life skills we were concentrating on. The teacher collaborated with me to help the girl control her impulsivity by reminding her when it was appropriate to focus, refocus, stop, think, do, rub her lucky penny, and apply any other life skill strategies I had mentioned. Also, Youth F's mother phoned me to offer collaboration in helping her daughter use life skills at home. Youth F experienced behavioral improvement during the intervention time as reported by all triangulation sources. Youth F told me that Walk and Talk was great.

좋은 세부사항

용어 명료화 필요

단락의 첫 문장과 모순되어 보임

The art therapist's assessment of her artwork suggested possible organic problems. I agreed. Her before-and-after strengths ratio was 15/7. Her weaknesses ratio was 5/0. I believe Youth F could use ongoing outside support.

Youth G

Youth G was a total pleasure to have as a participant of Walk and Talk. Although he was mildly developmentally delayed, he was eager to learn new positive life skills. He readily became attached to the outdoor environment, becoming keenly aware of the birds, trees, and sounds. He often made observations that I found remarkable although his kind, gentle spirit was often squelched in his daily struggles with academics and interpersonal relationships, but because of his resilience and willingness to discuss his problems he could find solutions readily. His teachers believed Youth G's success was ongoing after he participated in a behavioral program. Youth G's teachers concurred that the Walk and Talk intervention had probably helped to illuminate his positive choices.

이 책의 저자들 에게는 불명확함

Youth G's art assessment denoted his developmental lag. The drawings before-and-after showed him wearing a sport shirt with the number twelve (his lucky number) and playing Volleyball. Neither drawing reflected a grounded individual. His before-and-after strengths ratio was 5/5. In his first meeting he identified two social skills as being strengths. In the last meeting he identified three social skills as such. His weaknesses ratio was 1/3. I believe this indicated a keener self awareness. I believe Youth G benefited enormously from his participation in the Walk and Talk intervention.

잘 해명했나?

Youth H

Youth H identified seven strengths and two weaknesses. He liked to talk about playing and watching hockey. His art was not grounded and very simple. The art therapist noted that his drawing was very protected and defensive indicating possible anger and aggression.

Youth H was removed from the intervention after one meeting. At the time of our first meeting the teacher's aid strongly argued against his being a participant in the Walk and Talk intervention. Youth H had been selected by the student outreach worker and his parents had consented to his participation. The new school guidance counselor contacted me with concerns and recommended that he be pulled from the intervention. Due to these objections, Youth H was withdrawn. My advice to future Walk and Talk interventionists is to enlist the support of all people who are in favor of a youth's participation in the program. Otherwise what happened to Youth H could happen to others.

Overall, the research results were positive. From the teachers' perspective, my perspective, and the youths' comments, the intervention seemed to benefit them on many fronts. Introducing alternative life skill strategies was a key counseling component of the intervention. All youths found the focusing and refocusing exercise beneficial and many adopted the technique to everyday life. Focusing and refocusing can facilitate learning to experience life fully. By practicing focusing and refocusing exercises youths can learn to closely observe what is seen, listen intently to what is heard, feel fully and connect completely when interacting with others (Orlick, 1993). The focusing and refocusing technique utilized aspects of the intervention's ecopsychological component by weaving a life skill technique into a closer awareness of self and facets of the outdoors that otherwise would go unnoticed. After applying the technique outdoors it was readily transferable to indoor situations.

어떤 증거?

중복됨

It is my belief that to varying degrees, the youths benefited from the experience of counseling outdoors enhanced by the physiological "boost" provided by aerobic exercise. Walking allowed for physical release, something very important for these active youths. Feelings, problems, and sometimes solutions to problems materialized. All respondents found talking about such problems to be beneficial. These respondents were chosen because of their difficulty in managing social situations.

Assuming my findings are correct and the intervention can be deemed successful, will the intervention have long-term effects? I can only speculate. Follow-up longitudinal studies are recommended. Suggestions for future research include using control groups with various problem behaviors as well as groups with no problem behaviors, groups with and without the ecopsychological component, groups with and without the walking component. I also advise utilizing quantitative methods to measure success. Possibly my strongest recommendation is to do the Walk and Talk intervention in warm weather.

CONCLUSIONS

좋은 주의

A possible limitation of this research could be its subjective nature. Further, my subjectivity presupposes that most people with attachment difficulties respond favorably to Carl Rogers' (1980) therapeutic approach of positive personal regard.

Inclement weather could deter respondents from wholehearted participation. Unfortunately, the session times, once established, were not flexible since they were incorporated into the school day.

This research approached behavioral challenges from an individual vantage point rather than a systemic or societal perspective. Some researchers (e.g., Grossman, 1999) view youths' turmoil and violence as resulting from the ills of society (i.e., television, movies, and video game violence). The present research does not address these types of cultural concerns of society on a macro level.

In sum, I would like to see the Walk and Talk intervention used in middle schools and high schools, and utilized by mental health practitioners. Once youths have completed the intervention, I recommend periodical refreshers on a monthly basis. Walk and Talk refreshers will give the youths a time to reconnect with the outdoors, self, and reinstate positive behaviors and life skills.

References

Addison, R. (1992). Grounded hermeneutic research. In B. F. Crabtree & W. L. Miller (Eds.), *Doing qualitative research* (pp. 110–124). Newbury Park, CA: Sage Publications.

Ainsworth, M. (2000). *Maternal sensitivity scales* (Original work published in 1969). Available at http://www.psy.unysb.edu/ewaters/senscoop.htm

Ainsworth, M., & Bowlby, J. (1991). An ethological approach to personality development. *American Psychologist, 46*, 333–341.

American Psychiatric Association. (1994). *Diagnostic and statistical manual of mental disorders* (4th ed.). Washington, DC: Author.

Anderson, N. (2000). *Testimony of the Office of the Director of National Institutes of Health, Department of Health and Human Services regarding mind I body interactions and health before the United States Senate*, September 22, 1998. Available at http://www.apa.org/ppo /scitest 23.html

Axline, V. (1947/1969). *Play therapy.* New York: Ballantine Books.

Baum, A. & Posluszny, D. (1999). Health psychology: mapping biobehavioral contributions to health and illness. *Annual Review of Psychology, 50*, 137–163.

Borduin, C. (1999). Multisystemic treatment of criminality and violence in adolescents. *Journal of the American Academy of Child and Adoelscent Psychiatry, 38*, 242–49.

Bowlby, J. (1969). *Attachment: Attachment and loss* (Vol. 1). New York: Basic Books.

Bronfenbrenner, U. (1979). *The ecology of human development: Experiments by nature and design.* Cambridge, MA: Harvard University Press.

Centers for Disease Control. (1991). Forum on youth violence in minority communities: Setting the agenda for prevention. *Public Health Reports, 106*, 225–253.

Cook, P. J., & Laub, J. H. (1997). The unprecedented epidemic in youth violence. In M. Tonry & M. H. Molore (Eds.), *Crime and justice* (pp. 101–138). Chicago, IL: University of Chicago Press.

Creswell, J. W. (1998). *Qualitative inquiry and research design: Choosing among five traditions.* Thousand Oaks, CA: Sage Publications.

Deci, E., & Ryan, R. (1985). *Intrinsic motivation and self determination in human behavior.* New York: Plenum Press.

Ferguson, G. (1999). *Shouting at the sky: Troubled teens and the promise of the wild.* New York: Thomas Dunne Books.

Flick, U. (1998). *An introduction to qualitative research.* Thousand Oaks, CA: Sage Publications.

Fox, K. (1997). Let's get physical. In K. R. Fox (Ed.), *The physical self: From motivation to well being* (pp. vii–xiii). Champaign, IL: Human Kinetics.

Franken, R. (1994). *Human motivation.* Pacific Grove, CA.: Brooks–Cole Publishers.
Glaser, R. (2000). *Mind–body interactions, immunity, and health.* Available at http://www.apa.org/ppo/ind.html
Grossman, D. (1999). *Stop teaching our kids to kill: A call to action against TV, movie, and video game violence.* New York: Crown Books.
Hays, K. (1999). *Working it out.* Washington, DC: American Psychological Association.
Holland, R., Moretti, M., Verlaan, V., & Peterson, S. (1993). Attachment and conduct disorder: The response program. *Canadian Journal of Psychiatry, 38,* 420–431.
Hunter, M. (1996). *Psych yourself in!* Vancouver, BC: SeaWalk Press.
Keat, D. (1990). *Child multimodal therapy.* Norwood, NJ: Ablex Publishing.
Kolb, B., & Whishaw, I. (1996). *Human neuropsychology.* New York: W. H. Freeman.
Kolb, B., & Whishaw, I. (1998). Brain plasticity and behavior. *Annual Review of Psychology, 49,* 43–64.
Maxwell, J. (1996). *Qualitative research design: An Interactive approach.* Thousand Oaks, CA: Sage Publications.
Moffitt, T. (1993). Adolescence–limited and life–course persistent antisocial behavior: A developmental taxonomy. *Psychological Review, 100,* 674–701.
Moore, K., Moretti, M., & Holland, R. (1998). A new perspective on youth care programs: Using attachment theory to guide interventions for troubled youth. *Residential Treatment for Children and Youth, 15,* 1–24.
Oaklander, V. (1978). *Windows to our children: A gestalt therapy approach to children and adolescents.* Moab, UT: Real People Press.
Orlick, T. (1993). *Free to feel great: Teaching children to excel at living.* Carp, Ontario, Canada: Creative bound.
Orlick, T. (1998). *Feeling great.* Carp, Ontario, Canada: Creative Bound.
Pollack, W. (1998). *Real boys.* New York: Henry Holt & Co.
Real Age Newsletter. (2001a, May 18). *The call of the wild, tip of the day.* Available at http://www.realage.om/
Real Age Newsletter (2001b, October 9). *Quick mood fix, tip of the day.* Available at http://www.realage.om/
Riley, S. (1999). Brief therapy. An adolescent intervention. *Art Therapy: Journal of the American Art Therapy Association, 16,* 83–86.
Rogers, C. (1980). *A way of being.* Boston: Houghton Mifflin.
Roszak, T., Gomes, M., & Kanner, A. (1995). *Ecopsychology: Restoring the earth, healing the mind.* San Francisco, CA: Sierra Club Books.
Sartre, J. P. (1957). *Existentialism and human emotions.* New York: The Wisdom Library.
Staub, E. (1996). Altruism and aggression in children and youth. In R. Feldman (Ed.), *The psychology of adversity* (pp. 115–144). Amherst, MA: University of Massachusetts Press.
Tkachuk, G. A., & Martin, G. L. (1999). Exercise therapy for patients with psychiatric disorders: Research and clinical implications. *Professional Psychology: Research and Practice, 30,* 275–282.

정의

정의는 명시적이지는 않지만 주요 용어에 대한 기술을 통해 상당히 명확해졌다. '**워키토키**(Walk and Talk)', **유익한 영향**(beneficial effect), **문제 행동**(problem behaviors). **상담 구성요소**(counseling component), **생태심리학 구성요소**(ecopsychology component), **생리학적 구성요소**(physiological component), 그리고 **협력적 질적 접근**(collaborative qualitative approach)과 같은 이러한 용어와 다른 용어의 의미는 참고문헌과 정당화가 기술과 혼합되지 않으면 더 명확해질 것이다.

가설

어떤 가설도 명시적으로 언급되어 있지 않다. 연구질문은 초록(Abstract)에 진술되어 있다. "행동장애가 있는 사춘기 전 청소년과 청소년들은 상담에 참여하는 동안 실외에서 걷는 멀티모덜 중재로부터 혜택을 얻는가?(Do preadolescent and adolescent youths with behavioral challenges benefit from a multirnodal intervention of wallcing outdoors while engaging in counseling?)" 후속 자료와 함께, 학생들이 개선해야 하는 방향적 가설을 분명히 내포하고 있다.

표집

표본은 8명의 학생(실제로 한 명은 완전히 명확하지 않은 이유로 중도탈락했기 때문에 7명)으로 명확하게 기술되어 있으며, 한 교육지원청에서 문제 행동을 가진 것으로 선택된 9세에서 13세 사이의 학생이다. 선정 방법은 명확하다. 각 학생은 개별 결과에 대한 절(section)에서 구체적으로 기술된다. 연구의 복원은 더 자세한 정보를 통해 촉진될 것이다. 예를 들어, 얼마나 많은 사람이 주로 공격적이거나, 자살하거나, 법을 어겼는가. 이 편의표집은 일반화를 허용하지 않지만, 아마도 연구의 목적은 아닐 것이다.

계측

계측에는 장단점을 나열하는 것뿐만 아니라 학생들의 자기그리기(self-drawing)와 연구자의 인터뷰가 포함되었으며, 모두 사전 및 사후 중재가 행해졌다. 그것은 또한 연구자의 관찰과 각 학생과의 6번의 중재 기간 동안 이루어진 해석을 포함했다. 일별 일지 또는 다른 기록 메커니즘이 사용되었는지 여부는 보고되지 않았다. 이 책의 저자들은 이것이 연구자의 회상에 근거한다고 가정해야 한다. 또한, 이 책의 저자들이 결과(results) 절에서 발견한 바와 같이, 교사와 가족 구성원의 논평이 포함되었다.

신뢰도나 타당도에 대한 논의는 제공되지 않으며, 이는 질적 연구에서 드문 일이 아니다. 연구자는 연구의 주관적 성격을 인정하고 방법론의 정당성을 제시한다. 비록 이 보고서는 "관련된 성인들과의 삼각검증은 학생들이 행동에서 친사회적 선택을 하고 있고, 자기효능감과 행복에 대한 더 많은 감정을 경험하고 있다는 것을 나타내는 연구결과를 뒷받침한다(triangulation with involved adults supported findings that indicated the students were making prosocial choices in behavior, and were experiencing more feelings of self efficacy and wellbeing)."라고 명시하고 있지만, 이 책의 저자들에게는 명확하지 않다. 학생 개개인에 대한 보고서를 평가해 보면, 연구자와 교사가 7명의 학생 중 3명, 아마도 4명에 대해 분명한 의견 일치를 본 것으로 보인다. 가족의 논평은 드물었다. 그러나 연구자가 진술한 "나에게는 Youth F가…… 중재로부터 혜택을 보았는지 여부를 사정하기는 어려웠다(It was difficult for me to asess whether Youth F … benefited from the intervention)."는 "Youth F는…… 모든 삼각검증 출처에서 보고한 바와 같이 중재 시간 동안 행동 개선을 경험했다(Youth F … experienced behavioral improvement during the intervention time as reported by all triangulation sources)."라는 진술과 모순이 있는 것으로 보인다.

절차/내적 타당도

중재는 일반적으로 잘 설명되지만, 특히 복원에 더 많은 세부사항이 도움이 될 수 있다. 독자는 스트레스를 줄이는 방법에 대한 Orlick의 참고문헌을 참고할 수 있지만, Youth F에 대한 보고서의 '생활 기술 전략(life-skills strategies)'에 제공되는 분노관리, 인지전략 및 주장전략은 더 많은 설명이 필요하다.

보고서의 저자는 Youth D를 "중재에 참여한 것이 발전에 도움이 된 여러 지원 효과 중 하나였다고 생각한다(I think his participation in the intervention was one of many support effects that helped him improve)."라는 문구와 함께 논의한 내적 타당도 문제를 인식하고 있다. 산출물(outcomes)에 대한 다른 변수의 효과는 7명의 학생 모두에게 존재한다. 이러한 유형의 연구가 외생변수를 효과적으로 통제할 수는 없지만, 더 많은 논의가 적절하다. 이 책의 저자들이 보기에 이 특정 6주 기간 동안 내적 타당도에 대한 다른 많은 위협이 존재할 것 같지 않지만, 이러한 가능성에 대한 사정은 학교와 밀접하게 관련된 연구자에게 실현 가능해야 한다. 중요한 사태(신체적 학대)의 한 사례와 그것의 가능한 영향이 논의되었다.

자료분석

통계분석은 이 연구에 적합하지 않다. 이러한 유형의 연구에서 흔히 볼 수 있듯이, 다양한 도구의 결과(results)가 기술되는데, 이 경우에는 개별 학생을 대상으로 한다.

결과/해석

이 보고서의 저자는 자신의 보고와 해석 결과에 영향을 미치는 편견과 주관성의 가능성을 인식하고 있다. 많은 경우, 해당 저자는 적절한 주의를 준다. 이러한 제한점을 고려할 때, 이 책의 저자들은 특히 해당 저자가 종종 "나는 믿는다(I believe)."라고 분명하게 진술하기 때문에, 독자가 이것이 다른 많은 진술에도 적용된다는 것을 깨닫게 되어 그 결과가 인상적이라고 생각한다. 해당 저자는 또한 자주 출처를 인용한다. 예를 들어, "Youth B는 ……에 대해 긍정적인 언급을 했다(Youth B made positive comments about…).", "그의 선생님이 나에게 …… 말했다(His teacher told me…)." 그리고 "그녀는 새에게 돌을 던지는 소녀에서 부드럽게 다가가려고 하는 소녀로 변모했다(She became transformed from a girl who threw rocks at birds to one who tried to gently approach them)."와 같은 행동적인 예를 든다.

비록 이 책의 저자들은 증거와 인상 전체가 학생들이 혜택을 보았다는 결론을 정당화한다고 생각하지만, 혜택의 양이 과장되었다고 생각한다. 가장 일반적인 긍정적 산출물(outcomes)은 연구자가 인지한 자아인식(self-awareness)의 증가와 더 관찰 가능한 자기노출(self-disclosure)인 것으로 보인다. 이것은 상담에서 바람직한 것으로 여겨지지만 다른 결과에 대한 인식에 영향을 줄 수 있다.

강점과 약점에 관한 사전-사후 자기열거(self-listing) 해석에 문제가 있다. 강점이 늘고 약점이 줄면 이는 보통 긍정으로 해석된다. 그러나 그렇지 않은 두 명의 학생이 있는 경우, 결과는 더 큰 자아인식 때문인 것으로 '설명'되고, 따라서 또한 긍정적이다. 이것이 사실일 수도 있지만, 연구자는 적어도 더 많은 정당성이 없다면 그 사실 이후 자료에 대한 자신의 해석을 바꿀 수 없다.

결론

이 책의 저자들은 "이 연구의 청소년들이 다양한 정도에서 그 경험으로부터 혜택을 받았다(to varying degrees the youths in this study benefited from the experience)."라는 것에 동의한다. 이 책의 저자들은 그 결과가 보고서의 저자가 제안한 바와 같이 후속연구를 정당화하는 것이며, 이 연구가 시험적 기반이 아닌 다른 방식으로 중재를 권고하기 전에 필요하다고 생각한다.

이 연구는 그러한 연구의 풍부함과 확고한 결론을 내리는 것의 어려움을 모두 보여 준다. 또한 보고 스타일의 대조를 보여 준다. 더 많은 '전통적인' 연구자는 이 책의 저자들이 하는 것처럼 이 보고서에서 발견되는 것보다 목적, 정당성, 정의, 절차, 결과 및 해석 간의 명확한 차이를 선호할 가능성이 있다. 다른 이들은 그러한 명확성에 너무 많은 주의를 기울이면 서술이 심각하게 훼손될 수 있다고 주장한다. 이 책의 저자들은 동의하지만 타협이 가능하다고 믿는다.

이 장의 시작 부분에 있는 **상호작용 · 응용 프로그램 학습** 기능으로 돌아가 상호작용 · 응용 프로그램 활동목록을 확인하라. www.mhhe.com/fraenkel10e의 **온라인학습센터**로 이동하여 퀴즈를 풀고 핵심 용어를 연습하며 장(章)의 내용을 검토하라.

핵심 요점

관찰자 역할

- 질적 연구에서 관찰자가 할 수 있는 역할은 완전한 참여자(complete participant)에서 관찰자로서 참여자(participant-as-observer)와 참여자로서의 관찰자(observer-as-participant), 완전한 관찰자(complete observer)에 이르기까지 네 가지가 있다. 관찰된 상황에서 관찰자의 관여 정도는 이러한 역할 각각에 따라 감소한다.

참여자 관찰 대 비참여자 관찰

- 참여자 관찰연구에서 연구자는 실제로 자신이 관찰하고 있는 상황이나 환경에서 집단의 활동적인 구성원으로 참여한다.
- 비참여자 관찰연구에서 연구자는 활동이나 상황에 참여하지 않고 '측면에서' 관찰한다.
- 비참여자 관찰연구의 가장 일반적인 형태로는 자연주의적 관찰과 시뮬레이션이 있다.
- 시뮬레이션은 연구대상이 특정한 역할을 수행하도록 요청받는 인위적으로 만들어진 상황이다.

관찰기법

- 코딩체계는 관찰자가 개인이나 집단의 행동을 기록하기 위해 사용하는 일련의 범주이다.
- 고정된 코딩체계를 염두에 두더라도, 관찰자는 관찰할 대상을 선택해야 한다.
- 모든 관찰연구에서 주요한 문제는 진행 중인 많은 것을 놓칠 수 있다는 것이다.

관찰자 영향

- **관찰자 영향**(observer effect)이라는 용어는 관찰자의 존재가 연구대상의 행동에 미칠 수 있는 영향이나 보고된 자료에서의 관찰자 편견 중 하나를 말한다. 오디오와 비디오 녹음을 사용하면 이러한 영향을 방지할 수 있다.
- 이러한 이유로, 많은 연구자는 자료를 수집한 후에 연구참여자에게 연구의 목적을 알려야 한다고 주장한다.

관찰자 편견

- 관찰자 편견은 관찰자의 특정 특성이나 생각이 관찰하는 것에 영향을 미칠 수 있는 가능성을 말한다.

관찰연구에서 표집

- 관찰에 참여하는 연구자는 보통 의도적 표본(purposive sample)을 선정해야 한다.

인터뷰

- 질적 연구자에 의해 흔히 사용하는 주요 기법은 심층면접(in-depth interviewing)이다.
- 질적 연구에서 참여자를 인터뷰하는 한 가지 목적은 그가 어떤 것에 대해 어떻게 생각하거나 느끼는지를 알아내는 것이다. 또 다른 목적은 연구자의 관찰 결과를 점검하는 것이다.
- 면접은 구조화된(structured), 반구조화된(semi-structured), 비공식적(informal) 또는 회상적(retrospective)일 수 있다.
- 인터뷰진행자가 질문하는 여섯 가지 유형은 배경(또는 인구통계) 질문, 지식 질문, 경험(또는 행동) 질문, 의견(또는 가치) 질문, 감정 질문, 감각 질문이다.
- 인터뷰대상자에 대한 존경은 적절한 인터뷰에서 가장 커다란 기대이다.
- 핵심행위자는 그 집단의 문화와 역사에 대해 더 많이 알고 있고, 또한 다른 사람보다 더 분명하게 표현하는 사람들이다.
- 초점집단인터뷰는 인터뷰진행자가 질문한 일련의 질문에 응답하는 소규모이고 상당히 동질적인 집단과의 인터뷰이다.

• 좋은 인터뷰진행자의 가장 효과적인 특징은 사람에 대한 강한 관심과 그들의 말을 경청하는 것이다.

질적 연구에서 신뢰도와 타당도

• 질적 연구에서 연구자의 해석의 타당도와 신뢰도에 대한 중요한 점검은 어떤 것에 대한 한 제보자의 기술(description)을 동일한 것에 대한 다른 제보자의 기술과 비교하는 것이다.
• 신뢰도/타당도에 대한 또 하나의 점검은 비록 더 어렵지만, 동일한 주제에 대한 정보를 다른 정보와 비교하는 것, 즉 삼각검증하는 것이다.
• 신뢰도와 타당도를 보장하기 위한 노력에는 적절한 어휘 사용(use of proper vocabulary), 개인적 반응(personal reactions)뿐만 아니라 사용된 문제 기록(recording questions used), 내용 기술(describing content) 및 출처 문서화(documenting sources)가 포함된다.

핵심 용어

감각 질문(sensory questions)
감정 질문(feelings questions)
감정과 의견 질문(feelings and opinion questions)
개방형 질문(open-ended questions)
경험(또는 행동) 질문(experience (or behavior) questions)
관찰자료(observational data)
관찰자 기대(observer expectations)
관찰자 영향(observer effect)
관찰자 편견(observer bias)
구조화된 인터뷰(structured interviews)
반구조화된 인터뷰(semi-structured interviews)
배경(또는 인구통계학) 질문(Background (or demographic) questions)
비공식적 인터뷰(informal interview)
비참여자 관찰(nonparticipant observation)
삼각검증(triangulation)
시뮬레이션(simulation)
신뢰도(reliability)
신뢰성(credibility)
의견(또는 가치) 질문(opinion (or values) questions)
이분법적 질문(dichotomous questions)
인터뷰(interview)
자연주의적 관찰(naturalistic observation)
지식 질문(knowledge questions)
참여자 관찰(participant observation)
초점집단인터뷰(focus group interview)
코딩체계(coding scheme)
타당도(validity)
핵심제보자(key informants)
핵심행위자(key actors)
회상적 인터뷰(retrospective interview)

토론거리

1. "사람들이 모르는 사이에 관찰하거나 그들의 허락 없이 그들의 의견을 기록하는 것은 비윤리적이다." 여러분은 이 진술에 동의하는가? 여러분의 이유를 설명하라.
2. 참여자 또는 비참여자 관찰 중 어떤 방법이 타당한 정보를 생성할 가능성이 더 높다고 생각하는가? 왜 그러한가?
3. 관찰되어서는 **안되는(not)** 어떤 종류의 행동이 있는가? 여러분의 생각을 설명하라. 만약 그렇다면 예를 제시하라.
4. 참여자 관찰의 가장 큰 장점은 무엇이라고 생각하는가? 가장 큰 단점은 무엇인가?
5. "사람을 관찰하는 데 있어 가장 큰 어려움은 관찰자가 많은 것을 놓칠 수 있다는 것이다." 이 말은 항상 사실인가? 관찰연구 중에 놓치는 것을 줄일 수 있는 방법이 있는가? 만약 그렇다면 무엇을 할 수 있는지 예를 들어 보라.

6. 관찰자 영향은 불가피한가? 왜 그러한가? 또는 왜 그렇지 않은가?
7. "질적 연구자가 하려고 하는 것은 주관적인 것을 객관적으로 연구하는 것이다." 이것은 무엇을 의미하는가?
8. 관찰을 통해 얻을 수 없는 자료가 있는가? 인터뷰를 통해서는? 만약 그렇다면 설명하라.
9. 525–526쪽에서 기술한 여섯 가지 유형의 질문 중, 인터뷰대상자가 가장 대답하기 어렵다고 생각하는 질문은 무엇인가? 제일 쉬운 것은? 왜 그러한가?
10. 인터뷰진행자가 갖추어야 할 가장 중요한 자질이나 특징은 무엇이라고 생각하는가? 왜 그러한가?
11. 관찰하는 것과 인터뷰하는 것 중 어느 것을 숙달하고 잘 행하는 것이 가장 어려울 것 같은가? 그 이유는 무엇인가?
12. 인터뷰진행자는 종종 "자연스럽게 행동하라"고 조언받는다. 여러분은 그것이 무엇을 의미한다고 생각하는가? 가능한가? 바람직한가? 항상 좋은 생각인가? 안 좋은 생각인가? 여러분의 생각을 설명하라.

제 20 장
내용분석

학습목표

이 장을 학습하면 다음을 수행할 수 있어야 한다.

- 내용분석(content analysis)이 무엇인지 설명할 수 있다.
- 내용분석의 목적을 설명할 수 있다.
- 교육연구에 내용분석이 사용될 수 있는 서너 가지 방법을 명명할 수 있다.
- 연구자가 내용분석을 행하기를 원하는 이유를 설명할 수 있다.
- 내용분석의 예를 요약할 수 있다.
- 내용분석을 수행하는 데 관련된 단계를 기술할 수 있다.
- 내용분석에서 행할 수 있는 표집의 종류를 기술할 수 있다.
- 기술적인(descriptive) 정보를 범주로 코드화하는 두 가지 방법을 기술할 수 있다.
- 내용분석연구의 장단점을 각각 두 가지씩 기술할 수 있다.
- 교육문헌에서 내용분석연구의 예를 우연히 접했을 때, 그것의 예를 인식할 수 있다.

상호작용 · 응용 학습 이 장을 읽는 동안 또는 읽은 후:

다음을 하려면, 온라인학습센터 (www.mhhe.com/fraenkel10e)로 접속하라.

다음 활동을 수행하기 위해 온라인 학습자 완전학습 활동(Student Mastery Activities) 책을 읽으라.

- 내용분석에 대한 심화학습

- 활동 20.1: 내용분석연구 질문
- 활동 20.2: 내용분석 범주
- 활동 20.3: 내용분석의 장단점
- 활동 20.4: 내용분석 수행

중학교 영어교사인 김 선생님은 자신의 교과목에서 사용하도록 배정받은 문학작품에서 여자가 어떻게 표현되는지에 대해 점점 더 관심을 갖게 되었다. 김 선생님은 자신의 학생들이 오늘날 세계에서 여자들이 할 수 있는 역할에 대해 제한적인 시각을 얻고 있다고 걱정한다. 어느 날 방과 후, 김 선생님은 또 다른 영어 선생님인 정 선생님께 자신의 생각을 묻는다. 정 선생님은 "음, 재미있는 질문입니다. 저도 같은 고민을 했거든요. 우리 이것을 검토해 볼까요?"라고 말했다.

그들은 '이것을 어떻게 검토'할 수 있는가? 여기에서 요구되는 것은 김 선생님과 정 선생님은 자신들이 사용하고 있는 다양한 문집(anthologies)에서 여자들이 묘사되는 방식을 주의 깊게 살펴볼 필요가 있는 내용분석이다. 그들은 그러한 연구가 행해졌다는 것을 알게 될 수도 있고, 그들 스스로 행할 수도 있다. 그것이 바로 이 장에서 다루고자 하는 것이다.

제19장에서 언급한 바와 같이, 질적 연구자가 자료를 수집하고 분석하기 위해 사용하는 세 번째 방법은 문서(documents)의 분석이 주요 부분인 **내용분석**(content analysis)이라고 통칭하는 것이다.

내용분석

인간 활동의 대부분은 직접 관찰하거나 측정할 수 없으며, 그러한 활동에 대해 직접 경험에서 알 수 있는 사람들에게서 정보를 얻는 것도 항상 가능하지는 않다. 내용분석(content analysis)은 연구자가 의사소통 분석을 통해 간접적으로 인간의 행동을 연구하는 기법이다.[1] 그것은 단지 그것의 이름이 암시하는 바와 같이, 보통의 그러나 반드시 그런 것은 아닌 의사소통의 서면(written) 내용에 대한 분석이다. 교과서, 수필, 신문, 소설, 잡지 기사, 요리책, 노래, 정치 연설, 광고, 사진 등 사실 거의 모든 유형의 의사소통의 내용을 분석할 수 있다. 한 사람이나 집단의 의식적이고 무의식적인 신념, 태도, 가치관, 그리고 생각이 종종 그들의 의사소통에서 드러난다.

오늘날 세계에는 이런저런 종류의 의사소통이 엄청나게 많다(신문 사설, 그래피티, 음악 작곡, 잡지 기사, 광고, 영화, 전자 매체 등). 그러한 의사소통의 분석은 우리에게 인간이 어떻게 사는지에 대해 많은 것을 말해 줄 수 있다. 연구자는 이 메시지를 분석하기 위해서 많은 양의 자료를 정리할 필요가 있다. 이것은 어떻게 행해지는가? 연구자가 조사 중인 내용을 밝히기 위해 후속 비교에 사용할 수 있는 적절한 범주, 등급 또는 점수를 개발한다. 이것이 내용분석이다.

연구자는 이 기법을 사용하여 (시간경과에 따른 비교 또는 다양한 집단의 사람들 간의 그러한 실제의 차이를 비교함으로써) 아동 양육 실제의 경향에서부터 사람들이 선호하는 영웅의 유형, 텔레비전의 폭력 정도에 이르기까지 어떤 것이든 (간접적으로) 연구할 수 있다. 문학, 대중잡지, 노래, 만화, 영화 등의 분석

1) 인간이 생산한 많은 것(예: 도자기, 무기, 노래)은 원래 의사소통의 목적이 아니었지만, 그 이후에 그렇게 여겨졌다. 예를 들어, 마야인의 도자기는 우리에게 문화에 대해 많은 것을 말해 준다.

을 통해 성, 범죄, 종교, 교육, 민족, 애정과 사랑, 또는 폭력과 증오 등이 상이한 시대에서 제시되어 온 다양한 방식을 밝혀낼 수 있다.

연구자는 또한 유행의 흥망성쇠를 주목할 수 있다. 연구자는 이러한 자료로부터 시간, 지리적 지역, 문화 또는 국가에 의해 분리된 다양한 집단 속 사람들의 태도와 믿음에 대해 비교할 수 있다.

방법론으로서의 내용분석은 종종 다른 방법, 특히 역사 및 문화기술지적 연구와 함께 사용된다. 이것은 연구자가 자료를 체계화하고 (종종) 정량화하는 수단을 원하는 모든 맥락에서 사용될 수 있다. 그것은 관찰 및 인터뷰 자료를 분석하는 데 매우 유용하다.

예를 들어 보자. 1960년대와 1970년대 동안 일련의 연구에서 Gerbner와 그의 동료들은 텔레비전의 폭력의 양에 대한 내용분석을 했다.[2)] 그들은 연구를 위해 매년 가을에 한 주 동안 방송되는 모든 드라마틱한 텔레비전 프로그램을 선정했다(연간 비교를 위해) 폭력과 관련된 사건을 찾아내었다.

그들은 각 프로그램을 비디오로 촬영한 다음, 각 프로그램을 분석하기 위해 훈련된 기록자(coders)에 의해 사용될 여러 가지 척도를 개발했다. 예를 들어, **유행**(prevalence)은 하나 이상의 폭력 사건을 포함하는 프로그램의 퍼센트를, **비율**(rate)은 각 프로그램에서 발생하는 폭력 사건의 수를, 그리고 **역할**(role)은 폭력 사건에 연루된 개인을 지칭한다(폭력 행동이나 행동들을 행한 개인은 '가해자'로 범주화되는 반면, 폭력을 당한 사람은 '피해자'로 범주화된다).

Gerbner와 그의 동료들은 이 자료를 사용하여 두 가지 점수를 보고했다. 유행과 비율에 기반한 **프로그램 점수**(program score), 그리고 역할에 기반한 **성격점수**(character score). 그들은 그런 다음 각 프로그램의 **폭력지수**(violence index)를 계산했는데, 그것은 이들 두 점수의 합에 의해 결정되었다. [그림 20-1]은 1967년과 1977년 사이의 다양한 유형의 프로그램에 대한 폭력지수를 기술하기 위해 그들이 제시한 그래프 중 하나를 보여 준다. 다른 유형의 프로그램에 비해 아동 프로그램에서 폭력이 높았고, 10년 동안 별다른 변화가 없었다는 점을 시사한다.

[그림 20-1] TV 폭력과 일반인 시청 패턴

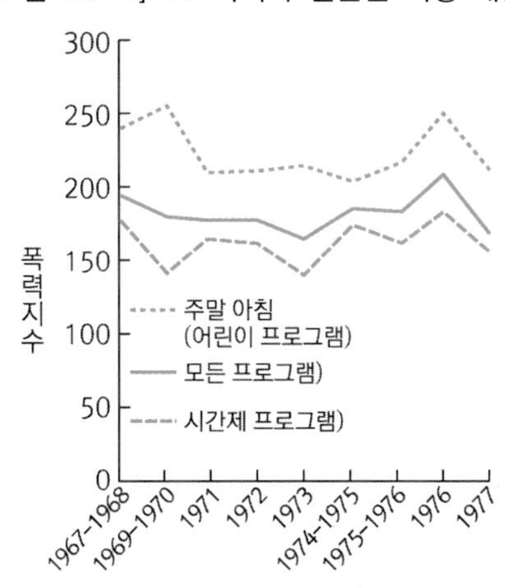

2) Gerbner, G. et al. (1978). Cultural indicators: Violence profile no. 9. *Journal of Communication, 28*, 177-207.

몇 가지 적용

내용분석은 교육연구에 광범위하게 적용할 수 있는 방법이다. 예를 들어, 다음과 같은 용도로 사용할 수 있다.

- 전문 출판물 또는 일반 출판물을 조사하여 시간의 경과에 따른 교육경향[예: 기초회복운동(back-to-basic movement)]를 기술하기 위해
- 조직 패턴을 이해하기 위해(예: 학교 행정가에 의해 준비된 차트, 개요 등을 조사함으로써)
- 다른 학교가 동일한 현상(예: 교육과정 패턴, 학교 거버넌스)을 어떻게 다르게 처리하는지를 보여 주기 위해
- 다양한 국가의 태도, 가치 및 문화 패턴을 추론하기 위해(예: 어떤 종류의 강좌나 활동이 후원되고 승인되는지 또는 그렇지 않은지 조사를 통해)
- 사람들이 학교에 대해 가지고 있는 신화와 그 안에서 실제로 일어나는 것을 비교하기 위해서(예: 일반 대중을 대상으로 한 여론조사 결과를 교사와 학교에서 일하는 다른 사람에 의해 쓰인 문헌과 비교함으로써)
- 교사가 자신의 일에 대해 어떻게 느끼는지 이해하기 위해(예: 교사가 자신의 직업에 대해 쓴 것을 조사함으로써)
- 학교가 어떻게 인식되는지에 관한 약간의 아이디어를 파악하기 위해(예: 같은 내용을 담은 영화와 TV 프로그램을 시청함으로써)

내용분석은 또한 보다 직접적인 다른 연구방법을 보완하는 데 사용될 수 있다. 예를 들어, 남자 직업에서 일하는 여자에 대한 태도는 질문지, 심층인터뷰, 참여자 관찰 또는 소셜 네트워킹 사이트, 잡지 기사, 텔레비전 프로그램, 신문, 영화, 자서전 등의 다양한 방법으로 조사할 수 있다.

마지막으로, 내용분석은 연구자가 보다 직접적인 방법으로 검사할 수 있는 문제나 가설에 대한 통찰력을 제공하는 데 사용될 수 있다. 예를 들어, 연구자는 학생신문의 내용을 분석하여 질문지를 고안하거나 특정 고등학교의 학생회 구성원들과의 후속 심층인터뷰를 위한 질문을 작성하기 위한 정보를 얻을 수 있다.

다음은 교육연구자가 수행한 일부 내용분석연구의 제목이다.

- 교육기초 교과서에서 레즈비언, 게이, 양성애자, 트랜스젠더 주제 탐구[3]
- 다문화교사 교육과정 분석[4]
- 젊은이들에게 술을 이용한 담배 판매: 담배광고의 내용분석[5]

---

3) Macgillivray, I. K., & Jennings, T. (2008). A content analysis exploring lesbian, gay, bisexual, and transgender topics in foundations of education textbooks. *Journal of Teacher Education, 59*(4), 170–188.

4) Gorski, P. C. (2009). What we're teaching teachers: An analysis of multicultural teacher education coursework syllabi. *Teaching and Teacher Education: An International Journal of Research and Studies, 25*(2), 309–318.

5) Belstock, S. et al. (2008). Using alcohol to sell cigarettes to young adults: A content analysis of cigarette advertisements. *Journal of American College Health, 56*(4), 383–389.

• 협업에 대한 인식: 학생일지의 내용분석[6]
• 정치학 책에서 검토자의 질적 평가에서 성별의 역할[7]
• 학교폭력방지정책의 내용분석[8]
• 이해(understanding)를 위한 수학교육: NBPTS 인증을 받으려는 교사가 제출한 수업 분석[9]

내용분석에서 범주화

내용분석(content analysis)이라고 불리는 모든 절차는 공통적으로 특정한 특성을 가지고 있다. 또한 이러한 절차는 분석의 목적과 분석되는 의사소통 유형에 따라 몇 가지 측면에서 다르다.

모두 어느 시점에 기술적인(descriptive) 정보를 **범주**(categories)로 변환[즉, **코드**(code)]해야 한다. 이렇게 행할 수 있는 두 가지 방법이 있다.

1. 연구자는 분석을 시작하기 전에 범주를 결정한다. 이러한 범주는 이전의 지식, 이론 및/또는 경험을 기반으로 한다. 예를 들어, 이 장의 후반부에서 이 책의 저자들은 사회과 교육과 관련된 일련의 학술지 논문을 기술하고 평가하기 위해 사전에 결정한 범주를 사용한다(563쪽 참고).
2. 연구자는 수집된 기술적인 정보에 매우 익숙해지고 분석이 진행됨에 따라 범주가 새롭게 도출되는 것을 허용한다(558쪽의 [그림 20-3] 참고).

내용분석 관련 단계

목표 결정

달성하고자 하는 구체적인 목표를 정하라. 연구자가 내용분석을 원하는 몇 가지 이유가 있다.

• **어떤 주제에 대한 기술적인 정보를 얻기 위해**: 내용분석은 쟁점 또는 주제를 기술하는 정보를 얻는 매우 유용한 방법이다. 예를 들어, 다른 국가의 육아 실제에 대한 내용분석은 특정 사회 내에서 다른 접근법을 고려하게 할 수 있는 기술적인 정보를 제공할 수 있다. 비슷하게 다양한 역사적 사건이 다른 나라의 역사 교과서에 기술되는 방법에 대한 내용분석은 왜 사람들이 다른 역사관을 가지고 있는지 밝혀줄 수 있다(예: 제2차 세계대전에서 히틀러의 역할).
• **많은 양의 기술적인 정보를 구성하고 이해하는 데 도움이 되는 주제(themes)(즉, 핵심 아이디어)를 만들어 내**

---

6) Gallagher, P. et al. (2008, December 1). Perceptions of collaboration: A content analysis of student journals. *Teacher Education and Special Education, 31*(1), 12–21.
7) McGinty, S., & Moore, A. (2008). Role of gender in reviewers' appraisals of quality in political science books: A content analysis. *Journal of Academic Librarianship, 34*(4), 288–294.
8) Smith, P. et al. (2008). A content analysis of school anti-bullying policies: Progress and limitations. *Educational Psychology in Practice, 24*(1), 1–12.
9) Silver, E. A. et al. (2009). Teaching mathematics for understanding: An analysis of lessons submitted by teachers seeking NBPTS certification. *American Educational Research Journal, 46*(6), 50 1–531.

기 위해: 주제(themes)는 일반적으로 코드를 개발하는 과정 중 또는 이후에 나타나는 코드 묶음이다. 예는 563쪽에서 보여 준다.

- **다른 연구결과(research findings)를 검토하기 위해:** 내용분석은 다른 연구방법론을 사용하여 연구결과를 검증하는 데 유용하다. 예를 들어, 자신이 믿는 것이 자신의 회사의 고등학교 생물학 교과서(인터뷰를 통해 얻은 내용)에 포함되어 있는지에 관한 교과서 출판사의 진술은 해당 교과서의 내용분석을 통해 확인할 수 있다. 대학 교수가 무엇을 가르치는지에 대한 인터뷰는 그의 강의계획서에 대한 내용분석을 통해 검증될 수 있다.

연구심화

내용분석연구에서 중요한 연구결과

내용분석의 전형적인 예 중 하나는 Whiting과 Child에 의해 60년 이상 전에 행해졌다.[10] 그들의 방법은 적어도 두 명의 판사가 미국 외에 75개의 '원시적인 사회'에 대해 17개의 자녀 양육의 특징과 20개의 다른 질병 설명의 유무에 대해 등급을 매기게 하는 것이었다. 특징의 예로는 의존성 사회화 불안(dependence socialization anxiety), 이유기 연령(age at weaning), 화장실 훈련 연령(age at toilet training) 등이 있다. 등급은 예일대학교 인간관계연구소(Yale Institute of Human Relations)에서 이용할 수 있는 각 사회의 문화기술지적 자료(제21장 참고)를 기반으로 이루어졌으며, 인쇄된 한 페이지부터 수백 페이지까지 다양했다.

정신분석이론은 일련의 상관 가설의 기초를 제공했다. 연구자들의 결론 중 하나는 질병에 관한 설명이 조기 박탈 및 훈련의 심각성과 관련이 있다는 것이었다(예: 가장 먼저 젖을 뗀 사회는 질병을 음식, 음주 또는 구두로 선동된 주문 때문인 것으로 설명할 가능성이 더 높았다). 또 다른 발견은 미국의 (중산층) 표본을 비교했을 때 다른 사회보다 일찍 이유기와 화장실 훈련을 시작하고 두 가지 모두에 예외적으로 가혹한 처벌을 동반하면서, 육아 실제가 상당히 엄격했다는 것이다.

- **교육문제를 다루는 데 유용한 정보를 얻기 위해:** 내용분석은 교사가 학생이 배우는 것을 돕기 위한 활동을 계획하는 것을 도울 수 있다. 예를 들어, 학생 작문의 내용분석은 교사가 문법적 또는 문체적 오류를 지적하는 데 도움이 될 수 있다. 수학 숙제의 내용분석은 학생들이 단어문제(word problems)를 풀려고 시도하는 방법의 결함을 드러낼 수 있다. 이러한 분석은 채점 실제와 유사하지만, 서로 다른 종류의 실수의 상대적인 빈도와 같은 보다 구체적인 정보를 제공한다는 점에서 다르다.
- **가설을 검정하기 위해:** 내용분석은 또한 가능한 관계를 조사하거나 아이디어를 검정하는 데 사용될 수 있다. 예를 들어, 한 연구자는 사회과 교과서가 우리나라 역사에서 소수 개인의 역할을 강조하는 정도에서 변화했다는 가설을 세울 수 있다. 지난 20년 동안 출판된 교과서의 표본에 대한 내용분석은 이것이 사실인지 여부를 보여 줄 것이다.

10) Whiting, M. W., & Child, I. L. (1953). *Child training and personality*. Yale University Press.

용어 정의

모든 연구에서와 마찬가지로, 조사자 또는 독자들은 **폭력**(violence), **소수 개인**(minority individuals), **기초회복**(back-to-basics)과 같은 핵심 용어가 사전에 또는 연구가 진행됨에 따라 명확하게 정의되지 않는 한 상당한 좌절감을 초래할 것이 분명하다.

문서단위 구체화

정확히 무엇을 분석해야 하는가? 단어? 문장? 구절? 그림? 연구자가 분석을 시작하기 전에 분석을 수행하고 보고하는 데 사용할 단위를 구체화해야 한다.

적절한 자료 찾기

일단 연구자가 분석의 목표와 단위를 명확히 알게 되면, 그 연구자는 분석될 자료(예: 교과서, 잡지, 노래, 강좌 개요, 수업 계획) 및 목표와 관련이 있는 자료를 찾아야 한다. 분석할 내용과 연구의 목표 간의 관계가 명확해야 한다. 명확성을 보장하는 한 가지 방법은 특정한 연구질문(그리고 가능한 가설)을 미리 염두에 둔 다음 질문이나 가설을 조사할 수 있는 자료를 선택하는 것이다.

근거 개발

연구자는 자료가 목표와 어떻게 관련되어 있는지 설명할 수 있는 개념적 연결고리가 필요하다. 내용의 선택은 심지어 무관심한 관찰자에게도 명확해야 한다. 종종 질문과 내용 간의 연관성은 매우 명백하다. 예를 들어, 광고에서의 편견을 연구하는 논리적인 방법은 신문과 잡지 광고의 내용을 연구하는 것이다. 그러나 다른 때에는 그 연결고리가 그렇게 명백하지 않고, 설명될 필요가 있다. 따라서 시간이 지남에 따라 특정 집단(예: 경찰관)에 대한 태도 변화에 관심이 있는 연구자는 다른 시기에 출판된 잡지에 실린 단편 소설에서 그것이 어떻게 묘사되었는지를 살펴보기로 결정할 수 있다. 연구자는 경찰관들이 이 이야기에서 묘사되는 방법의 변화가 그들에 대한 태도의 변화를 나타낸다고 가정해야 한다.

많은 내용분석에서는 이용 가능한 자료를 사용한다. 그러나 연구자가 자신의 자료를 생성하는 것 또한 일반적이다. 따라서 개방형 질문지는 새로 도입된 교육과정에 대해 어떻게 느끼는지 결정하기 위해 학생 집단에 배포 · 수집될 수 있으며, 그 후 연구자는 학생들의 응답을 분석할 수 있다. 또는 일련의 개방형 인터뷰가 학교 상담 프로그램의 강점과 약점에 대한 학생들의 인식을 평가하기 위해 학생집단과 함께 실시될 수 있으며, 이러한 인터뷰는 코딩되고 분석될 것이다.

표집계획 개발

일단 이 단계들이 완성되면, 연구자는 표집계획을 개발한다. 예를 들어, 소설은 단어, 구, 문장, 단락, 장, 책 또는 저자와 같은 하나 또는 임의의 수의 수준에서 표본할 수 있다. 텔레비전 프로그램은 유형, 채널, 스폰서, 프로듀서 또는 표시된 시간별로 표본할 수 있다. 모든 형태의 의사소통은 적절한 임의의 개념 수준에서 표본할 수 있다.

제18장에 기술된 **의도적 표집 설계**(purposive sampling designs) 중 하나가 가장 일반적으로 사용된

다. 예를 들어, 한 연구자가 여러 명의 학생으로부터 녹화된 인터뷰를 얻기로 결정할 수 있는데, 그 이유는 그들 모두가 녹화된 인터뷰이기 때문이다. 유난히 재능 있는 음악가 또는 연구자는 교육위원회 회의록 중에서 특정 교육과정 변경이 권장되는 회의록만 선택할 수 있다.

제6장에서 논의된 표집기법은 내용분석에도 사용될 수 있다. 예를 들어, 한 연구자가 화학 교과서, 교육과정 가이드, 캘리포니아주에서 통과된 교육과 관련된 법률, 저성과(low-performing) 고등학교의 역사 교사들에 의해 준비된 수업계획 또는 초등학교 교장의 일별 공지의 무선표본(random sample)을 선택하기로 결정할 수 있다. 또 하나의 가능성은 Madonna가 녹음한 모든 곡에 번호를 매긴 뒤 분석하기 위해 50개의 무선표본을 선정할 수 있다.

유층표집(stratified sampling)은 내용분석에도 사용될 수 있다. 예를 들어, 특정 주(州)에서 교육위원회 정책에 관심이 있는 연구자는 지리적 영역과 크기에 따라 교육지원청을 그룹화한 다음 무선 또는 체계적 표집을 사용하여 특정 교육지원청을 선택할 수 있다. 유층은 표본이 지역 크기와 위치 측면에서 주를 대표한다는 것을 보장한다. 그런 다음, 분석을 위해 표본의 각 구역에서 정책 명세서를 구한다.

군집표집(cluster sampling)도 사용할 수 있다. 방금 기술한 예에서 분석단위가 공식적인 정책 진술이 아닌 이사회 회의록이었다면, 한 학년 동안 모든 회의의 회의록을 분석할 수 있었다. 따라서 무선으로 선택된 각 교육지원청은 하나의 회의록 군집(cluster)을 제공한다. 그러나 각 교육지원청에서 한두 회의의 회의록만 무선으로 선택한 경우, 이는 2단계 무선표집의 예가 될 것이다(144쪽 참고).

물론, 분석할 내용의 표본을 선택하는 덜 바람직한 방법이 있다. 어떤 사람은 분석을 사실상 무의미하게 만들 수 있는 내용의 편의표본을 쉽게 선택할 수 있었다. 한 가지 예는 『National Review』 또는 『The Progressive』에만 실린 기사를 연구함으로써 자유무역에 대한 미국 시민들의 태도를 사정하는 것이 될 것이다. 편의표집에 대한 개선은 앞에서 언급한 바와 같이 의도적 표집이다. 연구자는 분석에 적합한 자료가 무엇인지에 대한 단순히 자신이나 동료의 판단에 의존하기보다는 가능하면 자신이 선택한 자료가 실제로 대표적이라는 증거에 의존해야 한다. 따라서 정치 질문에 대한 대중의 태도를 연구하기 위해 『Time』지의 편집자에게 보내는 편지를 분석하기로 결정한 것은 『Time』지의 편지가 여론조사 자료, 선거 결과 등과 일치한다는 것을 보여 주는 이전의 연구에 의해 정당화될 수 있을 것이다.

코딩범주 체계화[11)]

연구자는 가능한 한 정확하게 조사해야 할 내용의 측면을 정의한 후, 조사와 관련된 범주를 공식화해야 한다([그림 20-2] 참고). 범주는 다른 연구자가 동일한 자료를 검사하고 실질적으로 동일한 결과를 얻기 위해 범주가 매우 명확해야 한다. 즉, 각 범주에서 동일한 빈도를 찾아야 한다.

한 연구자가 고등학교 영어 교과서에 제시된 이미지나 개념의 정확성에 관심이 있다고 가정해 보자. 해당 연구자는 그 교과서에 쓰여진 내용이나 시각적인 내용이 어떤 식으로든 편향되어 있는지, 그리고 만약 그렇다면 어떻게 편향되어 있는지 궁금해한다. 해당 연구자는 이러한 질문에 대한 몇 가지 답을 얻기 위해 내용분석을 하기로 결심한다.

11) 이 단계의 예외는 연구자가 특정 특성의 사례(예: Gerbner 연구에서와 같이 폭력의 사례)를 계산하거나 평가 시스템을 사용할 때 발생한다(Whiting & Child 연구에서 수행한 바와 같이 554쪽의 '연구심화: 내용분석연구에서 중요한 연구결과' 참고).

[그림 20-2] 나는 어떤 범주를 사용해야 하는가?

해당 연구자는 먼저 분석에 사용할 수 있는 내용, 즉 이 경우 교과서를 선택하고 순서를 정하는 방법을 계획해야 한다. 그 연구자는 자신이 중요하다고 생각하는 것을 확인할 수 있는 적절한 범주를 개발해야 한다.

해당 연구자가 특히 여자가 이 텍스트에서 어떻게 표현되는지를 살펴보기로 결정했다고 가정해 보자. 그 연구자는 먼저 분석할 교과서의 표본을 선택한다. 즉, 해당 연구자가 읽을 교과서(이 경우, 아마도 특정 교육청에서 특정 학년수준에서 사용되는 모든 교과서)를 선택한다. 그 연구자는 그런 다음 범주를 공식화할 수 있었다. 여자를 어떻게 묘사하는가? 어떤 특성을 가지고 있는가? 신체적 · 정서적 · 사회적 특성은 무엇인가? 이러한 질문은 분석을 위한 범주를 제시하며, 이는 〈표 20-1〉에 표시된 것과 같이 더 작은 코딩(coding) 단위로 분해될 수 있다.

〈표 20-1〉 사회과 교과서에서 여자에 대한 범주화 코딩하기

신체적 특성	정서적 특성	사회적 특성
머리카락 색깔	따뜻한	인종
눈동자 색깔	냉담한	종교
신장	안정적인, 안전한	직업
체중	걱정스러운, 안전하지 않은	수입
연령	호전적인	주거형태
헤어스타일	열정적인	연령
등	등	등

다른 연구자는 친밀한 인간관계에 대한 다른 태도가 미국, 영국, 프랑스, 스웨덴의 대중매체에 함축되어 있는지 여부를 조사하는 데 관심이 있을 수 있다. 각 범주 내의 범주와 코딩 단위는 공식화하기 훨씬 더 어렵지만, 영화는 이러한 분석을 위한 우수하고 접근하기 쉬운 원천이 될 것이다. 예를 들어, Horney

의 관계유형학을 사용하여 세 가지 일반적인 범주가 형성될 수 있다. 이 범주는 '순응적(going toward)', '고립적(going away from)', '공격적(going against)'과 같다.[12] 이것은 미리 만들어진 범주의 예일 것이다. 그런 다음, 연구자는 영화에 표현된 이러한 개념의 예를 찾을 것이다. 누군가를 때리고, 비꼬는 말을 하고, 키스를 하거나 포옹하고, 요청을 거절하는 것과 같은 다른 행동 단위는 자료에 익숙함에서 나타날 수 있는 다른 범주의 그림이다.

대중매체의 내용을 분석하는 또 다른 방법은 '공간(space)' 또는 '시간(time)' 범주를 사용하는 것이다. 예를 들어, 지난 몇 년 동안, 몇 인치의 인터넷 기사가 캠퍼스에서 학생들의 시위에 할애되었는가? 텔레비전 뉴스 프로그램은 도시 폭동에 몇 분 동안 할애되었는가? 비폭력 주제와 비교하여 폭력적인 주제를 다루는 프로그램에 얼마나 많은 시간이 사용되었는가?

자료로부터 새롭게 도출되는 범주를 개발하는 과정은 종종 복잡하다. 인터뷰 코딩의 예는 [그림 20-3]에 제시되었다. 그것은 교육과정 변경에 관한 교사와의 인터뷰 녹취록이다. 이 예에서 범주 코드와 초기 주제(themes)는 모두 텍스트에서 확인되었고, 연구자에게 알리기 위해 여백에 주석이 제공되었다.

[그림 20-3] 인터뷰 코딩의 예

Codes	Transcript	Themes
	Interviewer: Lucy, what do you perceive as strengths of Greenfield as a community and how that relates to schools?	
Close-knit community	**Lucy:** Well, I think Greenfield is a fairly close-knit community. I think people are interested in what goes on. . . . We like to keep track of what our kids are doing, and feel a connection to them because of that. The downside of that perhaps is that kids can feel	
Health of community, or community values	that we are looking TOO close. . . . you said the health of the community itself is reflected in schools. . . . I think . . . this is a pretty conservative community overall, and look to make sure that what is being talked about in the schools really carries out the community's values.	Sense of community
Change is threatening	. . . (And I think there might be a tendency to hold back a little bit too much because of that idealization of "you know, we learned the basics, the reading, the writing, and the arithmetic"). So you know, any change is threatening . . . Sometimes that can get in the way of trying to do different things.	
	Interviewer: In terms of looking at leadership strengths in the community, where does Greenfield set in a continuum with planning process, . . . forward thinking, visionary people. . . .	Potential theme: Leaders
Visionary skills of talented people	**Lucy:** I think there are people that have wonderful visionary skills. I would say that the community as a whole . . . would not reflect that . . . I think we have some incredibly talented people who become frustrated when they try to implement what they see as their . . .	

명시적 내용 대 잠재적 내용

내용분석을 수행할 때, 연구자는 의사소통의 명시적 내용과 잠재적 내용 중 하나 또는 모두를 코딩할 수 있다. 그것들은 어떻게 다른가? 의사소통의 명시적 내용(manifest content)은 육안이나 귀에 직접 접근할 수 있는 단어, 그림, 이미지 등과 같은 명백하고 표면적인 내용을 말한다. 기저 의미(underlying meaning)에 대한 추론은 필요 없다. 예를 들어, 연구과정이 비판적 사고능력의 개발을 장려하는지를 결

12) Horney, K. (1945). *Our inner conflicts*. Norton.

정하기 위해, 연구자는 단순히 강좌 개요에 나열된 강좌 목표에 **사고**(thinking)라는 단어가 나타나는 횟수를 셀 수 있다.

한편, 문서의 잠재적 내용(latent content)은 말하거나 보이는 것의 기저 의미를 말한다. 예를 들어, 강좌 개요의 기저 의미를 파악하기 위해, 연구자는 전체 개요 또는 페이지 표집, 특히 학생들이 노출될 교실 활동과 숙제를 설명하는 페이지를 읽을 수 있다. 그런 다음, 연구자는 강좌가 비판적 사고를 발달시킬 수 있는 정도에 관한 전반적인 사정을 한다. 비록 연구자의 사정은 확실히 문서에 있는 **사고**(thinking)라는 단어의 출현에 영향을 받을 것이지만, 그것은 그 단어(또는 그것의 동의어)가 나타나는 빈도에 전적으로 의존하지는 않을 것이다.

두 방법 모두 장단점이 있다는 것에는 의문의 여지가 거의 없어 보인다. 문서의 명시적 내용을 코딩하는 것은 코딩의 용이성과 **신뢰도**[reliability, 다른 연구자는 동일한 수의 단어 또는 구(phrases)를 셀 수 있다.] 측면에서 장점이 있다. 그것은 또한 보고서의 독자에게 **사고**(thinking)라는 용어가 정확히 어떻게 측정되었는지 알려 준다. 반면에, 그것은 **타당도**(validity)의 측면에서 다소 의심스러울 것이다. 단지 **사고**(thinking)라는 단어가 강좌의 개요에 나타나는 횟수를 세는 것만으로 비판적 사고능력이 개발되는 모든 방법을 나타내는 것은 아니며, 반드시 '비판적인' 사고를 나타내는 것도 아니다.

문서의 잠재적 내용(latent content)을 코딩하는 것은 쓰이거나 보이는 것의 기저 의미를 얻을 수 있다는 장점이 있지만, 신뢰도에 어느 정도의 희생이 따른다. 두 명의 연구자가 특정 강좌의 개요가 비판적 사고를 발달시키는 정도를 다르게 사정할 가능성이 있다. 특히 비판적 사고를 장려할 가능성이 높다고 한 연구자에 의해 판단된 활동이나 과제는 다른 연구자에 의해 비효과적인 것으로 보일 수 있다. 일반적으로 사용되는 기준은 80%의 동의이다. 그러나 한 명의 연구자가 모든 코딩을 한다고 해도, 그 연구자가 내린 판단이나 사용된 기준에 일관성을 유지할 것이라는 보장은 없다. 더 나아가, 독자는 아마도 전체적인 판단이 정확히 어떻게 내려졌는지 불확실할 것이다.

따라서 최선의 해결방안은 가능하면 두 가지 방법을 모두 사용하는 것이다. 주어진 문장이나 발췌문은 연구자의 명시적 내용과 잠재적 내용에 대한 코딩이 합리적으로 신뢰할 수 있고 타당한 경우 동일한 기술(description)에 가까워야 한다. 그러나 두 가지 방법을 사용한 연구자(또는 두 명 이상의 연구자)의 사정이 상당히 가깝지 않은 경우(완벽한 합의가 있을 가능성은 낮음), 그 결과는 아마도 폐기되어야 하며, 아마도 분석의 전반적인 의도도 재고되어야 할 것이다.

신뢰도와 타당도 검사

거의 행해지지 않지만, 우리는 신뢰도(reliability)와 타당도(validity)를 검증하기 위한 일부 절차(제8장 참고)가 적어도 일부 경우에는 내용분석에 적용될 수 있다고 믿는다. 두 명 이상의 범주화하는 사람(categorizers) 간의 일치도를 사정하는 것 외에도, 동일한 연구자에 의한 분류가 의미 있는 기간 동안 어떻게 일치하는지(검사-재검사방법) 알면 유용할 것이다. 또한, 자료의 두 번째 표본을 선택하거나 원래 표본을 반으로 나누면 동형검사 신뢰도를 얻을 수 있다. 예를 들어, 어떤 사람은 사설(editorials)의 한 표본에서 얻은 자료가 두 번째 표본에서 얻은 자료와 일치할 것이라고 예상할 수 있다. 또 다른 방법은 비교를 위해 표본의 각 분석단위를 반으로 나누는 것이다. 따라서 분석단위가 소설(novel)이라면 홀수 장에서 외국인에 대한 경멸적인 진술의 수는 짝수 장에서 나온 숫자와 상당히 잘 일치해야 한다.

타당도 측면에서, 우리는 종종 잠재적 내용에 대해 명시적 내용을 검토하는 것뿐만 아니라 다른 도구로부터의 결과와 둘 중 하나 또는 모두를 비교하는 것이 가능해야 한다고 생각한다. 예를 들어, 사설에서 발견되는 외국인에 대한 경멸적인 진술과 긍정적인 진술의 상대적인 빈도는 두 가지 모두 대중의 의견을 반영한다면 편집자에게 보내는 편지에서 발견되는 것과 일치할 것으로 예상된다.

자료분석

숫자세기(counting)는 일부 내용분석의 중요한 특성이다. 관련 범주의 단위를 찾을 때마다 그것은 "숫자가 세어진다(counted)". 따라서 코딩과정의 최종 산출물은 숫자이어야 한다. 특정 단어, 구, 기호, 그림 또는 기타 명시적 내용의 빈도를 계산하려면, 숫자를 사용해야 한다는 것은 명백하다. 그러나 문서의 잠재적 내용을 코딩하기 위해서는 연구자가 각 범주의 숫자로 코딩 결정을 표현해야 한다.

숫자세기를 위해 **기준(base)** 점수 또는 준거 점수를 기록하는 것도 중요하다. 예를 들어, 신문 사설에 15개의 반유대주의(anti-Semitic) 성명이 포함되어 있다고 말하는 것은 전체 길이를 알지 못한 채로는 유익하지 않을 것이다. 만약 한 상원의원이 개표가 시작된 이후 경제 주제에 대해 얼마나 많은 연설을 했는지 모른다면, 해당 상원의원이 예산 균형을 유지하는 것에 대해 주장하는 연설의 수를 아는 것은 그 상원의원이 얼마나 재정적으로 보수적인지에 대해 그다지 많은 것을 말해 주지 않는다.

우리가 미국 각지에서 신문의 편집정책에 대한 내용분석을 하고 싶다고 가정해 보자. 〈표 20-2〉는 그러한 사설들을 코딩하는 데 사용될 수 있는 집계표의 일부를 보여 준다. 첫 번째 열은 신문을 번호별로 나열한다(각 신문은 분석을 용이하게 하기 위해 번호를 할당할 수 있다). 두 번째 열과 세 번째 열은 각각 위치와 출판부수를 나열한다. 네 번째 열에는 각 신문당 코드화된 사설 수가 나열된다. 다섯 번째 칼럼은 각 신문의 편집정책에 대한 연구자의 주관적인 사정을 보여 준다(이것들은 나중에 얻어진 객관적인 척도와 비교될 수 있다). 여섯 번째 열과 일곱 번째 열은 특정 유형의 사설 수를 기록된다.

〈표 20-2〉 집계표 예제(신문 사설)

신문 번호	위치	출판부수	코드화된 사설 수	주관적 평가[a]	낙태찬성 사설 수	낙태반대 사설 수
101	A	3,000,000	29	3	0	1
102	B	675,000	21	3	1	1
103	C	425,000	33	4	2	0
104	D	1,000,000	40	1	0	8
105	E	550,000	34	5	7	0

[a] 주관적 평가 내의 범주: 1=매우 보수적, 2=다소 보수적, 3=중도적, 4=다소 진보적, 5=매우 진보적

마지막 단계는 표로 표시한 자료를 분석하는 것이다. 다른 연구방법과 마찬가지로, 제10장에서 논의된 기술적 통계 절차는 자료를 요약하고 연구자가 그 결과를 해석하는 데 도움이 된다.

내용분석 자료를 해석하는 일반적인 방법은 빈도(즉, 자료에서 발견된 특정 사건의 수)와 총 발생에 대한 특정 발생의 퍼센트 또는 비율을 사용하는 것이다. 여러분은 이 책의 저자들이 다음의 사회과 연구논문 분석에서 이러한 통계를 사용한다는 점에 주목하라(〈표 20-3〉, 〈표 20-4〉 및 〈표 20-5〉 참고). 관계

를 탐색하기 위해 설계된 내용분석연구에서 둘 다 범주형 자료 분석에 적합하기 때문에 교차분석표(제10장 참고) 또는 카이자승분석(제11장 참고)이 종종 사용된다.[13)]

〈표 20-3〉 연구의 명료성

범주	숫자
A. 초점은 명확한가?	46(100%)
B. 변수는 명확한가?	
(1) 처음에	31(67%)
(2) 최종적으로	7(15%)
(3) 전혀 그렇지 않음	8(17%)
C. 중재연구에서 처치는 명시적으로 행해졌는가?	
(1) 예	12(26%)
(2) 아니요	2(4%)
(3) 해당사항 없음(처치 없음)	32(70%)
D. 가설이 있는가?	
(1) 아니요	18(39%)
(2) 명시적으로 진술되어 있음	13(28%)
(3) 명확하게 함축되어 있음	15(33%)

〈표 20-4〉 표집유형

범주	숫자
무선선택	2(4%)
논거에 근거한 대표자	6(13%)
편의	29(62%)
자원봉사자	4(9%)
말할 수 없음	6(13%)

다른 연구자들은 코드와 주제(themes)를 내용을 구성하고 조사 결과에 대한 서술적(narrative) 기술에 도달하는 데 도움이 되는 도구로 사용하는 것을 선호한다.

13) 등급 또는 점수가 사용되는 연구에서는 평균, 상관계수 및 빈도다각형 등이 적절하다.

〈표 20-5〉 내적 타당도 위협

획득된 결과(otcomes)에 대한 가능한 대안적인 설명	숫자
1. 역사	4(9%)
2. 성숙	9(0%)
3. 사망	10(22%)
4. 선택 편견/연구대상 특성	15(33%)
5. 사전검사 효과	2(4%)
6. 회귀 효과	0(0%)
7. 계측	21(46%)
8. 연구대상 태도	7(15%)

		위협이 논의되고 명료화되어 있는가?	
유형	논문 수	검토자에 의해 확인됨	저자에 의해 논의됨
진실험	7	3(43%)	2(29%)
준실험	7	7(100%)	4(57%)
상관연구	9	5(56%)	3(33%)
질문지 조사(surveys)	9	3(33%)	0(0%)
인터뷰형 조사	6	9(67%)	1(17%)
인과-비교	0	–	–
문화기술지	9	9(100%)	0(0%)

내용분석의 한 가지 도해

이 책의 저자들은 1988년에 1979~1986년간 『Theory and Research in Social Education (TRSE)』에 발표된 모든 연구의 내용분석을 했다.[14] TRSE는 사회과학 연구논문의 출판을 전문으로 하는 학술지이다. 이 책의 저자들은 그 권(券)들에 포함된 46개의 연구를 읽었다. 다음은 검토된 연구유형별 분석을 보여 준다.

검토된 연구유형	
진실험	7(15%)
준실험	7(15%)
상관연구	9(19%)
질문지형 조사	9(19%)
인터뷰형 조사	6(13%)
문화기술지	9(19%)
	n=47*(100%)

* 한 연구에서 연구자들이 두 가지 방법론을 사용했기 때문에 이것은 46이 아니라 47이다.

이 책의 저자들 중 두 명은 이 기간 동안 출판된 모든 연구를 읽었고, 이 연구들은 이 범주 중 하나에 속했다. 우리는 공동으로 준비한 코딩 시트를 이용하여 연구를 분석했다. 다양한 범주의 의미에 대한 우

14) Fraenkel, J. R., & Wallen, N. E. (1988). *Toward improving research in social studies education*. Social Science Consortium.

리의 합의를 검사하기 위해, 우리는 처음에 (같은) 6개의 연구의 표집을 읽은 다음 분석을 비교하기 위해 만났다. 비록 우리가 완전히 새로운 범주뿐만 아니라 몇 개의 추가적인 하위범주가 필요하다는 것이 곧 명백해졌음에도 불구하고, 우리는 범주의 의미에 대해 실질적으로 동의한다는 것을 발견했다. [그림 20-4]는 최종 범주를 보여 준다.

[그림 20-4] 사회과학 연구를 평가하기 위해 사용된 범주

1. 연구유형
- 1) 실험
  - (1) 사전
  - (2) 진
  - (3) 준
- 2) 상관
- 3) 조사
- 4) 인터뷰
- 5) 문화기술지

2. 정당화
- 1) 정당화에 관한 어떠한 언급도 없음
- 2) 명시적 주장이 연구의 자치에 관하여 행해짐
- 3) 연구의 가치가 암시적임
- 4) 어떤 윤리적인 고려가 간과되었는가?

3. 명료화
- 1) 초점이 명확한가? (예 또는 아니요)
- 2)변수가 명확한가?
  - (1) 처음부터
  - (2) 최종적으로
  - (3) 결코 그렇지 않음
- 3) 중재연구에서 처치가 명료하게 행해졌는가? (예, 아니요, 또는 해당사항 없음)
- 4) 가설이 있는가?
  - (1) 아니요
  - (2) 예: 명시적으로 진술됨
  - (3) 예: 분명하게 암시됨

4. 핵심 용어가 정의되었는가?
- 1) 아니요
- 2) 조작적으로
- 3) 구성적으로
- 4) 연구의 맥락에서 명확함

5. 표본
- 1) 유형
  - (1) 무선선택
  - (2) 주장에 근거한 표상
  - (3) 편의
  - (4) 자발적
  - (5) 말할 수 없음
- 2) 표본이 적절하게 기술되었는가? (1=높음, 5=낮음)
- 3) 표본의 크기(n)

6. 내적 타당도
- 1) 획득된 결과에 대한 가능한 대안적인 설명
  - (1) 역사
  - (2) 성숙
  - (3) 사망
  - (4) 선택 편견/연구대상 특성
  - (5) 사전검사 영향
  - (6) 회귀 영향
  - (7) 계측
  - (8) 연구대상 태도
- 2) 위협이 논의되고 명료화되었는가? (예 또는 아니요)
- 3) 처치가 (중재연구에서) 적절한 시험을 받았다는 것이 분명했는가? (예 또는 아니요)
- 4) 처치의 시간의 길이가 충분했는가?

7. 계측
- 1) 신뢰도
  - (1) 경험적인 검토가 행해졌는가? (예 또는 아니요)
  - (2) 만약 그렇다면, 신뢰도가 연구에 적절했는가?
- 2) 타당도
  - (1) 경험적인 검토가 행해졌는가? (예 또는 아니요)
  - (2) 만약 그렇다면, 유형:
    - ① 내용
    - ② 공인
    - ③ 구인

8. 외적 타당도
- 1) 모집단 일반화 가능성에 관한 논의
  - (1) 적절함
    - ① 방어 가능한 대상 모집단에 대한 명시적 참조
    - ② 적절한 주의가 표현됨
  - (2) 부적절함
    - ① 일반화 가능성에 관한 어떠한 언급도 없음
    - ② 방어 불가능한 대상 모집단에 대한 명시적 참조
- 2) 생태학적 일반화 가능성에 관한 논의
  - (1) 적절함
    - ① 방어 가능한 환경(주제, 자료, 물리적 조건, 인적 자원 등)에 대한 명시적 참조
    - ② 적절한 주의가 표현됨
  - (2) 부적절함
    - ① 일반화 가능성에 관한 어떠한 언급도 없음
    - ② 방어 불가능한 환경에 대한 명시적 참조

9. 결과가 해석이 구별되었는가? (예 또는 아니요)

10. 자료분석
- 1) 기술통계? (예 또는 아니요)
  - (1) 올바른 기법? (예 또는 아니요)
  - (2) 올바른 해석? (예 또는 아니요)
- 2) 추론통계? (예 또는 아니요)
  - (1) 올바른 기법? (예 또는 아니요)
  - (2) 올바른 해석? (예 또는 아니요)

11. 자료가 결론을 정당화하는가? (예 또는 아니요)

12. 연구의 결과(outcomes)가 교육적으로 중요한가? (예 또는 아니요)

13. 인용의 적절성

그런 다음, 이 책의 저자들 중 두 명은 수정된 범주를 사용하여 초기 6개 연구와 나머지 40개 연구를 다시 읽었다. 우리는 사정을 비교하기 위해 다시 만났다. 비록 많은 의견 차이가 있었지만, 대다수는 단순히 우리 둘 중 한 사람의 실수였고 쉽게 해결되었다.[15] 〈표 20-3〉~〈표 20-5〉까지는 우리 연구의 결과 중 일부를 제시한 것이다.

이 표들은 연구의 의도가 명확하였고, 변수가 일반적으로 명확하였으며(82%), 중재연구의 처치는 거의 모든 경우에 명확하였고, 후자가 항상 명확하지는 않았지만 대부분의 연구가 가설을 검정했다는 것을 나타낸다. 17%의 연구만이 대표표본을 주장할 수 있었고, 이러한 대부분의 논거(argumentation)가 필요했다. 사망, 연구대상 특성 및 계측 위협은 연구의 상당 부분에 존재했다. 이들은 15개의 실험 또는 상관연구 중 9개의 연구에서 해당 논문의 저자들에 의해 인정되고 논의되었지만, 다른 유형의 논문 저자들에 의해서는 거의 논의되지 않았다.

내용분석에서 컴퓨터 사용

컴퓨터는 이제 문서분석과 관련된 많은 노동을 줄이는 데 사용된다. 다양한 소프트웨어 프로그램은 양적 연구에 도움이 되었으며, 연구자가 매우 복잡한 통계를 매우 빠르게 계산할 수 있게 해 주었다. 그러나 현재 질적 연구자의 분석을 지원하는 프로그램도 존재한다. 여러 간단한 워드프로세서 프로그램은 어떤 종류의 자료분석에 사용될 수 있다. 예를 들어, '찾기(find)' 명령은 주요 단어 또는 구문이 들어 있는 문서에서 다양한 구절을 찾을 수 있다. 따라서 연구자는 컴퓨터에게 **창조적**(creative), **비국교도**(nonconformist) 또는 **처벌**(punishment)이라는 단어 또는 **체벌**(corporal punishment) 또는 **예술적 창의성**(artistic creativity)과 같은 구절을 포함하는 모든 구절을 검색하도록 요청할 수 있다.

현재 질적 연구를 위해 이용할 수 있는 주목할 만한 컴퓨터 프로그램의 예로는 ATLAS.ti, QSR NUD*IST, Nvivo 및 HyperResearch가 있다. 이 프로그램들은 단어, 구 또는 문장을 확인하고, 그것들의 발생을 표로 만들며, 표의 인쇄와 그래프를 만들고, 단어, 구 또는 문장이 특정 범주에 얼마나 적합한지에 따라 정렬하고 다시 그룹화할 것이다. 물론 컴퓨터는 관심 있는 정보가 서면으로 작성되었다고 가정한다. 광학스캐너는 컴퓨터가 문서를 '읽고' 내용을 디지털로 저장하는 것을 가능하게 하여 손으로 자료를 입력할 필요가 없게 한다. 질적 자료 분석을 수행해야 하는 경우, 이러한 프로그램 중 몇 가지는 시간을 두고 검토할 만한 가치가 있다.

내용분석의 장점

앞에서 언급한 바와 같이, 우리가 알고 있는 많은 것은 다른 사람들과의 직접적인 상호작용이 아니라 책, 신문, 그리고 인간의 다른 산출물을 통해 얻어진다. 내용분석의 첫 번째 장점은 그것이 눈에 띄지 않는다는 것이다. 분석되는 내용은 연구자의 존재에 의해 영향을 받지 않기 때문에, 연구자는 관찰되지 않고 '관찰'할 수 있다. 직접 관찰이나 다른 수단을 통해 얻기 어렵거나 심지어 불가능할 수도 있는 정보는

15) 신뢰도에 대한 추가적인 검사로, 이 책의 저자들은 분석을 두 번째 팀의 조사 결과와 비교하는 것이 바람직했겠지만, 이것은 실현할 수 없었다.

저자나 출판사가 검토 중이라는 것을 인지하지 않고 교과서와 다른 의사소통의 분석을 통해 눈에 띄지 않게 얻을 수 있다. 내용분석의 두 번째 장점은 예시한 것처럼 인터뷰와 관찰자료를 분석하는 수단으로 매우 유용하다는 것이다.

내용분석의 세 번째 장점은 연구자가 기록과 문서를 파헤쳐 초기 사회생활을 어느 정도 느낄 수 있다는 것이다. 연구자는 시간과 공간에 의해 현재의 사건들에 대한 연구에 제한되지 않는다.

네 번째 장점은 내용분석의 실행계획(logistics)이 다른 연구방법에 비해 시간과 자원 모두에서 비교적 단순하고 경제적이라는 사실에서 비롯된다. 이것은 특히 신문, 보고서, 책, 정기간행물 등에서와 같이 정보에 쉽게 접근할 수 있는 경우에 해당된다.

다섯 번째 장점은 자료를 쉽게 사용할 수 있고 필요하거나 원하는 경우 거의 항상 반환할 수 있기 때문에, 내용분석을 통해 다른 연구자가 연구를 복원할 수 있다. 심지어 생방송 텔레비전 프로그램도 나중에 반복적인 분석을 위해 녹화할 수 있다.

내용분석의 단점

내용분석의 주요 단점은 일반적으로 기록된 정보로 제한된다는 것이다. 물론 연구자는 개방형 질문지나 투사기법을 사용할 때처럼 연구의 목적에 맞게 기록을 정렬할 수 있다(182쪽 참고). 그러나 그러한 기록은 증명된 행동이나 기술을 요구하기 때문에 미적분학, 스페인어 어휘, 적대적 행동의 빈도 또는 유사한 변수를 연구하기 위해 사용하지 않을 것이다.

다른 주요 단점은 타당도를 확립하는 것이다. 서로 다른 분석가가 분류에서 허용 가능한 합의를 달성할 수 있다고 가정할 때, 범주 자체의 진정한 의미에 대한 의문이 남는다. '명시적 내용 대 잠재적 내용'이라는 제목으로 이전에 이 질문에 대해 논의했던 것을 기억하라. 이 두 가지 방법의 결과를 비교하면 두 가지 측정이 완전히 독립적인 것은 아니지만, 준거 관련 타당도에 대한 몇 가지 증거를 얻을 수 있다. 모든 측정과 마찬가지로, 준거 또는 구인 성질의 추가 증거가 중요하다. 그러한 증거가 없다면, 내용 타당도에 대한 주장은 각 범주를 의도된 의미에 연결하는 논리의 설득력에 달려 있다. 예를 들어, 사회과학 연구자료에 대한 우리의 해석은 우리에게 명확하거나 불명확한 것이 다른 연구자나 독자들에게도 분명하거나 불명확할 것이라고 가정한다. 마찬가지로, 전부는 아니더라도, 대부분의 연구자가 주어진 논문에 정의와 내적 타당도에 대한 특정 위협이 존재하는지 여부에 동의한다고 가정한다. 우리는 이것들이 합리적인 가정이라고 생각하지만 그렇지는 않다.

역사연구에서 내용분석의 사용과 관련하여, 연구자는 일반적으로 어떤 것이 살아남았는지 또는 어떤 사람이 기록하기에 충분히 중요하다고 생각하는 것에 대한 기록만 가지고 있다. 각 세대는 자신의 삶과 시대에 대한 관점이 다소 다르기 때문에, 과거 특정 시기에 중요하게 여겨졌던 것이 오늘날에는 하찮게 여겨질 수도 있다. 반대로, 오늘날 중요하게 여겨지는 것은 과거로부터 구할 수 없을지도 모른다.

마지막으로, 때때로 연구자 간에 특정 내용분석에서 수집된 해석이 현상의 반영이 아니라 현상의 원인을 나타낸다고 간주하려는 유혹이 있다. 예를 들어, 미디어에서 폭력을 묘사하는 것은 오늘날 길거리에서 벌어지는 폭력의 원인으로 여겨질 수 있지만, 더 합리적인 결론은 미디어와 길거리에서의 폭력은 모두 사람들의 태도를 반영한다는 것이다. 확실히 미디어와 인간의 행동 간의 관계를 결정하기 위해 많은 작업이 수행되어야 한다. 다시 말해, 어떤 사람은 성인 서적이나 잡지를 읽는 것은 그러한 자료를 읽는 사람들 간에 도덕적 부패를 야기한다고 생각한다. 외설물은 아마도 몇몇 개인에게 영향을 미칠 것이고, 그것은 다른 사람들에게 다른 방식으로 영향을 미칠 것이다. 그것은 또한 다른 개인에게 전혀 영향을 미치지 않을 가능성이 꽤 있지만, 정확히 사람들이 어떻게 영향을 받는지, 그리고 왜 그러한지 또는 왜 그렇지 않은지는 명확하지 않다.

이 장의 시작 부분에 있는 **상호작용 · 응용 프로그램 학습** 기능으로 돌아가 상호작용 · 응용 프로그램 활동목록을 확인하라. www.mhhe.com/fraenkel10e의 **온라인학습센터**로 이동하여 퀴즈를 풀고 핵심 용어를 연습하며 장(章)의 내용을 검토하라.

핵심 요점

내용분석이란 무엇인가?

- 내용분석은 의사소통의 내용을 분석하는 것이다.
- 내용분석은 연구자가 의사소통을 분석함으로써 인간의 행동을 간접적으로 연구할 수 있게 하는 기법이다.

내용분석의 적용

- 내용분석은 교육연구에 광범위하게 적용할 수 있다.
- 내용분석은 연구자가 보다 직접적인 방법으로 검사할 수 있는 문제에 대한 통찰력을 제공할 수 있다.
- 내용분석을 해야 하는 몇 가지 이유는 다음과 같다. 한 종류 또는 다른 종류의 기술적인(descriptive) 정보를 얻기 위해서, 관찰 및 인터뷰 자료를 분석하기 위해서, 가설을 검정하기 위해서, 다른 연구결과를 확인하기 위해서, 교육문제를 다루는 데 유용한 정보를 얻기 위해서이다.

내용분석에서 범주화

- 사전에 결정된 범주는 때때로 자료를 코딩하는 데 사용된다.
- 종종 자료를 검토할 때 새롭게 도출되는 범주를 사용하여 코딩이 수행되기도 한다.

내용분석 관련 단계

- 내용분석을 할 때, 연구자는 항상 이론적 근거(수집할 자료가 그 목표와 어떻게 관련되어 있는지를 설명하기 위한 개념적 연결고리)를 개발해야 한다.
- 핵심 용어는 어느 시점에서 정의되어야 한다.
- 다른 종류의 교육연구에 사용되는 모든 표집방법은 내용분석에도 적용될 수 있다. 그러나 의도적 표집이 가장 일반적으로 사용된다.
- 분석단위, 즉 구체적으로 분석해야 할 것은 연구자가 분석을 시작하기 전에 명시되어야 한다.
- 분석해야 할 내용의 측면이 무엇인지 정확하게 정의한 후, 연구자는 코딩범주를 체계화할 필요가 있다.

범주 코딩

- 새롭게 도출되는 코딩범주를 개발하려면, 의사소통 내용에 대한 높은 수준의 친숙도가 필요하다.
- 내용분석을 수행할 때, 연구자는 의사소통의 명시적 내용 또는 잠재적 내용 중 하나를 코딩할 수 있으며, 때로는 둘 다 코딩할 수 있다.
- 의사소통의 명시적 내용은 쉽게 분류할 수 있는 단어, 그림, 이미지 등 구체적이고 명료한 표면적인 내용을 말한다.
- 문서의 잠재적 내용은 의사소통에 포함된 것의 기저 의미(underlying meaning)를 말한다.

내용분석에 적용된 것으로서의 신뢰도와 타당도

- 내용분석의 신뢰도는 일반적으로 두 개의 독립적인 채점자(범주화하는 사람)의 결과를 비교함으로써 검토된다.
- 명시적 내용에서 얻은 자료와 잠재적 내용에서 얻은 자료를 비교하여 타당도를 검토할 수 있다.

자료분석

- 내용분석 자료를 해석하는 일반적인 방법은 빈도(즉, 자료에서 발견된 특정 사건 수)와 전체 발생에 대한 특정 발생의 비율을 사용하는 것이다.
- 또 다른 방법은 코딩을 사용하여 통합을 촉진하기 위한 주제(themes)를 개발하는 것이다.
- 컴퓨터 분석은 일단 범주가 결정되면 자료를 코딩하는 데 매우 유용하다. 그것은 또한 때때로 그러한 범주를

개발하는 데 유용할 수 있다.

내용분석의 장단점

- 내용분석의 두 가지 주요 장점은 눈에 띄지 않고 비교적 쉽게 할 수 있다는 것이다.
- 내용분석의 주요 단점은 의사소통 분석에 국한되어 타당도를 정립하기 어렵다는 점이다.

핵심 용어

내용분석(content analysis)
무선표본(random sample)
유층표집(stratified sampling)
군집표집(cluster sampling)
명시적 내용(manifest content)
잠재적 내용(latent content)
신뢰도(reliability)
타당도(validity)

토론거리

1. 만약 있다면, 언제 다른 종류의 연구방법론을 사용하는 것보다 내용분석을 하는 것이 더 적절한가?
2. 언제 내용분석을 사용하는 것이 부적절한가?
3. 연구자가 다음의 각 내용분석에서 자료를 분석하기 위해 사용할 수 있는 몇 가지 범주의 예를 제시하라.
   1) 텔레비전에 나오는 유머의 양과 종류를 조사하기 위해
   2) 유행가에 나타나는 '낭만적인 사랑'의 종류를 조사하기 위해
   3) 인상주의 그림의 사회적 의미를 조사하기 위해
   4) 민법과 형법이 남자와 여자를 가장 많이 구별하는지 조사하기 위해
   5) 초등학교 과학 프로그램에서 만들어진 가정들을 기술하기 위해
4. 영화의 명시적 내용과 잠재적 내용 중 어느 것을 코딩하는 것이 더 어려울 것 같은가? 왜 그러한가?
5. "최소한 일부 명시적 내용도 코딩하지 않고 문서의 잠재적 내용만 코딩하지 말라." 여러분은 이 진술에 동의하는가? 왜 동의하는가? 또는 왜 동의하지 않는가?
6. 난이도(difficulty)의 관점에서 여러분은 텔레비전에서의 사회적 편견의 연구와 내용분석 접근방법을 설문조사 접근방법과 어떻게 비교할 수 있는가? 유용한 정보(useful information)의 관점에서는 어떠한가?
7. 할리우드 영화의 내용분석은 가능한가? 분석이 가능하다면, 어떤 범주를 사용할 수 있는가?
8. 원래 의사소통이 목적이 아니었지만 지금은 그렇게 생각되는 인간에 의해 생산되는 것을 생각할 수 있는가? 몇 가지 예를 제시하라.
9. 내용분석은 관찰 및 인터뷰 자료를 분석하는 데 매우 중요하다고 한다. 만약 이 말이 사실이라면, 어떻게 분석할 수 있는가?
10. 내용분석연구에서 범주를 선택하는 것은 매우 중요하다. 이에 동의하는가? 동의한다면, 그 이유를 설명하라.

제6부 질적 연구방법론

How to Design and Evaluate Research in Education

제6부는 제5부에서 시작한 질적 연구에 관한 논의를 계속한다. 이 책의 저자들은 여기에서 문화기술지적 연구와 역사연구에 집중한다. 제4부와 제5부에서 했던 것처럼, 이 책의 저자들은 이 연구방법론 각각을 좀더 구체적으로 논의할 뿐만 아니라 연구자들이 이 방법들을 사용한 출판된 연구의 예를 제공한다. 그런 다음, 이 책의 저자들은 이러한 연구들의 장단점에 관한 분석을 제공한다.

제 21 장

문화기술지적 연구

문화기술지적 연구란 무엇인가

문화기술지적 연구의 독특한 가치

문화기술지적 개념
문화기술지적 연구에 적합한 주제

문화기술지적 연구에서 표집

문화기술지연구자는 가설을 사용하는가

문화기술지적 연구에서 자료수집
현장노트

문화기술지적 연구에서 자료분석

Roger Harker와 그의 5학년 교실

문화기술지적 연구의 장단점

문화기술지적 연구의 예

연구분석
목적/정당성/선행연구
절차/계측
표본
정의
연구질문 및 가설
자료분석

학습목표

이 장을 학습하면 다음을 수행할 수 있어야 한다.

- '문화기술지적 연구'라는 용어가 의미하는 바를 설명하고, 문화기술지적 연구에서 조사될 수 있는 연구질문의 예를 제시할 수 있다.
- '문화(culture)', '총체적 관점(holistic outlook)', '맥락화(contextualization)', '다중실재(multiple realities)'와 같은 각각의 개념이 문화기술지적 연구자에게 의미하는 바를 간략하게 기술할 수 있다.
- '에믹(emic)' 관점과 '에틱(etic)' 관점의 차이를 설명할 수 있다.
- 문화기술지적 연구에 도움이 될 수 있는 주제를 적어도 세 가지 이상 열거할 수 있다.
- 문화기술지적 연구에서 사용되는 표본의 종류의 특징을 기술할 수 있다.
- 문화기술지학자가 자신의 연구에서 가설을 어떻게 사용하는지 설명할 수 있다.
- 문화기술지적 연구에서 사용되는 두 가지의 주요한 자료수집기법을 기술할 수 있다.
- '현장노트(field notes)'라는 용어가 의미하는 바와 현장메모(field jottings), 현장일기(field diary) 및 현장일지(field log)와 어떻게 다른지를 설명할 수 있다.
- '삼각검증(triangulation)'과 '맥락화(contextualization)'라는 용어가 의미하는 바를 설명할 수 있다.
- 문화기술지적 연구에서 '핵심사태(key event)'가 무엇인지 설명할 수 있다.
- 통계가 문화기술지적 연구에 어떻게 사용되는지 간략히 기술할 수 있다.
- 문화기술지적 연구의 장단점을 적어도 하나 이상 열거할 수 있다.

상호작용 · 응용 학습 이 장을 읽는 동안 또는 읽은 후:

다음을 하려면, 온라인학습센터 (www.mhhe.com/fraenkel10e)로 접속하라.

- 문화기술지적 연구에 대한 심화학습

다음 활동을 수행하기 위해 온라인 학습자 완전학습 활동(Student Mastery Activities) 책을 읽으라.

- 활동 21.1: 문화기술지적 연구질문
- 활동 21.2: 참 또는 거짓?
- 활동 21.3: 몇 가지 문화기술지적 연구 수행하기

"영수는 박사학위 논문을 위해 무엇을 할 생각이니?"
"저는 매일 초등학교 교장선생님이 되는 것이 어떤 것인지 관심이 있습니다. 그래서 저는 학교 교장선생님에 관한 문화기술지를 하려고 합니다."
"인상적인 농담이구나!"
"저는 오늘 정 교장선생님과 방금 통화했습니다. 아시다시피, 여수 초등학교 교장선생님은 앞으로 4주 동안 저를 따라다니게 해 주셔서 낮에 무엇을 하는지 볼 수 있게 해 주셨어요. 정 교장선생님이 누구와 어디서 만나시는지, 그들이 언제, 무슨 얘기를 하시는지, 등등."
"이 일을 기록할거야?"
"물론이죠! 저는 공책을 들고 다니면서 제가 보고 들은 것을 메모할 것입니다. 그리고 정 교장선생님의 허락을 받아 대화를 녹음할 수 있습니다. 그리고 다른 생각이 있어요. 이 중 이틀 동안, 저는 정 교장선생님이 학교생활과 지역사회로 모험을 떠나는 일상을 비디오로 찍고 싶습니다."
"그게 다야?"
"아니요. 저는 또한 학교의 기록과 정 교장선생님이 매일 쓰시는 일지를 볼 거예요. 저는 정 교장선생님의 보조원, 일부 교사, 행정직원, 심지어 몇몇 학생과도 인터뷰를 할 계획입니다. 물론, 정 교장선생님 본인도요. 그리고 만약 정 교장선생님이 허락해 주신다면, 가족 구성원은 제가 관찰을 끝낸 후에 인터뷰를 할 계획입니다."
"오, 정말 힘든 일인 것 같구나."
"물론입니다. 맞아요. 이 모든 걸 다 쓰는 건 말할 것도 없고요. 하지만 제가 다 끝내면 그만한 가치가 있을 거라 생각합니다. 초등학교 교장선생님의 삶이 어떤지를 꽤 정확하게 그릴 수 있을 것 같습니다."
영수가 하고자 하는 일에 대한 기술이 이 장의 주제인 **문화기술지적 연구**(ethnographic research)의 한 예이다.

 문화기술지적 연구란 무엇인가

문화기술지적 연구(ethnographic research)는 여러 측면에서 모든 연구방법 중 가장 복잡하다. 특정 사회, 집단, 제도, 환경 또는 상황에 관한 그림을 가능한 한 총체적으로(holistic) 얻기 위해 다양한 접근방법이 사용된다. 문화기술지적 연구에서 강조되는 것은 개인과 관련된 다른 사람들을 관찰하고 인터뷰함으로써 개인의 일상적인 경험을 기록하거나 묘사하는 것이다. 사실, 모든 문화기술지적 연구에서 중요한 도구는 심층인터뷰와 지속적인 참여자 관찰이다. 연구자는 자신이 할 수 있는 한 많은 것, 즉 '전체적인 그림(whole picture)'을 포착하려고 노력한다. Bernard는 이 과정을 다음과 같이 간략하지만 잘 기술했다.

> 그것은 새로운 공동체에서 친분을 쌓고, 사람들이 여러분에게 나타났을 때 언제나처럼 그들의 일을 할 수 있도록 행동하는 법을 배우는 것을 포함한다. 그리고 여러분이 배운 것을 지성적으로 처리하고, 그것을 넓게 보도록 하며, 그것에 대해 설득력 있게 쓸 수 있도록 매일 문화적인 몰입으로부터 자신을 제거하는 것을 포함한다. 만약 여러분이 성공적인 참여관찰자라면, 제보자들이 재미있다고 생각하는 것에 웃을 때를 알게 될 것이고, 제보자들이 여러분이 말하는 것에 웃었을 때, 그것은 여러분이 농담하는 것을 의미하기(meant) 때문일 것이다.[1)]

1) Bernard, H. R. (1994). *Research methods in cultural anthropology* (2nd ed., p. 137). Sage.

연구심화

문화기술지적 연구에서 중요한 연구결과

인류학자 Margaret Mead의 사모아에서의 삶의 문화기술지, 특히 소녀들의 청소년기에 대한 그녀의 연구는 사회과학의 고전이다. 그녀는 1920년대에 참여관찰자로서 사모아에서 9개월을 보냈고, 주로 선택된 제보자들과의 관찰과 인터뷰에 의존했다. 그녀의 주요 결론은 사모아의 청소년기는 미국의 청소년들에게 스트레스를 주는 시기가 아니라는 것이었다. 그녀는 사모아인들이 미국의 젊은이들이 직면하는 딜레마에 직면하지 않았기 때문이며, 사모아 문화가 모든 형태의 행동에 대해 느긋한 시각을 가졌기 때문이라고 믿었다. 그녀는 또한 감정적 애착의 확산과 관계 형성에 관한 명확한 규칙 때문에 사모아에서 정서적 교란 발생률이 훨씬 낮다고 결론지었다.

이 보고서(1973)[2]의 제6판 서문에서, Mead는 미국이나 사모아 문화 모두 변함없는 것은 아니지만, 최근의 방문은 사모아 문화의 남다른 지속성에 깊은 인상을 남겼다고 지적했다.

10년 후에 행해진 그 이후의 문화기술지는 인류학자들이 시간의 흐름에 기인하지 않는 매우 다른 결론을 낳았다. 이러한 불일치는 문화기술지적 연구의 풍부하고 도발적인 본질과 확고한 결론에 도달하는 데 있어서의 어려움을 보여 준다.[3]

Wolcott는 문화기술지적 절차는 세 가지를 필요로 한다고 지적했다. 그 세 가지는 연구되는 문화공유 집단에 대한 상세한 기술, 인식된 주제 또는 관점의 측면에서 그 집단에 대한 분석, 그리고 일반적으로 인간의 사회생활에 대한 의미와 일반화에 관한 연구자에 의한 집단의 일부 해석이다.[4] 최종 산출물은 집단의 총체적인 문화적 초상화, 즉 연구자가 모든 복잡성 속에서 그 집단에 대해 알게 된 모든 것을 함께 끌어모은 것이다. 다음은 문화기술지학자들이 교육 분야에서 수행한 몇몇 연구 제목이다.

- 폭력집단 관련 총기 폭력[5]
- 구직자의 존엄성[6]
- 거리의 규범(code) 말하기[7]
- 거리, 보도, 상점, 그리고 이야기[8]
- 이름의 힘[9]
- 음악교육에서 심층기술(thick description)과 서사적 탐구(narrative inquiry)에 관하여[10]

---

2) Mead, M. (1973). *Coming of age in Samoa* (6th ed.). Morrow Hill.

3) Freeman, D. (1983). *Margaret Mead and Samoa–The making and unmaking of an anthropological myth*. Harvard University Press.

4) Wolcott, H. F. (1966). Cited in Creswell, J. R. (2008). *Educational research: Planning, conducting, and evaluating qualitative and quantitative research* (3rd ed, p. 480). Merrill Prentice–Hall.

5) Stretesky, P. B., & Pogrebin, M. R. (2007). Gang–related gun violence: Socialization, identity, and self. *Contemporary Ethnography, 36*(2), 85–114.

6) Purser, G. (2009). The dignity of job–seeking men: Boundary work among immigrant day laborers. *Contemporary Ethnography, 38*(2), 117–139.

7) Jimerson, J. B., & Oware, M. K. (2006). Telling the code of the street: An ethnomethodological ethnography. *Contemporary Ethnography, 35*(2), 24–50.

8) Simpson, T. A. (2000). Streets, sidewalks, stores, and stories: Narrative and uses of urban space. *Contemporary Ethnography, 29*(12), 682–716.

9) Charmaz, K. (2006). The power of names. *Contemporary Ethnography, 35*(8), 396–399.

• 고등학교 내부: 학생의 관점[11)]

문화기술지적 연구의 독특한 가치

문화기술지적 연구는 많은 연구자에게 특히 매력적으로 만드는 특별한 강점을 가지고 있다. 그것은 다른 연구방법론이 놓치는 뉘앙스와 미묘함을 드러낼 수 있다. Babbie가 좋은 예를 제시했다.

> 만약 여러분이 공원을 걷고 있는데 쓰레기 더미를 버린다면, 여러분은 여러분의 행동이 주변 사람들에게 받아들여질 수 없다는 것을 알게 될 것이다. 사람들은 여러분을 노려보고, 서로에게 불만을 토로하며, 아마도 누군가가 그것에 대해 여러분에게 뭐라고 말할 것이다. 어떤 형태이든 간에, 여러분은 쓰레기를 버리면 분명 부정적인 제재를 받게 될 것이다. 이제 여기에 아이러니가 있다. 만약 여러분이 같은 공원을 지나다가 다른 사람이 떨어뜨린 쓰레기 더미를 발견하고 치웠다면, 여러분의 행동은 또한 주변 사람들에게 받아들여지지 못할 가능성이 있다. 여러분은 아마도 그것을 치운 것에 대하여 분명히 부정적인 제재를 받게 될 것이다.
>
> [나의 학생] 대부분은 (이 개념이) 터무니없다고 느꼈다……. 비록 우리가 쓰레기를 버리면 부정적으로 제재를 받겠지만……. 사람들은 [공공장소를 청소하는] 것에 대해 기뻐할 것이다. 확실히, 나의 모든 학생은 누군가 공공장소를 청소하면 **그들은**(they) 기뻐할 것이라고 말했다.
>
> 이 문제를 해결하기 위해, 나는 학생들이 일상 활동을 하는 동안 발견한 공공문제를 고치기 시작할 것을 제안했다…….
>
> 나의 학생들은 쓰레기를 줍고, 도로 표지판을 고치며, 쓰러진 원뿔 모양의 교통표지(traffic cones)를 제자리에 갖다 놓고, 기숙사의 공동 라운지를 청소하고 장식하며, 교차로에서 시야를 가리는 나무를 다듬고, 공공 놀이터의 장비를 수리하며, 공중화장실을 청소하고, '그들의 책임'이 아닌 수백 개의 다른 공공문제를 해결했다.
>
> 대부분의 사람은 자신이 무엇을 하든 매우 불편함을 느낀다고 보고되었다. 그들은 어리석고, 착하며, 눈에 띄고…… 거의 모든 경우에 그들의 개인적인 불쾌감은 그들 주위의 반응에 의해 증가했다.
>
> 한 학생은 경찰이 도착했을 때 몇 달 동안 문제가 되었던 버스정류장에서 파손되고 오래 사용하지 않은 신문상자를 치우고 있었는데, 이웃에 의해 소환되었다. 또 다른 학생은 거리의 막힌 빗물 배수구를 청소하기로 결정했고, 그 지저분한 것을 환경미화원에게 맡겨야 한다고 주장하는 이웃에게 호통을 치는 자신을 발견했다. 쓰레기를 주운 모든 사람은 조롱받고, 비웃음을 당하며, 그래서 일반적으로 내려놓았다. 한 젊은이는 쓰레기통 주변에 흩어져 있는 쓰레기를 줍고 있었는데, 한 행인이 "멍텅구리야!"라고 비웃었다.[12)]

우리는 이 예시의 요점이 명백하기를 바란다. 사람들이 일어난다고(또는 일어날 것 같은) 생각하고 말하는 것은 종종 실제로 일어나지 않는다. 우리는 세상에 나가서 일어나는 일들을 관찰함으로써 더 정확한 그림을 (일반적으로) 더 잘 얻을 수 있다. 이것이 문화기술지학자들이 하려고 하는 것, 즉 그렇지 않으면 심지어 기대할 수 없는 것들을 '보기' 위해 사람들을 그들의 자연적인 거주지에서 연구한다. 이것이 문화기술지적 접근방법의 주요 이점이다.

문화기술지적 개념

문화기술지학자들이 그 분야에서 연구를 진행할 때, 많은 개념이 그 연구를 안내한다. 가장 중요한 것

---

10) Jorgensen, E. R. (2009). On thick description and narrative inquiry in music education. *Research Studies in Music Education, 31*(6), 69–81.

11) Cusick, P. A. (1973). *Inside high school: The student's perspective*. Holt, Rinehart & Winston.

12) Babbie, E. (2007). *The practice of social research* (11th ed.). Wadsworth Cengage.

중 몇 가지는 문화, 총체적 관점, 맥락화, 에믹관점, 다중실재, 심층기술, 구성원 점검 그리고 무판단적 지향을 포함한다. 각각에 대해 간략하게 기술해 보자.

문화

문화(culture)의 개념은 일반적으로 두 가지 방식 중 하나로 정의된다. 행동에 집중하는 사람들은 그것을 사회적 집단의 관찰 가능한 행동, 관습, 삶의 패턴의 합으로 정의한다.[13] 아이디어에 집중하는 사람들은 그것이 특정 집단의 사람들을 특징짓는 아이디어, 믿음, 그리고 지식을 구성한다고 말한다. 어떤 사람이 그것을 정의하든, 문화는 모든 문화기술지적 개념 중에서 가장 중요하다. Fetterman의 말에 따르면, 그것은 다음과 같다.

> 문화기술지학자가 집단을 특징짓는 무수히 많고 종종 의식적인 행동과 생각에서 논리적이고 응집력 있는 패턴을 찾는 데 도움이 된다. 이 개념은 이문화 간의 경험 후에 즉시 의미가 있게 된다. 처음 다른 문화에 들어간 학생에게는 모든 것이 새로운 것이다. 원주민들이 사실상 아무 생각 없이 옹호하는 태도나 습관은 낯선 사람에게 뚜렷하고 분명하다. 오랜 기간 동안 외국인 공동체에 사는 것은 현장 근로자가 사람들이 걷고, 말하며, 옷을 입고, 먹으며, 자는 방식에서 지배적인 생각, 가치관, 행동패턴의 힘을 볼 수 있게 한다. 개인이 지역사회에 오래 머물면서 친분을 쌓고 개인의 삶을 더 깊이 들여다볼수록, 문화의 신성한 미묘한 요소들, 즉 사람들이 어떻게 기도하고, 서로에 대해 어떻게 느끼며, 그들 시스템의 통합을 유지하기 위해 자신의 문화적 실제를 어떻게 강화시키는지에 대한 그/그녀의 학습 가능성은 더 커진다.[14]

집단의 문화에 대한 해석은 많은 연구자에 의해 문화기술지적 연구의 주요한 기여로 간주된다. 문화해석은 연구자가 집단구성원의 관점에서 보고 듣는 것을 기술하는 능력을 말한다. 자주 인용되는 예는 '윙크(wink)'와 '깜빡임(blink)'의 차이이다. 어떤 의미에서 그 둘 사이에는 차이가 없다. 그러나 '윙크'를 '깜빡임'으로 착각해 본 적이 있는 사람은 문화 해석의 중요성을 충분히 알고 있다."[15]

총체적 관점

문화기술지학자는 집단의 문화에 대해 가능한 한 많이 기술하고자 노력한다. 따라서 그는 그 집단의 역사, 사회구조, 정치, 종교적 신념, 상징, 관습, 의식, 그리고 환경에 관한 몇몇 아이디어를 얻으려고 노력한다. 물론 어떤 연구도 전체 문화를 완전히 포착할 수는 없지만, 문화기술지학자는 그 특정 사건이 그 일부가 될 수 있는 더 큰 그림을 이해하기 위해 교실, 이웃, 특정 거리 또는 장소에서 일어나는 즉각적인 장면이나 사건 너머를 보기 위해 최선을 다한다. 여러분이 상상할 수 있듯이, 총제적 관점을 발전시키는 것은 문화기술지학자들이 많은 다른 종류의 자료를 수집하는 데 많은 시간을 들인다는 것을 요구한다. 그렇게 함으로써만 그/그녀는 자신이 공부하고 있는 사회 또는 문화 전체의 그림을 그릴 수 있다.

맥락화

연구자가 자료를 맥락화(contextualizes)할 때, 해당 연구자는 보고 들은 것을 더 큰 관점으로 본다. 예를 들어, 이 책의 저자들 중 한 명이 가르친 대도시 교육구의 행정가는 50%의 낮은 참여율 때문에 방과

---

13) Harris , M. (2000). *The rise of anthropological theory: A history of theories of culture* (updated ed.). Altamira Press.

14) Fetterman, D. M. (1989). *Ethnography: Step by step* (2nd ed., p. 39). Sage.

15) Ibid., p. 40.

후 과외 프로젝트를 중단하려고 했다. 관련된 학생들을 고려해 보았을 때, 50%의 참여율은 실제로 꽤 괜찮다는 것을 시사했다. 이 시사점은 행정가들이 해당 프로그램의 가치에 대해 더 많은 정보에 근거한 결정을 내릴 수 있었기 때문에, 교육구가 해당 프로그램을 계속하도록 하는 결과를 낳았다. 다시 말해서, 맥락화는 그렇지 않았다면 제거되었을 가치 있는 프로그램을 유지하는 데 도움이 되었다.

에믹관점

에믹관점(emic perspective),[16] 즉 실재(reality)에 대한 '내부적인' 관점은 문화기술지적 연구의 핵심이다. 에믹관점을 갖는 것은 문화기술지학자가 보고 듣는 행동과 상황을 이해하는 데, 그리고 정확하게 기술하는 데 필수적이다. 에믹관점은 다중실재(multiple realities)의 개념을 인식하고 수용할 것을 요구한다. "특정 연구에서 실재에 관한 다중관점을 문서화하는 것은 왜 사람들이 다른 방식으로 생각하고 행동하는지를 이해하는 데 매우 중요하다."[17]

한편, 에틱관점(etic perspective)은 실재에 대한 외부의 객관적 관점이다. 대부분의 문화기술지학자는 자신의 자료를 에믹관점과 에틱관점 양자에서 보려고 노력한다. 그들은 자신들이 연구하고 있는 사람들의 관점을 이해하려고 최선을 다하면서, 에믹관점에서 자료를 수집하기 시작할지도 모른다. 그런 다음, 자신들이 수집한 것을 더 객관적이고 과학적인 분석의 관점에서 이해하려고 노력한다. 간단히 말해서, 그들은 통찰력 있고 민감한 문화적 해석과 보고 들은 것에 대한 엄격한 수집과 분석을 결합하려고 노력한다.

심층기술

문화기술지학자가 최종 연구보고서를 준비할 때, 그는 심층기술(thick description)이라고 알려진 것에 관여한다. 본질적으로, 이것은 그가 보고 들은 것, 즉 현장에서 그의 연구를 매우 상세하게, 종종 연구참여자들로부터 광범위한 인용구를 사용하여 기술하는 것을 포함한다. 이미 언급한 바와 같이, 그 의도는 자신이 연구한 문화를 '초상화를 그려(paint a portrait)' 보고서를 읽는 이들에게 그것을 '생생하게(come alive)' 전달하자는 것이다.

구성원 점검

이미 언급한 바와 같이, 문화기술지적 연구의 주요 목표는 가능한 한 실재에 대한 에믹관점, 즉 연구

---

16) **[역자 주]** 에믹(emic)의 개념을 제대로 이해하려면, 에틱(etic)과 대비하여 이해할 필요가 있다. 조용환(1999)은 이 두 용어를 대비하여 자세히 설명하고 있다. 독자의 편의를 위하여, 해당 부분을 그대로 인용하면 다음과 같다.

'에믹(emic)'과 '에틱(etic)'이라는 용어는 언어학자 Kenneth Pike(1967)에 의해서 처음 사용되었다. 이 두 용어는 각각 영어 낱말 'phon*emic*'과 'phon*etic*'의 끝 부분을 딴 것으로 애당초 언어학적 자료 분석의 두 가지 대조적인 방식을 설명하기 위하여 만들어졌다. 언어학에서 말하는 '음운학적(phonemic)' 방식은 보통 사람들이 일상적으로 사용하고 범주화하는 음운 현상을 그 세계 내부에서 주목하는 방식이며, '음성학적(phonetic)' 방식은 언어학자들이 학문적인 표준과 도구에 의해서 음운 현상을 외부에서 관찰하고 범주화하는 방식이다. 파이크는 '에믹'과 '에틱'의 이 구분법을 언어뿐만 아니라 인간 행동의 구조를 연구하는 모든 학문에 일반화할 수 있다고 제안하였다. 인류학은 이 구분법을 가장 일찍이 도입하여 가장 활발하게 응용한 학문이다. 인류학에서의 '에믹'은 문화기술적 연구에 임하는 인류학자(ethonographer)가 한 문화를 현지인의 토속적인 개념과 논리 속에서 이해하고자 하는 접근법을 뜻한다. 그와 달리, '에틱'은 비교문화적 연구에 관심을 가진 인류학자(ethnologist)가 학술적인 맥락에서 외부적 기준, 용어, 도구 등을 활용하여 그 문화를 연구하는 접근법을 뜻한다.

[출처: 조용환(1999). **질적 연구: 방법과 사례** (pp.45-46). 교육과학사.]

17) Fetterman, D. M. (1989). *Ethnography: step by step* (2nd ed., p. 42). sage.

참여자의 관점에서 본 실재를 정확하게 표현하는 것이다. 문화기술지학자가 이것을 하는 한 가지 방법은 구성원 점검(member checking)이라고 알려진 것, 즉 연구자가 정확성과 완전성에 대한 점검으로 기술된 것을 참여자들에게 점검받는 것을 통해서이다. 그것은 연구자의 연구결과의 정확성을 입증하기 위해 문화기술지적 연구에서 사용되는 주요 전략 중 하나이다.

비판적 동료

질적 자료에 대한 연구자의 해석의 신뢰도를 점검하기 위한 또 다른 전략은 다른 사람들을 연구자의 조언자의 '팀(team)' 또는 '비판적 동료(critical colleagues)'의 일부가 되도록 하는 것을 포함한다. 이러한 사람들 중에는 연구자에게 자료에 대한 어떤 새롭게 도출되는 가정에 관한 피드백을 제공하는 학생, 전문 실천가 및 교직원 조언자가 포함될 수 있다.

무판단적 지향

무판단적 지향(nonjudgmental orientation)은 연구자가 익숙하지 않은 실제에 대한 가치 판단을 자제하도록 최선을 다해야 한다. 물론 우리 중 어느 누구도 완전히 중립적일 수는 없다. 그러나 우리는 우리의 가장 명백한 편견으로부터 보호할 수 있다. 어떻게 그렇게 할 수 있는가? 그것은 우리가 할 수 있는 한 다른 집단의 행동을 공평하게 보기 위해 최선을 다함으로써 가능하다. Fetterman은 자신의 편견 중 하나가 어떻게 치명적이었을지 예를 들어 설명한다.

> 시나이 사막에서 베두인 아랍인들과 함께 했던 경험은 유용한 예를 제공한다. 베두인 가족과 함께 지내는 동안, 나는 서구식 위생 실제에 대한 편견이 [드러나지] 않도록 노력했다. 나의 첫 지인 중 한 명, 즉 가죽 같은 얼굴과 발을 가진 베두인족에 대한 [나의] 반응은 중립과는 거리가 멀었다. 나는 사막 전체에서 한 물웅덩이에서 다른 물웅덩이로 옮겨 다니며 가혹한 환경에서 살아남고 적응하는 그의 능력에 감탄했다. 그러나 그의 옷 냄새에 대한 나의 개인적인 반응은 공정하지 못했다. 그는 나를 더위로부터 보호하기 위해 나에게 재킷을 나누어 주었다. 나는 당연히 그에게 감사했다. 왜냐하면……, 나는 그를 모욕하고 싶지 않았다. 그러나 건조한 사막의 더위 속에서 남은 시간 동안 나는 낙타 냄새를 맡았다. 목적지에서 불과 1~2km밖에 떨어지지 않았기 때문에 재킷이 필요 없다고 생각했다. 나는 나중에 그의 재킷이 없었다면 일사병에 걸렸을 거라는 사실을 알게 되었다. 사막의 더위는 너무 건조해서 땀은 거의 즉시 증발하고 경험이 없는 여행자는 온도가 화씨 130도 이상으로 올라갈 때 항상 알아채지 못한다. 그 재킷은 증발 속도를 늦춤으로써, 내가 수분을 유지하도록 도와주었다. 만약 내가 그 재킷과 암시적으로 베두인 위생 실제를 거절했다면, 나는 구어졌을 수도 있었을 것이고, 그들의 삶이 얼마나 물을 중심으로 돌아가는지 결코 이해할 수 없었을 것이다.[18]

문화기술지학자가 범할 수 있는 가장 심각한 실수는 그 자신의 문화의 행동과 가치에 대한 기준을 다른 문화의 것에 강요하는 것이다.

문화기술지적 연구에 적합한 주제

이 책의 저자들이 제안한 바와 같이, 문화기술지적 연구를 하는 연구자는 가능한 한 교육적 환경의 전체적인 그림을 얻기를 원한다. 사실, 문화기술지적 연구의 주요 강점 중 하나는 그것이 제공하는 관점의 포괄성이다. 연구자가 직접 연구하고자 하는 상황이나 환경으로 가기 때문에 더 깊고 완전한 이해가 가

18) Ibid., p. 44.

능해진다. 그 결과, 문화기술지적 연구는 특히 다음과 같은 주제에 적합하다.

- 그 본질상 단순한 양화를 거부하는 주제(예: 교실 토론에서 학생과 교사의 상호작용)
- (인공적인 것이 아니라) 자연적인 환경에서 가장 잘 이해될 수 있는 주제(예: 학교 행사에서의 학생들의 행동)
- 시간 경과에 따른 개인 또는 집단활동에 관한 연구를 수반하는 주제(예: 위험에 처한 학생들이 1년 동안 특별히 설계된 독서 프로그램에 참여하면서 일어나는 태도 변화)
- 교육자가 수행하는 역할 및 이러한 역할과 관련된 행동에 관한 연구를 수반하는 주제(예: 담임교사, 학생, 상담사, 행정가, 코치, 직원 및 기타 학교직원의 다양한 역할 수행 시 행동 및 시간이 지남에 따라 이러한 행동이 어떻게 변화하는지)
- 단체의 활동과 행동을 하나의 단위(예: 학급, 운동팀, 주제 부서, 행정부서, 작업팀)로 연구하는 것을 수반하는 주제
- 공식적인 조직(예: 학교, 교육지원청)을 전체 속에서 연구하는 것을 수반하는 주제

문화기술지적 연구에서 표집

문화기술지학자들은 자신들이 관찰하고 있는 환경이나 상황 안에서 모든 것을 관찰하려고 하기 때문에, 어떤 의미에서 그들은 전혀 표본을 추출하지 않는다. 그러나 이전에 언급한 바와 같이, 어떤 연구자도 모든 것을 관찰할 수는 없다. 관찰된 것이 관찰될 수 있는 것의 일부에 불과할 정도로, 따라서 연구자가 관찰하는 것은 가능한 모든 관찰의 사실상의 표본이다.

또한, 문화기술지학자가 연구한 사람들의 표본은 일반적으로 소규모이며(일반적으로, 소수의 개인 또는 단일 계층), 더 많은 모집단에 대한 일반화를 허용하지 않는다. 사실, 많은 문화기술지학자가 연구의 첫머리에 자신들의 연구의 결과를 일반화할 의도가 없다고 말한다. 그들은 자신들이 추구하는 것은 특정 상황에 대한 보다 완전한 이해라고 지적한다. 연구결과의 적용 가능성은 다른 연구자들에 의해 다른 환경이나 상황에서 그들의 연구를 복원함으로써 가장 잘 결정될 수 있다.

문화기술지연구자는 가설을 사용하는가

문화기술지학자들은 정확한 가설을 가지고 연구를 시작하는 경우가 드물다. 그들은 오히려 진행 중인 상황이나 미리 예측할 수 없는 일련의 활동을 이해하려고 시도한다. 그들은 일정 기간 동안 관찰하고, 초기 결론을 수정할 수 있는 추가적인 종류의 관찰을 제안하는 초기 가설을 공식화한다. 문화기술지적 연구는 아마도 다른 어떤 종류의 연구보다 더 그러할 것이며, 관찰과 인터뷰 둘 다에 의존하고, 이는 계속되며 시간이 지남에 따라 유지된다.

문화기술지적 연구를 통해 조사될 수 있는 질문의 예로는, "농촌 고등학교에서의 생활은 어떠한가?"가 있을 것이다. 연구자의 목표는 그러한 학교의 교사, 학생, 행정가 및 교직원의 일상적이고 지속적인 경험을 기록하거나 묘사하는 것이다. 학교는 상당한 기간에 걸쳐(1년은 흔하지 않는 경우가 아니다.) 정

기적으로 방문되었다. 그 연구자는 정기적으로 교실을 관찰하고, 가능한 한 완전하고 풍부하게 그리고 그 교실에서 무슨 일이 일어나는지 기술하려고 시도할 것이다. 해당 연구자는 또한 여러 교사, 학생, 행정가 및 지원 직원을 심층인터뷰할 것이다.

기술(descriptions)[더 좋은 단어는 묘사(portrayals)일 수 있음]은 학교의 사회적 분위기, 학생들의 지적 및 정서적 경험, 행정가 및 교사(그리고 직원 및 학생)가 다른 인종집단이나 성별 또는 능력이 다른 사람들에게 행동하고 반응하는 방식, 학교(그리고 교실)의 '규칙'이 학습되고 수정되며 실행되는 방식, 교사(그리고 학생)가 갖는 우려의 종류, 학생들이 학교에 대해 갖는 견해, 그리고 이것이 행정부와 교수진의 견해와 비교되는 방식 등등을 묘사할 수 있다.

수집되는 자료에는 연구자−관찰자에 의한 상세한 수기된 산문 기술(hand−written prose descriptions), 아동−학생과 행정가−학생 및 행정가−직원 회의의 음성 녹음, 교실 토론 및 교직원 모임의 비디오 녹음, 교사 수업계획서와 학생 활동의 예, 교실에 존재하는 '권력' 관계를 묘사한 소시오그램, 특정 유형의 코멘트의 방향과 빈도(예: 교사와 학생들이 서로 질문하는 종류와 다른 종류의 답변)를 보여 주는 흐름도가 포함된다. 그리고 연구자가 생각하는 다른 모든 것이 해당 학교에서 일어나는 일에 대한 통찰력을 제공할 것이다. 이 경우, 가설은 연구를 시작할 때 공식화되지 않는다.

요컨대, 문화기술지적 연구에 참여하는 연구자의 목표는 학교나 교실(또는 다른 교육환경)의 '초상화'를 가능한 한 철저하고 정확하게 그리고 생생하게 그려서 다른 사람들도 그 학교나 그 교실, 그리고 그 교실 참여자들과 그들이 하는 일을 진정으로 '볼 수 있도록' 하는 것이다. 사실, 그것은 단체가 어떻게 그들의 활동에 의미를 부여하는지 결정하기 위한 시도로 볼 수 있다. 많은 사람은 문화기술지적 접근방법이 교육을 이해하는 데 특히 유용한 기술의 풍부성(richness of description)을 제공한다고 믿는다.

문화기술지적 연구에서 자료수집

문화기술지적 연구에서 두 가지의 주요 자료수집 수단은 참여자 관찰과 인터뷰를 통한 것이다. 사실, 인터뷰는 문화기술지학자들이 사용하는 가장 중요한 도구이다. 연구자는 **인터뷰(interview)**를 통해 자신이 보고, 듣고, 경험한 더 큰 맥락 속에 들어갈 수 있다. 제19장에서 기술한 바와 같이, 인터뷰는 다양한 형태일 수 있다. 구조화된(structured), 반구조화된(semi−structured), 비공식적(informal) 또는 회상적(retrospective) 등이다. 비공식적 인터뷰가 가장 흔하다는 점을 제외하고, 여기에서는 논의를 확대하지 않는다. 경험이 부족한 사람에게는 비공식적 인터뷰가 가장 쉬운 것처럼 보일 수 있는데, 그것은 특정한 유형의 질문이나 문제를 행해야 하는 특정한 순서를 요구하지 않기 때문이다. 인터뷰진행자는 참여자의 관심사를 거의 따를 수 있다. 종종 그것은 그저 일상적인 대화에 지나지 않는 것처럼 보인다. 그러나 그것은 사실상 잘 하기가 꽤 어렵다. 연구자는 편안한 태도를 유지하고 우호적인 상황을 만들면서 여전히 꽤 체계적인 방법으로 다른 개인의 삶에 대해 배우려고 시도해야 한다. 이것은 쉬운 일이 아니다. 따라서 경험이 많은 인터뷰진행자는 민감한 주제와 관련된 매우 개인적인 질문을 하기 전에 대화 방식으로 위협적이지 않은 질문부터 시작한다.

문화기술지학자가 사용하는 또 다른 주요 기법은 **참여자 관찰(participant observation)**인데, 우리는 이에 대해 제19장에서 자세히 논의했다. 참여자 관찰은 효과적인 현장연구에 매우 중요하다. Fetterman

이 시사하는 바와 같이, 참여자 관찰은 "연구 중인 사람들의 삶 속에 참여와 적절한 관찰과 자료의 기록을 허용하는 전문적인 거리의 유지를 결합한다".[19] 참여자 관찰의 중요한 측면은 문화에 몰입해야 한다는 것이다. 연구자는 전형적으로 사람들의 기본적인 믿음, 두려움, 희망, 기대를 내면화하기 위해 6개월에서 1년 또는 그 이상 동안 관심 있는 공동체에서 살고 일한다. 그러나 교육연구에서 참여자의 관찰은 종종 비연속적이고 오랜 시간에 걸쳐 행해진다. Fetterman은 다음과 같은 예를 제시한다.

> 중도탈락과 영재아동에 대한 두 가지 문화기술지적 연구에서, 나는 3년 동안 두 달에 한 번씩 몇 주 동안만 그 프로그램을 방문했다. 방문에는 집중적인 교실 관찰, 중단 없는 비공식적 인터뷰, 가끔의 대리 수업, 지역주민과의 상호작용, 장거리 전화, 학생의 가족과의 저녁 식사, 복도와 주차장에서 수업을 빼먹은 학생들과 시간을 보내는 것을 포함한 다양한 다른 연구기법의 사용이 포함되었다.[20]

현장노트

문화기술지학자의 관찰의 정확성에 대한 주요한 점검은 해당 학자의 현장노트의 질에 달려 있다. 문화기술지적 보고서를 쉽게 이해하려면, 관심 있는 독자들은 연구자의 생각과 관점에 대해 가능한 한 많이 알아야 한다. 그것이 연구자의 현장노트가 중요한 이유이다. 불행하게도, 이것은 많은 문화기술지적 연구의 보고에서 주요한 문제로 남아있는데, 문화기술지적 보고서의 독자들이 연구자의 현장노트에 거의 접근할 수 없기 때문이다. 문화기술지학자가 자신의 정보가 어떻게 수집되었는지 말해 주는 경우는 드물고, 따라서 종종 연구자의 관찰의 신뢰성을 결정하는 것은 어렵다.

현장노트(field notes)는 그 이름이 암시하는 바로 그것, 즉 연구자가 현장에서 기록한 노트이다. 교육연구에서, 이것은 보통 연구자가 무슨 일이 일어나고 있는지 관찰하거나 그의 정보제공자를 인터뷰할 때 교육환경(교실 또는 학교)에서 상세한 메모를 하는 것을 의미한다. 그것은 연구자가 자료를 수집하고 성찰하는 과정에서 듣고, 보고, 경험하고, 생각하는 것에 대한 서면 장부(written account)이다.[21]

Bernard는 현장노트를 세 가지 다른 유형의 글쓰기, 즉 현장메모, 현장일기, 현장일지와 구분할 것을 제안한다.[22]

현장메모(field jottings)는 연구자가 나중에 더 많이 쓰고자 하는 것에 대한 빠른 메모를 말한다. 그것은 연구자가 관찰이나 인터뷰를 하는 동안 기록할 시간이 없는 많은 세부사항을 떠올리는 것을 도와주기 위한 자극을 제공한다.

현장일기(field diary)는 실제로 연구자가 연구 도중 접촉하는 타인에 대한 감정, 의견 및 인식에 대한 개인적인 진술이다. 그것은 연구자가 휴식을 취할 수 있는 장소, 즉 연구자가 공공기록의 일부가 되고 싶지 않은 것을 적는 출구를 제공한다. 다음은 한 학기 동안 교외의 한 고등학교에서 사회과 교과목을 관찰하면서 쓰인 이 책의 저자의 현장일기 중 한 페이지의 일부이다.

---

19) Ibid., p. 56.

20) Ibid., pp. 57, 58.

21) 현장노트에 대한 훌륭한 기술은 Bogdan, R. C., & Bilken, S. K. (2007). *Qualitative research in education: An introduction to theory and practice* (5th ed., 제4장). Allyn & Bacon.을 참고하라.

22) Bernard, H. R. (1994). *Research methods in cultural anthropology* (2nd ed., pp. 181–186). Sage.

월요일 11/5

춥고 비가 많이 오는 날. 기분이 좀 우울해진다. Phil, Felix, Alicia, Robert, 그리고 Susan은 어제의 과제에 대해 논의하기 위해 오늘 일찍 교실에 들어왔다. Susan은 오늘 평소보다 더 흐트러진 모습을 하고 있다. 다른 사람들이 그룹 보고서를 준비하는 방법에 대해 토론하는 동안 정신이 팔려 있는 것 같다. 다른 사람들은 모두 인사를 하지만, 그녀는 나에게 말을 걸지 않는다. 어제 그녀가 나에게 요청했을 때, 나는 그녀의 생각을 지지하지 못한 것을 후회한다. 그것이 그녀가 인터뷰를 거절하는 결과를 초래하지 않기를 바란다.

11/13 화요일

Susan과 다른 위원회 위원들은 그들의 보고서에 대한 도움을 받기 위해 오늘 학교 가기 전에 나를 도서관에서 만나기로 되어 있었다. 아무도 안 나왔다. 내가 이 아이들, 특히 Susan을 짜증나게 하는 뭔가를 했다고 느꼈다. 그녀가 나와의 만남을 놓친 것이 이번이 세 번째가 될 것이기 때문에, 나는 그녀에게 화가 난다. 다른 사람들은 처음이었다. 아마도 그녀는 내가 생각했던 것보다 그들에게 더 많은 영향을 끼치고 있는 것 같다. 나는 그녀를 이해하는 데 진전이 있다고 생각하지 않으며, 왜 그녀가 그렇게 많은 아이에게 영향을 미치는지 모르겠다.

목요일 11/29

와! 오늘 R 선생님이 아주 좋은 토론을 하셨다. 전체 학급이 참여한 것으로 보인다(주: 입증하려면, 토론 집계표를 확인하라). 내 생각에 비밀은 그들이 흥미롭다고 인식하는 것부터 시작하는 것이다. 왜 그들은 때때로 너무 잘하고 아이디어와 생각에 너무 빠져 있고 다른 때에는 너무 무관심한 것일까? 나는 그것을 이해할 수 없다.

현장연구는 종종 격렬하고 감정적으로 소모되는 경험이며, 일기는 연구자가 개인적인 감정을 털어놓으면서도 여전히 사적인 감정을 유지하는 방법으로 볼 수 있다.

현장일지(field log)는 연구자가 실제로 시간을 어떻게 쓰는지와 비교하여 어떻게 시간을 보내려고 계획하는지에 대한 일종의 실행 장부이다. 그것은 사실상 체계적으로 자료를 수집하기 위한 연구자의 계획이다. 현장일지는 빈 종이(또는 노트북 또는 전자태블릿과 유사한 레이아웃)로 구성된 책으로 구성된다. 현장에서 매일은 일지의 두 페이지로 표시된다. 연구자는 왼쪽 페이지에 그날 무엇을 할 계획인지, 어디로 갈 것인지, 누구를 인터뷰할 것인지, 무엇을 관찰할 것인지 등을 나열한다. 연구자는 오른쪽 페이지에 그날 실제로 무엇을 했는지 열거한다. 연구가 진행되면서 연구자가 알고자 하는 것이 떠오르면, 현장일지는 그가 일정을 잡을 수 있는 장소를 제공한다. Bernard는 이러한 현장일지가 어떻게 사용되는지 다음과 같은 예를 제시한다.

여러분이 지역 교육시스템을 연구하고 있다고 가정해 보자. 4월 5일인데, 당신은 MJR이라는 제보자와 이야기를 하고 있다. 군사정부가 들어선 이후, 아이들은 매일 두 시간씩 정치를 공부해야 하는데, 그녀는 그것을 좋아하지 않는다고 말한다. 이 질문에 대해 다른 어머니들에게 물어보고 학교 교장을 인터뷰하기 위해 여러분의 현장일지에 메모를 작성하라.

나중에 노트를 작성할 때, 여러분은 지역사회의 학부모들이 새로운 교육과정에 대해 어떻게 느끼는지에 대한 더 많은 자료를 축적할 때까지 교장선생님을 인터뷰하지 않기로 결정할지도 모른다. 4월 23일의 왼쪽 페이지에는 '학교 교장선생님과의 인터뷰 목표 날짜'가 적혀 있다. 4월 10일자의 왼쪽 페이지에는 "23일 학교 교장선생님과 인터뷰 약속을 잡아라." 4월 6일자의 경우, "새로운 교육과정에 대해 학부모들과 더 많은 인터뷰가 필요하다."라고 기록되어 있다.[23)]

현장일지를 유지하는 것의 가치는 연구자가 진정으로 답하기를 원하는 질문, 따라야 할 절차, 그리고 정말로 필요한 자료에 대해 열심히 생각하도록 강요한다는 것이다. 현장노트를 작성하는 것 자체가 하

23) Ibid., p. 185.

나의 예술이다. 여기에서는 간단한 소개만 할 수 있지만, 다음에 제시된 요점은 그 일의 중요성과 복잡성에 대해 어느 정도 알게 해 줄 것이다.

Bogdan과 Biklen은 두 가지 종류의 현장노트 자료, 즉 기술적 현장노트와 성찰적 현장노트로 구성되어 있다고 말한다.[24] 기술적 현장노트(descriptive field notes)는 연구자가 관찰한 것에 따라 환경, 사용자 및 그들이 행한 것을 기술하고자 한다. 그것은 다음과 같은 것을 포함한다.

- 연구대상에 관한 묘사: 신체적 외모, 매너리즘, 몸짓, 연구대상이 행하고 말하는 방식 등
- 대화의 재구성: 연구자에게 하는 말뿐만 아니라 연구대상 간의 대화. 독특하거나 특히 드러나는 진술이 인용되어야 함
- 물리적 환경에 대한 기술: 교실 배치, 자료 배치 등에 대한 간단한 스케치
- 특정 사태에 대한 장부: 누가, 언제, 어디서, 어떻게 관련되었는지
- 활동 기술: 발생한 일이 일어났던 순서와 더불어, 그것에 대한 자세한 기술
- 관찰자의 행동: 연구자의 행동, 복장, 참여자와의 대화, 반응 등

성찰적 현장노트(reflective field notes)는 연구자가 관찰한 것에 **대하여**(about) 연구자 자신이 생각하고 있는 것을 더 많이 제시한다. 여기에는 다음과 같은 것이 포함된다.

- 분석에 대한 성찰: 연구자가 배우고 있는 것, 개발 중인 아이디어, 보이는 패턴 또는 연계 등에 대한 연구자의 추측
- 방법에 대한 성찰: 연구자가 연구에서 사용하고 있는 방법 절차와 자료, 연구설계에 대한 코멘트, 제기되고 있는 질문 등
- 윤리적 딜레마와 갈등에 대한 성찰: 연구대상 또는 가치 충돌에 대한 책임에 대하여 제기되는 어떤 우려 등
- 관찰자의 마음의 상태에 관한 성찰: 연구가 진행됨에 따라 연구자가 생각하고 있는 것(태도, 의견, 신념) 그리고 이러한 것들이 연구에 어떻게 영향을 미칠 수 있는지에 관한 성찰 등
- 명확하게 되어야 할 사항: 나중에 명확히 하고 확인해야 할 사항 등에 대해 연구원의 메모

어떤 다른 형태의 연구도 문화기술지적 연구만큼 의식적이고 의도적으로 고려되는 연구의 실제 수행(그 과정 자체)은 아니다. 현장노트의 성찰적 측면은 제19장에서 언급한 관찰자 영향의 위험성을 통제하기 위한, 그리고 연구가 잘 되려면 지속적인 평가와 판단이 필요하다는 점을 상기시키는 연구자의 시도방법(way of attempting)이다.

---

24) Bogdan, R. C., & Bilken, S. K. (2007). *Qualitative research in education: An introduction to theory and practice* (5th ed., p. 120). Allyn & Bacon.

현장노트의 예: Marge 선생님의 교실[25)]

일자: 1980. 3. 24
Joe McCloud
오전 11:00-오후 12:30까지
Westwood 고등학교
현장노트 6번째 세트

Marge 선생님의 교실에서 4교시 수업

나는 11시 5분 전에 Westwood 고등학교에 도착했는데, 그때 Marge 선생님이 나에게 4교시가 시작되었다고 말했다. 나는 평상시처럼 스포츠 셔츠, 치노 팬츠, 그리고 울리치 파카를 입었다. 4교시는 낮 동안 'Marge의 프로그램'으로 더 잘 알려진 학습도전이 있는 학생들을 위한 특별한 날에 교실에 모인 모든 학생이 모이는 유일한 시간이다. 다른 기간 동안, 프로그램의 어떤 학생들은 기껏해야 두세 명 또는 네 명 정도 그녀의 교실에 와서 그들이 다른 정규 고등학교 수업에서 받고 있는 일을 돕는다.

그것은 봄날의 따뜻하고 40세다운 약속이었다. 학교 앞 큰 주차장 뒤편에는 경찰 순찰차가 세워져 있었는데, 뒤에 대형 흉상용 벤치가 놓여 있었다. 아무도 그 안에 앉아 있지 않았고, 나는 그곳에 있는 이유를 들어 본 적이 없다. 학교 앞 순환도로에는 미군 차량이 주차되어 있었다. 그것은 옆면에 휘장이 있고 카키색이었다. 차에서 걸어 나오자 육군 제복을 입은 대머리 40대 남자가 건물 밖으로 나와 차로 가서 앉았다. 네 명의 소년과 한 명의 소녀도 학교에서 걸어 나왔다. 모두 백인이었다. 그들은 낡은 작업복 바지(dungarees)와 봄 재킷이 달린 색상의 스텐실 티셔츠를 입고 있었다. 네 명의 소년 중 가장 키가 큰 한 소년이 소리쳤다. "꿀꿀, 꿀꿀, 꿀꿀." 이것은 그가 뒤에 있는 경찰차를 발견했을 때 행해졌다.

O.C.: 나는 아이들이 '경찰을 돼지처럼'에 빠져 있다고 생각하지 않았다는 점에서 이상했다. 나는 그것을 1970년대 초의 다른 시기와 연관시켰다. 나는 내 경험으로 고등학교에 대해 가지고 있는 가정들을 해결해야 할 것이다. 때때로 나는 Westwood 고등학교가 내 고등학교와 완전히 다르다고 느끼지만, 이 경찰차 사건은 나의 고등학교를 생각나게 했다.

Marge 선생님의 교실에 들어서자, 그녀는 제가 본 것보다 더 많은 사람과 함께 교실 앞에 서 있었다. 2교시 직후인 그녀의 담임선생님은 그렇지 않다. 그녀는 반 학생들에게 말하는 것 같거나 막 시작하려는 것처럼 보였다. 그녀는 내가 방문했던 다른 때처럼 옷을 입고 있었다. 깨끗하고, 단정하고, 잘 차려입었지만 캐주얼했다. 오늘 그녀는 줄무늬 블레이저와 흰색 블라우스 그리고 어두운 색 슬랙스를 입었다. 그녀는 나를 올려다보며 미소를 지으며 말했다. "아, 지금 저번보다 훨씬 더 많은 사람들이 왔어요."

O.C.: 이것은 학생들이 거의 없는 다른 시기에 내가 방문한 것에 대한 것이다. 그녀는 책임져야 할 학생 수가 그렇게 적은 것에 대해 자의식이 있는 것 같다. 아마도 그녀는 30명 정도의 수업을 하는 정규 선생님들과 자신을 비교한 것 같다.

그 교실에는 20대 후반의 두 여자가 앉아 있었다. 의자가 하나밖에 남아 있지 않았다. Marge 선생님은 나에게 이렇게 말했다. "오늘 본부(central office)에서 두 명의 방문객이 왔습니다. 한 명은 직업상담사, 다른 한 명은 물리치료사입니다."라고 말했지만, 그 말이 맞는지 기억이 나지 않는다. 나는 늦게 들어와 창피했다. 나는 본부에서 온 여자들 중 한 명 옆에 있는, 비어 있는 유일한 의자에 앉았다. 그들은 내가 본 선생님들보다 훨씬 더 잘 차려입은 치마를 입고 주머니를 메고 있었다. 그들은 그곳에 앉아서 관찰했다.

(학습 좌석배치는 다이어그램에 나와 있다.)

---

25) Ibid., pp. 260-270.

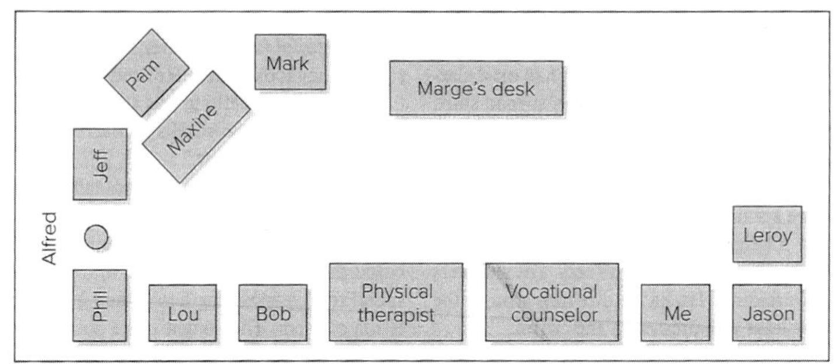

……Marge 선생님은 수업 동안 그녀의 책상 근처를 돌아다녔고, 그녀는 반 학생들에게 "자, 기억하세요, 내일은 Rollway Company로 현장학습입니다. 우리는 모두 8시 30분에 버스를 타고, 정문 앞에 있는 평상시 장소에서 만납니다. Sharp 부인이 Rollway 여행은 특별히 여러분을 위한 것은 아니라고 전해 달래요. 그것은 G.M. 여행 같은 거 아닙니다. 그들은 여러분이 직업을 구할 수 있을 만한 곳으로 데려갔습니다. 여기, 이건 그냥 모든 사람이 가는 일반적인 여행입니다. 여러분이 보게 될 많은 직업은 여러분을 위한 것이 아닙니다. 일부는 공학 학위를 가진 사람들을 위한 것입니다. 두세 시간 정도 걸을 수 있기 때문에 편한 신발을 신는 것이 좋습니다." Maxine과 Mark는 걷기에 항의하며 "오오(Ooh)"라고 말했다.

그녀는 잠시 말을 멈추고 요구가 많은 목소리로 말했다. "좋아요, 질문 있나요? 여러분은 모두 그 자리에 있게 될 것입니다. (잠시 후) 저는 여러분이 종이 한 장을 가지고 공장에서 질문할 것들을 쓸 수 있도록 몇 가지 질문을 적기를 바랍니다." 그녀는 종이를 나누어 주기 시작했고, 이때 내 옆에 앉아있던 Jason이 혐오감을 드러내며 말했다. "우리가 이걸 해야 한다고?" Marge 선생님이 말했다. "이것이 너에게 너무 쉽다는 것을 알아, Jason." 이것은 비꼬는 투로 말했지만 강한 비난처럼은 아니었다.

O.C.: 서로를 잘 아는 두 사람 사이의 빈정거림 같았다. Marge 선생님은 이 아이들 중 많은 아이를 몇 년 동안 알고 지내왔다. 나는 그것이 그녀와의 관계에 어떤 영향을 미치는지 알아보아야 한다.

Marge 선생님은 계속해서 말했다. "좋아요, 여러분이 질문할 문제에는 어떤 것이 있나요?" Jason은 "보험이요."라고 소리쳤고, Marge 선생님은 말했다. "나는 Maxine에게 물어본 것이지, Jason에게 물어본 것이 아닙니다." 이것은 Jason에 대한 분노 없이 사실적으로 말해졌다. Maxine이 말했다. "일하는 시간, 임금이요." 다른 누군가가 소리쳤다. "혜택이요." Marge 선생님은 칠판에 이런 것들을 썼다. 그녀는 Jeff 옆에 앉아있던 Phil에게 다가갔다. 나는 Marge 선생님이 Jeff를 무시한 것 같았다. Armstrong씨는 Phil 바로 옆에 서 있었다. "생각나는 게 있니?"라고 그녀가 말했다. Phil이 말했다. "생각이 안 나요." 그녀는 말했다. "솔직히, Phil, 정신 차려." 그리고 그녀는 백인 소년인 Joe에게 갔다. Joe와 Jeff는 내가 그 프로그램에서 본 유일한 백인 소년이다. 두 소녀는 백인이다. 그는 말했다. "아무것도 생각나지 않아요."

그녀는 Jason에게 다가가서 그에게 다른 것을 생각해 낼 수 있는지 물었다. 그는 말했다. "네, 매년 얼마나 많은 제품을 만드는지 물어보세요." Marge 선생님은 말했다. "그래, 너는 생산에 대해 물어볼 수 있어. Leroy이 어때, 무슨 생각이라도 있니?" 그는 "아니요."라고 말했다. Jason은 큰 소리로 말했지만 소리치지는 않았다. "얼마나 많은 교육을 받아야 그것을 얻을 수 있나요?" Marge 선생님이 그것들을 계속 나열했다.

O.C.: Marge 선생님은 매우 활기찼다. 만약 내가 그녀가 이런 모습을 보지 않았다면, 나는 그녀가 본부에서 온 사람들을 위해 쇼를 하고 있다고 생각할 것이다.

……나는 교실 안을 둘러보며 학생 몇 명의 의상에 주목했다. Maxine은 검은색 티셔츠에 철제 글자가 새겨져 있었다. 그것은 아주 잘 다려졌고 셔츠는 비싸 보였다. 그녀는 레비 청바지와 나이키 조깅 운동화를 신고 있었다. Mark는 키가 약 5피트 9인치나 5피트 10인치이다. 그는 앞쪽에 악어가 달린 긴 소매 셔츠를 입고 있었는데, 매우 멋있었지만, 바지는 주름투성이였고, 낡은 진흙투성이의 검은 농구화를 신고 있었고, 양쪽 끈이 두 군데에 하나씩 부러져 있었다. Pam은 단추가 달린 줄무늬 셔츠 위에 라일락색 벨루어 스웨터를 입고 있었다. 그녀의 머리는 매우 잘 정돈되어 보였고 비싼 미용실에서 머리를 한 것처럼 보였다. Jeff는 휠체어를 타고 그녀 옆에 앉았다. 그는 신발도 신지 않은 채 한쪽 발을 삐끗한 듯 올리고 있었다.

Phil은 흰색 셔츠 위에 베이지색 스웨터를 입고 어두운 바지를 입고 낮은 커트의 농구화를 신고 있었다. 운동화는 빨갛고 더러웠다. 그는 옷깃에 먼지투성이의 띠를 두르고 있었다. 그는 무리 중에서 옷을 가장 제대로 입지 않는다.

Jim은 키가 아마 5피트 9인치나 5피트 10인치일 것이다. 그는 빨간 풀오버를 입고 있었다. Jason은 대학 티셔츠 위에 검정 골프 모자를 쓰고 베이지색 봄 재킷을 입고 있었다. 그는 짙은 색 정장 바지에 V넥이 달린 빨간색 대학 티셔츠를 입고 있었다. 그것은 빨아서 색이 바랬다. Jason의 눈은 눈에 띄게 빨개졌다.

O.C. 애들 중 두 명이 Westwood 고등학교가 패션쇼라고 했다. 나는 유행하는 것이 무엇인지 알아내는 데 어려움을 겪고 있다. Jason이 그러한 표현을 썼다. 내가 보기에 그는 옷을 가장 잘 입는 것 같다.

나는 이것이 왜 시작되었는지 모르지만, Marge 선생님은 학급 아이들의 사회적 배경에 대해 이야기하기 시작했다. 그녀는 말했다. "Pam은 바로 이 근처에 살고 있기 때문에, 그녀는 전문 가정 출신입니다. 다음으로 Maxine, 그건 다릅니다. 그녀는 동쪽에 삽니다. 그녀는 여섯 명의 아이 중 한 명이고 그녀의 아버지는 그렇게 부유하지 않습니다. 사실, 그는 청소부를 담당하며 유지보수를 하고 있습니다. 이제, Jeff, 그는 Dogwood에 살아요. 그는 중산층입니다." 나는 Lou에 대해 물어보았다. 그녀는 말했다. "Pour Lou, 신경 장애에 대해 말해 볼게요. 저 남자애를 어떻게 해야 할지 모르겠어요. 그에게는 2년 전에 졸업한 여동생이 있습니다. 그는 누구보다도 나를 걱정스럽게 합니다. 나는 그가 어떻게 될지 모르겠습니다. 그는 너무 느립니다. 나는 그가 할 수 있는 어떤 일도 모르겠습니다. 그의 아버지가 들어오셨는데 그는 그 아버지를 꼭 닮았습니다. 그에게 뭐라고 말하겠습니까? 그는 무엇을 할 수 있을까요? 그는 무엇을 할까요? 비행기 세차? 저는 직업상담사와 이야기를 나누었습니다. 그녀는 공항에서 비행기를 세차하는 직업이 있다고 말했습니다. 제 말은, 그가 어떻게 비행기를 세차할 수 있을까요? 격납고를 쓸어버리는 건 어때요? 어쩌면 그는 그렇게 할 수 있습니다. 어머니는 별종입니다. 그의 어머니는 Lou가 그녀의 벌이라고 생각합니다. 당신은 그러한 태도를 상상할 수 있나요? 저는 그녀가 Lou를 가질 자격이 있다고 생각하면 어떻게 했을까 궁금해요."

"이제 Luca Meta입니다. 그는 줄곧 상류층입니다. Leroy는 가난한 편입니다. 저는 얼마나 많은 아이를 가졌는지 모르지만, 많습니다. 그의 어머니는 방금 신장 적출 수술을 받았습니다. 모든 사람이 그가 가석방 중이라는 것을 압니다. 사실, 그들은 학교에서 도둑질이 있을 때마다 그를 쳐다봅니다. 그는 체육관에 가곤 했는데 갈 때마다 뭔가 도둑맞았습니다. 이제 그들은 그를 더 이상 체육관에 가지 못하게 합니다. 그의 가석방 담당관은 쓰러져 있었습니다. 그는 내년에 여기 오지 않을 것입니다."라고 말했다.

그녀가 말했다. "그런데, 제가 이야기를 하고 있는데, 아마 여러분은 우리에게 필요한 것이 여기 역량기반 프로그램이라는 것을 우연히 들으셨을 것입니다. 저는 그들이 그것을 수강했다면 역량기반 프로그램을 이미 끝마쳤을 것입니다. 아이들을 4년 동안 여기 앉아 있게 하는 것은 어리석은 짓입니다. 그들은 일을 하러 나가야 합니다. 만약 그들이 졸업하지 않는다면, 그들이 가져야 할 것은 우리가 수표를 쓸 때 했던 것과 같은 생활 기술입니다. 사람들은 그들이 그렇게 할 수 있도록 가르치지 않을 것입니다. 일단 그들이 스스로 그것을 만들 충분한 기술, 생활 기술을 갖게 되면 밖으로 나가야 합니다. 이것은 의미가 없습니다."

우리는 교실을 나갔다. Alfred와 Marge 선생님은 나와 함께 빈 복도를 걸어 올라갔다. 나는 그녀에게 아이들이 이 교실에 있는 것에 대해 어떻게 느끼는지 물었다. 그녀는 "글쎄요, 다양해요. 그것은 Pam을 정말 괴롭힙니다. 역사에 낙제해서 여름학교에 가야 하는 것처럼요. 그녀가 실패했던 이유는 그녀가 이 프로그램에 참여했다는 것을 그들에게 말하지 않았기 때문에 그녀는 다른 도움을 받지 못했고, 그런 후 그녀는 실패했기 때문입니다." Marge 선생님은 나를 문까지 바래다 주었다. Alfred는 교무실에 들렀다.

문으로 가는 길에 그녀는 말했다. "제가 말했던 그 소년 기억나요? 누가 거기 있을지에 대해서 말입니다. 치과의사의 아들 Swenson일까요? 음, 그에 대한 이야기를 들어왔어요. 저는 그가 정말로 E.M.H.이고 매우 활동적인 아이라는 것을 알게 되었습니다. 저는 정말 그 애 때문에 바빠질 것입다. 내년에 이 프로그램에 20명이 참가한다면 정말 다른 보조원이 필요할 것 같습니다." 나는 작별 인사를 하고 내 차로 걸어갔다.

 문화기술지적 연구에서 자료분석

분석은 문화기술지적 연구의 가장 흥미로운 측면 중 하나이다. 그것은 연구자가 연구할 문제를 선택하는 첫 순간부터 시작하여 최종 보고서가 작성될 때까지 계속된다. 내용분석(제20장 참고)을 포함한 많은 기법이 문화기술지적 자료 분석에 관여한다. 더 중요한 것 중 일부는 삼각검증, 패턴 검색, 핵심사태 확인, 시각적 표현 준비, 통계치 사용 및 구체화를 포함한다. 다음은 각각에 대한 간략한 기술이다.

삼각검증

삼각검증(triangulation)은 문화기술지적 연구의 기본이다. 본질적으로, 그것은 문화기술지학자의 관찰의 타당도를 확립한다. 그것은 한 사람의 정보 출처를 비교함으로써 듣고 보는 것을 점검하는 것을 포함한다. 그들은 동의하는가? 여기 한 가지 예가 있다. 연구자는 자신이 '좋은(good)' 학생이라는 학생의 구두진술과 성적에 대한 서면 기록, 이와 관련된 교사의 코멘트, 그리고 아마도 그의 동료 학생들의 몇 가지 비청탁적인 발언을 비교할 수 있다. 삼각검증은 여기에서 학생의 자기사정을 검증할 수(또는 그렇지 않을 수) 있다.

삼각검증은 어떤 연구대상, 어떤 환경에서도, 어떤 수준에서도 작동할 수 있다([그림 21-1] 참고). 그것은 수집된 자료의 질과 연구자의 해석의 정확성을 향상시킨다. 그것은 심지어 비공식적인 대화에서도 자연스럽게 발생할 수 있다. 다음의 예를 고려해 보자.

[그림 21-1] 삼각검증과 정치학

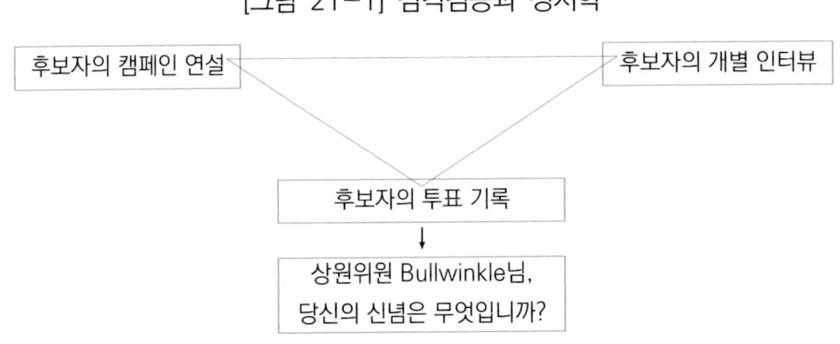

미국에서 가장 큰 지역 중 하나를 관리하고 있는 한 저명한 교육감이 왜 학교 규모가 교육에 아무런 차이가 없는지에 대한 설명을 막 끝낸 참이었다. 그는 자신이 특별히 자랑스러워하는 1,500명 규모의 학교 하나와 5,000명 규모의 학교 하나를 자신의 지역에 두고 있었으며, 학교 규모도 학교 정신, 교육과정, 자신의 운영 능력에 영향을 미치지 않았다고 말했다. 그는 또 내년에 소규모 학교 3곳 또는 소규모 학교 1곳과 대규모 학교 1곳 등 2, 3곳의 새로운 학교를 지어야 한다고 설명했다. 동료가 끼어들어 어느 쪽이 더 좋은지 물었다. "물론 소규모 학교들이죠. 관리하기 훨씬 쉽거든요."라고 교육감이 대답했다. 그는 한 마디로 자신을 배신했다. 행정적인 정당 노선은 그 크기에 아무런 차이도 없지만–아무리 대규모 단위든 소규모 단위든 관리는 관리이다.–이 교육감이 무심코 던진 질문에는 전혀 다른 사견을 드러내었다.[26]

패턴

문화기술지적 연구를 하는 사람은 사람들이 생각하고 행동하는 방식에서 **패턴**(patterns)을 찾는다. 그는 사람들이 말하고 하는 일의 일관성을 드러낼 때 문화기술지적 신뢰도를 점검하는 수단을 제공한다. 전형적으로, 연구자는 많은 양의 구별되지 않은 정보에서 시작하고 자신이 수집한 것을 비교·대조함으로써 구별 가능한 일련의 생각이나 행동패턴이 나타날 때까지 해당 정보를 분류한다. 그 후, 그는

26) Fetterman, D. M. (1989). *Ethnography: Step by step* (2nd ed., pp. 104–105). Sage.

새로운 관찰이 이전에 보고 들은 것과 일치하는지를 보기 위해 좀 더 관찰하고 듣는다. 이것은 연구자가 자신이 기술하고 있는 것이 관찰된 것과 일치한다고 만족할 때까지 더 많은 변화와 분류를 필요로 한다.

핵심사태

핵심사태(key events)는 모든 사회 집단에서 발생하며 문화기술지연구자가 전체 문화를 기술하고 분석하는 데 사용할 수 있는 자료를 제공한다. 그것은 엄청난 양의 정보를 전달한다. 그것은 '문화를 볼 수 있는 렌즈'[27]를 제공한다. 예로는 초등학교의 컴퓨터 도입, 고등학교 농구 경기 중 두 여학생의 주먹다짐, 응급상황에 대한 회복실 간호사들의 대응, 붐비는 아파트에서 화재, 사회과 교실에서의 새로운 교수방법 도입, 또는 연구년 휴가로부터 인기 있는 교수의 복귀가 포함된다. 이러한 사태는 연구자가 자신이 연구하고 있는 집단을 이해하는 데 도움이 될 뿐만 아니라 다른 사람들에게 집단의 문화를 설명하는 데도 도움이 되기 때문에 분석에 특히 유용하다.

시각적 표현

여기에는 **지도**(maps)(예: 교실 또는 학교의), **순서도**(flowcharts)(예: 교실 토론 중 누구에게 무엇을 말하는지), **조직도**(organizational charts)(예: 학교도서관의 구성방식), **소시오그램**(sociograms)(예: 학생들이 교실 연구팀의 일원으로 참여하도록 가장 많은 초대를 받는 경우), **행렬**(matrices)(예: 음악, 무용, 연극, 회화와 같은 대학의 창작 예술 학부에 존재하는 다양한 범주를 비교하고 상호 참조하기 위한 차트)과 같은 것이 포함된다. 시각적 표현을 준비하는 바로 그 과정은 종종 연구자가 영역, 시스템, 위치 또는 심지어 상호작용에 대한 이해를 확고히 하는 데 도움을 줄 수 있다. 시각적 표현은 문화기술지적 연구에서 매우 유용한 도구이다.

통계값

비록 여러분이 기대하지 않을 수도 있지만, 문화기술지학자는 종종 그의 일에 통계값을 사용한다. 그러나 그는 일반적으로 모수검정보다 카이자승검정과 같은 비모수적 기법(제11장 참고)을 더 자주 사용한다. 그는 일반적으로 점수보다는 빈도를 보고할 가능성이 높다. 그러나 그는 표본이 클 경우 모수 통계값을 사용한다.

그럼에도 불구하고, 문화기술지적 연구에서 통계값의 사용은 많은 문제를 야기한다. 많은 추론검정에서 요구하는 가정(예: 표본이 무선)을 충족시키는 것은 종종 사실상 불가능하다. 일반적으로 문화기술지적 연구는 작은 표본과 의도적 표본을 사용한다. 반면에, 기술통계량(평균과 중앙값)은 때때로 행동이나 사건의 빈도를 요약하는 데 사용될 수 있으며, 문화기술지적 보고서에서 점점 더 많이 발견된다.

구체화

문화기술지학자는 연구를 통해 다양한 단계에서 그의 생각을 정리하려고 노력한다. 때로는 이것이 정보의 요약만을 낳기도 하지만, 때로는 진정한 통찰력을 낳기도 한다. "모든 연구는 모든 것이 제자리에 놓이는 고전적인 순간을 가지고 있다. 수개월 동안 생각하고 문화에 몰입한 후, 특별한 구인이 구체

---

27) Ibid., p. 106.

화된다. 모든 하위 주제, 작은 실험, 삼각검증된 노력의 층, 핵심사태, 그리고 행동패턴은 무슨 일이 일어나고 있는지에 대한 일관되고 종종 설득력 있는 그림을 형성한다."[28] 이러한 일이 일어날 때만큼 문화기술지학자에게 흥미로운 것은 없다.

문화기술지적 자료의 분석에 대해 알아야 할 중요한 것은 구체화(crystallization)가 일어나는 단일 단계나 시간이 없다는 것이다. 다중분석과 다중형식이 필수적이다. 종종 그것은 순환적이다. 자료가 수집되고, 숙고되며, 더 많은 자료가 수집되고, 패턴이 검색되며, 더 많은 자료가 수집되고, 새로운 패턴이 검색되며, 행렬과 그런 다음 더 많은 행렬이 개발되고 계속된다. 문화기술지의 자료분석은 처음부터 끝까지 계속된다.

Roger Harker와 그의 5학년 교실

다음으로, 문화기술지적 연구의 한 예를 살펴보자. 다음은 연구자가 5학년 교실에 대한 문화기술지적 연구에 대하여 짧게 기술한 것이다.

> 나[연구자]는 Roger Harker와 6개월 동안 심도 있게 연구했다. 나는 그의 교실에 대한 문화기술지, 그리고 그와 그의 학생들 간의 상호작용을 조사했다. 이 젊은이는 초등학교에서 3년 동안 가르쳤다. 그는 "제 직업적 능력을 향상시키기 위해 그 연구에 자원했습니다."라고 말했다.
>
> 내가 수집한 자료는 다음과 같은 범주로 분류되었다. ① 교사에 대한 개인, 자서전 및 심리 자료, ② 교장선생님과 교육감 사무실의 다른 상부에 의한 그에 대한 평가, ③ 동일한 사항에 대한 자신의 평가, ④ 자녀와의 상호작용을 강조하며, 그의 교실에 대한 관찰, ⑤ 각 아동과의 인터뷰와 공식적 · 비공식적으로 많은 다른 차원에 대한 교사의 평가 도출, ⑥ 동급생들과의 인기 추정, 학업 수행과 역량, 개인 적응, 가정 배경 및 그에 대한 호감을 포함하여, 교실에 있는 각 아동에 대한 교사의 평가와 추정, ⑦ 아동으로부터의 서로에 대한 사회성측정 자료, ⑧ 교사에 관한 등급을 제공한 각 개인(교육감, 교장, 감독관, 아동)과의 인터뷰이다.
>
> 나도 가능한 한 학교생활에 참여했고, 내가 할 수 있는 한 교사와 동행했으며, 가능한 한 교실에 '융화'했다. 나는 항상 거기에 있었지만 아무런 권한도 없었고, 아무것도 없다고 생각했다. 나는 아동들과 친구가 되었다.
>
> 이 교사는 윗사람들로부터 가장 유망한 분으로 여겨졌다. "명백하고 잘 짜여져 있다", "아동의 요구에 민감하다", "공평하고 모든 아동에게 공정하다", "자신의 교과목 영역을 잘 알고 있다". 나는 평정척도나 인터뷰에서는 어떤 비판이나 부정적인 평가도 이끌어 낼 수 없었다. 변화에 대한 제안은 거의 없었다. 그리고 이것들은 모두 교과내용과 교육과정의 영역에 속했다.
>
> Roger Harker는 자기 자신을 "저의 모든 학생에게 공정하고 공평하며", "공정한 결정"을 내리고, "어떠한 총애도 없이 행동하는" 사람으로 기술했다. 이것은 그가 가지고 있는 특별한 자부심이었다.
>
> 그의 교실은 중상류층, 중하류층과 같은 광범위한 사회계층의 아동으로 구성되었고, 아동은 멕시코계 미국인, 영국계 유럽인, 일본계 미국인을 대표했다. 나는 특히 이 다양한 집단의 교사와 아동의 관계에 주의를 기울였다.
>
> 한 가지 세부사항을 자세히 설명할 수 있지만, 몇 가지 문항만 있으면 충분하다. 왜냐하면 그것들은 모두 같은 방향을 가리키고, 그 방향은 그의 자신의 행동에 대한 인식과 그의 상관들의 인식 모두에 도전적이다. 그는 개인적 · 학문적 요소들, 그 자신과 같은 대부분의 아동[영국계, 중상위층 사회계층, 그리고 그와 마찬가지로 야심적인(성취지향적인)]을 포함하여 모든 면에서 가장 높은 순위를 차지했다. 그는 또한 이 아동이 또래에게 가장 인기가 있었고 학급의 리더였다고 추정했다. 거짓말이나 메모에 의지하지 않고 도출된 각각의 아동에 대한 그의 지식은 같은 방식으로 배포되었다. 그는 자신과 같은 문화적으로 자신과 같은(학업성적뿐만 아니라 가정 배경과 관련된 문항들) 아동에 대해 상당히 더 많이 알고 있었고, 문화적으로 가장 다른 아동에 대해서는 가장 적게 알고 있었다.
>
> 아동은 그 상황에 대해 상당히 다른 견해를 가지고 있었다. 몇몇 아동은 그가 항상 "공정하고 공평하지 않고", "특별히

28) Ibid., p. 112.

총애하는 아동이 있으며", 그들의 문제를 쉽게 처리하려고 하지 않는 것으로 기술했다. 어떤 아동이 다른 특정 아동과 시간을 보내고 싶어하는지 또는 그들과 함께 일하고, 그들 가까이에 앉고, 파티나 쇼에 초대하고 싶은지 보여 주는 교실의 사회성측정 '지도'에서, 가장 인기 있는 아동은 교사가 가장 높게 평가한 아동이 아니었다. 그리고 그의 부정적인 평가는 마찬가지로 부정확한 것으로 판명되었다. 고립되거나 사회적으로 잘 적응하지 못한 것으로 평가되는 아동은 대부분 비영국계 계층이거나 비중산 계층이었으며, 아이들의 관점에서 볼 때 "매력적인 스타"로 드러나지 않는 경우가 더 많았다.

그의 교실행동에 대한 관찰은 다른 수단으로 수집된 자료를 뒷받침해 주었다. 그는 가장 자주 문화적으로 자신과 같은 아동을 부르고, 만지고, 돕고, 직접 쳐다보았다. 그는 다른 아동에게 결코 비열하거나 잔인하지 않았다. 그것은 마치 그들이 거기에 없는 것 같았다. 그는 다른 아동보다 영국계-유럽 민족과 중상류 사회계층 배경의 아동과의 상호작용이 더 빈번했고, 상호작용의 질도 같은 방식으로 차별화되는 것으로 보였다.

이 교사는 최선의 의도를 가지고, 사회 시스템 내에서 이미 만들어진 부정적인 가설과 예측들(긍정적인 가설들뿐만 아니라)을 확인하고 있었다. 그는 영국의 중산층 아동에게 그들이 능력이 있고, 밝은 미래를 가지고 있으며, 사회적으로 받아들일 수 있고, 많은 고생을 할 가치가 있다고 알려 주고 있었다. 그는 또한 비영국계의 아동에게 그들이 덜 능력 있고, 사회적으로 덜 받아들여지며, 덜 고통 받을 가치가 있다고 알려 주고 있었다. 그는 그 자신이 선언했던 교육목적을 때려 부수고 있었다.

이 젊은 교사는 자신이 차별하고 있다는 것을 몰랐다. 그는 "모든 아동에게 공정하고 공평하다"는 것을 포함하여, 모든 면에서 그의 상사들로부터 매우 긍정적인 평가를 받았다. 분명히 그들은 그와 마찬가지로 차별에 대한 차별이었다. 학교시스템은 그를 의심하거나 비난하지 않고 그와 그의 교실행동을 지지했다. 그리고 지역사회의 지배적인 사회구조가 학교를 지지했다.[29]

이 기술에 대한 몇 가지 사항에 주목하라.

- 연구는 자연주의적인 환경, 즉 Roger Harker의 교실과 학교에서 행해졌다.
- 연구자는 어떤 식으로든 그 상황을 조작하려고 하지 않았다.
- 방법이나 처치방법에 대한 비교(실험적 또는 인과-비교적 연구에서 흔히 있는 경우처럼)는 없었다.
- 연구는 오직 하나의 교실만을 포함했다.
- 연구자는 '가능한 한 학교생활에' 참여하는 참여관찰자였다.
- 연구자는 자신의 자료를 수집하기 위해 몇 가지 다른 종류의 도구를 사용했다.
- 연구자는 교사의 5학년 교실에 대한 총체적인 기술(holistic description)을 제시하려고 했다.
- 연구는 다른 연구방법론을 사용하는 연구자들이 놓쳤을 많은 것을 밝혀냈다.
- 연구자의 연구결과를 다른 환경이나 상황으로 일반화하려는 시도는 없었다. 다시 말해서, 유사한 연구결과가 비교 가능한 연구에서 입증되지 않는 한 연구의 '외적 타당도'는 매우 제한적이었다. 이 경우, 소견의 전달 가능성(이론적 일반화가능성)은 가능할 수 있다.
- 불행히도, 자료의 타당도나 연구자의 해석(다른 연구자가 동일한 교실을 독립적으로 관찰하지 않은 경우)을 확인할 수 있는 방법은 없다.

문화기술지적 연구의 장단점

문화기술지적 연구는 많은 독특한 장점과 몇 가지 단점을 가지고 있다. 핵심 장점은 다른 형태의 교육연구보다 연구자에게 훨씬 더 포괄적인 관점을 제공한다는 것이다. 자연적인 환경에서 개인의 실제 행

29) Spindler, G. (1982). *Doing the ethnography of schooling: Educational anthropology in action.* Holt, Rinehart and Winston.

동을 관찰함으로써, 사람들은 그러한 행동에 대해 훨씬 더 깊고 풍부한 이해를 얻을 수 있다. 문화기술지적 연구는 또한 쉽게 양화되지 않는 연구 주제에도 잘 어울린다. 교사와 학생의 사고(thoughts), 생각, 그리고 다른 연구방법론을 사용하는 연구자는 피할 수 있는 다른 미묘한 행동은 종종 문화기술지 연구자에 의해 감지될 수 있다.

더 나아가, 문화기술지적 연구는 특히 그들의 자연적인 환경 안에서 그것을 관찰함으로써 가장 잘 이해되는 행동에 적합하다. 다른 유형의 연구는 다소 인위적인 환경에서 태도와 행동을 측정할 수 있지만, 그것은 종종 자연주의적 환경에 잘 적응하지 못한다. 예를 들어, 교수회의의 '역학' 또는 교실에서 학생과 교사 간의 '상호작용'은 아마도 문화기술지적 조사를 통해 가장 잘 연구될 수 있을 것이다. 마지막으로, 문화기술지적 연구는 시간이 지남에 따라 집단의 행동을 연구하는 데 특히 적합하다. 따라서 1년 동안 도시 내 학교의 '생활'을 가능한 한 완전히 이해하기 위해서는 문화기술지적 접근방법이 연구자가 사용하는 가장 적절한 방법론일 수 있다.

그러나 모든 연구와 마찬가지로, 문화기술지적 연구에도 한계점이 없는 것은 아니다. 그것은 특정 연구자의 관찰과 해석에 따라 크게 좌우되며, 수치적 자료가 거의 제공되지 않기 때문에 일반적으로 연구자의 결론의 타당도를 검증할 방법이 없다. 결과적으로, 관찰자 편견을 제거하는 것은 거의 불가능하다. 그것은 일반적으로 단일 상황(예: 한 교실 또는 한 학교)만 관찰되기 때문에, 일반화는 다른 연구자가 다른 환경이나 상황에서 연구를 복원할 수 있는 경우를 제외하고는 거의 존재하지 않는다. 연구자는 일반적으로 확인하거나 기각할 특정 가설 없이 관측을 시작하기 때문에, 용어가 정의되지 않을 수 있으며, 따라서 조사 중인 특정 변수나 관계가 불명확하게 유지될 수 있다.

이 방법에 수반되는 불가피한 모호성 때문에, 다른 사람에 의한 사전 계획 및 검토는 양적 연구보다 훨씬 덜 유용하다. 어떤 연구도 계획대로 정확하게 수행되지 않는 것은 사실이지만, 잠재적 함정은 다른 연구방법론에서 더 쉽게 확인되고 수정된다. 이러한 이유로, 이 책의 저자들은 문화기술지적 연구가 잘 수행되기 어려운 유형의 연구라고 믿는다. 따라서 이 방법을 사용하는 초보 연구자는 면밀한 지도를 받아야 한다.

문화기술지적 연구의 예

이 장의 나머지 부분에서는 문화기술지적 연구의 출판된 예를 제시하고, 그 강점과 약점에 대한 비평을 제시한다. 이 책의 저자들은 다른 장에서 분석한 다양한 유형의 연구에 대한 비평에서 그랬던 것처럼, 분석에서 이 책의 앞부분에 소개된 개념을 사용한다.

연구분석

목적/정당성/선행연구

연구목적은 두 곳에서 암시되어 있다. 학교 1학년 동안 어린 아동의 경험을 조사하기 위해(to investigate young children's experiences during their first year of school, 초록), 그리고 아동 정보의 가치

에 대한 기존 견해에 도전하기 위해(to challenge existing views as to the value of children's information, 도입)이다. 정당성은 다음의 네 절에 걸쳐 발견된다(592쪽 참고). 이 책의 저자들은 연구, 이론, 의견을 일관되게 구분하지 못했음에도 불구하고, 그것이 설득력이 있다고 생각한다. 윤리적 문제는 부모의 동의와 절차에 대한 의식적인 관심을 통해 잘 다루어졌다.

연구보고서(Research Report)

'Belonging means you can go in': Children's perspectives and experiences of membership of Kindergarten

Sarah Heinrich Joerdens
Australian Catholic University

STARTING FORMAL SCHOOLING IS a significant transition for young children and their families, a process rather than a one-off event. A sense of belonging or membership is identified by key national documents in early learning as critical to young children's wellbeing and as an essential aspect of quality care and education (DEEWR, 2009, 2010). This paper provides an overview of a partial ethnography conducted over one year with children in their first year of formal school (known as Kindergarten in the site under study). The study investigated young children's experiences and perspectives during their first year of school. The results of the study indicate they begin school and their membership emerges as they participate in this CoP. Data from the study documents and celebrates young children's competencies in negotiating and participating in their Kindergarten CoP and becoming members of the school.

INTRODUCTION

Starting school is a major life transition for young children. Research suggests that what happens in the first year of school can have a significant impact on children's identities and disposition towards being at school and impacts upon educational and social outcomes (ETC Research Group, 2011). However, research on starting school has traditionally focused on the views of adults, particularly school teachers and parents, with children's perspectives regarding starting school only recently deliberately considered, explored and documented (MacDonald, 2009). A number of international studies have focused on children's perspectives of starting school such as Brooker (2002, United Kingdom); Brostrom (2000, Sweden); Corsaro and Molinari (2000, United States and Italy); Einarsdottir (2010, Iceland); Dockett and Perry (2005, Australia) and Peters (2003, New Zealand). The results of researching children's perspectives suggest that children hold different perspectives to those of their parents and teachers (Dockett & Perry, 2005; Mirkhil, 2010). It is, therefore, vital that research investigating the experience of the first year at school continues to explore ways in which children's perspectives can be included in research approaches and emerging theoretical perspectives in relation to this significant educational milestone (MacDonald, 2009).

This paper provides an overview of a partial ethnographic study that investigated the perspectives of Kindergarten (first year of formal schooling in New South Wales, Australia) children in relation to their transition to school and their experiences during their first year at school. The paper includes a brief overview of relevant literature and theoretical frameworks, description of the methods used, data analysis process, and importantly children's perspectives in examples of data. Based on the data collected during a year-long immersion in a Kindergarten classroom, the results of the study suggest that starting school can be seen as a process of entering and establishing membership in a community of practice (CoP).

CHILDREN AS CO-RESEARCHERS

Historically, scholars and researchers in the field of education research have not sought children's perspectives. Educational researchers have given a range of reasons for this, including children being regarded as impressionable and therefore unreliable, immature or incompetent to inform research (Cohen, Manion & Morrison, 2000) and incomplete humans or 'deficient adults' (Greene & Hogan, 2005, p. 3). The study outlined in this paper challenges these views and responds to the call within contemporary research to include and highlight children's voices, perspectives, participation and lived experience in research and to ensure that appropriate methodologies are used to achieve this (Birbeck & Drummond, 2007; Clark, 2005; Dockett, Einarsdottir & Perry, 2009; Einarsdottir, 2007; James, 2007).

Current attention to children's voices has prompted researchers to identify ways to involve children as informed participants and co-researchers in the research process, in order to empower children and allow their agendas to shape the research (Christensen, 2004; Danby & Farrell, 2004; Dockett et al., 2009; Hunleth, 2011). Major contributing factors to this movement are the paradigms associated with the new sociology of childhood (Corsaro, 1997; Prout & James, 1997; Ovortrup, 1994). the Convention on the rights of the child (UN, 1989) and the Child Rights Movement (Danby & Farrell, 2004; Einarsdottir, 2007). Within these paradigms, children are first viewed as competent participants who influence and are influenced by their social contexts, and who have the right to be viewed as active agents (Prout & James, 1997).

Current developments in early childhood care and education in Australia reflect these directions. For example, the national *Early Years Learning Framework* (EYLF) *Belonging, Being and Becoming* (DEEWR, 2009) argues that children should be viewed as 'active participants and decision-makers' (p. 9). This requires educators to have high expectations of young children beyond a developmental paradigm and 'respond to children's expertise' (p. 14). *The educators' guide for the Early Years Learning Framework* (DEEWR, 2010) states that:

The principles and practices of the framework are founded on beliefs that: Children are capable and competent, children actively construct their own learning, learning is dynamic, complex and holistic and children have agency. They have the capacities and rights to initiate and lead learning and be active participants and decision makers in matters affecting them (p. 14).

In a similar vein, the Australian *National Quality Framework* assesses the quality of education and care guided by key principles including 'Children are successful, competent and capable learners' (ACECOA, 2011, p. 7). These national documents emphasise the importance of children learning in community and foster a sense of belonging and connectedness, while valuing children as active members of their communities. These notions of belonging ind being within a community of learners provide a foundation that supports children to realise their potential.

COMMUNITIES OF PRACTICE

The CoP Framework designed by Wenger (1998) is a social theory of learning. CoP has been defined by Wenger (1998) as groups of people who are involved in 'collective learning that results in practices that reflect both the pursuit of our enterprises and the attendant social relations' (p. 45). Wenger further posits that these practices become the 'property of a kind of community created over time by sustained pursuit of shared enterprise' (p. 45). This view aligns closely with the directions of the EYLF and Wenger's CoP also refers specifically to the EYLF's notions of being, becoming and active participation.

Wenger (1998) states that we are 'social beings'. He argues that our 'knowledge' is a matter of competence with respect to 'valued enterprises'; our 'knowing' is a matter of participating in the pursuit of such enterprises; and 'meaning' represents our ability to experience the world in 'meaningful engagement'. Therefore, learning is about belonging through community or social configurations, becoming through identity as learning changes who we are in the context of communities, and being or experiencing through "eaning"' (p. 5). Wenger (1998) suggests that 'experiencing' refers to the changing ability to experience life meaningfully and 'doing' through practice that involves shared historical and social resources, frameworks, and perspectives that can sustain 'mutual engagement' in action.

This social theory of learning places learning 'in the context of our lived experience of participation in the world' (Wenger, 1998, p. 3) and incorporates theories of social structure, identity, practice and situated experience. It has particular relevance for the child's experience of Kindergarten that is the context for this study. While historically the focus of starting school research has been on academic outcomes (Meisels, 1999), more recent research with young children starting school has consistently found that relationships and friends are the most important concerns reported by Kindergarten children (Brooker, 2002; Dockett & Perry, 2005; Einarsdottir, 2010; Peters, 2003).

According to Wenger (1998), issues of identity cannot be separated from issues of practice, community and meaning. As people negotiate their social communities, their experiences give rise to new meanings, which contribute to their identities. Wenger (1998) identifies six aspects of practice: meaning; community; learning; boundary; locality; and knowing in practice. This is consistent with the work of Davis and Edwards (2004) who stress the importance of 'undertaking theoretical work in relation to children and young people's participation, of asking how, as well as why, things are as they are' (p. 99).

As a construct, CoP has been explored in diverse contexts and situations. Researchers from a range of disciplines have used the Framework to discuss a group of people, how this group engages in learning together through the use of common tools and artefacts, and how the group maintains and extends itself through mutual engagement. Given the importance of the transition to school experience on young emerging children's identities, applying this approach to children's experience of Kindergarten is both innovative and challenging.

TRANSITION TO SCHOOL

The significance of children's transition to school has been increasingly explored over the past 20 years. It is now well recognised and documented in the literature as important to children's positive attitudes towards learning and future school success (Dockett & Perry, 2005; Mirkhil, 2010; Peters, 2010). According to the ETC Research Group (2011, p . 1). 'Children who have a positive start to school are likely to regard school as an important place and to have positive expectations of their ability to learn and succeed at school' and this reinforces a 'sense of belonging and engagement' at school. Woods, Boyle and Hubbard (1999) asserted that starting school is 'one of the great status passages of life, having profound repercussions for identity' (p. 117) and emphasised the importance of membership in classroom and school communities during transition to school. The ETC Research Group (2011) concurs and asserts that 'the transition to school provides opportunities for children to become citizens within school communities and to experience the rights and responsibilities associated with this' (p. 2).

By using Wenger's (1998) CoP Framework as an approach to group membership and identity to explore the nature of the Kindergarten experience, it is possible to identify commonalities and to posit that Kindergarten itself operates as a CoP. As such, children entering school also enter a CoP as the place in which they learn and develop their identities. Wenger (1998) argues that effective CoPs give members a sense of competence through participation. Therefore, it was hypothesised that observing and documenting how these CoPs evolve and are negotiated could greatly enhance our understanding of children's early experience of school. This hypothesis informed the key research question for this study which was: How do children's perspectives of themselves as members of their classroom and school CoP evolve during their Kindergarten year? The research involved finding out from children themselves what it feels like to be a member of their Kindergarten classroom and what it means to be a member of a school community.

METHODS

Siraj-Biatchford and Siraj-Biatchford (2001) assert that in order to honour the complexities and richness of children's experiences and ownership there is a need for 'more ethnographic research, which can paint in the fine-grained reality of educational processes within early childhood settings' (p. 194). Similarly, Corsaro and Molinari (2000) state that in order to investigate collective processes (which CoP is), and evolving memberships of children, an ethnographic approach is essential. The refore in the context of the current study it was determined that an ethnographic approach implemented over an extended period would facilitate relationships of trust and familiarity which other researchers with children have identified as essential in order to gain insight into children's perspectives (Corsaro & Molinari, 2008; Dockett & Perry, 2005).

The method used for the study was a partial ethnography (Siraj–Biatchford & Siraj–Biatchford, 2001) where one group out of a number of groups of voices was reported. The study was conducted in a small Catholic school in Western Sydney for three days per week over one year involving a total of 480 hours of data collection. During this time the researcher assumed the role of a participant observer through helping children in the classroom joining children in the playground during break times, and essentially being an interested and non–authoritative adult (Corsaro & Molinari, 2008). This extended period of immersion enabled the researcher to develop relationships of trust and solidarity with the children and develop her own membership within the classroom CoP.

Researching with young children requires particular ethical considerations (Hunleth, 2011). Seeking informed consent from the child participants is one key issue in researching with children, which must be considered (Gallagher, 2009). Therefore the consent process included a specific informed consent for the children themselves as well as their teacher, the school principal and parents. The informed consent process for children was supported by information delivered to the children in language that was both accessible and inclusive of all children in the class. Other considerations in the context of the present study and in terms of researching with children included sensitivity to children's changing moods and interest levels, respecting and accommodating peer preferences when pairs were sought, and endeavouring to minimise the physical impact of an additional adult in children's play and learning spaces.

Consideration also needed to be given to the dyn mic nature of school and classroom agendas. Willingness to be flexible and adaptable was .essential to ensure that the learning and teaching priorities of the classroom were always maintained. A further ethical consideration that emerged during the study was in terms of inappropriate behaviour such as bullying. For example, when incidents of bullying were observed there was a need to balance respect for children's privacy and capacity to resolve conflict and the duty of care to ensure that all children felt safe and valued at school.

Sample

The sample consisted of a class of 23 Kindergarten children in (12 females and 11 males) representing a range of cultural backgrounds, including Aboriginal and Torres Strait Islanders (6). Singaporean (1). Spanish (1) and Anglo–Celtic (15). Children's voices reported in this paper have been given pseudonyms to protect their privacy.

Data Collection

Researchers at the forefront of research concerning children's voices, perspectives, experiences and participation advise that a range of data collection methods should be used in order to respect and reflect the diverse ways young children communicate and share their views and experiences (Clark, 2005; Dockett et al., 2009; Fargas–Malet, Mcsherry, Larkin & Robinson, 2010; Greene & Hogan, 2005). To gain the most comprehensive record of the experiences of Kindergarten children, a combination of data collection methods was used in this study.

Throughout the duration of the study, data was collected through daily observations and photographs of children engaged in class and playground activities and interactions, as well as their participation in routines and transitions between activities. The focus of this daily data gathering was the social milieu of interactions and exchanges that occurred between the children.

In addition to the daily data collection, informal child consultations and small group semi–structured interviews (which also involved opportunities for drawing) were also conducted. During these times the researcher engaged children in informal small group conversation to clarify observations, interpretations and meanings. This process involved open–ended questions and facilitated children's participation in the research process.

As discussed in detail in Heinrich (in review), the data collection methods evolved over the year as relationships with children were strengthened and trust was more firmly established. For example, video diaries which involved children independently video recording their thoughts were introduced in Terms 2 and 4; in consultation with children, role–play scenarios were introduced. The role–plays gave the children the opportunity to express multiple points of view about school such as the views of parents and teachers.

In addition to the range of data types and mixed methods, the early establishment of rapport with all involved, particularly the children, was advantageous to the research process. The substantial time spent in their classroom and the school environment enabled relationships of trust and authenticity to develop which contributed to the researcher's understanding and knowledge of the children's experiences. Such practices are consistent with practices recommended for researching with children (Clark, 2005; Corsaro & Molinari, 2008; Dockett et al., 2009). The children were participants in the research, sharing their views and assisting the researcher's reflexive analysis, thus providing a system of member checks regarding the validity of the data and data analysis.

Data Analysis

The data was analysed using QSR International's NVivo 2 software and recurrent themes identified were then coded and systematically organised into these themes. The data analysis confirmed each aspect of Wenger's complex model. However, it was also apparent that each aspect of the model generated themes which were specific to the situation under study. In order to make it more workable and salient to the Kindergarten children's experiences of CoP, Wenger's CoP Framework was modified.

The revised model–entitled 'A perpetually reflexive model' which is visually represented in Figure 1–was designed to address the particularities of 'Kindergarten', as the setting under study. It acknowledges the different patterns of thinking evident from the data from the children and enables a more complete encapsulation of their Kindergarten experience. The revised model was subsequently related to context-specific themes that assisted in understanding the experiences of the children in their Kindergarten CoP. These themes are referred to as the five Rs:

1. Relationships
2. Rules
3. Routines
4. Rituals
5. Remarkable moments.

The first four Rs were defined according to current dictionary definitions. However, the theme 'Remarkable moments' was constructed to account for the experiences and life changes, which featured prominently in children's discussions and interactions but may not feature in adult agendas and thinking about children's experience of Kindergarten. 'Remarkable moments' included immunisation, losing teeth, birthday parties, getting bigger and social interactions outside of school, all of which were prominent in these children's worlds.

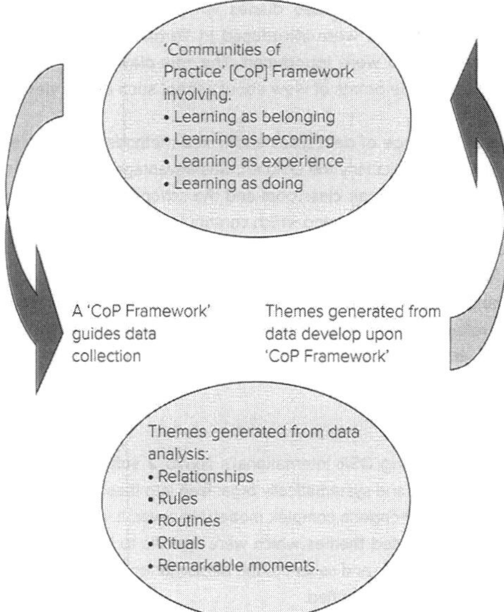

Figure 1 *A Perpetually Reflexive Model*

The 'Perpetually reflexive model' guided the data collection, resulting in data-generated themes. The research-driven themes, the five Rs, were linked back to Wenger's CoP Framework, which was then used as a further springboard for the research, informing implementation and as a useful tool to guide understandings of membership. Wenger's Framework is used to explain the underpinnings of the study rather than in its original form as a framework for analysis. It can be shown, however, that the data-driven themes fit within Wenger's four broad components of 'Learning as belonging'; 'Learning as becoming'; 'Learning as experience'; and 'Learning as doing'.

Unpacking the Five Rs

The process of going from home to school and back again each day involves much unpacking for young children and their families. While the obvious emphasis for this unpacking relates to things like food and homework, this study indicated that there were other things happening in the Kindergarten classroom that were important to children and worth unpacking such as rules, relationships, rituals, routines and remarkable moments.

The theme of 'Relationships' refers to the emotional connection between people and includes verbal and non-verbal social interactions among children and between children and school staff. These relationships also include the power exerted by children upon one another for various reasons such as 'dabbing on each other' or excluding a person from play or conversation. Data relating to relationships were evident throughout the study in interviews with children, classroom and playground field notes and observations, children's drawings, photographs and video diary entries.

'Rules' can be seen as principles or regulations governing conduct, action, procedure, or arrangement and includes rules mandated by the school (in policy documents including attendance, dress code, hairstyles, and child protection), as well as rules relating to day-to-day routines and rituals (listening to the teacher, being respectful during prayer times, and following the teacher's instructions). As well, children developed their own additional rules throughout the year involving peer culture, popular culture, and interpretations of school and the classroom. Rules were present throughout data collection, most often in the interviews with children, classroom and playground field notes and observations.

'Rituals' are defined as customary actions or codes of behaviour which determine social conduct. In the context under study, rituals are seen as the religious actions/practices of the classroom and school (including praying before meal times, blessing themselves at appropriate times and the blessing of children at morning assemblies) and attending mass where children learn and are given the responsibility to perform certain tasks within religious ceremonies. Rituals were also evident in the non-religious ceremonies and significant practices of the school, such as special assemblies. Rituals were identified in the data through participation and observation in the school and classroom setting, as well as in children's drawings and interview transcripts.

The theme of 'Routines' is defined as a regular course of action or conduct and was evident in such activities as regular reading groups, library visits, meal breaks, taking the office bag to the office, news time in the classroom and morning assembly. Routines were evident in many forms of data collection but in particular in the classroom and playground field notes/observations and some interviews with children.

'Remarkable moments' refer to the changes and life experiences, which children found noteworthy and were shared with each other without necessarily being prompted by an adult This theme included significant occurrences in children's lives that may seem ordinary to adults but were considered significant by children. These included losing teeth, discussing birthday plans and having birthdays, sharing popular culture interests (including ideas acted out, drawn upon and wielded as power), and occurrences outside school from health issues to family experiences. Remarkable moments commonly appeared in photography, classroom and playground field notes/observations, video diary recordings and student interview data collection methods.

CHILDREN'S PERSPECTIVES OF THE FIVE Rs

The five Rs of Relationships, Rules, Routines, Rituals and Remarkable moments were reflected across the range of data and the children's voices offer a unique insight into their significance and implications. The following examples are provided as illustrations of the results.

Relationships

Relationships impact throughout children's days at school in both positive and negative ways. Best friends were important for some children:

Researcher: *What makes people best friends?*
Jayden: *Playing with each other, doing work together, share their colours with each other.*

Children's concerns about friendship are reflected in comments such as, 'I'm not your friend anymore', 'what would make school better is people being nice to each other and not saying that they can't play with them' and 'not being picked' [to ask questions during news time]. Key relationships can be also be with other peers and with teachers or other school staff. The interactions between educators and individual children and class groups and how behaviour is managed are also significant for children. These results reflect a notable similarity to findings in other research in relation to starting school (Danby, Thompson, Theobald & Thorpe, 2012; Peters, 2003).

Rules

Children's familiarity with rules is reflected in Bethany's comment: 'Hands and feet to yourself. Talk nicely. Look after your friends. Keep safe'. Rules also featured frequently in children's comments and discussions throughout the year. Children frequently and consistently reported that, 'you have to do the right thing', 'obey the teacher', 'make good choices' and 'know what you are and are not allowed to do'.

Knowledge of the rules also provided children with opportunities to regulate each other's behaviour. Knowing the rules operated as power or capital (Bourdieu, 1993). Robinson and Jones Diaz (2006) argue that different forms of capital, including social and cultural capital, work together to accumulate social power and this was evident in this social context as in other social contexts or cultural fields. For example, when children were asked what new Kindergarten children should know when they start school, children reported:

Gregory: *You have to be good in Kindergarten because, um, you have to. You can't be naughty because the Teachers will get angry.*
Tyler: *If you are naughty in the playground you have to sit on the naughty bench. Be good at school and don't be naughty at school and don't fight, and don't swear because that's one big thing!*

The example above is reflective of discussion by young children surrounding rules that has been consistently reported in previous starting school research (Dockett & Perry, 2005; Johannson, 2007).

As mentioned above, children do use rules as social power in relationships with their peers. The following is an example of children's knowledge of how to mobilise this power and also the tentative or provisional nature of having and using this power at any given time:

Mrs. B.: *When should you dob on people?*
Jasmine: *When they're not looking you tell the Teacher, you go and dob on them.*
Mrs. B.: *Why would you wait until they're not looking?*
Jasmine: *Because they might try to stop you.*

Routines

Joshua: *Can I be on the board? Can I be on the board?*
Mrs. B.: *Yes, Joshua you can have your news on the board.*

[Joshua grins broadly and looks at Leticia who also told news but did not get to be on the board.)

Knowledge of routines frequently came through in the data from children's perspectives. In particular, knowing what to do next and how things happen was very important to the children and meant that the school day was less stressful for them. For some children, unexpected and irregular events or the first time something new happened was unsettling and sometimes quite upsetting. As children became accustomed to the way school worked, they were better able to cope with additional tasks, unexpected visits to the church or changes to staffing. Knowledge of routines also enabled children to participate more in the school day and they themselves began to seek out this additional involvement. Examples included special roles such as taking the class bag to the office, telling of news, being chosen to ask a question during news, praying before meals, and assisting the teacher in the classroom. From the data collected, it was evident that these were enviable tasks. Disputes occasionally broke out between friends because a child had not chosen someone to ask them a question during news, or chose someone else to take the class bag to the office. The example below demonstrates how important question time during news was to one of the children in the class:

Researcher: *What do you think the hardest thing is you have had to do since you have started school Joshua?*
Joshua: *We have to, um, ask questions.*
Researcher: *You have to ask questions?*
Joshua: *Yeah, because sometimes they don't choose you.*
Researcher: *When do you mean?*
Joshua: *Like in news time.*
Researcher: *Do you mean when the person telling news gets to choose three people to ask them a question?*
Joshua: *Yeah.*
Researcher: *Why do you feel bad about that?*
Joshua: *I feel worried and sad because they don't choose you.*
Researcher: *Why does it worry you, Joshua?*
Joshua: *Because I want to be their friend.*
Researcher: *When they do not pick you does that mean they are not your friend?*
Joshua: *Yeah.*

This involvement appeared to provide perhaps an unexpected but an important source and sense of belonging in both the classroom and school.

Rituals

Researcher: *How did you feel about the welcoming ceremony?*
Gregory. *I felt good about myself because I got my special badge and I took it home with me.*
Eloise: *I hate assemblies.*
Researcher: *Why do you hate them?*
Eloise: *Because they are long and you don't always get an award.*

Rituals played a large role in the daily life of this classroom CoP. Learning the rituals came with practice and experience in the classroom and school. As the research was conducted in a Catholic school, often rituals reflected religious practices. As some children attended church with their family, they had more social capital within these rituals than other children who did not attend church with their family. Children's knowledge of rituals in the classroom gave them another opportunity to actively and confidently participate in the classroom CoP. This strengthened their sense of belonging in that group. Children who knew the practice of and when rituals occurred were able to 'get in first' to have a role in these rituals:

[Joshua asked if he could say the prayer and Mrs. B. allowed it.]

Joshua: *Please help us and help us to have lots of fun and also to have fun with our friends. AMEN.*
Jasmine: *Mrs. B. can I say the prayer when we go home?*
Mrs. B.: *Yes, you can Jasmine.*

[I then noticed Jasmine look at Hannah with a smile and Hannah returning an icy stare at Jasmine.]

The above example also demonstrates how children were often in competition with each other to 'have roles' and the way in which non-verbal interactions were another way of children demonstrating the power dynamics of their relationships.

Remarkable Moments

Marcus: *I had to go to the doctor and get a needle for big school.*

Injections, birthday parties, losing teeth, sleeping over or seeing each other outside of school hours, were remarkable events for children in the study. It was clear from the data that certain events were of intense significance for children and that these moments impacted on children's sense of belonging, particularly in relation to their peers. As this research aimed to understand the Kindergarten experience from the children's perspective, it was essential to note the significance of such events by making them explicit in an additional theme of 'Remarkable moments'.

As reflected in the children's comments below, the children identified the injection, which had to be endured prior to school enrolment, as a significant milestone or 'rite of passage' in the transition to school.

[The children are completing work at their tables and as usual there is discussion between them as they are doing their work.]

Grace announces to the group *I had to go to the doctor and get a needle for big school.* Marcus then replies *Yeah, I had to have a needle too!*
The other children nod in agreement.
I asked them, *Why do you have to have a needle for big school?* and Marcus replied,
Because you can't come to big school unless you have one.

Recollecting such milestones, as well as celebrating new ones, seemed to make children feel more or less a part of the group. Losing teeth was one such significant event for the children in this classroom. In the example below, Tamika was keen to share with me that one of her peers has his 'grown-up teeth':

Marcus: *I have two wobble teeth.*
Tyler: *I already lost two and new ones are growing.*
Tamika: *Are they your grown-up teeth?*
Tyler: *Yep.*
Tamika: *Cool!, Tyler has his grown-up teeth!*

Tamika's excitement would possibly be explained from field notes later in the year:

Tamika came up to me and said, *I haven't got a wobble tooth yet.*
I said *oh, you mean you don't have a loose tooth yet?*
She said *Yeah, everyone else has wobble teeth but I haven't had one yet.*
I asked her how that makes her feel and she said, *a bit left out, yeah, I want a wobble tooth.*

Tamika was clearly looking forward to having a loose tooth and being able to talk about it to everyone. She was the last in the class to get a 'wobble tooth'. After talking with Tamika later about this data she explained that wobble teeth and getting grown-up teeth meant you were getting bigger and ready for Year 1. To Tamika, losing teeth was an important physical indicator of her maturity and being 'big'.

Remarkable moments also focused around other social events such as birthday parties. This was a source of great tension for these young children, particularly when not all children had parties or not all children in the class were invited to a party, which was often the case. Children would often wield invitations to birthday parties as a source of power or another way of saying 'I'm not your friend' or 'I don't like what you just said'. This is clear in the example below:

Tyler (to Joshua): *You're not coming to my party, just my play boy Eduardo.* Tyler then puts his arm around Eduardo's shoulders and Eduardo smiles.
Eduardo (to Tyler and Gregory): *You and you can come to my party.*
Joshua then replies to Tyler, Eduardo and Gregory in a very sad tone: *Well you and you and you can come to my party.*

The results of the study indicate that the observations of CoP within a Kindergarten classroom and the theoretical constructs of the CoP Framework have relevance for those seeking to understand and support a positive transition to school for young children and their families. The results of the study are also reflective of findings from other starting school research seeking young children's perspectives (Dockett & Perry, 2005); however, the richness of the data gathered over an extended period of immersion offers new insights to the lived experiences of the children.

LIMITATIONS OF THE STUDY

The focus of the study on one Kindergarten class is limited in its size, scope and generalisability. The foundation of the study in Wenger's model of CoP meant that the focus of the study was on the commonalities between children rather than their differences and, therefore, did not investigate aspects of diversity and difference such as gender, culture and language.

The study does, however, provide an in-depth investigation over an extended period of aspects of children's Kindergarten experience that relate to their emerging perspectives and practices of membership. The perpetually reflexive model, framework, data analysis and recommendations developed within the research can therefore be applied to many school or classroom contexts.

IMPLICATIONS

The immersion of an adult into the social world of children indicates the ready availability of a rich array of data that is useful for planning for learning. The data included here reflects the social dynamics and identity formation that occur during the first year of school and suggests that adult time spent observing, listening, documenting and being present to children's concerns is time well spent.

The identification and description of the five Rs of relationships, rules, routines, rituals, and remarkable moments provides important insight for teachers who seek to ensure a positive transition to school for young children. Teacher decisions in Kindergarten often focus on mandated curriculum and give little time to what most interests the children themselves. The five Rs highlight the value of teaching and learning practice that recognises and makes time for what matters to children. In particular, the role of personally significant events, such as the loss of the first tooth and the recognition of the importance of social capital to the development of identity and membership are valuable insights for teachers and parents.

Children do not begin school on a level playing field. The results of this research demonstrate that the knowledge of routines, rules and rituals of the school was very significant to the children. Some children adapted quickly to the routines, rules and rituals, possibly due to previous experience or exposure to these, e.g. through older siblings at the same school, family attendance at the local church, or child-rearing practices experienced at home. Children who adjusted to or learnt the routines, rules and rituals more quickly were then able to use this capacity as social and cultural capital, sometimes to the detriment of other children who were slower to adjust to the requirements of school. Given the significance of the five Rs for children and their impact on identity and membership for all children within the Kindergarten CoP, educators are advised to commit time to the intentional teaching of the five as well as the traditional three Rs.

Finally, as much of the previous 'transition to school' research suggests (e.g. Dockett & Perry, 2005), the transition to school is a process and not a one-off event. Transition programs prior to starting school can assist children to begin to establish a sense of understanding aboutthe school and classroom CoP. However, similar to an apprenticeship, orientation to the field is an ongoing process whereby children gradually develop greater skill and understanding of the community's practices. Educators need to invest time to facilitate this process and have realistic expectations when children first start school. It is an educators' responsibility to be sensitive to the diversity of prior experience and differences between young children in this critical time of establishing a sense of belonging in the school and classroom CoP.

CONCLUSION

The focus on children's perspectives in this study enabled the threads of children's lived experience within the fabric of classroom and school contexts to be magnified and shared. By researching children's membership in this CoP over an extended period of time, it was possible to identify transition practices that ensure children's sense of competence as members of their CoP. It was evident that this sense of competence as a group member promoted children's positive dispositions towards school. Given that a positive disposition towards school has been linked to future social and academic success and a positive sense of identity as a member of a community (ETC Research Group, 2011), the results of this research have particular significance for the children in this study but also for adults who seek to provide a positive start to school for children. With the current focus on academic success (APPA, 2010) and growing importance on student wellbeing (Farrar, Moore & Goldfeld, 2007), transition to school remains a significant priority for education research and policy agendas (ETC Research Group, 2011).

References

Australian Children's Education & Care Quality Authority (ACECOA). (2011). *Guide to the National Quality Standard.* Canberra, ACT: DEEWR.

Australian Primary Principals Association (APPA). (2010). *The reporting and use of NAPLAN.* Hindmarsh, SA: Education Development Centre.

Birbeck, D. J., & Drummond, M. J. N. (2007). Research with young children: Contemplating methods and ethics. *Journal of Educational Enquiry, 7*(2), 21–31.

Bourdieu, P. (1993). *Sociology in question* (R. Nice, Trans.). London: Sage Publications.

Brooker, L. (2002). *Starting school: Young children learning cultures.* Buckingham: Open University Press.

Brostrom, S. (2000, 29 August–1 September). *Communication and continuity in the transition from Kindergarten to school in Denmark.* Paper presented at the 10th European Conference on Quality in Early Childhood Education, London.

Christensen, P. (2004). Children's participation in ethnographic research: Issues of power and representation. *Children & Society, 18,* 165–176.

Clark, A. (2005). Listening to and involving young children: A review of research and practice. *Early Childhood Development and Core, 175*(6), 489–505.

Cohen, L., Manion, L., & Morisson, K. (2000). *Research methods in education* (5th eds). New York : Routledge.

Corsaro, W. (1997). *The sociology of childhood.* California: Pine Forge Press.

Corsaro, W., & Molinari, L. (2000). Priming events and Italian children's transition from preschool to elementary school. Representations and action. *Social Psychology Quarterly, 63*(1), 16–33.

Corsaro, W., & Molinari, L. (2008). Entering and observing in children's worlds : A reflection on a longitudinal ethnography of early education in Italy. In P. Christensen & A. James (Eds.), *Research with children: perspectives and practices* (pp. 239–259). London: Falmer Press.

Danby, S., Thompson, C., Theobald, M., & Thorpe, K. (2012). Children's strategies for making friends when. starting school. *Australasian Journal of Early Childhood, 37*(2), 63–71.

Danby, S. J., & Farrell, A. (2004). Accounting for young children's competence in educational research: New perspectives in research ethics. *Australian Educational Researcher, 31*(3), 35–49.

Davis, J. M., & Edwards, R. (2004). Setting the agenda: Social inclusion, children and young people. *Children & Society, 18*(2), 97–105.

Department of Education, Employment, and Workplace Pelations (DEEWR). (2009). *Belonging, being & becoming: The Early Years Learning Framework for Australia.* Canberra: DEEWR.

Department of Education, Employment, and Workplace Pelations (DEEWR). (2010). *Educators' guide to the Early Years Learning Framework for Australia.* Canberra: DEEWR.

Dockett, S., Einarsdottir, J., & Perry, 8. (2009). Researching with children: Ethical tensions. *Journal of Early Childhooc Research, 7*(3), 283–293.

Dockett, S., & Perry, 8. (2005). Researching with children: Insights from the starting school research project. *Early Child Development and Care, 175*(6), 507–521.

Educational Transitions and Change (ETC) Research Group (2011). *Transition to school: Position statement. Albury Wodonga: Research Institute for Professional Practice, Learning and Education.* Charles Sturt University.

Einarsdottir, J. (2007). Research with children: methodological and ethical challenges. *Europeon Early Childhood Education Research Journal, 15*(2), 197–211.

Einarsdottir, J. (2010). Children's experiences of their first year of primary school. *European Early Childhood Education Research Journal, 18*(2), 163 180. doi: 10.1080/13502931003784370

Fargas-Malet, M., McSherry, D., Larkin, E., & Robinson, C. (2010). Research with children: Methodological issues and innovative techniques. *Journal of Early Childhood Research, 8*(2), 175–192.

Farrar, E., Moore, T., & Goldfeld, S. (2007). *School readiness.* Melbourne: Australian Research Alliance for Children and Youth.

Gallagher, M. (2009). Ethics. In E. K. Tisdall, J. Davis, & M. Gallagher (Eds.). *Researching with children and young people: Research design, method and analysis* (pp. 11–64). London: Sage Publications.

Greene, S., & Hogan, D. (Eds.). (2005). *Researching children's experience: Ethical considerations in researching children's experiences or approaches and methods.* London, CA or New Delhi: Sage.

Hunleth, J. (2011). Beyond, on or with: questioning power dynamics and knowledge production in 'child-oriented' research methodology. *Childhood, 18*(1), 81-93.

James, A. (2007). Giving voice to children's voices: practices and problems, pitfalls and potentials. *American Anthropologist, 109*(2), 261-272.

Johannsen, I. (2007). Horizontal transitions: What can it mean for children in the early school years? In A. W. Dunlop & H. Fabian (Eds.), *Informing transitions in the early years* (pp. 33-44). Berkshire: Open University Press.

MacDonald, A. (2009). Drawing stories: The power of children's drawings to communicate the lived experience of starting school. *Australasian Journal of Early Childhood, 34*(2), 40-49.

Meisels, S. (1999). Assessing readiness. In R. C. Pianta & M. J. Cox (Eds.). *The transition to Kindergarten* (pp. 39-66). Baltimore: Paul Brookes.

Mirkhil, M. (2010). Important ingredients for a successful transition to school. *International Research in Early Childhood Education, 1*(1), 60-71.

Peters, S. (2003). 'I didn't expect that I would get tons of friends... more each day': Children's experiences of friendship during the transition to school. [Electronic Version]. *Early Years: An international Journal of Research and Development, 23*(1), 45-53.

Peters, S. (2010). *Literature review: Transition from early child hood education to school.* Wellington: New Zealand Ministry of Education. Retrieved 21st September, 2012 from http://www.education counts.govt.nz/publications/ece/78823.

Prout, A., & James, A. (Eds.) (1997). *Constructing and reconstructing chiidhood. Contemporary issues in the sociological study ofchildhood* (2nd eds.). London: Falmer Press.

Ovortrup, J. (1994). Childhood matters: An introduction. In J. Qvortrup, M. Bardy, G. Sgritta & H. Wintersberger (Eds.), *Childhood matters: Social theory, practice and politics* (pp. 1-24). Aldershot: Avebury.

Robinson, K., & Jones Diaz, C. (2006). *Diversity and difference in early childhood education. Issues for theory and practice.* London: Open University Press.

Siraj-Blatchford, I., & Siraj-Blatchford, J. (2001). Doing early childhood research. In G. McNaughton, S. Rolfe & I. Siraj-Blatchford (Eds.), *International perspectives on theory and practice* (pp. 193-207). Philadelphia: Open University Press.

United Nations (UN). (1989). *Convention on the rights of the child.* Geneva: UN.

Wenger, E. (1998). *Communities of practice. Learnmg, meaning, and identity.* UK: Cambridge University Press.

Woods, P, Boyle, M., & Hubbard, N. (1999). *Muiticultural children in the early years: Creative teaching, meaningful learning.* Clevedon: Multicultural Matters Ltd.

절차/계측

이 연구는 1년에 걸쳐 수행된 '부분적인 문화기술지'이다. 비록 보고서의 저자가 "여러 목소리 집단 중 한 집단이 보고되었다(one group out of a number of groups of voices was reported)."라는 방법으로 '부분적인 문화기술지(partial ethnography)'라는 용어의 간단한 정의를 제공하지만, 이 책의 저자들은 해당 저자가 왜 이 접근방법이 선택되었는지에 대한 근거를 제공했어야 한다고 생각했다. 참여관찰자 방법에는 관찰, 사진, 비공식 아동 상담, 소규모집단 반구조화된 인터뷰, 역할극 사용 및 아동의 생각 비디오 녹화 등 다양한 정보 자원이 포함되었다. 연구결과의 복원 및 전이 가능성을 허용하기에 충분한 세부정보가 제공되지 않다. 구체적인 예를 제공하는 것이 도움이 될 것이다. 타당도를 높이기 위해 구성원 점검을 사용하는 것은 칭찬할 만하지만, 시스템에 대한 더 많은 세부사항과 투명성이 요구된다.

표본

표본은 성별, 문화적 배경, 학교 유형 및 위치와 관련하여 기술되었다. 사회경제적 지위와 같은 추가적인 인구통계는 유용하지만, 탐색적으로 적절하게 간주되는 연구에서는 필요하지 않다.

정의

핵심 용어인 '아동의 관점'은 다섯 가지 주제(themes)를 가진 개념적인 다이어그램을 사용하여 명료화되어 있는데, 예를 들어 비록 '정서적 연결(emotional connection)'과 '주목할 만한 변화(changes found noteworthy)'와 같은 일부 용어는 모호하지만, 그 각각은 595쪽에 구성요소별로 정의되어 있다. 595–600쪽에서 볼 수 있는 추가적인 토론과 예제를 통한 설명의 제공은 도움이 된다.

연구질문 및 가설

이 연구를 위한 연구질문은 분명하게 진술되어 있다. "아동이 유치원 기간 동안 교실과 학교의 CoP 구성원으로서의 자신에 대한 관점은 어떻게 진화하는가?(How do children's perspectives of themselves as members of their classroom and school CoP evolve during their Kindergarten year?)"(593쪽) 여기 진술된 '가설' 또한 '할 수 있다(could)'는 연구 증거에 의해 지지되거나 반박될 수 없기 때문에 가설이 아니다. 그것을 '할 것이다(would)'로 변경하면 매우 일반적인 가설이 되는데, 이는 결과의 전체성(totality)에 의해 사정될 수 있다. 그러나 질적 연구로서, 이 책의 저자들은 이 보고서의 저자가 자신의 자료수집을 안내하는 데 도움이 되는 명제를 진술하는 것이 더 적절하다고 생각했다. 그러한 진술의 예는 다음과 같다. 동료 및 교사와 중요한 관계를 맺고 있다고 보고한 아동은 교실에서 소속감을 표현할 가능성이 더 높다.

자료분석

이 절의 첫 문장은 불분명하다. 그것은 "……확인된 반복적인 주제가 코딩되고 이러한 주제로 체계적으로 정리되었다(……recurrent themes identified were then coded and systematically organized into these themes)."라고 명시하고 있다(595쪽). 이는 자료가 나중에 이러한 주제로 분류되었음을 의미한다고 가정하며, 이러한 혼란은 복원을 방해한다. 그 후, 해당 주제는 아마도 연구자에 의해 더 적합하도록 수정되었다. 그러나 "그것은 자료기반 주제는 [Figure 1]과 함께 Wenger의 네 가지 광범위한 구성요소인 '소속으로서의 학습', '되어감으로서의 학습', '경험으로서의 학습', '행함으로서의 학습'에 적합하다는 것을 보여 줄 수 있다(It can be shown, however, that the data-driven themes fit within Wenger's four broad components of 'Learning as belonging', 'Learning as becoming', 'Learning as experience', and 'Learning as doing.')."(596쪽)라는 진술은 더 자세히 진술되고 명료화되어야 한다.

결과는 다섯 가지 주제 각각에 따라 제시되었다. 논의와 예는 문화기술지에서 원하는 풍부성의 좋은 예를 보여 준다. 그러나 여기에 포함된 많은 일반화는 예나 다른 증거에 의해 뒷받침되지 않는다. 여기에는 다음과 같은 주장이 포함된다. "교육자와 개별 아동 및 학급 집단 간의 상호작용과 행동관리 방법은 아동에게도 중요하다(The interactions between educators and individual children and class groups and how behaviour is managed are also significant for children)."(597쪽), "규칙에 대한 지식은 또한 아동에게 서로의 행동을 규제할 기회를 제공했다(Knowledge of the rules also provided children with opportunities to regulate each other's behavior)."(597쪽), "아동이 학교방식에 익숙해짐에 따라, 그들은 추가적인 업무, 예상치 못한 교회 방문 또는 직원 배치에 대한 변화에 더 잘 대처할 수 있었다(As children became accustomed to the way school worked, they were better able to cope with additional tasks, unexpected visits to the church or changes to staffing)."(598쪽), "이것은 그 집단에서 그들의 소속감을 강화시켰다(This strengthened their sense of belonging in that group)."(600쪽) 그리고 "이것은 특히 모든 아동이 파티를 하지 않거나 학급의 모든 아동이 파티에 초대되지 않았을 때(그것은 종종 그러했다), 이 어린 아동에게 큰 긴장감의 원천이 되었다(This was a source of great tension for these young children, particularly when not all children had parties or not all children in the class were invited to a party, which was often the case)"(599쪽).

이러한 진술은 추후 연구와 실천가의 검토를 위한 잠정적이지만 유익한 제안으로 간주되어야 하지만, 이 보고서의 증거에 의해 뒷받침되지 않는다.

보고서의 저자는 일반화의 한계를 인정하면서도 연구자 한 사람의 해석에 의존하는 한계를 인정해야 한다. 이 책의 저자들은 그러한 연구가 가치가 있고 다섯 가지 주제가 복잡한 자료를 구성하는 유용한 방법을 제공한다는 결론에 동의한다. 그러나 시사점과 결론의 제4항과 제5항의 진술 중 많은 부분은 이 보고서의 증거에 의해 뒷받침되지 않으며, 이 연구에서 나온 이론으로 취급되어야 한다. 예를 들어, 결론에서 "이 CoP의 아동 회원 자격을 장기간에 걸쳐 연구함으로써, 아동이 CoP의 구성원으로서의 역량 의식을 보장하는 전환 실제를 확인할 수 있었다(By researching children's membership in this CoP over an extended period of time, it was possible to identify transition practices that ensure children's sense of competence as members of their CoP)."라는 진술(601쪽)은 진술된 것보다 훨씬 더 강하다.

이 장의 시작 부분에 있는 **상호작용 · 응용 프로그램 학습** 기능으로 돌아가 상호작용 · 응용 프로그램 활동목록을 확인하라. www.mhhe.com/fraenkel10e의 **온라인학습센터**로 이동하여 퀴즈를 풀고 핵심 용어를 연습하며 장(章)의 내용을 검토하라.

핵심 요점

문화기술지적 연구의 본질과 가치

- 문화기술지적 연구는 특히 자연적인 환경 내에서 관찰함으로써 가장 잘 이해되는 행동에 적합하다.
- 모든 문화기술지적 연구의 핵심기법은 심층인터뷰와 상황에 관한 매우 상세하고 거의 연속적이며 지속적인 참여자 관찰이다.
- 문화기술지적 연구의 주요 장점은 연구자에게 다른 형태의 교육연구보다 훨씬 더 포괄적인 관점을 제공한다는 것이다.

문화기술지적 개념

- 문화기술지적 연구에서 중요한 개념은 문화, 총체적 관점, 심층기술, 맥락화, 무판단적 지향, 에믹관점, 구성원 점검, 다중실재를 포함한다.

문화기술지적 연구에 적합한 주제

- 적절한 주제에는 단순한 양화를 거부하는 주제, 자연적인 환경에서 가장 잘 이해할 수 있는 주제, 시간 경과에 따른 개인 또는 집단활동에 관한 연구를 수반하는 주제, 개인이 수행하는 역할 및 이러한 역할과 관련된 행동에 관한 연구를 수반하는 주제, 활동과 행동을 하나의 단위로 연구하는 것을 수반하는 주제, 그리고 공식적인 조직을 전체 속에서 연구하는 것을 수반하는 주제를 포함한다.

문화기술지적 연구에서 표집

- 문화기술지적 연구에서 표본은 거의 항상 의도적이다.
- 문화기술지적 연구의 표본으로부터 얻은 자료는 드물게, 만약 있다면 모집단에 대한 일반화를 허용한다.

문화기술지적 연구에서 가설의 사용

- 문화기술지적 연구자는 정확한 가설을 미리 세우는 경우가 드물다. 오히려 그는 자신의 연구가 새롭게 도출될 때 그것을 개발한다.

문화기술지적 연구에서 자료수집과 분석

- 문화기술지적 연구에서 자료수집의 두 가지 주요 수단은 참여자 관찰과 상세한 인터뷰이다.
- 연구자는 문화기술지적 연구에서 자료를 수집하고 타당도를 검증하기 위해 다양한 도구를 사용한다. 이것은 흔히 **삼각검정**(triangulation)이라고 불린다.
- 분석은 인터뷰와 관찰 외에도 패턴, 핵심사태, 시각적 표현의 사용에 중점을 둔 자료의 지속적인 재작업으로 구성된다.

현장연구

- 현장노트는 문화기술지적 연구의 연구자가 현장에서 기록한 노트이다. 여기에는 기술적 현장노트(연구자가 보고 들은 것)와 성찰적 현장노트(연구자가 관찰된 것에 대해 생각한 것)가 모두 포함된다.
- 현장메모는 연구자가 나중에 더 많이 쓰고자 하는 것에 대한 빠른 메모를 말한다.
- 현장일기는 관찰되는 사람과 상황에 대한 연구자의 감정과 의견에 관한 개인적인 진술이다.
- 현장일지는 연구자가 실제로 시간을 어떻게 쓰는지와 비교하여 어떻게 시간을 보내려고 계획하는지에 대한 일종의 실행 장부이다.

문화기술지적 연구의 장단점

- 문화기술지적 연구의 주요 강점은 다른 형태의 교육연구보다 훨씬 더 포괄적인 관점을 제공한다는 것이다. 그것은 쉽게 수량화되지 않는 주제에 잘 어울린다. 그것은 또한 특히 자연스러운 환경에서 가장 잘 이해되는

행동을 연구하는 데 적합하다.

- 모든 연구처럼 문화기술지적 연구도 한계가 있다. 그것은 특정 연구자의 관찰에 크게 의존한다. 더 나아가, 일부 관찰자 편견은 제거하는 것이 거의 불가능하다. 마지막으로, 일반화는 실질적으로 존재하지 않는다.

핵심 용어

구성원 점검(member checking)
구체화(crystallization)
기술적 현장노트(descriptive field notes)
다중실재(multiple realities)
맥락화(contextualization)
문화(culture)
삼각검증(triangulation)
성찰적 현장노트(reflective field notes)
에믹관점(emic perspective)
에틱관점(etic perspective)
인터뷰(interview)
심층기술(thick description)
참여자 관찰(participant observation)
핵심사태(key events)
현장노트(field notes)
현장메모(field jottings)
현장일기(field diary)
현장일지(field log)

토론거리

1. 문화기술지적 연구는 거의 복원되지 않는다. 여러분은 왜 이것이 그렇다고 생각하는가? 그러한가? 만약 그렇다면, 어떻게?
2. 문화기술지적 연구의 가장 어려운 측면은 무엇이라고 생각하는가? 왜 그렇게 생각하는가?
4. 문화기술지적 연구의 가장 큰 장점은 무엇이라고 생각하는가? 가장 큰 단점은 무엇인가? 여러분의 생각을 설명하라.
5. 여러분은 문화기술지적 연구에 기꺼이 참여하겠는가? 왜 그러한가? 또는 왜 그렇지 않은가?
6. 질적 연구 지지자들은 그것이 다른 종류의 연구가 할 수 없는 것을 할 수 있다고 말한다. 만약 사실이라면, 그것은 무엇인가? 그것은 문화기술지에만 특별히 해당되는가?
7. 문화기술지적 연구보다 다른 유형의 연구가 더 잘 제공할 수 있는 정보의 종류가 있는가? 만약 그러하다면, 그것은 무엇인가?
8. 우리가 이 책에서 논의했던 다른 유형의 연구와 문화기술지적 연구를 난이도의 측점에서 어떻게 비교하겠는가? 여러분의 이유를 설명하라.

제 22 장

역사연구

학습목표

이 장을 학습하면 다음을 수행할 수 있어야 한다.

- 역사연구가 포함하는 것을 간략히 기술할 수 있다.
- 역사연구의 세 가지 목적을 진술할 수 있다.
- 역사연구에서 조사된 질문의 종류의 예를 제시할 수 있다.
- 역사연구에 관련된 주요 단계를 명명하고, 간략하게 기술할 수 있다.
- 역사적 자료의 예를 제시할 수 있다.
- 1차 자료와 2차 자료를 구분할 수 있다.
- 외적 비평과 내적 비평을 구분할 수 있다.
- 언제 역사연구에서 일반화가 적절한지를 논할 수 있다.
- 출판된 역사연구의 예를 찾고, 이러한 연구의 몇 가지 장단점을 비판할 수 있다.
- 문헌에서 역사적 연구의 예를 발견할 때 그것을 인식할 수 있다.

상호작용 · 응용 학습 이 장을 읽는 동안 또는 읽은 후:

다음을 하려면, 온라인학습센터 (www.mhhe.com/fraenkel10e)로 접속하라.

- 1차 자료 대 2차 자료에 대한 심화학습

다음 활동을 수행하기 위해 온라인 학습자 완전학습 활동(Student Mastery Activities) 책을 읽으라.

- 활동 22.1: 역사연구 질문
- 활동 22.2: 1차 자료 대 2차 자료?
- 활동 22.3: 어떠한 종류의 역사연구?
- 활동 22.4: 참 또는 거짓?

"안녕, 준영!"
"안녕, 영철. 어디 있었어?"
"도서관에. 내 연구주제를 생각해 내려고 노력 중이야."
"어떻게 되고 있어?"
"꽤 괜찮아. 내게 좋은 생각이 있는 것 같다. 알다시피, 그들은 내년에 우리 교육지원청의 몇몇 초등학교에 이 새로운 독서 프로그램(일종의 변형된 '보고-말하기' 접근방법)을 도입하려고 해."
"어째서?"
"음, 행정부는 계속해서 그것을 극구 칭찬하지만, 나는 그것이 우리가 지금 사용하는 프로그램보다 더 잘 작동할 것이라는 어떤 증거도 찾지 못했어. 게다가 꽤 비싸. 나는 교육과정자문위원회 소속인데, 프로그램 자료를 모두 구입하기 위해 많은 돈을 쓰라고 권하기 전에 교육과정자문위원회의 말대로 효과가 있는지 알아보고 싶어. 그래서……."
"주제를 찾은 것 같군. 프로그램의 과거 효과성(또는 그것의 부족)에 대한 몇 가지 연구가 그 시작일 수 있어."
"맞아! 여기에 약간의 역사연구가 요구된다고 생각해."
우리는 동의한다. 영철은 실제로 역사연구를 할 수도 있고, 이미 행해진 연구를 찾을 수도 있다. 이와 관련된 것이 이장에서 다루는 내용이다.

역사연구란 무엇인가

역사연구는 우리가 기술한 다른 많은 연구와는 다소 다른 방향을 취한다. 물론 실험연구에서처럼 변수를 조작하거나 통제하는 것은 없지만, 더 구체적으로는 과거에 주로 초점을 맞춘다는 점에서 독특하다. 제1장에서 언급한 바와 같이, 과거의 어떤 측면은 그 시대의 문서들을 숙독하거나, 유물을 조사하거나, 그 시대에 살았던 개인들을 인터뷰함으로써 연구된다. 그런 다음, 그 시대에 일어난 일을 가능한 한 완전하고 정확하게 재구성하고 (보통) 왜 그러한 일이 발생했는지 설명하고자 한다. 이것은 과거로부터 그리고 과거에 대한 정보가 항상 불완전하기 때문에 결코 완전히 행해질 수 없다. 따라서 역사연구(historical research)는 과거 어느 시점에 발생한 행동이나 사건을 기술하고, 설명하고, 그에 따라 이해하기 위한 자료의 체계적인 수집과 평가이다.

역사연구의 목적

교육연구자는 다음과 같은 다양한 이유로 역사연구를 수행한다.

1. **사람들이 과거의 실패와 성공으로부터 배울 수 있도록 과거에 무슨 일이 일어났는지를 깨닫도록 하기 위해:** 예를 들어, 연구자는 특정 교육과정 수정(새로운 탐구중심의 영어 교육과정과 같은)이 왜 일부 교육청에서 성공했지만 다른 교육청에서는 성공하지 못했는지 조사하는 데 관심이 있을 수 있다.

2. **과거의 일이 오늘날의 문제와 관심사에 적용 가능한지 여부를 알아보고, 그것들이 어떻게 행해졌는지를 배우기 위해**: 예를 들어, '바퀴를 다시 만드는 것'보다는 제안된 혁신이 이전에 시도되었는지 확인하기 위해 과거를 보는 것이 종종 더 현명할 수 있다. 때때로 '급진적인 혁신'으로 제안된 아이디어는 그리 새로운 것이 아니다. 이와 동일선상에서, 다른 많은 종류의 연구의 일환으로 이루어지는 제3장에서 자세히 논의한 문학평론도 일종의 역사연구이다. 종종 문헌에 대한 검토는 우리가 새롭게 생각하는 것이 이전에 이루어졌다는 것을 보여 줄 것이다.
3. **예측을 돕기 위해**: 특정 아이디어나 접근방법이 이전에 시도된 적이 있는 경우, 다소 다른 환경에서도 과거의 결과는 정책입안자에게 현재의 계획이 어떻게 나올 수 있는지에 대한 아이디어를 제공할 수 있다. 따라서 어학실이 과거에 특정 교육지원청에서 효과적(또는 그 반대)으로 판명되었다면, 어학실의 사용을 고려하는 교육지원청은 자신의 결정에 근거를 둘 증거를 갖게 될 것이다.
4. **관계 또는 경향에 관한 가설을 검정하기 위해**: 많은 미숙한 연구자는 역사연구를 사실상 순수하게 기술적인 것으로 생각하는 경향이 있다. 그러나 역사연구는 잘 설계되고 신중하게 실행되면, 관계적인 가설의 확인이나 기각을 초래할 수 있다. 다음은 역사연구에 도움이 될 가설의 몇 가지 예이다.
   - 1900년대 초, 대부분의 여자 교사는 중상위 계층에서 왔지만, 대부분의 남자 교사는 그렇지 않았다.
   - 광범위한 계획과 관련된 교사들의 참여를 수반하지 않는 교육과정 변경은 일반적으로 실패했다.
   - 19세기 사회과 교과서는 1800년부터 1900년까지 미국 문화에 대한 여자의 기여에 대한 점점 더 많은 참조를 보여 준다.
   - 1940년 이후 중학교 교사들은 초등학교 교사들보다 더 큰 명성을 누려왔다.

   물론 다른 많은 가설이 가능하다. 여기 있는 가설은 단지 역사연구가 가설 검증 연구에 도움이 될 수 있다는 것을 보여 주기 위한 것이다.
5. **현재의 교육 실제와 정책을 보다 완전하게 이해할 수 있도록 하기 위해**: 현재 교육에서의 많은 실제는 결코 새로운 것이 아니다. 탐구교육, 인성교육, 열린 교실, '기본'에 대한 강조, 소크라테스식 교육, 사례연구 사용, 개별화된 교육, 팀 티칭, 그리고 수업 '실험실'은 때때로 교육의 '구원'으로 다시 나타나는 많은 생각 중 일부에 불과하다.

어떠한 종류의 질문이 역사연구를 통해 추구되는가

비록 역사연구가 과거에 초점을 맞추고 있지만, 역사연구에 도움이 되는 질문의 종류는 상당히 다양하다. 다음은 몇 가지 예이다.

- 남북전쟁 동안 남부에서 학생들은 어떻게 교육을 받았는가?
- Lyndon B. Johnson 대통령 재임 기간 동안 교육을 다루는 법안이 얼마나 많이 통과되었으며, 그 법안들의 주요 의도는 무엇이었는가?
- 100년 전 전형적인 4학년 교실에서의 교육은 어떠했는가?
- 1900년 이후로 교사의 근무조건은 어떻게 바뀌었는가?

- 1940년 학교의 주요 규율문제는 오늘날과 비교했을 때 무엇이었는가?
- 지난 20년 동안 일반 대중이 가장 중요하다고 인식한 교육문제는 무엇인가?
- John Dewey의 생각이 오늘날의 교육 실제에 어떠한 영향을 미쳤는가?
- 페미니스트는 어떻게 교육에 기여해 왔는가?
- 20세기 동안 공립학교에서 소수자(또는 신체적으로 장애가 있는 사람)는 어떻게 다루어졌는가?
- 20세기 초의 학교행정가들의 정책과 실제는 오늘날의 그것들과 어떻게 달랐는가?
- 교육에서 연방정부의 역할은 무엇이었는가?

역사연구 단계

네 가지의 필수적인 단계가 교육에 관한 역사연구와 관련되어 있다. 여기에는 조사할 문제나 질문을 정의(해당되는 경우, 가설의 공식화를 포함하여)하고, 역사적 정보의 관련 자원을 찾으며, 이러한 자원으로부터 획득된 정보를 요약 및 평가하고, 그 정보가 연구를 유래했던 문제나 질문과 관련 있을 때 그것을 제시하고 해석하는 것이 포함된다.

문제 정의

가장 간단한 의미에서, 교육에서 역사연구의 목적은 교육 또는 학교와 관련된 과거의 일부 측면을 명확하고 정확하게 기술하는 것이다. 그러나 이미 언급한 바와 같이, 역사학자는 단순히 기술하는 것 이상의 것을 하는 것을 목표로 한다. 그는 명확하게 하고 설명하기 위해 그리고 때때로 수정하기 위해(연구자가 어떤 행동이나 사건에 대한 이전 설명이 틀렸다는 것을 발견하는 경우처럼) 기술을 넘어가기 원한다.

따라서 역사연구 문제는 다른 유형의 연구를 통해 연구된 문제와 거의 같은 방식으로 확인된다. 다른 연구문제처럼, 그것은 명확하고 간결하게 진술되어야 하고, 관리 가능해야 하며, 방어 가능한 근거를 가지고 있어야 하고, (해당되는 경우) 변수 간의 가설화된 관계를 조사해야 한다. 역사연구에 있어 다소 독특한 우려는 불충분한 자료를 이용할 수 있는 연구를 위해 문제가 선택될 수 있다는 것이다. 종종 중요한 자료(일기나 특정 시기의 지도와 같은 특정 종류의 문서)는 역사연구에서 쉽게 찾을 수 없다. 이것은 특히 조사자가 찾는 과거로 더 거슬러 올라갈수록 그러하다. 결과적으로, 강렬하게 정의되거나 완전히 해결될 수 없는 더 넓게 진술된 문제를 추구하는 것보다, 아마도 자신이 원하는 것보다 더 좁게 잘 정의된 문제를 깊이 연구하는 것이 더 낫다. 모든 연구와 마찬가지로, 문제나 가설의 성격은 연구를 인도한다. 만약 그것이 잘 정의된다면, 조사자는 좋은 출발을 할 것이다.

출판된 역사연구의 몇 가지 예는 다음과 같다.

- 다른 깃발 아래 있는 Shakespeare: Hitler에서 Honecker까지 독일 교실에서의 음유시인[1)]
- 남녀에게 더 나은 작물: 학교 정원 가꾸기 운동, 1890년~1920년[2)]

---

1) Korte, B., & Spittel, S. (2009). Shakespeare under different Flags: The bar in German classrooms from Hitler to Honecker. *Journal of Contemporary History, 44*, 267–286.

2) Kohlstedt, S. G. (2008). A better crop of boys and girls: The school gardening movement, 1890–1920. *History of Education*

- 넓은 어깨 만들기: 1890년~1920년 시카고의 보디빌딩과 신체문화[3)]
- 공민주의와 3R을 넘어서: 학교에서 경제학 가르치기[4)]
- 교육과 한계: 고등교육에서의 인종과 성별[5)]
- 과학계, 여고생, 그리고 과학자의 직업 전망[6)]
- 인디언 하트/백인의 머리: 인디언 학교의 원주민 교사[7)]
- 미국 대학의 출현: 국제적 관점[8)]

관련 자료 찾기

자료의 범주

연구자가 조사하고자 하는 문제나 질문을 결정하면 자료를 찾기 시작한다. 어떤 형태로든 기록되어 온 모든 것, 그리고 사실상 상상할 수 있는 모든 것은 역사연구의 잠재적인 원천이다. 그러나 일반적으로, 역사적 자료들은 네 가지의 기본 범주로 분류될 수 있다. 문서, 수치기록, 구두진술과 기록, 그리고 유물이다.

1. **문서**(document): 문서는 어떤 형태로든 산출된 서면으로 된 또는 인쇄된 자료, 즉 연간 보고서, 예술작품, 청구서, 책, 만화, 회람, 법원기록, 일기, 졸업장, 법률기록, 신문, 잡지, 노트, 학교성적표, 메모, 시험 등이다. 그것은 수기(handwritten), 인쇄, 타이프, 드로잉 또는 스케치할 수 있고, 출판 또는 미출판될 수 있으며, 개인 또는 공용으로 사용될 수 있고, 원본 또는 사본일 수 있다. 간단히 말해서, **문서**(documents)는 어떤 종류의 서면 또는 인쇄된 형태로 존재하는 모든 종류의 정보를 가리킨다.
2. **수치기록**(numerical records): 수치기록은 그 자체와 그 자체와는 별개의 출처유형으로 간주되거나 문서의 하위범주로 간주될 수 있다. 이러한 기록에는 시험점수, 출석수치, 인구조사보고서, 학교 예산서 등과 같은 인쇄된 형태의 모든 수치자료가 포함된다. 최근 몇 년 동안, 역사학자들은 자신이 이용할 수 있는 방대한 양의 수치자료를 분석하기 위해 컴퓨터를 점점 더 많이 사용하고 있다.
3. **구두진술**(oral statements): 역사연구가를 위한 또 다른 귀중한 자료는 사람들이 구두로 하는 진술이다. 이야기, 신화, 이야기, 전설, 구호, 노래, 그리고 다른 형태의 구두표현들은 후세 사람들을 위한 기록을 남기기 위해 시대를 통해 사용되어 왔다. 그러나 역사학자는 또한 과거의 사건의 일부이

Quarterly, 48(1), 58–93.

3) Churchill, D. S. (2008). Making broad shoulders: Body–building and physical culture in Chicago, 1890–1920. *History of Education Quarterly, 48*(3), 341–370.

4) Yee, A. L. (2008). Beyond civics and the 3 R's Teaching economics in the schools. *History of Education Quarterly, 48*(3), 397–431.

5) Crocco, M. S., & Waite, C. L. (2007). Education and marginality: Race and gender in higher education. *History of Education Quarterly, 47*(1), 69–91.

6) Terzian, S. G. (2006). Science world, high school girls, and the prospect of scientific careers. *History of Education Quarterly, 46*(1), 73–99.

7) Gere, A. R. (2005). Indian heart/white man's head: Native–American teachers in Indian schools. *History of Education Quarterly, 45*(1), 38–65.

8) Nelson, A. R. (2005). The emergence of the American university: An international perspective. *History of Education Quarterly, 45*(3), 427–437.

거나 목격했던 사람들과 **구두인터뷰**(oral interview)를 할 수 있다. 이것은 **구술사**(oral history)라고 불리는 특별한 형태의 역사연구로, 현재 어느 정도 르네상스가 진행되고 있다.

4. **유물**(relics): 네 번째 유형의 역사적 자료는 유물이다. 유물(relic)은 과거에 대한 정보를 제공할 수 있는 물리적 또는 시각적 특성을 가진 모든 물체이다. 예를 들어, 그것에는 가구, 예술품, 의류, 건물, 기념물 또는 장비가 포함된다.

다음은 역사적 자료에 대한 다른 예시이다.

- 17세기 교실에서 사용된 입문서
- 1800년대 오하이오 국경의 한 여교사가 쓴 일기
- 특정 시기에 신문에 게재된 새로운 학교채 발행에 대한 찬반 의견서
- 1958년 중학교 졸업앨범
- 조지아의 시골에서 19세기 초에 학생들이 입었던 옷의 견본
- 1920년대 고등학교 졸업장
- 학교 교육감이 교직원에게 보내는 서면 메모
- 40년에 걸친 두 교육지원청의 출석기록
- 남북전쟁 당시 초등학생이 쓴 수필
- 다양한 주에 있는 학생들이 서로 다른 시간에 도달한 시험점수
- 탄력적인 일정에 따라 조직된 학교 건축계획
- 세 명의 다른 미국 대통령의 행정부에서 근무한 교육부장관과의 녹음된 구두인터뷰

1차 자료 대 2차 자료

모든 연구와 마찬가지로, 1차 자료와 2차 자료를 구별하는 것이 중요하다. 1차 자료(primary source)는 기술되는 사건의 참여자 또는 직접 증인이었던 개인이 준비한 것이다. 새로운 학교의 개교에 대한 목격담은 한 연구자 자신의 실험의 결과에 대한 보고서처럼 하나의 예가 될 것이다. 1차 자료 자료(material)의 다른 예는 다음과 같다.

- 변방의 가족과 함께 사는 것이 어떠했는가에 대한 19세기 교사의 이야기
- 1960년대 대도시 교육지원청의 교육장이 직면한 문제에 대해 실시한 구두인터뷰 녹취록
- 제2차 세계대전 동안 학생들이 "학교에서 가장 좋아하고, 가장 싫어하는 것이 무엇인가?"라는 질문에 대해 쓴 과제물
- 1930년대 고등학교 학생합창단 회원들이 작곡한 노래
- 1878년 이사회 비서에 의해 작성된 학교이사회 회의의 회의록
- 특정 교육청에서 1985년에 채택된 새로운 프랑스어 교육과정에 대한 유급 컨설턴트의 서면평가
- 1930년 중학교 2학년 졸업반 사진
- 한국전쟁 당시 미국 학생과 일본 학생 간에 쓴 편지

한편, 2차 자료(secondary source)는 사건의 직접 목격자는 아니지만 사건의 기술을 다른 사람에게서 얻은 개인에 의해 작성된 문서이다. 이는 말하자면 그 사건에서 "한 발짝 떨어져 있다". 최근의 교사 파업에 대해 논평하는 신문사설은 한 예가 될 것이다. 2차 자료 자료의 다른 예는 다음과 같다.

- 10년에 걸쳐 수행된 다양한 유형의 교육연구를 설명하는 백과사전 항목
- Aristotle의 교육관을 정리한 잡지기사
- 이사회 구성원과의 구두인터뷰를 바탕으로 한 학교이사회 회의에 관한 신문기사
- 1700년대 뉴잉글랜드 식민지의 학교교육을 묘사한 책
- 아들과 교사 간의 대화(그녀가 참석하지 않은 시간)에 관한 부모의 기술
- 교사가 정학을 당했다고 말한 이유에 대한 한 학생의 보고서
- 교육연구에 관한 교과서(이 책을 포함하여)

역사학자는 가능할 때마다 다른 연구자와 마찬가지로 2차 자료보다는 1차 자료를 사용하기를 원한다. 왜 그러한지 알겠는가?[9] 불행히도, 1차 자료는 특히 연구자가 더 먼 과거로 거슬러 올라갈수록 획득하기가 더 어렵다. 따라서 2차 자료는 역사연구에 상당히 광범위하게 사용된다. 그러나 가능하다면 1차 자료를 사용하는 것이 바람직하다.

역사적 자료로부터 획득된 정보 요약

과거 출처로부터 자료를 검토하고 추출하는 과정은 본질적으로 제3장에서 기술한 것이다. 즉, 조사 중인 질문이나 문제에 대한 특정 자료의 관련성 결정, 출처의 완전한 서지자료 기록, 연구 중인 문제와 관련된 범주에 따라 수집한 자료 조직, 노트 카드에 관련 정보(중요한 사실, 인용 및 질문) 요약이 그것이다.

자료를 구성하는 예로서, 19세기 초등학교 교실에서 일어나는 일상활동을 조사하는 연구를 생각해 보자. 연구자는 '가르친 과목', '학습활동', '놀이활동' 및 '수업규칙'과 같은 범주하에 사실을 조직화할 수 있다.

그러나 과거 자료를 읽고 요약하는 것은 따라야 할 깔끔하고 질서정연한 단계 순서가 거의 없다. 종종 읽기와 쓰기가 산재해 있다. 저명한 역사학자 Edward J. Carr는 역사학자가 연구에 어떻게 참여하는지에 관해 다음과 같은 기술을 제공한다.

> [일반인 사이에서] [일반적인] 가정은 역사가가 자신의 연구를 날카롭게 구분할 수 있는 두 단계로 나눈다는 것으로 보인다. 먼저, 역사가는 자신의 자료를 읽고 공책에 사실을 기록하는 데 오랜 예비 기간을 보냈다. 그리고 이것이 끝나면, 역사가는 자신의 자료를 치우고, 공책을 꺼내서 처음부터 끝까지 자신의 책을 쓴다. 이것은 나에게 납득할 수 없고 믿을 수 없는 그림이다. 나로서는, 내가 자본 출처로 삼기 위해 택한 것 중 몇 가지를 시작하자마자, 가려움이 너무 심해지고, 나는 글을 쓰기 시작한다. 꼭 처음이 아니라 어딘가에서. 그 후, 읽기와 쓰기는 동시에 계속된다. 내가 계속 읽으면서 글이 추가되고, 빠지고, 모양을 바꾸고, 취소된다. 독서는 글쓰기에 의해 지도되고 지시되며 알차게 만들어지는데, 글을 쓸수록 내가 찾고 있

9) 연구자들이 2차 자료에 의존해야 할 때, 그들은 자료가 덜 상세하고 덜 정확할 가능성을 높인다. 보고되는 내용의 정확성 또한 확인하기가 더욱 어려워진다.

는 것이 무엇인지 더 잘 알게 되고, 내가 발견한 것의 의미와 관련성을 더 잘 이해하게 된다.[10]

역사적 자료 평가

아마도 다른 어떤 형태의 연구보다도, 역사연구자는 검토된 모든 자료에 대해 비판적인 태도를 취해야 할 것이다. 연구자는 역사적 자료의 진실성과 정확성에 대해 결코 확신할 수 없다. 메모는 서명한 사람이 아닌 다른 사람이 작성한 것일 수 있다. 편지는 발생하지 않았거나 다른 시간 또는 다른 장소에서 발생한 사건을 나타낼 수 있다. 문서가 위조되었거나 정보가 의도적으로 위조되었을 수 있다. 역사연구자에게 중요한 질문은 다음과 같다.

- 이 문서는 진짜 저자로 추정되는 사람에 의해 작성되었는가?[즉, 그것은 **진짜인가**(genuine)?]
- 이 문서에 포함된 정보가 사실인가? 즉, 정확한 정보인가?[즉, 그것은 **정확한가**(accurate)?]

첫 번째 질문은 **외적 비판**(external criticism)이라고 알려진 것을 말하고, 두 번째 질문은 **내적 비판**(internal criticism)이라고 알려진 것을 말한다.

외적 비판

외적 비판(external criticism)은 연구자가 사용하는 모든 문서의 진위를 말한다. 역사연구에 종사하는 연구자는 자신이 발견한 문서가 실제로 문서 (추정된) 작성자에 의해 작성되었는지 여부를 알기 원한다. 분명히 위조된 문서는 잘못된 결론을 초래할 수 있다(때로는 그럴 수도 있다). 역사적 자료의 진위를 평가할 때, 다음과 같은 몇 가지 질문이 떠오른다.

- **누가**(who) 이 문서를 작성했는가? 그 당시 작가는 살고 있었는가? 일부 역사적 문서는 **위조**(forgeries)된 것으로 밝혀졌다. Martin Luther King, Jr.가 쓴 것으로 추정되는 기사는 실제로 그의 명성을 더럽히기를 원하는 누군가가 준비한 것일 수도 있다.
- 그 문서는 **어떤 목적으로**(what purpose) 작성되었는가? 누구를 위한 것이었는가? 그리고 왜? (교육감의 메모는 누구를 향한 것이었나? 메모의 의도는 무엇이었는가?)
- 그 문서는 **언제**(when) 작성되었는가? 서류상의 날짜는 정확한가? 기술된 세부사항이 실제로 이 시기에 일어났을 수 있는가? (때때로 사람들은 새해의 첫날 서신에 전년도 날짜를 쓴다.)
- 그 문서는 **어디에**(where) 쓰여졌는가? 기술된 세부사항이 이 장소에서 발생했을 수 있는가? (네브래스카주 프레몬트의 교사가 쓴 것으로 추정되는 도심 속 학교에 대한 기술은 주의해서 볼 수 있을 것이다.)
- 그 문서는 **어떠한 조건에서**(under what conditions) 작성되었는가? 쓰여진 것이 직접적이거나 미묘하게 강요되었을 가능성이 있는가? (임기가 없는 교사들로 구성된 위원회가 준비한 특정 학교의 교육과정과 행정에 대한 기술은 임기가 있는 사람들이 작성한 것과는 상당히 다른 관점을 제공할 수 있다.)
- 문서의 **다른 형태나 버전**(different forms or versions)이 존재하는가? (종종 두 버전의 편지가 거의 동

10) Denzin, N. K. (1978). The logic of naturalistic inquiry. In Denzin, N. K.. (Ed.), *Sociological methods: A source book*. McGraw-Hill.

일한 문구로 발견되고 필적에 약간의 차이만 있을 뿐인데, 이는 한 버전이 위조일 수 있음을 시사한다.)

외적 비판과 관련해 기억해야 할 요점은 연구자가 사용하고 있는 문서가 진짜인지 확인하기 위해 최선을 다해야 한다는 점이다. 앞의 질문들(또한 그와 같은 다른 질문들)은 이 목적을 달성하는 데 있다.

내적 비판

일단 연구자가 자료 문서가 진짜라는 것을 확신하게 되면, 그는 문서의 **내용**(content)이 정확한지 판단할 필요가 있다. 이것은 내적 비판(internal criticism)이라고 알려진 것을 포함한다. 문서에 포함된 정보의 정확성과 저자의 진실성을 모두 평가할 필요가 있다. 외적 비판은 문서 자체의 성격이나 진위와 관련이 있는 반면, 내적 비판은 문서가 말하는 것과 관련이 있다. 저자가 말한 일이 실제로 일어났을 가능성이 높은가? 그 당시 사람들은 기술된 대로 행동했을까? 사건이 이러한 식으로 일어날 수 있었을까? 제시된 자료(출석기록, 예산수치, 시험점수 등)가 타당한가? 그러나 연구자는 가능성이 희박하기 때문에 진술이 부정확하다고 무시해서는 안 된다. 일어날 가능성이 없는 사건이 일어난다. 연구자가 판단해야 할 것은, 비록 가능성이 낮더라도 특정한 사건이 일어났을지도 모른다는 것이다. 외적 비판과 마찬가지로, 문서의 정확성과 작성자의 진실성을 평가하려면 다음과 같은 몇 가지 질문을 해야 한다.

연구논쟁

역사가는 정책에 영향을 미쳐야 하는가

교육사에서 반복되는 논란은 역사와 교육정책의 관계를 포함한다. 여기에 이 질문에 대해 최근에 한 학자가 말한 것이 있다. "교육사학자에게 있어서, 정치적 관련성은 학문적 존경심을 희생하여 달성되는가? 교육사학자가 정책 논의에 참여해야 하는가, 그렇다면 어떻게 참여해야 하는가?"[11] 저명한 역사학자 David Tyack는 다음과 같이 대답했다. "역사학자가 교육정책에 기여할 것이 있는가? 많은 사람은, '현재주의(presentism)'가 학자의 사심을 타락시킬 것을 두려워하는 일부 교육사학가를 포함하여, 그렇게 생각하지 않는다. 그럴 수도 있지만, 한 가지 문제가 있다. 모든 사람은 세상을 이해하기 위해 개인적인 기억일지라도 어떤 종류의 역사를 사용한다. 문제는 역사를 정책 수립에 활용하느냐가 아니라 그 역사가 가능한 한 정확할 것인가 하는 것이다. 역사학자는 확실히 정책 유전자를 가지고 있지 않다. 그러나 그는 유용하게 쓰일 수 있는 특별한 지식을 가지고 있다. 예를 들어, 교육개혁에는 무엇이 효과가 있고, 무엇이 그렇지 않으며, 왜 그러한지에 대한 감각을 탐구하기 위한 실험의 창고가 있다. 다행히도, 그러한 실험으로부터 배우는 것은 저렴하고 살아 있는 사람들에게 해를 끼치지 않는다."[12] (우리는 이 인용구가 진정한 실험이 아닌 자연적으로 발생하는 "실험"을 의미한다고 가정한다.)

여러분은 어떻게 생각하는가? 교육사학자가 정책의 토론에 참여해야 하는가?

1. 문서 작성자와 관련하여

- 작성자는 자신이 기술하는 사건에 **참석했는가**(present)? 다시 말해서, 그 문서는 1차 자료인가 아니면 2차 자료인가? 앞에서 언급한 바와 같이, 1차 자료는 일반적으로 (항상 그렇지는 않지만) 더 정확한 것으로 간주되기 때문에 2차 자료보다 선호된다.
- 작성자는 그 사건의 **참여자**(participant)였는가, 아니면 **관찰자**(observer)였는가? 일반적으로, 관

11) Mahoney, K. (2000). New times, new questions. *Educational Researcher, 29*, 18–19.
12) Tyack, D. (2000). Reflections on histories of U.S. education. *Educational Researcher, 2*, 19–20.

찰자가 참여자보다 사건에 대해 더 초연하고 포괄적인 관점을 제시하기를 기대할 수 있다. 그러나 목격자들은 동일한 사건에 대한 진술에 차이가 있으므로, 관찰자의 진술이 반드시 참여자의 진술보다 더 정확한 것은 아니다.

- 작성자가 그 사건을 기술할 **능력이 있었는가?**(competent) 이것은 작성자의 자질을 말한다. 작성자는 자신이 기술하거나 논의되는 것에 대해 전문가였는가? 관심 있는 관찰자? 지나가는 사람?
- 작성자가 그 사건에 감정적으로 관여했는가? 예를 들어, 해고된 교사의 아내는 그 직업에 대한 교사의 기여에 대해 왜곡된 견해를 보일 수 있다.
- 작성자가 그 사건의 결과에 대한 기득권을 가지고 있었는가? 그/그녀가 불만을 가지고 있거나, 어떤 식으로든 편견을 가지고 있는 것은 아닌가? 예를 들어, 작성자의 교사나 지속적으로 의견 충돌이 있었던 학생은 교사의 동료보다 교사를 더 부정적으로 기술하는 경향이 있을 수 있다.

2. 문서내용과 관련하여

- 내용이 **타당한가?**(make sense)(즉, 기술된 사건의 본질을 고려할 때 기술된 대로 일어날 수 있었다는 것이 타당해 보이는가)
- 기술된 사건이 **그 시간에**(at that time) 일어났을 수 있는가? 예를 들어, 한 연구자가 1946년에 일어난 제2차 세계대전의 전투에 대해 기술하는 문서에 대해 의심할 만도 하다.
- 사람들이 기술된 대로 행동했을까? 여기서 주요한 위험은 **현재주의**(presentism)로 알려진 것(현재의 신념, 가치, 사상을 다른 시대에 살았던 사람들에게 돌리는 것)이다. 어느 정도 관련된 문제는 역사적 후세의 문제이다. 우리가 어떤 사건이 어떻게 발생했는지 안다고 해서, 어떤 사건이 일어나기 전이나 일어나는 동안 살았던 사람들이 어떤 결과가 그렇게 될 것이라고 믿었다는 것을 의미하지는 않는다.

[그림 22-1] 실제로 무슨 일이 일어났는가?

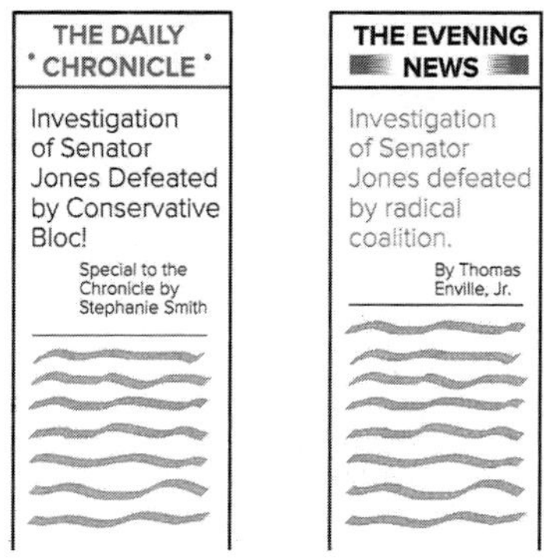

- 그 문서의 언어가 어떤 종류의 **편견**(bias)을 시사하는가? 그것은 감정적으로 과격하거나, 무절제하거나, 아니면 특정한 방식으로 기울어져 있는가? 작성자의 민족성, 성별, 종교, 정당, 사회경제적 지위 또는 지위가 특정한 방향을 시사할 수 있는가?([그림 22-1] 참고) 예를 들어, 임금인상이 부결된 학교이사회에 대한 교사의 장부(account)는 이사회 구성원 중 하나의 장부와 다를 수 있다.

- 사건의 다른 버전이 존재하는가? 그것은 일어난 일에 대해 다른 기술이나 해석을 제시하는가? 그러나 어떤 사건의 관찰자의 대다수가 무슨 일이 일어났는지에 대해 동의한다고 해서, 이것이 항상 옳은 것을 의미하지 않는다는 것에 주목하라. 한 번 이상 소수자의 관점이 옳다는 것이 입증되었다.

역사연구에서 자료분석

다른 유형의 질적 연구의 경우와 마찬가지로, 역사학자는 보통 매우 많은 양의 자료를 이해할 수 있는 방법을 찾고 그것을 그 자신의 의미 있는 이야기에 통합해야 한다. 일부는 수집한 정보를 정리하고 심지어 내용분석을 위한 범주를 제안할 수 있는 이론적 모델을 사용하는 것을 선호한다. 다른 사람들은 패턴이나 주제가 자신을 나타낼 때까지 자신의 정보에 몰입하는 것을 선호한다. 코딩체계는 그렇게 하는 데 유용할 수 있다. 일부 역사학자는 문서에서 파생된 해석을 검증하기 위해 범죄 및 실업률과 같은 양적 자료를 사용해 왔다.[13)]

역사연구에서 일반화

역사연구에 종사하는 연구자가 연구결과를 통해 일반화할 수 있는가? 상황에 따라 다르다. 아마도 여러분에게 명백하듯이, 역사학자는 개인이나 사건의 전체 집단을 연구할 수 있는 경우는 거의 없다. 그는 보통 관심 있는 현상의 표본을 연구하는 것 외에는 선택의 여지가 거의 없다. 그리고 연구된 표본은 과거로부터 남아 있는 역사적 자료에 의해 결정된다. 이것은 역사학자에게 특별한 문제인데, 왜냐하면 거의 항상 특정한 문서, 유물, 그리고 다른 자료들이 없어지거나, 잃어버리거나, 그렇지 않으면 찾을 수 없기 때문이다. 이용할 수 있는 그러한 자료는 아마도 존재했던 모든 가능한 자료를 대표하지는 않을 것이다.

예를 들어, 한 연구자가 1800년대 후반에 고등학교에서 사회 교과목을 어떻게 가르쳤는지 이해하는 데 관심이 있다고 가정해 보자. 해당 연구자는 그때로부터 어떤 자료가 남아있든지 연구하는 데 한계가 있다. 연구자는 이 시기의 교과서 몇 권과 과제물 정리수첩, 수업계획서, 시험, 편지, 그리고 교사들이 쓴 다른 통신문, 그리고 그들의 일기를 모두 찾을 수 있을 것이다. 해당 연구자는 이 자료들에 대한 면밀한 검토를 바탕으로, 그 당시 사회 교과목의 본질에 대한 몇 가지 결론을 도출한다. 그러나 연구자는 이 모든 것이 서면자료라는 것을 기억할 필요가 있다. 그리고 그것들은 자신의 생각, 아이디어, 또는 과제를 적는 경향이 없는 사람들이 가지고 있는 것과는 상당히 다른 관점을 반영할 수도 있다. 연구자는 무엇을 할 수 있을까? 모든 연구와 마찬가지로, 일반화의 타당도는 일반화의 기초가 되는 자료 표본의 크기와 다양성을 증가시킴으로써 강화될 수 있다. 양적 기록의 연구를 포함하는 역사연구의 경우, 컴퓨터는 많은 경우 연구자가 학생, 교사, 그리고 학교기록, 시험점수, 인구조사보고서 및 기타 문서에 대표되는 다른 집단의 대표 자료에 대한 표본을 추출하는 것을 가능하게 했다.

---

13) Isaac, L., & Griffin, L. (1989). Ahistoricism in time-series analyses of historical process: Critique, redirection, and illustrations from U.S. labor history. *American Sociological Review, 54*, 873–890.

역사연구의 장단점

역사연구의 주요 장점은 다른 방법으로 연구될 수 있는 주제와 질문에 대한 조사를 허용한다는 것이다. 그것은 이 장의 앞부분에서 제시된 질문과 관련하여 과거의 증거를 연구할 수 있는 유일한 연구방법이다. 또한 역사연구는 (문화기술지적 연구 및 사례연구의 가능한 예외를 제외하고) 대부분의 다른 방법보다 더 넓은 범위의 증거를 사용할 수 있다. 따라서 그것은 다른 연구방법론과 함께 연구될 수 있는 특정 주제에 대한 대안적이고 아마도 더 풍부한 정보 자료를 제공한다. 예를 들어, 연구자는 교육과정 변경에, ① 참여해 왔던, ② 참여하지 않은 교사집단에 관한 인터뷰 또는 관찰자료를 수집함으로써(인과-비교연구), 또는 교사 참여에 있어서 변이를 조정함으로써(실험연구) "관련된 교사들의 광범위한 계획과 참여를 수반하지 않은 교육과정 변경은 일반적으로 실패한다(했다)"는 가설을 조사하기를 원할 수 있다. 그러나 이 질문은 또한 새로운 교육과정의 전파자, 교사 등에 의해 50여년 이상 동안 준비된 문서(전파자의 경우는 보고서, 교사의 경우는 일기)를 검토함으로써 연구될 수 있다.

역사연구의 단점은 내적 타당도에 대한 위협을 통제하기 위해 다른 방법에 사용되는 측정이 역사연구에서 단순히 가능하지 않다는 것이다. 문서표본의 성격과 계측과정(내용분석)에 의해 부과되는 한계가 심각할 것으로 보인다. 연구자는 표본의 대표성을 보장할 수 없으며, 이용가능한 자료에서 도출된 추론의 신뢰도와 타당도를 (일반적으로) 확인할 수 없다. 연구된 질문에 따라 제9장에서 논의한 내적 타당도에 대한 위협의 전부 또는 다수가 존재할 가능성이 높다. 연구자 특성(자료수집 및 분석에서)으로 인한 편견가능성은 항상 존재한다. 관찰된 관계가 연구대상 특성(정보가 존재하는 개인), 실행, 역사, 성숙, 태도 또는 장소와 관련된 위협 때문에 발생할 가능성도 항상 존재한다. 비록 특정 위협은 특정 연구의 본질에 따라 달라지지만, 불행히도 그 통제방법은 연구자가 이용할 수 없다. 연구자의 기술(skill)과 진실성(integrity)에 많은 것이 달려있기 때문에, 즉 방법론적 통제가 불가능하기 때문에, 이 책의 저자들

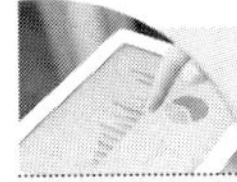

연구심화

역사연구에서 중요한 연구결과

아마도 교육과 관련된 역사연구의 가장 잘 알려진 예는 종교가 사회적 행동, 특히 경제 자본주의의 주요 원인이라는 이론을 제시했던 독일의 사회학자 Max Weber에 의해 1934년에 시작된 일련의 연구일 것이다.[14] 그러한 연구의 더 최근의 예는 1800년대 후반과 1900년대 초반에 일본 종교에 관한 역사적 문서들을 조사한 Robert N. Bellah의 연구이다.[15] 그는 근면한 노동의 바람직함과 사업가로서의 수용을 포함한 몇 가지 신흥종교 신앙이 일본에서 자본주의 성장을 위한 발판을 마련하는 데 도움이 되었다고 결론지었다. 이러한 결론은 Weber가 유럽에서 칼뱅주의(Calvinism)를 연구했던 것과 유사하다. Weber는 또한 중국, 이스라엘, 인도의 초기 사회에서 자본주의가 발전하지 못한 것은 그들의 종교적 교리 중 어느 것도 부의 축적과 재투자라는 본질적인 자본주의 사상을 가치 있는 특징으로 지지하지 않았기 때문이라고 결론지었다.

---

14) Weber, M. (1958). *The Protestant ethic and the spirit of capitalism*. Translated by T. Parsons. Charles Scribner and Sons.

15) Bellah, R. N. (1967). Research chronicle: Tokugawa religion. In P. E. Hammond (Ed.), *Sociologists at work* (pp. 164-185). Anchor Books.

은 역사연구가 모든 유형의 연구 중에서 수행하기가 가장 어려운 연구 중 하나라고 믿는다([그림 22-2] 참고).

[그림 22-2] 역사연구는 생각하는 것만큼 쉽지 않다

역사연구를 하는 것은 좋은 자료를 발굴하는 것 이상의 것을 필요로 한다. 그것을 적절하게 수행하기 위해서는 다른 방법들보다 광범위한 기술을 요구할 수 있다. 역사가는 언어학자, 화학자, 또는 고고학자의 기술이 필요하다는 것을 발견할지도 모른다. 더 나아가, 역사는 전 세계적인 의미에서 매우 해석적이기 때문에, 심리학, 인류학, 그리고 다른 학문에 대한 지식 또한 요구될 수 있다.

역사연구의 예

이 책의 저자들은 이 장의 나머지 부분에서 역사연구의 출판된 예를 제시한 후, 그것의 강점과 약점에 대한 비평을 제시한다. 이 책의 저자들이 다른 장에서 분석한 여러 유형의 연구에 대한 비평에서 그러했던 것처럼, 이 책의 앞부분에 소개된 몇 가지 개념을 분석에 사용한다.

연구분석

목적/정당성

이 책의 저자들은 명확한 목적의 진술을 찾지 못했다. 부분적으로, 이 연구가 출판된 『The Journal of Psychohistory』 때문에, 이 책의 저자들은 그 목적이 예를 들어, "'자아실현(self-actualization)'과 같은

가치 있는 자질을 육성하는 데 있어 사회적 조건과 개인적 특성이 상호작용하는 방식에 대한 우리의 이해를 증진시키기 위한 것"으로 언급될 수 있었다고 생각한다. 서론에서는 Lydia Stow의 삶을 이해하는 것이 중요하다. 이것은 나중에 '젠더 개혁(Gender Reform)'에서 자세히 설명된다.

위험, 기만, 기밀성에는 어떠한 문제도 없다.

정의

자아실현(self-actualization)에 대한 명확한 정의가 도입부에서 제시된다. 이것은 이 용어의 모든 정의가 "자신의 일 속에서 또는 일을 통해 자신의 삶의 관심사 추구(pursuit of one's life interests in and through one's work)"를 포함하지 않기 때문에 특히 중요하다. **자아개선**(self-improvement), **관심 많고 적극적인 시민**(concerned and active citizen)과 같은 다른 용어는 문맥상 충분히 명확할 것이다.

선행연구

아마도 직접적으로 관련이 있는 것이 없기 때문에, 선행연구에 대한 발표는 없다. 보고서 저자의 목적에 대한 이 책의 저자들의 해석이 정확하다면 다른 전기(biographies)도 적절할 것이다. Stow의 다른 전기에 대한 언급은 없다. 만약 그것이 존재한다면 추가적인 증거를 제공했을지도 모른다.

가설

어떠한 것도 진술되지 않았다. '상호작용(interaction)' 가설은 분명히 암시되어 있으며, 그것은 해당 정보의 분석보다 개념적으로 앞선 것으로 보인다.

연구보고서(Research Report)

From: (2000, Summer). *The Journal of Psychohistory, 28*(1), 62–71.

Lydia Ann Stow: Self-Actualization in a Period of Transition

Vivian C. Fox
Worcester State College

This paper is concerned with a crucial period of self-actualization in the life of Lydia Ann Stow (1823–1904), an early nineteenth century Massachusetts woman who illustrates the interactions between adolescent development and the dynamics of reforms in education and feminism. The term "self-actualization" is adopted from Frederic L. Bender, 정의들 *who defines this Marxian concept as "the development of one's talents and abilities and, the pursuit of one's life interests in and through one's work."[1] Although self-actualization appears to be a highly individualized process, it always occurs in a larger social context. It is crucial to emphasize this in Lydia Stow's case since the most relevant context for her self-actualization was highly transitional in two important respects, namely, the development of edu-* 목적? *cational theory and practice, and the evolution in the status of women.*

1차 자료 *The major source for describing Stow's self-actualization is the set of four Journals which she kept during the period of her training in Massachusetts as a professional teacher at the Lexington Normal School, and for about two years thereafter (July 8, 1839–February 23, 1843).[2]*

In this paper I undertake a brief description of the contextual events before proceeding to an analysis of the Journals. I would like to start with school reform.

SCHOOL REFORM

The process of school reform that *played such an important role* in Lydia's life was itself a reflection of a panoply of post-Revolution concerns. To some, the advent of technology was altering New England's predominantly rural work patterns through the construction of factories and railroads. Cities were growing larger, more varied, and increasingly sinister with vast numbers of immigrant-strangers, prostitutes and salesmen of magical drug products. The new arrivals were, moreover, largely untrained, uneducated and non-Anglo-Saxon men who appeared quickly to acquire political power at the ballot box. In view of these cascading changes, many wondered whether the glorious achievements of the Revolution could be maintained.[3] 독립변수

To some, the appropriate response to these issues was in the direction of ensuring an educated citizenry. Leaders in this movement emerged in the Northeast, particularly in Massachusetts. Such Massachusetts men as Horace Mann, James G. Carter, Edward Everett, Edmund Dwight, Cyrus Peirce, and Henry Barnard who was from New York, supported the idea that a key to confronting post-Revolutionary challenges was in the field of educational reform.[4] 배경

James G. Carter, for example, while Chairman of the Committee on Education of the Massachusetts House of Representatives, successfully established himself as the architect of an educational renaissance that included creation of a state-wide Board of Education. Horace Mann was appointed in 1837 as the first Secretary of the Board.[5]

Mann immediately launched a crusade, which continued during his twelve years of incumbency, from which his ideas spread throughout the nation. His accomplishments included a proliferation of the common schools, an expansion of their curriculum, and the training of teachers in new approaches to teaching which encompassed a new philosophy of learning and moral discipline.[6]

He accepted the Republican view, moreover, that popular education was necessary for the intellectual and monetary enhancement of citizens which would contribute to the general well-being of the Republic. His beliefs emphasized that the new Republic required a high standard of morality in order to eliminate, as he put it, "the long catalogue of human ills."[7]

Central to achieving educational reform and progress was the provision of professional training for school teachers. Prior to this time, little or no training was required and persons with a minimal amount of education could take charge of classrooms.

참고문헌 필요

Many of the ideas of Mann and his colleagues were obtained from Europe, especially from Prussia. Unlike its European counterparts, however, professional teacher training in what were called the Normal Schools (a title derived from the French Ecole Normale) was open to females. In 1838 Massachusetts adopted a law authorizing the establishment of three Normal Schools. The first appeared in Lexington in 1839, and in accordance with the statute it was open only to females. The other two, in Barre and Bridgewater in 1840, were co-educational. Lydia was a member of the first class to enroll in Lexington.

Speaking for many reformers, Horace Mann emphasized the importance of employing female teachers.

Education ... is woman's work. ... Let woman, then be educated to the highest practicable point; not only because it is her right, but because it is essential to the world's progress. Let her voice be a familiar voice in the schools and the academies, and in halls of learning and science.[8] 1차 자료

Mann was not, of course, the first to recognize appropriate roles for women in the educational enterprise. By the last part of the eighteenth century, for example, New England clergymen, struck by the greater church attendance of women, intoned that females were purer and more delicate than men, and advocated greater exposure to education for them as caretakers of the very young.[9] From the latter part of the eighteenth century, then, sons as well as daughters came to be under the pedagogy of their mothers, unlike in the prior period when fathers became responsible for the education of boys when they reached the age of seven. The assumption that women had special moral strengths-that they were "angels in the house"-gave them important credentials for both domestic and professional teaching roles.[10]

The call for women's education grew stronger as post-Revolutionary ideology expressed the sentiment that in a Republic, school education must become available to all citizens, both male and female. Boston, for example, allowed girls to be educated in its grammar school in 1789; and Dedham, Lydia's hometown, had already anticipated this as early as the 1750s. In a highly unusual development, one Mary Green was

이 책의 저자들은 동의함

so successful a teacher that she was added to the permanent Dedham teaching staff.[11]

Clearly, when Lydia enrolled at Lexington she was riding the crest of unique educational opportunities. As detailed in the next section, this enhanced status of women as educators of the young was also strongly strengthened by demographic and economic conditions of the time.

Now I want to discuss the matter of gender reform.

GENDER REFORM

2차 자료

At the same time that Mann and the other reformers were reconstructing the field of education so as to create new opportunities for women, their legal, social and economic circumstances generally were, paradoxically, much against the enhancement of their status. New England continued to follow common law and Christian traditions. These acknowledged the husband to be the head of the household who controlled the landed and personal property of the wife, as well as the wages she might earn. Although white women were legally considered citizens, they were prohibited from most public activities. They could not vote, sit on juries, execute wills, or serve as guardians of their children upon the death of their husbands; and most professions were not open to them.[12]

독립변수

But there were currents of change as well, and nothing illustrated this better than the oppotunities presented to Lydia. In addition to teaching, the newly created New England textile factories welcomed women, as did many of the developing reform movements such as temperance, abolition, and child welfare. Women such as Harriet Beecher Stowe and Louisa May Alcott entered the ranks of professional writers.[13]

가설적 추측

Much of this might be explained by demography. From about the end of the eighteenth century, New England generally and Massachusetts in particular experienced an imbalance in the demographic ratio of the sexes in favor of women. This presented the question of how some of these "surplus women," as they were called, would be supported.[14] The problem was further exacerbated by the many new work opportunities for men, such as those that opened in the west and were created by the industrial revolution. An appropriate response to the short-age of male workers was to provide the new opportunities for working class women that have already been noted.[15]

But there were other less tangible forces at work as well that contributed to the gender evolution that Lydia found herself in. A number ofwomen sensed that they were experiencing a shift in their fortunes. Lucy Larcom, for example, a Massachusetts factory worker during Lydia's time, expressed such a view in her autobiography.

1차 자료

> *[In] the olden times it was seldom said to little girls, as it always has been to boys, that they ought to have some definite plan, while they were children, what to be and do when they were grown up .... But when I was growing up, we were often told that it was our duty to develop any talent one might possess, or at least to learn how to do some one thing which the world needed, or which would make it a pleasanter world.*[16]

해석

종속변수

Although when Lydia enrolled at Lexington, legal changes in the status of women were still in the future, the social ecology of women was certainly different from what it had been traditionally. Self-actualization was a possibility.

LYDIA'S SELF-ACTUALIZATION

I have already mentioned that Lydia's four Journals are the primary source for conclusions concerning self-actualization. The first two of these chronologically were written while she was in residence at Lexington. The latter two were penned after she returned to Dedham having been graduated from Lexington.

타당도에 대한 주장들

The Journals were not a personal indulgence. Keeping them was a daily requirement for all pupils, containing a summary of the day's lectures and reading. Lydia's Journals appear to be unique in their inclusion of personal remarks concerning her responses to the lectures and reading, and evaluations of her own abilities and activities.[17] It was a weekly requirement that the Journals be turned in to the Principal, Cyrus Peirce, who would return them with his comments.

The four Journals as a whole reveal that the time she spent at Lexington was crucial to the self-actualization Lydia achieved. She came to regard herself as a professional teacher capable of expressing herself fully, able to love her pupils, having the capacity to evaluate teaching performances of herself and others, and contributing to the moral progress of the larger community. The outward manifestations of-this self-actualization included her election as the first woman to the Board of Education of the city of Fall River. It was there that she married, lived with her husband and raised a child. It was also the city where she established a sewing school for young women, to insure that they could earn a.wage; where she became a member of the Women's Suffrage League of Fall River; and where she began her work in the anti-slavery movement and the underground railroad, often placing herself at personal risk. Her work in the abolitionist movement led her to entertain such leaders as William Garrison, William Douglas, Sojourner Truth, and Wendell Phillips.[18]

해석

정당화?

One would never expect such accomplishments from a reading of her first two Journals. Significant self-actualization did not appear a promising outcome, especially in the complexities of her family background. There was much to provide an anxiety about accomplishment. Death had been a pervasive presence in her family. Her father died when she was one year old and her mother when she was eleven. With the additional deaths of six siblings, only Lydia and her older sister survived from the nuclear family. After the age of eleven, then, she was dependent upon the care of her kin.[19] It would not be surprising if the pervasiveness of such primary loss surrounded her with uncertainty about any accomplishment, and induced compliant behavior to those willing to become responsible for her well-being. Some ofthis vulnerability, however, was likely to have been offset by the warmth and support of her kin.

해석

해석

As a child in Dedham, she lived with a grandmother and _an aunt. In the same town or nearby vicinity, her last two Journals reveal a rich kin group: it is possible to count two grandmothers, eight aunts, six uncles, and numerous cousins. Among the women there were at least three teachers, one of them her sister, but only Lydia received professional training. In her last two Journals she portrays her family as close, continuously interactive, and as kin who supported one another in illnesses as well as in celebrations. With her aunts and friends she attended lectures and studied French and took singing lessons.[20] Thus, despite the many deaths in her immediate family, the Journals reveal a young woman who did not feel abandoned nor did she act depressed. On the other hand, and most strikingly, while she undertook many challenges during her training at the Normal School, she invariably expressed doubts as to whether she could perform them adequately. The experience at Lexington, however, made all the difference in developing the strengths that were manifested in the rest of her life. It also helped her to assuage her pervasive lack of confidence.

해석

해석

해석

The core of the Lexington experience was Cyrus Peirce.[21] His influence on Lydia was most singular. He belonged to a generation of school reformers who stressed moral development as a central goal of education, a belief that included the fusion of mental discipline and Christian ideals that had already been a key part of Lydia's upbringing ⅡHis extraordinary teaching ability attracted the admiration of Horace Mann, who engaged him as Principal and then visited the school in its first weeks of operation. Mann recorded:

독립변수

Highly as I had appreciated his talent, he surpassed the ideas I had formed of his ability to teach, and in the prerequisite of all successful teaching, the power of winning the confidence of his pupils. This surpassed what I had ever seen before in any school. The exercises were conducted in the most thorough manner: the principle being stated, and then applied to various combinations of facts, however different, to find the principle which underlies them all... [23]

1차 자료

Peirce's abilities were not lost on Lydia, who developed an emotional and personal response to his work. Her first Journal reveals that her reaction was one of great remorse whenever she or any of her classmates caused him distress. "There is" she wrote, informing him about her feelings in the Journal he would read, "nothing that more affects my happiness than this... to cause him [underlined in original] unhappiness who has been so forbearing and patient with us."[24]

지원적인 예

Whenever such episodes happened, Stow increased her effort to improve herself and to be perfect if she could. This was a serious challenge for Lydia, who questioned her performance in almost everything she did as previously mentioned. She complained, for example, that she could not achieve a "balance between impulses and belief"[25] when she would finish eating toffee or something else sweet, or when she chatted with her fellow pupils against the commands of her principal.[26]

해석

예

More seriously, she questioned her own intelligence, using the language of phrenology, a pseudo-psychological science which demonstrated a person's talent based upon the bumps or organs,

해석

예

or lack thereof, on her head. She expressed her frustration when studying algebra with: "Oh how I wish my organ of calculation was large."[27] Peirce would have none of it. He directly challenged the prevailing view that women were incapable of studying mathematics. Some people, he wrote,

> *have doubted if girls should be taught this branch, and indeed, some have questioned the propriety of educating women for this study! Benevolent spirit indeed. The appropriateness of this study for women, how could it be asked? She fills and ought to fill those stations where this branch is requisite. The discipline of the mind which this branch affords is important to the educator.*[28]

Her self-deprecation and doubts were ubiquitous in the first two Journals. Composition exercises did not escape. "Composition I almost despise [but] I must begin now and do the best I can which is always poor."[29] Peirce's response was simply to write in large capital letters across her Journal, "DESPISE !!". But this expression of disgust was unusual. Normally, he complimented this often anxious and over-critical pupil. These compliments were well deserved; for despite her own doubts, an examination of her Journals in comparison with those of her classmates reveals their superiority in terms of comprehensiveness, understanding and clarity. There may be one exception in the Journals of a Mary Swift, although these were devoid of the personal comments found so often in Lydia's Journals.[30]

Peirce's impact on Lydia may be inferred from a survey of the goals of his interactions with the Lexington pupils. The most prominent of these were (1) to inculcate new teaching methodologies; (2) to challenge the prevailing stereotypes about the nature of women's intelligence; (3) to inspire them in the belief that women, compared to men, possessed at least equal intellectual capabilities and in the case of teaching skills, that they were superior. Peirce also shared Horace Mann's oft-expressed belief in the moral superiority of women.[31]

해석

Given the relationship of affection and respect that existed between Lydia and her mentor, it would not be surprising if many of her initial feelings of inadequacy and inferiority did not begin to be displaced as she entered the practice of professional teaching. Her later Journals reveal a confidence in critically assessing the techniques of fellow teachers, both male and female, whose classrooms she visited. More importantly, she developed an independence from the influence of Peirce, recognizing that some circumstances required a deviation from his teachings. Use of the ferule, for example, she found to be occasionally necessary when confronted by an oversized class of undisciplined young men, even though Peirce had been inexorably opposed to the practice.[32]

해석

여기에서는 인용이 도움이 될 것임

In a later teaching position in Fall River, she found great joy, however, in developing the kind of relationship with her pupils that Peirce had strongly emphasized and she herself wanted to have. She wrote of this achievement: "My scholars are very tractable. I am becoming more attached to them as the weeks glide on and may the love strengthen day by day during our connection."[33] It was in this experience that Lydia fulfilled the promise of the Normal School reform.

좋은 예

CONCLUSION

It is possible to conclude that Lydia's self-actualization in the field of professional teaching, and as a concerned and active citizen, flows from diverse sources: those available because of the historical environmental circumstances as well as from her own childhood experiences. Her own efforts to achieve success were of major importance as well, particularly her choice to undertake the new professional training even though members of her own family demonstrated that it was not necessary to becoming a teacher. Even as she doubted her ability to meet the school's standards, she persisted in seeking self-improvement. At this point fortune joined her fate with the efforts of Cyrus Peirce who was, at a time and at a place that was right for Lydia, crusading for the recruitment of women like Lydia to the teaching profession, and providing inspiration for females to strengthen their capacities to take an active part in the world's affairs. Peirce's mentorship to Lydia, a talented, disciplined, but anxious adolescent, provided her with intellectual tools, a moral and probably emotional guardianship, and an unswerving faith in the abilities of her sex. It was with these gifts that Lydia Ann Stow underwent the process of self-actualization. She developed her talents, and she pursued her life's interests which were to make moral contributions to her world.

해석

해석

Notes

1. Frederic L. Bender, editor, *Karl Marx, The Communist Manifesto* (New York, 1988): 21. According to Bender, Marx believed this important process could not be achieved under capitalism–where the worker experiences alienation from her work. 2차 자료

2. See the unpublished four volume *Journal of Lydia Ann Stow* held at Framingham State College at Framington, Massachusetts. Framingham is a successor to the Lexington Normal School. I would like to extend my appreciation to the library staff for their assistance, especially to the archivist Sally Phillips, who was so helpful when I first began my research. 1차 자료

3. Several historians attribute this anxiety to the advance of commerce. See e.g., Charles Sellersk, *The Market Revolution: Jacksonian America, 1815–1840* (New York, 1991). For a more optimistic description of the period, see Daniel Feller, The Jacksonian Promise: 1815–1846 (Baltimore, 1995). 2차 자료

4. See, for example, Paul H. Mattingly, The Classless Profession: American Schoolmen in the Nineteenth Century (New York: New York University Press, 1975). 2차 자료

5. Lawrence A. Cremin, *American Education: The National Experience, 1783–1876* (New York, 1980): 135; Arthur 0. Norton, *The First Normal School in America: The Journals of Cyrus Peirce and Mary Swift* (Cambridge: Harvard University Press, 1926), Introduction. 2차 자료

6. Ibid, Cremin.

7. Horace Mann, *Common School Journal*, III (1841) 15, in Cremin, p. 137.

8. Horace Mann, "A Few Thoughts on the Powers and Duties of Women," in *Lectures on Various Subjects* (New York, 1864) in Cremin, p. 143. 1차 자료

9. Winston E. Langley and Vivian C. Fox, *Women's Rights in the United States: A Documentary History*, Parts I and II (Greenwood, 1994); Paula Baker, "The Domestication of Politics: Women and the American Political Society, 1780–1920." *The American Historical Review*, 89:3, June, 1984: 620–647; Nancy Cott, *The Bonds of Womanhood: Woman's Sphere in New England* (New Haven, Yale University Press. 1977). 2차 자료

10. Ibid, Cott; see also Linda K. Kerber, *Women of the Republic*.

11. Thomas Woody. *The History of Women's Education in The United States*, Vol. I (New York: The Science Press, 1929); Carlos Slafter, *A Record of Education: The Schools and Teachers of Dedham, Massachusetts, 1644–1904* (Dedham Transcript 1952): 45. 2차 자료 2차 자료

12. See Langley and Fox, *Women's Rights*, especially parts I and II.

13: Geraldine Jonich Clifford, "Home and School in 19th Century America: Some Personal History Reports From the United States," *History of Education Quarterly*, 18:1 (Spring, 1978): 3–4. 2차 자료

14. Maris A. Vinovskis, Fertility in Massachusetts from the Revolutio[r]) to the Civii War (New York: Academic Press, 1981): 221. Horace Mann said that in 1839 there were far many more female teachers than male teachers. Sec Mary Swift's Journals in Norton, *The First Normal School*, footnote 14. 2차 자료

15. Barbara Myer Wertheimer, *We Were There: The Story of Working Women in America* (New York: Pantheon Books, 1961): Claudi Goldin, "The Economic Status of Women in the Early Republic: Quantitative Evidence," *Journal of Interdisciplinary History*, XVI:3 (Winter, 1986): 375–404. 2차 자료 1차 자료

16. Lucy Larcom, *A New England Childhood*.

17. Lydia reveals that it was Professor Newman, principal of Barre Normal School, who introduced her to the high standards of journal-keeping she would maintain. She said, "He gave us some useful tips regarding the importance of writing abstracts of lectures, lessons or anything else we might hear." She recorded this in Volume IV, p. 16 of her Journals. Her summaries of lectures and of the books she read were remarkable especially in contrast to her classmates. Except for Mary Swift, all the other Journals from Lexington do not compare in quality or length with that of Stow's. 1차 자료

18. Most of this information was obtained from her obituary in the Foll River Evening News written on Friday, August 16, 1904. Lydia was 81 years old when she died. 1차 자료

19. Don Gleason Hill, editor, *The Record of Baptisms, Marriages and Deaths and Admission to the Church, 1638–1845* (Dedham, 1888): 288. This record of the First Parish Church is listed as Dedham Cemetery Epitaphs. In the registry of Probate, Norfolk County, NP 17508, Lydia's father, Timothy Stow, Jr., is listed as a "Hoosewright" or "Housewright." The O.E.D. defines these as housebuilders. 1차 자료

20. These impressions are to be gleaned from her last two Journals when she was living at home. However, while at school Lydia wrote about her feelings regarding her home. "There [meaning home] is the true City of Refuge. Where are we to turn when it is shut from us or changed?" It is interesting to note that Lydia is expressing two feelings: one that she is lucky to have that true refuge, but also, secondly she exhibits an awareness of the plight one would have without it. Probably this is because she is n orphan and probably contemplated what would happen if she were not cared for by her relatives. Journal II, p. 72. 1차 자료

21. For Peirce's background, see Norton, Introduction, *The First State Normal School*. 2차 자료

2차 자료 22. For an interesting interpretation of the personality fostered by the Congregationalist religion, see Phillip Greven, *The Protestant Temperament: Patterns of Child-Rearing, Religious Experience, and the Self in Early America* (New York, 1977): 152–179. Of course reading Lydia's Journals also provides one with the most detailed view of her religious and moral ideas.

2차 자료 23. See Norton, Introduction, *The First State Normal School.*

24. Stow, Journals, no. 1, p. 25.

25. Ibid., p. 180. See also ibid at 217 and 241 for further examples of this belief.

26. Ibid., p. 217, 241.

27. Ibid., p. 25.

28. Journals vol. II, p. 16.

29. Ibid., p. 56.

1차 자료 30. See Mary Swift's published Journal in Norton, *The First State Normal School.*

1차 자료 31. For Peirce's views see Lydia's Journals and Norton, which contains the Journals of Mary Swift and of Cyrus Peirce. From them it is very clear that Peirce believed women to have many talents including a highly developed moral capacity. For Horace Mann, see his published lectures entitled, *A Few Thoughts on the Powers and Duties of Woman, Two Lectures* (Syracuse, Hall, Mills and Co., 1853).

32. Journals vol. IV, p. 41.

33. Ibid., p. 86.

표본

표집 쟁점은 다른 유형의 연구에 비해 역사연구에서 상당히 다르다. 일반적으로 표집대상자의 모집단은 없다. 그것은 사건의 모집단이 존재한다고 주장할 수 있지만 만약 그렇다면, 그것은 사건 간의 선택이 만약 의도적으로 행해진다면, 다시 말해서 의도적 표본이라면 더 의미가 있어서 상당히 다를 가능성이 있다. 이 연구에서, 비록 그것의 특성이 무엇인지 분명하지 않지만, 사람들의 모집단이 구체화될 수 있었을 것이다. "교육에 중요한 영향을 끼친 19세기 여자". 그러한 여자의 표본은 연구결과의 일반화 가능성을 크게 증가시키지만, 아마도 적절한 출처 자료를 찾는 데 상당한 문제를 수반할 것이다.

계측

이 책의 저자들이 이 책에서 그것을 논한다는 의미에서는 어떠한 도구도 없다. 이 경우에서 '도구'는 적절한 자료를 찾고, 평가하며, 분석하는 연구자의 재능이다. 신뢰도의 개념은 일반적으로 과거 자료와 거의 관련이 없는데, 이는 각 문항이 내용이나 시간에 걸쳐 표본으로 유의적으로 간주되지 않기 때문이다. 그러나 이 연구에서 동일한 주제(예: 자신감)와 관련된 학술지 진술의 비교는 초기 두 학술지와 후반 두 학술지에 걸쳐 이루어질 수 있다. 이러한 비교는 진술의 일관성을 나타낼 것이다.

한편, 타당도는 가장 중요하다. 그것은 자료를 평가하고 동일한 세부사항에 대해 다른 자료를 비교함으로써 해결된다. 이 연구에서 자료(data)는 두 가지 유형의 자료에서 추출된다. 2차 자료는 학교 개혁과 젠더 개혁에 관한 섹션에서 광범위하게 사용된다. Stow에 대한 정보의 출처는 그녀의 네 개의 일기인 1차적인 것이다. 2차 자료 중 일부는 타당도를 위한 교차검증으로 사용될 수 있는 것으로 보이지만, 이는 명백하게 행해지지 않았다. 이 정보에 대한 보고서 저자의 요약의 타당도는 경우에 따라 학술지와 다른 주요 자료의 인용에 의해 뒷받침된다.

외적 비판은 학술지나 다른 참고문헌과 관련하여 문제가 되지 않는 것으로 보인다. 내적 비판의 문제는 학술지가 사건보다는 보고서 저자의 감정과 인식의 측면에서 평가되어야 하기 때문에 다소 다루기 어렵다. 여기에서 이 책의 저자들은 연구자의 요약에 크게 의존한다.

절차/내적 타당도

특히 독자가 추정된 내용 선택을 평가할 수 있도록 연구자가 문서, 특히 학술지를 분석하기 위해 개발하고 따랐던 계획에 대한 일부 논의가 유용할 것이라는 것 외에는 절차에 대해 말할 것이 거의 없다. 역사연구는 항상 연구자가 개인적인 편견에 따라 내용을 선택했다는 주장의 대상이 된다. 사회적 조건, 이전의 개인적 자질 및 개인적 발전 간의 관계를 연구하려는 의도 때문에, 이 연구에 대한 내적 타당도 우려는 정당화된다. 자료수집자(연구자) 편견 외에도 다른 주요 위협에는 역사(다른 사건) 및 성숙이 포함된다. 역사연구에서는 이러한 위협을 통제할 방법이 없다.

자료분석

이 책에서 설명한 바와 같이, 자료분석 절차는 이 보고서의 연구에서 사용되지 않으며, 이 책의 저자들은 그것이 어떻게 사용될 수 있는지 볼 수 없다. 제20장의 내용분석 방법을 사용하면 정보를 조직화할 수 있을 것이다. 비슷한 진술에 관한 범주별 빈도표는 해석을 명확하게 해 줄 수 있다.

결과/논의

비록 이 책의 저자들은 연구의 결과를 논의와 분리하는 것을 지지하지만, 그러한 분리작업은 역사연구에서 매우 어렵다. 여기에서 문제는 제공된 정보(자료)가 저자의 해석과 결론을 정당화하는가 하는 점이다. 증명되지는 않았지만, 이 책의 저자들은 Stow의 어린 성인기 동안의 학교와 젠더 개혁에 대한 잘 문서화된 요약이 설득력이 있다고 생각한다. 4년(17~21세)에 걸친 Stow의 변화와 관련하여, 이 책의 저자들은 보고서의 저자의 매우 유추적인 심리적 해석에 크게 의존한다. 비록 이 책의 저자들은 Stow의 사실적인 가족사에 대한 해석과 같은 것을 그럴듯하게 여기지만, 학술지에서 더 많은 인용이 그러한 해석을 강화시킬 것이고, 가장 중요한 것은 Stow의 자신감과 독립성이 이 기간 동안 크게 증가했다는 것이다. 일부는 학술지 초반에서 제공되지만, 학술지 후반에서는 제공되지 않는다.

"심지어 그녀는 학교의 수준에 맞는 자신의 능력을 의심할 때조차도, 그녀는 자아개선을 지속했다(Even as she doubted her ability to meet the school's standards, she persisted in seeking self-mprovement)"는 주장이 인용에 반영되어 있다. 그러나 이 책의 저자들은 그것이 Stow의 진술과 연구자의 느낌의 전형이라고 가정해야 한다. 마찬가지로, 사회 변화를 반영하는 Peirce의 영향력은 설득력이 있어 보이지만, 다시 한번 이 책의 저자들은 그 사례가 대표적이라고 가정해야 한다. 이 책의 저자들은 사회적 변화, 가족 지원, 개인적 지속성, Peirce의 영향력이 모두 Stow의 자아실현에 필요했다는 분명한 암시가 있다고 생각한다. 이것은 그럴듯하지만, 연구에 의해 입증되지는 않는다.

이 장의 시작 부분에 있는 **상호작용 · 응용 프로그램 학습** 기능으로 돌아가 상호작용 · 응용 프로그램 활동목록을 확인하라. www.mhhe.com/fraenkel10e의 **온라인학습센터**로 이동하여 퀴즈를 풀고 핵심 용어를 연습하며 장(章)의 내용을 검토하라.

핵심 요점

역사연구의 본질

- 역사연구의 독특한 특징은 오로지 과거에만 초점을 맞춘다는 것이다.

역사연구의 특징

- 교육연구자는 다양한 이유로 역사연구를 수행하지만, 아마도 가장 자주 인용되는 것은 사람들이 과거의 실패와 성공으로부터 배울 수 있도록 돕는 것이다.
- 잘 설계되고 신중하게 실행되면, 역사연구는 관계적 가설을 확인하거나 거부할 수 있다.

역사연구의 단계

- 코딩체계는 관찰자가 개인이나 집단의 행동을 기록하기 위해 사용하는 일련의 범주이다.
- 역사연구에서 네 가지의 필수적인 단계가 관련된다. 조사될 문제나 가설 정의하기, 관련 자료 찾기, 연구자가 찾을 수 있는 자료를 요약하고 평가, 그리고 획득된 증거를 해석하고 문제나 가설에 대한 결론 도출이다.

역사적 자료

- 대부분의 역사적 자료는 문서, 수치기록, 구두진술, 유물 등 네 가지의 기본 범주로 분류될 수 있다.
- 문서는 과거에 한 형태 또는 다른 형태로 생산된 서면 또는 인쇄된 자료이다.
- 수치기록에는 인쇄 또는 수기 형식의 모든 유형의 수치자료가 포함된다.
- 구두진술은 사람이 말하는 어떤 형태의 진술도 포함한다.
- 유물은 신체적 또는 시각적 특성이 과거에 대한 정보를 제공할 수 있는 모든 물체이다.
- 1차 자료는 기술 중인 사건의 참여자 또는 직접 증인이었던 개인이 준비한 자료를 말한다.
- 2차 자료는 사건의 직접 목격자는 아니었지만 사건에 대한 기술을 다른 사람에게서 얻은 개인에 의해 작성된 문서이다.

역사적 자료의 평가

- 내용분석은 역사연구의 주요한 자료분석 방법이다.
- 외적 비판은 연구자가 역사연구에서 사용하는 문서의 진위를 가리킨다.
- 내적 비판은 문서내용의 정확성을 의미한다. 외적 비판은 문서의 진위와 관련이 있는 반면, 내적 비판은 문서가 말하는 것과 관련이 있다.

역사연구에서 일반화

- 모든 연구에서와 마찬가지로, 역사연구를 수행하는 연구자는 작거나 대표적이지 않은 표본에서 일반화하는 데 주의를 기울여야 한다.

역사연구의 장단점

- 역사연구의 가장 큰 장점은 다른 방법으로 연구될 수 있었던 주제에 대한 조사를 가능하게 한다는 것이다. 그것은 과거의 증거를 연구할 수 있는 유일한 연구방법이다.
- 단점은 내적 타당도에 대한 위협의 많은 부분을 통제한다는 것이 역사연구에서 가능하지 않다는 것이다. 제9장에서 논의된 내적 타당도에 대한 위협 중 많은 것이 역사연구에 존재할 가능성이 있다.

핵심 용어

역사연구(historical research)
문서(document)
유물(relic)
1차 자료(primary source)
2차 자료(secondary source)
외적 비판(external criticism)
내적 비판(internal criticism)

토론거리

1. 한 연구자가 1900년 이후 고등학교 졸업요건의 변화를 조사하고자 한다. 연구자가 조사할 수 있는 가능한 가설을 제시한다. 해당 연구자는 어떤 자료를 참고할 수 있는가?
2. 연구자가 다음 각 자료에 대해 신중하거나 의심하는 이유는 무엇인가?
   1) "Christopher Columbus"라는 이름이 각인된 타자기
   2) John F. Kennedy를 미국 대통령 후보로 배서한 Franklin D. Roosevelt로부터 온 편지
   3) 학교의 고급수학 프로그램의 적절성에 대해 불평하는 한 중학교 2학년 학생이 편집자에게 보낸 편지
   4) 최근 해고된 교사의 교육청에 대한 불만을 기술하고 있는 해당 교사와의 인터뷰의 타이핑된 보고서
   5) 어떤 학생이 고등학교 1학년을 이수했음을 나타내는 1920년 고등학교 증명서
   6) 1942년 한 해 동안 학급의 어떤 학생도 결석하지 않았음을 표시내는 고등학교 교사의 출석부
   7) 1800년 초등학교 교실의 사진
3. 여러분은 역사연구를 이 책의 저자들이 이 책에서 논의했던 다른 연구방법론과 어떻게 비교하겠는가? 그렇게 하는 것이 더 어려운가, 아니면 더 쉬운가? 그 이유는?
4. 역사연구에서 "연구자는 표본의 대표성을 보장할 수 없다". 왜 그러한가?
5. 이 책의 저자들이 기술한 역사연구에 관련된 단계 중 완료하기가 가장 어려울 것으로 생각되는 단계는 무엇인가? 가장 쉬운 것은? 왜 그러한가?
6. 여러분은 역사연구의 잠재적인 원천이 될 수 없는 주제나 아이디어를 생각할 수 있는가? 왜 생각할 수 없는가? 예를 들어 보라.
7. 역사학자는 보통 2차 자료보다 1차 자료를 사용하는 것을 선호한다. 왜 그러한가? 그러나 그 반대의 경우가 사실일 수 있는 예를 생각해 볼 수 있는가? 이에 관해 논의해 보라.
8. 여러분은 역사문서의 진위와 정확도 중 어느 것이 입증되기 어렵다고 생각하는가? 왜 그렇게 생각하는가?

제7부 혼합방법연구

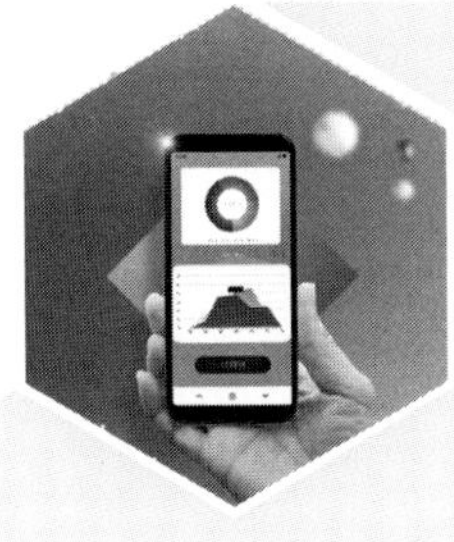

제7부에서는 양적 연구방법와 질적 연구방법이 결합된 혼합방법연구에 관한 논의를 제시한다. 그러한 연구는 최근에 관심이 많이 증가하고 있다. 지지자들은 두 가지 접근방법의 장점을 사용하는 것에 대한 잠재성을 지적하는 반면, 비판자들은 '방법'의 정의에 관한 애매성을 포함하여 몇 가지 한계를 논의한다. 이 책의 저자들은 제23장에서 찬반을 제시하고 이 책의 저자들이 분석한 연구의 예를 제시하면서 마무리한다.

제 23 장
혼합방법연구

유타대학교 교육심리학과
Michael K. Gardner에 의해

학습목표

이 장을 학습하면 다음을 수행할 수 있어야 한다.

- 혼합방법연구가 무엇인지 설명할 수 있다.
- 혼합방법연구가 다른 유형의 연구와 어떻게 다른지 기술할 수 있다.
- 연구자가 혼합방법연구를 수행하려고 할 수 있는 최소 세 가지 이유를 제시할 수 있다.
- 혼합방법연구를 수행할 때 발생하는 몇 가지 단점을 기술할 수 있다.
- 혼합방법연구 설계의 세 가지 주요 유형을 명명하고, 어떻게 다른지 간략하게 기술할 수 있다.
- 혼합방법연구를 수행하는 데 관련된 몇 가지 단계를 나열할 수 있다.
- 혼합방법연구를 평가하는 데 사용할 수 있는 최소 다섯 가지의 질문을 나열할 수 있다.
- 윤리문제가 혼합방법연구에 어떤 영향을 미치는지 간략하게 기술할 수 있다.
- 교육문헌에서 혼합방법연구를 우연히 발견했을 때 그것을 인식할 수 있다.

상호작용 · 응용 학습	이 장을 읽는 동안 또는 읽은 후:
 다음을 하려면, 온라인학습센터 (www.mhhe.com/fraenkel10e)로 접속하라.	 다음 활동을 수행하기 위해 온라인 학습자 완전학습 활동(Student Mastery Activities) 책을 읽으라.
• 수행 중인 연구	• 활동 23.1: 혼합방법연구 질문 • 활동 23.2: 혼합방법설계 확인 • 활동 23.3: 혼방방법설계에서 연구질문 • 활동 23.4: 혼합방법연구에서 용어 확인

한 대도시 소재 교육청의 정 교육감은 관내 몇몇 교장선생님에 의해 자신의 교육지원청에서 초등학생과 중학생들의 스마트폰 중독률이 놀라운 속도로 증가하고 있다는 것을 알게 된다. 걱정이 된 정 교육감은 지역 대학의 노 교수님에게 그 문제를 조사해 달라고 요청한다. 노 교수님은 스마트폰 중독률이 특히 높은 것으로 보고된 근처 중학교의 상황을 조사하는 것으로 연구를 시작하기로 결심한다. 노 교수님은 이 문제를 조사하기 위해 학교장의 허락을 받고 학생과 학부모들에게 자신의 연구 프로젝트에 참여할 수 있는 충분한 동의를 구하는 것으로 시작한다. 노 교수님은 먼저 양적 조사도구를 사용하여 일부 자료를 수집하여 혼합방법연구를 수행하기로 했다. 그런 다음, 설문조사에 참여한 학생들의 표본을 인터뷰함으로써 후속조치를 취한다. 노 교수님은 인터뷰가 설문지에 대한 학생들의 반응에 대한 더 자세한 정보를 제공하고, 따라서 스마트폰 중독률 문제를 해결하기 위한 몇 가지 방법을 제공하기를 바란다.

 혼합방법연구란 무엇인가

혼합방법연구(mixed-methods research)는 단일 연구에서 **양적 방법과 질적 방법 모두**(both quantitative and qualitative)를 사용하는 것을 포함한다. 이러한 연구에 종사하는 사람들은 두 가지 방법을 모두 사용하는 것이 두 가지 방법 중 하나만을 사용하는 것보다 연구문제에 관한 더 완전한 이해를 할 수 있다고 주장한다.

비록 혼합방법연구는 1950년대로 거슬러 올라가지만, 그것은 최근에야 교육연구 분야에서 중요한 위치를 차지했다. 그것에 대한 최초의 학술지는 2005년에 출판되기 시작했다. 그것이 무엇인지에 대해 다른 관점이 있다는 것은 놀라운 일이 아니다. 일부 사람들의 경우, 본질적인 특징은 혼합방법연구가 양적 및 질적 전통에서 자료수집 및 분석 방법을 결합한다는 것이다. 이 책의 앞부분에서 지적한 바와 같이, 전자는 수치자료와 통계분석을 선호하는 반면, 후자는 서면 의사소통의 분석을 통해 자주 얻어지는 서술형 형태의 심층 정보를 선호한다.

다른 사람들의 경우, 이 기술(description)이 충분히 구체적이지 않다. 그들은 특히 질적 방법의 다른 특징들이 존재해야 한다고 주장한다. 여기에는 '선택적(selective)' 기술보다는 '심층(thick)' 기술에 중점을 두고 연구되는 현상에 대한 총체적인 그림을 개발하고 분석하는 것이 포함된다. 이 책의 저자들은 이 정의의 문제가 곧 해결될 것으로 기대하지 않는다. 그 사이에, 현재 문헌에서 두 가지 모두의 예를 찾을 수 있다.

자료수집에 사용되는 도구유형은 양적 방법론과 질적 방법론의 주요 차이가 아니라는 점에 유의해야 한다. 질적 연구에 사용되는 중요한 도구인 관찰과 인터뷰는 양적 연구에서도 흔히 찾을 수 있다. 다른 것은 방식(manner), 맥락(context), 그리고 때로는 의도(intent)이다(제7장, 제17장, 제19장, 제21장 참고).

교육연구자들이 수행한 혼합방법연구의 몇 가지 실제적인 예는 다음과 같다.

- 교사의 생활, 업무, 효과성에 관한 연구에서 질적 연구방법론과 양적 연구방법론 결합[1)]
- '좋은 선생님'에 대한 전화 설문조사에서 폐쇄형 및 개방형 질문 도구[2)]
- 교사의 직업적 발달과정에서 감정과 변화: 혼합방법연구[3)]
- 모든 것을 말하기: 혼합방법을 사용한 여자의 사회적 자본에 관한 이야기[4)]
- 환경교육에 대한 교사의 헌신의 복잡성: 혼합방법 접근[5)]
- 아시아계 미국 청소년의 데이트와 성적 태도[6)]

왜 혼합방법이 연구되는가

혼합방법연구는 몇 가지 장점을 가지고 있다. 첫째, 변수 간에 존재하는 것으로 밝혀진 관계를 명확히 하고 설명하는 데 도움이 될 수 있다. 예를 들어, 상관관계 자료는 학생들이 컴퓨터를 사용하여 집에서 보내는 시간과 성적 간의 약간 부적 관계를 나타낼 수 있다. 즉, 학생들의 컴퓨터 사용 시간이 증가함에 따라 성적이 나빠졌다. 왜 이러한 관계가 존재하는지 의문이 제기된다. 학생들과의 인터뷰는 두 개의 뚜렷한 집단으로 분류될 수 있음을 보여 준다. ① 주로 사회적 상호작용(예: 이메일 및 인스턴트 메시지)을 위해 컴퓨터를 사용하는, 그리고 구성원의 성적이 좋지 않은 상대적으로 큰 집단, ② 학교 관련 정보를 수집하기 위해(예: 검색엔진의 사용을 통해) 컴퓨터를 사용하는, 그리고 구성원의 성적이 상대적으로 높은 더 적은 집단이다. 두 집단이 처음 통합되었을 때, 첫 번째 집단의 더 많은 수의 학생이 컴퓨터 사용과 학생 성적 간에 존재하는 것으로 밝혀진 부적 관계를 만들어냈다. 그러나 그 후의 인터뷰는 그 관계가 다소 거짓이라는 것을 보여 주었는데, 그 이유는 학생들이 컴퓨터 그 자체의 사용때문이 아니라 컴퓨터를 **사용하는 이유**(the reason why) 때문이었다.

둘째, 혼합방법연구를 통해 변수 간의 관계를 심층적으로 탐색할 수 있다. 이 상황에서는 관심 영역의 중요한 변수를 확인하기 위해 질적 방법을 사용할 수 있다. 그런 다음, 이러한 변수는 많은 수의 개인에게 투여되는 도구(예: 설문지)에서 정량화될 수 있다. 그런 다음, 변수는 다른 변수와 상관될 수 있다. 예를 들어, 학생들과의 인터뷰는 학습문제가 세 가지 영역으로 범주화될 수 있다는 것을 보여 줄 수 있다. ① 학습에 소비되는 너무 적은 시간, ② 텔레비전과 라디오와 같은 학습환경의 방해, ③ 학부모나 형제자매의 불충분한 도움이다. 이러한 문제는 세 가지 연구문제 영역 각각에 대해 4개의 질문이 포함된 12개 문항의 질문지를 구성하여 추가로 조사할 수 있다. 300명의 학생에게 이 질문지를 실시한 후, 연구자는 이러한 다른 변수 중 어떤 것이 특정한 학습문제와 관련이 있는지, 그리고 어떻게 관련이 있는지 알아보

---

1) Day, C. et al. (2008). Combining qualitative and quantitative methodologies in research on teachers' lives, work, and effectiveness: From integration to synergy. *Educational Researcher, 37*(8), 330–342.

2) Amon, S., & Reichel, N. (2009). Closed and open–ended question tools in a telephone survey about "The Good Teacher"– An example of a mixed method study. *Journal of Mixed Methods Research, 3*(4), 172–196.

3) Scott, C., & Sutton, R. E. (2009). Emotions and change during professional development for teachers: A mixed methods study. *Journal of Mixed Methods Research, 3*(4), 151–171.

4) Hodgkin, S. (2008). Telling it all: A story of women'S social capital using a mixed methods approach. *Journal of Mixed Methods Research, 2*(10), 296–316.

5) Sosu, E. M. et al. (2008). The complexities of teachers' commitment to environmental education: A mixed methods approach. *Journal of Mixed Methods Research, 2*(4), 169–189.

6) Lau, M. et al. (2009). Dating and sexual attitudes in Asian–American adolescents. *Journal of Adolescent Research, 24*(1), 91–113.

기 위해, 연구문제 점수를 학생 성적, 표준화된 시험 성과, 사회경제적 수준, 그리고 과외활동 참여와 같은 다른 변수와 연관시킬 수 있다.

셋째, 양적 방법과 질적 방법을 비교하여 현상의 단일 해석에 수렴하는지 확인할 때처럼, 혼합방법연구는 변수 간에 발견된 관계를 확인하거나 교차검증하는 데 도움이 될 수 있다. 만약 그것이 수렴하지 않으면 수렴하지 않는 원인을 조사할 수 있다. 예를 들어, 혼합방법연구를 전문으로 하는 교수에게 중학교 학생들의 교사의 채점 실제에 대한 만족도를 조사하도록 요청할 수 있다. 해당 교수는 학생들의 태도를 결정하기 위해 고안된 질문지를 준비한 다음, 학생들의 다양한 표본으로 초점집단을 진행할 수 있다. 질문 응답이 일반적으로 교사의 채점 실제에 대한 만족도를 나타내지만 초점집단 참여자가 그들에게 상당한 불만을 나타낸다면, 학생들이 교사가 설문조사에 대한 반응을 볼 것이라고 느꼈을 것이라고 생각할 수 있다. 그러나 어떤 교사나 다른 어른들도 참석하지 않는 초점집단에서 그들은 자신의 진정한 감정을 자유롭게 표현할 수 있었다. 따라서 이 경우에 명백한 수렴 부족은 세 번째 변수, 즉 교사가 결과에 접근할 수 있는지 여부에 의해 설명될 수 있다.

혼합방법연구의 단점

이 시점에서 모든 연구문제가 혼합방법설계를 사용하여 해결되지 않는 이유가 궁금할 수 있다. 몇 가지 단점이 있다. 첫째, 혼합방법연구는 종종 매우 시간이 많이 걸리고 비용이 많이 든다. 둘째, 많은 연구자가 오직 한 가지 유형의 연구에만 경험이 있다. 혼합방법연구를 제대로 수행하려면, 두 가지 유형의 연구에 대한 전문지식이 필요하다. 그러한 전문지식은 개발하는 데 상당한 시간이 걸린다.

실제로 혼합방법연구를 수행하는 데 필요한 자원, 시간 및 에너지는 단일연구자가 수행하는 것이 금지될 수 있다. 전문 분야가 다른 여러 연구자가 한 팀으로 일할 경우 이러한 단점을 피할 수 있다. 그러나 만약 한 명의 연구자가 충분한 시간, 자원, 기술을 가지고 있지 않다면, 아마도 순수하게 양적 또는 질적 연구를 잘 하는 것이 더 나을 것이다.

그럼에도 불구하고, 혼합방법연구는 고려할 수 있는 실행 가능한 옵션으로 남아 있다. 점점 더 많은 혼합방법연구가 행해지고 있으며, 이러한 유형의 연구는 연구를 수행하고 설계하는 데 관심이 있는 모든 사람이 이해할 수 있어야 한다.

간략한 역사

혼합방법연구는 1950년대에 한 연구에서 둘 이상의 연구방법을 사용하는 것에 약간의 초기 관심이 생겨났을 때 처음으로 활용되기 시작했다. 예를 들어, 1957년에 Trow는 다음과 같이 언급했다.

> 모든 구두수선공은 가죽만이 유일한 것이라고 생각한다. 대부분의 사회과학자는 익숙하고 사용하는 데 약간의 기술을 가지고 있는 자신이 가장 좋아하는 방법을 가지고 있다. 그리고 나는 우리가 대부분 이러한 방법을 통해 공격하는 데 취약해 보이는 문제를 조사하기로 선택했다고 생각한다. 그러나 우리는 적어도 사기꾼보다 덜 편협해지도록 노력해야 한다. '참여자 관찰' 대 '인터뷰'의 논쟁을 끝내고(우리가 심리학 대 사회학에 대한 논쟁을 대부분 생략했던 것처럼) 우리가 가지고 있고 그들이 요구하는 가장 광범위한 개념적이고 방법론적인 도구로 우리의 문제를 공격하는 사업을 계속하자.[7]

Campbell과 Fiske[8]는 다중척도로 특성을 측정하는 것을 주장했는데, 왜냐하면 그것은 특성(traits)으로 인한 분산(variance)과 특성을 측정하기 위해 사용된 방법으로 인한 분산을 분리할 수 있기 때문이다. 그들은 양적 영역에서 엄격하게 연구하고 있었지만, 그것의 다중특성-다중방법 매트릭스(multitrait-multimethod matrix)는 연구 중인 현상과 그것을 연구하기 위해 사용되는 도구를 분리하는 것의 중요성을 시사했다. Denzin[9]과 Jick[10]는 **삼각검증(triangulation)**이라는 용어를 연구방법에 적용한 공로를 인정받았다. 삼각검증(triangulation)[또는 더 정확하게 **방법론적 삼각검증(methodological triangulation)**]은 동일한 연구문제를 연구하기 위해 서로 다른 방법 또는 유형의 자료를 사용하는 것을 포함한다. 만약 결과가 일치한다면, 그것은 각 연구결과를 타당화하는 데 도움이 된다. Denzin은 동일한 현상을 연구하기 위해 다중 자료 출처를 이용할 때 삼각검정을 사용했다. Jick은 단일방법(양적 또는 질적) 내에서 그리고 여러 방법(양적과 질적 모두)에서 삼각검증의 사용에 대해 논의했다. 그는 한 방법의 강점이 다른 방법의 약점을 상쇄할 수 있는 방법에 주목했다.

이 책의 저자들은 제18장에서 양적 및 질적 연구자가 그의 조사에 접근하는 방법을 안내하는 일련의 믿음이나 가정이 다르다는 것을 지적했고, 이러한 가정은 그의 세계관, 즉 무엇보다도 실재의 본질과 연구과정에 관해 그들이 가지고 있는 견해와 관련이 있다고 말했다. 이 책의 저자들이 거기에서 언급했듯이, 양적 접근은 실증주의(positivism) 철학과 연관되어 있다. 반면, 질적 방법론은 포스트모더니즘(postmodernism)과 같은 다른 세계관을 고수하면서 연구에 대한 보다 더 '예술적' 접근을 옹호한다(499쪽의 '연구논쟁' 참고).

이러한 차이는 많은 연구자가 양적 · 질적 연구방법론이 이분법(어떠한 중간 지대도 없는 둘 중 하나의 명제)이라고 믿게 만들었다. 사실, 1970년대와 1980년대 동안, 이 문제에 대한 양측의 많은 연구자는 이 두 가지 방법(흔히 '패러다임'으로 지칭됨)이 결합될 수 없다고 강력하게 주장했다. 많은 연구자가 여전히 이 관점을 고수하고 있다. Rossman과 Wilson[11]은 1985년에 패러다임이 섞일 수 없다고 말한 사람들을 **순수주의자(purists)**, 자신의 방법을 상황의 세부사항에 적용시킬 수 있는 사람들을 **상황주의자(situationists)**, 그리고 다중 패러다임이 연구에 이용될 수 있다고 믿는 사람들을 **실용주의자(pragmatists)**라고 불렀다. 비록 혼합 패러다임의 문제가 여전히 존재하지만, 더 많은 연구자가 혼합방법연구를 위한 최고의 철학적 토대로서 실용주의를 수용하고 있다.[12]

실용주의자(pragmatist)는 연구자들이 효과가 있는 것은 무엇이든 사용해야 한다고 제안했다. 어떤 연구방법이나 방법들을 사용할지에 대한 결정을 내릴 때 가장 중요한 요소는 당면한 연구질문이다. 방법에 대한 세계관과 선호는 뒷전으로 밀려야 하며, 연구자는 연구질문을 가장 쉽게 밝히는 연구접근방법을 선택해야 한다. 그러한 연구접근방법은 양적, 질적 또는 두 가지 조합일 수 있다.

---

7) Trow, M. (1957). Comment of participant observation and interviewing: A comparison. *Human Organization, 16*, 33-35.

8) Campbell, D. T., & Fiske, D. W. (1959). Convergent and discriminant validation by the multitrait-multimethod matrix. *Psychological Bulletin, 54*, 297-312.

9) Denzin, N. K. (1978). The logic of naturalistic inquiry. In N. K. Denzin (Ed.), *Sociological methods: A source book*. McGraw-Hill.

10) Jick, T. D. (1979). Mixing qualitative and quantitative methods: Triangulation in action. *Administrative Science Quarterly, 24*, 602-611.

11) Rossman, G. B., & Wilson, B. L. (1985). Numbers and words: Combining quantitative and qualitative methods in a single large-scale evaluation study. *Evaluation Review, 9*(5), 627-643.

12) Tashakkori, A, & Teddlie, C. (1998). *Mixed methodology: Combining qualitative and quantitative approaches* (p. 41). Sage; Creswell, J. W., & Plano Clark, V. L. (2006). *Designing and conducting mixed methods research* (chapter 2). Sage.

예를 들어 보자. 한 대형 교육청의 교육감은 전화 설문조사를 실시하기 위해 컨설턴트를 고용하여 응답자들에게 특정 지출에 대해 증가된 세금으로 얼마를 지불할 의향이 있는지에 대한 일련의 질문을 한다(예: 소규모 학급 규모, 교사 임금 인상 또는 체육 프로그램 확대와 같은 것들). 해당 교육감은 조사 대상자들이 필요로 하는 금액에 가까운 어떤 옵션이라도 자금을 대기를 꺼리는 것을 발견하고 실망했다. 그래서 해당 교육감은 컨설턴트가 초점집단을 진행하도록 하여 그 이유를 알아보기로 결심한다. 이 두 가지 유형의 정보가 근본적으로 호환되지 않는가? 절대 아니다. 각 유형은 교육감에게 유용한 정보를 제공한다. 양적 자료는 대중이 **무엇을**(what) 받아들일지 말해 주는 반면, 초점집단은 **왜**(why) 그들이 그렇게 반응했는지 말해 줌으로써 부정적인 반응을 명확히 하는 데 도움이 된다.

혼합방법설계 유형

양적 방법과 질적 방법은 특정 연구질문을 해결하는 데 적합한 어떤 방식으로든 결합될 수 있지만, 특정 혼합방법설계는 그것들을 자세히 볼 수 있을 만큼 충분한 빈도로 발생한다. 세 가지의 주요 혼합방법설계가 존재한다. 탐색적 설계(exploratory design), 설명적 설계(explanatory design), 삼각검증 설계(triangulation design)가 그것이다.[13] 각 자료에는 질적 자료와 양적 자료가 통합되어 있다.

탐색적 설계

이 설계에서 연구자는 관심 현상의 기초가 되는 중요한 변수를 발견하기 위하여, 그리고 두 번째, 즉 양적 방법을 알려 주기 위하여 먼저 질적 방법을 사용한다([그림 23-1] 참고). 다음으로, 그는 이 변수 간의 관계를 발견하려고 한다. 이러한 유형의 설계는 종종 다양한 관심 주제를 측정하도록 설계된 질문지나 평가척도의 구성에 사용된다.

[그림 23-1] 탐색적 설계

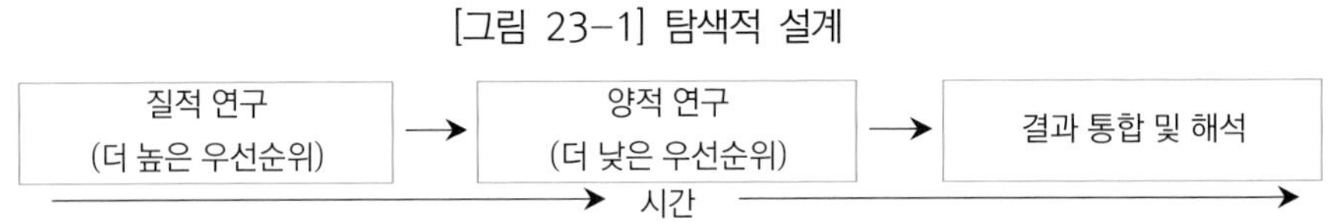

출처: Creswell, J. W., & Plano Clark, V. L. (2006). *Designing and conducting mixed methods research*. Sage. 에서 수정됨

탐색적 설계에서 질적 단계의 결과(results)는 양적 방법에 대한 방향을 제시하며, 양적 결과(results)는 질적 결과(findings)를 검증하거나 확장하는 데 사용된다. 탐색적 설계의 자료분석은 연구의 첫 번째 질적 단계와 두 번째 양적 단계에 해당하는 별개의 것이다. 탐색적 설계의 기초가 되는 근거는 현상을 탐구하거나 중요한 주제를 확인하는 것이다. 그것은 또한 특정 유형의 도구를 개발하고 검사해야 할 때 특히 유용하다.

이 장의 시작 부분에 있는 삽화는 탐색적 설계의 예를 보여 준다. 학생은 아마도 심층인터뷰의 내용분

13) Creswell과 Plano Clark도 그들이 내재된 설계(embedded design)라고 부른 것을 언급한다. Creswell, J. W., & Plano Clark, V. L. (2006). *Designing and conducting mixed methods research* (pp. 67-71). Sage. 를 참고하라.

석과 아마도 다른 이야기(에세이 등)를 포함하는 질적 방법(문화기술지)을 사용하여 학생들의 고등학교 갱단에 가입한 이유를 확인하고 갱단 가입이 그들에게 어떤 영향을 미치는지 확인하려고 한다. 그 후, 해당 학생은 신입생일 때 가입한 다른 이유를 가진 학생들의 하위집단을 비교하기 위해 인과-비교 설계를 사용하였다. 이렇게 하기 위해서, 해당 학생은 자신의 문화기술지적 자료를 사용하여 하위집단을 분류해야 할 것이다. 그런 다음, 해당 학생은 이 집단들이 문화기술지에 의해 제안되는 방식에서 어떻게 다른지 보기 위해 선배로서 그들로부터 자료를 수집했다. 이것은 도구 개발을 요구할 수 있는 양적 정보를 선호하는 추가적인 자료수집을 요구할 수 있다.

연구논쟁

몇몇 방법은 다른 방법과 양립할 수 없는가

교육분야의 일부 연구자는 양적 방법이 질적 방법과 양립할 수 없다고 주장한다. 그들은 각 방법의 기본적인 가정은 실제로 동일한 연구에서 다른 방법의 사용을 방해한다고 말한다. 많은 질적 연구자는 질적 방법이 세상의 본질에 대한 관점[실재(reality)는 드러나는 것이 아니라 구성되는 것이다]에 근거한다고 주장한다. 모든 개인이 자신의 방식으로 세상을 보기 때문에, '밖에서' 발견할 수 있는 단일실재는 없다. 사실, 다중실재가 존재한다. 반면에 양적 연구자는 이러한 관점을 거부한다. 그러나 다른 연구자는 이러한 비호환성의 개념이 과장되었다고 주장할 것이다. 예를 들어, Krathwohl은 "양적 연구결과들은 질적인 보고서에서 단어로 표현된 경향과 경향들을 요약한 숫자로 압축한다. 많은 경우, 코드화된 질적 자료의 개수는 양적 요약과 유사한 자료를 생성했을 수 있다. 실제로 많은 문제는 한 가지 방법이 제공할 수 있는 것보다 더 많은 것을 요구한다. 물론 해답은 다중방법접근법(multiple- method approach)이다."[14]

설명적 설계

연구자는 때때로 양적 연구를 수행하지만, 그 결과를 구체화하기 위해 추가적인 정보를 요구할 것이다. 이것이 설명적 설계의 배경이다. 이 설계에서 연구자는 먼저 양적 방법을 수행한 후, 질적 방법을 사용하여 양적 결과를 추적하고 개선한다([그림 23-2] 참고). 두 가지 유형의 자료는 양적 연구의 결과를 확장하기 위해 연구자에 의해 사용된 질적 분석의 결과로 별도로 분석된다.

[그림 23-2] 설명적 설계

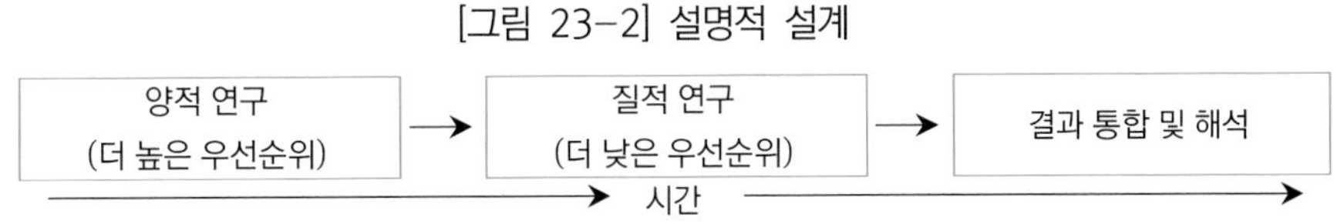

출처: Creswell, J. W., & Plano Clark, V. L. (2006). *Designing and conducting mixed methods research*. Sage.에서 수정됨

예를 들어, 몇 년 전 네 명의 5학년 교사가 균형 잡힌 실험에서 대체 학기마다 능력별 집단화와 비집단화를 사용하여 수학을 가르쳤던 연구에서, 이 책의 저자 중 한 명이 공동연구자였다. 그 연구는 학교 연구에서 학생들을 교사에게 무선으로 배정하는 특이한 특징을 가지고 있었다. 주요 연구결과는 한 교사가 비집단화를 통해 상당히 더 높은 성취도를 달성한 반면, 다른 세 교사는 집단화를 통해 더 큰 성취도

14) Krathwohl, D. R. (1998). *Methods of educational and social science research: An integrated approach* (2nd ed., p. 619). Longman.

를 보였다는 것이다. 교실 활동에 대한 인터뷰와 서술적 기술(narrative description)을 사용한 후속 질적 연구는 학생들이 집단으로 더 많이 배운 세 명의 교사보다 한 명의 교사가 개별화 교육에 더 능숙하다는 비공식적인 관찰을 검증할 수 있었다.[15)]

삼각검증 설계

삼각검증 설계에서 연구자는 양적 방법과 질적 방법을 모두 사용하여 동일한 현상을 연구하여 조사 중인 연구문제에 대한 단일 이해로 두 가지가 수렴되는지 여부를 판단한다. 만약 그렇지 않다면, 연구자는 왜 두 가지 방법이 다른 그림을 제공하는지 탐구해야 한다. 양적 방법과 질적 방법은 동일한 우선순위가 부여되며, 모든 자료가 동시에 수집된다([그림 23-3] 참고). 자료는 함께 분석될 수도 있고, 별도로 분석될 수도 있다. 함께 분석될 경우, 질적 연구의 자료는 양적 자료로 변환되어야 하거나[예: 정량화(quantitizing)라고 하는 과정에 수치 코드(numerical codes) 할당], 양적 자료는 질적 자료로 변환되어야 할 수 있다[예: 정성화(qualitizing)라고 하는 과정에 서술(narratives) 제공]. 만약 자료를 별도로 분석하면, 그때 결과의 수렴 또는 분산이 논의될 것이다. 삼각검증 설계 사용에 대한 기본적인 근거는 두 방법의 강점이 서로를 보완하고 각 방법의 약점을 상쇄할 것이라는 것이다.

[그림 23-3] 삼각검증 설계

질적 연구 (동등한 우선순위)	↘	
		결과 통합 및 해석
양적 연구 (동등한 우선순위)	↗	

→ 시간 →

출처: Creswell, J. W., & Plano Clark, V. L. (2006). *Designing and conducting mixed methods research*. Sage. 에서 수정됨

---

15) Wallen, N. E., & Vowles, R. O. (1960). The effects of intra-class ability grouping on arithmetic achievement in the sixth grade. *Journal of Educational Psychology, 51*, 159-163.

예를 들어 보자. Fraenkel은 수정된 삼각검증 설계를 사용하여 동료들에 의해 뛰어난 것으로 확인된 4명의 고등학교 사회과 교사를 연구했다.[16] 그는 교실에서 매일 일어나는 일에 대한 초상화를 그리고, 효과적인 교사 기법(techniques)과 행동을 확인하려고 시도했다. 이를 위해, 그는 일지를 이용한 광범위한 수업 내 관찰과 학생과 교사와의 인터뷰를 포함한 몇 가지 질적 기법을 사용했다. 그는 또한 수행 체크리스트, 등급척도, 토론 흐름도를 포함한 많은 양적 도구를 사용했다. 그는 각 교사의 행동, 수업 방식, 기법에 대한 상세한 기술(description)을 개발했고, 교사들의 유사점과 차이점을 비교했다. 삼각검증은 교사 인터뷰, 학생 인터뷰, 관찰을 비교하는 것뿐만 아니라, 교실 상호작용과 성취도의 양적 측정과 비교함으로써 달성되었다.

한 가지 실례가 되는 연구결과(finding)는 관찰, 교사 인터뷰, 학생 평점을 통해 밝혀진 바와 같이, 네 명의 교사 모두 소집단 업무를 강조했다는 것이다. 전반적으로, 이 연구의 연구결과는 자주 권장되는 교수전략을 지원했지만, 문헌에서 많은 관심을 받지 못한 일부도 시사했다. 여기에는 학생들의 삶에 대한 광범위한 개인적 관여, 교실 안팎의 사회적 상호작용 촉진, 의식적으로 비언어적 단서에 주의를 기울이는 것 등이 포함되었다. 이 연구에서는 순수하게 양적 또는 질적 방법을 사용한 경우보다 훨씬 더 많은 정보와 통찰력을 얻었다.

기타 혼합방법설계 쟁점[17]

지지관점

혼합방법설계를 분류하는 데 사용할 수 있는 요인은 지지관점(advocacy lens)의 유무이다. 지지관점은 연구자의 세계관이 연구의 목적이 연구 외 세계의 연구참여자의 처우 개선을 옹호하는 것임을 시사할 때 발생한다. 지지관점을 포함하는 세계관의 예는 페미니스트이론, 인종기반이론 및 비판이론일 것이다. 이 책의 저자들은 지지관점이 없는 것처럼 주요 혼합방법설계에 대해 논의했지만, 각 설계는 명시적인 지지관점을 사용하여 접근할 수 있다. 예를 들어, 연구자는 초등학교에서 학생의 성취도에 관한 양적, 질적 방법을 삼각검증하는 데 관심이 있을 수 있으며, 주로 백인 교외 학교에서의 수행을 주로 흑인 도심 학교에서의 수행과 비교한다. 이 연구의 목적은 흑인 도심지 학생들을 위한 여건과 성취도를 향상시키는 것일 수 있다.

표집

표집은 혼합방법연구에서도 다른 유형의 연구만큼 중요하다. 질적 연구자는 일반적으로 의도적 표집을 사용하는데, 여기에서 연구자는 조사되는 중심 개념에 대해 정보를 제공받거나 경험이 있는 참여자를 의도적으로 선택한다. 일반적으로 표본은 작으며, 상대적으로 적은 수의 개인이 대규모 표본으로는 제공할 수 없는 상당한 양의 상세하고 심층적인 정보를 제공할 수 있다.

---

16) Fraenkel, J. R. (1994). A portrait of four social studies teachers and their classes: With special attention paid to identification of teaching techniques and behaviors that contribute to student learning. In Tierney, D. S. (Ed.), *1994 Yearbook of California Education Research*. Caddo Gap Press.

17) 이러한 주장들은 Hanson, W. E., Creswell, J. W., Plano Clark, V. L., Petska, K. S., & Creswell, J. D. (2005). Mixed methods research designs in counseling psychology. *Journal of Counseling Psychology, 52*(2), 224–235.에서 행해졌다.

양적 연구자는 일반적으로 더 많은 모집단을 대표하는 개인을 선택하여 결과가 해당 모집단에 일반화될 수 있기를 원한다. 일반적으로 무선표집전략이 선호되지만, 특히 교육환경에서 이는 가능하지 않은 경우가 많다. 따라서 편리하고 체계적이거나 의도적인 표본을 사용하여 복원를 제안하고 권장해야 한다. 표본크기는 일반적으로 질적 연구보다 훨씬 크다.

혼합방법연구에는 일반적으로 여러 개의 표본이 있다. 예를 들어, 한 연구자가 교외 학교의 약물 사용에 대한 혼합방법연구를 위해 두 개의 고등학교를 무선으로 선택할 수 있다. 해당 연구자는 먼저 두 학교의 졸업반 800명 모두를 대상으로 설문조사를 한 다음, 학생에 관한 의도적 표본을 사용하여 6개의 초점집단을 실시하고, 면접 대상 학생 40명을 무선으로 선정하여 결론을 내린다.

Teddlie와 Yu는 혼합방법 표집이 한쪽 끝에는 양적 표집기법이 있고, 다른 쪽 끝에는 질적 표집기법이 있는 연속체의 중간 부분을 차지한다고 설명한다. 그들은 혼합방법연구자가 자신의 연구문제를 다루기 위해 임의적이고 의도적인 표집전략의 모든 조합을 사용해야 한다고 주장한다. "실제로 연구문제에 답할 때, 이러한 기법을 창의적으로 결합하는 연구자의 능력은 혼합방법연구의 정의적(defining) 특성 중 하나이다."[18]

따라서 연구자는 관련된 두 표본의 상대적 크기, 동일한 참여자를 포함할지 여부, 한 표본이 다른 표본에 포함되는지 여부, 또는 참여자가 두 표본에서 완전히 달라야 하는지 여부와 같이 혼합방법연구를 시작하기 전에 표집과 관련하여 많은 결정을 내려야 한다.

혼합모형연구

Tashakkori와 Teddlie는 혼합모형연구(mixed-model studies)를 "연구과정의 여러 다른 단계 내에서 질적 및 양적 접근방법을 결합하는" 연구로 정의한다.[19] 단일 연구에서 이는 실험연구, 그 다음으로 양적 자료수집, 그 다음으로 그것이 숫자로 변환된 후 자료의 양적 분석을 수반할 수 있다. 혼합모형연구에서 연구에 대한 양적 및 질적 접근방법은 3단계 연구과정 각 과정 동안 다루어질 수 있다. ① 조사유형[확인적 (일반적으로, 질적) 대 탐색적 (일반적으로, 양적)], ② 양적 자료수집과 연산(operations) 대 질적 자료수집과 연산, ③ 통계적 분석과 추론 대 질적 분석과 추론이다. 실제로 Tashakkori와 Teddlie는 혼합모델연구를 위한 분류시스템을 만들기 위해 이러한 차원을 사용한다.[20] 명백히 이것은 연구설계를 분류하기 위한 더 복잡한 시스템이며, 적어도 연구의 세 단계의 조합 중 일부는 실제로 매우 드물게 발생한다.

혼합방법연구 수행 단계

혼합방법연구를 수행하기 위한 분명한 근거 개발

연구자는 당면한 문제를 조사하기 위해 양적 방법과 질적 방법 **모두(both)**가 필요한 이유를 물어야 한다. 이유가 명확하지 않으면 혼합방법연구가 적절하지 않을 수 있다.

---

18) Teddlie, C., & Yu, F. (2007). Mixed methods sampling: A typology with examples. *Journal of Mixed Methods Research, 1*(1), 85.
19) Tashakkori, A, & Teddlie, C. (1998). *Mixed methodology: Combining qualitative and quantitative approaches* (p. 19). Sage.
20) Ibid.

질적 방법과 양적 방법 모두를 위한 연구문제 개발

모든 연구에서와 마찬가지로, 연구질문이나 질문의 본질에 따라 사용할 설계유형이 결정된다. 많은 연구질문은 양적 및 질적 연구기법 중 하나 또는 둘 다를 사용하여 해결할 수 있다. 예를 들어, 한 연구자가 다음과 같은 질문을 제기했다고 가정해 보자. "왜 아시아계 미국인 대학생들은 대학상담센터를 더 많이 이용하지 않는가?" 해당 연구자는 아시아계 미국인 대학생들을 인터뷰하는 것으로 시작할지도 모른다. 그런 다음, 해당 연구자는 이러한 인터뷰를 이러한 센터에서 제공하는 다양한 인종집단의 학생들이 센터를 이용하는 비율에 대한 설문조사 정보로 보완할 수 있다. 설문조사 자료는 활용도가 낮은 정도가 어느 정도인지 나타내는 반면, 인터뷰 자료는 활용도가 낮은 학생 인식을 나타낼 수 있다.

연구 팁

모순된 연구결과에 대해 해야 할 것

경우에 따라, 혼합방법연구의 양적 및 질적 연구결과가 서로 모순될 수 있다. 만약 그런 일이 일어난다면, 연구자는 어떻게 할 것인가? 다음과 같은 세 가지의 가능한 접근방법이 있다.

1. 두 가지 연구결과를 동시에 제시하고, 더 많은 연구가 필요하다는 것을 진술하라.
2. 이것이 실현 가능하고 시기적절하다면, 모순을 해결하기 위해 추가적인 자료를 수집하라. 후속연구가 전파되거나 발표되지 않을 수 있는 한, 이것은 덜 일반적인 반응이다.
3. 이 문제를 새로운 탐구 방향의 발판으로 보라. 이것은 보통 애매한 연구결과의 경우에 해당된다.

많은 경우, 일반적인 연구질문의 형성은 개별 연구가설의 개발로 이어질 수 있으며, 그중 일부는 양적 접근에 적합하고, 일부는 질적 방법을 필요로 할 수 있다. 이러한 '하위수준' 가설은 종종 특정 질문에 답할 수 있는 구체적인 분석(양적 또는 질적 중 하나)을 제안할 수 있다. 앞의 예에서, 그러한 가설 중 하나는 아시아계 미국인 대학생들이 실제로 대학의 정신건강 상담서비스를 충분히 활용하지 못하고 있다는 것일 수 있으며, 조사자료는 이를 다룰 수 있다. 만약 조사결과가 아시아계 미국인 대학생들이 다른 인종집단의 학생보다 그러한 센터를 덜 이용한다는 것을 보여 준다면, 그 이유는 인터뷰에서 다루어질 수 있다. 질적 연구자가 연구가 진행됨에 따라 가설이 도출되어 나오는 것을 선호한다는 사실을 기억할 것이다. 이는 탐색적 설계에서 발생할 가능성이 훨씬 더 높다.

혼합방법연구가 실행 가능한지 결정

혼합방법연구는 본질적으로 연구자나 연구팀이 양적 및 질적 연구방법 모두에서 경험을 쌓아야 한다. 한 개인이 혼합방법연구를 수행하는 데 필요한 모든 기술을 가진 경우는 드물다. 혼합방법연구를 고려하는 모든 사람에게 핵심 질문은 다음과 같다. 여러분은 그러한 연구를 수행하는 데 필요한 시간, 에너지, 자원을 가지고 있는가? 그렇지 않다면, 부족한 기술과 전문성을 가진 다른 사람들과 협업할 수 있는가? 필요한 기술이나 자원이 부족하다면 가능한 시간 내에 완료할 수 없는 혼합방법연구를 시작하는 것보다는 연구를 기본적으로 양적 또는 질적 연구로 다시 개념화하는 것이 실제로 더 나을 수 있다.

연구질문 또는 질문들에 가장 적합한 혼합방법설계 결정

앞에서 언급한 바와 같이, 연구자가 선택할 수 있는 세 가지의 혼합방법설계가 있다. 삼각검증 설계는 양적 및 질적 방법이 현상에 대한 단일 이해에 수렴하는지 확인하려는 경우에 적합하다. 질적 자료를 사용하여 양적 연구의 결과를 확장하려는 경우(또는 그 반대) 설명적 설계가 적절하다. 탐색적 설계는 현상의 기초가 될 수 있는 관련 변수를 먼저 확인하려는 경우 및 이러한 변수 간의 관계를 나중에 연구하거나 양적 계측 설계를 지원하기 위해 정보가 필요한 경우에 적절하다.

자료수집 및 분석

앞서 설명한 자료수집 및 분석 절차는 사용된 특정 방법에 따라 모든 혼합방법연구에 적용 가능하고 적절하다. 차이점은 두 가지의 서로 다른 유형의 자료가 수집되고 분석되며, 때로는 순차적으로(탐색 및 설명 설계에서처럼), 때로는 동시에(삼각검증 설계에서처럼) 수집되고 분석된다는 것이다.

삼각검증 설계에는 한 유형의 자료를 다른 유형으로 변환하는 작업도 포함될 수 있다. 앞에서 언급한 바와 같이, 질적 자료를 양적 자료로 변환하는 것을 **정량화**(quantitizing)라고 한다. 예를 들어, 인터뷰는 연구자가 세 가지 유형의 초등 과학 학습자가 있다고 믿게 할 수 있다. ① 환경에 있는 물체를 만지고 바꾸는 것을 좋아하는 조작자, ② 교과서에 있는 것을 암기하려는 암기자, ③ 학급에서 다른 학생들과 주제에 대해 토론하는 것을 좋아하는 협력적인 학습자이다. 연구자는 과학수업의 각 유형별 학습자 수를 계산함으로써 질적 자료(학습자 유형)를 양적 자료(각 유형별 숫자)로 변환할 수 있었다.

다시 한번, 앞에서 언급한 바와 같이 양적 자료를 질적 자료로 변환하는 것을 **정성화**(qualitizing)라고 한다. 예를 들어, 다양한 양적 특성을 공유하는 개인을 유형으로 묶을 수 있다. 한 연구자는 절대 지각하지 않고, 항상 할당된 일을 제출하며, 긴 논문을 쓰는 한 집단의 학생들을 '집착적인 학생(obsessive students)'으로 분류할 수 있다. 이와는 대조적으로, 그 연구자는 자주 지각하고, 종종 할당된 일을 반복하지 않으며, 짧은 논문을 쓰는 두 번째 집단을 '무관심적 학생(uninterested students)'으로 분류할 수 있다.

사용했던 설계와 일치하는 방식으로 결과 작성

혼합방법연구의 결과를 작성할 때, 자료가 수집되고 분석되는 방법은 일반적으로 삼각검증 설계에 통합되지만 탐색적 및 설명적 설계에 대해서는 별도로 처리된다.

혼합방법연구 평가

평가는 단지 혼합방법연구가 아닌 모든 연구에 필요하다. 그러나 혼합방법연구는 서로 다른 방법을 비교하는 것을 포함한다는 점을 고려하면, 여기에서 특히 중요하다. 혼합방법연구는 항상 양적 자료와 질적 자료를 모두 포함하며, 종종 두 개의 서로 다른 자료수집 단계를 수반하기 때문에, 이러한 연구의 평가는 종종 어렵다. 그럼에도 불구하고, 각 방법은 이 책의 저자들이 제안한 기준에 따라 평가되어야 하며, 다른 방법과 함께 사용해야 한다(제13장 참고).

질적 자료와 양적 자료가 모두 결론에 도달하는 데 역할을 했는지 자문해 보라. 좋은 혼합방법연구에서, 이 두 가지 방법은 서로를 보완하거나 연구에서 다루는 더 큰 연구질문과 관련된 다른 하위질문을 다루어야 한다. 때로는 연구자가 양적 또는 질적 자료를 수집하지만, 중요한 연구문제에 답하는 역할을 하지는 못할 것이다. 이러한 경우, 자료는 추가 기능일 뿐이며(연구자가 그러한 종류의 자료를 '좋게' 하기 때문인지), 그 프로젝트는 진정으로 혼합된 방법의 접근방법이 아니다.

둘째, 연구가 내적 타당도(양적 연구자가 참고하는 바와 같이) 또는 신뢰도에 대한 위협을 포함하고 있는지 스스로에게 물어보라. 저자가 제공한 것을 넘어, 그 연구결과에 대한 대안적인 설명이 있는가? 설계는 엄격하고 높은 수준의 내적 타당도 및 신뢰도를 달성하기 위해 어떤 조치를 취했는가? 적절한 단계 중 일부는 양적 및 질적 연구의 논의에서 본서의 다른 곳에서 기술되었다.

셋째, 결과의 일반화 가능성(generalizability, 양적 연구자가 그것에 대해 말하는 것처럼) 또는 전이 가능성(transferability, 질적 연구자가 그것에 대해 말하는 것처럼)에 대해 스스로에게 물어보라. 현재 연구에서 발견된 결과는 연구된 영역을 넘어 다른 맥락과 다른 개인으로 확장되는가? 질적 결과의 기술이 다른 상황에서 다른 연구자에게 유용한지 여부를 결정하기에 충분한가? 일반화 가능성(외적 타당도)이나 전이 가능성이 없는 연구는 연구의 저자가 아닌 다른 사람에게는 거의 관심이 없기 때문에, 이러한 질문에 대한 답은 필수적이다.

혼합방법연구에서 윤리

윤리적 우려와 질문은 이 책에서 기술되고 논의된 다른 종류의 연구를 수행하는 것만큼 혼합방법연구에도 영향을 미친다. 가장 중요한 세 가지는 참여자의 정체성을 보호하는 것, 참여자를 존중하는 것, 그리고 참여자를 신체적 · 심리적 피해로부터 보호하는 것이다. 자세한 내용은 제4장과 제18장의 507-508쪽을 참고하라.

요약

요약하면, 혼합방법연구는 교육연구에서 점점 더 흔해지고 있는 것이 분명하다. 그것의 가치는 서로를 보완하는 방식으로 양적 방법과 질적 방법을 결합하는 데 있다. 각 접근방법의 강점은 다른 접근방법의 약점을 완화한다. 그러나 혼합방법연구 설계는 잠재적으로 상당히 매력적이지만, 이를 잘 수행하기 위해서는 상당한 시간, 에너지 및 자원이 필요하다는 인식으로 접근해야 한다. 연구자는 더 나아가 양적 방법과 질적 방법 모두에 숙련되어야 하거나, 자신이 부족한 기술을 가진 사람들과 협력해야 한다.

혼합방법연구의 예

이 책의 저자들은 이 장의 나머지 부분에서 혼합방법연구의 출판된 예를 제시한 후, 그 강점과 약점에 대한 비평을 제시한다. 이 책의 저자들은 이전에 여러 유형의 연구에 대한 비평에서 그랬던 것처럼, 분석을 수행하기 위해 이 책의 앞부분에 소개된 개념을 사용한다.

연구분석

목적

목적은 분명히 명시되어 있다. 왜 대학생들이 과학을 전공하는지 연구하고, 이 선택과 관련된 그들의 대학진학 준비에 대해 기술하기 위해(to study why college students major in science and to describe their precollege preparation related to this choice)이다. 해악, 기밀성 또는 속임수에 대한 우려는 없는 것으로 보인다.

정당성/선행연구

연구 정당성(주로 더 많은 과학 전공자가 요구된다.)은 포괄적으로 보이는 선행연구 검토에 담겨 있다. 이러한 연구는 아마도 본 연구에 포함된 요인의 선택에 영향을 미쳤을 것이다. 확인된 변수는 단지 한두 개의 연구에 기초하고 있는 것으로 보이기 때문에, 이 책의 저자들은 보고서의 저자들이 '제시된(shown)', '입증된(demonstrated)'보다는 '제안된(suggested)'이라는 단어를 처음부터 끝까지 사용했어야 한다고 생각한다.

연구보고서(Research Report)

Students' Perceptions of Factors Influencing Their Desire to Major or Not Major in Science

By Kelly Hutchinson-Anderson, Kaileigh Johnson, and Paul A. Craig

We examined college students' perceptions about their middle school and high school preparation for college science courses as well as what led them to study or not study science in college. Analysis of a survey using mixed methods revealed that the more laboratory techniques students felt proficient in conducting and the more science AP courses students took prior to entering college, the more likely the students were to study science in college. Additionally, we found that students' desire to study or not study science at the college level was linked to their perceptions of how they viewed their previous level of engagement in hands-on activities, connections toreal life, creativity, and exposure to science careers in secondary grade levels.

As career opportunities increase in the fields of science, technology, engineering, and mathematics (STEM), so must the number of students interested in pursuing STEM degrees (National Research Council, 2010; Obama, 2009). Research has shown that students' interest in science decrease a they progress through school, with a steep decline occurring during middle school (Greenfield 1997; Haussler & Hoffmann, 2002). Additionally, students' interest in science has been correlated to their level of achievement in science courses as well as their future career plans (Eccles & Wigfi eld, 2002; Schwartz-Bloom & Halpin, 2003).

Some studies have suggested that students' interest in and desire to major in science relates to relevance to their daily lives, understanding of science as challenging and hands-on, belief in their own innate ability, understanding of careers in STEM, interactions with the science community, significant role models' enthusiastic support (e.g., teacher/parental/other), intrinsic interest, lucrative careers, altruistic desire, and offers of scholarship support and active recruiting (Aschbacher, Li, & Roth, 2010; Bryan, Glynn, & Kittleson, 2011; Heilbronner, 2011; Hidi & Baird, 1986; Hutchinson, Bodner, & Bryan, 2011; Kadlec, Friedman, & Ott, 2007; Kahneman & Tversky, 1984; Kunter, 2013; Osborne, Simon, & Collins, 2003; Patrick, Hisley, & Kempler, 2000; Sandoval, 1995; Schwartz-Bloom & Halpin, 2003; Seymour & Hewitt, 1997). Types of educational experiences have also been shown to be important in choosing to pursue STEM career, as research experiences or apprenticeships increase students' interest in scientific careers because these experiences connect classroom content to real-world applications (Sadler, Burgin, McKinney, & Ponjuan, 2010; Thiry, Laursen, & Hunter, 2011). As the literature has demonstrated various impacts on STEM career pursuits, our research investigated when and where in their science education experiences college-level students decided to pursue or not pursue a degree in science, as well a the factors that led to their decisions.

METHODS

This study was designed to investigate why college-level students do or do not select science majors and the science preparation they received in middle school and high school that may have influenced their choices.

Participants

In total, 236 surveys were collected from students at several colleges (Table 1). The majority of participants were northeastern students from either a small, private liberal arts college (n = 152) or mid-sized, private technical college (n = 59). Approximately 85% of the respondent ranged from freshman to seniors, with an equal percentage in each class, whereas the remaining 15% were 5th- and 6th-year students or graduate student. Significantly more females (80%) than male responded to this survey, particularly from the liberal arts college; however, this is consistent with the female-to-male ratio at the liberal arts college. Additionally, the students were nearly evenly split between science (56%) and nonscience (44%) major. At both the liberal arts college and "other," the percentage of female and male student indicating a science major compared with a nonscience major was approximately 50%. At the technical college, the majority of respondents, both male (86%) and female (88%), were science majors. Of the 236 respondent, 194 (82.6%) took an AP/IB/college-level course in high school; of these students, 159 (82.0%) took an AP/IB/college-level course in science or math.

TABLE 1 ***Demographics of study participants by institutional type, gender, and decision to major in science.***

	Private	Public	Male	Female	Science	Nonscience	Total
Liberal arts college	152	2	18	136	67	87	154
Technical college	59	4	29	34	55	8	63
Other*	16	3	1**	17**	10	9	19
Total	227	9	48	187	132	103	236

* *Other included research, fashion institute, and business.*

** *One student did not indicate gender.*

Data collection

An initial open-ended survey was created to identify topics and key questions and the most likely responses. This survey was distributed to a sample of college students in an informal, anonymous manner at a 4-year liberal arts college and a 4-year technical college. Some questions from this open-ended survey included: Why have you decided to study science or not study science? What learning or studying skills did you lack? What lab or instrumentation skills did you have? and What attracted you to follow this field of study?

From these data, we created a 33-question formal survey, which consisted of close-ended (dichotomous, multiple-choice, and Likert scale) and open-ended questions, to assess why students chose to study or not study science. Survey questions included demographics, scientific skills, secondary education preparation, and thoughts on science as a career. Much of the focus on scientific skills and secondary education preparation was biology and chemistry related because of the nature of project funding. Many survey questions were tiered so that a student' response to one question determined a specific follow-up question. For example, students were asked the question, "Have you decided to study science? (yes/no)." If they answered yes, students were asked, "Why have you decided to study science?" and selected one or more responses from "future career," "enjoyable/passion," "what to know why," and "other." Students were then asked, "When did you decide to study science-elementary, middle, high school, or college?" If participants chose high school or college, they were then asked what year in school they decided to study science.

Finally, participants were asked the following open-ended question: "Please expand upon why you have decided to study science." The survey can be found at Boundary Crossing Survey for College Students (see *Note* at end of article). A link to the formal survey was e-mailed to students at various colleges by faculty and students.

Data analysis

The quantitative questions were analyzed to determine the percentage of students indicating experience in the various activities or skills as well as how prepared/comfortable they felt in these various skills. The qualitative responses were analyzed to explore why student expressed a desire to study or not study science. Multiple authors used the constant comparative method (Patton, 2001) to determine common trends in the qualitative responses, which were then developed into themes.

RESULTS AND DISCUSSION

This section first discusses the quantitative findings related to college readiness skills, laboratory skills, advanced placement courses, and language preparations, in general and science related, and then discusses the qualitative results relating to middle and high school preparation and influences on decisions to major or not major in science.

Overall, most students felt that they were proficient in the basic skills needed for college, including reading comprehension, critical analysis, test taking, writing, and time management (Figure 1). However, only 37% of students felt that they were proficient in laboratory skills. In examining the students who believed they were proficient in laboratory skills on entering college, 71% chose to study science and 29% did not.

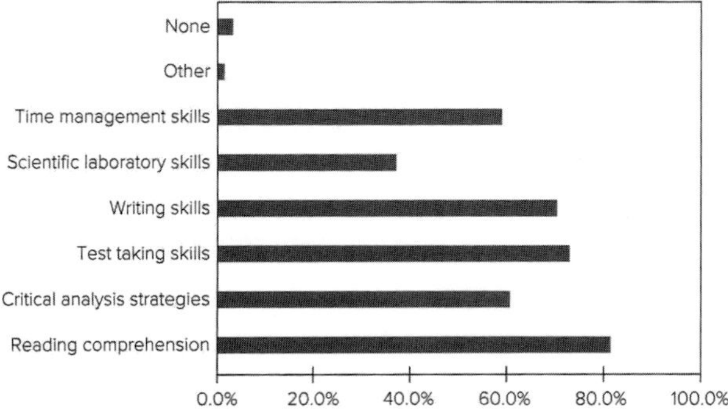

Figure 1 *Skills proficiency prior to college, based on student reponses to: "What learning skills were you proficient in prior to your first semester of college?"*

When asked about specific laboratory skills, students felt that they were proficient in basic equipment (81%) and math skills (81%) and less proficient in microscopes (56%) and measurements (60%); few students felt proficient in dissection (31%) or titration (25%). Students were also asked if they felt proficient in advanced laboratory skills (UV-Vis, gel electrophoresis, or micropipetting); over 70% indicated that they were not proficient in any of these advanced skills. Of the 46 students who indicated that they were proficient in advanced laboratory skills, 70% chose to study science. These results are not surprising, given how often students were exposed to these various methods and skills. The more exposure that students had to the various science techniques or skills, the more proficient the students felt. Additionally, we found that students who chose science as a major also took more science AP or college-level courses in high school and believed they were proficient in more of the laboratory skills discussed previously (Figure 2).

Students were also asked about their science preparation in terms of laboratory reports, notebooks, research papers, and proposals as well as their preparation in general for creating posters/presentations, reading comprehensions, and reading endurance (Figure 3). All students who responded felt prepared for basic language skills, such as reading comprehension and endurance; however, they felt less prepared in their science writing skills. We did not note any differences in the decision to study science at the college level between those who felt prepared in these categories and those who did not feel prepared. Again, as seen with the laboratory skills, students felt more prepared in the language skills they had used in multiple courses compared with skills they used in fewer courses.

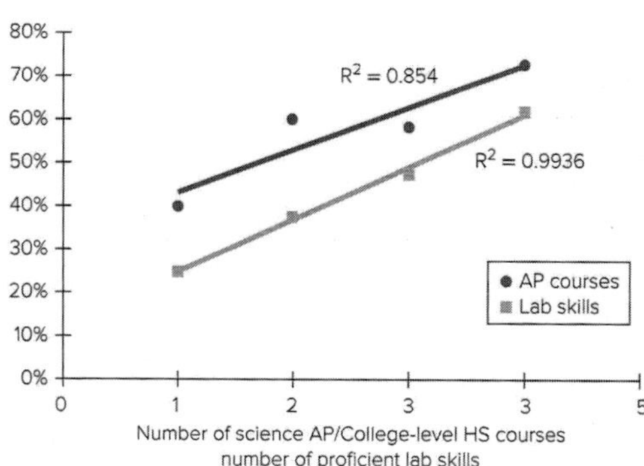

Figure 2 *Comparison of percentage of students choosing science major and the number of science AP or college-level courses they took in high school.*

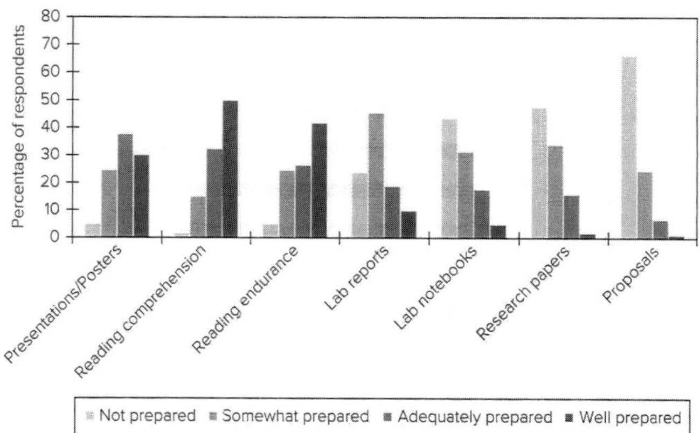

Figure 3 *Percentage of students believing they were not prepared, somewhat prepared, adequately prepared, or well prepared for various science language skills prior to entering college.*

Role of middle school preparation

Qualitative analysis of the open-ended questions(quoted next) related to preparation for future study in chemistry and/or biology courses revealed four categories of student beliefs about their middle school teachers: (a) they did not help in their preparation, (b) they provided hands-on experiences, (c) they provided the basic content material, and (d) they piqued students' interest.

Not very well, we did the basics with a step-by-step procedure where the teacher did one step, stopped and then we did it until the procedure was complete. We read the book and did the exercises at the end of the chapter. (a)

Middle school teachers got me interested in science and did a wide variety of experiments, hands-on work, and field trips that related to the subject. (b, d)

They introduced essential/basic topics, introduced the idea of a lab activity, helped to incite a passion/enjoyment for the fields. (b, c, d)

Many students indicated that they did not believe their middle school teachers prepared them to study biology or chemistry in the future, as they could not remember anything from their middle school science classes. However, students who indicated that they had a wide variety of hands-on experiences and had a teacher who was enthusiastic about science overwhelmingly felt that their teachers prepared them well to study biology or chemistry in the future. We believe this indicates that the more a teacher engages students in hands-on/minds-on activities and is enthusiastic about the field, the more students will feel prepared going forward to study science.

Role of high school preparation

Students' responses to the question regarding high school preparation were both positive and negative, and the following categories emerged: (a) teaching to the test, (b) feelings about the teacher, and (c) participating in hands-on experiences.

They taught us what was needed to know for the Regents, and that is where the education ended. (a)

My high school teachers were fantastic. They taught what was needed and then way more. When the time came for us to take our Regents tests we had so much more knowledge than was needed for that exam. They all helped us find things out for ourselves, stressed the importance of knowing the basics and building up, and provided us with resources for any of our own interests. (a, b, c)

I was adequately prepared in chemistry and biology. We performed multiple labs in both chem and AP bio, both were very hands-on. (c)

Again, as with the middle school preparation, it appears that students felt more prepared when teachers engaged the students and helped them to see connections outside of the classroom. This is not surprising, as many studies have found that students are more interested in science when they see the relevance of the concepts and are engaged in hands-on activities (Eccles & Wigfield, 2002; Häussler & Hoffmann, 2002; Hidi & Baird, 1986; Hutchinson et al., 2011; Sandoval, 1995; Schwartz Bloom & Halpin, 2003). Additionally, some students discussed how teachers who had real-world science experiences were better able to provide insight into the field, indicating that it may be helpful for teachers to have research experiences during their undergraduate training as well as during their professional careers. Additionally, many students did not know the various career options that could be pursued with a degree in biology or chemistry, and perhaps if teachers had more exposure, they could better advise students.

Decision to major or not major in science overview

Most respondents (56%) had decided to major in science or a science-related field. Of these students, approximately half decided in high school that they were going to study science, while the remaining half were equally split among elementary school, middle school, and college (Figure 4).

Decision to major in science

When asked why they decided to study science in a close-ended response, there was an even split among the three main categories: (a) future career, (b) enjoyable/passion/interest, and (c) wanting to know how things work, with very few students (3%) selecting "other" as a response. In analyzing the qualitative data to this question, we saw these similar themes, although in different quantities. Students commented on enjoyable/passion/interest the most (50%), how things work (20%) second, and future career (11%) the least. Students also indicated (d) teachers (5%; middle school, high school, and college) as an influence on their

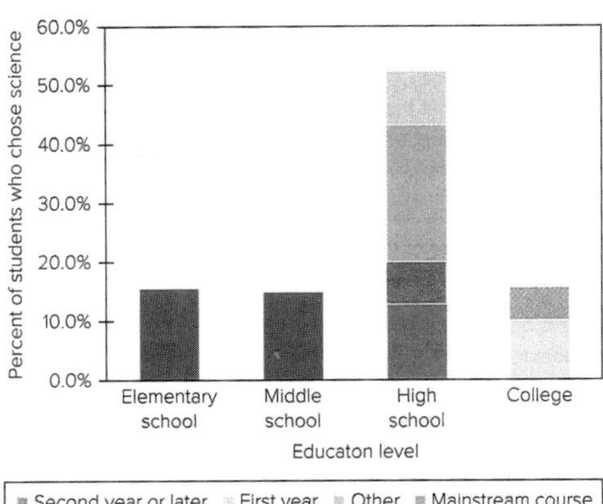

Figure 4 *When students decided to major in science. Decisions made during high school were further subdivided by the courses that most influenced students' choices.*

decision to study science, as an additional category not in the close-ended responses. The remaining comments included phrases or words such as challenging, parents, hands-on, and TV shows. None of these were indicated in more than 5% of the comments and were therefore not considered a theme. Some student comments were counted in more than one category, and not all students responded to the qualitative question. Seymour and Hewitt (1997) similarly identified "intrinsic interest," "active influence of others" and "pragmatism/materialism" as the top three reasons students gave for choosing their majors.

Students most often discussed science as an area of interest during their schooling or childhood some commented about an event that happened during their lives that sparked their interest in future careers in science.

I have always had a deep interest in the natural world and as a child science was always my favorite subject. When in high school I decide that I wanted to study chemistry because I was interested in learning how materials interact with one another. And now in college I study biochemistry because I love the idea of studying chemical reactions and how they apply to biological systems. (b)

I want to become a radiologist because I broke my leg at a very young age and it always interested me that machines could be used to look inside the body. (a, b)

Although students often indicated that science was something that they were passionate about, many did not elaborate more specifically on why science interested them or how they became interested in science.

Respondents indicated that they were very curious about science and wanted an understanding about how things work and why they work that way, rather than just knowing that they work; for example:

Science is fascinating, more so than any other topic. I am curious as to WHY things do the things that they do, rather than simply learning just what they do. In order to know the why, it is necessary to go in depth into science. (c)

When students discussed their future plans, they identified careers in both science and health care (e.g., doctor, physical therapist). The respondents also felt that obtaining a job in a science-related field would be much easier than in other fields, and many of the students seemed very anxious about obtaining employment after graduation.

Considering I knew I wanted to go into the health field, I knew science was involved and since I was always very good and excelled at science I decided it was the best choice for me. (a)

I want the security of having a job but I still want to help and work with people. Majors in science leave a vast quantity of careers possible for individuals. Also, science was always one of my best subjects in high school as well as being the most interesting for me. Science as a major made sense. (a, b)

While discussing their future careers, students often mentioned that they believed they were good at science, enjoyed the challenge of science courses and careers, and liked the hands-on work associated with science courses and careers. Seymour and Hewitt (1997) also found that students chose science majors because they were good at math and science in high school.

Students also indicated that their teachers, both good and bad, influenced their decisions to pursue a degree in science; 83% of these comments regarding teacher influence indicated positive teacher influences, whereas 17% rep。πed negative experiences. Several students indicated that their teachers had a passion for science and were able to explain about the various careers open to them in a science field, which is why they decided to pursue their current degree.

My biology teacher freshman year of high school was a great teacher; he was passionate, and wanted his students to be knowledgeable, but he was also tough on his students. My chemistry teacher sophomore year was the same way. (d)

Although the majority of students expressed a positive experience with a teacher that helped them decide on a career in science, others indicated a negative experience with a teacher that led them to major in science. One student specifically spoke about how her negative experience in biology, which is a field she was "passionate" about growing up, had led her to become a biology teacher to "give students the opportunity to be curious [and] to love" biology.

Decision to not major in science

Students who decided not to study science in college often decided in high school (46%), whereas 27% decided in college not to major in science. The majority of these students indicated in the close-ended question that they did not choose science because of their future career plans (41%) and/or interests (35%). Seventeen percent of the students chose "other" as a reason for not studying science, which may correspond to additional categories developed from the qualitative data, relating to difficulty with the concepts, lack of creativity, and lack of connection to real-life.

The qualitative data indicated that regardless of when students decided to not study science, their reasons were the same: (a) science was not their interest/passion (45%), (b) science was not their future career goal (13%), and (c) they had difficulty in understanding science concepts/did not do well in science courses (33%). One additional category for students who decided in high school was (d) high-school teachers (9%).

Many of the respondents indicated stronger interests in history, English, or the arts. Some students indicated that they liked science, but that it was not their biggest interest.

I never had a bad experience with science and I was very good at it. However, I enjoyed history and English better, so for my undergraduate degree, I majored in historry. (a)

Additionally, several students indicated that they had investigated possible careers in science but were not interested in those careers.

It is not, nor has ever been, one of my passions. I found science to be quite difficult for me at times and was not keen on making it a future career. (a, b, c)

I decided not to study science because I thought I would be stuck in a lab all day and I did not want to do that. I wanted to be around people and nature. (b)

A few students commented that they had chosen to not study science because of the difficult content. Some felt that they preferred to know certain facts rather than interpret data.

I have never enjoyed taking science classes since middle school. I like knowing the facts, not having to discover the correct answer. I need to know exact dates. (c)

Chemistry was extremely difficult for me and I did not do well in that class. Therefore I decided it was not a path I wanted to go down. (c)

We found that for some students, teachers were a reason that they decided to pursue a degree in science, whereas others indicated that teachers were a reason that they decided not to pursue a degree in science. Of the students that indicated that teachers influenced their decision to not study science, 20% indicated that they had a science teacher early on who inspired them; however, they were never able to find that again, which then turned them off to science.

I took a genetics class and loved it. It was the teacher that made it so interesting. After that, I could not find a teacher that made the classes interactive and I was a hands-on learner. (d)

Oftentimes, students indicated that a teacher influenced their decision not to go into science, painting out that their science teachers were not interesting or creative and had never helped them learn about careers in science or the societal impact of science.

It never really interested me because my teachers simply taught the subject, but never expanded on what you can do with a career in science and how that can impact the community, etc. Also, I found science to be a struggle so I leaned more towards an English career. (c, d)

The way the teachers presented science as a strictly by the book procedural method that did not allow for free thinking, conjecture, finding new ideas and ways to solve things. It seemed too rigid, too focused in one direction. (d)

These findings indicate that students' interest in topics is the most important factor in determining a major in college, followed by future career possibilities, and teachers. Teachers play an important role in students' decisions to major in the sciences as they are able to spark curiosity and show students the variety of career opportunities available with a degree in science. One student from a family invested in science fields indicated the following:

> *Some people, like my parents and siblings, really enjoy science and others do not. I don't necessarily think there is any correlation between our education and our desire to pursue a certain career or degree. However, perhaps making science more interesting and understandable with more inspiring teachers would have made me more interested in the topic (a, b)*

It appears that the more interesting, relevant, and understandable middle school and high school teachers can make science for students, the more interested the students may become in pursuing a degree in science.

CONCLUSION

A variety of factors need to be taken into account when thinking about getting students to be more interested in science, or at the very least to appreciate science rather than fear it, and to prepare students for science at the college level. Students' experiences in middle school and high school influence their desire to major in science as well as their perceived level of preparation for college science courses. We found that students who tended to become science majors also felt more proficient in performing various laboratory skills.

Perhaps this indicates that we need to get students more comfortable with various laboratory techniques in middle and high school, which could potentially be accomplished by incorporating more discovery-based and laboratory-based learning into the classroom. However, we recognize that with many of the mandates from national, state, and local levels, teachers are pressured for students to perform well on particular exams, which may not necessarily be testing these laboratory skills, and may be one reason that these skills are not focused on as much. It may be interesting to consider whether students would be more interested in the material and therefore learn the concepts that are "tested" better by being more engaged in some of these laboratory techniques through discovery-based and laboratory-based learning.

Teachers who engaged their students more in hands-on activities, helped students to see connections to real life, allowed for creativity in the classroom, and exposed students to a variety of potential careers in science appeared to have a positive influence on students and therefore those students chose to study science. Even if students chose not to study science but had a teacher with these qualities, they often indicated that they liked science, and appreciated it, but had chosen a different career choice because of some of their other interests and passions. These students, however, appear to be good advocates for the sciences and see the need for science.

ACKNOWLEDGMENTS

We thank Stephanie Amico, Sarah Wazenkewitz, Stefl Baum, Sophia Maggelakis, Ben McFadden, Jacob Noel Storr, Prashanti Patil, Brendan Reinert, Donna Horn, Susan Sanbury, Ann Siard, and other members of the MSP Biology/Chemistry Boundary Crossing Team for their dedicated work and for all participants for making this study possible. We also thank George Bodner and Shanna Daly for their feedback and assistance in preparation of the manuscript. This work was supported by National Science Foundation Grant MSP DUE-1050590.

Note: Boundary Crossing Survey for College Students is available at https://docs.google.com/forms/d/QRYnlkxtaGagvaOOPKSyS3NVafMiZkcKH6iRsTXeg/viewform

References

Aschbacher, P. R., Li, E., & Roth, E. J. (2010). Is science me? High school students' identities, participation and aspirations in science, engineering, and medicine. *Journal of Research in Science Teaching, 47*, 564–582.

Bryan. R. R., Glynn. S. M., & Kittleson. J. M. (2011). Motivation, achievement. and advanced placement intent of high school students learning science. *Science Education, 95*, 1049–1065.

Eccles. J. S., & Wigfield, A. (2002). Motivational beliefs, values, and goals. *Annual Review of Psychology, 53*, 109–132.

Greenfield, T. A. (1997). Gender– and grade–level differences in science interest and participation. *Science Education, 81*, 259–276.

Haussler, P., & Hoffmann, L. (2002). An intervention study to enhance girls' interest, self–concept, and achievement in physics classes. *Journal of Research in Science Teaching, 39*, 870–888.

Heilbronner, N. N. (2011). Stepping onto the STEM pathway factors affecting talented students' declaration of STEM majors in college. *Journal for the Education of the Gifted, 34*, 876–899.

Hidi, S., & Baird, W. (1986). Interestingness–a neglected variable in discourse processing. *Cognitive Science, 10*, 179–194.

Hutchinson. K., Bodner. G., & Bryan, L. (2011). Middle– and high school students' interest in nanoscale science and engineering topics and phenomena. *Journal of Pre–College Engineering Education Research, 1*(1).

Kadlec, A., Friedman, W., & Ott, A. (2007). *Important, but not for me: Parents and students in Kansas and Missouri talk about math, science and technology education* (Public agenda). Retrieved from http://papers.ssrn.com/sol3/papers.cfm7abstract_ id=2355448

Kahneman. D., & Tversky, A. (1984). Choices, values, and frames. *American Psychologist, 39*, 341–350.

Kunter, M. (2013). Motivation as an aspect of professional c。mpetence: Research findings on teacher enthusiasm. In M. Kunter, J. Baumert, W. Blum, U. Klusmarn. S. Krauss, & M. Neubrand (Eds.), *Cognitive activation in the mathematics classroom and professional competence of teachers* (Vol. 8, pp. 273 289). New York, NY: Springer.

National Research Council. (2010). *Rising above the gathering storm, revisited: Rapidly approaching category 5.* Washington. DC: National Academies Press.

Obama. B. (2009). President Barack Obama addresses the 146th annual meeting of the National Academy of Sciences. *Proceedings of the National Academy of Sciences, USA, 106*, 9539–9543.

Osborne, J., Simon. S., & Collins. S. (2003). Attitudes towards science: A review of the literature and its implications. *International Journal of Science Education, 25*, 1049–1079.

Patrick. B. C., Hisley, J., & Kempler, T. (200). "What's everybody so excited about?" The effects of teacher enthusiasm on student intrinsic motivation and vitality. *The Journal of Experimental Education, 68*(3), 217–236.

Patton, M. Q. (2001). *Qualitative research and evaluation methods* (3rd ed.). Thousand Oaks, CA: Sage.

Sadier, T. D., Burgiri, S., McKinney, L., & Ponjuan, L. (2010). Learning science through research apprenticeships: A critical review of the literature. *Journal of Research in Science Teaching, 47*, 235–256.

Sandoval, J. (1995). Teaching in subject matter areas: Science. *Annual Review of Psychology, 46*, 355–374.

Schwartz Bloom. R. D., & Halpin, M. J. (2003). Integrating pharmacology topics in high school biology and chemistry classes improves performance. *Journal of Research in Science Teaching, 40*, 922–938.

Seymour, E., & Hewitt, N. M. (1997). *Talking about leaving.* Boulder, CO: Westview Press.

Thiry, H., Laursen, S. L., & Hunter, A.–B. (2011). What experiences help students become scientists?: A comparative study of research and other sources of personal and professional gains for STEM undergraduates. *The Journal of Higher Education, 82*, 357–388.

***Kelly Hutchinson–Anderson** is an assistant professor in the Chemistry and Biochemistry Deportment and the Adolescent Education Department at Nazareth College in Rochester, New York. **Kaileigh Johnson** is a student in the School of Chemistry and Materials Science at Rochester Institute of Technology in Rochester, New York. **Paul A. Craig** (paul.croig@rit. edu) is a professor of biochemistry and head of the School of Chemistry and Materials Science at Rochester Institute of Technology in Rochester, New York.*

정의

정의는 제공되지 않지만 중요한 용어는 문맥상 충분히 명확해 보인다.

표본

46명을 제외한 모든 학생이 소규모 사립 인문대학 또는 중규모 사립 기술대학 출신이지만, 편의표본은 미국 북동부 소재 몇몇 대학의 236명 학생으로 구성되어 있다. 따라서 일반화를 위한 어떠한 근거도 없다. 대학 연도, 성별, 참여자의 전공에 대한 자료가 제공되지 않기 때문에, 독자는 다른 표본이 비슷할지 여부를 판단해야 한다.

가설

어떠한 가설도 명시되어 있지 않다. 33개의 구조화된 문항과 하나의 개방형 문항은 각각 목적과 관련된 특정한 문제를 다룬다.

계측

설문조사의 개발은 최종양식과 마찬가지로 매우 상세하게 기술되어 있다. 심각한 제한점은 신뢰도와 타당도에 대한 논의가 부족하다는 것이다. 인식 사정에서 타당도가 실제 경험이나 기술(skills) 사정에서 타당도와 동일하지 않다는 것을 인정한다면, 해당 질문은 내용타당도가 좋은 것으로 보인다. 설문조사에 대한 참고문헌이 제공되었다.

절차

삼각검증 설계가 목적을 달성하기 위해 사용된 양적 및 질적 정보와 함께 사용되었으며, 두 가지 모두 한 번의 설문조사를 통해 얻었다. 질적 자료가 양적 자료를 확장하고 명확히 하기 위해 사용되었다. 자료수집에 대한 자세한 기술이 필요하다. 이메일 설문조사를 받은 학생들은 어떻게 선발되었는가? 응답률은 어떠했는가?

자료분석/결과해석

양적 자료와 질적 자료 모두 잘 알려진 절차를 사용하여 적절하게 분석되었다. 후자의 결과로부터 도출된 주제(themes)는 명확하게 확인되어야 한다. 아마도 그것은 결과 절(section) 전체에 걸쳐 다루어진 주제(topics)일 것이다. 보고된 백분율이 올바르게 해석되었다. '개방형' 응답의 예는 매우 유용하지만, 숫자나 백분율을 제시하지 않고 단지 보여 주기만 한다. '많은(many)', '자주(often)' 및 '기타(others)'의 사용은 불필요하게 애매모호하다.

〈Table 1〉은 관심 관계를 보여 주는 가장 좋은 방법이 아니다. 과학/비과학(Science/NonScience)과 수강한 AP 강좌와 실험실 기능(Lab Skills)을 비교한 교차분석표(이 책의 제12장 참고)는 각 셀의 숫자로 보여 준다. 또한, "학생들이 다양한 과학기법과 기능에 더 많이 노출될수록 학생들이 더 능숙하게 느꼈다(the more exposure that students had to the various science techniques and skills, the more proficient the students felt)."라는 진술은 [Figure 2]에서 명확하지 않다. 더 많은 AP 강좌를 수강한 학생들과 더 높은 기능수준을 인지한 학생들 간에 많은 중복이 있었던 것 같지만, 이 책의 저자들은 얼마나 많은지 알 수 없다. 분명히 4개의 AP 강좌를 수강한 학생들 중 10%가 자신의 기능수준을 4로 평가하지 않았다. AP 강좌와 총 표본에 기초한 기능수준 간의 상관관계는 이 중요한 질문을 다루는 올바른 방법이며 사용되었어야 했다.

결론/내적 타당도

앞의 인용문에 표현된 인과성에 대한 신뢰는 정당화되지 않는다. 두 변수 모두 기억/지각적(비록 AP가 더 사실적이긴 하지만)이며, 학생들은 AP 강좌가 결실을 맺어야 한다고 느낄 수 있다. 그렇다면 두 질문 중 하나에 대한 반응이 다른 질문에 영향을 미칠 가능성이 높다. 과학의 선택을 이전의 경험에 대한 인식과 연결시키는 다른 해석들은 (결론에서와 요약에서) 내적 타당도에 대한 비슷한 우려를 제기한다. 보고서의 저자들은 더 자주 그리고 더 효과적인 실험실 경험을 추천할 때는 적절하게 조심하지만, 다양한 교사 행동이 과학 선택에 긍정적인 영향을 미친다고 결론을 내릴 때는 같은 주의를 보이지 않는다. 이 책의 저자들은 이 연구가 학생들이 과학을 전공하도록 장려하는 데 잠재적으로 유용한 제안을 제공할 때 혼합방법연구의 좋은 예라고 생각한다. 그러나 독자들은 표본, 내적 타당도 및 인식에 경험이나 기술이 정확하게 반영되어야 한다는 주장에 관한 제한점이 매우 잠정적인 것으로 간주된다는 것을 인식해야 한다.

이 장의 시작 부분에 있는 **상호작용 · 응용 프로그램 학습** 기능으로 돌아가 상호작용 · 응용 프로그램 활동목록을 확인하라. www.mhhe.com/fraenkel10e의 **온라인학습센터**로 이동하여 퀴즈를 풀고 핵심 용어를 연습하며 장(章)의 내용을 검토하라.

핵심 요점

혼합방법연구의 본질과 가치

- 혼합방법연구는 단일 연구에서 양적 및 질적 연구방법을 모두 사용하는 것을 포함한다. 이러한 별개의 방법의 결과는 두 가지 방법 중 어떤 방법이 스스로 만들어 낼 수 있는 것보다 연구 중인 현상에 대한 더 완전한 그림을 제시하기 위해 결합된다.
- 혼합방법연구에서 질적 방법과 양적 방법의 각각의 강점은 각 방법의 각각의 약점을 보완하는 것으로 보인다.
- 혼합방법연구의 단점은 이러한 유형의 연구를 잘 수행하는 데 필요한 시간, 자원 및 전문지식을 포함한다. 전문지식과 관련하여, 양적 방법과 질적 방법에 모두 능숙하지 않은 경우, 연구자가 부족한 방법에 대한 전문지식을 가진 다른 사람과 팀을 이루는 것이 가능하다.

세계관과 혼합방법연구

- 양적 방법은 보통 실증주의와 연관이 있다.
- 질적 방법은 보통 포스트모더니즘과 연관이 있다.
- 혼합방법은 보통 실용주의와 연관이 있다.
- 실용주의자는 연구질문이나 당면한 질문에 가장 잘 대답하는 방법을 사용해야 한다고 믿는다.

혼합방법설계 유형

- 탐색적 설계는 먼저 현상의 기초가 되는 중요한 변수를 발견하기 위한 질적 연구를 수행한 후 변수 간의 관계를 발견하기 위한 양적 연구를 수행하는 것을 포함한다. 이러한 유형의 설계는 종종 새로운 연구 영역에서 평가척도를 개발하는 데 사용된다.
- 설명적 설계는 먼저 양적 연구를 수행한 후 질적 연구의 결과를 확장하기 위한 질적 연구를 수행하는 것이 포함된다.
- 삼각검증 설계는 질적 연구와 양적 연구를 모두 수행하고(보통 동시에) 두 연구의 결과가 기본 현상에 대한 단일 이해로 수렴되는지 여부를 결정하는 것을 포함한다. 만약 결과가 수렴되지 않으면, 수렴이 안 되는 이유를 탐색할 필요가 있다.
- 세 가지 혼합방법설계는 모두 지지관점을 사용하여 수행될 수 있다. 연구자의 세계관이 연구에 참여한 참여자의 조건 개선을 지지하는 것을 포함할 때 지지관점이 존재한다.

혼합방법연구 수행 단계

- 제안된 프로젝트에서 혼합방법의 필요성에 대한 명확한 근거를 개발하라.
- 연구의 질적 부분과 양적 부분을 모두 포함하는 연구질문을 개발하라. 일반적인 연구질문이 제안된 프로젝트로 이어질 수 있지만, 질적 문제와 양적 문제를 모두 포함하는 하위질문은 혼합방법이 적합한 이유를 보여 주는 데 도움이 된다. 이러한 하위질문은 또한 자료분석을 안내하는 데 도움이 된다.
- 혼합방법연구를 수행하기 전에 제안된 프로젝트를 실제로 수행하는 데 필요한 시간, 자원, 전문지식이 있는지 판단한 후 제안된 프로젝트에 어떤 혼합방법연구 설계가 적용되는지 결정하라.
- 삼각검증 설계는 종종 한 유형의 자료를 다른 유형으로 변환하는 작업이 수반된다. 질적 자료를 양적 자료로 변환하는 것을 **정량화**(quantitizing)라고 하며, 양적 자료를 질적 자료로 변환하는 것을 **정성화**(qualitizing)라고 한다.
- 혼합방법연구의 결과는 선택한 연구설계와 일치하는 방식으로 작성되어야 한다.

혼합방법연구 평가

- 사용된 개별 양적 및 질적 방법은 이러한 방법에 특정한 기준에 따라 평가되어야 한다.
- 양적 자료와 질적 자료가 모두 결론에 영향을 미쳤는지 확인해야 한다. 그렇지 않으면 자료유형 중 하나가 단순히 '추가 기능(add-on)'일 수 있다.
- 연구의 외적 타당도 또는 전이 가능성뿐만 아니라 내적 타당도 및/또는 신뢰도에 대한 잠재적 위협이 항상 고려되어야 한다.

혼합방법연구에서 윤리

- 참여자의 정체성을 보호하고, 참여자를 존중하며, 참여자를 신체적 및 심리적 위해로부터 보호하는 기본적인 윤리적 우려는 다른 유형의 연구에 적용되는 것처럼 혼합방법연구에도 적용된다.

핵심 용어

삼각검증 설계(triangulation design)
삼각검증(triangulation)
설명적 설계(explanatory design)
실용주의자(pragmatists)
실증주의(positivism)
일반화 가능성(generalizability)
전이 가능성(transferability)
정량화(quantitizing)
정성화(qualitizing)
지지관점(advocacy lens)
탐색적 설계(exploratory design)
포스트모더니즘(postmodernism)
혼합방법연구(mixed-methods research)

토론거리

1. 혼합방법연구의 가장 큰 강점은 무엇인가? 가장 큰 약점은 무엇인가?
2. 혼합방법연구를 통해 조사하기에 특별히 적합한 주제가 있는가? 있다면, 예를 들어 보라.
3. 혼합방법연구는 질적 및 양적 자료의 수집을 포함한다. 어떤 유형의 자료를 수집하는 것이 가장 쉬울 것 같은가? 가장 어려운 것은? 왜 그러한가?
4. 혼합방법연구에서 무선표집을 사용할 수 있는가? 왜 그러한가? 또는 왜 그렇지 않은가?
5. 혼합방법연구에서 일반화가 가능한가?
6. "혼합방법연구는 양적 또는 질적 연구만을 사용하여 적절하게 연구할 수 없는 질문을 연구자가 조사하는 데 도움이 될 수 있다." 그러한 질문의 몇 가지 예는 무엇인가?
7. 이 장에서 설명한 혼합방법연구 설계 중 가장 사용하기 쉬운 것은 무엇인가? 가장 사용하기 어려운 것은? 그 이유를 설명하라.
8. 혼합방법연구를 할 때, 어떤 윤리적 문제가 발생할 수 있는가?

제8부 실천가에 의한 연구

How to Design and Evaluate Research in Education

제8부에서는 실행연구에 관한 논의를 제시한다. 앞에서 논의된 보다 더 공식적인 연구방법론과 유사하면서도 다른, 실행연구는 최근에 인기가 증가하고 있다. 이 책의 저자들은 이 방법을 약간 상세하게 논의하며, 실행연구가 실제로 학교에서 어떻게 행해지는지에 관한 몇 가지 예를 제시한다.

제 24 장
실행연구

학습목표

이 장을 학습하면 다음을 수행할 수 있어야 한다.

- '실행연구'라는 용어를 설명할 수 있다.
- 실행연구의 기초가 되는 가정을 기술할 수 있다.
- 실행연구의 목적을 설명할 수 있다.
- 실행연구와 관련된 네 가지 단계를 기술할 수 있다.
- 실행연구의 몇 가지 장점을 기술할 수 있다.
- 실행연구와 공식적인 양적·질적 연구 간의 몇 가지 유사점과 차이점을 기술할 수 있다.
- 실제적 실행연구와 참여적 실행연구 간의 차이점을 기술할 수 있다.
- 다른 종류의 연구방법론이 실행연구에 사용될 수 있는 몇 가지 방법을 제안할 수 있다.
- 실행연구에 존재하는 내적 타당도에 대한 몇 가지 위협을 명명할 수 있다.
- 실행연구에서 사용되는 표집의 종류를 기술할 수 있다.
- 실행연구가 외적 타당도 측면에서 취약한 이유를 설명할 수 있다.
- 교육문헌에서 실행연구의 예를 접했을 때, 그것을 인식할 수 있다.

상호작용 · 응용 학습 이 장을 읽는 동안 또는 읽은 후:

다음을 하려면, 온라인학습센터 (www.mhhe.com/fraenkel10e)로 접속하라.

- 실행연구에서 연구자의 역할에 대한 심화학습

다음 활동을 수행하기 위해 온라인 학습자 완전학습 활동(Student Mastery Activities) 책을 읽으라.

- 활동 24.1: 실행연구 문제
- 활동 24.2: 참 또는 거짓?

안 선생님은 서울 소재 초등학교에서 2년째 가르치고 있다. 그녀는 5학년 학급에서 상당한 양의 방해적인 행동으로 인해 점점 더 성가시게 되었다. 그녀의 반의 남학생들은 특히 골치 아프다. 많은 학생은 오후 휴식 후 자리에 앉는 데 오랜 시간이 걸리고, 그녀가 수업을 할 때 주의를 기울이는 데 어려움을 겪으며, 종종 명백한 이유 없이 다른 학생을 주먹으로 때리기도 한다. 그녀의 반의 여학생들은 말을 멈추지 않는 것 같다. 안 선생님은 이러한 문제를 다루기 위해 시도했지만 지금까지 실패한 시도에 의해 많은 귀중한 수업시간을 빼앗겼기 때문에 매우 걱정하고 있다. 특히 우려하는 것은 그녀의 학생들이 그녀가 더 질서 있는 수업을 유지할 수 있었던 것 중 단지 적은 양만을 배우고 있다고 느낀다는 것이다.

이 상황에서 안 선생님은 무엇을 할 수 있는가? 이 장의 주제인 실행연구는 그녀가 사용할 수 있는 이상적인 연구방법론이다.

 실행연구란 무엇인가

실행연구(action research)는 문제를 해결하거나 지역 실제를 알리기 위한 정보를 얻기 위해 한 명 이상의 개인 또는 집단에 의해 수행된다. 실행연구에 참여하는 사람들은 일반적으로 어떻게 하면 학생들의 결석이나 공공 기물 파손 사건을 줄일 수 있는지, 무관심한 학생들에게 동기를 부여할 수 있는지, 수학 수업을 개선하기 위한 테크놀로지 활용 방법을 알아내기 위해, 또는 기금을 늘릴 수 있는지와 같은 어떤 종류의 일상적인 즉각적 문제를 해결하기를 원한다.

많은 종류의 질문이 학교에서의 실행연구에 도움이 된다. 예를 들어, 어떤 종류의 방법이 어떤 종류의 학생들에게 가장 잘 작동하는가? 교사는 어떻게 학생이 중요한 문제에 대해 생각하도록 격려할 수 있는가? 다양한 연령, 성별, 민족성 그리고 능력이 있는 학생이 더 효과적으로 배울 수 있도록 내용, 교육전략, 그리고 학습활동을 어떻게 바꿀 수 있는가? 이해를 극대화하기 위해, 교과내용을 어떻게 제시할 수 있는가? 교사와 행정가는 학교교육에 대한 학생의 관심을 증가시키기 위해 무엇을 할 수 있는가? 상담사는 무엇을 할 수 있는가? 다른 교육전문가가 할 수 있는 일은 무엇인가? 학부모는 어떻게 더 많이 참여할 수 있을까?

교사, 상담사, 감독관, 행정가는 실행연구에 참여함으로써 이러한 (그리고 다른) 중요한 질문에 대한 몇 가지 답변을 제공하는 데 도움을 줄 수 있다. 이러한 연구는 개별적으로 수행되며, **일반화 가능성(generalizability)**이 심각하게 제한된다. 그러나 예를 들어, 같은 지역 내 다른 학교의 여러 교사가 교실에서 같은 질문을 조사한다면(따라서 동료의 연구를 복원함으로써), 그들은 정책이나 실천으로 일반화할 수 있는 아이디어의 기반을 만들 수 있다.

실행연구는 종종 이 책의 저자들이 이전 장에서 기술한 연구의 주요 유형에 대한 완전한 지식을 요구하지 않는다. 실행연구에 관련된 단계는 사실 꽤 간단하다. 기억해야 할 중요한 것은 그러한 연구가 실천가(practitioners)의 관심과 필요에 뿌리를 두고 있다는 것이다.

교육연구자들에 의해 수행된 실행연구의 몇 가지 예는 다음과 같다.

- 당뇨병 환자: 1차 진료 환경에서의 실행연구[1)]

- 가난한 사람들로부터 빈곤에 대한 이해[2)]
- 인종에 대한 발언권 주장[3)]
- 1학년과 동화: 비판적 읽고 쓰는 능력에 대한 한 교사의 실행연구[4)]
- 교사교육에서 실행연구[5)]
- 과학교사 공동체 개발: 협동적 실행연구 프로젝트에 참여[6)]
- 소년과 독서: 실행연구 프로젝트 보고서[7)]

실행연구의 기초가 되는 기본 가정

실행연구의 기초가 되는 많은 가정이 있다. 실행연구자는 관련된 사람들이 단독 또는 집단으로 해결해야 할 문제를 확인하고, 그것을 해결하는 방법을 결정할 능력이 있는 개인에게 정보를 제공한다고 가정한다. 실행연구는 또한 관련된 사람들이 자신의 수행을 향상하는 데 진지하게 임하고 있고, 그러한 수행에 지속적 · 체계적으로 반영되기를 원하는 것으로 가정한다. 더 나아가, 실행연구는 학교에 관련된 교사와 다른 사람이 문제를 확인하고, 조사 절차를 결정하며, 자료수집기법을 결정하고, 자료를 분석 및 해석하며, 문제를 다루기 위한 실행계획을 개발하기 위하여 연구에 체계적으로 참여하기를 원한다고 가정한다. 마지막으로, 그것은 연구를 수행하고자 하는 사람은 필요한 절차를 수행하고 권고사항을 이행할 권한이 있다고 가정한다. 이러한 가정은 〈표 24-1〉에 좀 더 자세히 기술되고 예시되어 있다.

〈표 24-1〉 실행연구가 기초하고 있는 기본 가정

가정	예
교사와 다른 교육전문가들은 결정을 내릴 권한을 가지고 있다.	교사팀은 학교 행정부와 논의한 뒤 매주 만나 수학 교육과정을 수정해 성취도가 낮은 학생들에게 더 적합하도록 하기로 했다.
교사와 다른 교육전문가들은 그들의 실제를 개선하기를 원한다.	한 집단의 교사들이 매주 서로를 관찰하기로 결정하고 나서 그들의 가르침을 개선하기 위한 방법을 논의하기로 한다.
교사와 기타 교육전문가들은 지속적인 전문성 개발에 전념하고 있다.	한 초등학교의 전체 교직원(행정가, 교사, 상담사, 사무직 등)이 학교의 출석과 기강정책을 개선하기 위한 방안을 마련하기 위해 수련회를 떠난다.
교사 및 기타 교육전문가들은 체계적인 연구에 참여할 것이며, 참여할 수 있다.	방금 나열한 예에 따라, 교직원은 지난해 동안 만성 결석자의 출석기록을 검토하여 자료를 수집하기로 결정하고, 참석자와 결석자가 차이가 있는 이유를 확인하기 위하여 무선표집된 그들을 인터뷰하며, 훈육이 쉬운 학생과 교직원 간 방과후 원탁회의를 잇따라 개최해 문제점을 파악하고 분쟁해결방안을 논의하고, 선정된 학생이 배정된 업무에 도움이 필요한 학생에게 상담역할을 할 수 있는 멘토링시스템을 구축한다.

1) Mendenhall, T. J., & Doherty, W. J. (2007). Partners in diabetes: Action research in a primary care setting. *Action Research, 5*(12), 378–406.

2) Collins, S. B. (2005). An understanding of poverty from those who are poor. *Action Research, 3*(3), 9–31.

3) Foldy, E. G. (2005). Claiming a voice on race. *Action Research, 3*(93), 33–54.

4) Bourke, R. (2008). First graders and fairy tales: One teacher's action research of critical literacy. *The Reading Teacher, 62*(4), 304–312.

5) Kitchen, J., & Stevens, D. (2008). Action research in teacher education: Two teacher–educators practice action research as they introduce action research to pre–service teachers. *Action Research, 6*(3), 7–28.

6) Fazio, X. (2009). Development of a community of science teachers: Participation in a collaborative action research project. *School Science and Mathematics, 109*(2), 95.

7) Kwok, J. (2009). Boys and reading: An action research project report. *Library Media Connection, 27*(4), 20.

실행연구 유형

Mills는 두 가지의 주요 실행연구 유형을 확인했지만, 이 두 가지 유형의 변형과 조합이 가능하다.[8)]

실제적 실행연구

실제적 실행연구(practical action research)는 교실, 학교 또는 다른 '공동체' 내의 특정 문제를 다루기 위한 것이다. 그것은 교육, 사회복지사업 또는 사업장과 같은 다양한 환경에서 수행될 수 있다. 그것의 주요 목적은 더 큰 문제를 알릴 뿐만 아니라 단기적으로 실제를 개선하는 것이다. 초점이 명확하고 구체적일 경우, 그것은 개인, 팀 또는 더 큰 집단에 의해 수행될 수 있다. 최대한 성공하려면, 실제적 실행연구는 이상적으로 구현되고 더 나아가 평가될 수 있는 실행계획(action plan)을 도출해야 한다.

자기연구를 사용한 교사연구

교사와 다른 교육전문가들에 의해 사용되는 실제적인 실행연구의 한 형태는 **교사연구**(teacher research)로 알려져 있다. 교사는 실제로 문제를 해결하거나 성찰적 과정을 통해 자신의 교육학을 개선하기 위한 체계적인 연구에 참여한다. 후자의 경우, 교사들은 종종 교육자의 실천을 체계적으로 평가하고 발전시키기 위해 고안된 자서전적 과정인 '자기연구(self-study)'라고 불리는 접근방법을 사용한다. 비록 자기연구가 계속 발전하고 있지만, 비평가들은 자기연구가 대체로 개인적이고 특이한 장르로 남아있다고 주장한다.[9)10)] 이론가들은 협력적 자기연구가 새롭고 일반화될 수 있는 지식을 제공할 수 있는 잠재력을 가지고 있지만, 자기연구에서 방법론에 대한 논의를 최소화하려는 일반적인 경향은 연구결과의 전이 가능성을 제한한다고 주장한다. Feldman은 실천자들이 자신의 방법론을 설명하고 독자들에게 더 투명하게 함으로써 자기연구의 내적 · 외적 타당도를 높일 것을 권고했다.[11)]

자기연구의 타당도를 증진한다는 목표를 위해, 이 책의 저자들 중 한 명은 다른 동료와 함께 3년 동안 공동으로 자기연구 프로젝트를 진행하여 선행연구에서 격차에 기여했다.[12)] '비판적 동료' 공동연구자 접근방법을 사용하여 저자들은 여러 자료 출처, 타당도 검사 및 삼각검증 전략을 포함한 혼합방법연구를 수행했다. 궁극적으로, 저자들은 연구결과의 진실성과 전이 가능성을 높이기 위해 연구과정을 완전히 공개하려고 했다. 그 연구 프로젝트는 새로운 박사과정 프로그램에서 가르치는 교수로서 3년에 걸친 저자들의 연구를 살펴보았다. 매 학기말 저자들의 심층적이고 반구조적인 인터뷰와 학생 강좌 평가와 논문 완성률의 양적 자료는 물론 성찰일기, 강의노트, 강의계획서 등의 내용분석 등을 활용해 자료를 수집했다. 두 저자 간에 발전된 비판적인 동료 관계는 그들이 가르침 안에서 다양한 동기와 통찰력을 발견할 수 있는 안전하고 고도의 전문적 공간을 제공했다. 이러한 깨달음은 궁극적으로 교육학의 개선으로

---

8) Mills, G. E. (2000). *Action research: A guide for the teacher researcher*. Merrill.

9) Louie, B. Y., Drevdahl, D. J., Purdy, J. M., & Stackman, R. W. (2003). Advancing the scholarship of teaching through collaborative self study. *The Journal of Higher Education, 74*(2), 150–171.

10) Zeichner, K. (1999). The new scholarship in teacher education. *Educational Researcher, 28*(9), 4–15.

11) Feldman, A. (2003). Validity and quality in self-study. *Educational Researcher, 32*(3), 26–28.

12) Henderson, B., & Hyun, H. (2013). Doctoral andragogy: A three-year study on developing highly effective teaching practices for a new professional doctorate program in education. Paper presented at the American Educational Research Association Annual Meeting, San Francisco, CA, May 1, 2013.

이어졌으며, 저자들은 이를 더 나은 학생 및 프로그램 관련 산출물(outcomes)과 연결시킨다.

참여적 실행연구

참여적 실행연구(participatory action research)는 특정 지역문제에 초점을 맞추고 그 결과를 실행을 구현하기 위해 사용하는 것에 대해 공유하지만, 실제적 실행연구와 중요한 면에서 다르다. 첫 번째 차이점은 그것은 두 가지의 추가적인 목적을 가지고 있다는 것이다. 개인과 집단이 그들의 삶을 향상시킬 수 있는 권한을 주기 위하여, 그리고 몇몇 수준(학교, 공동체 또는 사회)에서 사회변화를 가져오기 위해서이다. 따라서 그것은 의도적으로 다양한 경험과 관점을 대표하는 상당한 집단의 사람들을 포함하며, 그들은 모두 동일한 문제에 집중한다. 목적은 동등한 파트너로서 기능하는 모든 **이해관계자**(stakeholders)를 집중적으로 참여시키는 것이다([그림 24-1] 참고).

[그림 24-1] 이해관계자

이 목표를 달성하려면, 이해관계자들이 처음부터 모두 참여하지는 않더라도 과정 초기에 적극적이고 공동으로 연구를 계획해야 한다. 여기에는 목적을 명확히 하는 것뿐만 아니라 자료수집 및 분석, 자료해석 및 결과조치를 포함한 다른 측면에 대한 동의도 포함된다. 이러한 이유로, 참여적 실행연구는 종종 **협력적 연구**(collaborative research)라고 불린다. '순수한' 형태에서 참여적 실행연구는 다음과 같다.

> 사람들에게 구체적인 문제를 해결하기 위한 노력의 일환으로 체계적인 실행을 취할 수 있는 수단을 제공하는 연구에 대한 협력적 접근방법이다. [그것은] 합의된, 민주적이고 참여적인 전략을 장려하여 사람들이 자신에게 영향을 미치는 문제를 성찰적으로 검토하도록 장려한다. 더 나아가, 그것은 사람들이 그들의 상황에 대한 이유와 설명을 진술하고, 이러한 문제를 해결할 수 있는 계획을 개발하도록 장려한다.[13]

때때로 숙련된 연구자는 문제를 파악하여 이해관계자의 주의를 환기시킨다. 그러나 연구자가 연구해야 할 문제는 단순히 연구자의 관심사가 아니라 **이해관계자에게**(to the stakeholders) 중요한 문제이어야

13) Mills, G. E. (2000). *Action research: A guide for the teacher researcher* (p. 6). Merrill.

한다는 것을 인식하는 것이 필수적이다. 연구자와 이해관계자는 **공동으로**(jointly) 연구문제를 공식화한다(종종 브레인스토밍 또는 초점집단 수행을 통해). 이러한 접근방법은 연구자가 스스로 문제를 공식화하는 많은 전통적인 조사와 대조된다([그림 24-2]). Berg는 훈련된 연구자의 역할을 다음과 같이 기술한다.

[그림 24-2] 실행연구에서 '전문가'의 역할

> 공식적으로 훈련된 연구자는 객관적인 관찰자나 외부 컨설턴트로서가 아니라 연구 중인 공동체 또는 집단과 함께 서 있다. 연구자는 그 과정에서 참여자로서 필요할 때 전문지식을 제공한다. 연구자는 집단 또는 공동체의 이해관계자뿐만 아니라 지역 실천가와 협력한다. 다른 참여자는 그들의 물리적 또는 지적 자원을 연구과정에 기여한다. 연구자는 연구 모집단과 파트너이므로, 이러한 유형의 연구는 다른 전통적인 역할과 노력보다 상당히 더 가치 있는 연구이다.[14]

참여수준

부분적으로, 참여적 실행연구의 영향 때문에 최근 몇 년 동안 연구 프로젝트에 참여하는 개인의 역할에 더 많은 관심이 쏠리고 있다. 역사적으로 대부분의 교육 및 기타 연구에서 연구대상은 단순히 검사, 관찰, 인터뷰 등을 통해 자료를 제공했다. 그들은 감사 외에 (심지어 때로는 그것조차도 없이) 거의 또는 전혀 혜택을 받지 못했다. 그 연구의 혜택은 연구자에게도, 사회 전체에도 영향을 미쳤다.

개인의 그러한 사용은 위험, 기만 또는 기밀성의 문제가 없을 수 있음에도 불구하고 윤리의 문제를 제기한다. 결과적으로, 적어도 연구참여자에게 연구의 목적을 알리는 데 더 많은 노력이 기울여졌다. 그러나 이로 인해 연구의 내적 타당도 또는 자료의 타당도에 위협이 될 수 있다. 경우에 따라, 참여자에게 연구의 결과를 제공하고 검토요청을 할 수도 있다. 사실상 참여의 연속체가 있다([그림 24-3] 참고). 더 높은 수준의 참여에는 도구개발과 자료수집 및 자료분석 지원, 자료해석 참여, 후속연구를 위한 권고 작성, 연구 설계에 적극적으로 참여, 관심 문제 공식화, 그리고 심지어 연구 노력 시작 등이 포함될 수 있다. 참여 정도 외에도 참여자의 관심과 배경에 따라 참여의 성격이 달라진다. 예를 들어, 초등학교 학생들이 3 수준이나 그 이상으로 참여하는 것은 드문 일일 것이다. 마찬가지로 참여적 실행연구의 이해관계자는 모든 수준에서 참여할 것 같지 않다.

---

14) Berg, B. L. (2001). *Qualitative methods for the social sciences* (p. 180). Allyn & Bacon.

[그림 24-3] 실행연구에서 참여수준

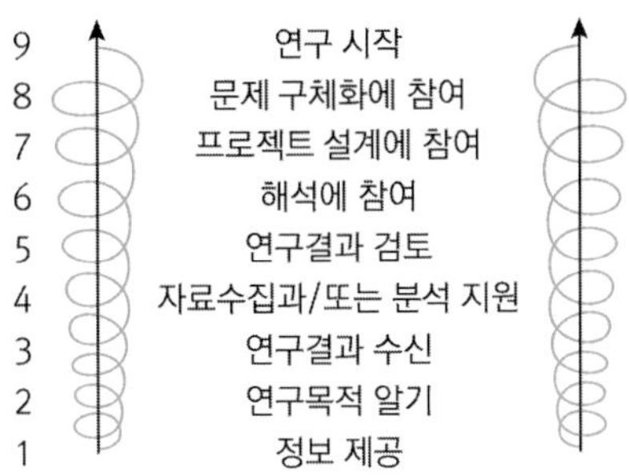

실행연구 단계

실행연구는 다음과 같은 네 가지의 기본 단계를 수반한다. ① 연구문제 또는 질문 확인, ② 질문에 답하는 데 필요한 정보 획득, ③ 수집된 정보의 분석 및 해석, 그리고 ④ 실행계획 개발이다. 이 각 단계에 대해 좀 더 자세히 살펴보자.

연구질문 확인

실행연구의 첫 단계는 우려되는 문제를 명확히 하는 것이다. 개인이나 집단은 상황을 주의 깊게 살펴보고 문제를 파악해야 한다. 실행연구는 교사나 교육에 관련된 다른 사람들이 무언가를 더 좋게 만들고, 그 실제를 개선하며, 고질적인 쟁점을 처리하고, 잘 작동되지 않는 어떤 것을 수정하고자 할 때 가장 적절하다.

기억해야 할 중요한 것은 실행연구 프로젝트가 성공하기 위해서는 그것이 관리 가능해야 한다는 것이다. 따라서 대규모의 복잡한 쟁점은 전문연구자들에게 맡기는 것이 아마도 가장 좋을 것이다. 실행연구 프로젝트는 (일반적으로) 범위가 상당히 좁다. 그러나 교사, 학생, 행정가 등의 집단이 어떤 종류의 장기 프로젝트에 함께 참여하기로 결정한다면, 연구는 더 광범위해질 수 있다. 따라서 "분수를 가르치는 더 좋은 방법은 무엇인가?"와 같은 문제는 "탐구교육이 더 전통적인 교육보다 더 적절한가?"보다 더 적합하다. 꽤 중요하지만, 후자는 단일 교실에서나 교사가 쉽게 해결하기에는 너무 광범위하다.

필요한 정보수집

문제가 확인되면, 다음 단계는 필요한 자료의 종류와 수집방법을 결정하는 것이다. 이 책의 앞부분에서 설명한 연구방법론은 실행연구에도 사용될 수 있다. 실험, 조사, 인과-비교연구, 관찰, 인터뷰, 문서분석, 문화기술지 등 모두 고려할 수 있는 연구방법론이다(이러한 방법들이 어떻게 사용될 수 있는지에 대한 몇 가지 예를 이 장의 뒷부분에 제시한다).

교사는 능동적인 참여자(예: 학생이 컴퓨터 사용을 지시하는 동안 사용하는 컴퓨터 전략을 관찰함) 또는 비참여자(예: 학생이 수업시간 동안 상호작용하는 방법을 관찰함)일 수 있다. 어떤 역할을 선택하든, 관찰하는 동안 가능한 한 많이 기록하는 것이 좋다. 즉, 보고 들은 것을 기술하기 위해 **현장노트(field notes)**를 기록하는 것이다.

관찰과 더불어, 주요한 자료수집의 두 번째 범주는 정보를 원하는 학생이나 다른 개인을 **인터뷰하는**(interviewing) 것을 포함한다. 관찰을 통해 수집된 자료는 종종 인터뷰나 **질문지**(questionnaires) 조사를 통해 후속 조치를 취해야 할 질문을 제안할 수 있다. 실제로 질문지 조사를 하고 연구참여자를 인터뷰하는 것은 관찰의 정확도를 평가하는 효과적이고 생산적인 방법이 될 수 있다. 실행연구의 다른 측면에서도 그렇듯이, 인터뷰는 더 공식적인 연구보다 덜 형식적이고 종종 좀 더 비정형적인 경향이 있다.

자료수집의 세 번째 범주는 **문서의** 검토 및 **분석**(analysis of documents)을 포함한다. 이 방법은 세 가지 방법 중 가장 시간이 적게 걸리고 시작하기가 가장 쉽다. 출석기록, 교직원 회의록, 상담사기록, 학교신문 계정, 학생일지, 수업계획서, 행정기록, 정학명부, 구금기록, 좌석 차트, 수업 및 학교 활동사진, 학생 포트폴리오 등은 모두 실행연구자의 연구를 위한 자료들이다.

실행연구는 제7장에서 논의된 모든 유형의 도구, 즉 질문지, 인터뷰 일정, 체크리스트, 평가척도, 태도 척도 등을 사용할 수 있도록 한다. 그러나 종종 관련된 교사, 관리자 또는 상담가(때로는 학생까지)는 지역적으로 적절한 도구를 만들기 위해 자체 도구를 개발한다. 그리고 그것은 보통 더 전통적인 연구에 사용되는 도구보다 짧고 단순하며 덜 형식적이다.

일부 실행연구는 둘 이상의 도구 또는 다른 형태의 **삼각검증**(triangulation)(586쪽과 640-641쪽 참고)을 사용한다. 따라서 학생들이 신중하게 준비된 인터뷰 질문에 응답하도록 요청하는 것은 비디오 녹화로 보완될 수 있다. 관찰 체크리스트를 사용하여 얻은 자료는 교실 토론의 오디오 녹음과 대조될 수 있다. 어떤 방법을 사용할지는 다른 연구조사와 마찬가지로 연구질문의 본질에 따라 결정된다.

실행연구자는 단지 일화적인 자료, 즉 문제가 어떻게 다루어질 수 있는지에 대한 사람들의 의견만을 수집하는 것을 피해야 한다. 일화자료가 종종 가치가 있지만, 이 책의 저자들은 어떤 종류의 보다 실질적인 증거(예: 오디오 녹음, 비디오, 관찰, 설문지에 대한 서면 답변 등)를 얻어야 한다고 강력하게 믿는다.

정보분석 및 해석

이 단계에서는 2단계에서 수집한 자료를 분석하고 해석하는 데 중점을 둔다. 수집되고 요약된 후에는 참여자가 자료가 무엇을 드러내는지를 결정할 수 있도록 자료를 분석해야 한다. 그러나 실행연구 자료의 분석은 보통 다른 형태의 연구보다 훨씬 덜 복잡하고 상세하다.

이 단계에서 중요한 것은 연구가 진행된 연구질문이나 문제의 해결과 관련하여 자료를 검토하는 것이다. 참여적 실행연구와 관련하여, Stringer는 수집된 자료를 분석하기 위한 안내 절차를 제공할 수 있는 여러 가지 질문을 제안한다.

> 첫 번째 질문인 왜(why)는 모든 사람에게 원래 연구의 목적이 무엇이었는지를 상기시키면서 조사에 대한 일반적인 초점을 설정한다. 남은 질문, 즉 무엇이(what), 어떻게(how), 누가(who), 어디에서(where), 언제(when)는 참여자가 관련 영향을 확인할 수 있도록 하는 것이다. 그 의도는 환경이나 상황의 맥락에서 자료를 더 잘 이해하는 것이다. 무엇(what)과 어떻게(how)의 질문은 문제 또는 쟁점을 설정할 수 있도록 돕는다. 무엇이 사람들을 괴롭히는가? 이러한 문제와 쟁점은 어떻게 사람이나 집단의 삶에 영향을 미치는가? 누가(who), 어디에서(where), 언제(when)의 질문은 당면한 문제나 쟁점과 관련된 특정 작업, 사건 및 활동에 초점을 맞춘다. 여기에서 목적은 참여자가 이러한 요소에 대한 질적 판단을 내리는 것이 아니라 수집된 자료를 사정하고 정보를 명확히 하는 것이다. 더불어, 이 과정은 참여자가 직접 논의한 사항(자료에 포함) 또는 다른 참여자가 언급한 사항에 대해 성찰할 수 있는 수단을 제공한다.[15)]

참여적 실행연구에서 수집된 자료를 분석하고 해석할 때, 참여자는 연구에 참여한 모든 이해당사자의 인식을 반영하려고 노력하는 것이 중요하다. 따라서 참여자는 자료가 드러내는 것에 관한 기술을 작성하기 위해 협력해야 한다. 참여자는 또한 모든 이해관계자에게 자료수집 단계에서 무슨 일이 일어나고 있는지 계속 알리고 모든 관계자가 (단순히 연구가 완료된 후가 아니라) 준비되는 대로 어떤 일이 일어나고 있는지에 대한 설명을 읽을 수 있는 기회를 제공하기 위해 모든 노력을 기울여야 한다. 이를 통해 모든 이해관계자가 연구가 진행되는 동안 지속적으로 의견을 제시할 수 있다([그림 24-4] 참고).

[그림 24-4] 실행연구에서 참여자

실행계획 개발

실행연구의 목적을 달성하기 위해서는 연구결과에 따라 변화를 구현할 계획을 수립해야 한다. 공식적인 문서가 준비되는 것은 바람직하지만, 필수적인 것은 아니다. 필수적인 것은 최소한 연구는 원래의 문제나 관심사에 관한 추가적인 작업에 대한 명확한 방향을 제시해야 한다.

실행연구와 공식적인 양적 및 질적 연구 간의 유사점과 차이점

실행연구는 보다 더 공식적인 양적 · 질적 연구와 많은 면에서 다르지만, 또한 많은 유사점을 가지고 있다. 둘 다를 〈표 24-2〉에 제시하였다.

15) Berg, B. L. (2001). *Qualitative methods for the social sciences* (p. 183). Allyn & Bacon.에서 인용된 Stringer, E. T. (1999). *Action research* (2nd ed.). Sage.

〈표 24-2〉 실행연구와 공식적인 양적 및 질적 연구의 유사점과 차이점

실행연구	공식적인 연구
체계적 탐구	체계적 탐구
목표: 지역적인 관심사에 관한 문제 해결	목표: 이론을 개발하고, 검증하며, 광범위한 모집단에게 일반화될 수 있는 지식 생산
연구를 수행하는 데 필요한 공식적인 훈련은 거의 없음	연구를 수행하기 위해 상당한 훈련 필요
목적: 지역적인 관심사에 관한 문제들을 확인하고 수정	목적: 더 큰 문제 조사
교사 또는 기타 지역 교육전문가가 수행	평소 지역적인 상황에 관여하지 않는 연구자가 수행
주로 교사가 개발한 도구 사용	주로 전문적으로 개발된 도구 사용
덜 엄격	좀 더 엄격
일반적으로 가치기반적(value-based)	종종 가치 중립적
의도적 표본 선택	무선표본(가능한 경우) 선호
연구자의 선택적 의견은 종종 자료로 간주됨	연구자의 선택적 의견은 결코 자료로 간주되지 않음
일반화 가능성은 매우 제한적	일반화 가능성은 종종 적절

실행연구에서 표집

실행연구 문제는 거의 항상 특정 집단(교사의 수업, 상담사의 내담자 중 일부, 행정가의 교수진)에만 집중되며, 따라서 표본과 모집단은 동일하다. 무선표집은 학교에서 종종 어렵지만, 일반화가 반드시 가능하거나 원하는 것은 아니기 때문에 더 전통적인 연구 노력만큼 중요하지 않다.

실행연구의 내적 타당도

실행연구는 정도는 다르지만 제9장에서 기술한 내적 타당도에 대한 모든 위협을 받는다. 이러한 연구는 특히 자료수집자가 연구의 의도를 잘 알고 있기 때문에 자료수집자 편견의 가능성으로 어려움을 겪는다. 이 개인은 자신이 보고 싶지 않은 결과나 반응을 간과하지 않도록 주의해야 한다. 실행자나 자료수집자 중 하나가 무의식적으로 연구의 결과를 왜곡할 수 있기 때문에, 실행 및 태도 영향도 강력한 가능성이 있다.

실행연구와 외적 타당도

단일대상 실험연구에서 그러한 바와 같이, 실행연구는 외적 타당도(일반화 가능성)에 관한 한 취약하다. 오직 한 교실에서만 효과적인 것으로 밝혀진 실제를 사용하는 것은 추천할 수 없다! 따라서 특정 유형의 태도를 드러내는 또는 특정 종류의 변화를 장려하는 특정 실제가 효과적이라는 것을 보여 주는 실행연구는 결과가 다른 개인, 환경 및 상황에 일반화될 경우 복원될 필요가 있다.

 실행연구의 장점

이 책의 저자들은 실행연구를 수행하는 것에 관한 최소한 다섯 가지의 장점을 생각할 수 있다. 첫째, 거의 모든 전문직 종사자, 어떤 학교든, 어떤 학년수준에서든, 어떤 종류의 문제라도 조사할 수 있다. 그것은 교실에 있는 개별 교사에 의해 수행될 수 있다. 교사 및/또는 학부모 집단, 학교 교장 또는 상담사, 또는 교육지원청 수준의 학교 행정가도 수행할 수 있다.

둘째, 실행연구는 교육 실제를 개선할 수 있다. 그것은 교사, 상담사 그리고 행정가가 더 유능한 전문가가 되도록 돕는다. 그것은 그들이 자신이 하는 일에 더 유능하고 효과적이 되도록 도울 뿐만 아니라, 다른 사람들의 연구결과를 더 잘 이해하고 적용하도록 도울 수 있다. 교사와 다른 교육전문가는 실행연구를 스스로 수행함으로써 자신의 기술을 향상시킬 수 있을 뿐만 아니라, 적절한 때에 더 공식적인 연구를 읽고 해석하며 비평하는 능력을 향상시킬 수 있다.

연구심화

실행연구의 중요한 예

1990년대 초는 효과적인 참여적 실행연구의 예를 제공한다. Bonneville Dam의 새로운 발전소가 워싱턴주 North Bonneville 타운의 중심에 지어질 때, 470명의 모든 주민은 퇴거, 이전 그리고 마을의 붕괴에 직면했다. 시민들은 자신이 선택한 기존 마을로 이전한다는 목표를 중심으로 집회를 열었다. 그렇게 하기 위해서, 그들은 미국 공병대에 반대해야 했다. 광범위한 시민집단은 워싱턴대학교와 에버그린주립대학교의 교수진과 학생들의 도움을 받아, 마을의 자산과 특징 그리고 공동체 계획과 정치 과정의 세부사항에 대해 그들 자신에게 자세히 알리기 위한 연구에 착수했다. 대학생들은 지역사회의 모든 분야와 지속적인 피드백과 토론을 수반하는 문서, 비공식 토론, 워크숍을 통해 자료를 수집하면서 마을에 살고 연구했다. 시의회는 재정적 · 물류적 지원을 제공했다. 시민들은 정보 제공과 정치적 행동 수행에 점점 더 관여하게 되었다. 결국, 그들은 목표를 달성했을 뿐만 아니라 '새로운' 마을을 위한 그들의 설계를 공병대가 제안한 것을 대체하는 데 성공했다.[16)]

셋째, 교사나 다른 전문가가 자신의 실행연구를 설계하고 수행할 때, 그는 자신의 기술을 연습하는 더 효과적인 방법을 개발할 수 있다. 이를 통해, 그는 유사한 실제에 대한 공식 연구보고서를 읽고 그러한 연구의 결과가 자신의 상황에 어떻게 적용될 수 있는지에 대한 이해를 높일 수 있다. 더 중요한 것은 그러한 연구가 어떻게 자신의 전략과 기술을 수정하고 아마도 풍부하게 하는가에 대한 풍부한 아이디어의 원천으로 작용할 수 있다는 것이다.

넷째, 실행연구는 교사가 문제와 이슈를 체계적으로 파악하는 데 도움을 줄 수 있다. 실행연구를 수행하는 방법을 모색하려면, 개인이 문제를 정확하게 정의하고(종종 조작적으로), 문제를 해결하기 위한 대안적 방법을 확인하고 검증하며, 이러한 방법을 평가한 다음, 배운 것을 동료와 공유해야 한다. 사실상, 실행연구는 "실천가에게 제도화되고 당연하게 받아들여지는 일상의 틀에서 벗어날 수 있고, 직장에서

---

16) Fischer, F. (2000). *Citizens, experts and the environment: The politics of local knowledge* (pp. 268–272). Duke University Press.

다루기 어려워 보이는 문제가 해결될 수 있다는 희망을 가질 수 있음을 보여 준다."[17]

다섯째, 실행연구는 학교 자체 내에 연구지향적인 개인들의 작은 공동체를 구축할 수 있다. 실행연구는 체계적으로 수행될 때, 상호 관심의 문제나 쟁점을 해결하기 위해 함께 일하는 여러 개인을 포함할 수 있다. 이것은 많은 교사, 상담사 그리고 행정가가 학교 내에서 자신의 일상적인 일을 하면서 경험하는 고립감을 줄이는 데 도움을 줄 수 있다. 현재 이 책의 저자들 중 한 명은 대학교수가 되기 전에 고등학교 사회과목을 가르쳤다. 교직 첫 해 동안, 그는 특히 어려운 학생들의 반에 배정되었다. 이 학교의 다른 교사들 중 일부는 그러한 학생들을 다루기 위한 다양한 전략을 시험하고 평가하기 위한 실행연구 프로젝트의 일부로서 체계적으로 일하고 있었다. 그들은 (자신의 실행연구를 통해) 배운 것을 공유했다. 그들의 지원과 정보 공유는 다소 벅찬 초보자에게 매우 귀중한 것으로 입증되었다.

실제적 실행연구의 가설적 예

이 책의 다른 장에 기술된 거의 모든 연구방법론은 학교 교사와 다른 교육전문가들이 관심 있는 문제와 질문을 조사하기 위해 (덜 형식적이고 복잡한 형태로) 채택될 수 있다. 다음에 나오는 예에 대해 학교기반 환경을 사용하지만, 실행연구가 다른 곳(예: 정신건강 기관, 자원봉사 조직, 지역사회 서비스 기관)에서 어떻게 사용될 수 있는지 개념화하는 데는 약간의 상상력만 필요하다. 이 책의 저자들은 이제 무엇을 할 수 있는지에 대한 몇 가지 예를 제시한다.

과학개념 수업 조사(비교집단 실험 사용)

5학년 담당 권 교사는 다음 질문에 관심이 있다.

- 드라마를 사용하는 것이 5학년 학생들의 기초과학 개념에 대한 이해를 향상시킬 수 있는가?

권 교사는 어떻게 진행할 것인가?

여러 가지 방법으로 조사할 수 있지만, 이 질문은 특히 비교집단 실험(제13장 참고)에 적합하다. 권 교사는 일부 교사는 드라마를 사용하고 일부 교사는 사용하지 않는 수업에 학생들을 무선으로 배정할 수 있다. 권 교사는 이러한 수업의 학생들을 특정한 간격으로 검사함으로써, 이러한 대조적인 방법의 효과를 개념적 이해를 측정하도록 설계된 도구와 비교할 수 있었다. 검사의 다른 등급의 평균점수(종속변수)는 권 교사에게 비교되는 방법의 효과를 어느 정도 알 수 있게 해 줄 것이다.

물론 권 교사는 다양한 치료집단에 개인을 배정하는 것에 대해 가능한 한 많은 통제권을 갖고 싶어 한다. 대부분의 학교에서 학생들을 처치집단(수업)에 무선으로 배정하는 것은 매우 어려울 것이다. 이러한 경우에도 준실험설계를 사용하여 비교할 수 있다. 예를 들어, 권 교사는 일부 교사가 드라마 접근방법을 사용하기로 동의한 두 개 이상의 **온전한**(intact) 수업에서의 학생들의 성취도를 비교할 수 있다. 이러한 수업의 학생들이 무선으로 배정되지 않았을 것이기 때문에, 설계는 진실험설계로 간주될 수 없다.

---

17) Berg, B. L. (2001). *Qualitative methods for the social sciences* (p. 182). Allyn & Bacon.

그러나 측정되는 것의 측면에서 수업 간의 차이가 꽤 크다면, 그리고 학생들이 관련 변수에 대해 일치했다면(개념적 이해의 사전검사를 포함하여), 결과는 두 방법이 어떻게 비교되는지를 보여 주는 데 여전히 유용할 수 있다.

우리는 연구의 산출물(outcomes)에 영향을 미칠 수 있는 중요한 변수와 관련하여 학급이 다를 수 있다는 것을 우려할 것이다. 권 교사가 자료수집자라면, 도구를 실행할 때 의도치 않게 한 집단을 선호할 수 있다.

권 교사는 조사결과에 영향을 미칠 수 있는 모든 외생변수(학생능력수준, 나이, 교육시간, 교사 특성 등)를 통제하려고 노력해야 한다. 몇 가지 통제절차들이 제9장에서 기술되었다: 동일하거나 밀접하게 연결된 기간 동안 교육, 두 가지 방법 모두에 대해 동등한 경험을 가진 교사 사용, 능력과 성별에 대한 학생 일치, 다른 사람이 도구 실행 등.

권 교사는 교사에 의해 일부 수업에서 **이미**(already) 드라마 접근방법을 사용되고 있다면 인과-비교 방법을 사용하기로 결정할지도 모른다.

타임아웃이 한 학생의 방해적인 행동에 미치는 영향에 관한 연구(단일대상 실험 사용)

3학년 담당 왕 교사는 조용히 할 줄 모르는 학생 때문에 수업이 계속 중단되는 것을 알게 된다. 고민에 빠진 왕 교사는 자신이 그 학생을 통제하기 위해 무엇을 할 수 있는지 묻고, 어떤 종류의 타임아웃(time-out) 활동이 효과가 있을지 궁금해 한다. 이에 따라 왕 교사는 다음과 같이 묻는다.

- 짧은 기간 동안 수업으로부터의 제거가 이 학생의 방해적인 행동의 빈도를 감소시키는가?

왕 교사는 자신의 질문에 대한 답을 얻기 위해 무엇을 할 수 있는가?

이러한 종류의 질문은 단일대상 A-B-A-B 설계(제14장 참고)를 통해 가장 잘 답할 수 있다. 먼저, 왕 교사는 학생의 방해적인 행동(disruptive behavior)에 대한 기준을 세울 필요가 있다. 따라서 왕 교사는 며칠 동안 그 학생을 주의 깊게 관찰하고 방해적인 행동의 빈도를 기록해야 한다. 일단 왕 교사가 학생의 행동에 안정적인 패턴을 인식한 후, 처치(이 경우, 타임아웃 또는 짧은 시간 동안 학생을 교실 밖에 배치)를 도입해야 한다. 그리고 처치 기간 후에 학생의 방해적인 행동의 빈도를 관찰해야 한다. 그런 다음, 왕 교사는 그 주기를 반복해야 한다. 이상적으로, 학생의 방해적인 행동은 줄어들 것이고 왕 교사는 더 이상 그 학생과 함께 타임아웃 시간을 사용할 필요가 없을 것이다.

왕 교사의 가장 큰 문제는 그 학생이 쉬는 시간 동안 행동을 관찰하고 도표화하여 자신의 반에 있는 다른 학생들을 가르칠 수 있다는 것이다. 또한 처치(타임아웃)가 의도한 대로 작동하는지 확인하는 데 어려움을 겪을 수 있다(예: 학생이 복도를 배회하고 있지 않은지). 만약 왕 교사가 이러한 우려를 도울 수 있는 교사 보조원이 있다면, 이 두 가지 문제는 크게 줄어들 것이다.

학생들이 학교에 대해 좋아하는 것 결정(설문조사 사용)

고등학교 진로상담사인 강 교사는 교육방법을 비교하는 데 관심이 없다. 그는 학생들이 일반적으로 학교에 대해 어떻게 느끼는지에 관심이 있다. 따라서 그는 다음과 같은 질문을 한다.

- 학생들은 자신의 수업에 대해 무엇을 좋아하는가? 그들은 무엇을 싫어하는가? 왜 그러한가?
- 그들은 어떤 교과목을 가장 좋아하는가 또는 가장 싫어하는가?
- 우리 학교의 다양한 연령, 성별, 그리고 인종을 가진 학생의 느낌은 어떻게 비교되는가?

강 교사는 답을 얻기 위해 무엇을 할 수 있는가?

이러한 종류의 질문은 그의 수업에 대한 학생들의 태도를 측정하는 설문조사를 통해 가장 잘 답해질 수 있다(제17장 참고). 강 교사는 질문지가 자신이 얻고자 하는 정보에 맞추어져 있는지 확인하는 시간을 가지면서 질문지를 준비해야 한다. 다음으로, 그는 다른 교직원들에게 질문을 살펴보고 오해의 소지가 있거나 모호하다고 느끼는 것을 확인해 주도록 해야 한다.

그러한 조사는 두 가지의 어려움을 제시한다. 첫째, 강 교사는 질문이 명확하고 오해의 소지가 없도록 해야 한다. 그는 객관적이거나 폐쇄적인 질문을 사용함으로써 어느 정도 이것을 달성할 수 있고, 그것이 모두 조사 중인 주제와 관련이 있는지 확인한 다음, 소수의 학생들과 함께 설문지 초안을 예비조사함으로써 모호성을 없앨 수 있다. 둘째, 강 교사는 의미 있는 분석을 할 수 있도록 충분한 수의 설문지가 작성되고 회수되는지 확인해야 한다. 그는 학생들이 모두 한 곳에 있을 때 완성하도록 설문지를 줌으로써 회수율을 향상시킬 수 있다. 그가 완성된 질문지를 모으면, 그는 답변을 집계하고 무엇을 얻었는지 보아야 한다.

설문조사의 큰 장점은 상당히 많은 개인 표본으로부터 많은 정보를 제공할 수 있는 잠재력을 가지고 있다는 것이다. 특정 질문에 대한 더 자세한 내용이 필요한 경우, 강 교사는 학생들과 개인적인 인터뷰도 진행할 수 있다. 앞에서 언급한 바와 같이, 여기에서의 장점은 강 교사가 개방형 질문(응답자에게 최대한의 응답 자유를 주는 질문)을 더 자신 있게 질문하고 특별한 관심이나 가치가 있는 특정 질문을 심층적으로 질문할 수 있다는 것이다. 그는 또한 후속 질문을 하고 학생들이 불명확하다고 생각하는 어떤 문항도 설명할 수 있을 것이다.

여기에서 한 가지 문제는 일부 학생들이 질문을 이해하지 못하거나 질문지를 돌려주지 않을 수도 있다는 것이다. 강 교사는 교실에서 학생들에게 직접 설문지를 배포하고 회수함으로써 높은 회수율을 보장할 수 있다는 점에서 많은 조사연구자보다 유리하다. 그는 정직하고 진지한 답변을 쉽게 할 수 있는 방향을 제시하고 응답자의 익명성을 보장하는 데 신중해야 한다. 비록 어렵기는 하지만, 신뢰도(아마도 적절한 시간간격, 예를 들어 2주 후에 두 번째로 하위표본에 설문지를 제공함으로써)와 타당도(아마도 그들이 개별적으로 설문지를 작성한 직후에 인터뷰할 하위표본을 선택함으로써)에 대한 자료를 모두 얻으려고 노력해야 한다. 신뢰도와 타당도를 검사하려면 하위표본에 있는 학생들의 익명성을 희생해야 하는데, 이는 그가 개별 설문지를 확인할 수 있어야 하기 때문이다.

영어선집에서 편견 확인(내용분석 사용)

중학교 2학년 영어를 지도하고 있는 장 교사는 자신의 학생들에게 문학선집(literature anthologies)에서 보이는 이미지나 개념의 정확성에 대해 관심을 가지고 있다. 장 교사는 다음과 같은 질문을 한다.

- 우리 교육청에서 문학선집에 실린 내용이 어떤 식으로 편견되어 있는가? 만약 그렇다면, 어떻게?

장 교사는 답을 얻기 위해 무엇을 할 수 있는가?

이러한 질문을 조사하려면, 내용분석이 필요하다(제20장 참고). 장 교사는 그 교육청에서 사용되는 문학 선집에 소개된 영웅들의 이미지를 특히 살펴보기로 결심한다. 먼저, 장 교사는 분석할 선집을 선택해야 한다. 즉, 어떤 선집을 읽어야 할지 결정하기 위해서이다(장 교사는 그 교육청에서 사용할 수 있는 현재 선집으로 제한한다). 그런 다음, 장 교사는 보고 싶은 특정한 범주에 대해 생각할 필요가 있다. 장 교사가 제시되는 영웅들의 신체적 · 정서적 · 사회적 · 정신적 특성을 분석하기로 결정했다고 가정해 보자. 그런 다음, 장 교사는 이러한 범주를 다음에 표시된 것과 같은 더 작은 코딩단위로 분류할 수 있다.

신체적	정서적	사회적	정신적
몸무게	친근한	민족성	지혜로운
신장	초연한	의복	웃긴
나이	적대적인	직업	초인간적
체형	지적인	사회경제적 지위	⋮
⋮	⋮	⋮	

장 교사는 자신이 연구하는 각 선집에서 확인한 각 범주의 자료를 집계하기 위한 코딩지를 준비할 수 있다. 장 교사는 또한 범주별로 쉽게 비교해서, 예를 들어 백인 남자가 화이트칼라 노동자로 묘사되고 백인이 아닌 사람이 블루칼라 노동자로 묘사되는지를 결정할 수 있다.

내용분석의 가장 큰 장점은 눈에 띄지 않는다는 것이다. 장 교사는 관찰되지 않고도 관찰할 수 있는데, 분석되는 내용은 장 교사의 존재에 영향을 받지 않기 때문이다. 장 교사가 직접 관찰하거나 다른 방법을 통해 얻는 것이 어렵거나 불가능할 수 있는 정보는 여기에 기술된 범주의 내용분석을 통해 얻을 수 있다.

두 번째 장점은 내용분석이 다른 사람이 복원하기 상당히 쉽다는 것이다. 마지막으로, 내용분석을 통해 얻은 정보는 추가 지침을 계획하는 데 큰 도움이 될 수 있다. 장 교사가 찾는 유형의 자료는 학생들이 그들이 살고 있는 세상, 그 안에 존재하는 요인(factors)과 힘(forces), 그리고 이러한 요인과 힘이 인간의 삶에 어떻게 영향을 미치는지에 대한 더 정확하고 완전한 그림을 얻는 데 도움이 될 수 있는 추가적인 정보를 제안할 수 있다.

장 교사의 주요한 문제는 자신의 질문에 맞는 범주를 명확하게 지정할 수 있는 데 있다. 예를 들어, 비백인 남자(nonwhite males)가 전문가로 묘사되는 경우가 적다면, 이는 소재의 편견을 의미하는가, 아니면 실재(reality)를 반영하는가?(또는 둘 다?) 장 교사는 자신의 교육청에서 사용되고 있는 모든 선집을 확인한 다음 각 선집을 분석하거나 무선표본을 선택해야 한다.

장 교사는 물론 편견에 대한 교사 및/또는 학생의 의견을 조사할 수 있지만, 그것은 다른 질문에 답할 수 있을 것이다.

어떤 학생이 대수학 학습에 어려움을 겪는지 예측(상관연구 사용)

다음 예시를 위해 수학으로 눈을 돌려 보자. 대수학을 지도하는 최 교사는 학생 중 일부가 대수학을 배우는 데 어려움을 겪는 반면, 다른 학생은 쉽게 배운다는 사실에 괴로워한다. 그 결과, 최 교사는 다음과 같이 묻는다.

- 어떤 학생이 대수학을 학습하는 데 어려움을 겪을지 어떻게 예측할 수 있는가?

최 교사는 이 질문을 조사하기 위해 무엇을 할 수 있는가?

만약 최 교사가 이 점에 관해 꽤 정확한 예측을 할 수 있다면, 그는 아마도 많은 수의 '수학혐오자'가 배출되지 않도록 그 또는 그의 학교의 다른 교사들이 학생들을 돕기 위해 사용할 수 있는 몇 가지 시정 조치를 제안할 수 있을 것이다. 이 경우, 상관분석이 적절할 것이다(제15장 참고). 최 교사는 자신의 학생들에 대한 다양한 종류의 자료를 수집하기 위해 다양한 측정방법을 사용할 수 있다. 대수학 학습과 관련된 많은 '준비' 과제(예: 계산하기, 이야기 문제), 대수학에서의 성공과 관련이 있을 수 있는 다른 변수(수학에 대한 불안, 비판적 사고 능력), 특정한 개념에 익숙함('상수', '변수', '분포된'), 그리고 대수학을 더 잘하는 학생과 더 잘 못하는 학생이 어떻게 다른지를 지적할 수 있는 다른 변수 등이다.

그러한 연구에서 얻은 정보는 최 교사가 어떤 학생이 대수학에서 학습에 어려움을 겪을지 더 정확하게 예측하는 데 도움이 될 수 있고 학생들이 학습하는 데 도움이 되는 몇 가지 기술을 제안해야 한다.

최 교사의 주요한 문제는 연구하고자 하는 여러 가지 변수에 대한 적절한 측정을 받는 것일 가능성이 높다. 일부 정보는 학교생활기록부에서 얻을 수 있어야 한다. 다른 변수들은 아마도 특별한 계기를 필요로 할 것이다[최 교사는 이 정보가 학생들이 대수학 수업을 듣는 중이나 이후가 아닌 듣기 **전에**(before) 반드시 적용되어야 한다는 것을 기억해야 한다].

물론 최 교사는 대수학에서의 숙련도를 측정할 수 있는 충분히 신뢰할 수 있고 타당한 방법을 가지고 있어야 한다. 그는 또한 불완전한 자료(즉, 일부 측정에서 일부 학생의 점수가 누락되는 것)를 피하도록 노력해야 한다.

두 가지의 화학 교수방법 비교(인과–비교연구 사용)

1년차 화학 교과목 담당 박 교사는 과거 수업의 학생들이 '탐구과학' 자료를 사용한 교사로부터 가르침을 받았을 때 화학에 대해 더 많은 것을 성취하고 더 나은 느낌을 받았는지를 알아보는 데 관심이 있다. 따라서 박 교사는 다음과 같은 질문을 한다.

교내 연구 수행 시 고려해야 할 것

- 목적과 정의의 명확성을 다른 사람들과 함께 점검하라.
- 다른 사람에게 명확한 방법으로 표본을 획득하고 기술하는 데 주의를 기울이고, 희망이지만, 결과의 일반화를 허용하라.
- 적절한 경우, 기존 도구를 사용하라. 자체 개발할 필요가 있다면, 제7장에 제시된 지침을 기억하라.
- 척도의 신뢰도와 타당도를 점검하려고 노력하라.
- 내적 타당도에 대한 각각의 위협에 대해 생각해 보라. 이러한 위협을 최대한 줄이기 위한 조치를 취하라.
- 자료를 명확히 하기 위해 적절한 곳에 통계치를 사용하라. 그럴만한 이유가 있는 경우에만(또는 대략적인 지침으로) 추론 통계치를 사용하라.
- 일반화할 수 있는 모집단에 대해 명확히 하라. 이는 여러분의 연구에 실제로 포함된 사람일 수 있다(예: 표본). 더 광범위한 일반화에 대한 근거를 제공할 수 있다.
- 연구를 수행하기 위해 학교의 적절한 행정가로부터 허락을 받으라. 교육청은 학교에서 자료를 수집하기 전에 허가를 받아야 하는 자체 IRB를 가지고 있을 수 있다.

• 탐구과학 자료로 교육을 받은 학생들의 성취도는 전통적인 자료로 교육을 받은 학생들의 성취도와 어떻게 비교되는가?

박 교사는 자신의 질문에 대한 답을 얻기 위해 무엇을 할 수 있는가?

만약 이 문제를 실험적으로 조사한다면, 두 집단의 학생들을 구성하고 나서 관련된 교사들에 의해 각각의 집단이 다르게 지도되어야 할 것이다. 그런 다음, 두 집단의 성취도와 태도를 하나 이상의 사정 도구를 사용하여 비교할 수 있다.

그러나 인과-비교 설계(제16장 참고)를 사용하여 이 질문을 검증하려면, 박 교사는 탐구과학 자료에 이미 노출된 학생집단을 찾은 다음, 표준 교과서로 학습한 다른 집단의 성취도와 비교해야 한다. 두 집단은 화학에 대한 성취도와 태도가 다른가? 그렇다고 해 보자. 그렇다면 박 교사는 자료의 차이가 성취도 또는 태도의 차이를 초래했다고 자신 있게 결론을 내릴 수 있는가? 그렇지 않다. 다른 변수가 원인일 수도 있다. 그러한 대안적인 설명을 배제할 수 있는 범위 내에서, 박 교사는 조사 자료가 집단 간의 차이를 유발하는 적어도 하나의 요인이라고 어느 정도 확신할 수 있다.

박 교사의 주요한 문제는 성취도를 잘 측정하는 것과 무관한 변수를 통제하는 것이다. 후자는 어려울 것 같다. 왜냐하면 박 교사는 관련 정보(학생의 배은망덕함, 교사 경험 등)를 얻기 위해 이전 수업에 접근할 필요가 있기 때문이다. 박 교사는 결과에 영향을 미칠 수 있는 외생변수와 관련하여 가능한 한 비슷한 수업을 찾을 수 있다.

이전 수업을 연구하고 싶은 특별한 이유가 없는 한, 박 교사는 현재 사용되고 있는 방법을 비교하라는 조언을 받을 수도 있다. 그녀는 (교사를 방법에 할당하고, 그 방법이 수행되는 방법을 통제함으로써) 준실험적 접근방법을 사용할 수 있을 것이다. 그렇지 않다면, 박 교사의 인과-비교 접근방법은 현재 수업이 사용될 경우 외생변수를 더 쉽게 통제할 수 있을 것이다.

음악교사가 어떻게 가르치는지 탐색(문화기술지적 연구 사용)

한 교육청의 초등학교 교육과정책임자인 황 박사는 그 교육청의 음악교사들이 어떻게 교과목을 가르치는지에 대해 더 알고 싶어한다. 따라서 황 박사는 다음과 같은 질문을 한다.

• 우리 음악교사들은 일상생활에서 무엇을 하는가? 어떤 활동에 참여하는가?
• 음악수업에서 학습 과정을 돕거나 방해하는 것처럼 보이는 게임의 명시적이고 암묵적인 규칙은 무엇인가?

황 박사가 답을 얻기 위해 할 수 있는 일은 무엇인가?

이러한 질문에 대한 통찰력을 얻기 위해, 황 박사는 문화기술지를 수행하기로 선택할 수 있었다. 황 박사는 한 음악교사가 일과를 진행할 때, 해당 음악교사의 수업에서 진행되는 활동을 기록하거나 묘사하려고 시도할 수 있다. 이상적으로, 황 박사는 오직 한 교실에만(또는 기껏해야 소수의 교실들) 집중해야 하고, 가능한 한 정기적으로 그 교실에 있는 교사와 학생들을 관찰할 계획을 세워야 한다. 황 박사는 자신이 보고 있는 것을 가능한 한 완전하고 풍부하게 기술하려고 노력해야 한다.

수집되는 자료에는 교사와 학생과의 인터뷰, 교실 일상에 대한 자세한 산문체적 기술, 교사와 학생 회의의 오디오 녹음, 교실 토론 비디오, 교사 수업계획서 및 학생 활동의 예, 특정 유형의 의견의 방향과 빈도를 보여 주는 흐름도(예: 교사와 학생이 서로에게 던지는 질문의 종류와 다른 종류의 질문을 생성하는 응답)가 포함될 수 있다.

문화기술지적 연구는 교실뿐만 아니라 개인에 대한 상세한 연구에 매우 적합할 수 있다. 때때로 한 개인을 연구함으로써 많은 것을 배울 수 있다. 예를 들어, 어떤 학생은 악기를 쉽게 연주하는 법을 배운다. 왜 그러한지에 대한 통찰력을 얻기를 희망하며, 황 박사는 그러한 학생 한 명을 정기적으로 관찰하고 인터뷰하여 그 학생의 행동에 눈에 띄는 패턴이나 규칙성이 있는지 확인할 수 있을 것이다. 학생뿐만 아니라 교사, 상담사도 심층인터뷰를 할 수 있다. 황 박사는 또한 어떠한 차이가 있는지 알아보기 위해서 악기를 연주하는 방법을 배우는 것이 매우 어렵다는 것을 알게 된 학생과 비슷한 일련의 관찰과 인터뷰를 할 수도 있다. 마찬가지로, 교실 전체에 관한 연구에서 가능한 한 많은 정보(학습 스타일, 음악에 대한 태도, 주제에 대한 접근 방식, 수업에서의 행동)가 수집될 것이다. 여기에서의 희망은 개인의 연구를 통해 미래에 비슷한 학생들을 가르치는 교사에게 도움이 될 통찰력이 얻어질 수 있다는 것이다.

간단히 말해서, 황 박사의 목표는 음악교실(또는 그러한 교실의 개별 교사나 학생)을 가능한 철저하고 정확한 방식으로 '초상화'를 그리는 것이어야 하며, 그래서 다른 사람들도 그 교실과 그 참여자들, 그리고 그들이 하는 일을 '볼 수 있도록' 해야 한다.[18]

문화기술지적 연구를 수행하는 데 있어 어려움들 중 하나는 상대적으로 조언이 사전에 거의 주어지지 않는다는 것이다. 주요한 함정은 개인적인 견해가 얻은 정보와 그 해석에 영향을 미칠 수 있다는 것이다.

황 박사는 보다 체계적인 관찰시스템과 체계적인 인터뷰를 선택할 수 있다. 이것은 황 박사의 자료의 주관성을 감소시키지만, 또한 황 박사가 보고하는 것의 풍부함을 손상시킬 수 있다. 이 책의 저자들은 문화기술지적 연구는 이 방법론을 사용하는 데 사전훈련과 경험을 가진 누군가의 지도하에서만 행해져야 한다고 믿는다.

실행연구의 예

이쯤에서 학교에서 수행하기 가장 어려운 유형의 연구(준실험) 중 하나라도 현재 진행 중인 학교활동과 책임의 맥락에서 어떻게 진행될 수 있는지를 보여 주는 실제 사례를 제시하고자 한다. 다음 연구는 캘리포니아주 샌프란시스코 근처의 공립 초등학교에서 학습장애 학생들을 위한 특별반에서 이 책의 저자들이 지도한 학생 중 한 명인 Darlene DeMaria에 의해 수행되었다.[19] DeMaria는 체계적인 이완운동

---

18) 문화기술지적 연구는 비교적 쉽게 할 수 있는 것처럼 보일 수 있지만, 사실, 잘 하는 것은 매우 어렵다. 이 방법에 대해 자세히 알아보려면 다음 참고문헌 중 하나 이상을 참고하라. Bernard, H. B. (2000). *Social research methods*. Sage Publications; Goetz, J. P., & LeCompte, M. D. (1993). *Ethnography and qualitative design in educational research* (2nd ed.). Academic Press; Lincoln, Y. S., & Guba, E. G. (1985). *Naturalistic inquiry*. Sage Publications; Lancy, D. F. (2001). *Studying children and schools: Qualitative research traditions*. Waveland Press; Fetterman, D. M. (1989). *Ethnography: Step by step*. Sage; Bogdan, R. C., & Bilken, S. K. (2007). *Qualitative research in education: An introduction to theory and methods* (5th ed.). Allyn & Bacon.

19) DeMaria, D. (1990). *A study of the effect of relaxation exercises on a class of learning–disabled students*. Master's thesis. San Francisco State University, San Francisco, CA.

(relaxation exercises) 프로그램을 받는 초등학교의 학습장애 남학생들이 그러한 운동 프로그램을 받지 않는 학생들보다 과제 외 행동(off-task behaviors)에서 감소가 더 클 것이라고 가정했다.

DeMaria는 기존 도구를 수정하여 주의력 결핍을 평가하기 위해 이전에 설계된 60개 문항 척도에서 25개 문항(행동)을 선택했다. 선정된 25개 문항은 과제 외 행동과 가장 직접적인 관련된 문항이었다. 각 문항은 학생의 사전 관찰을 기준으로 0에서 4까지 등급을 매겼으며, 0은 해당 행동이 관찰된 적이 없음을, 4는 해당 행동이 학습에 심각한 지장을 줄 정도로 자주 관찰되었음을 나타낸다.

개학한 지 3주 후, DeMaria와 그녀의 보조원은 18명의 학생 각각에 대한 평가척도를 독립적으로 작성했다. 점수는 개선을 평가하고 중재 전에 두 집단을 일치시키기 위한 기초를 제공했다.

학생들은 하루에 약 1시간씩 2~4명씩 조를 이루어 '학습도움실(resource room)'(DeMaria가 가르치는 곳)에 배정됐고, 일정이 미리 정해졌기 때문에 무선으로 배정할 수 없었다. 그러나 학년수준과 (대략) 과제 외 행동의 초기 등급에서 집단 간에 학생들을 일치시키는 것은 가능했다. 이 학급에는 1~6등급의 학생들이 포함되었다. 실험집단에 선정된 학생들은 4주 동안 매일 이완운동 프로그램을 받았고(1단계), 그 후, DeMaria와 그녀의 보조원은 다시 18명의 학생 모두를 독립적으로 평가되었다. 이때 집단비교는 가설에 대한 첫 번째 검정을 제공했다. 다음으로, 이완운동 프로그램은 원래 실험집단에 대해 계속되었고, 비교집단에 대해 4주 동안 다시 **시작되었는데**(begun)(2단계), 그것은 집단 간 추가적인 비교를 할 수 있도록 해 주었고, 잠재적으로 유익한 경험에서 한 집단을 제외하는 윤리적 문제를 해결했다. 이 시간이 끝날 무렵, 모든 학생은 다시 DeMaria와 그녀의 보조원에 의해 다시 독립적으로 평가되었다. 실험설계는 [그림 24-5]와 같다.

[그림 24-5] DeMaria의 연구를 위한 실험설계

			1단계		**2단계**	
집단 I	*O*	*M*	X_1	*O*	X_1	*O*
집단 II	*O*	*M*		*O*	X_1	*O*

결과는 1단계 이후 실험집단은 저하[**더 많은**(more) 과제 외 행동-가설과 반대로]를 보였지만, 비교집단은 거의 변화를 보이지 않았다. 2단계 종료 시, 두 집단의 점수는 1단계 종료 시와 거의 동일하게 유지되었다. 다양한 하위집단(각각은 다른 기간 동안 지도되었음)에 대한 추가적인 분석은 4주간의 교육만 받은 집단에서 거의 변화가 없었다. 8주간의 교육을 받은 3개 하위집단 중 2개 하위집단은 과제 외 행동에 상당한 **감소**(decrease)를 보여 주었고, 1개 하위집단은 현저한 **증가**(increase)를 보여 주었다. 후자에 대한 설명은 분명해 보인다. 이완훈련이 시작되기 직전에 학습도움실 프로그램에 배치된 한 학생은 자신의 하위집단의 다른 구성원들에게 점점 더 방해적인 영향을 미쳤고, 이것은 훈련이 대응하기에 충분히 강력하지 않다는 영향을 미쳤다.

이 연구는 학교의 실제 상황에서 중요한 질문에 대한 연구가 어떻게 수행될 수 있는지, 그리고 비록 잠정적이긴 하지만 훈련에 유용하게 영향을 미칠 수 있는지를 보여 준다.

다른 연구에서처럼, 이 연구도 몇 가지 한계점을 가지고 있다. 첫 번째는 DeMaria와 그녀의 보조원 간의 사전검사에 대한 합의가 불충분했고, 추가적인 논의와 이견의 조정이 필요했기 때문에 사전 시험

점수를 다소 의심하게 만들었다는 것이다. 그러나 사후검사에 대해서는 만족스러운 수준(.80 이상)이었다.

두 번째 한계점은 통제집단이 양쪽 극단에서 더 많은 학생을 가지고 있기 때문에 비교집단을 사전검사에서 정확하게 일치시킬 수 없다는 것이다. 비록 어느 집단도 처음에는 전반적으로 더 많은 과제 외 행동을 보이지 않았지만, 이 차이는 연구대상 특성의 다른 통제되지 않은 차이도 두 집단의 다른 결과를 설명할 수 있을 것이다. 더 나아가, 실행자(DeMaria)가 평가자 중 한 명이라는 사실이 확실히 평가에 영향을 미쳤을 수 있다. 이것이 일어나지 않았다는 것은 DeMaria의 원래 실험집단에 대한 2단계 점수가 1단계보다 사실상 (그녀의 가설과 대조적으로) 더 높았다는 사실에 의해 시사된다. 연구에 사용할 수 있는 시간 동안 점수의 재검사 신뢰도에 대한 증거를 얻을 수 없었다. 타당도에 대한 증거는 독립적인 평가자 간 합의에 달려 있다. 한 집단의 학생과 한 명의 교사(DeMaria)를 넘어선 일반화는 명백히 정당화되지 않는다. 하위집단의 분석은 비록 이해에 도움을 주지만, 사후분석이기 때문에 그 결과는 매우 잠정적이다.

이러한 한계에도 불구하고, 이 연구는 이완훈련 프로그램이 충분히 오래 수행된다면 적어도 일부 학생에게 가치가 있을 수 있음을 시사한다. 한 명 이상의 다른 교사들이 연구를 복원하도록 장려되어야 한다. 추가적인 이점은 이 연구가 교사에게 자신의 학급에 있는 각 하위집단의 역학을 명확히 했다는 것이다.

교사와 다른 전문가들은 이 책의 저자들이 요약한 것과 같은 연구를 할 수 있고, 또한 해야 한다고 주장한다. 앞에서 언급한 바와 같이, 교육에는 우리가 거의 알지 못하는 많은 것이 있다. 많은 의문점이 여전히 해결되지 않은 채로 남아 있다. 많은 정보가 필요하다. 교사, 상담사, 행정가는 이 정보를 제공하는 것을 도울 수 있다. 이 책의 저자들은 여러분이 그렇게 하는 사람 중 한 명이 되기를 바란다.

이 장의 시작 부분에 있는 **상호작용 · 응용 프로그램 학습** 기능으로 돌아가 상호작용 · 응용 프로그램 활동목록을 확인하라. www.mhhe.com/fraenkel10e의 **온라인학습센터**로 이동하여 퀴즈를 풀고 핵심 용어를 연습하며 장(章)의 내용을 검토하라.

핵심 요점

실행연구의 본질

- 실행연구는 교사, 행정가 또는 다른 교육전문가가 지역 수준에서 문제를 해결하기 위해 수행한다.
- 각각의 특정한 연구방법은 비록 더 작은 규모이지만, 실행연구에 사용될 수 있다.
- 주어진 연구질문은 종종 몇 가지 방법 중 하나로 조사될 수 있다.
- 일부 방법은 다른 방법보다 특정 연구질문 또는 환경에 더 적합하다.

실행연구에 기초가 되는 가정

- 몇 가지 가정은 실행연구의 기초가 된다. 이는 참여자가 결정을 내릴 수 있는 권한을 가지며, 자신의 실제를 개선하고, 지속적인 전문성 개발에 전념하며, 체계적인 조사에 참여한다는 것이다.

실행연구유형

- 실제적 실행연구는 특정 지역 문제를 다룬다.
- 참여적 실행연구는 특정 지역 문제를 해결하는 데 초점을 맞추면서도 참여자에게 권한을 주거나 사회변화를 가져오려고 시도한다.

실행연구에서 참여수준

- 참여는 정보제공에서부터 연구의 다양한 측면에 대한 점점 더 많은 참여에 이르기까지 다양하다.

실행연구 수행 단계

- 실행연구는 다음과 같은 4단계를 수반한다. 연구질문이나 문제 확인, 필요한 자료수집, 자료분석 및 해석과 그 결과를 참여자와 공유, 실행계획 수립이다.
- 참여적 연구에서는 연구의 산출물에 기득권을 가진 모든 사람, 즉 이해관계자들을 참여시키기 위해 모든 노력을 기울인다.

실행연구의 장점

- 실행연구에는 적어도 다섯 가지 이점이 있다. 그것은 어떤 종류의 문제나 쟁점을 조사하기 위해 학교나 다른 기관의 거의 모든 사람에 의해 이루어질 수 있다. 그것은 교육 실제를 개선하는 데 도움이 될 수 있다. 그것은 교육과 다른 전문가들이 그들의 기술(craft)을 향상시키는 데 도움을 줄 수 있다. 그것은 그들이 체계적으로 문제를 확인하는 것을 배우도록 도울 수 있다. 마지막으로, 그것은 지역 수준에서 연구지향적인 개인의 작은 공동체를 구축할 수 있다.
- 실행연구는 공식적인 양적 · 질적 연구와 유사점과 차이점을 모두 가지고 있다.

실행연구에서 표집

- 실행연구자는 의도적 표본을 선택할 가능성이 가장 높다.

실행연구의 내적 타당도에 대한 위협

- 실행연구는 특히 자료수집자 편견, 실행 및 태도 위협의 가능성으로 인해 어려움을 겪는다. 대부분의 다른 것은 상당한 정도로 통제될 수 있다.

외적 타당도와 실행연구

- 실행연구는 외적 타당도가 약하다. 따라서 복원은 이러한 연구에서 필수적이다.

핵심 용어

실제적 실행연구(practical action research)
실행계획(action plan)
실행연구(action research)
이해관계자(stakeholders)
참여적 실행연구(participatory action research)

토론거리

1. 실행연구를 통해 조사할 수 없는 질문의 종류가 있는가? 만약 그렇게 생각한다면, 예를 들어 보라.
2. 여러분은 실행연구의 기초가 되는 가정이 사실이라고 생각하는가? 여러분의 이유를 설명하라. 그러한 가정 중 의심스러운 것이 있는가?
3. 실행연구의 네 가지 단계 중 어떤 것을 수행하기가 가장 어려울 것이라고 생각하는가? 왜 그렇게 생각하는가?
4. "실행연구에서 중요한 것은 단지 일화적인 자료수집에 의존하지 않는 것이다." 이에 동의하는가? 이것이 왜 불충분한가?
5. 실행연구의 모든 참여자(이해관계자)는 전체 연구과정에 참여해야 한다. 공식적인 질적 및 양적 연구에서도 이것을 요구하지 않는 이유는 무엇인가?
6. 실행연구의 주요 장점은 무엇이라고 생각하는가? 가장 큰 단점은 무엇인가?
7. 논의된 방법 외에 이 장의 각 가상적인 예제에 사용할 수 있는 연구방법론은 무엇인가?
8. DeMaria의 연구에서 어떤 다른 방법이 사용되었을 수 있는가? 만약 있다면, 어떤 것을 추천하겠는가? 왜 그것을 추천하는가?

제9부 연구제안서와 연구보고서 작성

How to Design and Evaluate Research in Education

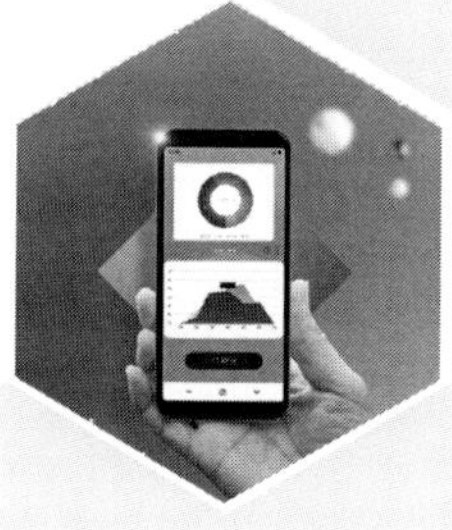

제9부에서는 연구제안서나 연구보고서를 준비하는 방법을 논의한다. 이 책의 저자들은 그러한 제안서와 보고서의 주요한 절(sections)를 기술하고 난 후, 연구보고서에 특유한 절을 기술한다. 이 책의 저자들은 한 학생의 연구제안서의 예와 그것에 관한 분석으로 끝마친다.

제 25 장

연구제안서와 연구보고서 준비

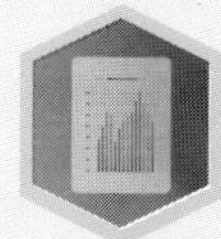

학습목표

이 장을 학습하면 다음을 수행할 수 있어야 한다.

- 연구제안서와 연구보고서의 주요 절(section)을 간략히 기술할 수 있다.
- 연구제안서와 연구보고서의 주요 차이점을 기술할 수 있다.
- 연구제안서를 작성할 수 있다.
- 전형적인 연구보고서 또는 연구제안서를 이해하고 비평할 수 있다.

상호작용 · 응용 학습 이 장을 읽는 동안 또는 읽은 후:

다음을 하려면, 온라인학습센터 (www.mhhe.com/fraenkel10e)로 접속하라.

- 전자적인 연구에 대한 가이드 검토

다음 활동을 수행하기 위해 온라인 학습자 완전학습 활동(Student Mastery Activities) 책을 읽으라.

- 활동 25.1: 순서대로 제시

지금까지 이 책의 저자들은 여러분이 교육연구와 관련된 많은 개념과 절차를 배웠기를 바란다. 사실, 여러분은 자신의 연구에 대해 상당히 많은 생각을 했을지도 모른다. 더 많은 도움을 줄 수 있도록, 이 장에서는 연구제안서와 연구보고서 작성과 관련된 주요 구성요소에 대해 논의한다. 연구제안서는 연구를 수행하기 위한 서면계획에 지나지 않는다. 그것은 연구조사를 수행하기 위해 일반적으로 수용되고 흔히 요구되는 전제조건이다.

연구제안서와 연구보고서는 여러 가지 면에서 유사하지만, 주요 차이점은 연구제안서(research proposal)는 연구가 시작되기 **이전에(before)** 생성되고, 연구보고서(research report)는 연구가 완료된 **이후에(after)** 준비된다는 것이다. 이 장에서는 이러한 문서의 각 절(section)에 일반적으로 포함되어 있는 예상 내용을 기술하고 예를 보여 준다. 이 책의 저자들은 또한 연구보고서에 특유한 두 절, 즉 연구의 결과와 그 결과에 관한 후속 논의를 포함하는 절(section)에 포함시키기에 적절한 것에 대해 논의한다. 이 책의 저자들은 연구제안서를 준비하면서 초보연구자가 가장 흔히 저지르는 실수를 강조할 것이다. 마지막으로, 이 책의 저자들은 학생 중 한 명이 준비한 연구제안서의 예를 제시하고, 그것의 장단점에 대해 언급할 것이다.

연구제안서

연구제안서는 연구를 수행하기 위한 서면 계획에 지나지 않는다. 이것은 연구조사를 수행하기 위해 일반적으로 받아들여지고 흔히 요구되는 전제조건이다. 그것은 연구자의 의도를 전달하고, 의도한 연구의 목적과 그 정당성을 명확히 하며, 연구를 수행하기 위한 단계별 계획을 제공한다. 연구제안서는 문제를 확인하고, 질문이나 가설을 진술하며, 변수를 확인하고, 용어를 정의한다. 표본에 포함될 연구대상, 사용할 도구, 선택한 연구설계, 따라야 할 절차, 자료분석 방법 등 모든 것이 상세하게 설명되며, 이전의 관련 연구에 대한 부분적인 검토가 포함된다.

따라서 연구제안서는 연구의 서면 계획이다. 그것은 연구자가 무엇을 하려는지 상세히 설명한다. 그것은 다른 사람들이 의도된 연구에 대해 배우고 연구를 개선하기 위한 제안을 제공할 수 있게 한다. 그것은 연구자가 무엇을 해야 하는지 명확히 하고, 의도하지 않은 함정이나 알려지지 않은 문제를 피하도록 돕는다. 이러한 서면 계획은 관심 있는 다른 사람이 제안된 연구의 가치를 평가하고 개선을 위한 제안을 할 수 있기 때문에 매우 바람직하다.

그러면 연구제안서를 구성하는 주요 구성요소를 기술하고 예시를 제시하는 것으로부터 시작해 보자.

연구제안서나 연구보고서의 주요 절

조사해야 할 문제

조사해야 할 문제를 기술하는 절(section)은 일반적으로 다음과 같은 네 가지의 주제(topics)를 다룬다. ① 연구자의 가정을 포함한 연구목적, ② 연구의 정당성, ③ 조사해야 할 변수들을 포함한 연구질문 또는 가설, 그리고 ④ 용어 정의이다.

연구목적

일반적으로 연구제안서나 연구보고서의 첫 번째 주제(topic)인 목적(purpose)은 연구자가 조사하기 위해 제안하는 것을 간결하게 기술한다. 목적은 나중에 세부사항을 추가하는 준거틀(framework)을 제공하는 간결한 진술이어야 한다. 일반적으로 말해서, 모든 연구는 중요한 것으로 간주되는 관심 분야의 일부 측면을 명확히 함으로써 전반적인 지식과 현행 실제 모두에 기여해야 한다. 다음은 문헌에서 인용한 연구보고서의 목적 진술의 예이다.

- 이 연구의 목적은 65세 이상 여자의 취침시간 루틴과 자기보고된 야행성 수면패턴을 확인하고 기술하며, 연구대상이 보호시설 생활에 익숙해졌는지 여부에 따라 이러한 루틴과 패턴 간의 차이와 관계를 결정하는 데 있다.[1)]
- 이 연구의 목적은 젊은 청소년이 이상적인 인물을 그리는 방법과 설문조사에 응답하는 방법을 탐구하는 데 있다.[2)]
- 이 연구는 교실에서 자기충족적 예언(self-fulfilling prophecies)을 매개하는 일부 과정을 확인하고자 시도한다.[3)]

연구자는 연구에 기본이 되는 모든 가정(assumptions)을 명확하게 설명해야 한다. 예를 들면, 다음과 같다.

- 만약 효과적인 것으로 밝혀진다면, 연구된 방법은 특별한 훈련 없이 많은 교사에 의해 채택될 것으로 가정된다.
- 이 연구가 제공하는 가족 상호작용에 대한 기술적인(descriptive) 정보가 전파된다면 가족 기능에 영향을 미칠 것으로 가정된다.
- 이 연구의 예측적인(predictive) 정보는 상담사가 학생에게 조언하는 데 사용될 것으로 가정된다.

---

1) Johnson, J. E. (1988). Bedtime routines: Do they influence the sleep of elderly women? *Journal of Applied Gerontology, 7*, 97–110.

2) Stiles, D. A., Gibbons, J. L., & Schnellman, J. (1987). The smiling sunbather and the chivalrous football player: Young adolescents' images of the ideal woman and man. *Journal of Early Adolescence, 7*, 411–427.

3) Coleman, L. M., Jussim, L., & Abraham, J. (1987). Students' reactions to teachers' evaluations: The unique impact of negative feedback. *Journal of Applied Social Psychology, 17*, 1051–1070.

연구에 대한 정당화

정당화(justification)에서 연구자는 왜 이 특정 연구대상이 조사하는 데 중요한지를 분명히 해야 한다. 말하자면, 그/그녀는 연구의 '가치'에 대한 주장을 제시해야 한다. 예를 들어, 만약 연구자가 정부에 대한 학생들의 태도를 수정하기 위한 특정한 방법을 연구하려고 한다면, 해당 연구자는 그러한 연구가 중요하다는 것을 입증해야 한다. 즉, 사람들이 그것에 대해 걱정하고 있거나 관심을 가져야 한다. 또한 연구자는 자신이 특정 방법을 조사하기로 선택한 이유를 분명히 해야 한다. 많은 그러한 연구제안서에서 현재의 방법이 충분하지 않다는 시사점이 있다. 그러나 이것은 명시되어야 한다.

좋은 정당화는 또한 관계가 확인될 경우 뒤따르는 특정 의미를 포함해야 한다. 예를 들어, 중재연구에서 연구 중인 방법이 성공적인 것으로 보이는 경우, 교사를 위한 사전 서비스 또는 재직 훈련의 변경이 필요할 수 있다. 돈은 다른 방식으로 지출되어야 할 필요가 있을 수 있다. 자료와 다른 자원이 다르게 사용될 필요가 있을 수 있다. 조사연구에서 특정 쟁점(예: 마약 사용에 대한 동료 의견)에 대한 강한 의견은 교사, 상담사, 부모 및 다른 사람들에게 영향을 미칠 수 있다. 상관연구 또는 인과-비교연구에서 발견된 관계는 예측적인 사용을 언급할 수 있다. 상관연구 또는 문화기술지적 연구의 결과는 또한 후속 실험연구의 가능성을 시사할 수 있다. 이러한 것은 논의되어야 한다.

여기에 언급의 한 예가 있다. 그것은 문학에 기반을 둔 6학년 역사 프로그램에서 내러티브적 이해(narrative understanding)와 역사적 이해(historical understanding)의 관계를 조사한 연구보고서에서 발췌했다.

> 역사적 이해의 발달에 관한 최근의 연구는 중등학생에게 초점을 맞추고 있다. 수십 년 동안, 연구는 역사적 이해가 역사의 한 구절, 또는 적어도 역사적 이름, 날짜, 사건을 포함하는 구절을 분석하고 해석하는 능력에서 입증된다는 전제하에 있었다. 그 결과는 만약 역사적 이해가 조금이라도 발전한다면, 그것은 청소년기 후반까지 나타나지 않는다는 것을 보여 주었다. 그러나 어린 아동과 함께 일하는 사람들의 관점에서, 이 접근방법은 역사적 이해에 대한 불완전한 관점을 반영한다.
>
> 그 연구에서 종종 도출되는 추론은 어린 아동이 역사를 이해할 수 없다는 것이다. 그러므로 역사는 아동의 교육과정의 일부가 되어서는 안 된다. 확실히 설문조사는 어린 아동이 학교 교과목으로서 역사에 많은 관심을 나타내지 않는다는 것을 보여 주었다. 그러나 교사와 학부모들은 아동이 옛날, 역사적 사건이나 인물, 그리고 Laura Ingalls Wilder의 Little House 책(예: 1953년)과 같은 역사적인 시대의 일상생활에 대한 기술에 흥미를 느낀다는 것을 알고 있다. 아동은 역사적 이해에 대한 현재의 시험을 다룰 수 있기 훨씬 전에 역사에 반응한다. 그러나 이 연구는 성숙한 이해의 발달에 있어서 역사적 반응을 고려하지 않았다.
>
> 문학에 대한 아동의 반응에 관한 연구는 역사적 반응을 검토하기 위한 몇 가지 지침을 제공한다. Applebee(1978), Favat(1977), 그리고 Schlager(1975)의 연구에 따르면, 반응의 양상은 발달적인 것이라고 한다. 다른 학자들(Britton, 1978; Egan, 1983; Rosenblatt, 1938)은 역사에 대한 개인적인 반응, 특히 내러티브(narrative)에 내재된 역사가 더 성숙하고 객관적인 역사적 이해의 전조라고 주장하면서 이 시사점을 역사적 이해로 확장한다.
>
> 그러한 초기 역사적 반응의 형태를 연구한 것은 거의 없다. Kennedy의 연구는 정보처리능력과 역사적 이해 간의 관계를 조사하였으나 청소년에게 집중되었다. 역사적 이해에 대한 연구의 검토 역시 초기 대응에 대한 연구를 밝혀내지 못한다. 아동이 일반적인 교실환경에서 역사적 자료에 어떻게 반응하는지를 기술한 연구는 없다. 아동은 어떻게 스스로 또는 또래와 접촉하는가? 어떤 형태의 역사가 가장 강력한 반응을 이끌어 내는가? 아동은 역사적 자료에 대한 관심을 어떻게 표현하는가? 교실 맥락이 반응에 영향을 미치는가? 어떤 교사의 행동이 반응을 억제하거나 장려하는가?
>
> 역사를 계속 강조하는 사회 교육과정에 직면한 초등교사와 역사적 이해의 발전에 관심이 있는 이론가에게 중요한 질문이다. 그러나 이러한 질문은 전통적인 경험적 모델로는 쉽게 대답할 수 없다. 연구는 자연주의적 조사를 통해 이용할 수 있는 증거의 범위에 초점을 맞추도록 확장될 필요가 있다.
>
> 교실에서의 관찰은 내러티브가 역사적 흥미에 대한 강력한 자극제임을 시사한다. 교사는 『안네의 일기(The Diary of Anne

Frank)』(Frank, 1952)와 『초원 위의 작은 집(Little House on the Prairie)』(Wilder, 1953)과 같은 역사적 이야기와 가족사의 구전 전통(Huck, 1981)에 학생들이 보인 관심을 주목한다. 담론분석과 스키마이론의 연구는 내러티브가 아동이 역사를 이해하는 데 도움을 줄 수 있다는 것을 시사한다. 예를 들어, White와 Gagne(1976)는 연결된 담론(connected discours)이 의미에 대한 더 나은 기억으로 이어진다는 것을 발견했다. 이러한 담론은 기억을 개선하고 아동이 텍스트의 중요한 특징을 인식하는 데 도움이 되는 준거틀을 제공한다(Kintsch, Kozminsky, Streby, McKoon, & Keenan, 1975). De Villiers(1974)와 Levin(1970)은 독자가 연결된 담론에서 같은 단어가 문장이나 목록에 나타날 때보다 단어를 더 깊이 있게 처리한다는 것을 발견했다. Cullinan, Harwood, 그리고 Galda(1983)는 독자가 "연결된 담론이 독자가 본문의 요소를 정리하고 상호 연관시킬 수 있도록 하는"(p. 31) 내러티브에 있는 것을 더 잘 기억할 수 있을 것이라고 주장한다.

따라서 아동이 역사를 이해하는 데 도움을 주는 한 가지 방법은 문학의 연결된 담론을 이용하는 것일 수도 있다. 이러한 접근방법은 또한 아동이 문학에서 역사를 접하면서 의미구성이 진행됨에 따라 연구자가 반응에 집중할 수 있게 한다. 다음 연구는 문학에 기초한 역사적 접근방법에 대한 아동의 반응을 조사했다.[4)]

이 시점에서 자문해 보아야 할 주요 질문

1. 조사하고자 하는 특정 연구문제를 확인하였는가?
2. 이 문제에 대해 무엇을 할 것인지 나타냈는가?
3. 왜 이 문제가 조사할 가치가 있는지에 대해 논쟁을 제기했는가?
4. 가정을 명시적으로 나타냈는가?

연구문제 또는 연구가설

조사할 특정 질문은 다음에 언급되어야 한다. 이것은 일반적이지만 항상 그러한 것은 아닌, 질문형식의 좀 더 구체적인 형태의 문제이다. 기억하겠지만, 이 책의 저자들은 다른 많은 연구자와 함께 명확성에 관한 근거를 위해, 그리고 연구전략으로써 가설(hypotheses)을 선호한다. 만약 연구자가 염두에 두고 있는 가설이 있다면, 그것은 가능한 한 명확하고 간결하게 진술되어야 한다. 독자가 연구자의 가설(들)이 무엇인지 추론해야 하는 것은 불필요하게 좌절감을 준다(교육의 전형적인 연구질문과 가설의 몇 가지 예는 제2장을 참고하라). 마찬가지로, 질적 연구제안서에는 종종 자료수집을 안내하고 때로는 분석을 돕는 데 사용되는 하나 또는 여러 가지 명제(잠정적인 또는 작은 가설)를 제시하는 진술이 포함된다.

이 시점에서 자문해 보아야 할 주요 질문

5. 추구하고자 하는 구체적인 연구질문을 물었는가?
6. 염두에 두고 있는 가설이 있는가? 만약 그렇다면, 그것을 표현했는가?
7. 관계를 조사할 것인가? 그렇다면, 관련이 있을 수 있다고 생각하는 변수를 표시했는가?

정의

모든 주요 용어를 정의해야 한다. 가설검정 연구에서 이러한 용어는 주로 연구의 변수를 기술하는 용어이다. 연구자의 과제는 가능한 한 자신의 정의를 명확히 하는 것이다. 문헌에서 발견된 이전 정의가 모든 관련자에게 명확하다면 좋다. 그러나 그것은 종종 현재의 연구에 맞게 수정될 필요가 있다. 용어

---

4) Levstik, L. S. (1986). The relationship between historical response and narrative in a sixth-grade classroom. *Theory and Research in Social Education, 14*(1), 1-19. National Council for the Social Studies와 저자의 허락하에 재인용됨.

또는 구문을 명확히 하는 방법으로 조작적 정의를 공식화하는 것이 종종 도움이 된다. 정의에서 모든 모호성을 제거하는 것은 불가능할 수 있지만, 용어가 연구자와 다른 사람들에게 명확할수록 연구의 후속 계획 및 수행에서 더 적은 어려움을 만나게 될 것이다.

다음은 문헌에서 인용한 정의의 예이다. 앞의 세 가지는 10개 초등학교의 다양한 사회경제적 배경을 가진 캐나다 학생들 사이에서 또래 경험과 사회적 자아인식 간의 관계를 조사한 연구에서 발췌하였다.

- **사회적 선호도**(social preference)는 각 아동에게 함께 놀고, 생일 파티에 초대하며, 버스에서 서로 옆자리에 앉는 것에 대해 가장 좋아하고 가장 싫어하는 다른 세 아동의 이름을 적어 달라고 부탁함으로써 사정되었다.
- **또래에 의한 희생**(victimization by peers)은 각각의 아동에게 놀림감이 되고, 이름이 불리며, 다른 아동들에게 맞고 밀리는 것으로 기술할 수 있는 다른 학생을 5명까지 지명하도록 요구함으로써 측정되었다.
- **외로움**(loneliness)은 외로움이 크면 클수록 더 높은 점수를 얻는 16개 문항의 설문지로 측정되었다.[5)]

다음의 정의는 연구자가 유색인종 학생들이 왜 교단에 서지 않는지 조사한 연구에서 발췌한 것이다.

- **소수민족 교사**(minority teacher)는 '라틴계/히스패닉계, 아프리카계 미국인/흑인, 아시아계 미국인 또는 원주민'으로 정의되었다.[6)]

이 마지막 정의는 사람들이 자신의 일을 어떻게 보는지를 조사한 연구로부터 발췌한 것이다.

- **직업을 가진 사람들**(people who have jobs)은 "일을 통해 얻는 물질적인 이익에만 관심이 있고, 그것으로부터 다른 종류의 보상을 구하거나 받지 않는다."라고 정의되었다. **경력을 가진 사람들**(people who have careers)은 "직업에 더 깊은 개인적인 투자를 하고 금전적 이득뿐만 아니라 직업 구조 내에서 발전을 통해 자신의 성과를 표시한다."라고 정의했다. **소명이 있는 사람들**(people who have callings)은 "자신의 일이 자신의 삶과 떼려야 뗄 수 없는 것임을 알게 되는 사람들"로 정의되었다. 소명이 있는 사람들은 금전적 이득이나 경력 향상을 위해 일하는 것이 아니라, 그 일을 하는 것이 개인에게 가져다주는 성취감을 위해 일하는 것이다."[7)]

---

5) Boivin, M., & Hymel, S. (1997). Peer experiences and social self-perceptions: A sequential model. *Developmental Psychology, 33*, 135–143.

6) Gordon, J. A. (1994). Why students of color are not entering teaching: Reflections from minority teachers. *Journal of Teacher Education, 45*, 220–227.

7) Wrzesniewski, A. et al. (1997). Jobs, careers, and callings: People's relations to their work. *Journal of Research in Personality, 31*(1), 21–31.

이 시점에서 자문해 보아야 할 주요 질문

8. 모든 주요 용어를 명확하게 정의했는가? (그리고 만약 가능한다면, 조작적으로)

관련 문헌의 배경과 검토

연구보고서에서 문헌검토(literature review)는 특히 석사논문이나 박사논문에서 긴 절(section)일 수 있다. 연구제안서에서 그것은 연구의 가설이나 초점과 관련된 선행연구의 부분적인 요약이다. 연구자는 선행연구의 주요 동향과 주제에 대한 의견을 숙지하고 있으며, 계획 중인 연구와의 관련성을 이해하고 있음을 여기에서 보여 주려고 한다. 이 검토에는 이론적 개념, 직접 관련된 연구, 그리고 연구질문에 대한 추가적인 관점을 제공하는 연구가 포함될 수 있다. 이 책의 저자들의 경험상, 많은 문헌검토의 주요 약점은 그것이 계획된 연구에 대한 관련성이나 시사점을 나타내지 않고 참고문헌(종종 많은 참고문헌)을 인용한다는 것이다(문헌검토에 대한 자세한 내용은 제3장을 참고하라).

문헌검토의 한 부분은 다음과 같다. 그것은 유치원 교사의 독서에 대한 이론적 성향과 상이한 초기 독해 능력을 지닌 아동의 산출물 간의 관계를 조사한 연구에서 발췌했다.

이 시점에서 자문해 보아야 할 주요 질문

9. 문제와 관련된 연구를 조사하고 기술하였는가?

10. 문제에 대한 기존 전문가의 의견을 조사했는가?

11. 문제에 대한 기존 의견과 연구의 현황을 요약하였는가?

절차

절차(procedure) 절에서는, ① 연구설계, ② 표본, ③ 계측, ④ 절차 세부사항, ⑤ 내적 타당도, ⑥ 자료 분석에 대한 논의가 포함된다.

연구설계

실험이나 상관연구에서 연구설계(research design)는 제13장 또는 제15장에 제시된 기호를 사용하여 기술될 수 있다. 인과-비교연구에서 연구설계는 제16장에 제시된 기호를 사용하여 기술되어야 한다. 연구에 사용될 특정 연구설계와 연구에 대한 적용은 확인되어야 한다. 대부분의 연구에서 기본 설계는 상당히 명확하며, 제13~17장과 제20~22장에서 제시한 모델 중 하나에 적합하다.

표본

연구제안서에서 연구자는 연구를 위한 연구대상, 즉 표본(sample)을 얻는 방법을 상당히 상세하게 제시해야 한다. 일반화를 의도한 경우, **무선표본**(random sample)을 사용해야 한다. 편의표본이 사용되어야 한다면, 표본의 관련 **인구통계치**(demographics)(성별, 민족성, 직업, IQ 등)를 기술해야 한다. 마지막으로, 연구의 결과가 일반화될 수 있는 합법적인 모집단이 제시되어야 한다(표집에 대한 자세한 내용은 제6장을 참고하라).

다음은 편의표본에 관한 기술(description)의 예이다. 그것은 행동수정이 1학년과 3학년 학생들의 교실행동에 미치는 영향을 조사하기 위해 고안된 한 연구의 보고서에서 발췌되었다.

> 1학년 30명(연령: 7세 1개월)과 3학년 25명(연령: 9세 3개월)은 부적절한 교실행동을 보이고, 특별한 서비스를 받지 않으며, 85~115 사이의 지능지수를 가진 것으로 교사들에 의해 확인되었다. 이 아이들은 미국 남동부의 한 대형 초등학교의 1학년 아동의 23%와 같은 학교 3학년 아동의 21%를 차지했다. 모든 참여자는 정규교실 출신이다. 어느 누구도 특별한 교육서비스를 받지 못했다. 실험처치에는 1학년 연구대상 15명, 통제 조건에 15명이 무선으로 할당되었다. 25명의 3학년 연구대상들이 두 조건 각각에 무선으로 할당되었는데, 13명은 실험처치를 받았으며, 12명은 통제집단이다. 실험집단은 22명의 소년, 6명의 소녀, 11명의 흑인 어린이, 17명의 백인 어린이, 14명의 낮은 사회경제적 지위, 14명의 중간에서 높은 사회경제적 지위를 지닌 연구대상으로 구성되었다. 통제집단은 15명의 소년, 12명의 소녀, 15명의 흑인 어린이, 12명의 백인 어린이, 7명의 낮은 사회경제적 지위와 20명의 높은 사회경제적 지위를 지닌 연구대상으로 구성되었다. 이 연구 동안 어떠한 중도탈락도 발생하지 않았다.[8)]

이 시점에서 자문해 보아야 할 주요 질문

12. 표집계획을 기술했는가?
13. 표본의 관련 특성을 자세히 기술했는가?
14. 연구의 결과가 합법적으로 일반화될 수 있는 모집단을 확인하였는가?

계측

가장 간단한 시험이나 설문지 작성조차 종종 시간이 많이 걸리고 어려운 작업이므로, 가능한 경우 연구에 기존 도구를 사용해야 한다. 그러나 연구자의 목적을 위해 충분히 신뢰할 수 있고 타당한 결과를 얻을 수 없다면, 기존 도구의 사용은 언급되지 않는다. 단지 편리하거나 잘 알려진 도구로 너무 많은 연구가 이루어진다. 몇 년간의 혹독한 전문가 비판에도 불구하고 널리 사용되는 일부 성취도검사의 지속적인 인기에서 알 수 있듯이, 사용방법은 질을 평가하는 데 그렇게 좋은 기준은 아니다(교육연구자가 사용할 수 있는 다양한 유형의 도구의 예는 제7장을 참고하라).

적절한 기존 도구를 사용할 수 없는 경우, 도구를 개발할 때 따르는 절차는 타당도와 신뢰도를 (아마도) 향상시키는 방법에 주의를 기울여 기술해야 한다. 최소한 도구의 일부 샘플문항이 제안서에 포함되어야 한다.

점수의 신뢰도와 타당도가 인상적인 증거에 의해 뒷받침되는 도구를 사용하더라도, 이러한 도구가 연구 자체에서 동일한 방식으로 작동한다는 보장은 없다. 연구대상과 조건의 차이로 인해, 타당도와 신뢰도에 대한 이전의 추정치가 현재 상황에 적용되지 않을 수 있다. 더 나아가 타당도는 항상 연구자의 의도와 해석에 달려 있다. 이러한 모든 이유로, 모든 도구로부터 획득한 점수의 신뢰도와 타당도는 모든 연구의 일부로서 가급적이면 연구가 시작되기 전에 확인해야 한다.

어떠한 추가적인 자료도 요구하지 않기 때문에, 내적 일관성 신뢰도를 확인하는 것이 거의 항상 가능하다. 도구의 추가적인 실행이 요구되기 때문에, 시간이 지남에 따라 점수의 신뢰도[**안정성**(stability)]를 확인하는 것은 더 어렵다. 심지어 실행 가능할 때에도, 정확히 동일한 도구의 반복은 의심스러울 수 있

8) Manning, B. H. (1988). Application of cognitive behavior modification: First and third graders' self-management of classroom behaviors. *American Educational Research Journal, 25*(2), 194.

는데, 이는 개인이 처음 도구를 사용한 결과로 반응을 바꿀 수 있기 때문이다.[9] 응답자에게 설문지나 인터뷰에 대한 답변을 두 번째로 요청하는 것은 그에게 다소 어리석게 보이기 때문에 종종 어렵다. 그럼에도 불구하고, 도구의 동형 형태를 개발하기 위해 필요한 독창성과 노력은 종종 이러한 장애물을 극복할 수 있다.[10]

타당도를 확인하는 가장 간단한 방법은 2차 도구를 사용하여 동일한 변수를 측정하는 것이다. 흔히 사용 가능한 다양한 도구를 고려할 때 이것은 보이는 것만큼 어렵지 않다(제7장 참고). 종종 지식인(예: 교사, 상담사, 부모, 친구)의 판단은 등급 또는 집단구성원의 등급으로 표현되며, 2차 도구로 볼 수 있다. 때로는 과목별로 채운 태도, 의견, 성격(자존심 등) 척도에 대한 반응을 검증하는 유용한 수단이 각 연구대상을 잘 아는 사람이 동일한 척도를 작성하게 한 다음(그것이 연구대상에게 적용되는 대로) 등급이 얼마나 잘 맞는지 확인하는 것이다. 마지막 요점은 비록 이것이 선호되기는 하지만, 전체 표본에 대해 신뢰도와 타당도 자료를 얻을 필요가 없다는 것이다. 그러한 자료는 자료를 전혀 얻지 않는 것보다 표본의 일부에 대해서만(또는 비교 가능하지만 별도의 표본에 대해서도) 얻는 것이 더 낫다(신뢰도와 타당도에 대한 보다 자세한 논의는 제8장을 참고하라).

일부 연구, 특히 역사적이고 질적인 연구에서는 시험이나 등급척도 같은 공식적인 도구가 없을 수 있다. 이러한 연구에서 연구자는 종종 자료를 얻기 위한 '도구'가 된다. 그렇더라도 타당도와 신뢰도를 극대화하고 확인하는 방법은 제안서에 명시되어야 하며, 보고서의 뒷부분에 설명되어야 한다.

다음은 문헌으로부터 발췌한 도구의 예이다.

- **사회계층**(social class): "사회경제적 지위(SES)는 아버지나 어머니 중 어느 쪽이 더 높은 사람의 부모의 직업을 기준으로 결정되었다. 직업은 'Warner의 수정직업등급척도(Warner Revised Occupational Rating Scale)'에 따라 지수화되었다. Warner 척도는 직업의 기술 요구사항과 사회적 위신을 바탕으로 1에서 7까지의 값을 할당받은 7개의 직업범주로 구성된다." 점수가 높을수록, 사회계층의 지위가 높음을 나타냈다.[11]
- **자존심**(self-esteem): "우리는 글로벌 자아존중감을 측정하기 위해 50개 문항 척도인 'Coopersmith의 자아접근검사(Coopersmith Self-Access Inventory)'를 사용했다. 구인, 공인 및 예언 타당도에 관한 적절한 사정이 매뉴얼에 보고되었다. 점수가 높을수록, 자아존중감이 높음을 나타낸다."[12]
- **심리적 고통**(psychological distress): "90개 문항의 자기보고 검사인 '증상 체크리스트-90-수정판(The Symptom Checklist-90-Revised)'……이 심리적 증상을 사정하기 위해 사용되었다."[13]

---

9) 예를 들어, 그들은 정답을 찾아볼 수 있다.

10) 타협안은 기존 도구를 (반분절차와 같이) 두 개로 나누고, 실행 간에 시간간격을 두고 각 반을 실행하는 것이다.

11) Norman, A. D. et al. (1998). Moral reasoning and religious belief: Does content influence structure. *Journal of Moral Reasoning, 27*(1), 140-149.

12) Bee-Gates, D. et al. (1996). Help-seeking behavior of Native American Indian high school students. *Professional Psychology: Research and Practice, 27*, 495-499.

13) Ibid.

이 시점에서 자문해 보아야 할 주요 질문

15. 사용할 도구에 대해 설명했는가?
16. 현재 연구에 대한 그 도구의 관련성을 나타냈는가?
17. 모든 도구로부터 획득한 점수의 신뢰도를 확인하는 방법을 진술했는가?
18. 모든 도구로부터 획득한 점수의 타당도를 확인하는 방법을 진술했는가?

절차적 세부사항

다음으로는 연구에서 따라야 할 절차, 즉 무엇을 할 것인지, 언제, 어디서, 어떻게 할 것인지에 대해 자세히 설명해야 한다. 특히 중재연구에서 일반적으로 중재의 본질과 방법이나 처치방법을 도입하는 수단에 대한 추가적인 세부사항이 필요하다. 여기에서의 목표는 연구를 복원할 수 있도록 하는 것임을 유념하라. 다른 연구자는 이 절(section)에 제공된 정보를 바탕으로 원래 연구자와 정확히 동일한 방법으로 연구를 반복할 수 있어야 한다. 연구가 수행됨에 따라 특정 절차가 변경될 수 있지만, 그럼에도 불구하고 연구제안서는 이러한 수준의 명확성을 목표로 해야 한다.

연구자는 또한 수집된 정보가 원래 질문에 답하거나 원래 가설을 검증하는 데 어떻게 사용될 것인지 명확히 해야 한다.

다음은 문헌에서 발췌한 절차적인 세부사항에 관한 몇 가지 예이다.

- (유색인종 학생이 왜 교단에 서지 않는지 조사한 연구로부터): "2년에 걸쳐, 나는 오하이오주 신시내티, 워싱턴주 시애틀, 캘리포니아주 롱비치에서 140명의 유색인종 교사들과 면대면, 반구조화된 인터뷰를 진행했다. 반구조화된 면대면 인터뷰가 조사 중인 주제(topics)의 강도와 비판적인 본질, 그리고 관련 제보자들 때문에 가장 적절한 연구전략으로 선정되었다."[14)]

연구 팁

연구보고서를 평가할 때 물어야 할 질문

- 문헌검토가 충분히 포괄적인가? 그것은 조사 중인 문제와 관련될 수 있는 연구를 포함하고 있었는가?
- 연구의 각 변수가 명확하게 정의되었는가?
- 표본이 확인 가능한 모집단을 대표하였는가? 그렇지 않은 경우, 제한점이 논의되었는가?
- 다른 연구자가 원한다면 연구를 복원할 수 있도록 연구자가 사용한 방법론이 적절하고 이해 가능했는가?
- 각 도구가 의도한 목적에 충분히 타당하고 신뢰할 수 있었는가?
- 통계기법이 사용된 경우, 적절하고 정확했는가?
- 보고서에 개인이 어떻게 반응하는지(해당하는 경우) 밝히는 심층기술이 포함되었는가?
- 연구자의 결론이 자료에 의해 뒷받침되었는가?
- 연구자는 자신의 연구결과로부터 이론 및/또는 실제에 대한 합리적인 시사점을 도출하였는가?

- (11학년 미국사 수업에 관한 기술연구로부터): "1993년 1~2월 미국 서해안의 한 대형 도시형 고등학교(9~12학년)에 위치한, 4개의 11학년 미국사 수업이 6주 동안 눈에 띄지 않게 주 3회 이상 관찰됐다. 더 나아가, 그 수업의 교사 각각은 긴 시간 동안 인터뷰를 했다."[15)]

14) Gordon, J. A. (1994). Why students of color are not entering teaching: Reflections from minority teachers. *Journal of Teacher Education, 45*, 220–227.

이 시점에서 자문해 보아야 할 주요 질문

19. 연구에서 따라야 할 절차, 즉 무엇을, 어디서, 언제, 어떻게 해야 하는지 완전히 기술했는가?

내적 타당도

이 시점에서 연구에 필수적인 계획은 거의 완료되어야 한다. 연구자는 이제 연구의 가설이 뒷받침될 경우(또는 비가설적 관계를 확인해야 할 경우), 결과에 대한 실현가능한 대안적인 설명이 존재하기 위해 제안된 연구방법론을 검토해야 한다. 이 책의 저자들은 제9장에서 논의된 내적 타당도에 대한 각 위협을 검토하여 제안된 연구에 적용될 수 있는지 확인할 것을 제안한다. 문제가 있는 영역이 발견되면, 해당 영역이 언급되고 그 가능성이 논의되어야 한다. 연구자는 그것을 제거하거나 최소화하기 위해 무엇을 할 것인지 기술해야 한다. 이러한 분석은 종종 연구의 방법론에 상당한 변화를 가져오거나 추가되는 결과를 초래한다. 이 경우, 연구가 완료된 후보다 이 단계에서 그러한 변화의 필요성을 인식하는 것이 더 낫다는 것을 깨달아야 한다.

이 시점에서 자문해 보아야 할 주요 질문

20. 연구의 결과에 대해 존재할 수 있는 실현 가능한 대안적인 설명에 대해 논의했는가?
21. 이러한 대안적인 설명을 어떻게 다룰 것인지에 대해 논의했는가?

자료분석

그런 다음, 연구자는 수집할 자료가 어떻게 구성되고 분석되는지(제7장 참고)를 제시해야 한다(제10~12장 참고).

이 시점에서 자문해 보아야 할 주요 질문

22. 수집할 자료를 구성하는 방법을 기술했는가?
23. 사용할 통계 절차를 포함하여, 자료분석 방법과 이러한 절차가 적절한 이유를 기술했는가?

예산

연구제안서는 종종 재정 지원을 받기 위해 정부나 민간기금기관에 제출된다. 그러한 기관들은 거의 항상 제안서와 함께 잠정적인 예산을 제출하도록 요구한다. 말할 필요도 없이, 연구제안서에 포함된 돈의 액수는 연구제안의 자금 제공 여부에 상당한 영향을 미칠 수 있다. 그러므로 예산 준비에 많은 주의를 기울여야 한다. 예산에는 일반적으로 급여, 자료, 장비 비용, 행정 및 기타 지원, 비용(여행 및 우편 요금 등) 및 간접비와 같은 항목이 포함된다.

일반적인 언급

다른 한 가지 언급(comment)은 필요 없어 보이지만, 이 책의 저자들의 경험상, 그것은 필요하다. 제안

15) Fraenkel, J. R. (1994). A portrait of four social studies teachers and their classes. In D. S. Tierney (Ed.), *1994 yearbook of California education research* (pp. 89–115). Caddo Gap Press.

서의 모든 절은 일관성이 있어야 한다. 각 절 자체가 상당히 수용 가능한 제안서를 읽는 것은 드문 일이 아니지만, 일부 절은 다른 절과 모순된다. 예를 들어, 연구에 사용된 용어는 원래 정의된 대로 전체적으로 사용되어야 한다. 모든 가설은 연구질문과 일치해야 한다. 도구는 연구질문, 가설 및 자료수집 절차와 일치하거나 적절해야 한다. 표본을 얻는 방법은 사용할 도구와 결과에 대한 대안적인 설명을 처리하는 방법 등에 적합해야 한다. 마지막으로, 최종보고서에 기여할 두 명 이상의 연구자가 참여하는 제안의 경우, 프로젝트를 시작하기 전에 저자 순서에 대해 논의하는 것이 항상 좋은 생각이다.

연구보고서에 특유한 절

일단 연구자가 자신의 연구를 수행하고 완료하면, 그/그녀는 자신의 절차와 연구결과에 대한 보고서를 작성해야 한다. 보고서의 고유한 특징은 연구에서 행해진 것, 그것이 행해진 방법, 어떠한 결과가 얻어졌는지, 그리고 그것이 의미하는 바를 기술한다. 양적 연구의 세부사항은 질적 연구의 세부사항과 다소 다를 수 있지만, 독자가 무슨 일이 있어났는지에 대해 확실히 알 수 있도록 두 가지 모두에 중점을 두어야 한다. 항상 그러하듯, 무엇이, 왜, 어디서, 언제, 어떻게는 따라야 할 좋은 지침이다.

고려해야 할 일반규칙

연구보고서는 가능한 한 명확하고 간결하게 작성되어야 한다. 가능하다면 전문용어는 피해야 한다. 연구보고서는 항상 과거형으로 작성된다. 예상할 수 있듯이 철자, 구두점, 문법은 정확해야 한다(컴퓨터의 철자 및 문법검사는 여기에서 큰 도움이 된다!).

연구보고서를 시작하기 전에, 스타일 매뉴얼을 참고해야 한다. 대부분의 학술지 편집자가 추천하고 많은 연구자가 연구보고서를 준비할 때 사용하는 좋은 출처는 『Publication Manual of the American Psychological Association (APA), 6th ed.』(2010)이다.[16] 다양한 매뉴얼이 서로 다른 규칙을 강조하지만, 모든 매뉴얼은 특정한 공통점을 가지고 있다. 예를 들어, 약어와 축약어의 사용은 일반적으로 권장되지 않으며, 유일한 예외는 일반적으로 사용되고 이해되는 것(IQ와 같은) 또는 보고서에서 자주 반복되는 것이다. 보고서에 인용된 참고문헌의 작성자는 일반적으로 성으로만 언급된다(이름과 가운데 이니셜은 참고문헌에만 기재된다. 〈표 25-1〉 참고). 경칭(예: Dr., Professor)은 쓰지 않는다.

〈표 25-1〉 APA 스타일 참고문헌

참고문헌 유형	형식
책	Fraenkel, J. R., Wallen, N. E., & Hyun, H. (2015). *How to design and evaluate research in education* (9th ed.). New York McGraw-Hill.

16) **[역자 주]** 이 책이 저술 · 출판될 때에는 6판이 최신 버전이었다. 따라서 본문에서는 이 6판에 대해 언급하고 있다. 그러나 APA는 2020년에 7판을 출판했다. 따라서 현재 가장 최신 버전은 7판이다. 7판의 내용에 대하여 좀 더 자세히 알고 싶으면, https://apastyle.apa.org/products/publication-manual-7th-edition, 또는『APA 논문 작성법』(미국심리학회 편저, 2022, 학지사)을 참고하기 바란다.

편집된 책	Jacoby, R, & Glauberman, N. (Eds.). (1995). *The bell curve debate. History, documents, opinions.* New York, NY: Random House.
책에서 한 장 (chapter)	Gould, S. J. (1995). Mismeasure by any measure. In R. Jacoby & N. Glauberman (Eds.), *The bell curve debate History, documents, opinions* (pp. 313) New York, NY: Random House.
학술지 논문	Clarke, A. T., & Kurtz–Costes, B. (1997, May/June). Television viewing, educational quality of the home environment, and school readiness. *The Journal of Educational Research, 90*(5), 279–285
박사학위논문 (미출판된)	Spitzer, S. L. (2001). *No words necessary: An ethnography of daily activities with young children who don't talk.* Unpublished doctoral dissertation, University of Southern California.
책 리뷰	Liss, A. (2004). Whose America? Culture wars in the public schools [Review of the book Whose America? Culture wars in the public schools]. *Social Education, 68*, 238.
전자자료	Learnframe. (2000, August). *Facts, figures, and forces behind e–learning.* Retrieved from http://www.learnframe.com/aboutlearning/
ERIC 참고문헌	Mead, J. V. (1992). *Looking at old photographs: Investigating the teacher tales that novice teachers bring with them.* Retrieved from ERIC database. (ED346082)

일단 연구보고서가 작성 완료되면 주제에 대해 잘 아는 사람이 보고서의 명확성과 오류를 검토하도록 하는 것이 좋다. 또한, 보고서를 소리 내어 읽는 것은 문법에서 틀린 부분이 있는지 확인하는 것은 물론 불명확하게 쓰여진 지문을 확인하는 데 도움을 줄 수 있다. 컴퓨터는 단어와 문장을 재정렬하고, 철자와 문법을 검사하며, 페이지 번호를 자동으로 매기는 것을 용이하게 해 준다.

형식

연구보고서의 형식은 그것이 조직화되는 방식이다. 연구보고서는 일반적으로 연구 자체와 관련된 단계를 반영하는 형식을 따른다. 또한 연구제안서에 포함된 많은 동일한 구성요소를 가지고 있다. [그림 25-1]은 전형적인 연구보고서의 조직을 예를 들어 보여 준다. 우리가 아직 논의하지 않은 구성요소를 다루어 보자.

초록

초록(abstract)은 전체 연구보고서를 간략하게 요약한 것이다. 보통 한 두 단락을 넘지 않으며, 페이지 상단에 **초록(abstract)**이라는 단어가 있는 별도의 페이지에 입력된다. 일반적으로, 초록에는 연구문제에 관한 간략한 진술, 가설, 표본에 대한 기술, 그 다음으로 사용된 도구에 관한 기술, 자료수집 방법을 포함한 절차에 관한 간략한 요약과 연구의 결과, 그리고 연구자의 결론을 포함한다.

결과(results)/연구결과(findings)

앞에서 논의한 바와 같이, 연구의 결과(results)은 연구보고서에만 제시될 수 있다. 일반적으로, 제안서에는 어떠한 결과도 없다[일부 탐색적 연구 또는 예비조사(pilot study)의 결과가 제안서의 배경의 일부로 포함되지 않는 경우]. 때로는 연구결과(findings)라고 불리는 결과의 보고는 보고서 말미에 포함된다. 결과는 연구자가 자신의 자료를 분석한 연구결과, 즉 수집된 자료가 드러낸 것으로 구성된다. 비교집단 연구에서 일반적으로 사후검사 척도에서 각 집단에 대한 평균과 표준편차가 보고된다. 상관연구에서 상관계수와 산점도가 보고된다. 조사연구에서 질문된 질문에 대한 응답 퍼센트, 교차분석표, 분할계수 등이 제시된다.

결과 절(section)은 자료에 적용된 모든 통계적 기법과 얻은 결과를 기술해야 한다. 각 결과는 연구된 주제와 관련하여 논의되어야 한다. 어떤 통계적 유의도 검증에 관한 결과는 보고되어야 한다. 질적 자료분석은 관찰 및/또는 인터뷰를 통해 얻은 결과를 지지하거나 예를 들어 보여 주기 위해 명확한 기술(그리고 때로는 인용)을 제시해야 한다. 표와 그림은 자료분석의 명확한 요약을 제시해야 한다.

[그림 25-1] 연구보고서의 조직

서론 절
- 제목 페이지
- 목차
- 그림 목차
- 표 목차

본문

Ⅰ. 조사해야 할 문제
- A. 연구의 목적(가정 포함)
- B. 연구의 언급
- C. 연구질문, 가설, 그리고 명제
- D. 용어 정의
- E. 연구의 간략한 개요

Ⅱ. 관련 문헌의 배경 및 검토
- A. 필요한 경우, 이론적 준거틀
- B. 직접 관련된 연구
- C. 간접 관련된 연구

Ⅲ. 절차
- A. 연구설계에 관한 기술
- B. 표본에 관한 기술
- C. 사용된 도구에 관한 기술(채점 절차, 신뢰도, 타당도)
- D. 수행 절차에 대한 기술(연구의 내용, 시기, 장소 및 방법)
- E. 내적 타당도에 관한 논의
- F. 외적 타당도에 관한 논의
- G. 자료분석 방법에 관한 기술 및 언급(예: 양적 연구를 위한 통계적 기법과 질적 연구를 위한 자료 축소 전략)

Ⅳ. 연구결과
- 각 연구질문, 가설 및 제안, 그리고 진술된 명제 각각에 적절한 연구결과 기술

Ⅴ. 요약 및 결론
- A. 조사 중인 연구질문, 사용된 절차, 그리고 얻어진 결과에 관한 간략한 요약
- B. 연구결과의 시사점-의미와 중요성-에 관한 논의
- C. 제한점 -해결되지 않은 문제와 약점
- D. 후속연구를 위한 제안

참고문헌(서지정보)

부록

어떤 종류의 분석이 행해졌는지를 포함하여, 자료수집 절차가 명확하게 기술되어야 한다는 것이 연구보고서의 결과 절에서 특히 중요하다. 여기에 문헌에서 발췌한 두 가지 예가 있다.

- (초등학교 사회과에서 히스패닉 학생들의 협동학습 효과를 조사한 연구로부터): "사회과 성취도 사전검사와 사후검사의 원점수 평균과 표준편차가 보고되고, 사회과 성취도 사후검사의 조정된 평균이 보고되었다. ANCOVA의 결과는 처치에 통계적으로 유의한 주효과, 즉 $F(1, 93) = 25.72$, $p < .001$로, 전통적인 교육보다 협동학습을 선호함을 보여 주었다. 그러나 사회과 성취도에 대한 성별 또는 처치와 성별 간의 상호작용에는 통계적으로 유의한 효과가 발견되지 않았다. 사전검사와 사후검사 간의 상관 r은 .67($p = .001$)이었다."[17)]
- (중다형 문항에 대한 이수시간 및 성취도 간의 관계를 조사하는 연구로부터): "이수시간과 시험 성취도의 관계를 중간고사와 기말고사별로 구분하여 탐색했다. 그 결과로 얻은 상관계수는 낮았고, 통계적으로 유의하지 않았다($p > .05$). 비록 상관계수의 범위가 +.27(+.02)에서 −.30으로 확장되었지만, 이러한 값에 대한 결정계수는 시험 수행에서의 분산의 0.04%에서 9%가 이수시간 변수 차이로 설명될 수 있음을 시사한다."[18)]

논의

연구보고서의 논의(discussion) 절은 결과가 이론 및/또는 실제에 시사하는 바에 관한 저자의 해석을 제시한다. 여기에는 가설 검정 연구에서 가설이 뒷받침된 정도에 대한 사정이 포함된다.

논의 절에서 연구자는 자신의 결과를 더 넓은 맥락에 배치한다. 여기에서 연구자는 접했던 모든 어려움을 개괄적으로 기술하고, 연구의 제한점을 기록하며, 행해질 수 있는 후속/관련 연구를 제안한다.

이 책의 저자들은 가능한 범위 내에서 연구의 결과와 논의 절이 서로 구별되어야 한다고 믿는다. 논의 절은 일반적으로 연구결과를 더 넓은 관점에 배치하기 위해 자료를 상당히 뛰어넘는다. 독자가 조사자가 추측에 불과한 것에 대한 증거를 얻었다고 생각하도록 호도하지 않는 것이 중요하다. 다르게 말하면, 연구보고서의 결과 절에 있는 진술과 관련한 불일치가 있을 여지가 없어야 한다. 진술은 획득한 자료로부터 직접적이고 명확하게 도출되어야 한다. 그러나 이러한 결과에 관한 더 넓은 해석에 대해서는 많은 논쟁과 불일치가 있을 수 있다.

교사의 성격과 교실행동에 대한 연구의 결과를 고려해 보자. 이 연구에서 가정한 바와 같이, 교사의 통제 필요성에 대한 검사와 ① 관찰된 바와 같이 교실에서의 행동을 통제하는 정도, ② 인터뷰진행자가 '자신에 대한 덜 편안함'과 '옳고 그름에 대한 더 엄격한 태도를 갖는 것' 간에 .40~.50의 상관관계가 발견되었다. 이는 연구의 결과이며, 보고서에서 그러한 것이 명확하게 확인되어야 한다. 그러나 논의 절에서, 이러한 연구결과는 다양한 논란의 여지가 있는 관점으로 배치될 수 있다. 따라서 한 연구자는 통제 요구(control need)에서 높은 점수를 받는 사람은 이러한 특성과 그것이 예측하는 것처럼 보이는 교실행동이 교사들에게 바람직하지 않다는 이유로 훈련 프로그램에서 제외되어야 한다고 주장하면서, 이 연구가 예비 교사의 선발을 위한 지원을 제공할 것을 제안할 수 있다. 대조적으로, 또 다른 연구자는 그 결과를 더 높은 통제 요구를 지닌 사람들을 교육으로 끌어들이는 것이 바람직하다는 것을 뒷받침하기 위한 것으로 해석할 수 있다. 이 조사자는 적어도 도심지 학교에서는 통제 요구에서 더 높은 점수를 받

---

17) Lampe, J. R., Rooze, G. R., & Tallent-Runnels, M. (1996). Effects of cooperative learning among Hispanic students in elementary social studies. *Journal of Educational Research, 89*, 187–191.

18) Herman, W. E. (1997). The relationship between time to completion and achievement on multiple-choice items. *Journal of Research and Development in Education, 30*(2), 113–117.

은 교사들이 더 질서 있는 교실을 가질 가능성이 높다고 주장할 수 있다.

분명히 이 두 가지 해석은 모두 특정 연구의 결과를 훨씬 뛰어넘는다. 해석이 그와 같이 분명하게 확인되고 연구의 결과가 해석을 뒷받침하는 직접적인 증거를 제공한다는 인상을 주지 않는다면, 연구자는 그렇게 해석해서는 안 된다. 많은 경우, 연구자는 결과와 해석을 보고서의 다른 절에 배치하고 그렇게 명명하여 그것들을 명확하게 구분할 것이다. 다른 경우, 연구자가 두 가지를 혼합하여 독자가 연구의 결과와 연구자의 해석을 구별하기 어렵게 만들 수도 있다(논의 예시는 제13~17장, 제19~24장에 제시된 출판된 연구보고서를 참고하라).

후속연구를 위한 제안

일반적으로 이것은 보고서의 마지막 절이다. 현재 연구의 연구결과에 기초하여, 연구자는 그 분야의 지식을 발전시키기 위해 향후 수행될 수 있는 관련 연구 및 후속연구를 제안한다.

참고문헌

마지막으로 참고문헌(서지정보)에는 보고서 작성에 사용된 모든 자료가 나열되어야 한다. 보고서에 인용된 모든(그렇다, 모든!) 자료는 참고문헌에 포함되어야 하며, 인용된 모든(그렇다, 모든!) 보고서는 보고서의 본문(text)에 제시되어야 한다. 참고문헌 절은 새로운 페이지로 시작해야 한다. 일반적으로, 행잉 인덴트(hanging-indent)[19] 형식이 사용되며, 모든 출처는 저자 이름의 알파벳 순으로 나열된다.

각주

각주(footnotes)는 보고서의 본문에 나타나는 순서대로 아라비아 숫자를 사용하여 연속적으로 번호가 매겨진다.

그림

그림(figures)은 소묘(drawing), 그래프, 차트, 심지어 사진이나 그림(pictures)으로 구성된다. 모든 숫자는 연속적으로 번호를 매겨야 하며, 보고서의 본문에 언급되어야 한다. 텍스트 자체보다 정보를 더 잘 또는 더 명확하게 전달할 수 있거나 매우 긴 설명이 필요한 정보를 요약할 수 있는 경우에만 보고서에 포함되어야 한다. 각 그림에는 그림에 표시된 정보의 핵심을 나타내는 제목(caption)이 붙여져야 한다.

표

표(tables)는 또한 텍스트만 사용하는 것보다 정보를 더 잘 요약하거나 더 단순하게 또는 더 명확하게 전달할 수 있을 때만 사용해야 한다. 표(그리고 그림)는 항상 텍스트에 대한 보충물(supplements)로 보아야 하며, 단독으로 사용할 수 있는 새로운 정보를 제공하는 것으로 보아서는 안 된다. 그러나 그것은 항상 본문에서 언급되어야 한다. 그림처럼 각 표에는 표에 포함된 정보의 핵심을 나타내는 간단한 제목이 제공되어야 한다. 연구보고서에서 수치와 표의 제시와 관련된 세부사항은 『APA Publication Manual』을 참고하는 것이 좋다.

---

19) **[역자 주]** 문단의 첫 행의 머리만을 내어 쓰고 두 번째 행부터는 안으로 들여쓰기하여 조판하는 방법

질적 연구보고서에 대한 몇 가지 언급

질적 연구보고서에 포함되어야 하는 많은 정보는 양적 연구보고서에 포함된 정보와 유사하다. 그러나 현재 질적 연구보고서에 대해 일반적으로 합의된 형식은 없다. 사람들은 현재 다양한 형식을 발견하는데, 연구자는 종종 시, 이야기, 일기, 사진, 수필, 심지어 노래 가사와 그림과 같은 것을 보고서에 포함한다.

양적 보고서에서 거의 찾아볼 수 없는 질적 보고서의 두 가지 두드러진 특징은, ① 질적연구자는 보고서를 보통 1인칭으로 쓰며[예: **연구자**(the researcher)나 **저자**(the author)가 아닌 **나**(I) 또는 **우리**(we)라는 대명사를 사용], ② 보통 수동태보다는 능동태를 사용한다["교실 *X*가 연구자에 의해 관찰되었다(Classroom *X* was observed by the researcher)."보다 "우리는 교실 *X*를 관찰했다(We observed classroom *X*)."].[20]

더 나아가, 기밀성의 문제는 양적 보고서보다 질적 보고서에서 더 큰 관심사이다. 종종 질적 연구의 참여자로부터 상당한 양의 정보(대부분은 극히 비공개)를 얻는다. 이것 때문에 그리고 또한 표본크기가 양적 연구보다 훨씬 작기 때문에, 기밀성의 단순한 보장은 정체성을 보호하기에 불충분할 수 있다. 따라서 일반적으로 가명(fictitious names)을 사용해야 한다. 예를 들어, 한 연구자가 고등학교에서 몇 주 동안 일련의 인터뷰를 하고 있다면, 그 고등학교에 익숙한 독자는 해당 연구자가 누구를 인터뷰했는지 알아볼 수 있을 것이다. 그러므로 가명을 사용하는 것은 연구참여자의 정체성을 더욱 보호하는 것이다.

연구보고서 개요

[그림 25-1]은 연구보고서의 개요(outline)를 보여 준다. 비록 나열된 주제(topics)는 연구공동체 내에서 일반적으로 동의하지만, 특정 순서는 다른 연구에서 다를 수 있다. 이는 부분적으로 연구자 간의 선호도가 다르기 때문이기도 하고, 부분적으로는 개요의 제목과 구성이 상이한 연구방법론에 따라 다소 다를 수도 있기 때문이다. 이 개요는 연구제안서에도 사용될 수 있는데, 이 경우 IV절과 V절은 생략된다(그리고 미래시제가 전체적으로 사용된다). 또한 예산이 추가될 수도 있다.

예제 연구제안서

다음의 연구제안서는 이 책의 저자들의 수업 중 한 수업의 학생에 의해 준비되었으며, 시작 단계 노력의 좋은 예이다. 이러한 제안서는 일반적으로 교직원 등의 의견을 바탕으로 추가적인 수정을 거치지만, 이것은 학생에 의한 완성된 제안서가 어떤 모습인지 어느 정도 짐작할 수 있게 해 줄 것이다. 이 책의 저자들은 그것의 장점과 단점에 대해 모두 논평한다. 이 제안서는 [그림 25-1]에서 권장된 조직을 정확히 따르지 않는다는 점에 유의하라. 그러나 그것은 이전에 논의된 주요 구성요소를 모두 포함하고 있다. 그것은 또한 제안된 절차의 소규모 시험인 예비조사(pilot study)의 연구보고서를 포함한다. 이 프로그램의 목적은 적절한 학습이 수행되기 전에 문제를 해결할 수 있도록 모든 문제를 감지하는 것이다.

---

20) 『APA Publication Manual』은 질적 보고서에 대해서도 그렇게 사용할 것을 권고하고 있다.

연구보고서(Research Report)

THE EFFECTS OF INDIVIDUALIZED READING
UPON.STUDENT MOTIVATION IN GRADE FOUR

Nadine Deluca*

Purpose

문서가 필요함

The general purpose of this research is to add to the existing knowledge about reading methods. Many educators have become dissatisfied with general reading programs in which teacher-directed group instruction means boredom and delay for quick students and embarrassment and lack of motivation for others. Although there has been a great deal of writing in favor of an individualized reading approach which is supposedly a highly-motivating method of teaching reading, sufficient data has not been presented to make the argument for or against individualized reading programs decisive. With the data supplied by this study (and future ones), soon schools will ~~be~~ free to make the choice ~~between implementing~~ an individualized reading program or retaining a basal reading method.

연구의 중요성을 설명함

만약 가설이 지지된다면, 시사점을 나타냄

"better able"로 대체

Definitions

이 연구에서 더 구체적일 수 있음

Motivation: Motivation is inciting and sustaining action in an organism. The motivation to learn could be thought of as being derived from a combination of several more basic needs such as the need to achieve, to explore, to satisfy curiosity.

실제로 "Motivation to read"가 변수임

조작적 정의가 도움이 될 것임

Individualization: Individualization is characteristic of an individualized reading program. Individualized reading has as its basis the concepts of seeking, self-selection, and pacing. An individualized reading program has the following characteristics:

이 문장은 삭제해야 함

1. Literature books for children predominate.
2. Each child makes personal choices with regard to his reading materials.
3. Each child reads at his own rate and sets his own pace of accomplishment.
4. Each child confers with the teacher about what he has read and the progress he has made.
5. Each child carries his reading into some form of summarizing activity.
6. Some kind of record is kept by the teacher and/or the student.

양호-명료하고 구체적임

*Used by permission of the author.

7. Children work in groups for an immediate learning purpose and leave group when the purpose is accomplished.
8. Word recognition and related skills are taught and vocabulary is accumulated in a natural way at the point of each child's need.

Prior Research

Abbott, J. L., "Fifteen Reasons Why Personalized Reading Instruction Doesn't Work." Elementary English (January, 1972), 44:33–36.

This article refutes many of the usual arguments against individualized reading instruction. It lists those customary arguments then proceeds to explain why the objections are not valid ones.

OK

It explains how such a program can be implemented by an ordinary classroom teacher in order to show the fallacy in the complaint that individualizing is impractical. Another fallacy involves the argument that unless a traditional basal reading program is used, children do not gain all the necessary reading skills.

Barbe, Walter B., Educator's Guide to Personalized Reading Instruction. Englewood Cliffs, New Jersey: Prentice-Hall, Inc., 1961.

Mr. Barbe outlines a complete individualized reading program. He explains the necessity of keeping records of children's reading. The book includes samples of book-summarizing activities as well as many checklists to ensure proper and complete skill development for reading.

OK

Hunt, Lyman C., Jr., "Effect of Self-selection, Interest, and Motivation upon Independent, Instructional and Frustrational Levels." Reading Teacher (November, 1970), 24.146—151.

Dr. Hunt explains how self-selection, interest, and motivation (some of the basic principles behind individualized reading), when used in a reading program, result in greater reading achievement.

Miel, Alice, Ed., Individualized Reading Practices. New York: Bureau of Publications, Teachers College, Columbia University, 1959.

Veatch, Jeanette, Reading In the Elementary School. New York, NY: The Roland Press Co., 1966.

이것은 비록 문헌검토를 준비하는 좋은 시작이기는 하지만 실제로 문헌검토는 아님

West, Roland, Individualized Reading Instruction. Port Washington, New York, NY: Kennikat Press, 1964.

연구를 정당화하기 위해서 추가적인 자료가 추가되고 요약될 필요가 있음

The three books listed above all provide examples of various individualized reading programs actually being used by different teachers. (The definitions and items on the rating scale were derived from these three books.)

양호–현재 연구와의 관련성을 보여줌

Hypothesis

The greater the degree of individualization in a reading program, the summarized higher will be the students' motivation.

변수들은 명확하고 가설은 방향적임

Population

옳음

An ideal population would be all fourth graders in the United States. Because of different teacher–qualification requirements, different laws, and different teaching programs, though, such a generalization may not be justifiable. One that might be justifiable would be a population of all fourth–grade classrooms in the San Francisco–Bay Area.

Sampling

좋은 표집 계획

The study will be conducted in fourth–grade classrooms in the San Francisco–Bay Area, including inner–city, rural, and suburban schools. The sample will include at least one hundred classrooms. Ideally, the sampling will be done randomly by identifying all fourth–grade classrooms for the population described and using random numbers to select the sample classrooms. As this would require excessive amounts of time, this sampling might need to be modified by taking a sample of schools in the area, identifying all fourth–grade classrooms in these schools only, then taking a random sample from these classrooms.

"random" 추가!

2단계 표집

Instrumentation

좋은 내용타당도를 가질 것으로 보임. 문항들은 정의와 일관성이 있어야 함

Instrumentation will include a rating scale to be used to rate the degree of individualization in the reading program in each classroom. A sample rating scale is shown below. Those items on the left indicate characteristics of classrooms with little individualization.

Reliability: The ratings of the two observers who are observing separately but at the same time in the same room will be compared to see how closely the ratings agree. The rating scale will be repeated for each classroom on at least three different days.

서로 다른 날짜에 데이터를 사용하는 방법을 명시해야 함. 그것은 안정성을 점검하는 데 사용할 수 있음

3일은 신뢰할 수 있는 점수를 얻기에 충분하지 않을 수 있음

학부모가 이것을 판단할 만한 자질을 갖추고 있는가?

Validity: Certain items on the student questionnaire (to be discussed in the next section) will be compared with the ratings on the rating scale to determine if there is a correlation between the degree of individualization apparently observed and the degree indicated by students' responses. In the same manner, responses to questions asked of teachers and parents can be used to indicate whether the rating scale is a true measure of the degree of individualization.

양호함

두 변수를 위해 동일한 문항을 사용할 수 없음

좋은 생각이지만, 신뢰할 수 있는 지수를 제공하기에 너무 적은 문항일 수 있음

그러나 왜? 외생 변수의 생소함을 통제하기 위해?

Another means of instrumentation to be used is a student questionnaire. A sample questionnaire is included. The following questions have as their purpose to determine the degree of motivation by asking how many books read and how the child indicates what he feels about reading: questions numbered 1, 4, 5, 6, 7, 9, 10, 11, 12, and 13. Questions 2, 3, 4, and 8 have as their purpose to help determine the validity of the items on the rating scale. Questions 14 and 15 are included to determine the students' attitudes toward the questionnaire to help determine if their attitudes are possible sources of bias for the study. Questions 8 and 9 have an additional purpose which is to add knowledge about the novelty of the reading situation in which the child now finds himself. This may be used to determine if there is a relationship between the novelty reliable index of the situation and the degree of motivation.

대부분의 항목은 논리적 타당성이 있는 것으로 보이지만, motivation to read에 대한 정의가 부족하기 때문에 판단하기가 어려움

좋은 생각이지만, 신뢰할 수 있는 지수를 제공하기에 충분한 문항이지 않을 수 있음

RATING SCALE

1. Basal readers or pro-center grammed readers predominate in room.	1 2 3 4 5	There is an obvious in the room containing at least five library books per child.
2. Teacher teaches class as a group.	1 2 3 4 5	Teacher works with individuals or small groups.
3. Children are all reading from the same book series.	1 2 3 4 5	Children are reading various materials at different levels.
4. Teacher initiates activities.	1 2 3 4 5	Student initiates activities.
5. No reading records are in evidence.	1 2 3 4 5	Children or teacher are observed to be making notes or keeping records of books read.

RATING SCALE

6. There is no evidence of book summarizing activities in the room.	1 2 3 4 5	There is evidence of book summarizing activities in the room. around room (e.g., student made book jackets, paintings, drawings, models of scenes or characters from books, class list of books read, bulletin board displays about books read ...).
7. Classroom is arranged with desks in rows and no provision for a special reading area.	1 2 3 4 5	Classroom is arranged with a reading area so that children have opportunities to find quiet places to read silently.
8. There is no conference area in the room for the teacher to work with children individually.	1 2 3 4 5	There is a conference area set apart from the rest of the class where the teacher works with children individually.
9. Children are doing the same activities at the same time.	1 2 3 4 5	Children are doing different activities from their classmates.
10. Teacher tells children what they are to read during class.	1 2 3 4 5	Children choose their own reading materials.
11. Children read aloud in turn to teacher as part of a group using the same reading textbook.		Children read silently at their desks or in a reading area or orally to the teacher on an individual basis.

Student Questionnaire

Age_____ Grade______ Father's work________________

Mother's work________________

여기에서 의도가 사회경제적 수준을 얻는 것인가?

타당해 보임 1. How many books have you read in the last month?_____

타당해 보임 2. Do you choose the books you read by yourself?________

If not, who does choose them for you?_______________

채점시스템에 대한 약간의 암시가 주어져야 함. 개방형 질문은 응답의 논리적 분석에 의존해야 함. 예비조사의 예를 사용할 수 있음

타당해 보임

3. Do you keep a record of what books you have read?________
   Does your teacher?________________________________

타당해 보임

4. What different kinds of reading materials have you read this year?
   ____

타당도가 의심스러움

5. Do you feel you are learning very much in reading this year?
   ____
   Why or why not?________________________________

어떻게 점수를 매길 것인가?

6. Complete these sentences:
   Books________________________________
   Reading________________________________

타당해 보임

7. Do you enjoy reading time?________________________________

생소함의 암시로서 타당해 보임. 일반적으로 다른 문항(8)에 종속되는 한 문항(9)은 좋은 생각이 아님

8. Have you ever been taught reading a different way?_________
   When?_______ How was it different?____________________

9. Which way of learning to read do you like better?__________
   ____________________ Why?______________________

타당해 보임

10. If you couldn't come to reading class for some reason, would you be disappointed?________________________________
    Why?________________________________

타당해 보임

11. Is this classroom a happy place for you during reading time?
    ____

타당도가 의심스러움

12. Do most of the children in your classroom enjoy reading?
    ____

타당해 보임

13. How much of your spare time at home do you spend reading just for fun?________________________________

좋은 생각임

14. Did you like answering these questions or would you have preferred not to?________________________________

15. Were any of the questions confusing?____________________
    If so, which ones?________________________________
    How were they confusing?____________________________

Student Questionnaire:

Reliability: An attempt will be made to control item reliability by asking the same question in different ways and comparing the answers.

어떤 문항들과 비교되는가?

Validity: Validity may be questionable to some degree since school children may be reluctant to report anything bad about their teachers or the school. Observers will be reminded to establish rapport with children as much as possible before administering questionnaires and to assure them that the purpose of the questions does not affect them or their school in any way.

좋은 지적

좋은 생각

A teacher questionnaire will also administrated. A sample questionnaire is included. Some of the questions are intended to indicate if the approach being used by the teacher is new to her and what her attitude is toward the method. These questions are numbered 1, 2, 3, and 4. Question 5 is supposed to indicate how available reading materials are so that this can be compared to the degree of student motivation. Questions 6 and 8 will provide validity checks for the rating scale. Question 7 will help in determining a relationship between socioeconomic levels and student motivation.

왜 이 정보를 원하는가?

왜? 이것이 가설과 어떻게 관련이 있는가?

신뢰할 수 있는 지수를 제공하기에는 너무 적은 문항일 수 있음

좋음

Reliability: Reliability should not be too great a problem with this instrument since most questions are of a factual nature.

옳지 않음. 중요한 것은 정보의 신뢰성이다. 사람들은 사실적인 정보를 제공하는데 일관성이 있을 수도 있고 없을 수도 있음. 이 질문들은 신뢰할 수 있는 자료을 제공할 것 같음

Validity: There may be a question as to validity depending upon how the questions are asked (if they are used in a structured interview). The way they are asked may affect the answers. An attempt has been made to state the questions so that the teacher does not realize what the purposes of this study are and so prejudice her answers.

좋음

Teacher Questionnaire

왜 포함시키는가? '경험'을 통제하기 위한 수단으로써?

1. How long have you been teaching?________________

왜? 신기함을 사정하기 위해서?

2. How long have you taught using the reading approach you are now using?________________

왜?

3. What other approaches have you used?________________

왜?

4. If you could use any reading approach you liked, which would you use?
____
Why?________________

절차에서 문항 1-5 및 7은 외생변수를 제어하기 위한 시도라고 설명함. 이것은 아주 좋은 생각임. 그러나 목적은 (이 절에서) 더 일찍 명확히 해야 함

왜?

5. In what manner do you obtain reading materials?___________
   Where did you get most of those you now use?____________

개별화를 위해서는 타당한 것 같음

6. How often are the children grouped for reading?___________

사회경제적 수준을 사정하기 위해

7. From what neighborhood or area do most of the children in this class come?

개별화를 위해서는 타당한 것 같음

8. How do you decide when and how word recognition skills and vocabulary are taught to each child?_________________

좋은 생각임. 학부모들은 'motivation to read'을 판단할 수 있어야 함

If it were feasible, an excellent instrument would be a parent questionnaire. The purpose of it would be to determine how much the child reads at home, his general attitude toward reading, and any changes in his attitude the parent has noticed.

사용될 연구 방법 확인

Procedures

Since the sample of one hundred classrooms is large and each classroom will need to be visited at least three times for thirty minutes to one hour during each visit on different weeks, quite a large team of observers probably around twenty-will be needed. They will work in pairs observing independently. They will spend about one-half hour each visit on the rating scale. The visits should take place between Monday and Thursday, since activities and attitudes are often different on Fridays. The investigation will not begin until after school has been in session for at least six weeks so that all programs have had sufficient time to function smoothly.

좋은 생각임

Control of extraneous variables: Sources of extraneous variables might include that teachers using individualized reading might be the more skillful and innovative teachers. Also, in cases where the individualized reading program is a new one, teacher enthusiasm for the new program might carry over to students. In this case it might be the novelty of the approach and teacher enthusiasm rather than the program itself that is motivating. An attempt will be made to

양호함

양호함

절차에서 문항 1–5 및 7은 외생변수를 제어하기 위한 시도라고 설명함. 이것은 아주 좋은 생각임. 그러나 목적은 (이 절에서) 더 일찍 명확히 해야 함

양호함

OK, 그러나 더 명확하게 될 수 있음

determine if there is a relationship between novelty and teacher enthusiasm and student motivation by correlating the results of the teacher questionnaire (showing newness of program and teacher preference of program), indications from questions on student questionnaire, and statistics on motivation in a scatterplot. The influence of student socioeconomic levels on motivation will be determined by comparing the answers to the question on the teacher questionnaire concerning what area or neighborhood children live in, the question on parental occupations on the student questionnaire with student motivation. The amount and availability of materials may influence motivation also. This influence will be determined by the answers of teachers concerning where and how they get materials "relate to"

'influence'라는 단어에 의해 암시되는, 인과관계에 대해 확신할 수 없기 때문에 'relationship'이라는 용어를 사용하는 것이 더 좋음

양호함

이것을 삭제해야 함

양호하지만, 정보가 어떻게 점수화되는가?

The presence of observers in the classroom may cause distraction and influence the degree of motivation. By having observers repeat procedures three or more times, later observations may prove to be nearly without this all of the procedure bias. By keeping observers in the dark about the purpose of the study, it is hopeful that will control as much bias in their observations and question-asking as possible.

모든 교실이 동일하게 영향을 받을 것 같지 않는가? 또한 두 번째 변수(개별화)가 영향을 받을 것 같지는 않음. 만약 그렇다면, 내적 타당도에 관한 한 문제가 되지 않음

관찰의 모든 것을 사용하는가?

좋은 생각임. 그러나 그들은 둘 다 관찰(개별화)하고 설문지(동기화)를 실행하기 때문에 가설을 잘 이해할 수 있음. 이러한 '인식'이 설문지의 등급 및/또는 실행에 영향을 미칠 수 있다는 우려가 있다면, 각 도구를 다른 사람이 실행하도록 하는 것이 바람직함

Data Analysis

Observations on the rating scale and answers on the questionnaires will be given number ratings according to the degree of individualization and amount of motivation respectively. The average of the total ratings will then be averaged for the two observers on the rating scale, and the average of the total ratings will be averaged for the questionnaires in each classroom to be used on a scatterplot to show the relationship between motivation and individualization in each classroom. Results of the teacher teacher questionnaire will be compared similarly with motivation on the scatterplot. The correlation will be used to further indicate relationships.

삭제. 이것은 올바르지 않음. 왜 그러한지 알 수 있는가?

그러나 교사 질문들은 'motivation'의 지표들로서 내용타당도를 결여함. 그러나 문항 6과 8은 'individualization'을 점검할 수 있음

PILOT STUDY

Procedure

The pilot study was conducted in three primary grade schools in San Francisco. The principals of each school were contacted and were asked if one or two reading classes could be observed by the investigator for an hour or less. The principals chose the classrooms observed. About forty-five minutes was spent in each of four third-grade classrooms. No fourth grades were available in these schools.

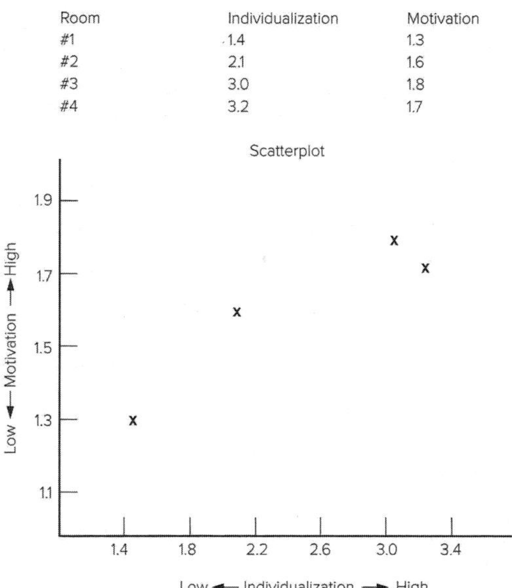

Room	Individualization	Motivation
#1	1.4	1.3
#2	2.1	1.6
#3	3.0	1.8
#4	3.2	1.7

The instruments administered were the student questionnaire and the rating scale.

Both the questionnaire and rating scale were coded by school and by classroom so that the variables for each classroom might be compared. The ratings on the rating scale for each classroom were added together then averaged. Answers on items for the questionnaire were rated "1" for answers indicating low motivation and "2" for answers indicating high motivation. (Note: Some items had as their purpose to test validity of rating scale or to provide data concerning possible biases, so these items were not rated.) Determining whether answers indicated high or low motivation created no problem except on Item #1. It was decided that fewer than eight books (two books per week) read in the past month indicated low motivation, while more indicated high motivation. The ratings for these questions were then added and averaged. Then these averaged numbers for all the questionnaires in each classroom were averaged. The results were as follows:

Although this pilot study could not possibly be said to uphold or disprove the hypothesis, we might venture to say that if the actual study were to yield results similar to those shown on the graph, there would be a strong correlation (estimate: r = .90) between individualization and motivation. This correlation is much too high to be attributed to chance with a random sample of 100 classrooms. If these were the results of the study described in the research proposal, the hypothesis would seem to be upheld.

Indications

Unfortunately, I was unable to conduct the pilot study in any fourth-grade classrooms which immediately throws doubt upon the validity of the results. In administering the student questionnaire, I discovered that many of the third-graders had difficulty understanding the questions. Therefore, the questioning took the form of individual structured interviews. Whether or not this difficulty would hold for fourth-graders, too, would need to be determined by conducting a more extensive pilot study in fourth-grade classrooms.

훌륭한 관찰

옳음

It was also discovered that Item #7 in the rating scale was difficult to rate. Perhaps it should be divided into two separate items–one concerning desk arrangement and one on the presence of a reading area–and worded more clearly.

옳음

Item #8 on the student questionnaire seemed to provide some problems for children. Third-graders, at least, didn't seem to understand the intent of the question. There is also some uncertainty as to whether the answers on Item #15 reflected the students' true feelings. Since it was administered orally, students were probably reluctant to answer negatively about the test to the administrator of the test. Again, a more extensive pilot study would be helpful in determining if these indications are typical.

옳음

Although the results of the pilot study are not very valid due to its size and the circumstances, its value lies in the knowledge gained concerning specific items in the instruments and problems that can be anticipated for observers or participants in similar studies.

이 장의 시작 부분에 있는 **상호작용 · 응용 프로그램 학습** 기능으로 돌아가 상호작용 · 응용 프로그램 활동목록을 확인하라. www.mhhe.com/fraenkel10e의 **온라인학습센터**로 이동하여 퀴즈를 풀고 핵심 용어를 연습하며 장(章)의 내용을 검토하라.

핵심 요점

연구제안서 대 연구보고서

- 연구제안서는 연구에 대한 연구자의 계획을 전달한다.
- 연구보고서는 연구에서 실제로 수행된 것과 결론이 무엇인지를 전달한다.

연구제안서나 연구보고서의 주요 절(section)

- 본문은 연구제안서나 연구보고서의 가장 큰 절(section)이며, 일반적으로 조사해야 할 문제(문제 또는 질문의 진술, 연구 가설 및 변수, 용어 정의를 포함하고 있는), 문헌검토, 절차(표본, 사용될 도구, 연구설계, 그리고 따라야 할 절차에 관한 기술, 내적 타당도에 대한 위협 확인, 사용된 통계적 절차에 관한 기술과 언급을 포함한), (연구제안서에서) 예상 비용의 예산을 포함한다.
- 연구제안서나 연구보고서의 모든 절은 서로 일치해야 한다.

연구보고서에 특유한 절(section)

- 연구제안서와 연구보고서의 본질적인 차이점은 연구보고서는 무엇을 할 것이냐보다 무엇을 했는가를 밝히고, 연구의 실제 결과를 포함한다는 것이다. 따라서 보고서에서 각 연구 가설 또는 질문과 관련된 연구결과에 관한 기술이 연구결과가 전반적인 지식과 현재 실제에 시사하는 바에 관한 논의와 함께 제시된다.
- 일반적으로 보고서의 마지막 부분은 후속연구를 위한 제안을 제공한다.

검토

1. 여러분이 완료한 문제지가 이 장에서 제시된 제안(suggestions)과 어떻게 일치하는지를 알아보기 위해 검토하라.
2. 양적 연구와 질적 연구에 관한 장에 포함된 연구의 일부 또는 전부가 이 장에서 제시된 제안과 어떻게 일치하는지를 알아보기 위해 검토하라.

핵심 용어

가설(hypotheses)	언급(justification)	예비조사(pilot study)
결과(results)	연구결과(findings)	절차(procedure)
논의(discussion)	연구보고서(research report)	표본(sample)
목적(purpose)	연구설계(research design)	
문헌검토(literature review)	연구제안서(research proposal)	

토론거리

1. 연구자는 연구제안서의 제목과 조직 순서에 영향을 미치는 개인적인 글쓰기 스타일을 어느 정도까지 허용해야 하는가? (예: 자금 조달 기관이 규정한 필수형식이 없다고 가정할 때)
2. 문제진술, 연구질문 그리고 가설은 모두 어떤 공통 기능에 기여하는가? 그것들은 어떤 면에서 다른가?
3. 연구 입문강좌 교강사가 학생들의 연구제안서를 평가할 때, 때때로 다양한 과제 간에 논리적 불일치를 발견

한다. 가장 흔하게 발견되는 불일치는 무엇이라고 생각하는가?

4. 편의표본을 포함하는 연구에서 연구보고서에서 표본의 특성에 관한 상세한 기술을 제공하는 것이 특히 중요한 이유는 무엇인가? 무선표본에도 이것이 필요한가? 그것을 설명하라.
5. 연구자가, ① 연구제안서 및 ② 연구보고서에서 내적 타당도에 대한 위협을 논의하는 것이 왜 중요한가?
6. 연구자는 종종 연구보고서에 자신의 표본을 자세히 기술하지 않는다. 왜 그렇다고 생각하는가?

부록

How to Design and Evaluate Research in Education

부록 A 난수표의 일부

부록 B 정규분포표로부터 선택된 수치

부록 C 카이자승 분포

부록 D Microsoft Excel 사용

[부록 A] 난수표의 일부

(a)	(b)	(c)	(d)	(e)	(f)	(g)	(h)	(i)
83579	52978	49372	01577	62244	99947	76797	83365	01172
51262	63969	56664	09946	78523	11984	54415	37641	07889
05033	82862	53894	93440	24273	51621	04425	69084	54671
02490	75667	67349	68029	00816	38027	91829	22524	68403
51921	92986	09541	58867	09215	97495	04766	06763	86341
31822	36187	57320	31877	91945	05078	76579	36364	59326
40052	03394	79705	51593	29666	35193	85349	32757	04243
35787	11263	95893	90361	89136	44024	92018	48831	82072
10454	43051	22114	54648	40380	72727	06963	14497	11506
09985	08854	74599	79240	80442	59447	83938	23467	40413
57228	04256	76666	95735	40823	82351	95202	87848	85275
04688	70407	89116	52789	47972	89447	15473	04439	18255
30583	58010	55623	94680	16836	63488	36535	67533	12972
73148	81884	16675	01089	81893	24114	30561	02549	64618
72280	99756	57467	20870	16403	43892	10905	57466	39194
78687	43717	38608	31741	07852	69138	58506	73982	30791
86888	98939	58315	39570	73566	24282	48561	60536	35885
29997	40384	81495	70526	28454	43466	81123	06094	30429
21117	13086	01433	86098	13543	33601	09775	13204	70934
50925	78963	28625	89395	81208	90784	73141	67076	58986
63196	86512	67980	97084	36547	99414	39246	68880	79787
54769	30950	75436	59398	77292	17629	21087	08223	97794
69625	49952	65892	02302	50086	48199	21762	84309	53808
94464	86584	34365	83368	87733	93495	50205	94569	29484
52308	20863	05546	81939	96643	07580	28322	22357	59502

[부록 B] 정규분포표로부터 선택된 수치

열(column) A에는 z점수 값이 나열된다. 열 B는 수치가 제공된다. 열 C는 평균과 z점수 간의 면적 비율을 초과하는 면적의 비율을 제공한다.

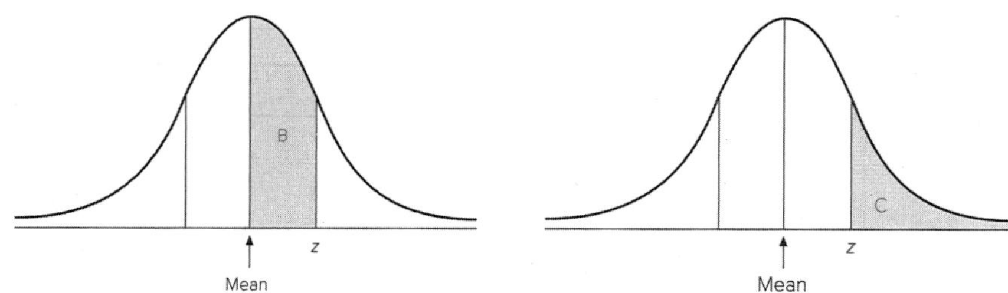

Note: Because the normal distribution is symmetrical, areas for negative z scores are the same as those for positive z scores.

(A) z	(B) Area Between Mean and z	(C) Area Beyond z	(A) z	(B) Area Between Mean and z	(C) Area Beyond z
0.00	.0000	.5000	2.10	.4821	.0179
0.10	.0398	.4602	2.20	.4861	.0139
0.20	.0793	.4207	2.30	.4893	.0107
0.30	.1179	.3821	2.40	.4918	.0082
0.40	.1554	.3446	2.50	.4938	.0062
0.50	.1915	.3085	2.58	.4951	.0049
0.60	.2257	.2743	2.60	.4953	.0047
0.70	.2580	.2420	2.70	.4965	.0035
0.80	.2881	.2119	2.80	.4974	.0026
0.90	.3159	.1841	2.90	.4981	.0019
1.00	.3413	.1587	3.00	.4987	.0013
1.10	.3643	.1357	3.10	.4990	.0010
1.20	.3849	.1151	3.20	.4993	.0007
1.30	.4032	.0968	3.30	.4995	.0005
1.40	.4192	.0808	3.40	.4997	.0003
1.50	.4332	.0668	3.50	.4998	.0002
1.65	.4505	.0495	3.60	.4998	.0002
1.70	.4554	.0446	3.70	.4999	.0001
1.80	.4641	.0359	3.80	.49993	.00007
1.90	.4713	.0287	3.90	.49995	.00005
1.96	.4750	.0250	4.00	.49997	.00003
2.00	.4772	.0228			

Source: Table II of Fisher, R. A., & Yates, F. *Statistical tables for biological, agricultural, and medical research*. London: Longman Group Ltd. (previously published by Oliver & Boyd Ltd., Edinburgh).

[부록 C] 카이자승 분포

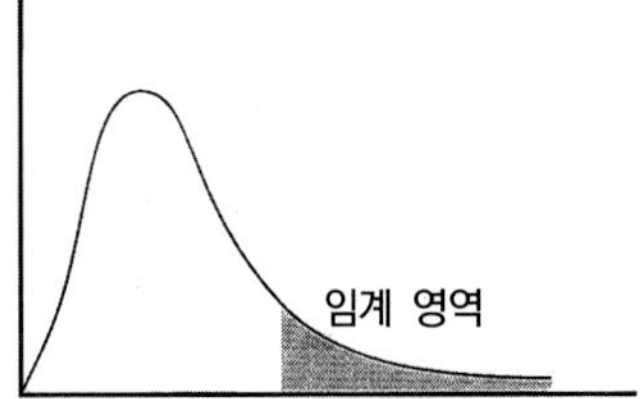

표 항목은 x^2의 임계값이다.

자유도 (*df*)	임계 영역의 비율				
	0.10	**0.05**	**0.025**	**0.01**	**0.005**
1	2.71	3.84	5.02	6.63	7.88
2	4.61	5.99	7.38	9.21	10.60
3	6.25	7.81	9.35	11.34	12.84
4	7.78	9.49	11.14	13.28	14.86
5	9.24	11.07	12.83	15.09	16.75
6	10.64	12.59	14.45	16.81	18.55
7	12.02	14.07	16.01	18.48	20.28
8	13.36	15.51	17.53	20.09	21.96
9	14.68	16.92	19.02	21.67	23.59
10	15.99	18.31	20.48	23.21	25.19
11	17.28	19.68	21.92	24.72	26.76
12	18.55	21.03	23.34	26.22	28.30
13	19.81	22.36	24.74	27.69	29.82
14	21.06	23.68	26.12	29.14	31.32
15	22.31	25.00	27.49	30.58	32.80
16	23.54	26.30	28.85	32.00	34.27
17	24.77	27.59	30.19	33.41	35.72
18	25.99	28.87	31.53	34.81	37.16
19	27.20	30.14	32.85	36.19	38.58
20	28.41	31.41	34.17	37.57	40.00
21	29.62	32.67	35.48	38.93	41.40
22	30.81	33.92	36.78	40.29	42.80
23	32.01	35.17	38.08	41.64	44.18
24	33.20	36.42	39.36	42.98	45.56
25	34.38	37.65	40.65	44.31	46.93
26	35.56	38.89	41.92	45.64	48.29
27	36.74	40.11	43.19	46.96	49.64
28	37.92	41.34	44.46	48.28	50.99
29	39.09	42.56	45.72	49.59	52.34
30	40.26	43.77	46.98	50.89	53.67
40	51.81	55.76	59.34	63.69	66.77
50	63.17	67.50	71.42	76.15	79.49
60	74.40	79.08	83.30	88.38	91.95
70	85.53	90.53	95.02	100.42	104.22
80	96.58	101.88	106.63	112.33	116.32
90	107.56	113.14	118.14	124.12	128.30
100	118.50	124.34	129.56	135.81	140.17

Source: Table VII (abridged) of Fisher, R. A., & Yates, F. *Statistical tables for biological, agricultural, and medical research*. London: Longman Group Ltd. (previously published by Oliver & Boyd Ltd., Edinburgh).

[부록 D] Microsoft Excel 사용[1), 2)]

소개

Excel은 다양한 통계 절차를 수행하는 데 사용할 수 있는 강력한 스프레드시트 프로그램이다. 다른 프로그램과 마찬가지로, 프로그램을 정확하고 효율적으로 사용하기 위해 배워야 할 여러 가지 기법이 있지만, 배우기 어렵지 않다. 이 부록에서는 프로그램 작동 방법을 확인하고 프로그램을 직접 사용할 수 있는 몇 가지 효과적인 단계별 예를 제공한다. 여러분은 기본 분석 실행 방법뿐만 아니라 프로그램에서 생성된 출력을 이해하고 해석하는 방법도 배우게 될 것이다. 모든 예와 그림을 위해 Windows용 Excel을 사용하지만, Macintosh 컴퓨터와 호환되는 Excel 버전도 있다.

마이크로소프트 오피스 엑셀을 위한 분석 도구 팩(Analysis ToolPak) 로딩(loading)

Excel의 기본 설치에는 일반적으로 대부분의 통계 기능을 완료하는 데 필요한 **분석 도구 팩**(Analysis ToolPak)(자료분석 도구 세트)이 포함되어 있지 않다. **데이터** 탭([그림 D−1]에서 볼 수 있는 바와 같이) 아래에 '**데이터 분석**'이라는 상자가 표시되지 않으면 다음 지시에 따라 분석 도구 팩을 로딩(loading)한다.

1. 메뉴바의 왼쪽 상단에 있는 **파일**을 클릭한 다음, 화면 왼쪽 아랫부분에 있는 **옵션**을 클릭한다.
2. 왼쪽 아랫부분에 있는 **추가 기능**을 클릭한 다음, 화면 중앙의 맨 아랫부분에 있는 **관리(A)** 상자의 오른쪽 드롭다운 리스트에서 **Excel 추가 기능**을 선택한다([그림 D−2] 참고).
3. **이동(G)...**을 클릭한다.
4. 추가 기능 팝업창의 **사용 가능한 추가 기능(A)** 상자에서 **분석 도구 팩** 확인란을 선택하고, **확인**을 클릭한다([그림 D−3] 참고).

팁: 만약 **사용 가능한 추가 기능(A)** 상자에 **분석 도구 팩**이 나열되지 않은 경우, **찾아보기(B)...**를 클릭하여 찾는다. 컴퓨터에 분석 도구 팩이 현재 설치되어 있지 않다는 메시지가 표시되면 **예**를 클릭하여 설치하고 불러오기 방법에 대한 이전 지시를 따르라. 분석 도구 팩을 로딩한 후, **데이터** 탭의 **데이터 분석** 그룹에서 **데이터 분석**을 더블 클릭하면 **통계 데이터 분석** 팝업창이 열리고, 해당 창의 **분석 도구(A)**에서 Excel에서 이용할 수 있는 분석 도구의 리스트를 볼 수 있다.

---

1) 화면 인터페이스가 다르기 때문에 Mac 사용자는 Microsoft 웹 사이트(www.microsoft.com)에서 Excel for Mac 사용 방법에 대한 도움말을 참고하라.

2) **[역자 주]** 어떠한 프로그램이든 불특정하게 업데이트가 된다. 다음에서 제시하고 있는 Excel의 경우도 마찬가지이다. 이 책의 저자들이 설명하거나 화면캡쳐하여 보여 주는 화면 예시 역시 해당 프로그램이 업데이트됨에 따라 화면 인터페이스 등이나 용어 등에 변화가 있다.

바로 앞의 각주에서 이 책의 저자들이 이야기한 바와 같이, 윈도우용와 맥용에 따라 화면 인터페이스 등 역시 차이가 있다. 역자는 독자의 편의를 위해, 원서에서의 저자들의 설명이나 화면 이미지와는 달리, 가급적 번역하는 현 시점에서 이용할 수 있는 가장 최신버전의 Excel 프로그램의 화면 인터페이스와 용어 등을 사용하여 번역하였다. 따라서 이전 버전이나 다른 운영체제를 사용하는 독자는 본 역서를 참고하여 해당 버전을 사용하기 바란다.

아울러, 역자는 원래 한글버전과 영문버전 사용자의 요구를 모두 수용하고자 한글버전의 용어와 영문버전의 화면이미지, 용어 등을 모두 제시하고자 하였다. 그러나 두 버전으로 제공하는 것이 오히려 화면구성 등에서 혼선을 초래하는 것으로 나타나, 역서에서는 한글버전만을 제공하였다. 따라서 영문버전 사용자는 한글버전을 참고하여 화면이미지나 용어 등을 이해하기 바란다.

[그림 D-1] 데이터 창

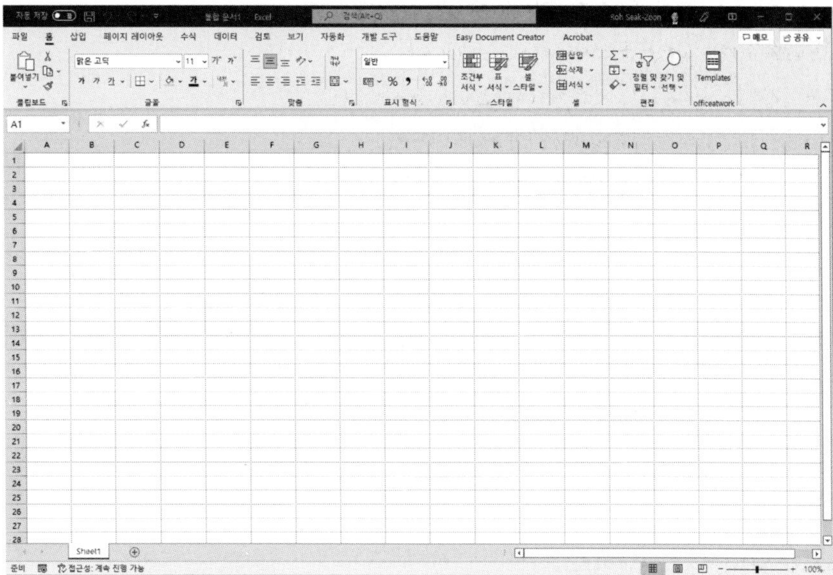

[그림 D-2] **관리(A)** 상자

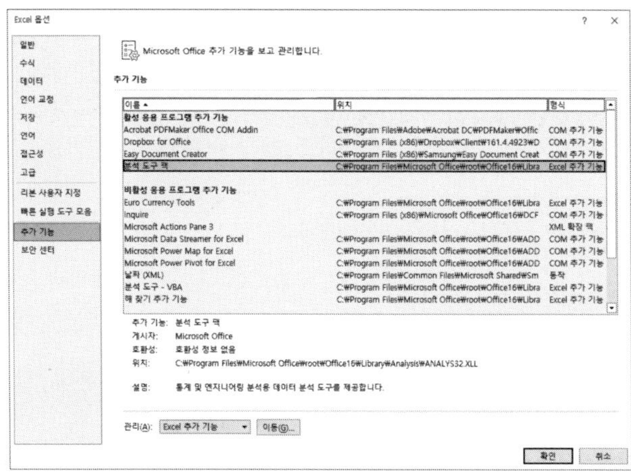

[그림 D-3] **분석 도구 팩** 체크상자

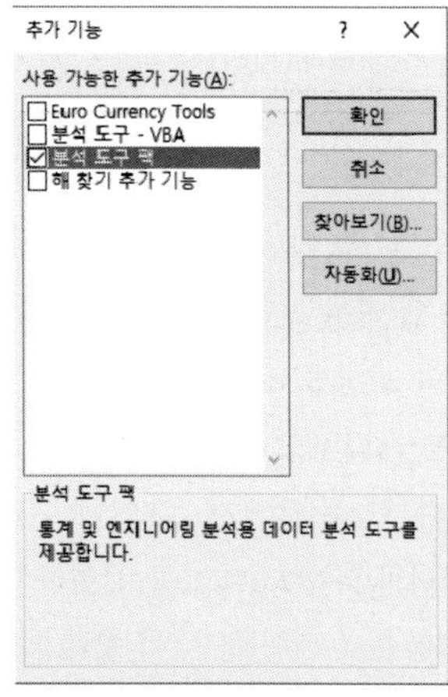

Excel 시작하기

프로그램 설치 방식에 따라, Excel 시작 절차가 조금씩 다르다. 대부분의 컴퓨터에서, 프로그램은 Excel 아이콘을 클릭하거나 옵션 메뉴에서 선택하여 시작된다. 그러면 프로그램이 자동으로 열리고 [그림 D−4]와 같은 빈 데이터 창이 나타난다. 화면 상단을 따라 **파일**, **홈**, **삽입**, **페이지 레이아웃** 등의 단어가 표시된다[이 줄을 **메뉴바**(menu bar)라고 함]. 단어 중 하나를 클릭하면 특정 작업을 수행하도록 선택할 수 있는 추가 기능이 생성된다(잠시 후 몇 가지 예를 보여 준다). 그러나 대부분의 화면은 데이터를 입력하거나 결과를 표시하기 위해 여러 개의 셀로 구성된다.

[그림 D−4] 데이터 창

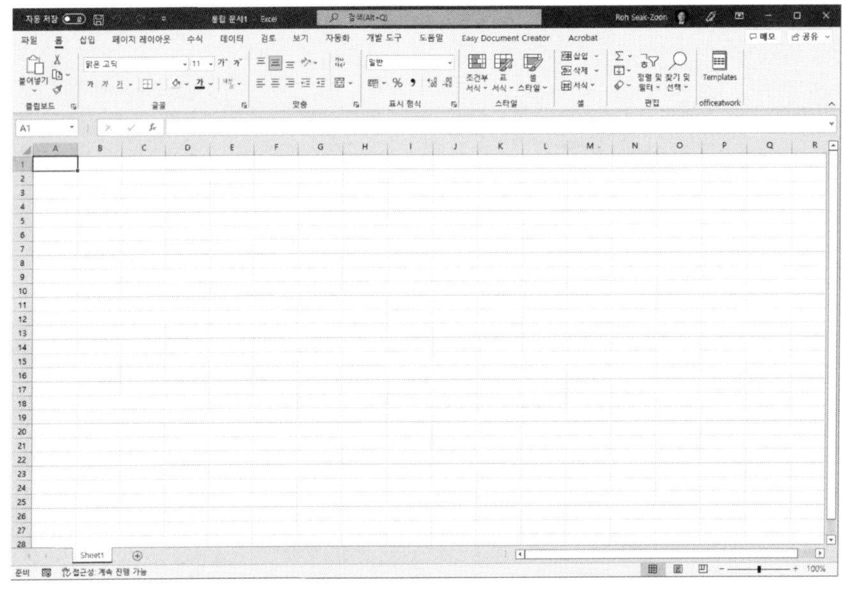

데이터 입력하기

데이터는 숫자로 확인되는 행과 문자로 확인되는 열을 포함하는 행렬에 입력된다. 각 셀은 행 및 열 주소로 확인된다. 예를 들어, 맨 왼쪽 셀의 주소는 A1이다.

다음은 데이터 입력 방법을 보여 주는 예이다. 다섯 명의 학생을 대상으로 다음과 같은 퀴즈 점수를 수집했다고 가정해 보자.

학생 성별 퀴즈 점수

1 1 88 2 1 94 3 1 79 4 2 85 5 2 91(〈표 D−1〉 참고)

데이터 입력은 매우 간단하다. 왼쪽 상단 셀(즉, 행 1, 열 A)을 클릭하여 강조 표시한 다음, 열 머리글 '학생'을 입력한다. 그런 다음, 오른쪽 화살표 키 또는 탭 키를 누른다. 셀 A1 안에 '학생'이라는 단어가 나타난다. 그런 다음, 두 번째 열 머리글 '성별'을 입력한다. 오른쪽 화살표 키 또는 탭 키를 누르고, 마지막 열 제목 '퀴즈 점수'를 입력한다. 화살표 키나 마우스를 사용하여 셀 A2를 클릭하고, 첫 번째 학생의 확인 번호를 나타내는 '1'을 입력한다. 그런 다음, 오른쪽 화살표 키 또는 탭 키를 누른다. 숫자 '1'이 셀 A2 안에 나타난다. 그런 다음, 화살표 또는 탭 키로 셀 하나를 오른쪽으로 이동하고, 해당 셀을 클릭한 다음 다시 '1'를 입력한다(학생의 성별을 나타냄). 그런 다음, 화살표 또는 탭 키를 사용하여 셀 하나를 다시 오른쪽으로 이동하고, 이 셀에 학생의 퀴즈 점수(88)를 입력한다. 이렇게 하면, 데이터 입력의 첫 번째 행이 완료된다.

이제 셀의 세 번째 행으로 이동하여 첫 번째 학생에 대해 했던 것처럼 해당 열에 두 번째 학생에 대한 값을 입력한다. 5명의 학생에 대한 데이터가 모두 입력될 때까지 이 절차를 반복한다. 완료되면 화면은 [그림 D-5]와 같이 나타난다.

[그림 D-5] 점수가 입력된 데이터 창

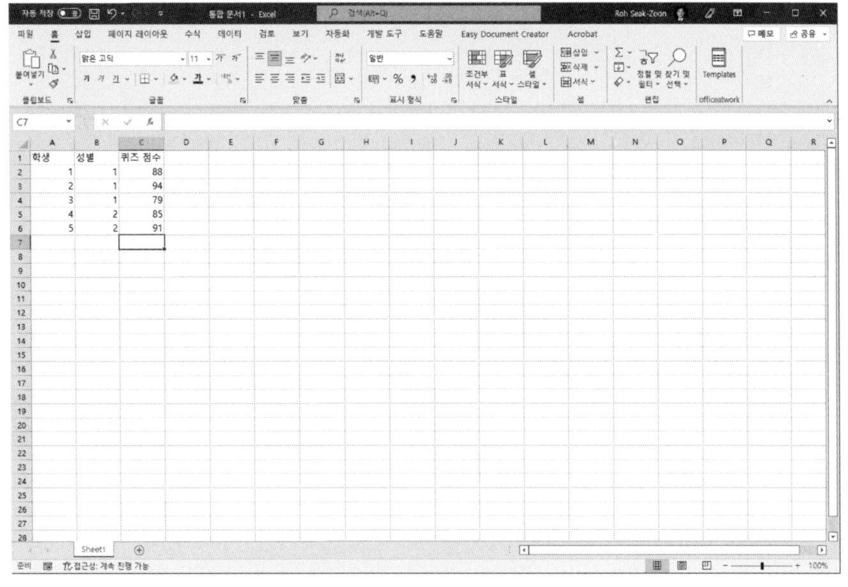

분석 구체화하기

데이터가 스프레드시트에 입력되면 프로그램이 수행할 작업, 즉 Excel에서 수행할 통계 분석 유형을 Excel에 알릴 준비가 된다. 그 절차는 정말 꽤 쉽다.

먼저, 메뉴바에서 **데이터**를 클릭한다. 다양한 기능이 나타난다. 오른쪽 끝에서 **데이터 분석**을 클릭하면 **분산분석: 일원 배치법**, **상관 분석**, **공분산분석**, **기술 통계법**, **히스토그램**, **회귀 분석**, 그리고 **t-검정: 등분산 가정 두집단** 등을 비롯한 여러 분석 옵션이 나열되는 새 창이 나타난다. 이러한 옵션 중 하나를 클릭하면 다른 옵션 창이 나타납니다. 예를 들어, **기술 통계법**을 클릭하면 여러 가지 출력 옵션 중 **요약 통계량(S)** 등을 선택할 수 있는 창이 나타난다. **요약 통계량(S)** 바로 왼쪽에 있는 체크상자를 선택하고 **확인** 버튼을 누르면 **입력 범위** 상자를 사용하여 데이터 행 또는 열을 정의하면 데이터 표본의 평균, 표준오차, 중앙값, 최빈값, 표준편차 등을 계산할 수 있다. 선택했으면, **확인**을 클릭하면 Excel이 나머지 작업을 수행한다. 그것이 전부이다. 자, 몇 가지 예를 살펴보자.

빈도분포와 몇 가지 기술통계치 구하기

〈표 D-1〉은 특별히 설계된 통계 시험을 치르기 위해 선택된 30명의 학생(대형 대학의 모든 통계학과 학생으로부터)의 무선표본의 점수를 학생 확인 번호 및 성별(1=남자, 2=여자)과 함께 보여 준다. **성별**과 **점수**에 대한 몇 가지 기술통계치를 구해 보자.

〈표 D-1〉 특별하게 설계된 통계학 시험을 본 30명 학생의 데이터

학생	성별	점수	학생	성별	점수
1	1	88	16	2	88
2	1	94	17	2	92
3	1	79	18	2	74
5	2	85	19	2	64
6	2	91	20	2	81
7	1	84	21	1	95
8	1	68	22	1	89
9	1	73	23	1	73
0	1	69	24	2	63
10	1	71	25	2	94
11	1	77	26	1	75
12	2	83	27	1	82
13	2	70	28	1	87
14	2	65	29	1	86
15	2	80	30	1	91

먼저, 스프레드시트의 처음 세 열에 데이터를 입력하고 열 제목에 **학생**, **성별** 및 **점수**에 레이블을 지정한다. 점수 오른쪽의 네 번째 열에 제목 **계급**을 입력하고 숫자 60에서 100을 입력한다. 이 숫자는 히스토그램 도구가 데이터 분석에서 입력 데이터, 즉 점수를 측정하는 데 사용할 구간을 나타낸다. 그런 다음, 메뉴바에서 **데이터**를 클릭한다. 오른쪽 끝에서 **데이터 분석**을 클릭한다. 그러면 **데이터 분석** 창이 생성된다. **히스토그램**을 클릭하고 **확인**을 클릭한다. 이렇게 하면, [그림 D-6]과 같은 또 다른 창이 생성된다.

[그림 D-6] 히스토그램을 위한 데이터 분석 창

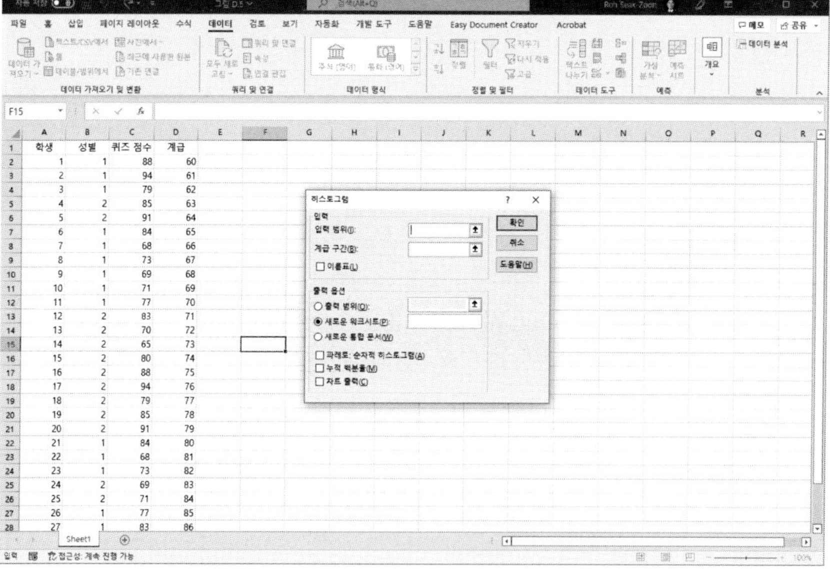

입력 범위라는 상자의 오른쪽에 있는 **축소 대화상자** 버튼을 클릭한다. 커서를 사용하여 제목 **점수** 아래의 데이터 열을 강조 표시한 다음, 다시 **축소 대화상자** 버튼을 누른다. 단어 **점수**가 들어 있는 셀을 강조 표시에 포함시켜야 한다. 그런 다음, **계급 구간(B)**이라는 제목의 상자 오른쪽에 있는 **축소 대화상자** 버튼을 클릭하고 제목 **계급** 아래의 데이터 열을 강조 표시한다. 다시 강조 표시에 **계급**이라는 단어를 포함하는 셀을 포함해야 한다. 출력 옵션 버튼 중에서 왼쪽 아래에 있는 **차트 출력(C)** 왼쪽에 있는 체크상자를 클릭하고, 여러분의 선택을 지정하기 위하여

출력 옵션 버튼 중에서 분석 결과의 형식을 선택한다. 이것은 [그림 D-7]에 나와 있다. **확인**을 클릭하면 Excel이 분석을 실행하고, 빈도분포표를 만들고, 빈도분포 막대그래프(히스토그램)를 출력한다. 〈표 D-2〉는 결과를 표 형식으로 나타내며, [그림 D-8]은 막대그래프 형태를 나타낸다. **성별** 데이터를 분석하기 위하여 변수 **성별**에 대해 위의 내용을 반복한다.

[그림 D-7] **데이터 분석** 창: 히스토그램

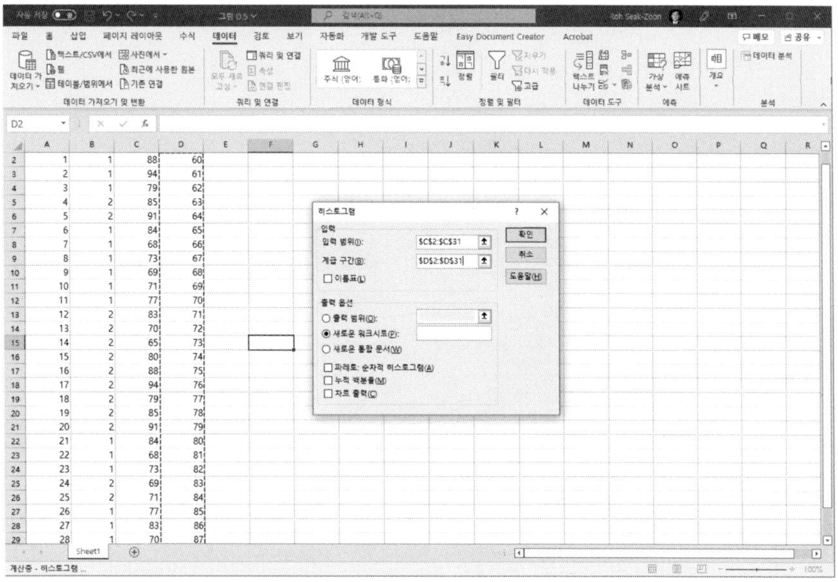

기술통계량을 구하려면, 메뉴바에서 **데이터**를 클릭한 다음 오른쪽 끝에 있는 **데이터 분석**을 클릭한다. **데이터 분석** 창이 나타나면, **기술 통계량**을 클릭한 다음 **확인**을 클릭한다. **입력 범위**라는 상자의 오른쪽에 있는 **축소 대화상자** 버튼을 클릭한다. 커서를 사용하여 제목 점수 아래의 데이터 열을 강조 표시한 다음 다시 **축소 대화상자** 버튼을 클릭한다. 이 경우, 단어 점수가 들어 있는 셀을 강조 표시하지 않는다. 출력 옵션 버튼 중 하나를 선택하여 분석 결과의 형식을 지정하고 **요약 통계** 옆의 체크상자를 클릭한다. **확인**을 클릭하면 평균, 표준오차, 중앙값, 최빈값, 표준편차 등을 포함한 다양한 기술통계량이 계산된다. 〈표 D-2〉는 그 결과를 보여 준다. 변수 **성별**(gender)에 대해 위의 내용을 반복하여 **성별**(gender) 데이터를 분석한다.

〈표 D-2〉 빈도

Frequencies

Statistics

		Gender	Score
N	Valid	30	30
	Missing	0	0
Mean		1.4333	80.37667
Std. Error of Mean		.09202	1.77238
Median		1.0000	81.5000
Mode		1.00	73.00(a)
Std. Deviation		.50401	9.70774
Variance		.254	94.240
Range		1.00	32.00
Minimum		1.00	63.00
Maximum		2.00	95.00
Sum		43.00	2411.00

a. Multiple modes exists. The smallest value is shown

Frequency Table

Gender

		Frequency	Percent	Valid Percent	Cumulative Percent
Valid	1.00	17	56.7	56.7	56.7
	2.00	13	43.3	43.3	100.0
	Total	30	100.0	100.0	

Frequency Table

Score

		Frequency	Percent	Valid Percent	Cumulative Percent
Valid	63.00	1	3.3	3.3	3.3
	64.00	1	3.3	3.3	6.7
	65.00	1	3.3	3.3	10.0
	68.00	1	3.3	3.3	13.3
	69.00	1	3.3	3.3	16.7
	70.00	1	3.3	3.3	20.0
	71.00	1	3.3	3.3	23.3
	73.00	2	6.7	6.7	30.0
	74.00	1	3.3	3.3	33.3
	75.00	1	3.3	3.3	36.7
	77.00	1	3.3	3.3	40.0
	79.00	1	3.3	3.3	43.3
	80.00	1	3.3	3.3	46.7

Frequency Table

Score

		Frequency	Percent	Valid Percent	Cumulative Percent
	81.00	1	3.3	3.3	50.0
	82.00	1	3.3	3.3	53.3
	83.00	1	3.3	3.3	56.7
	84.00	1	3.3	3.3	60.0
	85.00	1	3.3	3.3	63.3
	86.00	1	3.3	3.3	66.7
	87.00	1	3.3	3.3	70.0
	88.00	2	6.7	6.7	76.7
	89.00	1	3.3	3.3	80.0
	91.00	2	6.7	6.7	86.7
	92.00	1	3.3	3.3	90.0
	94.00	2	3.3	3.3	96.7
	95.00	1	6.7	6.7	100.0
	Total	30	100.0	100.0	

[그림 D-8] Excel 막대그래프

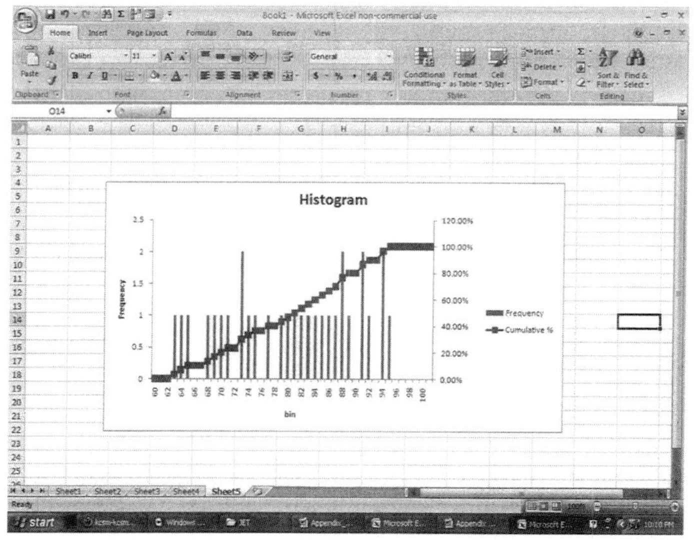

독립표본 t–검정 수행하기

이제 〈표 D–1〉에서 보여 주는 동일한 학생집단에 대해 독립표본 t–검정을 수행해 보자. 이 수업의 강사가 학급의 여학생(숫자 '2'로 표시됨)이 특별히 설계된 통계학 시험에서 남학생(숫자 '1'로 표시됨)과 다르게 수행된다는 가설을 세운다고 가정해 보자. 우리는 여학생과 남학생 간에 학생 성취도에 차이가 없다는 영가설, 즉 이 표본을 추출한 학생 모집단의 평균 차이가 0이라는 가설을 검정하려고 한다. 연구가설은 두 학생 집단에 대한 모집단 평균이 같지 않다는 것이다.

[그림 D–9] **데이터 분석** 창: 독립표본 t–검정

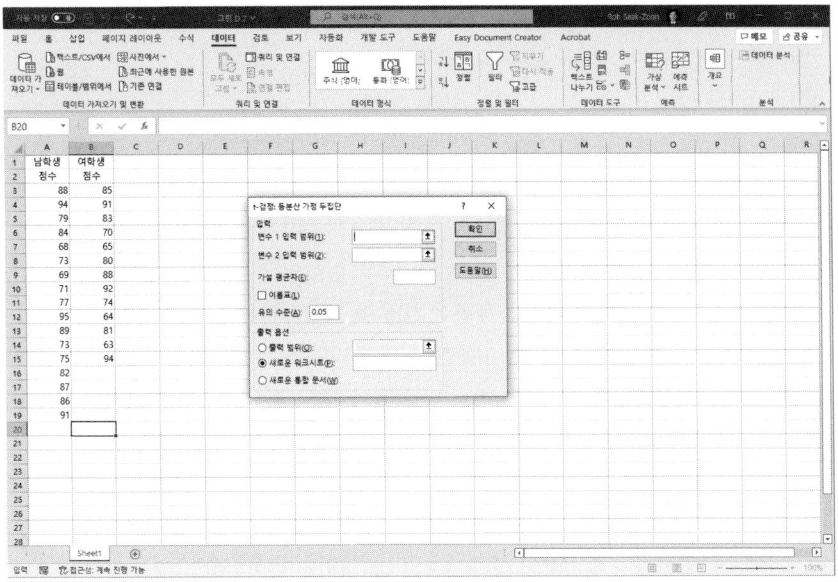

분석

점수 열 아래의 30개 항목을 남학생 열과 여학생 열 두 개로 나눈 다음, 열에 **남학생 점수**와 **여학생 점수**라는 레이블을 붙인다. 그런 다음, 메뉴바에서 **데이터**를 클릭한 다음, **데이터 분석**을 선택한다. **데이터 분석** 창이 나타나면, **t–검정: 등분산 가정 두집단**을 선택한다. 이것은 우리에게 [그림 D–9]와 같은 창을 제공한다.

변수 1 입력 범위(1)라는 제목의 상자 오른쪽에 있는 **축소 대화상자** 버튼을 클릭한다. 커서로 **남학생 점수** 제목 아래의 데이터의 열을 강조 표시한 다음, 다시 **축소 대화상자** 버튼을 누른다. **변수 2 입력 범위(2)**상자에 **여학생 점수** 아래에 데이터를 입력하여 동일한 작업을 반복한다. **가설 평균차(E)** 상자에 0을 입력한다. 제1종 오류가 발생할 확률(참 가설 기각)과 관련된 검정의 신뢰수준인 **유의수준(A)**이라는 상자에 .05를 입력한다. 이것은 우리에게 [그림 D–10]과 같은 창을 제공한다. 출력 옵션 버튼 중에서 선택하여 분석 결과의 형식을 지정하고 **확인**을 클릭하면 Excel이 분석을 실행한다. Excel에서 생성된 출력은 [그림 D–11]에 나와 있다.

[그림 D-10] **데이터 분석** 창: 독립표본 t-검정

	남학생 점수	여학생 점수
3	88	85
4	94	91
5	79	83
6	84	70
7	68	65
8	73	80
9	69	88
10	71	92
11	77	74
12	95	64
13	89	81
14	73	63
15	75	94
16	82	
17	87	
18	86	
19	91	

Excel은 t-검정 결과를 나타내 주는 ***t*-검정: 등분산 가정 두 집단**이라는 표를 생성한다. 메뉴바에서 **데이터**를 클릭하고, **데이터 분석**을 선택한 다음, ***t*-검정: 이분산 가정 두집단**을 선택하면 Excel에서 ***t*-검정: 이분산 가정 두 집단**이라는 다른 표가 생성된다. 여기에는 두 개의 정보 표가 있다. 하나는 **등분산 가정**이고, 다른 하나는 **등분산 가정되지 않음**이다. 어떤 표를 사용해야 하는지 알려면, **Levene 등분산 검정** 열로 돌아가야 한다. t-검정의 가정 중 하나는 비교 중인 두 집단의 모집단 분산이 동일하다는 것이다. Levene 등분산 검정은 이 가정에 대한 검정이다. 이 검정의 세부사항은 이 책의 범위를 벗어나지만, 간단히 말해서 통계적으로 유의한 Levene 검정은 우리가 이 가정을 위반했으며 모집단 분산이 동일하지 않다는 것을 나타낸다. **유의도**라고 명명된 열을 보면, Levene 검정의 유의수준이 .350으로, .05보다 상당히 크므로, 통계적으로 유의하지 않음을 알 수 있다. 따라서 두 집단의 모집단 분산은 유의하게 **다르지 않으며**, **등분산 가정**으로 표시된 첫 번째 행만 살펴보아야 한다고 결론을 내릴 수 있다.

[그림 D-11] 독립표본 t-검정 결과

t-검정: 등분산 가정 두 집단

	변수 1	변수 2
평균	81.23529412	79.23076923
분산	77.81617647	121.525641
관측수	17	13
공동(Pcoled) 분산	96.54880414	
가설 평균차	0	
자유도	28	
t 통계량	0.553698711	
P(T<=t) 단측 검정	0.292090038	
t 기각치 단측 검정	1.701130934	
P(T<=t) 양측 검정	0.584180076	
t 기각치 양측 건정	2.048407142	

Excel에서 관측된 t−값, 자유도('df') 및 양측 p−값['유의도(양측)']을 보고하는 것을 볼 수 있다. 또한 평균 간의 차이, 차이의 표준오차 및 모집단 평균 간의 차이에 대한 95% 신뢰구간도 보고된다. 관측된 t−값은 .554이므로, 자유도=28인 확률은 .584이다. 이 값은 .05에서 요구되는 값보다 훨씬 크기 때문에, 결과는 .05 수준에서 통계적으로 유의하지 않은 것으로 간주된다.

〈표 D−3〉

	학생	불안	점수		학생	불안	점수
1	1	24	88	16	16	34	88
2	2	36	94	17	17	39	92
3	3	40	79	18	18	35	74
5	5	31	85	19	19	38	64
6	6	50	91	20	20	40	81
7	7	32	84	21	21	35	95
8	8	30	68	22	22	39	89
9	9	28	73	23	23	22	73
0	0	36	69	24	24	20	63
10	10	34	71	25	25	37	94
11	11	18	77	26	26	35	75
12	12	36	83	27	27	29	82
13	13	21	70	28	28	20	87
14	14	30	65	29	29	40	96
15	15	40	80	30	30	30	91

상관관계 계산하기

심리학 강사가 학생의 퀴즈 성취도와 학생의 불안수준 간에 어떤 관계가 있는지 알아보려고 한다고 가정해 보자. 따라서 해당 강사는 연구에 참여할 30명의 학생을 무선으로 모집한다. 그 강사는 표본에 있는 각 학생의 불안수준(그 강사가 개발한 특수 설계된 '불안검사'를 사용하여)과 중간시험에서의 성취도 점수를 측정한다. 데이터는 〈표 D−3〉에 나와 있다.

이전과 마찬가지로, 해당 강사는 스프레드시트의 처음 세 열에 데이터를 입력하고, 열에 **학생**, **불안**, **점수**라는 레이블을 붙인다. 그 강사는 **불안**과 **점수**라는 두 변수 간의 피어슨 적률상관계수를 계산하는 데 관심이 있다. 또한 표본을 추출한 모집단의 변수 간의 상관관계가 0이라는 영가설을 검정하려고 한다.

분석

강사가 메뉴바에서 **데이터**를 클릭하고, 오른쪽 끝에 있는 **데이터 분석**을 클릭한 다음, 표시되는 **데이터 분석** 창에서 **상관 분석**을 선택한다. 이렇게 하면 [그림 D−12]에 표시된 것처럼 **상관 분석**이라는 이름의 다른 창이 생성된다. **입력 범위(I)** 오른쪽에 있는 **축소 대화상자** 버튼을 클릭하고, 커서로 제목 **불안**과 **점수** 아래의 데이터 열을 모두 강조 표시한 다음, **축소 대화상자** 버튼을 다시 클릭한다. **출력 옵션** 버튼 중에서 분석 결과 출력 형식을 선택하고 **확인**을 클릭한다. Excel은 **불안**과 **점수** 간의 상관관계를 파악하기 위해 분석을 수행하여 〈표 D−4〉와 같은 결과를 도출한다. 볼 수 있는 바와 같이, 30명의 학생 표본에 대한 '불안'과 '점수' 간의 상관관계는 .364이다.

[그림 D-12] **데이터 분석** 창: 상관관계

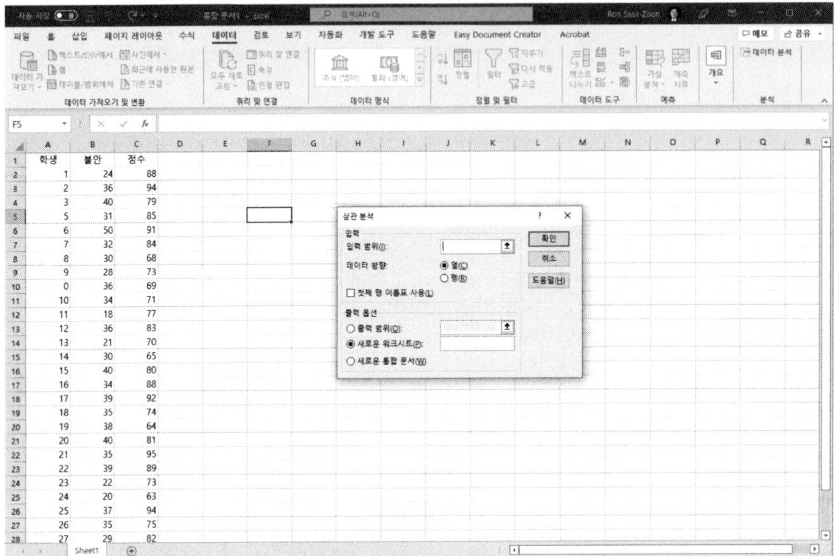

〈표 D-4〉

Correlations

		Anxiety	Score
Anxiety	Pearson Correlation	1	.364*
	Sig. (2-tailed)		.048
	N	30	30
Score	Pearson Correlation	.364*	1
	Sig. (2-tailed)	.048	
	N	30	30

*Correlation is significant at the 0.05 level (2-tailed).

이 책의 저자들이 여기에서 제시한 예들은 여러분에게 Excel의 힘을 보여 주기 시작할 뿐이다. 이 책의 저자들은 Excel이 가지고 있는 많은 그래프 기능을 살펴보지 않았다. 그럼에도 불구하고, 이것은 Excel이 무엇을 할 수 있는지 여러분에게 알려 줄 것이다. 프로그램이 제공할 수 있는 여러 유형의 분석뿐만 아니라 만들 수 있는 여러 그래프를 발견할 수 있도록 Excel을 직접 사용해 보는 것이 좋다.

용어사전

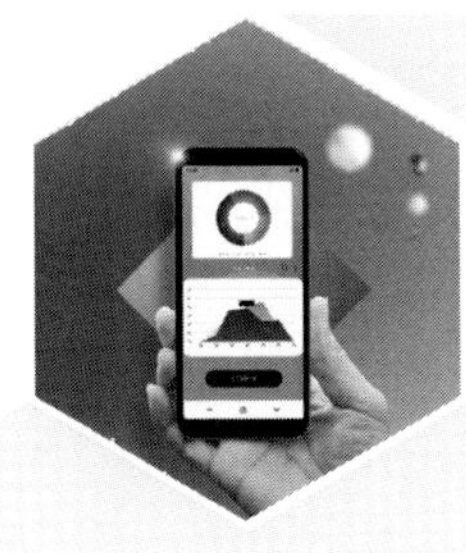

1차 자료(primary source). 목격자의 증언, 원본 문서, 유물 또는 이를 수행한 사람이 작성한 연구에 대한 기술과 같은 직접적 정보

1회 사례연구 설계(one-shot case study design). 처치에 노출된 다음 사후검사하는 한 집단을 포함하는 취약한 실험 설계

2단계 무선표집(two-stage random sampling). 개별 무선표집과 군집무선표집의 조합

2차 자료(secondary source). 사건 발생 시 존재하지 않는 사람에 의한 역사적 사건의 기술과 같은 간접적인 정보

A-B 설계(A-B design). 안정성이 확립될 때까지(기초선) 측정을 반복하는 단일대상 실험설계로, 이후 처치가 도입되고 적절한 횟수의 측정이 이루어짐

A-B-A 설계(A-B-A design). 두 번째 기초선이 추가된다는 점을 제외하고 A-B 설계와 동일

A-B-A-B 설계(A-B-A-B design). 두 번째 처치가 추가된다는 점을 제외하고 A-B-A 설계와 동일

A-B-C-B 설계(A-B-C-B design). 두 번째 기초선 단계가 수정된 처치 단계로 대체된다는 점을 제외하고 A-B-A-B 설계와 동일

B-A-B 설계(B-A-B design). 초기 기초선 단계가 생략된 것을 제외하고 A-B-A-B 설계와 동일

Friedman 이원분산분석(Friedman two-way analysis of variance). 독립적이지 않은 두 개 이상의 집단을 비교하는데 사용되는 비모수 추론 통계량

r에 대한 t-검정(t-test for r). 이 검정은 표본 자료에 대해 계산된 상관계수가 통계적으로 유의한지 여부를 알아보기 위해 사용됨

T점수(T score). z점수에 10을 곱하고 50을 더하여 z점수로 얻은 표준점수

z점수(z score). 표준편차 단위 측면에서, 평균으로부터 점수가 얼마나 떨어져 있는지를 나타내는 가장 기본적인 표준점수

가정(assumption). 사실로 추정되지만 실제로 검증되지 않은 중요한 주장; 주요 가정은 연구제안서나 연구보고서의 첫 번째 절 중 하나에 기술됨

가치 질문(values question). **의견 질문**(opinion question) 참고

감각 질문(sensory question). 사람이 감각을 통해 무엇을 보고, 듣고, 경험했는지 알아보기 위해 연구자가 묻는 질문

감정 질문(feelings question). 연구자가 사람들이 사물에 대해 어떻게 느끼는지 알아내기 위해 질문

개방형 질문(open-ended question). 응답자가 완전히 자유롭게 응답할 수 있는 질문

검사 위협(testing threat). 연구대상이 사전검사를 실시한 결과로 사후검사에서 향상된 점수를 나타내는 내적 타당도 위협

검사-재검사방법(test-retest method). 동일한 도구의 두 가지 실행에서 얻은 점수를 동일한 개인에 상관시켜 시간이 지남에 따라 신뢰할 수 있는 도구의 점수 범위를 결정하는 절차

검색어(search term). **기술어구**(descriptor) 참고

검색엔진(search engine). 특정 주제에 대한 참조문헌을 찾기 위한 포괄적인 컴퓨터 시스템

결과변수(outcome variable). **종속변수**(dependent variable) 참고

결정계수(coefficient of determination). 상관계수의 제곱. 두 변수에 대한 분산의 비율을 나타냄

경로분석(path analysis). 상관 변수 간의 인과관계를 조사하는 정교한 분석 유형

경험 질문(experience question). 연구자가 개인이 어떤 종류의 일을 하고 있는지 또는 어떤 일을 해 왔는지 알아보기 위해 묻는 질문

경험적(empirical). 관찰 가능한 증거에 기반함

곡선관계(curvilinear relationship). 점을 가장 잘 적합시키는 선이 직선이 아닌 산점도에 표시된 관계

공분산분석(analysis of covariance: ANCOVA). 통계적 유의도를 검정할 때 하나 이상의 변수에 대한 집단을 동일시하는 통계기법. 사전검사 수행이나 IQ와 같은 다른 변수의 초기 차이에 대해 종속변수의 점수 조정

공인타당도(concurrent validity). 한 도구에서의 점수가 동시에 실행되는 다른 도구에서의 점수 또는 동시에 이용 가능한 다른 준거와 관련된 정도

과학적 방법(scientific method). 절차와 결론의 공적 본질과 결론의 엄격한 검증에 의해 특성화된 앎의 한 가지 방법

관찰자 기대(observer expectation). 관찰자의 사전 정보가 관찰자료에 미칠 수 있는 영향

관찰자 영향(observer effect). 관찰자의 존재가 관찰된 행동에 미치는 영향

교차표(crossbreak table). 두 개 이상의 범주형 변수의 모든 조합을 표시하고 변수 간의 관계(있는 경우)를 나타내는 표. 또한 분할표(contingency table)라고도 알려짐

구성적 정의(constitutive definition). 용어의 의미를 설명하기 위해 다른 단어를 사용하여 설명

구술사(oral history). 사건 및 그 원인에 대한 개인적 성찰이 한 명 이상의 개인으로부터 수집됨

구인관련 타당도(construct-related validity). 도구가 의도된 가상적인 심리적 구인(construct) 또는 관찰할 수 없는 특성을 측정하는 정도

구조화된 인터뷰(structured interview). 연구자가 미리 정해진 일련의 질문을 순서대로 하는 형식적인 인터뷰 유형

구체화(crystallization). 특히 문화기술지에서 서로 다른 종류의 자료가 일관성 있는 그림을 만들기 위해 '조직화'되는 경우

군집표집/군집무선표집(cluster sampling/cluster random sampling). 단일 개체보다는 **군집**(cluster)이라고 불리는 개체 집단을 선택하는 것. 군집의 모든 개체는 표본에 포함되며, 군집은 더 많은 군집 모집단에서 무선으로 선택되는 것이 바람직함

그룹화된 빈도분포(grouped frequency distribution). 점수가 동일한 구간으로 그룹화된 빈도분포

극단 사례 표본(extreme case example). 비정형집단에 대한 연구

근거이론연구(grounded theory study). 자료와 새롭게 도출되는 해석 간의 지속적인 상호작용을 통해 원자료부터 귀납적으로 해석을 도출하는 질적 연구의 한 형태

기술어구(descriptor). 문헌을 컴퓨터로 검색하는 동안 자료를 찾기 위해 사용되는 용어

기술연구(descriptive study). 변수 간의 관계를 분석하지 않고 기존 조건을 기술하는 연구

기술적 현장노트(descriptive field notes). 연구자가 관찰한 것을 완전하고 객관적으로 기록하려는 시도

기술통계(descriptive statistics). 연구자가 자료를 숫자 지수나 그래픽 형식으로 의미 있게 기술하려는 자료분석 기법

기초선(baseline). 시계열 설계에 중재를 도입하기 전에 수행한 측정값의 그래픽 기록

기초연구(basic research). (응용연구와 비교하여) 새로운 지식이나 이론을 생산하고자 하는 연구

난수표(table of random numbers). 무선선택 또는 무선할당에 가장 적합한 방법을 제공하는 숫자표

내용관련 타당도(content-related validity). 도구가 의도된 변수를 측정하기 위해 논리적으로 보이는 정도. 전문가의 판단에 의해 결정됨

내용분석(content analysis). 보통 범주화의 과정을 통해 의사소통을 분석함으로써 인간의 행동을 간접적으로 연구하는 방법

내적 타당도에 대한 위협(threat to internal validity). 연구결과, 즉 관측된 관계가 다른 변수의 인공물(artifact)이라는 것의 대안적인 설명

눈덩이 표본(snowball sample). 현재 참여자의 소개를 통해 향후 연구참여자를 모집하는 데 사용되는 비무선표집 기법

다섯요약수치(five-number summary). 가장 낮은 점수, 첫 번째 사분위수, 중앙값, 세 번째 사분위수 및 가장 높은 점수를 제공하는 치우친 빈도분포를 기술하는 수단

다중상관계수(coefficient of multiple correlation). 다중회귀분석을 사용하여 기대점수와 실제점수의 관계를 설명하는 숫자 지수. 준거와 예측변수의 '최적의 조합' 간의 상관관계

단순무선표본(simple random sample). **무선표본/표집(random sample/sampling)** 참고

단일대상설계/연구(single-subject design/research). 표본크기가 하나일 때 적용되는 설계. 개인이 일부 중재 또는 처치의 결과로 나타나는 행동 변화를 연구하는 데 사용됨

단일집단 사전-사후검사 설계(one-group pretest-posttest design). 한 집단이 사전검사되고, 처치에 노출되며, 이후 검사되는 취약한 실험설계

대표성(representativeness). 표본이 의도한 모집단과 (모든 특성에서) 동일한 정도

독립비율에 대한 t-검정(t-test for independent proportions). 두 독립비율 간에 통계적으로 유의한 차이가 있는지 여부를 확인하는 데 사용되는 통계적 유의도의 모수 검정

독립평균에 대한 t-검정(t-test for independent means). 두 독립표본의 평균 간에 통계적으로 유의한 차이가 있는지 여부를 확인하는 데 사용되는 유의도 모수검정

동형방법(equivalent-forms method). 포함된 실제 문항을 제외하고, 모든 면에서 동일한 두 가지 검사

막대그래프(bar graph). 차이를 그래픽으로 나타내는 방법

매개 변수(parameter). 모집단의 특성을 설명하는 숫자 지수

맥락화(contextualization). 특히 문화기술지에서 정보/자료를 더 큰 관점에 배치

명제(proposition). 질적 연구자가 자료수집 및 분석을 안내하기 위해 사용하는 잠정적이고 유연한 가설

모수적 기법(parametric technique). 자료가 측정의 등간척도 또는 비율척도를 나타낼 때 그리고 다른 특정 가정이 충족되었을 때 적절한 유의도 검증

모집단 일반화가능성(population generalizability). 표본에서 얻은 결과가 더 큰 집단으로 일반화될 수 있는 범위

모집단(population). 연구자가 연구결과를 일반화할 수 있도록 원하는 집단. 특정 특성을 가진 모든 개인을 포함함

무선 사전-사후검사 통제집단 설계(randomized pretest-posttest control group design). 사전검사가 추가된 무선 사후검사 통제집단 설계

무선 사후검사 통제집단 설계(randomized posttest-only control group design). 연구대상이 처치 및 통제집단에 무선으로 할당된 실험설계

무선 솔로몬 4집단 설계(randomized Solomon four-group design). 네 개의 집단 각각에 연구대상을 무선으로 할당하는 실험설계. 두 집단은 사전검사되고 두 집단은 그렇지 않으며, 사전검사된 집단 중 한 집단과 사전검사되지 않은 집단 중 한 집단은 실험처치를 받고, 네 집단은 모두 사후검사됨

무선선택(random selection). 무선표본을 선택하는 과정

무선표본/표집(random sample/sampling). 모집단의 모든 구성원이 선택될 가능성이 동일한 방식으로 선택된 표본

무선할당(random assignment). 개인 또는 집단을 서로 다른 처치조건에 무선으로 할당하는 과정

문서(document). 서면 또는 인쇄된 모든 자료

문제진술(problem statement). 연구의 구체적인 목적, 연구자가 관심을 갖는 변수 및 조사되었거나 조사된 변수 간의 특정 관계를 나타내는 진술. 연구의 배경과 근거(정당성)에 대한 기술을 포함함

문화(culture). 사회적 집단의 관찰 가능한 행동 패턴 및/또는 관습, 신념 및 지식의 총합

문화기술지적 연구(ethnographic study/research). 자연주의적 환경에서, 일반적으로 관찰과 인터뷰를 사용하여 장기간에 걸쳐 여러 변수에 대한 자료수집

반구조화된 인터뷰(semi-structured interview). 개방형 질문과 결합된 체계적인 인터뷰

반분절차(split-half procedure). 도구의 내적 일관성 신뢰도를 추정하는 방법. 도구는 두 개의 동등한 '반분검사' 각각에 대해 도구를 한 번 주지만 두 번 채점함으로써 얻음. 이 점수는 상관관계가 있음

방향적 가설(directional hypothesis). 흔히 '보다 큰(greater than)' 또는 '보다 작은(less than)'으로 표시되는, 결과에 대한 방향이 가정되는 방식으로 진술된 관계적(relational) 가설

배경 질문(background question). 응답자의 배경(나이, 직업 등)에 대한 정보를 얻기 위해 인터뷰진행자 또는 설문지에서 묻는 질문

백분위 순위(percentile rank). 주어진 점수 또는 그 이하로 떨어지는 점수의 백분율을 나타내는 상대 위치 지수

백분위수(percentile). 알려진 집단의 특정 백분위수가 점수를 매기는 점수 아래, 예를 들어 60번째 백분위수는 120점임

범위(range). 분포에서 가장 높은 점수와 가장 낮은 점수의 차이, 즉 변산성의 척도

범주형 변수(categorical variable). 양이나 정도가 아닌 종류만 다른 자료(변수)

변산성(variability). 점수가 서로 다른 정도

변수(variable). 인지능력, 키, 적성, 교육방법 등 여러 값 중 하나를 가정할 수 있는 특성

복원(replication). 연구를 다시 수행하는 것을 말함. 두 번째 연구는 원래 연구의 반복일 수도 있고, 다른 연구대상을 사용하거나, 연구의 지정된 측면이 변경될 수도 있음

부분상관관계(partial correlation). 통계적으로 하나 이상의 변수를 일정하게 유지하여 상관연구에서 연구대상 특성 위협을 통제하는 방법

부호검정(sign test). 독립적이지 않은 두 집단을 비교하는 데 사용되는 비모수 추론 통계값

분산(variance). 표준편차의 제곱. 변산성(variability)의 한 척도

분산분석(analysis of variance: ANOVA). 평균 간의 차이에 대한 통계적 유의도를 결정하기 위한 통계기법. 두 개 이상의 집단과 하나의 독립변수와 함께 사용할 수 있음

분석단위(unit of analysis). 자료분석에 사용되는 단위[개인, 객체(objects), 집단, 교실 등]

분포곡선(distribution curve). 점수 집합의 실제적 또는 이론적 빈도분포

분할계수(contingency coefficient). 교차표로부터 도출된 관계의 지수

분할표(contingency table). **교차표**(crossbreak table) 참고

비개입 척도(unobtrusive measures). 연구대상이 관찰 또는 측정되고 있다는 것을 연구대상이 인지하지 못한 채, 또는 원하는 정보를 얻기 위해 무생물 연구대상(예: 학교 정학 목록)을 검토함으로써 얻은 척도

비교집단(comparison group). 실험집단과 다른 처치를 받는 연구조사에서의 집단

비율척도(ratio scale). 등간척도일 뿐만 아니라 척도에 절대 0이 있는 측정척도

비판적 연구자(critical researchers). 교육연구가 수행되는 방식에 대해 철학적 · 윤리적 문제를 제기하는 연구자

빈도다각형(frequency polygon). 개별 집단이 획득한 모든 점수를 보여주는 그래픽 방법

빈도분포(frequency distribution). 개별 집단이 획득한 모든 점수를 표로 표시하는 방법

사례연구(case study). 광범위한 자료수집을 통해 단일 개인 또는 사례를 연구하는 질적 연구의 한 형태

사전검사 처치 상호작용(pretest treatment interaction). 연구대상이 사전검사를 거쳤기 때문에 처치에 다르게 반응하거나 반응할 수 있으며, 이로 인해 내적 타당도에 위협이 될 수 있음

산술평균(average). 연구대상 집단이 획득한 일반적인 점수를 나타내는 숫자. **집중경향척도**(measures of central tendency) 참고

산점도(scatterplot). 좌표 축에 대한 점수의 교차표에 의해 결정되는 점의 그림. 두 양적 변수 간의 관계를 나타내고 표로 나타내기 위해 사용됨

삼각검증 (혼합방법) 설계[triangulation (mixed-methods) design]. 질적 및 양적 자료를 동시에 수집하여 결과를 검증하고 명확히 하는 데 사용하는 연구

삼각검증(triangulation). 여러 자료출처 또는 여러 자료수집 절차를 사용하여 자료를 교차검사

상관계수(correlation coefficient). .00과 ±1.00 사이의 10진수로, 두 개의 양적 변수가 연관되어 있는 정도를 나타냄

상관비율에 대한 t-검정(t-test for correlated proportions). 동일한 표본 또는 비독립집단을 기반으로 두 비율 간에 통계적으로 유의한 차이가 있는지 여부를 확인하기 위해 사용된 통계적 유의도에 대한 모수검정

상관연구(correlational research). 두 개 이상의 변수 간에 관계가 존재하는 정도를 결정하기 위해 자료를 수집하는 것을 포함하는 연구

상관평균에 대한 t-검정(t-test for correlated means). 일치하거나 독립적이지 않은 두 표본의 평균 간에 통계적으로 유의한 차이가 있는지 여부를 확인하는 데 사용되는 통계적 유의도의 모수검정. 그것은 또한 사전-사후 비교에도 사용됨

상수(constant). 모든 개인에 대해 동일한 값을 갖는 특성

상자그림(boxplot). 최소, 첫 번째 사분위수, 중앙값, 세 번째 사분위수 및 최대값을 기준으로 한 통계자료의 그래픽 요약

생태학적 일반화 가능성(ecological generalizability). 결론을 연구 환경 밖의 환경과 조건으로 일반화할 수 있는 정도

서면응답도구(written-response instruments). 서면 또는 표시된 응답이 필요한 도구

서열척도(ordinal scale). 관심 특성을 가진 정도에 따라 개인의 순위를 매기는 측정 척도

설계(design). **연구설계**(research design) 참고

설명적 (혼합방법) 설계[explanatory (mixed-methods) design]. 양적 자료를 먼저 수집하고 질적 자료로 더욱 명확하게 하는 연구

성과기대표(expectancy table). 도구타당도를 평가하기 위해 기대 범주를 준거 범주와 비교하는 차트

성찰적 현장노트(reflective field notes). 관찰 중 및 관찰 후 관찰자의 생각과 성찰에 대한 기록

성취도검사(achievement test). 특정 지식이나 기술 영역에서 개인의 숙련도 수준을 측정하는 데 사용되는 도구

수행도구(performance instrument). 절차를 따르거나 제품을 생산하는 능력을 측정하도록 설계된 도구

시계열 설계(time-series design). 반복적인 사전검사, 실험 처치에 노출 및 반복적인 사후검사를 수행하는 한 집단을 포함하는 실험설계

시뮬레이션(simulation). '인위적인' 상황이 만들어지고 참여자들에게 어떤 활동을 해야 하는지 알려 주는 연구

신뢰구간(confidence interval). 구간이 모수(parameter)를 포함할 사전 결정된 확률을 갖는 방식으로 구안된 매개변수를 추정하기 위해 사용된 구간

신뢰도(reliability). 어떤 도구로 얻은 점수가 그 도구가 측정하는 모든 측정값에 일관된 측정값을 갖는 정도

신뢰도계수(reliability coefficient). 동일한 도구에서 점수의 일관성을 나타내는 지수. 도구의 일관성 유형과 특성에 따라 신뢰도계수를 계산하는 몇 가지 방법이 있음

신뢰성(credibility). 질적 연구는 도구의 신뢰도와 타당도뿐만 아니라 내적 타당도도 포함함

실용주의자(pragmatist). 어떤 연구방법이든 효과가 있거나 문제를 밝혀줄 것을 제안하는 방법론자. 실용주의자는 양적 방법과 질적 방법이 연구 노력에 '혼합'될 수 있으며 단일방법만을 사용하는 것보다 더 유익할 수 있다고 믿음

실제적 실행연구(practical action research). 특정 지역 문제를 해결하기 위한 실행연구

실제적 유의도(practical significance). 실질적인 효과를 낼 수 있을 만큼 큰 차이. 실제 효과가 없을 정도로 작을 수 있는 통계적 유의도와 대조됨

실증주의(positivism). 인간 행동을 포함한 모든 것을 지배하는 보편적인 법칙을 포함하는 '객관적인' 실재(reality)를

강조하는 철학적 관점

실행계획(action plan). 실행연구의 결과로 변화를 구현하기 위한 계획

실행연구(action research). 특정 지역 문제에 초점을 맞춘 연구유형으로, 문제를 해결하기 위한 실행계획 도출

실험(experiment). 변산(variation)의 효과를 결정하기 위해 연구자가 하나 이상의 독립변수를 체계적으로 변화시키는 연구

실험변수(experimental variable). 연구자에 의해 중재연구에서 조작(체계적으로 변경)되는 변수

실험연구(experimental research). 최소한 하나의 독립변수를 조작하고, 다른 관련 변수를 통제하며, 하나 이상의 종속변수에 대한 효과를 관찰하는 연구

실험집단(experimental group). 연구에서 특별한 관심을 갖는 처치(또는 방법)를 받는 연구집단

쌍방검정(two-tailed test). 통계량의 표집분포의 양쪽 꼬리(both tails)의 사용 – 비방향적 가설이 진술될 때

알파계수(alpha coefficient). **크론바흐 알파**(Cronbach alpha) 참고

양적 변수(quantitative variable). 연속선을 따라 개념화되고 분석되는 변수. 양이나 정도에 따라 다름

양적 연구(quantitative research). 연구자가 주의 깊게 설계되고 통제된 자료수집 및 분석을 통해 현상을 명확히 하려고 시도하는 연구

양적 자료(quantitative data). 더 작은 것부터 더 많은 것까지 연속선을 따라 양이나 정도가 다른 자료

에믹관점(emic perspective). 특히 문화기술지에서 문화적 '내부자(insider)'의 실재(reality)에 관한 관점

에타(eta: η). 곡선 관계의 정도를 나타내는 지수

에틱관점(etic perspective). 특히 문화기술지에서 문화의 실재(reality)에 관한 '외부자적(outsider)' 또는 '객관적(objective)' 관점

역균형화 설계(counterbalanced design). 모든 집단이 모든 처치를 받는 실험설계. 각 집단은 서로 다른 순서로 처치를 받고, 모든 집단은 각 처치 후 사후검사를 받음

연관연구(associational research). 연구자가 예측력 및/또는 설명력을 갖는 관계를 찾는 일반적인 유형의 연구. 상관연구 및 인과-비교연구 모두 예임

연구(research). 학문의 형식적이고 체계적인 적용, 규율적인 탐구, 그리고 대부분의 경우 문제의 연구에 대한 과학적 방법

연구가설(research hypothesis). 연구결과의 예측. 두 개 이상의 변수 간의 예상 관계를 나타내는 문장이 종종 있음

연구결과(findings). **(연구의) 연구결과**[results (of the study)] 참고

연구대상 특성 위협(subject characteristics threat). 연구에서 연구대상의 특성이 관찰된 관계를 설명할 수 있으며, 이로 인해 내적 타당도에 대한 위협이 발생할 수 있음

연구대상(subjects). 연구에 참여가 정보를 제공하는 것에 제한된 개인

연구보고서(research report). 연구결과 및 결론을 포함하여 연구가 수행되는 방법에 대한 기술

연구설계(research design). 연구질문에 답하기 위한 자료수집의 전반적인 계획. 또한 연구자가 사용하고자 하는 구체적인 자료분석 기법이나 방법

(연구의) 논의[discussion (of a study)]. 연구의 제한점을 포함하여, 연구결과를 더 넓은 관점에 놓는 결론의 검토

(연구의) 목적[Purpose (of a study)]. 연구자가 달성하고자 하는 목표에 대한 구체적인 진술

(연구의) 연구결과[results (of a study)]. 수집된 자료의 분석에 의해 표시되는 내용을 설명하는 진술. 필요한 경우, 표와 그래프를 포함함

연구자의 반성적 성찰(researcher reflexivity). 나중에 교차확인을 위해 관찰 또는 인터뷰를 수행하는 동안 개인적인 생각 기록

연구제안서(research proposal). 주어진 문제를 조사하기 위해 설계된 제안된 연구에 대한 상세한 기술

연령수준점수(age-equivalent score). 특정 수행(점수)이 전형적인 연령수준을 나타내는 점수

예비조사(pilot stud). 실제 연구를 수행하기 전에 실시하는 소규모 연구로, 연구계획의 결함을 밝히는 것이 목적임

예언타당도(predictive validity). 도구의 점수가 미래 상황에서 개인의 특성을 예측하는 정도

예측(prediction). 하나 이상의 다른 변수에 대한 정보에서 한 변수에 대한 점수를 추정하는 것

예측방정식(prediction equation). 예측연구에 사용되는 수학 방정식

예측변수[predictor variable(s)]. 예측연구에서 예측이 생성되는 변수

예측연구(prediction study). 준거변수와 관련된 변수를 확인하려는 시도

외부감사(external audit). 연구 외부의 개인이 질적 연구의 방법과 해석에 대한 검토

외생변수(extraneous variable). 결과(results)에 관한 대안적인 설명을 가능하게 하는 변수. 통제되지 않은 변수

외적 비판(external criticism). 역사연구에 있어 문서의 진위 평가

외적 타당도(external validity). 결과(results)가 연구 환경 외부의 집단과 환경에 일반화 가능하고 적용 가능한 정도

요인분석(factor analysis). 변수 집합을 더 적은 수의 요인으로 줄이는 통계적 방법

요인설계(factorial design). 종속변수에 대한 변수의 영향을 개별적으로 그리고 서로 상호작용하기 위해 두 개 이상의 독립변수(최소 하나는 조작됨)를 포함하는 실험설계

원그래프(pie chart). 자료를 범주로 분류하는 그래픽 방법

원점수(raw score). 시험이나 기타 도구의 문항에 대해 개인이 획득한 점수

월드 와이드 웹(World Wide Web: WWW). 문헌검색에 사용되는 정보의 인터넷 저장소

웹 브라우저(Web browser). 월드 와이드 웹에 대한 접근을 제공하는 컴퓨터 프로그램

윌크스의 람다(Wilk's lambda). MANOVA 또는 MANCOVA를 수행할 때 계산되는 수치 지수

유도점수(derived score). 해석을 돕기 위해 원점수에서 얻은 점수. 유도점수는 비교집단에 비례하여 각 학생의 수행의 양적 척도를 제공함

유물(relic). 물리적 특징이 과거에 대한 정보를 제공하는 모든 물체

유층표집/유층무선표집(stratified sampling/stratified random sampling). 모집단에서 확인된 하위집단이 모집단에 존재하는 것과 동일한 비율로 표본에 표시되는 방식으로 표본을 선택하는 과정

응급상황질문(contingency question). 이전 질문에 대한 답변에 따라 답이 달라지는 질문

응용연구(applied research). (기초연구와 비교하여) 실제적인 문제를 해결하고자 하는 연구

의견 질문(opinion question). 연구자가 사람들이 주제에 대해 어떻게 생각하는지 알아보기 위해 묻는 질문

의도적 표본/표집(purposive sample/sampling). 사전 지식이 대표성을 시사하거나 선택된 표본이 필요한 정보를 가지고 있기 때문에 선택된 무선표본

의미론적 차이(semantic differential). 태도척도는 열정적인-냉정한과 같은 반대 쌍을 사용함

이론적 일반화(theoretical generalization). 실천가가 판단한 적용 가능성에 기초하여 표본으로부터 일반화

이론적 준거틀(theoretical framework). 연구를 구조화하기 위해 사용되는 이론적 접근방법

이론적 표본(theoretical sample). 질적 연구에서 연구자가 개념이나 해석을 이해하거나 공식화하는 데 도움이 되는 표본

이분법적 질문(dichotomous question). 예 또는 아니요 답변만 허용하는 질문

이상값(outlier). 분포 또는 패턴에서 다른 대부분의 점수 또는 관측값을 벗어나거나 상당히 떨어지는 점수 또는 기타 관측값

이해관계자(stakeholder). 연구결과에 대해 기득권을 가진 사람

인과-비교연구(causal-comparative research). 개별의 집단에 존재하는 차이의 원인 또는 결과를 탐구하는 연구. **사후연구**(ex post facto research)라고도 함

인구조사(census). 모집단의 모든 구성원으로부터 자료를 수집하려는 시도

인구통계학적 질문(demographic questions). **배경 질문**(background questions) 참고

일반 참조문헌 도구(general reference tool). 연구자가 보다 구체적인 참고문헌(예: 색인, 초록)를 확인하기 위해 사용하는 출처

일반화/일반화 가능성(generalizing/generalizability). **생태학적 일반화 가능성**(ecological generalizability), **모집단 일반화 가능성**(population generalizability) 참고

일방검정(one-tailed test). 통계치의 표집분포의 일방향만 사용 – 방향적 가설 진술 시 사용

자료(data). 표본 또는 모집단에 대해 얻은 모든 정보

자료분석(data analysis). 자료를 쉽게 이해할 수 있도록 단순화하는 과정

자료수집자 편견(data collector bias). 연구의 내적 타당도에 위협을 줄 수 있는 자료수집자 측면의 의도하지 않은 편견

자서전(autobiography). 연구의 연구대상이 되는 사람들의 이야기

자유도(degrees of freedom: *df*). 주어진 사례의 수로부터 얼마나 많은 사례가 '변화가 자유로운지', 즉 사전에 결정되지 않았는지를 나타내는 숫자

적성검사(aptitude test). 미래 상황에서 수행을 예측하기 위하여 사용되는 능력검사

전기연구(biographical study). 연구자가 중요한 삶의 경험을 명확히 하기 위해 개인과 함께 일하는 질적 연구의 한 형태

전이 가능성(transferability). 질적 연구에서 개인이 특정 연구의 결과가 새로운 상황이나 새로운 사람에게 적용될 수 있는 정도. 질적 영역에서 전이 가능성은 양적 영역에서 일반화 가능성과 유사함

전조된 문제(foreshadowed problem). 일반적인 방법으로, 질적 탐구를 위한 초점이 되는 문제 또는 주제

전형적 표본(typical sample). 질적 연구에서 관심 모집단을 대표하는 것으로 판단되는 표본

절차(procedures). 연구자가 연구를 수행할 때 수행될 작업에 대한 상세한 기술

접근가능 모집단(accessible population). 연구자가 현실적으로 표본의 연구대상을 선택할 수 있고 연구자가 연구결과를 일반화할 수 있는 모집단

정량화(quantitizing). 질적 자료를 양적 자료로 변환하는 과정

정성화(qualitizing). 양적 자료를 질적 자료로 변환하는 과정

정적으로 편포된(positively skewed). 높은 쪽 끝보다 낮은 쪽 끝의 점수가 더 많은 분포

정적집단 비교 설계(static-group comparison design). 최소 두 개의 동등하지 않은 집단을 포함하는 빈약한 실험설계. 한 집단은 처치를 받고 두 집단은 모두 사후검사됨

정적집단 사전-사후검사 설계(static-group pretest-posttest design). 두 집단이 모두 사전검사된다는 점을 제외하고, 정적집단 비교 설계와 동일함

제1종 오류(Type I error). 실제로 참인 영가설에 대한 연구자의 기각. **알파 오류**(alpha error)라고도 함

제2종 오류(Type II error). 연구자가 실제로 잘못된 영가설을 기각하지 못하는 것. **베타 오류**(beta error)라고도 함

조사연구(survey research). 하나 이상의 변수에 대한 모집단의 현재 상태를 확인하기 위해 모집단 구성원(또는 표본)으로부터 자료를 얻으려는 시도

조작적 정의(operational definition). 용어를 행동, 과정 또는 조작의 예를 측정하거나 확인하기 위해 사용되는 행동, 과정, 또는 조작을 진술함으로써 정의함

종속변수(dependent variable). 독립변수의 영향을 받거나 영향을 받을 것으로 예상되는 변수. 또한 **준거변수**(criterion variable) 또는 **산출물변수**(outcome variable)라고도 불림

종합평가(summative evaluation). 평가 객체의 전반적인 효과성 또는 유용성을 확인하기 위한 평가

주제(theme). 해석이 진행됨에 따라 코드를 그룹화하여 내용분석의 자료를 구성하고 해석하는 수단

준거(criterion). 도구타당도를 평가하는 데 사용되는 두 번째 척도

준거관련 타당도(criterion-related validity). 도구의 성능이 동일한 변수를 측정하기 위한 다른 도구의 성능 또는 측정되는 변수와 논리적으로 관련된 정도

준거변수(criterion variable). 예측연구에서 예측되는 변수. 또한 도구의 준거관련 타당도를 평가하는 데 사용되는 변수

준거참조도구(criterion-referenced instrument). 학생이 성취해야 할 특정 목표 또는 기준을 지정하는 도구

준실험설계(quasi-experimental design). 연구자가 연구대상을 집단에 무선으로 할당하지 않는 실험설계의 한 유형

줄기-잎 그림(stem-leaf plot). 개별 점수를 그룹화된 빈도분포로 표시하는 방법

중층 기술(thick description). 문화기술지에서 기본 자료/정보에 대한 상세한 정보 제공

지지관점(advocacy lens). 연구자가 연구의 목적이 참여자 모집단의 조건을 향상하는 것임을 시사하거나 암시할 때 존재함

질문지(questionnaire). 질문에 대한 서면 또는 표시된 답변 양식

질적 연구(qualitative research). 연구자가 모든 복잡도에서 자연적으로 발생하는 현상을 연구하려고 시도하는 연구

집계표(tally sheet). 관찰된 행동의 발생수를 기록하기 위한 양식

차이의 표준오차(standard error of the difference: SED). 표본평균 간 차이의 분포의 표준편차

차이점수(gain score). 측정값의 사전검사와 사후검사 점수 간의 차이

참여자 관찰(participant observation). 관찰자가 실제로 관찰해야 할 상황에 참여하게 되는 관찰

참여자(participant). 연구에 참여하는 개인은 자료 제공에서부터 연구를 시작하고 설계하는 것까지 다양함

참여적 실행연구(participatory action research). 실행연구는 지역 문제를 해결하는 것뿐만 아니라 개인에게 권한을 부여하고 사회적 변화를 가져오기 위한 것임

채점 일치(scoring agreement). 서로 다른 점수 또는 관찰자 간의 합치율

처치변수(treatment variable). **실험변수**(experimental variable) 참고

체계적 표집(systematic sampling). 선택된 리스트의 각 요소가 선택 간격의 배수로 제1요소로부터 분리되므로, 모든 표본 요소가 첫 번째 요소의 선택 후에 결정되는 선택 절차. 예를 들어, 매 10개의 요소를 선택할 수 있음

초록(abstract). 주요한 결과(results)와 결론(conclusion)을 포함하여, 가장 중요한 측면을 기술하는 연구의 요약

초상화(portraiture). 연구자와 묘사되는 개인이 의미를 정의하기 위해 협력하는 질적 연구의 한 형태

초점집단인터뷰(focus group interview). 인터뷰응답자가 서로의 의견을 듣는 집단으로 수행되는 인터뷰

추세연구(trend study). 동일한 모집단(개념적이지만 문자 그대로가 아닌)이 서로 다른 무선표본을 추출하여 시간에 따라 연구되는 종단적 설계(조사연구)

추정의 표준오차(standard error of estimate). 준거점수를 예측할 때 예상되는 오차의 크기에 대한 추정값

측정의 오차(errors of measurement). 동일한 도구에서 개별 점수의 불일치

측정의 표준오차(standard error of measurement: SEMeas). 개인의 점수에서 예상할 수 있는 오차의 크기에 대한 추정값

카오스이론(chaos theory). 일반 법칙의 희귀성, 매우 큰 데이터베이스의 필요성, 전반적인 패턴에 대한 예외 연구의 중요성을 강조하는 과학의 이론과 연구방법론

카이자승검정(chi-square test). 자료가 빈도수 형태일 때 적절한 통계적 유의도에 대한 비모수 검정. 연구에서 실제로 관찰된 빈도를 예상 빈도와 비교하여 유의하게 다른지 여부 확인

코딩(coding). 질적 연구에서 자료의 묶음(chucking)이나 부분(segments)에 의미를 부여하는 과정

코딩체계(coding scheme). 관찰자가 행동의 빈도를 기록하기 위해 사용하는 일련의 범주

코호트연구(cohort study). 특정 모집단이 다양한 시점에 서로 다른 무선표본을 추출하여 시간에 따라 연구되는 설계(조사연구에서). 모집단은 개념적으로 동일하지만 개인은 변화함(예: 샌프란시스코주립대학교 졸업생을 졸업 후 10년, 20년, 30년 동안 조사).

크론바흐 알파(Cronbach alpha). 단 한 번의 검사 실행만 요구되는 도구를 위한 내적 일관성 또는 신뢰도계수

타당도(validity). 도구의 결과에 따라 정확한 추론을 할 수 있는 정도. 도구 자체뿐만 아니라 계측과정과 연구대상 집단의 특성에 따라서도 달라짐

타당도계수(validity coefficient). 점수의 타당도에 대한 지수. 상관계수의 특수한 적용

탐색적 (혼합방법) 설계[exploratory (mixed-methods) design]. 질적 자료를 먼저 수집하고 그 결과를 후속 양적 자료로 검증하는 연구

통계적 검정력(power of a statistical test). 모집단에 차이가 있을 때 영가설이 기각될 확률. 제2종 오류를 피할 수 있는 검정 능력

통계적 동등화(statistical equating). **통계적 매칭**(statistical matching) 참고

통계적 매칭(statistical matching). 통계적 예측을 사용하여 집단을 동등화하는 수단

통계적 유의도(statistical significance). 결과가 표집오차 또는 '우연'으로 인해 발생할 가능성이 낮다는 결론. 관측된 상관관계나 차이가 아마도 모집단에서는 존재할 수 있음

통계적 일반화(statistical generalization). 일반적으로 통계적 방법을 사용하여 표본에서 모집단으로 일반화함

통계치(statistic). 표본의 특성을 기술하는 숫자 수치

통제(control). 종속변수의 수행에 영향을 미칠 수 있는 독립변수 이외의 변수의 영향을 제거하기 위한 연구자 측의 노력

통제집단(control group). '평소와 같이' 취급되는 연구조사에서의 집단

투사도구(projective device). 연구대상에게 해석하도록 요청되는 모호한 자극을 포함하는 도구. 정답이나 응답이 없음

판별함수분석(discriminant function analysis). 둘 이상의 양적 변수로부터 집단구성원(범주형 변수)을 예측하기 위한 통계적 절차

패널연구(panel study). 동일한 무선표본을 서로 다른 시점에서 측정하는 횡단설계(조사연구)

편견(bias). 연구의 설계가 체계적으로 특정 결과를 선호할 때 발생

편의적 표본(opportunistic sample). 질적 연구에서 연구 중 발생하는 조건을 활용하기 위해 선택한 표본

편의표본/표집(convenience sample/sampling). 쉽게 접근 가능한 표본

평가연구(evaluation research). 평가 대상의 품 또는 효과성을 사정하기 위한 체계적 시도

평균의 표준오차(standard error of the mean: SEM). 동일한 모집단의 다른 표본을 사용할 경우 표본평균이 얼마나 달라질 것으로 예상할 수 있는지를 나타내는 표본평균의 표준편차

폐쇄형 질문(closed-ended question). 응답자가 선택하는 질문 및 대체 응답 목록. 또한 **폐쇄형 문항**(closed-form item)이라고도 불림

포스트모더니즘/포스트모더니스트(postmodernism/postmodernist). 과학 연구에 대한 집중적인 비판

표본(sample). 정보를 얻는 집단

표적모집단(target population). 연구자가 이상적으로 결과를 일반화하고자 하는 모집단

표절(plagiarism). 다른 사람의 작품을 자신의 것으로 잘못 표현하는 것

표준점수(standard score). ***z*** **점수**(*z*score) 참고.

표준편차(standard deviation). 변산성에 대한 가장 안정적인 측도. 분포의 각 점수를 고려함

표집(sampling). 모집단에서 다수의 개인(표본)을 선택하는 과정. 가급적이면 해당 개인이 자신이 선택된 더 큰 집단을 대표할 수 있는 방법

표집구간(sampling interval). 체계적으로 표집할 때 선택한 개인 간의 거리

표집분포(sampling distribution). 모집단에서 선택한 특정 크기의 가능한 모든 표본에서 가능한 모든 통계량의 이론적 분포

표집비율(sampling ratio). 체계적 표집에서 표본에 선택된 모집단에서의 개인의 비율

표집오차(sampling error). 모집단에서 연속적인 표본을 선택할 때 발생하는 표본 통계량에서 기대되는 우연 변산성

피어슨 적률상관계수(Pearson product–moment coefficient: Pearson r). 자료가 등간척도 또는 비율척도를 나타낼 때 적절한 상관지수. 각 점수 쌍을 고려하며 .00과 ±1.00 사이의 계수를 생성함

학년수준점수(grade–equivalent score). 특정 수행(점수)이 일반적인 학년수준을 나타내는 점수

핵심적 표본(critical sample). 질적 연구에서 특이하기 때문에 도움이 되는 것으로 간주되는 표본

행동 질문(behavior question). **경험 질문**(experience question) 참고

현상학적 연구(phenomenological study). 연구자가 특정 현상에 대한 여러 개인의 인식에서 공통점을 확인하려고 시도하는 질적 연구의 한 형태

현장노트(field notes). 연구자가 현장에서 관찰하고 생각하는 것을 적은 것

현장메모(field jottings). 문화기술학자가 기록한 속성 노트

현장일기(field diary). 연구 도중 접하게 되는 사람과 사건에 대한 연구자의 개인적인 의견 진술

현장일지(field log). 문화기술학자가 현장에서 어떻게 시간을 보내려고 계획하고 실제로 어떻게 하는지에 대한 지속적인 기술

형성평가(formative evaluation). 사정될 연구대상을 개선하기 위한 평가

확률(probability). 모든 관심 사건 중 특정 사건이 발생하는 상대 빈도

확인적 표본(confirming sample). 질적 연구에서 이전의 연구결과를 검증하거나 확장하기 위해 선택한 표본

회귀된 차이점수(regressed gain score). 사후검사 점수와 사전검사(및/또는 기타 점수) 간의 상관관계에 의해 결정되는 분산을 나타내는 점수. 단순 사후–사전검사 차이보다 더 안정적인 정보를 제공함

회귀선(regression line). 좌표 축(산점도)에 표시된 점수 집합에 대한 최적 적합선

회귀 위협(regression threat). 극단점수에 기초하여 선택된, 집단이 실험처치에 관계없이 후속 측정에서 더 산술평균 점수로 회귀하는 경향에 기인할 가능성

회상적 인터뷰(retrospective interview). 연구자가 응답자에게 과거의 경험을 재구성하도록 시도하는 인터뷰 형식

횡단조사(cross–sectional survey). 미리 결정된 모집단 또는 모집단들에서 한 시점에 자료를 수집하는 조사

효과크기(effect size: ES). 얻어진 결론 또는 관계의 크기를 나타내기 위해 사용되는 지수

찾아보기

인명

내용

저자 소개

Jack R. Fraenkel

Jack R. Fraenkel은 샌프란시스코주립대학교 교육학제간 연구의 명예 교수이며, 사범대학 연구개발센터 소장을 역임하였다. 그는 스탠퍼드대학교에서 박사학위를 받았고, 30년 이상 연구방법론 강좌를 가르쳤다. 1997년 사회과와 사회과학에 대한 저술로 James A. Michener 상을 받았다. 그의 최근 연구는 연구 프로젝트를 생성하고 개발하는 데 있어 교수진과 학생에게 조언과 도움을 주는 데 초점을 맞췄다.

Norman E. Wallen

Norman E. Wallen은 샌프란시스코주립대학교 교육학제간 연구의 명예 교수이다. 경험이 있는 연구자로서, 그는 시러큐스대학교에서 박사학위를 받았고, 수년간 석사 및 박사 과정 학생에게 통계학과 연구설계 강좌를 가르쳤다. 그는 애리조나주 플래그스태프 시의회와 시에라 클럽의 그랜드캐니언지부 집행위원회의 전 위원이다.

Helen H. Hyun

Helen H. Hyun은 샌프란시스코주립대학교 교육학제간 연구의 교수이다. 그녀는 하버드대학교에서 교육학박사학위를 받았으며, 샌프란시스코주립대학교와 캘리포니아대학교 버클리캠퍼스 두 곳에서 석사 및 박사 과정 학생에게 연구설계와 방법론 강좌를 가르치고 있다. 그녀의 수업과 연구 관심사는 고등교육 정책, 혼합방법연구, 교육에서의 평등 이슈를 포함한다.

역자 소개

노석준(Seak-Zoon Roh)

전남대학교 교육학과(교육학사)
전남대학교 대학원 교육학과(교육학석사)
인디애나대학교 교수체제공학과(교육이학석사)
인디애나대학교 교수체제공학과(Ph.D.)
현 성신여자대학교 사범대학 교육학과 교수

e-mail: szroh@sungshin.ac.kr

<대표 저역서>

교육연구방법 및 통계(공저, 2008, 동문사)
다중회귀분석을 넘어: 다중회귀분석과 구조방정식모델링 소개
(3판, 공역, 2023, 학지사)
학습이론: 교육적 관점(7판, 공역, 2016, 아카데미프레스)
교수설계 · 공학의 최신경향과 쟁점(3판, 2014, 아카데미프레스)

연구방법론: 교육연구설계 및 평가 (원서 10판)
How to Design and Evaluate Research in Education (10th ed.)

2023년 1월 10일 1판 1쇄 인쇄
2023년 1월 20일 1판 1쇄 발행

지은이 • Jack R. Fraenkel · Norman E. Wallen · Helen H. Hyun
옮긴이 • 노석준
펴낸이 • 김진환
펴낸곳 • (주) 학지사
04031 서울특별시 마포구 양화로 15길 20 마인드월드빌딩
대표전화 • 02)330-5114 팩스 • 02)324-2345
등록번호 • 제313-2006-000265호

홈페이지 • http://www.hakjisa.co.kr
페이스북 • https://www.facebook.com/hakjisabook

ISBN 978-89-997-2818-1 93310

정가 29,000원